通信网络前沿
技术丛书

无线AI应用

无线传感、定位、物联网和通信

[美] 刘国瑞（K. J. Ray Liu）
王贝贝（Beibei Wang） 著

郭宇春 李纯喜 赵永祥 张立军 译

WIRELESS AI

Wireless Sensing, Positioning, IoT, and Communications

机械工业出版社
CHINA MACHINE PRESS

图书在版编目（CIP）数据

无线 AI 应用：无线传感、定位、物联网和通信 / (美) 刘国瑞，(美) 王贝贝著；郭宇春等译 .—北京：机械工业出版社，2024.3

（通信网络前沿技术丛书）

书名原文：Wireless AI: Wireless Sensing, Positioning, IoT, and Communications

ISBN 978-7-111-74676-8

Ⅰ. ①无…　Ⅱ. ①刘… ②王… ③郭…　Ⅲ. ①无线电通信 - 研究　Ⅳ. ① TN92

中国国家版本馆 CIP 数据核字（2024）第 051542 号

机械工业出版社（北京市百万庄大街 22 号　邮政编码 100037）

策划编辑：王　颖　　　　责任编辑：王　颖

责任校对：马荣华　陈　越　　责任印制：李　昂

河北宝昌佳彩印刷有限公司印刷

2024 年 5 月第 1 版第 1 次印刷

186mm × 240mm · 27.75 印张 · 693 千字

标准书号：ISBN 978-7-111-74676-8

定价：149.00 元

电话服务	网络服务
客服电话：010-88361066	机　工　官　网：www.cmpbook.com
010-88379833	机　工　官　博：weibo.com/cmp1952
010-68326294	金　　书　　网：www.golden-book.com
封底无防伪标均为盗版	机工教育服务网：www.cmpedu.com

The Translator's Words 译者序

经典通信技术通过光电信号拓展了人类视觉和听觉的感知范围，随着无线通信、智能设备和信息网络等技术的迅速发展，无线技术的应用已经不仅限于发送和接收信息，人们开始探索利用无线电信号感知环境和行为信息，这本质上是一种新的智能。信息分析、信号处理和机器学习使得这种新智能演变成为一个新兴的领域——无线人工智能（无线 AI）。无线 AI 利用无线电信号感知环境、检测监视人们的行为、追踪定位目标，将“物体”互联并赋能，为未来的通信提供了一个平台。

在《无线 AI 应用：无线传感、定位、物联网和通信》一书中，作者通过结合时间反演的物理概念和信号处理、信息科学，展现了无线 AI 的统一框架。一方面，时间反演的概念突破了对无线通信多径效应的传统认知，将每条多径视为无处不在的、可以按需取用的虚拟天线，利用时间反演波形控制多径产生聚焦效应，从而实现多方面的应用，例如将室内定位精度提升至厘米 / 毫米级。另一方面，结合机器学习与信号处理技术，可以构成一个革命性的 AI 平台，该平台使得许多先进的物联网应用成为可能。

此书覆盖了 AI 平台构成的基本问题，为无线 AI 提供了一个统一的框架，是无线传感、定位、物联网、机器学习、信号处理和无线通信等领域的研究者与专业人士的绝佳读物。此书既可以作为研究生教材，也可以作为研究者和工程师的参考书。

此书的两位作者 K. J. Ray Liu 教授和 Beibei Wang 博士都是具有丰富工程实践经历和研究经验的科学家。此书展现了他们在无线 AI 这个前沿方向上的研究和实践探索，为读者提供了一条将先进的科学研究与实际的工业设计实现连接的桥梁。经由这一桥梁，读者可以饱览无线 AI 的发展蓝图，领略无线 AI 的无限潜力。

前 言 | Preface |

智能电话和智能物联网设备通过无线电信号实现了互联，Wi-Fi 信号在室内无处不在，LTE（长期演进技术）信号几乎遍布世界的每一个角落，5G 也将会更加强大。无论在家中，或者在旅途中，人们都可以利用无线电进行聊天、上网、视频通话、发送信息等。无线电为人们提供了巨大的便利，离开了它，人们寸步难行。

事实上，当人们提及“无线”时，它不再是狭义的通信。狭义的通信致力于消除干扰、均衡信道、解密、恢复消息，却忽略了（或者根本不知道）无线电信号中关于环境和人的行为信息。如果无线电信号可以提供一种超越人的视觉、听觉和触觉等的第六种“感觉”，即可以感知、探测、追踪、识别环境与行为并进行交流，这本质上是一种新的智能。信息分析、信号处理和机器学习使得这种新智能演变成为一个新兴的领域——无线人工智能（无线 AI）。

那么无线 AI 为何物？它利用无线电信号感知环境、检测监视人的行为、追踪定位目标，将“物体”互联并赋能，为未来的信道提供平台。

如何才能实现这个愿景？近年来，许多研究团体已经拥有了揭开该奥秘的钥匙。在本书中，我们通过结合时间反演的物理概念和信号处理、信息科学，提出了一个统一的框架来解决困扰人们多年的难题。

多径（Mutipaths）总是伴随着无线信号，尤其是在室内环境中。长期以来，人们将多径视为干扰、噪声等，因此总是试图消除、压制或者补偿它们造成的不良影响，但是这于事无补，因为多径的轮廓随时随地都在变化，不能区分哪条多径是好的，哪条是不好的。

随着带宽持续增加，人们可以看到越来越多的多径。每条多径都可以视为其来源方向的虚拟天线或者虚拟传感器，将其到达时间乘以光速，便可得到它的位置。这样看来，人们被数量巨大的虚拟天线所包围，它们无处不在，可以按需取用。

那么，如何获得多径？有两个方法：一是增加功率，发射功率越大，环境中就会有越多的无线电波四处反弹，便能观测到更多的多径。然而，发射功率会受条例和标准的限制。二是增加带宽，带宽越大，时间分辨率就会越高，也就能获取更多的多径。

每条多径都有基本的自由度和用途。如何将这些多径用于特定目标呢？基于时间反演原理的物理思想，可以利用时间反演波形控制多径，产生熟知的聚焦效应。

在一个典型的室内环境下，通过使用足够大的带宽，能够可靠地产生聚焦效应。例如，使用 5GHz 的 ISM 波段，能够得到直径 1 ～ 2cm 的聚焦球。若使用 60GHz 波段，直径可达毫米级。这种效应是我们在视距和非视距条件下能够令室内定位精度达到空前的厘米 / 毫米精度的基础。

利用机器学习与信号处理技术可构建一个革命性的 AI 平台，实现许多设想已久但从未实现的前沿物联网应用。

本书旨在全面介绍由多种无线分析引擎组成且应用广泛的无线 AI 平台，包括首次实现厘米级精度的室内定位与追踪、健康监测、居家 / 办公安全、无线人体生物特征辨识、健康护理、无线充电和 5G 信道。本书的目标是在先进的科学研究与行业实际应用之间架起一座桥梁，使读者了解无线 AI 的发展蓝图和目标。

第 1 章介绍一些基本概念，这些概念贯穿全书。第一部分阐述室内定位与追踪。第 2 章表明，在 5GHz ISM 频段的全部 125MHz 带宽下，利用时间反演可获得直径 1 ～ 2cm 的聚焦球，等价于同等精度的室内定位方法。基于时间反演的精确定位与室内条件无关，如视距或者非视距条件，这意味着，空间中墙壁和障碍物的概念不再存在。仿佛空间中既没有墙壁，也没有障碍物。第 3 章展示如何利用标准 Wi-Fi 设备来获得同样的厘米级定位精度——这归功于使用多天线得到更大的有效带宽。第 4 章利用跳频实现更大有效带宽，以再次获得厘米级的定位精度。如果使用 60GHz 的 Wi-Fi 设备，聚焦球直径将达毫米级别，因此可获得毫米级的定位精度。第 5 章给出了一个发现，当多径数目足够多时，聚焦球的能量分布为贝塞尔函数。这说明，聚焦球与位置无关，因此可用该方法追踪目标，无须运算和绘制地图，便可达到分米级精度。只需要拥有起点和地图，便能追踪无数目标。

第二部分聚焦无线感知与分析。第 6 章展示室内无线事件检测的基本原理。第 7 章通过统计模型扩展了这个概念，改善了鲁棒性。第 8 章通过开发无线人体生物特征进一步扩展到身份识别领域。人体的含水量超过 70%，每个人对无线电波的偏转、扭曲、吸收都是独特的，这种微妙的差别，可用来区分不同的人。第 9 章讨论如何从 Wi-Fi 信号中提取人的呼吸率。尽管呼吸是很细微的动作，却在无线电波中嵌入了胸部的周期运动，因此可用于估计呼吸率。即使动作是非周期性的，也能检测到。第 10 章证明能够以极高的准确率和较低的误报率检测动作。本部分的最后一章，即第 11 章将电磁波的统计理论作为估计速度的依据，介绍在没有任何穿戴设备的条件下的速度估计。

第三部分介绍基于时间反演的无线功率传输和能源效率。第 12 章给出基于时间反演技术的能源效率，并说明这是一项理想的绿色技术。不同于时间反演波形，第 13 章提出一种称为功率波的新型波形，以获得最佳无线功率传输。第 14 章扩展多天线场景的功率波，它与波束成形技术一起，大幅改善系统性能。

事实上，很容易将大规模 MIMO 和时间反演大规模多径的概念联系起来。时间反演能够利用大量的多径生成聚焦球，这也是大规模 MIMO 正在做的事情。当室外没有多径时，只能依赖真实的天线，大量的天线产生“多径”，经过适当的预编码，可控制大规模 MIMO 在需要的位置产生聚焦球。不同的是，时间反演技术控制的是大规模的多径，作为虚拟天线 / 传感器来产生大规模 MIMO 的效果。

第四部分介绍 5G 和下一代通信系统。第 15 章介绍时间反演多址，即利用聚焦效应实现多址。由于聚焦效应有独特的强 - 弱共振效应，所以第 16 章给出一种自适应算法来对抗这种效应。第 17 章表明，时间反演大规模多径效应确实与大规模 MIMO 等效，不同之处在于其利用了虚拟天线。当用于信道时，时间反演波形并非最佳，因为这时需要考虑的是信噪比。[㊀] 因此，第 18 章介绍不同场景下的波形设计，并与波束成形进行比较。第 19 章介绍将空间聚焦效应用于网络设计，最后第 20 章介绍在云无线接入网络中时间反演原理的隧道效应。

第五部分聚焦于利用时间反演将大量具有不同带宽和处理能力的异构物联网设备连接起来。第 21 章阐述时间反演技术对物联网的影响。第 22 章证明时间反演是连接异构物联网设备的理想选择，尽管这些设备的带宽不同，遵循的标准也不同，却无须转码或者复杂的转换。

此书全面综合介绍了无线 AI 的诸多方面，希望此书不仅能为那些渴望了解这门新兴学科的读者提供帮助，更能对那些在此领域探索前进的研究者提供支持。

此书能够问世，离不开下述研究者的贡献：Chen Chen、Yan Chen、Feng Han、Yi Han、Chunxiao Jiang、Meng-Lin Ku、Hung-Quoc Lai、Hang Ma、Zhung-Han Wu、Qinyi Xu、Yu-Hang Yang，以及 Feng Zhang。特别感谢 Origin Wireless 团队成员，他们打开了未来无线 AI 的大门。还要感谢所有的同事们，他们的工作启发了我们的思想和研究，我们只是站在巨人的肩膀上而已。

㊀ 本书第 11、13、16、17 章的附录内容请访问机工新阅读（www.cmpreading.com），搜索本书书名获取。——编辑注

|Contents| 目 录

第三部分 无线功率传输和能源效率

第四部分 5G 和下一代通信系统

|Chapter 1| 第 1 章

时间反演原理和有效带宽

随着物联网（IoT）应用的普及，家用电器、智能设备、安全系统、环境传感器、车辆和建筑物以及其他无线电连接设备彼此之间能够传输数据、相互联系，或者与人进行交互，并且可以随时测量和追踪这一切。近年来，由于无线设备无处不在，用于对周围环境进行检测的无线感知技术受到越来越多的关注。此外，人体活动会影响无线信号的传播，因此，了解并分析无线信号对人体活动的反应可以揭示周围环境中更为丰富的信息。随着新一代无线系统中可用带宽越来越大，无线感知将使许多目前还仅停留在想象阶段的智能物联网应用在不久的将来成为可能。这是因为，随着带宽的增加，在室内或城市区域等散射密集的环境中，人们可以观测到更多的多径，这些多径可视为数百个虚拟天线 / 传感器。人们可以借助无线电传播的物理原理控制虚拟天线，并充分利用多径。受时间反演（TR）现象中高分辨率时空共振的启发，人们可以利用多径特征开发不同类型的无线人工智能（AI）。此外，利用时空共振效应，TR 也是未来 5G 通信中一个很好的候选平台。在本章中，我们提出将多径视为虚拟天线 / 传感器的思想，运用 TR 的基本物理原理来控制多径，并了解如何构建更大的有效带宽。

1.1 引言

随着物联网时代无线技术的发展，人们将注意力转向通过无线技术来了解周围事物的属性、身份、时间、位置、方式等。人体活动会影响周围的无线信号传播，反过来有关人体活动的信息会嵌入无线信号中。这不禁使人想到，能否通过分析无线信号中嵌入的各种特征，来提取有用信息，这便是无线感知。通过在室内部署无线收发机，便可从无线信号中提取人体活动和移动物体引起的宏观变化，这有助于推断人和移动物体的实时位置[1-8]，进行事件检测[9-18]，并推动在产品追踪、智能运输和家庭 / 办公室安全系统领域中的应用。比如，不需要佩戴任何设备，就可通过捕获手势[10]和检测生命信号[19-21]产生的微小变化，对残疾人和老年人提供帮助，这个特性在智能家居应用中非常有用。

无线感知的性能取决于无线电信号中提取信息的丰富程度，而信息的丰富程度又取决于无线信号的传输信道带宽。过去由于带宽有限，只能测量出有限数量的多径，提取出的信息有限。随着下一代无线系统的可用带宽越来越大，更多的智能 IoT 应用和服务，在不久的将来便会实现。例如，由于更大的带宽，在室内便可观测到更多的多径，相当于数百个虚拟天线 / 传感器，它们可随时提供所需信息。

我们必须求助于利用物理学中的 TR 技术可使虚拟天线满足智能物联网应用的需求[22]。TR 技术将多径信道的每个路径视为分布式虚拟天线，并提供高分辨率的时空共振，通常称为聚焦效应[23-25]。在物理学中，TR 时空共振可以视为电磁（EM）场响应环境的结果[26]。当传播环境发生变化时，所涉及的多径信号也会相应变化，因此时空共振也会发生变化。

1.2　多径视为虚拟天线

在无线通信中，发射机（TX）发射的信号被散射器反射或散射后，将得到原始信号的衰减副本，并通过不同的路径到达接收机（RX）。通过两条或更多条路径接收信号的现象称为多径传播。如图 1.1 所示，散射体用星号表示，从 TX 到 RX 的箭头代表视线（LOS）路径，而其他箭头则代表散射体反射和散射的路径。所有路径共同构成了 TX 和 RX 之间的多径信道[27]。当原始信号的两个或多个副本到达接收机时，它们以非相干方式叠加，多径产生破坏性干扰，降低了通信性能。

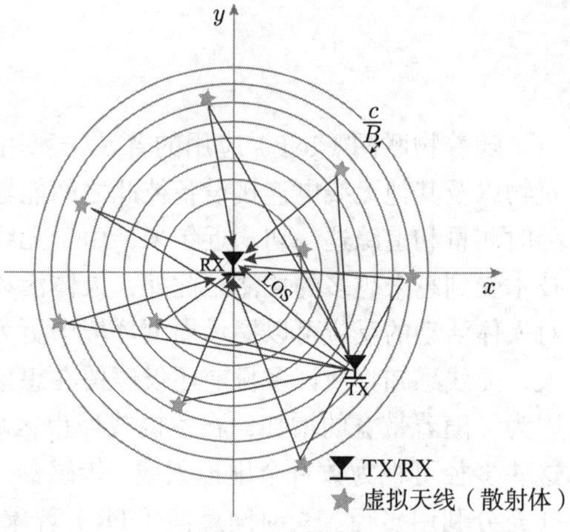

图 1.1　多径视为虚拟天线的示意图

从另一个角度来看，环境中的散射体可视为虚拟天线 / 传感器。人体活动会影响周围的无线信号传播，从而改变信道特征，并且有关这些活动的信息会嵌入信号中。当信号被散射体来回反弹时，会生成含有活动信息的多个“副本”。多径中的每一条本质上都是存在于周围环境中的一个自由度。换句话说，在环境传播的无线多径提供了高度的自由度，可供随时使用。

传输功率和带宽是获得多径的两个关键因素[28-29]。一方面，增加发射功率会提高信噪比（SNR），从而可观测到更多的多径分量。另一方面，解析独立多径分量的空间分辨率由传输带宽决定。带宽等于信道采样率，由于带宽有限，当不同路径的传播延迟差小于信道采样周期 T_{sample} 时，这些路径将合并为一路。如图 1.1 所示，在多径传播中，传输路径的分辨率被限制为 $cT_{sample}=c/B$，其中 c 为光速，B 为带宽。显然，带宽越大，空间分辨率越好，就能解析出更多的路径。如图 1.2 所示，在一个丰富散射环境下的同一位置，尝试采用不同带宽的 LTE、Wi-Fi 和 5GHz 的整个 ISM 频段来捕获多径信道特征。在 LTE 中，带宽为 20MHz，仅解析出 5 条路径；在 Wi-Fi 中，带宽增加到 40MHz，此时可解析出 10 条路径。当带宽增加到 125MHz 后，可以解析出包含更多细节差异的 30 条路径，这清楚表明，（可分辨的）多径的数目随带宽增加而增多。

首先在一个典型的室内环境中测量出抽样信道冲激响应，采用的时间反演原型[30]具有 5GHz ISM 波段下的 125MHz 带宽。然后分别用 20MHz、40MHz 和 125MHz 的滤波器测量信道特征。对于线性时不变系统，接收端滤波等同于发射端滤波。因此，滤波后的信道冲激响应，等价于具有同样带宽的信道冲激响应。

图 1.3 为一个简单的 TR 通信系统，从中可知时间反演信号处理原理：在收发机 A 和 B 的

TR 中，收发机 B 首先向收发机 A 发送信道探测信号（例如，一个脉冲），收发机 A 估计出多径信道状态信息（CSI）[31]。然后，收发机 A 对接收到的波进行时间反演（若为复信号取共轭），并将该信号发回收发机 B。众所周知[25-28]，时间反演波与信道卷积会在接收机的特定位置产生唯一的峰值，称为空间聚焦效应（更多细节将在下一节中讨论）。这表明，多径信道特征可作为唯一的特定位置签名，并且空间聚焦效应仅在信道与时间反演波“匹配”时才会发生。在多个已知位置预先收集一组时间反演 CSI，将它们与测得的多径 CSI 比较，便能推断出设备的当前位置，该方法可用于辅助定位。因为这种方法对于视线和非视线条件都适用，不受墙壁和室内障碍物的影响。这一点在 CSI 中得到很好的体现。

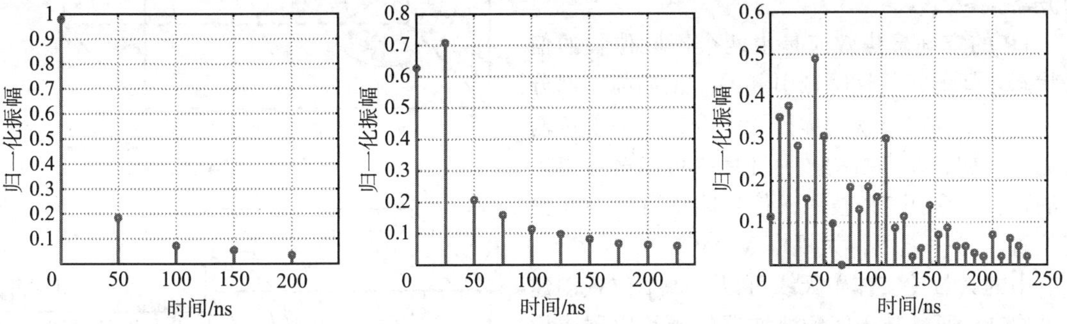

a）20MHz 带宽下测量到的信道（LTE 标准）　b）40MHz 带宽下测量到的信道（IEEE 802.11n 标准）　c）125MHz 带宽下测量到的信道（整个 ISM 5GHz 频段）[27]

图 1.2　多径信道与带宽

本质上，每个多径特征都是“时间反演逻辑空间”中的一个焦点，如果发生诸如门打开或关闭等事件影响到多径，则会导致多径特征映射到另一个焦点。如果通过分析或机器学习来区分这两个事件，那么就可推断出究竟发生了什么。有了这一概念，便可基于多径 CSI 进一步设计多种分析方法，我们称为无线 AI。通过充分探索丰富的多径 CSI，无线 AI 可以解析传播环境，揭示有关各种人体的细微信息，就好像人类的第六感。无线 AI 使得许多先进 IoT 应用成为可能，例如精确室内定位、追踪、无线事件检测、人体识别、生命体征监控，无线功率传输和 5G 通信，正如我们将在本书中展现的那样。

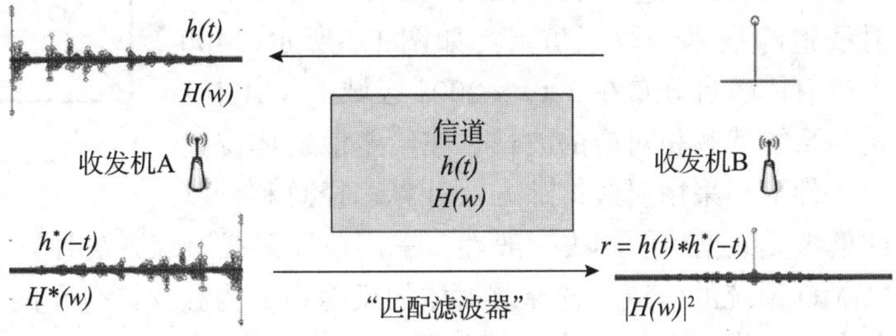

图 1.3　简单的 TR 通信系统

1.3　时间反演原理

时间反演（TR）是一种基本的物理现象，它利用不可避免的、丰富的多径无线传播环境来产生时空共振效应，即所谓的聚焦效应。比如，在一个金属盒子空间内有两个点 A 和 B。当 A 发出无线信号时，其无线电波会在盒子中来回反弹，有的无线电波会穿过 B。经过一定时间，电波能量会降低，直至观察不到。同时，B 记录到达电波的多径特性，即时间分布。该多径特征由

B 进行时间反演（并求共轭）后并发射出去，并且最先收到的信号最后发出，最后收到的信号则最先发出。根据信道的互易性，所有电波将沿着原始路径传输，它们在相同的特定时刻到达 A，并以一种完美的构造性方式相互叠加。这就是聚焦效应。从本质上讲，这是 B 利用时间反演多径特征，并通过与盒子的相互作用在 A 处产生的共振效应，如图 1.4 所示。从数学上讲，TR 效应就是通过环境来执行反卷积，正如一个匹配滤波器。

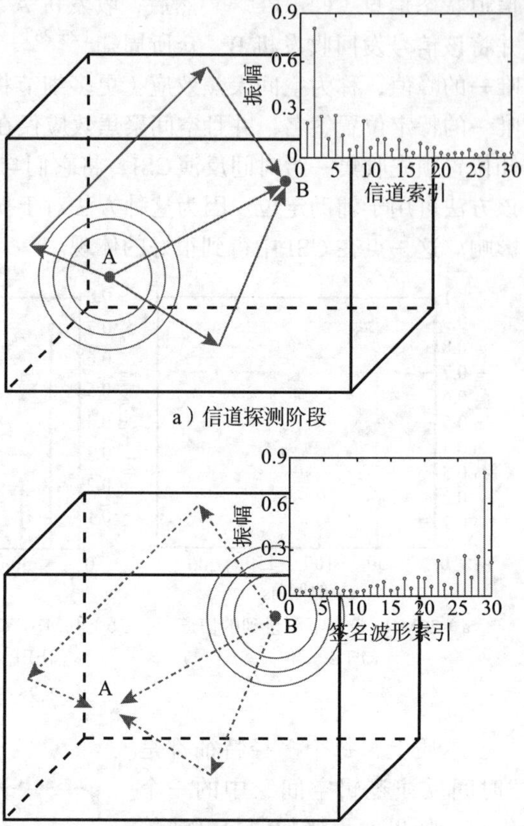

a）信道探测阶段

b）数据传输和聚焦阶段

图 1.4　时间反演图示

TR 的空间聚焦效应是由两个不同位置的信道状态之间的相关性降低引起的。正如前一部分的讨论，多径可以视为虚拟天线，并且随着传输带宽的增加，在丰富的散射环境中可以解析出更多的路径。利用 TR 技术，信号能量可集中在预定位置。另一方面，大规模 MIMO（多入多出）系统中的大量（实体）天线可以为每个位置创建高维 CSI。通过基于匹配滤波器的预编码器或均衡器，信号能量也可以集中在相应的位置[32]。

为了说明两个具有不同带宽 / 天线数目的系统的空间聚焦效应，我们在离散散射环境中基于射线追踪技术进行了仿真。如图 1.5 所示，400 个散射体随机分布在 $200\lambda \times 200\lambda$ 区域中，其中 λ 是与系统载频相对应的波长。在给定散射体位置的条件下，采用射线追踪方法计算多径总和，以此模拟无线信道。不失一般性，采用单反射线追踪方法计算 5GHz ISM 频段上 TR 系统和大规模 MIMO 系统的信道。选择散射体的反射系数为独立同分布的复随机变量，振幅在［0, 1］中均匀分布，相位在［0, 2π］中均匀分布。对于大规模 MIMO 系统，线性天线阵列按直线排列，面向散射区域，且相邻天线的间距为 $\lambda/2$。两个系统中，发射机到指定位置的距离都为 500λ。

在仿真中，调整 TR 系统的传输带宽和大规模 MIMO 系统中天线的数量，可显示它们对空间聚焦效应的影响。TR 系统的发射机带宽范围为 100MHz ～ 1GHz，更大的带宽能够解析出更多的 CSI 分支，同时也能增加系统的自由度。大规模 MIMO 系统中的天线数为 20 ～ 100，仿真中带宽固定为 1MHz。在 TR 系统和大规模 MIMO 系统中分别选择匹配滤波器波成形和波束成形权重。

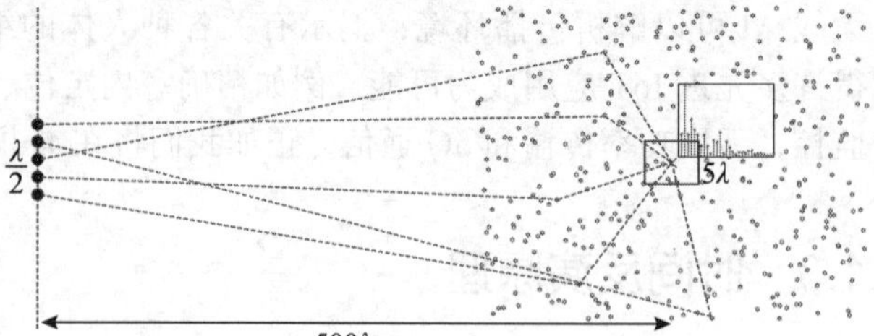

图 1.5　用于验证空间聚焦效应的仿真设置

考虑预定位置周围 $5\lambda \times 5\lambda$ 区域的接收能量强度。图 1.6 给出了两个系统的仿真结果，这是信道和散射体分布的一次实现，我们将最大接收能量归一化到 0dB。能够看出，随着带宽和天线数量的增加，预定位置的能量聚焦效应愈发明显，这是由于更大的自由度能将能量集中在预定位置。

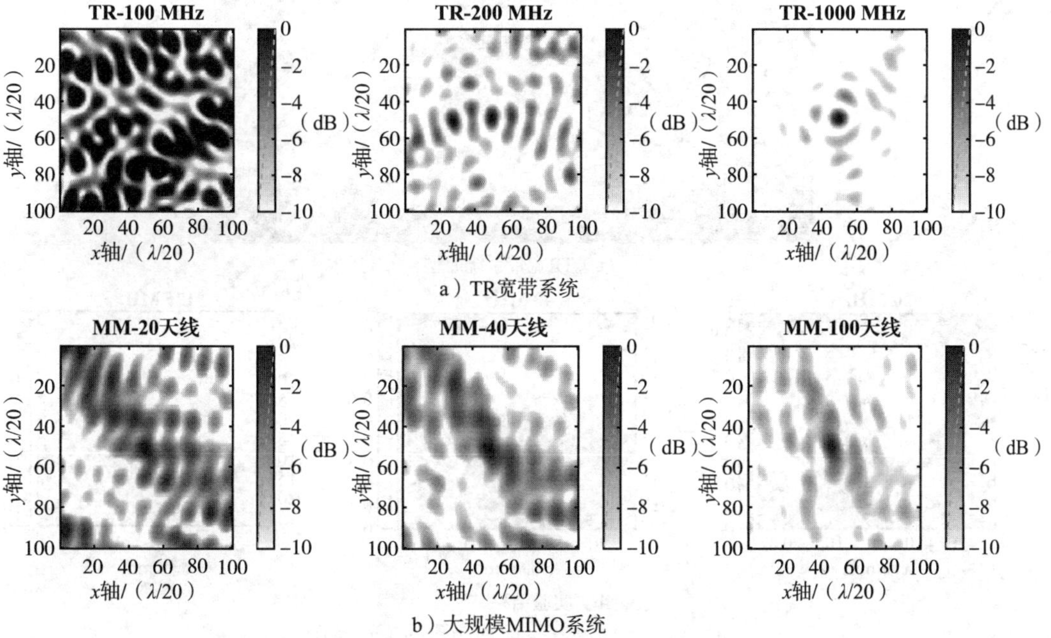

a）TR宽带系统

b）大规模MIMO系统

图 1.6　两个系统的空间聚焦效应仿真结果

为进一步验证空间聚焦效应，我们在定制的软件定义无线电（SDR）平台上构建了 TR 宽带系统的原型，如图 1.7a 所示。硬件构架结合了一个专门设计的射频板，它包括 125MHz 带宽的 ISM 频段、高速以太网端口和现成的用户可编程模块板。在本实验中，在信道探测台上测量尺寸为 5cm × 5cm 的正方形区域的 CSI，该探测台位于典型的办公环境中，如图 1.7 所示。选定的目标位置为测量区域的中心，相应的归一化场强如图 1.7b 所示。可以看到，在 125MHz 的带宽下，TR 传输能够围绕目标位置产生明显的能量聚焦，尽管此时的带宽仍旧不算太宽。

TR 的研究可以追溯到 20 世纪 50 年代，当时 TR 被用于补偿相位延迟失真，通过电话线长距离传输低速图像时，经常会遇到这种失真[33]。它还被用于设计非因果递归滤波器，以均衡模拟电视信号中由多径传播引起的重影伪影[34]。

在实际的水下传播环境中[35]，可以观察到，来自发射机的 TR 声波能量只能以极高的分辨率在预定位置重新聚焦。时空聚焦特性还可以用于雷达成像和声音通信。注意，时空聚焦的分辨率高度依赖多径的数量。为了能够获得大量多径，需要更大带宽，因此需要高采样率，这在过去是很难甚至无法实现的。幸运的是，随着半导体技术的进步，使得宽带无线技术近年来成为可能，在无线广播系统中利用 TR 效应也成为可能。用电磁（EM）波对 TR 技术的有效性进行实验验证[36]，包括信道互易性和时空聚焦特性。将 TR 技术与超宽带（UWB）通信相结合，并通过仿真获得了该系统的误码率（BER）性能[37]。对基于 TR 的多用户通信系统进行系统级的理论研究和综合性能分析[38]，并提出了时间反演多址（TRDMA）的概念。同时，构建了 TR 无线电原型，用来进行 TR 的研究和开发[39]。

a）TR宽带系统原型

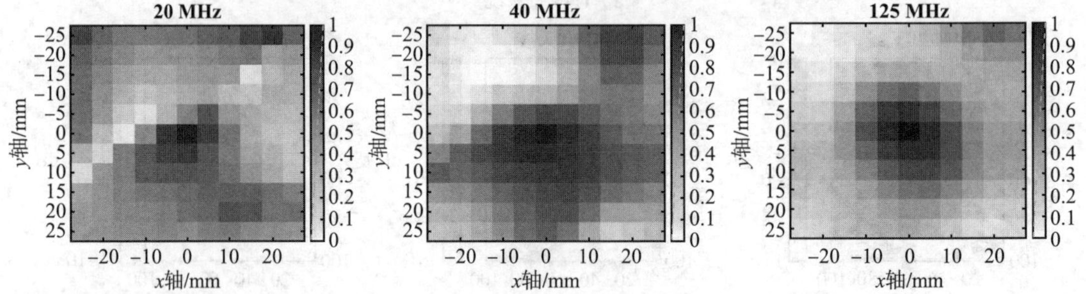

b）实验结果

图 1.7 TR 宽带系统原型的空间聚焦效应

将 TR 技术应用于无线通信时，如果发射符号持续时间大于或等于信道时延扩展，则时间反演波可以凭借其最大的信噪比（SNR）特性获得最佳的 BER 性能。但是，在高速无线通信系统中通常遇到的情况是，符号周期较小，此时传输波的延迟版本将重叠，并因此互相干扰。这种符号间干扰（ISI）可能非常剧烈，并且会导致严重的性能下降，尤其是在符号率非常高的情况下。在多用户传输场景中，由于不同用户之间的信道冲激响应的非正交性而引入了用户间干扰（IUI），该问题将变得更具挑战性。为了解决这个问题，人们可以利用环境提供的自由度，即丰富的多径，采用特征波设计技术来对抗干扰。特征波设计的基本思想是基于信道信息仔细调整特征波每个抽头的振幅和相位，使得接收机处的信号可以保留大部分有用信号，同时尽可能地抑制干扰。此外，利用随机散射体，TR 可以实现远超过衍射极限[40]（半波长）的聚焦。

1.4 有效带宽原理

如本章前面所讨论的，多径信道特征可作为唯一特定位置的签名 / 或指纹，并且空间聚焦效应仅在信道与时间反演波“匹配”时发生。将多径 CSI 与在多个已知位置预先收集的一组时间反演 CSI 比较，可以推断出设备的当前位置，该方法可用于辅助定位。

然而，主流 Wi-Fi 设备的最大带宽只有 20MHz 或 40MHz，带宽限制成为清晰精确的空间聚焦效应产生的主要阻力。如图 1.7b 所示，对于 20MHz 或 40MHz 带宽，空间聚焦效应不明显，在目标位置附近有大片模棱两可的区域。增大带宽可缩小该区域的面积。当带宽增加到 125MHz 时，这片区域将缩成半径为 1cm 的球，这意味着厘米级的定位精度。实验结果促使我们通过分集来实现较大的有效带宽，以利于高精度的室内定位以及其他基于 CSI 指纹的无线 AI 的实现。下面将阐述有效带宽的概念，并以 Wi-Fi 定位为例，探讨获得较大有效带宽的方法。

为表征在相同或不同位置采集的 CSI 之间的相似性，定义聚焦效应的时间反演共振强度（TRRS）为[41]

$$\gamma[H,H'] = \left(\frac{\eta}{\sqrt{\Lambda}\sqrt{\Lambda'}}\right)^2 \tag{1.1}$$

式中

$$\eta = \max_{\phi}\left|\sum_{k=1}^{K} H_k H'^{*}_k \mathrm{e}^{-\mathrm{j}k\phi}\right|,\ \Lambda = \sum_{k=1}^{K}\left|H_k\right|^2,\ \Lambda' = \sum_{k=1}^{K}\left|H'_k\right|^2 \tag{1.2}$$

式中，H 和 H' 表示两个指纹，K 是可用子载波总数，H_k 和 H'_k 是子载波 k 上的 CSI，η 是经过同步误差补偿后的 H 与 H' 之间的修正互相关，Λ 和 Λ' 分别是 H 和 H' 的信道能量。由于射频前端组件不匹配，Wi-Fi 接收机可能无法与 Wi-Fi 发射机完全同步[42]，在计算 η 时，用额外的相位旋转 $\mathrm{e}^{-\mathrm{j}k\phi}$ 来抵消由 Wi-Fi 接收机引起的相位失真，其中 ϕ 可用后面给出的算法 1 进行估计和补偿。式（1.1）表明，TRRS 的范围为 0 ～ 1。具体说，TRRS 越大，则表示两个 CSI 之间的相似度越高，因此两个关联位置之间的相似性越高。

1.4.1　利用分集增加有效带宽

目前的 Wi-Fi 系统中存在两种分集，即频率分集和空间分集。根据 IEEE 802.11n 标准，在 2.4GHz 和 5GHz 频带中，共有 35 个 Wi-Fi 信道专用于 Wi-Fi 传输，最大带宽为 40MHz。大量的 Wi-Fi 信道可以实现频率分集，在 Wi-Fi 设备遇到深衰落或严重干扰时，可采用跳频避开这些问题。另一方面，可以在多输入多输出（MIMO）Wi-Fi 设备上实现空间分集，这是一种成熟的技术，可以大大提高频谱效率。MIMO 不仅已成为 IEEE 802.11n/ac 的基本组成部分，而且已广泛部署在众多商业 Wi-Fi 设备上。对于 Wi-Fi 系统，可以同时采用两种分集，以提供具有更精细粒度的指纹，与仅采用 40MHz 带宽进行测量的指纹相比，具有较小的模糊区。

图 1.8 显示了通过单独或者同时利用频率和空间分集实现更大有效带宽的一般原理。由于 Wi-Fi 设备可以在多个 Wi-Fi 信道上工作，因此可

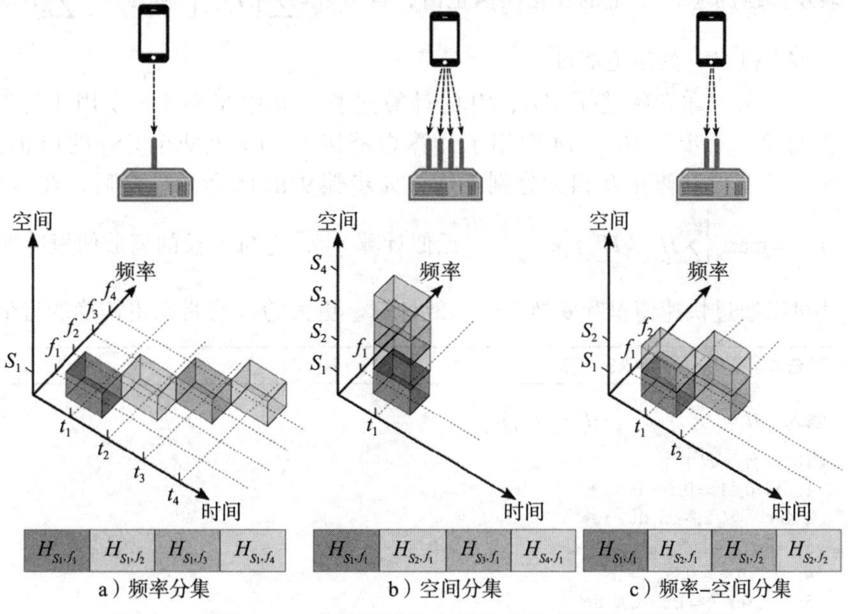

图 1.8　利用 Wi-Fi 中的频率和空间分集来获得更大有效带宽

以利用频率分集，通过跳频来获取不同 Wi-Fi 信道上的 CSI。如图 1.8a 所示，四个不同 Wi-Fi 信道的CSI串联起来形成具有较大有效带宽的指纹。尽管可以在单天线 Wi-Fi 设备上采用频率分集，但是跳频还是很耗时的。为了提高时间效率，可以在多天线 Wi-Fi 设备上采用空间分集。对于具有四个天线的 Wi-Fi 接收机，如图 1.8b 所示，可以将四个接收天线上的 CSI 组合在一起以形成具有较大有效带宽的指纹。图 1.8c 显示了同时利用频率和空间分集的例子，其中两个 Wi-Fi 信道以及两个接收天线的 CSI 被组合到一个指纹中。

对于 Wi-Fi 系统，空间分集由天线链路数确定，而频率分集则取决于可用的 Wi-Fi 信道数。用 S 表示最大空间分集，用 F 表示最大频率分集，用 W 表示每个 Wi-Fi 信道的带宽，则有效带宽为 $S\times F\times W$。

1.4.2 分集中的 TRRS 计算

下面讨论当频率和空间分集同时存在时如何计算 TRRS。

对于空间分集为 S 且频率分集为 F 的 Wi-Fi 设备，CSI 测量值可以写为 $\bar{H}=\left\{H_{s,f}\right\}_{s=1,2,\cdots,S}^{f=1,2,\cdots,F}$，其中 $H_{s,f}$ 代表第 s 个天线链路上测得的第 f 个 Wi-Fi 信道的 CSI，记为虚链路（s,f）。$\bar{H}=\left\{H_{s,f}\right\}_{s=1,2,\cdots,S}^{f=1,2,\cdots F}$，能提供有效带宽为 $S\times F\times W$ 的精细粒度指纹。因此，可以将式（1.1）中的 TRRS 扩展到精细粒指纹 $\bar{H}$ 和 H'，其中 η、$\varLambda$ 和 $\varLambda'$ 修正为

$$\eta=\sum_{s=1}^{S}\sum_{f=1}^{F}\eta_{s,f},\varLambda=\sum_{s=1}^{S}\sum_{f=1}^{F}\varLambda_{s,f},\varLambda'=\sum_{s=1}^{S}\sum_{f=1}^{F}\varLambda'_{s,f} \tag{1.3}$$

式中

$$\eta_{s,f}=\max_{\phi}\left|\sum_{k=1}^{K}H_{s,f,k}H'^{*}_{s,f,k}\mathrm{e}^{-\mathrm{j}k\phi}\right| \tag{1.4}$$

表示虚链路（s,f）上的互相关修正值，且 $\varLambda_{s,f}=\sum_{k=1}^{K}\left|H_{s,f,k}\right|^2$ 和 $\varLambda'_{s,f}=\sum_{k=1}^{K}\left|H'_{s,f,k}\right|^2$ 分别为虚链接（s,f）上 $H_{s,f}$ 和 $H'_{s,f}$ 的信道能量。

算法 1 详细阐述了 $\gamma[\bar{H},\overline{H'}]$ 的计算过程。其中步骤 4 ～ 9 用于计算虚链接（s,f）上的信道能量，而步骤 10 ～ 14 则用于计算虚链接（s,f）上两个 CSI 的修正互相关。将每个虚链路的信道能量和修正互相关分别累加，如步骤 9 和 15 所示。最后，在步骤 18 获得 TRRS。通过 $\bar{\eta}_{s,f}=\max_n\left|\sum_{k=1}^{K}H_{s,f,k}H'^{*}_{s,f,k}\mathrm{e}^{-\mathrm{j}\frac{2\pi n(k-1)}{N}}\right|$ 近似计算 $\eta_{s,f}$，它与 N 长的离散傅里叶变换具有相同的形式，因此可以通过快速傅里叶变换进行高效计算。更大的 N 会带来更精确的近似结果。

算法 1 分集中的 TRRS 计算

输入： $\bar{H}=\left\{H_{s,f}\right\}_{s=1,2,\cdots,S}^{f=1,2,\cdots,F},\overline{H'}=\left\{H'_{s,f}\right\}_{s=1,2,\cdots,S}^{f=1,2,\cdots,F}$

输出： $\gamma[\bar{H},\overline{H'}]$

1: $\varLambda=0,\varLambda'=0,\eta=0$
2: **for** $s=1,2,\cdots,S$ **do**
3:   **for** $f=1,2,\cdots,F$ **do**
4:     $\varLambda_{s,f}=0,\varLambda'_{s,f}=0$
5:     **for** $k=1,2,\cdots,K$ **do**

（续）

$\Lambda_{s,f} \leftarrow \Lambda_{s,f} + \left|H_{s,f,k}\right|^2$

$\Lambda'_{s,f} \leftarrow \Lambda'_{s,f} + \left|H'_{s,f,k}\right|^2$

end for

$\Lambda \leftarrow \Lambda + \Lambda_{s,f}, \Lambda' \leftarrow \Lambda' + \Lambda'_{s,f}$

for $n = 1, 2, \cdots, N$ **do**

$z[n] \leftarrow \sum_{k=1}^{N} H_{s,f,k} H'^{*}_{s,f,k} \mathrm{e}^{-\mathrm{j}\frac{2\pi n(k-1)}{N}}$

end for

$n^{\star} = \underset{n=1,2,\cdots,N}{\operatorname{argmax}} \left|z[n]\right|$

$\bar{\eta}_{s,f} = z[n^{\star}]$

$\eta \leftarrow \eta + \bar{\eta}_{s,f}$

end for

end for

$\gamma\left[\bar{H}, \overline{H'}\right] \leftarrow \left(\frac{\eta}{\sqrt{\Lambda}\sqrt{\Lambda'}}\right)^2$

参考文献

[1] H. Liu, H. Darabi, P. Banerjee, and J. Liu, "Survey of wireless indoor positioning techniques and systems," *IEEE Transactions on Systems, Man, and Cybernetics, Part C*, vol. 37, no. 6, pp. 1067–1080, Nov. 2007.

[2] L. Dimitrios, J. Liu, X. Yang, R. R. Choudhury, V. Handziski, and S. Sen. "A realistic evaluation and comparison of indoor location technologies: Experiences and lessons learned," in *Proceedings of the 14th ACM International Conference on Information Processing in Sensor Networks*, pp. 178–189, 2015.

[3] M. Youssef, A. Youssef, C. Rieger, U. Shankar, and A. Agrawala, "Pinpoint: An asynchronous time-based location determination system," in *Proceedings of 4th ACM International Conference on Mobile Systems, Applications, and Services*, pp. 165–176, 2006.

[4] R. J. Fontana and S. J. Gunderson, "Ultra-wideband precision asset location system," in *Proceedings of the IEEE Conference on Ultra Wideband Systems and Technologies*, pp. 147–150, May 2002.

[5] D. Niculescu and B. Nath, "VOR base stations for indoor 802.11 positioning," in *Proceedings of 10th ACM Annual International Conference on Mobile Computing and Networking*, pp. 58–69, 2004.

[6] J. Xiong and K. Jamieson, "Arraytrack: A fine-grained indoor location system," in *Proceedings of 10th USENIX Symposium on Networked Systems Design and Implementation*, pp. 71–84, 2013.

[7] Y. Zhao, "Standardization of mobile phone positioning for 3G systems," *IEEE Communications Magazine*, vol. 40, no. 7, pp. 108–116, Jul. 2002.

[8] G. Sun, J. Chen, W. Guo, and K. J. R. Liu, "Signal processing techniques in network-aided positioning: A survey of state-of-the-art positioning designs," *IEEE Signal Processing Magazine*, vol. 22, no. 4, pp. 12–23, Jul. 2005.

[9] A. Banerjee, D. Maas, M. Bocca, N. Patwari, and S. Kasera, "Violating privacy through walls by passive monitoring of radio windows," in *Proceedings of the 2014 ACM Conference*

on Security and Privacy in Wireless & Mobile Networks, pp. 69–80, 2014.

[10] H. Abdelnasser, M. Youssef, and K. A. Harras, "WiGest: A ubiquitous WiFi-based gesture recognition system," in *Proceedings of the IEEE International Conference on Computer Communications*, pp. 1472–1480, 2015.

[11] J. Xiao, K. Wu, Y. Yi, L. Wang, and L. Ni, "FIMD: Fine-grained device-free motion detection," in *Proceedings of the 18th IEEE International Conference on Parallel and Distributed Systems*, pp. 229–235, Dec. 2012.

[12] F. Adib and D. Katabi, "See through walls with WiFi!" in *Proceedings of the ACM Special Interest Group on Data Communications*, pp. 75–86, 2013.

[13] C. Han, K. Wu, Y. Wang, and L. Ni, "WiFall: Device-free fall detection by wireless networks," in *Proceedings of the IEEE International Conference on Computer Communications*, pp. 271–279, Apr. 2014.

[14] Y. Wang, J. Liu, Y. Chen, M. Gruteser, J. Yang, and H. Liu, "E-eyes: Device-free location-oriented activity identification using fine-grained WiFi signatures," in *Proceedings of the 20th ACM Annual International Conference on Mobile Computing and Networking*, pp. 617–628, 2014.

[15] W. Xi, J. Zhao, X.-Y. Li, K. Zhao, S. Tang, X. Liu, and Z. Jiang, "Electronic frog eye: Counting crowd using WiFi," in *Proceedings of the IEEE International Conference on Computer Communications*, pp. 361–369, Apr. 2014.

[16] W. Wang, A. X. Liu, M. Shahzad, K. Ling, and S. Lu, "Understanding and modeling of WiFi signal based human activity recognition," in *Proceedings of the 21st ACM Annual International Conference on Mobile Computing and Networking*, pp. 65–76, 2015.

[17] Y. Yang and A. Fathy, "Design and implementation of a low-cost real-time ultra-wide band see-through-wall imaging radar system," in *Proceedings of the IEEE/MTT-S International Microwave Symposium*, pp. 1467–1470, Jun. 2007.

[18] F. Adib, Z. Kabelac, D. Katabi, and R. C. Miller, "3D tracking via body radio reflections," in *Proceedings of the 11th USENIX Symposium on Networked Systems Design and Implementation*, pp. 317–329, Apr. 2014.

[19] F. Adib, H. Mao, Z. Kabelac, D. Katabi, and R. C. Miller, "Smart homes that monitor breathing and heart rate," in *Proceedings of the 33rd Annual ACM Conference on Human Factors in Computing Systems*, pp. 837–846, 2015.

[20] H. Abdelnasser, K. A. Harras, and M. Youssef, "Ubibreathe: A ubiquitous non-invasive WiFi-based breathing estimator," in *Proceedings of the 16th ACM International Symposium on Mobile Ad Hoc Networking and Computing*, pp. 277–286, 2015.

[21] J. Liu, Y. Wang, Y. Chen, J. Yang, X. Chen, and J. Cheng, "Tracking vital signs during sleep leveraging off-the-shelf WiFi," in *Proceedings of the 16th ACM International Symposium on Mobile Ad Hoc Networking and Computing*, pp. 267–276, 2015.

[22] B. Wang, Y. Wu, F. Han, Y.-H. Yang, and K. J. R. Liu, "Green wireless communications: A time-reversal paradigm," *IEEE Journal on Selected Areas in Communications*, vol. 29, no. 8, pp. 1698–1710, Sep. 2011.

[23] Y. Jin, J. M. F. Moura, Y. Jiang, D. Stancil, and A. Cepni, "Time reversal detection in clutter: Additional experimental results," *IEEE Transactions on Aerospace and Electronic System*, vol. 47, no. 1, pp. 140–154, Jan. 2011.

[24] J. M. F. Moura and Y. Jin, "Detection by time reversal: Single antenna," *IEEE Transactions on Signal Processing*, vol. 55, no.1, pp. 187–201, Jan. 2007.

[25] Y. Chen, F. Han, Y.-H. Yang, H. Ma, Y. Han, C. Jiang, H. Q. Lai, D. Claffey, Z. Safar, and K. J. R. Liu, "Time-reversal wireless paradigm for green Internet of Things: An overview,"

IEEE Internet of Things Journal, vol. 1, no. 1, pp. 81–98, 2014.

[26] G. Lerosey, J. de Rosny, A. Tourin, A. Derode, G. Montaldo, and M. Fink, "Time reversal of electromagnetic waves," *Physical Review Letters*, vol. 92, p. 193904(3), May 2004.

[27] Q. Xu, C. Jiang, Y. Han, B. Wang, and K. J. R. Liu, "Waveforming: An overview with beamforming," *IEEE Communications Surveys & Tutorials*, vol. 20, no. 1, pp. 132–149, 2018.

[28] Y. Chen, B. Wang, Y. Han, H. Q. Lai, Z. Safar, and K. J. R. Liu, "Why time reversal for future 5G wireless?" *IEEE Signal Processing Magazine*, vol. 33, no. 2, pp. 17–26, Mar. 2016.

[29] Y. Han, Y. Chen, B. Wang, and K. J. R. Liu, "Time-reversal massive multipath effect: A single-antenna massive MIMO solution," *IEEE Transactions on Communications*, vol. 64, no. 8, pp. 3382–3394, Aug. 2016.

[30] F. Zhang, C. Chen, B. Wang, H. Q. Lai, and K. J. R. Liu, "A time-reversal spatial hardening effect for indoor speed estimation, " in *Proceedings of the IEEE International Conference on Acoustics, Speech and Signal Processing*, Mar. 2017.

[31] A. Goldsmith, *Wireless Communications*, New York: Cambridge University Press, 2005.

[32] F. Rusek, D. Persson, B. K. Lau, E. G. Larsson, T. L. Marzetta, O. Edfors, and F. Tufvesson, "Scaling up MIMO: Opportunities and challenges with very large arrays," *IEEE Signal Processing Magazine*, vol. 30, no. 1, pp. 40–60, Jan. 2013.

[33] B. P. Bogert, "Demonstration of delay distortion correction by time-reversal Ttchniques," *IRE Transactions on Communications Systems*, vol. 5, no. 3, pp. 2–7, Dec. 1957.

[34] D. Harasty and A. Oppenheim, "Television signal deghosting by noncausal recursive filtering," in *Proceedings of the IEEE International Conference on Acoustics, Speech, and Signal Processing*, pp. 1778–1781, Apr. 1988.

[35] M. Fink, "Time reversal of ultrasonic fields. I. Basic principles," *IEEE Transactions on Ultrasonics, Ferroelectrics and Frequency Control*, vol. 39, no. 5, pp. 555–566, 1992.

[36] B. Wang, Y. Wu, F. Han, Y. H. Yang, K. J. R. Liu, "Green wireless communications: A time-reversal paradigm," *IEEE Journal of Selected Areas in Communications, special issue on Energy-Efficient Wireless Communications*, vol. 29, no. 8, pp. 1698–1710, Sep. 2011.

[37] N. Guo, B. M. Sadler, and R. C. Qiu, "Reduced-complexity UWB timereversal techniques and experimental results," *IEEE Transactions on Wireless Communications*, vol. 6, no. 12, pp. 4221–4226, Dec. 2007.

[38] F. Han, Y.-H. Yang, B. Wang, Y. Wu, and K. J. R. Liu, "Time-reversal division multiple access over multi-path channels," *IEEE Transactions on Communications*, vol. 60, no. 7, pp. 1953–1965, Jul. 2012.

[39] Z. H. Wu, Y. Han, Y. Chen, and K. J. R. Liu, "A time-reversal paradigm for indoor positioning system," *IEEE Transactions on Vehicular Technology, special issue on Indoor Localization, Tracking, and Mapping with Heterogeneous Technologies*, vol. 64, no. 4, pp. 1331–1339, Apr. 2015.

[40] G. Lerosey, J. de Rosny, A. Tourin, and M. Fink, "Focusing beyond the diffraction limit with far-field time reversal," *Science*, vol. 315, pp. 1120–1122, Feb. 2007.

[41] C. Chen, Y. Han, Y. Chen, and K. J. R. Liu, "Indoor global positioning system with centimeter accuracy using Wi-Fi," *IEEE Signal Processing Magazine*, vol. 33, no. 6, pp. 128–134, Nov. 2016.

[42] M. Speth, S. Fechtel, G. Fock, and H. Meyr, "Optimum receiver design for wireless broadband systems using OFDM Part I," *IEEE Transactions on Communications*, vol. 47, pp. 1668–1677, Nov. 1999.

第一部分　室内定位与追踪

第 2 章 |Chapter 2|

厘米精度的室内定位

由于在室内环境中大量散射体，多径效应十分广泛，这使得多径效应引起的室内定位问题非常具有挑战性。一方面是信号在到达接收机之前，由于多径效应，其中的大部分发射信号严重失真，从而导致对到达时间（TOA）和到达角（AOA）等定位特征的估计不准确。另一方面，多径效应对时间反演（TR）无线电传输系统具有很大的影响。通过利用每个位置多径特征的唯一性，TR 可以产生聚焦能量的共振效应，使得发射信号到达预定的位置，这就是所谓的空间聚焦效应。通过简单的时间反演操作，无线电波可以回到原来的位置，所以没有了墙或障碍物的概念。在本章室内定位问题中利用了这种高分辨率的聚焦效应。具体来说，我们利用多径的位置特性开发了一个时间反演室内定位系统（TRIPS）。通过这样做，我们将室内定位问题分解为两个目标明确的子问题。第一个子问题是通过将物理地理位置与信道冲激响应（CIR）空间中的逻辑位置进行映射来创建数据库，而第二个子问题是通过估计的 CIR 与数据库中的 CIR 相匹配来确定物理位置。为了评估 TRIPS 的性能，我们构建了一个模型来进行真实的实验。实验结果表明，在非视距（NLOS）条件下，单个接入点（AP）工作在 5.4GHz 频段时，TRIPS 可以达到理想的 1 ～ 2cm 的定位精度。

2.1 引言

随着通信技术的进步，手机、平板电脑、笔记本电脑等手持设备已成为我们日常生活中不可或缺的组成部分。我们用它们来查看电子邮件，连接各种社交网络，观看视频等。因为这些设备可以通过无线通信技术，如 Wi-Fi 和 5G 技术等为我们提供全天的网络信号连接，人们经常随身携带这些设备，因此，可以通过追踪这些设备来记录和追踪人体活动。具体地说，通过将传感器安装在手持设备中，可以收集用户信息，例如用户的位置、活动状态和数据使用情况等。这些信息可以揭示用户在不同位置、不同时间的行为。通过分析这些收集到的信息，学习用户的行为和偏好，从而提供特定于用户的服务。

为了正确地为用户提供多种服务，服务提供商必须知道用户的确切位置。在之前的研究中，已经研究出了许多室内定位系统（IPS）方法，大致可分为三类[1]：三角测量、邻近方法和场景分析。第一类 IPS 算法是三角测量方法，在三角测量中，对于已知位置上的接入点所发送的信号，终端设备（TD）测量其到达时间（TOA）[2]、到达时差（TDOA）[3]和到达角度（AOA）[4-5]，然后依据测量结果，利用波传播的物理原理计算地理位置。虽然三角测量的概念很简单，但是有一些特殊的要求，例如到达时间和 / 或到达角度的精确测量、终端设备和接入点之间的同步以及接入点的专用设备。然而，由于室内环境的散射特性，测量结果往往不十分精确，导致三角测量方法的室内定位性能较差。

第二类 IPS 算法是邻近方法，可以提供有符号意义的相对位置信息。这种算法依赖基础设施的部署。当终端设备在目标区域内移动时，将根据检测到终端设备的天线位置定位终端设备。如果多个天线能够检测到终端设备，则直接将 TD 视为处于接收到最强信号的那个天线所在位置。大多数射频识别和蜂窝识别[6]定位系统都属于这一类。由于终端设备被视为与天线位置相同，所以这种算法不能给出精确的定位信息。此外，此方法依赖天线的密集部署，实现成本非常高。

第三类 IPS 算法是场景分析方法，它首先收集场景的特征，然后将实际测量结果与收集到的特征进行匹配来估计位置。大多数基于场景分析的 IPS 算法基于接收信号强度（RSS）和 / 或信道状态信息（CSI），而两者之间的匹配可以是确定的，也可以是基于概率的[7]。在确定的匹配方法中，位置是通过找到测量值与数据库中数据之间的最小距离来确定的。在文献［8］中，我们提出先采用空间滤波来减少参考接入点的数目，然后采用核函数作为距离的度量。采用三个接入点得到的均方根值误差为 2.71m。文献［9］提出了一种基于射频的雷达追踪系统。该系统使用经验确定和理论计算的信号强度进行三角测量，三角测量使用的是在多个位置收集的信号强度信息。根据实验结果，使用三个接入点的中位分辨率在 2 ～ 3m 的范围。文献［10］提出了一种基于 RSS 和接入点与终端设备之间欧几里得距离的线性近似模型，该模型可以在任意环境中使用，且无须离线训练，该方案可以实现平均估计误差为 15m。文献［11］提出了一种压缩感知定位方案，用于误差为 1.5m 定位问题中，使用稀疏特性进行定位。

此外，在概率论的思想中，估计是基于一些概率准则，如最大后验概率（MAP）和最大似然（ML）。文献［12］和文献［13］提出了一种基于 Wi-Fi RSS 的定位算法。从多个 Wi-Fi 接入点收集 RSS 信息，用以估计 RSS 的分布。在线定位阶段，采用 MAP 或 ML 准则来确定位置，结果显示，采用多个接入点可以达到 40cm 的平均误差。文献［14］在室内定位中利用 Wi-Fi 和 FM 信号的 RSS，联合估计 RSS 的累积分布函数。在室内环境中，由于调频信号变化较小，与仅使用 Wi-Fi 的系统相比，可以提供额外的信息和精度，从而实现更精准的室内定位。除了 RSS，也采用 CSI 进行定位。在文献［15］中，提出了利用信道脉冲响应（CIR）的振幅作为指纹进行定位。在估计位置时，将 CIR 的振幅作为非参数核回归定位方法的输入。文献［16］和文献［17］中提出，采用复合 CIR 作为区分位置的链路签名，并以归一化最小欧氏距离作为距离的度量。文献［18］中提出将 CSI 作为定位算法中的指纹用于正交频分复用（OFDM）系统中。由于 OFDM 系统中存在大量的分块信道，CSI 为定位提供了丰富的信息。在线阶段，采用 MAP 算法将终端设备中的 CSI 与数据库中存储的数据相匹配。作者在一个 5m × 8m 的办公室使用 3 个接入点进行实验，平均准确度值为 65cm。

不过，大多数现有的 IPS 算法达不到期望的厘米级定位精度值，对于工作在 NLOS 条件下的单个接入点而言尤其如此。主要原因是室内散射环境丰富，一般很难甚至不可能获得精确的测量结果。这种不精确的测量会导致在执行定位算法时产生误差。为了减少误差，大多数现有的算法需要更多的在线测量和多个接入点。与现有的方法不同，在本章中，我们考虑一种利用 TR 技术实现在线测量的厘米精度接入点定位算法，该算法能够实现厘米级的定位精度。已知 TR 技术能够将发射信号的能量聚焦到预定位置，即空间聚焦效应。空间聚焦效应的基础是丰富的散射室内环境，CIR 对于每个位置是特定的并且唯一的[19]，即，每个 CIR 对应特定的物理地理位置。因此，利用 CIR 的特定性，TRIPS 通过将 CIR 与地理位置匹配来定位终端设备。由于空间聚焦是一个半波长聚焦点，即使在 NLOS 下使用一个接入点，TRIPS 也能达到厘米级的定位精度。

2.2 时间反演室内定位系统

如图 2.1 所示，我们研究了在室内环境中接入点和终端设备的室内定位问题。接入点位于任意已知位置，而终端设备的位置未知。终端设备向接入点发送一些已知信号，例如固定伪随机序列，接入点基于接收到的信号估计终端设备的位置。但由于室内环境中的多径效应，接入点处的接收信号明显失真[12]。在这种情况下，通常不可能仅仅基于单个接入点的接收信号来识别位置，即单个接入点室内定位问题是不适定的。

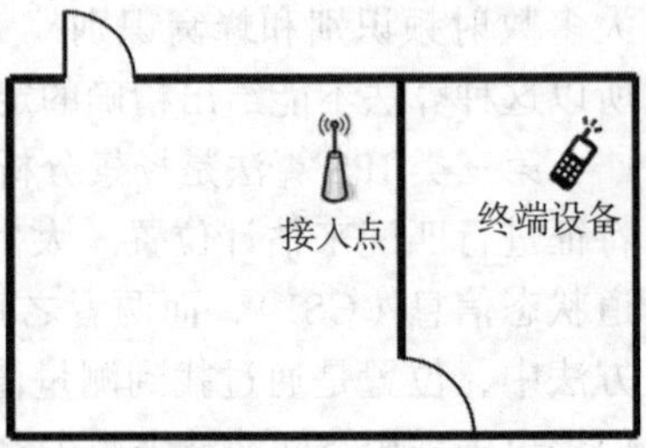

图 2.1 系统模型

为了解决这个问题，考虑在 TRIPS 中，将不适定问题分解为两个目标明确的子问题。具体来说，在第一个子问题中，我们将物理地理位置映射到 CIR 空间中的逻辑位置，从而构建离线数据库。然后，在第二个子问题中，通过估计终端设备的 CIR 值与数据库进行匹配来定位。

2.2.1 时间反演背景知识

TR 是一种在时间域和空间域都可以集中传输信号功率的技术。1985 年 Zeldovich 等人首次提出 TR 技术[20]。随后，1989 年 Fink 等人研究 TR 技术并将其应用于信号处理[21]，进一步开展了声学和超声波通信的理论和实验工作，验证了能够以空间和时间上的高分辨率将发射波能量聚焦在预定位置[22-24]。由于 TR 不需要复杂的信道处理和均衡技术，因此在无线通信中也对其进行了分析、测试和验证[19, 25-35]。此外，由于 TR 技术在降低功耗和减少干扰方面具有巨大的潜力，而且天然能够支持异构终端设备并提供额外的安全和隐私保证，该技术已被证实是绿色物联网的一个有效的解决方案[36]。

图 1.3 展示了一个简单的 TR 通信系统[19]。当收发机 A 想要向收发机 B 发送信息时，收发机 B 首先向收发机 A 发送脉冲信号。这是第一阶段，称为信道探测阶段。然后，收发机 A 将从收发机 B 接收到的波进行时间反演（若为复信号取共轭），并用波的时间反演版本将信息发送回收发机 B。这是第二阶段，称为 TR 发送阶段。

TR 技术依赖于两个基本假设，即信道互易性和信道平稳性。信道互易性要求前向链路和后向链路的 CIR 高度相关，而信道平稳性要求 CIR 在探测和传输阶段至少一个是平稳的。正如文献［27］和文献［19］中的实验所证实的，这两个假设在实际中通常是成立的。文献［27］中的实验结果表明，前向链路和后向链路之间的 CIR 相关性高达 0.98。文献［19］中的实验结果表明，典型办公环境中的多径信道随时间变化不大。具体来说，CIR 每分钟有一次快照，总共持续 40min，其中前 20 个快照对应于静止环境，第 21 ～ 30 个快照对应于中等变化环境，最后 10 个快照对应于多变环境。实验结果表明，对于静止环境，不同快照之间的相关系数在 0.95 以上，对于变化环境，相关系数在 0.8 以上。

利用信道互易性和信道平稳性，重新发射的 TR 信号将回溯输入路径，并在预定位置形成信号的构造和，从而在空间上产生信号功率分布的峰值，即空间聚焦效应。由于 TR 利用多径作为匹配滤波器，传输信号将在时域内聚焦，这就是所谓的时间聚焦效应。此外，通过利用环境作为匹配滤波器，可以显著降低收发机的设计复杂度。在室内环境中，无线多径来自周围的反射。由于终端设备接收到的不同位置的波经过了不同的反射路径和延迟，因此多径特征对于每个位置都是唯一的。利用这种独特地理位置的特定多径特征，TR 可以在预期的位置上产生空间聚焦效应，即，接收的信号相干地叠加在预期的位置上，但是不相干地叠加在任何非预期的位置上。下一节将讨论利用这种特性来解决单接入点室内定位问题。

2.2.2　时间反演室内定位算法

下面我们将详细讨论 TR 室内定位算法。利用空间聚焦效应，可以知道 CIR 在 TR 系统中的特定位置，这意味着可以将物理地理位置映射到 CIR 空间中的逻辑位置，其中一个物理地理位置唯一对应于 TR 系统中的一个 CIR。所以，室内定位问题成为一种经典的分类问题，转变为识别 CIR 空间中终端设备的类别。因此，TR 室内定位算法包含两个阶段。第一阶段是离线训练阶段，建立一个 CIR 数据库以将物理地理位置映射到 CIR 空间中的逻辑位置，第二阶段是一个在线定位阶段，在此阶段中，我们将终端设备估计的 CIR 与 CIR 数据库中的数据匹配来定位终端设备。

2.2.2.1　离线训练阶段

在离线训练阶段，主要是为在线定位阶段构建 CIR 数据库。由于数据库对定位性能有直接影响，因此如何构建数据库对于室内定位算法至关重要。请注意如果两个位置之间的距离大于波长，则不同位置的 CIR 将会不同；如果距离小于波长，则 CIR 可能相似。此外，由于环境的变化，特定位置的 CIR 可能会随时间而略有改变。根据这个性质，对于每个预期的位置，我们都会在不同的时间获得一系列的 CIR。具体来说，对于每个预期的位置 p_i，收集到 CIR 的信息 H_i 如下：

$$H_i = \{\boldsymbol{h}_i(t=t_0),\ \boldsymbol{h}_i(t=t_1),\ \cdots,\ \boldsymbol{h}_i(t=t_M)\} \tag{2.1}$$

式中，$\boldsymbol{h}_i(t=t_l)$ 代表在时间 t_l 位置 p_i 的估计 CIR 信息。

因此，数据库 D 是所有 H_i 的集合：

$$D = \{H_i,\ \forall i\} \tag{2.2}$$

2.2.2.2　在线定位阶段

在线定位阶段，我们首先根据在接入点处接收到的信号估算 CIR 信息。然后，我们的目标是通过采用分类技术将估计的 CIR 信息与数据库进行匹配来定位终端设备。因为在数据库中每个位置的信息量非常大，基于原始 CIR 信息的分类技术可能不适用于这种情况。因此，有必要对 CIR 信息进行预处理以获得重要的分类特征。

如前所述，由于在不同位置的接收信号经过了不同的反射路径和延迟，因此可以将 CIR 作为某一特定位置的特征。当将经过时间反演的 CIR 与数据库中的 CIR 卷积时，只有在目标位置的 CIR 才会产生一个峰值，这就是所谓的空间聚焦效应。对于除预期位置以外的其他位置，没有聚焦效应。因此，我们可以设计基于缩减 TR 维度从而提取有效特征进行定位的方法。为此，首先介绍 TR 共振强度的定义，如下：

定义 2.1.1（时间反演共振指数）　在两个 CIR，$\boldsymbol{h}_1=\left[h_1[0],h_1[1],\cdots,h_1[L-1]\right]$ 和 $\boldsymbol{h}_2=\left[h_2[0],h_2[1],\cdots,h_2[L-1]\right]$ 中的 TR 共振强度定义为

$$\gamma\left(\boldsymbol{h}_1,\boldsymbol{h}_2\right)=\frac{\max_i\left|\left(\boldsymbol{h}_1*\boldsymbol{g}_2\right)[i]\right|^2}{\left(\sum_{i=0}^{L-1}\left|\boldsymbol{h}_1[i]\right|^2\right)\left(\sum_{i=0}^{L-1}\left|\boldsymbol{g}_2[j]\right|^2\right)} \tag{2.3}$$

式中，$\boldsymbol{g}_2=\left[g_2[0],g_2[1],\cdots,g_2[L-1]\right]$ 是 $\boldsymbol{h}_2$ 的时间反演共轭信号，定义如下

$$g_2[k]=h_2^*[L-1-k],k=0,1,\cdots,L-1 \tag{2.4}$$

仔细观察式（2.3）将发现，TR 共振强度是两个复 CIR 之间互相关项的最大振幅，这不同于两个复杂 CIR 之间的传统相关系数，传统相关系数没有最大化的操作，并且将式（2.3）中的序号 $[i]$ 替换为序号 $[L1]$。采用 TR 共振强度代替传统的相关系数，主要是为了提高信道估计误差的鲁棒性。注意，由于同步误差，大多数信道估计方案可能无法完全准确估计 CIR，比如，在信道估计过程中可能会增加或减少一些数据。在这种情况下，没有式（2.3）中最大值（max）运算的传统相关系数可能无法反映两个 CIR 之间的真实相似性，而 TR 共振强度能够捕捉真实相似性，从而提高鲁棒性。

根据 TR 共振强度的定义，可以描述在线定位阶段。设 $\hat{\boldsymbol{h}}$ 为估计的未知位置终端设备的 CIR。为了将 $\hat{\boldsymbol{h}}$ 与数据库中的逻辑位置匹配，首先使用每个位置的 TR 共振强度提取特征。具体而言，对于每个位置 p_i，计算最大 TR 共振强度 η_i 如下：

$$\eta_i=\max_{\boldsymbol{h}_i\left(t=t_j\right)\in H_i}\eta\left(\hat{\boldsymbol{h}},\boldsymbol{h}_i\left(t=t_j\right)\right) \tag{2.5}$$

通过计算所有可能位置的 η_i，即，$H_i\in D$，可以得到 $\eta_1,\eta_2,\ldots,\eta_N$。那么，能够给出最大的 η_i 的位置就是估计位置 $p_{\hat{i}}$，即 $\hat{i}$ 可以推导如下：

$$\hat{i}=\arg\max_i\eta_i \tag{2.6}$$

虽然我们的算法非常简单，但可以获得非常好的定位性能，在下一节的实验中将看到这一点。

2.3　实验

2.3.1　实验设置

为了对我们的算法进行性能评估，我们构建了一个 TR 系统原型，该系统在 5.4GHz 频段工作，带宽为 125MHz。TR 系统原型无线电台如图 2.2 所示，天线连接到一个装有射频板和计算机的小车上。我们在一个典型的办公室测试了原型的性能，这个办公室位于马里兰大学帕克分校 Jeong H.Kim 工程大楼的二楼。办公室平面布置如图 2.3a 所示，其中接入点位于标有“**AP**”的位置，终端设备位于标有“**A**”的较小办公室。房间 A 平面图如图 2.3b 所示。注意，在这样的设置下，接入点能够在 NLOS 条件下工作。

图 2.2　TR 系统原型无线电台

2.3.2　TR 性能评估

在这里，我们评估了 TR 系统的三个重要特性，即信道互易性、时间平稳性和空间聚焦。注意，信道互易性和时间平稳性是 TR 系统的两个基本假设，而空间聚焦是 TRIPS 成功的关键特征。

2.3.2.1　信道互易性

我们通过测试终端设备和接入点之间前向和后向链路的 CIR 来探索信道互易性。具体地说，终端设备首先向接入点发送信道探测信号，接入点记录前向链路的 CIR。紧接着，接入点向终端设备发送信道探测信号，终端设备记录后向链路的 CIR。这些程序重复 18 次。前向和后向链路的一个 CIR 实现如图 2.4 所示，其中 a）表示前向信道的振幅和相位，b）表示后向信道的振幅和相位。在这些图中，可以看到前向和后向信道非常相似。通过计算前向链路和后向链路的 CIR 之间的相关性，如图 2.5 所示，可以看到，实际上，前向和后向信道是高度互易的（注意，抽头值是前向链路和后向链路的 CIR 之间的 TR 共振强度）。图 2.6 显示了平均 η 大于 0.95 的 18 个前向和后向信道测量值之间的 TR 共振强度。这一结果表明，随着时间的推移，互易性是平稳的。

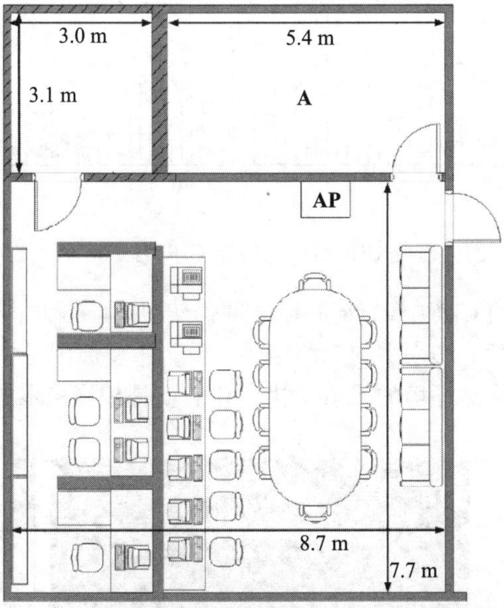

a）办公室平面图

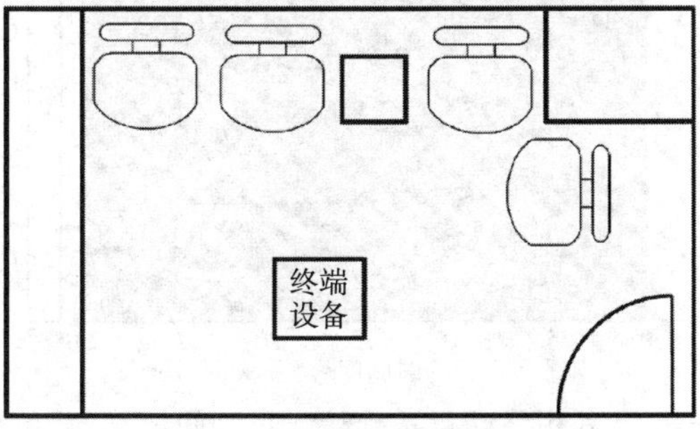

b）房间A平面图

图 2.3　办公室平面布置图

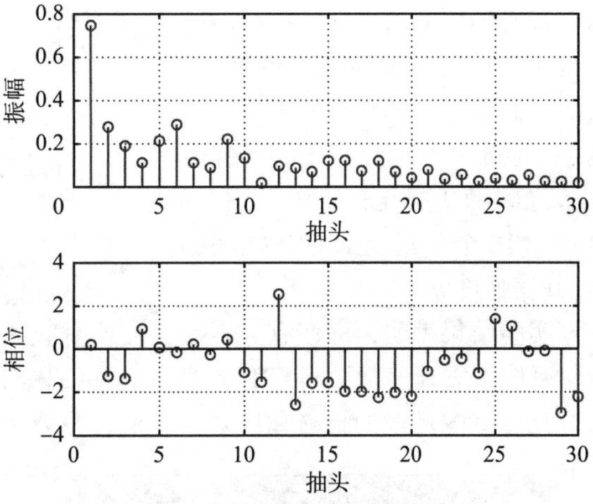

a）前向信道的振幅和相位

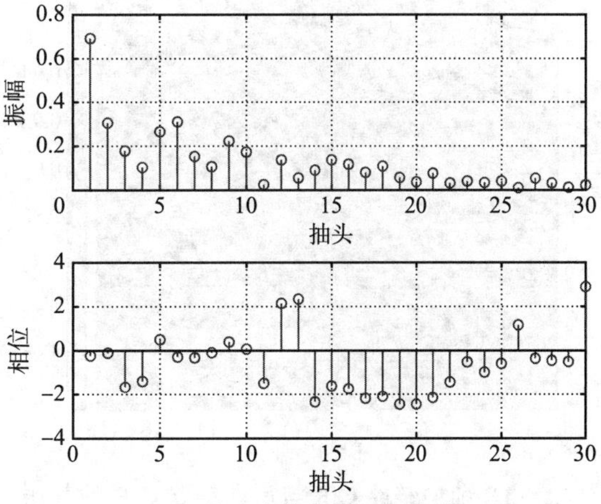

b）后向信道的振幅和相位

图 2.4　信道互易性评估

2.3.2.2　信道平稳性

接下来我们通过测量从终端设备到接入点的链路在三种不同设置下的 CIR 来评估 TR 系统的信道平稳性，三种设置为短间隔、长间隔和有人走动的动态环境。在短间隔实验中，重复测量了 30 次 CIR，并且两次连续测量之间的时间为 2min。对于长间隔实验，我们在周末从上午 9 点到下午 5 点共收集了 18 个周期为 1h 的 CIR。图 2.7 显示了短间隔实验中所有 30 个 CIR 中任意两个 CIR 之间的 TR 共振强度 η，图 2.8 显示了在长间隔实验中收集到的 18 个 CIR 中任意两个 CIR 之间的 TR 共振强度。可以看到，在不同时间实例下，短时间间隔和长时间间隔下的 CIR 都是高度相关的，这意味着普通场所的信道即使在长时间内也不会随时间发生太大的变化。然后我们研究人体活动的影响。每隔 30s 收集一个人在接入点和终端设备之间随机行走的 CIR。图 2.9 显示了 15 个收集到的 CIR 之间的 TR 共振强度 η。

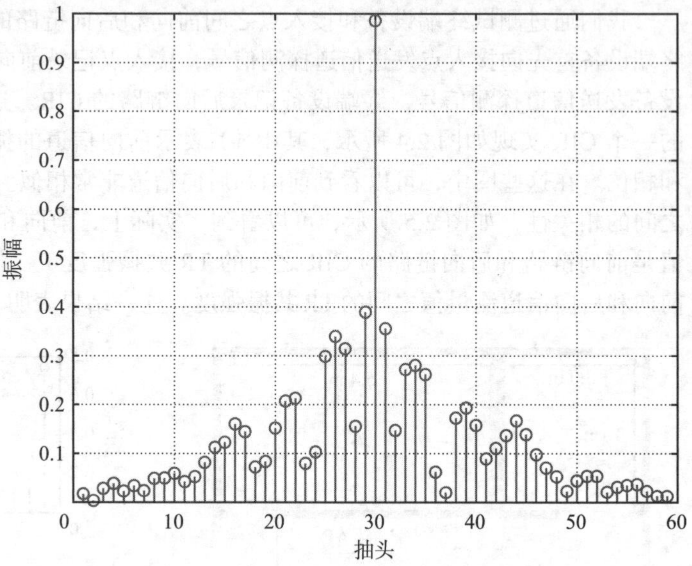

图 2.5　前向链路 CIR 与后向链路 CIR 的互易性

实验结果表明，即使有人走动，在所有收集到的 CIR 中，TR 共振强度仍然很高。因此，TR 定位系统不需要经常更新 CIR 信息。这些结果与文献［19］中的观测结果一致，主要原因是多径效应是由室内环境的折射和反射引起的，只要不存在对环境的严重干扰，它们就是相当稳定的。

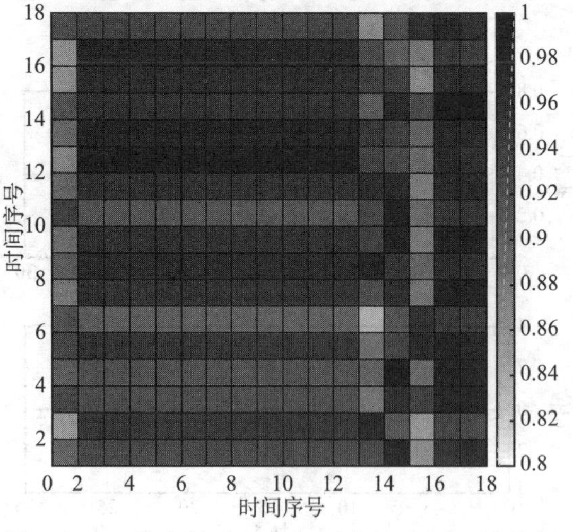

图 2.6　TR 前向链路 CIR 与后向链路 CIR 的共振强度

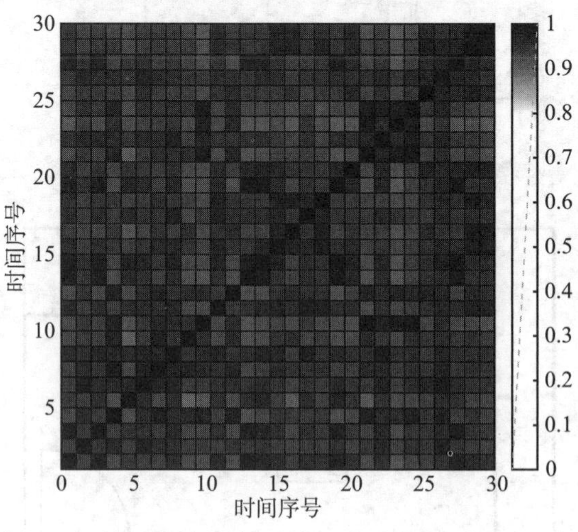

图 2.7　利用终端设备到接入点之间链路的 30 个 CIR 中的任意两个 CIR 之间的 TR 共振强度来评估短时平稳性

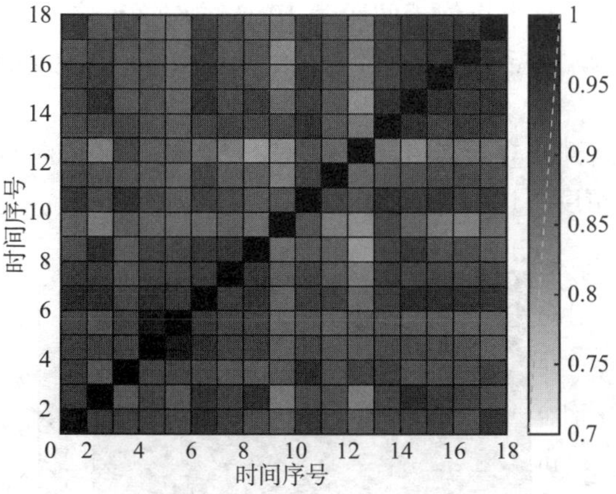

图 2.8　利用周末测量的接入点和终端设备之间的 18 个 CIR 中的任意两个 CIR 之间的 TR 共振强度评估长时间的平稳性

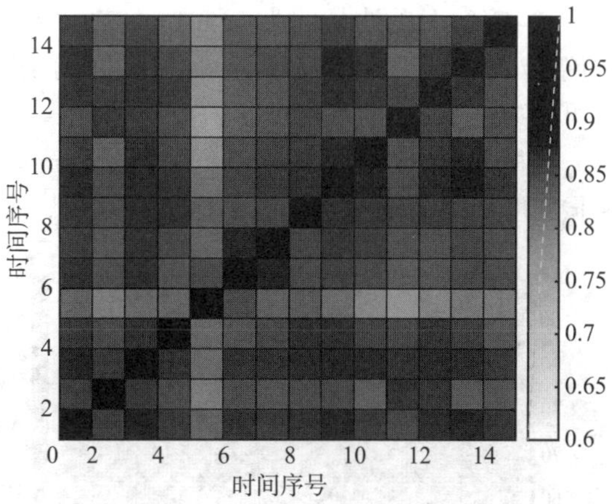

图 2.9　利用一个人在周围走动时测量到的任意两个 CIR 之间 TR 共振强度来评估细微环境变化情况下的信道平稳性

2.3.2.3　空间聚焦效应

正如之前所讨论的，CIR 来自周围的散射体，并且通常来说这种散射体在不同的地理位置是不同的。因此，CIR 是位置特定的，并且对于每个位置都是唯一的。通过利用这种独特位置的特定 CIR，TR 能将发射功率聚焦到预定位置，这就是 TR 系统的空间聚焦效应。使用终端设备从接入点中收集最大能量来量化这种空间聚焦效应。为了评估空间聚焦效应，在一个 1m × 0.9m 的房间 A 中通过移动终端设备在三维架构上的位置进行实验，如图 2.10 所示。网格点相距 10cm，总共得到 110 个评估位置。

图 2.10　用于移动终端设备位置的三维架构，图中每个点代表一个网格点，其中两个相邻的网格点彼此相距 10cm。横轴和纵轴是用一维表达的位置序号。(i, j) 中的每个值表示当目标位置为 i 时，位置 j 处的聚焦增益

收集所有评估位置的 CIR，并通过改变预定位置计算聚焦增益，将其定义为 TR 共振强度的平方，即 η^2。结果如图 2.11 所示，可以看到，在预定位置的聚焦增益远大于在非预期位置的聚焦增益，即，存在非常好的空间聚焦效应。在图 2.11 中，我们还观察到一些重复的情况。这种重复情况是由于使用一维表示二维位置所致。为了更好地说明空间聚焦效应，将预定位置固定为测试区域的中心，如图 2.12 所示，通过直接使用真实地理位置进行空间聚焦。显然，可以看到非常好的空间聚焦性能。注意，对于所有其他目标位置都能观察到类似的结果。

进一步以 1cm 网格间距的精细尺度来评估空间聚焦效应，结果如图 2.13 所示。可以看出在 5cm × 5cm 区域内的空间聚焦效应的退化，这与信道和半波长间隔不相关的事实一致（当载波频

率为 5.4GHz 时，波长约为 5cm）。在这种情况下，当用户位于间距为 10cm 的网格点之间时，可能无法正确定位。然而，这可以通过要求用户旋转设备（例如智能手机）来轻松解决，这样天线可以穿过 10cm 的网格点。

在最近的一个实验中，我们将测量分辨率提高到 0.5cm 来研究准确度。目标位置附近的 TR 共振强度如图 2.14 表明，在 NLOS 环境下，定位精度可达到 1 ～ 2cm。

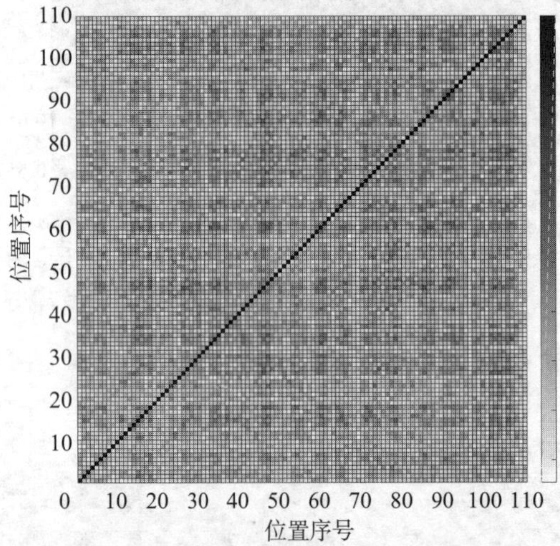

图 2.11 在 $1m \times 0.9m$ 区域内移动预定位置计算所有网格点的聚焦增益 η^2

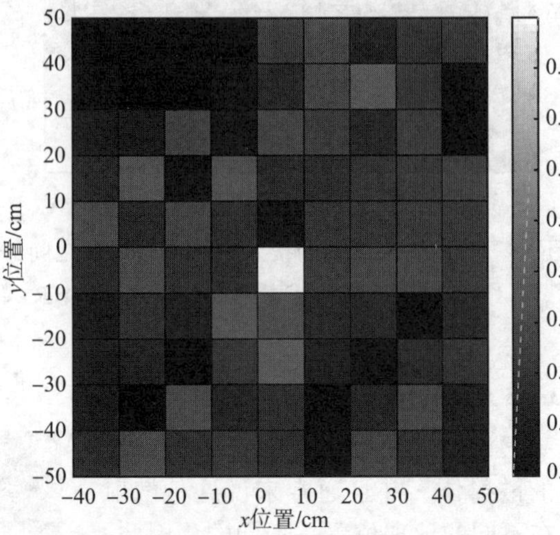

图 2.12 目标位置在兴趣区域中心时 η^2 的地理分布

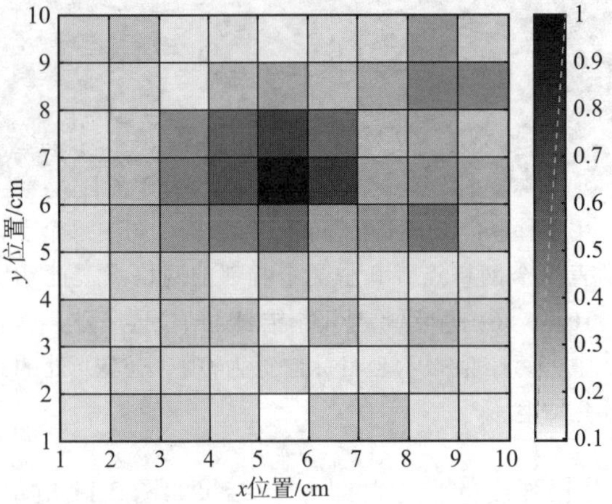

图 2.13 η^2 的精细尺度地理分布

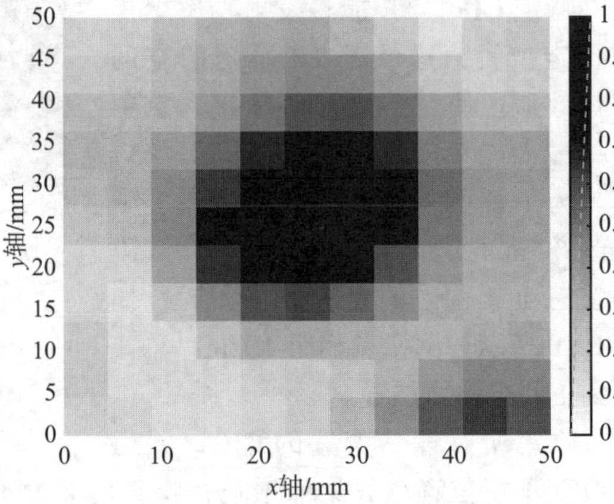

图 2.14 TR 测量分辨率为 0.5cm 时目标位置附近的共振强度

2.3.3 定位性能评估

从上一节的结果中，可以看到 CIR 在接入点和终端设备之间起到了一个标志的作用，即使位置只改变 10cm，CIR 值也将发生很大的变化。在此将测试我们的室内定位算法的性能。

为了评估性能，我们采用留一法（Leave-One-Out）交叉验证。具体来说，每次选择一个

CIR 作为测试样本，剩下的作为训练样本留在数据库中。然后，执行我们的算法，即在线定位算法，并评估相应的性能。110 个网格点共有 3016 个 CIR，共有 3016 次实验。定位性能如表 2.1 所示，可以看到我们的室内定位算法在总共 3016 次实验中是零误差，在关注的 1m × 0.9m 区域内达到了 100% 的精度，没有误差。注意，这一结果是通过测量在 NLOS 条件下工作的单接入点的 CIR 值得到的。

表 2.1　定位精度为 10cm 的定位性能

试验次数	3016
错误数	0
错误率	0%

2.3.4　讨论

从实验结果和讨论中可以发现，TRIPS 是解决室内定位问题的理想方法，因为它可以用非常简单的算法实现非常高的定位精度，而且基础设施成本也很低。

- 从实验结果中，可以看到，在 NLOS 条件下，单个 AP 工作在 5.4GHz 频段时，TRIPS 可以达到理想的厘米级定位精度。这种定位精度比现有的在 NLOS 条件下最先进的 IPS 算法更优，IPS 算法通常可以达到米级定位精度。此外，如果增加数据库的分辨率，还可以提高精度，但是这将增大数据库的规模，从而增加了在线定位算法的复杂性。
- 基于 TR 技术，TRIPS 中的匹配算法非常简单，它只是计算了估计的 CIR 值和数据库中 CIR 值的 TR 共振强度。与现有方法相比，我们的方法不需要复杂的校准和匹配。
- 虽然采用多接入点，可以明显提高定位精度，但是我们的方法只使用单接入点，在 NLOS 条件下也可以达到很高的定位精度。而且，对于接入点不需要特殊装置。因此，对于 TRIPS 来说，基础设施成本非常低。
- 数据库的大小由三个因素决定：房间大小、网格点的分辨率和每个网格点的实现数。对于典型的房间，如图 2.3a 所示的房间“**A**”，大小为 5.4m × 3.1m，两个相邻网格点之间的间隔为 10cm，因此共有 1760 个网格点。假设在每个网格点收集 20 个 CIR 值，其中信道 L 的长度为 30，并且 CIR 值用 4Byte 表示（实部为 2Byte，虚部为 2Byte）。然后，数据库的大小是 $1760 \times 20 \times 30 \times 4$=4224000Byte（$4.2 \times 2^{10}$KB）。这样的数据库相当小，可以用现成的存储设备轻松地存储。此外，所有系统配置，包括网格大小、网格点收集 CIR 数目和信道长度 L，都是可调整的，可以适应特定环境达到期望的定位性能。
- TRIPS 不仅可用于 5.4GHz 频段。它还可以应用于带宽更大的超宽带环境下，也可获得很高的定位精度。

2.4　小结

在本章中，我们利用 CIR 特有的位置特性开发了 TRIPS。具体来说，将室内定位问题分解为两个目标明确的子问题。第一个子问题是通过将物理地理位置与信道冲激响应（CIR）空间中的逻辑位置进行映射来创建数据库，而第二个子问题是通过估计的 CIR 与数据库中的 CIR 相匹配来确定物理位置。为了评估 TRIPS 的性能，我们构建了一个模型来进行真实的实验。实验结果表明，在非视距（NLOS）条件下，即使只有单接入点工作,TRIPS 也可以达到理想的 1 ～ 2cm 定位精度。感兴趣的读者可参考相关文献［37］。

参考文献

[1] H. Liu, H. Darabi, P. Banerjee, and J. Liu, "Survey of wireless indoor positioning techniques and systems," *IEEE Transactions on Systems, Man, and Cybernetics, Part C: Applications and Reviews,* vol. 37, no. 6, pp. 1067–1080, Nov. 2007.

[2] M. Youssef, A. Youssef, C. Rieger, U. Shankar, and A. Agrawala, "Pinpoint: An asynchronous time-based location determination system," in *Proceedings of the 4th ACM International Conference on Mobile Systems, Applications and Services*, 2006, pp. 165–176. [Online]. Available: http://doi.acm.org/10.1145/1134680.1134698.

[3] R. Fontana and S. Gunderson, "Ultra-wideband precision asset location system," in *Proceedings of the IEEE Conference on Ultra Wideband Systems and Technologies,* May 2002, pp. 147–150.

[4] D. Niculescu and B. Nath, "VOR base stations for indoor 802.11 positioning," in *Proceedings of the 10th Annual ACM International Conference on Mobile Computing and Networking*, 2004, pp. 58–69. [Online]. Available: http://doi.acm.org/10.1145/1023720.1023727.

[5] J. Xiong and K. Jamieson, "ArrayTrack: A fine-grained indoor location system," in *Presented as Part of the 10th USENIX Symposium on Networked Systems Design and Implementation (NSDI 13)*, 2013, pp. 71–84. [Online]. Available: www.usenix.org/conference/nsdi13/technical-sessions/presentation/xiong.

[6] Y. Zhao, "Standardization of mobile phone positioning for 3G systems," *IEEE Communications Magazine,* vol. 40, no. 7, pp. 108–116, Jul. 2002.

[7] G. Sun, J. Chen, W. Guo, and K. Liu, "Signal processing techniques in network-aided positioning: A survey of state-of-the-art positioning designs," *IEEE Signal Processing Magazine,* vol. 22, no. 4, pp. 12–23, Jul. 2005.

[8] A. Kushki, K. Plataniotis, and A. Venetsanopoulos, "Kernel-based positioning in wireless local area networks," *IEEE Transactions on Mobile Computing,* vol. 6, no. 6, pp. 689–705, Jun. 2007.

[9] P. Bahl and V. Padmanabhan, "Radar: An in-building RF-based user location and tracking system," in *Proceedings of the Nineteenth Annual Joint Conference of the IEEE Computer and Communications Societies*, vol. 2, 2000, pp. 775–784.

[10] J. Koo and H. Cha, "Localizing WiFi access points using signal strength," *IEEE Communications Letters,* vol. 15, no. 2, pp. 187–189, Feb. 2011.

[11] C. Feng, W. Au, S. Valaee, and Z. Tan, "Received-signal-strength-based indoor positioning using compressive sensing," *IEEE Transactions on Mobile Computing,* vol. 11, no. 12, pp. 1983–1993, Dec. 2012.

[12] M. Youssef, A. Agrawala, and A. Udaya Shankar, "WLAN location determination via clustering and probability distributions," in *Proceedings of the First IEEE International Conference on Pervasive Computing and Communications, 2003. (PerCom 2003)*, pp. 143–150, Mar. 2003.

[13] M. Youssef and A. Agrawala, "The Horus WLAN location determination system," in *Proceedings of the 3rd ACM International Conference on Mobile Systems, Applications, and Services*, 2005, pp. 205–218. [Online]. Available: http://doi.acm.org/10.1145/1067170.1067193.

[14] Y. Chen, D. Lymberopoulos, J. Liu, and B. Priyantha, "Indoor localization using FM signals," *IEEE Transactions on Mobile Computing,* vol. 12, no. 8, pp. 1502–1517, Aug. 2013.

[15] Y. Jin, W.-S. Soh, and W.-C. Wong, "Indoor localization with channel impulse response based fingerprint and nonparametric regression," *IEEE Transactions on Wireless Communications,* vol. 9, no. 3, pp. 1120–1127, Mar. 2010.

[16] N. Patwari and S. K. Kasera, "Robust location distinction using temporal link signatures," in *Proceedings of the 13th Annual ACM International Conference on Mobile Computing and Networking*, 2007, pp. 111–122. [Online]. Available: http://doi.acm.org/10.1145/1287853.1287867.

[17] J. Zhang, M. H. Firooz, N. Patwari, and S. K. Kasera, "Advancing wireless link signatures for location distinction," in *Proceedings of the 14th ACM International Conference on Mobile Computing and Networking*, 2008, pp. 26–37. [Online]. Available: http://doi.acm.org/10.1145/1409944.1409949.

[18] K. Wu, J. Xiao, Y. Yi, D. Chen, X. Luo, and L. Ni, "CSI-based indoor localization," *IEEE Transactions on Parallel and Distributed Systems,* vol. 24, no. 7, pp. 1300–1309, Jul. 2013.

[19] B. Wang, Y. Wu, F. Han, Y.-H. Yang, and K. Liu, "Green wireless communications: A time-reversal paradigm," *IEEE Journal on Selected Areas in Communications,* vol. 29, no. 8, pp. 1698–1710, Sep. 2011.

[20] B. I. Zeldovich, N. F. Pilipetskii, and V. V. Shkunov, *Principles of Phase Conjugation*, Berlin and New York, Springer-Verlag (Springer Series in Optical Sciences. Volume 42), 1985, p. 262.

[21] M. Fink, C. Prada, F. Wu, and D. Cassereau, "Self focusing in inhomogeneous media with time reversal acoustic mirrors," in *IEEE Proceedings of the 1989 Ultrasonics Symposium,* pp. 681–686, vol. 2, Oct. 1989.

[22] M. Fink, "Time reversal of ultrasonic fields. I. Basic principles," *IEEE Transactions on Ultrasonics, Ferroelectrics and Frequency Control,* vol. 39, no. 5, pp. 555–566, Sept. 1992.

[23] A. Derode, P. Roux, and M. Fink, "Robust acoustic time reversal with high-order multiple scattering," *Physical Review Letters*, vol. 75, pp. 4206–4209, Dec. 1995. [Online]. Available: http://link.aps.org/doi/10.1103/PhysRevLett.75.4206.

[24] G. Edelmann, T. Akal, W. Hodgkiss, S. Kim, W. Kuperman, and H. C. Song, "An initial demonstration of underwater acoustic communication using time reversal," *IEEE Journal of Oceanic Engineering,* vol. 27, no. 3, pp. 602–609, Jul. 2002.

[25] B. E. Henty and D. D. Stancil, "Multipath-enabled super-resolution for RF and microwave communication using phase-conjugate arrays," *Physical Review Letters*, vol. 93, p. 243904, Dec. 2004. [Online]. Available: http://link.aps.org/doi/10.1103/PhysRevLett.93.243904.

[26] G. Lerosey, J. de Rosny, A. Tourin, A. Derode, G. Montaldo, and M. Fink, "Time reversal of electromagnetic waves," *Physical Review Letters*, vol. 92, p. 193904, May 2004. [Online]. Available: http://link.aps.org/doi/10.1103/PhysRevLett.92.193904.

[27] R. Qiu, C. Zhou, N. Guo, and J. Zhang, "Time reversal with MISO for ultrawideband communications: Experimental results," *IEEE Antennas and Wireless Propagation Letters,* vol. 5, no. 1, pp. 269–273, Dec. 2006.

[28] G. Lerosey, J. De Rosny, A. Tourin, A. Derode, G. Montaldo, and M. Fink, "Time reversal of electromagnetic waves and telecommunication," *Radio Science*, vol. 40, no. 6, 2005.

[29] G. Lerosey, J. De Rosny, A. Tourin, A. Derode, and M. Fink, "Time reversal of wideband microwaves," *Applied Physics Letters*, vol. 88, no. 15, pp. 154 101, Apr. 2006.

[30] I. Naqvi, G. El Zein, G. Lerosey, J. de Rosny, P. Besnier, A. Tourin, and M. Fink, "Experimental validation of time reversal ultra wide-band communication system for high data rates," *IET Microwaves, Antennas Propagation,* vol. 4, no. 5, pp. 643–650, May 2010.

[31] J. De Rosny, G. Lerosey, and M. Fink, "Theory of electromagnetic time-reversal mirrors," *IEEE Transactions on Antennas and Propagation,* vol. 58, no. 10, pp. 3139–3149, Oct. 2010.

[32] F. Han, Y.-H. Yang, B. Wang, Y. Wu, and K. J. R. Liu, "Time-reversal division multiple access over multi-path channels," *IEEE Transactions on Communications*, vol. 60, no. 7, pp. 1953–1965, Jul. 2012.

[33] Y.-H. Yang, B. Wang, W. Lin, and K. J. R. Liu, "Near-optimal waveform design for sum rate optimization in time-reversal multiuser downlink systems," *IEEE Transactions on Wireless Communications*, vol. 12, no. 1, pp. 346–357, Jan. 2013.

[34] Y. Chen, Y.-H. Yang, F. Han, and K. J. R. Liu, "Time-reversal wideband communications," *IEEE Signal Processing Letters*, vol. 20, no. 12, pp. 1219–1222, Dec. 2013.

[35] F. Han and K. J. R. Liu, "A multiuser TRDMA uplink system with 2D parallel interference cancellation," *IEEE Transactions on Communications*, vol. 62, no. 3, pp. 1011–1022, Mar. 2014.

[36] Y. Chen, F. Han, Y.-H. Yang, H. Ma, Y. Han, C. Jiang, H.-Q. Lai, D. Claffey, Z. Safar, and K. J. R. Liu, "Time-reversal wireless paradigm for green Internet of Things: An overview," *IEEE Internet of Things Journal*, vol. 1, no. 1, pp. 81–98, Feb. 2014.

[37] Z.-H. Wu, Y. Han, Y. Chen, and K. J. R. Liu, "A time-reversal paradigm for indoor positioning system," *IEEE Transactions on Vehicular Technology*, vol. 64, no. 4, pp. 1331–1339, 2015.

|Chapter 3| 第 3 章

多天线方法

信道频率响应（CFR）是 Wi-Fi 系统中细粒度的特定位置信息，可用于室内定位系统（IPS）。然而，由于 Wi-Fi 系统的带宽有限，基于 CFR 的 IPS 很难达到厘米级的精度。为了使用 Wi-Fi 设备实现这种精度，我们考虑了一种 IPS 系统，它充分利用了多输入多输出（MIMO）Wi-Fi 系统中的空间分集，从而获得比 Wi-Fi 信道更大的有效带宽。我们提出的 IPS 在训练阶段获得多个天线链路上与感兴趣位置相关的 CFR。在定位阶段，IPS 从待估计的位置捕获瞬时 CFR，并将其与在训练阶段中通过补偿了剩余同步误差的时间反演共振强度（TRRS）获得的 CFR 进行比较。在一个测量分辨率为 5cm 的办公环境中的大量实验结果表明，在视距（LOS）和非视距（NLOS）情况下，使用一对 Wi-Fi 设备和 321MHz 的有效带宽，IPS 的检测率分别为 99.91% 和 100%，虚警率分别为 1.81% 和 1.65%。同时，我们提出的 IPS 对环境改变具有鲁棒性。此外，测量分辨率为 0.5cm 的实验结果表明，在非视距情况下，定位精度为 1 ～ 2cm。

3.1 引言

无线室内定位系统（IPS）催生了许多基于位置的室内应用，如校园范围的定位[1]、超市的目标广告[2]和购物中心导航[3]。由于 GPS 信号在室内的严重衰减，全球定位系统（GPS）往往无法达到精度要求。

对精度的迫切需求导致使用多种无线技术的 IPS 的广泛发展[4]。其中，基于 Wi-Fi 的方法是很有前途的方法之一，因为它们建立在室内广泛可用的 Wi-Fi 网络上。许多基于 Wi-Fi 的方案利用特定位置的指纹来描述室内空间电磁波的传播，以便于室内定位。例如接收信号强度指示器（RSSI）[5-7]和信道频率响应（CFR）[8-10]。每个 IPS 包括训练阶段和定位阶段。在训练阶段，IPS 收集与多个感兴趣位置相关联的指纹并将指纹存储到数据库中，而在定位阶段，IPS 通过将瞬时指纹与存储在数据库中的指纹进行比较来确定位置。然而，这些 IPS 的定位性能受到 Wi-Fi 系统可用带宽的限制，802.11n Wi-Fi 网络的可用带宽为 20MHz 或 40MHz。带宽限制导致了严重的定位误差，在很大程度上降低了定位精度。

最近，Wu 等人提出的时间反演室内定位系统（TRIPS）可以达到厘米级的定位精度[11]。TRIPS 是一种使用信道脉冲响应（CIR）作为指纹的单天线 IPS。它利用时间反演技术来实现高分辨率的时空聚焦效应[12]进行定位。TRIPS 在 5.4GHz ISM 频段的 125MHz 带宽下，在 0.9m × 1m

范围内以 5cm 的测量分辨率实现了完美的零虚警检测率。精度可以进一步提高到 1 ～ 2cm。尽管 TRIPS 具有厘米级的精度，但它使用专用硬件，并且需要很大的带宽来减少定位误差。

利用 TR 技术在 Wi-Fi 平台上实现厘米级的精度是可能的吗？答案是肯定的。在文献［13-14］中，Chen 等人通过扫描多个信道实现 Wi-Fi 系统的频率分集，并通过将这些信道中的 CFR 串联形成指纹，从而以 5cm 的测量分辨率实现完美的零误报检测率。该方法的一个缺点是从大量信道获取 CFR 时的跳频开销。

在本章中，我们将讨论一种利用多天线 Wi-Fi 设备上的空间分集而非频率分集来达到厘米级精度的 IPS。我们提出的 IPS 将不同天线链路的可用带宽进行最优级联，以形成更大的有效带宽。IPS 包括两个阶段：训练阶段和定位阶段。在训练阶段，IPS 从多个感兴趣的位置捕获 CFR，然后将不同链路的 CFR 组合成位置指纹。在定位阶段，IPS 获得瞬时 CFR，并通过瞬时 CFR 与训练阶段的 CFR 之间的时间反演共振强度（TRRS）来定量评估 TR 聚焦效应。在 Wi-Fi 系统中存在残余同步误差是不可避免的，我们开发了一种算法来减少这种误差在 TRRS 计算中的影响。最后，IPS 根据 TRRS 确定位置。

我们使用一对现成的 Wi-Fi 设备在办公环境中进行了大量的实验，结果表明，在单位距离为 5cm 的地点，所提出的 IPS 在 LOS 和 NLOS 场景下分别能达到 99.91% 和 100% 的检测率，触发 1.81% 和 1.65% 可忽略的虚警率。我们还证明了所提出的 IPS 对环境改变具有鲁棒性。在 0.5cm 的单位距离下的实验结果表明，所提出的 IPS 可以达到 1 ～ 2cm 的精度。据我们所知，这是首次尝试在 NLOS 场景下，使用一对现成 Wi-Fi 设备利用空间分集实现 1 ～ 2cm 的定位精度。

本章主要内容可以总结如下：

- 我们提出有效带宽的概念，作为可利用的定位多样性的度量。
- 我们讨论了一个具有鲁棒性的算法，该算法在每个 Wi-Fi 链路计算 TRRS 时补偿 Wi-Fi 收发机中不可避免的同步误差。然后，通过加权平均的方法融合不同 Wi-Fi 链路的 TRRS，大大降低了 Wi-Fi 系统中由于带宽限制而引起的定位误差。
- 我们在一个典型的办公环境中进行了大量的实验，其中包括由人类活动以及家具和门等物体的运动引起的环境改变。实验结果表明，我们提出的 IPS 具有厘米级的精度，并且对环境改变具有较强的鲁棒性。

3.2　相关工作

在本节，我们从大量文献中选取了一些与所提出的 IPS 高度相关的无线室内定位系统。根据它们的原理，这些方案可以进一步分为两类：三角定位和指纹识别[4]。

3.2.1　三角定位

基于三角定位的方案利用几何特性，在空间中使用已知坐标的多个信息锚点来定位设备。这些方案可进一步分为基于方位和基于角度的方案。

3.2.1.1　基于方位的方案

基于方位的方案需要测量从设备到至少三个锚点的距离，以方便三角测量。通常从无线网络中与 LOS 路径有关的其他信息中推断出距离，例如 RSSI、到达时间（TOA）、到达时差

（TDOA）和往返时间（RTOF）。基于 RSSI 的方法是根据接收到的信号强度，通过自由空间路径损耗模型或其变体来估计设备和锚点之间的距离，其中考虑了墙壁和天花板引起的衰减。SpotON[15] 使用 RFID 技术进行室内定位。SpotON 方法使用与接收到的值关联的 RSSI 值来测量距离。LANDMARC 采用额外的固定参考值进行校准，以提高 RFID 定位精度[16]。然而，室内空间的高度异质性导致出现了强 NLOS 环境，这使路径损耗模型变得复杂并降低了效率。基于 TOA、TDOA 和 RTOF 的方法[17-21] 在强 NLOS 环境下也会受到影响，因为从多径分布中很难分辨出 LOS 分量。此外，在文献［19-21］中提出了使用超宽带传输来获得高精度定时分辨率的方案，但需要专用硬件，这在部署中会产生额外的成本。

3.2.1.2　基于角度的方案

基于角度的方案通过计算到达多个锚点信号的到达角（AOA），并制定多个球体的交点来精确定位设备。在文献［22］中，Xiong 等人提出的 ArrayTrack 是一种由多个接入点组成的相控天线阵列，通过校准同步其初始相位。每个接入点由两个定制的 WARP 无线电与四个全向天线联合在一起构建而成，并且能够利用广泛使用的 MUSIC 算法进行 AOA 估计[23]。3 个接入点的平均精度达到 107cm，通过为每个接入点增加一个天线可以进一步提高到 57cm。当 6 个接入点同时工作时，定位精度达到 31cm。在文献［24］中，Gjengset 等人实现了与 ArrayTrack 高度相似的 Phaser 系统，通过在 Phaser 中将两个现成的 Wi-Fi 卡联合在一起，以取代 ArrayTrack 中使用的两个专用 WARP 无线电。

ArrayTrack 和 Phaser 的一个缺点是，当接入点通电时，必须对每个接入点进行相位校准，以同步不同天线之间的初始相位，因为振荡器会锁定在未知的随机相位上。另一方面，只有当设备与至少 1 个接入点有直接连接时，它们才是准确的，因此通常需要多个接入点。同时需要注意，ArrayTrack 需要专用硬件，而 Phaser 通过使用电缆将其中 2 个接入点连接在一起对接入点进行物理修改。

3.2.1.3　基于方位和角度方案的融合

最近，在文献［25］中，Kotaru 等人提出 SpotFi，即融合了基于方位和角度的方案。SpotFi 对 CFR 的相关矩阵进行空间平滑，并采用二维 MUSIC 算法联合估计不同多径分量的 AOA 和 TOF。然后，SpotFi 通过对多个数据包的组合估计进行聚类来识别 LOS 路径。最后，将 AOA 估计与来自多个接入点的 RSSI 值相结合，SpotFi 通过解决非凸优化问题来确定位置。当设备和大多数接入点之间存在 LOS 路径时，SpotFi 在 3 个、4 个和 5 个 AP 的情况下分别达到 1.9m、0.8m 和 0.6m 的精度，而当仅有 1 个或 2 个接入点与设备之间存在 LOS 路径时，该误差会增加至 1.6m。与 ArrayTrack 和 Phaser 一样，SpotFi 也依赖于这样一个假设，即至少有一个接入点可以与设备建立 LOS 链路。此外，由于涉及 2-D MUSIC 算法、聚类和求解非凸优化问题，SpotFi 的计算复杂度较高。

3.2.2　指纹识别

基于指纹识别的方法在离线训练阶段收集不同兴趣位置的特定指纹，在定位时，将瞬时指纹与在训练阶段获得的指纹进行比较。在文献［6］中，Youssef 等人利用多个接入点的 RSSI 作为训练阶段的指纹，并计算在线阶段候选位置的概率。在 90% 的实验中，可达到的精度为 1.4m。

在文献［8］中，Sen 等人提出了 PinLoc，在 50 个 1m × 1m 的多个接入点上平均检测率为 90%，平均误报率小于 7%。根据混合高斯分布，将每个 1m × 1m 点采集的 CFR 建模为随机向量。然后，PinLoc 使用变分贝叶斯推理将每个 1m × 1m 点的 CFR 划分为簇，每个簇的质心作为代表 CFR。接下来，通过概率测量，PinLoc 评估了在线阶段瞬时 CFR 来自 1m × 1m 定位点的可能性。然而，他们无法达到厘米级的准确度，因为他们发现一个房间的多个位置可能显示相同的指纹。这一点可以通过一个事实来证明：CFR 指纹识别只使用了 20MHz 的带宽，增加了定位的不准确性。

在多输入多输出（MIMO）Wi-Fi 系统中利用空间分集可以进一步提高 IPS 的性能。文献［9］提出的细粒度室内指纹识别系统（FIFS）是通过对不同天线链路的 CFR 振幅进行聚合来形成压缩指纹的。在 2 × 2 MIMO 结构下，精度可以达到 1.1m。FIFS 的精度也通过合并 CFR 中包含的相位信息而提高到 0.95m[10]。然而，由于空间分集没有得到最佳的利用，这两种方案均无法达到厘米级的精度。

3.3 准备工作

在这一部分中，我们简要介绍了无线网络系统中的 TR 技术和信道估计方案。

3.3.1 时间反演

TR 是一种信号处理技术，它可以减少信号经过线性时不变（LTI）系统滤波后的相位失真。它利用了这样的事实，即当 LTI 系统 $h(t)$ 与它的共轭 $h^*(-t)$ 组合在一起时，可以在特定时间消除相位失真。TR 的发展可以追溯到 20 世纪 50 年代，当时 Bogert 使用 TR 技术来校正慢图像传输系统的延迟失真[26]。后来，Kormylo 等人在零相位数字滤波器的设计中使用了 TR 技术，因为对信号在因果和反向因果方向上进行处理，可以消除相位失真[27]。

如果物理信道是非均匀且可逆的，则可以将其视为 LTI。当这种条件成立时，TR 技术可以在特定的空间位置和特定的时间重新聚焦信号波的能量，称为时空聚焦效应。这一效应在超声波、声学和电磁学领域得到了实验验证[12, 28–30]。最近，TR 被应用于宽带无线通信系统[31]。

TR 通信的概念可参考第 1 章。

3.3.2 MIMO-OFDM 中的信道估计

假设在 MIMO-OFDM 系统中，有 N_t 个发射天线和 N_r 个接收天线，用 $h_{n_t,n_r}[\ell]$ 表示发射天线 $(\text{TX})n_t$ 和接收天线 $(\text{RX})n_r$ 之间的 CIR 值，其中 ℓ 取值从 0 到 $L_{n_t,n_r}-1$， L_{n_t,n_r} 表示在 TX n_t 和 RX n_r 之间多径的数量。为了达到定时 / 频率同步和信道估计的目的，TX n_t 发送一个训练序列 $x_{n_t}[n]$，它由若干短训练字段（STF）、保护间隔（Gs）和 N_t 个长训练字段组成。RX n_r 收到信号的第 n 个样本可以表示为

$$y_{n_r}[n]=\sum_{n_t=1}^{N_t}\sum_{l=0}^{L_{n_t,n_r}-1}h_{n_t,n_r}[l]x_{n_t}[n-l]+w_{n_r}[n] \tag{3.1}$$

式中，$w_{n_r}[n]$ 是 RX n_r 处的信道噪声。在 STF 的帮助下，RX n_r 可检测到第一个 LTF 的起始位置。然后，对所有 LTF 进行 N 点快速傅里叶变换（FFT）。在丢弃空子载波之后，与第 i 个 LTF 相关

的第 k 个可用子载波上 $y_{n_r}[n]$ 的频域表示形式为

$$Y_{i,n_r}[u_k]=\sum_{n_t=1}^{N_t}H_{n_t,n_r}[u_k]X_{i,n_t}[u_k]+W_{i,n_r}[u_k] \tag{3.2}$$

式中，u_k 是第 k 个子载波的序号，$k=1,2,\cdots,N_u$。N_u 是可用子载波的数目，$H_{n_t,n_r}[u_k]$ 是 $\{h_{n_t,n_r}[\ell]\}_{\ell=0,1,\cdots,L_{n_t,n_r-1}}$ 第 k 个子载波上的频域表示，$X_{i,n_t}[u_k]$ 是 $x_{n_t}[n]$ 的频域表示，其中 n 在第 k 个子载波上的第 i 个 LTF 范围内，$W_{i,n_r}[u_k]$ 是第 k 子载波上第 i 个 LTF 的频域噪声。

图 3.1 说明了 MIMO-OFDM Wi-Fi 系统中的信道估计过程[32]。TX 交替发送 LTF，这样在任何给定的时间实例中，只有一个 TX 在发送 LTF。因此，$X_{i,n_t}[u_k]$ 表示为

$$X_{i,n_t}[u_k]=X[u_k]\mathbf{1}(i=n_t) \tag{3.3}$$

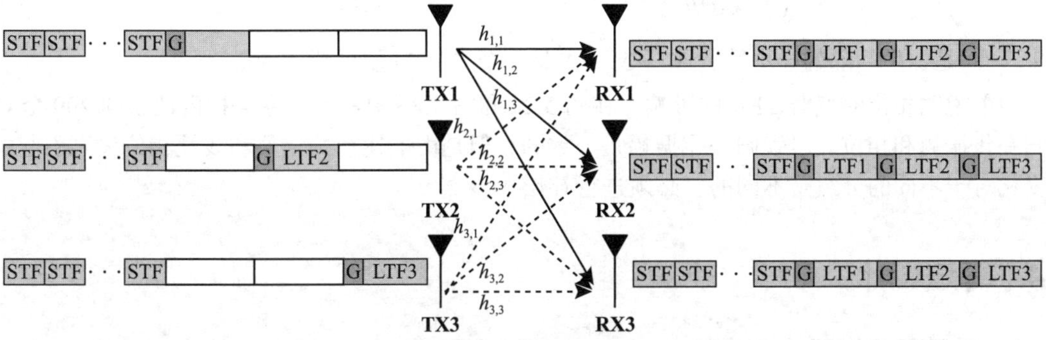

图 3.1　MIMO-OFDM Wi-Fi 系统中的信道估计过程

式中，$\mathbf{1}(x)$ 是指示函数。将 $X_{i,n_t}[u_k]$ 带入式（3.2）得到

$$Y_{i,n_r}[u_k]=\left[H_{i,n_r}[u_k]X[u_k]+W_{i,n_r}[u_k]\right]\mathbf{1}(i=n_t) \tag{3.4}$$

假设频域噪声服从高斯分布，则可以使用最小二乘法估计 CFR 的 $H_{n_t,n_r}[u_k]$

$$\hat{H}_{n_t,n_r}[u_k]=\frac{Y_{n_t,n_r}[u_k]}{X[u_k]}=H_{n_t,n_r}[u_k]+\frac{W_{n_t,n_r}[u_k]}{X[u_k]} \tag{3.5}$$

式（3.5）描述了理想情况下的 $H_{n_t,n_r}[u_k]$。实际上，由于发射机和接收机之间的模拟和数字组件不匹配，Wi-Fi 接收机会受到载波频率偏移（CFO）、采样频率偏移（SFO）和符号定时偏移（STO）的影响。尽管 Wi-Fi 接收机有同步功能，但剩余的同步误差是不容忽视的。同时，Wi-Fi 接收机上的锁相环（PLL）会产生随机公共相位偏移（CPO）。必须考虑到这些附加的误差，因为它们本质上是随机的，会给 CFR 带来严重的不确定性。

在存在上述同步误差的情况下，RX　n_r 处的信道估计采用以下形式[33]

$$\hat{H}_{n_t,n_r}[u_k]=H_{n_t,n_r}[u_k]\mathrm{e}^{\mathrm{j}\nu_{n_r}}\times\mathrm{e}^{\mathrm{j}2\pi\left(\alpha_{n_t}\left(\Delta s_{n_r},\Delta\omega_{n_r}\right)+\epsilon_{n_t}\left(\Delta\psi_{n_r},\Delta\eta_{n_r}\right)u_k\right)}+U_{n_t,n_r}[u_k] \tag{3.6}$$

式中，$U_{n_t,n_r}[u_k]$ 是 TX n_t 和 RX n_r 之间的估计噪声，ν_{n_r} 是 RX n_r 处的 CPO，Δs_{n_r} 是使用 STF

进行定时同步后检测到的帧起始点的参考绝对时间，$\Delta\omega_{n_r}$ 是 RX n_r 处的归一化残差 SFO，作为 $\frac{\Delta f_r}{NT_s}$ 给出，其中 Δf_r 是 RX n_r 处的残差 CFO，$\Delta\psi_{n_r}$ 是 RX n_r 处的 STO，$\Delta\eta_{n_r}$ 是 RX n_r 处的残余 SFO，表示为 $\frac{T_s'-T_s}{T_s}$，其中 T_s 和 T'_s 分别是 TX 和 RX 处的采样间隔。初始相位畸变和线性相位畸变用 $\alpha_{n_t}\left(\Delta s_{n_r},\Delta\omega_{n_r}\right)$ 和 $\epsilon_{n_t}\left(\Delta\psi_{n_r},\Delta\eta_{n_r}\right)$ 表示，其形式如下

$$\alpha_{n_t}\left(\Delta s_{n_r},\Delta\omega_{n_r}\right)=\frac{\left(\Delta s_{n_r}+(i-1)N_s+N_G+\frac{N}{2}\right)\Delta\omega_{n_r}}{N} \tag{3.7}$$

$$\epsilon_{n_t}\left(\Delta\psi_{n_r},\Delta\eta_{n_r}\right)=\frac{\Delta\psi_{n_r}+\left((i-1)N_s+N_G+\frac{N}{2}\right)\Delta\eta_{n_r}}{N} \tag{3.8}$$

式中，N_G 是保护间隔的样本数，$N_s=N_G+N$ 是一个 OFDM 块的样本总数。

为了说明相位畸变对 CFR 的影响，在图 3.2a 和图 3.2b 中显示了在 4 秒内捕获的 200 个 CFR 的归一化振幅和相位。尽管归一化振幅是一致的，但是由上述初始相位和线性相位失真引起的相位变化对于不同的分组是不同的，必须进行补偿。

3.4 算法设计

3.4.1 计算每条链路的 TRRS

给出两个 CIR，$\hat{\boldsymbol{h}}=\left[\hat{h}[0],\hat{h}[1],\cdots,\hat{h}[L-1]\right]^{\mathrm{T}}$ 和 $\hat{\boldsymbol{h}}'=\left[\hat{h}'[0],\hat{h}'[1],\cdots,\hat{h}'[L-1]\right]^{\mathrm{T}}$，其中 $(\cdot)^{\mathrm{T}}$ 代表转置运算，两个 CIR 之间的 TRRS 表述为[11]：

$$\gamma_{\mathrm{CIR}}\left[\hat{\boldsymbol{h}},\hat{\boldsymbol{h}}'\right]=\frac{\left(\max_i\left|\left(\hat{\boldsymbol{h}}*\hat{\boldsymbol{g}}\right)[i]\right|\right)^2}{\langle\hat{\boldsymbol{h}},\hat{\boldsymbol{h}}\rangle\langle\hat{\boldsymbol{g}},\hat{\boldsymbol{g}}\rangle} \tag{3.9}$$

式中，* 表示线性卷积，$\hat{\boldsymbol{g}}$ 是 $\hat{\boldsymbol{h}}'$ 的时间反演共轭对应项，$\langle\boldsymbol{x},\boldsymbol{y}\rangle$ 是向量 $\boldsymbol{x}$ 和 $\boldsymbol{y}$ 之间的内积算符，也可以表示为 $\boldsymbol{x}^{\dagger}\boldsymbol{y}$，其中（$\cdot$）† 是 Hermitian 算符。在式（3.9）中，计算 $\gamma_{\mathrm{CIR}}\left[\hat{\boldsymbol{h}},\hat{\boldsymbol{h}}'\right]$ 时，对所有可能的 i 取最大值，从本质上减少了由 STO 引起的线性相位畸变。同时，对分子取绝对值，消除了初始相位畸变，如式（3.9）所示。但是，剩余的 SFO 没有得到补偿。

由于时域互相关等效于频域内积，因此我们通过将式（3.9）扩展到 MIMO-OFDM 系统中来重新定义频域中两个 CFR 之间的 TRRS。假设在 TX n_t 与 RX n_r 之间的两个 CFR 表示为 $\hat{\boldsymbol{H}}_{n_t,n_r}$ 和 $\hat{\boldsymbol{H}}'_{n_t,n_r}$。为了方便，定义链路序号为 $d=(n_t-1)N_r+n_r$ ㊀。$\hat{\boldsymbol{H}}_d$ 可以表示为

$$\hat{\boldsymbol{H}}_d=\left[\hat{H}_d[u_1]\quad\hat{H}_d[u_2]\quad\cdots\quad\hat{H}_d[u_k]\quad\cdots\quad\hat{H}_d[u_{N_u}]\right]^{\mathrm{T}} \tag{3.10}$$

㊀ 例如，在 3×3 MIMO 系统中，TX 天线 2 和 RX 天线 1 之间的链路标记为链路 4。

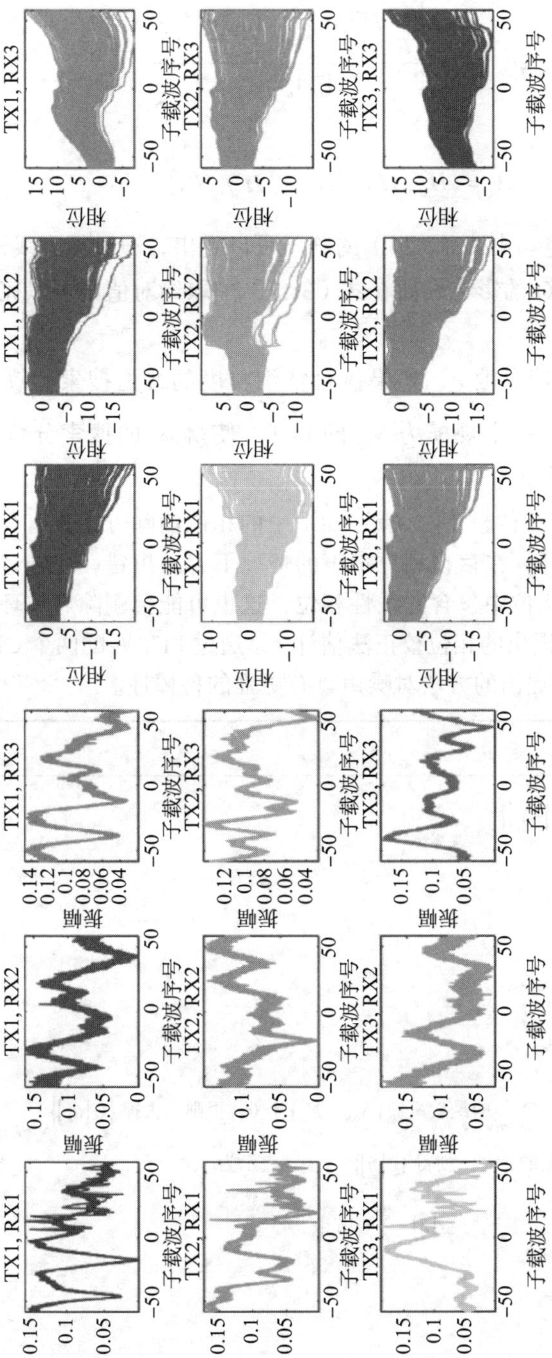

a）归一化振幅

b）展开相位

图 3.2　在 4 秒内收集的 3 × 3 MIMO-OFDM 系统中 9 个链路的 CFR 的快照

类似的定义适用于 $\hat{\boldsymbol{H}}'_d$。给定 $\hat{\boldsymbol{H}}_d$ 和 $\hat{\boldsymbol{H}}'_d$，将链路 d 上的 TRRS 定义为

$$\overline{\phi}_d = \frac{\max\limits_{\epsilon}\left|\sum_{k=1}^{N_u}\hat{H}_d[u_k]\hat{H}'_d[u_k]\mathrm{e}^{\mathrm{j}\epsilon u_k}\right|^2}{\Lambda_d\Lambda'_d} \tag{3.11}$$

式中

$$\Lambda_d = \langle \boldsymbol{H}_d, \boldsymbol{H}_d\rangle,\ \Lambda'_d = \langle \boldsymbol{H}'_d, \boldsymbol{H}'_d\rangle \tag{3.12}$$

分别是 $\hat{\boldsymbol{H}}_d$ 和 $\hat{\boldsymbol{H}}'_d$ 的信道能量。由式（3.11）的分子可以看出，通过搜索线性项 $\mathrm{e}^{\mathrm{j}\epsilon u_k}$ 中参数 ϵ 的最优取值可以减少 STO 和 SFO 的影响，而在式（3.11）中取绝对值则可以完全消除初始相位失真的影响。

计算 $\overline{\phi}_d$ 需要精确的估计参数 ϵ，如果执行精细粒度的暴力搜索，效率会非常低。为了更有效地获得 ϵ，我们采用了一个规模为 N_{ser} 的 FFT，使得 $\overline{\phi}_d$ 的搜索分辨率在 $[0,2\pi)$ 范围内为 $2\pi/N_{\text{ser}}$。该算法归纳在算法 2 中。

算法 2 中步骤 8 所示的相位校正与文献［8］中的相位消除方案具有显著不同。相位消除方案对 CFR 相位进行相位展开，在存在相位噪声的情况下容易出错。此外，它通过最小二乘估计完全消除了未处理的 CFR 相位中包含的线性相位，这也可能会删除有关环境的有用信息，产生副作用[⊖]。另一方面，本书提出的相位校正法估计 ϵ 是通过 FFT 匹配两个 CFR 来实现的，并且不进行相位展开。因此，本书提出的方法对噪声具有更强的鲁棒性。

算法 2　计算链路 d 的 TRRS $\overline{\phi}_d$

输入： $\left\{\hat{H}_d[u_k]\right\}_{k=1,2,\ldots,N_u}, \left\{\hat{H}'_d[u_k]\right\}_{k=1,2,\ldots,N_u}$

输出： $\overline{\phi}_d$

1: 初始化 $\Lambda_d = 0$ and $\Lambda'_d = 0$

2: **for** $k = 1,2,\cdots,N_u$ **do**

3: 　计算 $\hat{G}[u_k] = \hat{H}_d[u_k]\hat{H}'^{*}_d[u_k]$

4: 　计算 $\Lambda_d = \Lambda_d + \hat{H}_d[u_k]\hat{H}^{*}_d[u_k]$

5: 　计算 $\Lambda'_d = \Lambda'_d + \hat{H}'_d[u_k]\hat{H}'^{*}_d[u_k]$

6: **end for**

7: 如果 $N_{\text{ser}} \geqslant N_u$，则在 $\left\{\hat{G}[u_k]\right\}_{k=1,2,\cdots,N_u}$ 的最后添加 $(N_{\text{ser}} - N_u)$ 个 0；否则，去掉 $\left\{\hat{G}[u_k]\right\}_{k=1,2,\cdots,N_u}$ 的最后 $(N_u - N_{\text{ser}})$ 项。

8: 对于 $\left\{\hat{G}[u_k]\right\}_{k=1,2,\cdots,N_u}$ 执行 N_{ser} 点的 FFT，使得 $\{g[n]\}_{n=1,2,\cdots,N_{\text{ser}}}$ 表示为

$$g[n] = \sum_{k=1}^{N_{\text{ser}}}\hat{G}[u_k]\mathrm{e}^{-\mathrm{j}\frac{2\pi n(k-1)}{N_{\text{ser}}}} \tag{3.13}$$

9: 计算 $\overline{\phi}_d = \dfrac{\max\limits_{n=1,2,\cdots,N_{\text{ser}}}|g[n]|^2}{\Lambda_d\Lambda'_d}$.

10: **return:** $\overline{\phi}_d$

⊖　环境中的反射器也会将线性相移引入频域 CFR 中。

3.4.2　融合不同链路的 TR 共振强度

在 MIMO-OFDM Wi-Fi 系统中，从不同链路捕获的 CFR 组成的组合 CFR 表示为

$$\hat{\mathbb{H}}=\left[\hat{\boldsymbol{H}}_1^{\mathrm{T}} \quad \hat{\boldsymbol{H}}_2^{\mathrm{T}} \quad \cdots \quad \hat{\boldsymbol{H}}_d^{\mathrm{T}} \quad \cdots \quad \hat{\boldsymbol{H}}_D^{\mathrm{T}}\right]^{\mathrm{T}} \tag{3.14}$$

与 $\hat{\boldsymbol{H}}'$ 定义相似，计算 $\left\{\bar{\phi}_d\right\}_{d=1,2,\cdots,D}$，并将它们融合到组合的 TRRS $\gamma\left[\hat{\boldsymbol{H}},\hat{\boldsymbol{H}}'\right]$ 中，表述为

$$\gamma\left[\hat{\boldsymbol{H}},\hat{\boldsymbol{H}}'\right]=\left(\sum_{d=1}^{D}\omega_d\sqrt{\bar{\phi}_d}\right)^2 \tag{3.15}$$

式中

$$\omega_d=\frac{\sqrt{\Lambda_d\Lambda_d'}}{\sqrt{\sum_{d=1}^{D}\Lambda_d}\sqrt{\sum_{d=1}^{D}\Lambda_d'}} \tag{3.16}$$

是第 d 条链接的权重。选择 ω_d 的直观性在于，在不同链路对上给定相同的信道噪声，那些具有较高信道能量乘积的链路对具有更强的抗噪声能力，因此在计算组合的 TRRS 时应分配较高的权重。ω_d 的分母使得 $\gamma[\hat{\boldsymbol{H}},\hat{\boldsymbol{H}}']$ 在 [0,1] 范围内。

3.4.3　有效带宽

由于充分利用了 $\hat{\boldsymbol{H}}$ 和 $\hat{\boldsymbol{H}}'$ 中包含的信息来计算组合 TRRS $\gamma[\hat{\boldsymbol{H}},\hat{\boldsymbol{H}}']$，因此可以获得有效的带宽 W_e

$$W_e=\frac{DN_uB}{N} \tag{3.17}$$

式中，B 是每条链路的带宽。对于 802.11n Wi-Fi 系统，B 最大可达 40MHz。注意，有效带宽不同于分配给 Wi-Fi 信道的物理带宽。在本章中，将有效带宽作为度量，以量化基于指纹的 IPS 中可用资源，该 IPS 可用于定位。根据检出率和误报率来说，较大的有效带宽通常会带来更好的定位性能，因此可以有助于深入理解 IPS 性能。

3.4.4　组合 TRRS 定位

IPS 包括一个训练阶段和一个定位阶段，在本节后面的部分将详细介绍。

3.4.4.1　训练阶段

在训练阶段，我们从 L 个感兴趣的地点收集 R 个 CFR 值。这 $L\times R$ 个 CFR 值存储在数据库中，表示为 $\boldsymbol{D}_{\text{train}}$。$\boldsymbol{D}_{\text{train}}$ 的第 i 列由 $\hat{\boldsymbol{H}}_i$ 给出，$\hat{\boldsymbol{H}}_i$ 如式（3.14）所示，i 为训练序号。将实现序号表示为 r，将位置序号表示为 ℓ，训练序号 i 可以由（r,ℓ）映射为 $i=(\ell-1)R+r$。

3.4.4.2　定位阶段

确定设备位置的问题可以归结为多假设检验问题。更具体地说，假设从要估计的位置 ℓ' 收集瞬时 CFR $\hat{\boldsymbol{H}}'$。然后，计算 $\boldsymbol{D}_{\text{train}}$ 和 $\hat{\boldsymbol{H}}'$ 中的每个 CFR 之间的组合 TRRS，如式（3.15）所示，这导致 $\{\gamma[\hat{\boldsymbol{H}}_i,\hat{\boldsymbol{H}}']\}_{i=1,2,\cdots,LR}$。接下来，在同一训练地点 ℓ，但实现指数 r 不同的条件下，评估多个组

合 TRRS 中的最大值，表示为

$$\gamma_\ell = \max_{\substack{i=(\ell-1)R+r \\ r=1,2,\cdots,R}} \gamma\left[\hat{\boldsymbol{H}}_i, \hat{\boldsymbol{H}}'\right] \tag{3.18}$$

现在，我们定义了 $L+1$ 个假设 $\boldsymbol{H}_0, \boldsymbol{H}_1, \boldsymbol{H}_2, \cdots, \boldsymbol{H}_\ell, \cdots, \boldsymbol{H}_L$，其中 $\boldsymbol{H}_{\ell,\ell\neq 0}$ 表示假设设备在训练阶段位于位置 ℓ，$\boldsymbol{H}_0$ 表示假设设备位于训练阶段之外的未知位置。如果满足以下两个条件，可确定 $\boldsymbol{H}_{\ell,\ell\neq 0}$ 为真，即设备位于训练数据库中的第 ℓ 个位置：

$$\gamma_\ell \geqslant \Gamma, \gamma_\ell = \max_{\ell'=1,2,\cdots,L} \gamma_{\ell'} \tag{3.19}$$

式中，Γ 是 [0, 1] 范围内的阈值。另一方面，如果 $\gamma_\ell \leqslant \Gamma, \forall \ell = 1,2,\cdots,L$，则 $\boldsymbol{H}_0$ 为真，即无法定位设备，因为瞬时 CFR 与 $\boldsymbol{D}_{\text{train}}$ 中的 CFR 之间不匹配。

3.4.4.3 阈值配置

IPS 的性能很大程度上受 Γ 的影响。一个好的 Γ 选择可以产生高的检出率和可忽略的误报率。检出率用 $P_D(\Gamma)$ 表示，表示 IPS 确定设备位置正确的概率，而误报率用 $P_{FA}(\Gamma)$ 表示，表示 IPS 对设备位置做出错误决定的概率。

在检测率为 $P_{D,0}$，虚警率为 $P_{FA,0}$ 的约束下，在训练阶段 IPS 通过 $\boldsymbol{D}_{\text{train}}$ 中的 CFR 值自主学习 Γ 值。首先，IPS 根据训练数据库 $\boldsymbol{D}_{\text{train}}$ 中所有的 CFR，计算 TRRS 矩阵 $\boldsymbol{R}$，$\boldsymbol{R}$ 的第（i, j）项由 $\gamma[\boldsymbol{H}_i, \boldsymbol{H}_j]$ 给出，其中 $\boldsymbol{H}_i$ 和 $\boldsymbol{H}_j$ 分别是训练阶段捕获的第 i 个和第 j 个 CFR。注意，$[\boldsymbol{R}]_{i,i} \triangleq 1$。那么 IPS 对于不同的 Γ 值计算 $\left(P_D(\Gamma), P_{FA}(\Gamma)\right)$，直至找到特定的 $\Gamma^\star$ 值，使得 $P_D(\Gamma^\star) \geqslant P_{D,0}$ 和 $P_{FA}(\Gamma^\star) \leqslant P_{FA,0}$。最后，$\Gamma^\star$ 作为式（3.19）定位阶段的阈值。

3.5 实验

3.5.1 实验设置

3.5.1.1 环境

实验是在多层建筑物中的典型办公室中进行的。室内空间被书桌、计算机、椅子和架子占据。

3.5.1.2 设备

我们构建了几个配备有现成 Wi-Fi 设备的原型。每个 Wi-Fi 设备均配备 3 个全向天线，以支持 3 × 3 MIMO 配置。基于不同的功能，这些 Wi-Fi 设备可以进一步分类为接入点和站（STA）。每个接入点的中心频率配置为 5.24GHz。原型如图 3.4 所示。

3.5.1.3 详细实验

我们总共进行了 7 个实验，以评估图 3.3 所示设置的 IPS 性能。实验 1 ～ 4 在 5cm 的测量分辨率下进行，以分析静态和动态环境下的性能，下面详细介绍。

实验 1：研究了该算法在 5cm 分辨率下的定位性能。实验 1a 表示 Wi-Fi 设备放置在 LOS 位置，实验 1b 表示 Wi-Fi 设备放置在 NLOS 位置。对于每个实验，在测量结构上测量 100 个位置的 CFR，如图 3.4 所示。测量分辨率为 d=5cm。对于每个位置，都要测量 10 个 CFR。

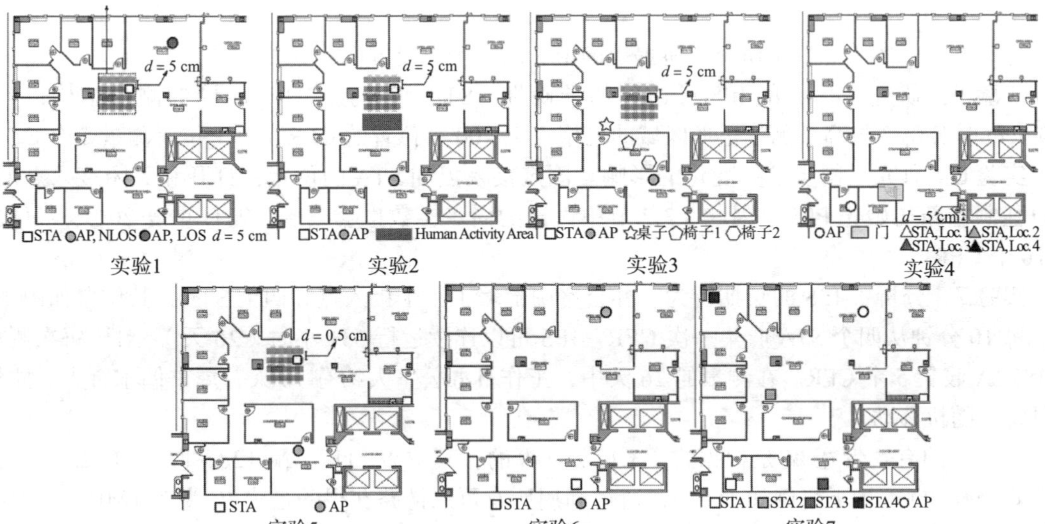

图 3.3　实验设置

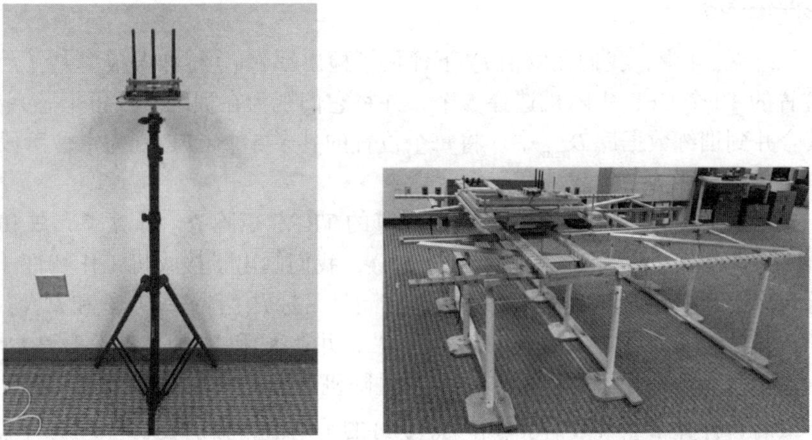

a）所提供IPS的Wi-Fi原型　　b）实验中使用的测量结构

图　3.4

实验 2：发现了人类活动的影响。一名参与者被要求以 d=5cm 作为单位距离在 STA 附近随机行走。参与者和 STA 之间的距离范围为 8 ～ 10ft（1ft=0.3048 米）。接入点放置在与实验 1b 中相同的 NLOS 位置。实验收集了 40 个不同位置的 CFR，每个位置 10 个 CFR。

实验 3：分析了通过移动办公室中的家具而引入环境动态因素时的定位性能。我们在测量结构上总共测量了 5 个位置，分辨率为 5cm。对于每个位置，首先在家具不移动的情况下测量 10 个 CFR，然后再将办公桌的位置移至测量结构附近之后再测量 10 个 CFR。接下来，在会议室中移动一把椅子后测量 10 个 CFR，再移动会议室中的另一把椅子后，测量最后 10 个 CFR。

实验 4：研究了开门和关门对定位性能的影响。接入点放在办公室里，STA 位于办公室入口附近的壁橱里。接入点和 STA 之间的直接联系被两个混凝土墙阻挡。然后要求参与者打开和关闭位于接入点和 STA 之间房间的门。采集壁橱中 4 个位置的 CFR，在门不同状态下的每个位置采集 10 个 CFR。

另一方面，实验 5 ～ 7 研究了所提出的 IPS 的几个重要方面，其中：

实验 5：研究了提出的 IPS 可达到的准确性。STA 与实验 1 具有相同的测量结构，但在 d=0.5cm 时分辨率更高。测量矩形区域的网格点上 400 个位置的 CFR，每个位置测量 5 个 CFR。

实验 6：研究了同步参数变化的影响。固定接入点和 STA 的位置，打开和关闭接入点的电源以强制重新初始化 PLL，因此 3.3.2 节中讨论的同步参数也会改变。循环重复 20 次，每次测量 10 个 CFR。

实验 7：分析了 IPS 的长期行为。办公室中部署了一个接入点和四个 STA，其位置如图中所示。每 10 分钟从四个 STA 收集一次 CFR。IPS 可以连续运行 631 小时（26 天）。对于每次测量，每个 STA 收集 5 个 CFR。在测量的 26 天中，工作日办公室大约有 10 人，周末偶尔有人。此外，家具每天随机移动。

实验中的有效带宽 W_e 是根据式（3.17）计算的，其中 N_u=114、N=128 和 D = 1, 2, 3, ⋯, 9, 在 3 × 3 MIMO 配置下，例如 D = 9，通过利用所有可用链路获得的最大 W_e 为 321MHz。在性能评估中，算法 2 中的 N_{ser} 设置为 1024。

3.5.2 性能评估指标

在实验 1、2、3、4 中，我们在阈值 $\Gamma^\star$ 下评估了检出率 $P_D(\Gamma^\star)$ 和误报率 $P_{FA}(\Gamma^\star)$。更具体地说，从每个位置的 10 个 CFR 中随机选择 5 个，并将它们视为在训练阶段每个感兴趣位置获得的 CFR，并将其合并到训练数据库 $\boldsymbol{D}_{\text{train}}$ 中。将每个位置的其余 5 个 CFR 视为定位阶段获得的 CFR，并将其合并到测试数据库 $\boldsymbol{D}_{\text{test}}$ 中。

利用 3.4 节中提出的方案，基于根据 $\boldsymbol{D}_{\text{train}}$ 计算的 TRRS 矩阵 $\boldsymbol{R}$，计算了 $\Gamma \in [0, 1]$ 的 $P_D(\Gamma)$ 和 $P_{FA}(\Gamma)$。通过比较在不同 Γ 下的 $P_D(\Gamma)$ 和 $P_{FA}(\Gamma)$，我们画出了接收机工作特性（ROC）曲线，以突出显示检出率与误报率之间的权衡。然后选择满足目标 $P_D(\Gamma^\star) \geqslant 95\%$ 和 $P_{FA}(\Gamma^\star) \leqslant 2\%$ 的最小 $\Gamma^\star$ 作为阈值。最后，从 $\boldsymbol{D}_{\text{test}}$ 中计算 TRRS 矩阵 $\boldsymbol{R}'$，并在 $\boldsymbol{R}'$ 和 $\Gamma^\star$ 的基础上对 $P_D(\Gamma^\star)$ 和 $P_{FA}(\Gamma^\star)$ 进行评价。为了充分利用收集到的 CFR，我们通过随机选择训练阶段和定位阶段的 CFR，重复 5 次这一过程。最后，计算了 $\Gamma^\star$、$P_D(\Gamma^\star)$ 和 $P_{FA}(\Gamma^\star)$ 的平均值，分别表示为 $\overline{\Gamma^\star}$、$\bar{P}'_D$ 和 $\bar{P}'_{FA}$。

在实验 5 中，我们说明了 TRRS 在测量结构上的分布。特别是，我们将从 10cm × 10cm 矩形网格的中点获得 CFR 构成 $\boldsymbol{D}_{\text{train}}$，并将所有位置的 CFR 作为 $\boldsymbol{D}_{\text{test}}$。然后基于 $\boldsymbol{D}_{\text{train}}$ 和 $\boldsymbol{D}_{\text{test}}$ 计算 TRRS 矩阵 $\boldsymbol{R}$。

在实验 6 中，我们用所有的 CFR 来构建 $\boldsymbol{D}_{\text{train}}$，其中 $\boldsymbol{D}_{\text{test}}$ 和 $\boldsymbol{D}_{\text{train}}$ 相同。因此，TRRS 矩阵 $\boldsymbol{R}$ 封装了时变同步参数对定位性能的影响。

在实验 7 中，对于每个 STA，使用第一次测量中收集的五个 CFR 来构建 $\boldsymbol{D}_{\text{train}}$，并将在不同时间测量的所有 CFR 保留在 $\boldsymbol{D}_{\text{test}}$ 中。在计算 TRRS 矩阵 $\boldsymbol{R}$ 之后，取 $\boldsymbol{R}$ 的列平均值，表示为 $\bar{\boldsymbol{R}}$，它表示 $\boldsymbol{D}_{\text{train}}$ 中的 CFR 与 $\boldsymbol{D}_{\text{test}}$ 中的 CFR 之间每 10 分钟的平均 TRRS。使用 $\bar{\boldsymbol{R}}$，我们评估检出率和误报率。

3.5.3 性能评估

实验 1a：5cm 分辨率的 LOS

在图 3.5a、b、c 中，我们展示了在 LOS 情况下具有不同 W_e 的 TRRS 矩阵 $\boldsymbol{R}$。正如我们所见，

增加 W_e 会缩小 $\boldsymbol{R}$ 的非对角线分量。换句话说，增大 W_e 会减少不同位置之间的模糊性。另一方面，在相同位置测得的 TRRS 值仅略微下降，并且在 W_e 较大时仍接近 1。使用大 W_e 的净效应是在相同位置和不同位置计算的 TRRS 之间的差值较大，这表明位置辨别得到了增强。图 3.5d 中的 ROC 曲线表明，在不同 W_e 下，IPS 可以实现近乎完美的定位性能，其中 $\bar{P}'_D \geqslant 99.84\%$，$\bar{P}'_F \leqslant 1.93\%$。当 W_e =36MHz 时，我们可以达到 $\bar{P}'_D$ =100%和 $\bar{P}'_{FA}$ =1.92%，这意味着当 W_e =36MHz 时，位置之间存在歧义，如图 3.5a 所示，可以找到一个很好的 $\overline{\Gamma^\star}$ 来区分不同的位置。

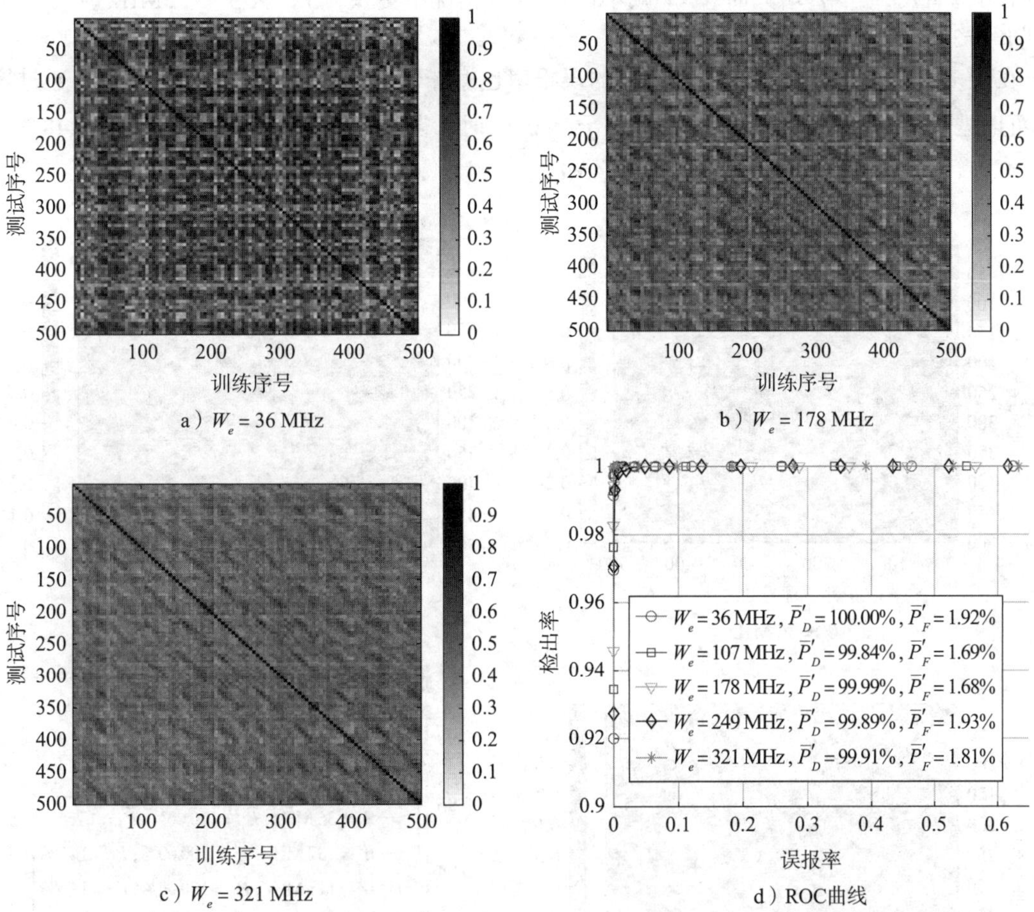

图 3.5　LOS 下的实验 1a 结果

但是一般而言，当 W_e 小时，阈值 $\overline{\Gamma^\star}$ 很大。因此，在较小的 W_e 下，IPS 对噪声和与不同位置相关联的 CFR 劣化具有高度敏感性，例如，当由于人或物体的移动而存在明显的环境动态时。另一方面，当 W_e 大时，$\overline{\Gamma^\star}$ 会小得多，这为噪声和动态留下了较大的余量，从而提高了所提出的 IPS 的鲁棒性，图 3.7 证明了此观点是正确的，在图 3.7 实验 1a 中展示了不同的 W_e。可以看出，当 W_e =36MHz 时，需要一个最大为 0.86 的阈值，该阈值随着 W_e 的增加而减小。当 W_e =321MHz 时，阈值降至 0.63。

实验 1b：5cm 分辨率的 NLOS

在图 3.6a、b、c 中，我们展示了在 NLOS 情况下具有不同 W_e 的 TRRS 矩阵 $\boldsymbol{R}$。与图 3.5a、b 和 c 相比，我们看到，NLOS 场景的位置歧义性比 LOS 场景低，这是因为 NLOS 场景中不同位置之间测得的 TRRS 值更小。可以通过以下事实证明这一点：信道能量在 NLOS 下比 LOS 分布在更多的多径分量上，并提供了更丰富的环境信息。与实验 1a 的结果类似，我们发现更大的 W_e 减少了位置歧义并增强了 IPS 的整体性能，当 W_e =321MHz 时，$\bar{P}'_D$ =100%，$\bar{P}'_F$ =1.65%。从图 3.7 可以看出，当 W_e 增大时，$\overline{\Gamma^\star}$ 减小比在 LOS 情况下更快，$\overline{\Gamma^\star}$ 从 W_e =36MHz 时的 0.78 减小到 W_e =321MHz 时的 0.53。

在大多数情况下，实验 1 中可忽略的误报率也意味着定位误差为 0cm。实际上，通过增加 $\overline{\Gamma^\star}$ 可以进一步降低误报率，LOS 情况下 $\overline{\Gamma^\star}$ =0.74 时，误报率为 0.06%，检出率为 99.48%，在 $\overline{\Gamma^\star}$ =0.71 下误报率和检出率为 0% 和 99.45%。

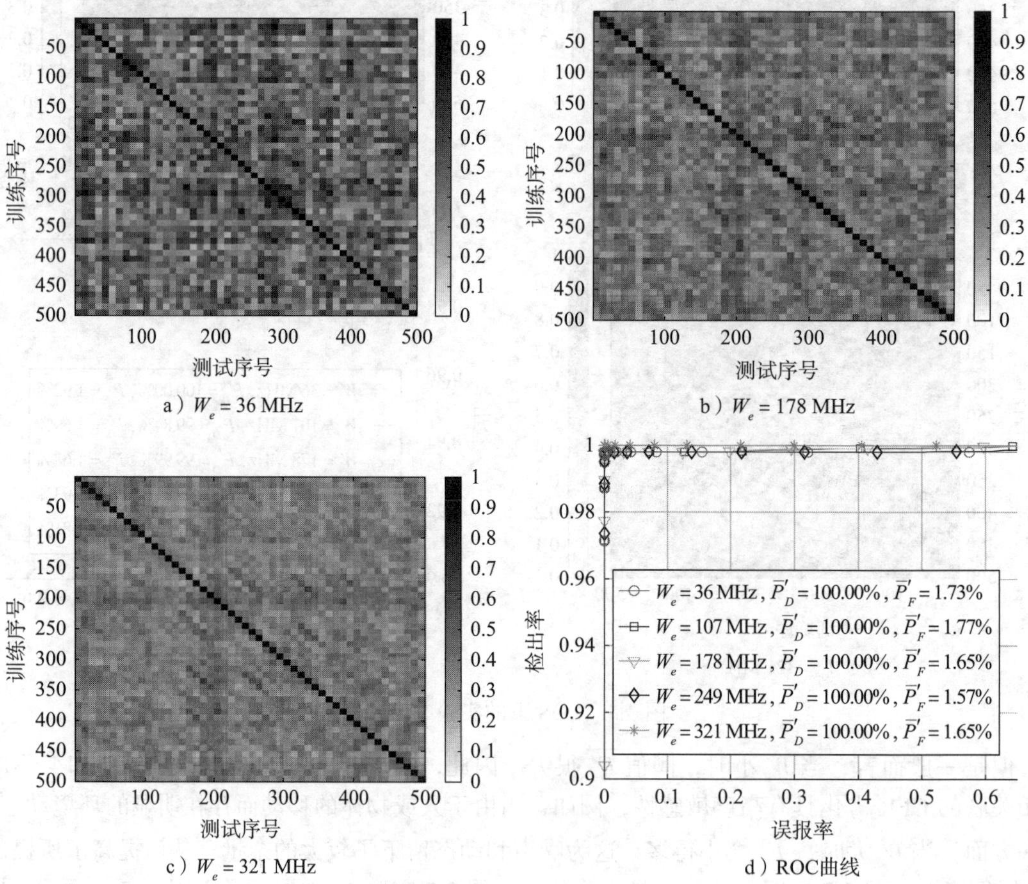

a）W_e = 36 MHz　b）W_e = 178 MHz　c）W_e = 321 MHz　d）ROC曲线

图 3.6 NLOS 下的实验 1b 结果

实验 2：人类活动的影响

图 3.8 展示了人类活动对所提出的 IPS 性能的影响。从图 3.8a、b 和 c，我们发现较大的 W_e

可以提高应对环境动态变化的鲁棒性。图 3.8d 显示了使用不同 W_e 的 ROC 曲线，并进一步验证了较大的 W_e 可以增强定位性能，当 W_e =321MHz 时，$\bar{P}'_D$ =99.88%，$\bar{P}'_F$ =1.66%。如图 3.7 所示，当 W_e = 321MHz 时，阈值 0.52 足以达到良好的性能。

实验 3：家具移动的影响

在图 3.9 中，我们展示了家具移动时的性能。与实验 1 和实验 2 中的观察相似，更大的 W_e 可以增强抵抗家具移动环境的鲁棒性，并减少位置之间的歧义。从图 3.9 中可以看出，位置 1 和位置 2 的相关性很高，暗示着较大的 TRRS 值，并且当 W_e 增加到 178MHz 和 321MHz 时，位置 1 和 2 之间的歧义得到缓解，从而提高了检出率和误报率。如图 3.7 所示，当 W_e =321MHz 时，在 0.50 的阈值下达到 $\bar{P}'_D$ = 98.86%和 $\bar{P}'_{FA}$ =1.95%。

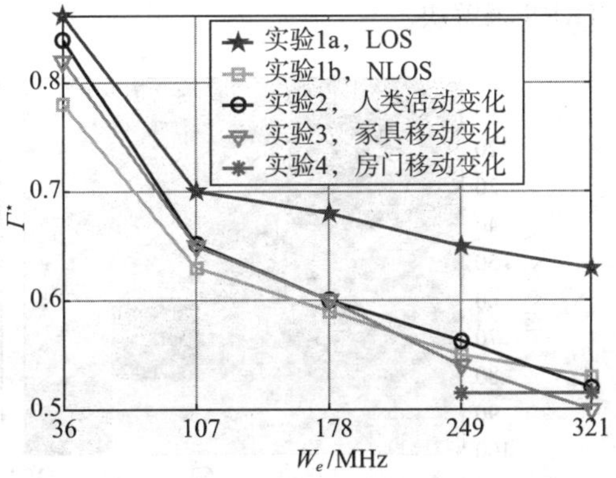

图 3.7　不同 W_e 下的 $\overline{\Gamma^*}$

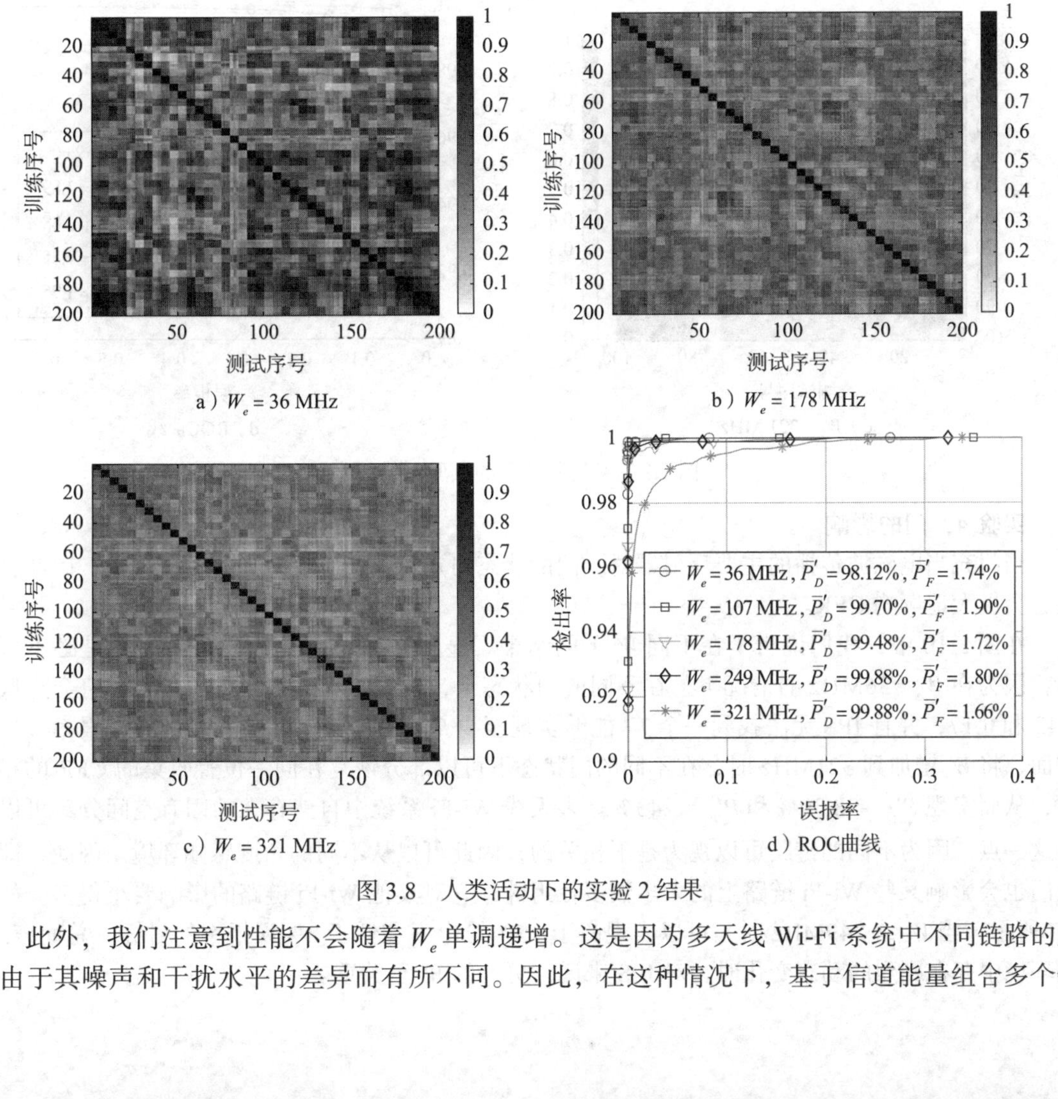

图 3.8　人类活动下的实验 2 结果

此外，我们注意到性能不会随着 W_e 单调递增。这是因为多天线 Wi-Fi 系统中不同链路的质量由于其噪声和干扰水平的差异而有所不同。因此，在这种情况下，基于信道能量组合多个链路可能不是最佳的。这可以通过使用对不同 Wi-Fi 链路上的抗噪声和抗干扰能力强的准则计算 TRRS 来解决。

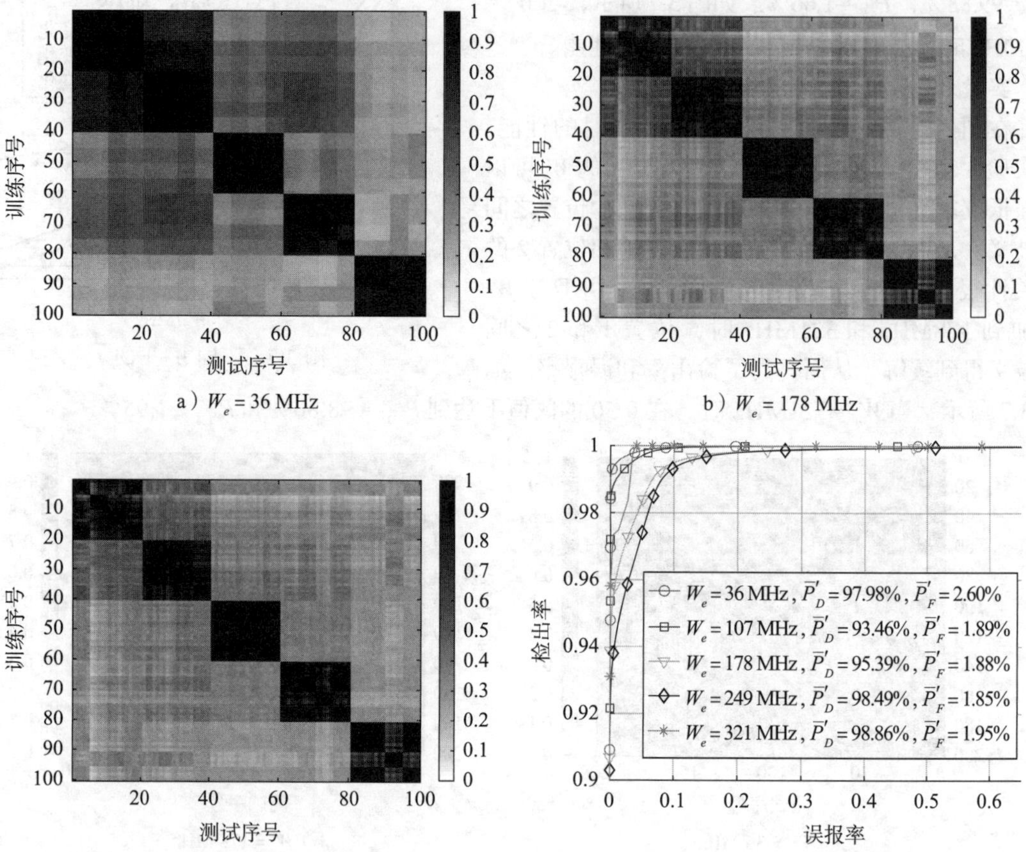

a）W_e = 36 MHz　b）W_e = 178 MHz　c）W_e = 321 MHz　d）ROC曲线

图 3.9　家具移动下的实验 3 结果

实验 4：门的影响

当门充当电磁波传播的主要反射器时，门的状态对定位的影响要比人类活动严重，因此，其状态会极大地影响 CFR。

在图 3.10 中，我们说明了在不同 W_e 下的结果。显然，在这种情况下，增大 W_e 是必不可少的，因为在 W_e =36MHz 的情况下，在不同的门状态下，位置 1 和 2 处测得的 TRRS 值会降低到 0.42 和 0.17，并且 IPS 无法找到一个 Γ^* 能够实现至少 95%的检出率和至多 2%的误报率。另一方面，将 W_e 增加到 321MHz 时，在不同的门状态下可以部分恢复在同一位置收集的 CFR 的相似性，从而实现 $\bar{P}'_D$ =98.39%和 $\bar{P}'_F$ =1.43%。多天线 Wi-Fi 系统中自然存在的固有空间分集可以证明这一点，因为不同的链路可以视为是不相关的，因此可以从不同的角度感知环境。因此，即使是门也会影响某些 Wi-Fi 链路上的大多数多径组件；它对其他 Wi-Fi 链路的影响要小得多。如图 3.7 所示，当 $W_e \geqslant$ 249MHz 时，可以实现高于 95%检出率和低于 2%误报率的目标。总而言之，当环境中存在剧烈的动态变化时，对 IPS 来说，更大的 W_e 至关重要。

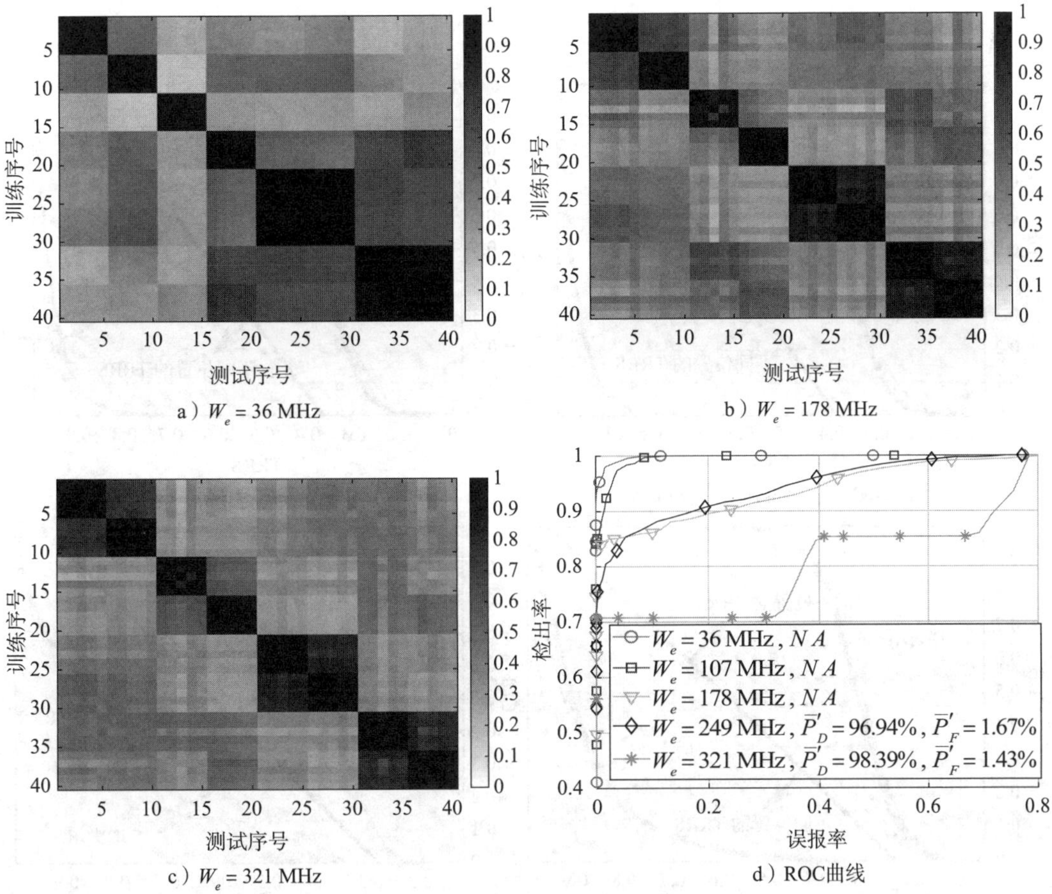

a）W_e = 36 MHz　b）W_e = 178 MHz　c）W_e = 321 MHz　d）ROC曲线

图 3.10　受门活动影响的实验 4 结果

有效带宽对 TRRS 的 CDF 的影响

从对实验 1、2、3 和 4 的结果分析中我们观察到，相对于 W_e 的增加，在相同位置和不同位置测得的 TRRS 之间的差距会增大。为了进一步验证观察结果，我们在多个 W_e 下绘制了图 3.11 中 TRRS 值的累积密度函数（CDF），其中实线表示 W_e =321MHz 的 CDF。结果表明，当 W_e 较大时，不同位置之间的 TRRS 值更集中在 TRRS 平均值较小的区域中，而在实验 1a 和实验 1b 中，相同位置测得的 TRRS 值仍高度集中在平均 TRRS 接近 1 的区域中。同一位置的 TRRS 降低在实验 2、3、4 中更为显著。然而，性能下降仍在 $\bar{P}'_D$ 和 $\bar{P}'_F$ 性能可接受的范围内。因此，使用较大 W_e 来提高性能和鲁棒性是至关重要的。

实验 5：0.5cm 测量分辨率下的结果

图 3.12a、b、c 可视化了在不同 W_e 下计算的 TRRS 矩阵 $\boldsymbol{R}$。可以观察到，当 $W_e \geq$ 178MHz 时，较大的 TRRS 高度集中在一个小的且均匀的圆形区域内，该圆形区域围绕着中点，半径在 1 ～ 2cm，而当 W_e =36MHz 时，TRRS 分布更加分散。

图 3.13 显示了使用 $\boldsymbol{R}$ 计算得出的沿不同方向的平均 TRRS 衰减。更大的 W_e 会加速 TRRS 值的衰减并改善位置区分。距离大于 1cm 时，TRRS 降至 0.75 以下。因此，在适当的阈值下，IPS 可以达到 1 ～ 2cm 的精度。

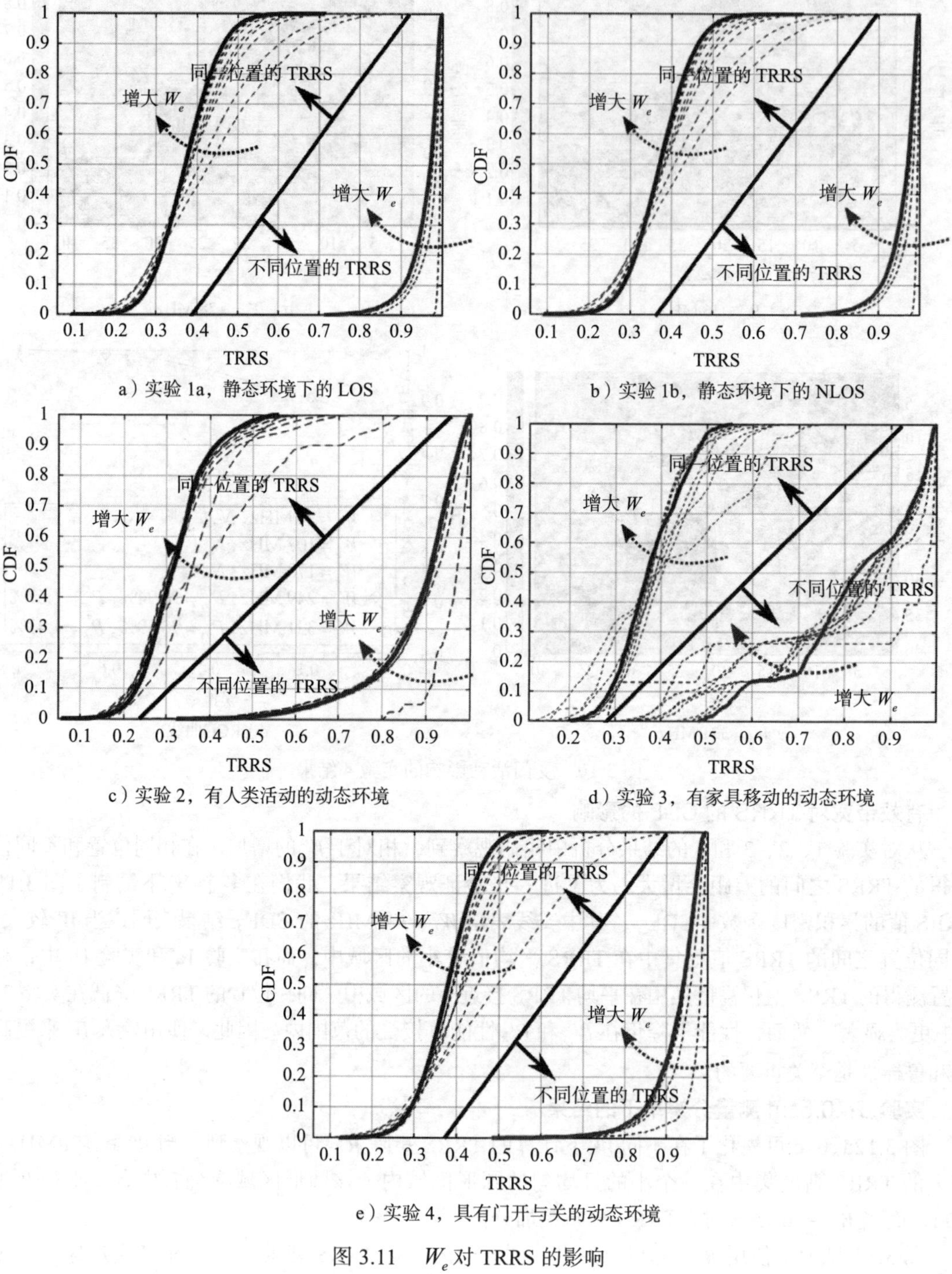

a）实验 1a，静态环境下的 LOS

b）实验 1b，静态环境下的 NLOS

c）实验 2，有人类活动的动态环境

d）实验 3，有家具移动的动态环境

e）实验 4，具有门开与关的动态环境

图 3.11　W_e 对 TRRS 的影响

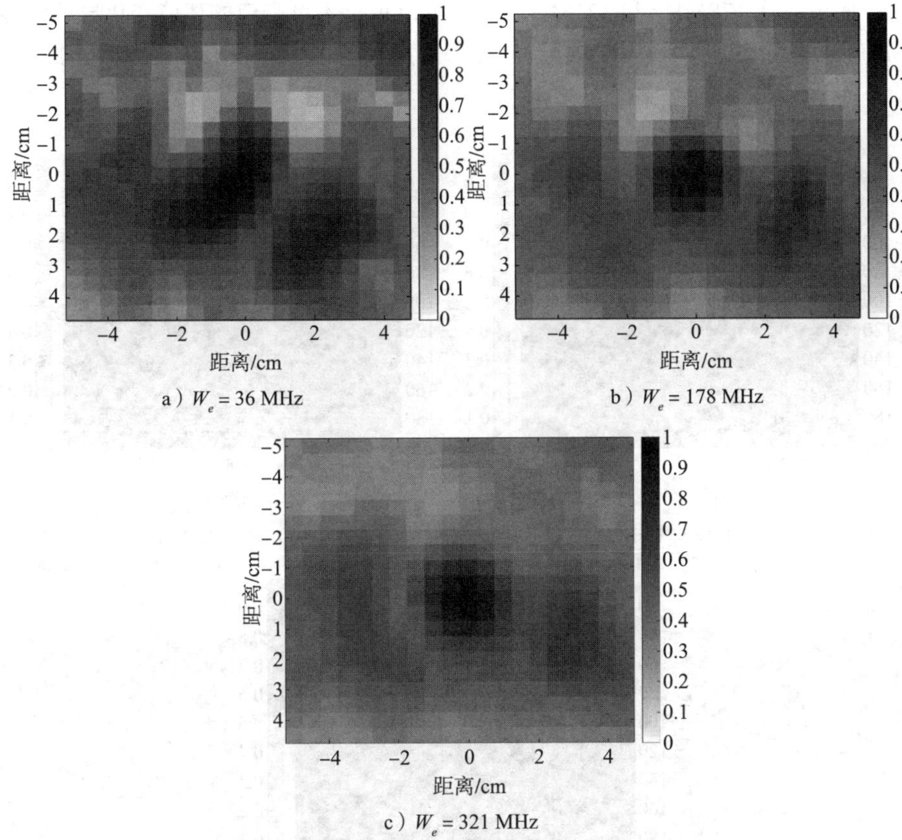

a）W_e = 36 MHz　　b）W_e = 178 MHz

c）W_e = 321 MHz

图 3.12 在 0.5cm 测量分辨率下的实验 5 结果

实验 6：功率循环对定位性能的影响

图 3.14 显示了实验 6 中具有不同 W_e 的 $\boldsymbol{R}$ 矩阵。显然，当 W_e =36MHz 时，TRRS 存在较大的波动，并且定位性能下降。通过使用 $W_e \geqslant$ 178MHz 来弥补性能损失，这再次证明了增大 W 的重要性。

实验 7：26 天的定位性能

在图 3.15 中，我们绘制了在 26 天的测量中，针对不同 STA，在相同 STA 位置以及在不同 STA 位置上估计的 TRRS 随时间的变化。我们观察到，由于环境变化，TRRS 随时间而变化。我们还发现，当 W_e =321MHz 时，TRRS 的衰减不如 W_e =36MHz 时严重。

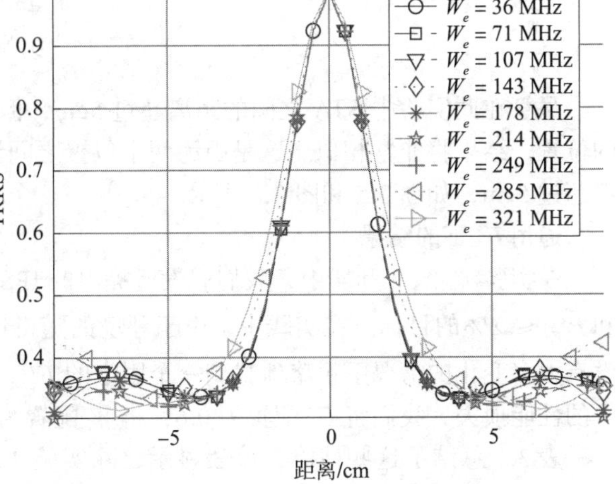

图 3.13 TRRS 随实验 5 中距离改变而衰减

在图 3.15e、j 和 o 中，我们展示了在不同 W_e 下四个 STA 的 ROC 曲线。显然，与 W_e =36MHz

的结果相比，使用高达 178MHz 和 321MHz 的 W_e 可以抵抗不可避免的环境变化导致的性能下降，并大幅提高 IPS 性能。因此，使用较大的 W_e 可以大大减少训练阶段引入的开销，因为不必频繁更新 $\boldsymbol{D}_{\text{train}}$。

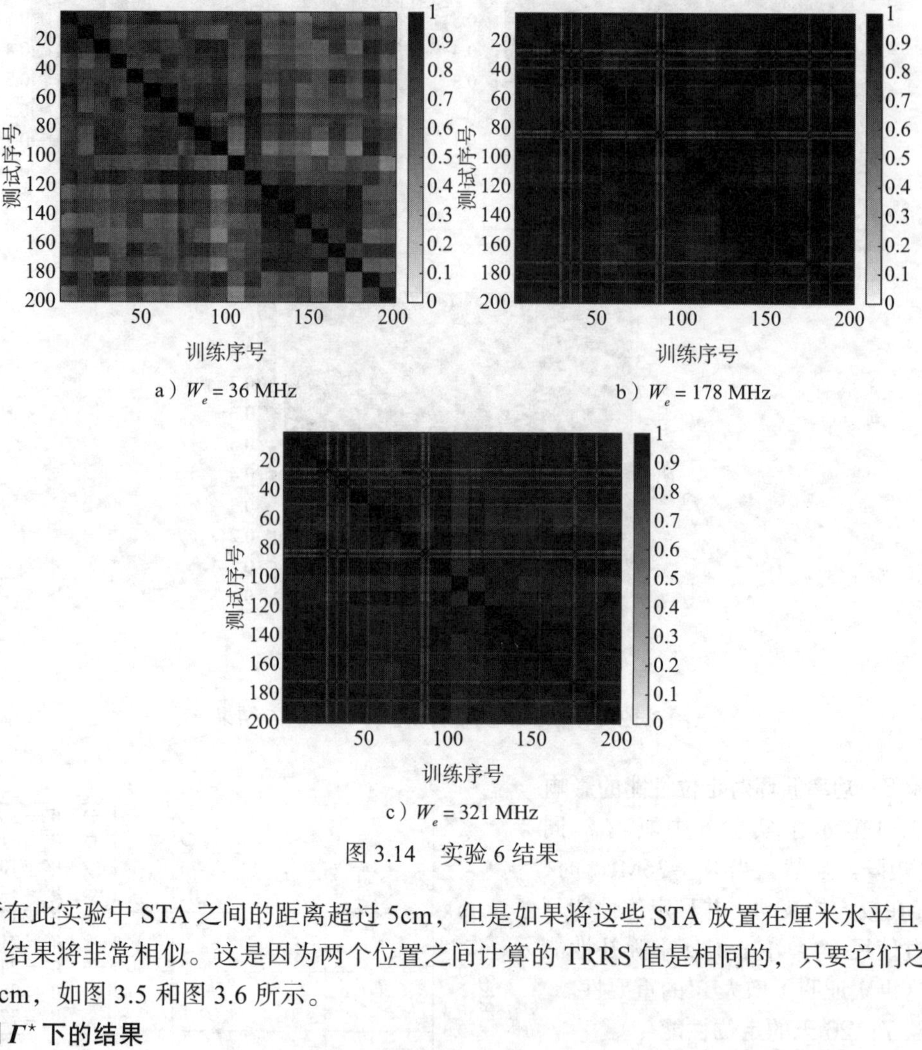

a）W_e = 36 MHz　b）W_e = 178 MHz　c）W_e = 321 MHz

图 3.14　实验 6 结果

尽管在此实验中 STA 之间的距离超过 5cm，但是如果将这些 STA 放置在厘米水平且 W_e 较大的位置，结果将非常相似。这是因为两个位置之间计算的 TRRS 值是相同的，只要它们之间的距离超过 5cm，如图 3.5 和图 3.6 所示。

通用 $\Gamma^{\star}$ 下的结果

在实验 1、2、3 和 4 中，我们假设所提出的 IPS 从 $\boldsymbol{D}_{\text{train}}$ 中学习特定的 $\Gamma^{\star}$，以达到 $\bar{P}'_D \geqslant 95\%$ 和 $\bar{P}'_{FA} \leqslant 2\%$ 的目标。在实践中，由于环境的随机性，可能只能基于非常有限的训练数据库，在没有太多变化的情况下粗略地找到一个固定的 $\Gamma^{\star}$，但性能可能会因此下降。为了研究在固定 $\Gamma^{\star}$ 下的性能损失，我们将 $\Gamma^{\star}$ 配置为 0.6，将 W_e 配置为 321MHz。

表 3.1 总结了这些性能，该表显示，除实验 4 之外，所提出的 IPS 仍可实现高于 96.61% 的检出率，且误报率小于 3.96%。实验 4 的性能下降，但仍保持 85% 的检出率和 0% 误报率。

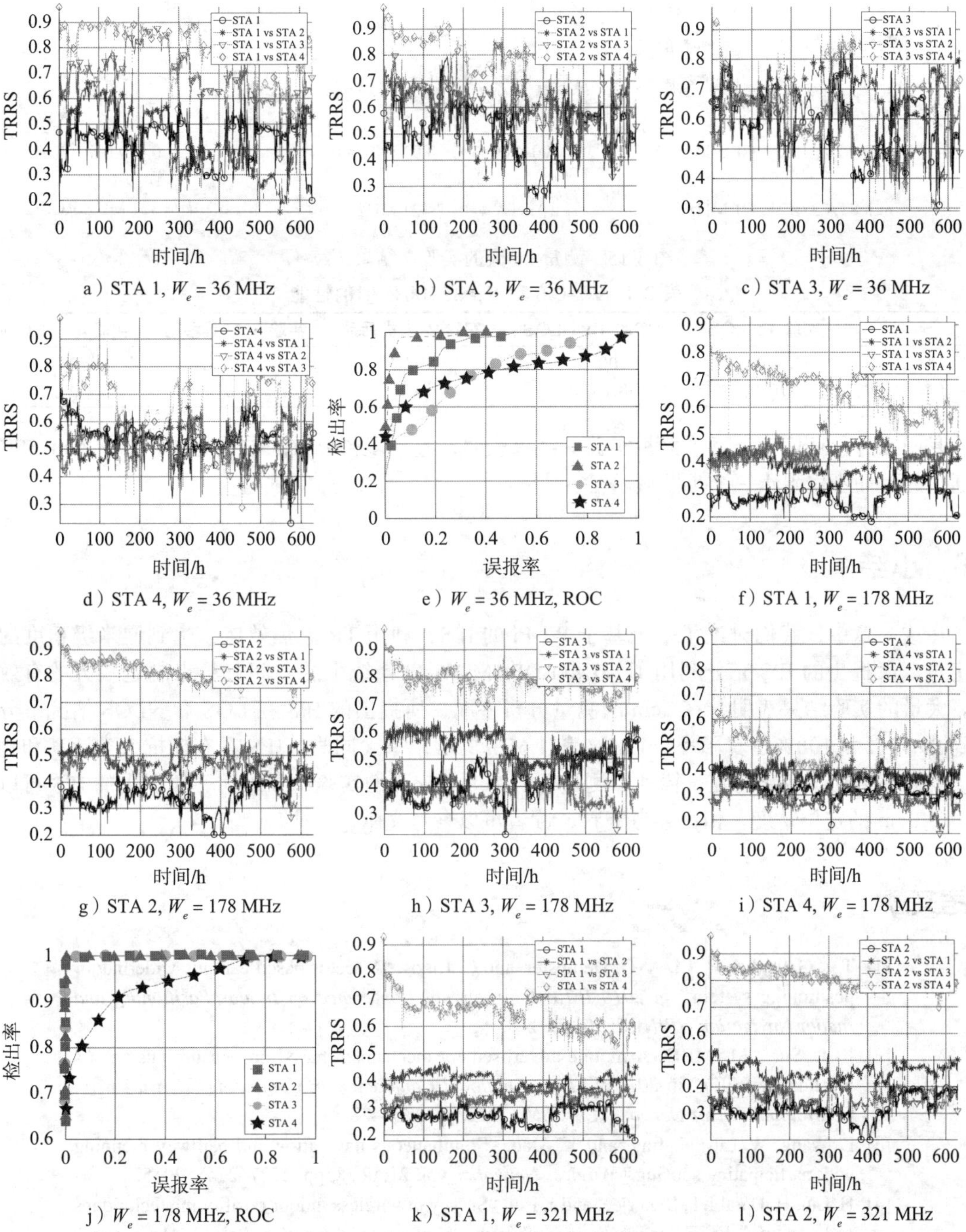

图 3.15　测量 26 天的实验 7 结果

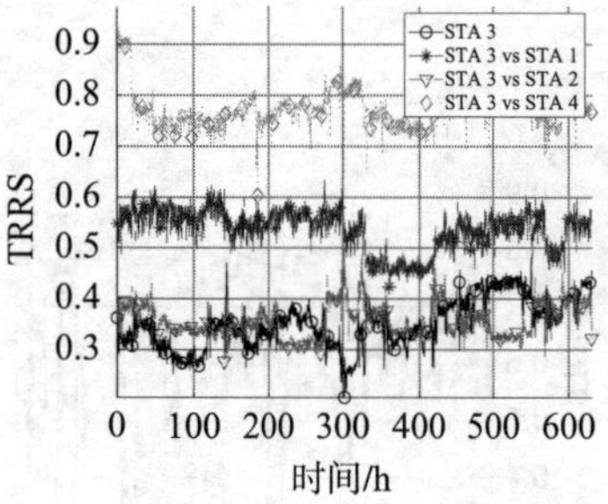

m）STA 3, W_e = 321 MHz

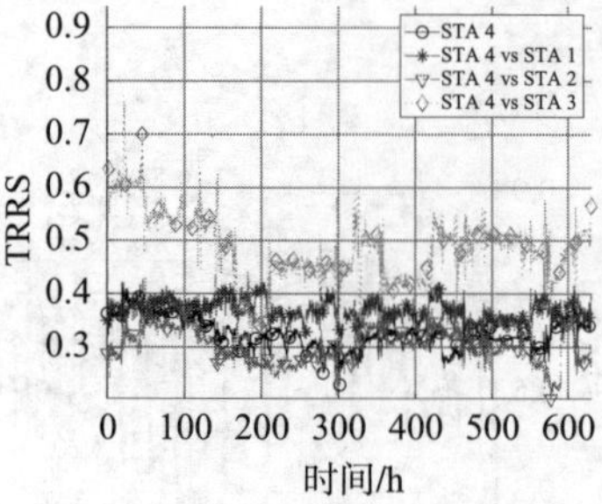

n）STA 4, W_e = 321 MHz

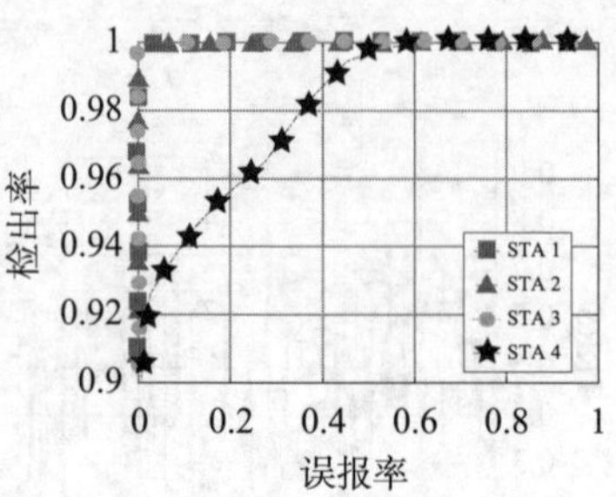

o）W_e = 321 MHz, ROC

图 3.15　测量 26 天的实验 7 结果（续）

表 3.1　Γ^*=0.6 和 W_e=321MHz 时的性能

	实验 1a LOS	实验 1b NLOS	实验 2 人类活动	实验 3 家具移动	实验 4 门的影响
检出率（%）	99.94	100	99.72	96.61	85.00
误报率（%）	3.96	0.14	0.01	0	0

我们在各种环境中进行了大量实验。结果表明，鉴于多径分量的数量足够，1 ～ 2cm 的精度是通用的，而不仅限于一个小区域。

3.6　小结

在这一章中，我们讨论了一个基于 Wi-Fi 的 IPS，利用 TR 聚焦效应，达到厘米级精度的室内定位。所提出的 IPS 充分利用了 MIMO-OFDM Wi-Fi 系统中的空间分集来制定较大的有效带宽。大量的实验结果表明，在 5cm 的测量分辨率下，所提出的 IPS 在 LOS 和 NLOS 情况下分别达到 99.91% 和 100% 的真阳率，1.81% 和 1.65% 的假阳率。同时，IPS 具有抵抗人类活动和物体运动引起环境动态变化的强鲁棒性。测量分辨率为 0.5cm 的实验结果表明，所提出的 IPS 可以实现 1 ～ 2cm 的定位精度。相关参考资料，读者可以参考文献［34］。

参考文献

[1] T. J. Gallagher, B. Li, A. G. Dempster, and C. Rizos, “A sector-based campus-wide indoor positioning system,” in *2010 IEEE International Conference on Indoor Positioning and Indoor Navigation (IPIN)*, 2010, pp. 1–8.

[2] K.-L. Sue, “MAMBO: A mobile advertisement mechanism based on obscure customer’s location by RFID,” in *2012 IEEE International Conference on Computing, Measurement, Control and Sensor Network (CMCSN)*, 2012, pp. 425–428.

[3] L. Wang, W. Liu, N. Jing, and X. Mao, “Simultaneous navigation and pathway mapping with participating sensing,” *Wireless Networks*, vol. 21, no. 8, pp. 2727–2745, 2015.

[4] H. Liu, H. Darabi, P. Banerjee, and J. Liu, “Survey of wireless indoor positioning techniques and systems,” *IEEE Transactions on Systems, Man, and Cybernetics, Part C: Applications and Reviews,* vol. 37, no. 6, pp. 1067–1080, Nov. 2007.

[5] P. Bahl and V. Padmanabhan, “RADAR: An in-building RF-based user location and tracking system,” in *Proceedings of IEEE INFOCOM*, vol. 2, 2000, pp. 775–784.

[6] M. Youssef and A. Agrawala, "The Horus WLAN location determination system," in *Proceedings of the 3rd ACM International Conference on Mobile Systems, Applications, and Services*, 2005, pp. 205–218.

[7] P. Prasithsangaree, P. Krishnamurthy, and P. Chrysanthis, "On indoor position location with wireless LANs," in *IEEE International Symposium on Personal, Indoor and Mobile Radio Communications,* vol. 2, Sep. 2002, pp. 720–724.

[8] S. Sen, B. Radunovic, R. R. Choudhury, and T. Minka, "You are facing the Mona Lisa: Spot localization using PHY layer information," in *Proceedings of the 10th ACM International Conference on Mobile Systems, Applications, and Services*, 2012, pp. 183–196. [Online]. Available: http://doi.acm.org/10.1145/2307636.2307654.

[9] J. Xiao, W. K. S., Y. Yi, and L. Ni, "FIFS: Fine-grained indoor fingerprinting system," in *21st International Conference on Computer Communications and Networks (ICCCN),* Jul. 2012, pp. 1–7.

[10] Y. Chapre, A. Ignjatovic, A. Seneviratne, and S. Jha, "CSI-MIMO: Indoor Wi-Fi fingerprinting system," in *IEEE 30th Conference on Local Computer Networks (LCN),* Sep. 2014, pp. 202–209.

[11] Z.-H. Wu, Y. Han, Y. Chen, and K. J. R. Liu, "A time-reversal paradigm for indoor positioning system," *IEEE Transactions on Vehicular Communications*, vol. 64, no. 4, pp. 1331–1339, Apr. 2015.

[12] B. Wang, Y. Wu, F. Han, Y.-H. Yang, and K. J. R. Liu, "Green wireless communications: A time-reversal paradigm," *IEEE Journal on Selected Areas in Communications*, vol. 29, no. 8, pp. 1698–1710, Sep. 2011.

[13] C. Chen, Y. Chen, H. Q. Lai, Y. Han, and K. J. R. Liu, "High accuracy indoor localization: A WiFi-based approach," in *2016 IEEE International Conference on Acoustics, Speech and Signal Processing (ICASSP),* Mar. 2016, pp. 6245–6249.

[14] C. Chen, Y. Chen, Y. Han, H.-Q. Lai, and K. J. R. Liu, "Achieving centimeter accuracy indoor localization on WiFi platforms: A frequency hopping approach," *IEEE Internet of Things Journal*, vol. 4, no. 1, pp. 111–121, Feb. 2017.

[15] J. Hightower, R. Want, and G. Borriello, "SpotON: An indoor 3D location sensing technology based on RF signal strength," University of Washington, Department of Computer Science and Engineering, Seattle, WA, UW CSE 00-02-02, Feb. 2000.

[16] L. Ni, Y. Liu, Y. C. Lau, and A. Patil, "LANDMARC: Indoor location sensing using active RFID," in *Proceedings of the First IEEE International Conference on Pervasive Computing and Communications (PerCom 2003)*, Mar. 2003, pp. 407–415.

[17] X. Li, K. Pahlavan, M. Latva-aho, and M. Ylianttila, "Comparison of indoor geolocation methods in DSSS and OFDM wireless LAN systems," in *52nd IEEE-VTS Fall Vehicular Technology Conference,* vol. 6, 2000, pp. 3015–3020.

[18] N. Correal, S. Kyperountas, Q. Shi, and M. Welborn, "An UWB relative location system," in *IEEE Conference on Ultra Wideband Systems and Technologies*, Nov. 2003, pp. 394–397.

[19] P. Steggles and S. Gschwind, The Ubisense smart space platform. *Adjunct Proceedings of the Third International Conference on Pervasive Computing*, vol. 191, 73–76, 2005.

[20] B. Campbell, P. Dutta, B. Kempke, Y.-S. Kuo, and P. Pannuto, "DecaWave: Exploring state of the art commercial localization," *Ann Arbor*, vol. 1001, p. 48109.

[21] D. Sapphire, "UWB-based real-time location systems." www.zebra.com/us/en/products/location-technologies/ultra-wideband.html.

[22] J. Xiong and K. Jamieson, "ArrayTrack: A fine-grained indoor location system," in *Proceedings of the 10th USENIX Conference on Networked Systems Design and Implementation,*

2013, pp. 71–84. [Online]. Available: http://dl.acm.org/citation.cfm?id=2482626.2482635.

[23] R. Schmidt, "Multiple emitter location and signal parameter estimation," *IEEE Transactions on Antennas and Propagation*, vol. 34, no. 3, pp. 276–280, Mar. 1986.

[24] J. Gjengset, J. Xiong, G. McPhillips, and K. Jamieson, "Phaser: Enabling phased array signal processing on commodity WiFi access points," in *Proceedings of the 20th Annual ACM International Conference on Mobile Computing and Networking*, 2014, pp. 153–164. [Online]. Available: http://doi.acm.org/10.1145/2639108.2639139.

[25] M. Kotaru, K. Joshi, D. Bharadia, and S. Katti, "SpotFi: Decimeter level localization using WiFi," *SIGCOMM Computer Communication Review*, vol. 45, no. 4, pp. 269–282, Aug. 2015. [Online]. Available: http://doi.acm.org/10.1145/2829988.2787487.

[26] B. Bogert, "Demonstration of delay distortion correction by time-reversal techniques," *IRE Transactions on Communications Systems*, vol. 5, no. 3, pp. 2–7, Dec. 1957.

[27] J. Kormylo and V. Jain, "Two-pass recursive digital filter with zero phase shift," *IEEE Transactions on Acoustics, Speech, and Signal Processing*, vol. 22, no. 5, pp. 384–387, Oct. 1974.

[28] M. Fink and C. Prada, "Acoustic time-reversal mirrors," *Inverse Problems*, vol. 17, no. 1, Feb. 2001.

[29] M. Fink, C. Prada, F. Wu, and D. Cassereau, "Self focusing in inhomogeneous media with time reversal acoustic mirrors," in *Proceedings on the IEEE 1989 Ultrasonics Symposium,* pp. 681–686, vol. 2, Oct. 1989.

[30] C. Dorme, M. Fink, and C. Prada, "Focusing in transmit-receive mode through inhomogeneous media: The matched filter approach," in *Proceedings of the IEEE 1992 Ultrasonics Symposium,* pp. 629–634, vol. 1, Oct. 1992.

[31] F. Han, Y.-H. Yang, B. Wang, Y. Wu, and K. J. R. Liu, "Time-reversal division multiple access over multi-path channels," *IEEE Transactions on Communications*, vol. 60, no. 7, pp. 1953–1965, Jul. 2012.

[32] G. Stuber, J. Barry, S. McLaughlin, Y. Li, M. Ingram, and T. Pratt, "Broadband MIMO-OFDM wireless communications," *Proceedings of the IEEE*, vol. 92, no. 2, pp. 271–294, Feb. 2004.

[33] M. Speth, S. Fechtel, G. Fock, and H. Meyr, "Optimum receiver design for wireless broad-band systems using OFDM – Part I," *IEEE Transactions on Communications*, vol. 47, no. 11, pp. 1668–1677, Nov. 1999.

[34] C. Chen, Y. Chen, Y. Han, H.-Q. Lai, F. Zhang, and K. J. R. Liu, "Achieving centimeter-accuracy indoor localization on WiFi platforms: A multi-antenna approach," *IEEE Internet of Things Journal*, vol. 4, no. 1, pp. 122–134, 2017.

|Chapter 4| 第 4 章

跳频方法

最近，室内定位系统（IPS）引起了学术界和行业越来越多的关注。其中基于 Wi-Fi 技术的方法更受欢迎，因为它们建立在大多数室内空间中可用的 Wi-Fi 基础设施之上。然而，由于主流 Wi-Fi 系统的带宽限制，利用 Wi-Fi 的室内定位系统在强大的非视距（NLOS）条件下很难达到厘米定位精度，这也是常见的室内环境。在本章中，为了达到厘米级的精度，我们提出了一种基于 Wi-Fi 的室内定位系统，它通过跳频来利用频率的多样性。在离线阶段，系统从多个信道和一些感兴趣的位置收集信道频率响应（CFR）。然后，对 CFR 进行后处理，以减少同步错误以及来自其他 Wi-Fi 网络的干扰。之后使用带宽串联，将来自多个信道的 CFR 组合为位置指纹，并将其存储到本地数据库中。在在线阶段，将 CFR 公式化为位置指纹，并通过时间反演共振强度（TRRS）与数据库中的指纹进行比较。最后，IPS 根据 TRRS 确定位置。大量的实验结果表明，仅使用一对单天线 Wi-Fi 设备，在具有强 NLOS 的办公室环境中，便能实现完美的厘米级精度。

4.1 引言

全球定位系统（GPS）是一种室外定位系统，只要设备和至少四颗 GPS 卫星之间存在无障碍视距（LOS），即可在地球表面附近的所有天气条件下提供实时位置信息[1]。另一方面，准确的室内定位是必要的，因为现在人们在室内花费的时间比户外多得多。高精度室内定位系统（IPS）可以实现多种应用，例如，通过定位游客的确切位置[2]来为游客提供博物馆指南，或向游客提供大型购物中心的位置信息[3]。不幸的是，由于障碍物导致的严重衰减以及大量反射器造成的散射，GPS 信号可能变得太微弱而无法在室内使用。

许多研究工作致力于开发准确和健壮的 IPS。根据采用的技术，这些 IPS 可以进一步分为两类，即基于测距和基于指纹[4]。对于基于测距的方法，至少将 3 个接入点部署在室内环境中，通过测量设备与接入点之间的相对距离对设备进行三角测量。距离通常从其他测量中获得，例如，接收信号强度指示器（RSSI）、到达时间（TOA）、飞行时间（TOF）和到达角（AOA）。基于 RSSI 的测距方法[5-7]利用路径损耗模型来推导距离，在 LOS 场景下通常可以达到平均 1 ～ 3m 的精度，而基于 TOA 的测距方法则从信道脉冲响应（CIR）中检索第一个到达的多径分量的 TOA。为了获得良好的时序分辨率，基于 TOA 的方法需要较大的带宽，而超宽带（UWB）技术可以实现这一大带宽，从而可以在 LOS 设置中实现 10 ～ 15cm 的精度[8-9]。在文献［10］

中，Vasisht 等人提出了使用单个 Wi-Fi 接入点的分米级定位。他们利用跳频来获取信道频率响应（CFR），这是一种细粒度的信息，可描述电磁波的传播，从而以高粒度描述环境。利用非均匀离散傅里叶变换（NDFT）恢复时域 CIR，并使用轮廓的主峰的时间延迟作为 ToF 测量。但是，在强大的 NLOS 环境中，CIR 的主要峰值不一定代表 Wi-Fi 设备之间的直接路径，这会导致定位误差增加。在文献［11］和文献［12］中提出的基于 AOA 的方案具有相同的问题，在复杂的 NLOS 室内环境中会导致精度下降。

另一方面，基于指纹的方法利用了与不同位置相关联的自然存在的空间特征，例如 RSSI、CIR 和 CFR。在这些方案中，离线阶段将不同位置的指纹存储在数据库中。在线阶段，将当前位置的指纹与数据库中的指纹进行比较，以估计设备位置。在文献［13-15］中，利用来自多个接入点的 RSSI 值作为指纹，精度为 2 ～ 5m。在文献［16］中，Wu 等人利用多维缩放比例构建了一个无压力的平面图及其相关的指纹空间，其中包含从无压力平面图上的位置获得的 RSSI 值，用于基于众包的室内定位。平均误差在 2m 左右，最大误差在 8m 以内。以 CFR 作为指纹，可以将精度进一步提高到 0.95 ～ 1.1m[17-19]。在文献［20］中，Wu 等人在 125 MHz 的带宽下获得 CIR 指纹，并计算时间反演（TR）共振强度（TRRS）作为在不同位置之间的相似性度量，该方法在 NLOS 方案下的精度为 1 ～ 2cm。

总结基于测距和基于指纹的方案，我们发现：

（i）基于测距的方法准确性容易受到物理规则（例如路径损耗模型）正确性的影响，该物理规则在复杂的室内环境中会严重恶化。室内空间中大量多径组件的存在和障碍物的阻塞影响了物理规则的准确性。

（ii）基于指纹的方法需要很大的带宽才能在强 NLOS 环境下精确定位。因为主流 802.11n 的最大带宽为 40MHz，使用 Wi-Fi 技术的 IPS 无法解决环境中足够的独立多径组件，这会给不同位置相关的指纹带来歧义，从而降低定位性能。另一方面，带宽高达 125MHz 会导致厘米精度[20]只能在专用硬件上实现，并在部署中产生额外成本。

那么是否有方法可以在 NLOS 环境中使用 Wi-Fi 设备达到厘米的定位精度呢？答案是肯定的。在文献［21］中，Chen 等人提出了 IPS，该 IPS 通过使用跳频在强 NLOS 条件下使用一对单天线 Wi-Fi 设备实现厘米级的精度。IPS 在离线阶段从多个 Wi-Fi 信道获取 CFR 并构造位置指纹，并在在线阶段计算 TRRS 进行定位。但是，来自其他 Wi-Fi 网络的干扰可能会破坏指纹，这在文献［21］中被忽略了。为了解决干扰，在本章中，我们将介绍 CFR 筛选的附加步骤。此外，我们利用 CFR 平均来减少信道噪声的影响并改善指纹。此外，我们提供了有关实验结果的更多详细信息和分析。与大多数致力于减少多径传播影响的现有工作相比，本章讨论的方法包含多径效应。此外，由于它是建立在大多数室内空间可用的 Wi-Fi 网络基础之上，因此无须使用基础架构。

本章的要点可概括如下：

- 我们开发了一种 IPS，它可以通过一对单天线 Wi-Fi 设备在 NLOS 环境中实现厘米级的精度。提出的 IPS 通过 CFR 筛选过程消除了来自其他 Wi-Fi 网络的干扰影响。
- 利用频率分集，我们证明了通过跳频可以克服传统基于 Wi-Fi 方法中的位置歧义问题，从而在 Wi-Fi 设备上可以实现较大的有效带宽。
- 我们在典型的办公环境中进行了广泛的实验，以展示在强 NLOS 条件下、20cm × 70cm 范围内的厘米精度。

4.2 准备工作

在这一部分中，我们介绍了 TR 技术的背景和 Wi-Fi 系统中的信道估计方案。

4.2.1 时间反演

TR 是一种信号处理技术，能够减少信号经过线性时不变（LTI）滤波系统后产生的相位失真。基于这样的事实，当 LTI 系统 $h(t)$ 与它的时间反演共轭形式 $h^*(-t)$ 串联在一起时，相位失真在特定时间点被完全抵消。

如果物理介质满足非均质性和可逆性，则可以将其视为 LTI。当两个条件都成立时，TR 将信号能量聚焦在特定时间和特定位置，这称为时空聚焦效应。这种聚焦效应在超声、声学和电磁学领域，通过实验可以观察到[22-25]。利用聚焦效应，TR 成功地应用于宽带无线通信系统[26]。

TR 通信系统的体系结构由两个阶段组成，即信道探测阶段和传输阶段，其详细信息可以参考第 1 章。基于高分辨率的 TR 聚焦效应，本章中我们将利用 TR 作为测量不同位置指纹之间相似度的信号处理技术。

4.2.2 Wi-Fi 系统中的信道估计

在采用正交频分复用（OFDM）方案的 Wi-Fi 系统中，将发送的数据符号扩展到多个子载波上以对抗由多径效应引起的频率选择性衰落。假设共有 K 个可用子载波，并以序号 u_k 为 X_{u_k} 表示第 k 个子载波上发送的频域数据符号，则子载波 u_k 上接收的频域信号以 Y_{u_k} 表示，形式为[27]：

$$Y_{u_k}=H_{u_k}X_{u_k}+W_{u_k},\quad k=1,2,\cdots,K \tag{4.1}$$

式中，H_{u_k} 是子载波 u_k 的 CFR，W_{u_k} 是子载波 u_k 的复高斯噪声。最小二乘法对 H_{u_k} 的估计采用以下形式：

$$\hat{H}_{u_k}=\frac{Y_{u_k}}{X_{u_k}}=H_{u_k}+W'_{u_k},\quad k=1,2,\cdots,K \tag{4.2}$$

式中，$W'_{u_k}=\dfrac{W_{u_k}}{X_{u_k}}$ 给出了 X_{u_k} 的先验知识。

式（4.2）仅在没有同步误差的情况下有效，而在实际操作中不能忽略该误差。同步误差主要包括（i）信道频率偏移（CFO）（ii）采样频率偏移（SFO）和（iii）符号定时偏移（STO）。CFO（表示为 Δf）是由发射机和接收机处的本地振荡器未对准引起的。给定每个 OFDM 块 N 个采样，采样间隔为 T_S，则标准化 CFO ϵ 　可以写为 ΔfNT_S。SFO（表示为 η）是由发射机和接收机采样间隔之间的不匹配引起的。给定在发射机侧的采样间隔为 T_S，在接收机侧的采样间隔为 T_S'，则 η 可以表示为 $\left(T_S'-T_S\right)/T_S$。STO（表示为 Δn_0）是由接收机不正确的时序同步引起的。这些同步误差将附加的相位旋转以及振幅衰减引入 $\hat{H}_{u_k}$ 中。尽管 Wi-Fi 接收机执行时序和频率同步，但是这些同步残差不能忽略。

将与第 k 个子载波上的第 i 个接收到的 OFDM 符号相关联的估计 CFR 表示为 $\hat{H}_i^{u_k}$。在存在同步残差的情况下，可以将 $\hat{H}_i^{u_k}$ 从式（4.2）修改为[28]

$$\hat{H}_i^{u_k}=\operatorname{sinc}\left(\pi\left(\Delta\epsilon+\Delta\eta u_k\right)\right)H_{u_k}\mathrm{e}^{\mathrm{j}2\pi\left(\beta_i u_k+\alpha_i\right)}+W'_{i,u_k} \tag{4.3}$$

对于 $k=1, 2, 3, \cdots, K$，其中

$$\alpha_i=\left(\frac{1}{2}+\frac{iN_s+N_g}{N}\right)\Delta\epsilon \quad (4.4)$$

$$\beta_i=\frac{\Delta n_0}{N}+\left(\frac{1}{2}+\frac{iN_s+N_g}{N}\right)\Delta\eta \quad (4.5)$$

分别是初始相位畸变和线性相位畸变。$\Delta\epsilon$ 和 $\Delta\eta$ 分别表示归一化的 CFO ϵ 和归一化的 SFO η 的残差。$\operatorname{sinc}\left(\pi\left(\Delta\epsilon+\Delta\eta u_k\right)\right)$ 是振幅衰减，在给定 $\Delta\epsilon$ 和 $\Delta\eta$ 典型值的情况下可以近似为 1。N_g 是循环前缀的长度，N_S 是一个长度为 $N + N_g$ 的 OFDM 帧的总长度，W'_{i,u_k} 是第 i 个 OFDM 符号在子载波 u_k 上的估计噪声，可以将其建模为复杂的高斯噪声[29]。

实际上，Wi-Fi 接收机使用前同步码来辅助同步和信道估计。图 4.1 展示了 802.11a 的物理层（PHY）帧结构[30]。在传输数据有效载荷之前，Wi-Fi 发射机会发送由短训练前同步码（STP）、长训练前同步码（LTP）和循环前缀组成的前同步码。Wi-Fi 接收机使用 STP 执行定时和频率同步，然后补偿同步误差。因为接收机完全了解 LTP 的 OFDM 符号，所以它根据 LTP 执行信道估计以提取 CFR，这导致了如式（4.3）所示的 $\hat{H}_i^{u_k}$。

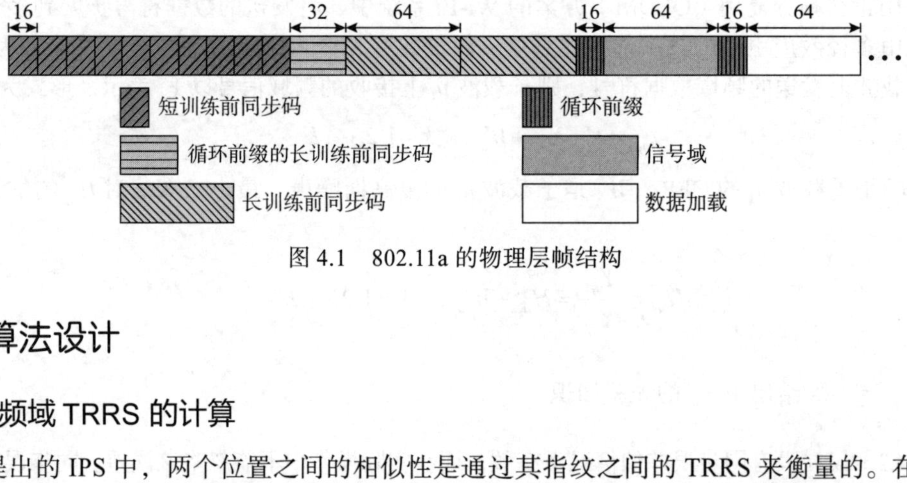

图 4.1 802.11a 的物理层帧结构

4.3 算法设计

4.3.1 频域 TRRS 的计算

在提出的 IPS 中，两个位置之间的相似性是通过其指纹之间的 TRRS 来衡量的。在本节中，我们提供 TRRS 计算的详细信息。

给定两个时域的 CIR $\hat{\boldsymbol{h}}$ 和 $\hat{\boldsymbol{h}}'$，其中 $\hat{\boldsymbol{h}}=\left[\hat{h}[0], \hat{h}[1], \cdots, \hat{h}[L-1]\right]^{\mathrm{T}}$，$\hat{\boldsymbol{h}}'$ 定义相似，其中 T 是转置算子，$\hat{\boldsymbol{h}}$ 和 $\hat{\boldsymbol{h}}'$ 之间的 TRRS 计算为[20]

$$\gamma_{\mathrm{CIR}}\left[\hat{\boldsymbol{h}},\hat{\boldsymbol{h}}'\right]=\frac{\max_i\left|\left(\hat{\boldsymbol{h}}*\hat{\boldsymbol{g}}\right)[i]\right|^2}{<\hat{\boldsymbol{h}},\hat{\boldsymbol{h}}><\hat{\boldsymbol{g}},\hat{\boldsymbol{g}}>} \quad (4.6)$$

式中，* 表示卷积算子，$\hat{\boldsymbol{g}}$ 是 $\hat{\boldsymbol{h}}'$ 的时间翻转和共轭形式，$\langle\boldsymbol{x},\boldsymbol{y}\rangle$ 是复数向量 $\boldsymbol{x}$ 与复数向量 $\boldsymbol{y}$ 之间的内积算子，表示为 $\boldsymbol{x}^\dagger\boldsymbol{y}$，$(\cdot)^\dagger$ 是对称算子。注意，$\gamma_{\mathrm{CIR}}\left[\hat{\boldsymbol{h}},\hat{\boldsymbol{h}}'\right]$ 的计算通过在 $\left|(\hat{\boldsymbol{h}}*\hat{\boldsymbol{g}})[i]\right|$ 的输出中搜索所有可能的序号 i 来消除 STO 的影响。可以证明 $0\leqslant\gamma_{\mathrm{CIR}}\left[\hat{\boldsymbol{h}},\hat{\boldsymbol{h}}'\right]\leqslant 1$。

因为可以将时域中的卷积转换为频域中的内积[31]，所以可以使用 CFR（CIR 的频域对应项）来计算 TRRS。给定两个 CFR $\hat{\boldsymbol{H}}=\left[\hat{H}_{u_1},\hat{H}_{u_2},\cdots,\hat{H}_{u_k}\right]^{\mathrm{T}}$，$\hat{\boldsymbol{H}}'$类似定义，并假设同步误差大部分得到缓解，频域 TRRS 计算为

$$\gamma\left[\hat{\boldsymbol{H}},\hat{\boldsymbol{H}}'\right]=\frac{\left|\sum_{k=1}^{K}\hat{H}_{u_k}\hat{H}'_{u_k}\right|^2}{<\hat{\boldsymbol{H}},\hat{\boldsymbol{H}}><\hat{\boldsymbol{H}}',\hat{\boldsymbol{H}}'>} \tag{4.7}$$

可以证明$0\leqslant\gamma\left[\hat{\boldsymbol{H}},\hat{\boldsymbol{H}}'\right]\leqslant 1$，当且仅当$\hat{\boldsymbol{H}}=C\hat{\boldsymbol{H}}'$时，$\gamma\left[\hat{\boldsymbol{H}},\hat{\boldsymbol{H}}'\right]=1$，其中$C$为任何复数比例因子且$C\neq 0$。因此，TRRS 可以看作是两个 CFR 之间相似性的度量。

4.3.2　基于 TRRS 的室内定位

提出的定位算法由离线阶段和在线阶段组成。这两个阶段的细节如图 4.2 所示，将在接下来阐述。

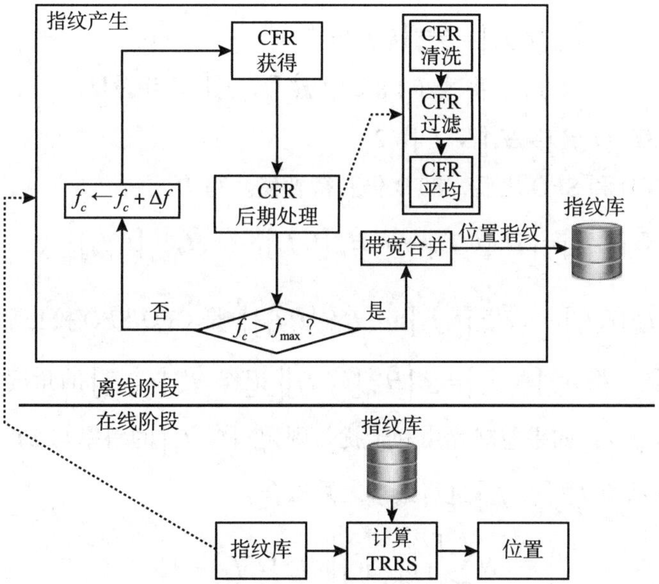

图 4.2　算法流程图

4.3.2.1　离线阶段

在离线阶段，CFR 在D信道测量，用f_1，f_2,…，f_d,…，f_D表示，在L个感兴趣的位置，用 1，2，…，ℓ,…，L表示。假设对第一个和第二个 LTP 在位置ℓ和信道f_d中总共测量了N_{ℓ,f_d}个 CFR，将 CFR 矩阵写为

$$\hat{\mathbb{H}}_i\left[\ell,f_d\right]=\left[\hat{\boldsymbol{H}}_{i,1}\left[\ell,f_d\right],\cdots,\hat{\boldsymbol{H}}_{i,m}\left[\ell,f_d\right],\cdots,\hat{\boldsymbol{H}}_{i,N_{\ell,f_d}}\left[\ell,f_d\right]\right] \tag{4.8}$$

式中，$m=1,2,\cdots,N_{\ell,f_d}$是实现序号，$i\in\{1,2\}$是 LTP 序号，$\hat{\boldsymbol{H}}_{i,m}\left[\ell,f_d\right]=\left[\hat{H}^{u_1}_{i,m}\left[\ell,f_d\right],\cdots,\hat{H}^{u_k}_{i,m}\left[\ell,f_d\right],\cdots,\hat{H}^{u_K}_{i,m}\left[\ell,f_d\right]\right]^{\mathrm{T}}$，其中$\hat{H}^{u_1}_{i,m}\left[\ell,f_d\right]$代表子载波$u_k$在位置$l$、信道$f_d$处第$i$个 LTP 的第

m 个 CFR。

位置指纹由 $\hat{\mathbb{H}}_i[\ell, f_d]$ 产生。该过程包括四个步骤，下面将介绍这些步骤。

1. CFR 清洗

必须对获得的 CFR 进行清洗，以减少式（4.3）中所示的初始和线性相位失真的影响。首先，我们使用下式[32]从信道估计中估计剩余的 CFO 和 SFO。

$$\begin{aligned}\Omega_m^{u_k}[\ell, f_d] &= \left[\hat{H}_{1,m}^{u_k}[\ell, f_d]\right]^* \times \hat{H}_{2,m}^{u_k}[\ell, f_d] \\ &= e^{j2\pi\frac{N_s}{N}\phi_{u_k}} \left|H_{1,m}^{u_k}[\ell, f_d]\right|^2 + \psi_m^{u_k}[\ell, f_d]\end{aligned} \tag{4.9}$$

式中，$\phi_{u_k} = \Delta\epsilon + \Delta\eta k$ 和 $\psi_m^{u_k}[\ell, f_d]$ 包含所有交叉项。因此 ϕ_{u_k} 的估计值可以表示为

$$\hat{\phi}_{u_k} = \measuredangle\left[\Omega_m^{u_k}[\ell, f_d]\right] \tag{4.10}$$

式中，$\measuredangle[X]$ 是以弧度测量的 X 的角度。补偿 $\hat{\phi}_{u_k}$ 如下

$$\tilde{H}_{i,m}^{u_k}[\ell, f_d] = \hat{H}_{i,m}^{u_k}[\ell, f_d] e^{-j\pi\hat{\phi}_{u_k}} e^{-j2\pi\frac{N_g+(i-1)N_s}{N}}\hat{\phi}_{u_k} \tag{4.11}$$

将式（4.11）改为式（4.8），将式（4.8）中 $\hat{\mathbb{H}}_i[\ell, f_d]$ 写为 $\tilde{\mathbb{H}}[\ell, f_d]$，将 $\tilde{\mathbb{H}}_1[\ell, f_d]$ 和 $\tilde{\mathbb{H}}_2[\ell, f_d]$ 的平均写为 $\left(\tilde{\mathbb{H}}_1[\ell, f_d] + \mathbb{H}_2[\ell, f_d]\right)/2$。

在去除残留的 CFO 和 SFO 之后，STO 仍有待补偿。写为

$$\tilde{\mathbb{H}}[\ell, f_d] = \left[\tilde{\boldsymbol{H}}_1[\ell, f_d], \cdots, \tilde{\boldsymbol{H}}_m[\ell, f_d], \cdots, \tilde{\boldsymbol{H}}_{N_{\ell, f_d}}[\ell, f_d]\right] \tag{4.12}$$

式中，$\tilde{\boldsymbol{H}}_m[\ell, f_d] = \left[\tilde{H}_m^{u_1}[\ell, f_d], \cdots, \tilde{H}_m^{u_k}[\ell, f_d], \cdots, \tilde{H}_m^{u_K}[\ell, f_d]\right]^{\mathrm{T}}$ 是 CFO/SFO 校正后在可用子载波上第 m 个实现的 CFR 向量。将 $A_m^{u_k}[\ell, f_d] = \measuredangle\left\{\tilde{H}_m^{u_k}[\ell, f_d]\right\}$ 记作 $\tilde{H}_m^{u_k}[\ell, f_d]$ 的角度。我们将 $A_m^{u_k}[\ell, f_d]$ 相位展开到域 $A_m'^{u_k}[\ell, f_d]$，如果忽略噪声和干扰，则 $A_m'^{u_k}[\ell, f_d]$ 的斜率与 STO 是线性的。为了估算斜率，对由下式表示的 $A_m'^{u_k}[\ell, f_d]$ 进行最小二乘拟合。

$$\widehat{\Delta n_0} = \frac{N\sum_{k=1}^{K}\left[\left(u_k - \bar{u}\right)\right]\left[A_m'^{u_k}[\ell, f_d] - \bar{A}\right]}{2\pi\sum_{k=1}^{K}\left[u_k - \bar{u}\right]^2} \tag{4.13}$$

式中，$\bar{u} = \frac{\sum_{k=1}^{K} u_k}{K}$，$\bar{A} = \frac{\sum_{k=1}^{K} A_m'^{u_k}[\ell, f_d]}{K}$。因此 $\tilde{H}_m^{u_k}[\ell, f_d]$ 补偿为

$$\check{H}_m^{u_k}[\ell, f_d] = \tilde{H}_m^{u_k}[\ell, f_d] e^{-ju_k \mathrm{round}\left(\widehat{\Delta n_0}\right)\frac{2\pi}{N}} \tag{4.14}$$

式中，$\mathrm{round}(x)$ 中的参数 x 取最接近的整数。补偿后的 CFR 矩阵表示为

$$\check{\mathbb{H}}[\ell, f_d] = \left[\check{\boldsymbol{H}}_1[\ell, f_d], \cdots, \check{\boldsymbol{H}}_m[\ell, f_d], \cdots, \check{\boldsymbol{H}}_{N_{\ell, f_d}}[\ell, f_d]\right] \tag{4.15}$$

2. CFR 过滤

由于环境中存在其他 Wi-Fi 设备，因此某些 CFR 测量可能会受到附近 Wi-Fi 设备或其他射频系统（例如蓝牙）的干扰，因此在进一步计算之前应将其排除。干扰会将随机噪声引入 CFR，并损害 CFR 质量。为了对抗干扰，首先用 $\check{\boldsymbol{H}}_m[\ell,\ f_d]$ 计算 $N_{\ell,f_d}\times N_{\ell,f_d}$ 的 TRRS 矩阵 $\mathbb{R}_{\ell,f_d}$，其中 $\check{\boldsymbol{H}}_m[\ell,\ f_d]=\left[\check{H}_m^{u_1}[\ell,\ f_d],\cdots,\check{H}_m^{u_k}[\ell,\ f_d],\cdots,\check{H}_m^{u_K}[\ell,\ f_d]\right]^{\mathrm{T}}$，其中 $\gamma[\cdot,\cdot]$ 在（4.7）中定义。第（i,j）个 $\mathbb{R}_{\ell,f_d}$ 为

$$\left[\mathbb{R}_{\ell,f_d}\right]_{i,j}=\gamma\left[\check{\boldsymbol{H}}_i[\ell,f_d],\check{\boldsymbol{H}}_j[\ell,f_d]\right] \tag{4.16}$$

然后，计算 $\mathbb{R}_{\ell,\ f_d}$ 的列平均值 O_j，$j=1,\ 2,\cdots,\ N_{\ell,\ f_d}$，则

$$O_j=\frac{1}{N_{\ell,f_d}-1}\sum_{\substack{i=1,2,\cdots,N_{\ell,f_d}\\ i\neq j}}\left[\mathbb{R}_{\ell,f_d}\right]_{i,j} \tag{4.17}$$

最后，如果 $O_{j'}\leqslant\tau$，则删除 $\check{\mathbb{H}}[\ell,\ f_d]$ 的第 j' 列，τ 是一个门限值。

假设 CFR 过滤后剩余 CFR 的数量为 $N'_{\ell,\ f_d}$，其余 CFR 的相应序号为 $t_1,\cdots,\ t_m,\cdots,\ t_{N'_{\ell,\ f_d}}$。

3. CFR 平均

在位置 ℓ 上，对于信道 f_d，生成维数为 $K\times1$ 的平均 CFR $\boldsymbol{S}[\ell,f_d]=\left[S_{\ell,f_d}^{u_1},\cdots,\ S_{\ell,f_d}^{u_k},\cdots,\ S_{\ell,f_d}^{u_K}\right]^{\mathrm{T}}$ 如下

$$\boldsymbol{S}[\ell,f_d]=\frac{1}{N'_{\ell,f_d}}\sum_{m=1}^{N'_{\ell,f_d}}\check{\boldsymbol{H}}_{t_m}[\ell,f_d]\cdot\boldsymbol{W}_m \tag{4.18}$$

式中，代表两个向量之间的元素点积。$\boldsymbol{W}_m$ 是 $K\times1$ 向量，表示为

$$\boldsymbol{W}_m=\left[w_m[\ell,f_d],w_m[\ell,f_d],\cdots,w_m[\ell,f_d]\right]^{\mathrm{T}} \tag{4.19}$$

式中，$w_m[\ell,f_d]=\mathrm{e}^{\mathrm{j}\left(\measuredangle\left[\check{H}_{t_1}^{u_1}[\ell,\ f_d]\right]-\measuredangle\left[\check{H}_{t_m}^{u_1}[\ell,\ f_d]\right]\right)}$。引入 $\boldsymbol{W}_m$ 的目的是将 m>1 的 $\check{\boldsymbol{H}}_{t_m}[\ell,\ f_d]$ 初始相位匹配到第一个实现 $\check{\boldsymbol{H}}_{t_1}[\ell,\ f_d]$，从而使 $\check{\boldsymbol{H}}_{t_m}[\ell,\ f_d]$ 能够相干地累积，并且 $\check{\boldsymbol{H}}_{t_m}[\ell,\ f_d]$ 中的噪声方差降低 $N'_{\ell,\ f_d}$ 倍。

4. 带宽合并

在位置 ℓ，通过合并来自所有信道 $\{f_d\}_{d=1,2,\cdots,D}$ 的平均 CFR 来获得尺寸为 $DK\times1$ 的指纹矢量，如下所示：

$$\boldsymbol{G}[\ell]=\left[\boldsymbol{S}^{\mathrm{T}}[\ell,f_1]V_1,\cdots,\boldsymbol{S}^{\mathrm{T}}[\ell,f_d]V_d,\cdots,\boldsymbol{S}^{\mathrm{T}}[\ell,f_D]V_D\right]^{\mathrm{T}} \tag{4.20}$$

式中，引入 $V_d=\mathrm{e}^{-\mathrm{j}\measuredangle\left[S_{\ell,f_d}^{u_1}\right]}$ 是为了抵消初始化阶段不同的 $\boldsymbol{S}^{\mathrm{T}}[\ell,\ f_d]$。

图 4.3 演示了指纹生成过程的示例。从图 4.3 可以看出，CFR 后处理有效地消除了由同步误差引起的相位失真。CFR 平均将不同的实现连贯地结合在一起，并且带宽级联将两个平均的 CFR 关联到位置指纹中。

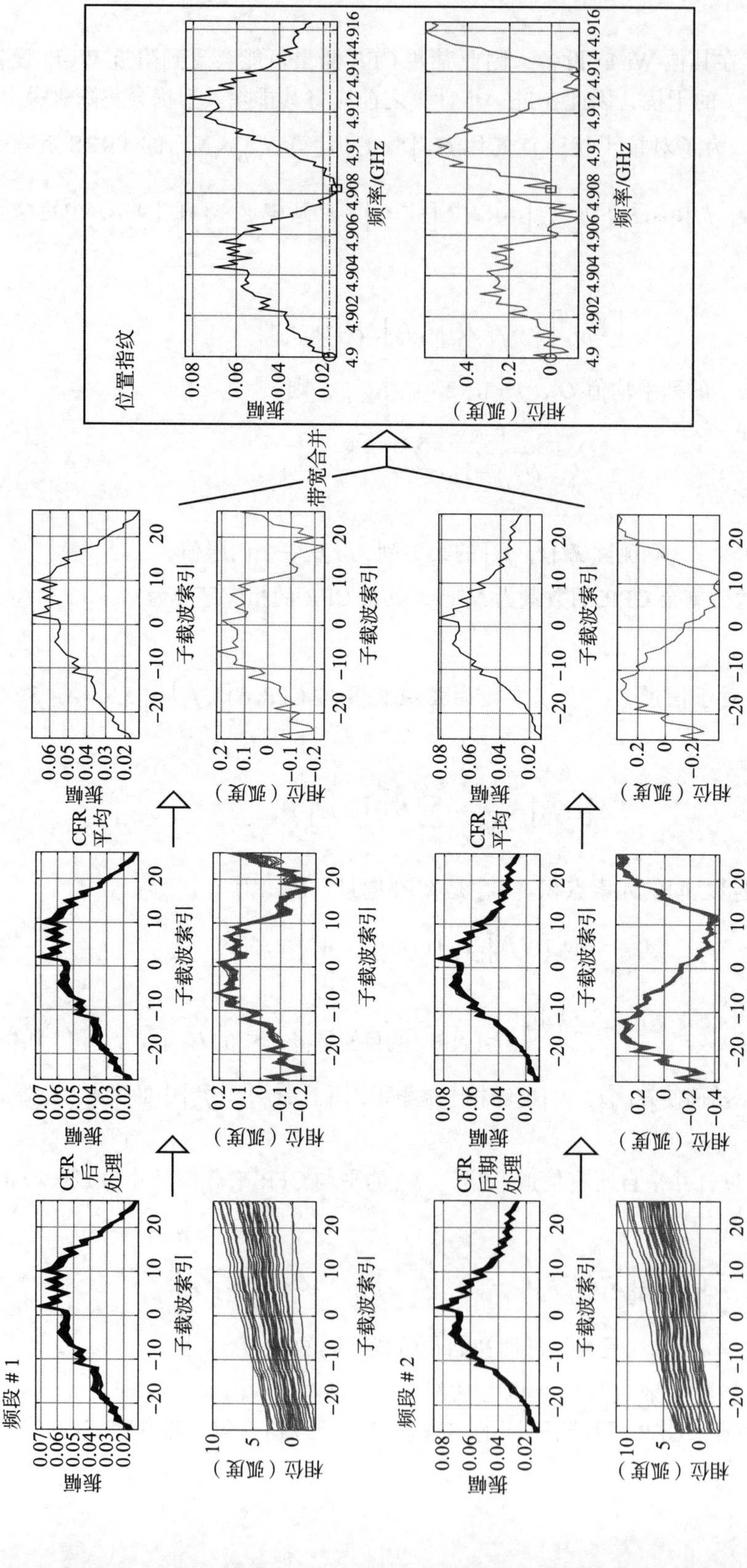

图 4.3 CFR 后处理、通道指纹生成和位置指纹生成示例

因为我们将 D 信道的所有可用带宽连接在一起，所以获得了更大的有效带宽，用 $W_e = DW$ 表示，其中 W 是每个信道的带宽。

4.3.2.2 在线阶段

来自未知位置的 CFR 以离线阶段中所述的相同方式关联到位置指纹中。假设未知位置 ℓ' 的位置指纹由 $\boldsymbol{G}[\ell']$ 给出，位置 ℓ' 与位置 ℓ 之间的 TRRS 计算为 $\gamma[\boldsymbol{G}[\ell], \boldsymbol{G}[\ell']]$。定义 $\ell^{\star} = \underset{\ell=1,2,\cdots L}{\operatorname{argmax}} \gamma[\boldsymbol{G}[\ell], \boldsymbol{G}[\ell']]$，估计位置 $\widehat{\ell'}$ 采用以下形式

$$\hat{\ell}' = \begin{cases} \ell^{\star}, \text{ if } \gamma\left[\boldsymbol{G}\left[\ell^{\star}\right], \boldsymbol{G}\left[\ell'\right]\right] \geqslant \Gamma \\ 0, \text{ 其他} \end{cases} \tag{4.21}$$

式中，Γ 是可调阈值。需要注意的是，如果 $\gamma\left[\boldsymbol{G}\left[\ell^{\star}\right], \boldsymbol{G}\left[\ell'\right]\right] < \Gamma$，则 IPS 无法定位设备，并且算法返回 0 表示未知位置。

在图 4.4 中，我们展示了在两个不同位置生成的位置指纹的示例。对于每个位置，制定五个位置指纹。可以看到同一位置的位置指纹之间的差异很小，而两个不同位置的位置指纹之间的差异则较为明显。

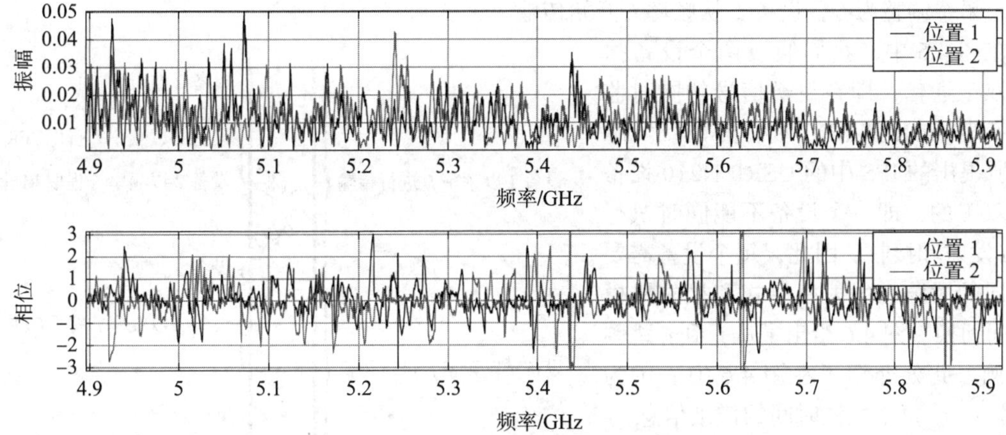

图 4.4 在两个不同位置进行带宽级联后的位置指纹快照

4.4 跳频机制

在本节中，我们将详细介绍所提出的 IPS 的实现细节。

4.4.1 使用 USRP 获得 CFR

我们将两个通用软件无线电外围设备（USRP）N210 [33] 构建为用于本地化的原型。每个 USRP 都配备一个全向天线。在文献［34］中，Bastian 等人在 GNU 电台 [35] 的框架下开发了一个支持 Wi-Fi 标准 802.11a/g/p 的 Wi-Fi 收发机。文献［34］中提出的 Wi-Fi 收发机通过四个频域子载波导频提取 CFR，然后进行插值，以完全恢复 48 个可用数据子载波上的 CFR。但是，由于子载

波导频器的稀缺性，导致估计的CFR不够准确，无法提供有关环境的详细信息，以促进室内定位。

为了获得高质量的CFR，我们扩展了在文献［34］中的框架，包括一个利用两个LTP的信道估计器，Wi-Fi帧结构如图4.1所示。每个LTP由56个数据子载波组成，这些数据子载波是在接收机端预先已知的，并且使用4.2节中的式（4.2）提取CFR。为了减少同步误差对CFR的影响，采用STP估计和补偿STO、SFO和CFO，如图4.1所示。估计和补偿的CFR用于均衡信号场帧，该信号场帧包含编码率信息以及所传输OFDM符号的信号星座图。然后，接收机根据这些信息解码数据有效载荷。

我们还注意到文献［34］中的框架缺少载波侦听多路访问（CSMA）机制。因此，无法避免来自其他Wi-Fi设备的干扰。鉴于此问题，我们仅保留与可以成功解码的数据有效负载关联的CFR。

4.4.2　实施跳频机制

在提出的IPS中，跳频用于从多个频带中获取CFR。图4.5中，展示了同步跳频机制的时序图，其中两个设备之间的反馈来自中心频率f_0到f_1。这里，ACK代表确认帧，REQ代表跳频请求帧。设备2通过将其中心频率调整为f_0来初始化该过程。然后设备1也从f_0开始传输，以促进设备2上CFR的获取。假定每个频带的CFR最小数量为$M_{\min}$。在f_0处获得$M_{\min}$ CFR之后，设备2将ACK帧发送到设备1，设备1将REQ帧反馈到设备2。从接收到REQ帧后，设备2将其中心频率调整为f_1，设备1从频率f_1开始传输。

在图4.5中，我们假设两个设备执行全双工通信，即在发送信号的同时监听以获取ACK和REQ帧。然而，实际上，所提出的IPS中的USRP N210设备是半双工的，即一个设备不能同时执行Wi-Fi发射和接收。因此，每个设备需要在不同的时隙在发射机模式和接收机模式之间切换。图4.6给出了从f_0到f_1跳频的示例。此处介绍了在图4.6中表示为t_1，t_2,…，t_{12}每个关注时间的详细信息。

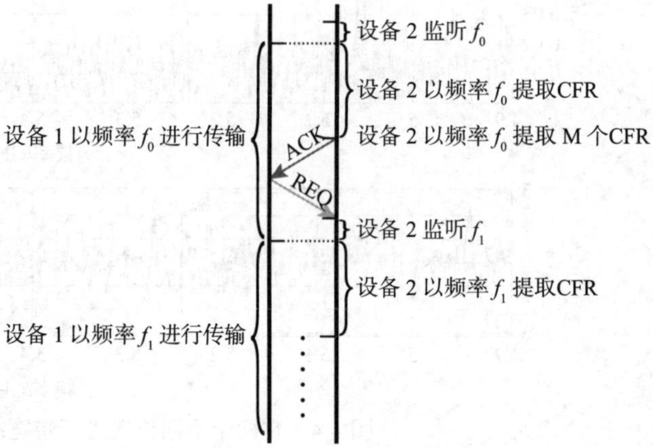

图4.5　跳频机制的时序图

t_0：设备2（D2）将其中心频率调整为f_0并保持在接收机模式。

t_1：设备1（D1）将其中心频率调整为f_0并开始数据传输。D2检测到数据传输的存在，并执行信道估计以从每个数据帧中提取CFR。设备D2保持接收机模式，直到CFR的数量超过$M_{\min}$。

t_2：D1切换到接收模式，通过将消息编码在数据有效载荷中来确定D2是否发送确认信号（ACK）。假设此时D2获得的$M< M_{\min}$ CFR。由于CFR数量不足，D2仍停留在接收机模式。请注意，如果D2在此阶段获取足够的CFR，则D2将切换到发射机模式并向D1发送ACK帧，并且该过程将从t_7开始继续进行。

t_3：D1没有接收到来自D2的ACK帧，因此切换回发射机模式并继续进行数据传输。

t_4：D2接收目标$M_{\min}$ CFR，并切换到发射机模式。然后它将ACK信号发送到D1。但是由于 D1 处于发射机模式，因此 ACK 信号发送失败。

t_5：D2 切换到接收机模式，以确定 D1 是否发送跳频请求（REQ），该请求已编码到数据有效载荷中。由于在 t_4 时 ACK 信号传输失败，D1 无法发送 REQ 信号。

t_6：D1 再次切换到接收机模式。

t_7：D2 再次切换到发射机模式并发送另一个 ACK 信号。

t_8：D1 接收 ACK 信号并切换到发射机模式以发送 REQ。但是设备 2 仍处于发射机模式，并且此刻无法接收请求。

t_9：由于 D1 停留在发射机模式，D2 切换到接收机模式并接收 REQ 信号。

t_{10}：D2 开始将其中心频率调整为 f_1。

t_{11}：D2 成功地将其中心频率调整为 f_1，并且也在 f_1 等待来自 D1 的传输。由于 D1 仍在以 f_0 进行传输，因此 D2 无法解码该信号。

t_{12}：D1 也将其中心频率调整为 f_1 并开始传输。

重复相同的协议直到测量了所有所需频段的 CFR。

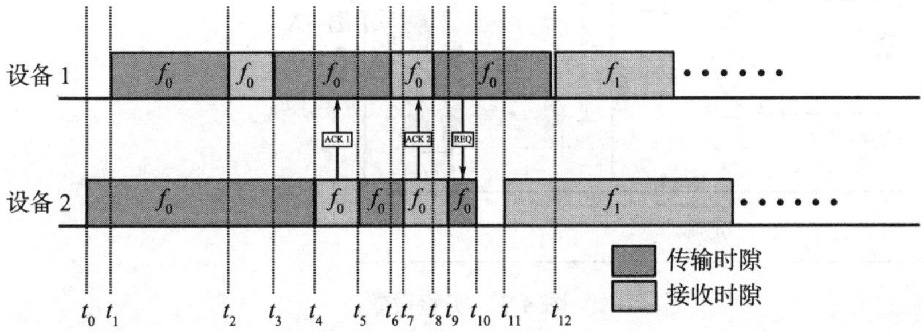

图 4.6　跳频时序图

4.5 实验

4.5.1 实验设置

图 4.7 显示了实验设置，并在这里给出了详细信息。

4.5.1.1 环境

实验是在一个典型的办公套间中进行的，该套间由一栋多层建筑中的一大一小办公室组成。两个办公室被一面墙隔开。

除了两张大桌子，室内还摆满了其他家具，包括椅子和电脑，为简洁起见，图 4.7 中未显示。

4.5.1.2 配置

使用两个 USRP 获得带宽配置为 W=10MHz 的 CFR。两个 USRP 使用 4.4 节中讨论的机制相互协调以执行同步跳频。跳频的步长固定为 $\Delta f = 8.28\text{MHZ}$。[⊖] 每个信道的 CFR 最小数量设置为 $M_{\min} = 10$。

⊖ 考虑到 Wi-Fi 信道频谱两端的零子载波，我们调整跳频步长，使可以覆盖整个频谱而没有频谱空穴。请注意，所呈现的 IPS 并不要求测量的频带是连续的。

4.5.1.3 测量细节

如图 4.7 所示，将一个 USRP 放置在小房间中测量平台的网格点上。USRP 的中心与网格点对齐。两个相邻网格点之间的距离为 5cm。另一个 USRP 放在较大房间的桌子上。在 70cm × 20cm 的区域内对 L=75 个不同网格点的 CFR 进行测量。对于每次测量，两个 USRP 扫描频带从 4.9GHz 到 5.9GHz，从而导致了 D=124 次跳频，步长为 8.28MHz。因此，有效带宽 W_e 为 1GHz。对于这 75 个位置，我们每个位置收集 M=10 个位置指纹。

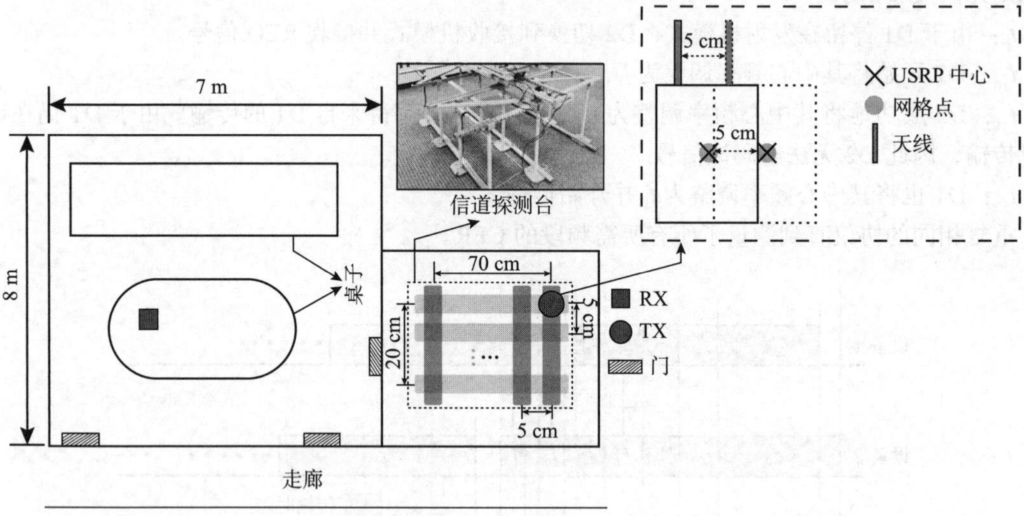

图 4.7 实验设置

4.5.2 性能评估指标

对于每个位置收集的 M=10 个指纹，在离线阶段将第一个 M_1 =5CFR 存储到指纹数据库中，并将其他 M_2 =5 指纹作为在线阶段收集的样本。在位置 ℓ 构造的第 m 个位置指纹记作 $\boldsymbol{G}_m[\ell]$，用 $\gamma\left[\boldsymbol{G}_m[\ell],\boldsymbol{G}_n[\ell']\right]$ 给出的第（i, j）个 $\mathbb{R}$ 计算 TRRS 矩阵 $\mathbb{R}$，其中，$m = \mathrm{Mod}\left(i,\ M_1\right)+1$，$\ell = \dfrac{i-m-1}{M_1}+1, n = \mathrm{Mod}\left(j, M_2\right)+1, \ell' = \dfrac{j-n-1}{M_2}+1$。Mod 是模量算子，$i$ 称为训练指标，j 称为测试指标。

我们将在相同位置获得的 CFR 计算的 $\mathbb{R}$ 项作为对角线条目，以及使用从不同位置获得的 CFR 计算的 $\mathbb{R}$ 项作为非对角线条目。我们展示了对角线和非对角线 $\mathbb{R}$ 项的直方图和累积密度函数。

基于 $\mathbb{R}$，我们使用表示为 P_{TP} 的真阳性率和表示为 P_{FP} 的假阳性率的指标来评估定位性能。P_{TP} 定义为 IPS 将设备定位到正确位置的概率，而 P_{FP} 定义为 IPS 将设备定位到错误位置或无法定位设备的概率。

在性能评估中，CFR 过滤参数 τ 设置为 0.8。

4.5.3 性能评估

4.5.3.1 不同 W_e 下的 TRRS 矩阵

图 4.8 展示了 $W_e \in \left[10,\ 40,\ 120,\ 1000\right]$MHz 的 $\mathbb{R}$。可以观察到，当 W_e=10MHz 时，$\mathbb{R}$ 中存在

许多大的非对角线条目，这表明不同位置之间存在严重的歧义。当总带宽 W_e 增加时，不同位置之间的模糊性将被消除，而同一位置内的 TRRS 几乎不变。

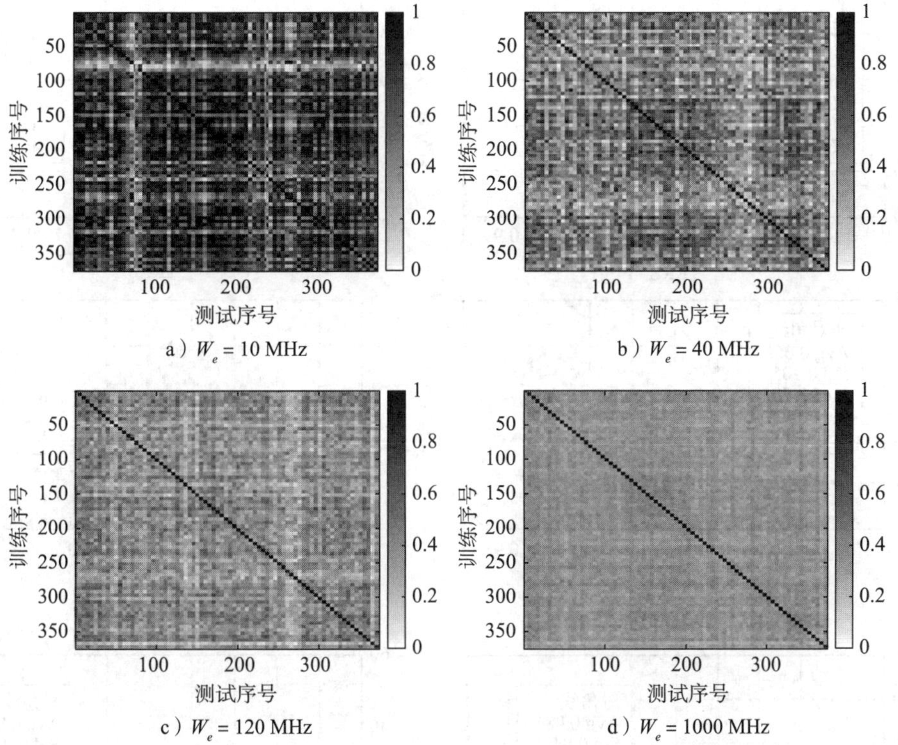

图 4.8　不同 W_e 的 TRRS 矩阵

4.5.3.2　不同 W_e 下对角线和非对角线的分布

图 4.9 使用直方图显示了不同 $W_e \in [10, 40, 120, 1000]$MHz 的 $\mathbb{R}$ 的对角线和非对角分布。也显示了对角线和非对角条目的统计结果。正如我们所看到的，不同 W_e 下相同位置的 TRRS 值是相同的，这意味着所提出的 IPS 具有很高的平稳性。另一方面，当 W_e 增加时，非对角线条目被抑制更多，并接近高斯分布。我们还观察到，当 W_e 增加时，对角线和非对角条目之间的差距增大，表明不同位置之间有更好的可分别性。W_e 的增加还减少了对角线和非对角线条目的变化，如减小的标准差。此外，大的 W_e 会去除对角线条目中的异常值：当 W_e=10MHz 时，对角线条目的最小值为 0.153，而当 W_e=1000MHz 时，最小值增加至 0.915。因此，较大的 W_e 可以提高 IPS 对异常值的鲁棒性。

4.5.3.3　不同 W_e 下对角线和非对角线条目的累积密度函数

在图 4.10 中，我们展示了对角线和非对角线条目的累积密度函数，其中 $W_e \in$ [10, 20, 40, 80, 120, 300, 500, 1000]MHz。从图中可以看出，较大的 W_e 会缩小对角线和非对角线条目的分布范围，这与图 4.9 中所示的结果一致。

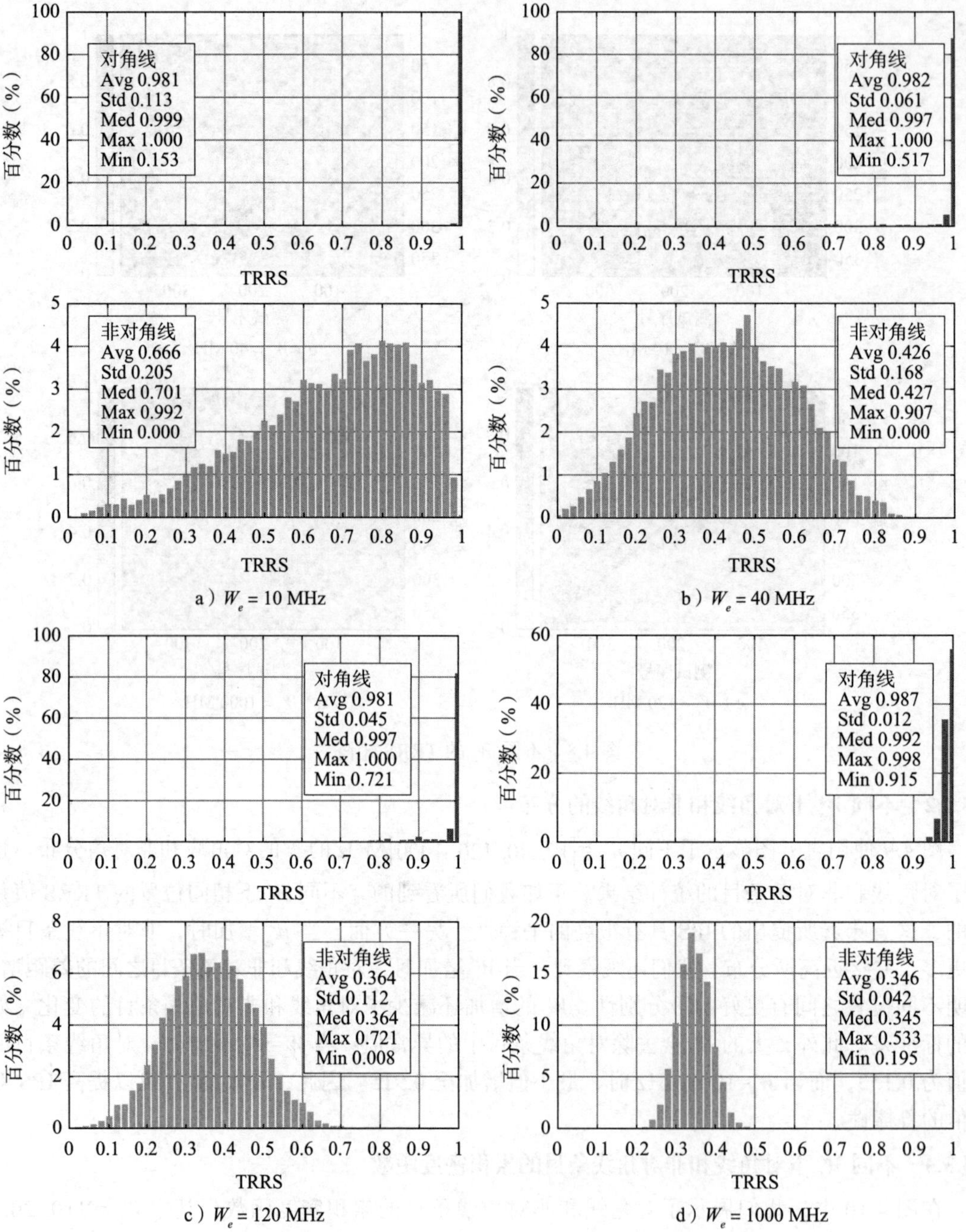

图 4.9 不同 W_e 下对角线和非对角线条目的直方图

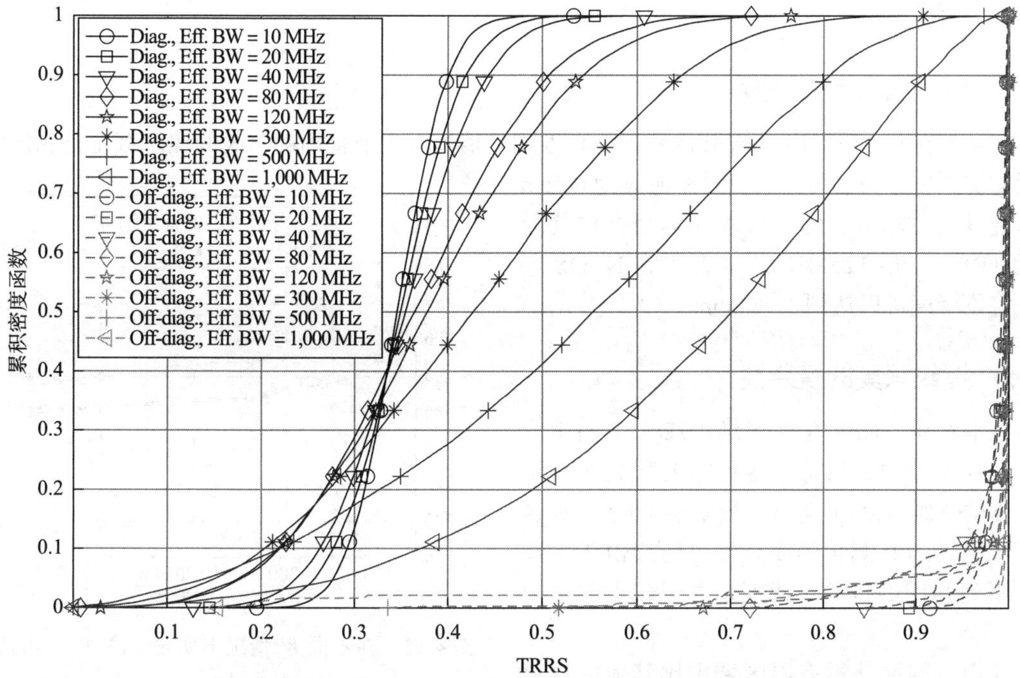

图 4.10　不同 W_e 下 TRRS 矩阵的对角线和非对角线元素的累积密度函数

4.5.3.4　不同 W_e 下的均值和标准差表现

图 4.11 描绘了 W_e 对对角线和非对角线输入的均值和标准差性能的影响。上方和下方的条形图表示相对于平均值的 $\pm\sigma$ 界限，其中 σ 代表标准差。我们得出的结论是，大的 W_e 可以改善不同位置之间的差异，同时可以减少相同位置以及不同位置之间 TRRS 的变化。换句话说，一个较大的 W_e 可以使 IPS 性能更加稳定和可预测。

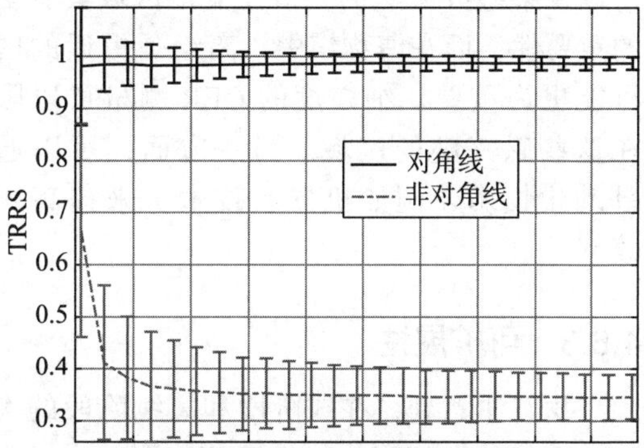

图 4.11　不同 W_e 下 TRRS 矩阵的对角线和非对角线元素的均值和标准差

4.5.3.5　不同 W_e 下阈值 Γ 的设置

图 4.12 描绘了在 W_e=[20, 60, 100,⋯, 1000] MHz 下达到（i）P_{TP} =100％和 P_{FP} =0％，以及（ii）$P_{TP} \geqslant 95\%$ 和 $P_{FP} \leqslant 5\%$ 的最小阈值 Γ。我们发现，当 W_e 变大时，阈值逐渐减小，这可以由以下事实证明：当 W_e 变大时，对角线和非对角线条目之间的间隙会增大。当 W_e=20MHz 时，IPS 无法实现 P_{TP} =100％和 P_{FP} =0％。图 4.12 还表明，如果选择合适，我们可以实现完美的 5cm 定位。

基于实验结果得出，对于所提出的 IPS 的鲁棒性、稳定性和性能，较大的 W_e 必不可少。通过制定连接多个信道的位置指纹，在一对单天线 Wi-Fi 设备的 NLOS 环境中，所提出的 IPS 可以完美地实现厘米级定位精度。

4.6 讨论

4.6.1 可达到的定位精度

在 4.5 节中，我们用 5cm 分辨率的细粒度测量值演示了所提出的 IPS 的厘米级定位精度。在最近的实验中，我们将测量分辨率调整为 0.5cm 以研究其定位精度。图 4.13 所示为目标位置附近的 TRRS，W_e=125MHz，这表明在 NLOS 环境下定位精度可以达到 1 ～ 2cm。

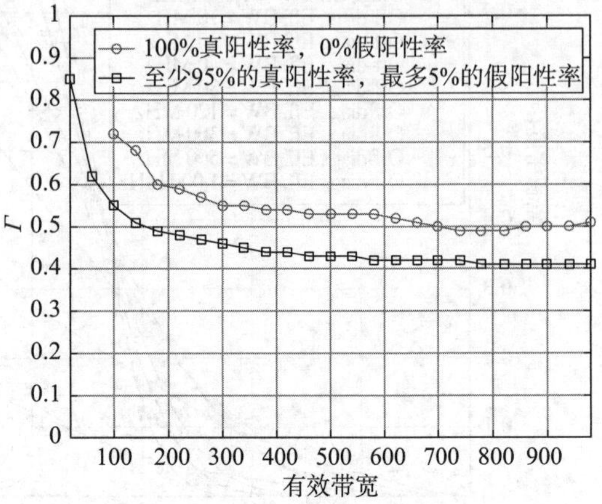

图 4.12　在不同 W_e 情况下实现（i）P_{TP} =100%和 P_{FP} =0%以及（ii）$P_{TP} \geqslant 95\%$和 $P_{FP} \leqslant 5\%$ 的最小阈值 Γ

4.6.2 指纹采集的复杂性

在本章中，CFR 是在二维（2D）空间中收集的。在实践中，目标的定位需要从具有厘米级粒度的三维（3D）空间进行 CFR 测量。在这种情况下，CFR 测量的复杂性可能会由于太高而达不到实用的目的，特别是对于较大的室内空间。

我们只需要获得有限区域中比其他区域更为关键的指纹，就可以显著减少测量负担。例如，在一个办公室中，办公室的主要入口和出口以及某些办公室的入口比其他区域具有更高的重要性，而在博物馆中，离绘画更近的区域可能更为重要。细粒度的 CFR 测量可以限制在这些感兴趣的区域。另一方面，可以通过自动化技术（例如机器人技术）来提高测量效率。

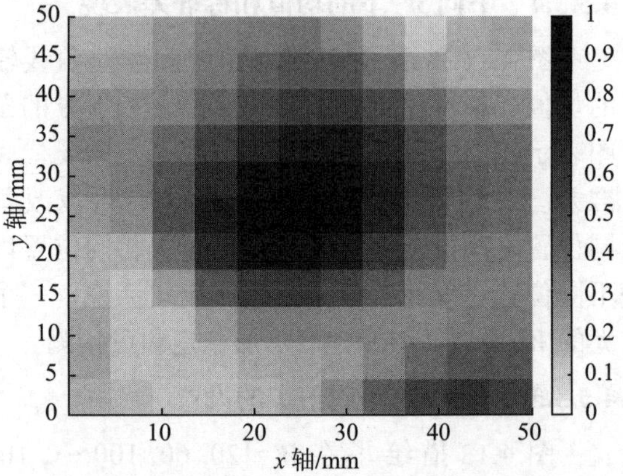

图 4.13　测量分辨率为 0.5cm 时在预期位置附近的 TRRS

4.6.3 可扩展性

我们注意到，在线阶段和离线阶段的大多数计算都可以解释为线性运算。因此，提出的 IPS 的计算复杂度与存储在数据库中的位置指纹的数量呈线性关系。由于离线阶段通常可以容忍较大的延迟，因此离线阶段计算复杂度的增加不太显著。另一方面，复杂度的增加对在线阶段提出了挑战，因为在线阶段比离线阶段对时间更敏感。当数据库中存储大量指纹时，这个问题就变得更加严重。

为了解决这个问题，可以检索其他信息，例如感官信息或 RSSI 值，以通过粗略的位置估计来补充所提出的 IPS。然后，提出的 IPS 可以从数据库中选择在估计位置附近收集的指纹子集来进行精确的估计。

4.6.4 指纹敏感性

在室内空间中，应该预期到诸如椅子和桌子之类的小物体和大物体的移动。这些运动会稍微改变环境，因此会向离线阶段收集的 CFR 中引入偏差。根据我们在文献［36］中的最新工作，我们发现较大的有效带宽可以降低指纹对环境动态的敏感性，这可以通过使用跳频连接足够多的信道来实现。

4.6.5 在商用 Wi-Fi 设备上进行 CFR 采集

由于 CFR 在大多数商业 Wi-Fi 设备上都不可用，因此采用 USRP 作为获取 CFR 的原型。最近，在修改了固件和无线驱动程序之后，就可以在现成的 802.11n 设备 Intel Wi-Fi Wireless Link 5300 上获得 CFR[37]。当前，我们正在研究使用现成的 Wi-Fi 设备以及实现跳频机制的 IPS 性能。

4.7 小结

在本章中，我们介绍了一种基于 Wi-Fi 的 IPS，该 IPS 利用频率分集来实现厘米级的室内定位精度。所提出的 IPS 通过跳频对多信道进行 CFR 测量来充分利用频率分集。通过 CFR 清洗、过滤和求平均值，可以减少同步误差和干扰的影响。然后，将不同信道的平均 CFR 合并到定位指纹中以增加有效带宽。位置指纹在离线阶段存储到数据库中，并用于在线阶段计算 TRRS。最后，提出的 IPS 根据 TRRS 确定位置。在 1GHz 频带上进行的大量实验结果表明，在具有较大有效带宽的典型办公环境中，所提出的 IPS 具有厘米级定位精度。相关资料，感兴趣的读者可以参考文献［38］。

参考文献

[1] J. G. McNeff, “The global positioning system,” *IEEE Transactions on Microwave Theory and Techniques*, vol. 50, no. 3, pp. 645–652, Mar. 2002.

[2] E. Bruns, B. Brombach, T. Zeidler, and O. Bimber, “Enabling mobile phones to support large-scale museum guidance,” *IEEE MultiMedia*, vol. 14, no. 2, pp. 16–25, Apr. 2007.

[3] S. Wang, S. Fidler, and R. Urtasun, “Lost shopping! Monocular localization in large indoor spaces,” in *Proceedings of the IEEE International Conference on Computer Vision*, 2015, pp. 2695–2703.

[4] Z. Yang, Z. Zhou, and Y. Liu, “From RSSI to CSI: Indoor localization via channel response,” *ACM Computing Surveys (CSUR)*, vol. 46, no. 2, pp. 25–1, 2013.

[5] J. Hightower, R. Want, and G. Borriello, “SpotON: An indoor 3D location sensing technology based on RF signal strength,” University of Washington, Department of Computer Science and Engineering, Seattle, WA, UW CSE 00-02-02, Feb. 2000.

[6] L. Ni, Y. Liu, Y. C. Lau, and A. Patil, “LANDMARC: Indoor location sensing using active RFID,” in *Proceedings of the First IEEE International Conference on Pervasive Computing and Communications (PerCom)*, pp. 407–415, Mar. 2003.

[7] Q. Zhang, C. H. Foh, B. C. Seet, and A. C. M. Fong, “RSS ranging based Wi-Fi localization for unknown path loss exponent,” in *2011 IEEE Global Telecommunications Conference (GLOBECOM 2011)*, pp. 1–5, Dec. 2011.

[8] B. Campbell, P. Dutta, B. Kempke, Y.-S. Kuo, and P. Pannuto, "DecaWave: Exploring state of the art commercial localization," Ann Arbor: University of Michigan Electrical Engineering and Computer Science Department, vol. 1001, p. 48109.

[9] P. Steggles and S. Gschwind, The Ubisense smart space platform, *Adjunct Proceedings of the Third International Conference on Pervasive Computing*, vol. 191, 73–76, 2005.

[10] D. Vasisht, S. Kumar, and D. Katabi, "Decimeter-level localization with a single WiFi access point," in *13th USENIX Symposium on Networked Systems Design and Implementation (NSDI 16)*, pp. 165–178, Mar. 2016. [Online]. Available: www.usenix.org/conference/nsdi16/technical-sessions/presentation/vasisht.

[11] J. Gjengset, J. Xiong, G. McPhillips, and K. Jamieson, "Phaser: Enabling phased array signal processing on commodity WiFi access points," in *Proceedings of the 20th Annual ACM International Conference on Mobile Computing and Networking*, pp. 153–164, 2014. [Online]. Available: http://doi.acm.org/10.1145/2639108.2639139.

[12] J. Xiong and K. Jamieson, "ArrayTrack: A fine-grained indoor location system," in *Proceedings of the 10th USENIX Conference on Networked Systems Design and Implementation*, pp. 71–84, 2013. [Online]. Available: http://dl.acm.org/citation.cfm?id=2482626.2482635.

[13] P. Bahl and V. Padmanabhan, "RADAR: An in-building RF-based user location and tracking system," in *Proceedings of the IEEE INFOCOM*, vol. 2, pp. 775–784, 2000.

[14] M. Youssef and A. Agrawala, "The Horus WLAN location determination system," in *Proceedings of the 3rd ACM International Conference on Mobile Systems, Applications, and Services*, pp. 205–218, 2005.

[15] P. Prasithsangaree, P. Krishnamurthy, and P. Chrysanthis, "On indoor position location with wireless LANs," in *The 13th IEEE International Symposium on Personal, Indoor and Mobile Radio Communications,* vol. 2, pp. 720–724, Sep. 2002.

[16] C. Wu, Z. Yang, and Y. Liu, "Smartphones based crowdsourcing for indoor localization," *IEEE Transactions on Mobile Computing*, vol. 14, no. 2, pp. 444–457, Feb. 2015.

[17] S. Sen, B. Radunovic, R. R. Choudhury, and T. Minka, "You are facing the Mona Lisa: Spot localization using PHY layer information," in *Proceedings of the 10th ACM International Conference on Mobile Systems, Applications, and Services*, pp. 183–196, 2012. [Online]. Available: http://doi.acm.org/10.1145/2307636.2307654.

[18] J. Xiao, K. Wu, Y. Yi, and L. Ni, "FIFS: Fine-grained indoor fingerprinting system," in *21st International Conference on Computer Communications and Networks (ICCCN),* pp. 1–7, Jul. 2012.

[19] Y. Chapre, A. Ignjatovic, A. Seneviratne, and S. Jha, "CSI-MIMO: Indoor Wi-Fi fingerprinting system," in *IEEE 39th Conference on Local Computer Networks (LCN)*, pp. 202–209, Sep. 2014.

[20] Z. Wu, Y. Han, Y. Chen, and K. J. R. Liu, "A time-reversal paradigm for indoor positioning system," *IEEE Transactions on Vehicular Communications*, vol. 64, no. 4, pp. 1331–1339, Apr. 2015.

[21] C. Chen, Y. Chen, H. Q. Lai, Y. Han, and K. J. R. Liu, "High accuracy indoor localization: A WiFi-based approach," in *IEEE International Conference on Acoustics, Speech and Signal Processing (ICASSP)*, pp. 6245–6249, Mar. 2016.

[22] B. Wang, Y. Wu, F. Han, Y. Yang, and K. J. R. Liu, "Green wireless communications: A time-reversal paradigm," *IEEE Journal on Selected Areas in Communications*, vol. 29, no. 8, pp. 1698–1710, Sep. 2011.

[23] M. Fink and C. Prada, "Acoustic time-reversal mirrors," *Inverse Problems*, vol. 17, no. 1, Feb. 2001.

[24] M. Fink, C. Prada, F. Wu, and D. Cassereau, "Self focusing in inhomogeneous media with time reversal acoustic mirrors," in *Proceedings of the IEEE Ultrasonics Symposium*, pp. 681–686 vol. 2, Oct. 1989.

[25] C. Dorme, M. Fink, and C. Prada, "Focusing in transmit-receive mode through inhomogeneous media: The matched filter approach," in *Proceedings of the IEEE Ultrasonics Symposium,* pp. 629–634 vol. 1, Oct. 1992.

[26] F. Han, Y.-H. Yang, B. Wang, Y. Wu, and K. J. R. Liu, "Time-reversal division multiple access over multi-path channels," *IEEE Transactions on Communications*, vol. 60, no. 7, pp. 1953–1965, Jul. 2012.

[27] J. Heiskala and J. Terry, *OFDM Wireless LANs: A Theoretical and Practical Guide*. Indianapolis, IN: Sams, 2001.

[28] T.-D. Chiueh and P.-Y. Tsai, *OFDM Baseband Receiver Design for Wireless Communications*. John Wiley and Sons (Asia) Pte Ltd, 2007.

[29] M. Speth, S. Fechtel, G. Fock, and H. Meyr, "Optimum receiver design for wireless broadband systems using OFDM – Part I," *IEEE Transactions on Communications*, vol. 47, no. 11, pp. 1668 –1677, Nov. 1999.

[30] Wireless LAN Working Group, "Supplement to IEEE standard for information technology telecommunications and information exchange between systems: Local and metropolitan area networks, Specific requirements, Part 11: Wireless LAN medium access control (MAC) and physical layer (PHY) specifications: High-Speed physical layer in the 5 GHz band," *IEEE Standard*, 1999.

[31] A. V. Oppenheim, R. W. Schafer, and J. R. Buck, *Discrete-Time Signal Processing* (2nd ed.). Upper Saddle River, NJ: Prentice-Hall, Inc., 1999.

[32] M. Speth, S. Fechtel, G. Fock, and H. Meyr, "Optimum receiver design for OFDM-based broadband transmission II: A case study," *IEEE Transactions on Communications*, vol. 49, no. 4, pp. 571 –578, Apr. 2001.

[33] "Ettus Research LLC," www.ettus.com/.

[34] B. Bloessl, M. Segata, C. Sommer, and F. Dressler, "Decoding IEEE 802.11a/g/p OFDM in Software using GNU Radio," in *19th ACM International Conference on Mobile Computing and Networking (MobiCom 2013), Demo Session*, pp. 159–161, Oct. 2013.

[35] "GNU Radio," http://gnuradio.org/.

[36] C. Chen, Y. Chen, Y. Han, H. Lai, F. Zhang, and K. J. R. Liu, "Achieving centimeter accuracy indoor localization on WiFi platforms: A multi-antenna approach," *IEEE Internet of Things Journal*, vol. 4, no. 1, pp. 122–134, Feb. 2017.

[37] D. Halperin, W. Hu, A. Sheth, and D. Wetherall, "Tool release: Gathering 802.11n traces with channel state information," *ACM SIGCOMM CCR*, vol. 41, no. 1, p. 53, Jan. 2011.

[38] C. Chen, Y. Chen, Y. Han, H.-Q. Lai, and K. J. R. Liu, "Achieving centimeter-accuracy indoor localization on WiFi platforms: A frequency hopping approach," *IEEE Internet of Things Journal*, vol. 4, no. 1, pp. 111–121, 2017.

第 5 章 |Chapter 5|

分米级精度室内追踪

随着物联网技术的发展，室内追踪已成为当今一种流行的应用，但是大多数现有解决方案只能在视线范围内工作或需要定期重新校准。在本章中，我们将介绍 WiBall，这是一种精确且无需校准的室内追踪系统，可以在基于无线电信号的非视线范围内很好地工作。WiBall 利用无线电信号时间反演聚焦效应的平稳且与位置无关的特性来进行高度精确的移动距离估计。结合基于惯性测量单元的方向估计以及使用平面方案中的约束条件进行位置校正，WiBall 能够在不同环境中以分米级精度追踪运动物体。由于 WiBall 仅用一对设备即可容纳大量用户，价格低廉，易于扩展，因此可能成为未来室内追踪应用的候选方案。

5.1 引言

随着物联网（IoT）应用的激增，室内定位和室内导航（IPIN）近年来受到越来越多的关注。Technavio 预测，到 2021 年，全球 IPIN 市场将增长到 78 亿美元[1]，并且各种规模的企业都在投资 IPIN 技术，以支持越来越多的应用，包括医院中的患者追踪、资产管理大型食品杂货、大型工厂的工作流自动化、大型购物中心的导航、设备控制等。

尽管全球定位系统（GPS）可以在室外实时追踪中以低成本实现良好的精度，但是室内追踪[2]在成本和性能之间还没有取得很好的平衡。

在本章中，我们介绍用于室内追踪的无线系统 WiBall，它可以在非视距（NLOS）和视距（LOS）场景中很好地工作，并且在动态环境中也很稳定。WiBall 会随时估算设备的增量位移，因此，它可以实时追踪设备的轨迹。WiBall 在移动距离估计中采用了全新的范例，该范例建立在之前提出的无线电信号中发现的物理现象的基础上。过去，可以通过分析附着在运动物体上的惯性测量单元（IMU）的输出来完成运动距离的估计。加速度计读数用于检测步数，然后可以通过将步数乘以步幅长度[3]来估算步行距离。但是，行人通常具有不同的步幅，即使在相同的速度下，步行距离也可能相差 40%，而在同一个人的各种速度下，步行距离也可能相差 50%[4]。因此需要校准以获得不同个体的平均步幅长度，这在实际应用中是不切实际的，因此未被广泛采用。还可以通过分析受设备移动影响的无线电信号来估计移动距离。基于最大多普勒频率的估计，已经提出了各种方法，例如电平交叉速率方法[5]、基于协方差的方法[6-7]和基于小波的方法[8]。但是，这些估计器的性能在实际方案中并不令人满意。例如，文献［7］中的方法只能区分移动站是以快速（≥30km/h）还是以慢速（≤5km/h）移动。

在 WiBall 中，提出了一种基于时间反演（TR）共振效应的移动距离估计的新方案[9-10]。TR 是一种基本的物理共振现象，它使人们可以通过 TR 波将传输信号的能量集中在时域和空间域的预期焦点上。TR 的研究最早可以追溯到 20 世纪 50 年代，当时它首次被用于对齐长距离信息传输过程中由多径衰落引起的相位差。在实际的水下传播环境中，首次观察到 TR 共振效应[11]，由于发射信号可以通过 TR 收集相干物质中的多径副本，因此可以将发射信号的能量重新聚焦在预定位置上。

在本章中，我们提出了一个新发现，即 TR 聚焦效应的能量分布具有与位置无关的特性，该特性仅与电磁波（EM）的物理参数有关。这是因为室内的多径分量（MPC）的数量如此之多，以至于根据大数定律，可以将不同位置的接收能量的随机性平均化。基于此与位置无关的功能，WiBall 可以估计设备在复杂的室内环境中的移动距离，而无需任何预校准程序。为了应对距离估算中的累积误差，WiBall 结合了建筑物平面图的约束条件，并在遇到拐角、走廊、门等地标时校正了累积误差。结合改进的距离估计器和基于地图的纠错器，已证明 WiBall 能够在实时追踪中达到分米级精度，而与移动速度和环境无关。

5.2 相关工作

现有的室内追踪解决方案可以分为四类：基于视觉、基于音频、基于无线电和基于 IMU。基于视觉的方法，例如相机[12]、激光[13]、红外[14]等，尽管可以实现非常高的精度，但部署和设备成本高昂，校准复杂且覆盖范围有限。基于声学的方案[15]只能覆盖有限的范围，无法扩展到大量用户。NLOS 多径传播严重影响了基于无线电方法（如 RADAR[16]、RFID[17]和 UWB 定位系统[18-19]）的性能，这对于典型的室内环境是不可避免的。基于 IMU 方法[3-4]的定位精度主要受到对移动距离和陀螺仪漂移估计不足的限制。

由于 Wi-Fi 在室内的广泛应用，因此提出了各种基于 Wi-Fi 的室内定位系统，如表 5.1 所示。这些工作大致可以分为两类：基于建模的方法和基于指纹的方法。这些方法中使用的功能既可以从 MAC 层信息（例如，接收信号强度指示器（RSSI）读数和接收包在接收机（RX）处的时间戳）中获得，也可以从 PHY 信息（例如，信道状态信息（CSI））中获得。

表 5.1　基于 Wi-Fi 的典型方法总结

	方法	现有解决方案
基于建模	TOA	CAESAR[20]，ToneTrack[28]
	AOA	ArrayTrack[36]，SpotFi[24]，Phaser[25]
	RSSI	RADAR[22]
	CSI	FILA[37]
基于指纹	RSSI	Horus[27]，Nibble[32]
	CSI	PinLoc[38]，TRIPS[35]，DeepFi[33]

在基于建模的方案中，可以估计锚点与设备之间的距离[20-23]或角度[24-26]，并且可以通过执行几何三角剖分来定位设备。可以从 RSSI 的衰减[27]或发送数据包的到达时间（TOA）来估计锚点与设备之间的距离，该时间可以从接收的数据包的时间戳中提取[28]。可以通过检查多个接收天线接收到的 CSI 的特征来获得两者之间的角度，然后计算出到目标直接路径的到达角度（AOA）。基于 TOA 的方法通常需要锚点与设备之间同步，因此对定时偏移非常敏感[29]；基于 AOA 的方法需要相控天线阵列，而这些天线在商用 Wi-Fi 芯片中不易获得[25]。最近，在文献［30］和文献［31］中提出了一个分米级的追踪系统 Widar。但是，由于 LOS 的限制，该系统只能在很小的范围内工作。基于建模方法的主要挑战是传输信号的阻塞和反射，因

为只有来自锚点和设备之间直接路径的信号才对定位有用。

基于指纹的方法包括一个离线阶段和一个在线阶段。在离线阶段，从 Wi-Fi 信号中提取与不同位置相关的特征并将其存储在数据库中；在在线阶段，从瞬时 Wi-Fi 信号中提取相同的特征，并将其与存储的特征进行比较，以对位置进行分类。可以从 RSSI 的向量[27, 32]或特定位置范围内所有锚点的详细 CSI 中[33-35]来获得特征。基于指纹的方法主要缺点在于，它们使用的特征易受动态环境的影响。例如，家具的更换或门的状态可能会对这些特征产生严重影响，并且在重新使用映射的指纹数据库之前，需要对其进行更新。此外，基于指纹的方法的计算复杂度随数据库的大小而变化，因此对于低延迟应用程序是不可行的，尤其是当所收集的指纹数量较大时。

总之，大多数现有的室内定位解决方案的性能在 NLOS 条件下会急剧下降，尽管这是常见的使用场景。即使手动构建数据库开销很大，基于指纹的方法仍然无法达到分米级的精度。因此，基于室内位置的服务并没有像所期望的那样广泛地应用，这促使我们即使没有专门的基础设施也可以设计出高度准确和强大的室内追踪系统。

5.3　TR 聚焦球法估算距离

在本节中，我们首先介绍 WiBall 和 TR 无线电系统的整体系统架构。然后，推导了 TR 焦点的解析归一化能量分布。我们证明了归一化的能量分布与位置无关，可以用来估计距离。最后，我们讨论了基于 TR 的距离估计器。

5.3.1　WiBall 概述

WiBall 由一个发射机（TX）组成，该发射机定期向所有被追踪的 RX 广播信标信号。WiBall 会估算 RX 的行进路径，即 RX 在时间 t_i 的位置 $\vec{x}$ 可以表示为

$$\vec{x}(t_i)=\vec{x}(t_{i-1})+\vec{\Delta}(t_i) \tag{5.1}$$

式中，$\vec{x}(t_{i-1})$ 表示 RX 在前一时间 t_{i-1} 的位置，而 $\Delta(t_i)$ 是增量位移。$\Delta(t_i)$ 的大小表示为 $d(t_i)$，$\Delta(t_i)$ 的角度表示为 $\theta(t_i)$，与 RX 从 t_{i-1} 到 t_i 的移动距离和移动方向的变化分别相对应。如图 5.1 所示，根据时间 t_0 到 t_n 的累积位移和初始起点 $\vec{x}(t_0)$ 来计算 RX 在时间 t_n 的位置。

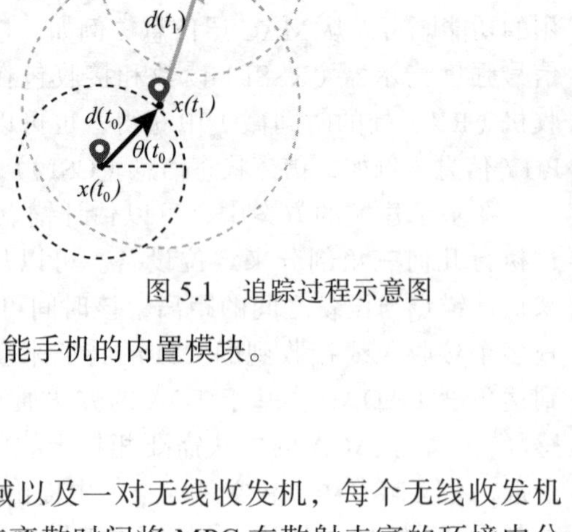

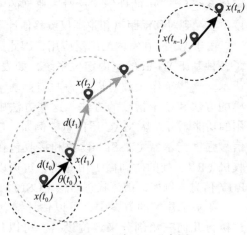

图 5.1　追踪过程示意图

WiBall 根据 TR 共振效应估算移动距离 $d(t_i)$，该效应可从 RX 处的 CSI 测量中获得。$\theta(t_i)$ 的估计基于 IMU 的角速度和重力方向，IMU 是当今大多数智能手机的内置模块。

5.3.2　TR 无线电系统

考虑一个散射丰富的环境，例如室内或城市区域以及一对无线收发机，每个无线收发机都配备了一个全向天线。给定足够大的带宽，可以在离散时间将 MPC 在散射丰富的环境中分

解为多个抽头，并让 $h(l;\vec{T}\to\vec{R}_0)$ 表示从 $\vec{T}$ 到 $\vec{R}_0$ 信道脉冲响应（CIR）的第 l 个抽头，其中 $\vec{T}$ 和 $\vec{R}_0$ 分别表示 TX 和 RX 的坐标。在 TR 传输方案中，$\vec{R}_0$ 处的 RX 首先发送一个脉冲，而 $\vec{T}$ 处的 TX 捕获从 $\vec{R}_0$ 到 $\vec{T}$ 的 CIR。然后 $\vec{T}$ 处的 RX 只是将捕获的 CIR 的时间反演和共轭形式返回，即 $h^*\left(-l;\vec{R}_0\to\vec{T}\right)$，其中 * 表示复共轭。在信道互易的情况下，即前向和后向信道相同[35]，当发送 TR 波 $h^*\left(-l;\vec{R}_0\to\vec{T}\right)$ 时，任意位置 $\vec{R}$ 的接收信号都可以写为[39]

$$s(l;\vec{R})=\sum_{m=0}^{L-1}h\left(m;\vec{T}\to\vec{R}\right)h^*\left(m-l;\vec{R}_0\to\vec{T}\right) \tag{5.2}$$

式中，l 是环境中已解析的多径的数量。当 $\vec{R}=\vec{R}_0$ 且 $l=0$ 时，我们将 $s\left(0;\vec{R}\right)=\sum_{m=0}^{L-1}\left|h\left(m,\vec{T}\to\vec{R}_0\right)\right|^2$ 和所有 MPC 相干地相加，即信号能量在特定时间点重新聚焦在特定的空间位置。这种现象称为 TR 时空共振效应[40-41]。

为了研究空间域中的 TR 共振效应，将时间序号 $l=0$ 固定，并将两个位置 $\vec{R}_0$ 和 $\vec{R}$ 的 CIR 之间的 TR 共振强度（TRRS）定义为接收信号的归一化能量，当 $\vec{R}_0$ 处发送 TR 波时：

$$\eta\left(\boldsymbol{h}\left(\vec{R}_0\right),\boldsymbol{h}\left(\vec{R}\right)\right)=\left|\frac{s\left(0;\vec{R}\right)}{\sqrt{\sum_{l_1=0}^{L-1}\left|h\left(l_1;\vec{T}\to\vec{R}_0\right)\right|^2}\sqrt{\sum_{l_2=0}^{L-1}\left|h\left(l_2;\vec{T}\to\vec{R}\right)\right|^2}}\right|^2 \tag{5.3}$$

式中，当 $\vec{T}$ 固定时，用 $\boldsymbol{h}\left(\vec{R}\right)$ 作为 $h\left(l;\vec{T}\to\vec{R}\right),l=0,\cdots,L-1$ 的缩写。注意，TRRS 的范围归一化为 [0,1]，TRRS 是对称的，即 $\eta\left(\boldsymbol{h}\left(\vec{R}_0\right),\boldsymbol{h}\left(\vec{R}\right)\right)=\eta\left(\boldsymbol{h}\left(\vec{R}\right),\boldsymbol{h}\left(\vec{R}_0\right)\right)$。

我们构建了一对定制的 TR 设备，以测量不同位置的 TRRS，如图 5.2a 所示。设备工作在 $f_0=$ 5.8GHz ISM 频段，带宽为 125MHz，相应的波长为 $\lambda=c/f_0=5.17\text{cm}$。RX 放在分辨率为 0.5cm 的信道探测台上方 5cm × 5cm 的正方形区域，并将正方形的中心设置为焦点 $\vec{R}_0$。图 5.2b 和 5.2c 分别显示了空间域中 $\vec{R}_0$ 周围的 TRRS 分布和时域中 $\vec{R}_0$ 处的归一化接收能量。从结果可以看出，接收到的能量空间和时域上几乎对称地集中在 $\vec{R}_0$ 周围，这表明 125MHz 的带宽能够在典型的室内环境中实现 TR 共振效应。

5.3.3 TR 焦点的能量分布

假设所有 EM 波都在远场区传播，然后每个 MPC 都可以由一个平面 EM 波近似。为了说明目的，将接收天线放置在空间的原点，每个 MPC 可以由空间中的一个点表示，该点的坐标由其到达角和传播距离确定，例如点 A，如图 5.3 所示，其中 r 代表 MPC 的总移动距离，θ 表示 MPC 的到达方向，$G(\omega)$ 表示 $\omega=(r,\theta)$ 时的功率增益。在散射丰富的环境中，可以假设 ω 在空间中均匀分布，并且 MPC 的总数很大。当使用垂直极化天线时，仅收集电场方向与水平面正交的电磁波。然后，接收到的信号只是垂直方向入射 EM 波的电场的标量和。在下面的章节中，不失一般性，仅考虑 TRRS 在水平面上的分布，因为它在垂直面上的分布是与之相似的。

对于带宽为 B 的系统，只要两个 MPC 到达时间之差大于采样周期 $1/B$，就可将其划分为 CIR 测量的不同抽头，也就是说，可以将两个移动距离之差大于 c/B 的 MPC 分开。在系统带宽

B 足够大的情况下，系统的距离分辨率 c/B 如此之小，以至于所有具有显著能量的 MPC 都可以在空间域中分离，即，每个重要的 MPC 都可以通过单个测量的 CIR 来表示。假设每个 MPC 的能量在方向 θ 上是均匀分布的，即 $G(\omega)$ 的分布仅是 r 的函数。那么，当 MPC 的数量很大时，来自不同方向的 MPC 的能量将大致相同。从数学上讲，对于无源区域中具有恒定平均电场和磁场的任何点 $\vec{R}$，当发射类似三角形的脉冲时，信道脉冲响应可以写为[39]

$$h(t;\vec{T}\to\vec{R})=\sum_{\omega\in\Omega}G(\omega)q(t-\tau(\omega))\mathrm{e}^{\mathrm{i}(2\pi f_0(t-\tau(\omega))-\phi(\omega)-\vec{k}(\omega)\cdot\vec{R})} \tag{5.4}$$

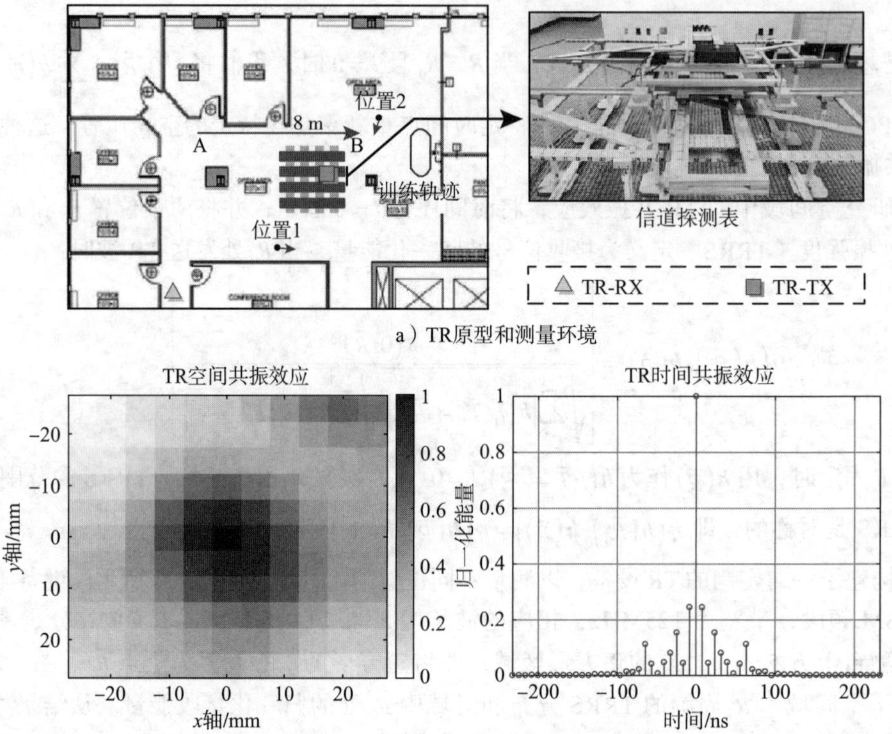

a）TR原型和测量环境

b）TRRS在空间域中的分布

c）时域在焦点$\vec{R}_0$处的接收信号的归一化能量

图 5.2

式中，$q(t)$ 是脉冲整形器，$\tau(\omega)=r/c$ 是 MPC 的传播延迟 ω，f_0 是载波频率，Ω 是 MPC 的集合，$\phi(\omega)$ 是由反射引起的相位变化，$\vec{k}(\omega)$ 是振幅为 $k=c/f_0$ 的波向量。因此，位置 $\vec{R}$ 处的采样 CIR 的第 l 个抽头可以表示为

$$h(l;\vec{T}\to\vec{R})=\sum_{\tau(\omega)\in\left[lT-\frac{T}{2},lT+\frac{T}{2}\right)}G(\omega)q(\Delta\tau(l,\omega))\mathrm{e}^{\mathrm{i}(2\pi f_0\Delta\tau(l,\omega)-\phi(\omega)-\vec{k}(\omega)\cdot\vec{R})} \tag{5.5}$$

式中，T 是信道测量间隔，并且对于 $l=0,1,\cdots,L-1$ 时，$\Delta\tau(l,\omega)=lT-\tau(\omega)$。当传输 TR 波 $h^*(-l;\vec{R}_0\to\vec{T})$ 时，可以将焦点 $\vec{R}_0$ 处的相应接收信号写为

$$s(0;\vec{R})=\sum_{l=1}^{L}\left|\sum_{\tau\in\left[lT-\frac{T}{2},lT+\frac{T}{2}\right)}G(\omega)q(\Delta\tau(l,\omega))\mathrm{e}^{\mathrm{i}(2\pi f_0\Delta\tau(l,\omega)-\phi(\omega))}\right|^2 \tag{5.6}$$

式（5.6）表明，将每个 l 具有传播延迟 $\tau(\omega)\in[lT-T/2,lT+T/2)$ 的 MPC 合并为一个抽头，来自不同抽头的信号将相干地相加，而带有采样周期 T 的 MPC 将不相干地相加。这表明带宽越大，可以实现的 TR 聚焦增益就越大，因为可以将更多的 MPC 对齐并相干地累加。当带宽足够大时，每个点 $\vec{R}$ 的接收信号可以近似为

$$s(0;\vec{R})\approx\sum_{l=1}^{L}\left|G(\omega)q\left(\Delta\tau(l,\omega)\right)\right|^{2}\mathrm{e}^{-\mathrm{i}\vec{k}(\omega)\cdot(\vec{R}-\vec{R}_{0})} \tag{5.7}$$

当使用矩形脉冲整形器时，即当 $t\in\left[-\frac{T}{2},\frac{T}{2}\right)$ 时，$q(t)=1$，否则 $q(t)=0$，在先前的对称散射假设下，接收信号 $s(0;\vec{R})$ 因此可以近似为

$$\begin{aligned}s(0;\vec{R})&=\sum_{\omega\in\Omega}\left|G(\omega)\right|^{2}\mathrm{e}^{-\mathrm{i}\vec{k}\cdot(\vec{R}-\vec{R}_{0})}\\&\approx\int_{0}^{2\pi}P(\theta)\mathrm{e}^{-\mathrm{i}kd\cos(\theta)}\mathrm{d}\theta\\&=PJ_{0}(kd)\end{aligned} \tag{5.8}$$

使用图 5.3 中的坐标系时，Ω 表示所有重要 MPC 的集合，$J_0(x)$ 是第一种类型的 0 级贝塞尔函数，而 d 是 $\vec{R}_0$ 和 $\vec{R}$ 之间的欧几里得距离。采用连续积分来近似离散总和，并且 $P(\theta)=P$ 表示来自方向 θ 的 MPC 的能量密度。对于 $\vec{R}=\vec{R}_0$，$d=0$ 的情况，有 $s(0;\vec{R}_0)\approx P$。因为式（5.3）的分母是在两个焦点处接收能量的乘积，所以它将收敛到 P^2。同时，如前所述，分子约为 $P^2J_0^2(kd)$。因此，在式（5.3）中定义的 TRRS 可以近似为

$$\eta(\boldsymbol{h}(\vec{R}_0),\boldsymbol{h}(\vec{R}))\approx J_0^2(kd) \tag{5.9}$$

在下文中，由于 TRRS 分布的理论近似值仅取决于两点之间的距离，因此采用 $\bar{\eta}(d)=P^2J_0^2(kd)$ 来代表距离为 d 的两点之间的 TRRS 近似值。

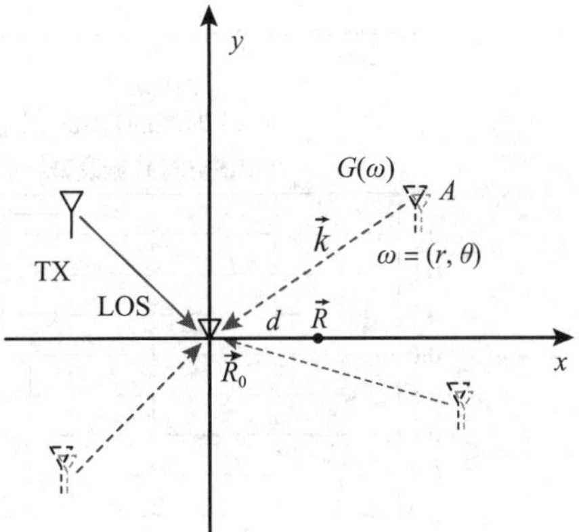

图 5.3　分析中的极坐标图

为了评估前面的理论近似值，我们还构建了一个配有步进电机的移动信道探测平台，该平台可以精确地沿任何预定方向控制 CIR 测量的粒度。在图 5.2a 所示的环境中，已收集了来自不同位置的 CIR 的大量测量值。图 5.4b 显示了在位置 1 和位置 2 处测量的两个典型实验结果，两个位置相距 10m，如图 5.2a 所示，实验 1 和 2 分别对应于图 5.2a 中的位置 1 和 2。距每个预定焦点的距离 d 从 0 增大到 2λ，分辨率为 1mm。测得的 TRRS 分布函数与理论逼近非常吻合，因为测得曲线中的峰谷位置与理论曲线几乎相同。尽管位置 1 和 2 相距较远，但是当距离 d 增大时，测得的 TRRS 分布函数表现出相似的衰减规律。

我们还观察到，测得的 TRRS 分布函数远高于 0。这是由于 TR 设备之间直接路径的影响。因此，式（5.8）中的能量密度函数 $P(\theta)$ 由 NLOS 分量方向上对称的项和 LOS 分量方向上不对称的项组成。结果证明，TRRS 确实是 $J_0^2(kd)$ 和某些未知函数的叠加，这是 MPC 在某些方向上不对称归一化能量分布的结果。由于嵌入在 TRRS 分布函数中的 $J_0^2(kd)$ 的模式与位置无关，因此可以利用此特征进行速度估计。

我们还使用射线追踪方法进行了数值模拟，以研究带宽对 TRRS 分布的影响。在仿真中，将发送信号的载波频率设置为 5.8GHz。200 个散射体均匀分布在 7.5m × 7.5m 的正方形区域中。对于每个散射体，反射系数均匀且独立地分布在（0,1）中。TX 和 RX 之间的距离为 30m，并且 RX（焦点）设置为正方形区域的中心。图 5.5 显示了当系统带宽分别为 40MHz、125MHz 和 500MHz 时，在焦点附近的 TRRS 分布情况。从结果可以看出，随着带宽的增加，TRRS 在水平面中的分布变得更具确定性，并收敛于理论近似值。

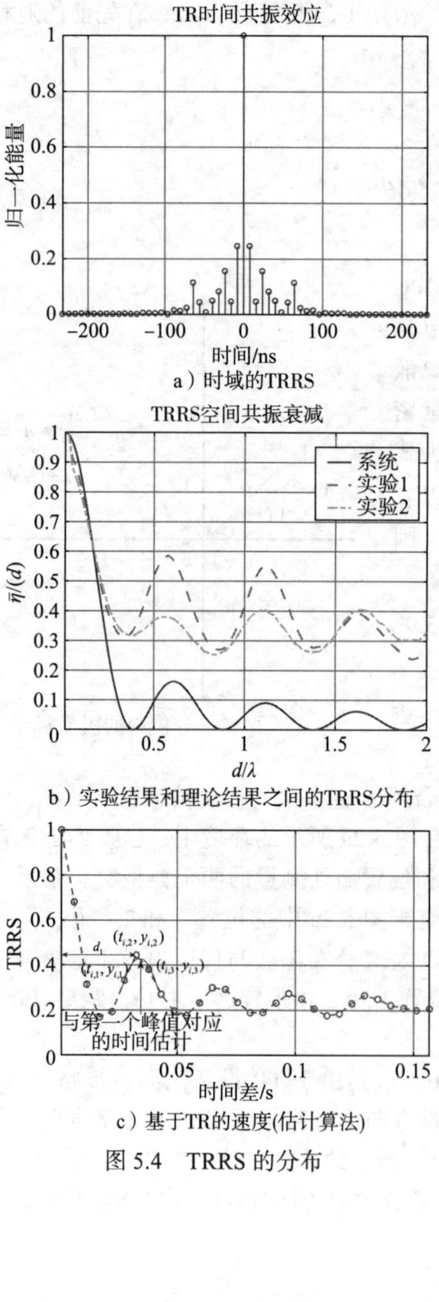

a）时域的TRRS

b）实验结果和理论结果之间的TRRS分布

c）基于TR的速度(估计算法)

图 5.4　TRRS 的分布

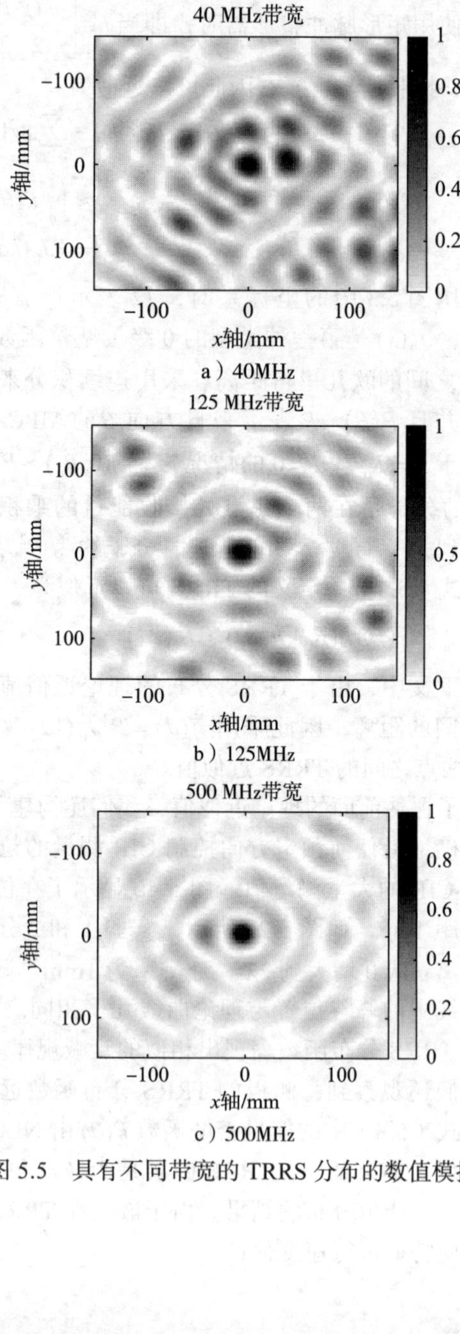

a）40MHz

b）125MHz

c）500MHz

图 5.5　具有不同带宽的 TRRS 分布的数值模拟

5.3.4 基于 TR 的距离估计器

由于 TRRS 分布函数的形状 $\bar{\eta}(d) \approx J_0^2(kd)$ 仅由波数 k 决定，而波数 k 与特定的位置无关，因此可以将其用作固有标尺来测量空间中的距离。考虑到 RX 从位置 $\vec{R}_0$ 开始以恒定的速度 v 沿直线移动，而 TX 则以固定间隔不断发送与 $\vec{R}_0$ 相对应的 TR 波。然后，在 RX 处测得的 TRRS 只是 $\eta(d)$ 的采样形式，它也将表现出类似贝塞尔函数的模式，如图 5.4c 所示。

以 $\eta(d)$ 第一个局部峰值为例。根据贝塞尔函数类似模式，相应的理论距离 d_1 约为 0.61λ。为了估计移动速度，只需估计 RX 从点 $\vec{R}_0$ 开始到达第一个局部峰值所需的时间 $\hat{t}$。我们采用二次曲线来近似第一个局部峰值的形状。结合每次 CIR 测量的时间戳信息，可以通过二次曲线的顶点估算 $\hat{t}$。因此，我们得到的速度估计为 $\hat{v} = (0.61\lambda)/\hat{t}$，然后，通过对瞬时速度随时间的积分来计算移动距离。要注意的是，只要 CIR 测量的速度足够快，就可以合理地假设在测量 TRRS 分布的过程中移动速度是恒定的。例如，在图 5.4c 中，持续时间约为 0.16s。

在实践中，信道的测量间隔不是均匀的，相邻信道测量之间的时间间隔的经验概率密度函数（PDF）如图 5.6 所示。为了克服不完善的信道采样过程，我们结合了在相邻时隙测量的 TRRS 分布函数的多种实现，以提高估计 $\hat{t}$ 的准确性。对于第 i 次测量，首先在第一个局部峰值 $(t_{i,j}, y_{i,j}), i = 1,\cdots,N, j = 1,2,3$ 附近找到数据点，如图 5.4c 所示，其中 N 是在信道测量窗口内获得的 TRRS 分布函数的数量。然后用二次回归模型 $y_{i,j} = \alpha + \beta t_{i,j} + \gamma t_{i,j}^2 + e_{i,j}$ 拟合数据点，因此经过时间的估计为 $\hat{t} = -\hat{\beta}_{\mathrm{LS}} / (2\hat{\gamma}_{\mathrm{LS}})$，其中 $\hat{\beta}_{\mathrm{LS}}$ 和 $\hat{\gamma}_{\mathrm{LS}}$ 分别是 β 和 γ 的最小二乘估计。也可以使用不同的参考点，例如第一个局部谷，第二个局部峰等，以提高估计的准确性。因此，在时间 t 处的移动距离可以估算为 $\hat{d}(t) = \hat{v}(t)\Delta t$，其中 Δt 表示当前数据包与先前数据包之间的时间间隔。图 5.7 的流程图总结了基于 TR 的距离估计器的过程。

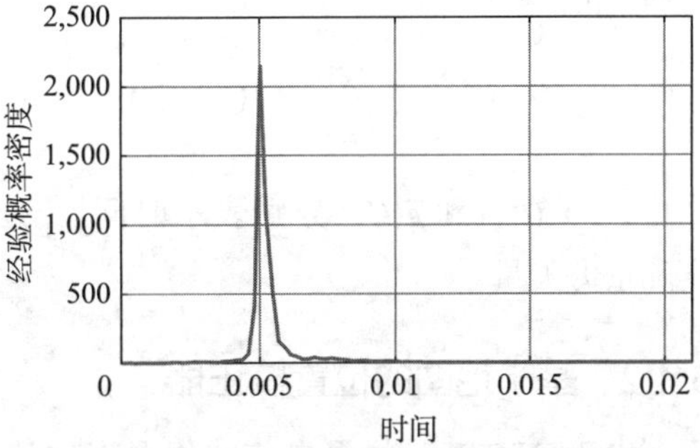

图 5.6　相邻数据包之间时间间隔的经验概率密度

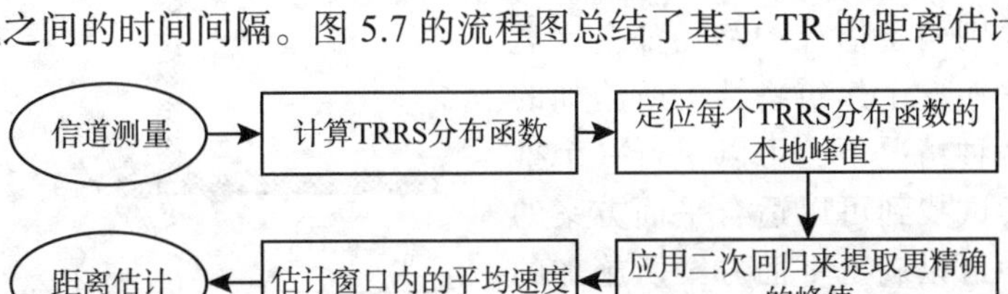

图 5.7　基于 TR 的距离估计器的流程图

注意，除了利用 TR 空间聚焦效应，本章提出的距离估计器还利用了 EM 波的物理特性，因此不需要任何预先校准，而先前工作中提出的估计器 [40] 则需要提前测量 TRRS 空间衰减曲线。

5.4 移动方向估计和误差校正

在本节中，我们介绍 WiBall 的其他两个关键组件：基于 IMU 的移动方向估计器和基于地图的位置校正器。

5.4.1 基于 IMU 的移动方向估计器

如果 RX 平行水平面放置，则可以通过陀螺仪在 z 轴上的读数直接测量运动方向的变化，即 $\theta(t_i)=\omega_z(t_{i-1})(t_i-t_{i-1})$，其中 $\omega_z(t_{i-1})$ 表示 RX 在时隙 t_{i-1} 的局部坐标系中相对于 z 轴的角速度。但是，实际上，RX 与水平面之间的倾斜角度不为零，如图 5.8 所示，WiBall 需要将 RX 的旋转转换为水平面中移动方向的变化。由于可以通过线性加速度计估算重力 $\vec{g}/\|\vec{g}\|$ 的方向，RX 在水平面的旋转正交于 $\vec{g}/\|\vec{g}\|$，可以通过投影其局部坐标系角速度矢量 $\vec{\omega}=\omega_x\hat{x}+\omega_y\hat{y}+\omega_z\hat{z}$ 到 $\vec{g}/\|\vec{g}\|$ 方向得到。因此，移动方向 $\theta(t_i)$ 变化如下

$$\theta(t_i)=\frac{\vec{\omega}^{\mathrm{T}}(t_{i-1})\vec{g}(t_{i-1})}{\|\vec{g}(t_{i-1})\|}\cdot(t_i-t_{i-1}) \tag{5.10}$$

式中，$\vec{\omega}^{\mathrm{T}}(t_{i-1})$ 和 $\vec{g}(t_{i-1})$ 分别表示时间 t_{i-1} 处的角速度和重力矢量。

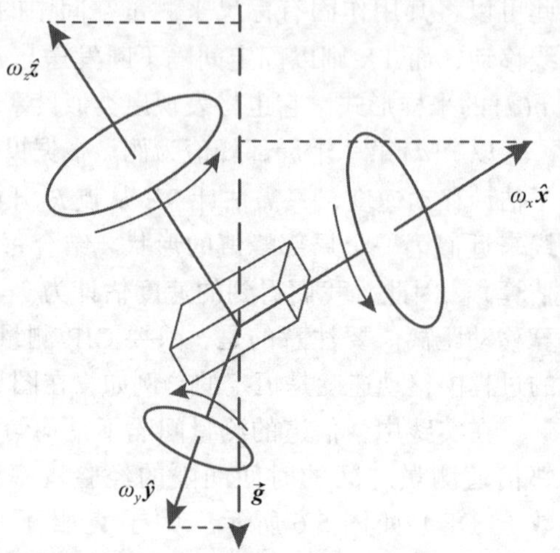

图 5.8 将 RX 的旋转转换为水平面的移动方向

5.4.2 基于地图的位置校正器

由于 WiBall 是根据先前的位置来估计 RX 的当前位置，因此其性能受到累积误差的限制。但是，对于典型的室内环境，平面图中存在某些约束可以用作地标，因此，只要识别出地标，就可以相应地校正累积误差。例如，图 5.9 显示了一个 T 形走廊，并且在图中显示了两个可能的估计路径。路径 # 1 的移动距离不足，而路径 # 2 的移动距离则过高，而虚线对应地面真实路径。如果不纠正错误，则两条估计的路径都会穿透平面图中的墙，这违反了建筑物结构所施加的物理约束。在这两种情况下，可以执行一个推理过程，WiBall 尝试找到可以适合平面方案的最可行路径，其中可以满足平面方案所施加的所有边界约束。因此，当实现基于地图的位置校正时，可以校正距离估计和方向估计两者的累积误差。

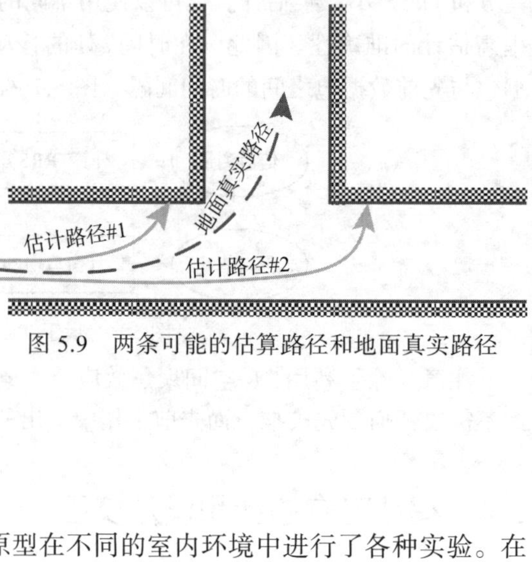

图 5.9 两条可能的估算路径和地面真实路径

5.5 性能评估

为了评估 WiBall 的性能，使用图 5.2a 所示的原型在不同的室内环境中进行了各种实验。在本节中，我们首先评估基于 TR 的距离估计器的性能。然后，研究了 WiBall 在两个不同环境中追踪运动对象的性能。最后，还讨论了丢包和系统窗口长度对所提出系统的影响。

5.5.1　TR 距离估计器的评估

第一个实验是估计一列玩具火车在轨道上行驶的移动距离。我们将一个 RX 放置在玩具火车上，如图 5.10a 所示，并将一个 TX 放置在距离 RX 约 20m 的位置，并且它们之间有两堵墙。相邻信道测量之间的采样周期设置为 T=5ms。当玩具火车在轨道上行驶时，会连续收集 CIR。我们还在火车轨道上设置了如图 5.10a 所示的锚点，并在火车位于锚点时收集 CIR。计算出所有测得的 CIR 与锚点 CIR 之间的 TRRS 值，如图 5.10b 所示。虚线中的峰值表示火车经过锚点三次。假定火车轨道的实际长度为 8.00m，则该单圈轨道的估计长度为 8.12m，误差为 1.50%。火车由于增加摩擦转弯时会减速，然后沿直线加速。这种趋势反映在实线所示的速度估计上。为了显示距离估计器随时间变化的一致性，我们收集了总共 100 圈的 CIR，并分别估算了每圈的赛道长度。估计结果的直方图如图 5.11 所示。估计误差的平均值约为 0.02m，标准误差约为 0.13m，这表明即使在很长时间内，估计值也是一致的。

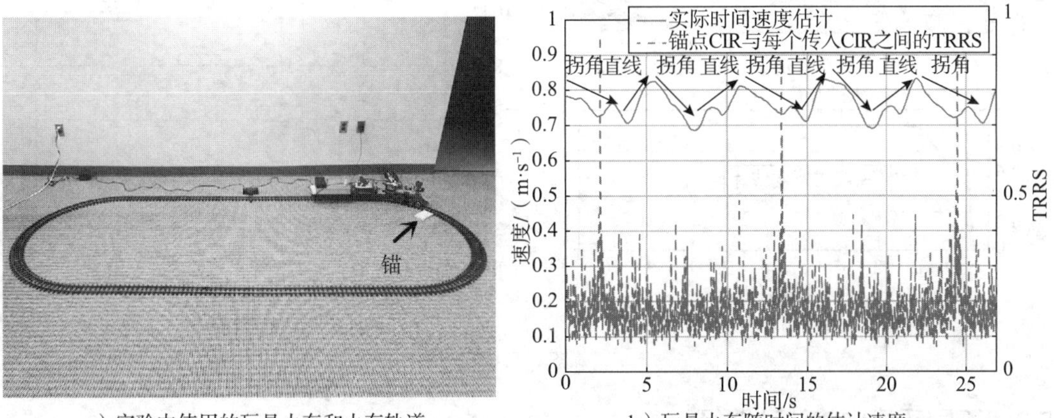

a）实验中使用的玩具火车和火车轨道　　b）玩具火车随时间的估计速度

图 5.10　追踪玩具火车的速度

第二个实验是估计人的步行距离。一个 RX 放在推车上，一名参与者以大约 1m/s 的恒定速度沿图 5.2a 所示的点从 A 到 B 推动推车。参与者在实验过程中通过使用计时器和放置在地面上的地标来控制步行速度。在图 5.12a 的上部面板中，对于每个时间 t，沿着时间 t 测得的 CIR 与在时间 $t-\Delta t$ 测得的 CIR 之间的 TRRS 值沿 $\Delta t\in$（0s,0.16s] 绘制。从图中可以看到，当人缓慢移动时（例如，在实验开始或结束时），沿垂直轴方向测得的 TRRS 分布的局部峰值之间的时间差大于人快速移动时的时间差。另外，对于 $\Delta t\in[0.5\text{s},3.5\text{s}]$，MPC 能量的密度函数 $P(\theta)$ 的非对称部分比 $\Delta t\in[3\text{s},9.5\text{s}]$ 时更显著，

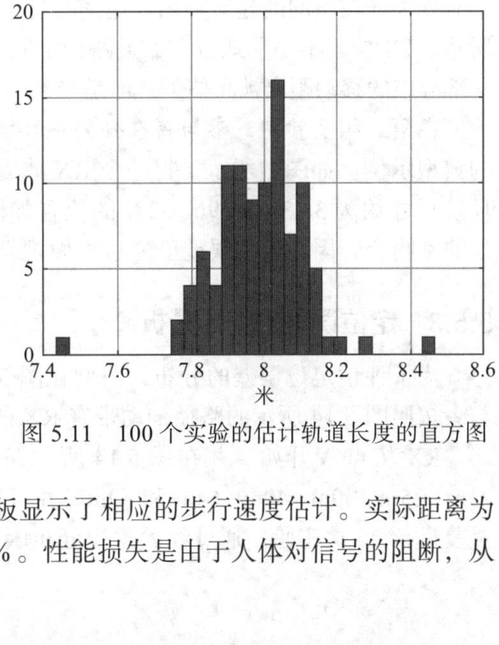

图 5.11　100 个实验的估计轨道长度的直方图

因此 $J^2(kd)$ 的模式不如后者明显，图 5.12a 的底部面板显示了相应的步行速度估计。实际距离为 8m，估计步行距离为 7.65m，因此对应的误差为 4.4%。性能损失是由于人体对信号的阻断，从

而降低了重要的 MPC 数量。

我们进一步让参与者携带 RX，并分别步行 2m、4m、6m、8m、10m 和 12m。实地行驶距离通过激光测距仪测量。对于每个实地距离，以不同的路径重复进行 20 次实验，并且步行速度不必保持恒定。结果显示如图 5.12b 所示，其中每个估计距离的第 5、25、75 和 95 百分比是从每个块的底线到顶线绘制的。我们发现，当地面距离较短时，误差往往会很大。这主要是因为参与者可能会引入其他无法控制的错误源，例如不严格遵循路径，在行走过程中晃动以及最终未停在确切点的位置。当距离短时，这种错误的影响被放大。然而，当步行距离较大时，不可控误差对估计结果的影响很小。

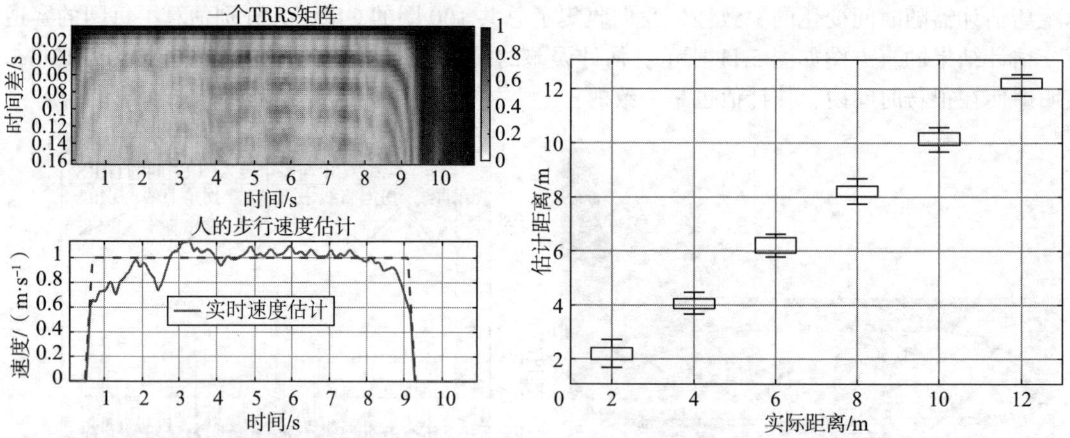

a）受控步行速度（1m/s）的速度估计　　b）步行距离估计

图　5.12

5.5.2　不同环境中的估计路径

我们在两组实验中使用 WiBall 来评估室内追踪的性能。在第一组实验中，一位参与者走在一个有很大开放空间的建筑物内。他随身携带 RX，从第二层的 A 点走到第一层的 B 点，如图 5.13a 所示。TX 位于第二层地板上靠近路径中间的位置。建筑物的尺寸约为 94m × 73m。虽然路径的第一部分中的移动距离被高估了，但是当参与者进入通往第一层的楼梯时，估计的路径会被校正。

在第二组实验中，参与者在办公室环境中行走。图 5.13b 展示了多层典型办公室中估计路径的典型示例。如图中所示，将一个 RX 放置在推车上，参与者沿着 A 点到 B 点的路线推动推车。环境尺寸约为 36.3m × 19m，TX 的位置如图所示。从图中可以看出，估计的路径与地面真实路径非常吻合，因为累积误差已通过平面规划的约束得以纠正。

5.5.3　定位误差的统计分析

为了评估定位误差的分布，我们在图 5.13b 所示的同一办公室环境中进行了大量的实验。参与者按照图 5.14 所示的路径推动带有 RX 的推车。

RX 从点 A 开始，并在图 5.14 所示路线的不同位置处停止。所选路径的长度分别为 5m、21m、25m、30m、40m、64m 和 69m，并且每个路径的末端都标有两个圆圈。对于每个特定路径，重复进行 25 次实验。通过经验累积分布函数（CDF）分析了不同路径的估计误差，如图 5.15 所示。根据结果，所选路径的估计误差中位数约为 0.33m，80%的估计误差在 1m 之内。因此，在这种复杂的室内环境中，WiBall 能够实现亚米级中值误差。

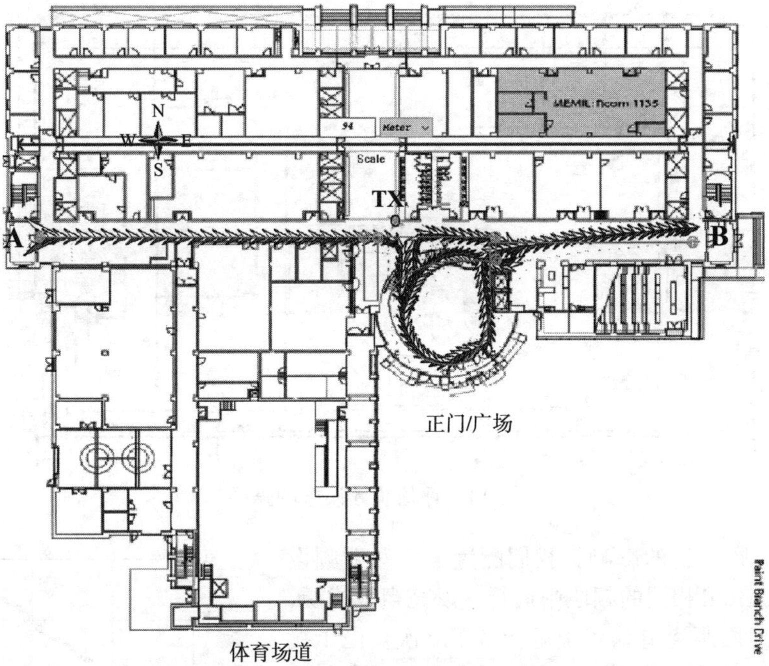

a）有很大开放空间的建筑物内的估计路径

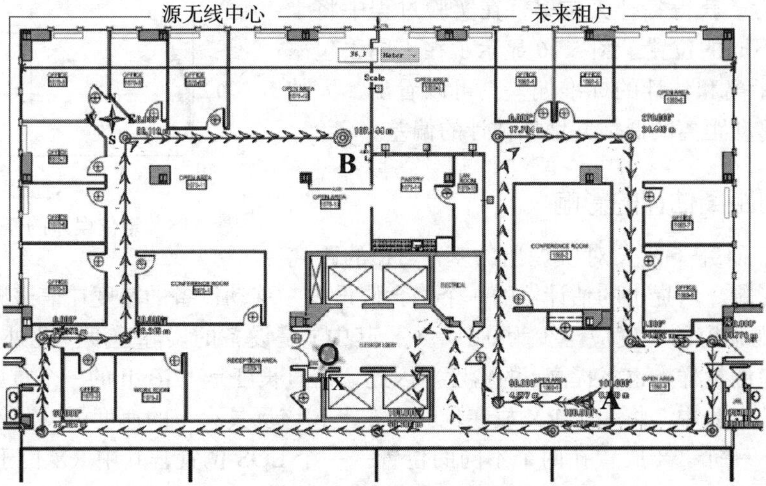

b）办公环境中的估计路径

图 5.13　在不同环境中的实验结果

5.5.4　丢包对距离估计的影响

在之前的实验中，WiBall 在空闲频段上运行，因此可以忽略丢包率。然而，实际上，在相同频段上工作的其他 RF 设备会产生 RF 干扰增加丢包率。由于 WiBall 依赖于 TRRS 分布的第一个峰进行距离估计，因此需要收集足够的样本来准确估计第一个峰，而高丢包率会影响峰估计，从而增加距离估计误差。

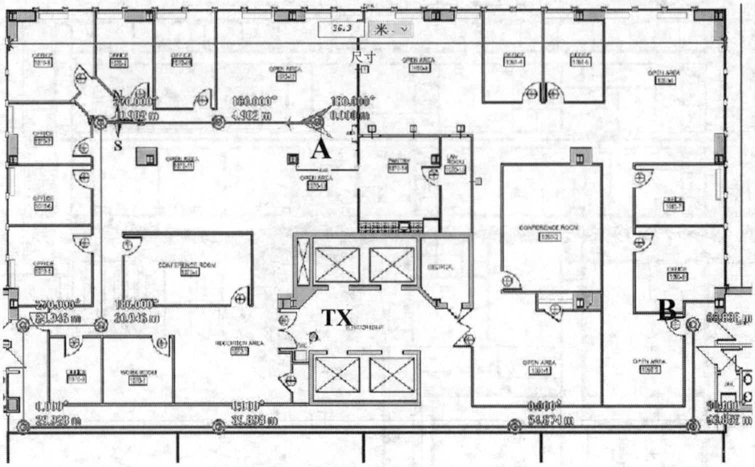

图 5.14　评估统计误差的路径

为了研究射频干扰的影响，我们配置了一对射频设备，它们在与 WiBall 相同的频段中运行，以充当干扰源，并且在 10m 的地面距离追踪系统运行了 100 次。当干扰设备靠近 WiBall 传输对放置时，WiBall 会产生更高的丢包率。因此，为了获得各种丢包率，在实验过程中将干扰设备放置在不同的位置。图 5.16 显示了在不同丢包率下的平均估计距离和估计的标准偏差。可以看出，大的丢包率将导致移动距离的低估并增加估计的偏差。

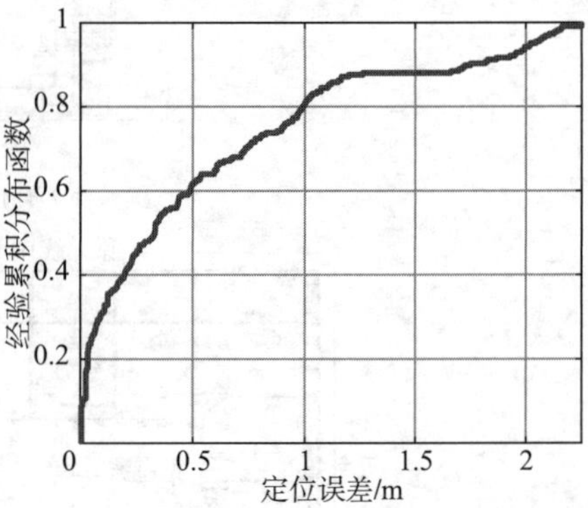

图 5.15　定位误差的经验累积分布函数

5.5.5　窗长对距离估计的影响

在下文中，研究了窗长对所提出的基于 TR 的距离估计器性能的影响。所提出的估计器的一个隐含假设是，移动设备的速度在信道测量的观察窗口内是恒定的。观察窗的长度应至少为 $0.61\lambda/v$，其中 v 是设备的实际速度。此外，如 5.3.4 节所述，更多的信道测量样本也将提高 $\hat{t}$ 的精度。因此，窗口长度是 WiBall 的一个重要系统参数。

在接下来的实验中，将一个 RX 放在玩具火车上，该玩具火车的速度可以调整，并在每次实验中保持恒定。一个 TX 放置在两个不同的位置：一个 LOS 位置，其中 RX 位于 TX 的视野内；一个 NLOS 位置，其中 RX 和 TX 之间的直接路径被墙壁阻挡。TX 保持以 5ms 的均匀间隔发送数据包。对 TX 的每个位置进行了两组实验，使用了两种不同的玩具火车速度，分别为 0.72m/s 和 0.63m/s，每个实验持续 10 分钟。在不同的窗口长度下，第 5 个百分位数和第 95 个百分位数以及估计速度的样本均值如图 5.17 所示。可以看出，当窗口长度小于 30 个样本时，两种情况下的速度估计值都有偏差；当窗口长度大于或等于 30 个样本时，偏差接近零，并且估计范围变得稳定。此外，将 TX 放置在 NLOS 位置时，可以获得更高的精度。

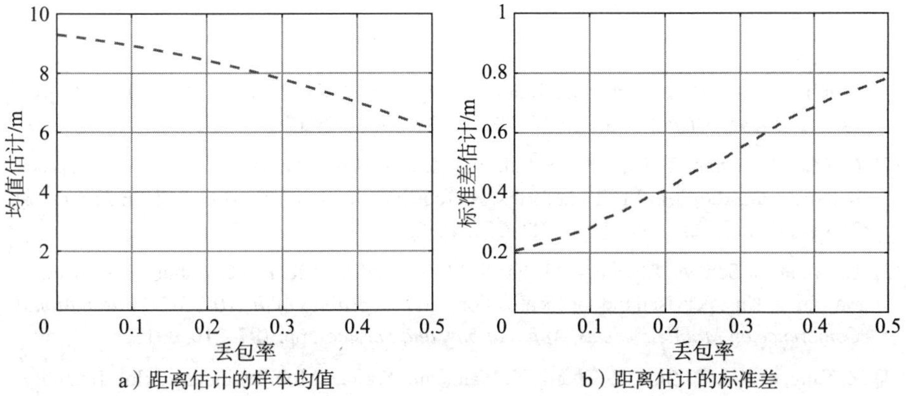

图 5.16　丢包对距离估计的影响

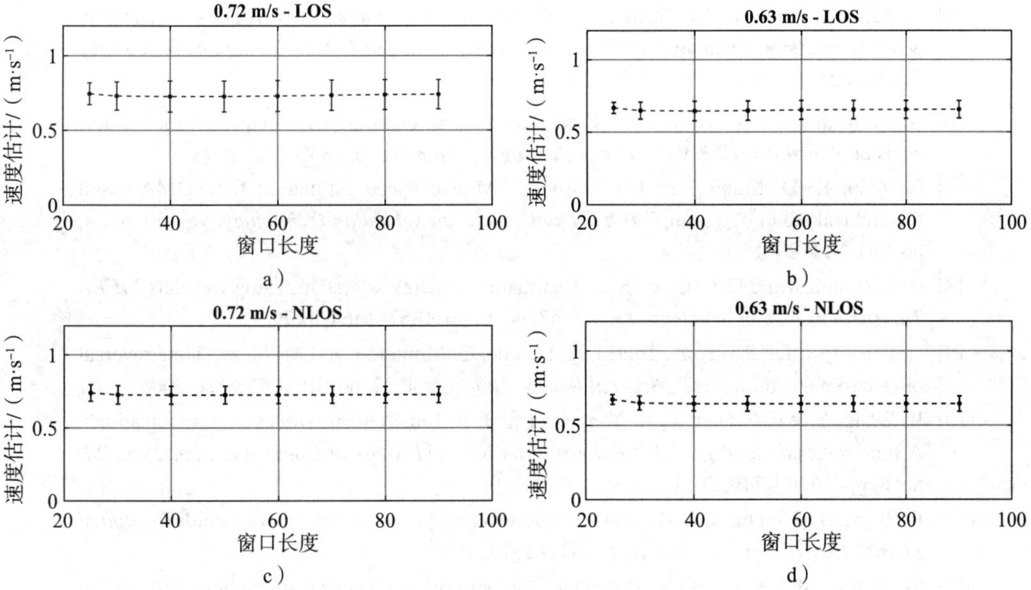

图 5.17　窗口长度对速度估计的影响

5.6　小结

在本章中，我们介绍了 WiBall 系统，它为室内环境中的 INIP 提供了准确、低成本、免校准且强大的解决方案，而无须任何基础架构。WiBall 在无线电信号（例如 Wi-Fi、LTE、5G 等）中利用 TR 聚焦球的物理特性来估计被监视对象的移动距离，不需要任何专用硬件。大量的实验表明，WiBall 可以达到分米级的精度。WiBall 还易于扩展，并且仅使用一个接入点或 TX 即可容纳大量用户。因此，WiBall 可能会是未来室内追踪系统非常有前途的候选者。相关参考资料，读者可以参考文献［42］。

参考文献

[1] "Global Indoor Positioning and Indoor Navigation (IPIN) Market 2017–2021," https://tinyurl.com/ya35sh2z [Accessed: 07-Dec-2017], 2017, [Online].

[2] C. Chen, Y. Chen, Y. Han, H.-Q. Lai, and K. J. R. Liu, "Achieving centimeter-accuracy indoor localization on Wi-Fi platforms: A frequency hopping approach," *IEEE Internet of Things Journal*, vol. 4, no. 1, pp. 111–121, 2017.

[3] H. Wang, S. Sen, A. Elgohary, M. Farid, M. Youssef, and R. R. Choudhury, "No need to war-drive: Unsupervised indoor localization," in *Proceedings of the 10th ACM International Conference on Mobile Systems, Applications, and Services*, pp. 197–210, 2012.

[4] Z. Yang, C. Wu, Z. Zhou, X. Zhang, X. Wang, and Y. Liu, "Mobility increases localizability: A survey on wireless indoor localization using inertial sensors," *ACM Computing Surveys (CSUR)*, vol. 47, no. 3, p. 54, 2015.

[5] G. Park, D. Hong, and C. Kang, "Level crossing rate estimation with Doppler adaptive noise suppression technique in frequency domain," in *IEEE 58th Vehicular Technology Conference,* vol. 2, pp. 1192–1195, 2003.

[6] A. Sampath and J. M. Holtzman, "Estimation of maximum Doppler frequency for handoff decisions," in *43rd IEEE Vehicular Technology Conference,* pp. 859–862, 1993.

[7] C. Xiao, K. D. Mann, and J. C. Olivier, "Mobile speed estimation for TDMA-based hierarchical cellular systems," *IEEE Transactions on Vehicular Technology*, vol. 50, no. 4, pp. 981–991, 2001.

[8] R. Narasimhan and D. C. Cox, "Speed estimation in wireless systems using wavelets," *IEEE Transactions on Communications*, vol. 47, no. 9, pp. 1357–1364, 1999.

[9] G. Lerosey, J. De Rosny, A. Tourin, A. Derode, G. Montaldo, and M. Fink, "Time reversal of electromagnetic waves," *Physical Review Letters*, vol. 92, no. 19, p. 193904, 2004.

[10] B. Wang, Y. Wu, F. Han, Y.-H. Yang, and K. J. R. Liu, "Green wireless communications: A time-reversal paradigm," *IEEE Journal on Selected Areas in Communications*, vol. 29, no. 8, pp. 1698–1710, 2011.

[11] P. Roux, B. Roman, and M. Fink, "Time-reversal in an ultrasonic waveguide," *Applied Physics Letters*, vol. 70, no. 14, pp. 1811–1813, 1997.

[12] M. Werner, M. Kessel, and C. Marouane, "Indoor positioning using smartphone camera," in *2011 IEEE International Conference on Indoor Positioning and Indoor Navigation (IPIN),* pp. 1–6, 2011.

[13] R. Mautz and S. Tilch, "Survey of optical indoor positioning systems," in *2011 IEEE International Conference on Indoor Positioning and Indoor Navigation (IPIN),* pp. 1–7, 2011.

[14] E. M. Gorostiza, J. L. Lázaro Galilea, F. J. Meca Meca, D. Salido Monzú, F. Espinosa Zapata, and L. Pallarés Puerto, "Infrared sensor system for mobile-robot positioning in intelligent spaces," *Sensors*, vol. 11, no. 5, pp. 5416–5438, 2011.

[15] I. Rishabh, D. Kimber, and J. Adcock, "Indoor localization using controlled ambient sounds," in *2012 IEEE International Conference on Indoor Positioning and Indoor Navigation (IPIN),* pp. 1–10, 2012.

[16] D. K. Barton, *Radar System Analysis and Modeling*. Washington, DC: Artech House, 2004, vol. 1.

[17] L. Shangguan, Z. Yang, A. X. Liu, Z. Zhou, and Y. Liu, "STPP: Spatial-temporal phase

profiling-based method for relative RFID tag localization," *IEEE/ACM Transactions on Networking (ToN)*, vol. 25, no. 1, pp. 596–609, 2017.

[18] M. Kuhn, C. Zhang, B. Merkl, D. Yang, Y. Wang, M. Mahfouz, and A. Fathy, "High accuracy UWB localization in dense indoor environments," in *2008 IEEE International Conference on Ultra-Wideband,* vol. 2, pp. 129–132, 2008.

[19] J.-Y. Lee and R. A. Scholtz, "Ranging in a dense multipath environment using an UWB radio link," *IEEE Journal on Selected Areas in Communications*, vol. 20, no. 9, pp. 1677–1683, 2002.

[20] D. Giustiniano and S. Mangold, "Caesar: Carrier sense-based ranging in off-the-shelf 802.11 wireless LAN," in *Proceedings of the Seventh ACM Conference on Emerging Networking Experiments and Technologies*, p. 10, 2011.

[21] S. Sen, D. Kim, S. Laroche, K.-H. Kim, and J. Lee, "Bringing CUPID indoor positioning system to practice," in *Proceedings of the 24th International Conference on World Wide Web*, International World Wide Web Conferences Steering Committee, pp. 938–948, 2015.

[22] P. Bahl and V. N. Padmanabhan, "Radar: An in-building RF-based user location and tracking system," in *Proceedings of the IEEE INFOCOM*, vol. 2, pp. 775–784, 2000.

[23] Y. Xie, Z. Li, and M. Li, "Precise power delay profiling with commodity Wi-Fi," in *Proceedings of the 21st Annual ACM International Conference on Mobile Computing and Networking*, pp. 53–64, 2015.

[24] M. Kotaru, K. Joshi, D. Bharadia, and S. Katti, "SpotFi: Decimeter level localization using Wi-Fi," in *ACM SIGCOMM Computer Communication Review*, vol. 45, no. 4, pp. 269–282, 2015.

[25] J. Gjengset, J. Xiong, G. McPhillips, and K. Jamieson, "Phaser: Enabling phased array signal processing on commodity Wi-Fi access points," in *Proceedings of the 20th Annual ACM International Conference on Mobile Computing and Networking*, pp. 153–164, 2014.

[26] S. Sen, J. Lee, K.-H. Kim, and P. Congdon, "Avoiding multipath to revive inbuilding Wi-Fi localization," in *Proceeding of the 11th Annual ACM International Conference on Mobile Systems, Applications, and Services*, pp. 249–262, 2013.

[27] M. Youssef and A. Agrawala, "The Horus WLAN location determination system," in *Proceedings of the 3rd ACM International Conference on Mobile Systems, Applications, and Services*, pp. 205–218, 2005.

[28] J. Xiong, K. Sundaresan, and K. Jamieson, "Tonetrack: Leveraging frequency-agile radios for time-based indoor wireless localization," in *Proceedings of the 21st Annual ACM International Conference on Mobile Computing and Networking*, 2015, pp. 537–549.

[29] S. A. Golden and S. S. Bateman, "Sensor measurements for Wi-Fi location with emphasis on time-of-arrival ranging," *IEEE Transactions on Mobile Computing*, vol. 6, no. 10, 2007.

[30] K. Qian, C. Wu, Z. Yang, Y. Liu, and K. Jamieson, "Widar: Decimeter-level passive tracking via velocity monitoring with commodity Wi-Fi," in *Proceedings of the 18th ACM International Symposium on Mobile Ad Hoc Networking and Computing*, p. 6, 2017.

[31] K. Qian, C. Wu, Y. Zhang, G. Zhang, Z. Yang, and Y. Liu, "Widar2. 0: Passive human tracking with a single Wi-Fi link," *Proceedings of ACM MobiSys*, 2018.

[32] P. Castro, P. Chiu, T. Kremenek, and R. Muntz, "A probabilistic room location service for wireless networked environments," in *International Conference on Ubiquitous Computing*, Springer, Berlin, Heidelberg, pp. 18–34, 2001.

[33] X. Wang, L. Gao, S. Mao, and S. Pandey, "DeepFi: Deep learning for indoor fingerprinting using channel state information," in *IEEE Wireless Communications and Networking*

Conference (WCNC), pp. 1666–1671, 2015.

[34] X. Wang, L. Gao, and S. Mao, "PhaseFi: Phase fingerprinting for indoor localization with a deep learning approach," in *IEEE Global Communications Conference (GLOBECOM)*, pp. 1–6, 2015.

[35] Z.-H. Wu, Y. Han, Y. Chen, and K. J. R. Liu, "A time-reversal paradigm for indoor positioning system," *IEEE Transactions on Vehicular Technology*, vol. 64, no. 4, pp. 1331–1339, 2015.

[36] J. Xiong and K. Jamieson, "ArrayTrack: A fine-grained indoor location system," In Presented as part of the 10th USENIX Symposium on Networked Systems Design and Implementation," pp. 71–84, 2013.

[37] K. Wu, J. Xiao, Y. Yi, D. Chen, X. Luo, and L. M. Ni, "CSI-based indoor localization," *IEEE Transactions on Parallel and Distributed Systems*, vol. 24, no. 7, pp. 1300–1309, 2013.

[38] S. Sen, B. Radunovic, R. Roy Choudhury, and T. Minka, "Precise indoor localization using PHY information," in *Proceedings of the 9th ACM International Conference on Mobile Systems, Applications, and Services*, pp. 413–414, 2011.

[39] H. El-Sallabi, P. Kyritsi, A. Paulraj, and G. Papanicolaou, "Experimental investigation on time reversal precoding for space–time focusing in wireless communications," *IEEE Transactions on Instrumentation and Measurement*, vol. 59, no. 6, pp. 1537–1543, 2010.

[40] F. Zhang, C. Chen, B. Wang, H.-Q. Lai, and K. J. R. Liu, "A time-reversal spatial hardening effect for indoor speed estimation," in *Proceedings of IEEE ICASSP*, pp. 5955–5959, Mar. 2017.

[41] Q. Xu, Y. Chen, and K. R. Liu, "Combating strong–weak spatial–temporal resonances in time-reversal uplinks," *IEEE Transactions on Wireless Communications*, vol. 15, no. 1, pp. 568–580, 2016.

[42] F. Zhang, C. Chen, B. Wang, H.-Q. Lai, Y. Han, and K. J. R. Liu, "WiBall: A time-reversal focusing ball method for decimeter-accuracy indoor tracking," *IEEE Internet of Things Journal*, vol. 5, no. 5, pp. 4031–4041, Oct. 2018.

第二部分　无线感知与分析

第 6 章 |Chapter 6|

无线事件检测

在本章中，我们提出了一种新的无线室内事件检测系统 TRIEDS。通过利用时间反演（TR）技术来捕获室内环境中信道状态信息（CSI）的变化，TRIEDS 可以让工作在 ISM 频段的低复杂度的单天线设备实现穿过室内墙壁的多事件检测。信号在丰富散射的环境中会经历不同的反射和散射路径。在 TRIEDS 中，通过将瞬时 CSI 与训练数据库中的多径特征进行匹配来检测每个室内事件。为了验证 TRIEDS 的可行性并评估其性能，我们构建了一个在 ISM 频段上工作的原型系统，该原型系统的载波频率为 5.4GHz，带宽为 125MHz。我们对室内木门的状态进行了实验检测。实验结果表明，使用一对接收机和发射机（客户端），TRIEDS 可以在视线（LOS）或非视线（NLOS）传输情况下实现高于 96.92%的检出率和小于 3.08%的误报率。

6.1 引言

在过去的几十年中，人们对旨在捕获和识别未经授权的个人和事件的监视系统的需求不断增长。随着技术的发展，传统的户外监视系统变得越来越紧凑，并且成本也降得更低。为了保证办公室和住宅的安全，室内监控系统现在无处不在，其需求在质量和数量上都在增长。例如，可以将它们设计为保护空房子并在发生盗窃时发出警报。

当前，大多数室内监视系统基本上都依赖于视频录像，并且需要在目标区域部署摄像机。将计算机视觉和图像处理技术应用于捕获的视频，以提取信息进行实时检测和分析[1-4]。但是，传统的基于视觉的室内监控系统具有许多局限性。它们不能安装在具有高度隐私需求的地方，例如洗手间或试衣间。由于互联网上存在的恶意软件，基于视觉的室内监视系统可能会带来比防护更大的危险，这有悖于其意图。此外，基于视觉方法的一个基本要求是环境具有足够照明的视线（LOS）。

此外，利用无线信号感知来检测室内事件已得到了广泛关注[5]。通过利用传播环境可以改变接收到的射频（RF）信号这一事实，无设备室内传感系统能够通过接收到的 RF 信号的变化来捕获环境中的活动。用于室内事件检测的射频信号在传输期间识别变化的常见特征包括接收信号强度（RSS）和信道状态信息（CSI）。由于其对环境变化的敏感性，RSS 指示器（RSSI）已被用于指示和进一步识别室内活动[6-9]。Sigg 等人提出了一种将 RSSI 变化模式与不同的人类活动联系起来的方法[7]。文献［8］提出了一种根据不同接收机之间的 RSSI 衰减来确定人体移动方向的方法。最近，文献［9］提出了一个基于 RSSI 的手势识别系统，能够以 56%的准确率识别七个手势。此外，CSI 信息（包括振幅和相位）现在可以在许多商用设备中访问，并已用于室内事件检测[10-16]。在文献［10］中，CSI 相关矩阵的前两个最大特征值被视为确定环境是静态还是动态的特征。Abid 等人应用 MIMO 干扰归零技术来消除静态物体的反射并聚焦于移动目标上，并使用波束控制和平滑的 MUSIC 算法来提取目标的角度信息[11]。Han 等人在 3×3MIMO 系统中对 CSI 进行独立处理，并将 CSI 的标准差与 SVM 相结合以进行人体活动检测[12]。为了用一个固定位置的接收机定位客户端，文献［13］建立了一个利用 CSI 的振幅和 OFDM 频谱中频率分集的模型，来计算接收机与客户端之间的距离。文献［14］利用 CSI 振幅的直方图来区分不同的人类活动。文献［15］建立了 CSI 振幅变化和在场人数之间的粗略关系。Wang 等人提出了利用 CSI 速度和 CSI 活动模型进行检测的 CARM 算法[16]。此外，文献［17］开发了一种基于 Wi-Fi 信号的唇读系统，该系统通过对 CSI 振幅进行离散小波包分解来提取嘴巴动作的特征，并利用动态时间包裹技术对其进行分类。然而，上述大多数基于 CSI 的室内传感系统仅使用了 CSI 的振幅，而没有使用相位，尽管相位中包含有信息。

无设备室内监控系统中的另一类技术是采用雷达成像技术来追踪目标[18-21]。雷达技术可以通过超宽带（UWB）感应来识别通过不同路径的无线信号在飞行时间（ToF）中的亚纳秒延迟。因此，基于雷达的系统能够将墙后移动物体的反射与墙或其他静态物体的反射分开[18]。但是，UWB 传输在商业室内监控系统中并不实用，因为它需要专用的硬件。最近，Katabi 等人提出了一种新的基于雷达的系统，通过利用专门设计的频率调制载波（FMCW）来扫描不同的载波频率，从而追踪反射信号的不同 ToF[19-21]。然而，他们的技术需要超过 1GHz 的带宽来感知环境，并且从传感器仅能获得结果图像，还需要额外的工作来检测室内事件的类型。

前述无设备系统的局限性在于，它们要么需要多个天线和专用传感器，要么需要 LOS 传输环境和超宽带来捕获可以保证检测精度的特征。相比之下，在本章中，我们提出了一种基于时间反演（TR）的无线室内事件检测系统 TRIEDS，该系统仅使用一对单天线设备即可穿过墙壁进行室内事件检测。在无线传输中，多径是指射频信号通过两条或更多条不同的路径到达接收天线的传播现象。TR 技术将丰富散射环境中的多径信道的每条路径视为广泛分布的虚拟天线，并提供高分辨率的时空共振，通常称为聚焦效应[22]。在物理学中，TR 时空共振可以视为电磁（EM）场响应环境共振的结果。当传播环境改变时，所涉及的多径信号也相应地改变，因此时空共振也随之改变。

利用时空共振，最近文献［23］提出了一种新的基于 TR 的室内定位方法，即 TRIPS。通过利用信道冲激响应（CIR）与位置有关的独特特性，TR 产生了一种时空共振，该共振仅将传输信号的能量集中在预期位置上。TRIPS 通过时空共振将实际物理位置映射到估计的 CSI。TR 室内定位系统是在 Wi-Fi 平台上实现的，将总等效带宽为 1GHz 的一系列 CSI 视为特定位置的指纹[24]。通过 NLOS 实验，基于 Wi-Fi 的 TR 室内定位系统在单个接入点情况下实现了 5cm 的精度。基于 TR 的室内定位系统是一种主动定位系统，它需要测试对象携带发射或接收设备，从而使得不同位置之间的 TR 共振差异较大。

基于与 TRIPS 相似的原理，我们利用 TR 技术来捕获由不同的室内事件而导致的多径 CSI 的变化，并提出了用于室内事件检测的 TRIEDS。更具体地说，由于 TR 本身所具有的性质，它可以捕获 CSI 中的变化，将室内事件的不同多径特征映射到 TR 空间中的不同点，并将复数值特征压缩为称为时空共振强度的实数值标量。本书提出的 TRIEDS 能够以较好的性能支持最简单的检测和分类算法。与之前的室内监控系统工作需要多个天线、专用传感器、超宽带传输或 LOS 环境，并且仅使用 CSI 中的振幅信息相比，TRIEDS 引入了新颖且实用的解决方案，该室内监控系统可以很好地支持穿墙检测，仅需要在 ISM 频段中工作的低复杂度单天线硬件。为了演示 TRIEDS 在真实办公环境中检测室内事件的能力，我们构建了一个原型，该原型在 5.4GHz 频带上工作，带宽为 125MHz，如图 6.1 所示，并在一个位于总共 16 层建筑的第 10 层的办公室里进行了大量实验。在实验过程中，我们测试了 TRIEDS 同时监视不同位置的多扇门状态的能力。仅使用一对单天线设备，TRIEDS 就可以在 LOS 场景中实现完美的检测，并且当事件在发射机（TX）和接收机（RX）之间没有 LOS 路径的情况下发生时，检测精度接近 100%。

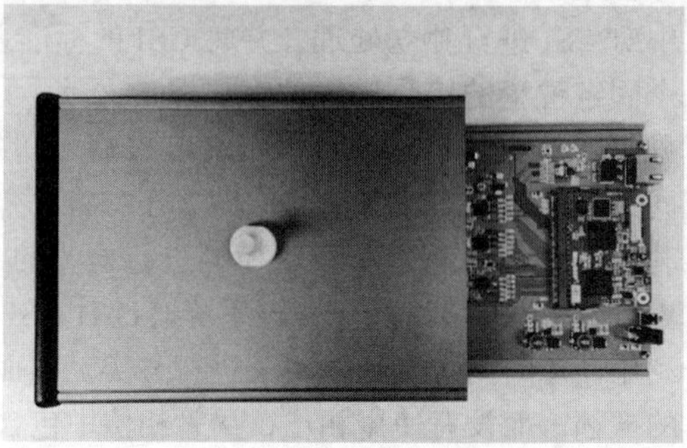

图 6.1 TRIEDS 原型

6.2 TRIEDS 概述

当 EM 信号在散射丰富的室内环境中传播时，它会遇到反射和散射，从而信号会发生不同的改变和衰减。因此，在接收天线处接收到的信号是来自不同路径并且经历不同延迟的相同发射信号的多个不同副本的组合。这种现象称为多径传播。为了检测室内事件，无线传感器应能够在排除所有其他干扰的条件下追踪目标。以往的室内监视工作可以分为两类。第一类忽略了多径效应，仅使用诸如 RSSI 的单值 CSI 功能进行检测，这将在某种程度上导致准确性的下降。第二类试图通过 UWB 传输和经过特殊设计的调制信号来分离多径信道中的不同元素。

先前的工作要么将多径视为对系统的危害，要么通过基于雷达的技术将多径 CSI 中的元素分开。与之不同，TRIEDS 被认为是一种利用 TR 技术监视和检测不同室内事件的新型系统。

TR 技术的原理可以参考第 1 章。TR 技术最初用于电话线路的相位补偿[25]，后来扩展到声学[26]。学术界已经建立了 TR 的时空共振理论，并在声学域和 RF 域得到了实验验证[27]。在射频领域，文献［28-29］对 EM 波的 TR 时空共振特性进行了研究。TR 技术基于两个假设，即信道互易性和信道平稳性。信道互易性表示前向链路和反向链路的 CSI 高度相关，而信道平稳性要求 CSI 在特定时间间隔内保持高度相关性。这两个假设分别在文献［30-31］和文献［23］中得到了验证。

在室内环境中，由于存在散射和反射，因此存在大量的 EM 信号传播路径。只要室内传播环境发生变化，接收到的多径特征就会相应地变化。如图 6.2 所示，CSI 逻辑空间中的每个点代表一个室内事件或位置，而这个事件或

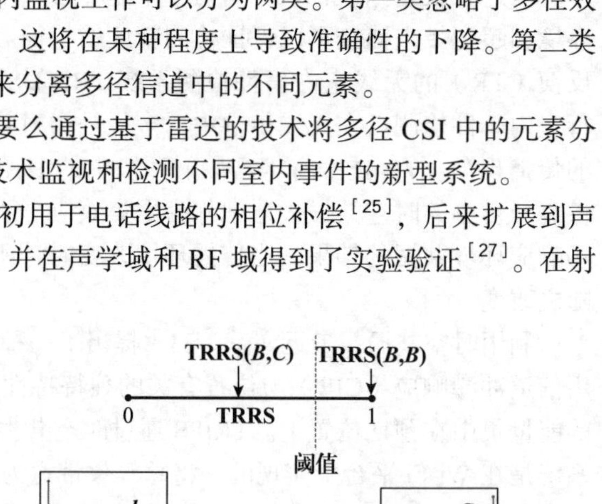

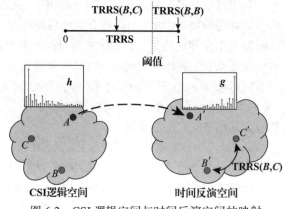

图 6.2 CSI 逻辑空间与时间反演空间的映射

位置将由多径特征 $\boldsymbol{h}$ 唯一确定。通过对多径进行时间反演和共轭运算，将生成相应的 TR 签名 $\boldsymbol{g}$，并将 CSI 逻辑空间中由“A”“B”和“C”标记的点映射为 TR 空间中的“A'”“B'”和“C'”。在 TR 空间中，两个室内事件或室内位置之间的相似性通过 TR 共振的强度来量化。TR 共振强度（TRRS）的定义见式（6.3），其中 $\boldsymbol{h}_1$ 和 $\boldsymbol{h}_2$ 表示 CSI 逻辑空间中的多径特征，而 $\boldsymbol{g}_2$ 是 TR 空间中的 TR 签名。TRRS 值越高，TR 空间中的两点越相似。由 TRRS 阈值定义的类似事件将在 TRIEDS 中视为一个类。利用 TR 技术，文献［23］中提出了一个称为 TRIPS 的厘米级的精确室内定位系统。在 TRIPS 中，每个室内物理位置都映射到 TR 空间中的一个逻辑位置，并且可以使用 TRRS 轻松分离和识别。TRIEDS 利用 TR 空间将细微差别的多径特征分开，能够高精度地监视和检测不同的室内事件。

6.3　系统模型

在本节中，我们将详细介绍基于 TR 的室内事件检测系统 TRIEDS。TRIEDS 利用了 TR 技术的固有特性，即时空共振来融合并压缩多径传播环境的信息。为了实现基于 TR 时空共振的室内事件检测，TRIEDS 包含两个阶段：离线训练和在线测试。在第一阶段中，通过在 TR 信道探测阶段收集每个室内事件的签名 $\boldsymbol{g}$ 来构建训练数据库。在训练后的第二阶段，TRIEDS 估计当前状态的瞬时多径 CSI $\boldsymbol{h}$，并根据生成的时空共振强度和离线训练数据库中的签名进行预测。下面将讨论详细的操作。

6.3.1　阶段一：离线训练

如前所述，TRIEDS 利用独特的室内多径特征和 TR 技术来区分和检测室内事件。在离线训练阶段，我们将建立一个数据库，在该数据库中收集任何目标的多径特征并将相应的 TR 签名存储在 TR 空间中。然而，由于噪声和信道衰落，特定状态下的 CSI 可能会随时间略有变化。为了应对这种变化，对于每种状态，我们收集了几个瞬时 CSI 样本以构建训练集。

具体地，对于每个室内状态 $S_i \in D$，其中 D 为状态集合，估计相应的训练 CSI 并形成 $\boldsymbol{H}_i$ 为

$$\boldsymbol{H}_i = [\boldsymbol{h}_{i,t_0}, \boldsymbol{h}_{i,t_1}, \cdots, \boldsymbol{h}_{i,t_{N-1}}] \tag{6.1}$$

式中，N 是训练状态下 CSI 样本的大小。$\boldsymbol{h}_{i,t_j}$ 表示在 t_j 时刻状态 S_i 的估计 CSI 向量，将 $\boldsymbol{H}_i$ 命名为状态 S_i 的 CSI 矩阵。由图 6.1 中的原型获得的室内估计 CSI 的示例如图 6.3 所示，其中 CSI 的总长度为 30。从图 6.3a 中，我们可以发现至少存在 10 到 15 个明显的多径元素。

通过时间逆转 $\boldsymbol{H}_i$ 的共轭形式来获得对应的 TR 签名矩阵 $\boldsymbol{G}_i$：

$$\boldsymbol{G}_i = [\boldsymbol{g}_{i,t_0}, \boldsymbol{g}_{i,t_1}, \cdots, \boldsymbol{g}_{i,t_{N-1}}] \tag{6.2}$$

式中，TR 签名 $g_{i,t_j}[k] = h^*_{i,t_j}[L-k]$，上标 * 表示共轭算子。$L$ 表示 CSI 向量的长度，k 表示抽头序号。然后，训练数据库 G 是 $\boldsymbol{G}_i$ 的集合。

6.3.2　阶段二：在线测试

构建训练数据库 G 之后，TRIEDS 就可以进行实时室内事件检测了。室内事件检测其实是一个分类问题。我们的目标是通过评估测试 TR 签名与训练数据库 G 中的 TR 签名之间的相似性来

检测室内目标的状态。原始CSI信息是复数值且具有较高维度，如果直接将CSI作为特征，会增加检测问题的复杂度和计算量。为了解决这个问题，通过利用TR技术，我们将CSI向量映射为时空共振强度来自然地压缩CSI向量的维度。时空共振强度的定义如下。

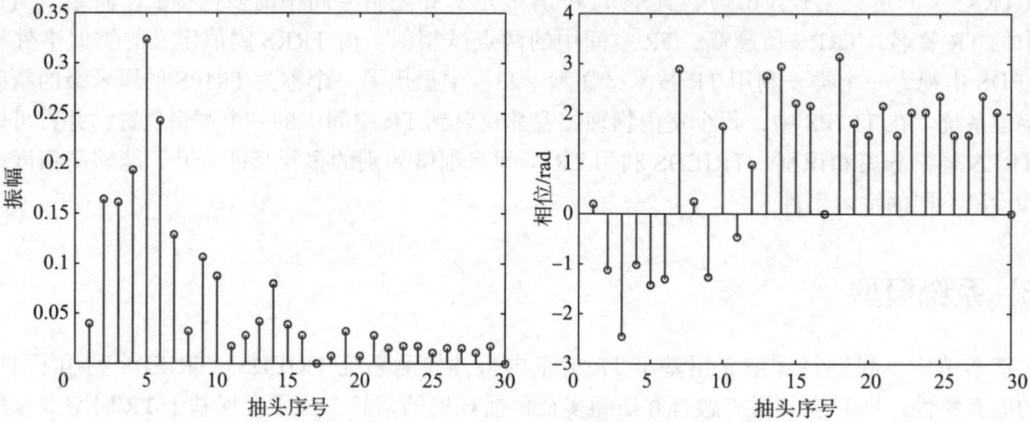

a）CSI振幅　　b）CSI相位

图6.3　室内估计CSI示例

定义：两个CSI样本 $\boldsymbol{h}_1$ 和 $\boldsymbol{h}_2$ 之间的时空共振TR（$\boldsymbol{h}_1,\boldsymbol{h}_2$）的强度定义为

$$\mathrm{TR}(\boldsymbol{h}_1,\boldsymbol{h}_2)=\left(\frac{\max\limits_i\left|(\boldsymbol{h}_1*\boldsymbol{g}_2)[i]\right|}{\sqrt{\sum\limits_{l=0}^{L-1}\left|h_1[l]\right|^2}\sqrt{\sum\limits_{l=0}^{L-1}\left|h_2[l]\right|^2}}\right)^2 \tag{6.3}$$

式中，“*”代表卷积运算，$\boldsymbol{g}_2$ 是 $\boldsymbol{h}_2$ 的TR签名，表示为

$$g_2[k]=h_2^*[L-k-1],k=0,1,\cdots,L-1 \tag{6.4}$$

在比较两个估计的多径特征时，首先把它们映射到TR空间，将每一个表示为TR空间中的一个签名。然后利用TR时空共振强度来量化并度量这两个多径特征在TR空间中的相似度。TRRS越高，TR空间中的这两个多径特征越相似。式（6.3）中定义的共振强度类似 $\boldsymbol{h}_1$ 和 $\boldsymbol{h}_2$ 之间互相关系数的定义，即 $\boldsymbol{h}_1$ 和 $\boldsymbol{h}_2$ 的内积，也就是（$\boldsymbol{h}_1*\boldsymbol{g}_2$）$[L-1]$。但是，式（6.3）中的分子是卷积序列中的最大绝对值。该步骤对于消除两个CSI估计之间任何可能的同步误差而言很重要，例如，在不同的测量中，CSI的前几个信号样本可能会丢失或添加。由于其对CSI估计中的同步误差具有鲁棒性，因此，TRRS能够捕获多径CSI样本之间的所有相似性并提高准确率。

在在线测试阶段，接收机一直将当前估计的CSI与 G 中的TR签名进行匹配，以找到产生最强TR时空共振的签名。未知的测试CSI $\tilde{H}$ 与状态 S_i 之间的TRRS定义为

$$\mathrm{TR}_{S_i}(\tilde{H})=\max_{\tilde{\boldsymbol{h}}\in\tilde{H}}\max_{\boldsymbol{h}_i\in H_i}\mathrm{TR}\left(\tilde{\boldsymbol{h}},\boldsymbol{h}_i\right) \tag{6.5}$$

式中，$\tilde{H}$ 是一组CSI从同一个状态得到的样本集合

$$\tilde{H}=[\tilde{\boldsymbol{h}}_{t_0},\tilde{\boldsymbol{h}}_{t_1},\cdots,\tilde{\boldsymbol{h}}_{i,t_{M-1}}] \tag{6.6}$$

式中，M 是一个测试组中CSI样本的数量，与式（6.1）中定义的训练阶段中的 N 类似。

一旦获得了每个事件的 TRRS，就可以通过 $\mathrm{TR}_{s_i}(\tilde{H})$，对任意 i，搜索最大值来找到测试 CSI $\tilde{H}$ 的最可能状态，如

$$S^* = \arg\max_{S_i \in \mathcal{D}} \mathrm{TR}_{S_i}(\tilde{H}) \tag{6.7}$$

式中，S 的上标 * 表示最优值。

除了通过比较 TR 时空共振找到最可能的状态 S*，TRIEDS 还采用阈值触发机制，以避免状态 D 类以外的事件引起的虚警。仅当 TRRS $\mathrm{TR}_{S^*}(\tilde{H})$ 达到预定阈值 γ 时，TRIEDS 才会报告 S^* 的状态变化。

$$\hat{S} = \begin{cases} S^*, \mathrm{TR}_{S^*}(\tilde{H}) \geqslant \gamma \\ 0,\ 其他 \end{cases} \tag{6.8}$$

式中，$\hat{S}$ =0 表示当前环境的状态不变，即，对于 D 中任何经过训练的状态都不会触发 TRIEDS。根据上述检测规则，每当 CSI 被检测为 $\hat{S}$ =S_i，但实际上并不是状态 S_i 时，就会发生状态 S_i 的误报。

尽管 TRIEDS 的算法很简单，但是室内事件检测的准确率很高，下一节将通过多个实验来验证其性能。

6.4　实验

为了实际评估 TRIEDS 的性能，我们在具有不同收发机位置的商业办公环境中进行了一些门状态检测的实验。

首先，在一个具有 7 个发射机位置、一个接收机位置和两个事件的受控环境中进行了一个简单的 LOS 实验，以验证 TRIEDS 的可行性。然后，在具有 3 个接收机位置、15 个发射机位置和 8 个木质目标门的受控办公环境中，将验证进一步扩展到 LOS 和 NLOS 案例。同时，在正常的工作时间、周围有人且不受控制的室内环境中进行了实验。此外，还将 TRIEDS 的性能与基于 RSS 的室内监测方法进行了比较，后者可以轻松地提取信道信息，并使用 k 最近邻（kNN）方法进行分类。为了进一步评估 TRIEDS 在真实环境中的准确性，我们研究了 TRIEDS 在人为故意移动下的性能。最后，讨论了 TRIEDS 作为一个保护封闭房间的警卫系统的结果。

6.4.1　实验设置

TRIEDS 的原型需要一对单天线发射机和接收机，它们在 ISM 频段上工作，载波频率为 5.4GHz，带宽为 125MHz。此外，在实验过程中，系统的信道探测间隔是 20ms。TRIEDS 硬件设备的快照如图 6.1 所示，天线安装在无线电盒的顶部。

实验在一个总共 16 层的商业大楼的 10 层办公室中进行。实验办公室周围有多个办公室和电梯。详细设置如图 6.4 的平面图所示。在实验过程中，检测了标记为 D1 至 D8 的多个木门的打开 / 关闭状态。TX-RX 位置包括 LOS 和 NLOS 传输。

在 TRIEDS 实验中，将接收机和发射机放在预定位置的支架顶部，离地面的高度分别为 4.3ft 和 3.6ft，如图 6.5a 和图 6.5b 所示。

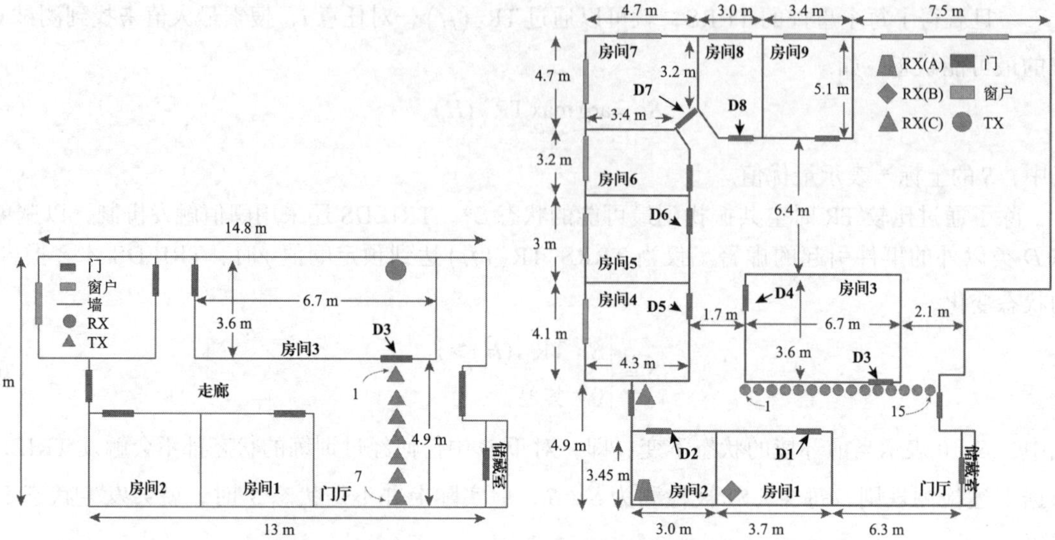

a）1层的设置　　b）2层的设置

图 6.4　TRIEDS 的实验设置

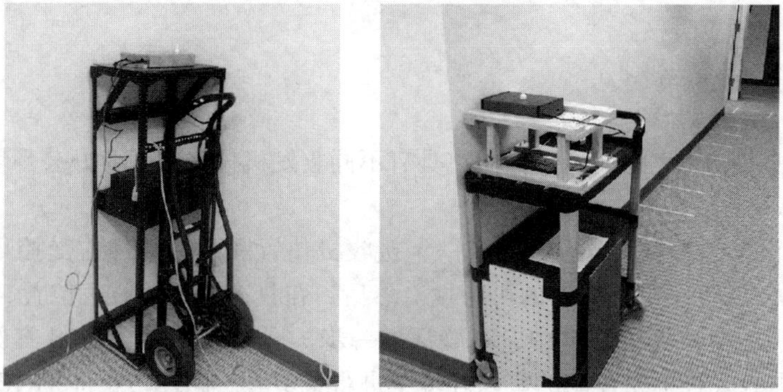

a）接收机　　b）发射机

图 6.5　实验设置

在所有实验中，我们将训练 CSI 和测试 CSI 的数目选择为 N=10 和 M=10（如式（6.1）和式（6.6）中所定义的）。

6.4.2　可行性验证

首先，在 LOS 情况下验证了 TRIEDS 检测室内事件的可行性，在这种情况下，接收机位于图 6.4 中的“D”位置，发射机沿着图 6.4 中垂直线的七个点移动，最接近目标门的点标记为序号“1”。我们的任务是检测木质门 D3 是关闭还是打开。

通过 TR 信道探测阶段获得 D3 打开和关闭的多径 CSI 样本，并将相应的 TR 签名存储在数据库中。在测试阶段，继续监听多径信道，并将收集到的测试 CSI 与数据库进行匹配。在阈值 γ 小于 0.97 的情况下，如表 6.1 所示，可以对所

表 6.1　简单情况下的 TRIEDS 性能

位置序号	1	2	3	4	5	6	7
误报率	0	0	0	0	0	0	0
检出率	1	1	1	1	1	1	1

有七个发射机位置实现完美检测。

在这种情况下，TRIEDS 实际上对发射机和接收机之间的 LOS 路径上的事件进行了检测。通过这个简单的实验，我们证明了 TRIEDS 利用 TR 时空共振来捕获室内多径环境变化的可行性。接下来，在更复杂的多径环境变化以及在 LOS 和 NLOS TX-RX 传输情况下，进一步评估 TRIEDS 的性能。

6.4.3　单门监控

这一部分进行实验以了解接收机、发射机和目标对象的位置对 TRIEDS 性能的影响。接收机放置在位置“A”“B”和“C”，而发射机则沿着圆圈标记的 15 个位置移动，这些位置水平相隔 0.5m，如图 6.4 所示。TRIEDS 的目的是监视木门 D1 的状态。在实验过程中，对于每个位置和每个室内事件，测量 3000 个 CSI 样本，使用我们构建的原型持续约 5min，因此每个 TX-RX 位置的总实验时间为 10min。

在这里，位置“A”（LOC A）代表了在发射机和接收机之间以及接收机和室内事件发生位置之间没有 LOS 路径的穿墙检测场景。当接收机位于“B”（LOC B）位置时，由于接收机和室内事件发生位置在同一房间，所以在接收机和室内事件发生位置之间总是有一个 LOS 路径。但是，对于大多数可能的发射机位置，发射机和接收机之间不存在 LOS 路径，仅在发射机、接收机和门 D1 间形成一条直线时才存在 LOS 路径。当接收机位于“C”（LOC C）位置时，发射机和接收机间总是可以进行 LOS 传输。此时，要检测的门 D1 处于发射机和接收机之间的 LOS 链路之外。

6.4.3.1　LOC A：NLOS 场景

如前所述，当接收机在 LOC A 时，接收机和发射机之间没有 LOS 路径，接收机和门 D1 被墙隔离。图 6.6 显示了门 D1 打开和关闭状态的多径 CSI 示例。在图 6.6 中，只绘制了 CSI 的振幅，可以很清楚地观察到在每个抽头上能量分布的变化。在 TRIEDS 中，利用 TR 时空共振的方法，不仅考虑了每个抽头的振幅信息，而且还考虑了每个抽头的相位。

实验结果表明，在阈值 γ 不大于 0.9 的情况下，15 个发射机位置均能达到较好的检出率和零误报率。因此，我们可以得出结论，TRIEDS 能够穿墙检测 NLOS 环境中的事件，接收机与发射机之间的距离对性能影响不大。

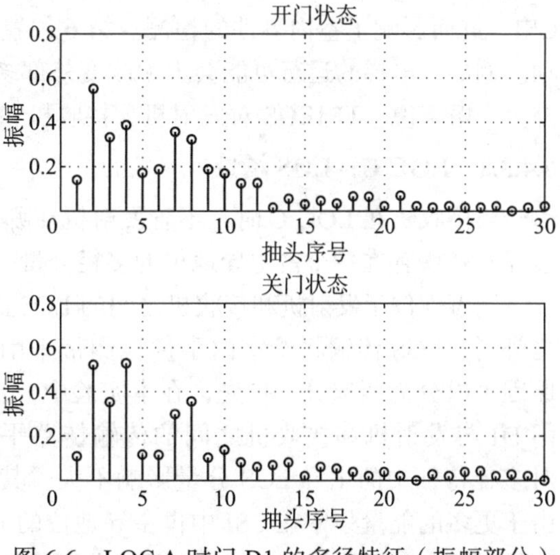

图 6.6　LOC A 时门 D1 的多径特征（振幅部分）

6.4.3.2　LOC B：LOS 和 NLOS 场景

当接收机在 LOC B，发射机从位置“1”移动到位置“4”（标记为“1”的右边的第四个点）时，由于没有直接的 LOS 链路，发射机和接收机之间的传输场景是 NLOS。然后，当发射机从位置“5”向位置“6”移动时，传输场景是 LOS。当发射机移动到更远的地方（即从点“7”开始）时，发射机和接收机之间再次没有 LOS 路径，传输场景为 NLOS。在图 6.7a 和 6.7b 中，绘制了每个事件的 CSI 示例，以说明与室内事件相对应的多径特征振幅的变化。

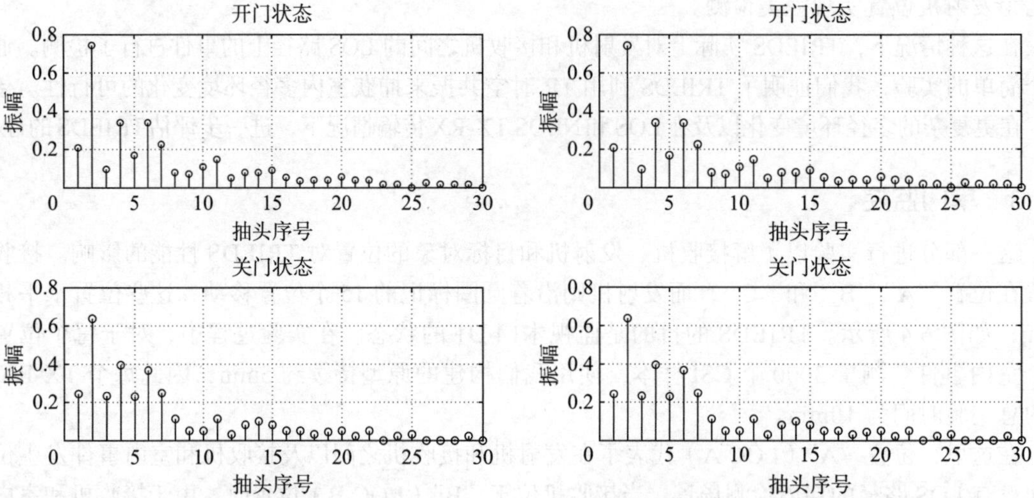

a）TX在位置“1”（NLOS）时的多径特征（振幅部分）　　b）TX在位置“5”（NLOS）时的多径特征（振幅部分）

图 6.7　LOC B 时门 D1 的多径特征

考虑到 TRIEDS 的准确性，当阈值 $\gamma \leqslant 0.9$ 时，所有 15 个发射机位置的检出率均高于 99.9%。除发射机位于“6”位置外，检出率降至 95.9%。尽管如此，相应的误报率均低于 0.1%。由于实验是在商业办公大楼进行的，所以存在着我们无法控制的外部活动，这些活动改变了多径 CSI，进而影响了室内事件的检测。第 6 位置检出率为 95.9% 的原因可能是存在不可控的外部活动。例如，电梯的运行可能会大大改变外部多径的传播，因为它靠近办公室并且由金属制成。此外，一般来说，TRIEDS 对发射机、接收机和室内事件发生位置之间的不同距离都具有鲁棒性。

6.4.3.3　LOC C：LOS 场景

当接收机在 LOC C 时，不管发射机在哪个圆圈上，它们都在 LOS 场景下进行传输，这导致多径 CSI 中存在一个占主导地位的多径分量。

当事件位于发射机和接收机之间的 LOS 路径之外时，LOS 传输将给室内事件检测带来困难。原因可以分为两部分。首先，在本实验中，目标门 D1 与发射机和接收机之间的传输链路平行，对多径特征中的主导 LOS 分量影响不大。其次，由于更多的能量集中在 CSI 中占主导地位的 LOS 路径上，包含事件信息的其他多径成分更像噪声，信息更少。因此，在 LOS 主导的无线系统中，由于事件的大部分信息都隐藏在 CSI 成分中，能量很少，因此很难检测到发生在发射机和接收机直接链路之外的事件。这可以通过图 6.8 中门 D1 的开放和关闭状态的多径 CSI 示例来说明，其中主导路径保持不变，并包含了 CSI 中的大部分能量。

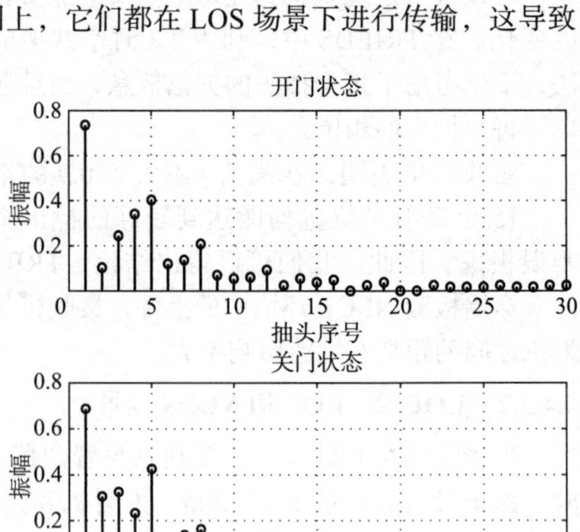

图 6.8　LOC C 时 D1 门的多径特征

在实验中，对于阈值 $\gamma \leqslant 0.93$ 的 15 个发射机位置，TRIEDS 的检出率均为 100%，误报率为 0。实验结果验证了我们的想法，即使用 TR 技术，TRIEDS 可以捕捉到多径特征的微小变化。

6.4.4 受控环境下的 TRIEDS

在前面的部分中，我们已经验证了所提出的系统在受控室内环境中检测具有 LOS 和 NLOS 传输的两个室内事件的能力。在这一部分中，我们将研究 TRIEDS 在检测多个室内事件中的性能。此外，本章还比较了基于 RSSI 的室内检测方法和 TRIEDS 的性能。

在实验中，接收机放置在 LOC B 或 LOC C，而发射机在每两个相距 1m 的圆上移动和停止，分别命名为“轴 1”到“轴 4”。总的来说，我们有两个接收机位置和四个发射机位置，即八个 TX-RX 位置。如图 6.4 所示，TRIEDS 的目的是检测 D1 到 D8 之间哪个木门是关闭的，哪个木门是打开的。在实验过程中，对于每个 TX-RX 位置和每个事件，测量了 3000 个 CSI 样本，测量时间约为 5min，总共监测时间为 45min。表 6.2 为实验中所有室内事件的状态表。

表 6.2　需要 TRIEDS 检测的状态列表

状态列表	说明
S_1	所有的门都打开
S_{i+1}	D_i 个门关闭，其他的门打开，$\forall i=1,2,\cdots,8$

正如我们在单事件检测实验中所声称和验证的那样，通过利用时空共振来捕获多径特征的变化，TRIEDS 可以实现高精度的检测。在本节中，我们评估了 TRIEDS 在受控室内环境下检测多个事件的能力。在工作时间内对正常办公环境的性能分析将在 6.4.5 节讨论。

6.4.4.1 对 LOC B 进行评估

首先，本节研究了 TRIEDS 接收机在 LOC B 时的性能。在图 6.9 中，我们展示了不同事件之间的 TRRS 是如何变化的。

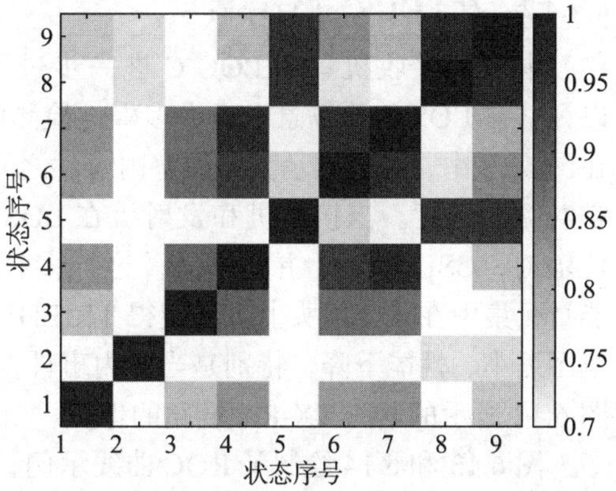

图 6.9　RX 在 LOC B 和 TX 在第 1 个圆点（轴 1）时的共振强度图

由于 D5 门和 D6 门相距较近，而离接收机和发射机较远，它们在多径特征中引入的变化是相似的。因此，S_6 和 S_7 状态间的共振强度相对高于其他非对角元素，但仍小于图 6.9 中表示类内共振强度的对角元素。在状态 S_8 和状态 S_9 之间也有类似的现象。

图 6.10 和图 6.11 绘制了 TRIEDS 系统和传统 RSSI 方法中检测室内门状态的接收机工作特征（ROC）曲线示例。此处，图例“轴 i”，i=1，2，3，4 表示发射机在图 6.4 中第（$2*i-1$）个点上的位置。

如图 6.10 和图 6.11 所示，TRIEDS 在区分一个关闭的门（即 S_i，$i \geqslant 1$）和所有打开的门（即 S_0）这两个状态方面优于基于 RSSI 的方法，TRIEDS 可以实现完美的检出率和零误报率。作为一个例子，图 6.10 显示了 TRIEDS 在执行穿墙检测方面的优越性，注意到 S_9 是 D8 门的状态，它在 TX-RX 链路上，但是被一个关闭的办公室阻隔。同时，随着室内事件发生位置与 TX-RX 之间距离的减小，基于 RSSI 的方法的性能也会降低。利用 TR 技术，TRIEDS 能够以高自由度的多维复数值矢量形式捕捉多径环境的变化，并区分 TR 时空共振域的不同变化。而基于 RSSI 的方法试图通过一个实数标量来监视环境的变化，但由于其维度而丢失了大部分可用于区分环境变化的信息。

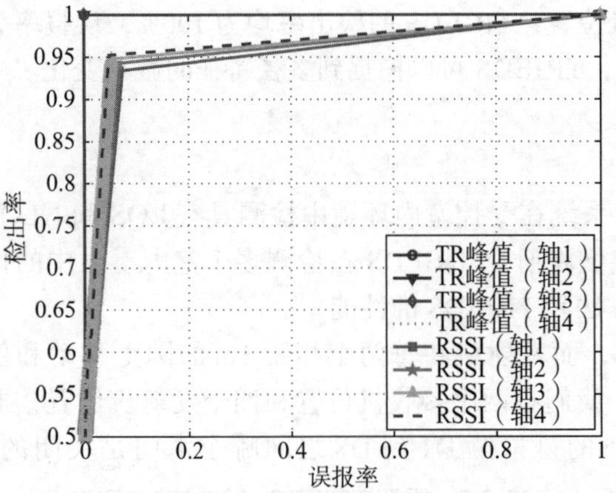

图 6.10　在 LOC B 时区分 S_1 和 S_2 的 ROC 曲线

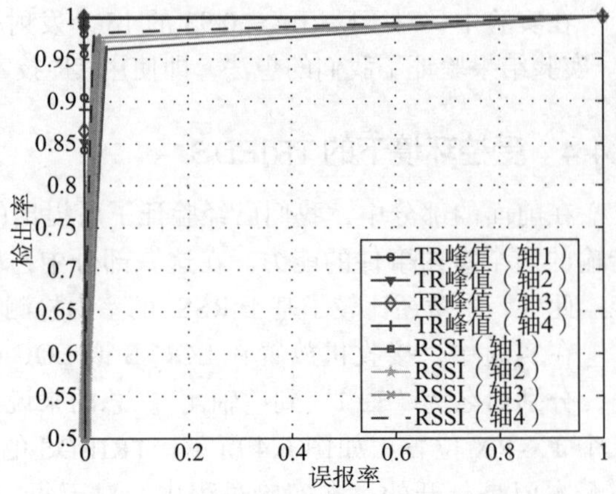

图 6.11　在 LOC B 时区分 S_1 和 S_9 的 ROC 曲线

此外，TRIEDS 的检测精度随着发射机与接收机距离的增加而提高。基于 RSSI 的方法也是如此。这是因为当发射机和接收机距离较远时，距离较长的多径成分将分配到更多的能量，从而使传感系统具有更大的覆盖范围。通过对所有事件进行平均获得的总体性能表明，TRIEDS 优于表 6.3 中的 RSSI 方法。

表 6.3　在受控环境中 LOC B 的多事件检测的误报率和检出率

LOC B	轴 1	轴 2	轴 3	轴 4
检出率 TRIEDS（%）	99.12	99.5	99.67	99.81
误报率 TRIEDS（%）	0.88	0.5	0.33	0.19
检出率 RSSI（%）	89.41	91.16	92.07	93.07
误报率 RSSI（%）	10.59	8.84	7.93	6.93

6.4.4.2　对 LOC C 进行评估

本节将接收机置于 LOC C 进一步进行实验，以评估在 LOS 传输场景中室内多事件检测的性能。在图 6.12 中，我们展示了不同室内事件之间 TR 时空共振的强度。当接收机和发射机在 LOS 环境下传输时，CSI 是 LOS 主要成分，这样多径特征的能量只集中在几个抽头上。它使得 TRIEDS 的覆盖范围缩小、性能下降，特别是当室内事件发生在如图 6.12 所示的远离 TX-RX 链路的地方。

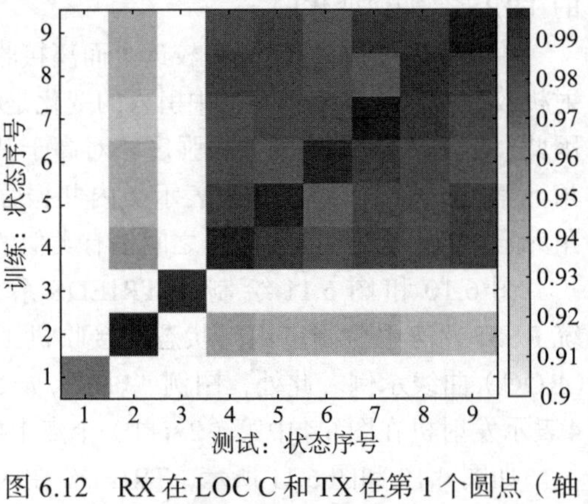

图 6.12　RX 在 LOC C 和 TX 在第 1 个圆点（轴 1）时的共振强度图

图 6.13 和 6.14 绘制了 ROC 曲线示例，以说明 TRIEDS 和基于 RSSI 方法的检测性能。TRIEDS 在 LOS 环境下的工作性能与 NLOS 环境下的性能相似。与基于 RSSI 的方法相比，TRIEDS 的事件检测准确率更高，误报率更低。在这两种情况下，TRIEDS 可以近乎完美地区分 S_i，$i \geqslant 1$ 和 S_0 事件。此外，RSSI 方法在 LOS 环境下的准确性优于 NLOS。

TRIEDS 与基于 RSSI 方法的整体性能对比见表 6.4。显然，接收机和发射机距离越远，TRIEDS 的测量精度越高。此外，与表 6.3 相比，基于 RSSI 的方法在 LOS 环境下的准确性有了很大提高，而 TRIEDS 方法的准确性略有下降。此外，对比表 6.3 和表 6.4 的结果，当接收机和发射机的传输方案由 NLOS 转换为 LOS 时，TRIEDS 的检测性能略有下降。由于在 LOS 传输中 LOS 占主导地位，对远距离直接链路的多径成分的感知能力下降，从而导致检测精度下降。

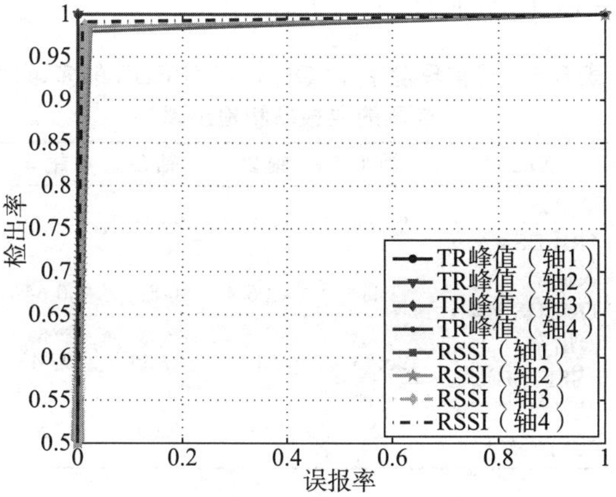

图 6.13　在 LOC C 时区分 S_1 和 S_2 的 ROC 曲线

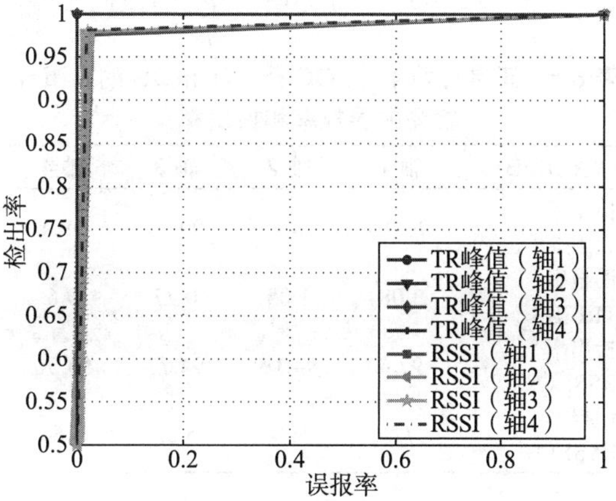

图 6.14　在 LOC C 时区分 S_1 和 S_9 的 ROC 曲线

6.4.5　正常办公环境下的 TRIEDS

在本节中，我们在工作日的工作时间重复 6.4.4 节的实验，实验区域内大约有 10 个人在工作，实验区域周围和位于下方或上方的所有办公室都有不可控的人员。

与 6.4.4 节中的受控实验相比，TRIEDS 达到了相似的精度。表 6.5 和表 6.6 中显示了 TRIEDS 和基于 RSSI 方法的总体误报率和检出率。

表 6.4　在受控环境中 LOC C 的多事件检测的误报率和检出率

LOC C	轴 1	轴 2	轴 3	轴 4
检出率 TRIEDS（%）	99.09	99.28	99.31	99.35
误报率 TRIEDS（%）	0.91	0.72	0.69	0.65
检出率 RSSI（%）	97.24	97.66	97.8	97.88
误报率 RSSI（%）	2.76	2.34	2.2	2.12

表 6.5 和表 6.6 的结果与表 6.3 和表 6.4 的结果一致。TRIEDS 的检测性能优于基于 RSSI 的方法，实现了更好的检出率和更低的误报率。即使在动态环境中，TRIEDS 在 NLOS 环境下也可以保持高于 96.92% 的检出率和小于 3.08% 的误报率，而在 LOS 环境下可以保持高于 97.89% 的检出率和小于 2.11% 的误报率。此外，随着接收机和发射机之间距离的增加，两种方法的精度都会提高。通过比较表 6.3、表 6.4、表 6.5 和表 6.6，我们认为 TRIEDS 对环境动态具有更好的耐受性。

6.4.6　人体移动下的 TRIEDS

为了研究人体移动对 TRIEDS 性能的影响，我们进行了如下实验：没有人、一个人和两个人在阴影区域来回移动，如图 6.15 所示。同时，发射机放在三角形上，接收机放在圆形上，检测相邻两个门（标记为“D1”和“D2”）的状态，门状态的列表见表 6.7。对于每组实验，TRIEDS 在正常工作时间内检测两个门的状态 5 分钟。

人类移动引起的干扰改变了多径传播环境，导致了在 TRIEDS 监测过程中 TR 时空共振的变化。幸运的是，由于人的移动性，引入的干扰不断变化，每次干扰持续的时间都很短。为了防止

TRRS 中出现突发变化，我们采用了多数投票的方法，并结合滑动窗口，使检测结果随时间推移而变得平滑。假设我们有之前的 $K-1$ 个输出 S_k^*，$k=t-K+1$，以及当前结果 S_k^*，则时间 t 由全体 S_k^*，$k=t-K+1,\cdots,t$ 投票决定，所有 t 均如此。K 表示滑动窗口的大小。

表 6.5　正常环境中（LOC B）TRIEDS 的多事件检测的误报率和检出率

LOC B	轴 1	轴 2	轴 3	轴 4
检出率 TRIEDS（%）	96.92	98.95	99.23	99.4
误报率 TRIEDS（%）	3.08	1.05	0.77	0.6
检出率 RSSI（%）	92.5	94.16	94.77	95.36
误报率 RSSI（%）	7.5	5.84	5.23	4.64

表 6.6　正常环境中（LOC C）TRIEDS 的多事件检测的误报率和检出率

LOC C	轴 1	轴 2	轴 3	轴 4
检出率 TRIEDS（%）	97.89	98.94	99.18	99.36
误报率 TRIEDS（%）	2.11	1.06	0.82	0.64
检出率 RSSI（%）	96.73	97.19	97.35	97.43
误报率 RSSI（%）	3.27	2.81	2.65	2.57

在表 6.8 中，我们比较了在没有人的移动（HM）的情况下，以及在一个人和两个人故意进行持续移动的情况下，使用平滑算法和不使用平滑算法的 TRIEDS 在所有状态下的平均准确率。这里滑动窗口的长度 K=20。首先，TRIEDS 的准确性随着人数量的增加而降低，注意到此时参与实验的人在待检测的室内事件、发射机和接收机的位置附近持续移动。此外，采用的平滑算法提高了 TRIEDS 对人体移动检测的鲁棒性，与未进行平滑的情况相比，准确率提高了 7%～9%。同时，在实验过程中，我们还发现，最脆弱的状态是“00”状态，此时所有的门都是打开的，当人移动时，TRIEDS 比其他状态更容易产生误报。这是因为当人靠近门的位置时，将在门的位置产生阻碍，此时人体所起的作用就像关闭木门一样，多径 CSI 的变化也是相似的，尤其是对于 D1 来说。

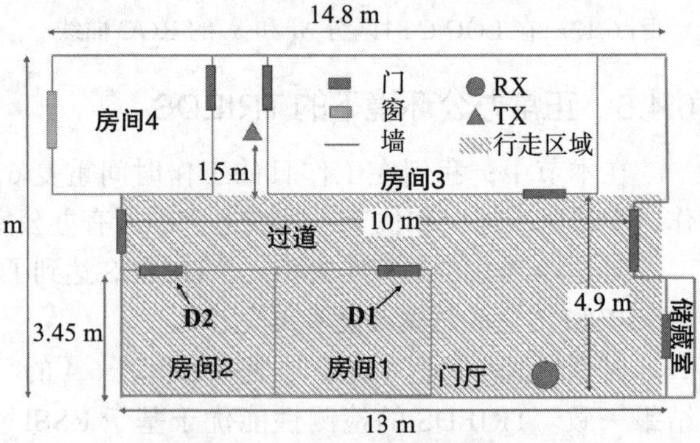

图 6.15　人体移动研究的实验配置

表 6.7　人体移动研究的状态表

状态	00	01	10	11
D1	门开着	门开着	门关着	门关着
D2	门开着	门关着	门开着	门关着

表 6.8　人体移动下的 TRIEDS 精度比较

实验	No HM（%）	One HM（%）	Two HM（%）
没有平滑	97.75	87.25	79.58
经过平滑	98.07	94.37	88.33

6.4.7　穿墙保护系统 TRIEDS

在前面的实验中，我们试图检测门的状态。在这一节中，TRIEDS 是一个穿墙保护系统。TRIEDS 的目标是穿过墙壁来保护目标房间，不仅当门的状态发生变化时发出警报，还在被保护房间内发生非预期的人员活动时发出警报。系统设置如图 6.16 所示，其中需要保护的房间如阴影部分所示。

本实验如图 6.16 所示，TRIEDS 的发射机和接收机分别放置在两个房间中，并用三角形和圆形标记。TRIEDS 的目的是监视和保护处于中间阴影处的房间，并在被保护房间的门被打开或有人进入时立即报告。TRIEDS 只在正常状态下采集训练数据，正常状态指的是门关闭且房间内没有人走动的状态。训练数据库由 10 个 CSI 样本组成。TRIEDS 一旦开始监测，就会持续感知室内多径信道特征，并根据式（6.3）和式（6.5）计算时间反演共振强度，将其与训练数据库进行比较。

如图 6.17 所示，我们可以看到正常状态和入侵者状态之间，以及正常状态和有人在房间内行走的状态之间有明显的区别。阈值 1 是用于检测室内状态何时偏离正常状态的阈值，具有 100% 的检出率和 0 误报率。阈值 2 用于区分入侵者状态（即门是打开的）和有人在安全室内（门关闭）行走时的状态，根据该阈值，TRIEDS 仅有 3% 的错误率将人的活动分类为入侵者状态。即使仅使用一种类别的训练数据集，TRIEDS 仍能够区分不同的事件，并作为一个穿过墙壁来保护房间的警报系统。

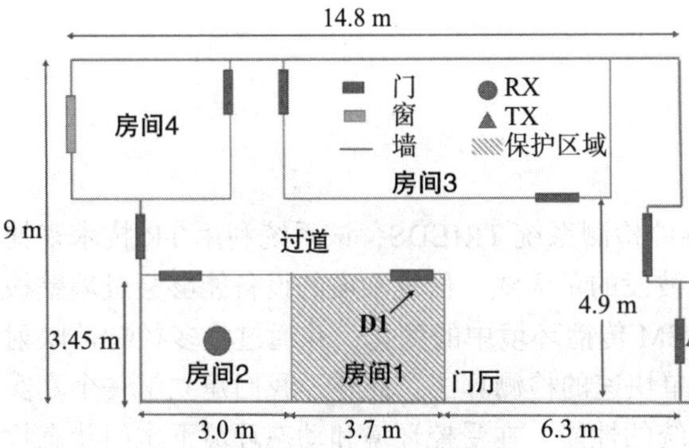

图 6.16　保护实验配置

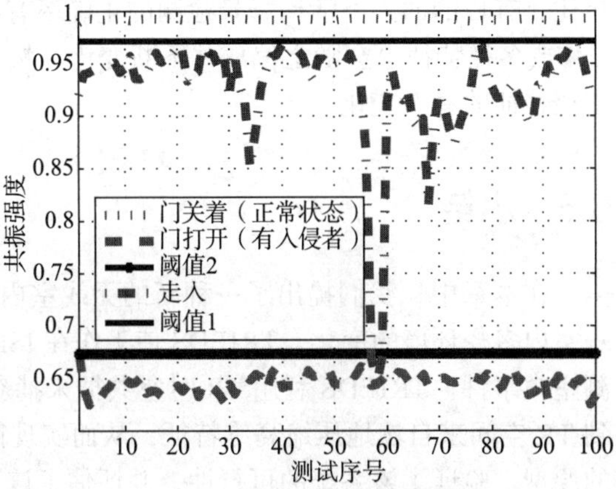

图 6.17　警报系统的共振强度

6.5　讨论

6.5.1　实验参数

（i）采样频率：本章中 TRIEDS 的采样频率为 50Hz，即 TRIEDS 每隔 20ms 测量一次多径环境。因为通常门状态的变化发生在 1 ～ 2s 内，目前的采样频率足以捕捉门的两种状态的变化。如果需要检测和监测整个过程中的变化或其他突然发生的变化，则需要较高的采样频率。

（ii）训练和测试组的规模：在本次实验中，我们把式（6.1）中训练组的大小 N 和式（6.6）中测试组的大小 M 均设置为 10，以解决 CSI 估计中噪声的变化。我们研究了 TRIEDS 在不同大小的训练组和测试组条件下的性能。研究发现，当大小大于 10 时，性能并没有得到很大的提高，但加入更多的 CSI 样本会导致较大的延迟。因此本章在不牺牲 TRIEDS 时间灵敏度的前提下，采用了 10 的大小（即测量持续时间为 0.2s）。

6.5.2　人体移动的影响

TRIEDS 利用 TR 技术将不同的室内事件的多径特征映射到 TR 空间中的不同点上，这是因为不同的室内事件和人体移动会产生不同的无线多径特征。

在 6.4.7 节中，我们讨论了在穿墙保护任务中应用 TRIEDS 的实验结果。如图 6.17 所示，在大多数情况下，与没有人的活动且门是关闭的事件相比，有人的活动且门是关闭事件的 TRRS 有所下降。然而，由于人的行为导致的 TRRS 的下降是很小的，而门关闭和门打开这两个事件导致的 TRRS 之间的差异是相当显著的。这是由于与诸如门这样的室内物体相比，人体的大小还是相对较小的，当人没有向发射机或者接收机移动时，人体只会改变多径成分的一小部分，导致 CSI 少数几个抽头的振幅或者相位的稀疏变化。因此，具有人类活动的门关闭事件的点位于没有人类活动的门关闭事件的点的"邻近"位置，也就是说 TRRS 所测量的两个点非常相似。给定适当的 TRRS 阈值，可以将它们视为一个类别。但是，当人接近发射机或接收机时，有可能导致多径特征变得与静态室内事件的特征相差很大，其结果是 TRRS 发生较大的衰减，从而导致 TR 空间的不同分类以及 TRIEDS 的错误检测。此外，正如 6.4.6 节所讨论的，与无目的的人类活动场景相比，有目的的人类活动场景检测的正确率有所下降。这是因为由于人体移动的存在，环境中的 CSI 或多径特征也会随之偏离并不断变化。然而，借助时域平滑功能，可以消除人体移动引入的多径特征的动态变化。

6.6 小结

在本章中，我们提出了一种新的无线室内事件检测系统 TRIEDS，该系统利用 TR 技术来捕获室内多径环境的变化。TRIEDS 使工作在 ISM 波段的单天线、低复杂度的设备能够穿过墙壁检测室内事件。TRIEDS 利用 TR 时空共振来捕获 EM 传播环境中的变化，并通过将多径特征映射到 TR 空间来自然地压缩高维特征，从而实现简单快速的检测算法。此外，我们建立了一个真实的原型，验证了该系统的可行性，并评估了该系统的性能。在受控环境和动态环境下木门状态检测的实验结果表明，在 LOS 和 NLOS 两种情况下，TRIEDS 均能实现 96.92% 以上的检出率，同时保持低于 3.08% 的误报率。相关资料，感兴趣的读者可参考文献［32］。

参考文献

[1] R. Cucchiara, C. Grana, A. Prati, and R. Vezzani, "Computer vision system for in-house video surveillance," *IEE Proceedings Vision, Image and Signal Processing*, vol. 152, no. 2, pp. 242–249, Apr. 2005.

[2] A. M. Tabar, A. Keshavarz, and H. Aghajan, "Smart home care network using sensor fusion and distributed vision-based reasoning," in *Proceedings of the 4th ACM International Workshop on Video Surveillance and Sensor Networks*, pp. 145–154, 2006.

[3] A. Ghose, K. Chakravarty, A. K. Agrawal, and N. Ahmed, "Unobtrusive indoor surveillance of patients at home using multiple kinect sensors," in *Proceedings of the 11th ACM Conference on Embedded Networked Sensor Systems (SenSys 13)*, pp. 1–2, 2013. [Online]. Available: http://doi.acm.org/10.1145/2517351.2517412.

[4] M. J. Gómez, F. García, D. Martín, A. de la Escalera, and J. M. Armingol, "Intelligent surveillance of indoor environments based on computer vision and 3D point cloud fusion," *Expert Systems with Applications*, vol. 42, no. 21, pp. 8156–8171, 2015.

[5] M. Spadacini, S. Savazzi, M. Nicoli, and S. Nicoli, "Wireless networks for smart surveillance: Technologies, protocol design and experiments," in *Proceedings of IEEE Wireless Communications and Networking Conference Workshops (WCNCW)*, pp. 214–219, 2012.

[6] C. R. R. Sen Souvik and N. Srihari, "SpinLoc: Spin once to know your location," in *Proceedings of the 12th ACM Workshop on Mobile Computing Systems & Applications (HotMobile 12)*, pp. 1–6, 2012. [Online]. Available: http://doi.acm.org/10.1145/2162081.2162099.

[7] S. Sigg, S. Shi, F. Buesching, Y. Ji, and L. Wolf, "Leveraging RF-channel fluctuation for activity recognition: Active and passive systems, continuous and RSSI-based signal features," in *Proceedings of the ACM International Conference on Advances in Mobile Computing & Multimedia (MoMM 13)*, pp. 43–52, 2013. [Online]. Available: http://doi.acm.org/10.1145/2536853.2536873.

[8] A. Banerjee, D. Maas, M. Bocca, N. Patwari, and S. Kasera, "Violating privacy through walls by passive monitoring of radio windows," in *Proceedings of the 2014 ACM Conference on Security and Privacy in Wireless & Mobile Networks (WiSec 14)*, pp. 69–80, 2014. [Online]. Available: http://doi.acm.org/10.1145/2627393.2627418.

[9] H. Abdelnasser, M. Youssef, and K. A. Harras, "WiGest: A ubiquitous WiFi-based gesture recognition system," in *Proceedings of the IEEE Conference on Computer Commununications (INFOCOM)*, pp. 1472–1480, 2015.

[10] J. Xiao, K. Wu, Y. Yi, L. Wang, and L. Ni, "FIMD: Fine-grained device-free motion detection," in *Proceedings of the 18th IEEE International Conference on Parallel and Distributed Systems (ICPADS)*, pp. 229–235, Dec. 2012.

[11] F. Adib and D. Katabi, "See through walls with WiFi!" in *Proceedings of the ACM SIGCOMM*, pp. 75–86, 2013. [Online]. Available: http://doi.acm.org/10.1145/2486001.2486039.

[12] C. Han, K. Wu, Y. Wang, and L. Ni, "WiFall: Device-free fall detection by wireless networks," in *Proceedings of the IEEE International Conference on Computer Communications (INFOCOM)*, pp. 271–279, Apr. 2014.

[13] K. Wu, J. Xiao, Y. Yi, D. Chen, X. Luo, and L. M. Ni, "CSI-based indoor localization," *IEEE Transactions on Parallel and Distributed Systems*, vol. 24, no. 7, pp. 1300–1309, Jul. 2013.

[14] Y. Wang, J. Liu, Y. Chen, M. Gruteser, J. Yang, and H. Liu, "E-eyes: Device-free location-oriented activity identification using fine-grained WiFi signatures," in *Proceedings of the 20th Annual ACM International Conference on Mobile Computing and Networking*, pp. 617–628, 2014.

[15] W. Xi, J. Zhao, X.-Y. Li, K. Zhao, S. Tang, X. Liu, and Z. Jiang, "Electronic frog eye: Counting crowd using WiFi," in *Proceedings of the IEEE International Conference on Computer Communications (INFOCOM)*, pp. 361–369, Apr. 2014.

[16] W. Wang, A. X. Liu, M. Shahzad, K. Ling, and S. Lu, "Understanding and modeling of WiFi signal based human activity recognition," in *Proceedings of the 21st Annual ACM International Conference on Mobile Computing and Networking*, pp. 65–76, 2015.

[17] G. Wang, Y. Zou, Z. Zhou, K. Wu, and L. M. Ni, "We can hear you with Wi-Fi!" in *Proceedings of the 20th Annual ACM International Conference on Mobile Computing and Networking*, pp. 593–604, 2014. [Online]. Available: http://doi.acm.org/10.1145/2639108.2639112.

[18] Y. Yang and A. Fathy, "Design and implementation of a low-cost real-time ultra-wide band see-through-wall imaging radar system," in *Proceedings of the IEEE/MTT-S International Microwave Symposium*, pp. 1467–1470, Jun. 2007.

[19] F. Adib, Z. Kabelac, D. Katabi, and R. C. Miller, "3D tracking via body radio reflections," in *Proceedings of the 11th USENIX Symposium on Networked Systems Design and*

Implementation (NSDI 14), pp. 317–329, Apr. 2014. [Online]. Available: www.usenix.org/conference/nsdi14/technical-sessions/presentation/adib.

[20] F. Adib, C.-Y. Hsu, H. Mao, D. Katabi, and F. Durand, "Capturing the human figure through a wall," *ACM Transactions on Graphics*, vol. 34, no. 6, pp. 1–13, Oct. 2015. [Online]. Available: http://doi.acm.org/10.1145/2816795.2818072.

[21] F. Adib, Z. Kabelac, and D. Katabi, "Multi-person localization via RF body reflections," in *Proceedings of the 12th USENIX Symposium on Networked Systems Design and Implementation (NSDI 15)*, pp. 279–292, May 2015. [Online]. Available: www.usenix.org/conference/nsdi15/technical-sessions/presentation/adib.

[22] Y. Chen, F. Han, Y.-H. Yang, H. Ma, Y. Han, C. Jiang, H.-Q. Lai, D. Claffey, Z. Safar, and K. R. Liu, "Time-reversal wireless paradigm for green internet of things: An overview," *IEEE Internet of Things Journal*, vol. 1, no. 1, pp. 81–98, 2014.

[23] Z.-H. Wu, Y. Han, Y. Chen, and K. Liu, "A time-reversal paradigm for indoor positioning system," *IEEE Transactions on Vehicular Technology*, vol. 64, no. 4, pp. 1331–1339, Apr. 2015.

[24] C. Chen, Y. Chen, K. J. R. Liu, Y. Han, and H.-Q. Lai, "High-accuracy indoor localization: A WiFi-based approach," *The 41st IEEE International Conference on Acoustics, Speech and Signal Processing (ICASSP)*, 2016.

[25] B. Bogert, "Demonstration of delay distortion correction by time-reversal techniques," *IRE Transactions on Communications Systems*, vol. 5, no. 3, pp. 2–7, Dec. 1957.

[26] M. Fink, C. Prada, F. Wu, and D. Cassereau, "Self focusing in inhomogeneous media with time reversal acoustic mirrors," *IEEE Ultrasonics Symposium Proceedings*, pp. 681–686, 1989.

[27] J. de Rosny, G. Lerosey, and M. Fink, "Theory of electromagnetic time-reversal mirrors," *IEEE Transactions on Antennas and Propagation*, vol. 58, no. 10, pp. 3139–3149, 2010.

[28] G. Lerosey, J. De Rosny, A. Tourin, A. Derode, G. Montaldo, and M. Fink, "Time reversal of electromagnetic waves and telecommunication," *Radio Science*, vol. 40, no. 6, pp. 1–10, 2005.

[29] G. Lerosey, J. De Rosny, A. Tourin, A. Derode, and M. Fink, "Time reversal of wideband microwaves," *Applied Physics Letters*, vol. 88, no. 15, p. 154101, 2006.

[30] G. Lerosey, J. De Rosny, A. Tourin, A. Derode, G. Montaldo, and M. Fink, "Time reversal of electromagnetic waves," *Physical Review Letters*, vol. 92, no. 19, p. 193904, 2004.

[31] B. Wang, Y. Wu, F. Han, Y.-H. Yang, and K. Liu, "Green wireless communications: A time-reversal paradigm," *IEEE Journal on Selected Areas in Communications*, vol. 29, no. 8, pp. 1698–1710, 2011.

[32] Q. Xu, Y. Chen, B. Wang, and K. J. R. Liu, "TRIEDS: Wireless events detection through the wall," *IEEE Internet of Things Journal*, vol. 4, no. 3, pp. 723–735, 2017.

室内监控的统计学习

由于室内环境的信息会嵌入无线信号中，因此测量无线传播可以捕获室内环境的信息，这些研究推动了新兴无线感知技术的发展。在本章中，我们将讨论一种智能无线系统，该系统利用无线电磁波中携带的信息来智能地感知环境并扩展人类感知世界的能力。特别是，本章提出的 TR 室内监控系统（TRIMS）采用了可捕获多径变化特征的时间反演（TR）技术，该系统能够监控室内事件并实时检测墙壁后面的移动。本章建立了类内 TR 共振强度（TRRS）的统计模型，并将其视为 TRIMS 的特征。此外，使用带有三个天线的商用 Wi-Fi 设备实现了 TRIMS 的原型系统。我们研究了在具有正常居民活动的不同单户住宅中 TRIMS 的性能。通常，TRIMS 可以实现理想的检出率，对七个目标事件的误报率几乎为零，而在两周的实验中，TRIMS 在室内多事件监控中的检出率为 95.45%。由于无处不在的 Wi-Fi，本章提出的 TRIMS 在智能家居中具有广阔的应用前景。

7.1 引言

新兴无线感知技术的发展使得许多应用利用无线信号，或更具体地说是无线信道状态信息（CSI），来感知和探索隐藏在室内环境中的信息。通过在室内部署无线收发机，可以从 CSI 中提取人类活动和移动物体引起的宏观变化以及手势和生命信号产生的微小变化，并通过无线无源传感对这些变化进行识别。

无线无源传感的可行性来自多径传播。多径传播是一种现象，即传输的无线信号在室内环境中被不同对象反射和散射后，会通过不同的路径到达接收机。图 7.1 展示了一个典型的室内多径环境，其中，发射机（TX）和接收机（RX）之间的信道受以下路径影响：墙壁、每个房间的门和移动的人。因此，只要室内环境的状态发生变化，信道就会将这种变化记录在 CSI 中，从而可以通过无线无源传感来检测该变化。

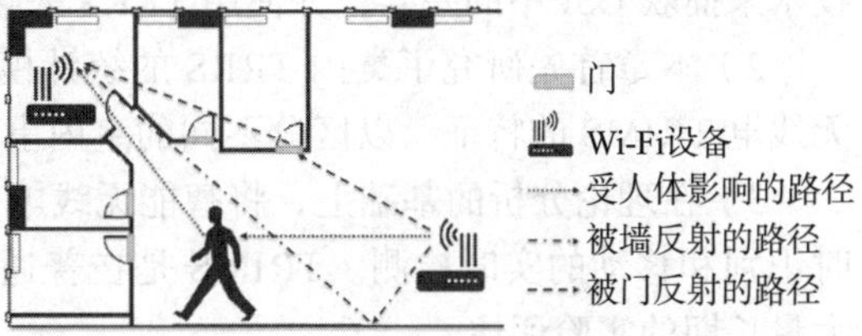

图 7.1　室内多径环境示例

根据从无线信道中提取的特征，无线无源传感的现有研究可以分为不同的类别。首先，传统的无线无源传感系统主要基于接收信号强度（RSS）[1-5]。但是，由于 RSS 的粒度较粗并且很容易受到多径效应的破坏，因此基于 RSS 的检测系统通常需要视距（LOS）传输，从而导致了室内活动检测的准确性有限。为了提高准确性并扩展传统无线无源传感的适用场景，采用具有更多信息的 CSI 特征变得更加流行。由于 CSI 通常具有较高的维度，它包含更多的细节信息并支持细粒度的分类应用程序，例如人体移动检测[6-15]和手部移动识别[16-17]。在大多数此类工作中，由于 CSI 中相位失真的随机性，这些工作仅使用 CSI 的振幅来检测室内活动，而忽略了相位中的信息。后来，文献［7］利用了 CSI 的振幅和相位信息来检测室内环境的动态。但是，它只能区分 LOS 场景中的静态和动态状态，并且通过线性拟合对相位信息进行了消噪，但这个方法有明显的缺点。文献［14］提出了一种家庭入侵检测系统，该系统将 CSI 的振幅作为特征。但是，目前还没有对该系统的误报率和长期性能的研究。无线无源传感技术的另一类方法是基于接收信号的飞行时间（ToF）来追踪反射移动物体的距离变化[18-24]。但是，为了提取细粒度的 ToF 信息，需要非常大的带宽或专门设计的调频连续波（FMCW）信号。因此，这些技术无法在商用的 Wi-Fi 设备上实现，并且尚未研究其检测多个室内事件的能力。

最近，由于时间反演（TR）具有捕获不同 CSI 之间差异的能力，因此 TR 技术已被应用于室内环境中的无线事件检测[25]。该系统通过利用 CSI 中复数值的信息，在检测多个事件中达到了 96.9% 的精度，但该系统仍需要 125MHz 的传输带宽，而商用 Wi-Fi 无法支持这种传输。此外，也没有实验结果来评估其移动检测的准确性。同时，它缺乏由于居民活动造成的严重干扰的长期研究。

鉴于上述研究的局限性，我们开发一种新的室内监控系统，该系统不仅可以充分利用嵌入在多径信道中的信息，而且还支持在商用 Wi-Fi 设备中的简单实现，同时保持了较高的检测精度。为了实现此目标，我们提出了 TRIMS（基于 TR 的室内监视系统），它利用了从现有 Wi-Fi 设备中获得的 CSI 中的振幅和相位信息，成功地在 LOS 和 NLOS 检测场景下实时监视室内环境。特别值得一提的是，TRIMS 是在现有的 5.8GHz 频率、带宽为 40 MHz 的商用 Wi-Fi 设备上实现的，并且能够进行多事件检测和移动检测。此外，与前面提到的直接使用 TR 共振强度作为识别和定位的相似度评分的工作不同，TRIMS 采用 TRRS 的统计行为来区分不同的事件。本章给出 TRRS 的统计特征，并将其作为 TRIMS 的特征用于事件检测和移动监测。通过在具有居民活动的不同独户住宅中进行实验，来对其进行性能评价。结果表明，TRIMS 在监测不同的室内事件和检测室内移动的存在性方面具有较高的准确性。此外，在持续 2 周的长期测试中，TRIMS 的准确性保持在 95% 以上。

本章的主要观点概括如下：

1）为了充分利用 CSI 中的信息，需要同时考虑振幅和相位信息。此外，我们还探索了 TR 技术来捕获 CSI 中的差异，并使用 TRRS 来量化 CSI 样本之间的相似性。

2）本章首先研究了类内 TRRS 的统计模型。然后将推导出的类内 TRRS 统计模型作为智能无线电 TRIMS 的特征，以区分不同的室内事件。

3）在理论分析的基础上，将智能无线电 TRIMS 应用于室内环境监测，实现对不同事件的实时识别和移动的实时检测。TRIMS 是在普通 Wi-Fi 设备上实现的，并在真实家庭环境中进行了大量长期的实验评估。

7.2 准备工作

本节将讨论智能无线电系统，TRIMS 的理论基础。我们介绍并解释了 TR 空间的概念，其中每个室内事件都由一个不同的 TR 信号表示。此外，我们还推导了类内 TRRS 的统计特征，并将其用作 TRIMS 中事件检测器的特征。

7.2.1　时间反演共振

什么是 TR 技术？在丰富散射和反射环境中，无线信道实际上是包含室内环境特征的多径信道。TR 技术的发展可以追溯到 1957 年[26]，当时它被用来补偿图像传输中的延迟失真。后来，TR 技术扩展到声学[27-29]和电磁（EM）领域[30-34]。近年来，TR 被认为是一种新型的绿色无线通信系统的解决方案，并在文献［35］中提出了 TR 信号传输。

TR 信号传输包括两个阶段：信道探测阶段，发射机估计发射机与接收机之间的 CSI $h(t)$；数据传输阶段，TR 签名 $g(t)$ 与数据信号进行卷积并从发射机发送到接收机，发送出去的信号是 $h(t)$ 的时间反演和共轭版本。通过 TR 信号传输，在多径信道中充分收集能量并将其集中在预定位置，从而产生时空共振。在物理学中，时空共振是电磁（EM）场响应环境共振的结果。因此，强 TR 共振表明了传输的 TR 签名与其传播信道之间的匹配性。换句话说，TRRS 可以视为不同 CSI 之间的相似性度量。TR 技术已经在许多室内检测应用中得到了应用，包括室内定位[36]、室内人体识别[37]和生命体征监测[38]。

如图 6.2 所示，由于每个多径特征是由现实世界中的物理位置或室内事件唯一确定的，因此我们可以使用多径特征直接表示它们。此外，Wi-Fi 设备获取的 CSI 属于频域，即，CSI 以信道频响（CFR）的形式存在。在由信道冲激响应（CIR）表示的 CSI 时域中，TR 签名是 CIR $h(t)$ 的时间反演和共轭版本，即 $g(t)=h^*(-t)$。因此，在频域中，CFR $\boldsymbol{h}$ 对应的 TR 签名 $\boldsymbol{g}$ 由下式给出：$\boldsymbol{g}=F\{g(t)\}=F\{h^*(-t)\}=\boldsymbol{h}^*$。借助 TR 空间，通过 TRRS 来量化与不同的多径特征（也称为 CFR）相关联的两个物理事件或位置之间的相似性，其定义如下。

定义：将两个 CFR $\boldsymbol{h}_1$ 和 $\boldsymbol{h}_2$ 之间的 TR 时空共振强度（TRRS）TR（$\boldsymbol{h}_1,\boldsymbol{h}_2$）定义为

$$\mathrm{TR}(\boldsymbol{h}_1,\boldsymbol{h}_2)=\frac{\left|\sum_k g_1^*[k]g_2[k]\right|^2}{\left(\sum_{l=0}^{L-1}\left|g_1[l]\right|^2\right)\left(\sum_{l=0}^{L-1}\left|g_2[l]\right|^2\right)}=\frac{\left|\sum_k h_1[k]h_2^*[k]\right|^2}{\left(\sum_{l=0}^{L-1}\left|h_1[l]\right|^2\right)\left(\sum_{l=0}^{L-1}\left|h_2[l]\right|^2\right)} \tag{7.1}$$

式中，L 为 CFR 向量的长度，k 为子载波序号，$(\cdot)^*$ 表示取共轭。

TRRS 越高，两个 CFR 越相似。当两个 CFR 之间的 TRRS 值超过一定值时，可以将两者视为相同的物理位置或室内事件。文献［39-40］将室内物理位置映射到 TR 空间的逻辑位置，提出并实现了一种厘米级精度的室内定位系统。TR 技术已应用于室内无源射频检测系统，这些系统能够实现室内事件的检测和高精度的人员识别[25, 37]。

在本章中，我们利用无线信道中嵌入的室内活动和事件信息，采用 TR 技术，提出了一种利用商用 Wi-Fi 设备实时检测室内活动和人体移动的室内监控系统。与前面提到的直接使用 TRRS

的工作不同，本系统是基于 TRRS 的统计数据来对不同的多径特征进行分类，从而达到监测室内环境的目的。下面将讨论这些细节。

7.2.2　TRRS 的统计特征

基于信道平稳性假设，如果在同一室内多径传播环境中测量到 CFR $\boldsymbol{h}_0$ 和 $\boldsymbol{h}_1$，则可以将 $\boldsymbol{h}_1$ 建模为

$$\boldsymbol{h}_1=\boldsymbol{h}_0+\boldsymbol{n} \tag{7.2}$$

式中，$\boldsymbol{n}$ 是高斯噪声向量，$\boldsymbol{n}\sim\mathbb{CN}\left(0,\frac{\sigma^2}{L}\mathrm{II}\right)$，且 $\mathrm{E}\left[\|\boldsymbol{n}\|^2\right]=\sigma^2$，$\|\cdot\|^2$ 表示向量的 L2 范数。

在不失一般性的前提下，我们假设单位信道增益为 $\boldsymbol{h}_0$，即 $\|\boldsymbol{h}_0\|^2=1$，则 7.2.1 节定义的 $\boldsymbol{h}_0$ 和 $\boldsymbol{h}_1$ 之间的 TRRS 可计算为

$$\mathrm{TR}(\boldsymbol{h}_0,\boldsymbol{h}_1)=\frac{\left|\sum_k h_0^*[k]\left(h_0[k]+n[k]\right)\right|^2}{\|\boldsymbol{h}_0\|^2\|\boldsymbol{h}_0+\boldsymbol{n}\|^2}=\frac{\left|1+\boldsymbol{h}_0^{\mathrm{H}}\boldsymbol{n}\right|^2}{\|\boldsymbol{h}_0+\boldsymbol{n}\|^2} \tag{7.3}$$

式中，$(\cdot)^{\mathrm{H}}$ 为厄米算符，即转置和共轭。

在式（7.3）的基础上，我们引入一个新的度量 γ，其定义如下。

$$\gamma=1-\mathrm{TR}(\boldsymbol{h}_0,\boldsymbol{h}_1)=1-\frac{\left|1+\boldsymbol{h}_0^{\mathrm{H}}\boldsymbol{n}\right|^2}{\|\boldsymbol{h}_0+\boldsymbol{n}\|^2}=\frac{\|\boldsymbol{n}\|^2-\left|\boldsymbol{h}_0^{\mathrm{H}}\boldsymbol{n}\right|^2}{\|\boldsymbol{h}_0+\boldsymbol{n}\|^2} \tag{7.4}$$

根据柯西 - 施瓦茨不等式，我们可得 $\left|\boldsymbol{h}^{\mathrm{H}}\boldsymbol{n}\right|^2\leqslant\|\boldsymbol{n}\|^2\|\boldsymbol{h}_0\|^2$，当且仅当 $\boldsymbol{n}$ 是 $\boldsymbol{h}_0$ 的一个乘数时等式成立，这种情况很少发生，因为 $\boldsymbol{n}$ 是一个高斯随机向量，而 $\boldsymbol{h}_0$ 是确定的。因此，我们可以假设给定 $\|\boldsymbol{h}_0\|^2=1$ 时，$\|\boldsymbol{n}\|^2>\left|\boldsymbol{h}_0^{\mathrm{H}}\boldsymbol{n}\right|^2$，则 $\gamma>0$。

对式（7.4）两边取对数，得到

$$\ln(\gamma)=\ln\left(\|\boldsymbol{n}\|^2-\left|\boldsymbol{h}_0^{\mathrm{H}}\boldsymbol{n}\right|^2\right)-\ln\left(\|\boldsymbol{h}_0+\boldsymbol{n}\|^2\right) \tag{7.5}$$

令 $X=\frac{2L}{\sigma^2}\|\boldsymbol{n}\|^2$、$Y=\frac{2L}{\sigma^2}\left|\boldsymbol{h}_0^{\mathrm{H}}\boldsymbol{n}\right|^2$ 和 $Z=\frac{2L}{\sigma^2}\|\boldsymbol{h}_0+\boldsymbol{n}\|^2$。易证 $X\sim\chi^2(2L)$、$Y\sim\chi^2(2)$ 和 $Z\sim\chi'^2_{2L}\left(\frac{2L}{\sigma^2}\right)$。在此，$\chi^2(k)$ 表示有 k 个自由度的卡方分布，且 $\chi'^2_k(\mu)$ 代表有 k 个自由度和非中心参数为 μ 的非中心卡方分布。利用 X、Y、Z 的统计量，我们可以得到如下性质：

$$\begin{aligned}&\mathrm{E}\left[\|\boldsymbol{n}\|^2\right]=\sigma^2,\ \mathrm{Var}\left[\|\boldsymbol{n}\|^2\right]=\frac{\sigma^4}{L}\\&\mathrm{E}\left[\left|\boldsymbol{h}_0^{\mathrm{H}}\boldsymbol{n}\right|^2\right]=\frac{\sigma^2}{L},\ \mathrm{Var}\left[\left|\boldsymbol{h}_0^{\mathrm{H}}\boldsymbol{n}\right|^2\right]=\frac{\sigma^4}{L^2}\\&\mathrm{E}\left[\|\boldsymbol{h}_0+\boldsymbol{n}\|^2\right]=1+\sigma^2,\ \mathrm{Var}\left[\|\boldsymbol{h}_0+\boldsymbol{n}\|^2\right]=\frac{\sigma^4+2\sigma^2}{L}\end{aligned} \tag{7.6}$$

式中，$\mathrm{E}[\cdot]$ 表示期望，$\mathrm{Var}[\cdot]$ 表示方差。

根据式（7.6），有理由建立以下近似：$\left|\boldsymbol{h}_0^{\mathrm{H}}\boldsymbol{n}\right|^2 \simeq \frac{\sigma^2}{L}$，该近似的均方误差 $\mathrm{Var}\left[\left|\boldsymbol{h}_0^{\mathrm{H}}\boldsymbol{n}\right|^2\right]=\frac{\sigma^4}{L^2}$。在一个典型的 OFDM 系统中，$\sigma^4$ 归一化后其振幅通常小于 10^{-4}，而 L^2 约为 10^4，因此有 $\mathrm{Var}\left[\left|\boldsymbol{h}_0^{\mathrm{H}}\boldsymbol{n}\right|^2\right]=\frac{\sigma^4}{L^2}\to 0$。然后，将 $\frac{\sigma^2}{L}$ 代替 $\left|\boldsymbol{h}_0^{\mathrm{H}}\boldsymbol{n}\right|^2$，式（7.5）变为

$$\begin{aligned}\ln(\gamma) &\simeq \ln\left(\frac{\sigma^2}{2L}X-\frac{\sigma^2}{L}\right)-\ln\left(\frac{\sigma^2}{2L}Z\right)\\ &=\ln(\sigma^2)+\ln\left(\frac{1}{2L}X-\frac{1}{L}\right)-\ln\left(\frac{\sigma^2}{2L}Z\right)\end{aligned} \tag{7.7}$$

此外，考虑到在实际 OFDM 系统中 $L>100$ 且 $\sigma^2<10^{-2}$，$\frac{1}{2L}X-\frac{1}{L}\to 1$，其均方误差为 $\frac{1}{L^2}+\frac{1}{L}$，近似于 0。类似地，容易推导出 $\frac{\sigma^2}{2L}Z\to 1$。利用对数的线性近似，即当 $x\to 0$ 时有 $\ln(x+1)\simeq x$，当 $\frac{1}{2L}X-\frac{1}{L}\to 1$ 和 $\frac{\sigma^2}{2L}Z\to 1$ 时，式（7.7）可近似为

$$\begin{aligned}\ln(\gamma) &\simeq \ln(\sigma^2)+\left(\frac{1}{2L}X-\frac{1}{L}-1\right)-\left(\frac{\sigma^2}{2L}Z-1\right)\\ &=\ln(\sigma^2)-\frac{1}{L}+\frac{1}{2L}(X-\sigma^2 Z)\end{aligned} \tag{7.8}$$

参照 X 和 Z 的定义，式（7.8）中的最后一项可以改写为

$$X-\sigma^2 Z=\frac{2L}{\sigma^2}\|\boldsymbol{n}\|^2+2L\|\boldsymbol{h}_0+\boldsymbol{n}\|^2=\sum_{i=1}^{2L}W_i$$

式中，W_i 的定义为

$$W_i=\begin{cases} w_i^2-\left(\sqrt{2L}\Re\{h_0[k]\}+\sigma w_i\right)^2，当 i=2k\\ w_i^2-\left(\sqrt{2L}\Im\{h_0[k]\}+\sigma w_i\right)^2，当 i=2k-1\end{cases} \tag{7.9}$$

式中，w_i 独立同分布（i.i.d），且 $w_i\sim\mathcal{N}(0,1)$，对任意 i，$\Re\{\cdot\}$ 表示取复数实部的函数，$\Im\{\cdot\}$ 表示取复数虚部的函数。根据 w_i 的统计特征，得到 W_i 的均值和方差如式（7.10）和式（7.11）所示。

$$\mathrm{E}[W_i]=\begin{cases}1-2L\Re\{h_0[k]\}^2-\sigma^2，当 i=2k\\ 1-2L\Im\{h_0[k]\}^2-\sigma^2，当 i=2k-1\end{cases} \tag{7.10}$$

和

$$\mathrm{Var}[W_i]=\begin{cases}2\left(1+\sigma^4+\left(2L\Re\{h_0[k]\}^2-1\right)\sigma^2\right)，当 i=2k\\ 2\left(1+\sigma^4+\left(2L\Im\{h_0[k]\}^2-1\right)\sigma^2\right)，当 i=2k-1\end{cases} \tag{7.11}$$

在典型的 OFDM 系统中，$L>100$，根据中心极限定理，$\sum_{i}^{2L} W_i$ 将表现出渐近性。因此，我们定义了一个新的正态分布变量 S_{2L} 如下。

$$S_{2L}=\frac{\sum_{i}^{2L} W_i+2L\sigma^2}{\sqrt{4L\left(1+\sigma^4\right)}}\sim\mathcal{N}\left(0,1\right) \tag{7.12}$$

将式（7.12）代入式（7.9），得到 γ 的统计分布如下。

$$\begin{aligned}\ln\left(\gamma\right)&\simeq\ln\left(\sigma^2\right)-\frac{1}{L}+\frac{1}{2L}\sum_{i=1}^{2L}W_i\\&=\ln\left(\sigma^2\right)-\frac{1}{L}-\sigma^2+\frac{\sqrt{4L\left(1+\sigma^4\right)}}{2L}S_{2L}\\&\sim\mathcal{N}\left(\ln\left(\sigma^2\right)-\frac{1}{L}-\sigma^2,\ \frac{1+\sigma^4}{L}\right)\end{aligned} \tag{7.13}$$

因此，度量 γ，即 $1-\mathrm{TR}\left(\boldsymbol{h}_0,\boldsymbol{h}_1\right)$ 服从对数正态分布，其中位置参数 $\mu_{\text{logn}}=\ln(\sigma^2)-\frac{1}{L}-\sigma^2$，标度参数 $\sigma_{\text{logn}}=\sqrt{\frac{1+\sigma^4}{L}}$。

我们对实测的 CSI 样本和式（7.2）中模型生成的 CSI 样本进行拟合，由此对上述推导出的统计模型进行验证，如图 7.2 所示。首先，我们采用 Kolmogorov-Smirnov 检验（K-S 检验）来定量评估推导出的对数正态分布模型在实际 CSI 测量中的准确性。K-S 检验的评分记为 D，D 表示经验累积分布函数（E-CDF）与对数正态累积分布函数（CDF）的差值。如图 7.2a 和图 7.2b 所示，与正态分布相比，对数正态分布更适合对从真实世界获取的 CSI 样本进行建模。此外，通过研究参数估计的均方差与信噪比（SNR）（即以 dB 为单位的 σ^{-1}）之间的关系，进一步研究了在模拟 CSI 样本上推导出的对数正态分布模型。如图 7.2c 所示，就对数正态分布的参数估计而言，推导出的模型是准确的，均方差几乎为零，尤其是在 SNR 较高的情况下。

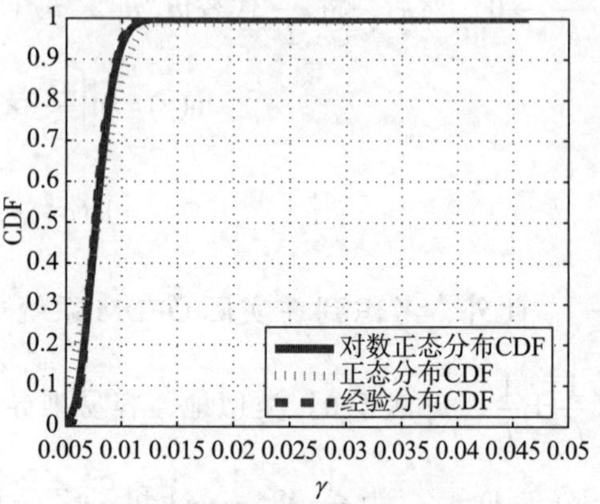

a）500个真实CSI测量值的分布拟合

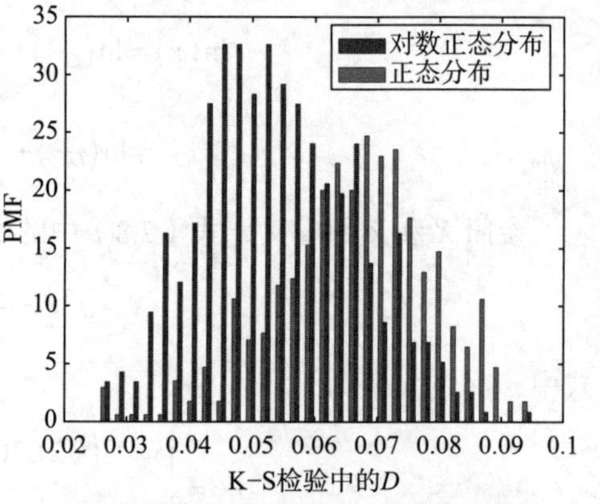

b）500个真实CSI测量的K-S检验值的直方图

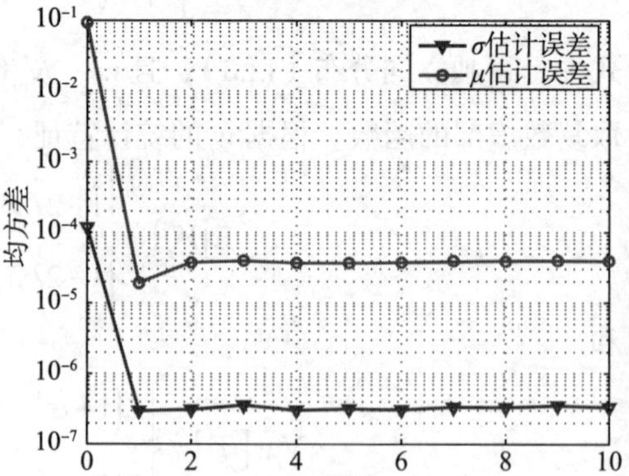

c）模拟CFR的对数正态参数估计的均方差

图 7.2　推导的统计模型的评估示例

7.3　TRIMS 的设计

智能系统最近变得很流行，因为通过学习，它们能够像人类一样理解一个对象甚至世界。例如，研究人员已经花了几十年的时间研究计算机视觉或机器视觉系统，以实现对数字图像和视频高层次的理解，可以与人类的视觉系统相比，甚至更好。

Wi-Fi 能感知室内环境吗？为了回答这个问题，在本章中，我们讨论了一个智能室内监控系统 TRIMS，它利用 TR 技术实现了商用 Wi-Fi 设备对室内的实时监控。这种新型的室内监控系统由以下几个部分组成。

1）事件检测器：TRIMS 中包含一个事件检测器，其目的是感知被监视的环境并对特定的事件进行识别。本文提出的 TRIMS 事件检测器依靠 TR 技术来评估各种室内事件之间的差异性和相似性。离线训练阶段，学习训练事件的 CSI 和相应的统计量；在线测试阶段，TRIMS 事件检测器实时报告训练事件的发生情况。详细内容见 7.3.1 节。

2）移动检测器：TRIMS 不仅具有检测训练事件发生情况的功能，还具有检测环境动态的功能，例如检测保护区内的移动。本章提出的移动检测器利用 TRRS 值在一个时间窗内的波动来指示环境动态，并且在训练阶段为每个环境自动调整灵敏度。我们将在 7.3.2 节中详细介绍 TRIMS 中的移动检测器。

7.3.1　TRIMS：事件检测器

利用 7.2 节讨论的基本理论和技术，我们在 TRIMS 中设计了一个实时事件检测模块，利用 CSI 之间的 TRRS 统计数据作为室内环境分类和识别不同室内事件的度量。在本节中，将介绍基于统计的事件检测器的详细信息，图 7.3 展示了事件检测器的工作原理。细节将在下面讨论。

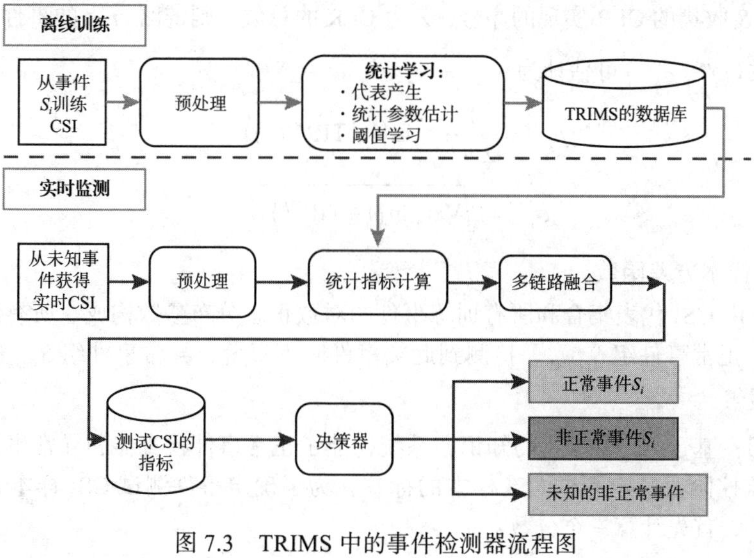

图 7.3　TRIMS 中的事件检测器流程图

7.3.1.1　离线训练阶段

在离线训练阶段，该系统的目标是建立一个数据库，对于每个训练事件，存储类内 CSI 和典型 CSI 样本之间的 TRRS 的对数正态统计量。

具体来说，对于每个室内事件 $S_i \in \mathcal{S}$（$\mathcal{S}$ 是需要监测的室内事件的集合），其相应的 CFR 通过信道探测获得，并在接收端估算为

$$\boldsymbol{H}_i = \left[\boldsymbol{h}_i^{(1)}, \boldsymbol{h}_i^{(2)}, \cdots, \boldsymbol{h}_i^{(M)}\right], i = 1, 2, \cdots, N \tag{7.14}$$

式中，N 为 $\mathcal{S}$ 的大小，即事件的数量，M 是发射机和接收机之间的链路数。每个链路表示单个 TX-RX 天线对之间的信道。$\boldsymbol{H}_i$ 的维数是 $L \times M$，L 是在无线 OFDM 系统中工作的子载波数。可以通过以下步骤估计类内 TRRS 的统计值。

- **预处理：**采用相位消噪算法对载频偏移（CFO）、采样频率偏移（SFO）和符号定时偏移（STO）引入的相位偏移进行补偿。
- **CSI 代表的产生：**对于每个链路 m，为训练集中的每一个室内事件 S_i 找到一个 CSI 代表。CSI 代表是事件 S_i 在链路 m 上与其他 CFR 最相似的 CFR。具体地，为了定量评估相似度，首先收集室内事件 S_i 在链路 m 上的 CFR，并计算它们两两之间的 TRRS。然后事件 S_i 在链路 m 上的 CSI 代表就是同类中与其他大多数 CSI 样本最相似的代表。$\boldsymbol{H}_{rep,i}$ 是事件 S_i 在所有链路上 CSI 代表的集合，定义如下：

$$\boldsymbol{H}_{rep,i} = \left[\boldsymbol{h}_{rep,i}^{(1)}, \boldsymbol{h}_{rep,i}^{(2)}, \cdots, \boldsymbol{h}_{rep,i}^{(M)}\right], \forall i \tag{7.15}$$

- **对数正态参数估计：**选择好了 CSI 代表后，就可以从类内的 TRRS 中估计对数正态分布参数。对于链路 m 和事件 S_i，CSI 代表 $\boldsymbol{h}_{rep,i}^{(m)}$ 和所有其他实现 $\boldsymbol{h}_i^{(m)}(n)$ 之间的 TRRS，对任意 n，可用式（7.1）计算并表示为

$$\mathrm{TR}_i^{(m)}(n) = \mathrm{TR}\left(\boldsymbol{h}_{rep,i}^{(m)}, \boldsymbol{h}_i^{(m)}(n)\right), \quad n = 1, 2, \cdots, Z-1 \tag{7.16}$$

式中，n 为事件 S_i 收集的 CFR 实现的序号，Z 为 CFR 的总数，则链路 m 上的事件 S_i 的 $\gamma=1-\mathrm{TR}_i^{(m)}$ 的对数正态参数 $\left(\mu_i^{(m)}, \sigma_i^{(m)}\right)$ 可估计为

$$\mu_i^{(m)} = \frac{1}{Z-1}\sum_{n=1}^{Z-1}\ln\left(1-\mathrm{TR}_i^{(m)}(n)\right) \tag{7.17}$$

$$\sigma_i^{(m)} = \sqrt{\mathrm{Var}\left[\ln\left(1-\mathrm{TR}_i^{(m)}\right)\right]} \tag{7.18}$$

式中，$\mathrm{Var}[\cdot]$ 为样本方差函数。

训练数据库由 CSI 代表集合和所有训练事件的对数正态分布参数构成。所有经过训练的事件可以分为两组：正常事件组 S_{normal}，检测到此类事件时不报警；异常事件组 S_{abnormal}，检测到此类事件时向用户报警。

- **阈值学习：**基于 $\mathbb{H}_{\text{rep}}$ 和 $\mathbb{Q}_{\text{rep}}$ 的知识，系统构建了正常事件检查器和异常事件检查器，通过它们在监控阶段确定测试 CSI 样本的标签。为了确定事件测试 CSI 样本 $\boldsymbol{H}_{\text{test}}$ 是否属于一个事件 S_i，首先计算一个分数：

$$\mathcal{W}_{i,\text{ test}} = \prod_{m=1}^{M}\mathcal{W}_{i,\text{ test}}^{(m)} = \prod_{m=1}^{M}F_{\left(\mu_i^{(m)}, \sigma_i^{(m)}\right)}\left(1-\mathrm{TR}_{i,\text{ test}}^{(m)}\right) \tag{7.19}$$

式中，$\mathrm{TR}_{i,\text{ test}}^{(m)} = \mathrm{TR}\left(\boldsymbol{h}_{\text{rep},i}^{(m)}, \boldsymbol{h}_{\text{test}}^{(m)}\right)$. $\mathcal{W}_{i,\text{ test}}^{(m)}$ 是 $\boldsymbol{H}_{\text{test}}$ 以事件 S_i 为条件，在链路 m 上的统计指标，定义为带

有参数 $\mu_i^{(m)}$ 和 $\sigma_i^{(m)}$ 的 $1-\mathrm{TR}_{i,\text{ test}}^{(m)}$ 的对数正态累积分布函数（CDF）的值。运算 $\prod_{m=1}^{M}(\cdot)$ 融合了所有链路之间的信息。$F_{(\mu,\sigma)}(x)$ 表示参数 $(\mu,\ \sigma)$ 和变量 x 的对数正态分布的 CDF。

$\mathcal{W}_{i,\text{test}}^{(m)}$ 值越小，$\boldsymbol{H}_{\text{test}}$ 属于事件 S_i 的概率越大。正常事件检查器和异常事件检查器需要两个阈值 γ_{normal} 和 γ_{abnormal} 来定义度量值 $\mathcal{W}_{i,j}$ 的边界。因此，当 $\mathcal{W}_{i,\text{test}}$ 的值低于阈值 γ_{normal} 或 γ_{abnormal} 时，$\boldsymbol{H}_{\text{test}}$ 被视为来自事件 S_i。因此，为了正确区分不同的事件，需要基于指标 $\mathcal{W}_{i,\text{test}}$ 仔细地学习 γ_{normal} 和 γ_{abnormal}，其中，在训练阶段 $\boldsymbol{H}_{rep,j}$ 取代了 $\boldsymbol{H}_{\text{test}}$。选择 γ_{normal} 和 γ_{abnormal} 标准如下：

$$\begin{aligned}\gamma_{\text{normal}} &= \min_{S_i\in\mathcal{S}_{\text{normal}},\ S_j\in\mathcal{S}_{\text{abnormal}}} \mathcal{W}_{i,j}\\ \gamma_{\text{abnormal}} &= \min_{S_i\in\mathcal{S}_{\text{abnormal}},\ S_j\in\mathcal{S},\ S_j\neq S_i} \mathcal{W}_{i,j}\end{aligned} \tag{7.20}$$

7.3.1.2　在线测试阶段

基于统计的事件检测器旨在利用训练数据库知识来实时识别室内事件。一旦检测到已训练事件的发生，系统将基于该事件的特征发出警报。如果检测到未经训练的事件，系统还将通知用户相关情况。详细讨论如下。

在测试阶段，接收机通过采集 CSI 作为 $\boldsymbol{H}_{\text{test}}=\left[\boldsymbol{h}_{\text{test}}^{(1)},\boldsymbol{h}_{\text{test}}^{(2)},\cdots,\boldsymbol{h}_{\text{test}}^{(m)}\right]$ 来持续监测环境。

- **统计度量计算**：由于接收到的 CSI 测量值 $\boldsymbol{H}_{\text{test}}$ 被随机相位偏移损坏，因此采用相位消噪算法消除相位噪声。然后，对于每个经过训练的室内事件，都会计算 CSI 代表与测试度量之间的 TRRS。给定测试 CSI 样本与训练事件之间的 TRRS，使用式（7.19）计算 $\boldsymbol{H}_{\text{test}}$ 与训练事件 S_i 之间的统计度量 $W_{i,\text{ test}}$。
- **决策**：统计度量 $\mathcal{W}_{i,\text{test}}^{(m)}$ 是 $\mathrm{TR}_{i,\text{test}}^{(m)}$ 的单调函数，它描述了测试 CSI 样本与事件 S_i 的 CSI 代表之间的相似性。也就是说，这两个 CSI 样本之间越相似，$W_{i,\text{ test}}$ 越小。基于 $W_{i,\text{ test}}$ 的详细决策过程如下。

（i）步骤 1　正常事件检查：

首先，事件检测器检查环境是否正常，即根据下面的规则，判断 S_{normal} 中是否只有一个正常的事件发生。

$$D_{\text{event}}=\begin{cases}\arg\min\limits_{S_i\in\mathcal{S}_{\text{normal}}}\mathcal{W}_{i,\text{ test}}, & \min\limits_{S_i\in\mathcal{S}_{\text{normal}}}\mathcal{W}_{i,\text{ test}}\leqslant\gamma_{\text{normal}}\\ \text{跳到步骤 2}, & \text{其他}\end{cases} \tag{7.21}$$

（ii）步骤 2　异常事件检查：

采用以下规则来确定在 S_{abnormal} 中发生了哪些训练异常事件：

$$D_{\text{event}}=\begin{cases}\arg\min\limits_{S_i\in\mathcal{S}_{\text{abnormal}}}\mathcal{W}_{i,\text{ test}}, & \min\limits_{S_i\in\mathcal{S}_{\text{abnormal}}}\mathcal{W}_{i,\text{ test}}\leqslant\gamma_{\text{abnormal}}\\ 0, & \text{其他}\end{cases} \tag{7.22}$$

式中，$D_{\text{event}}=0$ 表示发生了一些未经训练的事件。

综上所述，事件检测器通过以下规则将 CSI 样本 $\boldsymbol{H}_{\text{test}}$ 标记为：

$$D_{\text{event}}=\begin{cases}\arg\min\limits_{S_i\in S_{\text{normal}}}\mathcal{W}_{i,\text{test}}, & \min\limits_{S_i\in S_{\text{normal}}}\mathcal{W}_{i,\text{test}}\leqslant\gamma_{\text{normal}}\\ \arg\min\limits_{S_i\in S_{\text{abnormal}}}\mathcal{W}_{i,\text{test}}, & \min\limits_{S_i\in S_{\text{normal}}}\mathcal{W}_{i,\text{test}}>\gamma_{\text{normal}}\text{且}\min\limits_{S_i\in S_{\text{abnormal}}}\mathcal{W}_{i,\text{test}}\leqslant\gamma_{\text{abnormal}}\\ 0, & \text{其他}\end{cases}\tag{7.23}$$

7.3.2 TRIMS：移动检测器

TRIMS 不仅旨在确定发生了哪些训练过的室内事件，而且还可以通过 TRIMS 中提供的移动检测器检测环境是否发生了动态事件。

移动总会引起无线传播环境的波动，导致在一个时间窗内 CSI 样本间的 TRRS 发生显著变化。相对于信道时延和噪声所带来的影响，移动所带来的影响更大，特别是当移动发生在发射机或接收机附近时。在这一部分中，我们考虑一个移动检测器，它使用一个观测窗内 CSI 样本间的 TRRS 的方差作为室内动态的度量。该移动检测器由离线训练和实时监测两部分组成。所提出的移动检测器的流程图如图 7.4 所示。

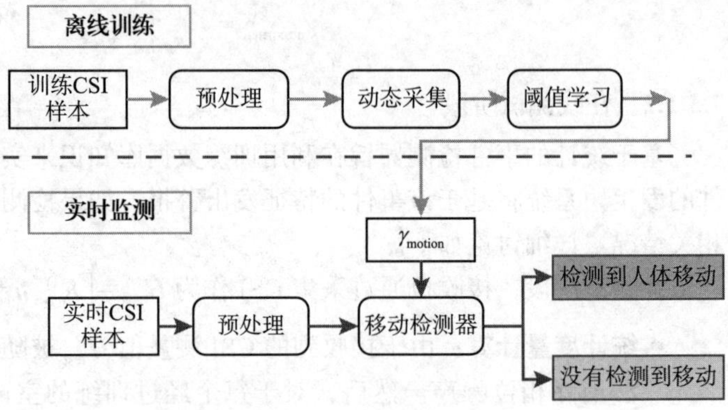

图 7.4　TRIMS 中的移动检测器流程图

7.3.2.1　第一阶段：离线训练

在训练阶段，对所提出的移动检测器进行动态训练，通过 TRRS 时间序列的方差进行测量，测量环境包括室内的静态环境和具有移动的动态环境，具体步骤如下。

- **数据采集**：首先，将室内环境状态分为两类：S_1，环境是静态的，以及 S_0，在监控区域内有一些移动发生。对于这两类，实时连续采集 CSI，即 $\boldsymbol{H}_i(t)=[\boldsymbol{h}_i^{(1)}(t),\boldsymbol{h}_i^{(2)}(t),\cdots,\boldsymbol{h}_i^{(M)}(t)]$，其中 $\boldsymbol{H}_0(t)$ 为环境为静态时采集的数据，$\boldsymbol{H}_1(t)$ 为环境为动态时采集的数据。t 是 CFR 的采集时刻。在学习动态特性之前，应分别独立地补偿 CFR 中的相位偏移。
- **动态采集**：在获得静态 S_0 和动态 S_1 下 CFR 测量的时间序列后，通过追踪一个时间窗口内 TRRS 的方差来评估环境动态。

为了研究 $S_i, i=0,1$ 两种状态下的方差，我们对 $\boldsymbol{H}_i(t)$ 的时间序列应用了一个长度为 W 的样本和重叠为 $W-1$ 的滑动窗口。例如，在长度为 W 的窗口中，存储从 $\boldsymbol{H}_i(t_0)$ 到 $\boldsymbol{H}_i\left(t_0+(W-1)*T_s\right)$ 的 CFR，其中 T_s 是信道探测间隔。在每个窗口中，t_0 和 $t_0+(W-1)*T_s$ 之间对应的 TRRS 序列表示为 $\text{TR}(\boldsymbol{H}_i(t_0),\boldsymbol{H}_i(t))$，$t_0\leqslant t\leqslant t_0+(W-1)*T_s$，其计算方法如下。

$$\text{TR}\left(\boldsymbol{H}_i(t_0),\boldsymbol{H}_i(t)\right)=\frac{\sum\limits_{m=1}^{M}\text{TR}\left(\boldsymbol{h}_i^{(m)}(t_0),\boldsymbol{h}_i^{(m)}(t)\right)}{M}\tag{7.24}$$

然后，时间窗内的动态用 $\text{TR}(\boldsymbol{H}_i(t_0),\boldsymbol{H}_i(t))$，$t_0\leqslant t\leqslant t_0+(W-1)*T_s$ 的方差进行定量评估，其方差记为 $\sigma_i(t_0), i=0,1$。为了有一个公平和全面的分析，需要在不同的时间捕获多个 $\sigma_i's, i=0,1$。

- **阈值学习**：动态采集后得到了 σ_0 和 σ_i 的多个实例，采用如下方法计算区分 S_0 和 S_1 的阈值 γ_{motion}

$$\gamma_{\text{motion}}=\begin{cases}\alpha\max_t\ \sigma_0(t)+(1-\alpha)\overline{\sigma_1(t)},\ \max_t\ \sigma_0(t)\leqslant\ \overline{\sigma_1(t)}\\ \max_t\ \sigma_0(t),\text{其他}\end{cases}\tag{7.25}$$

式中，$\overline{\sigma_1(t)}$ 表示不同时刻捕获的多个 $\sigma_1's$ 的平均值。α, $0\leqslant\alpha\leqslant1$ 是移动检测的灵敏度系数，移动检测器的灵敏度随着 α 的减小而增大。

7.3.2.2　第二阶段：在线测试

在在线测试阶段，通过比较实时 TRRS 与 γ_{motion} 的差异来追踪环境中的动态：

$$D_{\text{motion}}(t_0)=\begin{cases}1,\sigma_{\text{test}}(t_0)\geqslant\gamma_{\text{motion}}\\0,\ \text{其他}\end{cases}\tag{7.26}$$

式中，$\sigma_{\text{test}}(t_0)$ 是在时刻 t_0 处长度为 W 且重叠为 $W-1$ 的窗口内，测试 TRRS 样本序列的方差。$D_{\text{motion}}(t_0)$=1 表示有移动存在，即有人在监控区域内移动，而 $D_{\text{motion}}(t_0)$=0 表示环境是静态的。

7.3.3　TRIMS：时间分集平滑

在真实的环境中，存在着无线传输和外部活动中的噪声，并且这些噪声会影响 CSI 的估计，导致 TRIMS 的事件检测器和移动检测器出现误检或误报。然而，通过利用这些干扰通常是稀疏和突然的这一事实，本章考虑了一种基于时间分集的平滑方法来解决这个问题。

假设典型的室内事件持续几秒钟，则提出的时间分集平滑算法的基本思想是对每个测试 CSI 样本的决策进行多数投票。在事件检测器和移动检测器中，只有在短时间内一致的决策才会被接受。详情如下所示。

利用长度为 W、重叠长度为 O 的滑动窗口 SW，得到时刻 w 的决策 $D_{\text{out}}(w)$ 为

$$D_{\text{out}}(w)=\text{MV}\{D_{\text{in}}(1+(w-1)*O),\cdots,D_{\text{in}}(W+(w-1)*O)\}\tag{7.27}$$

式中，$D_{\text{in}}(w)$ 为 w 时刻的输入决策样本，$\text{MV}\{\cdot\}$ 为获得多数投票的算子。滑动窗口 SW 所引入的时间延迟一般为 $(W-O)\times T$，其中 T 为连续 D_{in} 样本之间的时间间隔。

例如，为了减少由外部活动导致的误报和提交给事件检测器的不完善 CSI 估计，我们采用了两级时间分集平滑技术。

（i）第一级：直接对每个 CSI 样本的原始决策 D_{motion} 应用多数投票。给定一个滑动窗口 SW_1，其长度为 W_1，重叠长度为 O_1，决策序号为 w，通过对 $D_{\text{event}}(i+(w-1)*O_1)$，$1\leqslant i\leqslant W_1$ 应用多数投票获得 $D_{\text{MV1}}(w)$。

（ii）第二级：对 $D_{\text{MV1}}(w)$ 应用长度为 W_2、重叠长度为 O_2 的第二级滑动窗口 SW_2。最后，最终的决策输出是 $D_{\text{final}}(w)$。系统时延为 $(W_2-O_2)\times(W_1-O_1)\times T_s$。

7.4　实验

为了评估所提出的 TRIMS 在室内监控中的可行性和性能，我们在商用 Wi-Fi 设备上构建

了一个原型系统，在 IEEE 802.11n 标准下，以 5.845GHz 载波频率进行 3×3 多输入多输出（MIMO）传输。根据 IEEE 802.11n 标准，2.4GHz 频段和 5GHz 频段都支持 40MHz 带宽，这两个频段的 CSI 应该具有相同的分辨率。因此，利用获得的 CSI，本系统在 2.4GHz 的检测性能应该与 5.8GHz 相近。在原型系统中，CSI 是从高通网络接口卡（NIC）中提取的，并由复数值矩阵组成，CSI 适用于所有九个链路上的可访问子载波。我们使用一对收发设备在如下两个真实的室内环境中进行了大量的实验：具有正常居住活动的 1 号房子和 2 号房子，其平面图如图 7.5a 和图 7.5b 所示。发射机和接收机的位置均标记在平面图上。

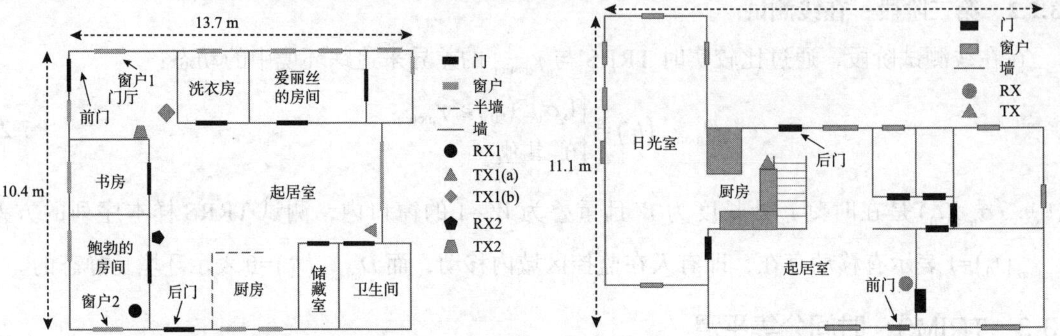

a）1号房子平面图　　　　b）2号房子平面图

图 7.5　TRIMS 的实验设置

7.4.1　TRIMS：事件检测器实验

我们从 TRIMS 中事件检测器的性能研究开始，并在上述两个设施中进行了实验。为了了解类内 TRRS 的统计值，对于每个室内传播环境应至少需要 300 个 CFR 测量数据。训练阶段 CSI 测量速率为 100Hz，在实时监测阶段 TRIMS 中事件检测器的 CSI 测量速率为 30Hz。考虑到每秒采集 30 个 CSI 样本，因此在事件检测器上采用两级时间分集算法，其中 W_1=15，O_1=14，W_2=45，O_2=15。

7.4.1.1　TX-RX 位置研究

正如前面几节所讨论的，所提出的事件检测器旨在利用 TR 技术捕捉 CSI 中的变化来检测室内事件。不同的事件会带来不同的变化，这不仅取决于每个室内事件的特性，还取决于事件位置到收发机的距离。室内事件的距离越近，它带来的影响越大。因此。研究 TX 和 RX 的位置如何影响事件检测器的性能是至关重要的。

在房子 1 中，我们研究了 TX-RX 位置对事件检测中 TRIMS 性能的影响，表 7.1 列出了检测事件，在图 7.5a 中，TX 和 RX 的候选位置被标记为“TX1”和“RX1”。接收机固定在书房，而发射机则位于靠墙的门厅或卫生间外面。通过接收机工作特性（ROC）曲线来评估性能，其中 x 轴为事件 e_i 的误报率，即，其他事件被误分类为 e_i 的概率，y 轴为 e_i 的检出率。

如图 7.6a 所示，所提出的事件检测器无法区分 e1、e6、e7 的 CSI，因为在相同的检出率下，e1、e6、e7 的误报率极高。其

表 7.1　1 号房子中的检测事件

状态序号	说明
e1	关闭所有的门
e2	打开前门
e3	打开后门
e4	打开鲍勃房间的门
e5	打开书房的门
e6	打开爱丽丝房间的门
e7	打开卫生间的门
e8	打开窗子 1
e9	打开窗子 2

原因是 e6 和 e7 引入的无线多径信道的变化太小，所提出的事件检测器无法捕获。一个可能的原因是 e6 和 e7 事件远离 TX 和 RX，因为这两个设备都位于房子的前部。类似地，在图 7.6c 中，当 TX 放置在书房外时，即在房子的后面，距离 e2 和 e8 的事件太远，而 e9 在 TX 和 RX 之间的线段所定义的圆范围之外。因此，所提出的事件检测器在 e1、e2、e8 和 e9 上具有模糊性。

在这里，我们引入“目标事件”的概念，即所提出的事件检测器对目标事件具有完美的检测精度，如图 7.6b 和图 7.6d 所示。目标事件是那些满足经验法则的事件，根据经验法则，为了检测到它，给定 TX 和 RX 的位置，事件应该接近 TX-RX 路径，或者事件存在到 TX 或者 RX 其中一个设备的 LOS 路径。根据经验法则，目标事件能够以一种足够显著的方式改变 TX 和 RX 之间的 CSI。所提出的事件检测器对目标事件可以实现完美的 ROC 性能。

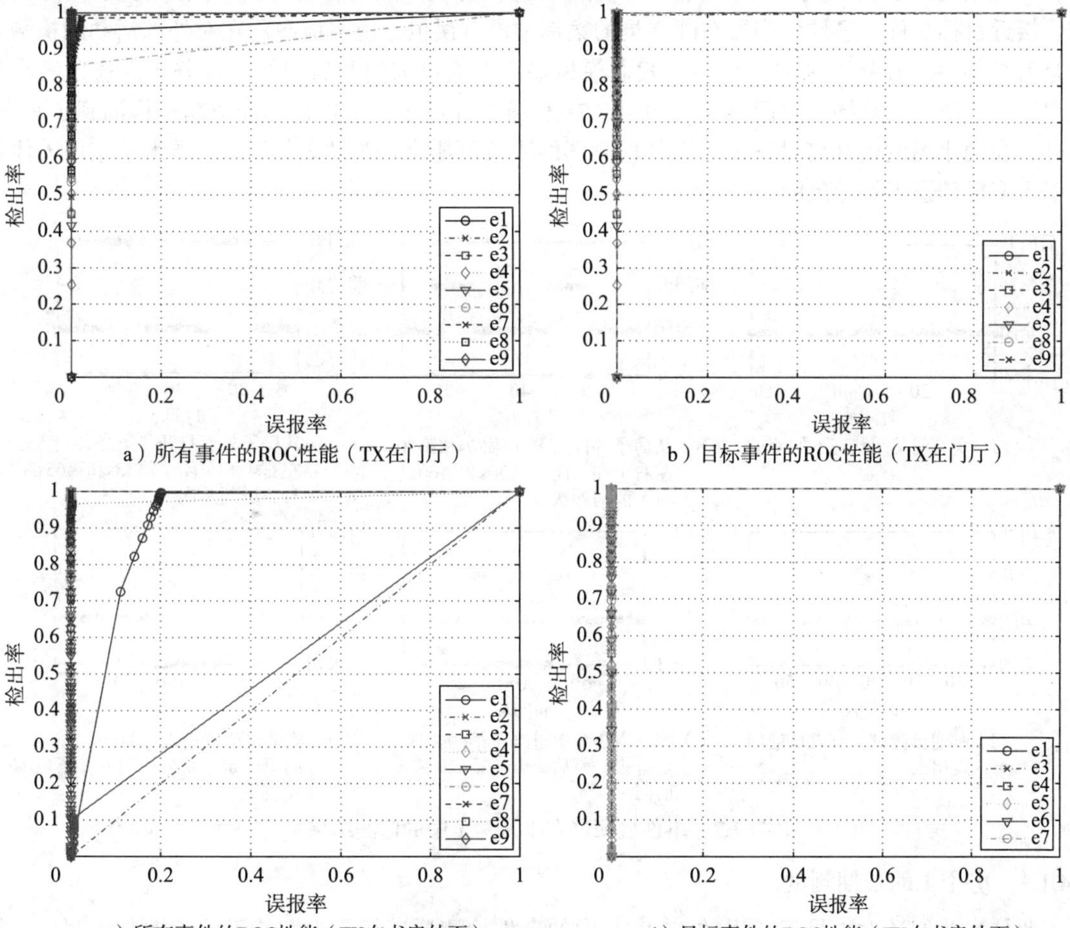

a）所有事件的ROC性能（TX在门厅）　b）目标事件的ROC性能（TX在门厅）

c）所有事件的ROC性能（TX在书房外面）　d）目标事件的ROC性能（TX在书房外面）

图 7.6　事件检测器的 ROC 性能

7.4.1.2　房子 1 的可行性测试

在这一部分，为了进一步研究 TRIMS 在实时事件监控中的性能，我们模拟了几个盗窃和邮递员案例，其中 TX 和 RX 位置分别为“TX2”和“RX2”。在盗窃测试中，一名盗窃者从一扇门进入屋内，然后从同一扇门离开。在邮递员测试中，有人走在每家的前门外面模仿邮递员。

此外，在这一部分中，系统只针对事件 e1、e2 和 e3 进行训练。在图 7.7 中，沿时间绘制了系统输出。y 轴是输出决策，其中“全闭”“前门开”和“后门开”分别表示事件 e1，e2 和 e3，“未知”表示发生了未经训练的事件。以图 7.7a 为例。所述事件检测器输出状态 1，即在测试期间“所有的门都是关着的”。如图 7.7b 所示，在测试过程中，事件检测器先报告 e1 约 20s，然后在第 20s 前门打开时检测到 e2 发生，同时在第 20s 还检测到一次未训练的事件，即输出了一次“未知”事件。大概在 30s 左右前门关闭的时候系统开始报告事件 e1。

图 7.7a ～ c 说明事件检测器能够在如下场景中完美地、实时地监测和探测训练事件的发生：图 7.7a 中，环境安静，所有的门都关闭；图 7.7b 中，从外面打开前门和关闭前面两次；图 7.7c 中，从外面打开后门和关闭两次，图 7.7d 中，我们模拟了邮递员的情况，即有人在前门外面徘徊、接近目标事件。事件检测器在邮递员的案例中没有误报，说明检测器在对外部活动的检测方面具有鲁棒性。在接下来的测试中，我们模拟盗窃者通过前门和后门闯入，并要求盗窃者在进入房屋一段时间后从同一扇门离开。如图 7.7e 和图 7.7f 所示，事件检测器成功地检测到了闯入。此外，在两个图的门开启过程中，事件检测器的决策可能会变为“未知”，这是由于室内人体移动引入多径信道干扰导致的。

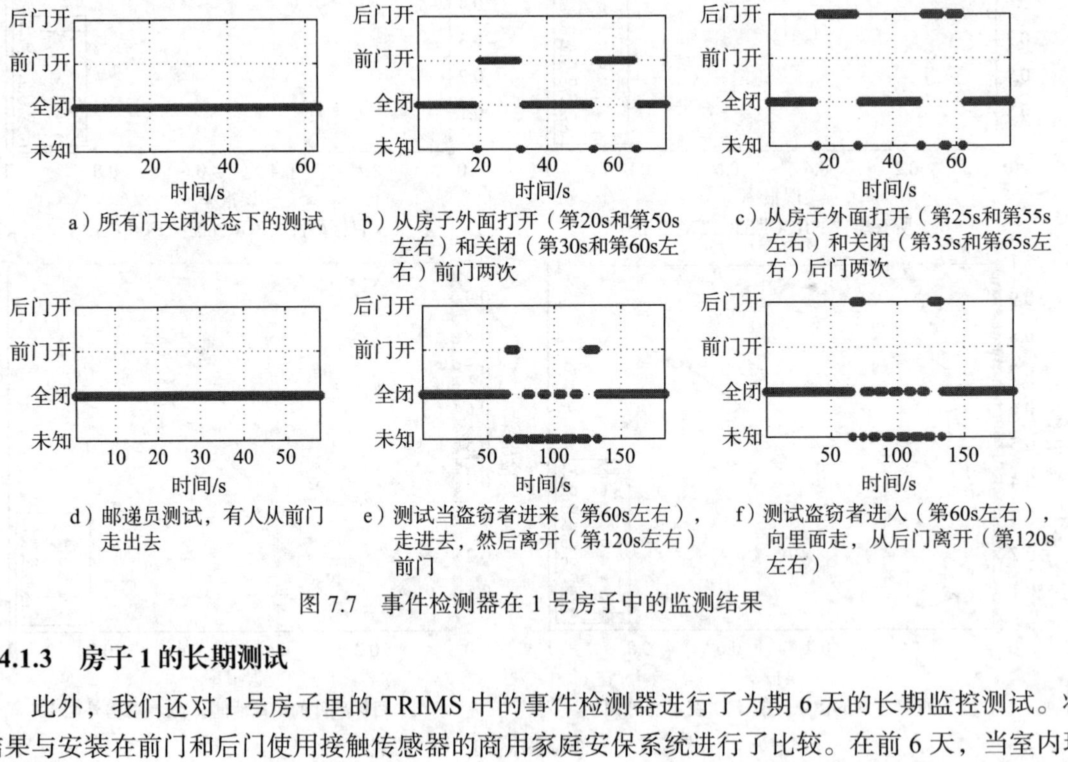

a）所有门关闭状态下的测试

b）从房子外面打开（第20s和第50s左右）和关闭（第30s和第60s左右）前门两次

c）从房子外面打开（第25s和第55s左右）和关闭（第35s和第65s左右）后门两次

d）邮递员测试，有人从前门走出去

e）测试当盗窃者进来（第60s左右），走进去，然后离开（第120s左右）前门

f）测试盗窃者进入（第60s左右），向里面走，从后门离开（第120s左右）

图 7.7 事件检测器在 1 号房子中的监测结果

7.4.1.3 房子 1 的长期测试

此外，我们还对 1 号房子里的 TRIMS 中的事件检测器进行了为期 6 天的长期监控测试。将结果与安装在前门和后门使用接触传感器的商用家庭安保系统进行了比较。在前 6 天，当室内环境的真值状态为 e1 时，TRIMS 无误报。它能 100% 准确地检测出超过 21 次的前门开启，18 次后门开启中能检测出 15 次，即平均准确率为 92.31%。

精度下降的原因是由于无线信道随着时间的推移而不断衰落，而前门开启和后门开启的训练数据没有更新。因此，最终导致测试 CSI 测量和训练特征之间的不匹配。考虑信道衰落，本章提出的事件检测器设计了一种 e1 的自动更新方案，即只要事件检测器发现所有门都处于关闭状态时，它就会定期更新 e1 的训练数据。e1 训练数据的定期更新是为了解决室内环境的不可控变化，但并不能完全解决问题。由于在无监督的情况下，很难对门开启的 CSI 测量值进行标注，因此本章不考虑对其他事件的训练数据进行自动更新。

7.4.1.4　房子 2 的可行性测试

在本部分中，我们将在房子 2 中研究 TRIMS 在实时事件监控中的性能，事件列表如表 7.2 所示。所有的参数和硬件设置都和房子 1 一样。

表 7.2　2 号房子中的检测事件

状态序号	说明
e1	所有的门关闭
e2	前门打开
e3	后门打开

首先，所提出的事件检测器对以下情况进行监控：图 7.8a 中，环境安静，所有的门都关闭；图 7.8b 中，有人打开前门，然后从外面关上（两次）；图 7.8c 中，有人打开后门，然后从外面关上（两次）。其中决策输出为“未知”表示发生了未经训练的事件，“全闭”表示环境处于全封闭、安静的状态，“前门开”和“后门开”分别表示正在打开的前门和后门。所有数据都可以用图 7.7 中的方式进行解释。所提出的事件检测器成功地捕获了训练事件，并且没有出现误报。

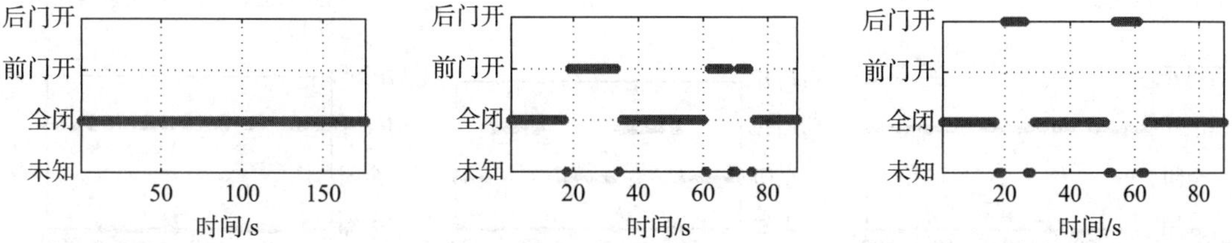

a）所有门关闭状态下的测试

b）从房子外面开关前门两次，开门约在第19和61s、关门约在第36和72s

c）从房子外面开关后门两次，开门约在第18和50s、关门约在第28和64s

图 7.8　事件检测器在 2 号房子中的监测结果（一）

7.4.1.5　房子 2 的长期测试

此外，对 2 号房子的 TRIMS 中的事件检测器在进行了持续 2 周的长期监控测试。在长期测试中，居民活动比 1 号房子里更频繁。因此，室内环境每天都在变化，这可能会影响第一天训练的事件检测器。在长期测试期间，测试人员每天进行与 7.4.1.4 节相同的操作测试，以评估所述事件检测器的检测性能。系统沿时间的输出如图 7.9 所示，y 轴为系统输出，其中“未知”表示发生了未经训练的事件，“e1”表示“全闭”，“e2”表示“前门开”，“e3”表示“后门开”。

如图 7.9a、f、k 所示，所提出的事件检测器能够很好地检测出训练事件，并且在系统训练当天不会出现误报。然而，经过 1 周甚至 2 周后，使用第 1 天建立的原始训练数据库，该系统未能检测到训练事件，e2 的误报率很高，如图 7.9b、d、g、i、l、n 所示。

例如，如图 7.9b 所示，当室内状态的真实值为 e1“所有门都关闭”时，系统持续报告“前门打开”。由于不受控制的居民活动，室内环境的变化不仅导致 e1 的多径特征发生变化，而且也导致 e2 和 e3 的多径特征发生变化。通过 e1 的自动更新，所提出的事件检测器能够在 2 周的实验中检测到训练事件 e2 和 e3，并且不存在误报。结果如图 7.9c、e、h、j、m、o 所示。

如图 7.9 中的示例所示，通过对 e1 训练数据进行定期的自动更新，TRIMS 可以在 2 周内保持其在具有正常居民活动的单户住宅中区分和识别训练事件的准确性。将 14 天的监测结果与某商用安防系统的历史日志进行了对比，所提出的事件检测器在捕获 e2 和 e3 事件时，即，从房子外面打开前门或后门，正确率为 95.45%，只在第 13 天发生了一次误报。

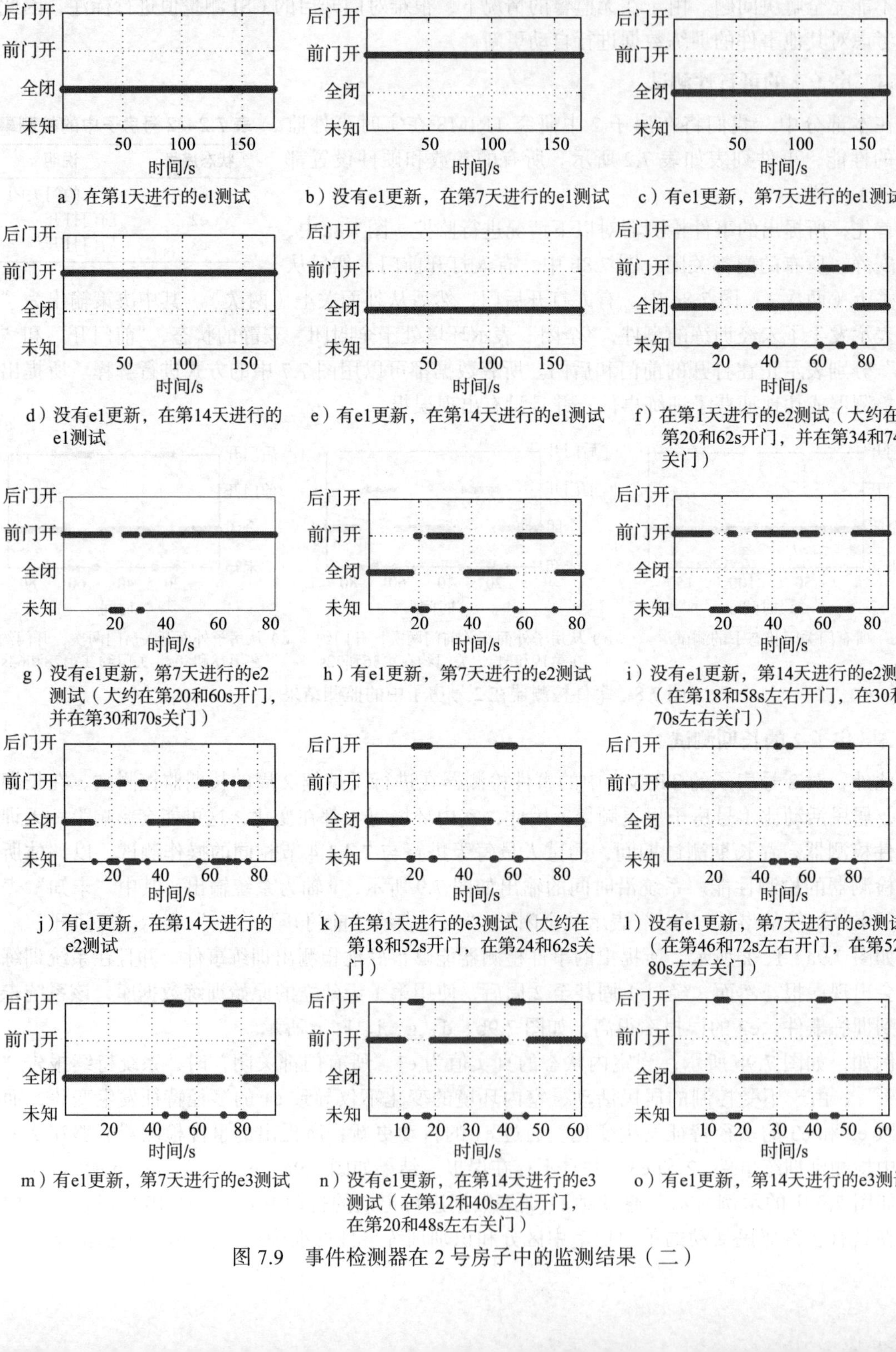

a）在第1天进行的e1测试

b）没有e1更新，在第7天进行的e1测试

c）有e1更新，第7天进行的e1测试

d）没有e1更新，在第14天进行的e1测试

e）有e1更新，在第14天进行的e1测试

f）在第1天进行的e2测试（大约在第20和62s开门，并在第34和74s关门）

g）没有e1更新，第7天进行的e2测试（大约在第20和60s开门，并在第30和70s关门）

h）有e1更新，第7天进行的e2测试

i）没有e1更新，第14天进行的e2测试（在第18和58s左右开门，在30和70s左右关门）

j）有e1更新，在第14天进行的e2测试

k）在第1天进行的e3测试（大约在第18和52s开门，在第24和62s关门）

l）没有e1更新，第7天进行的e3测试（在第46和72s左右开门，在第52和80s左右关门）

m）有e1更新，第7天进行的e3测试

n）没有e1更新，在第14天进行的e3测试（在第12和40s左右开门，在第20和48s左右关门）

o）有e1更新，第14天进行的e3测试

图 7.9 事件检测器在 2 号房子中的监测结果（二）

7.4.2　TRIMS：移动检测器实验

在 1 号房子里进行移动探测器的性能测试，TX 和 RX 设备位于图 7.5a 中标记为“TX2”和“RX2”的位置。式（7.25）的参数 α 设置为 0.8 或 0.2，而 W=30 表示式（7.24）中定义的连续收集 CSI 的一阶窗口。对于式（7.26）中的 $D_{\text{motion}}(t_0)$，我们使用了一个 W=45 和 O=15 的一阶多数投票的时间分集平滑算法，以消除由于突发噪声或 CSI 估计中的误差而引起的任何可能的误报。

在训练阶段，在 e1、有人走进房子和有人在房子中心走动的场景下，移动检测器每隔 1min 收集一次监测数据，并根据这些监测数据学习阈值 γ_{motion}。

在零误报时，不同位置的移动检出率如表 7.3 中所示。所提出的移动检测器是智能的，因为它在训练阶段会根据它所处的无线传播环境的特征自动学习并调整其灵敏度。移动给信道带来的变化与由移动物体产生并在接收机处收集的反射信号的能量成正比。因此，依靠移动探测器，TRIMS 成功地捕获了发生在设备附近的室内移动或者有一个到 TX 或 RX 的 LOS 路径的移动。然而，由于电磁波穿透多个墙壁的路径损耗较大，因此爱丽丝的房间或卫生间内发生的移动对 CSI 测量没有或只有很小的影响，因此不能触发移动检测器。此外，α 值越小，表示系统灵敏度较低，监视区域的覆盖范围越小。

表 7.3　零误报时不同位置的检出率

行走位置	检出率 α=0.8（%）	检出率 α=0.2（%）
邮递员	0	0
门厅	59.18	12.24
洗衣房	100	81.25
爱丽丝的房间	3.92	0
书房	1.92	0
房子的中心位置	83.33	75.93
厨房	48	36
客厅	30.91	0
卫生间	0	0

7.5　讨论

在本节中，我们将讨论本章提出的 TRIMS 的一些局限性，以及进一步扩展本章的主题。

7.5.1　TRIMS 的再训练

如 7.4.1.3 节的长期测试所述，系统基于实时检测结果自动定期更新 e1 的训练数据，即所有门都是关闭的状态。由于在非监督方式下难以对开门状态的 CSI 进行标记，因此本章提出的自动更新方案仅适用于事件 e1。实验结果表明，该自动更新方案对由于噪声和轻微的环境变化导致的正常电磁干扰具有鲁棒性。然而，环境变化不仅影响 e1 的 CSI，还影响事件 e2 和 e3 的 CSI。如果环境与 e2 和 e3 训练时的环境相比发生了显著变化，则系统将无法实现测试 CSI 与训练数据库中 CSI 的匹配。此时需要对系统重新进行训练，需要重新训练的时刻可以通过比较最初的 e1 训练数据和当前的数据来确定。通过实验我们发现，当最初训练测量的 e1 CSI 数据与当前测量的 e1 CSI 数据之间的 TRRS 降至 0.7 经验阈值以下时，系统需要对所有状态进行再训练。

7.5.2　多发射机监测

如今，在办公室或家里，通常有不止一台设备连接到同一个 Wi-Fi 路由器，这启发我们可以通过进一步升级 TRIMS 来容纳更多的发射机，以扩展这一章的研究内容。通过增加空间（设备级）多样性，使得信息具有更多的自由度，从而提高 TRIMS 的性能。此外，如 7.4.1、7.4.2 节所示，对于单对 TX 和 RX 设备，其在检测事件和移动方面的覆盖范围有限。通过在不同地点部署更多的发射机，可以扩大监测范围。然而，优化多发射机 TRIMS 的性能还需要进一步的研究，这将是我们未来的工作之一。

7.5.3　检测动态事件

在 TRIMS 的当前事件检测器中，训练数据库是基于为每个事件收集静态 CSI 测量值而建立的。每个动态事件可以分解为在其发生期间采样的几个中间状态。由于中间状态可以视为静态的，因此所提出的算法可以用于检测其中间状态的发生。因此，描述动态事件发生的状态转换可以通过对中间状态的检测来捕获，因此本章提出的系统也可以检测动态事件。

7.5.4　识别移动

本章所提出的 TRIMS 移动检测器能够检测移动事件。然而，值得研究如何利用 TR 技术从 Wi-Fi 信号中提取移动特征，例如方向和速度。利用商用 Wi-Fi 设备提取移动信息甚至识别移动的可能，对诸如老年人援助等各种应用都是有益的。

7.5.5　TRIMS 的潜力

本章所提出的 TRIMS 不局限于 Wi-Fi，只要能够获得足够的 CSI 分辨率，该方法就可以应用于其他无线技术。CSI 的空间分辨率由射频设备的传输带宽决定。带宽超过 500MHz 的超宽带（UWB）通信可以提供比 Wi-Fi 更好空间分辨率的 CSI，因此具有更好的分辨能力。然而，基于 UWB 的室内监测系统需要部署专门设计的射频设备，并且覆盖范围很小。另一方面，本章的实验证明，借助 TRIMS，带宽仅为 40MHz 的商用 Wi-Fi 设备便可以支持高精度的室内监控。由于无线设备的爆炸性普及，不断增加的无线流量阻塞了 Wi-Fi，而冲突又导致 CSI 探测产生未知的延迟偏移，这给实时无线感知系统带来了困难。利用所提出的平滑算法，TRIMS 对非均匀 CSI 探测和包丢失具有很强的鲁棒性。此外，由于 Wi-Fi 无处不在，本系统易于部署，可以方便地应用于智能家居的室内监控。通常，所提出的系统可以与各种无线技术集成，只要能够获得足够分辨率的 CSI。

7.6　小结

在这一章中，我们提出了一个用于实时室内监控的智能无线电系统 TRIMS，它利用 TR 技术来探索多径传播中的信息。此外，还对类内 TRRS 的统计行为进行了理论分析。建立了一个事件检测器，通过相关 CSI 的 TRRS 统计数据对不同的室内事件进行区分和定量评估。此外，还在 TRIMS 中设计了移动检测器来检测环境中是否存在移动。通过大量的实验研究了 TRIMS 的性能，并在一对商用 Wi-Fi 设备上实现了 TRIMS 的原型系统。实验结果表明，TRIMS 能够实时识别不同的室内事件。我们还在一个有正常居住活动的单户房子中进行了为期两周的监测测试来评估该系统的性能。TRIMS 在长期室内监测实验中获得了较高的精度，在未来基于智能 Wi-Fi 的低复杂度智能无线电中发挥着重要作用。相关参考资料详见文献［41］。

参考文献

[1] D. Zhang, J. Ma, Q. Chen, and L. M. Ni, "An RF-based system for tracking transceiver-free objects," in *Fifth Annual IEEE International Conference on Pervasive Computing and Communications (PerCom'07)*, pp. 135–144, Mar. 2007.

[2] S. Sigg, S. Shi, F. Buesching, Y. Ji, and L. Wolf, "Leveraging RF-channel fluctuation for activity recognition: Active and passive systems, continuous and RSSI-based signal features," in *Proceedings of ACM International Conference on Advances in Mobile Computing & Multimedia*, pp. 43:52, 2013.

[3] C. Han, K. Wu, Y. Wang, and L. Ni, "WiFall: Device-free fall detection by wireless networks," in *Proceedings of the International Conference on Computer Communications*, pp. 271–279, Apr. 2014.

[4] Y. Gu, F. Ren, and J. Li, "PAWS: Passive human activity recognition based on WiFi ambient signals," *IEEE Internet of Things Journal*, vol. 3, no. 5, pp. 796–805, Oct. 2016.

[5] H. Abdelnasser, M. Youssef, and K. A. Harras, "WiGest: A ubiquitous WiFi-based gesture recognition system," in *IEEE Conference on Computer Communications (INFOCOM)*, pp. 1472–1480, Apr. 2015.

[6] F. Adib and D. Katabi, "See through walls with WiFi!" in *Proceedings of ACM SIGCOMM*, pp. 75–86, 2013.

[7] K. Qian, C. Wu, Z. Yang, Y. Liu, and Z. Zhou, "PADS: Passive detection of moving targets with dynamic speed using PHY layer information," in *IEEE International Conference on Parallel and Distributed Systems (ICPADS)*, pp. 1–8, Dec. 2014.

[8] Y. Zeng, P. H. Pathak, C. Xu, and P. Mohapatra, "Your AP knows how you move: Fine-grained device motion recognition through WiFi," in *Proceedings of the 1st ACM Workshop on Hot Topics in Wireless*, pp. 49–54, 2014.

[9] A. Banerjee, D. Maas, M. Bocca, N. Patwari, and S. Kasera, "Violating privacy through walls by passive monitoring of radio windows," in *Proceedings of the ACM Conference on Security and Privacy in Wireless & Mobile Networks*, pp. 69–80, 2014.

[10] Y. Wang, J. Liu, Y. Chen, M. Gruteser, J. Yang, and H. Liu, "E-eyes: Device-free location-oriented activity identification using fine-grained WiFi signatures," in *Proceedings of the 20th Annual ACM International Conference on Mobile Computing and Networking*, pp. 617–628, 2014.

[11] C. Wu, Z. Yang, Z. Zhou, X. Liu, Y. Liu, and J. Cao, "Non-invasive detection of moving and stationary human with WiFi," *IEEE Journal on Selected Areas in Communications*, vol. 33, no. 11, pp. 2329–2342, Nov. 2015.

[12] D. Zhang, H. Wang, Y. Wang, and J. Ma, "Anti-fall: A non-intrusive and real-time fall detector leveraging CSI from commodity WiFi devices," in *International Conference on Smart Homes and Health Telematics*, pp. 181–193, 2015.

[13] W. Wang, A. X. Liu, M. Shahzad, K. Ling, and S. Lu, "Understanding and modeling of WiFi signal based human activity recognition," in *Proceedings of the 21st Annual ACM International Conference on Mobile Computing and Networking*, pp. 65–76, 2015.

[14] M. A. A. Al-qaness, F. Li, X. Ma, and G. Liu, "Device-free home intruder detection and alarm system using Wi-Fi channel state information," *International Journal of Future Computer and Communication*, vol. 5, no. 4, p. 180, 2016.

[15] H. Wang, D. Zhang, Y. Wang, J. Ma, Y. Wang, and S. Li, "RT-Fall: A real-time and contactless fall detection system with commodity WiFi devices," *IEEE Transactions on Mobile Computing*, vol. 16, no. 2, pp. 511–526, Feb. 2017.

[16] R. Nandakumar, B. Kellogg, and S. Gollakota, "Wi-Fi gesture recognition on existing devices," *CoRR*, vol. abs/1411.5394, 2014. [Online]. Available: http://arxiv.org/abs/1411.5394.

[17] K. Ali, A. X. Liu, W. Wang, and M. Shahzad, "Keystroke recognition using WiFi signals," in *Proceedings of the 21st Annual ACM International Conference on Mobile Computing and Networking*, pp. 90–102, 2015.

[18] R. M. Narayanan, "Through-wall radar imaging using UWB noise waveforms," *Journal of the Franklin Institute*, vol. 345, no. 6, pp. 659–678, 2008.

[19] G. K. Nanani and M. Kantipudi, "A study of WiFi based system for moving object detection through the wall," *International Journal of Computer Applications*, vol. 79, no. 7, 2013.

[20] D. Huang, R. Nandakumar, and S. Gollakota, "Feasibility and limits of WiFi imaging," in *Proceedings of the 12th ACM Conference on Embedded Network Sensor Systems*, pp. 266–279, 2014.

[21] D. Pastina, F. Colone, T. Martelli, and P. Falcone, "Parasitic exploitation of WiFi signals for indoor radar surveillance," *IEEE Transactions on Vehicular Technology*, vol. 64, no. 4, pp. 1401–1415, Apr. 2015.

[22] F. Adib, Z. Kabelac, D. Katabi, and R. C. Miller, "3D tracking via body radio reflections," in *Proceedings of the 11th USENIX Symposium on Networked Systems Design and Implementation*, pp. 317–329, Apr. 2014.

[23] F. Adib, C.-Y. Hsu, H. Mao, D. Katabi, and F. Durand, "Capturing the human figure through a wall," *ACM Transactions on Graphics*, vol. 34, no. 6, pp. 219, Oct. 2015.

[24] F. Adib, Z. Kabelac, and D. Katabi, "Multi-person localization via RF body reflections," in *Proceedings of the 12th USENIX Symposium on Networked Systems Design and Implementation*, pp. 279–292, May. 2015.

[25] Q. Xu, Y. Chen, B. Wang, and K. J. R. Liu, "TRIEDS: Wireless events detection through the wall," *IEEE Internet of Things Journal*, vol. 4, no. 3, pp. 723–735, Jun. 2017.

[26] B. Bogert, "Demonstration of delay distortion correction by time-reversal techniques," *IRE Transactions on Communications Systems*, vol. 5, no. 3, pp. 2–7, Dec. 1957.

[27] M. Fink, C. Prada, F. Wu, and D. Cassereau, "Self focusing in inhomogeneous media with time reversal acoustic mirrors," *IEEE Ultrasonics Symposium Proceedings*, pp. 681–686, 1989.

[28] M. Fink, "Time reversal of ultrasonic fields. I. Basic principles," *IEEE Transactions on Ultrasonics, Ferroelectrics, and Frequency Control*, vol. 39, no. 5, pp. 555–566, 1992.

[29] F. Wu, J.-L. Thomas, and M. Fink, "Time reversal of ultrasonic fields. II. Experimental results," *IEEE Transactions on Ultrasonics, Ferroelectrics, and Frequency Control*, vol. 39, no. 5, pp. 567–578, 1992.

[30] B. E. Henty and D. D. Stancil, "Multipath-enabled super-resolution for RF and microwave communication using phase-conjugate arrays," *Physical Review Letters*, vol. 93, no. 24, p. 243904, 2004.

[31] G. Lerosey, J. De Rosny, A. Tourin, A. Derode, G. Montaldo, and M. Fink, "Time reversal of electromagnetic waves," *Physical Review Letters*, vol. 92, no. 19, p. 193904, 2004.

[32] "Time reversal of electromagnetic waves and telecommunication," *Radio Science*, vol. 40, no. 6, pp. 1–10, 2005.

[33] G. Lerosey, J. De Rosny, A. Tourin, A. Derode, and M. Fink, "Time reversal of wideband microwaves," *Applied Physics Letters*, vol. 88, no. 15, p. 154101, 2006.

[34] J. de Rosny, G. Lerosey, and M. Fink, "Theory of electromagnetic time-reversal mirrors," *IEEE Transactions on Antennas and Propagation*, vol. 58, no. 10, pp. 3139–3149, 2010.

[35] B. Wang, Y. Wu, F. Han, Y.-H. Yang, and K. J. R. Liu, "Green wireless communications: A time-reversal paradigm," *IEEE Journal on Selected Areas in Communications*, vol. 29, no. 8, pp. 1698–1710, 2011.

[36] C. Chen, Y. Han, Y. Chen, and K. J. R. Liu, "Indoor global positioning system with centimeter accuracy using Wi-Fi," *IEEE Signal Processing Magazine*, vol. 33, no. 6, pp. 128–134, Nov. 2016.

[37] Q. Xu, Y. Chen, B. Wang, and K. J. R. Liu, "Radio biometrics: Human recognition through a wall," *IEEE Transactions on Information Forensics and Security*, vol. 12, no. 5, pp. 1141–1155, May 2017.

[38] C. Chen, Y. Han, Y. Chen, and K. J. R. Liu, "Multi-person breathing rate estimation using time-reversal on WiFi platforms," in *IEEE Global Conference on Signal and Information Processing*, p. 1, Dec. 2016.

[39] Z.-H. Wu, Y. Han, Y. Chen, and K. J. R. Liu, "A time-reversal paradigm for indoor positioning system," *IEEE Transactions on Vehicular Technology*, vol. 64, no. 4, pp. 1331–1339, Apr. 2015.

[40] C. Chen, Y. Chen, K. J. R. Liu, Y. Han, and H.-Q. Lai, "High accuracy indoor localization: A WiFi-based approach," in *IEEE International Conference on Acoustics, Speech and Signal Processing (ICASSP)*, pp. 6245–6249, Mar. 2016.

[41] Q. Xu, Z. Safar, Y. Han, B. Wang, and K. J. R. Liu, "Statistical learning over time-reversal space for indoor monitoring system," *IEEE Internet of Things Journal*, vol. 5, no. 2, pp. 970–983, 2018.

第 8 章 |Chapter 8|

用于人体识别的无线生物特征

在本章中，我们展示了人体生物特征的存在，并提出了一种即使在非视距（NLOS）条件下也可以穿过墙壁进行识别的人体识别系统。该系统使用商用 Wi-Fi 设备来捕获信道状态信息（CSI），并使用时间反演（TR）技术从 Wi-Fi 信号中提取人体生物特征信息。通过利用宽带无线 CSI 具有大量多径（可以被人体干扰改变）这一事实，所提出的系统可以在 NLOS 环境下识别 TR 域中的个体。我们使用具有 3×3 多输入多输出（MIMO）传输的标准 Wi-Fi 芯片组构建了一个 TR 人体识别系统原型。通过多次实验评估并验证了所提出系统的性能。通常，TR 人体识别系统使用一对发射机和接收机识别大约 12 个人体时，可达到 98.78%的准确率。由于 Wi-Fi 无处不在，本章所提出的系统显示了基于无线生物特征的低成本、低复杂度、可靠的人体识别应用的前景。

8.1 引言

如今，可靠的人体识别和认知能力已经成为许多应用程序的关键需求，例如取证、机场海关检查和银行安全。目前最先进的人体识别技术依赖于具有区分性的人体生理和行为特征，即生物特征。

生物特征识别是指根据个体的生物学特征和行为特征对其进行自动识别[1-2]。众所周知，人体识别的生物特征包括指纹、面孔、虹膜和声音。由于生物特征是个体固有的和独特的，因此生物特征被广泛应用于人体识别的监视系统中。此外，由于生物特征难以伪造，与传统的密码、签名等安全手段相比，生物特征在应对日益增长的安全威胁、促进个性化和便捷化方面具有明显的优势。虽然目前的生物识别系统是准确的，可以应用于所有的环境，但所有这些系统都需要特殊的设备来捕捉人体在视距（LOS）环境下的生物特征。例如，受试者应与设备保持联系。在本章中，我们提出了一种新的无线生物特征概念，并且可以通过商业 Wi-Fi 设备实现对人体的精确识别和验证。

在文献［3］中，研究人员研究了人体在 1 ～ 15GHz 载频范围内的电磁（EM）吸收与人体物理特性之间的关系，发现人体的表面积对吸收起主导作用。此外，文献［4］研究了电磁波与生物组织的相互作用，文献［5-6］中测定了生物组织的介电性能。文献表明，无线在人体周围的传播高度依赖于人体的物理特性（如身高、体重）、身体水分总量、皮肤状况等生物特性。受到人体影响而衰减和改变的无线信号包含身份信息，定义为人体无线生物特征。考虑到影响人体周围电磁波传播的所有物理特征和其他生物学特征的组合，以及这些特征在不同个体之间的可变性，两个个体拥有相同组合的机会非常小，无论这些特征有多相似。

即使两个个体具有相同的身高、体重、衣着和性别，其他固有的生物特征也可能不同，从而导致个体周围不同的无线传播模式。以 DNA 序列为例，尽管所有的人都有 99.5% 的相似之处，但没有两个人在遗传上是相同的，这就是基因指纹技术的关键所在[7]。由于两个个体具有完全相同的物理和生物特征的概率非常小，因此受人体干扰后的多径特征对于不同的人来说是不同的。

因此，记录了无线信号如何与人体相互作用的人体无线生物特征会根据个体的生物学和身体特征发生相应改变，并且在不同个体之间可以视为是唯一的。这里举一个例子，人脸识别多年来被用来区分和识别不同的人，这是由于不同的人有不同的面部特征。人体无线生物特征记录了射频信号如何对包括面部在内的整个个体作出反应，它包含了比面部更多的信息，从而使人体之间的区别更加明显。本章中所提出的 TR 人员识别系统不仅利用了面部特征，而且利用了整个个体的身体特征。

近年来，人们尝试通过无线室内传感来检测和识别室内人体活动。已经建立了基于 CSI 变化的室内人体移动检测系统[8-10]。文献［8］使用 CSI 相关矩阵的前两个最大特征值来确定环境是静态的还是动态的。文献［11］将 3×3 MIMO 系统的 CSI 样本的标准差输入支持向量机（SVM）以检测人体活动。接收信号强度（RSS）是反映无线信道质量波动的一个指标，广泛应用于室内人体活动识别[12-15]。此外，利用无线信号追踪和记录生命信号已经得到了广泛的研究[16-19]。Liu 等人提出了一种利用现成的 Wi-Fi 信号[16]来追踪人员呼吸和心跳频率的系统。文献［18］提出了生命无线电系统，它利用雷达技术来分离不同的反射信号，以监测生命体征。另一方面，文献［20–23］利用无线信号实现了对姿势和手部微动作的识别。此外，Katabi 等人通过发送一种专门设计的不同载波频率的调频载波（FMCW），提出了一种新的基于雷达的系统，该系统可以追踪反射信号的不同飞行时间（ToF）[24-27]。然而，这些工作专注于区分不同的人体活动，例如，站立、行走、跌倒、微手势等，但是它们都没有解决在有墙隔离的条件下，仅使用 Wi-Fi 信号，如何将一个人与另一个保持相同姿势并站在同一位置的人区分开。最近，文献［27］提出了一种射频捕获系统，该系统通过墙壁对人体轮廓进行成像。由于轮廓的特殊性，它可以对捕获的人体图像应用图像处理和机器学习技术来区分不同的个体。然而，要获得高分辨率的 ToF 特征，它需要能够扫描超过 1GHz 频谱的特殊设备。此外，图像处理和机器学习算法会带来较高的计算复杂度。与之不同，本章提出了一种新颖的人员识别系统，旨在通过使用 40 MHz 传输带宽的商用 MIMO Wi-Fi 设备来准确地区别和识别不同的个体。该系统支持简单、高效的算法，实现了较高的精度。

为了实现这一目标，我们利用时间反演（TR）技术来捕获人体无线生物特征之间的差异，并减少特征的维数。在室内环境中，存在大量的反射体和散射体。当发射机发射的无线信号遇到它们时，无线信号会沿着不同的传播路径传播，这些路径具有不同的距离和不同的衰减效应。因此，在接收端接收到的信号是同一发射信号经过不同路径和延迟的组合。这种现象被称为多径传播。TR 技术利用多径传播可以产生时空共振效应，具体细节参见第 1 章。TR 时空共振是通过充分收集多径信道的能量并将其集中到特定位置而产生的。在物理学中，时空共振，通常被称为聚焦效应，是电磁（EM）场响应环境共振的结果。这种共振对环境变化很敏感，可以用来捕获多径 CSI 中的差异。

文献［28］建立了 TR 时空共振的概念和理论，并通过实验进行了验证。TR 技术依赖信道互易性[29-30]和信道平稳性[31]两个经过验证的假设。信道互易性是指正向链路和反向链路的

CSI 高度相关，而信道平稳性是指 CSI 在一定时间内保持高度相关。文献［30］提出了一种新颖的基于 TR 的室内定位方法，并在 125 MHz 带宽下实现了一个原型，即使在非视距（NLOS）环境下工作，单接入点也能达到厘米级的精度。最近，在文献［32］中，提出并构建了一个基于 Wi-Fi 平台的 TR 室内定位系统，该系统利用了位置特殊性指纹，这种位置特殊性指纹是将 CSI 与总等效带宽为 1GHz 的信号连接得到的。

在本章中，我们提出了一种基于 Wi-Fi 信号中人体无线生物特征的 TR 人体识别系统，能够穿过墙壁（即在没有任何 LOS 路径的情况下）来识别个体。据我们所知，这是首次展示和验证人体无线生物特征的存在，该无线生物特征嵌入在无线信道状态信息（CSI）中。该系统可以从 CSI 中提取独特的无线生物特征，从而通过墙壁区分个体。我们将“无线拍摄”定义为通过 Wi-Fi 信号拍摄和记录人体无线生物特征的过程。该系统由人体无线生物特征净化和基于 TR 的识别两大部分组成。净化的目的是去除环境中静态物体的常见 CSI 成分和所有参与者的无线生物特征的相似性，进而提取出具有独特人体无线生物特征的 CSI 成分。在基于 TR 的个体识别部分，将提取的人体无线生物特征信息映射到 TR 空间，并利用时间反演共振强度（TRRS）对不同生物特征之间的相似性进行量化和评价。最后对所提出的识别系统的性能进行了评估，在识别 11 个个体时，准确率达到 98.78%。关于性能的详细研究见 8.5 节。

本章的主要内容概括如下：

- 首次引入人体无线生物特征的概念，它解释了人体对无线信号所带来的衰减和改变。通过实验验证了它的存在，并说明了它的人体识别能力。收集人体无线生物特征的过程称为无线拍摄。
- 由于 CSI 的主要成分来自静态环境而非人体，因此人体无线生物特征被嵌入和埋没在多径 CSI 中。为了提高识别性能，我们设计了从无线信道信息中提取单个人体无线生物特征的新算法。
- 从原始 CSI 中提取的无线生物特征是复数值且是高维的，这使得分类问题变得更为复杂。为了解决这一问题，我们采用 TR 技术来融合和压缩人体无线生物特征，并利用时空共振的强度来区分不同人体的无线生物特征。
- 为了进行性能评估，我们构建了第一个原型，该原型使用现有的 Wi-Fi 芯片组实现了 TR 人体识别系统，并于正常的工作时间在室内办公环境中进行了测试，识别大约 12 个个体的准确率为 98.78%。

8.2 TR 人体识别

TR 人体识别系统能够捕获人体生物特征，并透过墙壁识别不同的个体。在 CSI 中嵌入的人体无线生物特征包含了人体在室内环境中的 Wi-Fi 反射和散射信息。因此，由于人体生物度量的差异，人体无线生物特征在不同的个体之间是不同的。此外，利用 TR 技术，可以很容易地从 CSI 中提取人体无线生物特征来进行个体识别。这个过程称为无线拍摄。

8.2.1 时间反演空间

在无线传输过程中，信号会遇到不同的环境对象，在到达接收端之前，相应的传播路径和特性也会随之改变。如图 6.2 所示，信道状态信息（CSI）逻辑空间中的每个点表示室内环境的快照，例如，一个室内位置和一个室内事件，它可以由多径特征 $\boldsymbol{h}$ 唯一确定。通过对多径特征进行时间反演和共轭运算，生成相应的 TR 特征 $\boldsymbol{g}$。因此，CSI 逻辑空间中标记为“A”“B”“C”的点映射为 TR 空间中的“A′”“B′”“C′”，两个特征之间的相似性通过 TRRS 进行量化。TRRS 值越高，TR 空间中的两个特征就越相似。TRRS 低于某个阈值的特征可以视为一个类别。利用 TR 技术和 TR 空间的优势，文献［30］提出了一个厘米级的精确室内定位系统，其中每个室内物理位置被映射到 TR 空间中的一个逻辑位置，可以很容易地使用 TRRS 进行分离和识别。文献［32］中使用商用 Wi-Fi 芯片组实现了基于 TR 的厘米级室内定位系统。通过利用 TR 技术来捕获不同位置的多径特征，两个位置，即使只有 1 ～ 2cm 的距离，在 TR 空间中也相距很远，从而可以很容易地识别。

据文献表明，人体周围的无线传播高度依赖于人体的物理特征（如身高、体重）、人体水分总量、皮肤状况等生物特征。人体无线生物特征记录了电磁波和人体之间相互作用的特征，该特征在不同的个体之间是唯一的，并映射为 TR 空间中的不同点。因此，该系统利用 TR 技术，能够捕获不同个体引入的多径特征的差异，即使他们在隔着墙壁的位置以相同的姿势站在相同的位置。

8.2.2　系统实现

系统原型由一个三天线发射机（TX）和一个三天线接收机（RX）组成。使用商用的 Wi-Fi 芯片实现 CSI 信号采样。此外，该系统在 5.845GHz 的载频下运行，带宽为 40MHz。由于采用 3×3MIMO 传输，对于每对发射 - 接收天线，每次测量包括 9 个 CSI 片段。此外，对于每个 CSI，它包含 114 个复数值，代表在 40MHz 频段内可访问的 144 个子载波。

据我们所知，该系统是第一个利用商用 Wi-Fi 信号进行人体识别的系统。

8.2.3　面临的挑战

考虑图 8.1 中的简化示例。在室内无线信号传播环境中，人体充当反射器，点表示由于人体或其他物体产生的反射和散射点。由于无线信号从多个路径到达接收天线，因此人体无线生物特征被隐式地嵌入多径 CSI 特征中。但是，人体可能只会向多径 CSI 引入其中一些路径，与其他静态物体（如墙壁和家具）相比，由于低反射率和介电常数，这些路径的能量很小。结果，通过无线拍摄捕获到的人体无线生物特征会被 CSI 中其他无用的成分所掩盖。

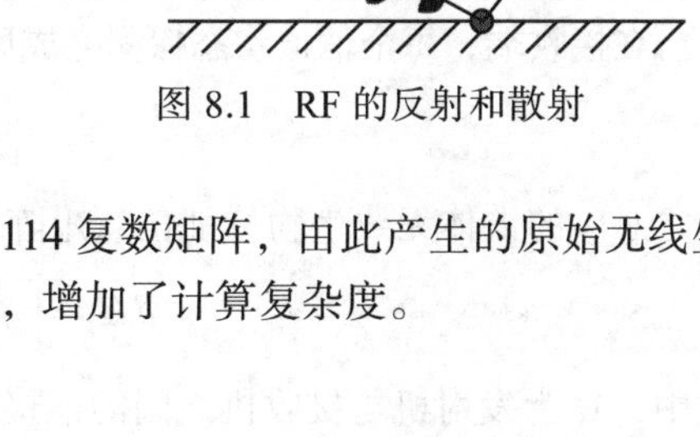

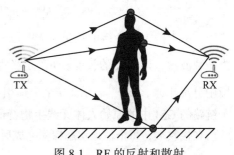

图 8.1　RF 的反射和散射

此外，由于从 Wi-Fi 芯片获得的原始 CSI 是一个 9×114 复数矩阵，由此产生的原始无线生物特征是高维复数值，这进一步复杂化了识别和分类问题，增加了计算复杂度。

8.2.4　解决方法

为了解决上述问题，我们采用 TR 技术并考虑了几种后处理算法以提取人体无线生物特征并放大个体之间的差异。具体来说，我们开发了一种背景减法算法，以便可以删除 CSI 中的公共信息，并保留独特的人体无线生物特征。利用 TR 技术，通过实值标量 TRRS 将复值矩阵形式的人体无线生物特征与相应的个体关联起来。

本文提出的时间反演人体识别系统的设计利用了上述思想，由以下两个关键部分组成：

- 人体无线生物特征净化：该模块从原始 CSI 测量中提取人体生物特征信息，CSI 测量是一个 9×114 复值矩阵。由于每个链路的独立性，应该单独计算和补偿每个链路的背景。对于每个 CSI 测量，需要重要考虑的是它可能会受到采样频率偏移（SFO）和符号定时偏移（STO）的干扰。因此，在进行背景计算和补偿之前，首先要对齐每个 CSI 测量的相位。对齐后，基于人体无线生物特征只对多径产生微小变化的假设，可以通过对多个 CSI 测量值取平均来获得背景。
- 基于 TR 的识别：9×114 复数人体无线生物特征信息得到净化后，该模块通过将高维复数特征简化为实数标量来简化识别问题。利用 TR 技术，将人体无线生物特征映射到 TR 空间，TRRS 量化了不同无线生物特征之间的差异。详细方法将在 14.2 节中讨论。

8.3 系统模型

所提出的系统基于以下事实：无线多径来自 EM 信号经历不同反射和散射路径以及延迟的环境。根据文献表明，人体周围的无线传播高度依赖于个体的物理特征和生物组织的条件。由于两个个体具有完全相同的生物物理特征的情况很少见，因此不同的人干扰后得到的多径特征是不同的。人体无线生物特征记录了无线信号如何与人体相互作用，并根据个体的生物物理特征发生相应的改变，它可以被视为区别不同个体的独特特征。通过 Wi-Fi 探测，可以收集无线 CSI 以及人体无线生物特征。

从数学上讲，有人体存在的第 m 个链路的室内 CSI（即信道频响，CFR）可以被建模为共同 CSI 分量与人体受影响分量之和：

$$\boldsymbol{h}_i^{(m)}=\boldsymbol{h}_0^{(m)}+\delta\boldsymbol{h}_i^{(m)},\ i=1,2,\cdots,N \tag{8.1}$$

式中，N 为待识别个体的数量。$\boldsymbol{h}_i^{(m)}$ 是一个 $L\times 1$ 复值向量，表示当第 i 个个体在室内时的 CSI。L 为子载波数，即 CSI 的长度。$\boldsymbol{h}_0^{(m)}$ 定义为静态 CSI 分量，该分量可以在没有人的情况下从静态环境中分离出来，$\delta\boldsymbol{h}_i^{(m)}$ 表示第 i 个个体引入的 CSI 干扰量。这里的 $\delta\boldsymbol{h}_i^{(m)}$ 是第 i 个个体嵌入在第 m 个链路的 CSI 中的原始人体无线生物特征信息。

在接收端，每个信道状态探测完成后，我们可以为每个个体收集一个 $L\times M$ 原始 CSI 矩阵如下：

$$\boldsymbol{H}_i=\left[\boldsymbol{h}_i^{(1)},\boldsymbol{h}_i^{(2)},\cdots,\boldsymbol{h}_i^{(M)}\right],\forall i \tag{8.2}$$

与之对应的人体无线生物特征信息矩阵为

$$\delta\boldsymbol{H}_i=\left[\delta\boldsymbol{h}_i^{(1)},\delta\boldsymbol{h}_i^{(2)},\cdots,\delta\boldsymbol{h}_i^{(M)}\right],\forall i \tag{8.3}$$

式中，M 为发射机与接收机之间的连接通路数。

到目前为止，对于人体的区分和识别，有两个主要的问题：

i. $\delta\boldsymbol{H}_i$ 和 $\boldsymbol{H}_i$ 都是 $L\times M$ 复值矩阵。如果没有适当的数据处理，基于原始数据的分类问题将是

一个复值的、计算复杂度高的问题。

ii. 因为我们不知道 $\boldsymbol{h}_0^{(m)}$ 是什么，所以难以直接从 CSI 测量值 $\boldsymbol{H}_i$ 中提取隐藏的生物特征信息 $\delta\boldsymbol{H}_i$。

为了解决第一个问题，我们结合了 TR 技术，通过将特征空间转换为 8.3.1 节所述的 TR 时空共振来降低数据维度。此外，对于第二个问题，提出了数据后处理算法，从原始 CSI 信息中提取人体无线生物特征，如 8.4 节所述。

8.3.1　时间反演时空共振

如 9.1 节所述，在丰富散射的室内环境中，当通过相应的多径信道传回 TR 信号时，将多径信道的能量充分收集到一个特定位置，从而产生时空共振。时空共振可以捕捉多径信道中微小的变化，可以用来描述两个多径 CSI 实现之间的相似性。

TR 时空共振强度，即 TRRS，在频域中的定义如下。

定义： 在两个 CFR $\boldsymbol{h}_1$ 和 $\boldsymbol{h}_2$ 之间，TR 时空共振 $\mathrm{TR}(\boldsymbol{h}_1,\boldsymbol{h}_2)$ 在频域的强度定义为：

$$\mathrm{TR}(\boldsymbol{h}_1,\boldsymbol{h}_2)=\frac{\max\limits_{\phi}\left|\sum\limits_k \boldsymbol{h}_1[k]\boldsymbol{g}_2[k]\mathrm{e}^{\mathrm{j}k\phi}\right|^2}{\left(\sum\limits_{l=0}^{L-1}\left|\boldsymbol{h}_1[l]\right|^2\right)\left(\sum\limits_{l=0}^{L-1}\left|\boldsymbol{h}_2[l]\right|^2\right)} \tag{8.4}$$

式中，L 为 CFR 的长度，$\boldsymbol{g}_2$ 为 $\boldsymbol{h}_2$ 的 TR 签名，即

$$\boldsymbol{g}_2[k]=\boldsymbol{h}_2^*[k],\ k=0,1,\cdots,L-1 \tag{8.5}$$

因此，$\mathrm{TR}(\boldsymbol{h}_1,\boldsymbol{h}_2)$ 的值越大，$\boldsymbol{h}_1$ 和 $\boldsymbol{h}_2$ 越相似。

对于 MIMO 传输中的两个 CSI 测量值 $\boldsymbol{H}_i$ 和 $\boldsymbol{H}_j$，我们可以得到一个 $1\times M$ 的 TRRS 向量：

$$\left[\mathrm{TR}\left(\boldsymbol{h}_i^{(1)},\boldsymbol{h}_j^{(1)}\right),\mathrm{TR}\left(\boldsymbol{h}_i^{(2)},\boldsymbol{h}_j^{(2)}\right),\cdots,\mathrm{TR}\left(\boldsymbol{h}_i^{(M)},\boldsymbol{h}_j^{(M)}\right)\right]$$

然后，将两个 CSI 矩阵 $\boldsymbol{H}_i$ 和 $\boldsymbol{H}_j$ 之间的 TRRS 定义为每个链路上 TRRS 的平均值：

$$\mathrm{TR}\left(\boldsymbol{H}_i,\boldsymbol{H}_j\right)=\frac{1}{M}\sum_{m=1}^{M}\mathrm{TR}\left(\boldsymbol{h}_i^{(m)},\boldsymbol{h}_j^{(m)}\right) \tag{8.6}$$

我们在图 8.2 中展示了由商用 Wi-Fi 芯片捕获的不同 CSI 测量的每个链路的 TRRS 矩阵示例。由于各个链路的空间分布不同，人体对各个链路 CSI 的影响也不尽相同。如图 8.2c 所示，某些链路成功地捕获了人体生物特征信息，并显示了不同个体之间不同的 TRRS。有些链路则不然，测试对象之间的 TRRS 是相似的，如图 8.2e 所示。

8.3.2　识别方法

进行无线拍摄后，通过 TR 信号处理，将 CSI 测量中嵌入的高维复数的人体无线生物特征映射到 TR 空间，将特征维数由 $L\times M$ 降为 1。可以将人体识别问题实现为下述的一个简单多分类问题。

给定一个训练数据库，该训练数据库由每个单独的 $\boldsymbol{H}_i$ 的 CSI 样本组成，对于任意一个 CSI 测量 $\boldsymbol{H}$，基于 TRRS 获得预测的个体身份（ID）为

$$\hat{i}=\begin{cases}arg\max\limits_{i}\mathrm{TR}(\boldsymbol{H},\boldsymbol{H}_i), & \max\limits_{i}\mathrm{TR}(\boldsymbol{H},\boldsymbol{H}_i)\geqslant \mu\\ 0, & \text{其他}\end{cases} \tag{8.7}$$

式中，μ是触发识别的预定义阈值，$\hat{i}=0$表示身份不明的个体。

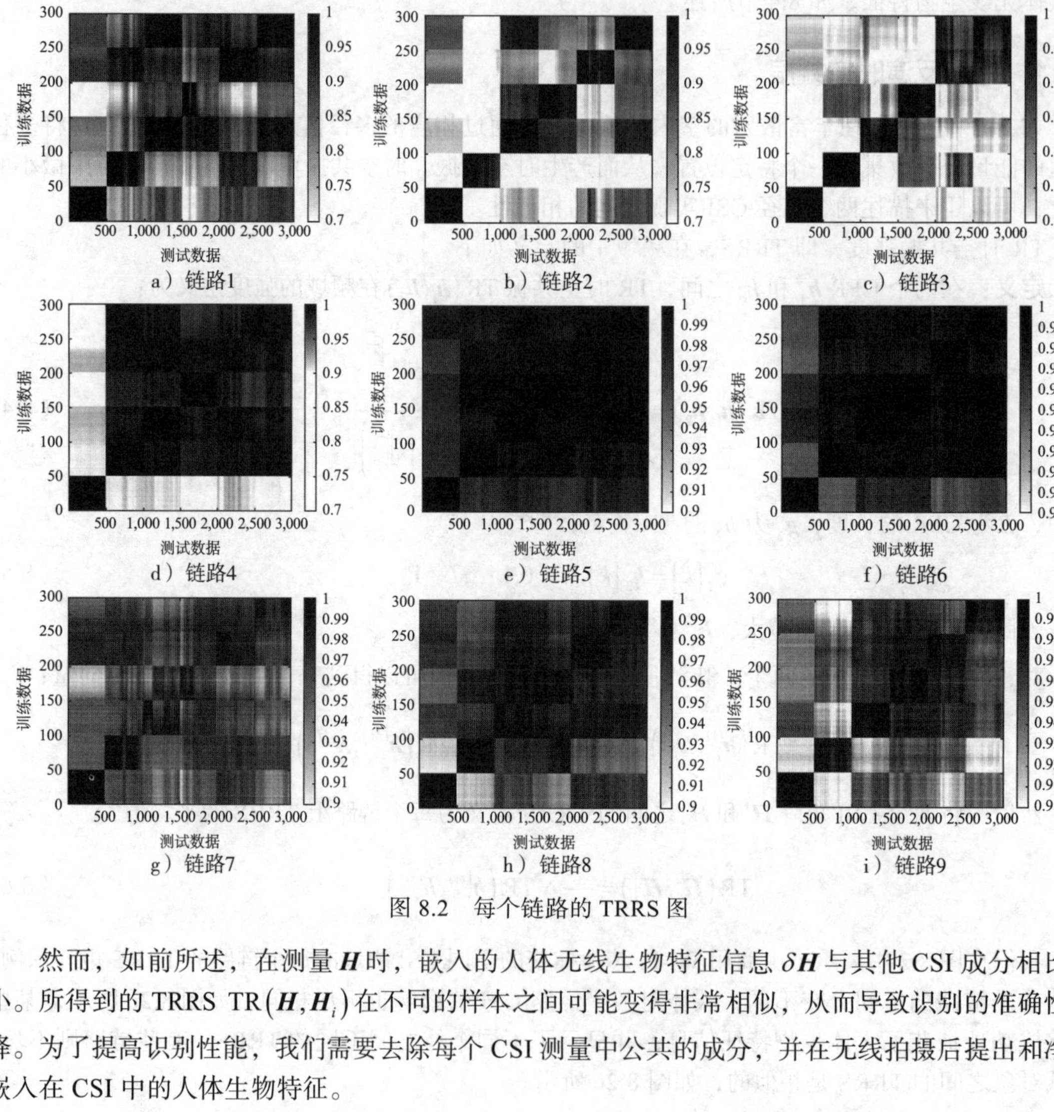

图 8.2 每个链路的 TRRS 图

然而，如前所述，在测量$\boldsymbol{H}$时，嵌入的人体无线生物特征信息$\delta\boldsymbol{H}$与其他 CSI 成分相比很小。所得到的 TRRS $\mathrm{TR}(\boldsymbol{H},\boldsymbol{H}_i)$在不同的样本之间可能变得非常相似，从而导致识别的准确性下降。为了提高识别性能，我们需要去除每个 CSI 测量中公共的成分，并在无线拍摄后提出和净化嵌入在 CSI 中的人体生物特征。

8.4 无线生物特征净化算法

由于人体的存在改变了 Wi-Fi 信号的多径传播环境，因此在 CSI 测量中隐含了人体无线生物特征。然而，由于只有少数路径受到人体的影响，因此，与式（8.1）中常见的 CSI 成分$\boldsymbol{h}_0^{(m)}$相比，第m个链路中第i个个体的人体生物特征 CSI 成分$\delta\boldsymbol{h}_i^{(m)}$的能量较小。如果不净化无线生物特征信息，CSI 中的共同特征 $\boldsymbol{h}_0^{(m)}$ 将在式（8.4）和式（8.6）的 TRRS 中占主导地位。此外，由于不同人体之间存在相似性，人体无线生物特征信息 $\delta\boldsymbol{h}_i^{(m)}$ 之间也必然存在相似性。因此，即使时空共振捕获了 $\delta\boldsymbol{h}_i^{(m)}$，不同个体 TRRS 之间的差异可能会由于太小而无法区分。在本章中，我们讨论了后处理算法，用来在无线拍摄后从 CSI 中提取有用的人体无线生物特征信息。

人体无线生物特征的净化过程包括以下两个步骤：

1）相位补偿：在实际应用中，由于时间同步误差的存在，估计的 CSI 会受到测量初始相位和子载波线性相位的影响。因此，为了提取和减去正确的背景 CSI 分量，对所有的原始 CSI 测量进行相位误差补偿是必不可少的。

2）背景信息减法：注意到 CSI 建模为静态背景 CSI 分量与人体生物特征 CSI 分量之和，因此系统可以通过减去 CSI 中的公共信息来提取无线生物特征信息。

接下来，我们将详细描述每个算法。

8.4.1　相位对齐算法

考虑相位误差，每个 CSI $\boldsymbol{h}^{(m)}$ 的数学模型为：

$$\boldsymbol{h}^{(m)}[k]=\left|\boldsymbol{h}^{(m)}[k]\right|\exp\left\{-\mathrm{j}\left(k\phi_{\text{linear}}+\phi_{\text{ini}}\right)\right\}$$
$$k=0,1,\cdots,L-1 \tag{8.8}$$

式中，ϕ_{linear} 表示了线性相位的斜率，ϕ_{ini} 是初始相位，对于每个 CSI 它们都是不同的。

然而，没有办法明确估计 ϕ_{linear} 或 ϕ_{ini}。为了解决 CSI 测量值之间的相位偏差，对于每个识别任务，我们选择训练数据库中的一个 CSI 测量值作为参考，并根据该参考值对齐所有其他 CSI 测量值。

首先，我们找到了参考 CSI 和其他 CSI 样本之间的线性相位差。对于同一链路中的任意给定的 CSI $\boldsymbol{h}_2$ 和参考 $\boldsymbol{h}_1$，我们有：

$$\delta\phi_{\text{linear}}=\arg\max_{\phi}\left|\sum_k \boldsymbol{h}_1[k]\boldsymbol{h}_2^*[k]\exp\{\mathrm{j}k\phi\}\right| \tag{8.9}$$

根据参考值校准 CSI $\boldsymbol{h}_2$ 的线性相位，我们只需通过以下方式补偿每个子载波上的相位差：

$$\hat{\boldsymbol{h}}_2[k]=\boldsymbol{h}_2[k]\exp\{-\mathrm{j}k\delta\phi_{\text{linear}}\},\ k=0,1,\cdots,L-1 \tag{8.10}$$

当 CSI 测量值的所有线性相位差均根据参考进行补偿后，下一步就是消除包括参考值在内的每个链路的 CSI 初始相位。初始相位为每个 CSI 第一子载波上的相位 $\angle\hat{\boldsymbol{h}}[0]$，补偿为：

$$\boldsymbol{h}_{\text{align}}=\hat{\boldsymbol{h}}\exp\left\{-\mathrm{j}\angle\hat{\boldsymbol{h}}[0]\right\} \tag{8.11}$$

在接下来的讨论中，背景和净化的人体生物特征信息都是从对齐的 CSI 测量值 $\boldsymbol{h}_{\text{align}}$ 中提取出来的。为了简化符号，我们将在本章的其余部分使用 $\boldsymbol{h}$ 而不是 $\boldsymbol{h}_{\text{align}}$ 来表示对齐的 CSI。

8.4.2　背景减法算法

在式（8.1）中提出的 CSI 模型中，无线生物特征识别 $\delta\boldsymbol{h}_i^{(m)}$ 还包括两个部分：共同的无线生物特征信息和不同的无线生物特征信息。因此，$\boldsymbol{h}_i^{(m)}$ 可以进一步分解为

$$\boldsymbol{h}_i^{(m)} = \boldsymbol{h}_0^{(m)} + \delta\boldsymbol{h}_{i,ic}^{(m)} + \delta\boldsymbol{h}_{i,c}^{(m)},\ \forall i,m \tag{8.12}$$

式中，$\delta\boldsymbol{h}_i^{(m)} = \delta\boldsymbol{h}_{i,\ c}^{(m)} + \delta\boldsymbol{h}_{i,\ ic}^{(m)}$，$\delta h_{i,\ c}^{(m)}$ 表示由识别系统中所有参与者确定的公共无线生物特征信息。与此同时，$\delta\boldsymbol{h}_{i,\ ic}^{(m)}$ 是对应的不同的无线生物特征信息，在提取公共生物特征信息之后保留在提取的无线生物特征中。

N 个个体的多个 CSI 测量的背景分量可以通过对对齐后的 CSI 取平均来估算：

$$\boldsymbol{h}_{bg}^{(m)} = \frac{1}{N}\sum_{i=1}^{N}\frac{\boldsymbol{h}_i^{(m)}}{\left\|\boldsymbol{h}_i^{(m)}\right\|^2} \tag{8.13}$$

然后，可以通过从原始 CSI 中减去式（8.13）中背景的缩放版本来提取每个个体的无线生物特征。

$$\tilde{\boldsymbol{h}}_i^{(m)} = \boldsymbol{h}_i^{(m)} - \alpha\boldsymbol{h}_{bg}^{(m)} \tag{8.14}$$

式中，α 为背景减法因子，$0 \leqslant \alpha \leqslant 1$。它不能太接近 1，因为剩余的 CSI 是类噪声的。8.5.2 节研究了 α 的影响。

在得到每个链路净化的无线生物特征 $\widetilde{\boldsymbol{h}}_i^{(m)}$ 后，式（8.7）中基于 TRRS 的分类问题可以表示如下：

$$\hat{i} = \begin{cases} arg\max\limits_i \mathrm{TR}\left(\tilde{\boldsymbol{H}}, \tilde{\boldsymbol{H}}_i\right), & \max\limits_i \mathrm{TR}\left(\tilde{\boldsymbol{H}}, \tilde{\boldsymbol{H}}_i\right) \geqslant \mu \\ 0, & \text{其他} \end{cases} \tag{8.15}$$

式中，$\tilde{\boldsymbol{H}}_i$ 为个体 i 净化后的无线生物信息矩阵，即

$$\tilde{\boldsymbol{H}}_i = \left[\tilde{\boldsymbol{h}}_i^{(1)},\ \tilde{\boldsymbol{h}}_i^{(2)}, \cdots, \tilde{\boldsymbol{h}}_i^{(M)}\right], \forall i \tag{8.16}$$

$\tilde{\boldsymbol{H}}_i$ 是在式（8.3）中定义的人体无线生物特征信息矩阵 $\delta\boldsymbol{H}_i$ 中的不同成分的近似值。

图 8.4 给出了一个示例，图 8.4a 绘出了背景减法之前的 TRRS $\mathrm{TR}\left(\boldsymbol{H}, \boldsymbol{H}_i\right)$，图 8.4b 绘出了 $\mathrm{TR}\left(\tilde{\boldsymbol{H}}, \tilde{\boldsymbol{H}}_i\right)$，背景是训练数据库中所有 CSI 测量的均值。两幅图的比较表明，人体无线生物特征的净化有助于提高 TRRS 区分个体的灵敏度。所提出的背景减法算法抑制了不同类别之间 CSI 的时空共振，同时保持了同一类别内的强共振。

对于所提出的系统，如果有 K 个待识别的个体，则训练数据库的建立和测试的计算复杂度均为 $O\left(M \times (K+1) \times N\log_2 N\right)$，其中 M 为每个个体的训练 CSI 样本数或测试 CSI 样本数。N 是式（8.4）和式（8.9）中对 ϕ 的搜索分辨率，典型的 N 值是 512 和 1024。

8.5 实验

通过利用 TR 技术捕获嵌入在 Wi-Fi 信号 CSI 中的人体无线生物特征，该系统能够在真实办公环境中以高精度识别不同的个体。在本节中，将通过实验评估人体识别系统的性能。在本章所提出的系统中，训练（也就是无线拍摄）是简单的，并且可以在几秒钟内完成。

8.5.1 实验设置

实验是在一栋共 16 层的商业办公楼的第 10 层办公室中进行的。实验办公室的平面图如图

8.3a 所示。实验办公室的周围是四部电梯和多个有人占用的办公室。所有实验都是在工作日的正常工作时间内进行的，因此在实验办公室之外，有许多活动是与实验同步进行的，例如人步行和电梯运行。

图 8.3d 展示了发射机、接收机和个体的实验配置。两个 Wi-Fi 设备均放在手推车或桌子上，离地高度为 2.8ft，如图 8.3b 所示。当发射机（bot）位于表示为“A”的位置时，接收机（RX）位于表示为“Loc 1”到“Loc 5”的位置。否则，当 bot 位于“B”位置时，接收机分别位于“Loc 6”到“Loc 10”位置。这 10 个 TX-RX 位置可以代表一个 LOS 场景（“Loc 1”）、NLOS 场景（“Loc 2”到“Loc 6”）和穿透墙壁的场景（“Loc 7”到“Loc 10”）。在进行无线拍摄时，每个被认出来的人都站在房间里有小脚印标记的地方，房间的门是关闭的。

此外，在实验中，我们建立了每个类 50 个 CSI 测量值的训练数据库，而用于识别的测试数据库的大小为每个类 500 个 CSI 测量值。受试者身体特征见表 8.1。前五名受试者参与了 8.5.2 节和 8.5.3 节的实验。11 名受试者均参加了 8.5.4 节中的识别实验。第二个个体是 8.5.5 节验证实验的验证目标。

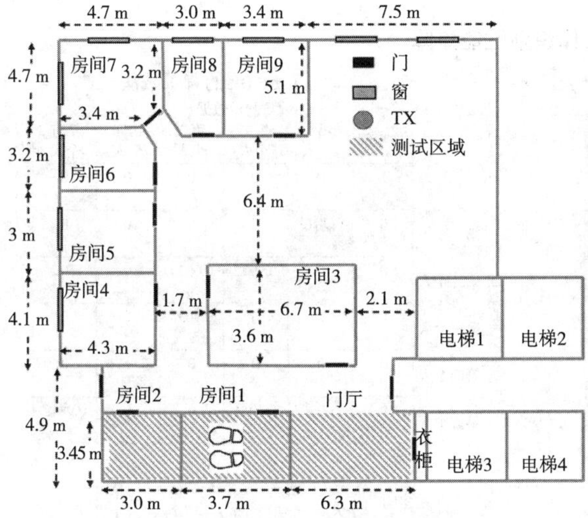

a）室内实验平面图（含尺寸）

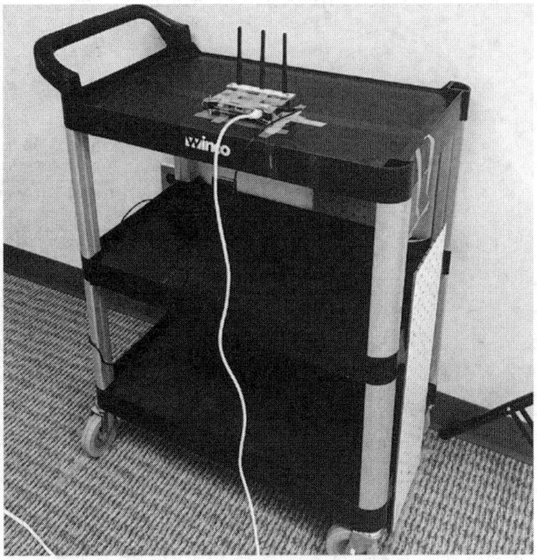

b）发射机或接收机

c）测试房间配置

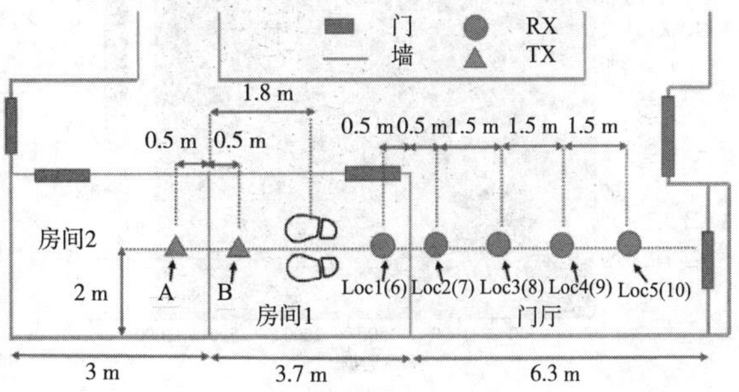

d）测试对象和设备的位置

图 8.3　实验设置

表 8.1　人员识别实验中测试对象的身体特征

测试对象	#1	#2	#3	#4	#5	#6	#7	#8	#9	#10	#11
身高 /cm	172	164	173	168	176	170	170	172	180	166	155
体重 /kg	74	53	70	90	90	90	70	69	75	68	45
性别（男 M/ 女 F）	M	F	M	M	M	M	F	M	M	M	F
眼镜（戴 Y/ 不戴 N）	Y	N	Y	Y	Y	Y	N	Y	Y	Y	N

8.5.2　背景减法的影响

首先，我们定量研究了背景减法和生物特征净化算法对人体识别的影响。

如图 8.4 所示，经过净化处理后，来自不同类别的训练和测试 CSI 之间的时空共振得到了很大的抑制，同时相同类别的 CSI 则维持了较高的 TRRS。表 8.2 列出了用于人体识别的性能矩阵，以说明净化无线生物特征之后性能的改进。性能矩阵的每个元素都是训练类别和测试类别之间的 TRRS 大于阈值 μ 的概率。对角线上的值越高，正确识别的可能性越大。然而，较大的非对角元素表示较高的误报率，因为这意味着如果测试类从未被包含在训练集中，则测试样本可能以更高的概率被误分类为错误的训练类。

表 8.2　人体识别性能矩阵

a）无背景减法

训练数据 \ 测试数据	空房间	第一个人	第二个人	第三个人	第四个人	第五个人
空房间	1	0	0	0	0.4944	0.9613
第一个人	0	1	0	0.5754	0.4138	0
第二个人	0	0	1	1	0.9974	1
第三个人	0	0.3159	1	1	0.1912	0.8869
第四个人	0.8722	0.4951	0.9917	0.5672	1	1
第五个人	0.9781	0	1	0.9999	1	1

b）$\alpha = 0.5$的背景减法

训练数据 \ 测试数据	空房间	第一个人	第二个人	第三个人	第四个人	第五个人
空房间	1	0	0	0	0	0
第一个人	0	0.9812	0	0	0	0
第二个人	0	0	0.9972	0.0024	0	0
第三个人	0	0	0	0.9635	0	0
第四个人	0	0	0	0	0.9696	0
第五个人	0	0	0.0011	0	0	0.9842

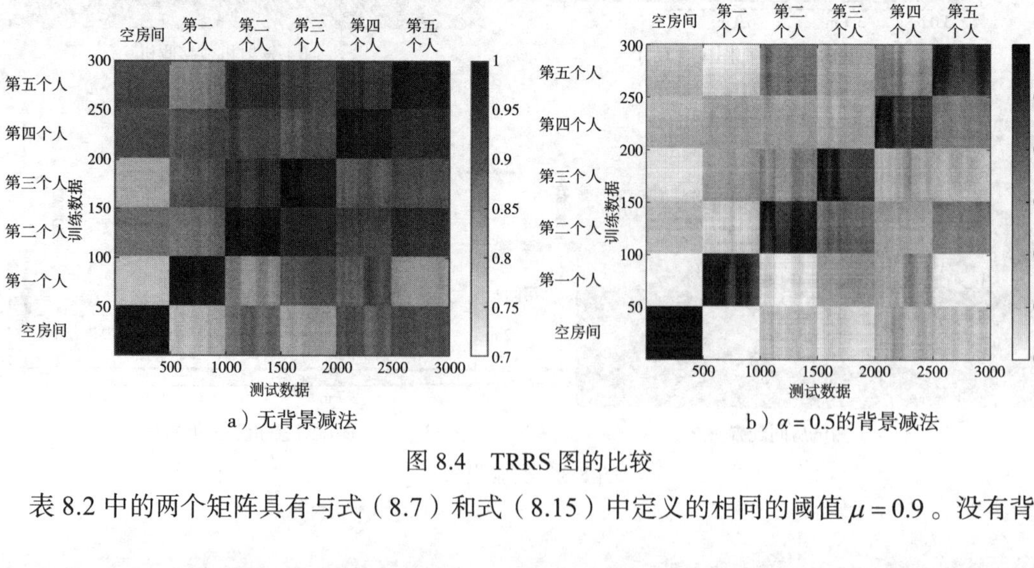

图 8.4　TRRS 图的比较

表 8.2 中的两个矩阵具有与式（8.7）和式（8.15）中定义的相同的阈值 $\mu = 0.9$。没有背景减

法，如表 8.2a 所示，对角线的值可以达到 100%，非对角线的值可以达到 99.99%。高的非对角线值表示在这些特定的训练类和测试类之间发生误报的机会更大。但是，在背景减法后，使用净化的无线生物特征进行识别时，最大的非对角线值降至 0.24%，同时对角线元素高于 96.35%。

8.5.2.1　背景选择

如何选择合适的背景 CSI 成分是实现良好的无线生物特征净化的关键。在这一部分中，我们研究了三种方案下的识别性能：无背景减法、静态环境下背景减法，以及由静态环境和常见的无线生物特征组成的背景减法。我们在图 8.5a 中比较了接收机工作特征曲线（ROC）。

ROC 曲线是通过对所有 10 个 TX-RX 位置上测得的 ROC 性能求平均值而得到的，它显示了随着决策阈值 μ 的变化，检出率和误报率如何变化。虚线表示使用训练数据集中所有 CSI 测量值作为背景（即，背景由静态环境和常用的无线生物特征组成），实线和虚线分别代表无背景减法与静态环境背景减法的情况。这里，背景减法因子 $\alpha=0.5$。使用所有训练 CSI 测量值的系统性能优于其他系统。原因在于，通过将所有类别的 CSI 样本的平均值作为背景，我们有效地消除了不同个体的无线生物特征中高度相关且相似的部分，即式（8.12）中定义的 $\boldsymbol{h}_0^{(m)}+\delta\boldsymbol{h}_{i,c}^{(m)}$，从而扩大了不同个体的无线生物特征之间的差异。

8.5.2.2　最佳背景减法因子

在确定了最佳背景之后，下一个问题是找到最优背景减法因子 α。图 8.5b 绘制了 ROC 性能来评估不同 α 的影响。当 $\alpha=0.9$ 时，识别性能是最差的，这是因为背景减法后剩余的 CSI 分量噪声大且包含的个体生物特性少。通过实验，我们发现 $\alpha=0.5$ 是个体识别的最优值。其余实验均采用 $\alpha=0.5$ 和全 CSI 背景方案。

8.5.3　TX-RX 位置的影响

接下来，我们将评估 TX-RX 配置对人体识别性能的影响。“Loc 1”表示发射机、接收机、实验个体在同一房间的 LOS 场景。“Loc 2”到“Loc 6”代表 NLOS 的情况，其中发射机或接收

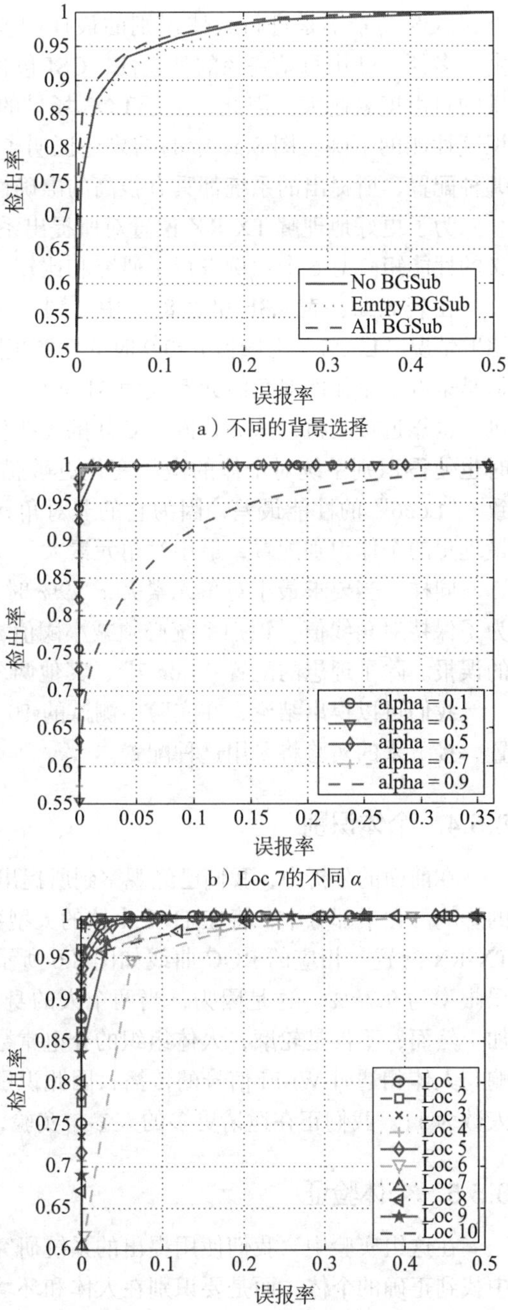

a）不同的背景选择

b）Loc 7的不同 α

c）不同的TX-RX位置

图 8.5　ROC 曲线评估

机与个体在同一房间，而另一个设备被放置在外面。此外，在以“Loc 7”到“Loc 10”为代表的穿墙场景中，要识别的个体在房间中，而发射机和接收机都在外面，并且在不同的位置。

不同场景的标识性能如图 8.5c 所示。性能比较可以总结为：Loc 7>Loc 2>Loc 3>Loc 10>Loc 1>Loc 5>Loc 9>Loc 4>Loc 8>Loc 6。发射机与接收机之间的距离与识别性能没有直接关系。此外，LOS 场景不是进行人体识别的最佳配置。如前所述，人体无线生物特征嵌入多径 CSI 中。由于多径 CSI 中每条路径的独立性，CSI 包含的路径越多，在嵌入的人体无线生物特征中所能提供的自由度就越大。因此，由于 LOS 场景的 CSI 中多径成分较少，提取的信息较少，从而导致识别性能的下降。图 8.5c 中的结果还证明了所提出的系统可进行穿墙人体识别，因为无论选择哪种配置，所提出的系统都具有很高的准确性。

为了更好地理解 TX-RX 位置对所提出系统识别性能的影响，在表 8.3 中使用 8.5.2 节开头定义的性能矩阵对 6 个示例进行了研究和比较。

在表 8.3a、表 8.3b 和表 8.3c 中，列出了 LOS 情况“Loc 1”、NLOS 情况“Loc 6”、穿透墙壁情况“Loc 7”在阈值 μ=0.9 时的性能矩阵。对于“Loc 1”，不存在大于 0 的非对角线元素，但是第五个个体的对角线元素仅为 51.59%。这是因为在 LOS 配置中，要识别的个体既靠近发射机，也靠近接收机，这导致嵌入 CSI 的无线生物特征更强。这使得不同的个体更加容易区分，同时也使得识别系统对个体的微小变化更敏感和易受影响，例如人体姿势和站立位置的轻微不一致。“Loc6”的性能最差，因为它的非对角元素达到了 97.32%。同时，穿墙方案“Loc 7”成为最理想的个体识别配置，最小对角元素大于 96%，最大非对角元素仅为 0.24%。

同样，当要求最小对角元素大于 99% 时，表 8.3d、e、f 给出了上述三种情况下的性能矩阵。为了保持对角线值，识别系统必须减小阈值 μ，这不可避免地引入了较大的非对角线元素和更多的误报。除了理想的配置“Loc 7”，其他两个示例分别将对角线性能降低到 91.9% 和 99.46%

我们可以得出结论，在实验中测试的 10 个 TX-RX 位置中，“Loc 7”是所提出系统的最优配置，接下来的实验将采用这种配置。

8.5.4 个体识别

在前面的分析中，我们已经观察到所提出的人体识别系统的性能受到背景减法和 TX-RX 配置的影响。在本部分中，将在 11 个个体的大型数据集中评估性能，并应用最佳背景减法和“Loc 7”TX-RX 配置。相应的 ROC 曲线如图 8.6 所示。阈值 μ 为 0.91 时，平均识别率为 98.78%，平均误报率为 9.75%。这是因为，当两个人的身体轮廓相似时，他们之间错误分类的可能性就会增加。然而，不仅是轮廓，人体组织的介电常数和电导率（对于不同个体而言也更加不同）也会影响与人体相遇时 Wi-Fi 信号的传播，因此识别的准确性仍然很高。在当前的性能评估中，参与者人数为 11。我们正在邀请更多的人参与实验，并收集更多的数据以进行进一步的验证和分析。

8.5.5 个体验证

在这组实验中，我们使用提出的系统研究了个体验证的性能。个体验证不是在几个可能的人中找到正确的个体，而是要识别在人体和环境中都存在变化的特定个体。

8.5.5.1 时间平稳性

首先，我们讨论个体验证性能的平稳性。我们连续三天每天两次在空房间和有一个人的房间内采集 CSI 测量值。TRRS 图如图 8.7 所示。如图 8.7a 所示，如果我们仅使用第一次测量的 CSI 作为训练集，则同一类别内的 TRRS 会逐渐减小。这导致阈值 μ= 0.75 时识别率为 90.83%。但是，如果我们在测量和识别后每次都更新训练集，例如，对于第 2 天早上的实验，训练集由第 1 天早上和下午测量的 CSI 组成，则识别率会提高到 97.35%。表 8.4 列出了验证准确性的详细信息。因此，为了应对随时间的变化，应定期更新用于识别和验证的训练数据集。

表 8.3 性能矩阵比较

a）阈值 μ = 0.9的Loc 1

训练数据 \ 测试数据	空房间	第一个人	第二个人	第三个人	第四个人	第五个人
空房间	1	0	0	0	0	0
第一个人	0	0.9762	0	0	0	0
第二个人	0	0	0.9887	0	0	0
第三个人	0	0	0	0.9272	0	0
第四个人	0	0	0	0	0.9306	0
第五个人	0	0	0	0	0	0.5159

b）阈值 μ = 0.9的Loc 6

训练数据 \ 测试数据	空房间	第一个人	第二个人	第三个人	第四个人	第五个人
空房间	1	0	0	0	0	0
第一个人	0	0.9896	0	0	0.0912	0
第二个人	0	0	0.9836	0.8820	0.7128	0.1296
第三个人	0	0	0.9732	0.9969	0.2052	0.3014
第四个人	0	0	0.1190	0	1	0.0174
第五个人	0	0	0.1426	0.3633	0	0.9991

c）阈值μ = 0.9的Loc 7

训练数据 \ 测试数据	空房间	第一个人	第二个人	第三个人	第四个人	第五个人
空房间	1	0	0	0	0	0
第一个人	0	0.9812	0	0	0	0
第二个人	0	0	0.9972	0.0024	0	0
第三个人	0	0	0	0.9635	0	0
第四个人	0	0	0	0	0.9696	0
第五个人	0	0	0.0011	0	0	0.9842

d）最小对角线＞0.99的Loc 1

训练数据 \ 测试数据	空房间	第一个人	第二个人	第三个人	第四个人	第五个人
空房间	1	0	0	0	0	0
第一个人	0	1	0	0	0	0.0430
第二个人	0	0	1	0.6678	0	0
第三个人	0	0	0.9190	0.9997	0	0
第四个人	0	0	0	0.0004	1	0
第五个人	0	0.1564	0	0	0	0.9977

e）最小对角线＞0.99的Loc 6

训练数据 \ 测试数据	空房间	第一个人	第二个人	第三个人	第四个人	第五个人
空房间	1	0	0	0	0	0
第一个人	0	0.9972	0	0	0.4843	0
第二个人	0	0	0.9956	0.9753	0.8852	0.3906
第三个人	0	0	0.9947	0.9990	0.3744	0.6113
第四个人	0	0.0110	0.5126	0.0130	1	0.0771
第五个人	0	0	0.5020	0.6238	0.0048	0.9999

f）最小对角线＞0.99的Loc 7

训练数据 \ 测试数据	空房间	第一个人	第二个人	第三个人	第四个人	第五个人
空房间	1	0	0	0	0	0
第一个人	0	0.9966	0	0	0	0
第二个人	0	0	0.9995	0.0443	0	0.0005
第三个人	0	0	0	0.9905	0	0
第四个人	0	0	0	0	0.9936	0
第五个人	0	0	0.0248	0	0	0.9984

表 8.4　平稳性研究的性能矩阵

训练数据 \ 测试数据	第1天上午	第1天下午	第2天上午	第2天下午	第3天上午	第3天下午
第1天上午	1	1	1	0.8522	0.7400	1
第1天下午	1	1	1	0.9998	0.9856	1
第2天上午	1	0.9989	1	0.9990	0.9997	1
第2天下午	1	0.9926	1	1	0.9999	0.9997
第3天上午	0.88858	0.8005	0.9997	0.9833	1	0.9996
第3天下午	1	0.9746	0.9998	0.9420	0.9996	1

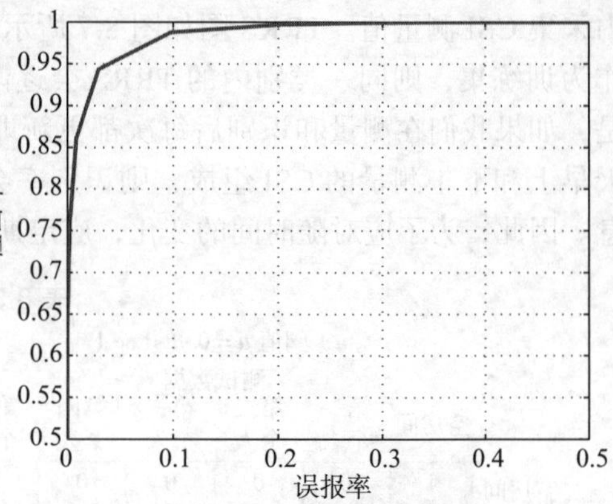

图 8.6　识别 11 个个体的 ROC 曲线

8.5.5.2　其他变化

在本实验中讨论了其他类型的变化，如穿外套或携带背包 / 笔记本计算机对验证准确性的影响。我们考虑表 8.5 中列出的 6 个类别。对应的 TRRS 图如图 8.10 所示。

详细的验证性能如表 8.6 所示，其中研究了阈值 μ 与区分不同变化能力之间的关系。这里，训练集只包含来自第 1 类的 CSI。较低的阈值降低了系统的灵敏度。当阈值 μ 增大时，它能够判断出该人是否穿着外套和背着背包，如表 8.6 中类别 3 被错误分类为类别 1 的概率为 0。对于有或没有笔记本计算机的背包而言，由于它们被个体遮挡，因此引入的变化对验证的准确性影响相对较小。

表 8.5　6 类变化类别列表

类别	外套	背包	背包中有笔记本计算机
#1	No	No	No
#2	Yes	No	No
#3	Yes	Yes	No
#4	Yes	Yes	Yes
#5	No	Yes	No
#6	No	Yes	Yes

表 8.6　不同变化时的检出率

	阈值 0.92	阈值 0.9	阈值 0.85	阈值 0.84
类别 #1	0.9873	0.9994	1	1
类别 #2	0.9688	0.9992	1	1
类别 #3	0	0.3275	0.9985	1
类别 #4	0.4668	0.9756	1	1
类别 #5	0.2734	0.9659	1	1
类别 #6	0.9720	0.9996	1	1

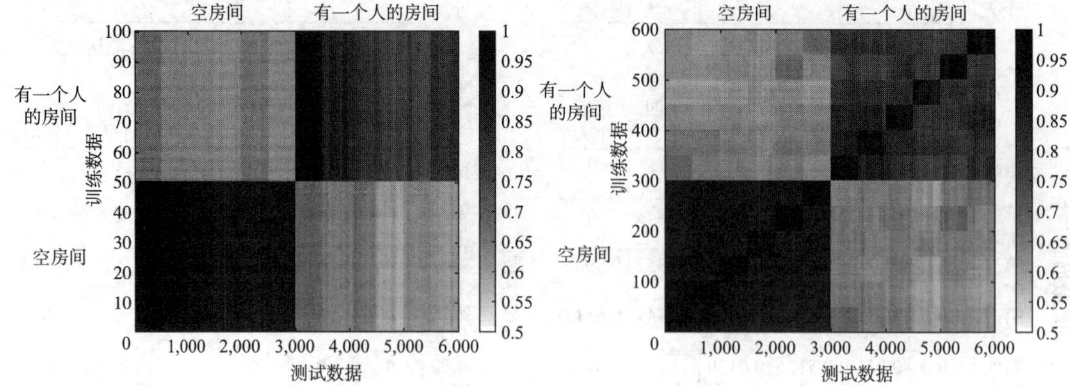

a）没有训练数据库的更新　　　　b）有训练数据库更新

图 8.7　TRRS 图的时间平稳性比较

8.6 讨论

通过前面的实验，证明了提出的TR人体识别系统具备透过墙壁实现个体识别和验证的能力。在本节中，我们将评估和讨论障碍物和测试对象姿势的影响。通过与基于 RSSI 的识别系统进行比较，进一步研究了该系统的性能，并讨论了该系统的当前局限性。

8.6.1 障碍物的影响

本节进行实验以评估和比较在测试对象前方和同一房间内有障碍物时的识别准确度。办公室配置如图 8.8a 所示。图 8.8b 和图 8.8c 分别给出了在桌子后方、椅子后方的场景，图 8.8d 绘出并比较了无阻碍场景、图 8.8b 和图 8.8c 场景的 ROC 曲线。在误报率相近的情况下，无阻碍场景的平均检出率是 97.57%，相应的平均误报率是 9.85%。当测试对象前面有靠墙的桌子时，平均检出率提高到 99.53%，平均误报率为 8.82%。当测试对象前面有一把椅子且距离非常近时，系统的平均检出率为 97.44%，平均误报率为 8.43%。当测试对象和收发机之间存在障碍物时，由于反射和穿透，会产生更多的发射信号副本，以及更多的多径成分。如果障碍物对信号的衰减不是很大，那么从障碍物发出的大部分信号最终都会遇到测试对象。然后通过多径传播接收机可以捕获更多的无线生物特征信息，这有助于提高识别性能。然而，如果障碍物的尺寸很大，并且有一个大的垂直表面，则该障碍物将衰减和阻挡大部分的传入信号，那么通过个体的多径分量就会减少。因此，与无阻碍情况相比，获得的无线生物特征信息较少。此外，本实验表明，家具作为障碍物的存在对系统的影响不大。

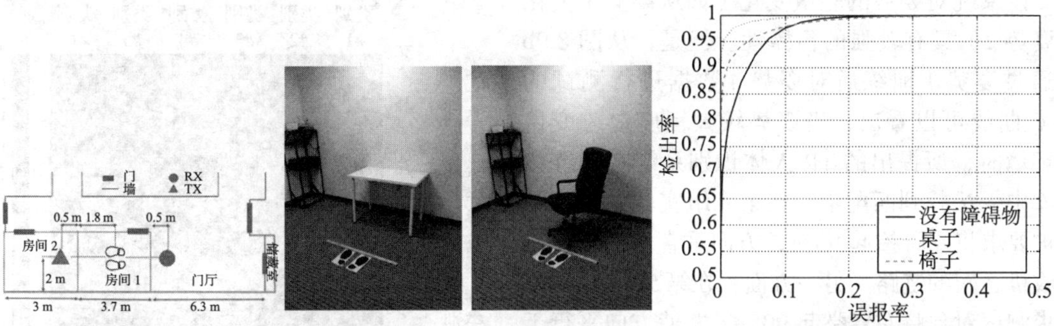

a）实验配置　b）桌子后面　c）椅子后面　d）不同障碍物的ROC曲线

图 8.8　障碍物影响评估

然而，当障碍物发生变化时，特别是当障碍物位于发射机和接收机链路之间以及被测对象前方时，多径特征就会发生变化。TR 技术试图捕获多径特征的差异，当然它也会捕获障碍变化所带来的差异。因此，如果一个人在训练阶段站在一个大桌子后面，然后又站在一个小桌子后面进行测试，那么本系统将在多径特征中注意到这个变化，从而导致一个与训练数据库不匹配的事件。

8.6.2 个体姿势的影响

我们进行了实验来评估个体姿势所带来的影响。在图 8.8a 的设置下，要求四名参与者站在同一位置，以不同的角度和方向举起手臂，完成五种不同的姿势，如图 8.9a 所示。其 ROC 曲线如图 8.9b 所示。

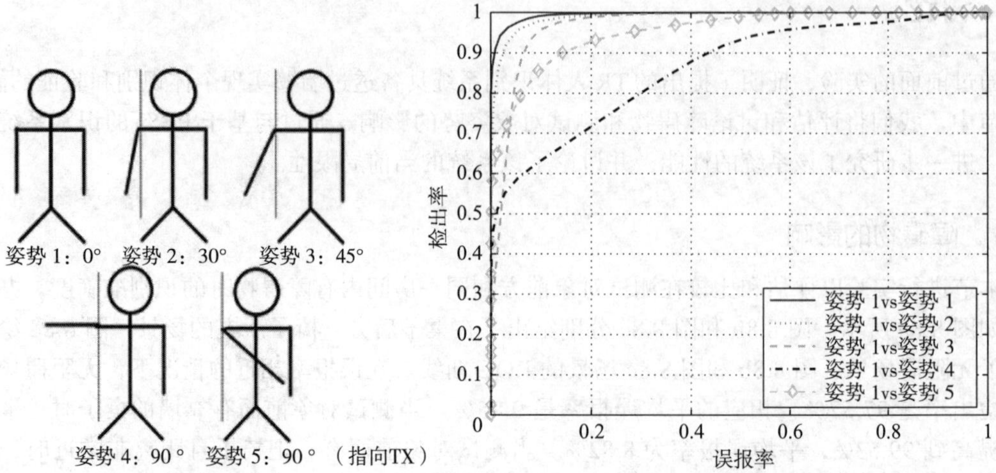

a）测试姿势　　　　b）不同姿势的ROC曲线

图 8.9　人体姿势影响研究

在实验中，我们选取第一个姿势下每名参与者的 50 个样本作为训练集，当测试样本来自同一姿势时，检出率达到 97.67%，误报率为 5.58%。然而，当参与者从第二组姿势改为第五组姿势时，检出率从 95.66% 下降到 88.06%、58.83%、79.29%，误报率为 5.6% 左右。实验结果表明，姿势的改变会降低系统的性能。

该系统对姿势的轻微变化（如从姿势 1 变化为姿势 2）具有较强的鲁棒性。但是，从图 8.9b 中通过姿势 1 训练后对姿势 4 数据进行测试的 ROC 曲线可以看出，当姿势较大程度地改变传播环境时，所提出的 TR 人体识别系统在训练数据库中无法找到匹配项。在第 4 组实验中，参与者被要求将左臂抬起 90°，方向垂直于发射机和接收机之间的链路。另一方面，在第 5 个姿势中，要求测试对象将左臂举起 90°，并使方向平行于发射机和接收机之间的链路。对比第 5 个姿势和第 4 个姿势的测试结果，我们注意到，如果姿势以垂直于 TX-RX 链接的方式改变个体特征，则识别精度会下降更多。

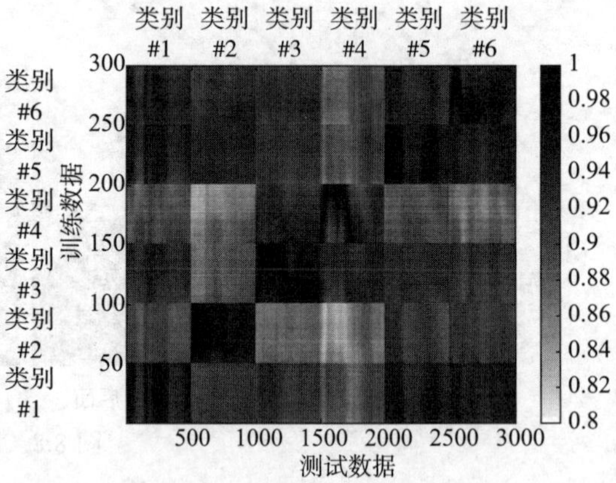

图 8.10　变化的 TRRS 图

因此，当姿势或站立位置发生变化时，测试对象在 TR 空间中的多径特征可能会超出其自身的“邻近性范围”（高度相似的范围），从而导致检出率降低。此外，更糟糕的情况是，更改后的多径特征进入其他测试对象的“邻近性范围”，从而导致误报率增加。

8.6.3　与基于 RSSI 的方法进行比较

使用标准 Wi-Fi 芯片组，除了 CSI，在每次测量中我们还可以获得一个 7 × 1 的 RSS 矢量，其中包括每个 20MHz 频带中 3 个接收天线的 6 个 RSS 值和一个整体 RSS 值。在这里，我们将每个实值 7×1 向量视为特征，并对测量值应用 *k* 最近邻（kNN）分类算法。

8.6.3.1　RSSI 的识别

我们首先在 11 个个体的数据集上测试了基于 RSSI 方法的识别准确性。

从图 8.11 的结果可以看出，不同个体之间的 RSSI 差异很小。误报率为 68.07%，检出率仅为 31.93%，远远低于所提出的识别系统。

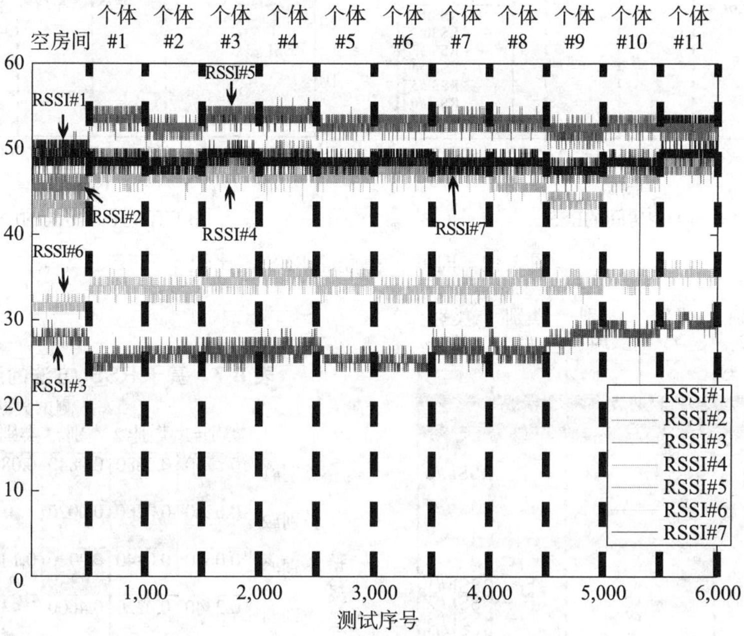

图 8.11　11 个个体的 RSS 值的变化

8.6.3.2　RSSI 的验证

图 8.12 对平稳性进行了评估，从图中可以明显看出 RSS 值不稳定。如果使用未更新的训练数据库，则个体的识别率仅为 89.67%，并且有 10.33%的可能性将个体误分类为空房间。即使使用更新的训练数据库，由于 RSS 值随时间的不稳定性，检出率也不会提高。

此外，就表 8.6 中列出的微小变化的个体验证来说，基于 RSSI 的方法仅使用图 8.13 中所示的 7×1 RSS 向量和表 8.7 中个体验证的混淆矩阵很难区分不同的变化。它对微小变化不敏感的原因与它不能识别个体的原因是一样的。7×1 RSS 矢量特征只能捕获少量的个体无线生物特征信息，并且失去了个体识别能力。

因此，即使基于 RSSI 的方法对个体产生的微小变化具有鲁棒性，但它也不能用于人体的识别和验证。此外，由于 RSSI 只是一个近似表示接收信号功率的实值标量，因此 RSSI 的信息量较少，易受噪声影响，并且具有较大的类内差异，当测试对象的数量增加时，该差异会大大降低识别精度。与基于 RSSI 的方法相比，所提出的 TR 人体识别系统能够成功地捕获和提取了嵌入在 CSI 中的人体无线生物特征信息，并透过墙壁实现了高精度的个体识别。

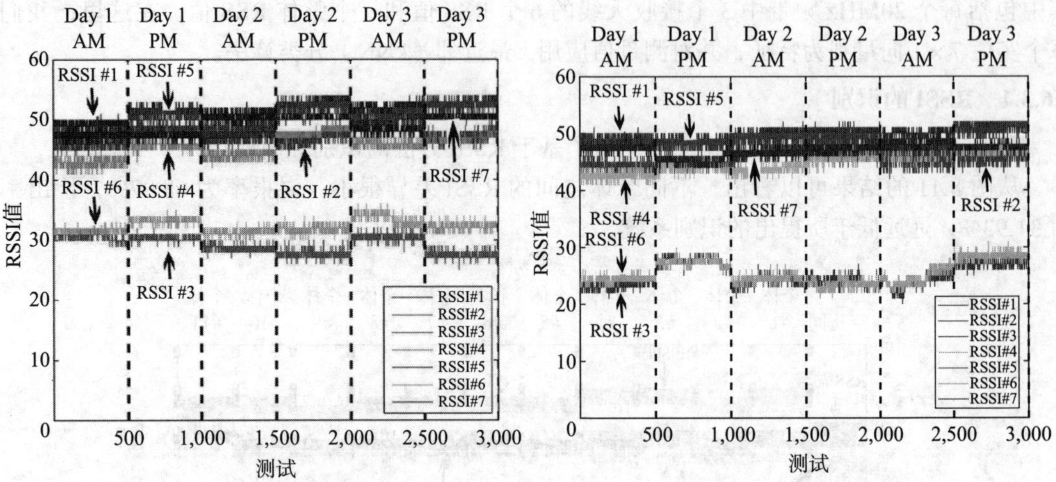

a）空房间的RSSI b）有一个人房间的RSSI

图 8.12 时间平稳性的 RSS 值比较

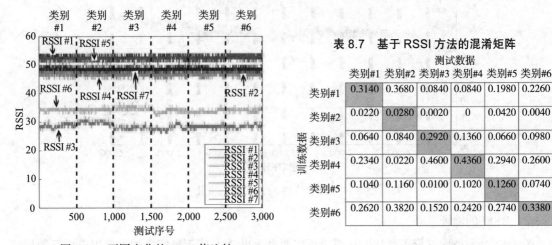

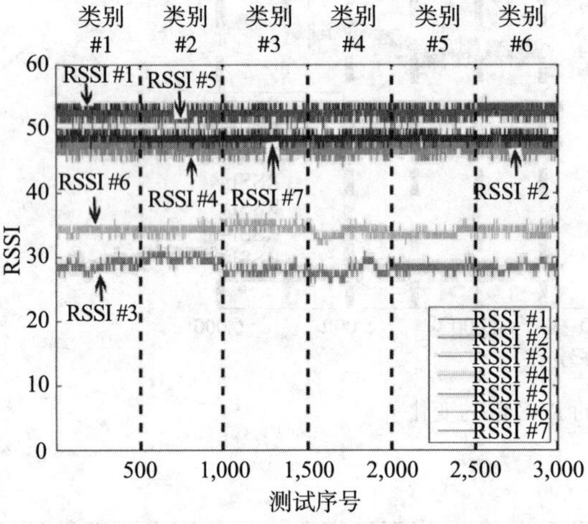

图 8.13 不同变化的 RSSI 值比较

表 8.7 基于 RSSI 方法的混淆矩阵

		测试数据					
		类别#1	类别#2	类别#3	类别#4	类别#5	类别#6
训练数据	类别#1	0.3140	0.3680	0.0840	0.0840	0.1980	0.2260
	类别#2	0.0220	0.0280	0.0020	0	0.0420	0.0040
	类别#3	0.0640	0.0840	0.2920	0.1360	0.0660	0.0980
	类别#4	0.2340	0.0220	0.4600	0.4360	0.2940	0.2600
	类别#5	0.1040	0.1160	0.0100	0.1020	0.1260	0.0740
	类别#6	0.2620	0.3820	0.1520	0.2420	0.2740	0.3380

8.6.4 系统局限性

目前，所提出的 TR 人体识别系统存在一定的局限性：

1）如式（8.1）所示，本系统对嵌入 CSI 中的人体无线生物特征采用了一个简单的模型。结果表明，所获得的人体无线生物特征值 $\delta\boldsymbol{h}$ 与环境成分 $\boldsymbol{h}_0$ 具有相关性。换句话说，人体无线生物特征 $\delta\boldsymbol{h}$ 是与位置相关的，这要求系统在一个与时间变化保持一致的环境中运行。未来的工作将开发算法以将人体无线生物特征与外部环境分离开来。

2）目前的系统只配备了一对发射机和接收机，因此可以通过部署更多的收、发机同时从不同方向捕获细粒度的个体无线生物特征来提高其性能。

3）在目前的工作中，考虑到从每个个体中提取所有这些生物特征所需要的复杂技术，很难科学地证明个体无线生物特征的唯一性。在未来的工作实验中，将会有更多的测试对象参与实验，并利用可以记录其他生物特征的技术来提供更多的个体生物特征的细节，如肌肉质量指数和体温。除了身高、体重、性别、衣着等常见信息外，获取更多关于个体生物特征的详细信息，可以很好地研究、测试和验证无线生物特征的唯一性。

尽管有这些局限性，我们认为所提出的 TR 人体识别系统应该被视为人体识别系统和无线感知系统发展的一个里程碑。它可以在大多数时间保持静止的环境中部署实现。例如，可以在诸如银行金库之类的地方实现身份验证，以允许授权人员进入。它也可以用在家庭安全系统中，作为度假屋的无线电子钥匙。此外，位置嵌入式无线生物识别技术在需要同时告知测试对象是谁和测试对象在哪里的应用中很有帮助。一旦提取了与环境无关的无线生物特征信息，所提出的系统就可以在不被测试对象注意到的情况下识别个体，并用于不需要与测试对象直接接触或传感器与测试对象之间有障碍物的应用程序中。

8.7 小结

我们讨论了一个 TR 人体识别系统，该系统采用 TR 技术从 Wi-Fi CSI 中提取出人体无线生物特征并利用这些特征来区分和识别个体。此外，本章还展示并验证了人体无线生物特征的存在，该特征嵌入在室内 Wi-Fi 信号传播中并可以通过无线电拍摄捕获。随着这种新型生物识别技术的推出，它激发了一种基于 Wi-Fi 信号无线感知的新型人体识别技术的出现。通过利用 TR 技术提取无线生物特征，并考虑到 Wi-Fi 的普遍存在，可以在不受设备部署限制的情况下广泛实施低复杂度的人体识别系统。对于相关资料，感兴趣的读者可以参考文献［33］。

参考文献

[1] A. Jain, A. A. Ross, and K. Nandakumar, *Introduction to Biometrics*. Berlin: Springer Science & Business Media, 2011.

[2] A. K. Jain, K. Nandakumar, and A. Ross, “50 years of biometric research: Accomplishments, challenges, and opportunities,” *Pattern Recognition Letters*, 2016.

[3] G. Melia, “Electromagnetic absorption by the human body from 1-15 GHz,” 2013.

[4] P. Beckmann and A. Spizzichino, *The Scattering of Electromagnetic Waves from Rough Surfaces*, Norwood, MA: Artech House, 1987.

[5] S. Gabriel, R. Lau, and C. Gabriel, “The dielectric properties of biological tissues: II. Measurements in the frequency range 10 Hz to 20 GHz,” *Physics in Medicine and Biology*, vol. 41, no. 11, p. 2251, 1996.

[6] “The dielectric properties of biological tissues: III. Parametric models for the dielectric spectrum of tissues,” *Physics in Medicine and Biology*, vol. 41, no. 11, p. 2271, 1996.

[7] S. Levy, G. Sutton, P. C. Ng, L. Feuk, A. L. Halpern, B. P. Walenz, N. Axelrod, J. Huang, E. F. Kirkness, G. Denisov et al., “The diploid genome sequence of an individual human,” *PLoS Biology*, vol. 5, no. 10, p. e254, 2007.

[8] J. Xiao, K. Wu, Y. Yi, L. Wang, and L. Ni, “FIMD: Fine-grained device-free motion detection,” in *Proceedings of the 18th International Conference on Parallel and Distributed Systems*, pp. 229–235, Dec. 2012.

[9] W. Wang, A. X. Liu, M. Shahzad, K. Ling, and S. Lu, “Understanding and modeling of WiFi signal based human activity recognition,” in *Proceedings of the 21st Annual ACM*

International Conference on Mobile Computing and Networking, pp. 65–76, 2015.

[10] W. Xi, J. Zhao, X.-Y. Li, K. Zhao, S. Tang, X. Liu, and Z. Jiang, "Electronic frog eye: Counting crowd using WiFi," in *Proceedings of the International Conference on Computer Communications*, pp. 361–369, Apr. 2014.

[11] C. Han, K. Wu, Y. Wang, and L. Ni, "WiFall: Device-free fall detection by wireless networks," in *Proceedings of the International Conference on Computer Communications*, pp. 271–279, Apr. 2014.

[12] C. R. R. Sen Souvik and N. Srihari, "SpinLoc: Spin once to know your location," in *Proceedings of the 12th ACM Workshop on Mobile Computing Systems & Applications*, pp. 12:1–12:6, 2012.

[13] S. Sigg, S. Shi, F. Buesching, Y. Ji, and L. Wolf, "Leveraging RF-channel fluctuation for activity recognition: Active and passive systems, continuous and RSSI-based signal features," in *Proceedings of ACM International Conference on Advances in Mobile Computing & Multimedia*, pp. 43:52, 2013.

[14] A. Banerjee, D. Maas, M. Bocca, N. Patwari, and S. Kasera, "Violating privacy through walls by passive monitoring of radio windows," in *Proceedings of the ACM Conference on Security and Privacy in Wireless & Mobile Networks*, pp. 69–80, 2014.

[15] H. Abdelnasser, K. Harras, and M. Youssef, "WiGest demo: A ubiquitous WiFi-based gesture recognition system," in *Proceedings of the International Conference on Computer Communications Workshops*, pp. 17–18, Apr. 2015.

[16] J. Liu, Y. Wang, Y. Chen, J. Yang, X. Chen, and J. Cheng, "Tracking vital signs during sleep leveraging off-the-shelf WiFi," in *Proceedings of the 16th ACM International Symposium on Mobile Ad Hoc Networking and Computing*, pp. 267–276, 2015.

[17] H. Abdelnasser, K. A. Harras, and M. Youssef, "UbiBreathe: A ubiquitous non-invasive WiFi-based breathing estimator," in *Proceedings of the 16th ACM International Symposium on Mobile Ad Hoc Networking and Computing*, pp. 277–286, 2015.

[18] F. Adib, H. Mao, Z. Kabelac, D. Katabi, and R. C. Miller, "Smart homes that monitor breathing and heart rate," in *Proceedings of the 33rd Annual ACM Conference on Human Factors in Computing Systems*, pp. 837–846, 2015.

[19] R. Ravichandran, E. Saba, K. Y. Chen, M. Goel, S. Gupta, and S. N. Patel, "WiBreathe: Estimating respiration rate using wireless signals in natural settings in the home," in *Proceedings of the International Conference on the Pervasive Computing and Communications*, pp. 131–139, Mar. 2015.

[20] Q. Pu, S. Gupta, S. Gollakota, and S. Patel, "Whole-home gesture recognition using wireless signals," in *Proceedings of the 19th Annual ACM International Conference on Mobile Computing & Networking*, pp. 27–38, 2013.

[21] H. Abdelnasser, M. Youssef, and K. A. Harras, "WiGest: A ubiquitous WiFi-based gesture recognition system," in *Proceedings of the IEEE International Conference on Computer Communications*, pp. 1472–1480, 2015.

[22] L. Sun, S. Sen, D. Koutsonikolas, and K.-H. Kim, "WiDraw: Enabling hands-free drawing in the air on commodity WiFi devices," in *Proceedings of the 21st Annual ACM International Conference on Mobile Computing and Networking*, pp. 77–89, 2015.

[23] K. Ali, A. X. Liu, W. Wang, and M. Shahzad, "Keystroke recognition using WiFi signals," in *Proceedings of the 21st Annual International Conference on Mobile Computing and Networking*, pp. 90–102, 2015.

[24] F. Adib and D. Katabi, "See through walls with WiFi!" in *Proceedings of the ACM SIGCOMM*, pp. 75–86, 2013.

[25] F. Adib, Z. Kabelac, D. Katabi, and R. C. Miller, "3D tracking via body radio reflections," in *Proceedings of the 11th USENIX Symposium on Networked Systems Design and Implementation*, pp. 317–329, Apr. 2014.

[26] F. Adib, Z. Kabelac, and D. Katabi, "Multi-person localization via RF body reflections," in *Proceedings of the 12th USENIX Symposium on Networked Systems Design and Implementation*, pp. 279–292, May 2015.

[27] F. Adib, C.-Y. Hsu, H. Mao, D. Katabi, and F. Durand, "Capturing the human figure through a wall," *ACM Transactions on Graphics*, vol. 34, no. 6, pp. 219:1–219:13, Oct. 2015.

[28] J. de Rosny, G. Lerosey, and M. Fink, "Theory of electromagnetic time-reversal mirrors," *IEEE Transactions on Antennas and Propagation*, vol. 58, no. 10, pp. 3139–3149, 2010.

[29] G. Lerosey, J. De Rosny, A. Tourin, A. Derode, G. Montaldo, and M. Fink, "Time reversal of electromagnetic waves," *Physical Review Letters*, vol. 92, no. 19, p. 193904, 2004.

[30] Z.-H. Wu, Y. Han, Y. Chen, and K. J. R. Liu, "A time-reversal paradigm for indoor positioning system," *IEEE Transactions on Vehicular Technology*, vol. 64, no. 4, pp. 1331–1339, Apr. 2015.

[31] B. Wang, Y. Wu, F. Han, Y.-H. Yang, and K. J. R. Liu, "Green wireless communications: A time-reversal paradigm," *IEEE Journal on Selected Areas in Communications*, vol. 29, no. 8, pp. 1698–1710, 2011.

[32] C. Chen, Y. Chen, K. J. R. Liu, Y. Han, and H.-Q. Lai, "High accuracy indoor localization: A WiFi-based approach," in *IEEE International Conference on Acoustics, Speech and Signal Processing (ICASSP)*, pp. 6245–6249, Mar. 2016.

[33] Q. Xu, Y. Chen, B. Wang, and K. J. R. Liu, "Radio biometrics: Human recognition through a wall," *IEEE Transactions on Information Forensics and Security*, vol. 12, no. 5, pp. 1141–1155, 2017.

第 9 章 |Chapter 9|

生命体征的估计与检测

在本章中，我们介绍了 TR-BREATH，一种基于时间反演（TR）的无接触呼吸监测系统。它能够使用商用的 Wi-Fi 设备在短时间内进行呼吸监测和多人的呼吸速率估计。该系统利用信道状态信息（CSI）来捕获由呼吸引起的环境中的微小变化。为了放大 CSI 的变化，TR-BREATH 将 CSI 投射到 TR 共振强度（TRRS）特征空间中，利用 Root-MUSIC 和相似性传播算法对 TRRS 进行分析。大量的室内实验结果表明该系统具有完美的呼吸检出率。在非视距（NLOS）和只有 10 秒测量时间的情况下，单人呼吸速率估计的平均准确率为 99%。此外，在视距范围（LOS）的情况下，对十几个人的呼吸速率估计的平均准确率为 98.65%，在 NLOS 的情况下，对 9 个人的平均呼吸速率估计的平均准确率为 98.07%，两者的测量时间均为 63 秒。此外，TR-BREATH 可以估计出人数，误差在 1 左右。我们还证明了 TR-BREATH 对包丢失和移动具有很强的鲁棒性。随着 Wi-Fi 的普及，TR-BREATH 可以应用于家庭和实时呼吸监测。

9.1 引言

呼吸速率是健康状况的重要指标，也是预测病情的重要指标[1]。呼吸监测是未来医疗系统的关键技术。然而，大多数传统的呼吸监测方法是侵入性的，因为它们需要与人体进行身体接触。

为了克服传统的室内呼吸监测方案的不足，人们开发了无接触呼吸监测方案。其中，射频技术驱动的方案是最有前途的候选方案，因为它们能够利用电磁波的传播在高度复杂的室内环境中感知呼吸。在技术方面，这些方案可以分为以雷达和 Wi-Fi 为基础的两类。在基于雷达的方案中，多普勒雷达常用于测量由于人体反射的电磁波周期性变化所引起的信号频移[2]。最近，Adib 等人提出了一种生命体征监测系统，该系统使用通用软件无线电外围设备（USRP）作为 RF 前端来模拟调频连续雷达（FMCW）[3]。但是，这些方案对专用硬件的要求阻碍了它们的部署。

另一方面，基于 Wi-Fi 的方案不需要额外的基础设施，因为它们是建立在现有的室内 Wi-Fi 网络基础上的。由于在大多数 Wi-Fi 设备都可以提供接收信号强度（RSSI），所以 RSSI 是经常使用的一种测量指标。在文献［4］中，Abdelnasser 等人提出了 UbiBreathe，该方法利用 Wi-Fi 设备上的 RSSI 进行呼吸估计。Wi-Fi 设备上另一个可利用的信息是信道状态信息（CSI），它是一种反映电磁波传播情况的细粒度信息。Liu 等人在文献［5］中提出的方案是最早的基于信道状态信息的呼吸监测方法之一。然而，他们假定人数是已知的。另外，该方案使用周期图进行频谱分析，需要较长的时间来进行准确的呼吸监测。在文献［6］中，Chen 等人通过利用 RootMUSIC 算法[7]，证明了使用 CSI 进行高精度多人呼吸速率估计是可行的。

在本章中，我们介绍了 TR-BREATH，它是一种基于 Wi-Fi 的无接触呼吸监测系统，该系统利用了时间反演（TR）技术来检测和监测多人呼吸。TR 技术是未来互联网应用[8]的一个很有前途的范例。TR 技术可用于厘米级室内定位[9-12]、速度估计[13]、人体生物特征识别[14]、事件检测[15]。在本章中，我们展示了 TR 也可以捕获 CSI 中嵌入的微小但周期性的变化。

TR-BREATH 通过时间反演共振强度来[16]测量 CSI 的变化。通过 Root-MUSIC 算法进一步分析 TRRS 值，生成候选呼吸速率。然后，根据这些候选数据得到关键的统计数据，以便进行呼吸检测。如果检测到呼吸，TR-BREATH 通过相似性传播[17]、似然分配和聚类合并来估计多人呼吸速率。基于聚类似然，TR-BREATH 可以进行人数估计。此外，TR-BREATH 充分利用了 Wi-Fi 包中的序列号，以增强其对包丢失的鲁棒性，这在 Wi-Fi 设备密集部署的区域很常见。

在办公环境中进行的大量实验表明，TR-BREATH 能够在 63 秒的测量时间内完美地检测到呼吸的存在。此外，TR-BREATH 只需要 10 秒的测量，在非视线条件下对单人呼吸速率的估计准确率就可以达到 99%。对于多人呼吸监测，对 12 个人在视距条件下，TR-BREATH 的平均准确率为 98.65%，对 9 个人在非视距条件下的平均准确率为 98.07%，二者的测量时间均为 63 秒。在知道最大人数的情况下，TR-BREATH 人数估计误差为 1 个人左右。

TR-BREATH 与以往的方法有以下不同：

- 它是无基础设施的，因为它使用现成的 Wi-Fi 设备，而文献［2-3, 18］中的方案需要专用的硬件。
- 使用 Root-MUSIC 算法，TR-BREATH 可以在 10 秒内实现高精度的呼吸速率估计，比文献［3］和文献［5］中使用的周期图方案需要的时间短得多，因此实时呼吸监测是可行的。
- 它可以同时估计 9 个人的呼吸速率，而在文献［3］和文献［5］中，作者只展示了最多 3 个人的结果。
- 它融合了呼吸检测和估计，而文献［3, 5-6］只强调呼吸速率的估计。
- 它可以估计人数，而文献［3, 5-6］则假设人数是已知的。
- 它对由于周围 Wi-Fi 流量的存在而导致的包丢失有很强的鲁棒性，而文献［3, 5-6］则忽略了这个实际问题。

9.2 理论基础

在这一节中，我们首先介绍了没有变化的静态环境下的信道状态信息（CSI）模型。然后，我们通过考虑环境变化、移动和环境 Wi-Fi 流量来扩展模型。之后，我们引入 TRRS 作为捕获 CSI 变化的特征。最后，我们介绍了用于呼吸速率估计的 Root-MUSIC 算法。

9.2.1 没有环境变化的 CSI 模型

在没有变化的情况下，子载波 k 在 t 时刻的 CSI 记为 $H_k(t)$，可以写成：

$$H_k(t) = \sum_{\ell=1}^{L} \zeta_\ell \mathrm{e}^{-\mathrm{j}2\pi\frac{d_\ell}{\lambda_k}} + e_k(t) \tag{9.1}$$

式中，$k \in \mathcal{V}$，$\mathcal{V}$表示基数为V的可用子载波集，即可用的子载波V，L为多径分量（MPC）的总数，ζ_ℓ是MPC l的复数增益，d_l是MPC l的长度，λ_k是子载波k的波长，可表示为

$$\lambda_k = \frac{c}{f_c + \dfrac{k}{N_{\mathrm{DFT}} T_s}} \tag{9.2}$$

式中，f_c为载波频率，c为光速，T_s为采样间隔，$T_s = \dfrac{1}{B}$，其中B为Wi-Fi信号基带带宽，N_{DFT}为离散傅里叶变换（DFT）的大小。$e_k(t)$是子载波k在t时刻的热噪声，MPC增益和延迟是时不变的。

9.2.2 具有呼吸影响的CSI模型

当存在呼吸时，一个或多个MPC增益和延迟是时变的。为了简单起见，我们假设呼吸只影响MPC# 1。然后，MPC# 1采用的增益形式如下[19]

$$\zeta_1(t) = \zeta_1 \times \left(1 + \frac{\Delta d_1}{d_1} \sin\theta \sin\left(\frac{2\pi b}{60} t + \phi\right)\right)^{-\psi} \tag{9.3}$$

式中，ζ_1和d_1是没有呼吸的MPC #1的增益和长度，Δd_1是由呼吸引起的MPC #1的额外位置移动，ψ是路径损耗指数，θ是测试目标与入射波EM之间的角度，b是以每分钟呼吸次数（BPM）为单位的呼吸速率，ϕ是呼吸的初始相位。考虑到$d_1 \gg \Delta d_1$，我们可以通过时不变的MPC增益ζ_1来近似$\zeta_1(t)$。

另一方面，呼吸通过改变其路径长度$d_1(t)$来影响MPC #1的相位，表示为

$$d_1(t) = d_1 + \Delta d_1 \sin\theta \sin\left(\frac{2\pi b}{60} t + \phi\right) \tag{9.4}$$

现在$H_k(t)$可以表示如下

$$H_k(t) = \zeta_1 \mathrm{e}^{-\mathrm{j}2\pi \frac{d_1(t)}{\lambda_k}} + \sum_{\ell=2}^{L} \zeta_\ell \mathrm{e}^{-\mathrm{j}2\pi \frac{d_\ell}{\lambda_k}} + e_k(t) \tag{9.5}$$

其可以展开为

$$H_k(t) = \zeta_1 \mathrm{e}^{-\mathrm{j}2\pi \frac{d_1}{\lambda_k}} \mathrm{e}^{-\mathrm{j}2\pi \frac{\Delta d_1 \sin\theta \sin\left(\frac{2\pi b}{60} t + \phi\right)}{\lambda_k}} + \sum_{\ell=2}^{L} \zeta_\ell \mathrm{e}^{-\mathrm{j}2\pi \frac{d_\ell}{\lambda_k}} + e_k(t) \tag{9.6}$$

根据Jacobi-Anger展开式[20]，式（9.6）中$H_k(t)$右侧第一项可分解为无限项之和，即

$$\mathrm{e}^{-\mathrm{j}2\pi \frac{\Delta d_1 \sin\theta \sin\left(\frac{2\pi b}{60} t + \phi\right)}{\lambda_k}} = \sum_{m=-\infty}^{+\infty} (-1)^m J_m(v_k) \mathrm{e}^{\mathrm{j}m \frac{2\pi b}{60} t} \mathrm{e}^{\mathrm{j}m\phi} \tag{9.7}$$

式中，$v_k = 2\pi \sin\theta \triangle d_1 / \lambda_k$，$J_m(x)$是参数为$x$的$m$阶贝塞尔函数。可以看出，除了$b$处的谱线，在$mb$处的谱线也存在无数个谐波，其中$m$是非零整数。

在实际中，当$|m| \geqslant 2$时，$J_m(v_k)$在给定v_k的典型值时快速衰减。因此，式（9.7）可以近似为

$$e^{-j2\pi\frac{\Delta d_1 \sin\theta \sin\left(\frac{2\pi b}{60}t+\phi\right)}{\lambda_k}} \approx \sum_{m=-1}^{+1}(-1)^m J_m(v_k) e^{jm\frac{2\pi b}{60}t} e^{jm\phi} \tag{9.8}$$

它由两条位于 $\pm b$ 处的光谱线 $(m=\pm 1)$ 和直流分量 $(m=0)$ 组成。因此，$H_k(t)$ 可以表示为

$$H_k(t) \approx \underbrace{\zeta_1 e^{-j2\pi\frac{d_1}{\lambda_k}} \sum_{m=-1}^{+1}(-1)^m J_m(v_k) e^{jm\frac{2\pi b}{60}t} e^{jm\phi}}_{S_k(t)} + \underbrace{\sum_{\ell=2}^{L}\zeta_\ell e^{-j2\pi\frac{d_\ell}{\lambda_k}}}_{I_k} + e_k(t) \tag{9.9}$$

式中，$S_k(t)$ 为子载波 k 中对呼吸监测有用的信号，I_k 为静态环境中的时不变部分并可以视为干扰。注意式（9.9）中所示的 $H_k(t)$ 的动态模型可以很容易地扩展到多人情况。

9.2.3　非理想性因素对 CSI 的影响

在实践中，我们需要考虑 CSI 模型中的两个随机非理想性因素：

- 由 Wi-Fi 发射机和接收机本地振荡器之间的差异引起的随机相位失真，包括初始相位失真和线性相位失真。
- 由于射频前端的自动增益控制（AGC）将输入电压调整到模数转换器（ADC）的动态范围而导致的随机振幅变化。

考虑到这两个非理想性因素，式（9.9）中的 $H_k(t)$ 应修改为

$$H_k(t) = \Gamma(t)\left(S_k(t) + I_k\right) e^{j(\omega(t)+\kappa(t)k)} + e_k(t) \tag{9.10}$$

式中，$\Gamma(t)$ 是 t 时刻 AGC 增益的实数部分，$\omega(t)$ 是 t 时刻的初始相位失真，$\kappa(t)$ 是 t 时刻的线性相位失真。

9.2.4　移动对 CSI 的影响

EM 波的传播会受到呼吸监测的测试对象移动（例如转头或向前弯曲）的影响，称为测试对象移动，也受附近未受监视的人或物体引起的移动的影响，称为环境移动。接下来，我们介绍考虑了这两者影响下的 CSI 模型。

9.2.4.1　测试对象移动

当存在测试对象移动时，我们需要将时间 t 划分为两个时间段：没有测试对象移动的时间段为 $\mathcal{T}_{sm}$，有测试对象移动的时间段为 $\mathcal{T}_{sm}^c$，这是 $\mathcal{T}_{sm}$ 的补集。将 $S_k(t)$ 修改为

$$S_k(t) = \begin{cases} S_k^0(t), & t \in \mathcal{T}_{sm} \\ S_k'(t), & t \in \mathcal{T}_{sm}^c \end{cases} \tag{9.11}$$

式中，$S_k^0(t)$ 为原始呼吸信号，$S_k'(t)$ 为由测试对象移动产生的随机信号。

9.2.4.2　环境移动

在有环境移动的情况下，式（9.10）中的 I_k 变为时变信号，因此式（9.10）应改写为

$$H_k(t) = \Gamma(t)(S_k(t) + I_k(t)) e^{j(\omega(t)+\kappa(t)k)} + e_k(t) \tag{9.12}$$

环境移动 $I_k(t)$ 可以是周期性的，也可以是非周期性的。例如，$I_k(t)$ 可以由被监视者附近的另一个人的呼吸引起，或者由附近的人或物体的随机移动引起。显然，$I_k(t)$ 会对呼吸监测产生干扰。本章将环境移动视为突发性的，它将影响一部分监视持续时间，即

$$I_k(t)=\begin{cases}I_k^0(t),\ t\in\mathcal{T}_{am}\\0,\ t\in\mathcal{T}_{am}^c\end{cases}\tag{9.13}$$

式中，$\mathcal{T}_{am}$ 为有环境移动时的连续时间，$\mathcal{T}_{am}^c$ 为无环境移动时的持续时间，$I_k^0(t)$ 为原始环境移动信号。

9.2.5　Wi-Fi 流量对 CSI 的影响

在现实中，CSI 的采样时间间隔为 T_{sp}，初始时间为 t_0。第 i 个 CSI 记为 $H_k[i]$，在第 i 个时刻采样，序号为 $s_i=s_0+i$，接收时间为 $t_i=t_0+iT_{sp}$，其中 s_0 为第一个 CSI 样本的序号。然而，由于同一 Wi-Fi 信道上的环境 Wi-Fi 流量，包丢失是不可避免的，导致序号 $s_i\neq s_0+i$ 和接收时间 $t_i=t_0+(s_i-s_0)T_{sp}\neq t_0+iT_{sp}$。

9.2.6　整体 CSI 模型

考虑到 9.2.3、9.2.4、9.2.5 节中讨论的所有影响，离散 CSI 模型采用的形式为

$$H_k[i]=\Gamma[i]\left(S_k[i]+I_k[i]\right)\mathrm{e}^{\mathrm{j}(\omega[i]+\kappa[i]k)}+e_k[i]\tag{9.14}$$

式中，$S_k[i]$ 和 $I_k[i]$ 是在式（9.11）和式（9.13）中所定义的离散信号和第 i 个 CSI 干扰。$\Gamma[i]$ 和 $e_k[i]$ 是离散 AGC 增益和热噪声，$S_k[i]$ 和 $I_k[i]$ 为

$$S_k[i]=\begin{cases}S_k^0[i],\ i\in\mathcal{T}_{sm}\\S'_k,\ i\in\mathcal{T}_{sm}^c\end{cases}\tag{9.15}$$

$$I_k[i]=\begin{cases}I_k^0[i],\ i\in\mathcal{T}_{am}\\0,\ i\in\mathcal{T}_{am}^c\end{cases}\tag{9.16}$$

式中，$\mathcal{T}_{sm}$ 和 $\mathcal{T}_{am}$ 分别为受测试对象移动和环境移动影响的离散 CSI 时间序号，$\mathcal{T}_{sm}^c$ 和 $\mathcal{T}_{am}^c$ 分别为 $\mathcal{T}_{sm}$ 和 $\mathcal{T}_{am}$ 的互补的离散时间序号。

9.2.7　从 CSI 计算 TRRS

TRRS 用于衡量任意两个 CSI 之间的相似性。与文献［12］中时域 TRRS 计算不同，我们根据式（9.14）中的 $H_k[i]$ 和 $H_k[j]$ 计算了频域中第 i 个接收 CSI 和第 j 个接收 CSI 之间的 TRRS，具体如下：

$$\mathrm{TR}\left[\boldsymbol{H}[i],\boldsymbol{H}[j]\right]=\frac{\sum_{k\in\mathcal{V}}H_k[i]H_k^*[j]\mathrm{e}^{-\mathrm{j}(\omega^\star+\kappa^\star k)}}{\|\boldsymbol{H}[i]\|_2\|\boldsymbol{H}[j]\|_2}\tag{9.17}$$

式中，$\boldsymbol{H}[i]=\{H_k[i]\}_{k\in\mathcal{V}}$ 和 $\|\boldsymbol{x}\|_2$ 是 $L2$ 范数，在式（9.17）中引入 $\omega^{\star}$ 和 $\kappa^{\star}$ 是为了删除初始和线性相位畸变，即

$$\kappa^{\star}=\underset{\kappa}{\operatorname{argmax}}\left|\sum_{k\in\mathcal{V}}H_k[i]H_k^{*}[j]\mathrm{e}^{-\mathrm{j}\kappa k}\right| \tag{9.18}$$

$$\omega^{\star}=\measuredangle\left(\sum_{k\in\mathcal{V}}H_k[i]H_k^{*}[j]\mathrm{e}^{-\mathrm{j}\kappa^{\star}k}\right)^{*} \tag{9.19}$$

式（9.17）的分母对 TRRS 进行了归一化，使得 $\mathrm{TR}\left[\boldsymbol{H}[i],\boldsymbol{H}[j]\right]\in[0,1]$。换句话说，分母减弱了 $\varGamma[i]$ 和 $\varGamma[j]$ 随机增益的影响。$\measuredangle(x)$ 是从复数 x 中提取相位的操作符。

9.2.8 使用 Root-MUSIC 提取呼吸速率

Root-MUSIC 是著名的多重信号分类（MUSIC）算法[21]的变体。它是一种基于子空间超分辨率的频谱分析算法，广泛应用于信号处理领域[7]。假设在时间间隔 T_{sp} 内共采样 N 个 CSI，根据式（9.17）计算 $N\times N$ 的 TRRS 矩阵 $\boldsymbol{R}$, $\boldsymbol{R}$ 的第（i,j）个元素分别为 $\mathrm{TR}\left[\boldsymbol{H}[i],\boldsymbol{H}[j]\right]$

计算 $\boldsymbol{R}$ 后，对 $\boldsymbol{R}$ 进行特征值分解（EVD）得到：

$$\boldsymbol{R}=\boldsymbol{U}\boldsymbol{\varLambda}\boldsymbol{U}^{\dagger} \tag{9.20}$$

式中，† 是转置和共轭算子，$\boldsymbol{U}$ 是一个 $N\times N$ 的标准正交矩阵，有 $\boldsymbol{U}^{\dagger}\boldsymbol{U}=\boldsymbol{I}$，其中 $\boldsymbol{I}$ 是 $N\times N$ 单位矩阵，$\boldsymbol{\varLambda}$ 是一个 $N\times N$ 对角矩阵，它的对角线元素是实数并且逐渐减小，对角线元素等于 $\boldsymbol{R}$ 的特征值。

其次，将标准正交矩阵 $\boldsymbol{U}$ 分解为信号子空间和噪声子空间。$\boldsymbol{U}_s$ 表示的信号子空间由 $\boldsymbol{U}$ 的前 p 列组成，其中 $p\leqslant N-1$ 为信号子空间维数。另一方面，用 $\boldsymbol{U}_n$ 表示的噪声子空间由 $\boldsymbol{U}$ 后面的 $N-p$ 列组成。

然后，计算矩阵 $\boldsymbol{Q}=\boldsymbol{U}_n\boldsymbol{U}_n^{\dagger}$，将多项式 $f(z)$ 表示为

$$f(z)=\sum_{m=0}^{N-1}\sum_{n=0}^{N-1}[\boldsymbol{Q}]_{m,n}z^{g_{m,n}} \tag{9.21}$$

式中，$[\boldsymbol{Q}]_{m,n}$ 是 $\boldsymbol{Q}$ 的第 (m,n) 个元素，$z=\mathrm{e}^{-\mathrm{j}\frac{2\pi bT_{sp}}{60}}$ 和 $g_{m,n}$ 是离散差分函数，它们突出显示了归一化为 T_{sp} 的两个 CSI 样本之间的时间差，表示为

$$g_{m,n}=\begin{cases}s_m-s_n, & \text{考虑包丢失}\\ m-n, & \text{其他}\end{cases} \tag{9.22}$$

注意，通过使用 $g_{m,n}=s_m-s_n$，Root-MUSIC 算法对 Wi-Fi 包丢失具有鲁棒性。然而，当周围的 Wi-Fi 流量不太大时，将 $g_{m,n}$ 设为 $m-n$ 即可得到准确的结果。

求解式（9.21）中的 $f(z)=0$，得到 $2N-2$ 的复根，用 $\hat{z}=\{\hat{z}_1,\hat{z}_2,\hat{z}_3,\cdots,\hat{z}_{2N-2}\}$ 表示。因为 $\boldsymbol{Q}$ 是埃尔米特矩阵，如果 $\hat{z}$ 是 $f(z)=0$ 的一个复根，则 $1/\hat{z}^{*}$ 也是 $f(z)=0$ 的一个复根。换句话说，$f(z)=0$ 的根成对出现。考虑到只有复根的相位携带有关呼吸速率的信息，我们将 $N-1$ 复根保留在单位圆内。然后，我们在 $N-1$ 个复根中选择最接近单位圆的 p 个复根。呼吸速率估计可以表示为

$$\hat{b}_i = 60 \times \frac{\measuredangle \hat{z}_i}{2\pi T_{sp}}, i = 1, 2, \cdots, p \qquad (9.23)$$

由式（9.12）我们发现，虽然一些复根与呼吸速率有关，但其余复根是由移动干扰和热噪声产生的。尤其是当移动发生在非常靠近捕获 CSI 的 Wi-Fi 设备时，移动干扰项 $I_k(t)$ 的功率甚至可以比呼吸信号 $S_k(t)$ 更强。如 9.5 节所示，只要 Wi-Fi 设备远离移动，移动的影响在很大程度上可以忽略，式（9.12）中 $f(z)$ 的大部分复根仍然与呼吸有关。

此外，我们注意到呼吸速率应该限制在一个有限的范围 $[b_{\min}, b_{\max}]$，因为人们不能呼吸得太快或太慢。因此，我们通过丢弃 $[b_{\min}, b_{\max}]$ 范围以外的速率来对 $\hat{b} = [\hat{b}_1, \hat{b}_2, \cdots, \hat{b}_p]$ 进行筛选，从而使 $\tilde{b} = [\hat{b}_{r_1}, \hat{b}_{r_2}, \cdots, \hat{b}_{r_{p'}}]$，$p'$ 是剩余的复根数目，r_i 是第 i 个剩余估计的序号。

9.3 算法设计

TR-BREATH 的架构如图 9.1 所示。我们假设在多天线 Wi-Fi 系统中所有 D 个链路上的 CSI 都是可以获得的。在接下来的部分中，我们将详细介绍 TR-BREATH 中的算法。

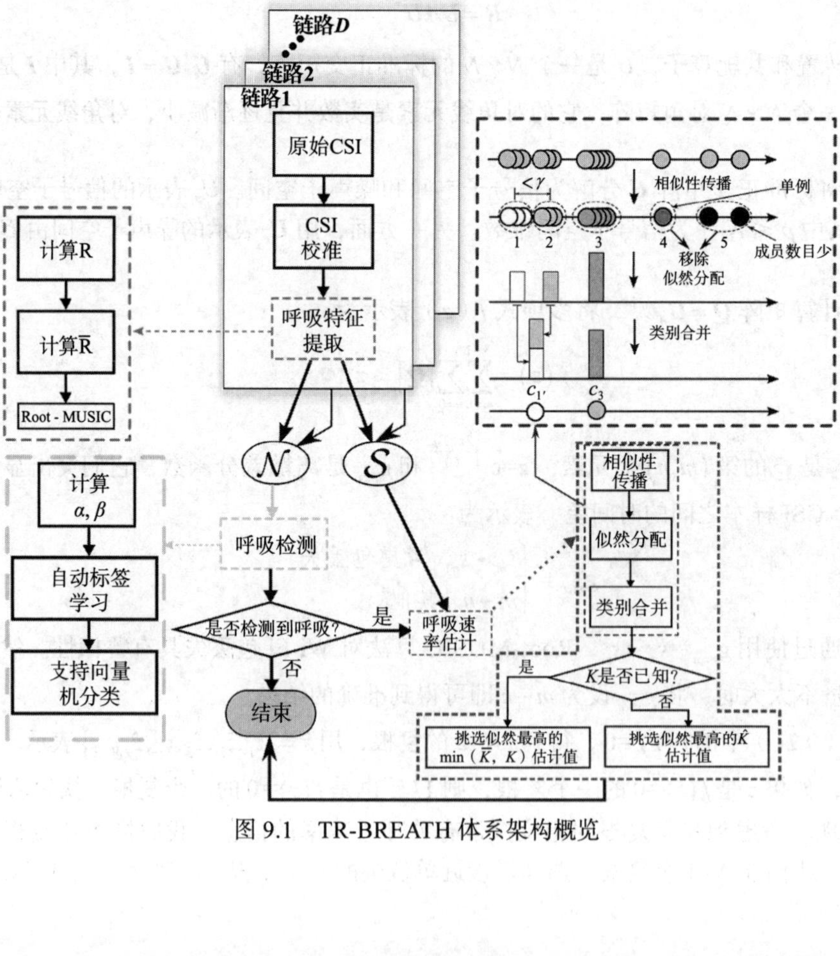

图 9.1　TR-BREATH 体系架构概览

9.3.1 CSI 校准

残余同步误差引起的相位畸变掩盖了 CSI 的微小周期性变化。为了克服这个问题，在 TRRS 的计算中，我们根据式（9.18）和式（9.19）来评估 ω^* 和 κ^*。此步骤在所有链路上并行执行。

9.3.2 呼吸特征提取

9.3.2.1 计算 TRRS 矩阵

假设每个链路得到 N 个 CSI。从长期来看，呼吸并不是严格固定的，使用式（9.17）校准的 CSI 计算 $N\times N$ TRRS 矩阵 $\boldsymbol{R}$ 并不是最优的，这将导致性能下降。因此，TR-BREATH 将测量时间分为多块，每个块包含 M 个 CSI 且 M ≤ N。假设两个块有 P 个 CSI 重叠，TR-BREATH 总共可以得到 $B=\left\lfloor\dfrac{N-P}{M}\right\rfloor+1$ 个块。

对于每个块，TR-BREATH 将块持续时间进一步划分为多个重叠的时间窗口，每个窗口都有 W 个 CSI，与第 i 个时间窗口关联的 CSI 表示为 $\{\boldsymbol{H}[i],\boldsymbol{H}[i+1],\cdots,\boldsymbol{H}[i+W-1]\}$。两个相邻的时间窗口有 1 个 CSI 重叠。

9.3.2.2 TRRS 矩阵的时间平滑处理

为了抑制干扰和噪声引起的伪估计，TR-BREATH 考虑了包丢失，对每个块的 TRRS 矩阵进行了时间平滑。首先，对于链路 d、块 b，TR-BREATH 解析块内的 M 个 CSI 的序列号，表示为 $s_{b(N-P)}+1,s_{b(N-P)}+2,\cdots,s_{b(N-P)}+M$。然后，TR-BREATH 计算最大序号 $s_{\max}=s_{b(N-P)}+M$ 与最小序号 $s_{\min}=s_{b(N-P)}+1$ 之间的差 M'。如果 $M'=s_{\max}-s_{\min}>M$，我们推断由于环境 Wi-Fi 流量的影响有 $M'-M$ 个 Wi-Fi 包丢失。

其次，TR-BREATH 根据式（9.17）计算链路 d 和块 b 的 $M\times M$ TRRS 矩阵，记为 $\boldsymbol{R}_{b,d}$。然后，TR-BREATH 形成一个扩展的 TRRS 矩阵 $\boldsymbol{R}'_{b,d}$，维数为 $M'\times M'$。整个 $\boldsymbol{R}'_{b,d}$ 初始化为 0。然后，TR-BREATH 将 $\boldsymbol{R}_{b,d}$ 的第 (i,j) 项填入 $\boldsymbol{R}'_{b,d}$ 的第 (s_i,s_j) 项。也就是说，$\boldsymbol{R}'_{b,d}$ 是 $\boldsymbol{R}_{b,d}$ 的一个内插版本，其中值为 0 的项表示丢失包的序号。在时间窗口大小为 W 的情况下，TR-BREATH 可以形成 $Z=M'-W+1$ 个时间窗口。同时，TR-BREATH 为链路 d 和块 b 构成一个计数矩阵 $\boldsymbol{C}'_{b,d}$

$$\left[\boldsymbol{C}'_{b,d}\right]_{i,j}=\begin{cases}1, & \left[\boldsymbol{R}'_{b,d}\right]_{i,j}>0\\ 0, & 其他\end{cases}\tag{9.24}$$

接下来，TR-BREATH 将 $\boldsymbol{R}'_{b,d}$ 划分为 Z 个正方形子矩阵，$\boldsymbol{R}'_{b,d,z}$ 给出的第 z 个子矩阵由 $\boldsymbol{R}_{b,d}$ 的元素组成：从 z 行到 $z+W-1$ 行，从 z 列到 $z+W-1$ 列。对 $\boldsymbol{C}'_{b,d}$ 执行相同的操作，得到 Z 个正方形子矩阵 $\{\boldsymbol{C}'_{b,d,z}\}_{z=1,2,\cdots,Z}$。累加 $\{\boldsymbol{R}'_{b,d,z}\}_{z=1,2,\cdots,Z}$ 和 $\{\boldsymbol{C}'_{b,d,z}\}_{z=1,2,\cdots,Z}$ 得到 $\overline{\boldsymbol{R}'_{b,d}}=\sum_{z=1}^{Z}\boldsymbol{R}'_{b,d,z}$ 和 $\overline{\boldsymbol{C}'_{b,d}}=\sum_{z=1}^{Z}\boldsymbol{C}'_{b,d,z}$。另外，我们将序号替换为 $[1,2,\cdots,W]$。

然后，我们找到并删除 $\overline{\boldsymbol{R}'_{b,d}}$ 和 $\overline{\boldsymbol{C}'_{b,d}}$ 中至少有一个为 0 的行和列，使矩阵 $\overline{\boldsymbol{R}''_{b,d}}$ 和 $\overline{\boldsymbol{C}''_{b,d}}$ 的维度为 $W'\times W'$ 且 $W'\leqslant W$。删除的序号也会在前面步骤更新后的序号中删除，从而得到更新的序号为 $s''_1,s''_2,\cdots,s''_W$。

最后，我们利用$[\overline{\boldsymbol{R}''_{b,d}}]_{i,j}/[\overline{\boldsymbol{C}''_{b,d}}]_{i,j}$中的（$i, j$）个元素来计算时间平滑矩阵$\overline{\boldsymbol{R}_{b,d}}$，以便进一步处理。图 9.2 给出了在$N=5$、$M=4$、$M'=5$、$W=4$、$W'=2$、$P=1$和$B=2$的情况下生成$\overline{\boldsymbol{R}_{b,d}}$的示例。注意，这些参数表明由于$M'-M=1$而丢失了一个 Wi-Fi 包。

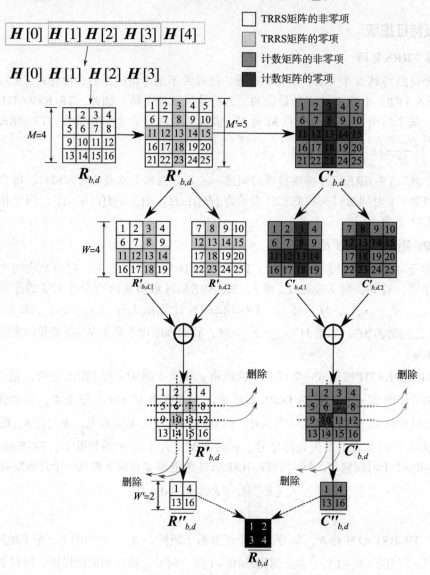

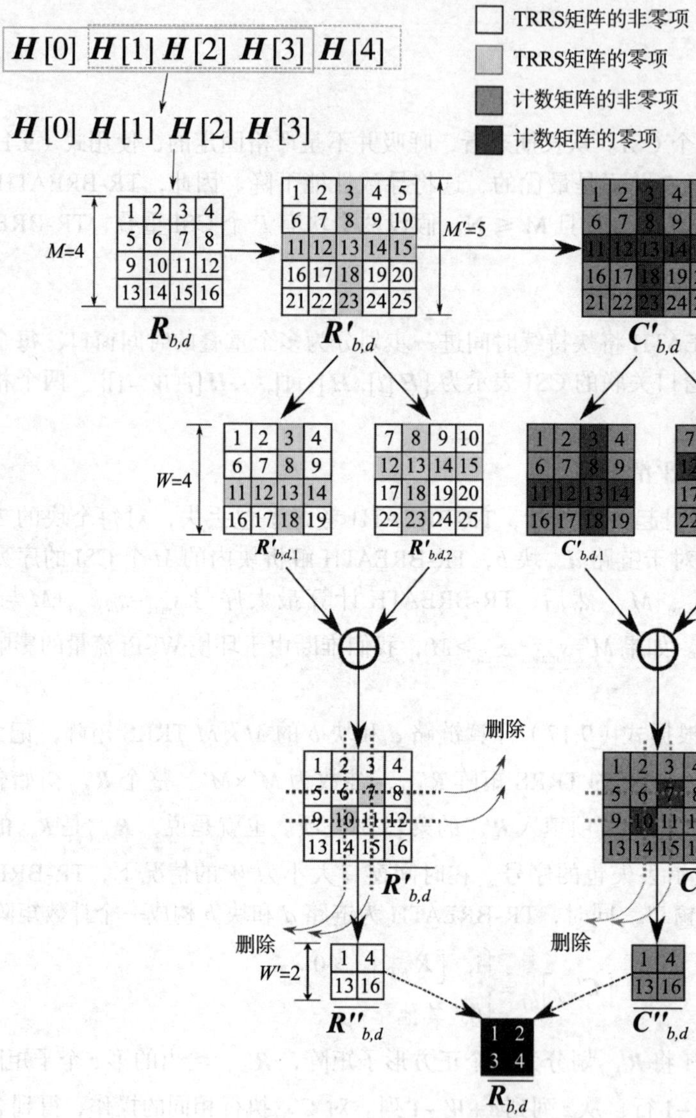

图 9.2 TRRS 矩阵平滑过程

9.3.2.3 通过 Root-MUSIC 进行分析

利用 Root-MUSIC 算法对$W'\times W'$ TRRS 矩阵$\boldsymbol{R}_{b,d}$进行平滑处理。在$\overline{\boldsymbol{R}_{b,d}}$上调用 EVD，得到$W'\times(W'-p)$的噪声子空间矩阵$\boldsymbol{U}'_n$，则$\boldsymbol{Q}'=\boldsymbol{U}'_n(\boldsymbol{U}'_n)^\dagger$多项式修改为

$$f(z)=\sum_{m=0}^{W'-1}\sum_{n=0}^{W'-1}[\boldsymbol{Q}']_{m,n}z^{g_{m,n}} \tag{9.25}$$

其中，如果不考虑包丢失的话，$g_{m,n}=m-n$，否则 $g_{m,n}=s''_m-s''_n$。这里，p 应该设置为最大可能的人数，例如，一个屋子能容纳的最大人数。如果式（9.25）中的多项式不能在 $\left[b_{\min},b_{\max}\right]$ 区间得到解，我们称 $f(z)=0$ 不可解，并把一个空解加入 $N_{b,d}$ 集合中。否则，我们将候选呼吸速率 $\left\{\hat{b}_1,\hat{b}_2,\cdots,\hat{b}p'\right\}$ 加入一个表示为 $S_{b,d}$ 的集合中，其中 p' 是采用 9.2.8 节讨论的方法过滤后的候选值的数目。处理完所有的 D 个链路后，将集合 $\left\{S_{b,d}\right\}_{b=1,2,\cdots,B}^{d=1,2,\cdots,D}$ 合并为集合 S，即 $S=\cup_{d=1}^{D}\cup_{b=1}^{B}S_{b,d}$，$N=\cup_{d=1}^{D}\cup_{b=1}^{B}N_{b,d}$，这里 $\cup$ 是集合合并的操作符。

9.3.3　呼吸检测

呼吸特征提取所产生的一些呼吸速率候选值仍可能是由 CSI 中的干扰和 / 或热噪声所引起的噪声估计。因此，我们需要评估这些候选的呼吸速率是由于干扰和噪音产生的可能性。如果有很高的概率，这些候选的呼吸速率与人的呼吸没有相关性，则我们确定没有人的呼吸。否则，我们认为有呼吸存在。

我们从广泛的实验中观察到，集合 S 和集合 N 的统计是存在呼吸的指示函数：在没有呼吸的情况下，式（9.25）中的多项式很可能是不可解的，就其基数（即集合中的不同元素的数量）而言，它会产生一个大的 N 和一个小的 S。相反，当存在呼吸时，求解式（9.25）中的多项式将产生许多候选呼吸速率，从而产生较小的 N 和较大的 S。我们利用该现象进行呼吸检测。

9.3.3.1　计算 α 和 β

首先，我们用公式表示两个统计量 α 和 β：

$$\alpha=\frac{\#(\mathcal{N})}{\#(\mathcal{S})+\#(\mathcal{N})},\ \beta=\frac{\#(\mathcal{S})}{BD_p} \tag{9.26}$$

式中，β 的分母表示在 B 块、D 个链路和每个时间窗口每个链路 p 估计条件下的可能的候选呼吸速率总数。$\#(\cdot)$ 表示集合的基数。α 表示式（9.25）的不可解性，而 β 表示式（9.25）的多样性。(α,β) 和呼吸存在这两者之间的相关性启发我们提出一个基于观察到的 (α,β) 值的检测方案。

9.3.3.2　标签自动学习

TR-BREATH 可以自动学习在训练阶段获得的与每个 (α,β) 相关联的标签 y。为了方便起见，记 $\boldsymbol{\theta}=(\alpha,\beta)$，并根据规则，如果在有呼吸的情况下对 $\boldsymbol{\theta}$ 进行测量，则 $y=+1$，否则 $y=-1$。

在训练阶段，TR-BREATH 对 $\boldsymbol{\theta}$ 进行了 T 次测量，记为 $\{\boldsymbol{\theta}_i\}_{i=1,2,\cdots,T}$。根据观察结果，TR-BREATH 使用无监督标签学习提取标签 $\{\hat{y}_i\}_{i=1,2,\cdots,T}$，包括两个阶段：(i) 使用 k 均值聚类[22]将 $\{\boldsymbol{\theta}_i\}_{i=1,2,\cdots,T}$ 划分为两类 $(k=2)$。类别 1 和类别 2 的中心分别表示为 $\left(\hat{\alpha}_1,\hat{\beta}_1\right)$ 和 $\left(\hat{\alpha}_2,\hat{\beta}_2\right)$。(ii) 如果 $\hat{\alpha}_1>\hat{\alpha}_2$，则将类别 1 的所有成员标记为 $\hat{y}=-1$，表示它们是在无呼吸状态下观察到的。然后，用 $\hat{y}=+1$ 标记类别 2 的成员。类似的过程也适用于 $\hat{\alpha}_1<\hat{\alpha}_2$ 的情况。在 $\hat{\alpha}_1=\hat{\alpha}_2$ 的罕见情况下，将具有更大 β 值的类别元素标记为 $\hat{y}=+1$。

9.3.3.3　SVM 分类器

基于 $\{\boldsymbol{\theta}_i\}_{i=1,2,\cdots,T}$ 和 $\{\hat{y}_i\}_{i=1,2,\cdots,T}$，我们训练了一种广泛使用的二分类器——支持向量机（SVM）[23]。

SVM 返回两个权重因子 ω_α 和 ω_β，以及偏置 ω_b。ω_α 和 ω_β 表示 α 和 β 在呼吸检测中的重要性。训练阶段结束后，给定任意 $\boldsymbol{\theta}=(\alpha, \beta)$，如果 $\omega_\alpha\alpha+\omega_\beta\beta+\omega_b>0$，则 TR-BREATH 认为存在呼吸，否则不存在呼吸。

9.3.4 呼吸速率估计

如果检测到呼吸，TR-BREATH 将对多人进行呼吸速率估计。

9.3.4.1 基于相似性传播的聚类

将 S 中的呼吸候选速率输入相似性传播（AP）算法 [17] 中。它通过传递责任消息来决定哪些估计值是范例，而使用可用消息来决定一个估计值属于哪一个类别。与 k 均值聚类 [22] 不同，接入点不需要知道类别数目。这里，我们假设接入点算法将 S 个元素划分为 U 个类别。

9.3.4.2 似然分配

对于每一个类别，TR-BREATH 评估其元素数目、方差和中心，这些值分别表示为 p_i、v_i 和 c_i。p_i、v_i 分别采用如下方法进行归一化：$\overline{p}_i=p_i/\sum_{i=1}^{U}p_i$ 和 $\overline{v}_i=v_i/\sum_{i=1}^{U}v_i$。第 i 个类别的似然记为 l_i，计算为

$$l_i=\begin{cases}0,\ (v_i=0, p_i=1)\ \text{或者}\ \overline{p}_i<2\% \\ \dfrac{\mathrm{e}^{\omega_p\overline{p}_i-\omega_v\overline{v}_i-\omega_c c_i}}{\sum_{i=1}^{U}\mathrm{e}^{\omega_p\overline{p}_i-\omega_v\overline{v}_i-\omega_c c_i}},\ \text{其他}\end{cases}\tag{9.27}$$

式中，ω_p,ω_v 和 ω_c 是表示对应项影响大小的正权重因子。式（9.27）中的似然包括了一个与聚类质心 c_i 有关的项。在实际生活中，高呼吸速率发生的可能性低于低呼吸速率发生的可能性。同时，高呼吸速率候选者更有可能是由呼吸速率的谐波引起的。同样，式（9.27）意味着单例，即具有单个元素（$v_i=0$ 和 $p_i=1$）的类别应分配零似然。$\overline{p}_i<2\%$ 聚类也视为异常值并被删除。

9.3.4.3 类别合并

因为呼吸速率是针对每个时间窗口和每个链路独立评估的，所以同一个人的呼吸速率估计可能在很小的范围内略有不同。这会产生几个间隔较小的类别，应合并这些类别以提高性能。

为了确定要合并的类别，我们通过计算质心的差异来计算类别之间的距离。然后，我们把类别间距离小于阈值的两个类别合并起来，合并的阈值也称为合并半径，记为 γ。例如，如果 $|c_i-c_{i+1}|<\gamma$，则合并类别 i 和类别 $i+1$。将新的类别序号表示为 i'，类别 i' 的归一化元素数目根据 $\overline{p}_{i'}=\overline{p}_i+\overline{p}_{i+1}$ 计算，然后重新计算归一化方差 $\overline{v}_{i'}$。类别 i' 的质心为合并的两个类别的加权平均值，即由 $c_{i'}=(\bar{l}_i c_i+\bar{l}_{i+1}c_{i+1})/(\bar{l}_i+\bar{l}_{i+1})$ 给出。

最后，使用式（9.27）更新类别 i' 的似然。上述步骤可以推广到两个以上类别的合并，为简便起见，在此省略了。图 9.1 突出显示了似然分配和类别合并的过程。

假设合并后总共有 $\bar{K}$ 个类别，并且已知人数为 K，TR-BREATH 会直接输出 $K_o=\min(\bar{K}, K)$

个具有最大似然类别的质心作为多人呼吸速率的估计值，即 $\hat{b}_i = c_{\mathrm{idx}_i}, i = 1, 2, \cdots, K_o$，其中 idx_i 代表第 i 个最大似然的序号。

9.3.5　估计人数

将集合 J 表示为 $J = \left\{ j \middle| \sum_{i=1}^{\min(\bar{K}, j)} \bar{l}_{\mathrm{idx}_i} \geqslant \lambda \right\}$，其中 λ 是阈值。换句话说，集合 J 包含的累计似然值超过 λ 的类别数目。当确切的人数未知时，给定已知最大的人数，TR-BREATH 把 $\bar{K}(\lambda)$ 估计为 J 的最小元素，即 $\bar{K}(\lambda) = \min(J)$，也就是满足如下不等式的最小 j：$\sum_{i=1}^{\min(\bar{K}, j)} \bar{l}_{\mathrm{idx}_i} \geqslant \lambda$。

9.4　实验

9.4.1　实验设置

9.4.1.1　环境

我们进行了大量的实验，以评估呼吸监测系统的性能。实验在三个分别为 5.5m × 5m、8m × 7m 和 8m × 5m 的不同办公室套间中进行。

9.4.1.2　设备

我们构建了一对配备有三个全向天线的商用 Wi-Fi 卡的原型以获取 CSI。因此，链路 D 的总数是 9 个。其中一个原型用作接入点，而另一个原型用作终端（STA）。中心频率配置为 5.765GHz，带宽为 40MHz。发射功率为 20dBm（100mW）。可用子载波 V 的集合为 $\{-58, -57, -56, \cdots, -2, 2, 3, \cdots, 56, 57, 58\}$，其中 $V = 114$。DFT 的大小为 $N_{\mathrm{DFT}} = 128$。

9.4.1.3　Wi-Fi 设备的放置

在 LOS 和 NLOS 场景中评估性能。对于 LOS 场景，接入点、STA 和人处于同一房间内，而对于 NLOS 场景，AP 和 STA 放置在被两堵墙所隔离开的房间外面。

9.4.1.4　参与者

总共邀请了 17 位参与者。在实验期间，允许例如头部或四肢的轻微移动。

9.4.1.5　参数设置

除非另有说明，否则使用以下参数：

- 每个实验持续 2 分钟。
- 信号子空间维度 p 配置为 10。
- 合并半径 γ 被设置为 0.5BPM。
- 呼吸速率的关注范围是从 $b_{\min}$=10BPM 到 $b_{\max}$=50BPM。这涵盖了成年人的静息呼吸速率（10 ～ 14BPM），婴儿呼吸速率（37BPM）以及锻炼后的呼吸速率[24-25]。
- Wi-Fi 数据包的传输速率为 10Hz。
- 采样间隔 T_{sp} 为 0.1s，其中 s 代表秒。为了便于标注，我们将以秒为单位测量的每个块的

持续时间写为 $M_t=MT_{sp}$，以秒为单位的窗口大小写为 $W_t=WT_{sp}$。不同块之间以秒为单位的重叠为 $P_t=PT_{sp}$。作为默认值，除非另有说明，否则我们采用参数 M_t=45s、W_t=40.5s、P_t=4.5s 和 B=5。因此，CSI 测量的总时间 T_{tot} 为 M_t+（B−1）× P_t，等于 63s。

在实验过程中，我们仅观察到 2 ～ 3 个与实验设备共享同一 Wi-Fi 信道的 Wi-Fi 网络，因此所有实验的包丢失率均不到 1%。在这种情况下，可以安全地忽略包丢失的影响。因此，式（9.25）简化为式（9.21），在式（9.22）中 $g_{m,n}=m-n$。同时，如图 9.2 所示，M 等于 M'。

9.4.1.6 真实数据

通过将呼吸速率估计值与实际情况进行比较，可以评估所提出的监控系统的性能。为了获得真实的数据，我们要求每个参与者根据其手机上的节拍器应用程序来同步其呼吸。在进行受控的呼吸实验之后，我们在一个更实际的环境中进行了实验，要求参与者根据其个人习惯自然呼吸并手动计算自己的呼吸速率。

9.4.2 性能评估指标

9.4.2.1 呼吸检测率

所提出系统的检测性能直接由 SVM 分类精度决定，该精度通过对 SVM 分类器执行 K 重交叉验证来评估。

9.4.2.2 呼吸速率估计的精度

假设 K 预先已知，并且给定真实值 $\boldsymbol{b}=[b_1, b_2, \cdots, b_K]$，系统输出 $K_o=\min(\bar{K}, K)$ 个估计值，表示为 $\hat{\boldsymbol{b}}=[\hat{b}_1, \hat{b}_2, \cdots, \hat{b}_{\bar{K}}]$，估计精度计算为 $\left(1-\frac{1}{K_o}\sum_{i=1}^{K_o}\left|\frac{\hat{b}_i-b_i}{b_i}\right|\right)\times 100\%$。例如，如果 $\hat{\boldsymbol{b}}=[25.1, 29.8]$ BPM 和 $\boldsymbol{b}=[25, 30]$BPM，则计算出的精度为 99.5%。

9.4.2.3 平均 K_o

仍然假设 K 是已知的，监视系统输出 $K_o=\min(\bar{K}, K)$ 个估计值。在这种情况下，如果 $\bar{K}\geqslant K$，则不会受到惩罚，因为呼吸速率估计是由可能性最大的前 K 个估计给出的。另一方面，当 $\bar{K}<K$ 时，估计值中缺少与 $K-\bar{K}$ 个人相关的呼吸速率。因此，K_o 的平均值（表示为 $\overline{K_o}$）也是一个重要指标，因为 $\overline{K_o}$ 接近 $\bar{K}$ 表示监视系统可以获得大多数人的呼吸速率。

9.4.2.4 人数估计误差

当 K 未知时，我们通过 $\hat{K}(\lambda)$ 来估计人数 K，其性能由函数 $P(\lambda)=\mathrm{E}\left(\left|K-\hat{K}(\lambda)\right|\right)$ 进行评估，其中 E 代表期望运算符。

9.4.3 呼吸检测性能

所提出的呼吸检测方案基于 SVM 算法的输出来确定呼吸的存在。我们使用 84 个 CSI 测量值进行评估，其中 32 个是在至少有一个人呼吸的情况下收集的，而 52 个测量值是在没有人呼吸的情况下获得的。设备按照图 9.3c 中所示的 NLOS 环境放置。

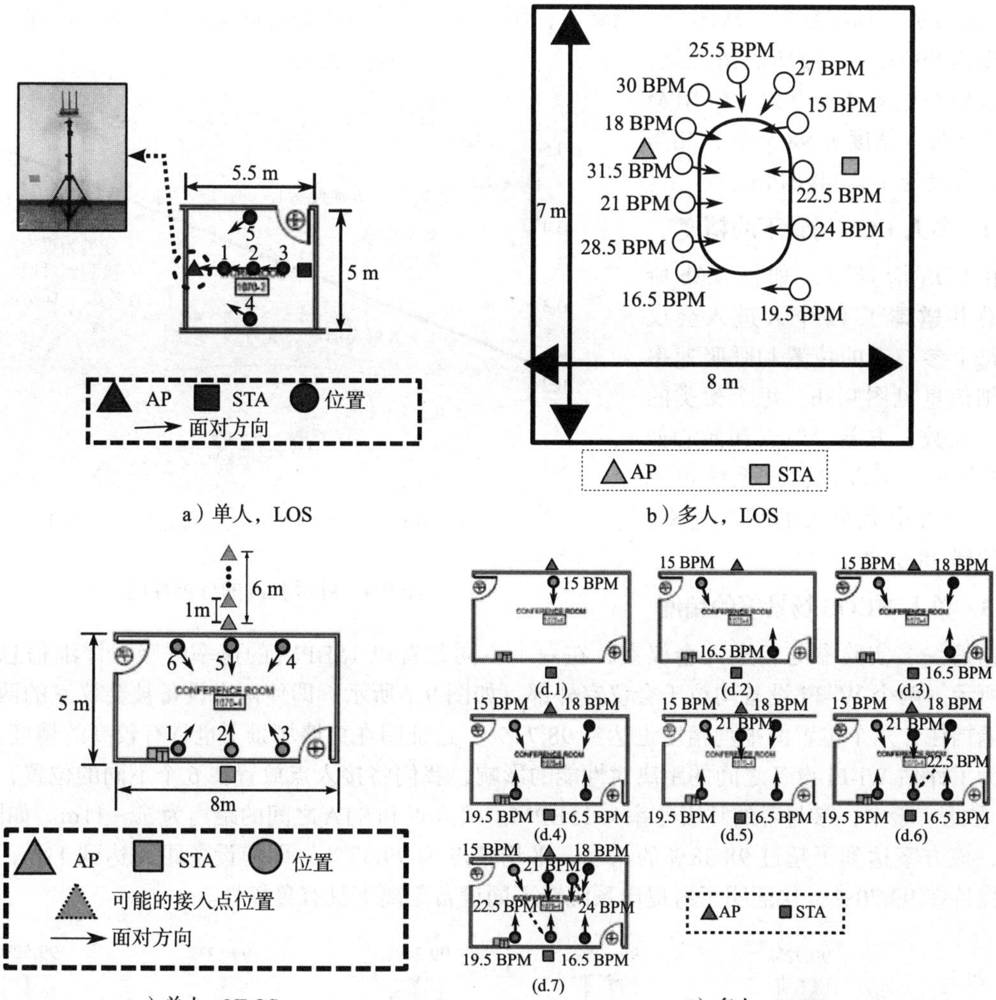

a）单人，LOS　　b）多人，LOS

c）单人，NLOS　　d）多人，NLOS

图 9.3　实验设置

在图 9.4 中，我们展示了所提出系统的呼吸检测性能。首先，我们观察到可以从 (α, β) 推断出标签 $\hat{y}$，且没有错误。其次，我们观察到 SVM 返回的超平面完美地划分了 (α, β)，这意味着 100% 的检测率。通过对结果执行 K 倍交叉验证，可以进一步验证这一点，从而使每次交叉验证的精度达到 100%。

9.4.4　呼吸速率估计的性能

在这一部分中，我们使用节拍器根据真实呼吸速率评估所提出系统的性能。

9.4.4.1　单人 LOS 场景下的精度

在 LOS 情景下，我们要求一名参与者坐在五个位置，如图 9.3a 所示。对于每个位置，参与者的呼吸与节拍器同步，且呼吸速率为 15BPM。之后，参与者将呼吸速率切换为 17.5BPM，然后再切换为 20BPM。图 9.5 描绘了在五个位置上不同呼吸速率的精度性能。为了便于比较，

图 9.5 还展示了真实数据。从图中可以看出，所提出的系统可以估计呼吸速率，所有情况下的平均精度为 99.56%。最坏的情况是，参与者坐在位置 4 处并以 17.5BPM 的速度呼吸，精度为 98.58%，相当于估计误差为 ±0.249BPM。

9.4.4.2 多人 LOS 场景下的精度

在 LOS 情景下，如图 9.3b 所示，总共邀请了 12 个人进入会议室。每个参与者的位置和呼吸速率的详细信息见图 9.3b。每个聚类的归一化人数、方差、似然和质心如图 9.6 所示。可以看出该系统可解析十几个人中九个人的呼吸速率，精度达到 98.65%。

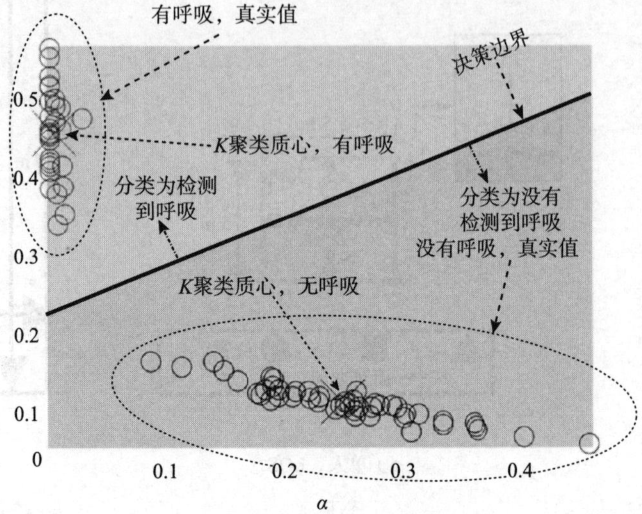

图 9.4 呼吸检测的分类性能

9.4.4.3 单人 NLOS 场景下的精度

邀请一名实验参与者进入会议室，在六个不同位置以 15BPM 的速率呼吸，详细信息如图 9.3c 所示。两个 Wi-Fi 设备均位于会议室外部。如图 9.7 所示，即使两个设备被会议室的两堵混凝土墙挡住，六个位置的平均精度也达到 98.74%，这证明在穿墙场景下也具有较高的精度。

为了评估 Wi-Fi 设备之间的距离对性能的影响，我们将接入点放置在 6 个不同的位置，间隔 1m。在此实验中，参与者的呼吸速率为 15BPM。接入点和 STA 之间的距离为 5～11m。如图 9.8 所示，该方案达到了超过 98.38% 的精度，平均精度为 99.37%。即使设备距离达到 11m，精度仍可保持在 99.70%，这证明了所提出系统在不同设备距离下具有鲁棒性。

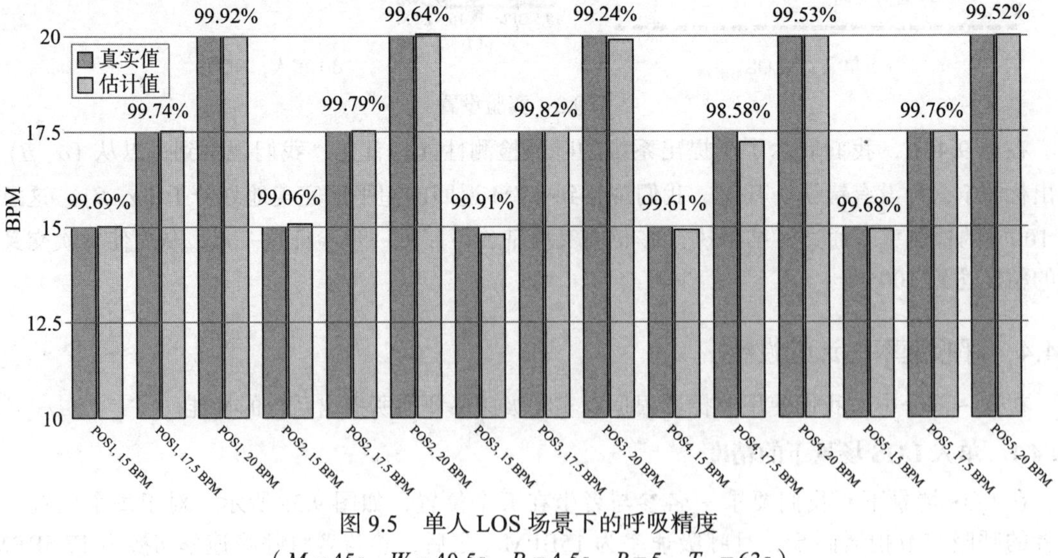

图 9.5 单人 LOS 场景下的呼吸精度

（$M_t=45$s，$W_t=40.5$s，$P_t=4.5$s，$B=5$，$T_{tot}=63$s）

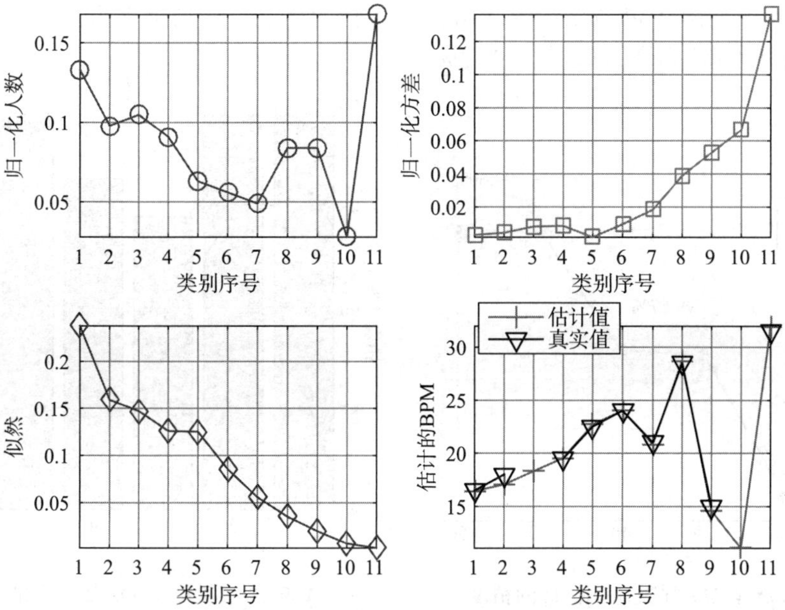

图 9.6　多人 LOS 场景下呼吸速率估计的性能

（M_t=45s，W_t=40.5s，P_t=4.5s，B=5，T_{tot}=63s）

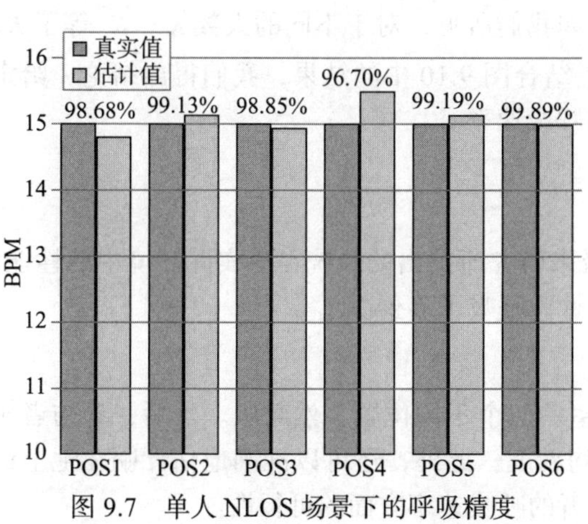

图 9.7　单人 NLOS 场景下的呼吸精度

（M_t=45s，W_t=40.5s，P_t=4.5s，B=5，T_{tot}=63s）

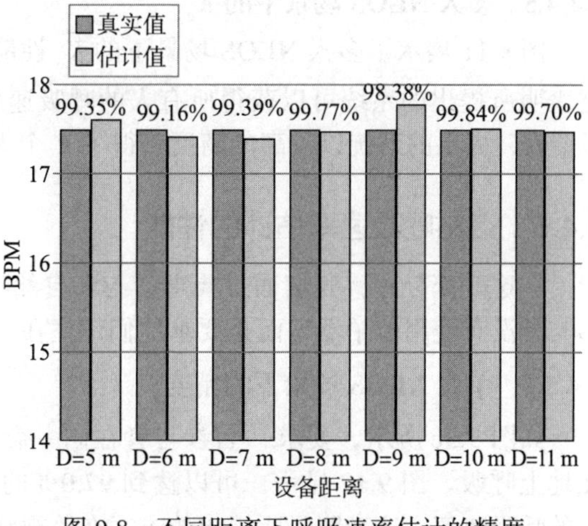

图 9.8　不同距离下呼吸速率估计的精度

（M_t=45s，W_t=40.5s，P_t=4.5s，B=5，T_{tot}=63s）

我们通过将 M_t 降至 10s 以进一步评估 TR-BREATH。此外，我们设置 W_t = 9s，P_t = 0.5s，T_{tot} = 10s。数据包传输速率增加到 30Hz。一名参与者坐在图 9.3c 的位置 1 处，以 15BPM、17.5BPM 和 20BPM 的速率呼吸，每次持续 20s。总测量时间为 60s。图 9.9 显示，TR-BREATH 可以准确追踪呼吸速率，平均精度为 99%。因此，TR-BREATH 可以为单人呼吸监测每 10s 提供一次准确的呼吸速率，非常适合患者监测场景。

9.4.4.4　多人 NLOS 场景下的精度

在 NLOS 方案下，我们邀请最多 7 个人进入一个会议室，并同时放置两个设备。每个人的位置和呼吸速率如图 9.3d 所示。图 9.10 总结了精度性能，该结果表明，当 K=7 时，精度为 99.1%，在所有 7 种情况下平均精度为 97.3%。

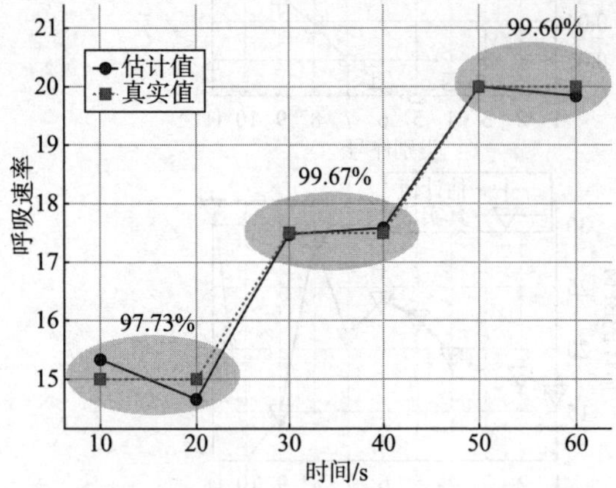

图 9.9 CSI 测量 10s 呼吸速率估计的精度
（M_t=45s，W_t=40.5s，P_t=4.5s，B=5，T_{tot}=63s）

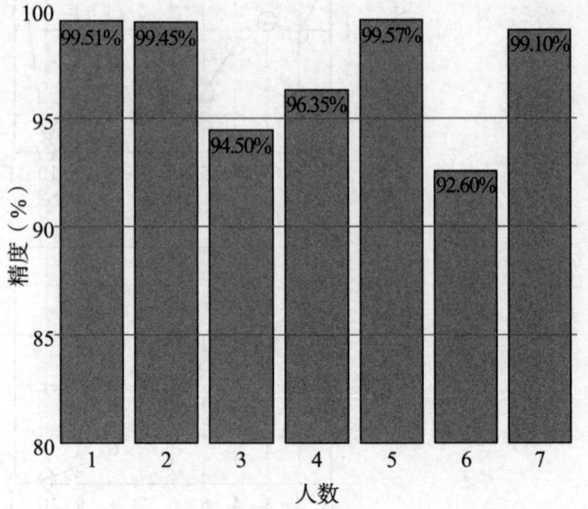

图 9.10 多人 NLOS 场景下的呼吸精度
（M_t=45s，W_t=40.5s，P_t=4.5s，B=5，T_{tot}=63s）

9.4.4.5 多人 NLOS 场景下的 $\overline{K_o}$

图 9.11 展示了多人 NLOS 场景下的 $\overline{K_o}$ 性能。如我们所见，对于不同的人数 K，$\overline{K_o}$ 等于 K，这表明所提出的系统可以获得所有人的呼吸速率。结合图 9.10 中的结果，我们得出结论，给定 K 个人，提出的系统以较高的精度获得了 K 个人的呼吸速率。

9.4.5 自然呼吸速率估计的性能

在这一部分中，我们通过要求参与者自然呼吸来研究所提出的系统在更实际环境中的性能。参与者没有使用节拍器，而是要求他们记住在一分钟内呼吸了多少次。

9.4.5.1 单人 NLOS 场景下的精度

如图 9.3c 所示，要求一名参与者在同一会议室的四个不同位置自然呼吸。然后，参与者躺在地上呼吸。图 9.12 显示，可以达到 97.0%的平均精度。此外，还可以准确地估计躺在地上的人的呼吸速率，这表明了所提出的方案在监视睡眠者的呼吸速率方面的可行性。

9.4.5.2 多人 NLOS 场景下的精度

九名参与者在会议室里自然呼吸，如图 9.3c 所示。呼吸速率为 [16,11.5,10.5,12,13,15.5,16.5,26.5,12]BPM，其中两名参与者的呼吸速率相同。图 9.13 显示，可以获得八种可分辨呼吸速率中的六种，精度为 98.07%。

9.4.6 估计人数 K

图 9.14 说明当 $\lambda=0.88$ 时，最佳 $P(\lambda)$ 为 1.15。因此，提出系统的估计人数误差在 1 左右。

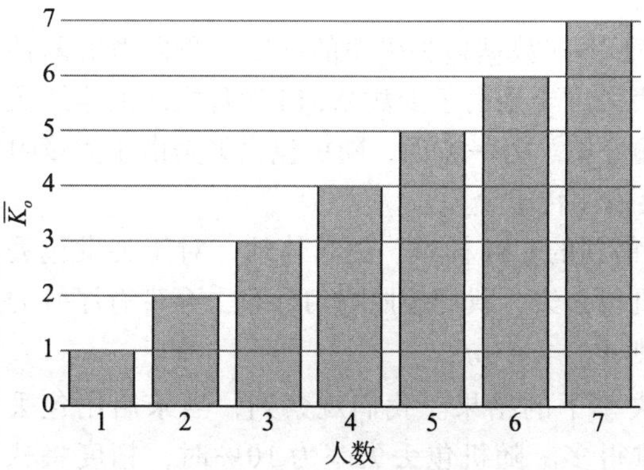

图 9.11　多人 NLOS 场景下的 $\overline{K_o}$ 性能
（M_t=45s，W_t=40.5s，P_t=4.5s，B=5，T_{tot}=63s）

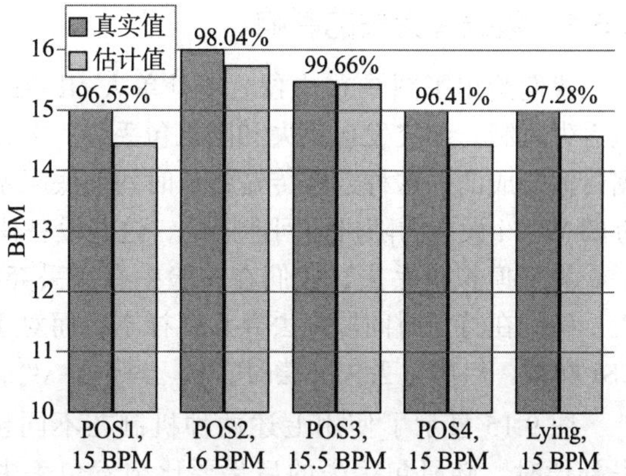

图 9.12　单人 NLOS 场景下自然呼吸速率估计的性能
（M_t=45s，W_t=40.5s，P_t=4.5s，B=5，T_{tot}=63s）

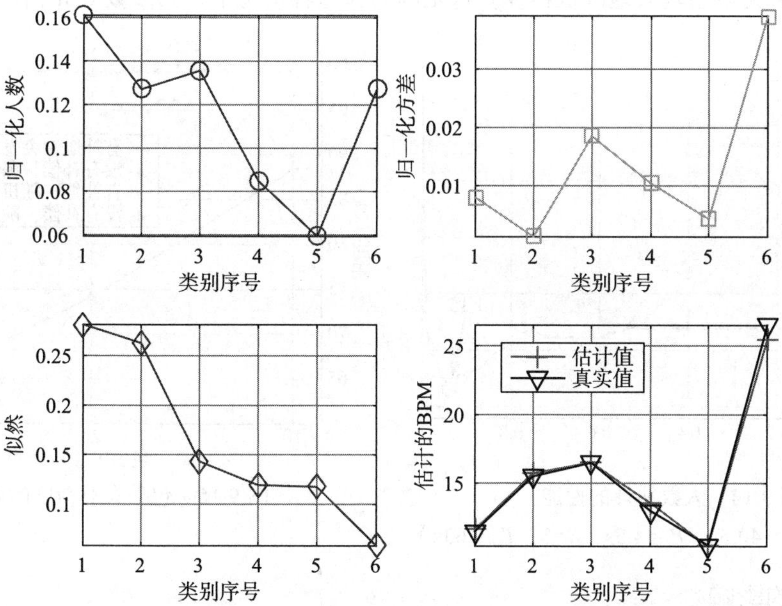

图 9.13　多人 NLOS 场景下自然呼吸速率估计的性能
（M_t=45s，W_t=40.5s，P_t=4.5s，B=5，T_{tot}=63s）

9.5　各种因素的影响

在本节中，我们将进一步研究 TR-BREATH 在更实际的应用场景中的性能。首先，我们研究了不同严重程度的数据包丢失对性能的影响。然后，我们讨论了移动对 TR-BREATH 的影响。最后，与文献［5］中仅使用振幅的方法相比，我们证明了同时使用振幅和相位信息的 TR-BREATH 有显著的提升。除非另有说明，否则参数配置与 9.4.1.5 节相同。

9.5.1 数据包丢失的影响

我们给出了图 9.3c 中位置 1 处单人 NLOS 环境下不同数据包丢失率的精度。我们考虑两种包丢失机制，即突发包丢失和随机包丢失。突发包丢失主要是由于少数 Wi-Fi 设备之间的连续数据传输造成的，这种连续传输将长时间彻底阻塞传输介质。另一方面，随机包丢失是由于大量附近的 Wi-Fi 设备的随机访问造成的，这些设备偶尔会占用传输介质。

为了模拟包丢失，我们在实验中有意丢弃了收集到的 CSI 样本。更具体地，对于突发包丢失，我们在特定时间段内丢弃 CSI 样本，而对于随机包丢失，我们按照均匀分布丢弃带有序号的 CSI 样本。启用包丢失补偿时，$g_{m,n}=s''_m-s''_n$，否则 $g_{m,n}=m-n$。

图 9.15 显示了使用上述两种机制在不同包丢失率下的结果。我们观察到，当未启用包丢失补偿时，随机包丢失的后果要比突发包丢失严重得多。随机包丢失率为 10%时，精度将从 99.35%降至 88.35%。当包丢失率分别为 20%和 30%时，精度进一步下降到 74.13%和 62.83%。包丢失补偿的优势非常明显，即使包丢失率为 30%，TR-BREATH 也能保持 99.70%的精度。相反，突发性包丢失不会较大地降低精度。这是因为在这种情况下，大多数 CSI 仍然是均匀采样。

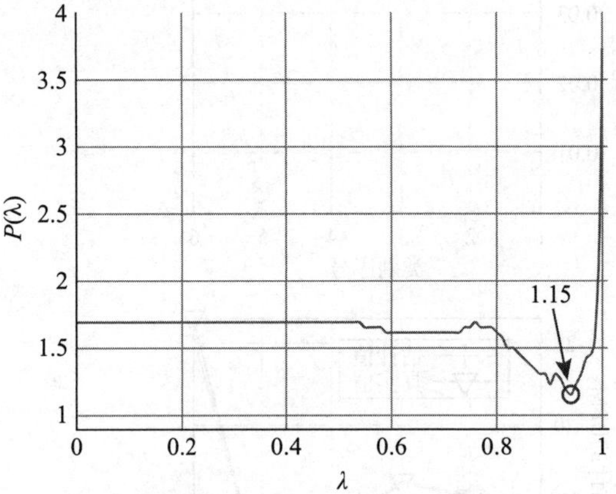

图 9.14　人数估计的性能

（M_t=45s，W_t=40.5s，P_t=4.5s，B=5，T_{tot}=63s）

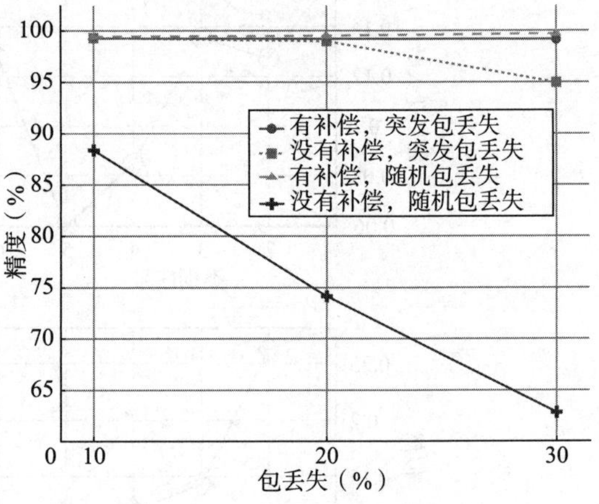

图 9.15　包丢失对精度的影响

9.5.2 移动的影响

为了研究移动的影响，我们进行了与环境移动和测试对象移动有关的其他实验。实验设置如图 9.16 所示。实验对象的呼吸速率为 20BPM。

9.5.2.1 环境移动的影响

除了要进行呼吸监视的实验对象，我们还请其他实验对象在图 9.16 的八个突出显示区域中随机行走，其中 S_1 到 S_4 代表会议室中的环境移动，而 S_5 到 S_8 则代表休息室。我们根据这些

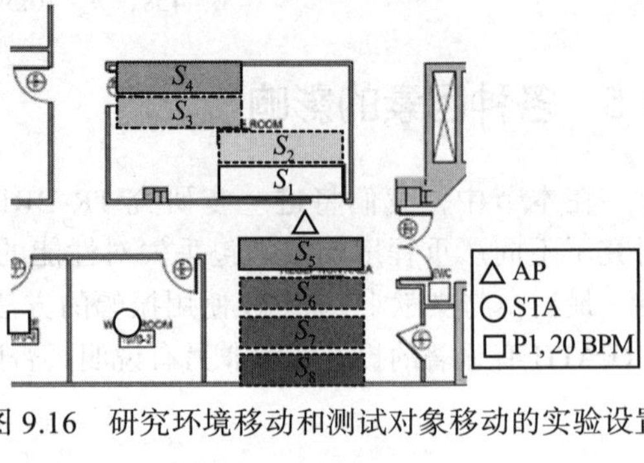

图 9.16　研究环境移动和测试对象移动的实验设置

区域到 Wi-Fi 接入点的距离进一步将其分类为非常接近、接近、远和非常远。例如，S_1 被认为离 Wi-Fi 接入点非常近，而 S_4 被认为离 Wi-Fi 接入点非常远。尽管事实上移动的影响取决于位置，但通常我们发现，当移动发生在距接入点或 STA 半径在 1m 之内时，它们会对 TR-BREATH 造成严重干扰。

结果如图 9.17 所示。显然，当环境移动发生在非常接近 Wi-Fi 接入点的位置时，精度会显著降低，尤其是在 S_5 所示的门厅区域环境中移动时。当移动发生的位置与 Wi-Fi 接入点的距离增加时，精度会提高。当环境移动发生在 Wi-Fi 设备附近时，我们会观察到类似的结果。因此，我们得出结论，只要 TR-BREATH 的两个 Wi-Fi 设备都远离这些移动发生的位置，TR-BREATH 便对环境移动具有鲁棒性。

9.5.2.2 实验对象移动的影响

在此实验中，我们要求测试的实验对象随机移动一定时间，如图 9.16 所示，然后回到原来的位置。测试结果如图 9.18 所示。我们观察到，当实验对象移动时间仅持续 10s 时，其准确性可以保持在 95.96%。当实验对象移动时间持续 40s 时，精度下降到 87.61%，对应的误差为 ±2.48BPM。这表明如果实验对象在大多数时间保持静止，TR-BREATH 对实验对象的移动具有鲁棒性。

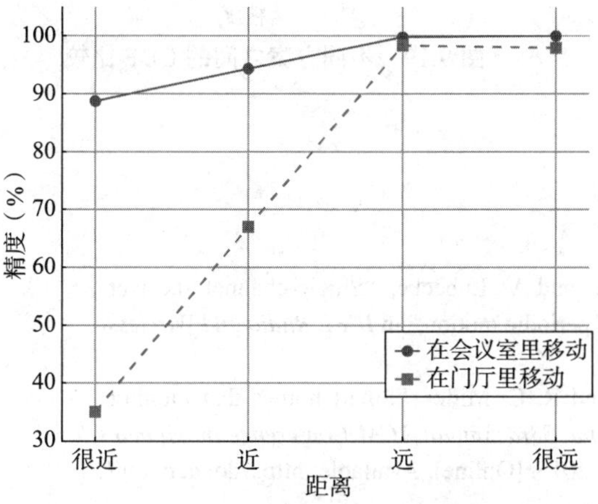

图 9.17 环境移动对精度的影响

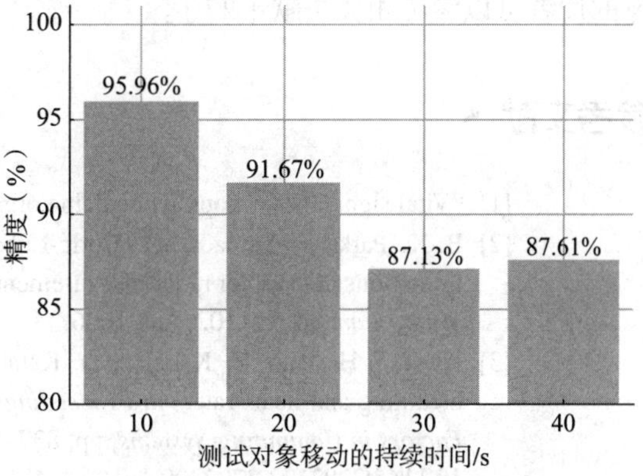

图 9.18 测试对象移动对精度的影响

9.5.2.3 仅使用 CSI 振幅的影响

通过 9.3 节中讨论的 CSI 校准的附加步骤，TR-BREATH 充分利用了复杂 CSI 相关信息，而文献［5］仅使用了 CSI 的振幅信息，这是前者与后者的主要区别。在本节中，我们表明，同时使用 CSI 振幅和相位可以提高 TR-BREATH 的性能。此外，我们将 Root-MUSIC 算法替换为常规的 Welch 估计器[26]，这是一种广泛使用的非参数方案。对于 Welch 估计器，我们仅使用 CSI 振幅，这与文献［5］中使用的频谱分析方案一致。

我们要求参与者在图 9.16 的设置下以 [20, 25, 30, 35, 40, 45]BPM 的速率进行呼吸，无环境和实验对象移动。每个实验持续 1 分钟。图 9.19 显示了实验精度的累积密度函数（CDF）。我们观察到，在复杂 CSI 情况下，结果更集中在接近 100%精度的区域，这表明使用复杂 CSI 优于仅使用振幅的方法和使用 Welch 估计器的方法。

9.6 小结

在本章中，我们介绍了 TR-BREATH，这是一种非接触式高精度呼吸监测系统，该系统基于商用的 Wi-Fi 设备，利用 TR 进行呼吸检测和多人呼吸速率估计。通过 Root-MUSIC 算法分析 TR 共振强度，以提取用于呼吸检测和呼吸速率估计的特征。在典型的室内环境下的实验结果表明，经过 63s 的测量，即可获得理想的检测率。同时，所提出的系统可以在 NLOS 情况下估计单人呼吸速率，而仅需 10s 的测量就可以达到 99% 的精度。通过 63s 的测量，即使两个 Wi-Fi 设备被两堵墙遮挡，所提出的系统在 LOS 情况下对十几个人的检测平均精度仍为 98.65%，在 NLOS 情况下对九个人进行测量的平均精度为 98.07%。所提出的系统还可以估计人数，平均误差约为 1 人。我们还表明，TR-BREATH 对环境中的包丢失和移动具有鲁棒性。随着支持 Wi-Fi 移动设备的普及，TR-BREATH 可以在未来的医疗应用中提供实时的、家庭的和非入侵的呼吸监测。感兴趣的读者可以参考相关文献［27］。

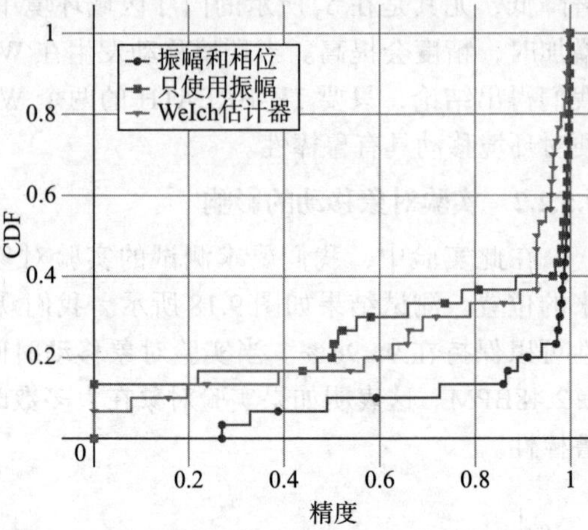

图 9.19 不同方案之间的 CDF 比较

参考文献

[1] "Vital signs," www.hopkinsmedicine.org/.

[2] B.-K. Park, S. Yamada, O. Boric-Lubecke, and V. Lubecke, "Single-channel receiver limitations in Doppler radar measurements of periodic motion," in *IEEE Radio and Wireless Symposium*, pp. 99–102, Jan. 2006.

[3] F. Adib, H. Mao, Z. Kabelac, D. Katabi, and R. C. Miller, "Smart homes that monitor breathing and heart rate," in *Proceedings of the 33rd Annual ACM Conference on Human Factors in Computing Systems*, pp. 837–846, 2015. [Online]. Available: http://doi.acm.org/10.1145/2702123.2702200.

[4] H. Abdelnasser, K. A. Harras, and M. Youssef, "UbiBreathe: A ubiquitous non-invasive WiFi-based breathing estimator," in *Proceedings of the 16th ACM International Symposium on Mobile Ad Hoc Networking and Computing*, pp. 277–286, 2015.

[5] J. Liu, Y. Wang, Y. Chen, J. Yang, X. Chen, and J. Cheng, "Tracking vital signs during sleep leveraging off-the-shelf WiFi," in *Proceedings of the 16th ACM International Symposium on Mobile Ad Hoc Networking and Computing*, pp. 267–276, 2015.

[6] C. Chen, Y. Han, Y. Chen, and K. J. R. Liu, "Multi-person breathing rate estimation using time-reversal on WiFi platforms," in *IEEE Global Conference on Signal and Information Processing (GlobalSIP)*, Dec. 2016.

[7] B. D. Rao and K. V. S. Hari, "Performance analysis of root-music," *IEEE Transactions on Acoustics, Speech, and Signal Processing*, vol. 37, no. 12, pp. 1939–1949, Dec. 1989.

[8] Y. Chen, F. Han, Y. H. Yang, H. Ma, Y. Han, C. Jiang, H. Q. Lai, D. Claffey, Z. Safar, and K. J. R. Liu, "Time-reversal wireless paradigm for green Internet of Things: An overview," *IEEE Internet of Things Journal*, vol. 1, no. 1, pp. 81–98, Feb. 2014.

[9] C. Chen, Y. Chen, Y. Han, H. Q. Lai, and K. J. R. Liu, "Achieving centimeter-accuracy indoor localization on WiFi platforms: A frequency hopping approach," *IEEE Internet of Things Journal*, vol. 4, no. 1, pp. 111–121, Feb. 2017.

[10] C. Chen, Y. Chen, Y. Han, H. Q. Lai, F. Zhang, and K. J. R. Liu, "Achieving centimeter-accuracy indoor localization on WiFi platforms: A multi-antenna approach," *IEEE Internet of Things Journal*, vol. 4, no. 1, pp. 122–134, Feb. 2017.

[11] C. Chen, Y. Han, Y. Chen, and K. J. R. Liu, "Indoor global positioning system with centimeter accuracy using Wi-Fi [applications corner]," *IEEE Signal Processing Magazine*, vol. 33, no. 6, pp. 128–134, Nov. 2016.

[12] Z.-H. Wu, Y. Han, Y. Chen, and K. J. R. Liu, "A time-reversal paradigm for indoor positioning system," *IEEE Transactions on Vehicular Communications*, vol. 64, no. 4, pp. 1331–1339, Apr. 2015.

[13] F. Zhang, C. Chen, B. Wang, H.-Q. Lai, and K. J. R. Liu, "A timereversal spatial hardening effect for indoor speed estimation," in *IEEE International Conference on Acoustics, Speech, and Signal Processing (ICASSP)*, Mar. 2017.

[14] Q. Xu, Y. Chen, B. Wang, and K. J. R. Liu, "Radio biometrics: Human recognition through a wall," *IEEE Transactions on Information Forensics and Security*, vol. 12, no. 5, pp. 1141–1155, May 2017.

[15] "TRIEDS: Wireless events detection through the wall," *IEEE Internet of Things Journal*, vol. PP, no. 99, pp. 1–1, 2017.

[16] B. Wang, Y. Wu, F. Han, Y.-H. Yang, and K. J. R. Liu, "Green wireless communications: A time-reversal paradigm," *IEEE Journal on Selected Areas in Communications*, vol. 29, no. 8, pp. 1698–1710, Sep. 2011.

[17] B. J. Frey and D. Dueck, "Clustering by passing messages between data points," *Science*, vol. 315, p. 2007, 2007.

[18] N. V. Rivera, S. Venkatesh, C. Anderson, and R. M. Buehrer, "Multi-target estimation of heart and respiration rates using ultra wideband sensors," in *14th European Signal Processing Conference*, pp. 1–6, Sep. 2006.

[19] A. Goldsmith, *Wireless Communications*. Cambridge University Press, 2005.

[20] M. Abramowitz, *Handbook of Mathematical Functions, With Formulas, Graphs, and Mathematical Tables*. Dover Publications, Incorporated, 1974.

[21] R. Schmidt, "Multiple emitter location and signal parameter estimation," *IEEE Transactions on Antennas and Propagation*, vol. 34, no. 3, pp. 276–280, Mar. 1986.

[22] J. MacQueen, "Some methods for classification and analysis of multivariate observations," in *Proceedings of the Fifth Berkeley Symposium on Mathematical Statistics and Probability, Volume 1: Statistics*, vol. 1, no. 14, pp. 281–297, 1967.

[23] C. J. C. Burges, "A tutorial on support vector machines for pattern recognition," *Data Mining and Knowledge Discovery*, vol. 2, no. 2, pp. 121–167, Jun. 1998.

[24] J. F. Murray, *The Normal Lung: The Basis for Diagnosis and Treatment of Pulmonary Disease*, WB Saunders Company, 1976.

[25] M. Kearon, E. Summers, N. Jones, E. Campbell, and K. Killian, "Breathing during prolonged exercise in humans," *The Journal of Physiology*, vol. 442, p. 477, 1991.

[26] P. Welch, "The use of fast Fourier transform for the estimation of power spectra: A method based on time averaging over short, modified periodograms," *IEEE Transactions on Audio and Electroacoustics*, vol. 15, no. 2, pp. 70–73, Jun. 1967.

[27] C. Chen, Y. Han, Y. Chen, H.-Q. Lai, F. Zhang, B. Wang, and K. J. R. Liu, "TR-BREATH: Time-reversal breathing rate estimation and detection," *IEEE Transactions on Biomedical Engineering*, vol. 65, no. 3, pp. 489–501, 2018.

第 10 章 | Chapter 10

无线移动检测

移动检测作为现代网络安全系统中的一个重要组成部分，近年来受到了越来越多的关注，但现有的大多数解决方案都需要特殊的安装和校准，且覆盖范围有限。在本章中，我们将讨论 WiDetect，一种高精度、无校准、低复杂度的无线移动检测器。利用电磁波的统计理论，建立了物理层信道状态信息（CSI）的自相关函数与环境中移动之间的联系。利用时间、频率和空间分集进一步提高 WiDetect 的鲁棒性和准确性。在多个设施中进行的大量实验表明，WiDetect 可以实现与商用家庭安全系统类似的检测性能，同时具有更大的覆盖率和更低的成本。

10.1 引言

移动检测在现代安全系统中起着至关重要的作用。然而，目前流行的基于视频、红外、RFID、超宽带等技术的方法都需要专门的硬件部署，在实际应用中也具有其局限性。例如，基于视觉的[1]方案只能在摄像机覆盖的区域进行移动监控，并且会引入隐私问题。红外移动传感器对热辐射特别敏感，会导致高误报率。

近年来，WiFi 因其部署灵活、覆盖范围大、性价比高而被广泛应用于无线感知领域。RASID[2]利用接收信号强度指示器（RSSI）在静态环境中分布的差异性来检测室内是否有人。E-eyes[3]采用了类似的思想，但是使用 CSI 而不是 RSSI 作为度量。PILOT[4]利用奇异值分解（SVD）对 CSI 振幅相关矩阵进行分解，并监测奇异向量随时间的变化。类似地，CARM[5]追踪第二个奇异向量的方差来检测移动。WiDar[6]计算不同子载波之间的互相关，并使用相邻子载波之间相关性的增加作为移动指标。表 10.1 总结了大多数现有相关工作的性能表现，其中第二列为假阴性和假阳性率，第三列为是否需要校准。可见，它们在使用前都需要某种校准，如特征的选择，或参数的微调，这些校准使得算法对环境的动态变化不具有鲁棒性，对于普通用户来说也不容易使用。此外，它们在覆盖率、准确性和计算复杂度方面的性能还远远不能满足实际应用程序的要求。

表 10.1 相关工作的性能表现

参考文献	假阴性 / 假阳性率	校准
RASID[2]	3.8%/4.7%	Yes
PILOT[4]	10.0%/10.0%	Yes
E-eyes[3]	10.0%/1.0%	Yes
Omni-PHD[7]	8.0%/7.0%	Yes
DeMan[8]	5.93%/1.45%	Yes
CARM[5]	2.0%/1.4 每小时	Yes
SIED[9]	0%/6.4%（低速移动）	Yes

为了应对这些挑战，在本章，我们提出了 WiDetect，一种高度精确的、鲁棒的、基于 Wi-Fi

的移动检测器，该检测器覆盖面积大并且易于使用。我们首先使用电磁波（EM）的统计理论来描述移动对接收信道功率响应的自相关函数（ACF）的影响。然后，我们定义了一个移动统计量，以测量移动存在的可能性。为了提高检测的准确性，WiDetect 组合了从多个子载波获得的所有移动统计信息，并量化了 CSI 测量数量和可用子载波数量对 WiDetect 的影响。我们在办公室和单户住宅中进行了大量的实验，其中部署了四个 PIR 进行比较。实验结果表明，WiDetect 能够在大范围内检测到人体移动，同时保持可以忽略的误报率。

10.2　CSI 测量的统计建模

本节将讨论 WiDetect 的理论基础。

10.2.1　CSI 测量

考虑一对部署在室内环境中的 WiFi 设备，发射机（Tx）不断地将信号发送到接收机（Rx）。设 $X(t,f)$ 和 $Y(t,f)$ 分别为 t 时刻频率为 f 的子载波上的收发信号，则 t 时刻频率为 f 的子载波上的 CSI 为 $H(t,f)=\dfrac{Y(t,f)}{X(t,f)}$ [10]，这是一个复数，并可以从商业 Wi-Fi 的物理层获得。然而，事实上，估计的 $H(t,f)$ 经常出现严重的相位畸变[11-12]，因此在本章中，我们仅使用 $H(t,f)$ 的幅值，且定义 CSI 的功率响应 $G(t,f)$ 如下：

$$G(t,f)\triangleq\left|H(t,f)\right|^2=\mu(t,f)+\varepsilon(t,f) \tag{10.1}$$

式中，$\mu(t,f)$ 为电磁波传播贡献的部分，$\varepsilon(t,f)$ 为测量噪声。设 $\mathcal{F}$ 为可用子载波集合。对于任意给定的子载波 $f\in\mathcal{F}$，实验测量证明 $\varepsilon(t,f)$ 是加性高斯白噪声，即 $\varepsilon(t,f)\sim N(0,\sigma^2)$，$\varepsilon(t_1,f_1)$ 和 $\varepsilon(t_2,f_2)$ 对于任意两个不同的子载波 $f_1\neq f_2$ 或任意两个不同的时隙 $t_1\neq t_2$ 是互相独立的。

10.2.2　信号项的建模

由于电磁波可以被墙壁、门、窗户、移动物体等吸收和散射，因此无线电在建筑物内部的传播通常很难分析。然而，在建筑物和房间内部存在多径传播，因此它们可以视为混响腔。因此，我们考虑一个统计模型而不是确定性模型，并应用为混响腔研发的电磁场统计理论来分析信号项 $\mu(t,f)$ 的统计特性。

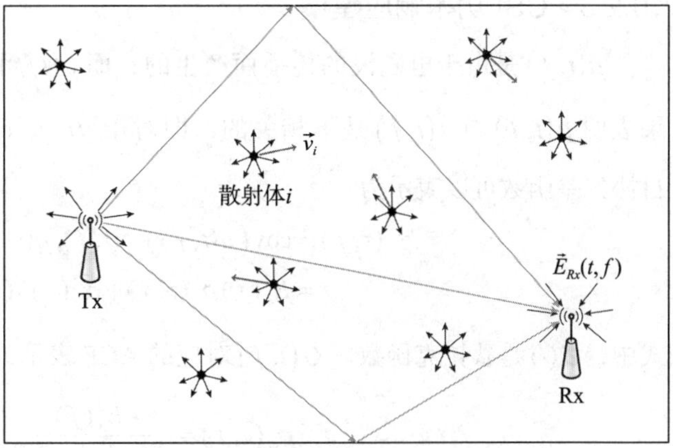

图 10.1　散射环境中无线信号的传播

如图 10.1 所示的丰富散射环境，这是室内空间的典型情况。假设散射体是扩散性的，可以向四面八方反射

入射的电磁波。环境中部署了一对 Tx 和 Rx，它们都配备了全向天线，Tx 通过天线发射连续的电磁波并被 Rx 接收，Rx 接收的电场记为 $\vec{E}_{Rx}(t,f)$。实际上，$\mu(t,f)$ 度量了 $\vec{E}_{Rx}$ 的能量，即 $\mu(t,f)=\left\|\vec{E}_{Rx}(t,f)\right\|^2$，其中 $\|\cdot\|^2$ 为欧几里得范数。在足够短的时间内，$\vec{E}_{Rx}(t,f)$ 可以分解为两部分：$\vec{E}_{Rx}(t,f)\approx\vec{E}_s(t,f)+\sum_{i\in\Omega_d}\vec{E}_i(t,f)$，$\vec{E}_s(f)$ 和 $\vec{E}_i(t,f)$ 分别表示所有静态散射体和第 i 个动态散射体贡献的分量，Ω_d 表示环境中动态散射体的集合。当环境是静态的时候，Ω_d 是空集。分解背后的含义是，每个散射体可以被视为一个“虚拟天线”，将接收到的电磁波向各个方向扩散，然后这些电磁波在建筑物的墙壁、天花板、家具、窗户等反弹后，在接收天线处叠加在一起。

设 v_i 为第 i 个移动散射体的速度，$\vec{E}_i(t,f)$ 在正交基中展开为 $\vec{E}_i(t,f)=E_{i,x}(t,f)\ \hat{x}+E_{i,y}(t,f)\ \hat{y}+E_{i,z}(t,f)\ \hat{z}$，其中 $E_{i,u}(t,f)$ 表示 $\vec{E}_i(t,f)$ 沿 $\hat{u}, u\in\{x,y,z\}$ 方向的线性分量，且 $\hat{z}$ 指向散射体的移动方向。然后，在混响腔散射均匀性的某些共同假设下[13]，$\vec{E}_i(t,f)$ 的各线性分量的 ACF 可推导为如下闭合形式：

$$\rho_{E_{i,x}}(\tau,f)=\rho_{E_{i,y}}(\tau,f)=\frac{3}{2}\left[\frac{\sin(kv_i\tau)}{kv_i\tau}-\frac{1}{(kv_i\tau)^2}\left(\frac{\sin(kv_i\tau)}{kv_i\tau}-\cos(kv_i\tau)\right)\right] \tag{10.2}$$

$$\rho_{E_{i,z}}(\tau,f)=\frac{3}{(kv_i\tau)^2}\left[\frac{\sin(kv_i\tau)}{kv_i\tau}-\cos(kv_i\tau)\right] \tag{10.3}$$

式中，k 为发射信号的波数，τ 为时间延迟。设 $\vec{E}_i^2(f)$ 为第 i 个散射体的辐射功率，$\vec{E}_d^2(f)$ 为 $\mu(t,f)$ 的方差，假设对于 $\forall i_1\neq i_2$，$\vec{E}_{i1}(t,f)$ 和 $\vec{E}_{i2}(t,f)$ 在统计上不相关，则 $\mu(t,f)$ 的 ACF 可近似为

$$\rho_\mu(\tau,f)\approx\frac{1}{E_d^2(f)}\sum_{u\in\{x,y,z\}}\left(\sum_{i\in\Omega_d}\frac{2E_{s,u}^2(f)E_i^2(f)}{3}\rho_{E_{i,u}}(\tau,f)+\sum_{\substack{i_1,i_2\in\Omega_d\\ i_1\neq i_2}}\frac{E_{i_1}^2(f)E_{i_2}^2(f)}{9}\rho_{E_{i_1,u}}(\tau,f)\rho_{E_{i_2,u}}(\tau,f)\right) \tag{10.4}$$

一个重要的观察是：当 $\tau\to 0, \rho_\mu(\tau,f)\to 1$。

10.2.3 CSI 功率响应建模

$\mu(t,f)$ 是由于电磁波的传播而产生的，而 $\varepsilon(t,f)$ 是由于 CSI 测量的不完善产生的，实验结果表明 $\mu(t,f)$ 与 $\varepsilon(t,f)$ 是不相关的，即对于 $\forall t_1,t_2,\operatorname{cov}(\mu(t_1,f),\varepsilon(t_2,f))=0$。因此，$G(t,f)$ 的自协方差函数可以表示为

$$\begin{aligned}\gamma_G(\tau,f)&\triangleq\operatorname{cov}(\mu(t,f)+\varepsilon(t,f),\mu(t-\tau,f)+\varepsilon(t-\tau,f))\\&=E_d^2(f)\rho_\mu(\tau,f)+\sigma^2(f)\delta(\tau)\end{aligned} \tag{10.5}$$

式中，$\delta(\cdot)$ 是狄拉克函数。$G(t,f)$ 对应的 ACF 表示为

$$\rho_G(\tau,f)=\frac{E_d^2(f)}{E_d^2(f)+\sigma^2(f)}\rho_\mu(\tau,f) \tag{10.6}$$

式中，$\tau \neq 0$。当存在移动且 $\tau \to 0$ 时，考虑到 $\rho_{\mu}(\tau,f) \to 1$，我们得到 $\rho_G(\tau,f) \to \frac{E_d^2(f)}{E_d^2(f)+\sigma^2(f)} > 0$；当没有移动且 $\tau \to 0$ 时，我们有 $\rho_G(\tau,f)=0$，因为 $E_d^2(f)=0$。因此，$\lim_{\tau \to 0} \rho_G(\tau,f)$ 是一个很好的移动存在指示器，它只由移动产生的 $E_d^2(f)$ 和测量噪声 $\sigma^2(f)$ 的功率决定。我们将在接下来的 WiDetect 设计中利用这个重要的观察结果。

10.3　WiDetect 设计

在本节中，我们将讨论移动统计和检测规则，并分析 WiDetect 的性能。

10.3.1　移动统计

在实际应用中，$\lim_{\tau \to 0} \rho_G(\tau, f)$ 是不能直接测量的，这是因为信道采样率 F_s 有限，$\tau \to 0$ 难以实现。因此我们采用另外一个方法，只要 F_s 足够大，我们使用值 $\rho_G\left(\tau=\frac{1}{F_s}, f\right)$ 作为近似值。然后，我们将 CSI 功率响应 $G(t,f)$ 的移动统计量定义为 $G(t,f)$ 的采样 ACF

$$\hat{\phi}(f)=\frac{\hat{\gamma}_G\left(\tau=\frac{1}{F_s}, f\right)}{\hat{\gamma}_G(\tau=0, f)} \tag{10.7}$$

式中，$\hat{\gamma}_G(\tau,f)$ 表示 $G(t,f)$ 的样本自协方差函数[14]。当无移动时，根据大样本理论[14]，$\hat{\phi}(f)$ 的分布将在 T 趋近于无穷时收敛于均值 $-1/T$ 和方差 $1/T$ 的渐近正态（AN）分布，即，当 $T \to \infty$, $\hat{\phi}(f) \sim \mathcal{AN}\left(-\frac{1}{T}, \frac{1}{T}\right)$，其中 T 为样本数。此外，$\forall f_1 \neq f_2$，$\hat{\phi}(f_1)$ 和 $\hat{\phi}(f_2)$ 是独立同分布的。当存在移动时，随着 $F_s \to \infty$ 和 $T \to \infty$, $\hat{\phi}(f)$ 收敛于正常数 $\frac{E_d^2(f)}{E_d^2(f)+\sigma^2(f)}$。

10.3.2　检测规则

为了提高 WiDetect 的检测可靠性，可以将所有可用子载波的移动统计信息合并在一起。在本章中，我们将汇总的移动统计数据定义为所有单个移动统计数据的平均值，即 $\hat{\psi}=\frac{1}{F}\sum_{f \in \mathcal{F}} \hat{\phi}(f)$。我们知道，如果没有移动，$\hat{\phi}(f)$ 收敛于一个渐近正态（AN）分布，并且对于 $\forall f_1 \neq f_2$，$\hat{\phi}(f_1)$ 和 $\hat{\phi}(f_2)$ 是独立同分布。因此，分布 $\hat{\psi}$ 可以近似为 $\hat{\psi} \sim \mathcal{AN}\left(-\frac{1}{T}, \frac{1}{FT}\right)$。由于 $\hat{\psi}$ 的方差与样本 T 和子载波 F 的数量成反比，所以增加 T 和 F 可以提高检测性能。

根据前面的分析，提出了如下简单的检测规则：只有当 $\hat{\psi} \geq \eta$ 时，WiDetect 才能检测到移动。

给定预先设定的阈值 η，则误报率近似为

$$P(\hat{\psi} \geqslant \eta) \approx Q\left(\sqrt{FT}\left(\eta + \frac{1}{T}\right)\right) \tag{10.8}$$

式中，$Q(\cdot)$ 为标准正态分布的尾部概率，即 $Q(x) = \frac{1}{2\pi}\int_x^{\infty} \exp\left(-\frac{u^2}{2}\right)\mathrm{d}u$。

10.4　实验

为了评估 WiDetect 的性能，我们构建了一个基于一对商用 Wi-Fi 设备的原型来检测两种不同环境下的人体移动，如图 10.2 所示。载波频率设置为 5.805GHz，信道采样率为 30Hz。每个 Wi-Fi 设备配备三个全向天线，每个天线对链路共有 114 个子载波。为了避免相邻子载波之间产生相关性，且考虑到直流子载波的 CSI 不可达性，我们从每两个相邻子载波中取一个子载波，每个链路仅使用 58 个子载波。

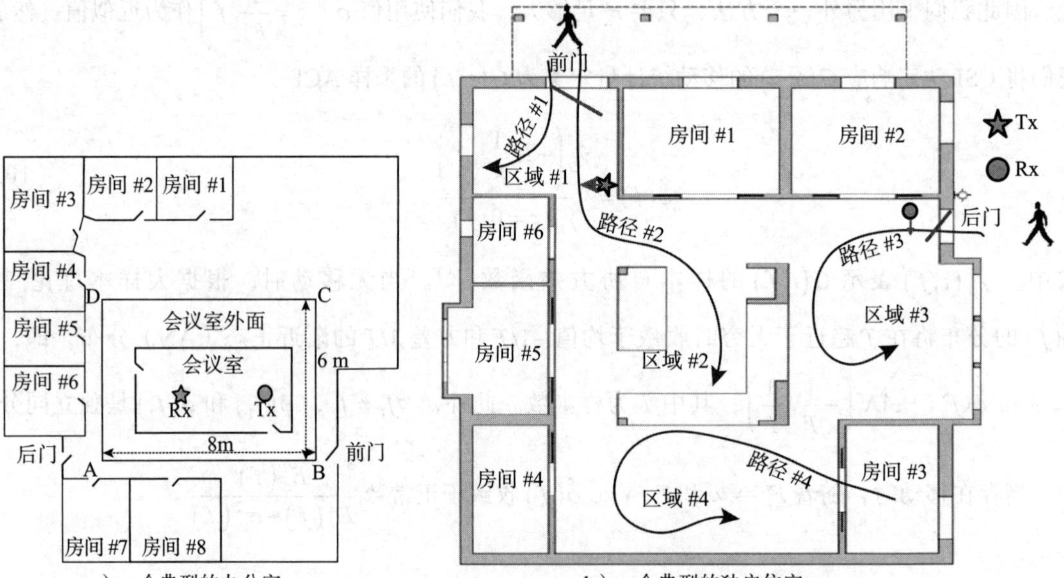

图 10.2　两个不同环境的平面图

10.4.1　理论分析的验证

我们首先验证 10.3 节中描述的理论分析。WiDetect 的 Tx 和 Rx 放置在一个典型的办公环境中，如图 10.2a 所示。其中一名实验对象先在会议室内走动 30 分钟，然后在会议室外 *ABCD* 广场内走动 30 分钟，在这整个期间收集 CSI 数据。我们还收集了一组环境静态时的 1 小时 CSI 数据。

我们利用实验 CSI 数据计算了误报率，并与按照 10.3 节得到的理论误报率进行了比较。不同样本大小 T 和差异 η 的比较如图 10.3a 所示。当 η 很大时，理论与实验曲线非常匹配，当 η 较小时，理论与实验曲线存在差距，这是由于不同载波之间存在相关性，而我们在理论分析时假设

这个相关性是不存在的。此外，从图 10.3b 中的 ROC 曲线可以看出，随着 T 的增加，WiDetect 的性能也在提高。

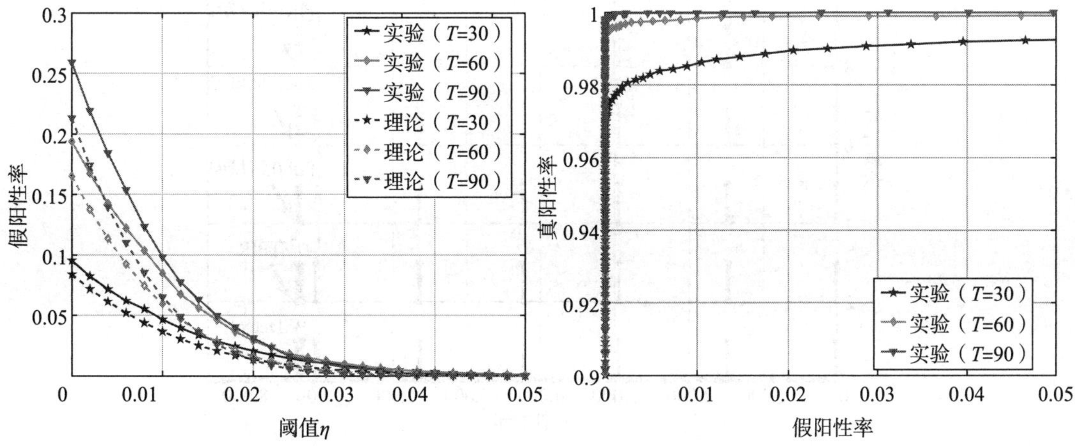

a）假阳性率（F=58） b）不同T时的ROC曲线

图 10.3 单链路 WiDetect 性能曲线

10.4.2 覆盖范围测试

在本实验中，为了测试 WiDetect 的覆盖范围，一个实验对象在一个独栋房屋的不同区域中行走，如图 10.2b 所示，Tx 和 Rx 的位置也显示在平面图上。我们将一个区域的检测指数（DI）定义为该区域检测到移动的持续时间与移动出现的总时间之比。结果汇总见表 10.2。3 ～ 5 号房间发生的移动无法被检测到，因为它们远离传输设备。在一些区域，比如 1 号和 2 号房间，并不总是能检测到移动。然而，只要在实验对象的移动轨迹上至少检测到一次移动，就可以检测到该移动实验对象的存在。

10.4.3 入侵测试

在本实验中，一个实验对象按照图 10.2b 所示的四种不同的路径“闯入”房子，然后按照同样的路径离开房子。每条路径花费约 1 分钟。不同路径的检测指数如表 10.3 所示。结果表明，在所有路径的大部分时间内，“入侵者”的存在都是可以检测到的。

表 10.2 不同区域的检测指数（DI）

区域	R.#1	R.#2	R.#3	R.#4	R.#5
DI	0.52	0.22	0	0	0
区域	R.#6	A.#1	A.#2	A.#3	A.#4
DI	1	0.90	0.93	0.75	0.95

表 10.3 不同路径的检测指数（DI）

路径	#1	#2	#3	#4
DI	0.90	0.98	0.83	1

10.4.4 长期测试

为了评估误报率，我们在同一栋单户住宅中运行 WiDetect 1 周，并与在房屋不同区域部署四个 PIR 的检测结果进行比较。WiDetect 和四个 PIR 的检测结果如图 10.4 所示，其中偶数决策序号（0、2、4、6、8、10）表示没有检测到动作。结果表明，WiDetect 可以实现与 PIR 相当的检测性能，同时具有更大的覆盖范围。

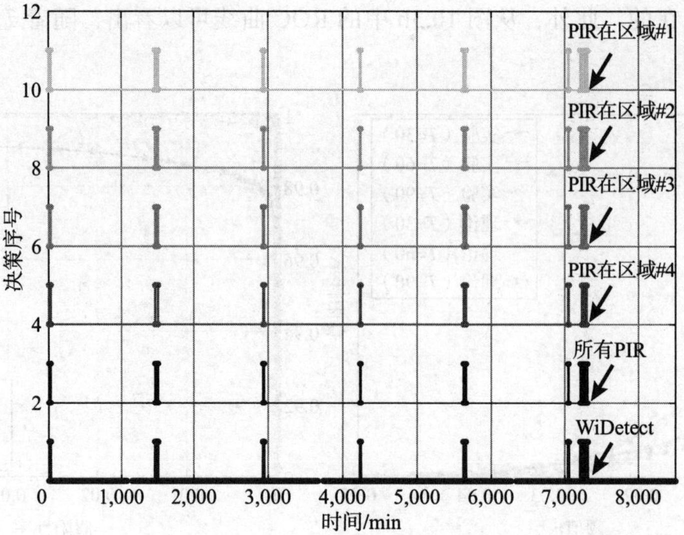

图 10.4 长期测试实验结果

10.5 小结

在本章中，我们介绍了 WiDetect，这是一种利用无线信道 CSI 的高精度、免校准移动检测系统。大量的实验表明，它比现有的移动检测方法具有优势。由于 WiDetect 的覆盖范围广、鲁棒性强、成本低、计算复杂度低，因此它在室内移动检测应用中非常有前途。感兴趣的读者可以参考相关文献［15］。

参考文献

[1] L. Wang, G. Zhao, L. Cheng, and M. Pietikäinen, *Machine Learning for Vision-Based Motion Analysis: Theory and Techniques*, Berlin: Springer, 2010.

[2] A. E. Kosba, A. Saeed, and M. Youssef, "RASID: A robust WLAN device-free passive motion detection system," in *Proceedings of IEEE International Conferentce on Pervasive Computing and Communications*, pp. 180–189, 2012.

[3] Y. Wang, J. Liu, Y. Chen, M. Gruteser, J. Yang, and H. Liu, "E-eyes: Device-free location-oriented activity identification using fine-grained WiFi signatures," in *Proceedings of the 20th Annual ACM International Conference on Mobile Computing & Networking*. pp. 617–628, ACM, 2014.

[4] J. Xiao, K. Wu, Y. Yi, L. Wang, and L. M. Ni, "Pilot: Passive device-free indoor localization using channel state information," in *Proceedings of the IEEE International Conference on Distributed Computing Systems (ICDCS)*, pp. 236–245, 2013.

[5] W. Wang, A. X. Liu, M. Shahzad, K. Ling, and S. Lu, "Understanding and modeling of WiFi signal based human activity recognition," in *Proceedings of the 21st Annual ACM International Conference on Mobile Computing & Networking*. pp. 65–76, 2015.

[6] K. Qian, C. Wu, Z. Yang, Y. Liu, and K. Jamieson, "WiDar: Decimeter-level passive tracking via velocity monitoring with commodity Wi-Fi," in *Proceedings of the 18th ACM*

International Symposium on Mobile Ad Hoc Networking and Computing, p. 6, 2017.

[7] Z. Zhou, Z. Yang, C. Wu, L. Shangguan, and Y. Liu, "Omnidirectional coverage for device-free passive human detection," *IEEE Transactions on Parallel and Distributed Systems*, vol. 25, no. 7, pp. 1819–1829, 2014.

[8] C. Wu, Z. Yang, Z. Zhou, X. Liu, Y. Liu, and J. Cao, "Non-invasive detection of moving and stationary human with WiFi," *IEEE Journal on Selected Areas in Communications*, vol. 33, no. 11, pp. 2329–2342, 2015.

[9] J. Lv, W. Yang, L. Gong, D. Man, and X. Du, "Robust WLAN-based indoor fine-grained intrusion detection," in *Proceedings of the IEEE Global Communications Conference (GLOBECOM)*, pp. 1–6, 2016.

[10] T.-D. Chiueh, P.-Y. Tsai, and I.-W. Lai, *Baseband Receiver Design for Wireless MIMO-OFDM Communications*, Hoboken, NJ: John Wiley & Sons, 2012.

[11] C. Chen, Y. Chen, Y. Han, H. Q. Lai, F. Zhang, and K. J. R. Liu, "Achieving centimeter-accuracy indoor localization on WiFi platforms: A multi-antenna approach," *IEEE Internet of Things Journal*, vol. 4, no. 1, pp. 122–134, Feb. 2017.

[12] S. Sen, B. Radunovic, R. R. Choudhury, and T. Minka, "You are facing the Mona Lisa: Spot localization using PHY layer information," in *Proceedings of the 10th ACM International Conference on Mobile Systems, Applications, and Services*. pp. 183–196, 2012.

[13] D. A. Hill, *Electromagnetic Fields in Cavities: Deterministic and Statistical Theories*, vol. 35, Hoboken, NJ: John Wiley & Sons, 2009.

[14] G. E.P Box, G. M. Jenkins, G. C. Reinsel, and G. M. Ljung, *Time Series Analysis: Forecasting and Control*, Hoboken, NJ: John Wiley & Sons, 2015.

[15] F. Zhang, C. Chen, B. Wang, H.-Q. Lai, Y. Han, and K. J. R. Liu, "WiDetect: A robust and low-complexity wireless motion detector," in *IEEE International Conference on Acoustics, Speech and Signal Processing (ICASSP)*, pp. 6398–6402, 2018.

第 11 章 |Chapter 11|

无设备速度估计

由于严重的多径效应，对于室内速度估计问题，目前尚未找到令人满意的无设备测量方法，尤其是在非视距场景中，在这种情况下，源和观察者的直线路径之间存在障碍。在本章中，我们介绍了 WiSpeed，它是一种利用无线电信号（例如商用 Wi-Fi、LTE、5G 等）的通用低复杂度室内速度估计系统，它可以在无设备和基于设备的情况下工作。通过利用电磁波统计理论，我们在物理层信道状态信息的自相关函数与移动对象的速度之间建立了联系，这为 WiSpeed 奠定了基础。WiSpeed 与其他需要在源和观察者之间具有严格视距条件的方案不同，WiSpeed 利用室内典型的丰富散射环境来实现高精度的速度估计。此外，作为免校准系统，WiSpeed 省去了用户进行大规模训练和系统参数微调的工作。另外，WiSpeed 可以提取步幅并检测异常活动，例如摔倒，摔倒是对老年人的重大威胁，每年都会导致大量死亡。大量实验表明，对于无设备的人体步行速度估计，WiSpeed 的平均绝对误差为 4.85%，在进行有设备的速度估计时，WiSpeed 的平均绝对误差为 4.62%，并且对于跌倒，在没有误报的条件下检测率为 95%。

11.1 引言

随着人们在室内的时间越来越多，了解他们的日常室内活动将成为未来生活的必要条件。由于人体的速度是可以表征人体活动类型的关键物理参数之一，因此人体移动的速度估计是人类活动监控系统中的一个关键模块。与传统的基于可穿戴式传感器的方法相比，无设备速度估计由于其更好的用户体验而更具前景，可用于多种应用，例如智能家居[1]、医疗保健[2]、健身记录[3]和娱乐。

但是，室内无设备速度估计非常具有挑战性，这主要是由于信号的多径传播以及监测设备与被监测对象之间存在障碍物。传统的移动感应方法需要专用的设备，例如雷达、声呐、激光和摄像机。其中，基于视觉的方案[4]只能在其视野中进行移动监测，而在昏暗光线条件下性能会下降。此外，它们还引入了隐私问题。同时，雷达或声呐[5]产生的速度估计会随着不同的移动方向而变化，这主要是因为速度估计是基于多普勒频移产生的，而多普勒频移与物体的移动方向有关。此外，室内空间的多径传播进一步降低了雷达和声纳的性能。

最近，WiGait[6]和 WiDar[7]提出了使用无线电信号来测量室内环境中的步态速度和步幅。但是，WiGait 使用专用硬件来发送调频载波（FMCW）探测信号，并且它需要高达 1.69GHz 的带宽才能解析多径分量。另一方面，由于 WiDar 的性能严重依赖射线追踪 / 几何技术的准确性，因此它只能在强视距（LOS）条件和 Wi-Fi 设备密集部署的情况下才能很好地工作。

在本章中，我们介绍了 WiSpeed，它是一种在丰富散射室内环境中适用于人体移动具有鲁棒性的通用速度估计器，它可以在无设备或基于设备的条件下估计移动物体的速度。WiSpeed 实际的一个基本原理是，它不需要特定的硬件，因为它仅需要利用一对商用的 Wi-Fi 设备。首先，我们使用 EM 波的统计理论描述了移动对接收到的电磁场自相关函数（ACF）的影响。但是，接收到的电场是矢量，不易测量。在商用 Wi-Fi 设备上可以直接测量电场的功率[8]，因此，我们进一步推导了接收到的电场功率的 ACF 与移动速度之间的关系。通过分析 ACF 的不同组成部分，我们发现 ACF 微分的第一个局部峰值包含了移动速度的关键信息，并且提出了一种新颖的峰值识别算法来提取速度值。然后，步数和步幅估计也可以作为速度估计的副产品测量出来。此外，还可以从速度估计的模式中检测出跌倒事件。

为了评估 WiSpeed 的性能，我们在两种情况下进行了大量的实验，即人体步行监测和人体跌倒检测。对于人体步行监测，通过将估计的步行距离与真实数据进行比较来评估 WiSpeed 的准确性。实验结果表明，在实验对象不携带设备的情况下，WiSpeed 的平均绝对误差（MAPE）为 4.85%，而在实验对象携带设备的情况下，MAPE 的平均绝对误差为 4.62%。此外，WiSpeed 还可以在不使用设备的情况下从速度估算模式中提取步幅长度并估算步数。在人体跌倒检测方面，WiSpeed 能够将跌倒与其他正常动作区分开，例如坐下、站起、拿起物品和走路。平均检测率为 95%，无误报。据我们所知，WiSpeed 是第一个针对移动的无设备 / 基于设备的无线速度估计器，可同时实现高估计精度、高检测率、低部署成本、大覆盖范围、低计算复杂性和隐私保护。

由于 Wi-Fi 基础设施可用于大多数室内空间，因此 WiSpeed 是一种低成本的解决方案，可以广泛部署。WiSpeed 将使大量重要的室内应用成为可能，例如

（i）室内健身记录：越来越多的人意识到自己的身体状况，因此他们对自己每天的运动量变得感兴趣。WiSpeed 可以通过速度估计模式来估算步数，从而评估一个人的运动量。借助于 WiSpeed，人们可以在未携带任何可穿戴传感器的情况下获得自己的运动量，并评估其健康状况。

（ii）室内导航：尽管 GPS 已成功解决了室外实时追踪的问题，但到目前为止，室内追踪仍是一个悬而未决的问题。基于航迹推算的方法是目前流行的室内导航技术之一，它基于速度和移动方向的测量，从参考点开始计算位置。但是，这种方法的精度主要受到基于惯性测量单元（IMU）的移动距离估计的限制。由于 WiSpeed 还可以测量移动 Wi-Fi 设备的速度，因此将 WiSpeed 嵌入航迹推算方法的距离估算模块中可以大大提高该模块的准确性。

（iii）跌倒检测：实时监测人体移动速度对于独居老人至关重要，该系统可以检测到对他们的生命构成重大威胁的跌倒事件。

（iv）家庭监控：WiSpeed 可以在家庭安全系统中发挥至关重要的作用，WiSpeed 可以通过不同的移动速度模式区分入侵者和主人的宠物，并立即通知主人和执法部门。

11.2　相关工作

使用商用 Wi-Fi 的无设备移动感应技术的现有研究工作包括手势识别[9-13]、人体动作识别[14-16]、移动追踪[17-18]、被动定位[7、19]、生命信号估计[20]、室内事件检测[21]等。这些方法是建立在人体移动不可避免地使 Wi-Fi 信号发生畸变并且可以由 Wi-Fi 接收机记录下来以进行

进一步分析的现象之上。按照原理，这些工作可以分为两类：基于学习的方法和基于射线追踪的方法。下面详细介绍这两个类别。

基于学习的方法：这类方法包括两个阶段，即离线阶段和在线阶段。在离线阶段，从 Wi-Fi 信号中提取不同人体动作的特征，并将其存储在数据库中；在在线阶段，从瞬时 Wi-Fi 信号中提取相同的一组特征，并将其与存储的特征进行比较，以对人体动作进行分类。这些特征可以从 CSI 或接收信号强度（RSSI）中获得，这是一种封装了 Wi-Fi 信号接收功率的易于获得但粒度较低的信息。例如，E-eyes[14] 利用 CSI 振幅的直方图来识别日常动作，如洗碗和刷牙。CARM[15] 利用 CSI 动态频谱成分中的特征来区分人体动作。WiGest[9] 利用 RSSI 变化的特征进行手势识别。

基于学习的方法的主要缺点在于，这些工作是利用移动的速度来识别不同的动作，但是它们仅获得与速度有关的特征，而不是直接测量速度。例如多普勒频移，它不仅取决于移动的速度，还取决于与物体的反射角。因此，这些特征易受外部因素的影响，如环境的变化、实验对象的差异性、设备位置的变化等。这些因素可能导致离线和在线阶段特征一致的基本假设不再成立。

基于射线追踪的方法：基于所采用的技术，这类方法可以分为多径避免和多径衰减两类。多径避免方案仅追踪由人体反射的多径分量，并避免其他多径分量。这类方法使用高时间分辨率[22] 或“虚拟”相控天线阵列[18]，以便在时域或空间域中将与移动相关的多径分量和与移动无关的多径分量区别开来。这类方法的缺点是需要专用的硬件，如 USRP、WARP[23] 等，以获得在 Wi-Fi 设备上无法获得的细粒度时间和空间分辨率。㊀

在多径衰减方法中，通过将 Wi-Fi 设备放置在被监测对象的附近来减弱多径分量的影响，从而使大多数多径分量只受被监测对象的影响[7, 10, 17]。该方法的缺点是需要非常强的 LOS 工作条件，这限制了它们在实际中的部署。

WiSpeed 在以下方面与现有技术有所不同：

- WiSpeed 利用室内多径传播，可以在严重的非视距（NLOS）条件下很好地工作，而不是消除多径效应[7, 10, 18, 22]。
- WiSpeed 利用与移动速度相关的 EM 波的物理特征，直接估计移动速度。由于物理特征适用于不同的室内环境和实验对象，WiSpeed 可以在不同的环境和实验对象的场景下表现出色，并且无须任何训练或校准。
- 与其他方法相比，WiSpeed 在较低的计算复杂度方面具有优势，因为不需要诸如主成分分析（PCA）、离散小波变换（DWT）和短时傅里叶变换（STFT）等需要较大计算量的操作[7、11、15]。
- WiSpeed 是一种低成本解决方案，因为它仅需部署一对商用 Wi-Fi 设备，而文献 [6、7、12、17、22] 中的方法需要专用硬件或多对 Wi-Fi 设备。

11.3 用于无线移动感应的 EM 波统计理论

在本节中，我们首先将在 Rx 处接收到的电场分解为不同的分量，然后在某些统计假设下分析每个分量的统计行为。

㊀ 在商用主流 802.11acWi-Fi 设备上，最大带宽为 160MHz，比 WiTrack 的 1.69GHz 带宽小得多。同时，如果不仔细调整 RF 前端之间的相位差，具有多个天线的商用 Wi-Fi 设备是不能作为（虚拟）相控天线阵列使用的。

11.3.1　接收电场的分解

为了深入了解移动对 EM 波的影响，我们考虑了如图 11.1a 所示的丰富散射环境，这是典型的室内空间场景。假设散射体是扩散的，可以将接收到的 EM 波反射到各个方向。环境中部署了发射机（Tx）和接收机（Rx），均配备了全向天线。Tx 通过其天线发射连续的 EM 波，并被 Rx 接收。在室内环境或混响室中，电磁波通常近似为平面波，可以通过电场完全表征。令 $\vec{E}_{Rx}(t,f)$ 表示接收机在时间 t 接收到的电场，其中 f 是发射的 EM 波的频率。为了分析接收电场的行为，我们根据电场的叠加原理将 $\vec{E}_{Rx}(t,f)$ 分解为不同散射体贡献的电场之和

$$\vec{E}_{Rx}(t,f)=\sum_{i\in\Omega_s(t)}\vec{E}_i(t,f)+\sum_{j\in\Omega_d(t)}\vec{E}_j(t,f) \tag{11.1}$$

式中，$\Omega_s(t)$ 和 $\Omega_d(t)$ 分别表示静态散射体和动态（移动）散射体的集合，$\vec{E}_i(t,f)$ 表示第 i 个散射体散射的接收电场的一部分。分解的原理是，每个散射体都可以视为“虚拟天线”，将接收到的 EM 波向各个方向扩散，然后这些 EM 波从建筑物的墙壁、天花板、窗户等处反弹后在接收天线处叠加在一起。如果发射天线是静态的，则可以将其视为“特殊”静态，即 $\mathrm{Tx}\in\Omega_s(t)$；如果发射天线移动，可以将其分类为动态散射体集，即 $\mathrm{Tx}\in\Omega_d(t)$。$\vec{E}_{Tx}(t,f)$ 的功率主导了散射体散射的电场。

在足够短的时间内，可以合理地假设两个集合 $\Omega_s(t)$、$\Omega_d(t)$ 和电场 $\vec{E}_i(t,f)$，$i\in\Omega_s(t)$ 随时间缓慢变化。然后，我们有以下近似：

$$\vec{E}_{Rx}(t,f)\approx\vec{E}_s(f)+\sum_{j\in\Omega_d}\vec{E}_j(t,f) \tag{11.2}$$

式中，$\vec{E}_s(f)\approx\sum_{i\in\Omega_s(t)}\vec{E}_i(t,f)$。

11.3.2　接收电场的统计行为

从信道互易性可知，沿两个方向传播的电磁波将经历相同的物理干扰（即反射、折射、衍射等）。因此，如果接收机正在发射 EM 波，则所有散射体都将收到它们对 $\vec{E}_{Rx}(t,f)$ 贡献的相同电场，如图 11.1b 所示。因此为了理解 $\vec{E}_{Rx}(t,f)$ 的性质，我们只需分析它的独立分量 $\vec{E}_i(t,f)$，它等于 Rx 在传输第 i 个散射体接收到的电场。然后，$\vec{E}_i(t,f)$ 可以理解为平面波在所有方向角上的积分，如图 11.2 所示。对于每一个方向角为 $\Theta=(\alpha,\beta)$ 的入射平面波，其中 α 和 β 分别表示仰角和方位角，设 $\vec{k}$ 表示其向量波数，设 $\vec{F}(\Theta)$ 代表其角谱，它表征了波的电场。向量波数 $\vec{\boldsymbol{k}}$ 由 $-k\left(\hat{x}\sin(\alpha)\cos(\beta)+\hat{y}\sin(\alpha)\sin(\beta)+\hat{z}\cos(\alpha)\right)$ 得到，其中对应的自由空间波数是 $k=\dfrac{2\pi f}{c}$，c 是光速。角谱 $\vec{F}(\Theta)$ 可以写为 $\vec{F}(\Theta)=F_\alpha(\Theta)\hat{\boldsymbol{\alpha}}+F_\beta(\Theta)\hat{\boldsymbol{\beta}}$，其中 $F_\alpha(\Theta)$ 和 $F_\beta(\Theta)$ 是复数，$\hat{\boldsymbol{\alpha}}$、$\hat{\boldsymbol{\beta}}$ 是彼此正交且与 $\vec{\boldsymbol{k}}$ 正交的单位向量。如果第 i 个散射体的速度为 v_i，则 $\vec{E}_i(t,f)$ 可以表示为

$$\vec{E}_i(t,f)=\int_0^{2\pi}\int_0^{\pi}\vec{F}(\Theta)\exp\left(-\mathrm{j}\vec{\boldsymbol{k}}\cdot\vec{\boldsymbol{v}}_i t\right)\sin(\alpha)\,\mathrm{d}\alpha\,\mathrm{d}\beta \tag{11.3}$$

如图 11.2 所示，其中 z 轴与散射体 i 的移动方向对齐，并且删除了时间相关项 $\exp(-\mathrm{j}2\pi ft)$，因

为它不影响以后将得出的任何结果。角谱$\vec{F}(\Theta)$可以是确定性的也可以是随机的。式（11.3）中的电场满足麦克斯韦方程，因为每个平面波分量都满足麦克斯韦方程[24]。

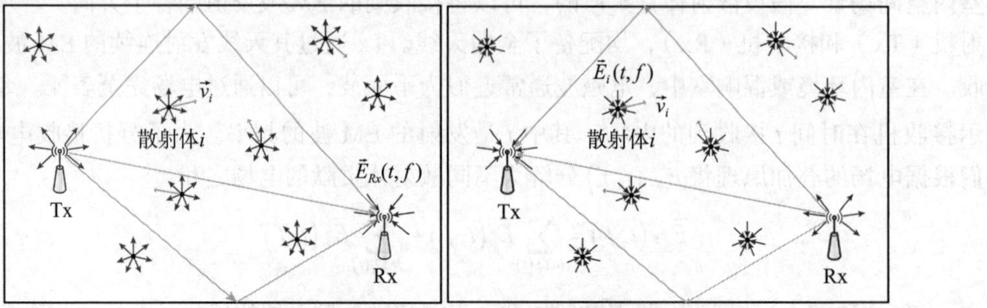

a）丰富散射环境中的电磁波传播　　b）信道互易性中的$E_i(t,f)$, $i\in\Omega_d(t)$

图 11.1　电磁波传播示例

通常，由于电磁波可以被墙壁、门、窗户、移动的物体等吸收和散射，因此建筑物内部的无线电传播很难分析。但是，建筑物和房间内部存在多径传播，可以将它们视为混响腔。因此，我们将使用统计模型而不是确定性模型，并应用为混响腔研发的电磁场统计理论来分析$\vec{E}_i(t,f)$的统计特性。我们假设$\vec{E}_i(t,f)$是大量平面波的叠加，这些波具有均匀分布的到达方向、极化和相位，这些特点可以很好地反映混响腔的波函数特性[24]。因此，我们认为$\vec{F}(\Theta)$是随机变量，关于$\vec{F}(\Theta)$的相应统计假设总结如下：

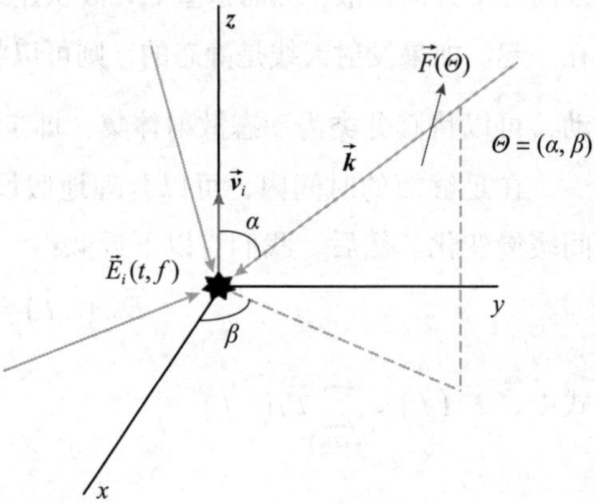

图 11.2　波数向量$\vec{k}$电场的平面波分量

假设 11.3.1　对于$\forall\Theta$, $F_\alpha(\Theta)$和$F_\beta(\Theta)$都是具有相同方差的圆对称高斯随机变量[25]，并且在统计上是独立的。

假设 11.3.2　对于每个动态散射体，从不同方向到达的角谱分量是不相关的。

假设 11.3.3　对于任何两个动态散射体$i_1, i_2\in\Omega_d$，$\forall t_1, t_2$，$\vec{E}_{i_1}(t_1,f)$和$\vec{E}_{i_2}(t_2,f)$是不相关的。

假设 11.3.1 是基于如下事实：角谱是许多具有随机相位的射线或反射的结果，因此根据中心极限定理，可以假设$\vec{F}(\Theta)$的每个正交分量都趋于高斯变量。假设 11.3.2 是因为不同方向的角谱分量采用了不同的多个散射路径，因此可以假定它们彼此不相关。假设 11.3.3 源于以下事实：两个距离至少半个波长位置上的信道响应在统计上是不相关的[26-27]，因此不同散射体贡献的电场可以假定是不相关的。

在这些假设条件下，$\forall i\in\Omega_d$，$\vec{E}_i(t,f)$可以近似地视为一个平稳过程。定义电场$\vec{E}(t,f)$的时间 ACF 为

$$\rho_{\vec{E}}(\tau,f)=\frac{\left\langle\vec{E}(0,f),\vec{E}(\tau,f)\right\rangle}{\sqrt{\left\langle\left|\vec{E}(0,f)\right|^2\right\rangle\left\langle\left|\vec{E}(\tau,f)\right|^2\right\rangle}}\tag{11.4}$$

式中，τ是时延，$\langle\ \rangle$代表所有实现的集合平均，$\langle\vec{X},\vec{Y}\rangle$是$\vec{X}$和$\vec{Y}$的内积，即$\langle\vec{X},\vec{Y}\rangle\triangleq\langle\vec{X}\cdot\vec{Y}^*\rangle$，*表示复共轭运算符，$\cdot$表示点积，$\left|\vec{E}(\tau,f)\right|^2$表示电场绝对值的平方。因为假定$\vec{E}_i(t,f)$是一个平稳过程，则式（11.4）的分母为$E^2(f)$，代表了电场的功率，即$E^2(f)=\left\langle\left|\vec{E}(\tau,f)\right|^2\right\rangle,\forall t$，并且ACF是归一化的自协方差函数。

对于移动速度为$\vec{v}_i$的散射体i，$\left\langle\vec{E}_i(0,f)\cdot\vec{E}_i^*(\tau,f)\right\rangle$可以推导为[24]

$$\begin{aligned}\left\langle\vec{E}_i(0,f)\cdot\vec{E}_i^*(\tau,f)\right\rangle&=\int_{4\pi}\int_{4\pi}\left\langle\vec{F}(\Theta_1)\cdot\vec{F}(\Theta_2)\right\rangle\exp\left(\mathrm{j}\boldsymbol{k}_2\cdot\vec{v}_i\tau\right)\mathrm{d}\Theta_1\,\mathrm{d}\Theta_2\\&=\frac{E_i^2(f)}{4\pi}\int_{4\pi}\exp\left(\mathrm{j}kv_i\tau\cos(\alpha_2)\right)\mathrm{d}\Theta_2\\&=E_i^2(f)\frac{\sin(kv_i\tau)}{kv_i\tau}\end{aligned}\tag{11.5}$$

这里我们定义$\int_{4\pi}\triangleq\int_0^{2\pi}\int_0^{\pi}$和$\mathrm{d}\Theta\triangleq\sin(\alpha)\mathrm{d}\alpha\mathrm{d}\beta$，$E_i^2(f)$是$\vec{E}_i(t,f)$的功率。在假设11.3.3中，$\vec{E}_{Rx}(t,f)$的自协方差函数可以写为

$$\left\langle\left(\vec{E}_{Rx}(0,f)-\vec{E}_s(f)\right)\cdot\left(\vec{E}_{Rx}^*(\tau,f)-\vec{E}_s^*(f)\right)\right\rangle=\sum_{i\in\Omega_d}E_i^2(f)\frac{\sin(kv_i\tau)}{kv_i\tau}\tag{11.6}$$

因此相应的ACF可以推导为

$$\rho_{\vec{E}_{Rx}}(\tau,f)=\frac{1}{\sum_{j\in\Omega_d}E_j^2(f)}\sum_{i\in\Omega_d}E_i^2(f)\frac{\sin(kv_i\tau)}{kv_i\tau}\tag{11.7}$$

根据式（11.7），$\vec{E}_{Rx}$的ACF实际上是每个移动散射体将辐射功率作为权重的ACF组合，每个移动散射体的移动方向在ACF中不起作用。式（11.7）的重要性在于，移动散射体的速度信息实际上嵌入在接收电场的ACF中。

11.4　WiSpeed 的理论基础

在11.3节中，我们得出了在Rx处接收电场的ACF，它与移动散射体的速度有关。如果所有或大多数移动散射体以相同的速度v移动，则式（11.7）的右侧将变为$\rho_{\vec{E}_{R_x}}(\tau,f)=\frac{\sin(kv\tau)}{kv\tau}$，并且从ACF估计共同速度将变得非常简单。但是，直接测量Rx处的电场并分析其ACF并不容易。取而代之的是，电场的功率可以视为等同于商用Wi-Fi设备可以测量的信道响应的功率。在本节中，我们将讨论WiSpeed原理：利用CSI功率响应的ACF进行速度估计。

在不失一般性的前提下，我们以基于OFDM的Wi-Fi系统的信道响应为例。令$X(t,f)$和$Y(t,f)$为在时间t上频率为f的子载波上发射和接收的信号。然后，在时间t测得的频率为f的子载波的CSI最小二乘估计为$H(t,f)=\frac{Y(t,f)}{X(t,f)}$[28]。实际上，获得的CSI估计包含同步误差，

该误差主要包括信道频率偏移（CFO）、取样频率偏移（SFO）和符号定时偏移（STO）[26]。尽管 Wi-Fi 接收机进行定时和频率同步，但是这些误差的残留量不能忽略。但是，同步误差对 CSI 振幅的影响微不足道，因此 WiSpeed 仅利用所测 CSI 的振幅信息。

我们将功率响应 $G(t,f)$ 定义为 CSI 振幅的平方，其形式为

$$G(t,f) \triangleq \left|H(t,f)\right|^2 = \left\|\vec{E}_{Rx}(t,f)\right\|^2 + \varepsilon(t,f) \tag{11.8}$$

式中，$\|\vec{E}\|^2$ 表示 $\vec{E}$ 的总功率，$\varepsilon(t,f)$ 是由于 CSI 测量不理想导致的加性噪声。

可以假设噪声 $\varepsilon(t,f)$ 服从正态分布。为了证明这一点，我们在静态室内环境中以信道采样率 $F_S = 30\text{Hz}$ 收集了一组一小时的 CSI 数据。图 11.3a 画出了给定子载波的归一化 $G(t,f)$ 和标准正态分布的 Q-Q 图，它表明噪声分布非常接近正态分布。为了验证噪声的白度，我们还研究了 $G(t,f)$ 的 ACF，可以将其定义为[29] $\rho_G(\tau,f) = \dfrac{\gamma_G(\tau,f)}{\gamma_G(0,f)}$，其中 $\gamma_G(\tau,f)$ 表示自协方差函数，即 $\gamma_G(\tau,f) \triangleq \operatorname{cov}\left(G(t,f), G(t-\tau,f)\right)$。在实际应用中，使用样本自协方差函数 $\hat{\gamma}_G(\tau,f)$ 代替。如果 $\varepsilon(t,f)$ 是白噪声，对于 $\forall \tau \neq 0$，样本 ACF $\hat{\rho}_G(\tau,f)$，可以用零均值和标准差 $\sigma_{\hat{\rho}_G(\tau,f)} = \dfrac{1}{\sqrt{T}}$ 的正态随机变量来近似。图 11.3b 显示了在第一个子载波上使用 2000 个样本时 $G(t,f)$ 的 ACF 例子。从图可以看出，样本 ACF 的所有抽头都在 $\pm 2\sigma_{\hat{\rho}_G(\tau,f)}$ 的区间内，因此，可以假定 $\varepsilon(t,f)$ 是加性高斯白噪声，即 $\varepsilon(t,f) \sim \mathcal{N}\left(0, \sigma^2(f)\right)$。

在之前 11.3 节的分析中，我们假设 *Tx* 传输连续的 EM 波，但实际上传输时间是有限的。例如，以 40MHz 带宽信道在 5GHz 频带上运行的 IEEE 802.11n Wi-Fi 系统中，标准 Wi-Fi 符号为 4us，由 3.2us 的有用符号持续时间和 0.8us 的保护间隔组成。根据文献［30］，对于大多数的建筑物，延迟扩展在 40ns 到 70ns 的范围内，这比标准 Wi-Fi 符号的持续时间小得多。因此，我们可以假设连续波在 Wi-Fi 系统中传输。

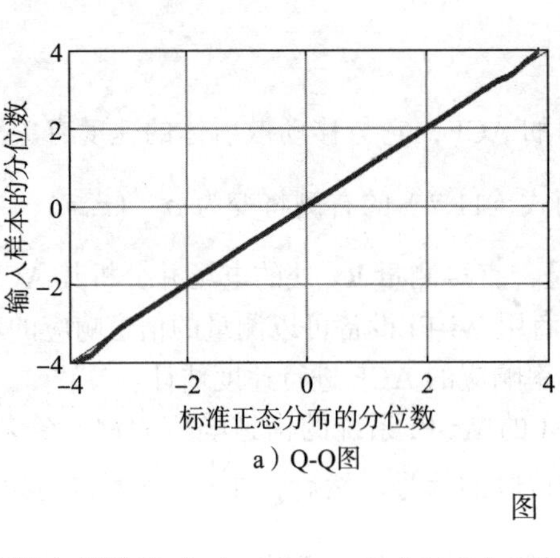

a）Q-Q图

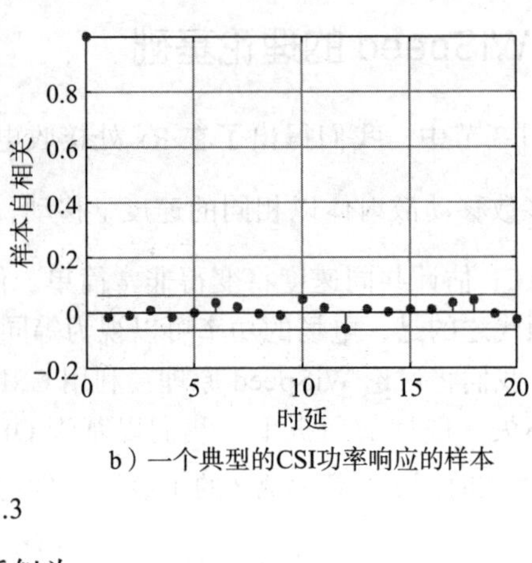

b）一个典型的CSI功率响应的样本

图　11.3

基于以上假设和式（11.2），式（11.8）可以近似为

$$
\begin{aligned}
G(t,f) &\approx \left\| \vec{E}_s(f) + \sum_{i\in\Omega_d} \vec{E}_i(t,f) \right\|^2 + \varepsilon(t,f) \\
&= \left\| \sum_{u\in\{x,y,z\}} \left(E_{su}(f)\hat{u} + \sum_{i\in\Omega_d} E_{iu}(t,f)\hat{u} \right) \right\|^2 + \varepsilon(t,f) \\
&= \sum_{u\in\{x,y,z\}} \left| E_{su}(f) + \sum_{i\in\Omega_d} E_{iu}(t,f) \right|^2 + \varepsilon(t,f) \\
&= \sum_{u\in\{x,y,z\}} \left(\left| E_{su}(f) \right|^2 + 2\mathrm{Re}\left\{ E_{su}^*(f) \sum_{i\in\Omega_d} E_{iu}(t,f) \right\} + \left| \sum_{i\in\Omega_d} E_{iu}(t,f) \right|^2 \right) + \varepsilon(t,f)
\end{aligned} \tag{11.9}
$$

式中，$\mathrm{Re}\{\cdot\}$ 表示取复数实部的运算，E_{iu} 表示对于 $u\in\{x, y, z\}$，$\vec{E}_i$ 在 u 轴上的分量。自协方差函数 $G(t, f)$ 可以推导为

$$
\begin{aligned}
\gamma_G(\tau,f) &= \mathrm{cov}\left(G(t,f), G(t-\tau,f)\right) \\
&\approx \sum_{u\in\{x,y,z\}} \left(2\left|E_{su}(f)\right|^2 \sum_{i\in\Omega_d} \mathrm{cov}\left(E_{iu}(t,f), E_{iu}(t-\tau,f)\right) + \sum_{\substack{i_1,i_2\in\Omega_d \\ i_1 \geqslant i_2}} \mathrm{cov}\left(E_{i_1u}(t,f), E_{i_1u}(t-\tau,f)\right) \cdot \right. \\
&\quad \left. \mathrm{cov}\left(E_{i_2u}(t,f), E_{i_2u}(t-\tau,f)\right) \right) + \delta(\tau)\sigma^2(f)
\end{aligned} \tag{11.10}
$$

上述化简过程中采用了假设 11.3.1 ～ 11.3.3 和式（11.3），详细推导详见附录 11.A。

根据自协方差和自相关之间的关系，可以按照每个散射体 ACF 形式将 $\gamma_G(\tau, f)$ 重写为

$$
\begin{aligned}
\gamma_G(\tau,f) \approx & \sum_{u\in\{x,y,z\}} \left(\sum_{i\in\Omega_d} \frac{2\left|E_{su}(f)\right|^2 E_i^2(f)}{3} \rho E_{iu}(\tau,f) + \sum_{\substack{i_1,i_2\in\Omega_d \\ i_1 \geqslant i_2}} \frac{E_{i_1}^2(f) E_{i_2}^2(f)}{9} \rho E_{i_1u}(\tau,f) \rho E_{i_2u}(\tau,f) \right) \\
& + \delta(\tau)\sigma^2(f)
\end{aligned} \tag{11.11}
$$

其中，上式的右侧是根据如下关系获得：$E_{iu}^2(f) = \dfrac{E_i^2(f)}{3}$，$\forall u\in\{x, y, z\}, \forall i\in\Omega_d$ [24]。因此，对应的 $G(t, f)$ 的 ACF $\rho_G(\tau, f)$ 由 $\rho_G(\tau,f) = \dfrac{\gamma_G(\tau,f)}{\gamma_G(0,f)}$ 得到，其中 $\gamma_G(\tau, 0)$ 可以通过将 $\rho_{E_{iu}}(0, f) = 1$ 带入式（11.11）中获得。当所有动态散射体的移动方向大致相同时，我们可以选择与公共移动方向对齐的 z 轴。然后由假设 11.3.1 ～ 11.3.2 得到 $\rho_{E_{iu}}(\tau, f), \forall u\in\{x, y, z\}$，的闭合形式解 [24]，即对于 $\forall i\in\Omega_d$，有

$$
\rho_{E_{ix}}(\tau,f) = \rho_{E_{iy}}(\tau,f) = \frac{3}{2}\left[\frac{\sin(kv_i\tau)}{kv_i\tau} - \frac{1}{(kv_i\tau)^2}\left(\frac{\sin(kv_i\tau)}{kv_i\tau} - \cos(kv_i\tau) \right) \right] \tag{11.12}
$$

$$
\rho_{E_{iz}}(\tau,f) = \frac{3}{(kv_i\tau)^2}\left[\frac{\sin(kv_i\tau)}{kv_i\tau} - \cos(kv_i\tau) \right] \tag{11.13}
$$

理论空间 ACF 见图 11.4a，其中 $d \triangleq v_i\tau$。从图 11.4a 中可以看出，随着距离 d 的增加，所有 ACF 的振幅都会振荡衰减。

对于带宽为 40MHz，载波频率为 5.805GHz 的 Wi-Fi 系统，可以忽略每个子载波的波数 k 的差异，例如，$k_{\max}=122.00$ 和 $k_{\min}=121.16$。然后，我们假设 $\rho(\tau,f)\approx\rho(\tau), \forall f$。因此，我们可以通过平均所有子载波来改善样本 ACF，即 $\hat{\rho}_G(\tau)\triangleq\frac{1}{F}\sum_{f\in\mathcal{F}}\hat{\rho}_G(\tau,f)$，其中 $\mathcal{F}$ 表示所有可用子载波的集合，F 是子载波的总数。当所有动态散射体的速度相同时，即对于 $\forall i\in\Omega_d,\ v_i=v$，这是监视单个实验对象移动的情况，定义 $E_{su}^2\triangleq\frac{2}{F}\sum_{f\in\mathcal{F}}\left|E_{su}(f)\right|^2, E_d^2\triangleq\frac{1}{3F}\sum_{i\in\Omega_d}\sum_{f\in\mathcal{F}}E_i^2(f)$，$\hat{\rho}_G(\tau)$ 能够进一步近似为（对于 $\tau\neq 0$）

$$\hat{\rho}_G(\tau)\approx C\sum_{u\in\{x,y,z\}}\left(E_d^2\hat{\rho}_{E_{iu}}^2(\tau)+E_{su}^2\hat{\rho}_{E_{iu}}(\tau)\right) \tag{11.14}$$

式中，C 是缩放因子，并且假定每个子载波的方差彼此接近。

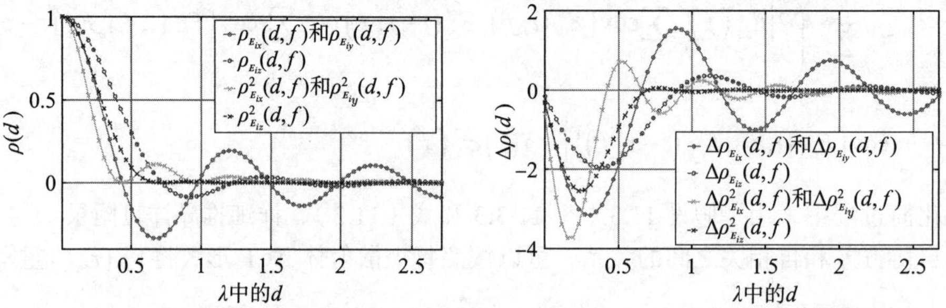

a）理论空间ACF　　b）空间ACF的差异

图 11.4

从式（11.14），我们观察到 $\rho_G(\tau)$ 是 $\rho_{E_{iu}}(\tau)$ 和 $\rho_{E_{iu}}^2(\tau)$ 的加权组合，$\forall u\in\{x, y, z\}$。可以由 CSI 估计式（11.14）的左侧，并且速度嵌入在右侧的每个项中。如果我们把式（11.14）右侧分成不同的项，就可以进行速度估计。

如图 11.4b 所示，取所有理论空间 ACF 的微分，其中我们用符号 $\Delta\rho(\tau)$ 表示 $\frac{\mathrm{d}\rho(\tau)}{\mathrm{d}\tau}$，我们发现尽管接收到的EM波不同分量的ACF是叠加起来的，但 $\Delta\rho_{E_{iu}}^2(\tau)$ 的第一个局部峰，$\forall u\in\{x, y\}$，也恰好是 $\Delta\rho_G(\tau)$ 的第一个局部峰。因此，可以从 $\rho_G(\tau)$ 中识别出分量 $\rho_{E_{iu}}^2(\tau)$，从而可以通过定位 $\Delta\hat{\rho}_G(\tau)$ 的第一个局部峰值来获得速度信息，这是 WiSpeed 从噪声 CSI 测量中提取出来的最重要的特征。

为了验证式（11.14），我们使用商用 Wi-Fi 设备构建了 WiSpeed 的原型。原型的配置总结如下：两个 Wi-Fi 设备都在 WLAN 信道 161 上运行，中心频率为 $f_c=5.805\text{GHz}$，带宽为 40MHz；Tx 配备了商用 Wi-Fi 芯片和两个全向天线，而 Rx 配备了三个全向天线，并使用 Intel Ultimate N Wi-Fi Link 5300 [8]，修改定制了它的固件和驱动程序。Tx 以 1500Hz 的信道采样率 F_s 发送探测帧，并且在 Rx 处获得 CSI。传输功率设置为 20dBm。

本章中的所有实验均在典型的室内办公环境中进行，如图 11.5 所示。在每个实验中，Tx 和 Rx 之间的 LOS 路径至少隔了一堵墙，从而导致严重的 NLOS 环境。更具体地说，我们实验了两种情况：

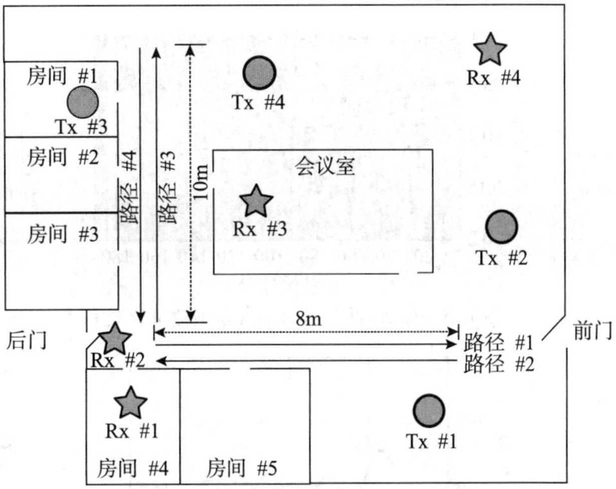

图 11.5　典型办公环境中的具有不同 Tx/Rx 位置和行走路径的实验设置

（i）Tx 处于移动状态，Rx 保持静态：Tx 固定在推车上，Rx 放置在位置 Rx # 1，如图 11.5 所示。沿着图 11.5 中标记的 # 1 路径，推车从 t=3.7s 到 t=14.3s 以几乎恒定的速度向前推动。

（ii）Tx 和 Rx 都保持静止，有一个人经过：Tx 和 Rx 分别放置在位置 Tx # 1 和 Rx # 1 处。一个人以与（i）中相似的速度从 t=4.9s 到 t=16.2s 沿 #1 路径行走。

由于理论上的近似值仅在短持续时间假设下才有效，因此我们将最大时延 τ 设置 0.2s。在这两种情况下，我们每 0.05s 计算一次样本 ACF $\hat{\rho}_G(\tau)$。

图 11.6 展示了这两种情况的样本 ACF。尤其是，图 11.6a 可视化了给定了时间 t 和时延 $\tau\in[0,\ 0.2\text{s}]$ 的不同子载波对应图 11.6e 快照的样本 ACF，图 11.6c 说明，与单个 $\hat{\rho}_G(\tau)$ 相比，平均 ACF $\hat{\rho}_G(\tau)$ 包含的噪音要小得多。在这种情况下，与其他散射体相比，Tx 可以视为是具有主要辐射功率的移动散射体，从而导致 $E_d^2\rho^2_{E_{iu}}(\tau)$ 与式（11.14）的其他分量相比占主导优势，其中 $u\in\{x,\ y,\ z\}$。另外，$\rho^2_{E_{iz}}(\tau)$ 的衰减要快于 $\rho^2_{E_{ix}}(\tau)$ 和 $\rho^2_{E_{iy}}(\tau)$，而 $\rho^2_{E_{ix}}(\tau)=\rho^2_{E_{iy}}(\tau)$。因此，$\hat{\rho}_G(\tau)$ 和 $\rho^2_{E_{ix}}(\tau)\left(\rho^2_{E_{iy}}(\tau)\right)$ 具有相似模式，它们有共同的且占主导地位的成分 $\dfrac{\sin^2(kv\tau)}{(kv\tau)^2}$，其中 v 是推车和人的速度。图 11.6c 所示的实验结果与理论分析非常吻合，因为只有分量 $\rho^2_{E_{ix}}(\tau)$ 主导了所获得的 ACF 估计，而其他分量的影响可以忽略。

同样，对于情况（ii），图 11.6b 显示了不同子载波的样本 ACF $\hat{\rho}_G(\tau,f)$，图 11.6d 显示了平均样本 ACF $\hat{\rho}_G(\tau)$，它是图 11.6f 在固定时间 t，且时滞 $\tau=[0,\ 0.2\text{s}]$ 条件下的快照。显然，与图 11.6c 和图 11.6e 所示的情况（i）相比，样本 ACF 中的分量 $\rho^2_{E_{iu}}(\tau)$，$u\in\{x,y\}$ 的模式不够明显。这可以通过以下事实来说明，辐射功率 E_d^2 远小于情况（i）中的功率，因为动态散射体集合仅由移动中人体的不同部分组成。因此，$\hat{\rho}_G(\tau)$ 的形状更类似于 $\rho^2_{E_{iu}}(\tau)$，$u\in\{x,\ y,\ z\}$，其主要成分为 $\dfrac{\sin^2(kv\tau)}{(kv\tau)^2}$。注意到 $\dfrac{\sin^2(kv\tau)}{(kv\tau)^2}$ 分量的振荡速度比 $\dfrac{\sin^2(kv\tau)}{(kv\tau)^2}$ 分量慢两倍。从图 11.6d，我们可以观察到，获得的 ACF 是这两个分量的加权和。我们还观察到，ACF 的缓慢变化趋势遵循成分 $\dfrac{\sin(kv\tau)}{kv\tau}$ 的形状，而成分 $\dfrac{\sin^2(kv\tau)}{(kv\tau)^2}$ 仅嵌入趋势中，$\dfrac{\sin(kv\tau)}{kv\tau}$ 的权重应

比 $\frac{\sin^2(kv\tau)}{(kv\tau)^2}$ 的权重大。请注意，与情况（i）相比，嵌入的分量 $\frac{\sin^2(kv\tau)}{(kv\tau)^2}$ 具有相似的模式，因为两个实验中的移动速度彼此相似。

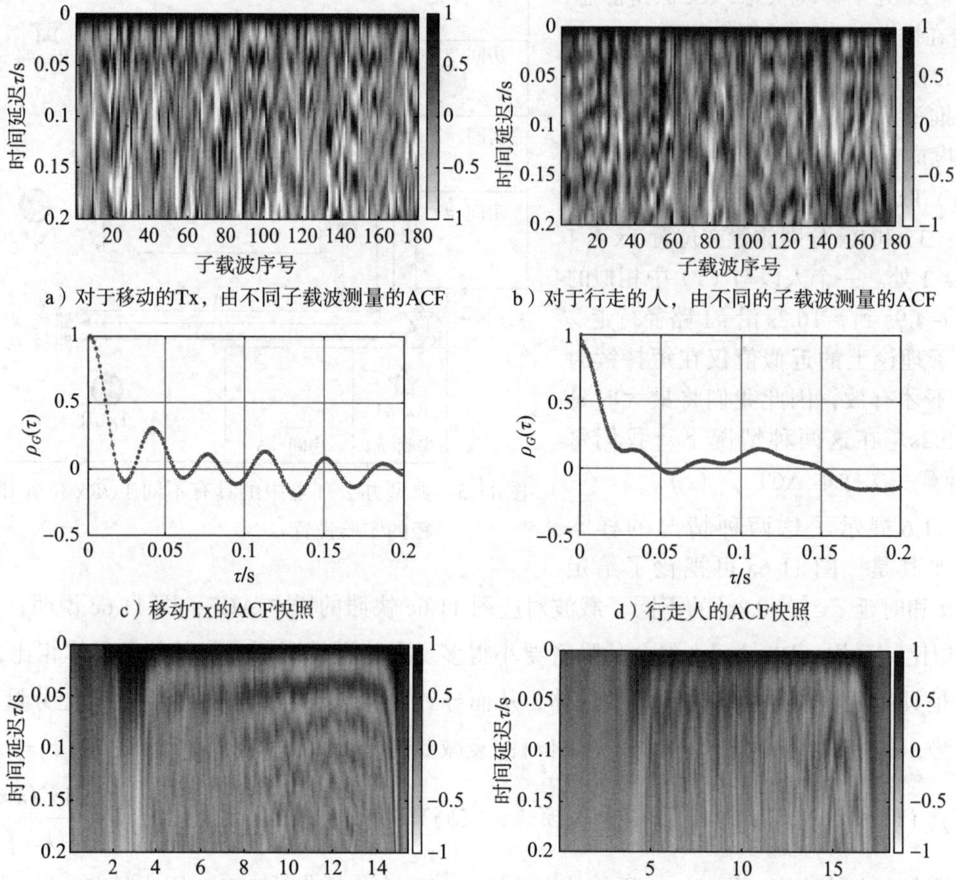

a）对于移动的Tx，由不同子载波测量的ACF　b）对于行走的人，由不同的子载波测量的ACF

c）移动Tx的ACF快照　d）行走人的ACF快照

e）移动Tx的ACF矩阵　f）行走人的ACF矩阵

图 11.6 两种情况下的 ACF

11.5 WiSpeed 的关键组成

基于 11.4 节中得出的理论结果，我们介绍了 WiSpeed，该模型集成了三个模块：移动速度估计器、加速度估计器和步态周期估计器。移动速度估计器是 WiSpeed 的核心模块，另外两个模块从移动速度估计器中提取有用的特征，以检测跌倒并估计步行者的步态周期。

11.5.1 移动速度估计器

WiSpeed 通过根据 CSI 测量计算样本 ACF $\Delta\hat{\rho}_G(\tau)$，定位 $\Delta\hat{\rho}_G(\tau)$ 的第一个局部峰值并将峰值位置映射到速度估计来估计对象的移动速度。如图 11.6e 和图 11.6f 所示，总的来说，样本

ACF $\Delta\hat{\rho}_G(\tau)$ 噪声较多，我们基于局部回归的思想开发了一种新颖的鲁棒的局部峰识别算法[31]，可以可靠地检测 $\Delta\hat{\rho}_G(\tau)$ 的第一个局部峰的位置。

为方便起见，将用于局部峰检测的离散信号写为 $y[n]$，我们的目标是识别 $y[n]$ 中的局部峰。首先，我们将对 $y[n]$ 应用一个长度为 $2L+1$ 的滑动窗口，其中 L 的大小应与局部峰的宽度相当。然后，对于每个中心位于 n 的窗口，我们对窗口内的数据分别进行线性回归和二次回归，来验证窗口内是否存在潜在的局部峰。令 SSE 表示二次回归的平方误差总和，而 SSE_r 表示线性回归的误差平方和。如果在给定窗口内没有局部峰，则比率 $\alpha[n] \triangleq \dfrac{(\text{SSE}_r - \text{SSE})/(3-2)}{\text{SSE}/(2L+1-3)}$ 可以理解为窗口内出现峰值的可能性度量，并且在某些假设条件下[32]，它服从具有 1 和 $2(L-1)$ 自由度的中心 F 分布。仅当 $\alpha[n]$ 大于预设阈值 η 时，则认为存在一个以 n 为中心点的潜在窗口，该阈值由发现虚假峰所需的概率决定，并且 $\alpha[n]$ 也应大于其邻域 $\alpha[n-L],\cdots,\alpha[n+L]$。当 L 足够小并且在窗口内仅存在一个局部峰时，可以从拟合的二次曲线直接获得局部峰的位置。

下面我们使用一个数值示例来验证所提出的局部峰识别算法的有效性。设 $y(t)=\cos(2\pi f_1 t+0.2\pi)+\cos(2\pi f_2 t+0.3\pi)+n(t)$，设 $f_1=1\text{Hz}, f_2=2.5\text{Hz}$，$n(t)\sim N(0,\ \sigma^2)$ 是具有零均值和方差 σ^2 的加性高斯白噪声。从时间 $t=0\text{s}$ 到 $t=1\text{s}$，信号 $y(t)$ 的采样率为 100Hz。当没有噪声时，两个局部峰的真实位置为 $t_1\approx 0.331\text{s}$ 和 $t_2\approx 0.760\text{s}$，我们的局部峰识别算法的估计值为 $\hat{t}_1\approx 0.327\text{s}$ 和 $\hat{t}_2\approx 0.763\text{s}$，如图 11.7a 所示。当存在噪声并将 σ 设置为 0.2 时，如图 11.7b 所示，估计值为 $\hat{t}_1\approx 0.336\text{s}$ 和 $\hat{t}_2\approx 0.762\text{s}$。从结果可以看出，即使信号被噪声污染，局部峰的估计位置也非常接近实际峰的位置，这表明了所提出的局部峰识别算法的有效性。

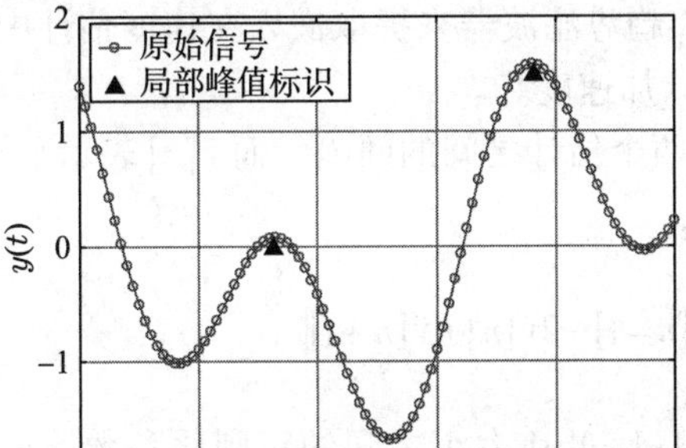

a）原始信号及其估计的局部峰值

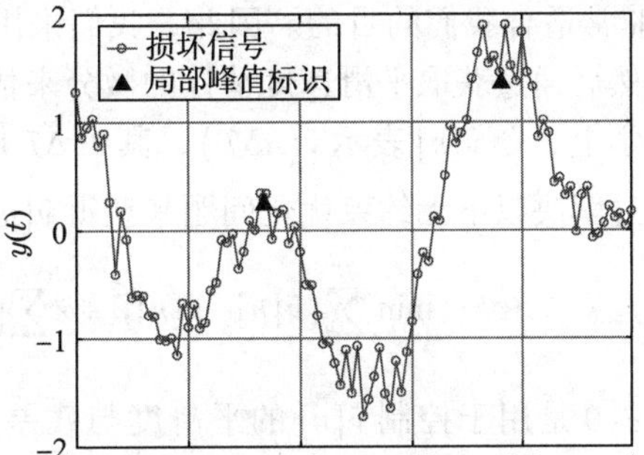

b）被污染的信号及其估计的局部峰值

图 11.7　峰识别算法示例

然后，移动物体的速度可以估算为 $\hat{v}=\dfrac{d_1}{\hat{\tau}}$，其中 d_1 是 $\Delta\rho^2_{E_{ix}}(\tau)$ 的第一个局部峰与原点之间的距离，而 $\hat{\tau}$ 是 $\Delta\hat{\rho}_G(\tau)$ 的第一个局部峰的位置。距离 d_1 可以通过求解下述方程获得

$$\frac{\partial^2}{\partial d^2}\rho^2_{E_{ix}}(d,f)=0 \tag{11.15}$$

式中，$\rho_{E_{ix}}(d,f)$ 表示理论空间 ACF，如图 11.4a 所示。由于式（11.15）没有闭合形式的解，因此我们通过数值方法计算式（11.15）的第二个最小根，结果大约是 0.54λ。然后使用中值滤波器对速度估计值进行滤波，以消除异常值。算法 3 中总结了提出的速度估计器。

算法 3：所提出的速度估计器

输入：时间 t 之前的 T 个连续的 CSI 测量：$H(s,f)$，$s=t-\frac{T-1}{F_s},\cdots,t-\frac{1}{F_s},t$ 和 $f\in\mathcal{F}$；

输出：t 时刻的速度估计：$\hat{v}(t)$；

1: 计算 CSI 功率响应：$G(s,f)\leftarrow|H(s,f)|^2$；

2: 计算每一个子载波 f 的 ACF：$\hat{\rho}_G(\tau,f)\leftarrow\frac{1}{T}\sum_{s=t-\frac{T-1}{F_s}+\tau}^{t}(G(s-\tau,f)-\bar{G}(f))(G(s,f)-\bar{G}(f))$ 其中，$G(f)$ 是样本平均；

3: 累加所有子载波的 ACF：$\hat{\rho}_G(\tau)\leftarrow\frac{1}{F}\sum_{f\in\mathcal{F}}\hat{\rho}_G(\tau,f)$；

4: 计算差分 ACF：$\Delta\hat{\rho}_G(\tau)\leftarrow\hat{\rho}_G(\tau)-\hat{\rho}_G\left(\tau-\frac{1}{F_s}\right)$；

5: 应用所提出的局部峰值识别算法估计 $\Delta\hat{\rho}_G(\tau)$ 的第一个局部峰值的位置：$\hat{\tau}$；

6: t 时刻的速度估计：$\hat{v}(t)\leftarrow\frac{0.54\lambda}{\hat{\tau}}$.

11.5.2　加速度估计器

可以根据 11.5.1 节中获得的 $\hat{v}$ 计算加速度。加速度估计的一种直观方法是，首先计算两个相邻速度估计值之差，然后将速度差除以它们的测量时间差。但是，该方案并不稳健，因为它可能会放大估计噪声。与之不同，我们利用这样的事实，即只要在短时间内有足够的速度估计，就可以将加速度值近似为分段线性函数。l_1 趋势滤波器产生的趋势估计在分段线性意义上是平滑的[33]，非常适合我们的目的。因此，我们采用 l_1 趋势滤波器来提取嵌入在速度估计中的分段线性趋势，然后通过获取平滑速度估计的微分来估计加速度。

在数学上，令 $\hat{v}[n]$ 表示 $\hat{v}(n\Delta T)$，其中 ΔT 是两个估计之间的间隔，而 $\tilde{v}[n]$ 表示平滑的对象。然后，通过解决以下无约束优化问题来获得 $\tilde{v}[n]$：

$$\min_{\tilde{v}[n],\forall n}\sum_{n=1}^{N}\left(\tilde{v}[n]-\hat{v}[n]\right)^2+\lambda\sum_{n=2}^{N-1}\left|\tilde{v}[n-1]-2\tilde{v}[n]+\tilde{v}[n+1]\right| \tag{11.16}$$

式中，$\lambda\geqslant0$ 是用于控制 $\tilde{v}[n]$ 的平滑度与残差 $|\tilde{v}[n]-\hat{v}[n]|$ 大小之间的正则化参数，N 表示需要进行平滑处理的速度估计的数目。然后，我们获得加速度估计为 $\hat{a}[n]=\frac{(\tilde{v}[n]-\tilde{v}[n-1])}{\Delta T}$。根据文献［33］，$l_1$ 滤波器的复杂度随着数据 N 的长度线性增长，并且可以在大多数平台上实时计算。

11.5.3　步态周期估计器

当估计速度在某个范围内（例如，从 1m/s 到 2m/s），并且加速度估计值较小时，WiSpeed 将开始估计相应的步态周期。实际上，步行的过程可分为三个阶段：将一条腿抬离地面，用抬起的腿与地面接触并向前推动身体，以及在下一步之前保持短时间的静止。重复相同的过程，直到到达目的地。

在速度方面，一个步行周期包括一个加速阶段，然后是一个减速阶段。WiSpeed 利用速度变化的周期模式进行步态周期估计。更具体地说，WiSpeed 会在速度估计中提取与速度最大时刻相对应的局部峰值。为了实现峰值定位，我们使用文献［34］中提出的基于持久性的方案来表示多对局部最大值和局部最小值，并将局部最大值的位置视为峰值位置。每两个相邻峰之间的时间间隔计算为一个步态周期。同时，每两个相邻峰之间的移动距离计算为步幅长度的估计。

11.6　实验

在本节中，我们首先介绍了室内环境和实验的系统设置。然后，在两个应用中评估了 WiSpeed 的性能：人体步行监测和人体跌倒检测。

11.6.1　实验环境

我们在典型的办公环境中进行了大量的实验，其平面图如图 11.5 所示。室内空间中有书桌、计算机、架子、椅子和家用电器。实验期间使用与 11.4 节中介绍的相同的 Wi-Fi 设备。

11.6.2　实验设置

进行了两组实验。在第一组实验中，我们研究了 WiSpeed 在估计人体步行速度时的性能。对于没有设备的情况，它除了可以估计步行速度，还可以估算步数和步长。估计精度为估计的步行距离与地面真实距离之比，因为与直接测量速度相比，测量步行距离要容易得多且更为准确。表 11.1 和表 11.2 总结了设备的不同路径和位置，并详细介绍了实验设置。在第二组实验中，我们研究了 WiSpeed 作为人体动作监测方案的性能。要求两名参与者进行不同的动作，包括站立、坐下、从地面捡起东西、步行和跌倒。

表 11.1　无设备人体步行监测的实验设置

设置	配置		
	Tx 位置	Rx 位置	路径序号
设置 #1	Tx #1	Rx #1	路径 #1/#2
设置 #2	Tx #1	Rx #2	路径 #1/#2
设置 #3	Tx #2	Rx #1	路径 #1/#2
设置 #4	Tx #3	Rx #2	路径 #3/#4
设置 #5	Tx #4	Rx #2	路径 #3/#4
设置 #6	Tx #3	Rx #3	路径 #3/#4

表 11.2　基于设备的速度监测的实验设置

设置	配置		
	Tx 位置	Rx 位置	路径序号
设置 #7	移动	Rx #1	路径 #1/#2
设置 #8	移动	Rx #4	路径 #1/#2
设置 #9	移动	Rx #1	路径 #3/#4
设置 #10	移动	Rx #4	路径 #3/#4

11.6.3　人体步行监测

图 11.8 给出了在路线 1 和配置 1 下的一项实验结果，即 *Tx* 和 *Rx* 均为静态，并且一名实验者沿着指定的路线行走。图 11.8a 至 c 显示了图 11.8d 中标记的不同时时刻的估计 ACF 的三个快照。从图 11.8 中，我们可以得出结论，尽管 ACF 有很大不同，但是只要在相似的步行速度条件下计算 ACF，则 $\Delta\hat{\rho}_G(\tau)$ 的第一个局部峰的位置是高度一致的。

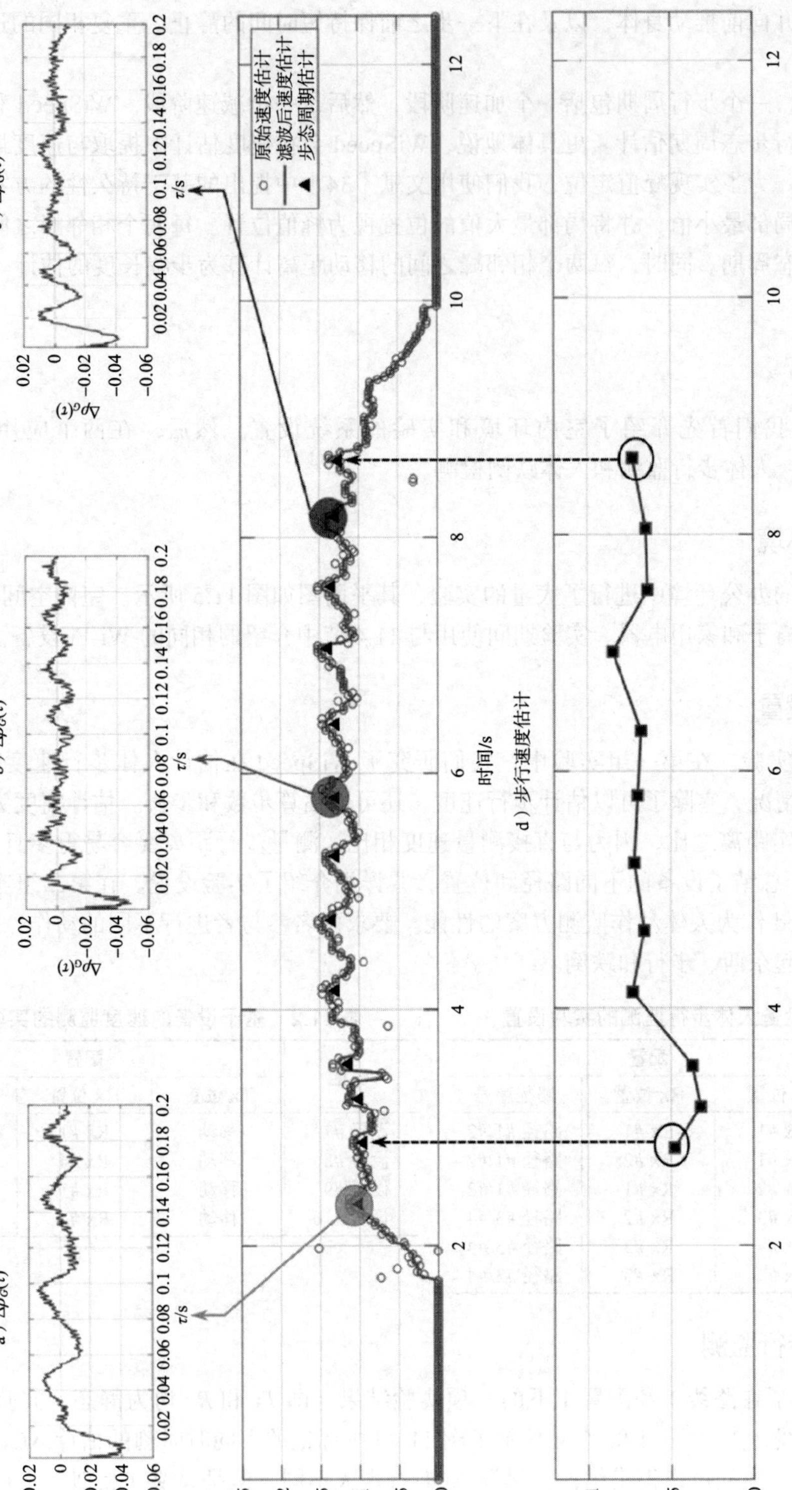

图 11.8 在路线 1 和配置 1 下人体行走监测的实验结果

图 11.8d 显示了该实验的步行速度估计结果，由于加减速，我们可以看到非常清晰的步行模式。相应的步长估计如图 11.8e 所示。估计的步行距离为 8.46m，在地面真实距离 8m 的 5.75% 之内。另一方面，平均步长为 0.7m，非常接近参与者的平均步长。

图 11.9 显示了两种典型的速度估算结果，都是在路线 1 和配置 7 的条件下进行的实验，其中 Tx 附着在推车上，而一名实验人员沿着指定路线推动推车。在这两个实验中，推车以不同的速度移动，图 11.9a 和 11.9b 分别给出了相应的速度估计。从估计的速度模式可以看出，没有图 11.8d 中所示的无设备行走速度估计的周期模式。这是因为当 Tx 移动时，人体反射的 EM 波的能量主要由发射天线辐射的能量决定，而 WiSpeed 只能估计移动天线的速度。对于 Tx 以较高速度移动的情况，估计的移动距离为 8.26m，另一个为 8.16m，实际地面距离为 8m。注意，在文献［35］和文献［36］中提出的速度估计器在相同条件下也可以获得类似的结果。但是，它们不能在没有设备的情况下使用。

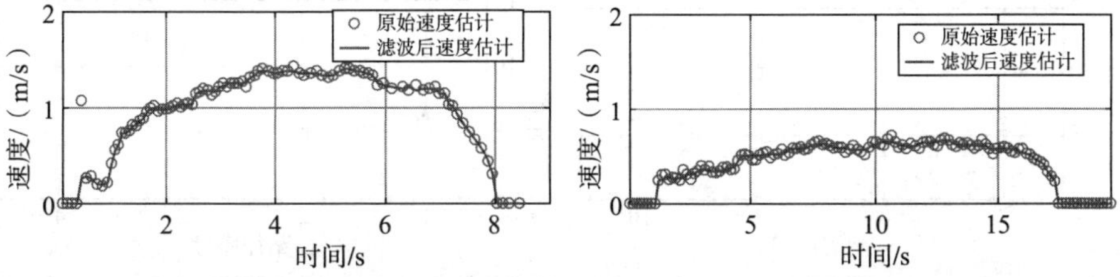

a）*Tx*以较快的速度移动　　b）*Tx*以较慢的速度移动

图 11.9　移动 *Tx* 的速度估算

图 11.10 总结了对 200 个人进行步行速度估计实验的准确性。更具体地说，图 11.10a 给出了配置 1 ～ 6 的误差分布，图 11.10b 给出了路线 1 ～ 4 的相应误差分布；图 11.10c 给出了配置 7 ～ 10 的误差分布，图 11.10d 给出了路线 1 ～ 4 的相应误差分布。底部和顶部误差线分别代表估计值的 5% 和 95%，数据点的中点是估计值的样本均值。路线 1 ～ 4 的真实数据如图 11.5 所示。从结果中，我们发现（i）WiSpeed 在不同的 Tx/Rx 位置、路线、实验对象和步行速度上始终保持一致的性能，这表明 WiSpeed 在各种情况下均具有很好的鲁棒性。（ii）在无设备设置下，WiSpeed 倾向于高估设备的移动距离。这是因为我们将路径距离用作基准，而忽略了对象在重力方向上的位移。由于 WiSpeed 会测量对象在覆盖区域中的绝对移动距离，因此重力方向上的移动会为距离估算带来误差。

总而言之，即使仅使用一对 Wi-Fi 设备且在严重的 NLOS 条件下，WiSpeed 在无设备配置条件下人体行走速度估计的 MAPE 为 4.85%，在有设备配置条件下速度估计的 MAPE 为 4.62%，这两个指标优于现有的方法。注意到 WiDar[7] 可以实现 13% 的平均速度误差，但是，它需要多对 Wi-Fi 设备和很强的视距工作条件，即被追踪的对象应在发射机和接收机的视线范围内。

11.6.4　人体跌倒检测

在本节中，我们将展示 WiSpeed 可以从日常动作中区分出人体跌倒动作。我们总共收集了五组数据：（i）倒在地上，（ii）从椅子上站起来，（iii）坐在椅子上，（iv）弯腰并从地上捡起物品，以及（v）走进房间。每个实验持续 8s。我们收集了来自两个实验对象跌倒动作的 20 个数据集，对于这两个实验对象的其他四个动作，每一个动作采集了 10 个数据。实验在 5 号房间进行，Wi-Fi Tx 和 Rx 放置在如图 11.5 所示的 Tx # 1 和 Rx # 2 位置。图 11.11 给出了不同动作和实验对象的速度和加速度估计结果的快照。

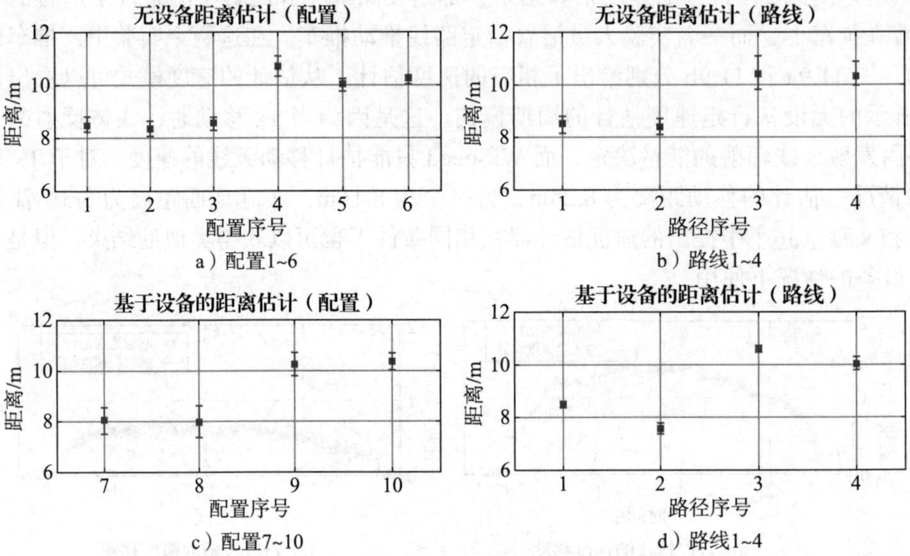

图 11.10　不同条件下距离估计的误差分布

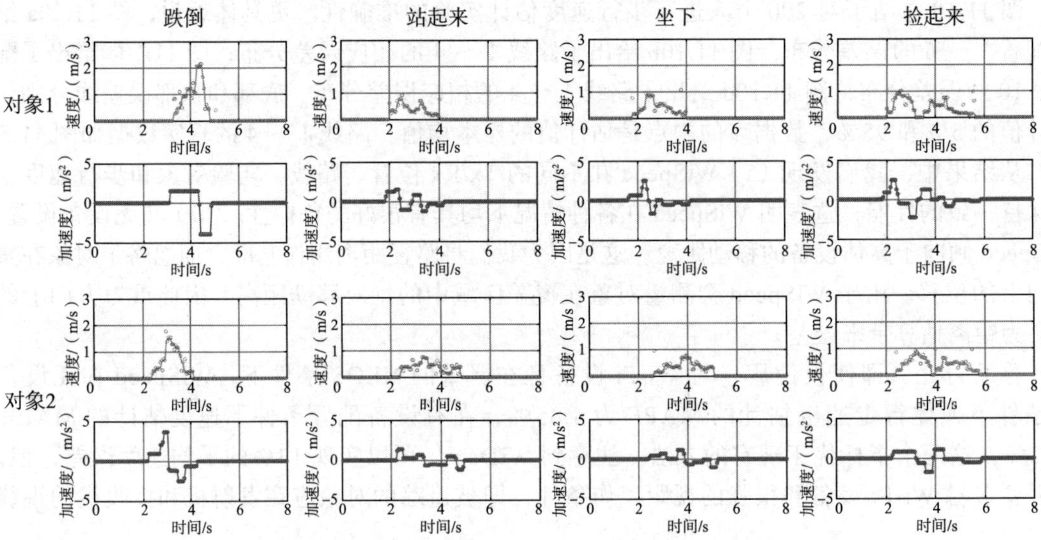

图 11.11　不同动作和实验对象的速度和加速度

注意到现实世界中跌倒的持续时间可以短至 0.5s，并且人体会突然加速然后减速[37]，我们考虑了跌倒检测的两个指标：（i）在 0.5s 内加速度的最大变化，记为 Δa，以及（ii）在加速度最大变化期间内的最大速度，记为 v_{max}。图 11.12 给出了来自两个实验对象所有动作的（$\Delta a, v_{max}$）分布。显然，通过设置两个阈值：$\Delta a \geqslant 1.6\text{m/s}^2$ 和 $v_{max} \geqslant 1.2\text{m/s}^2$，WiSpeed 可以将跌倒与除一个异常值外的其他四个动作区分开，由此得到了检出率为 95% 和零误报的结果，而文献［14］需要使用机器学习技术。这是因为 WiSpeed 提取了用于动作分类的最重要的物理特征，即速度和加速度的变化，而文献［14］则是间接推断出这两个物理值。

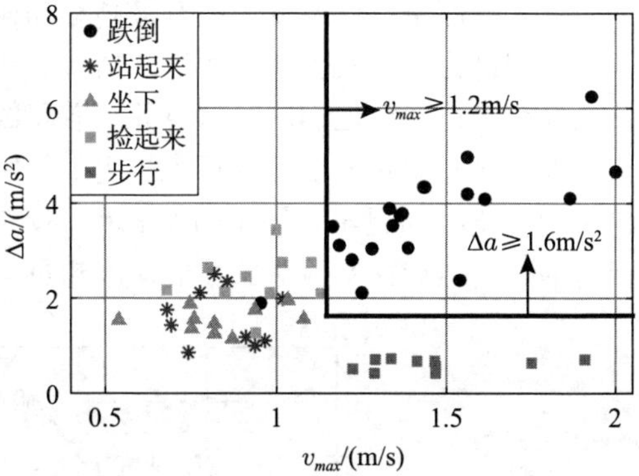

图 11.12　所有动作的两个指标的分布

11.7　讨论

在本节中，我们将讨论不同应用程序的系统参数选择及其对 WiSpeed 计算复杂性的影响，以及存在多个对象时 WiSpeed 的行为。

11.7.1　追踪快速移动的对象

为了追踪速度快速变化的物体，我们采用如下减少样本数量的方程式来计算抽样的自协方差函数：

$$\hat{\gamma}_G(\tau,f)=\frac{1}{M}\sum_{t=T-M+1}^{T}(G(t-\tau,f)-\bar{G}(f))(G(t,f)-\bar{G}(f)) \tag{11.17}$$

式中，T 是窗口的长度，M 是平均样本数，$\bar{G}(f)$ 是样本平均值。式（11.17）说明，为了估算速度为 v 的移动物体，WiSpeed 需要一个持续时间为 $T_0=\frac{0.54\lambda}{v}+\frac{M}{F_s}$ s 的时间窗。本质上，WiSpeed 捕获的是一段时间内的平均移动速度，而不是瞬时移动速度。例如，在 $v=1.3$m/s、$F_s=1500$Hz、$f_c=5.805$GHz 和 $M=100$ 的情况下，T_0 约为 0.12s。如果速度在 T_0 的持续时间内发生显著变化，WiSpeed 的性能将下降。为了追踪快速变化的移动对象的速度，需要一个较小的 T_0，这可以通过增加信道采样率 F_s 或增加载波频率以减小波长 λ 来实现。

11.7.2　计算复杂度

WiSpeed 的计算复杂度主要来自对整个 ACF $\hat{\rho}_G(\tau)$ 的估计，它将产生 FMT_0F_s 次乘法运算，其中 F 是可用子载波的数量。对于步行和站立等慢速移动，较低的信道采样率就足够了，这可以降低复杂度。例如，在我们的人体步行速度估计和人体跌倒检测实验中，$F_s=1500$Hz、$f_c=5.805$GHz、F=180、M=100，WiSpeed 产生一个输出需要的乘法总数约为三百万。这在使用 Intel Core i7 7500U 处理器和 16GB 内存的台式机上的计算时间为 80.4ms，对于实时应用程序来说足够短了。

11.7.3　多个移动对象的影响

WiSpeed 旨在估算环境中单个移动对象的速度。如果在 WiSpeed 的覆盖范围内存在多个移动对象，WiSpeed 将捕获这些对象中的最高速度。这是因为 WiSpeed 使用获得的 ACF 差分的第一个局部峰值来估计速度，具有最高移动速度的对象贡献的 ACF 分量具有最接近原点的峰值。

我们进行如下实验来证明这一猜想。在 11.6.2 节中所述的配置 4 下，两个实验对象首先沿着路线 3 行走，然后他们同时转身并沿着路线 4 行走。对于每条路线，实验对象 1 的行走速度都较低，并且比实验对象 2 开始行走得更早，实验对象 2 的行走速度较快，并且其停止时间比实验对象 1 的停止时间更早。图 11.13 显示，WiSpeed 首先捕获实验对象 1 的行走速度，而实验对象 2 保持静态，然后在实验对象 2 的速度超过实验对象 1 的速度时捕获实验对象 2 的速度。

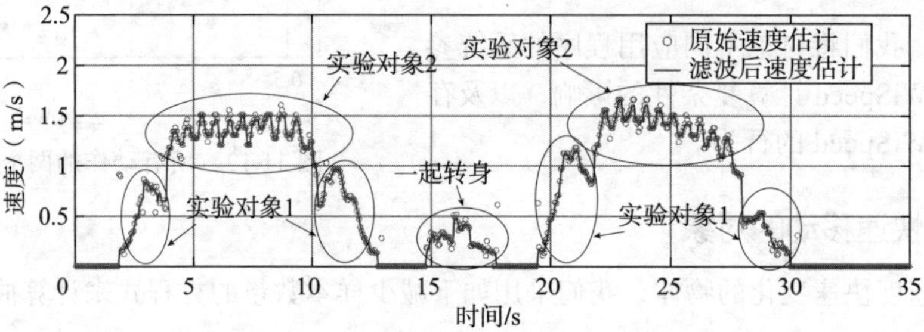

图 11.13 两名实验对象在环境中行走

一种检测多个移动对象速度的潜在解决方案是部署多对 WiSpeed 收发机。通过改变发射机和接收机之间的距离来调整每对发射机、接收机的覆盖范围。因此，可以将环境划分为多个小区域，并且可以合理地假设每个小区域内只有一个人。

11.8 小结

在本章中，我们提出了 WiSpeed，这是一种基于商业 Wi-Fi 的通用室内人体移动速度估计系统，它可以在无设备或基于设备的条件下估算移动物体的速度。WiSpeed 基于 EM 波的统计理论，该理论量化了室内环境中人体移动对 EM 波的影响。我们在一个典型的室内环境中进行了大量的实验，证明了 WiSpeed 可以实现 4.85% 的 MAPE（无设备人体步行速度监测）和 4.62% 的 MAPE（基于设备的速度估计）。同时，它实现了 95% 的平均检出率，并且在人体跌倒检测中没有误报。由于其覆盖范围广、鲁棒性好、低成本和低计算复杂性，WiSpeed 将是室内人体动作监测系统中非常有前途的候选者。有关资料读者可以参考相关文献［38］。

参考文献

[1] M. Khan, B. N. Silva, and K. Han, “Internet of things based energy aware smart home control system,” *IEEE Access*, vol. 4, pp. 7556–7566, 2016.

[2] S. Pinto, J. Cabral, and T. Gomes, “We-care: An IoT-based health care system for elderly people,” in *IEEE International Conference on Industrial Technology (ICIT)*, pp. 1378–1383, Mar. 2017.

[3] S. E. Schaefer, C. C. Ching, H. Breen, and J. B. German, “Wearing, thinking, and moving: Testing the feasibility of fitness tracking with urban youth,” *American Journal of Health*

Education, vol. 47, no. 1, pp. 8–16, 2016.

[4] L. Wang, G. Zhao, L. Cheng, and M. Pietikäinen, *Machine Learning for Vision-Based Motion Analysis: Theory and Techniques*. Berlin: Springer, 2010.

[5] S. Z. Gurbuz, C. Clemente, A. Balleri, and J. J. Soraghan, "Micro-Doppler-based in-home aided and unaided walking recognition with multiple radar and sonar systems," *IET Radar, Sonar and Navigation*, vol. 11, no. 1, pp. 107–115, 2017.

[6] C.-Y. Hsu, Y. Liu, Z. Kabelac, R. Hristov, D. Katabi, and C. Liu, "Extracting gait velocity and stride length from surrounding radio signals," in *Proceedings of the CHI Conference on Human Factors in Computing Systems*, pp. 2116–2126, ACM, 2017.

[7] K. Qian, C. Wu, Z. Yang, Y. Liu, and K. Jamieson, "WiDar: Decimeter-level passive tracking via velocity monitoring with commodity Wi-Fi," in *Proceedings of the 18th ACM International Symposium on Mobile Ad Hoc Networking and Computing*, p. 6, ACM, 2017.

[8] D. Halperin, W. Hu, A. Sheth, and D. Wetherall, "Tool release: Gathering 802.11n traces with channel state information," *SIGCOMM Computer Communication Review*, vol. 41, pp. 53–53, Jan. 2011.

[9] H. Abdelnasser, M. Youssef, and K. A. Harras, "WiGest: A ubiquitous WiFi-based gesture recognition system," in *Proceedings of IEEE INFOCOM*, pp. 1472–1480, Apr. 2015.

[10] K. Qian, C. Wu, Z. Zhou, Y. Zheng, Z. Yang, and Y. Liu, "Inferring motion direction using commodity Wi-Fi for interactive exergames," in *Proceedings of CHI Conference on Human Factors in Computing Systems*, pp. 1961–1972, ACM, 2017.

[11] K. Ali, A. X. Liu, W. Wang, and M. Shahzad, "Keystroke recognition using WiFi signals," in *Proceedings of the 21st Annual International Conference on Mobile Computing & Networking*, pp. 90–102, ACM, 2015.

[12] Q. Pu, S. Gupta, S. Gollakota, and S. Patel, "Whole-home gesture recognition using wireless signals," in *Proceedings of the 19th Annual International Conference on Mobile Computing & Networking*, pp. 27–38, ACM, 2013.

[13] G. Wang, Y. Zou, Z. Zhou, K. Wu, and L. M. Ni, "We can hear you with Wi-Fi!," *IEEE Transactions on Mobile Computing*, vol. 15, pp. 2907–2920, Nov. 2016.

[14] Y. Wang, J. Liu, Y. Chen, M. Gruteser, J. Yang, and H. Liu, "E-eyes: Device-free location-oriented activity identification using fine-grained WiFi signatures," in *Proceedings of the 20th Annual International Conference on Mobile Computing & Networking*, pp. 617–628, ACM, 2014.

[15] W. Wang, A. X. Liu, M. Shahzad, K. Ling, and S. Lu, "Understanding and modeling of WiFi signal based human activity recognition," in *Proceedings of the 21st Annual International Conference on Mobile Computing & Networking*, pp. 65–76, ACM, 2015.

[16] Y. Wang, K. Wu, and L. M. Ni, "WiFall: Device-free fall detection by wireless networks," *IEEE Transactions on Mobile Computing*, vol. 16, pp. 581–594, Feb. 2017.

[17] L. Sun, S. Sen, D. Koutsonikolas, and K.-H. Kim, "WiDraw: Enabling hands-free drawing in the air on commodity WiFi devices," in *Proceedings of the 21st Annual International Conference on Mobile Computing & Networking*, pp. 77–89, ACM, 2015.

[18] F. Adib and D. Katabi, "See through walls with WiFi!," *SIGCOMM Computer Communication Review*, vol. 43, pp. 75–86, Aug. 2013.

[19] M. Seifeldin, A. Saeed, A. E. Kosba, A. El-Keyi, and M. Youssef, "Nuzzer: A large-scale device-free passive localization system for wireless environments," *IEEE Transactions on Mobile Computing*, vol. 12, pp. 1321–1334, Jul. 2013.

[20] C. Chen, B. Wang, Y. Han, Y. Chen, F. Zhang, H.Q. Lai, and K. J. R. Liu, "TR-BREATH:

Time-reversal breathing rate estimation and detection," *IEEE Transactions on Biomedical Engineering*, vol. 65, no. 3, pp. 489–501, Mar. 2018.

[21] Q. Xu, Y. Chen, B. Wang, and K. J. R. Liu, "TRIEDS: Wireless events detection through the wall," *IEEE Internet of Things Journal*, vol. 4, pp. 723–735, Jun. 2017.

[22] F. Adib, Z. Kabelac, D. Katabi, and R. C. Miller, "3D tracking via body radio reflections," in *11th USENIX Symposium on Networked Systems Design and Implementation*, pp. 317–329, USENIX Association, 2014.

[23] P. Murphy, A. Sabharwal, and B. Aazhang, "Design of warp: A flexible wireless open-access research platform," in *Proceedings of EUSIPCO*, pp. 53–54, 2006.

[24] D. A. Hill, *Electromagnetic Fields in Cavities: Deterministic and Statistical Theories*, vol. 35. Hoboken, NJ: John Wiley & Sons, 2009.

[25] D. Tse and P. Viswanath, *Fundamentals of Wireless Communication*. Cambridge, UK: Cambridge University Press, 2005.

[26] C. Chen, Y. Chen, Y. Han, H. Q. Lai, F. Zhang, and K. J. R. Liu, "Achieving centimeter-accuracy indoor localization on WiFi platforms: A multi-antenna approach," *IEEE Internet of Things Journal*, vol. 4, pp. 122–134, Feb. 2017.

[27] Z.-H. Wu, Y. Han, Y. Chen, and K. R. Liu, "A time-reversal paradigm for indoor positioning system," *IEEE Transactions on Vehicular Technology*, vol. 64, no. 4, pp. 1331–1339, 2015.

[28] T.-D. Chiueh, P.-Y. Tsai, and I.-W. Lai, *Baseband Receiver Design for Wireless MIMO-OFDM Communications*. Hoboken, NJ: John Wiley & Sons, 2012.

[29] R. H. Shumway and D. S. Stoffer, *Time Series Analysis and Its Applications with R Examples*, Berlin: Springer, 2006.

[30] R. Van Nee, "Delay spread requirements for wireless networks in the 2.4 GHz and 5 GHzi bands," *IEEE*, vol. 802, pp. 802–822, 1997.

[31] W. S. Cleveland, "Robust locally weighted regression and smoothing scatterplots," *Journal of the American Statistical Association*, vol. 74, no. 368, pp. 829–836, 1979.

[32] H. Scheffe, *The Analysis of Variance*, vol. 72. New York: John Wiley & Sons, 1999.

[33] S.-J. Kim, K. Koh, S. Boyd, and D. Gorinevsky, "l1 trend filtering," *SIAM Review*, vol. 51, no. 2, pp. 339–360, 2009.

[34] Y. Kozlov and T. Weinkauf, "Persistence1D: Extracting and filtering minima and maxima of 1d functions," http://people.mpi-inf.mpg.de/weinkauf/notes/persistence1d.html, pp. 11–01, 2015.

[35] F. Zhang, C. Chen, B. Wang, H. Q. Lai, and K. J. R. Liu, "A time-reversal spatial hardening effect for indoor speed estimation," in *Proceedings of IEEE ICASSP*, pp. 5955–5959, Mar. 2017.

[36] F. Zhang, C. Chen, B. Wang, and K. J. Liu, "WiBall: A time-reversal focusing ball method for indoor tracking," *IEEE Internet of Things Journal*, vol. 5, no. 5, pp. 4031–4041, Oct. 2018.

[37] F. Bagalà, C. Becker, A. Cappello, L. Chiari, K. Aminian, J. M. Hausdorff, W. Zijlstra, and J. Klenk, "Evaluation of accelerometer-based fall detection algorithms on real-world falls," *PloS One*, vol. 7, no. 5, p. e37062, 2012.

[38] F. Zhang, C. Chen, B. Wang, and K. J. R. Liu, "WiSpeed: A statistical electromagnetic approach for device-free indoor speed estimation," *IEEE Internet of Things Journal*, vol. 5, no. 3, pp. 2163–2177, 2018.

[39] A. Papoulis and U. Pillai, *Probability, Random Variables, and Stochastic Processes*. New York: McGraw-Hill, 2002.

第三部分
无线功率传输和能源效率

第 12 章 |Chapter 12|

能源效率的时间反演

最近，绿色无线通信受到了很大的关注，人们希望找到新颖的解决方案来提高无处不在的无线应用的能源效率。在本章中，我们将说明，时间反演（TR）信号传输是绿色无线通信的理想范例，它通过利用多径传播从周围环境中重新收集所有可能产生的信号能量，而在现有的大多数通信环境中，这些能量都会损失掉。绿色无线技术必须确保低能耗，以及对预期用户以外的其他人的低无线电污染。在本章中，我们将通过理论分析、数值模拟和实验测量表明，与使用 Rake 接收机的常规直接传输相比，TR 无线通信显著降低了传输功率，提高了干扰缓解比以及多径分集增益。因此，这是一个绿色无线系统发展的理想范例。理论分析和数值模拟表明，在降低发射功率和减少干扰方面，该方案的性能提高了一个数量级。在典型的室内环境中进行的实验测量还表明，采用基于 TR 传输所需的发射功率是不采用 TR 传输方案所需功率的 20%，并且即使在附近区域，平均无线电干扰（即无线电污染）也可以降低 6dB。即使在环境变化的情况下，在多径信道也能保持很强的时间相关性，这表明在 TR 无线电通信中可以实现较高的带宽效率。

12.1 引言

近几年，随着无线通信行业在网络基础设施、网络用户和各种新应用方面的爆炸性增长，无线网络和设备的能耗正在急剧增加。由于无线应用无处不在，这种不断增加的能耗不仅会导致无线通信运营商高昂的运营成本和对电池 / 能量容量的迫切需求，而且还会对全球环境造成更严重的电磁（EM）污染。因此，新兴的“绿色通信”概念受到了广泛关注，以期能够找到新颖的解决方案来提高能源效率，减少对非预期用户的无线电污染，并且维持 / 改进性能指标。

在本章中，我们将讨论并说明，时间反演（TR）信号传输是绿色无线通信的理想范例，因为其固有的本质是通过利用多径传播从周围环境中重新收集所有可能产生的信号能量，如图 12.1 所示，而在现有的大多数通信环境中，这些能量都会损失掉。要成为绿色无线技术，必须满足两个基本要求：一个是低能耗（环境方面的考虑），另一个是除目标发射机和接收机之外，对其他人的低无线电污染（健康方面的考虑）。我们将在本章中说明，TR 范式不仅满足上述两个标准，而且还表现出很高的多径分集增益，并且在实践中由于高信道相关性还保留了高带宽效率。

TR 无线通信出现已有一段时间。但是，它主要被视为适合极端多径环境的特殊应用。因此，除了国防应用，没有得到太多的发展和关注。将 TR 应用于通信系统的历史可以追溯到 20 世纪

90 年代初。在 TR 通信中，当收发机 A 要向收发机 B 传输信息时，收发机 B 首先发送一个导频脉冲，该脉冲在散射和多径环境中传播，并且信号被收发机 A 接收。然后，收发机 A 只需将 TR 信号通过同一信道发送回收发机 B。通过利用信道互易性，TR 实质上是将多径信道用作匹配滤波器，即，将环境视为适用匹配滤波器的计算机，并在空间和时间域中将波聚焦在接收机上。由此，可以很容易地发现 TR 通信的低复杂性。

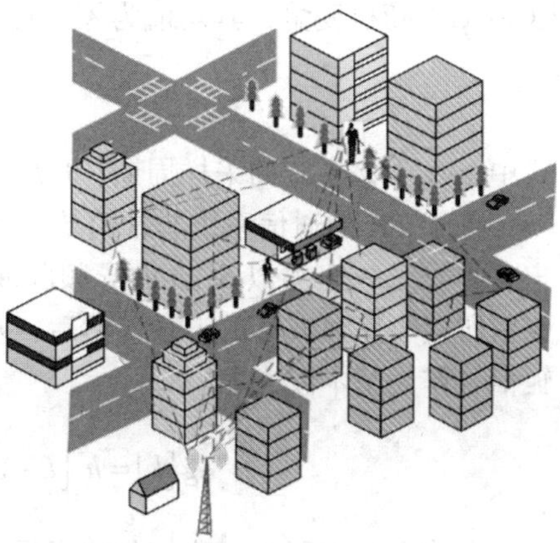

图 12.1　典型的城市多径环境示意图

在声学和超声领域的 TR 实验[1-4]表明，声能可以以非常高的分辨率重新聚焦在声源上，并且通过海洋中的水下声学实验，进一步验证了在真实传播环境中的聚焦效应[5-7]。由于 TR 可以充分利用多径传播，并且不需要复杂的信道测量和估计，因此在无线通信系统中得到了广泛研究。通过在射频（RF）通信中进行测量，文献［8-10］已经证明了利用 TR 进行 EM 信号传输的时空聚焦特性。文献［11］中提出了一种基于 TR 的干扰消除器，以减少杂波的影响，文献［12-13］中研究了使用 TR 在高度杂波环境中的目标检测。

利用空间和时间聚焦效应，在本章中，我们将说明 TR 技术确实是一种理想的绿色无线通信范例，可以有效地从环境中获取能量。我们首先得出了与使用 Rake 接收机进行直接传输相比，基于 TR 的传输在理论上能够降低传输功率和缓解干扰。我们的理论分析和仿真表明，有可能实现超过一个数量级的功率降低和干扰减少。我们还研究了基于 TR 传输的多径分集增益，我们证明了 TR 系统中具有很高的多径分集增益。本质上，TR 传输将每个多径视为虚拟天线，并充分利用了所有多径。

在真实 RF 多径环境下测量获得的实验结果表明，基于 TR 的传输作为一种能源高效的绿色无线通信范例具有巨大潜力。我们已经发现，在典型的室内多径环境中，为了实现相同的接收机性能，基于 TR 的传输成本仅为直接传输所需传输功率的 20%。此外，当受干扰的接收机距离目标接收机仅 1m 时，平均干扰比直接传输引起的平均干扰低 6dB。从不同时间段的信道测量结果中还可以看出，静态室内多径环境与时间密切相关。因此，接收机不需要继续向发射机发送导频脉冲，频谱效率便可以远远高于通常达到的 50%。我们还进行了广泛的数值仿真，以验证理论推导分析。

12.2　系统模型

在本章中，我们考虑一个具有较大延迟扩展的慢衰落无线信道。在离散时域中，发射机和接收机之间在时间 k 的信道冲激响应（CIR）建模为

$$h[k]=\sum_{l=0}^{L-1}h_l\delta[k-l] \tag{12.1}$$

式中，h_l 是 CIR 的第 l 个抽头的复振幅，L 是信道抽头的数量。因为我们假设信道是慢衰落，所以信道抽头在观察时间内不会变化。为了在深入了解 TR 系统的同时保持模型的可分析性，例如不同位置的接收机相距很远时，可以假定不同接收机的 CIR 是相互独立的。此外，我们假设每

个 CIR 抽头之间是独立的，即每个 CIR 的路径是不相关的。每个 $h[l]$ 都是一个圆形对称复高斯（CSCG）随机变量，其均值为零，且

$$E\left[\left|h[l]\right|^2\right] = \mathrm{e}^{-\frac{lT_S}{\sigma_T}} \tag{12.2}$$

式中，T_S 为该系统的采样周期，$1/T_S$ 为系统带宽 B，而 σ_T 为信道的延迟扩展[14]。

基于 TR 的通信系统非常简单。例如，基站尝试向终端用户发送信息。在发送之前，终端用户必须发送一个类似 delta 的导频脉冲，该导频脉冲通过多径信道传播到基站，基站在该信道上保留所接收信号波形的记录。然后，基站对接收的波进行时间反演，并使用归一化的时间反演共轭信号作为基本波，即

$$g[k] = h^*[L-1-k] / \sqrt{\sum_{l=0}^{L-1}\left|h[l]\right|^2}, k = 0,1,\cdots,L-1 \tag{12.3}$$

在前面的方程中，我们忽略了噪声项以简化了推导㊀。由于信道互易性，多径信道与基本波 $g[k],\ k=0,1,\cdots,L-1$ 形成了一个自然匹配滤波器，因此在接收机处会出现一个峰值。

基站将数据流加载到基本波上，并将信号发送到无线信道中。通常，波特率远低于采样率，采样率与波特率之比也称为速率补偿系数 D[10]。在数学上，如果信息符号序列用 $\{X[k]\}$ 表示，并假定其为独立同分布、均值为零且方差为 P 的复数随机变量，则可以将传输到无线信道的信号表示为

$$S[k] = \left(X^{[D]} * g\right)[k] \tag{12.4}$$

式中，$X^{[D]}[k]$ 是 $X[k]$ 的上采样序列，即

$$X^{[D]}[k] = \begin{cases} X[k/D], & \text{if } k \bmod D = 0 \\ 0, & \text{if } k \bmod D \neq 0 \end{cases} \tag{12.5}$$

在接收机处接收到的信号是 $\{S[k]\}$ 和 $\{h[k]\}$ 的卷积，加上具有零均值和方差为 σ^2 的加性高斯白噪声（AWGN）$\{\tilde{n}_i[k]\}$。接收机只需对接收到的信号进行一次单抽头调整，即乘以一个系数 a，然后以相同系数 D 对其进行下采样。下采样之前的信号可以表示为

$$Y^{[D]}[k] = a\left(X^{[D]} * g * h\right)[k] + a\tilde{n}[k] \tag{12.6}$$

因此，下采样信号 $Y[k]$ 可以表示为（为了简化，假设 $L-1$ 是 D 的倍数）

$$Y[k] = a\sum_{l=0}^{(2L-2)/D}(h*g)[Dl]X[k-l] + an[k] \tag{12.7}$$

式中，

$$(h*g)[k] = \frac{\sum_{l=0}^{L-1} h[l]h^*[L-1-k+l]}{\sqrt{\sum_{l=0}^{L-1}\left|h[l]\right|^2}} \tag{12.8}$$

㊀ 通过从接收机发送大量的信道训练序列，噪声项逐渐减小。

当 $k=0, 1, \cdots, 2L-2$ 且 $\{n[k]=\tilde{n}[Dk]\}$ 时，加性高斯白噪声的均值为零和方差为 σ^2。图 12.2 总结了基于 TR 的通信系统框图，其中发射机和接收机的复杂度都非常低。

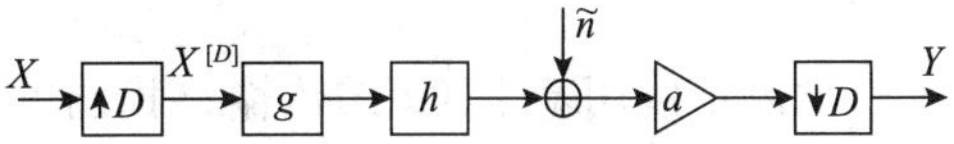

图 12.2　基于 TR 的通信系统框图

12.3　性能分析

在这一部分中，我们将 TR 系统的性能与传统 Rake 接收机直接传输的性能进行了比较，以实现相同的信噪比（SINR）及对非目标接收机产生相同干扰为前提，评估了包括传输功率在内的多个性能指标。最后，我们将分析 TR 系统的多径增益。

12.3.1　功率降低

请注意，在式（12.8）中，当 $k=L-1$ 时，它对应于 CIR 自相关函数的最大功率中心峰值，即

$$(h*g)[L-1]=\sqrt{\sum_{l=0}^{L-1}\left|h[l]\right|^2} \tag{12.9}$$

在单参数约束下，接收机被设计为仅基于 $Y[k]$ 观测值来估计 $X\left[k-\frac{L-1}{D}\right]$。然后，可以将 $Y[k]$ 的其余分量进一步分为符号间干扰（ISI）和噪声，如下所示

$$Y[k]=a(h*g)[L-1]X\left[k-\frac{L-1}{D}\right](\text{信号})+a\sum_{\substack{l=0\\ l\neq(L-1)/D}}^{(2L-2)/D}(h*g)[Dl]X[k-l]\ (\text{ISI})+an[k]\ (\text{噪声}) \tag{12.10}$$

给定随机 CIR 的一个特定实现，计算信号功率 P_{Sig} 如下 ⊖

$$\begin{aligned}P_{\text{Sig}}&=\mathrm{E}_X\left[\left|(h*g)[L-1]X\left[k-\frac{L-1}{D}\right]\right|^2\right]\\&=P\left|(h*g)[L-1]\right|^2=P\left(\sum_{l=0}^{L-1}\left|h[l]\right|^2\right)\end{aligned} \tag{12.11}$$

式中，$\mathrm{E}_X[\cdot]$ 表示 X 的期望。类似地，可以将 ISI 表示为

$$\begin{aligned}P_{\text{ISI}}&=\mathrm{E}_X\left[\left|\sum_{\substack{l=0\\ l\neq(L-1)/D}}^{(2L-2)/D}(h*g)[Dl]X[k-l]\right|^2\right]\\&=P\sum_{\substack{l=0\\ l\neq(L-1)/D}}^{(2L-2)/D}\left|(h*g)[Dl]\right|^2\end{aligned} \tag{12.12}$$

随着 D 的增加，ISI 项 P_{ISI} 将逐渐减少。在 D 是足够大的正数以至于 $P_{\text{ISI}}\to 0$ 的情况下，我们可以只关注信噪比（SNR）：

⊖ 注意，一键式增益 a 不会影响有效 SNR（或 SINR），因此，除非另有说明，否则在随后分析中我们将其视为 $a=1$。

$$\mathrm{SNR}=\frac{P_{\mathrm{Sig}}}{\sigma^2} \tag{12.13}$$

如果不使用基于 TR 的传输，我们可以将直接传输的接收信号表示为

$$Y^{\mathrm{DT}}[k]=(X*h)[k]+n[k]=\sum_{l=0}^{L-1}h[l]X[k-l]+n[k] \tag{12.14}$$

式中，上标“DT”表示“直接传输”，而 AWGN $n[k]$ 的均值为零，方差为 σ^2。使用带有 L_R 指元的 Rake 接收机，可以将接收到的信号功率㊀表示为[15]

$$P_{\mathrm{Sig}}^{\mathrm{DT}}=P^{\mathrm{DT}}\sum_{l=0}^{L_R-1}\left|h_{(l)}\right|^2 \tag{12.15}$$

式中，P^{DT} 表示直接传输的发射功率，而 $h_{(l)}$ 的 $l=0,1,\cdots,L_R-1$ 表示 L_R 信道抽头，其 L_R 为最大直接抽头增益。

为了使 TR 系统和直接传输具有相同的性能，即 $\mathrm{SNR}_{\mathrm{TR}}=\mathrm{SNR}_{\mathrm{DT}}$，必须具有

$$P_{\mathrm{Sig}}=P_{\mathrm{Sig}}^{\mathrm{DT}} \tag{12.16}$$

那么，可以将两种方案的发射功率比表示为

$$r_P=\frac{P}{P^{\mathrm{DT}}}=\frac{\sum_{l=0}^{L_R-1}\left|h_{(l)}\right|^2}{\sum_{l=0}^{L-1}\left|h[l]\right|^2} \tag{12.17}$$

TR 和直接传输所需的期望传输功率之比可以表示为

$$\tau_P=\frac{E[P]}{E[P^{DT}]}=\frac{\mathrm{E}\left[\sum_{l=0}^{L_R-1}\left|h_{(l)}\right|^2\right]}{\sum_{l=0}^{L-1}\mathrm{E}\left[\left|h[l]\right|^2\right]} \tag{12.18}$$

为了推导式（12.18）的分子，需要分析 $|h[l]|^2$ 的阶数统计量。但是，由于 $|h[l]|^2$ 不是同分布的，并且也不知道所有 $|h[l]|^2$ 中的哪个 L_R 是最大信道抽头 L_R，因此很难获得式（12.18）中分子的闭合表达式。因此，我们将首先假设 $|h[l]|^2$ 是相同且独立分布的（i.i.d.），并推导式（12.18）的分子。然后，再对非同分布的 $|h[l]|^2$ 的结果进行校准。

在分析之前，先研究统计中的分位数概念[16]。将 $F(z)$ 表示为连续随机变量的分布函数。

定义 12.3.1　假设当 $0<F(z)<1$ 时，$F(z)$ 是连续且严格递增的。对于 $0<q<1$，$F(z)$ 的 q 分位数为数字 z_q，使得 $F(z_q)=q$。如果 F^{-1} 表示 $F(z)$ 的倒数，则 $z_q=F^{-1}(q)$。

现在，假设 $h[l]$ 是 i.i.d 随机变量；那么，$|h[l]|^2$ 也是 i.i.d。简记 $Z_l\triangleq|h[l]|^2$，则式（12.18）中的分子可以通过样本均值来近似，即

㊀　我们假设直接传输的速率补偿因子 D 也足够大，以至于 ISI 可以忽略不计。

$$\mathrm{E}\left[\sum_{l=0}^{L_R-1} Z_{(l)}\right] \approx \lim_{n\to\infty}\frac{1}{n}\sum_{i=1}^{n}\left[\sum_{l=0}^{L_R-1} z_{(l)}^i\right] \tag{12.19}$$

式中，上标 i 表示第 i 个实验，并且 $z_{(0)}^i \geqslant z_{(1)}^i \geqslant \cdots \geqslant z_{(L_R-1)}^i \geqslant \cdots \geqslant z_{(L-1)}^i$，表示第 i 个实验中 Z_l 的降序实现。

因为 Z_l 现在应该是 i.i.d，并且 L_R 和 L 之间的关系通常满足 $L \gg L_R$，可进一步近似式（12.19）为

$$\mathrm{E}\left[\sum_{l=0}^{L_R-1} Z_{(l)}\right] \approx \lim_{n\to\infty}\frac{1}{n}\sum_{l=0}^{nL_R-1} z_{(l)} \tag{12.20}$$

式中，$z_l,\ l=0,\cdots,\ nL_R-1$，表示随机变量 Z_l 的 nL 个实现中最大的 nL_R 个实现。因为 $z_l,\ l=0,\cdots,\ nL_R-1$ 中最小的 $z_{(nL_R-1)}$ 不小于 nL 个实现中的 $nL-nL_R$ 个实现，因此式（12.20）可以表示为

$$\mathrm{E}\left[\sum_{l=0}^{L_R-1} Z_{(l)}\right] \approx L_R E\left[Z_l \mid Z_l \geqslant z_{l,q}\right] \tag{12.21}$$

式中，$z_{l,q}$ 是 Z_l 分布 $F_{Z_l}(z)$ 的 q 分位数，$q=\dfrac{nL-nL_R}{nL}=\dfrac{L-L_R}{L}$。

但是，Z_l 的分布并不相同，因此我们需要校准在式（12.21）中获得的结果。$\mathrm{E}\left[\sum_{l=0}^{L_R-1}|h(l)|^2\right]$ 的上限可以通过代入式（12.21）中的最大分位数来获得，即

$$\mathrm{E}\left[\sum_{l=0}^{L_R-1} Z_{(l)}\right] \leqslant L_R \mathrm{E}\left[Z_{(0)} \mid Z_{(0)} \geqslant z_{(0),q}\right] \tag{12.22}$$

并且近似结果可以表示为

$$\mathrm{E}\left[\sum_{l=0}^{L_R-1} Z_{(l)}\right] \approx \sum_{l=0}^{L_R-1}\mathrm{E}\left[Z_{(l)} \mid Z_{(l)} \geqslant z_{(l),q}\right] \tag{12.23}$$

式中，$z_{(0),q} \geqslant \cdots \geqslant z_{(L_R-1),q} \geqslant \cdots \geqslant z_{(L-1),q}$，并且 $Z_{(0)},\cdots,Z_{(L_R-1)}$ 是对应的随机变量。

如 12.2 节所定义的，$h[l]$ 是一个 CSCG 随机变量且 $\mathrm{E}\left[h|l|^2\right]=\mathrm{e}^{-\frac{lT_s}{\sigma_T}}$。记 $\sigma_l^2 \triangleq \mathrm{e}^{-\frac{lT_s}{\sigma_T}}$，则 $\dfrac{\left|h[l]\right|^2}{\sigma_l^2/2} \sim \chi^2(k)$，其中 $k=2$。在 $k=2$ 的特例中，$\chi^2(k)$ 分布等价于指数分布 $\mathrm{Exp}(\lambda)$，其中 $\lambda=\dfrac{1}{2}$。经过一些数学推导，可以得到 Z_l 的分布函数如下

$$F_{Z_l}(z)=\begin{cases}1-\mathrm{e}^{-\frac{z}{\sigma_l^2}}, & z\geqslant 0\\ 0, & z<0\end{cases} \tag{12.24}$$

因此，Z_l 也呈指数分布，均值 $\mathrm{E}[Z_l]=\sigma_l^2 \triangleq \mathrm{e}^{-\frac{lT_s}{\sigma_T}}$。求解 $F_{Z_l}(z)$ 的反函数并代入 $q=\dfrac{L-L_R}{L}$ 得出 Z_l 的 q 分位数

$$z_{l,q}=-\sigma_l^2\ln(1-q)=\mathrm{e}^{-\frac{lT_s}{\sigma_T}}\ln\left(\frac{L}{L_R}\right) \tag{12.25}$$

考虑到式（12.23）中的近似值，$z_{(l),q}$ 是式（12.25）中 $z_{l,q}$ 对应的第 $(l+1)$ 个最大 q 分位数，$Z_{(l)}$ 对应 $Z_{(l)}\sim\mathrm{Exp}\left(1/\sigma_l^2\right)$，我们可以得到

$$\mathrm{E}\left[Z_{(l)}|\ Z_{(l)}\geqslant\ z_{(l),q}\right]=\left(1+\ln\left(\frac{L}{L_R}\right)\right)\mathrm{e}^{-\frac{lT_s}{\sigma_T}} \tag{12.26}$$

那么式（12.18）的分子可以近似为

$$\mathrm{E}\left[\sum_{l=0}^{L_R-1}\left|h_{(l)}\right|^2\right]\approx\left(1+\ln\left(\frac{L}{L_R}\right)\right)\sum_{l=0}^{L_R-1}\mathrm{e}^{-\frac{lT_s}{\sigma_T}} \tag{12.27}$$

并且式（12.22）的上限为

$$\mathrm{E}\left[\sum_{l=0}^{L_R-1}\left|h_{(l)}\right|^2\right]\leqslant\ L_R\left(1+\ln\left(\frac{L}{L_R}\right)\right) \tag{12.28}$$

注意，对于$\left|h[l]\right|^2$, $l=0,1,\cdots,L-1$，当l非常大时，$\mathrm{E}\left[Z_l\right]=\sigma_l^2\triangleq\mathrm{e}^{-\frac{lT_s}{\sigma_T}}$将变得非常小，如果$lT_s\gg\sigma_T$，相比均值很大的$\left|h[l]\right|^2$，均值小的$\left|h[l]\right|^2$可以忽略不计。因此，为了使上限更紧、近似更精确，我们只保留增益显著大于预期参数 ϵ [⊖]的有效路径，即$\mathrm{E}\left[\left|h[l]\right|^2\right]=\mathrm{e}^{-\frac{lT_s}{\sigma_T}}\geqslant\ \epsilon$。最小有效路径的索引为$L_c=\left\lceil\frac{\sigma_T}{T_s}\ln\left(\epsilon^{-1}\right)\right\rceil$，而其余索引为$l=L_c+1,L_c+2,\cdots,L-1$的路径在近似时可以忽略。将式（12.27）和式（12.28）中的L替换为L_c，然后将其代入式（12.18），我们得到 τ_P 近似为

$$\tau_P\approx\left(1+\ln\left(\frac{L_c}{L_R}\right)\right)\frac{1-\mathrm{e}^{-L_RT_s/\sigma_T}}{1-\mathrm{e}^{-LT_s/\sigma_T}} \tag{12.29}$$

其上限为

$$\tau_P\leqslant L_R\left(1+\ln\left(\frac{L_c}{L_R}\right)\right)\frac{1-\mathrm{e}^{-T_s/\sigma_T}}{1-\mathrm{e}^{-LT_s/\sigma_T}} \tag{12.30}$$

因为 CIR 的抽头数通常比 Rake 接收机的指元数大得多，所以通常有$1-\mathrm{e}^{-L_RT_s/\sigma_T}\ll1-\mathrm{e}^{-LT_s/\sigma_T}$，以及$L_R\left(1-\mathrm{e}^{-T_s/\sigma_T}\right)\ll1-\mathrm{e}^{-LT_s/\sigma_T}$。因此，TR 系统实现与直接传输相同性能所需的功率之比远远小于 1。对于典型的$L_R=4$的指元（例如，3GPP2 建议对于 CDMA 2000 系统[17]，Rake 接收机至少提供 4 个指元），而且信道长度$L=200$，式（12.29）的取值约为 0.1，这意味着功耗降低了一个数量级。根据我们在典型参数设置下的实验和仿真结果，基于 TR 的传输所需的能量可以低至使用 Rake 接收机进行直接传输所需能量的 20%。当速率补偿因子 D 不大时，TR 系统和直接传输都面临 ISI 问题。尽管很难进行准确分析，但已有研究表明[18]，通过减少信道延迟扩展，TR

⊖ ϵ 选择不同取值会影响近似结果，例如，比较大的 ϵ 会使上限变紧。本章中我们将固定 $\epsilon=10^{-3}$，这是经过反复试验后正确选择的值，但如何选择一个好的 ϵ 超出了本章的范围。

的时间聚焦效应可以显著减少 ISI 的存在。那么我们可以期望 TR 能够实现一个相似甚至更高水平的功率降低。因此，可以说 TR 有望实现比直接传输更好的功率效率。

12.3.2 减少干扰

在本节中，我们将比较基于 TR 的传输与直接传输方法中，发射机对非目标接收机造成的干扰。假设发射机与非目标受害接收机之间的 CIR 为

$$h_1[k]=\sum_{l=0}^{L-1}h_{1,l}\delta[k-l] \tag{12.31}$$

式中，$h_1[l]$ 是 CIR 的第 l 个抽头，L 是 CIR 的长度。每个 $h_1[l]$ 与 $h[l]$ 具有相同的分布，即均值为零和方差为 $\mathrm{e}^{\frac{-lT_s}{\sigma_T}}$ 的圆形对称复高斯随机变量，但由于位置不同，则可以假设其独立。

然后，基于 TR 的传输可以将来自发射机的接收信号在受害接收机处表示为

$$Y_1[k]=a(h_1*g)[L-1]X\left[k-\frac{L-1}{D}\right](\text{信号})+a\sum_{\substack{l=0\\ l\neq(L-1)/D}}^{(2L-2)/D}(h_1*g)[Dl]X[k-l](\text{ISI})+an_1[k](\text{噪声}) \tag{12.32}$$

为简单起见，我们仍然通过假设 D 是一个很大的正数来省略 ISI 项，那么受害接收机感知到的干扰等于 $Y_1[k]$ 的信号功率，即

$$I^{\mathrm{TR}}=P\left|(h_1*g)[L-1]\right|^2=P\frac{\left|\sum_{l=0}^{L-1}h_1[l]h^*[l]\right|^2}{\sum_{l=0}^{L-1}\left|h[l]\right|^2} \tag{12.33}$$

通过直接传输，受害接收机感知到的接收信号可以表示为

$$Y_1^{\mathrm{DT}}[k]=(h_1*X)[k]+n_1[k]=\sum_{l=0}^{L-1}h_1[l]X[k-l]+n_1[k] \tag{12.34}$$

然后，意外接收机的干扰可以表示为

$$I^{\mathrm{DT}}=\mathrm{E}_X\left[\left|\sum_{l=0}^{L-1}h_1[l]X[k-l]\right|^2\right]=P^{\mathrm{DT}}\sum_{l=0}^{L-1}\left|h_1[l]\right|^2 \tag{12.35}$$

因此可以得到两种方案引起的干扰之比为

$$r_I=\frac{I^{\mathrm{TR}}}{I^{\mathrm{DT}}} \tag{12.36}$$

定义

$$\tau_I=\frac{\mathrm{E}\left[I^{\mathrm{TR}}\right]}{\mathrm{E}\left[I^{\mathrm{DT}}\right]} \tag{12.37}$$

作为 TR 传输与直接传输引起的预期干扰之比。将式（12.33）和式（12.35）代入式（12.37），

得到 h 和 h_1 的期望值，我们可以将 τ_I 近似表示为

$$\begin{aligned}\tau_I &\approx \tau_P \frac{\mathrm{E}\left[\left|\sum_{l=0}^{L-1} h_1[l]h^*[l]\right|^2\right]}{\mathrm{E}\left[\left(\sum_{l=0}^{L-1}\left|h[l]\right|^2\right)\left(\sum_{l=0}^{L-1}\left|h_1[l]\right|^2\right)\right]} \\ &= \tau_P \frac{\sum_{l=0}^{L-1}\left(\mathrm{E}\left[\left|h[l]\right|^2\right]\right)^2}{\mathrm{E}\left[\sum_{l=0}^{L-1}\left|h[l]\right|^2\right]\cdot \mathrm{E}\left[\sum_{l=0}^{L-1}\left|h_1[l]\right|^2\right]} \\ &= \tau_P \frac{\sum_{l=0}^{L-1} \mathrm{e}^{-\frac{2lT_s}{\sigma_T}}}{\left(\sum_{l=0}^{L-1}\mathrm{e}^{-\frac{lT_s}{\sigma_T}}\right)^2} \\ &= \tau_P \frac{1+\mathrm{e}^{-\frac{LT_s}{\sigma_T}}}{1-\mathrm{e}^{-\frac{LT_s}{\sigma_T}}}\cdot\frac{1-\mathrm{e}^{-\frac{T_s}{\sigma_T}}}{1+\mathrm{e}^{-\frac{T_s}{\sigma_T}}}\end{aligned} \tag{12.38}$$

因为 $h[l]$ 与 $h_1[l]$ 为 i.i.d. 随机变量，所以第二个等式成立，而且对于 $l \neq k$，$h[l]$ 和 $h_1[k]$ 是独立的。注意，为了保持相同的性能，应该根据式（12.18）来选择期望传输功率 τ_P 的比值。

通常，观测时间 LT_s 满足 $LT_s \gg \sigma_T$，并且采样周期 T_s 远小于延迟扩展 σ_T，因此我们得到 τ_I 远小于 1。根据典型参数的模拟结果，在理想条件下，假设两个不同位置的信道响应是完全独立的，则使用基于 TR 的传输可使干扰降低 20dB。即使在信道响应之间存在相关性的实际环境中，我们的实验测量结果表明，当受害接收机距离目标接收机仅 1m 时，干扰缓解可以达到 6dB。因此，与直接传输相比，基于 TR 的传输对非目标接收机产生的干扰大大减少。

12.3.3　TR 的多径增益

因为 TR 可以将多径视为虚拟天线，所以多径可以提供空间分集。本节简要讨论 TR 传输的最大可实现分集阶数。

首先考虑振幅为 $\sqrt{P}$ 的二进制相移键控（BPSK）信号，即 $X[k]=\pm\sqrt{P}$。通过省略 ISI 项，检测到 X 的错误概率为

$$Q\left(\sqrt{\frac{P_{\mathrm{Sig}}}{\sigma^2/2}}\right)=Q\left(\sqrt{2\left(\sum_{l=0}^{L-1}\left|h[l]\right|^2\right)\mathrm{SNR}}\right) \tag{12.39}$$

式中，$\mathrm{SNR}=P/\sigma^2$ 是每个符号时间的信噪比，而 $Q(\cdot)$ 是 $N(0,1)$ 随机变量的互补累积分布函数。通过对随机抽头增益 h 进行平均，并进行与文献［19］中类似的分析，我们可以将总体误差概率表示为

$$p_e \leqslant \prod_{l=0}^{L-1}\left(1+\mathrm{SNR}\cdot \mathrm{e}^{-\frac{lT_s}{\sigma_T}}\right)^{-1} \tag{12.40}$$

$$\leqslant \prod_{l=0}^{L-1}\left(\mathrm{SNR}\cdot \mathrm{e}^{-\frac{lT_s}{\sigma_T}}\right)^{-1}$$
$$=\left(\prod_{l=0}^{L-1}\mathrm{e}^{\frac{lT_s}{\sigma_T}}\right)(\mathrm{SNR})^{-L}$$
$$=\mathrm{e}^{\frac{L(L-1)T_s}{2\sigma_T}}(\mathrm{SNR})^{-L} \quad (12.40\text{ 续})$$

因此，TR 滤波的最大可实现分集数为 L。当使用其他调制方案，例如正交调幅（QAM）和 M 进制相移键控（PSK）时，也可以得出类似的结论。例如，如果使用 M-QAM，则固定信道的符号错误概率可以表示为

$$4KQ\left(\sqrt{b_{\mathrm{QAM}}\left(\sum_{l=0}^{L-1}\left|h[l]\right|^2\right)\mathrm{SNR}}\right)-4K^2Q^2\left(\sqrt{b_{\mathrm{QAM}}\left(\sum_{l=0}^{L-1}\left|h[l]\right|^2\right)\mathrm{SNR}}\right) \quad (12.41)$$

式中，$K=1-1/\sqrt{M}$ 且 $b_{\mathrm{QAM}}=1/(M-1)$ [20]。注意，由于我们对上限感兴趣，因此可以舍弃第二项，并且可以应用类似的推导，来证明错误概率与（SNR）$^{-L}$ 渐近成比例。

我们假设不同信道抽头上的多径是独立的，并且总共有 L 个独立的多径，它们构成了 L 个分集阶数。但是，实际上，附近信道抽头上的某些多径分量可能是相关的，并且可能有一些信道抽头上没有多径。在这种情况下，我们仅考虑那些独立的多径，并且根据我们的分析，TR 系统的分集阶数应等于独立的多径数。

12.4 仿真结果

在本部分中，我们给出了一些有关 TR 传输性能的仿真结果，并证明了在 12.3 节中得出的理论结果是正确的。通过在系统模型中选择 $\sigma_T=125T_s$，可获得本节所示的仿真结果。我们对 L_R（Rake 接收机的指元数）和 L（信道抽头数）对系统性能的影响很感兴趣。因为 3GPP2 建议 Rake 接收机为 CDMA 2000 系统提供至少 4 个指元 [17]，太多的指元可能会导致难以承受的复杂性，所以我们认为，将基于 TR 的传输与具有 4 ～ 8 个指元的 Rake 接收机进行比较是相对公平的。

在图 12.3 中，我们通过对 5000 个信道实现上的 r_P 进行平均得到 E[r_P]，并将其与式（12.29）中近似的 τ_P（用“理论”表示）进行比较。L_R 在 1 ～ 20 之间变化，L 从 {100,200,300} 中选择。我们可以看到，作为 $\mathrm{E}[r_P]$ 的解析近似值，τ_P 在较大的 L_R 范围 $(1\leqslant L_R<15)$ 中与仿真结果非常吻合。当 Rake 接收机中的指元较少时，直接传输只会获得更差的均衡。因此，为了具有相同的接收机性能，与 TR 传输相比，直接传输要花费更多的传输功率，并且由于 $\mathrm{E}[r_P]$ 的降低，TR 比直接传输的能源效率更高。此外，当 L 从 100 增加到 300 时，$\mathrm{E}[r_P]$ 的减少表明，TR 可以从更丰富的多径环境中受益。

在图 12.4 中，通过对 5000 个实现上的 r_I 进行平均得到 $\mathrm{E}[r_I]$，我们将 τ_I 与 $\mathrm{E}[r_I]$ 进行比较。可以看到 τ_I 与仿真结果 $\mathrm{E}[r_I]$ 非常吻合。在 12.2 节定义的系统模型下，TR 引起的干扰比直接传输的干扰低 22 ～ 38dB，这取决于 L_R 和 L 的不同选择。在正常参数设置下，例如 $L=200$ 和 $L_R=6$，TR 的干扰降低约 30dB，这表明 TR 信号传输可以大大减少干扰，因此“绿色”得多。

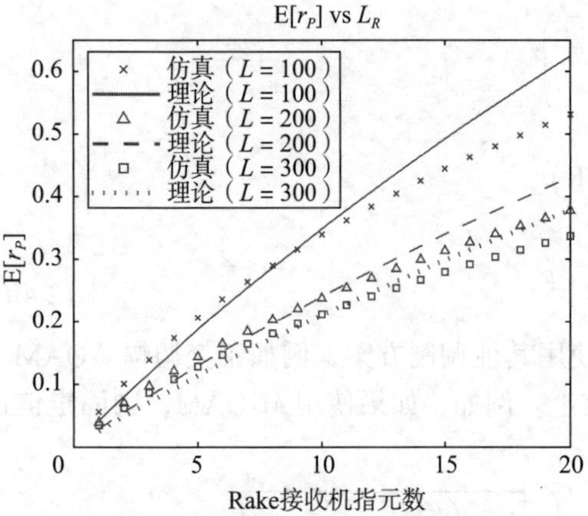

图 12.3 基于 TR 的通信系统与 L_R 指元 Rake 接收机所需的预期能量比

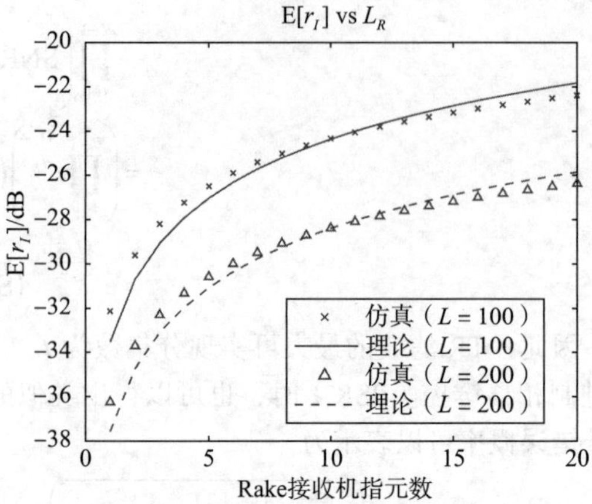

图 12.4 与 L_R 指元 Rake 接收机相比，基于 TR 的通信系统的预期干扰减少

为了简化对 τ_P 和 τ_I 的分析，我们假设 D 足够大，以使得 12.3 节中的 ISI 可以忽略不计。为了更好地理解参数 D 对降低发射功率和减少干扰的影响，我们使用仿真来说明直接传输和基于 TR 的传输中 ISI 不能忽视时的 $\mathrm{E}[r_P]$ 和 $\mathrm{E}[r_I]$。在图 12.5 中，我们给出了要实现相同的接收 SINR 性能，两种方案所需的发射信号功率与噪声功率之比。为了便于说明，我们选择 $L_R=6$ 指元和 $L=21$ 信道抽头。因子 D 的值选自 $\{5,10,15\}$，分别代表非常大、中等和很小的 ISI。图 12.5 中用图例“等于”的线代表基准 $P^{DT}=P^{TR}$，用于比较两种方案的传输功率，从图 12.5 中可以看出，为了实现相同的接收机性能，直接传输通常比基于 TR 的传输多 2 ～ 3dB 的传输功率。在图 12.6 中，我们展示了两种方案的发射功率服从图 12.5 所示关系时的干扰功率比较。可以看到，当 D 在［1,15］中变化时，基于 TR 的传输对受害接收机的干扰，比直接传输引起的干扰低约 13dB。这清楚地表明，即使以较高的数据速率（即较小的 D）传输信号，基于 TR 的传输仍然具有功率降低和干扰缓解能力。

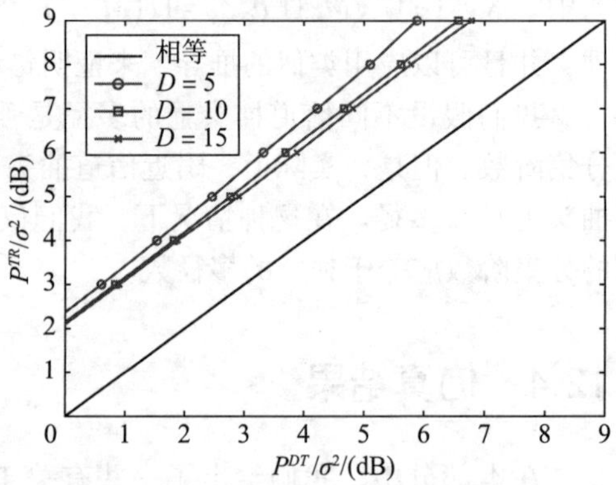

图 12.5 基于 TR 系统与 L_R 指元 Rake 接收机（ISI 不可忽略）所需的预期发射功率

在 12.2 节中，为了使性能分析易于处理，我们假设一个如式（12.2）中所定义的特定信道模型。为了更全面地比较基于 TR 的传输和直接传输的性能，我们还在实用信道模型下进行了数值模拟。尽管 3GPP 信道模型是一种流行的信道模型，但它不适用于所提出的基于 TR 的方案，因为 3GPP 信道模型仅适用于窄带系统，而 TR 传输有大量的多径组件，至少需要几百兆赫兹的频率带宽。在下一节中将看到，实验测量中的带宽实际上跨越了 490 ～ 870MHz。由于这个原因，我们选择了宽带传输的标准模型，IEEE 802.15.4a 信道模型[21]，并模拟了 L 约为 100 抽头的室内 LOS 场景和 L 约为 500 抽头的室外 NLOS 场景。仿真结果如图 12.7 和图 12.8 所示，其中 x 轴表示 Rake 接收机的指元数，范围从 1 ～ 20，而 y 轴分别表示预期功率降低和干扰减少。从这些数据可以看出，与使用 6 指元 Rake 接收机的直接传输相比，基于 TR 传输只需要 62%的发射

功率，同时在室内环境中可以减少 23dB 的干扰，而对于室外，TR 只需 48%的发射功率，同时减少 27dB 的干扰。这些清楚地表明了实际无线信道中基于 TR 的方案相对于直接传输的优势。

最后，在图 12.9 中，我们显示了 TR 的多径增益，其中选择⊖信道长度 $L=5$，速率补偿因子 $D=5$。我们可以看到，在高 SNR 条件下，分集阶数 TR 的值约为 5，等于 L，因此证明了 12.3.3 节中推导的合理性。

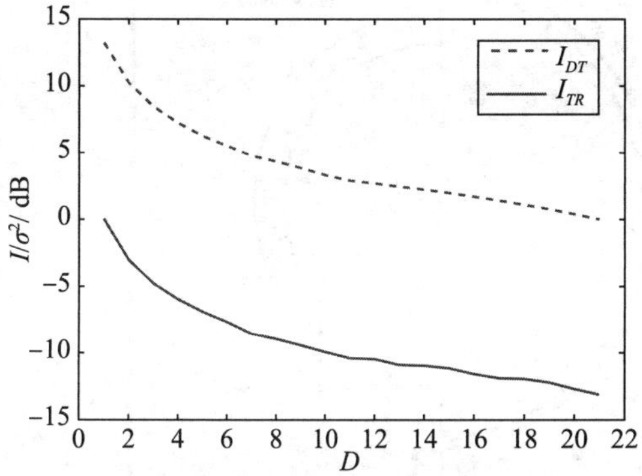

图 12.6　基于 TR 系统与 L_R 指元 Rake 接收机（ISI 不可忽略）相比的预期干扰减少

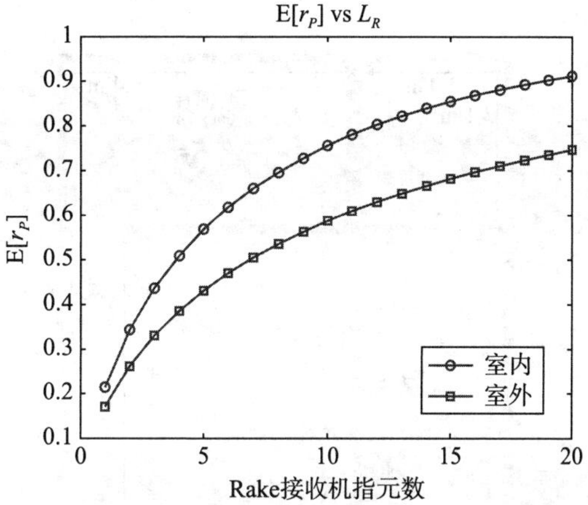

图 12.7　基于 TR 系统与直接传输所需的预期能量比（IEEE 802.15.4a 信道模型）

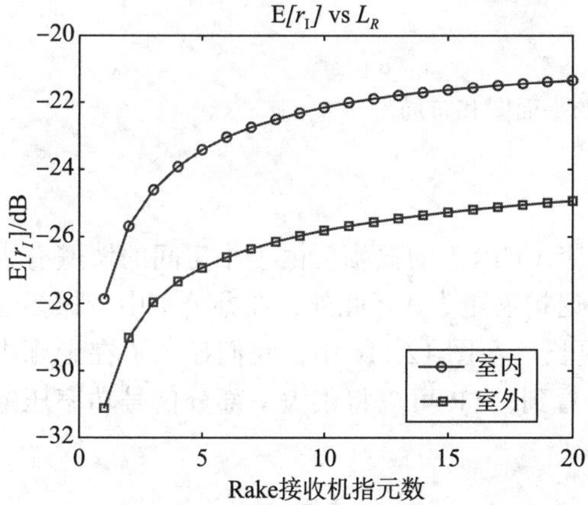

图 12.8　基于 TR 系统与直接传输相比的预期干扰减少（IEEE 802.15.4a 信道模型）

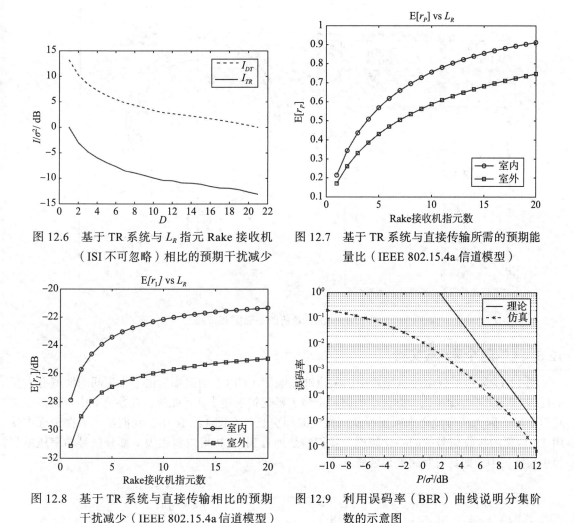

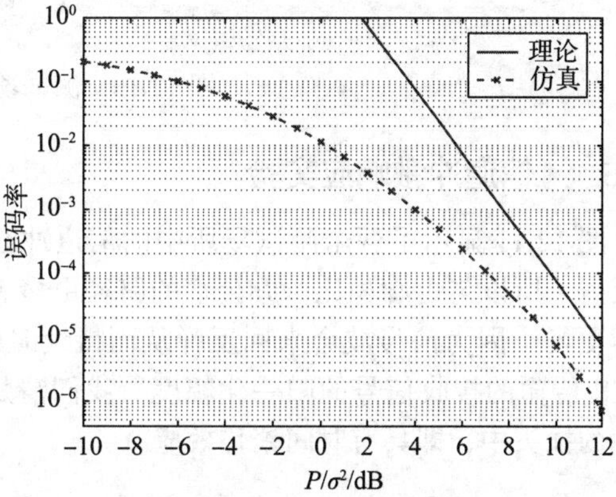

图 12.9　利用误码率（BER）曲线说明分集阶数的示意图

12.5　实验

在这一部分中，我们将展示在实际多径信道中进行的一些实验测量。测试的信号带宽范围为 490 ～ 870MHz，以 680MHz 的载波频率为中心。考虑了两个测量场所，一个办公室和一个走廊，

⊖　尽管实际信道长度通常比所选参数长得多，但这需要 10^L 个信道实现才能获得一个错误比特，计算机无法使用这种实际信道长度进行仿真。因此为了说明，我们选择信道长度短得多的多径信道。

它们都位于马里兰大学 J. H. Kim 工程大楼的二楼。这两个站点的布局如图 12.10 所示，其中收发机 *A* 发送时间反演信号到收发机 *B*，并且电磁波被周围区域的墙壁、天花板 / 地板和其他物体反射。我们固定了收发机 *A* 的位置，而将收发机 *B* 移动到一个矩形区域（长度大约是 4 个波长）。

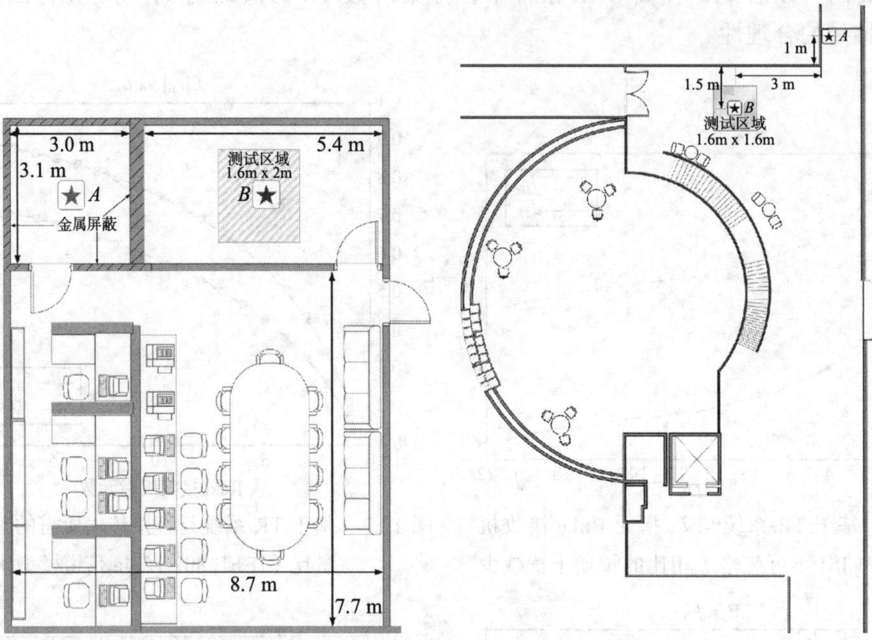

a）办公室　　　　b）走廊

图 12.10　测试场所的平面图和布局

12.5.1　信道冲激响应实验

图 12.11 显示了两个测试场所中的信道冲激响应（CIR）的振幅。由于小房间的墙壁有大量的反射，所以与走廊相比，办公室的路径更多（延迟扩展更大）。此外，在办公室中，振幅也衰减得更慢，因为信号波会来回反弹从而持续时间更长。在图 12.11c 中，我们显示了在走廊中使用 TR 传输的接收信号的归一化幅度。我们清楚地看到，TR 可以将很大一部分信号功率压缩到很少的抽头中，即具有时间聚焦效应。

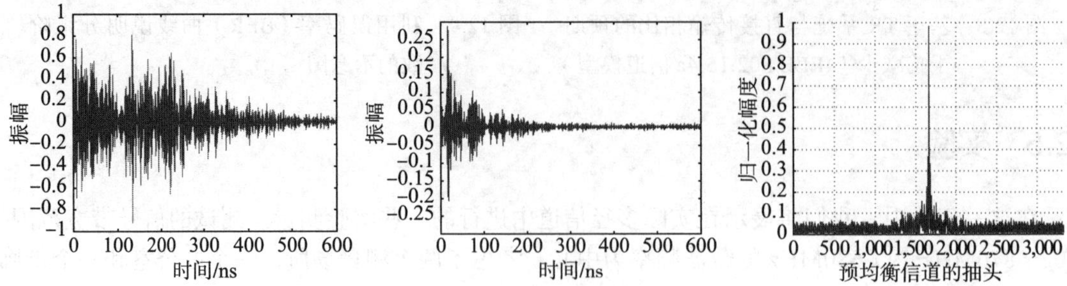

a）办公室　　　　b）CIR（走廊）　　　　c）时间聚焦效应

图 12.11　通过实验获得的信道冲激响应和时间聚焦效应

12.5.2 功率降低实验

由于时间聚焦效应，TR 可以利用多径作为多个天线来从环境中收集能量。通过改变用于直接传输的 Rake 接收机的指元数，我们在图 12.12 中给出了 TR 传输与直接传输功率的比值。我们可以看到，办公室和走廊环境中的 Rake 接收机通常少于 10 个指元，要达到相同的接收机性能，TR 需要的功率低至直接传输所需功率的 30%。当 Rake 接收机有 6 个指元时，办公室的功率比降低到 20%，走廊的功率比降低到 24%。这表明 TR 可以实现高效率的通信，而且发射机和接收机并不复杂。值得注意的是，图 12.12 所示的实验测量结果，与图 12.3 中 $L = 200$ 的结果具有相似的趋势。

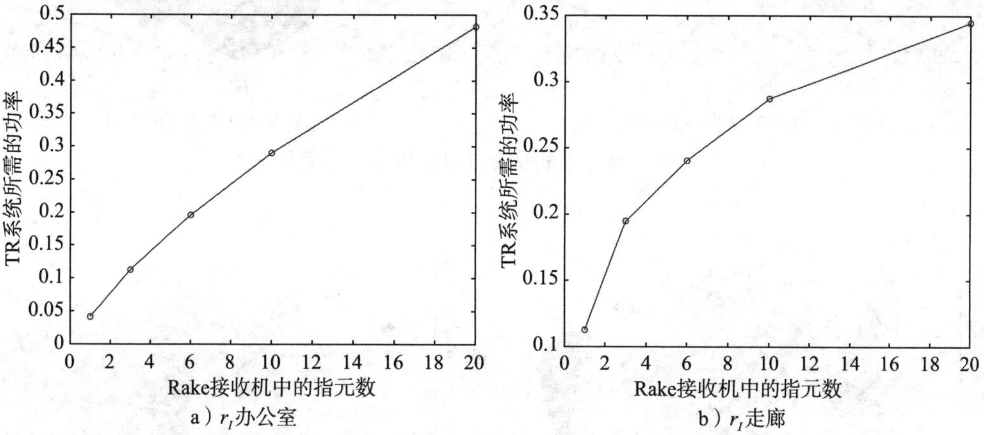

图 12.12 实验测量获得的基于 TR 传输的功率降低

12.5.3 减少干扰实验

除了由于时间聚焦效应而产生的能量效率，时间反演波还可以回溯传入的路径，从而将空间信号峰值功率分布集中在目标接收机上。这表明通过使用 TR，发射机对非目标接收机产生的干扰很小。在这一部分中，我们展示了 TR 的空间聚焦效应和由此产生的干扰减少。在实验中，我们使用对应目标接收机的时间反演 CIR 作为基本波来加载数据流，并以 $\lambda/2$ 的步长移动接收天线，其中 λ 是对应 680MHz 载波频率的波长。

图 12.13 显示了空间域中的接收信号功率分布（通过峰值功率归一化）。我们看到，峰值集中在办公室测量的（6,6）点和走廊测量的（4,4）点的目标接收机中心，而其他位置接收信号的功率仅是目标位置信号功率的 20%～30%。因此，相比不使用 TR 的发射机，使用 TR 传输的发射机引起的干扰泄漏会少得多。我们假设功率比 r_P 对应于 6 指元 Rake 接收机，图 12.14 中给出了 TR 传输与直接传输之间的干扰比 r_I。可以看到，TR 传输引起的平均干扰比直接传输的干扰低 3dB。

可以发现，此处所示的干扰减少效果不如图 12.4 所示的好，原因是此处的系统模型假设不同的传输信道之间具有理想的信道独立性，特别是当它们在空间上相距很远时。因在测量中信道实际上并不是完全独立的，而是相互关联的，仿真结果显示的干扰远低于通过测量获得的结果。然而，如图 12.14 所示，当非目标接收机与目标接收机相距 2λ（在实验中小于 1m）时，由 TR 传输引起的最小干扰可以低至 6dB，并且，当非目标接收机距离更远时，干扰程度甚至更低。实验结果表明，TR 传输具有高分辨率的空间选择性，以及对周围环境的低污染，这使其成为了未来绿色无线通信的理想候选范例。

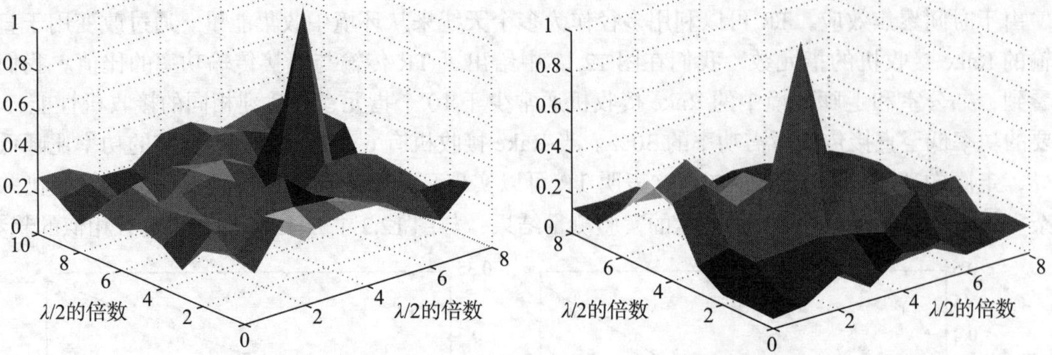

a）办公室环境下接收信号功率　　b）走廊环境下接收信号功率

图 12.13　实验测量获得的基于 TR 传输的空间聚焦效应

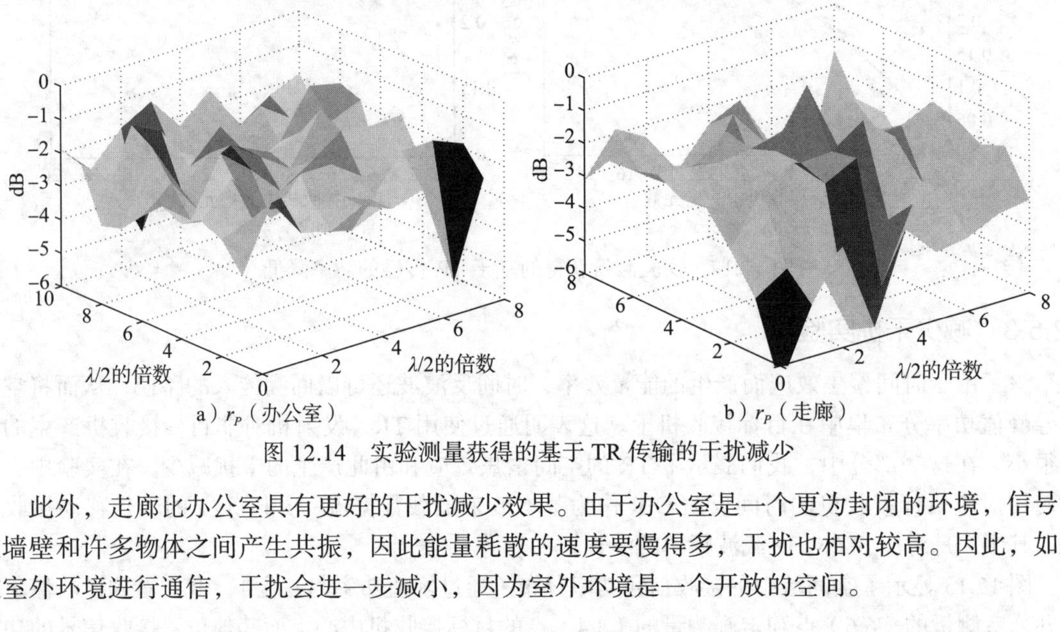

a）r_P（办公室）　　b）r_P（走廊）

图 12.14　实验测量获得的基于 TR 传输的干扰减少

此外，走廊比办公室具有更好的干扰减少效果。由于办公室是一个更为封闭的环境，信号波在墙壁和许多物体之间产生共振，因此能量耗散的速度要慢得多，干扰也相对较高。因此，如果在室外环境进行通信，干扰会进一步减小，因为室外环境是一个开放的空间。

12.5.4 频谱效率实验

TR 传输的先决条件是发射机需要使用时间反演的信道响应作为基本波来加载数据。如果信道是快速衰落的，则接收机需要连续向发射机发送短导频脉冲，以便发射机可以立即获得 CIR。在最坏的情况下，接收机需要在发射机每次尝试传输之前发送导频脉冲，导致频谱效率只有 50%。在这一部分中，我们使用实验结果来表明办公室环境的多径信道实际上并没有太大变化。在此实验中，我们每分钟测量一次信道，并拍摄存储了 40 个信道快照。在最初的 20min 内，测试环境保持静态；在接下来的 10min 内，一名实验者在接收天线周围（约 1.5 ～ 3m 的距离）随机走动；在最后 10min 内，实验者在非常接近天线（在 1.5m 以内）的范围内走动。换句话说，快照 1 ～ 20 对应于静态环境，快照 21 ～ 30 对应于适度变化的环境，快照 31 ～ 40 对应于变化的环境。

我们计算了不同快照之间的相关系数，以了解信道冲激响应如何变化。图 12.15 给出了此实验的相关矩阵，其中每个网格表示两个快照之间的相关性，其快照由 x 和 y 坐标给出。静态快照（1 ～ 20）之间的相关系数大多数都在 0.95 以上，这意味着当测试环境为静态时，信道响应之间具有很强的相关性。当实验者在天线周围移动时，可能会阻挡一些光线，并引入其他反射路径。因此，信道响应将不同于其基线，即静态响应。从此实验来看，尽管当天线附近有人类活动时的相关性下降（快照 21 ～ 30），而当实验人员离天线非常近时（快照 31 ～ 40），相关性甚至变得更弱，但是大多数系数仍然高于 0.8。这表明即使环境变化，也可以保持良好的相关性，并且可达到的光谱效率将远远高于 50%。

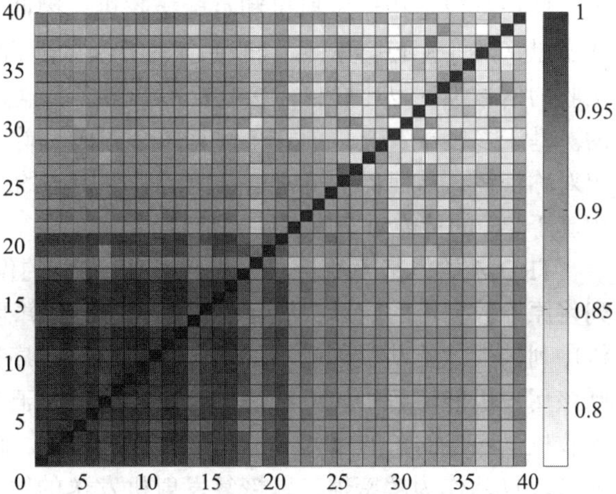

图 12.15　不同时间段信道响应的相关性

12.6　基于时间反演的多路复用和安全性

由于其特性和聚焦效应，基于 TR 的通信除具有低功耗、低干扰的绿色通信之外，还将引发一系列独特的无线应用。在本节中，我们简要介绍基于 TR 的多路复用和安全性。

12.6.1　基于时间反演的多路复用

在多用户系统中，不同用户之间必须找到一种共享无线媒体的方法。传统方法包括时分复用（TDM）、频分复用（FDM）和码分复用（CDM）。多输入多输出（MIMO）的最新进展带来了一种新的多路复用方案，称为空分复用（SDM），由于多天线的配备，不同用户间可以通过其信道响应矢量来区分。在丰富的散射环境中，由于不同用户有不同的唯一多径分布，具体取决于他们的物理位置，以及 TR 传输将每条路径视为一个虚拟天线，因此可以利用多径分布来区分不同用户，这可能有助于多路复用。因此，可以开发一种新的基于 TR 的多路复用（TRDM），用于多用户下行链路系统[22]。

TRDM 充分利用了多径环境特性，利用基站和多用户之间的特定位置签名来分离目标信号，从而实现令人满意的性能。此外，TRDM 方法将使许多需要精确定位接收机的应用成为可能，例如，仓库中的自动库存管理，以及服务器可以将信息传递到建筑物中特定办公室的无线邮箱。

12.6.2　基于时间反演的安全性

长期以来，保密通信一直是至关重要的。由于技术的飞速发展，恶意攻击者可能会轻易地找到一些低成本的无线电设备，或者轻易地修改现有设备以实现入侵。此外，由于无线传输的广播特性，而且无线通信通常是分布式网络结构，这使得无线网络极易受到恶意攻击。而且，传统的安全措施可能不足以保护无线网络。因此，基于 TR 的通信可基于唯一的特定位置的多径配置文件来增强系统安全性。

在丰富的散射无线环境中，大量的周围反射器会形成多径。对于位于不同位置的接收机，接收到的波会经历不同的反射路径和延迟，因此，多径配置文件可以视为唯一的特定位置的签名。由于此信息仅适用于发射机和目标接收机，因此其他未经授权的用户很难推断或伪造此类签名。在文献［23］中已经表明，即使在窃听者靠近目标接收机的情况下，在室内应用中，窃听器中接收的信号强度也比在目标接收机中低得多，这是因为接收到的信号在窃听器中是不相干地相加的。基于多径配置文件的安全性有两个方面：首先，多径配置文件可用于为发射机 - 接收机对导出对称密钥，从而保护机密信息免受恶意用户的攻击；其次，由于空间聚焦效应，发射机可以采用基于 TR 的传输对窃听者隐藏信息。

TRDM 类似基于直接序列扩频（DSSS）的保密通信。在 DSSS 通信中，通过使用伪随机序列将原始数据流的能量扩展到很宽的频谱带，并且将信号隐藏在噪声层之下。只有那些知道伪随机序列的人才能从类似噪声的信号中恢复原始序列。但是，如果伪随机序列已泄露给恶意用户，则该用户也能够解码该机密消息。通过使用基于 TR 的安全性，这将不再是问题，因为对于目标接收机，底层的扩展序列不是一个固定的选择，而是特定位置的签名。对于目标接收机，多径信道可以自动作为解密器，以恢复发射机发送的原始数据。对于不同位置的所有其他不合格用户，传播到其接收机的信号将类似于噪声，并且可能隐藏在噪声层之下。因此，恶意用户无法恢复该机密消息，因为安全性是物理层固有的。

12.7　小结

本章讨论并证明了基于 TR 的传输系统是绿色无线通信的理想选择。通过从接收机接收导频脉冲并发送反演波，发射机可以将能量以高分辨率集中在空间域和时间域的接收机上，从而从环境中收集能量，并减少对其他接收机的干扰。我们已经研究了该系统的性能，包括功率降低、干扰减少和多径分集增益。结果表明，TR 系统具有降低功率和减少干扰的潜力，并且具有很高的多径分集增益。数字仿真和实验测量均表明，基于 TR 的传输可以大大降低传输功率和用户间干扰。此外，还展示了强大的信道相关性，表明即使在时变环境中，TR 也可以实现具有高频谱效率的绿色无线通信。更多相关资料，读者可以参考文献［24］。

参考文献

[1] M. Fink, C. Prada, F. Wu, and D. Cassereau, “Self focusing in inhomogeneous media with time reversal acoustic mirrors,” *IEEE Ultrasonics Symposium*, vol. 1, pp. 681–686, 1989.

[2] C. Prada, F. Wu, and M. Fink, “The iterative time reversal mirror: A solution to self-focusing in the pulse echo mode,” *Journal of the Acoustic Society of America*, vol. 90, pp. 1119–1129, 1991.

[3] M. Fink, “Time reversal of ultrasonic fields. Part I: Basic principles,” *IEEE Transactions on Ultrasonic, Ferroelectronic, and Frequency Control*, vol. 39, no. 5, pp. 555–566, Sep. 1992.

[4] C. Dorme and M. Fink, “Focusing in transmit-receive mode through inhomogeneous media: The time reversal matched filter approach,” *Journal of the Acoustic Society of America*, vol. 98, no. 2, part. 1, pp. 1155–1162, Aug. 1995.

[5] W. A. Kuperman, W. S. Hodgkiss, and H. C. Song, “Phase conjugation in the ocean: Experimental demonstration of an acoustic time-reversal mirror,” *J. Acoustic Society of America*, vol. 103, no. 1, pp. 25–40, Jan. 1998.

[6] H. C. Song, W. A. Kuperman, W. S. Hodgkiss, T. Akal, and C. Ferla, "Iterative time reversal in the ocean," *Journal of the Acoustic Society of America*, vol. 105, no. 6, pp. 3176–3184, Jun. 1999.

[7] D. Rouseff, D. R. Jackson, W. L. Fox, C. D. Jones, J. A. Ritcey, and D. R. Dowling, "Underwater acoustic communication by passive-phase conjugation: Theory and experimental results," *IEEE Journal of Oceanic Engineering*, vol. 26, pp. 821–831, 2001.

[8] B. E. Henty and D. D. Stancil, "Multipath enabled super-resolution for RF and microwave communication using phase-conjugate arrays," *Physical Review Letters*, vol. 93, no. 24, pp. 243904(4), Dec. 2004.

[9] G. Lerosey, J. de Rosny, A. Tourin, A. Derode, G. Montaldo, and M. Fink, "Time reversal of electromagnetic waves," *Physical Review Letters*, vol. 92, pp. 193904(3), May 2004.

[10] M. Emami, M. Vu, J. Hansen, A. J. Paulraj, and G. Papanicolaou, "Matched filtering with rate back-off for low complexity communications in very large delay spread channels," *Proceedings of the 38th Asilomar Conference on Signals, Systems and Computers*, vol. 1, pp. 218–222, Nov. 2004.

[11] Y. Jin and J. M. F. Moura, "Time reversal imaging by adaptive interference canceling," *IEEE Transactions on Signal Processing*, vol. 56, no. 1, pp. 233–247, Jan. 2008.

[12] J. M. F. Moura and Y. Jin, "Detection by time reversal: Single antenna," *IEEE Transactions on Signal Processing*, vol. 55, no. 1, pp. 187–201, 2007.

[13] Y. Jin and J. M. F. Moura, "Time reversal detection using antenna arrays," *IEEE Transactions on Signal Processing*, vol. 57, no. 4, pp. 1396–1414, Apr. 2009.

[14] A. J. Goldsmith, *Wireless Communication*, New York: Cambridge University, 2005.

[15] K. Cheun, "Performance of direct-sequence spread-spectrum RAKE receivers with random spreading sequences," *IEEE Transactions on Communications*, vol. 45, no. 9, pp. 1130–1143, Sep. 1997.

[16] A. M. Law, *Simulation Modeling and Analysis*, 4th ed., New York: McGraw-Hill, 2007.

[17] 3GPP2, *Physical Layer Standard for CDMA2000 Spread Spectrum Systems*, Rev-E, Jun. 2010.

[18] P. Blomgren, P. Kyritsi, A. Kim, and G. Papanicolaou, "Spatial focusing and intersymbol interference in multiple-input-single-output time reversal communication systems," *IEEE Journal of Oceanic Engineering*, vol. 33, no. 3, pp. 341–355, Jul. 2008.

[19] D. Tse and P. Viswanath, *Fundamentals of Wireless Communication*, Cambridge, UK: Cambridge University Press, 2005.

[20] M. K. Simon and M. S. Alouini, "A unified approach to the performance analysis of digital communication over generalized fading channels," *Proceedings of the IEEE*, vol. 86, no. 9, pp. 1860–1877, Sep. 1998.

[21] A. F. Molisch, B. Kannan, D. Cassioli, C. C. Chong, S. Emami, A. Fort, J. Karedal, J. Kunisch, H. Schantz, U. Schuster, and K. Siwiak, "IEEE 802.15.4a channel model – final report," *IEEE 802.15-04-0662-00-004a*, Nov. 2004.

[22] F. Han, Y. H. Yang, B. Wang, Y. Wu, and K. J. R. Liu, "Time-reversal division multiple access in multi-path channels," *IEEE Global Telecommunications Conference (GLOBECOM 2011)*, pp. 1–5, 2011.

[23] X. Zhou, P. Eggers, P. Kyritsi, J. Andersen, G. Pedersen, and J. Nilsen, "Spatial focusing and interference reduction using MISO time reversal in an indoor application," *IEEE Workshop on Statistical Signal Processing (SSP 2007)*, pp. 307–311, 2007.

[24] B. Wang, Y. Wu, F. Han, Y. H. Yang, and K. J. R. Liu, "Green wireless communications: A Time-reversal paradigm," *IEEE Journal of Selected Areas in Communications*, vol. 29, no. 8, pp. 1698–1710, Sep. 2011.

第 13 章 |Chapter 13|

功率波成形

本章探讨了无线功率传输中的时间反演（TR）技术，提出了一种称为功率波成形（PW）的新无线功率传输范例，其中，发射机通过充分利用作为虚拟天线的所有可用多径来向目标接收机提供无线功率。针对 PW 功率传输系统，讨论了两种面向功率传输的波，即能量波和单音波，这两种波本质上不再是时间反演的。前者旨在最大程度地提高接收功率，而后者是性能下降很少甚至没有降低的低复杂度的替代方案。我们从理论上分析了，在各种信道功率延迟情况下，相对直接传输方案，这种方案的传输功率可实现约 6dB 增益，并且，PW 具有能够从周围环境中收集所有功率的固有能力，这使其成为了无线功率传输的理想范例。此外，我们还推导了在采集功率方面，PW 系统和传统的多输入多输出（MIMO）系统的中断性能。结果表明，只要可解决的多径数量足够多，PW 系统就可以实现与 MIMO 系统相同的中断性能。仿真结果验证了分析结果，实验结果证明了所提出的 PW 技术的有效性。

13.1 引言

物联网（IoT）时代的到来将促进设备之间无处不在的无线连接，不仅能从周围环境中收集数据，而且能与其他设备进行数据交换和交互。与主要受频谱资源可用性限制的传统无线通信不同，由于无线数据服务的爆炸性增长，未来的无线设备将进一步面临能源短缺问题[1]。特别是，当无线设备与电网断开连接且只能由容量有限的电池供电时，这种问题是不可避免的[2]。为了延长网络寿命，一种直接的解决方案是在电池耗尽之前经常更换电池，但是不幸的是，这种策略对于某些新兴的无线应用来说是（例如用于监测有毒物质的传感器网络）不方便、成本高且危险的。

近年来，在利用永久电源实现自我可持续的无线通信中，能量收集已经引起了广泛的关注[3-4]。配备了可充电电池后，无线设备仅由自然环境中的能量（例如太阳能、风、运动、振动和无线电波）供电。尽管环境能源是环保的，但随机、不可控制和不可预测的特性使其难以确保无线通信的服务质量（QoS）。例如，日光强度受一天中的时间、当前天气、季节性天气和模式以及周围环境等的影响[5]。

另外，使用电磁辐射的无线功率传输已被认为是一种有效且可行的技术，可以为传感器和射频识别（RFID）等专用低功率无线设备提供可靠的能源[6]。文献［7］全面综述了无线充电技术，及其标准化进展和网络应用最新进展。传统的无线功率传输技术包括电磁感应耦合、磁谐振耦合和射频（RF）信号[8]。前两种技术的能量传输效率高于 80%，但它们仅适用于在波长范围内的短距离能量传输应用。另一方面，以射频信号形式出现的电磁辐射可传播达数十米，并且可以通过整流电路在接收天线处提取功率；然而，由于严重的传播损耗，能量传输效率相对较低。与环境能源相比，无线功率传输的主要优势在于专用电磁辐射源能够提供按需的能源供应。在本章中，我们将重点研究基于射频信号的功率传输系统，因为它有望在不久的将来在不插电的无线应用中发挥重要作用。

要设计基于射频信号的功率传输系统，面临两个基本挑战。首先，能量接收机所需的功率灵敏度远远高于信息接收机所需的功率灵敏度，例如，信息接收机为 -50dBm，能量接收机为 -10dBm [9]。其次，多径信道、阴影效应和大规模路径损耗会降低接收天线处无线信号的功率密度，接收机只能收集到发射机发射的一小部分能量，从而导致能源短缺问题。波束赋形技术能够利用多个天线的空间自由度，已被广泛应用于远距离通信中，以克服信号功率的严重损耗，从而提高能量传输效率。具体来说，在无线功率传输中，多个发射天线有助于将能量束高度聚焦在目标接收机上，而多个接收天线则扩大了有效孔径面积。

文献［9, 11–16］研究了各种能量波束赋形方案。文献［10］强调了通过采用多天线技术可以提高性能，并且研究了两种情况下无线信息和功率传输之间的折中：有限反馈多天线技术和大规模多输入多输出（ MIMO）技术。文献［11］提出了一种新的网络架构来实现移动充电，其中蜂窝系统覆盖了随机部署的电站，该电站可以通过波束赋形技术向移动用户提供各向同性的或定向的功率辐射。文献［12］考虑了具有多天线接入点的无线通信，其中用户在上行链路中的数据传输完全取决于下行链路中接入点的无线功率。文献［13］设计了为 RFID 标签进行无线充电的能量波束赋形技术，并联合优化了信道训练能量和能量分配权重。文献［14］开发了一种分布式能量波束赋形方案，以解决双向中继信道中同时进行无线信息传递和功率传输的折中问题，并提出了叠加能量和信息承载信号，以提高可达到的总速率。文献［15］考虑了 Rician 衰落信道中的 MIMO 能量传输系统，同时考虑了信道捕获和发射波束赋形的联合优化，文献［16］研究了 1 比特信道反馈下多用户 MIMO 能量传输系统的能量波束赋形方案。现有的一些工作将大量天线阵列用于无线功率传输[17–24]。文献［17］分析了在大量发射天线的情况下，一个节点所获得的能量小于上行链路导频所消耗能量的中断概率。文献［18］和文献［24］的工作主要集中在一个装备有大规模天线阵列的 MIMO 系统上，并研究了天线数目对能量传输性能的影响。

然而，利用多个天线进行无线功率传输有两个缺点。首先，额外的射频链会增加实施成本；其次，对于室内丰富散射环境这种无线能量传输最理想的应用场景，波束赋形方案可能无法正常工作，因为视线（LOS）链路可能会被不可穿透的物体阻塞或由于穿透损耗而衰减。

基于上述讨论，我们提出了三个有趣的基本问题：（1）在非视距（NLOS）环境中，无线功率传输系统能否 / 如何对远程设备无线充电？（2）能否 / 如何通过低复杂度的系统（例如单天线）来实现无线功率传输？（3）若存在多径信号，能否 / 如何将其有效地用于无线功率传输？一般而言，由于环境中的散射会将辐射功率分散到发射信号的多个副本中，因此在 NLOS 信道中使用全向天线进行无线功率传输的效率可能非常低。在这方面，如果可以建设性地采集每条多径上的功率，则可以使接收机保持一个更好地捕获功率的水平。尽管在最近的文献中已经对无线功率传输进行了大量的研究，但上述问题尚未得到完全解决，仍有待进一步研究，而多径的使用为无线功率传输技术的设计带来了新的研究机会。

由于时间反演（TR）传输能够充分利用多径传播，在丰富散射环境中，TR 传输已被公认为是低复杂度单载波宽带无线通信的理想范例[20-21]。TR 传输由两个阶段组成。在第一阶段，接收机向发射机发送理想的脉冲信号，用以探测链路的信道脉冲响应（CIR）。利用信道互易性，发射机只需根据 CIR 发送一个时间反演共轭波，也称为基本 TR 波，以利用多径信道作为无成本的匹配滤波器，并将信号功率重新聚焦在接收机。这种现象通常被称为时空聚焦效应[22]，因为它将信号功率集中在特定的时间点和目标空间位置。尽管具有这种聚焦优势，但较大的延迟扩展会导致严重的符号间干扰（ISI），从而浪费能量，尤其是在数据速率较高的情况下。为了弥补这个弱点，文献［23］设计了一种新的波，称为 MaxSINR 波，以最大限度地提高接收机的信号干扰噪声比（SINR）。然而，这些先前的工作均未尝试通过利用多径传播来设计一个无线功率传输系统，以便在能量接收机处维持接收到的功率。同样，这种无线功率传输系统的性能还没有得到研究。

在本章中，我们将讨论从 TR 系统推广而来的功率传输波设计的新概念，即功率波束赋形（PW）。它利用所有可用的多径作为虚拟天线来收集所有可能用于功率传输的功率，并提供了 PW 功率传递系统的定量性能分析。具体来说，本章的重点总结如下：

- 现有的大多数工作研究了平坦衰落信道中的无线功率传输问题，例如文献［24］中的大规模 MIMO 系统，文献［25］中的多输入单输出（MISO）广播系统，以及文献［15］中的训练和功率传输的联合设计。最近的一些工作，如文献［26-28］，考虑了在频率选择性衰落信道中基于正交频分复用（OFDM）的无线功率传输。然而，前两种设计主要考虑同时传输信息和无线功率时，功率和子频带分配的优化，而且都假定子频带相互独立。第三种设计还优化了 MISO 系统在独立子频带上的净捕获能量。据我们所知，本章是首次全面研究了多径对无线功率传输的作用 / 影响。我们讨论了 PW 功率传输系统的最优能量波，通过构造性地收集多径信道中分散的信号功率，从而最大化接收机侧的接收功率。
- 我们还发现了一种单音波，它仅将其全部波功率集中在具有最大振幅的主频率分量上。与能量波相比，单音波在实现中的计算复杂度要低得多，而单音波却可以实现可比拟的（接近最优的）功率传输性能。我们证明了如果传输信号是 J 周期的，则单音波与最佳能量波完全相同，其中 J 是多径数量和补偿因子之间的整数比。
- 对单音波进行了严格的性能分析，并提供了一些定量的结果。我们首先定义功率传输增益为单音波的平均功率传输性能与直接传输之间的比值，并且该增益可以作为直接传输中最佳能量波增益的下限。然后推导了一般功率延迟分布下的功率传输增益有限积分表达式。此外，我们还得到了均匀功率延迟分布（UPD）中功率传输增益的封闭形式表达式以及三角形功率延迟分布（TPD）中的性能下界。
- 从理论上推导了 PW 功率传输系统和具有发射波束赋形的传统 MIMO 功率传输系统在捕获功率方面的中断性能。我们考虑了一种新的功率传输中断概念，用以衡量无线功率传输的性能，这与传统的信息解码中采用的定义不同。具体而言，如果所收集的功率不大于预设阈值，则功率传输系统将中断。我们的分析表明，如果可用的多径足够多，PW 系统有望达到与 MIMO 系统相当的性能。而 PW 功率传输系统仅需要单个发射和接收天线。例如，具有 6 条路径和 24 条路径的 PW 系统可以达到 0.9 的中断概率，MIMO 系统若达到该中断概率，分别需要（NT,NR）=（2,1）和（3,1），其中 NT 和 NR 为发射和接收天线的数量。

- 通过大量计算机仿真，验证了各种信道模型的理论结果，包括 LOS 和 NLOS 办公环境中的超宽带（UWB）信道、UPD、TPD 和指数衰减功率延迟（EPD）信道等。对直接传输、能量波、单音波、基本 TR 波和 MaxSINR 波等几种波进行了仿真以比较性能。结果表明，功率传输性能取决于多径效应的程度，在实际的多径条件下，单音波通过直接传输所提供的功率传输增益大约为 6dB。此外，在室内环境中 LOS 和 NLOS 实验设置下，对上述波进行了性能验证，结果表明，与直接传输相比，PW 技术仅使用单个天线就可以将无线功率传输效率提高约 400%～800%（6dB～9dB）。

本章中将使用以下符号。符号 $(\cdot)^{\mathrm{T}}$ 、$(\cdot)^{\dagger}$ 、$(\cdot)^{*}$ 和 $(\cdot)^{-1}$ 分别表示转置、共轭转置、元素共轭和逆运算。矩阵 $\boldsymbol{I}_N$ 表示 $N\times N$ 个单位矩阵。符号 $\mathrm{E}[\cdot]$ 和 $\|\boldsymbol{x}\|_2$ 表示矢量 $\boldsymbol{x}$ 的期望和欧几里得范数。运算符 $\max(x,y)$ 表示取 x 和 y 之间的最大值，而运算符 $\min(x,y)$ 表示取最小值。

13.2 系统模型

在本章中，我们考虑一个 L 抽头无线衰落信道，并假设该信道在观察时间内是准静态的。发射机和接收机之间的 CIR 可以建模为

$$h[n]=\sum_{l=0}^{L-1}h_l\delta[n-l],\ n=0,\cdots,L-1 \tag{13.1}$$

式中，$\delta[n]$ 是 Kronecker 增量函数，是第 l 条路径的信道增益，它是均值为零且方差为 $\left[\mathrm{E}|h_l|^2\right]=\rho_l$ 的圆对称复高斯随机变量，$l=0,\cdots,L-1$。不失一般性，我们假设信道总功率为 1，即 $\sum_{l=0}^{L-1}\rho_l=1$。为简单起见，进一步假设 CIR 的路径互不相关，即 $\mathrm{E}\left[h_ih_j^*\right]=0$，因为 $i\neq j$。此外，每条路径的同相和正交分量也互不相关，且功率相等。值得注意的是，在实际应用中，可解析路径的数量会随着系统带宽的增加而增加，当系统带宽足够大时，可解析路径的数量将达到极限，这是无线环境中可解析路径的最大数量。

我们首先回顾一下 TR 系统中的信号处理过程，在该系统中，通过利用多径传播从无线环境中收集所有可能的可用路径能量，在预期的接收机处产生聚焦效应[20]。为此，接收机首先发送一个具有类似 δ 自相关函数的导频信号，以在信道探测阶段测量发射机端的 CIR。利用信道互易性假设，发射机随后形成波 $g[n]$，以根据信道状态信息（CSI）发送数据符号。通常，波特率远低于采样率。令 $\{v_D[n]\}_{n=0}^{(N-1)D}$ 为数据符号 $\{v_D[n]\}_{n=0}^{N-1}$ 的上采样信号，其中 N 是传输的数据符号总数，由下式给出：

$$v_D[n]=\begin{cases}v[n/D],\ n \bmod D=0\\ 0,\ \text{其他}\end{cases} \tag{13.2}$$

式中，D 为速率补偿因子，它是采样速率和波特率的比值，而且 $\mathrm{E}\left[\|v[n]\|^2\right]=P$。因此，发送信

号 $\left\{s[n]\right\}_{n=0}^{L-1+(N-1)D}$ 在波映射后可表示为㊀

$$s[n]=\left(v_D*g\right)[n] \tag{13.3}$$

此外，接收机收到的信号 $\left\{y_D[n]\right\}_{n=0}^{2L-2+(N-1)D}$ 可以表示为

$$\begin{aligned}y_D[n]&=(h*s)[n]+z[n]=\left(f*v_D\right)[n]+z[n]\\&=\sum_{l=0}^{2L-2}f[l]v_D[n-l]+z[n]\end{aligned} \tag{13.4}$$

式中，$f[n]=(h*g)[n]$ 定义为等效冲激响应，对于 $n=0,\cdots,2L-2$，$z[n]$ 是加性复数高斯白噪声，均值为零且方差为 σ_z^2。基本的 TR 波是 CIR 的时间反演共轭形式，表示为[20]

$$g_{\mathrm{TR}}[n]=\frac{h^*[L-1-n]}{\sqrt{\sum_{l=0}^{L-1}|h[n]|^2}},n=0,\cdots,L-1 \tag{13.5}$$

从式（13.4）可知，无线信道本身就是对 $g_{\mathrm{TR}}[n]$ 执行匹配滤波的操作，而且可以在接收信号 $y_D[n]$ 中观察到一个峰值用于数据检测。为了进一步抑制 ISI，文献［23］中设计了一种波 $g_{\mathrm{SINR}}[n]$，以最大化 SINR。还值得一提的是，如果对波没有进行特殊设计，即 $g_{\mathrm{DT}}[n]=\delta[n]$，则所讨论的 TR 系统模型将退化为传统的直接传输方案。但是，波 $g_{\mathrm{TR}}[n]$、$g_{\mathrm{SINR}}[n]$ 和 $g_{\mathrm{DT}}[n]$ 不适合进行功率传输，因为它们主要是从信息传输的角度设计的，并且由于多径效应而导致的 ISI 不适合用作绿色能源。PW 功率传输系统遵循与式（13.2）～式（13.4）中相同的信号处理过程和模型，但是采用了为无线功率传输而设计的新波，并且将 $v[n]$ 定义为非信息承载序列。为简单起见，我们假设此序列是随机的，以便评估在不同随机序列平均意义上的无线功率传输性能。在下一节，我们将研究 PW 系统的功率传输波。

13.3 功率传输波设计

13.3.1 最优能量波

将式（13.2）代入式（13.4）并应用变量的变化，得到

$$\begin{aligned}y_D[n]&=\sum_{l=\lceil(n-2L+2)/D\rceil}^{\lfloor n/D\rfloor}f[n-lD]v[l]+z[n]\\&=\sum_{l=\lceil(n-2L+2)/D\rceil}^{\lfloor n/D\rfloor}\sum_{m=0}^{L-1}g[m]h[n-lD-m]v[l]+z[n]\end{aligned} \tag{13.6}$$

式中，$\lceil\cdot\rceil$ 和 $\lfloor\cdot\rfloor$ 分别是向上取整和向下取整函数。我们的设计目标是发现最优能量波，以最大化转移到接收机侧的平均功率，则

㊀ PW 方案是数字实现的。在发送离散时间信号之前，在发射机处利用常用的信号处理，例如脉冲整形滤波器、数模转换器、上变频器，将其转换成连续时间信号。为了简单起见，这里考虑等效基带表示。

$$\boldsymbol{g}_E=\arg\max_{\|\boldsymbol{g}\|_2^2=1}\left(\lim_{N\to\infty}\frac{1}{2L-1+(N-1)D}\sum_{n=0}^{2L-2+(N-1)D}\mathrm{E}\left[\left|y_D[n]\right|^2\right]\right) \tag{13.7}$$

式中，$\boldsymbol{g}=[g[0],\cdots,g[L-1]]^{\mathrm{T}}$ 是波矢量。设 $\boldsymbol{y}_p=[y_D[L-1+(p-1)D+1],\cdots,y_D[L-1+pD]]^{\mathrm{T}}$ 为接收信号 $y_D[n]$ 的第 p 段，$\boldsymbol{H}$ 为一个 $(2L-1)\times L$ 的 Toeplitz 信道矩阵，其第一列为列矢量 $\left[h[0],\cdots,h[L-1],0,\cdots,0\right]^{\mathrm{T}}$。我们可以按紧凑矩阵形式将式（13.6）重写如下

$$\boldsymbol{y}_p=\sum_{q=\lceil p-1-(L-2)/D\rceil}^{\lfloor p+(L-1)/D\rfloor}\boldsymbol{H}_{(q-p)}\boldsymbol{g}\cdot v[q]+\boldsymbol{z}_p \tag{13.8}$$

式中，$\boldsymbol{z}_p$ 表示第 p 段中包含的噪声项，矩阵 $\boldsymbol{H}_j$ 定义为

$$\boldsymbol{H}_j=\left[\boldsymbol{O}^{\mathrm{T}}_{(a_l-L+(j+1)D)\times L},\boldsymbol{B}^{\mathrm{T}},\boldsymbol{O}^{\mathrm{T}}_{(L-1-jD-a_u)\times L}\right]^{\mathrm{T}} \tag{13.9}$$

式中，$a_l=\max\left(0,\left(L-(j+1)D\right)\right)$，$a_u=\min\left(2L-2,\left(L-1-jD\right)\right)$，$\boldsymbol{B}$ 是 Toeplitz 信道矩阵 $\boldsymbol{H}$ 的子矩阵，包含 $\boldsymbol{H}$ 的 a_l 行到第 a_u 行的元素。不失一般性，我们假设信道抽头的数量是有限的，并且发送信号的持续时间足够长，即 $N\gg L$。根据式（13.7），当 N 趋于无穷大时，平均传输功率最大化问题则等效于第 p 段总功率的最大化。

$$\boldsymbol{g}_E=\arg\max_{\|\boldsymbol{g}\|_2^2=1}\mathrm{E}\left[\|\boldsymbol{y}\|_{p2}^{2}\right] \tag{13.10}$$

其中，设计波的总功率为 1。

定理 13.3.1 如果信号 $v[n]$ 不相关，即 $\mathrm{E}\left[v[i]v^*[j]\right]=0$，$\forall i\neq j$，则最佳能量波为

$$\boldsymbol{g}_E=\boldsymbol{u}_1 \tag{13.11}$$

式中，$\boldsymbol{u}_1$ 为矩阵 $\sum_{q=\lceil -1-(L-2)/D\rceil}^{\lfloor (L-2)/D\rfloor}\boldsymbol{H}_q^{\dagger}\boldsymbol{H}_q$ 的主特征矢量。

证明。证明见附录 13.A。

图 13.1 展示了非视距环境下，UWB 信道的最佳能量波示意图[29]。图 13.1a 显示了 CIR 的振幅以及相应的信道频率响应（CFR）。图 13.1b 显示了最佳能量波的振幅及其频率响应，即时域波 $\boldsymbol{g}_E$ 的离散傅里叶变换（DFT）。仔细观察该图可以发现，能量波倾向于将其波功率集中在具有最大 CFR 振幅的频率分量（$k=9$、10 和 11）上。有趣的是，最佳能量波的每个抽头都具有可比较的增益，以便在整个持续时间内分散传输信号的能量，这与图 13.2 中所示的其他波设计不同。

13.3.2 单音波形

将 $\boldsymbol{F}$ 定义为 DFT 矩阵，其中第 (m,n) 个元素为 $\frac{1}{\sqrt{L}}\mathrm{e}^{-\frac{\mathrm{j}2\pi mn}{L}}$，当 $m,n=0,\cdots,L-1$，CIR 的 CFR $\boldsymbol{h}=\left[h[0],\cdots,h[L-1]\right]^{\mathrm{T}}$ 可以计算为 $\zeta=\boldsymbol{F}\boldsymbol{h}=\left[H[0],\cdots,H[L-1]\right]^{\mathrm{T}}$。根据图 13.1 中的观察结果，单音波 $\boldsymbol{g}_{\mathrm{ST}}=\left[g_{\mathrm{ST}}[0],\cdots,g_{\mathrm{ST}}[L-1]\right]^{\mathrm{T}}$ 可以表示如下

$$g_{\mathrm{ST}}[n]=\frac{1}{\sqrt{L}}\mathrm{e}^{-\mathrm{j}\frac{2\pi k_{\max}n}{L}},\ n=0,\cdots,L-1 \tag{13.12}$$

式中，$k_{\max}=\operatorname{argmax}_k\left|H[k]\right|^2$ 表示主频分量。记住，最优能量波是通过在时域中最大化平均接收功率来设计的；因此，它优于任何其他波，单音波的采集功率可以作为最佳接收波所能达到的最大接收功率的性能下限。在下文中，我们给出一个定理，来描述简单的单音波与最佳能量波之间的关系。

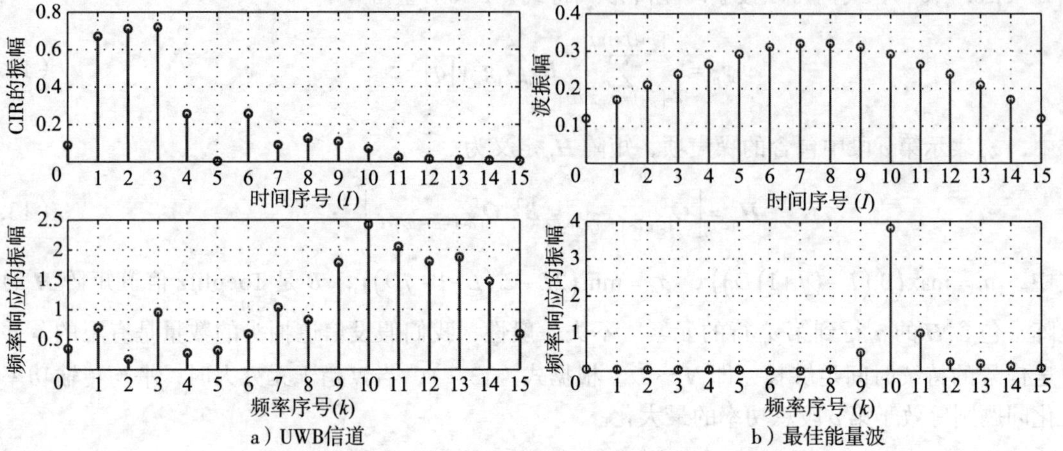

图 13.1　非视距办公环境下 UWB 信道的最佳能量波示例

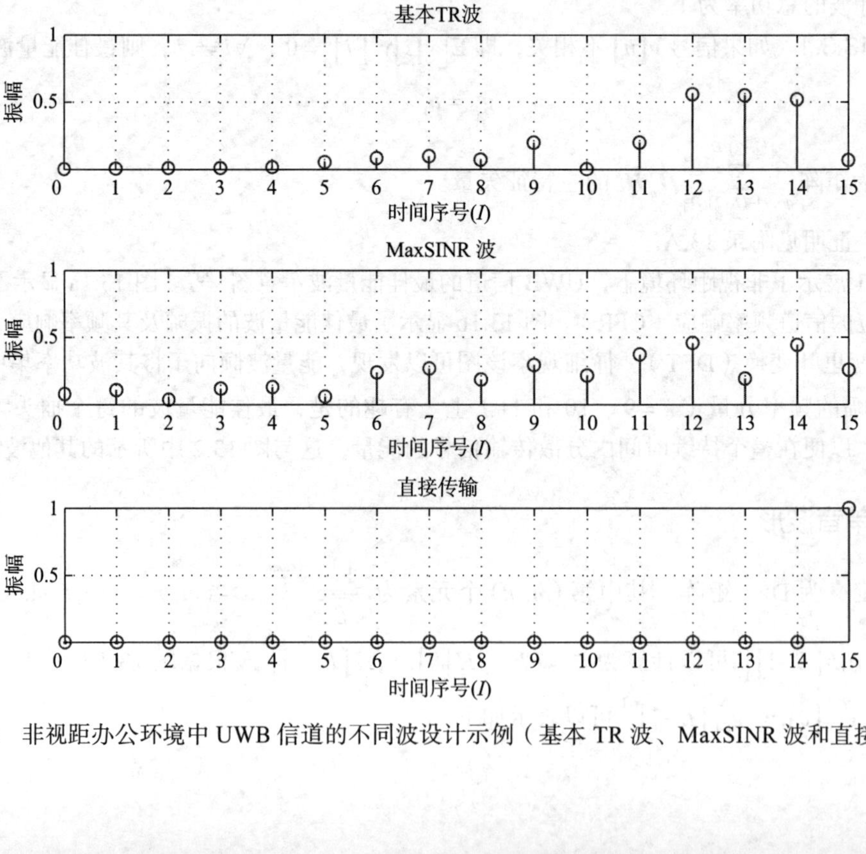

图 13.2　非视距办公环境中 UWB 信道的不同波设计示例（基本 TR 波、MaxSINR 波和直接传输）

定理 13.3.2　假设 $L=J\cdot D$，其中 J 是正整数。如果信号 $v[n]$ 的周期是 J，则单音波是式（13.10）的最佳能量波。

证明。证明见附录 13.B。

由于波长度有限，如果信号 $v[n]$ 不是周期性的，则单音波并非是实现最大平均接收功率的最佳方法。上述定理给出了单音波在接收机上实现最大功率传输值的条件。这个定理背后的原理可以解释如下。当发送信号周期为 J 时，式（13.6）中的发送信号 $v[n]$、无线信道 $h[n]$ 和波 $g[n]$ 之间的卷积关系为循环卷积；因此，波的优化设计是将波总功率集中在频域中振幅增益最大的频率分量上。一般情况下，能量波是无线功率传输的最佳设计，而 13.6 节中的仿真结果将证明单音波接近最佳，性能损失较小。当涉及实现成本时，可以从式（13.11）和式（13.12）中看出，单音波具有比能量波计算复杂度低的优势。我们根据所需的复数乘法来评估这两种波的复杂度。显然，式（13.11）中的能量波计算涉及矩阵 - 矩阵乘积与矩阵主特征矢量之和，导致复杂度为 $L^3+\left(\left\lfloor\frac{L-1}{D}\right\rfloor-\left\lceil 1-\frac{L-2}{D}\right\rceil+1\right)DL^2$。另一方面，式（13.12）中的单音波需要 DFT 与元素逐个相乘来选择 CFR 的主频率分量，其复杂度为 $L\log_2 L+L$。以 D=1 为例，当 $L\gg 1$ 时，能量波和单音波的复杂度之比近似为 $\frac{3L^2}{\log_2 L}$，表 13.1 中列出了一些不同 L 值的数值结果。

表 13.1　最佳能量和单音波的复杂度之比（D=1）

L	5	10	15	20	25	30	35
复杂度之比	32	90	173	278	404	550	716

13.4　性能分析

由于最佳能量波的性能分析是最难解决的，所以我们转而分析在 PW 系统中的单音方案相比直接传输方案的功率传输增益。不失一般性，我们关注发射信号为 J 周期的情况，因为在这种情况下，单音波可以作为在接收机端传递最大接收功率的最佳能量波。通过这样做，分析结果可以帮助我们捕获多径环境中功率传输的基本极限。

从式（13.29）～式（13.31），对于给定的多径信道，接收机侧的单音波 $\boldsymbol{g}_{\mathrm{ST}}$ 的平均传输功率可以表示为

$$P_{\mathrm{ST}}=\mathrm{E}\left[\left\|\boldsymbol{y}_p\right\|_2^2\right]=P\cdot\boldsymbol{g}_{\mathrm{ST}}^{\dagger}\boldsymbol{C}^{\dagger}\boldsymbol{C}\boldsymbol{g}_{\mathrm{ST}} \tag{13.13}$$

这里我们忽略了性能分析中的噪声项，因为噪声功率通常远小于期望的接收功率㊀。通过将 $\boldsymbol{g}_{\mathrm{ST}}=\boldsymbol{F}^{\dagger}\boldsymbol{e}_{k_{\max}}$ 代入 P_{ST}，并应用 $\boldsymbol{F}^{\dagger}=\sqrt{L}\cdot\mathrm{Diag}(\zeta)$ 的性质，我们得到

$$P_{\mathrm{ST}}=P\boldsymbol{e}_{k_{\max}}^{\dagger}\boldsymbol{F}\boldsymbol{C}^{\dagger}\boldsymbol{C}\boldsymbol{F}^{\dagger}\boldsymbol{e}_{k_{\max}}=P\cdot L\left|H\left[k_{\max}\right]\right|^2 \tag{13.14}$$

另一方面，由于直接传输波表示为 $\boldsymbol{g}_{\mathrm{DT}}=\boldsymbol{e}_0$，因此对于给定信道，直接传输方案的功率传输性能 $P_{\mathrm{DT}}=P\cdot\boldsymbol{g}_{\mathrm{DT}}^{\dagger}\boldsymbol{C}^{\dagger}\boldsymbol{C}\boldsymbol{g}_{\mathrm{DT}}$ 可以扩展为

㊀ 实际上，为了实现有效的 RF-DC 转换，能量采集接收机的功率灵敏度必须大于 −10 dBm[4]。因此，用于无线功率传输的接收信号强度必须远高于噪声功率水平，例如在 100MHz 的带宽下为 −94dBm。

$$P_{DT} = P\boldsymbol{e}_0^{\dagger}\boldsymbol{F}^{\dagger}\boldsymbol{F}\boldsymbol{C}^{\dagger}\boldsymbol{C}\boldsymbol{F}^{\dagger}\boldsymbol{F}\boldsymbol{e}_0 = P\cdot\sum_{k=0}^{L-1}\left|H[k]\right|^2 \tag{13.15}$$

定义 13.4.1 功率传输增益 G 是无线信道中单音波与直接传输方案的平均传输功率之比，即 $G=\mathrm{E}[P_{\mathrm{ST}}]/\mathrm{E}[P_{\mathrm{DT}}]$。

具体来说，从式（13.14）和式（13.15）可以得出

$$G = L\cdot\mathrm{E}\left[\left|H[k_{\max}]\right|^2\right] \tag{13.16}$$

根据式（13.1），其中 $\mathrm{E}\left[\sum_{k=0}^{L-1}\left|H[k]\right|^2\right]=\sum_{l=0}^{L-1}\rho_l=1$。因此，可以发现，功率传输增益取决于相关的多元瑞利随机变量 $\epsilon_k=\left|H[k]\right|^2, k=0,\cdots,L-1$ 的频率选择分集增益。直观地说，如果多径信道具有更高的频率选择性，则可以获得更大的功率传输增益。

在进行精确功率传输增益的性能分析之前，首先给出关于给定信道功率延迟情况下多元随机变量 ϵ_k 的特征函数的以下定理。

定理 13.4.1 令 $\boldsymbol{\omega}=[\omega_0,\cdots,\omega_{L-1}]^{\mathrm{T}}$，对于式（13.1）中功率延迟分布 $\boldsymbol{\rho}=[\rho_0,\cdots,\rho_{L-1}]^{\mathrm{T}}$ 的多径信道，$\epsilon=[\epsilon_0,\cdots,\epsilon_{L-1}]^{\mathrm{T}}$ 的特征函数为

$$\Psi_{\varepsilon}(\mathrm{j}\omega)=\frac{1}{\det\left(\boldsymbol{I}_L-2\mathrm{j}\cdot\mathrm{Diag}(\omega)\Sigma\right)} \tag{13.17}$$

式中，$\mathrm{j}=\sqrt{-1}$，$\Sigma=\boldsymbol{F}^{-1}\mathrm{Diag}(\boldsymbol{\lambda})\boldsymbol{F}$，$\lambda=[\lambda_0,\cdots,\lambda_{L-1}]^{\mathrm{T}}$，$\lambda_l=\frac{1}{4}\left(\rho_l+\rho_{(L-1)\%L}\right)$, $l=0,\cdots,L-1$，并且用符号（$y\%L$）表示 y 对 L 取模运算。

证明。证明见附录 13.C。根据定理 13.4.1，理论上可从以下定理中推导出功率传输增益的有限积分表达式。

定理 13.4.2 对于功率延迟分布 $\boldsymbol{\rho}=[\rho_0,\cdots,\rho_{L-1}]^{\mathrm{T}}$ 的多径信道，功率传输增益 G 为

$$\mathrm{G}=L\int_0^{\infty}\left(1-\frac{1}{(2\pi)^L}\int_{-\infty}^{\infty}\cdots\int_{-\infty}^{\infty}\Psi_{\varepsilon}(\mathrm{j}\omega)\times\prod_{l=0}^{L-1}\left(\frac{1-\mathrm{e}^{-\mathrm{j}\omega_l x}}{\mathrm{j}\omega_l}\right)\mathrm{d}\omega_0\cdots\mathrm{d}\omega_{L-1}\right)\mathrm{d}x \tag{13.18}$$

证明。证明见附录 13.D。

虽然在定理 13.4.2 中分析了功率传输增益 G，但由于涉及多重积分难以进一步简化，因此很难以封闭形式对功率传输增益进行解析表达。相反，为了更深入地了解功率延迟分布中参数（如多径数量）对功率传输增益的影响，同时又使分析易于进行，我们考虑了两个功率延迟分布：UPD 分布和 TPD 分布，定义如下。

定义 13.4.2 如果 $\rho_l=\frac{1}{L}$, $l=0,\cdots,L-1$，称功率延迟分布为 L 信道路径 UPD。

定义 13.4.3 如果 $\rho_l=\frac{2(1-L\rho_0)}{(L-1)L}l+\rho_0$，其中 $l=0,\cdots,L-1$, $\frac{1}{L}\leqslant\rho_0\leqslant\frac{2}{L}$，称功率延迟分布为 L 信道路径 TPD。

注意，在定义 13.4.3 中，TPD 信道分布是在信道路径功率相对于路径延迟呈线性下降的假设下推导出的。给定路径功率 ρ_0 和多径数 L 时，可以在信道总功率的单位约束下确定 TPD 分布，即 $\sum_{l=0}^{L-1}\rho_l=1$。虽然 EPD 分布是研究性能常用的信道模型，但值得注意的是，TPD 分布可能是 EPD 分布一个很好的近似，特别是当分布的尾部不显著时。因此，当利用 EPD 分布进行性能分析很困难时，TPD 分布可能是研究无线信道中固有功率传输增益的一种很好的替代方法。

定理 13.4.3 在具有 UPD 信道分布的无线信道中，功率传输增益 G 为

$$G(L)=\sum_{n=1}^{L}\frac{1}{n} \tag{13.19}$$

证明。证明见附录 13.E。

下面给出了这个定理的两个直接结论。

结论 13.4.1 如果 $L=1$，则功率传输增益 $G(1)=1$。

换句话说，如果在发射机和接收机之间的无线环境中只有一条 LOS 路径，则直接传输方案和具有单音波的 PW 系统具有相同的功率传输性能。

结论 13.4.2 在 UPD 信道分布中，功率传输增益 $G(L)$ 随着多径数 L 的增大而单调递增。此外，当多径数从 $L-1$ 增加到 L 时，$G(L)-G(L-1)$ 的间隔为 $1/L$。

从这一点出发，我们可以得出三个重要的观察，以了解功率传输增益与多径数量之间的相互作用。首先，功率传输增益随多径数单调增加。从系统的角度来看，L 值越大，意味着要么带宽越宽，要么环境变得越散射。第二，随着可解析路径数目的增加，功率传输增益的改善逐渐变小。第三，每增加一个接收天线，单输入多输出（SIMO）系统的选择组合分集方案的信噪比（SNR）也会增加 [33]。这是因为 PW 系统中单音波设计与带有天线选择功能的 SIMO 系统具有相似的数学模型。

接下来分析 TPD 分布无线信道中功率传输增益的性能。由于这种情况下需要考虑多重积分，所以下面的定理中给出了一个性能下界。

定理 13.4.4 在具有 TPD 信道分布的无线信道中，$L\geqslant 2$ 时功率传输增益 G 下限为 ㊀

$$G\geqslant\frac{L\rho_0-1}{L-1}+\frac{L(1-\rho_0)}{L-1}\sum_{n=1}^{L}\binom{L}{n}(-1)^{n+1}\frac{1}{n} \tag{13.20}$$

证明。证明见附录 13.F。

对于 $1\leqslant a\leqslant 2$，将 $\rho_0=\dfrac{a}{L}$ 代入式（13.20），我们可以进一步简化下界公式，得到

$$G(L)\geqslant 1+\frac{L-a}{L-1}\sum_{n=2}^{L}\frac{1}{n} \tag{13.21}$$

请记住，参数 a 反映了 TPD 信道分布的下降速率，当 a 的取值接近于 1 时，分布变得平缓。这里总结了一些有趣的评论。首先，对于固定数量的多径 L，a 的取值越小，得到的下界越大。其次，固定 a 的取值，下界随多径数量的增加而单调增加，因为对于 $1\leqslant a\leqslant 2$，式（13.21）中的

㊀ 在 $L=1$ 的情况下，功率传输增益等于 1。

函数 $\frac{L-a}{L-1}$ 是 L 的增函数。当 $a=1$ 或 $L=a=2$ 或 $L\to\infty$ 时，下界是紧的。第一种情况是因为 TPD 分布退化为 UPD 分布。对于第二种情况，由定义 13.4.3 可知 TPD 分布退化为单路径信道，即 $\rho_0=1$ 和 $\rho_1=0$，因此 $G(2)=1$。第三种情况可以从附录 13.F 的证明中验证，即 $L\to\infty$ 时，$h_{0,2}$ 的方差接近零。

13.5 PW 系统与 MIMO 系统的比较

在本节中，我们将研究 PW 系统和传统 MIMO 系统的功率传输中断性能及其比较。需要解决的是，中断概率的定义不同于用于评估信息传输性能的传统定义，例如 SINR 和总速率。其定义如下。

定义 13.5.1 如果收集功率 P_{EH} 小于或等于预设阈值 x，则称功率传输系统处于中断状态，收集功率的中断概率为 $\Pr\left(P_{\text{EH}}\leqslant x\right)$。

首先，介绍了一种 $N_T\times N_R$ 的 MIMO 系统模型，其中 N_T 和 N_R 分别是发射天线和接收天线的数目。我们假设 CSI 在发射端是完全可用的，并且将发射波束赋形技术应用于无线功率传输。因此，在接收机处接收到的信号可以表示为

$$\tilde{\boldsymbol{y}}=\tilde{\boldsymbol{H}}\tilde{\boldsymbol{g}}v+\boldsymbol{z} \tag{13.22}$$

式中，v 是功率为 P 的发射信号，即 $\mathrm{E}\left[|v|^2\right]=P$，$\tilde{\boldsymbol{g}}$ 是波束赋形向量 $\tilde{\boldsymbol{H}}$ 是 $N_T\times N_R$ 独立同分布（i.i.d.）的 MIMO 信道矩阵，假定矩阵中每个元素为复数高斯随机变量，均值为零方差为 1，以保证比较的公平性。此外，波束赋形矢量的范数为 1，即 $\|\tilde{\boldsymbol{g}}\|_2=1$。噪声项实际上在整个接收信号中所占比例微不足道，因此忽略噪声项，可以得到接收功率为 $\mathrm{E}\left[\tilde{\boldsymbol{y}}^\dagger\tilde{\boldsymbol{y}}\right]=P\cdot\tilde{\boldsymbol{g}}^\dagger\tilde{\boldsymbol{H}}^\dagger\tilde{\boldsymbol{H}}\tilde{\boldsymbol{g}}$。通过选择矩阵 $\tilde{\boldsymbol{H}}^\dagger\tilde{\boldsymbol{H}}$ 的主特征矢量，可使功率传输最大化，且给定信道的功率传输性能为

$$P_{\text{MIMO}}=P\cdot\lambda_{\max}\left(\boldsymbol{H}^\dagger\boldsymbol{H}\right)=P\cdot\lambda_{\max}\left(\boldsymbol{H}\boldsymbol{H}^\dagger\right) \tag{13.23}$$

式中，$\lambda_{\max}(\cdot)$ 表示最大特征值。注意，矩阵 $\tilde{\boldsymbol{H}}\tilde{\boldsymbol{H}}^\dagger$ 是复 Wishart 分布。通过直接应用文献［34］中的推论 2，可以推导出 MIMO 功率传输的中断概率如式（13.24）所示。

$$\Pr\left(P_{\text{MIMO}}\leqslant x\right)=\frac{\det\left(\boldsymbol{B}(x)\right)}{\prod_{k=1}^{\min(N_T,N_R)}\Gamma\left(\max\left(N_T,N_R\right)-k+1\right)\cdot\Gamma\left(\min\left(N_T,N_R\right)-k+1\right)} \tag{13.24}$$

式中，$\Gamma(\cdot)$ 是伽马函数，$\boldsymbol{B}(x)$ 是一个矩阵，其第 (i,j) 个元素为 $\gamma\left(\max\left(N_T,N_R\right)-\min\left(N_T,N_R\right)+i+j+1,\ \frac{x}{P}\right)$，对于 $i,j=0,1,\cdots,\min\left(N_T,N_R\right)-1$，$\gamma(\cdot,\cdot)$ 是在文献［35］中给出的较低不完全伽马函数。

由式（13.41）和式（13.44）可知，当考虑 UPD 信道分布时，$F_{\epsilon_{\max}}(x)=\Pr\left(\left|H\left[k_{\max}\right]\right|^2\leqslant x\right)=\left(1-\mathrm{e}^{-Lx}\right)^L$。根据式（13.14），可得 UPD 信道分布下的单音波的中断性能：

$$\Pr\left(P_{\mathrm{ST}} \leqslant x\right)=\left(1-\mathrm{e}^{-x/P}\right)^{L} \tag{13.25}$$

在相同的发射功率值 P 下，比较 PW 系统和传统 MIMO 系统的中断性能，并研究要实现与 MIMO 系统相同的中断性能，PW 系统所需路径数是很有趣的[⊖]。接下来，我们给出以下定义：

定义 13.5.2　在中断概率 $\Pr\left(P_{\mathrm{MIMO}} \leqslant x\right)=P_{\mathrm{out}}$ 时，如果 L^{*} 是满足 $\Pr\left(P_{\mathrm{ST}} \leqslant x\right) \leqslant P_{\mathrm{out}}$ Pr 的最小正整数，则具有 L^{*} 条可分辨路径的 PW 功率传输系统与 $N_{T} \times N_{R}$ MIMO 功率传输系统性能相当。

根据式（13.24）和式（13.25）中推导出的中断概率，可以证明在 $\Pr\left(P_{\mathrm{ST}} \leqslant x\right) \leqslant \Pr\left(P_{\mathrm{MIMO}} \leqslant x\right)$ 的条件下有

$$L \geqslant \frac{1}{\log\left(1-\mathrm{e}^{-x/P}\right)} \left(\operatorname{logdet}(\boldsymbol{B}(x))-\sum_{k=1}^{\min\left(N_{T}, N_{R}\right)} \log \left(\Gamma\left(\max\left(N_{T}, N_{R}\right)-k+1\right)\right)-\sum_{k=1}^{\min\left(N_{T}, N_{R}\right)} \log \left(\Gamma\left(\min\left(N_{T}, N_{R}\right)-k+1\right)\right)\right) \tag{13.26}$$

为了使 PW 功率传输系统达到与 MIMO 功率传输系统相同的中断概率，所需的可解析路径数 L^{*} 必须是满足式（13.26）的最小整数。

13.6　仿真结果及讨论

在本节中，我们对不同设计波（包括能量、单音、直接传输、基本 TR 波和 MaxSINR 波）下的 PW 无线功率传输性能进行了计算机仿真，并修正了 13.4 节和 13.5 节中的理论结果。设置系统带宽为 125MHz，即采样周期 $T_{S}=8\mathrm{ns}$。首先，PW 是数字系统，所以需要大带宽以保证能够数字地解析系统中自然存在的多径。换句话说，如果没有足够大的带宽，即使存在大量多径，系统的等效 CIR 可能仍然是单个抽头。但是，我们的研究结果表明，最佳能量或单音波有选择地将波功率集中在少数频率分量上或单个频率分量上。在实践中，PW 系统可以在工业、科学和医学（ISM）频段的选定部分上运行，所提供的波会将其功率集中在该频段上，而剩余带宽可以保留用于常规无线信息传输。选择速率后退因子 D 为 1。假定发送信号 $v[l]$ 为非周期随机信号，且 SNR 值为 15dB，除非另有说明。除了 UPD 和 TPD 信道分布，我们还仿真了 EPD 信道分布：

$$\rho_{l}=c_{\rho} \cdot \mathrm{e}^{-\frac{l T_{S}}{\sigma_{T}}}, l=0, \cdots, L-1 \tag{13.27}$$

式中，σ_{T} 是信道的延迟扩展，c_{ρ} 是常数，使得所有 l 的 ρ_{l} 之和等于 1。在典型的室内环境中，延迟扩展约为数百纳秒，相对于 $T_{S}=8\mathrm{ns}$，可解析的多径总数约为几十个。如果增加采样率，我们可能会解析更多的多径，但会受到无线环境中自然存在的多径数量的限制。在仿真中，假定不同信道分布下平均发射功率和平均信道功率为 1，即 $P=1$ 且 $\sum_{l=0}^{L-1} \rho_{l}=1$，并且我们对大规模路径损耗效应进行了归一化，因为我们的重点是检查多径对不同波形的性能影响。因此，相对多径数量，

⊖　可以同时采用 PW 和 MIMO 方案获得波束赋形和频率分集增益，从而进一步提高系统性能。

直接传输方案的平均接收信号功率保持恒定，如果排除噪声，则为 0 dB。此外，我们还在 Saleh-Valenzuela（SV）信道模型中进行了系统性能仿真[29]。该模型在 IEEE802.15.4a 标准中得到了广泛采用，适用于 2GHz ~ 6GHz 频率范围的宽带应用，包括室内住宅、办公室、室外、工业和露天室外环境。

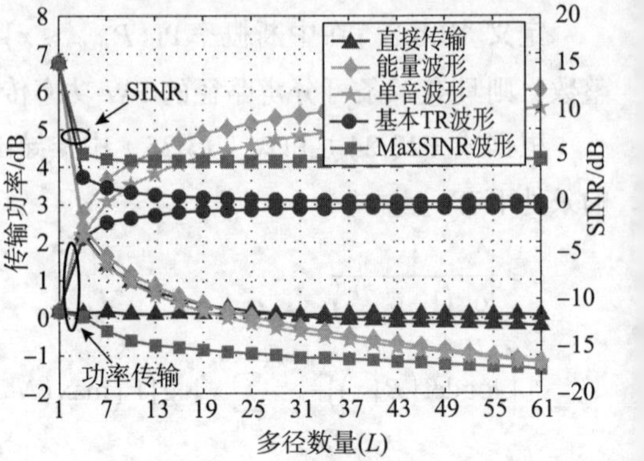

图 13.3 EPD 信道分布下不同波功率传输和 SINR 性能与多径数量的关系

图 13.3 显示了 EPD 信道分布下不同波的功率传输性能与多径数量的关系以及相应的 SINR。延迟扩展 σ_T 设置为 160ns。我们可以观察到，除了直接传输和 MaxSINR 波，功率传输性能随着可解析路径数的增加而单调递增。实际上，直接传输的功率传输性能保持恒定，而 MaxSINR 波的功率传输性能随着 L 的增加会下降。对于 $L=61$，能量波和基本 TR 波分别比直接传输的性能高出约 6dB 和 3dB。此外，能量波优于基本 TR 波，在 $L=61$ 时性能差距为 3dB。与能量波相比，单音波仅导致不超过 0.5dB 的性能下降。无论采用何种波，SINR 性能都会随着多径数量的增加而降低，因为由此产生的 ISI 变得更加严重。通常，SINR 性能与功率传输性能具有相反的表现，相比基本 TR 波和 MaxSINR 波，能量波和单音波的 SINR 性能差得多。特别需要注意的是，性能差异随着 L 的增加而增大。这是因为，从功率传输最大化角度设计的波，利用多径传播效应在整个时间段内扩展了能量，从而提高了 ISI 水平。

图 13.4 给出了 LOS 和 NLOS 办公环境下 UWB 信道中不同波的功率传输性能直方图。从图 13.4a 中可以明显看出，对于 LOS 设置，从直方图平均值来看，最佳能量波的功率传输性能略优于单音波。与其他三种波相比，这两种波在接收机侧收集所有可能多径能量的能力更好。同样，MaxSINR 波在所有波中具有最差的功率传输性能，因为它是在信息传输的角度上最大化接收机接收的 SINR 设计的。由图 13.4b 可以发现，在 NLOS 环境中，可以观察到类似的性能趋势。然而，在 NLOS 环境中每个样本收获的能量大于在 LOS 环境中。

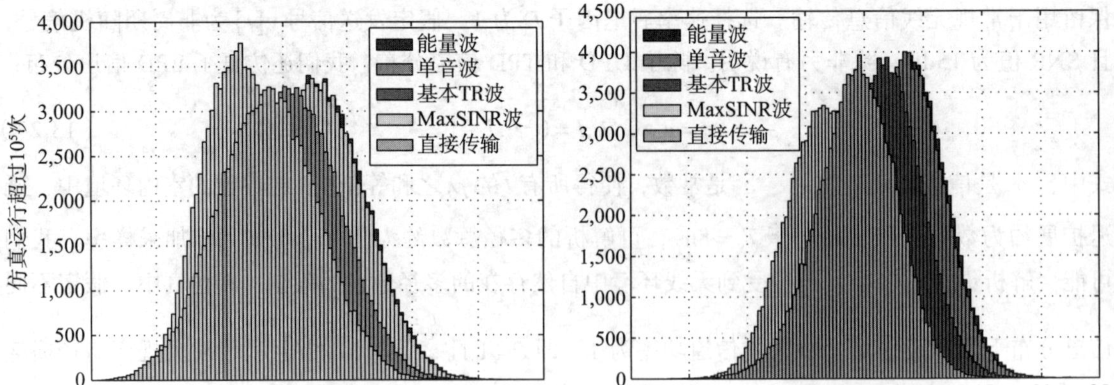

图 13.4 UWB 信道中不同波的功率传输性能直方图

图 13.5a 和 13.5b 分别给出了 UPD 和 TPD 信道中不同波的功率传输性能与多径数量的关系。TPD 信道分布的参数 ρ_0 设置为 $2/L$。在图 13.5a 中，可以发现当信噪比从 15dB 降低到 10dB 时，除 MaxSINR 波外，所有波都具有相似的性能趋势。这是因为 MaxSINR 波的设计在 ISI 和噪声效应之间进行了权衡，而其他四种波的设计与噪声功率无关。图 13.5b 显示了两种周期信号波的性能略优于非周期信号波。

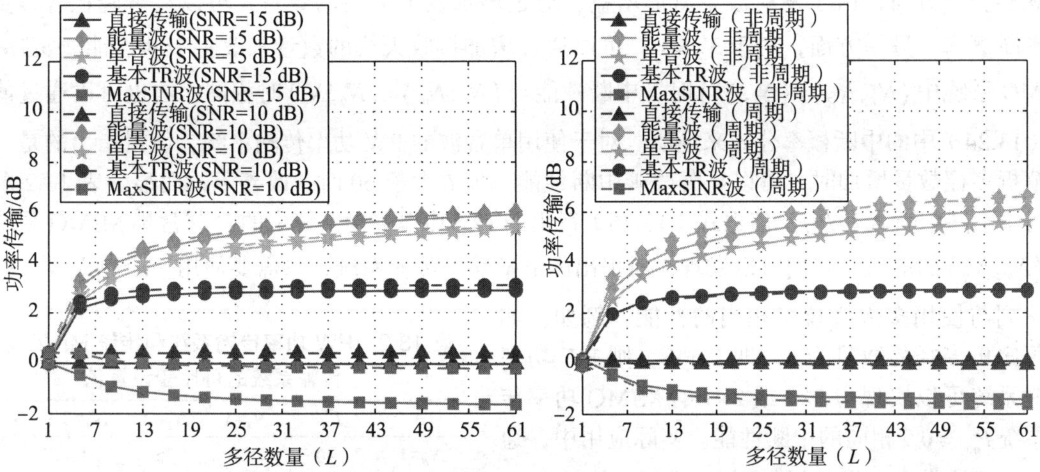

a）UPD信道分布　　b）TPD信道分布且$\rho_0=2/L$

图 13.5　不同波的功率传输性能与多径数量的关系

图 13.6 给出了周期随机传输信号与单音波在 EPD、UPD 和 TPD 信道分布下的功率传输性能的仿真比较。EPD 信道分布的参数 σ_T 可以设为 10ns、40ns 和 80ns，TPD 信道分布的参数 ρ_0 可以设为 $2/L$。可以发现，EPD 信道分布的功率传输性能有可能随着延迟扩展 σ_T 的增大而提升，当 σ_T 大于 80ns 时，接近 UPD 信道分布的功率传输性能。通过使用 TPD 信道分布并计算多径的有效数量，可以大致推断 EPD 信道分布的功率传输性能。例如，令 $\bar{L}$ 为信道分布的有效多径数量，其定义为 $\sum_{l=0}^{\bar{L}-1}\rho_l / \sum_{l=0}^{L-1}\rho_l \geqslant 99\%$，其中 $\bar{L}$ 是满足上述不等式的最小整数。因此，对 $L=61$，可计算出 $\sigma_T=10\text{ns}$ 时 EPD 信道分布下有效路径数为 $\bar{L}=6$。有趣的是，在这种情况下，可达到与 $L=6$ 的 TPD 信道分布相当的性能。

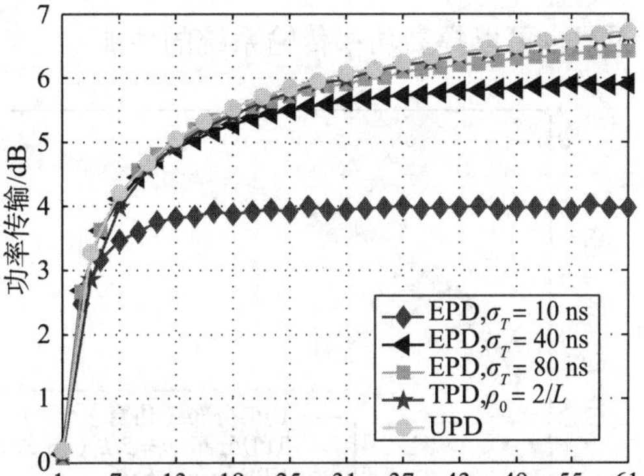

图 13.6　不同信道分布下单音波与周期性随机传输信号的功率传输性能比较

定理 13.4.3 和 13.4.4 中具有周期性随机传输信号的单音波的解析功率传输增益的有效性如图 13.7 所示。可以观察到，对于 UPD 信道，解析结果与仿真结果完全一致。另一方面，对于 TPD 信道，解析结果可以作为相应仿真结果的良好性能下界，并且当多径数量足够大时，该下界变紧。

因此，这种解析表达式有助于预测多径环境下功率传输增益的特性。

在图 13.8 中，通过计算机仿真验证并比较了式（13.24）和式（13.25）中推导出的 PW 功率传输系统和 MIMO 功率传输系统的中断性能，分析结果用实线表示，相应的仿真结果以不同的形状标记。Y 轴上的 P_m 的下标 m 可以是“ST”或“MIMO”。不失一般性，可设发射功率为 $P=1$。可以发现，分析结果与仿真结果完全吻合。对于 MIMO 功率传输系统，我们可以进行如下观察。一方面，由于发射波束赋形增益，通过增加发射天线的数目，可以显著降低 $N_R=1$ 时的中断概率。另一方面，对于 $N_T=1$，可以通过增加接收天线的数量来改善中断性能。实际上，MIMO 系统中 $(N_T,N_R)=(N_1,N_2)$ 时，中断性能与 $(N_T,N_R)=(N_2,N_1)$ 时相同，这也可以通过使用式（13.24）中的中断概率公式来证明。对于使用单音波的 PW 功率传输系统，值得指出的是，当可解析多径数量增加时，可以显著改善中断性能，但 L 大于 60 时，改善不再明显。表 13.2 总结了对于不同中断概率 P_{out}，依据式（13.26）得出的 PW 功率传输系统中的 $L^\star$ 与常规 MIMO 系统中的 (N_T,N_R) 的取值。我们可以发现，所提出的 PW 功率传输系统，只需要使用一个单天线，就可以达到与使用多天线技术相当的性能。例如，如果可解析多径的数目为 6，即 $L^\star=6$，则 PW 功率传输系统可以实现与 1×2 或 2×1 的 MIMO 功率传输系统 $P_{\text{out}}=0.9$ 相同的中断性能。实际应用中，通过增大系统带宽，将 $L^\star$ 增加到 24 或 43 时，该 PW 功率传输系统可实现与 3×1 或 2×2 的 MIMO 系统 $P_{\text{out}}=0.9$ 相同的中断概率。值得指出的是，采用多天线也可以提高功率传输系统的性能。

表 13.2 PW 功率传输系统和传统 MIMO 功率传输系统的可比较设置值

	$L^\star$	N_T=1	N_T=2	N_T=3	N_T=4
N_R=1	P_{out}=0.7	2	5	15	44
	P_{out}=0.8	2	5	17	61
	P_{out}=0.9	2	6	24	86
N_R=2	P_{out}=0.7	5	24	107	478
	P_{out}=0.8	5	30	149	666
	P_{out}=0.9	6	43	233	1153

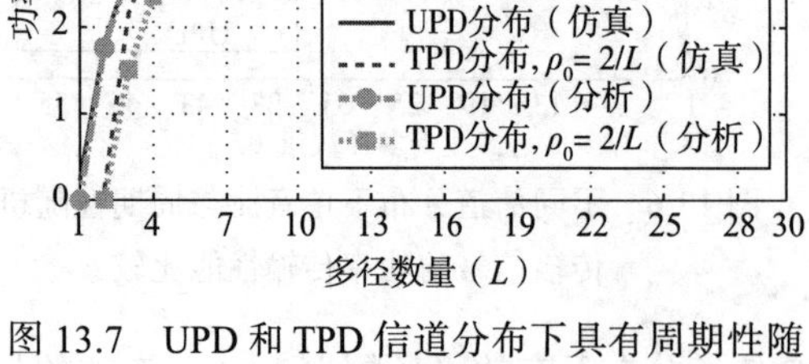

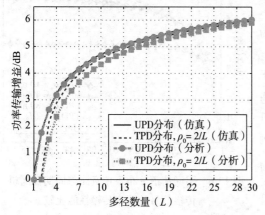

图 13.7 UPD 和 TPD 信道分布下具有周期性随机传输信号的单音波的仿真和分析结果

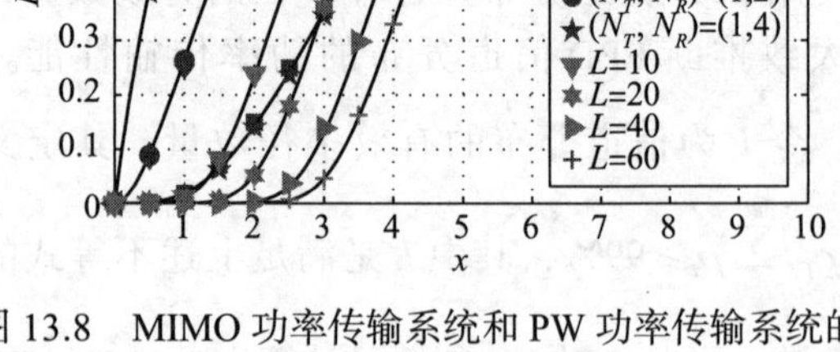

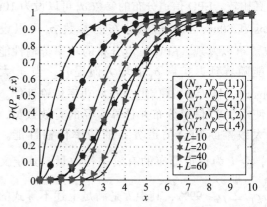

图 13.8 MIMO 功率传输系统和 PW 功率传输系统的理论中断性能和仿真结果的比较（$P=1$）

13.7 实验结果及讨论

对 PW 无线功率传输系统进行了实验研究，以验证所提出的 PW 方法的性能，并探讨了在真实无线散射环境中涉及大规模和小规模衰落效应的基本无线功率传输特性。我们的实验平台是基于 Origin 无线公司开发的发射机 / 接收机，系统工作在 ISM 频段，信号带宽为 125MHz，中心频率为 5GHz。测量是在 Origin 无线公司的办公环境中进行的。发射机利用 LOS 和 NLOS 方式的不同波向接收机发送信号，空气中的电磁波被周围大量目标反射。

详细的平面图和实验布局如图 13.9 所示。实验中的办公环境总面积约为 882m²。在 LOS 测试环境的实验布局中，以 LOS 方式将发射机和接收机随机部署在矩形阴影区，即它们之间没有阻塞。将无线功率传输距离设置为 1 ～ 6m，增量为 1m，并在 8 个随机位置（L1 ～ L8）测量每个距离值的功率传输性能。对于 NLOS 测试环境中的实验布局，设置了 5 个办公室（R1 ～ R5），并且发射机和接收机分别位于室内和室外，正如 R2 房间所示的实验草图。实验中，每个房间的接收机采用三个随机位置（L1 ～ L3），发射机和接收机之间的距离设置在 2 ～ 3m 左右。

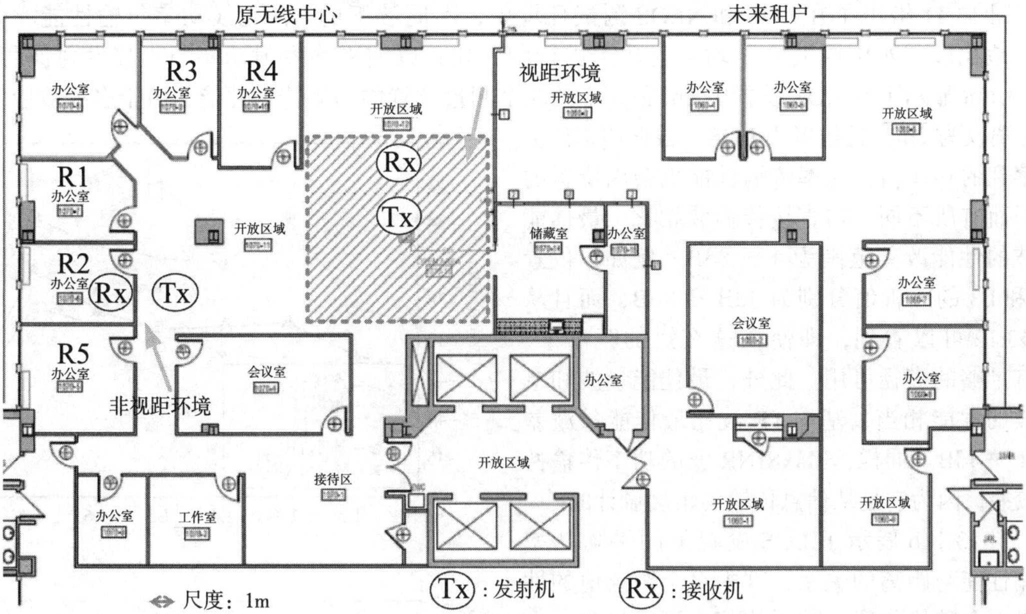

图 13.9　在 LOS 和 NLOS 测试环境中的平面图和实验布局（Tx 和 Rx 圆圈分别表示发射机和接收机的位置）

测量装置的照片和详细的框图，包括一个发射机、一个接收机、一个功率分配器、一个功率计、一个摄像机和两台笔记本电脑，分别如图 13.10a 和 13.10b 所示。如前所述，PW 无线功率传输系统的实验主要包括两个阶段。在信道探测阶段，接收机向发射机发送信道探测信号，以进行 CIR 采集[36]。信道估计器在发射机侧应用于接收到的信道探测信号，用于 CIR 估计[37]。在功率传输阶段，通过假设信道是互易的，连接到发射机的便携式笔记本电脑首先根据估计的 CIR 计算数字波，然后发射机通过全向天线发射由设计波形成的信号。除了这两种 PW 方法，还在实验中对其他三种主要为信息或聚焦视角而开发的波进行了仿真性能比较。发射机射频前端的最大发射功率为 20dBm。在接收机上，功率计 CORNET ED85EXS 通过功率分配器 ZX10-2-71+ 与天线连接，用于测量射频前端的接收功率，并设置数码相机记录功率计上的报告值。功率计的灵敏度范围为 –55dBm 至 0dBm。最后，在实验过程中关闭办公室中所有的 Wi-Fi 接入点。

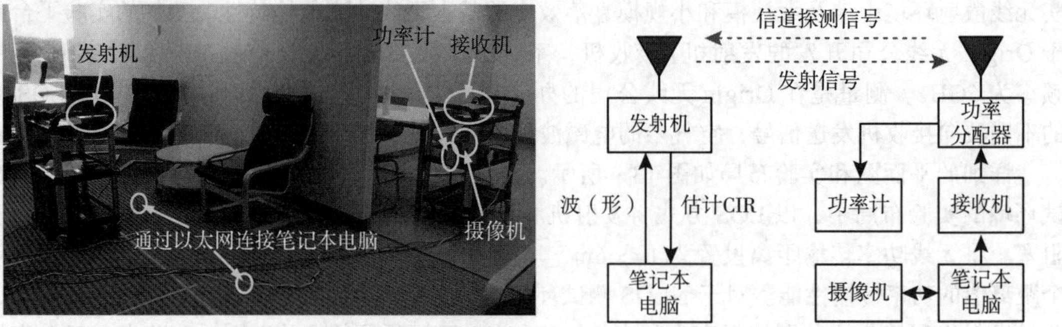

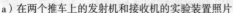

a）在两个推车上的发射机和接收机的实验装置照片　　b）实验设置的详细框图

图 13.10　无线功率传输测量设置

图 13.11 给出了在 LOS 和 NLOS 测试环境中，不同波下的 PW 无线功率传输性能。为了公平地比较，对不同波的平均发射功率进行归一化，以使平均发射功率与直接发射波相同。图 13.11a 显示了在 LOS 设置中 2m 距离下的 8 个测量位置的功率传输性能。由于多径效应，即使距离仅为 2m，且设置为 LOS，根据功率计上观察到的功率值，功率传输性能也会因位置的不同而有所不同。与直接传输波相比，最佳能量波的性能改善范围为 4 ～ 8dB。例如，位置 L8 和 L3 的改善值分别为 4dB 和 8dB，而且从图 13.12 可以看到，即使在这么短的距离下，也有足够的多径可用。此外，最佳能量波和单音波的性能相当，基本 TR 波比最佳能量波差约 2 ～ 4dB。同样，MaxSINR 波的功率传输性能较差，因为它是从信息传输的角度设计的。

图 13.11b 展示了 LOS 设置下的平均功率传输性能与距离的关系，其中每个距离值的性能是 8 个随机位置上的平均值。可以发现，大多数情况下，由于路径损耗效应，功率计上测得的平均功率值会由于距离变大而降低。另外，就接收功率而言，最佳能量波优于直接传输波约 6dB。与能量波相比，单音波可以达到近乎最佳的性能，且实现时所需的计算复杂度较低。还可以看出，TR 波的性能比能量波的性能差约 3dB。请注意，接收功率性能在距离为 5m 处有跳变。这是因为在我们的测试环境中，与 3m 或 4m 距离的无线信道相比，5m 距离的无线信道通常看起来更分散（即，可以收集更多的多径）。通常，如果多径效应更为严重，则 PW 方案可以提供的性能增益也更大。因此，即使

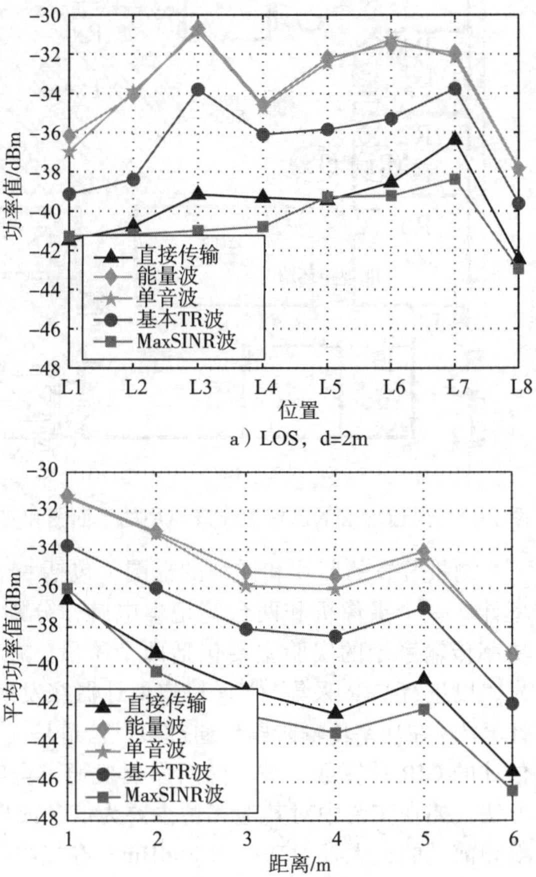

a）LOS，d=2m

b）LOS设置下的平均功率传输性能与距离的关系

图 13.11　在 LOS 和 NLOS 环境中的 PW 无线功率传输性能

无线电波可能在相对较长的距离上传播并遭受较大的路径损耗，但在 5m 距离处的平均接收功率值仍比在 3m 或 4m 距离处测得的平均接收功率值大。

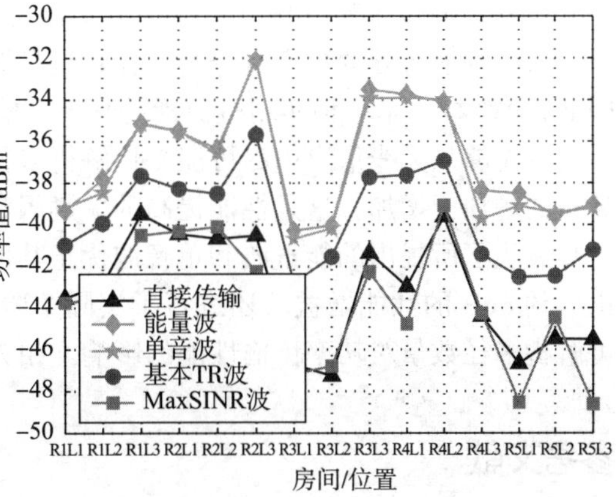

c）在NLOS环境中不同房间和位置的功率测量结果

图 13.11　在 LOS 和 NLOS 环境中的 PW 无线功率传输性能（续）

图 13.11c 显示了在 NLOS 环境中不同房间和位置的功率测量结果。可以看到，对于大多数位置（例如 R2L3 和 R3L1），最佳能量波相对于直接传输的性能增益多于 6dB。值得指出的是，在 NLOS 环境中，这种性能增益通常要比在 LOS 中的大，因为 NLOS 信道可以提供更大的频率选择分集增益（见图 13.12）。而且，与直接传输相比，即使在同一房间的不同位置，最佳能量波（或单音波）的性能增益也可能存在显著差异。例如，在位置 R4L1 处可获得的性能增益为 9dB，而在位置 R4L2 处可获得的性能增益约为 6dB。总体而言，即使在 NLOS 环境中，单音波仍可以达到与最佳能量波相当的性能（近乎最佳）。最后，能量波和基本 TR 波之间的性能差距为 2 ~ 4dB。

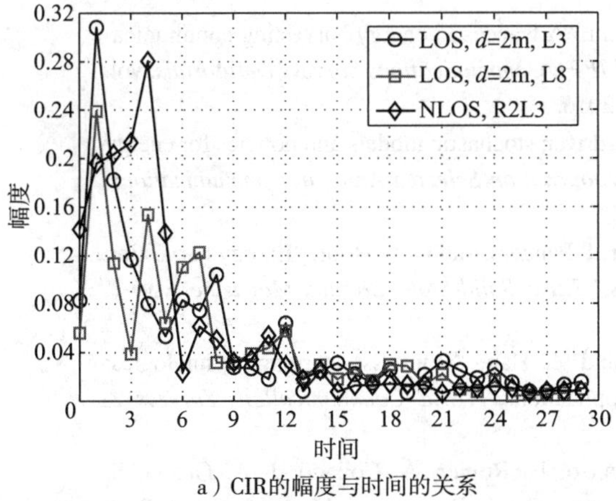

a）CIR的幅度与时间的关系

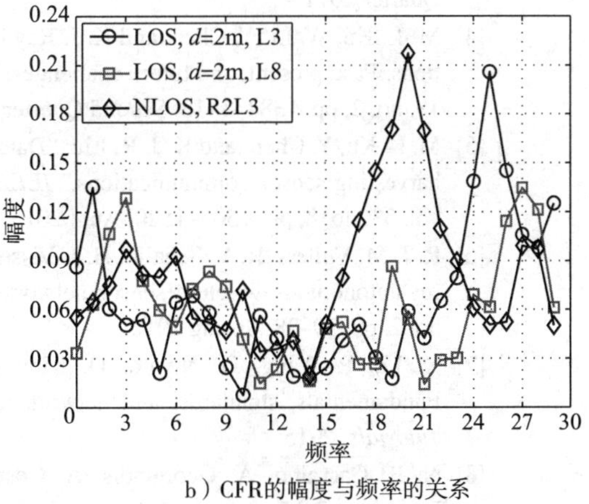

b）CFR的幅度与频率的关系

图 13.12　在 LOS 环境（d=2m，位置为 L3 和 L8）和 NLOS 环境（位置为 R2L3）中的信道结果

13.8　小结

在本章中，我们研究了一种采用 PW 技术的无线功率传输系统，以充分利用多径传播效应来收集多径功率。讨论了两种面向功率传输的波，即能量波和单音波，目的是使接收机的平均接收信号功率最大化。在最大功率传递的意义上，能量波是最优的，而单音波是以较小性能下降为代价的低复杂度替代方案。从本质上讲，在满足发射信号周期为 J 的条件下，单音波可以和最优波一样好。从理论上分析了在不同信道功率延迟情况下，单音波相对于直接传输方案的功率传输增

益。此外，通过中断性能分析，给出了该功率传输系统与传统 MIMO 系统的可比关系。可以设想，只要发射机处的数字可分辨多径数量足够多,PW 系统就可以实现与 MIMO 系统相当的性能。因此，PW 技术是一种实用且灵活的功率传输解决方案，因为高速模数转换器（ADC）的发展使发射机能够从无线信道中尽可能多地解析多径。相反，MIMO 解决方案的硬件实现成本随着天线数量的增加而增加，这是性能提高的关键因素。通过对分析结果进行大量的计算机仿真验证，进一步表明了所提出的能量波和单音波优于其他波。通常，相对于直接传输方案，这两种波可以提供大约 6dB 的性能增益。还进行了实际实验，以证明可实现的性能增益。实验结果定量评估了可解析多径数量对功率传输性能的影响。相关参考文献，感兴趣的读者可以参考文献［38］。

参考文献

[1] A. Luigi, I. Antonio, and M. Giacomo, "The internet of things: A survey," *Computer Networks*, vol. 54, no. 15, pp. 2787–2805, Oct. 2010.

[2] C. Han, T. Harrold, S. Armour, I. Krikidis, S. Videv, P. Grant, H. Haas, J. Thompson, I. Ku, C.-X. Wang, T.A. Le, M. Nakhai, J. Zhang, and L. Hanzo, "Green radio: Radio techniques to enable energy-efficient networks," *IEEE Communications Magazine*, vol. 49, no. 6, pp. 46–54, Jun. 2011.

[3] S. Sudevalayam and P. Kulkarni, "Energy harvesting sensor nodes: Survey and implications," *IEEE Communications Surveys & Tutorials*, vol. 13, no. 3, pp. 443–461, Third Quarter 2011.

[4] M.-L. Ku, W. Li, Y. Chen, and K. J. Ray Liu, "Advances in energy harvesting communications: Past, present, and future challenges," *IEEE Communications Surveys & Tutorials*, vol. 18, no. 2, pp. 1384–1412, Second Quarter 2016.

[5] M. L. Ku, Y. Chen, and K. J. R. Liu, "Data-driven stochastic models and policies for energy harvesting sensor communications," *IEEE Journal on Selected Areas in Communications*, vol. 33, no. 8, pp. 1505–1520, Aug. 2015.

[6] R. J. M. Vullers, R. V. Schaijk, H. J. Visser, J. Penders, and C. V. Hoof, "Energy harvesting for autonomous wireless sensor networks," *IEEE Solid-State Circuits Magazine*, vol. 2, no. 2, pp. 29–38, Spring 2010.

[7] X. Lu, P. Wang, D. Niyato, D. Kim, and Z. Han, "Wireless charging technologies: Fundamentals, standards, and network applications," *IEEE Communications Surveys & Tutorials*, 2015.

[8] N. B. Carvalho, A. Georgiadis, A. Costanzo, H. Rogier, A. Collado, J. A. Garcia, S. Lucyszyn, P. Mezzanotte, J. Kracek, D. Masotti, A. J. S. Boaventura, M. de las Nieves Ruiz Lavin, M. Pinuela, D. C. Yates, P. D. Mitcheson, M. Mazanek, and V. Pankrac, "Wireless power transmission: R&D activities within Europe," *IEEE Transactions on Microwave Theory and Techniques*, vol. 62, no. 4, pp. 1031–1045, Apr. 2014.

[9] S. Kim, R. Vyas, J. Bito, K. Niotaki, A. Collado, A. Georgiadis, and M. M. Tentzeris, "Ambient RF energy-harvesting technologies for self-sustainable standalone wireless sensor platforms," *Proceedings of the IEEE*, vol. 102, no. 11, pp. 1649–1666, Nov. 2014.

[10] X. Chen, Z. Zhang, H.-H. Chen, and H. Zhang, "Enhancing wireless information and power transfer by exploiting multi-antenna techniques," *IEEE Communications Magazine*, vol. 53, no. 4, pp. 133–141, Apr. 2015.

[11] K. Huang and V. K. N. Lau, "Enabling wireless power transfer in cellular networks:

Architecture, modeling and deployment," *IEEE Transactions on Wireless Communications*, vol. 13, no. 2, pp. 902–912, Feb. 2014.

[12] L. Liu, R. Zhang, and K.-C. Chua, "Multi-antenna wireless powered communication with energy beamforming," *IEEE Transactions on Communications*, vol. 62, no. 12, pp. 4349–4361, Dec. 2014.

[13] G. Yang, C. K. Ho, and Y. L. Guan, "Multi-antenna wireless energy transfer for backscatter communication systems," *IEEE Journal on Selected Areas in Communications*, vol. 33, no. 12, pp. 2974–2987, Dec. 2015.

[14] Z. Fang, X. Yuan, and X. Wang, "Distributed energy beamforming for simultaneous wireless information and power transfer in the two-way relay channel," *IEEE Signal Processing Letters*, vol. 22, no. 6, pp. 656–660, Jun. 2015.

[15] Y. Zeng and R. Zhang, "Optimized training design for wireless energy transfer," *IEEE Transactions on Communications*, vol. 63, no. 2, pp. 536–550, Feb. 2015.

[16] J. Xu and R. Zhang, "Energy beamforming with one-bit feedback," *IEEE Transactions on Signal Processing*, vol. 62, no. 20, pp. 5370–5381, Oct. 2014.

[17] S. Kashyap, E. Bjornson, and E. G. Larsson, "Can wireless power transfer benefit from large transmitter arrays?," *IEEE Wireless Power Transfer Conference*, pp. 1–3, 2015.

[18] X. Chen, X. Wang, and X. Chen, "Energy-efficient optimization for wireless information and power transfer in large-scale MIMO systems employing energy beamforming," *IEEE Wireless Communications Letters*, vol. 2, no. 6, pp. 667–670, Dec. 2013.

[19] G. Yang, C. Keong Ho, R. Zhang, and Y. L. Guan, "Throughput optimization for massive MIMO systems powered by wireless energy transfer," *IEEE Journal on Selected Areas in Communications*, vol. 33, no. 8, pp. 1640–1650, Aug. 2015.

[20] B. Wang, Y. Wu, F. Han, Y.-H. Yang, and K. J. R. Liu, "Green wireless communications: A time-reversal paradigm," *IEEE Journal on Selected Areas in Communications*, vol. 29, no. 8, pp. 1698–1710, Sep. 2011.

[21] Y. Chen, Y.-H. Yang, F. Han, and K. J. R. Liu, "Time-reversal wideband communications," *IEEE Signal Processing Letters*, vol. 20, no. 12, pp. 1219–1222, Dec. 2013.

[22] Y. Chen, B. Wang, Y. Han, H. Q. Lai, Z. Safar, and K. J. R. Liu, "Why time-reversal for future 5G wireless?," *IEEE Signal Processing Magazine*, vol. 33, no. 2, pp. 17–26, Mar. 2016.

[23] Y.-H. Yang, B. Wang, W. S. Lin, and K. J. R. Liu, "Near-optimal waveform design for sum rate optimization in time-reversal multiuser downlink systems," *IEEE Transactions on Wireless Communications*, vol. 12, no. 1, pp. 346–357, Jan. 2013.

[24] G. Yang, C. K. Ho, R. Zhang, and Y. L. Guan, "Throughput optimization for massive MIMO systems powered by wireless energy transfer," *IEEE Journal on Selected Areas in Communications*, vol. 33, no. 8, pp. 1640–1650, Aug. 2015.

[25] S. Luo, J. Xu, T. J. Lim, and R. Zhang, "Capacity region of MISO broadcast channel for simultaneous wireless information and power transfer," *IEEE Transactions on Communications*, vol. 62, no. 10, pp. 3856–3868, Oct. 2015.

[26] X. Zhou, C. K. Ho, and R. Zhang, "Wireless power meets energy harvesting: a joint energy allocation approach in OFDM-based system," *IEEE Transactions on Wireless Communications*, vol. 15, no. 5, pp. 3481–3491, May 2016.

[27] X. Zhou, R. Zhang, and C. K. Ho, "Wireless information and power transfer in multiuser OFDM systems," *IEEE Transactions on Wireless Communications*, vol. 13, no. 4, pp. 2282–2294, Apr. 2014.

[28] Y. Zeng and R. Zhang, "Optimized training for net energy maximization in multi-antenna wireless energy transfer over frequency-selective channel," *IEEE Transactions on Communications*, vol. 63, no. 6, pp. 2360–2373, Jun. 2015.

[29] A. A. M. Saleh and R. A. Valenzuela, "A statistical model for indoor multipath propagation," *IEEE Journal on Selected Areas in Communications*, vol. 5, no. 2, pp. 128–137, Feb. 1987.

[30] R. K. Mallik, "On multivariate Rayleigh and exponential distributions," *IEEE Transactions on Information Theory*, vol. 49, no. 6, pp. 1499–1515, Jun. 2003.

[31] R. A. Horn and C. R. Johnson, *Matrix Analysis*, New York: Cambridge University Press, 1985.

[32] Q. T. Zhang and H. G. Lu "A general analytical approach to multi-branch selection combining over various spatially correlated fading channels," *IEEE Transactions on Communications*, vol. 50, no. 7, pp. 1066–1073, Jul. 2002.

[33] N. Kong and L. B. Milstein "Average SNR of a generalized diversity selection combining scheme," *IEEE Communications Letters*, vol. 3, no. 3, pp. 57–59, Mar. 1999.

[34] M. Kang and M.-S. Alouini, "Largest eigenvalue of complex Wishart matrices and performance analysis of MIMO MRC systems," *IEEE Journal on Selected Areas in Communications*, vol. 21, no. 3, pp. 418–426, Apr. 2003.

[35] M. Abramowitz and I. A. Stegun, *Handbook of Mathematical Functions with Formulas, Graphs, and Mathematical Tables*, 9th ed. New York: Dover, 1970.

[36] S. Budišin "Golay complementary sequences are superior to PN sequences," *IEEE International Conference on Systems Engineering*, pp. 101–104, 1992.

[37] B. M. Popovic, "Efficient Golay correlator," *Electronics Letters*, vol. 35, no. 17, pp. 1427–1428, Aug. 1999.

[38] M. L. Ku, Y. Han, H. Q. Lai, Y. Chen, and K. J. R. Liu, "Power waveforming: Wireless power transfer beyond time-reversal," *IEEE Transactions on Signal Processing*, vol. 64, no. 22, pp. 5819–5834, Nov. 2016.

联合功率波成形与波束赋形

在物联网（IoT）中，无线设备更需要易于访问的能源资源，从而推动使用射频（RF）信号实现无线功率传输（WPT）的发展。波束赋形技术已被广泛采用，使用多个发射天线合成指向目标接收机的锐利能量波束。然而，很少有人考虑多径传播的潜在收益。在本章中，我们考虑在WPT的时域中建立一个联合功率波成形与波束赋形，通过设计公共参考信号驱动的多个发射天线上的波，最大限度地提高能量传递效率的增益。我们考虑了非周期性和周期性参考信号，并提供了可实现近似最佳性能的低复杂度波。研究发现，该方法的能效增益随波长的增加而增加，直至饱和。我们在理论上分析了在均匀功率时延（UPD）信道特性下该方法的中断概率，并对天线和多径数量的影响进行了量化。进一步通过仿真验证了理论分析结果和所提出的联合功率波成形与波束赋形方法的有效性。

14.1 引言

在物联网（IoT）时代，可以预见低功耗无线设备（例如家用电器、安全传感器、智能电表）将作为基本构件被广泛部署，以支持众多无线数据应用[1-2]。这些无线设备通常不连接电力网络，仅依靠配备的电池支持长时间运行。除了常规无线网络普遍面临的频谱资源的可用性问题，未来的无线设备还需要提供大量无线数据服务，因此还受到电池容量有限的约束。对于物联网应用，设备之间可能要连续不断地发送低速数据，因此相比频谱资源，无线设备有时更希望获得更多的电池资源。此外，在有毒甚至无法访问的环境中部署节点时，即使在电池耗尽时也不允许频繁更换电池。近年来，能量收集技术已成为有效避免更换电池带来的挑战和成本[3]的有效方法，通过这种能量收集技术，无线设备可以使用可充电电池来收集和存储能量。

一般而言，为了延长网络生命周期[4]，能量采集节点可以利用任何环境能量源，例如，太阳能、风能、振动能，也可以利用专用的能量源，例如，发电站。环境能量源虽然对环境是友好的，但是这些能量源的主要缺点是，时间、地点和天气条件的不确定性会导致无线通信的服务质量（Quality of Services，QoS）难以保证。另一方面，尽管相比使用环境能源，部署发电站需要投入额外的成本，但是发电站输送的专用能量是具有吸引力的替代方案，能够为无线充电设备按需供电，并且完全可控以满足QoS要求[5]。能量采集通信的迅速普及推动了利用电磁辐射进行无线功率传输（WPT）的发展，这被视为一种有前途的解决方案，能够为可充电低功率无线设备进行持续的空中供电。电磁感应耦合、磁共振耦合和射频信号是三种常见的 WPT 方法[6]。前两种方法只能支持数厘米的工作范围，与之相比，采用射频信号作为介质可以支持为长距离（可达数米）的节点进行无线充电[7]。考虑到在远端 WPT 应用中的潜在优势，本章将重点研究基于 RF 信号的 WPT 系统。

设计基于 RF 信号的功率传输系统的一个重要问题是，严重的无线电波传播损耗（包括多径、阴影和远距离的大规模路径损耗）会导致功率传输效率低下。根据能量守恒定律，实际上发射机辐射的能量中只有一小部分可以被接收机捕获，从而导致了能量短缺的问题。此外，与传统的信息接收机不同，能量接收机需要更高的接收灵敏度，才能通过整流电路将 RF 信号转换为直流电，这使得设计更具挑战性，例如信息接收机为 -50dBm，而能量接收机为 -10dBm[8]。

为了克服上述问题，波束赋形技术被广泛采用，通过多个发射天线合成指向目标接收机的锐利能量波束，以实现有效的功率传输。因为发射机能够将辐射的能量集中到特定方向上，所以在目标接收机的方向上功率强度被显著增强。人们已经进行了各种研究工作来提高 WPT 的性能[9-24]。文献［9］研究了多天线配置下的性能增强问题，并从理论上分析了无线信息和功率传输之间的性能权衡。文献［10］基于随机几何模型，比较了随机部署电站中采用各向同性天线和定向波束赋形天线进行移动终端无线充电的方案。在文献［11］中，为射频识别（RFID）标签供电设计了能量波束赋形。在文献［12］中，考虑了一种大规模传感器网络的自适应 WPT 方案，该方案采用能量束对附近的传感器进行充电，并利用随机几何学的方法推导了接收功率的聚集分布和传感器的活动概率。文献［13］和［14］中采用了大规模天线，并综合分析了天线数量对性能的影响。此外，文献［15］还分析了在平坦衰落信道下使用大规模天线阵列的基站无线能量传输中断的概率。文献［16］中研究了无线供电蜂窝网络中的能量波束赋形，其中下行链路能量用于在上行链路传输期间维持用户。文献［17］扩展了文献［16］中的研究工作，推导了能量波束赋形的渐近最优功率分配。对于具有多个发射天线的宽带无线系统，将宽带信道划分为多个频率子带，并在频域中对子频带上的信号进行优化，以最大化接收机处的功率[18-23]。文献［20］概述了利用波束赋形和频率分集增益的多波段 WPT，文献［21］在下行链路中实现信息和功率同步传输的情况下解决了功率控制问题。窄带 WPT 的信道训练成本问题在文献［22-24］中讨论。文献［22］研究了分布式能量波束赋形的信道训练方法。在文献［23］中，通过利用信道互易性，设计了波束赋形以及反向链路信道训练的时间和能量成本。在文献［24］中，针对能量波束赋形，对信道估计的前导码长度和功率分配进行了优化。

最近，文献［25］中首次提出了功率波成形（PW）技术，通过利用多径信号来提高 WPT 效率。考虑到无线环境中的障碍物将辐射功率分散到传输信号的多个副本中，在文献［25］中为 PW 系统设计了波，以构造性地收集能量接收机处所有可能可用的多径功率。然而，该方案只考虑了单个天线的 PW 系统，并且在多径数等于波长度的情况下。在本章中，我们尝试开发一种针对 WPT 的联合功率波成形和波束赋形设计，其中提出了由参考信号驱动多个发射天线上的波，以使能量传递效率增益最大化，它被定义为接收机处收集的能量与发射机处消耗的能量之比。

现有的大多数工作都是利用平坦衰落信道或窄带传输的波束赋形技术来研究多天线 WPT[9-17、22-24、26-27]。近期的一些工作，例如文献［18、21、28］，基于正交频分复用（OFDM）研究了频率选择性衰落信道上的宽带 WPT 系统。然而，文献［28］仅解决了单个发射天线的问题。对于基于多天线 OFDM 的 WPT 系统，文献［21］绕过了波束赋形设计，关注于联合功率和子频带的分配问题，文献［18］则最大化净收集能量。在这两项工作中，假定子频带彼此独立，并且没有尝试适当利用无线信道的多径效应。

据我们所知，本章首先提出了 WPT 的联合功率波成形和波束赋形，以在无线信道中同时获得天线和多径增益，这与窄带传输不同。虽然 OFDM 有可能是 WPT 的一种有效解决方案，但本章提出的系统可以视为时域波设计方法，在时域参考信号和波的设计中，将整个宽带信道视为一个整体，而不依赖于子频带的正交性假设，如文献［18–23］中所述㊀。本章主要内容概括如下：

- 本章首次尝试将功率波成形和波束赋形相结合来描述 WPT 问题，并对参考信号和波进行联合优化，以达到能量传递效率增益的最大化。本文研究中考虑了两种参考信号：非周期信号和周期信号。
- 对于参考信号的非周期性传输，通过交替优化参考信号和波，从而迭代求解该问题，并在每次迭代运行时进行特征值分解。基于一些观察，我们找到了一种简单的经验法则来初始化参考信号，相比随机初始化的参考信号具有更好的性能。仿真结果表明，与传统的采用波束赋形方案的 WPT 相比，该方法的能量传输效率提高了 20 ～ 30dB。
- 对于周期性的参考信号，针对我们提出的多天线 PW 系统，对最佳波的结构进行了严格分析，并给出了一些定量结果。在这种情况下，当波形长度为给定参考信号周期的倍数时，仅将整个波功率集中在单个频率分量上的低复杂度单音波被证明是最佳选择。我们还讨论了最佳功率分配和音频选择。利用优化后的波，我们进一步证明，当噪声功率足够小时，延长波长度可以线性地提高能量传递效率增益。
- 另外，当参考信号的周期大于或等于多径信道的长度时，我们证明了周期传输的最佳参考信号是复正弦信号，这可以通过选择多个发射天线上信道频率响应总功率最大的频率分量来确定。
- 通过优化参考信号和波设计，我们从理论上分析了在均匀功率时延（UPD）信道特性下，平均收集能量的中断概率以及平均能量传输效率增益。具体而言，获得了中断概率上界和传递效率下界的封闭形式，这有助于我们量化多径数和天线数对 WPT 性能的影响。最后，通过大量的计算机仿真验证了理论结果，证明了我们提出的多天线 PW 方案在各种信道模型下的有效性。

本章采用以下符号。符号 $(\cdot)^{\mathrm{T}}$、$(\cdot)^{\dagger}$、$(\cdot)^{*}$、$((\cdot))_N$ 和 $\star$ 分别代表转置、共轭转置、元素共轭、模 N 和卷积运算。矩阵 $\boldsymbol{I}_N$ 和 $\boldsymbol{F}_N$ 分别表示 $N\times N$ 单位矩阵和 N 点离散傅里叶变换（DFT）矩阵，DFT 矩阵的第 (k, n) 项由 $\frac{1}{\sqrt{N}}\mathrm{e}^{-\mathrm{j}\frac{2\pi kn}{N}}$ 给出。符号 $\boldsymbol{1}_N$、$\boldsymbol{0}_N$ 和 $\boldsymbol{e}_k$ 分别用于表示单位矩阵的全一向量、全零向量和第 k 列。Kronecker 积和 Hadamard 积分别用 $\otimes$ 和 $\odot$ 表示。符号 $\mathrm{E}[\cdot]$ 表示取期望值，而 $\|\boldsymbol{x}\|_2$ 表示求向量 $\boldsymbol{x}$ 的欧几里得范数。矩阵 $\mathrm{Diag}[\boldsymbol{x}]$ 表示以 $\boldsymbol{x}$ 为对角项的对角矩阵。运算符 $\zeta_1[\boldsymbol{A}]$ 和 $\lambda_{\max}[\boldsymbol{A}]$ 分别取矩阵 $\boldsymbol{A}$ 的主特征向量和特征值。

14.2　系统模型

提出的多天线 PW 系统如图 14.1 所示，其中发射机配备 M 根天线，而接收机只有一条天线。

㊀ 时域设计中明确地使用了 CIR，它能够在时空域中构造性地积累接收机处所有可能的多径功率。时域中的现象就是所谓的多径增益。

假设在观察时间内，每个发射和接收天线之间的无线信道由 L 个抽头组成，并且是准静态的。第 m 个发射天线和接收机之间的信道脉冲响应（CIR）建模为

$$h_m[n]=\sum_{l=0}^{L-1} h_{m,l}\delta[n-l], n=0,\cdots,L-1 \tag{14.1}$$

式中，$\delta[n]$ 是克罗内克（Kronecker）δ 函数，而 $h_{m,l}$ 是独立同分布的（i.i.d.）复高斯函数，均值为零，方差为 $\rho_{m,l}$，其中 $l=0,\cdots,L-1$。不失一般性，对每个信道链路的总信道功率归一化，即，当 $m=0,\cdots,M-1$ 时，$\sum_{l=0}^{L-1}\rho_{m,l}=1$。

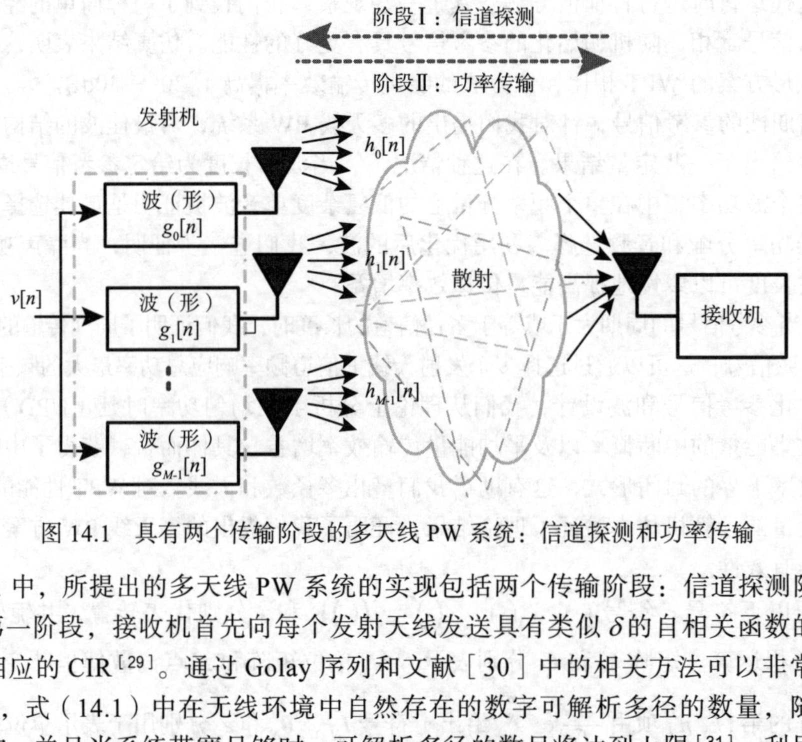

图 14.1 具有两个传输阶段的多天线 PW 系统：信道探测和功率传输

在图 14.1 中，所提出的多天线 PW 系统的实现包括两个传输阶段：信道探测阶段和功率传输阶段。在第一阶段，接收机首先向每个发射天线发送具有类似 δ 的自相关函数的导频探测信号，以估计相应的 CIR[29]。通过 Golay 序列和文献［30］中的相关方法可以非常准确地估计 CIR。实际上，式（14.1）中在无线环境中自然存在的数字可解析多径的数量，随着系统带宽的变宽而增加，并且当系统带宽足够时，可解析多径的数目将达到上限[31]。利用信道互易性和准静态假设，发射机基于第二阶段的估计 CIR，为 WPT 计算每个发射天线的波 $g_m[n]$，其中 $m=0,\cdots,M-1$ 和 $n=0,\cdots,N_g-1$，N_g 是波的长度。对于 $n=0,\cdots,N_v-1$，令 $v[n]$ 为长度为 N_v 的参考信号，作为连续提供能量的能量承载信号。多径信道会将辐射的功率分散到传输信号的多个副本中，产生所谓的符号间干扰（ISI）效应，这不仅会导致发射信号的振幅和相位变化，还会导致发射信号的延迟扩展。利用这种效应，可以将波设计为在接收机上构造性地累积所有可能的多径功率。因此，在第 m 个发射天线处嵌入波后的参考信号可以表示为 ㊀

㊀ 另一种体系架构是对发射天线应用不同的参考信号，或者等效地，将每个天线上的参考信号和波组合为一组变量。这只是图 14.1 的一个特例，通过设置 $N_v=1$ 和 $v[0]=1$ 并将 g_m 作为优化的变量。根据我们的数值模拟，这种架构的性能比图 14.1 中采用的更差。

$$s_m[n]=\sqrt{P_v}(v\star g_m)[n],\ n=0,\cdots,N_g+N_v-2 \tag{14.2}$$

我们假设总波功率等于 1，即 $\sum_{m}^{M-1}\sum_{n=0}^{N_g-1}|g_m[n]|^2=1$，平均参考信号功率为 $\frac{1}{N_v}\sum_{n=0}^{N_v-1}|v[n]|^2=1$，$P_v$ 为平均发射功率。因此，在接收机侧的接收信号为

$$\begin{aligned}y[n]&=\sum_{m=0}^{M-1}(s_m\star h_m)[n]+z[n]\\&=\sqrt{P_v}\sum_{m=0}^{M-1}(v\star g_m\star h_m)[n]+z[n],\\&n=0,\cdots,N_g+N_v+L-3\end{aligned} \tag{14.3}$$

式中，$z[n]$ 是接收机侧的复高斯白噪声，均值为零且方差为 σ_z^2。

14.3 功率传输波和参考信号设计

在本节中，我们尝试设计所述多天线 PW 系统的参考信号以及每个发射天线的波，以最大限度地提高能量传输效率增益。虽然我们只关注式（14.3）中持续时间 N_v 的块传输 $v[n]$，但上述 WPT 过程可以用相同或不同的参考信号连续重复，即 $v[n]$ 可以是周期的或非周期性的。下面对这两种方案的优化设计进行了研究。

定义 14.3.1 能量传递效率增益定义为在接收机处的总收集能量与在发射机处参考信号的总消耗能量之比㊀。

14.3.1 非周期参考信号的波设计

首先定义 $\boldsymbol{y}=[y[0],\cdots,y[N_g+N_v+L-3]]^{\mathrm{T}}$，$\boldsymbol{v}=[v[0],\cdots,v[N_v-1]]^{\mathrm{T}}$ 以及 $\boldsymbol{h}_m=[h_m[0],\cdots,h_m[L-1]]^{\mathrm{T}}$。通过将式（14.3）重写为一个紧凑的矩阵向量形式，可以得到

$$\boldsymbol{y}=\sqrt{P_v}\sum_{m=0}^{M-1}\boldsymbol{V}\boldsymbol{H}_m\boldsymbol{g}_m+\boldsymbol{z}=\sqrt{P_v}\Phi\boldsymbol{g}+\boldsymbol{z} \tag{14.4}$$

式中，$\boldsymbol{g}_m=[g_m[0],\cdots,g_m[N_g-1]]^{\mathrm{T}}$，$\boldsymbol{z}=[z[0],\cdots,z[N_g+N_v+L-3]]^{\mathrm{T}}$，$\boldsymbol{H}_m$ 是大小为 $(N_g+L-1)\times N_g$ 的 Toeplitz 矩阵，它的第一列是 $[\boldsymbol{h}_m^{\mathrm{T}},\boldsymbol{0}^{\mathrm{T}}]^{\mathrm{T}}$；$\boldsymbol{V}$ 是大小为 $(N_g+N_v+L-2)\times(N_g+L-1)$ 的 Toeplitz 矩阵，它的第一列是 $[\boldsymbol{v}^{\mathrm{T}},\boldsymbol{0}^{\mathrm{T}}]^{\mathrm{T}}$。此外，我们定义 $\boldsymbol{g}=[\boldsymbol{g}_0^{\mathrm{T}},\cdots,\boldsymbol{g}_{M-1}^{\mathrm{T}}]^{\mathrm{T}}$ 且 $\boldsymbol{\Phi}=\boldsymbol{V}[\boldsymbol{H}_0,\cdots,\boldsymbol{H}_{M-1}]^{\mathrm{T}}$。根据式（14.4）可得，能量传输效率增益为

$$E_G=\frac{1}{N_vP_v}\mathrm{E}\left[\|\boldsymbol{y}\|_2^2\right] \tag{14.5}$$

㊀ 这里我们假设大规模路径损耗已归一化，并且主要讨论联合功率波成形和波束赋形可以提供的增益。精确的能量传输效率等于能量传输效率增益减去路径损耗（dB）。

$$=\frac{1}{N_vP_v}\left(P_v\boldsymbol{g}^{\dagger}\boldsymbol{\Phi}^{\dagger}\boldsymbol{\Phi}\boldsymbol{g}+\left(N_g+N_v+L-2\right)\cdot\sigma_z^2\right) \tag{14.5 续}$$

能量传输效率增益的最大化问题可以表示为

$$\begin{aligned}&\textbf{(P1)}:\max_{\boldsymbol{g},\boldsymbol{v}}\ \boldsymbol{g}^{\dagger}\boldsymbol{\Phi}^{\dagger}\boldsymbol{\Phi}\boldsymbol{g}\\&\text{s.t.}\ \ (C.1)\ \ \|\boldsymbol{g}\|_2^2=1;\\&\qquad (C.2)\ \ \|\boldsymbol{v}\|_2^2=N_v\end{aligned} \tag{14.6}$$

然而，联合设计问题是一个非凸问题，不能用现有的形式直接求解。为了使问题容易处理，我们提出了一种基于交替优化的迭代方法来求解，其中参考信号和波被交替优化和更新。对于给定的参考信号 $\boldsymbol{v}$，波设计的优化问题等价于特征值最大化问题；也就是说，最佳波由下式给出

$$\hat{\boldsymbol{g}}=\zeta_1\left[\boldsymbol{\Phi}^{\dagger}\boldsymbol{\Phi}\right] \tag{14.7}$$

另一方面，可以将式（14.3）重写为

$$\boldsymbol{y}=\sqrt{P_v}\sum_{m=0}^{M-1}\bar{\boldsymbol{H}}_m\boldsymbol{G}_m\boldsymbol{v}+\boldsymbol{z}=\sqrt{P_v}\bar{\boldsymbol{\Phi}}\boldsymbol{v}+\boldsymbol{z} \tag{14.8}$$

式中，$\boldsymbol{G}_m$ 是大小为 $\left(N_g+L-1\right)\times N_g$ 的 Toeplitz 矩阵，它的第一列是 $\left[\boldsymbol{g}_m^{\mathrm{T}},\boldsymbol{0}^{\mathrm{T}}\right]^{\mathrm{T}}$，$\bar{\boldsymbol{H}}_m$ 是大小为 $\left(N_g+N_v+L-2\right)\times\left(N_g+L-1\right)$ 的 Toeplitz 矩阵，它的第一列是 $\left[\boldsymbol{h}_m^{\mathrm{T}},\boldsymbol{0}^{\mathrm{T}}\right]^{\mathrm{T}}$，并且 $\bar{\boldsymbol{\Phi}}=\sum_{m=0}^{M-1}\bar{\boldsymbol{H}}_m\boldsymbol{G}_m$。因此，对于给定波 $\boldsymbol{g}$，式（14.6）中参考信号的最优化问题可以表示为

$$\begin{aligned}&\textbf{(P2)}:\max_{\boldsymbol{v}}\ \boldsymbol{v}^{\dagger}\bar{\boldsymbol{\Phi}}^{\dagger}\bar{\boldsymbol{\Phi}}\boldsymbol{v}\\&\text{s.t.}\ \ (C.1)\ \ \|\boldsymbol{v}\|_2^2=N_v\end{aligned} \tag{14.9}$$

相应地，最优参考信号可以表示为

$$\hat{\boldsymbol{v}}=\sqrt{N_v}\cdot\zeta_1[\bar{\boldsymbol{\Phi}}^{\dagger}\bar{\boldsymbol{\Phi}}] \tag{14.10}$$

表 14.1 总结了一种联合优化参考信号和波的迭代算法，其中参考信号 $\boldsymbol{v}$ 和波 $\boldsymbol{g}$ 根据迭代时获得的最新值交替更新。重复该过程，直到达到停止标准。停止标准是检查是否满足 $\frac{1}{N_v}\|\boldsymbol{v}^{(i)}-\boldsymbol{v}^{(i-1)}\|_2^2\leqslant\varepsilon$，其中 ε 是足够小的阈值，或者检查迭代次数是否达到预定义的极限 $I_{\max}$。收敛性分析如下。令 $\Theta\left(\boldsymbol{v},\boldsymbol{g}\right)$ 为问题（**P1**）或（**P2**）的最佳目标值。由于 $\Theta\left(\boldsymbol{v}^{(i)},\boldsymbol{g}^{(i)}\right)\leqslant\Theta\left(\boldsymbol{v}^{(i+1)},\boldsymbol{g}^{(i)}\right)\leqslant\Theta\left(\boldsymbol{v}^{(i+1)},\boldsymbol{g}^{(i+1)}\right)$，所以序列 $\left\{\Theta\left(\boldsymbol{v}^{(i)},\boldsymbol{g}^{(i)}\right)\right\}$ 是递增且有界的。因此，保证了算法的收敛性。此外，我们根据每次迭代所需的复数乘法次数来评估所提出算法的复杂性。假设求解 $N\times N$ 矩阵主特征向量的复杂度为 N^3。式（14.7）和式（14.10）的计算涉及矩阵与矩阵的乘积和矩阵的主特征向量，每次迭代的总复杂度不超过 $N_{\max}^3\left(M^3+3M^2+12M+4\right)$。因此，由式（14.5）和式（14.6）可以得到能量传输效率增益为

$$E_G=\frac{1}{N_vP_v}\left(P_v\lambda_{\max}\left[\boldsymbol{\Phi}^{(i)\dagger}\boldsymbol{\Phi}^{(i)}\right]+\left(N_g+N_v+L-2\right)\sigma_z^2\right) \tag{14.11}$$

式中，$\boldsymbol{\Phi}^{(i)}=\boldsymbol{V}^{(i)}\left[\boldsymbol{H}_0,\cdots,\boldsymbol{H}_{M-1}\right]$，并且矩阵 $\boldsymbol{V}^{(i)}$ 可以将 $\boldsymbol{v}^{(i)}$ 带入 $\boldsymbol{V}$ 得到。

表 14.1　计算参考信号和波的迭代算法

1：设置迭代次数 $i=0$ 和允许的最大迭代次数 $I_{\max}$

2：初始化参考信号 $\boldsymbol{v}^{(i)}$

3：**重复**

4：对于给定的 $\boldsymbol{v}^{(i)}$，利用式（14.7）计算最佳波 $\boldsymbol{g}^{(i)}$

5：对于给定的 $\boldsymbol{g}^{(i)}$，利用式（14.10）计算最佳参考信号 $\boldsymbol{v}^{(i+1)}$

6：设置 $i \leftarrow i+1$

7：直到 $\frac{1}{N_v}\|\boldsymbol{v}^{(i)}-\boldsymbol{v}^{(i-1)}\|_2^2 \leqslant \varepsilon$ 或 $i \geqslant I_{\max}$

虽然很容易通过随机生成的复数二进制信号初始化参考信号，但是一旦算法收敛，为了获得更好的 WPT 性能，仔细地初始化参考信号是非常重要的。为了对确定一个合适的 $\boldsymbol{v}^{(0)}$ 初始值有更深入地认识，给定参考信号，$M=2$，$N_g=100$，$N_v=50$ 及 $P_v=1$，在图 14.2 中给出了一个时域中最佳波的示例，以及其与 $v[n]$、$g_m[n]$ 和 $h_m[n]$ 频域表示的关系。这里，采用文献［32］中的 Saleh–Valenzuela（SV）信道模型生成多径信道。采用 $N_{\max}$ 点 DFT 进行频谱分析，其中 $N_{\max}=\max\{N_g, N_v, L\}$。由于信号 $v[n]$、$g_m[n]$ 和 $h_m[n]$ 具有不同的长度，因此在应用 $N_{\max}$ 点 DFT 时通过对其补零来对齐。对于 $k=0,\cdots,N_{\max}-1$，$v[n]$、$g_m[n]$ 和 $h_m[n]$ 的频域表示分别为 $\tilde{v}[k]$、$\tilde{g}_m[k]$ 和 $\tilde{h}_m[k]$。此外，对于 $k=0,\cdots,N_{\max}-1$，我们定义 $\tilde{q}[k]=|\tilde{v}[k]|^2\sum_{m=0}^{M-1}\left|\tilde{h}_m[k]\right|^2$。图 14.2a 显示了随机生成的参考信号 $v[n]$ 的最佳波，其时域和频域表示分别如图 14.2b 和图 14.2c 所示。图 14.2d 和图 14.2e 分别显示了两个发射天线在频域中的最佳波，我们可以进行两个有趣的观察。首先，两种波都将其分配的功率集中在取得 $\tilde{q}[k]$ 最大值的峰值频率 $k=94$ 上。其次，在不同的天线上、峰值频率 $k=94$ 时，$\left|\tilde{h}_m[k]\right|^2|\tilde{v}[k]|^2$ 的值越大，分配的波功率就越大。

从第一个观察中可以看到，该波与同频率的单音波相似，因此，接收功率由一个特定的公式表示。通过将初始参考信号的功率谱压缩为所有天线信道功率总和最大值的频率音调来初始化 $\boldsymbol{v}^{(0)}$ 的格式，即 $\sum_{m=0}^{M-1}\left|\tilde{h}_m[k]\right|^2$，从而使得 $\tilde{q}[k]$ 的峰值最大化。这样做，可以得到参考信号 $\boldsymbol{v}^{(0)}$ 初始值的第 n 项为

$$v^{(0)}[n]=\mathrm{e}^{\mathrm{j}\frac{2\pi k_{\max}n}{N_{\max}}}, n=0,\cdots,N_v-1 \tag{14.12}$$

式中，$k_{\max}=\arg\max_{k=0,\cdots,N_{\max}-1}\sum_{m=0}^{M-1}\left|\tilde{h}_m[k]\right|^2$。另一个原因是，由于初始化阶段 $\boldsymbol{g}_m$ 未知，对于所有的 m，假设 $\boldsymbol{g}_m=\boldsymbol{e}_1$，接收信号可以简化为 $\boldsymbol{y}=\sqrt{P_v}\sum_{m=0}^{M-1}\bar{\boldsymbol{H}}_m\boldsymbol{v}+\boldsymbol{z}$。从频域角度看，接收信号是 $\tilde{v}[k]$ 和 $\tilde{h}_m[k]$ 的乘积，因此，式（14.12）中的参考信号是一个很好的初始化选择。可以注意到，给出的初始参考信号等价于一个被长度为 N_v 的矩形窗所截断的复正弦信号；因此，它的频域表示本质上是一个以第 $k_{\max}$ 个频率音调为中心的 sinc 函数。

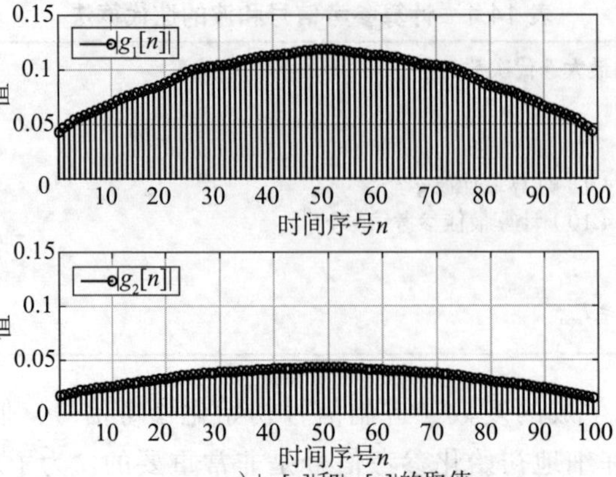

a）$|g_1[n]|$和$|g_2[n]|$的取值

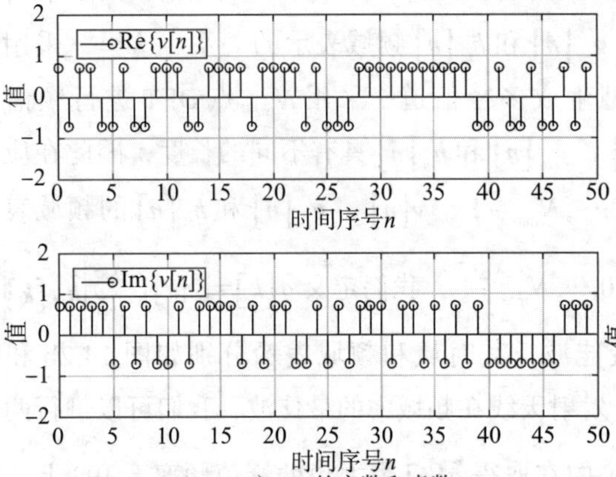

b）$v[n]$的实数和虚数

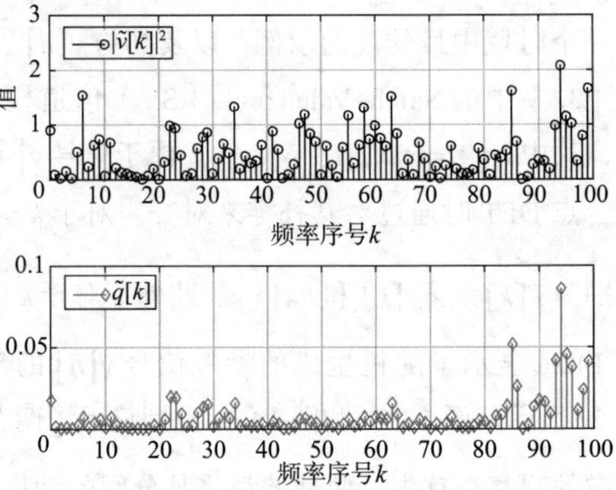

c）$|\tilde{v}[k]|^2$和$\tilde{q}[k]$的取值

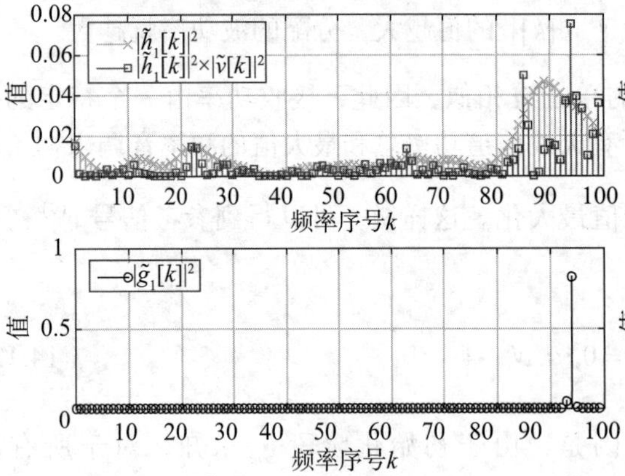

d）$|\tilde{h}_1[k]|^2$、$|\tilde{h}_1[k]|^2\times|\tilde{v}[k]|^2$和$|\tilde{g}_1[k]|^2$的取值

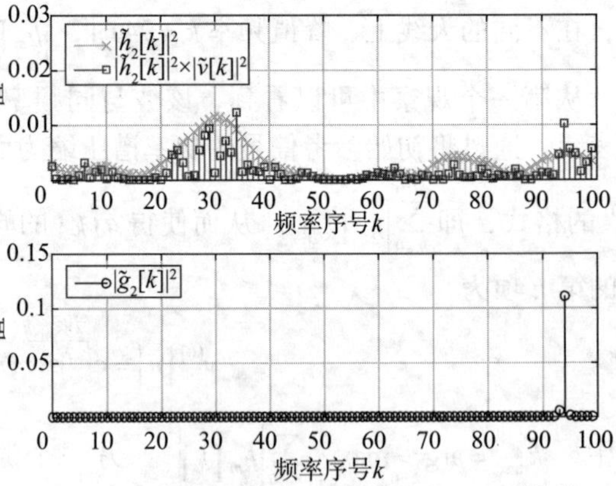

e）$|\tilde{h}_2[k]|^2$、$|\tilde{h}_2[k]|^2\times|\tilde{v}[k]|^2$和$|\tilde{g}_2[k]|^2$的取值

图 14.2 给定参考信号$\left(M=2, N_g=100, N_v=50, P_v=1\right)$的时域和频域最佳波及其与$\tilde{v}[k]$、$\tilde{g}_m[k]$和$\tilde{h}_m[k]$的关系

14.3.2 周期参考信号的波设计

本节中，我们研究了当参考信号$v[n]$随时间周期性传输时的最佳波设计，即参考信号满足

$v[n]=v[n+N_v]$。因为 $v[n]$ 是以 N_v 为周期的信号，由式（14.3）可知，接收机处收到的信号同样以 N_v 为周期，表示为

$$\boldsymbol{y}_c=\sqrt{P_v}\sum_{m=0}^{M-1}\boldsymbol{R}\boldsymbol{H}_m\boldsymbol{g}_m+\boldsymbol{z}_c \tag{14.13}$$

式中，$\boldsymbol{y}_c=\left[y[0],\cdots,y[N_v-1]\right]^{\mathrm{T}}$，$\boldsymbol{z}_c=\left[z[0],\cdots,z[N_v-1]\right]^{\mathrm{T}}$，$\boldsymbol{R}$ 是大小为 $N_v\times(N_g+L-1)$ 的广义循环矩阵，它的第 j 列是偏移量为 $((j))_{N_v}$ 的向量 $\boldsymbol{v}$ 的循环排列，其中 $j=0,\cdots,N_g+L-2$。如果定义 $\boldsymbol{\Phi}_c=\boldsymbol{R}\left[\boldsymbol{H}_0,\cdots,\boldsymbol{H}_{M-1}\right]$，则式（14.13）可以重写为一个紧凑矩阵向量形式：

$$\boldsymbol{y}_c=\sqrt{P_v}\boldsymbol{\Phi}_c\boldsymbol{g}+\boldsymbol{z} \tag{14.14}$$

根据定义 14.3.1，如果传输时间足够长，能量传递效率增益可以近似为

$$E_{c,G}=\frac{1}{N_vP_v}\mathrm{E}\left[\|\boldsymbol{y}_c\|_2^2\right]=\frac{1}{N_vP_v}\left(P_v\boldsymbol{g}^{\dagger}\boldsymbol{\Phi}_c^{\dagger}\boldsymbol{\Phi}_c\boldsymbol{g}+N_v\sigma_z^2\right) \tag{14.15}$$

在给定参考信号情况下，为使式（14.15）中能量传递效率增益最大化，最佳波可由式（14.16）计算为

$$\hat{\boldsymbol{g}}_c=\zeta_1\left[\boldsymbol{\Phi}_c^{\dagger}\boldsymbol{\Phi}_c\right] \tag{14.16}$$

式中，$\hat{\boldsymbol{g}}_c=[\hat{\boldsymbol{g}}_{c,0},\cdots,\hat{\boldsymbol{g}}_{c,M-1}]^{\mathrm{T}}$。与之前章节类似，在周期性传输情况下，参考信号和波可以根据类似表 14.1 中的迭代步骤进行联合优化。由于空间有限，给定波的最佳参考信号的详细推导过程在此省略。

根据式（14.14），$\boldsymbol{\Phi}_{c,m}=\boldsymbol{R}\boldsymbol{H}_m$ 为 $\boldsymbol{\Phi}_c$ 的第 m 个子矩阵，它是大小为 $N_v\times N_g$ 的广义循环矩阵。我们将矩阵 $\boldsymbol{\Phi}_{c,m}$ 的第一列定义为 $\boldsymbol{\phi}_m$，其中 $m=0,\cdots,M-1$，频域表示为 $\tilde{\phi}_m=\left[\tilde{\phi}_m[0],\cdots,\tilde{\phi}_m[N_v-1]\right]^{\mathrm{T}}=\boldsymbol{F}_{N_v}\boldsymbol{\phi}_m$。由式（14.15）可知，能量传递效率增益的上限为

$$\begin{aligned}E_{c,G}&\leqslant\frac{1}{N_vP_v}\left(P_v\|\boldsymbol{\Phi}_c\|_2^2+N_v\sigma_z^2\right)\\&=\frac{1}{N_vP_v}\left(P_v\lambda_{\max}\left[\boldsymbol{\Phi}_c^{\dagger}\boldsymbol{\Phi}_c\right]+N_v\sigma_z^2\right)\\&=\frac{1}{N_vP_v}\left(P_v\lambda_{\max}\left[\boldsymbol{\Phi}_c\boldsymbol{\Phi}_c^{\dagger}\right]+N_v\sigma_z^2\right)\\&=\frac{1}{N_vP_v}\left(P_v\lambda_{\max}\left[\sum_{m=0}^{M-1}\boldsymbol{\Phi}_{c,m}\boldsymbol{\Phi}_{c,m}^{\dagger}\right]+N_v\sigma_z^2\right)\end{aligned} \tag{14.17}$$

式中，$\|\boldsymbol{\Phi}_c\boldsymbol{g}\|_2^2\leqslant\|\boldsymbol{\Phi}_c\|_2^2\|\boldsymbol{g}\|_2^2$ 和 $\|\boldsymbol{g}\|_2^2=1$ 应用于第一个不等式。若 $\bar{\boldsymbol{\Phi}}_{c,m}$ 为 $N_v\times N_v$ 的循环矩阵，$\boldsymbol{\phi}_m$ 为其第一列，则 $\boldsymbol{F}_{N_v}\bar{\boldsymbol{\Phi}}_{c,m}\boldsymbol{F}^{\dagger}_{N_v}=\sqrt{N_v}\mathrm{Diag}\left[\tilde{\phi}_m\right]$。由于 $N_g=QN_v$，根据式（14.13）我们可以得知 $\boldsymbol{\Phi}_{c,m}=\boldsymbol{R}\boldsymbol{H}_m=\boldsymbol{1}_Q^{\mathrm{T}}\otimes\bar{\boldsymbol{\Phi}}_{c,m}$，满足 $\boldsymbol{F}_{N_v}\boldsymbol{\Phi}_{c,m}(\boldsymbol{I}_Q\otimes F_{N_v})^{\dagger}=\sqrt{N_v}(\boldsymbol{1}_Q^{\mathrm{T}}\otimes\mathrm{Diag}[\tilde{\phi}_m])$。借助 $\boldsymbol{F}_{N_v}\boldsymbol{F}^{\dagger}_{N_v}=\boldsymbol{F}^{\dagger}_{N_v}\boldsymbol{F}_{N_v}=\boldsymbol{I}_{N_v}$ 所定义的性质，并将 DFT 矩阵代入式（14.17），我们可以对矩阵 $\boldsymbol{\Phi}_{c,m}$ 进行对角化处理，得到式

（14.19）。由于 $\lambda_{\max}\left[\sum_{m=0}^{M-1}\mathrm{Diag}\left[\tilde{\phi}_m\right]\cdot\mathrm{Diag}\left[\tilde{\phi}_m\right]^{\dagger}\right]=\sum_{m=0}^{M-1}\left|\tilde{\phi}_m\left[k_{c,\max}\right]\right|^2$，最终，式（14.19）中能量传递效率增益的界限为

$$E_{c,G}\leqslant Q\cdot\sum_{m=0}^{M-1}\left|\tilde{\phi}_m\left[k_{c,\max}\right]\right|^2+\frac{\sigma_z^2}{P_v} \tag{14.18}$$

式中，$k_{c,\max}=\arg\max_{k=0,\cdots,N_v-1}\sum_{m=0}^{M-1}\left|\tilde{\phi}_m\left[k\right]\right|^2$。

$$\begin{aligned}E_{c,G}&\leqslant\frac{1}{N_vP_v}\left(P_v\lambda_{\max}\left[\sum_{m=0}^{M-1}\boldsymbol{F}_{N_v}\boldsymbol{\Phi}_{c,m}\left(\boldsymbol{I}_Q\otimes\boldsymbol{F}_{N_v}\right)^{\dagger}\left(\boldsymbol{I}_Q\otimes\boldsymbol{F}_{N_v}\right)\boldsymbol{\Phi}_{c,m}^{\dagger}\boldsymbol{F}_{N_v}^{\dagger}\right]+N_v\sigma_z^2\right)\\&=\frac{1}{N_vP_v}\left(N_vQP_v\cdot\lambda_{\max}\left[\sum_{m=0}^{M-1}\mathrm{Diag}\left[\tilde{\phi}_m\right]\cdot\mathrm{Diag}\left[\tilde{\phi}_m\right]^{\dagger}\right]+N_v\sigma_z^2\right)\end{aligned} \tag{14.19}$$

接下来我们分析最佳波和参考信号的结构。事实上，在周期性传输参考信号的情况下，可以证明，如果波和参考信号的长度设计合理，式（14.16）中每个发射天线的最佳波都具有简单的单音结构。有如下定理。

定理 14.3.1　设 $N_g=Q\cdot N_v$，其中 Q 为正整数。则对于任意参考信号 $\boldsymbol{v}$，发射天线处的最佳波 $\hat{\boldsymbol{g}}_{c,m}$ 为单音波，如式（14.21）所示。

$$\begin{aligned}E_{c,G}&=\frac{1}{N_vP_v}\left(P_v\left\|\sum_{m=0}^{M-1}\boldsymbol{\Phi}_{c,m}\boldsymbol{g}_{c,m}\right\|_2^2+N_v\sigma_z^2\right)\\&=\frac{1}{N_vP_v}\left(P_v\left\|\sum_{m=0}^{M-1}\boldsymbol{\Phi}_{c,m}\frac{\tilde{\phi}_m^*\left[k_{c,\max}\right]}{\sqrt{\sum_{m=0}^{M-1}\left|\tilde{\phi}_m\left[k_{c,\max}\right]\right|^2}}\left(\frac{1}{\sqrt{Q}}\boldsymbol{I}_Q\otimes\left(\boldsymbol{F}_{N_v}^{\dagger}\boldsymbol{e}_{k_{c,\max}}\right)\right)\right\|_2^2+N_v\sigma_z^2\right)\\&=\frac{1}{N_vP_v}\left(P_v\left\|\boldsymbol{F}_{N_v}\sum_{m=0}^{M-1}\boldsymbol{\Phi}_{c,m}\frac{\tilde{\phi}_m^*\left[k_{c,\max}\right]}{\sqrt{\sum_{m=0}^{M-1}\left|\tilde{\phi}_m\left[k_{c,\max}\right]\right|^2}}\left(\frac{1}{\sqrt{Q}}\boldsymbol{I}_Q\otimes\left(\boldsymbol{F}_{N_v}^{\dagger}\boldsymbol{e}_{k_{c,\max}}\right)\right)\right\|_2^2+N_v\sigma_z^2\right)\end{aligned} \tag{14.20}$$

$$\begin{aligned}&\hat{\boldsymbol{g}}_{c,m}=\frac{\tilde{\phi}_m^*\left[k_{c,\max}\right]}{\sqrt{\sum_{m=0}^{M-1}\left|\tilde{\phi}_m\left[k_{c,\max}\right]\right|^2}}\left(\frac{1}{\sqrt{Q}}\boldsymbol{I}_Q\otimes\left(\boldsymbol{F}_{N_v}^{\dagger}\boldsymbol{e}_{k_{c,\max}}\right)\right)\\&m=0,\cdots,M-1\end{aligned} \tag{14.21}$$

式中，$k_{c,\max}=\arg\max_{k=0,\cdots,N_v-1}\sum_{m=0}^{M-1}\left|\tilde{\phi}_m\left[k\right]\right|^2$。

证明：为证明上述定理，我们需证明式（14.21）中的最佳波可以达到式（14.18）中的上限。将式（14.21）代入式（14.15），可以得到式（14.20），其中第三个不等式通过代入 DFT 矩阵 $\boldsymbol{F}_{N_v}$ 得到。将 $\boldsymbol{F}_{N_v}\boldsymbol{\Phi}_{c,m}(\boldsymbol{I}_Q\otimes(\boldsymbol{F}_{N_v}{}^{\dagger}\boldsymbol{e}_{k_{c,\max}}))=Q\sqrt{N_v}\,\tilde{\phi}_m\left[k_{c,\max}\right]\boldsymbol{e}_{k_{c,\max}}$ 应用到式（14.20），可以得到

$$E_{c,G}=Q\cdot\sum_{m=0}^{M-1}\left|\tilde{\phi}_m\left[k_{c,\max}\right]\right|^2+\frac{\sigma_z^2}{P_v} \tag{14.22}$$

证明完毕。

由定理 14.3.1 可以发现，如果波长度是参考信号长度的整数倍，则最佳波 $\hat{\boldsymbol{g}}_{c,m}$ 为由单频分量 $k_{c,\max}$ 组成的复正弦信号，该结果与参考信号无关。进一步可知，$\tilde{\phi}_m^*\left[k_{c,\max}\right]$ 表示第 m 个发射天线的功率分配和相位对齐因子，而 $\dfrac{1}{\sqrt{\sum_{m=0}^{M-1}\left|\tilde{\phi}_m\left[k_{c,\max}\right]\right|^2}}$ 为功率归一化因子。与式（14.7）和式（14.16）相比，这种简单的结构为实现低复杂度最佳波提供了理想的解决方案，而无须进行特征值分解。基于定理 14.3.1，我们可以得到关于可实现的能量传递效率增益和波长度对 WPT 性能影响的两个推论，内容如下。

推论 14.3.1　当 $N_g=Q\cdot N_v$，其中 Q 为正整数时，式（14.21）中最佳单音波 $\hat{\boldsymbol{g}}_{c,m}$ 的能量传递效率增益为

$$E_{c,G}=Q\cdot\sum_{m=0}^{M-1}\left|\tilde{\phi}_m\left[k_{c,\max}\right]\right|^2+\frac{\sigma_z^2}{P_v} \tag{14.23}$$

证明：该结果可由式（14.22）直接得出。

推论 14.3.2　若 J 为正整数，则当 $\frac{\sigma_z^2}{P_v}$ 趋于 0 时，如果波长度 N_g 被扩大 J 倍，则式（14.21）中的最佳单音波 $\hat{\boldsymbol{g}}_{c,m}$ 的能量传递效率增益可以提升 J 倍左右。

证明：假设存在两种波长度 $N_{g,1}=Q\cdot N_v$ 和 $N_{g,2}=J\cdot N_{g,1}$。对于长度分别为 $N_{g,1}$ 和 $N_{g,2}$ 的最佳单音波，设计的能量传递效率增益分别记为 E_{c,G_1} 和 E_{c,G_2}，则由推论 14.3.1 可知

$$\frac{E_{c,G_2}}{E_{c,G_1}}=\frac{JQN_v\sum_{m=0}^{M-1}\left|\tilde{\phi}_m\left[k_{c,\max}\right]\right|^2+\frac{\sigma_z^2}{P_v}}{QN_v\sum_{m=0}^{M-1}\left|\tilde{\phi}_m\left[k_{c,\max}\right]\right|^2+\frac{\sigma_z^2}{P_v}} \tag{14.24}$$

如果 $\frac{\sigma_z^2}{P_v}$ 足够小，则前面的比值可以近似为

$$\frac{E_{c,G_2}}{E_{c,G_1}}\approx J \tag{14.25}$$

由推论 14.3.1 和推论 14.3.2 可以发现，如果 $\frac{\sigma_z^2}{P_v}$ 足够小，则最佳单音波的能量传递效率增益与波长度成正比。一般来说在 WPT 应用中，由于传输功率 P_v 远大于噪声功率 σ_z^2，因此 $\frac{\sigma_z^2}{P_v}$ 足够小的条件通常都可以满足。此外，性能增益由 $\sum_{m=0}^{M-1}\left|\tilde{\phi}_m\left[k_{c,\max}\right]\right|^2$ 确定，与无线信道的频率选择和参考信号有关。

在下面的内容中，我们研究了最佳参考信号的设计结构。给定 $\tilde{\boldsymbol{h}}_m=\left[\tilde{h}_m[0],\cdots,\tilde{h}_m[N_v-1]\right]^{\mathrm{T}}=\boldsymbol{F}_{N_v}\bar{\boldsymbol{h}}_m$，且 $\bar{\boldsymbol{h}}_m=[\boldsymbol{h}_m^{\mathrm{T}},\boldsymbol{0}^{\mathrm{T}}]^{\mathrm{T}}$，我们将 $\bar{\boldsymbol{R}}$ 定义为第一列为 $\boldsymbol{v}$ 的循环矩阵。则关于最佳参考信号的定理如下。

定理 14.3.2 当 $N_v\geqslant L$ 时，周期性传输多天线 PW 系统的最佳参考信号为

$$\hat{v}[n]=\mathrm{e}^{\mathrm{j}\frac{2\pi k_{c,\max}n}{N_v}},n=0,\cdots,N_v-1 \tag{14.26}$$

式中，$k_{c,\max}=\arg\max\limits_{k=0,\cdots,N_v-1}\sum\limits_{m=0}^{M-1}\left|\tilde{h}_m[k]\right|^2$。

证明：由式（14.17）中的定义 $\boldsymbol{\Phi}_{c,m}=\boldsymbol{R}\boldsymbol{H}_m=\boldsymbol{I}_Q^{\mathrm{T}}\otimes\bar{\boldsymbol{\Phi}}_{c,m}$ 可知，如果 $N_v\geqslant L$，则有 $\boldsymbol{\phi}_m=\bar{\boldsymbol{R}}\bar{\boldsymbol{h}}_m$。因此，可以推断得出 $\tilde{\boldsymbol{\phi}}_m=\boldsymbol{F}_{N_v}\boldsymbol{\phi}_m=\boldsymbol{F}_{N_v}\bar{\boldsymbol{R}}\bar{\boldsymbol{h}}_m$。将 $\bar{\boldsymbol{R}}$ 对角化后，可以进一步得到

$$\tilde{\boldsymbol{\phi}}_m=\boldsymbol{F}_{N_v}\bar{\boldsymbol{R}}\boldsymbol{F}_{N_v}^{\dagger}\boldsymbol{F}_{N_v}\bar{\boldsymbol{h}}_m=\sqrt{N_v}\,\mathrm{Diag}[\tilde{\boldsymbol{v}}]\tilde{\boldsymbol{h}}_m \tag{14.27}$$

式中，$\tilde{\boldsymbol{v}}=\boldsymbol{F}_{N_v}\boldsymbol{v}$。利用式（14.27）可以得到

$$\begin{aligned}\tilde{\boldsymbol{\phi}}_m\odot\tilde{\boldsymbol{\phi}}_m^*&=\mathrm{Diag}\left[\sqrt{N_v}\,\mathrm{Diag}[\tilde{\boldsymbol{v}}]\tilde{\boldsymbol{h}}_m\right]\cdot\sqrt{N_v}\,\mathrm{Diag}[\tilde{\boldsymbol{v}}]^*\tilde{\boldsymbol{h}}_m^*\\&=N_v\mathrm{Diag}[\tilde{\boldsymbol{v}}]\cdot\mathrm{Diag}[\tilde{\boldsymbol{v}}]^*\cdot\mathrm{Diag}\left[\tilde{\boldsymbol{h}}_m\right]\cdot\tilde{\boldsymbol{h}}_m^*\\&=N_v\left(\tilde{\boldsymbol{v}}\odot\tilde{\boldsymbol{v}}^*\right)\odot\left(\tilde{\boldsymbol{h}}_m\odot\tilde{\boldsymbol{h}}_m^*\right)\end{aligned} \tag{14.28}$$

根据推论 14.3.1 可知，通过最大化式（14.23）中的 $E_{c,G}$，可以得到最佳参考信号，或者最大化 $\sum\limits_{m=0}^{M-1}\left|\tilde{\phi}_m\left[k_{c,\max}\right]\right|^2$，也可以得到相同结果。由于 $\sum\limits_{m=0}^{M-1}\tilde{\boldsymbol{\phi}}_m\odot\tilde{\boldsymbol{\phi}}_m^*=\sum\limits_{m=0}^{M-1}\left[\left|\tilde{\phi}_m[0]\right|^2,\cdots,\left|\tilde{\phi}_m[N_v-1]\right|^2\right]^{\mathrm{T}}$，令 $\tilde{\boldsymbol{v}}=\sqrt{N_v}\boldsymbol{e}_{k_{c,\max}}$ 可以最大化能量传递效率增益，其中 $k_{c,\max}=\arg\max\limits_{k=0,\cdots,N_v-1}\sum\limits_{m=0}^{M-1}\left|\tilde{h}_m[k]\right|^2$。进一步可得时域最佳参考信号 $\hat{\boldsymbol{v}}=\boldsymbol{F}_{N_v}^{\dagger}\tilde{\boldsymbol{v}}\sqrt{N_v}\boldsymbol{F}_{N_v}^{\dagger}\boldsymbol{e}_{k_{c,\max}}$。

由定理 14.3.2 可知，在周期性传输的场景中，当 $N_v\geqslant L$ [㊀] 时，最佳参考信号实际上是一个复正弦信号。由于 $\tilde{\boldsymbol{v}}=\sqrt{N_v}\boldsymbol{e}_{k_{c,\max}}$，根据定理 14.3.2 证明过程中的式（14.27）和式（14.28），也可以得到 $\tilde{\phi}_m[k]=N_v\tilde{h}_m[k]$，以及 $\left|\tilde{\phi}_m[k]\right|^2=N_v^2\left|\tilde{h}_m[k]\right|^2$，其中 $k=0,\cdots,N_v-1$。根据定理 14.3.1，与最佳参考信号相关联的最佳波可以表示为

$$\hat{\boldsymbol{g}}_{c,m}=\frac{\tilde{h}_m^*\left[k_{c,\max}\right]}{\sqrt{\sum\limits_{m=0}^{M-1}\left|\tilde{h}_m\left[k_{c,\max}\right]\right|^2}}\left(\frac{1}{\sqrt{Q}}\boldsymbol{I}_Q\otimes\left(\boldsymbol{F}_{N_v}^{\dagger}\boldsymbol{e}_{k_{c,\max}}\right)\right),\quad m=0,\cdots,M-1 \tag{14.29}$$

㊀ 最佳参考信号的复正弦结构取决于所考虑的情况为周期性还是非周期性，此外还需满足 $N_g=QN_v$ 及 $N_v\geqslant L$ 的条件。

推论 14.3.3 若 $N_g = Q \cdot N_v$ 且 $N_v \geqslant L$，则式（14.26）中最佳参考信号和式（14.29）中对应最佳波的能量传递效率增益为

$$E_{c,G} = N_g N_v \cdot \sum_{m=0}^{M-1} \left| \tilde{h}_m \left[k_{c,\max} \right] \right|^2 + \frac{\sigma_z^2}{P_v} \tag{14.30}$$

证明： 由 $\left| \tilde{\phi}_m[k] \right|^2 = N_v^2 \left| \tilde{h}_m[k] \right|^2$ 以及推论 14.3.1，可以得出能量传递效率增益为 $E_{c,G} = QN_v^2 \sum_{m=0}^{M-1} \left| \tilde{h}_m \left[k_{c,\max} \right] \right|^2 + \frac{\sigma_z^2}{P_v}$。证明完毕。

上述推论证明了在给定条件和最佳设计的情况下，若 $\frac{\sigma_z^2}{P_v}$ 足够小，则能量传输效率增益近似正比于波长度与参考信号长度的乘积。

14.4 多天线 PW 系统的性能分析

在本节中，我们从理论上分析了所提出的多天线 PW 系统的 WPT 性能。在参考信号非周期性传输的情况下，很难分析 WPT 的性能。因此我们转而研究参考信号周期性传输情况下的 WPT 性能。除了平均能量传递效率增益，我们还考虑了使用平均收集能量的中断概率来对性能进行量化分析，这与无线信息传输中的传统符号不同。具体而言，中断事件的定义如下。

定义 14.4.1 当收集能量未超过预设阈值 x 时，认为多天线 PW 系统处于中断状态。

为了便于分析，在本节中我们假设 $N_g = Q \cdot N_v$，$N_v = C \cdot L$，其中 Q 和 C 都取正整数。就 WPT 应用来说，该假设是成立的，原因如式（14.30）所示，为了实现更高的能量传递效率增益，波和参考信号的长度通常会大于信道长度。而且研究一般信道功率延迟特性几乎是不可能实现的；因此，我们取而代之考虑均匀功率时延（UPD）信道特性，即式（14.1）中 $\rho_{m,l} = \frac{1}{L}$，并研究了多径数量和天线数量对 WPT 性能的影响。由推论 14.3.3 可以观察到，平均能量传递效率增益和平均收集能量的中断性能主要受信道频率选择性衰落效应 $\sum_{m=0}^{M-1} \left| \tilde{h}_m \left[k_{c,\max} \right] \right|^2$ 的影响。为了便于研究，在下面的引理中给出了在 UPD 信道特性下，式（14.30）中的能量传递效率增益的性能下界。

引理 14.4.1 若 $N_g = Q \cdot N_v$，$N_v = C \cdot L$，在 UPD 信道特性下，式（14.26）中最佳参考信号及式（14.29）中相应的最佳波的能量传递效率增益下界为

$$E_{c,G} \geqslant N_g L \sum_{m=0}^{M-1} \left| \tilde{u}_m \left[k_{c,\max} \right] \right|^2 + \frac{\sigma_z^2}{P_v} \tag{14.31}$$

式中，$\tilde{\boldsymbol{u}}_m = \left[\tilde{u}_m[0], \cdots, \tilde{u}_m[L-1] \right]^{\mathrm{T}} = \boldsymbol{F}_L \boldsymbol{h}_m$，且 $k_{c,\max} = \arg \max\limits_{k=0,\cdots,L-1} \sum_{m=0}^{M-1} \left| \tilde{u}_m[k] \right|^2$。此外，当 $C=1$ 或 $L=1$ 时，式（14.31）中的等式成立。

证明： 由 $\tilde{\boldsymbol{h}}_m = \boldsymbol{F}_{N_v} \bar{\boldsymbol{h}}_m$ 及 $N_v = C \cdot L$，可得到

$$\tilde{h}_m[Ck+l]=\sqrt{\frac{L}{N_v}}\left(\frac{1}{\sqrt{L}}\sum_{n=0}^{L-1}h_m[n]\mathrm{e}^{-\mathrm{j}\frac{2\pi kn}{L}}\mathrm{e}^{-\mathrm{j}\frac{2\pi ln}{N_v}}\right),$$
$$k=0,\cdots,L-1,\ l=0,\cdots,C-1 \tag{14.32}$$

利用$\tilde{\boldsymbol{u}}_m=\boldsymbol{F}_L\boldsymbol{h}_m$，我们可以得到$\tilde{h}_m[k]$和$\tilde{u}_m[k]$之间的关系：

$$\tilde{h}_m[Ck]=\sqrt{\frac{L}{N_v}}\tilde{u}_m[k],k=0,\cdots,L-1 \tag{14.33}$$

接着由式（14.33）可以得到

$$\max_{k=0,\cdots,N_v-1}\sum_{m=0}^{M-1}\left|\tilde{h}_m[k]\right|^2\geqslant\max_{k=0,\cdots,L-1}\sum_{m=0}^{M-1}\left|\tilde{h}_m[Ck]\right|^2=\max_{k=0,\cdots,L-1}\frac{L}{N_v}\sum_{m=0}^{M-1}\left|\tilde{u}_m[k]\right|^2 \tag{14.34}$$

当$C=1$时，式（14.34）中的不等式成立。注意，当$L=1$时该不等式依然成立，因为根据式（14.32），对于任意k，有$\left|\tilde{h}_m[k]\right|^2=\frac{1}{N_v}\left|h_m[0]\right|^2$。再由推论14.3.3和式（14.34）可得引理14.4.1。证明完毕。

由引理14.4.1可以发现，性能下限与$\sum_{m=0}^{M-1}\left|\tilde{u}_m[k]\right|^2$的最大值有关，它是发射天线上$L$点信道频率响应的功率总和。此外，当参考信号长度等于多径的数量，或每个信道链路的多径数量等于1时，便达到此下界。为了记录方便，令$\mu_k=\sum_{m=0}^{M-1}\left|\tilde{u}_m[k]\right|^2$，$k=0,\cdots,L-1$，以及$\boldsymbol{\mu}=[\mu_0,\cdots,\mu_{L-1}]^{\mathrm{T}}$。多元随机矢量$\boldsymbol{u}$的特征函数如下。

引理 14.4.2 令$\boldsymbol{\omega}=[\omega_0,\cdots,\omega_{L-1}]^{\mathrm{T}}$。UPD信道特性下$\boldsymbol{\mu}$的特征函数为

$$\Psi_{\mu}(\mathrm{j}\omega)=\left(\prod_{l=0}^{L-1}\frac{L}{L-\mathrm{j}\omega_l}\right)^M \tag{14.35}$$

证明：令$\boldsymbol{\mu}_m=[\mu_{m,0},\cdots,\mu_{m,L-1}]^{\mathrm{T}}$，且$\mu_{m,k}=\left|\tilde{u}_m[k]\right|^2$。根据文献［25］中定理5的证明过程，可以推导得出UPD信道特性下$\boldsymbol{\mu}_m$的特征函数为

$$\Psi_{\mu_m}(\mathrm{j}\omega)=\prod_{l=0}^{L-1}\frac{L}{L-\mathrm{j}\omega_l} \tag{14.36}$$

对于不同发射天线，随机向量$\boldsymbol{\mu}_m$是独立的且$\boldsymbol{\mu}=\sum_{m=0}^{M-1}\boldsymbol{\mu}_m$，进而得到$\Psi_{\mu}(\mathrm{j}\omega)=\prod_{m=0}^{M-1}\Psi_{\mu_m}(\mathrm{j}\omega)$。至此证明完毕。

利用式（14.15）和引理14.4.1，在N_v时间段内的平均收集能量可以通过$E_H\triangleq\frac{1}{N_v}\mathrm{E}\left[\|\boldsymbol{y}_c\|_2^2\right]=P_vE_{c,G}$得到。进而平均收集能量的下界为

$$E_H\geqslant N_gP_vL\cdot\mu_{k_{c,\max}}+\sigma_z^2 \tag{14.37}$$

据此，可得到关于平均收集能量的中断性能上界的定理，内容如下。

定理 14.4.1　当 $N_g = Q \cdot N_v$ 和 $N_v = C \cdot L$ 时，在 UPD 信道特性下，式（14.26）中最佳参考信号及式（14.29）中相应的最佳波的平均收集能量 E_H 的中断性能上界为

$$\Pr\left(E_H \leqslant x\right) \leqslant \left(\frac{1}{(M-1)!} \cdot \gamma\left(M, \frac{1}{N_g P_v}\left(x - \sigma_z^2\right)\right)\right)^L \tag{14.38}$$

式中，$\gamma(s, x) = \int_0^x t^{s-1} e^{-t} dt$ 是低阶不完全伽马函数，当 $C=1$ 或 $L=1$ 时上界的等式成立。

证明： 通过应用式（14.35）中的特征函数，用 $\varPsi_\mu(\mathrm{j}\omega)$ 表示 $\boldsymbol{\mu}$ 的累积分布函数（CDF）如下[33]：

$$\begin{aligned} &\Pr\left(\mu_0 \leqslant x_0, \mu_1 \leqslant x_1, \cdots, \mu_{L-1} \leqslant x_{L-1}\right) \\ &= \frac{1}{(2\pi)^L} \int_{-\infty}^{\infty} \cdots \int_{-\infty}^{\infty} \varPsi_\mu(\mathrm{j}\omega) \times \prod_{l=0}^{L-1} \left(\frac{1 - \mathrm{e}^{-\mathrm{j}\omega_l x_l}}{\mathrm{j}\omega_l}\right) \\ &\qquad \mathrm{d}\omega_0 \cdots \mathrm{d}\omega_{L-1} \end{aligned} \tag{14.39}$$

式中，$\boldsymbol{x} = \left[x_0, \cdots, x_{L-1}\right]^{\mathrm{T}}$。由于 $\mu_{k_{c,\max}} = \max\limits_{k=0,\cdots,L-1} \mu_k$，令式（14.39）中 $x_0 = \cdots = x_{L-1} = x$，则随机变量 $\mu_{k_{c,\max}}$ 的 CDF 为：

$$\begin{aligned} \Pr\left(\mu_{k_{c,\max}} \leqslant x\right) = &\frac{1}{(2\pi)^L} \int_{-\infty}^{\infty} \cdots \int_{-\infty}^{\infty} \varPsi_\mu(\mathrm{j}\omega) \\ &\times \prod_{l=0}^{L-1} \left(\frac{1 - \mathrm{e}^{-\mathrm{j}\omega_l x}}{\mathrm{j}\omega_l}\right) \mathrm{d}\omega_0 \cdots \mathrm{d}\omega_{L-1} \end{aligned} \tag{14.40}$$

根据式（14.35）和式（14.40），可以推导得出随机变量 $\mu_{k_{c,\max}}$ 的 CDF，如式（14.41）所示，

$$\begin{aligned} \Pr\left(\mu_{k_{c,\max}} \leqslant x\right) &= \frac{1}{(2\pi)^{L-1}} \int_{-\infty}^{\infty} \cdots \int_{-\infty}^{\infty} \prod_{l=1}^{L-1} \left(\left(\frac{L}{L - \mathrm{j}\omega_l}\right)^M \cdot \frac{1 - \mathrm{e}^{-\mathrm{j}\omega_l x}}{\mathrm{j}\omega_l}\right) \\ &\quad \cdot \left(\frac{1}{2\pi} \int_{-\infty}^{\infty} \left(\frac{L}{L - \mathrm{j}\omega_0}\right)^M \cdot \frac{1 - \mathrm{e}^{-\mathrm{j}\omega_0 x}}{\mathrm{j}\omega_0} \mathrm{d}\omega_0\right) \mathrm{d}\omega_1 \cdots \mathrm{d}\omega_{L-1} \\ &= \left(\frac{1}{(M-1)!} \cdot \gamma(M, Lx)\right)^L \end{aligned} \tag{14.41}$$

$$\mathrm{E}\left[E_{c,G}\right] \geqslant N_g L \left(\sum_{l=1}^{L} \binom{L}{l} (-1)^{l+1} \sum_{k=0}^{(M-1)l} b_k(M, L, l) \left(\frac{1}{lL}\right)^{k+1} k!\right) + \frac{\sigma_z^2}{P_v} \tag{14.42}$$

式（14.41）的最后一个等式中利用了 CDF 函数和 Erlang 分布的特征函数之间的关系，具体如下：

$$\frac{1}{2\pi} \int_{-\infty}^{\infty} \left(\frac{\beta}{\beta - \mathrm{j}\omega}\right)^M \left(\frac{1 - \mathrm{e}^{-\mathrm{j}\omega x}}{\mathrm{j}\omega}\right) \mathrm{d}\omega = \frac{1}{(M-1)!} \cdot \gamma(M, \beta x) \tag{14.43}$$

式中，$\gamma(s,x)=\int_0^x t^{s-1}\mathrm{e}^{-t}\mathrm{d}t$ 是低阶不完全伽马函数。利用式（14.37），平均收集能量 E_H 的中断性能上界为

$$\Pr(E_H \leqslant x) \leqslant \Pr\left(N_g P_v L \cdot \mu_{k_c,\max} + \sigma_z^2 \leqslant x\right) \tag{14.44}$$

由式（14.41）及式（14.44）可知，中断性能的上界如式（14.38）所示，进一步利用引理 14.4.1 可得，当 $C=1$ 或 $L=1$ 时，上界变得紧密。

定理 14.4.2　当 $N_g = Q \cdot N_v$，$N_v = C \cdot L$ 时，在 UPD 信道特性下，式（14.26）中最佳参考信号及式（14.29）中相应的最佳波的平均能量传递效率增益的下界如式（14.42）所示，其中 $b_k(M,K,l)$ 是 x^k 的系数，$k=0,\cdots,(M-1)l$，该系数展开为

$$\left(\sum_{k=0}^{M-1}\frac{L^k x^k}{k!}\right)^l \tag{14.45}$$

且 $\binom{n}{k}=\dfrac{n!}{k!(n-k)!}$。

证明：式（14.41）中低阶不完全伽马函数可以表达为幂级数展开的形式[34]，即

$$\gamma(M,Lx)=\Gamma(M)\cdot\left(1-\mathrm{e}^{-Lx}\sum_{k=0}^{M-1}\frac{L^k x^k}{k!}\right) \tag{14.46}$$

式中，$\Gamma(M)=(M-1)!$ 为伽马函数。因为 $\mu_{k_c,\max} \geqslant 0$，随机变量 $\mu_{k_c,\max}$ 的均值可由其 CDF 直接计算得到，即

$$\mathrm{E}\left[\mu_{k_c,\max}\right]=\int_0^{\infty}\left(1-\Pr\left(\mu_{k_c,\max} \leqslant x\right)\right)\mathrm{d}x \tag{14.47}$$

将式（14.41）和式（14.46）代入式（14.47），利用二项式定理可得

$$\begin{aligned}
\mathrm{E}\left[\mu_{k_c,\max}\right] &= \int_0^{\infty}\left(1-\left(1-\mathrm{e}^{-Lx}\sum_{k=0}^{M-1}\frac{L^k x^k}{k!}\right)^L\right)\mathrm{d}x \\
&= \int_0^{\infty}\left(\sum_{l=1}^{L}\binom{L}{l}(-1)^{l+1}\mathrm{e}^{-lLx}\left(\sum_{k=0}^{M-1}\frac{L^k x^k}{k!}\right)^l\right)\mathrm{d}x \\
&= \sum_{l=1}^{L}\binom{L}{l}(-1)^{l+1}\sum_{k=0}^{(M-1)l} b_k(M,L,l)\int_0^{\infty}\mathrm{e}^{-lLx}x^k\mathrm{d}x
\end{aligned} \tag{14.48}$$

通过改变变量，可以将式（14.48）中的积分进一步重写为

$$\int_0^{\infty}\mathrm{e}^{-lLx}x^k\mathrm{d}x=\left(\frac{1}{lL}\right)^{k+1}\int_0^{\infty}t^k\mathrm{e}^{-t}\mathrm{d}t=\left(\frac{1}{lL}\right)^{k+1}\Gamma(k+1) \tag{14.49}$$

进而可以得到

$$\mathrm{E}\left[\mu_{k_c,\max}\right]=\sum_{l=1}^{L}\binom{L}{l}(-1)^{l+1}\sum_{k=0}^{(M-1)l} b_k(M,L,l)\left(\frac{1}{lL}\right)^{k+1}\Gamma(k+1) \tag{14.50}$$

由引理 14.4.1 和式（14.50）可知证明完毕。

定理 14.4.2 给出了本书 PW 系统在两种特殊情况下的结论，这两种特殊情况是（1）平坦衰落信道中的多天线 PW 系统 $(L=1)$（2）频率选择性衰落信道中的单天线 PW 系统 $(M=1)$，这为我们理解多径和发射天线的数量对功率传输性能的影响提供了重要的帮助。

结论 14.4.1　当 $L=1$ 时，对于 $k=0,\cdots,(M-1)$，有 $b_k\left(M,1,1\right)=\dfrac{1}{k!}$，可由 $\mathrm{E}\left[E_{c,G}\right]=N_g M+\dfrac{\sigma_z{}^2}{P_v}$ 计算得到平均能量传递效率增益。我们观察到，相比噪声功率 $\sigma_z{}^2$，如果 P_v 足够大，那么能量传递效率就与波长度及天线数量成正比。需要注意，增益 N_g 主要来自 PW，它使得参考信号的功率得以累积。如果波长增加，那么波成后需要的发射信号功率也会更大。

结论 14.4.2　当 $M=1$ 时，对于 $l=1,\cdots,L$，有 $b_0\left(1,L,l\right)=1$，平均能量传递效率增益的下界通过 $\mathrm{E}\left[E_{c,G}\right]\geqslant N_g\sum_{l=1}^{L}\binom{L}{l}\left(-1\right)^{l+1}\dfrac{1}{l}+\dfrac{\sigma_z{}^2}{P_v}$ 确定。实际上，变量 l 项的总和等于 $\sum_{l=1}^{L}\dfrac{1}{l}$ [25]，而且 $\mathrm{E}\left[E_{c,G}\right]\geqslant N_g\sum_{l=1}^{L}\dfrac{1}{l}+\dfrac{\sigma_z{}^2}{P_v}$，因此可以发现，能量传递效率随着多径数量的增加而增加。换言之，可以通过尽可能多地对无线环境中自然存在的多径进行数字解析，来提升系统带宽，进而达到提升能量传递效率的目的。

14.5　仿真结果及讨论

为了证明我们提出的多天线 PW 系统的性能，并且验证平均能量传递效率增益、平均收集能量的中断性能的分析结果，我们进行了计算机仿真。由于重点关注多天线 PW 技术实现的 WPT 性能增益，因此我们设定 $P_v=1$，并对大规模路径损失进行了归一化。除了利用 UPD 信道特性，即令式（14.1）中 $\rho_{m,l}=\dfrac{1}{L}$，我们还在仿真实验中采用了遵循 IEEE 802.15.4a UWB 通信标准的 Saleh-Valenzuela（SV）信道模型[32]。通常中心频率在 2GHz ～ 6GHz 之间的宽带应用会采用该信道模型。系统带宽设置为 125MHz，即采样周期 $T_S=8\mathrm{ns}$，可解析的多径数量与使用的信道带宽有关，大约为几十个㊀。需要注意的是，我们为多天线 PW 系统配置了更大的带宽，以便在信道探测阶段对自然存在的多径进行数字解析，然后利用估计得到的 CIR 对功率传输阶段的波和参考信号进行计算。另一方面，尽管无线环境中多径数量丰富，CIR 估计值仍然可能是单抽头的。由于无线充电需要的信号功率（至少 –10dBm）远大于一般噪声功率（在 125MHz 带宽下为 –93dBm），因此我们通过令 $\sigma_z{}^2=0$ 来忽略噪声功率。表 14.1 给出的算法中，作为停止条件的默认值为 $\varepsilon=10^{-3}$，或 $I_{\max}=3$。此外，在进行性能对比时，我们还考虑了传统窄带波束赋形方案的 WPT 性能。该方案将总带宽 B 分为 30 个子带，与文献［18］相同，我们选择对最强的子带进行常见的窄带波束赋形，也即本章中所提到的频域方法。

㊀ 该系统可以在工业、科学和医学无线电频带（即 ISM 频带）的选定部分上运行，所呈现的波将其功率集中于该频带，而剩余带宽则被保留用于无线信息传输。

图 14.3 展示了表 14.1 中呈现算法在 UWB SV 信道中分别使用随机初始化方法和经过设计的初始化方法得到不同迭代次数的平均能量传递效率增益。发射天线的数量和参考信号的长度由 $M=4$ 及 $N_v=100$ 确定。在随机初始化方法中，参考信号被初始化为复数二进制信号，即 $v[n]\epsilon\left\{\pm\frac{1}{\sqrt{2}}\pm \mathrm{j}\frac{1}{\sqrt{2}}\right\}$。根据该图我们可以观察得到两个结论。首先，在给定的初始化方法和固定波长下，相比参考信号非周期性传输的情况，周期性传输情况下的多天线 PW 系统可以达到更好的收敛性能，这是由于周期性传输情况下功率能更加充分地集中在最优选定频率上，而非周期性传输会导致功率泄漏至其他邻近频段。其次，采用经过设计的初始化方法的系统相比采用随机初始化方法的系统性能更好，前者可以在两次迭代内可以快速收敛。因此，在后续仿真中我们都采用设计初始化方法。

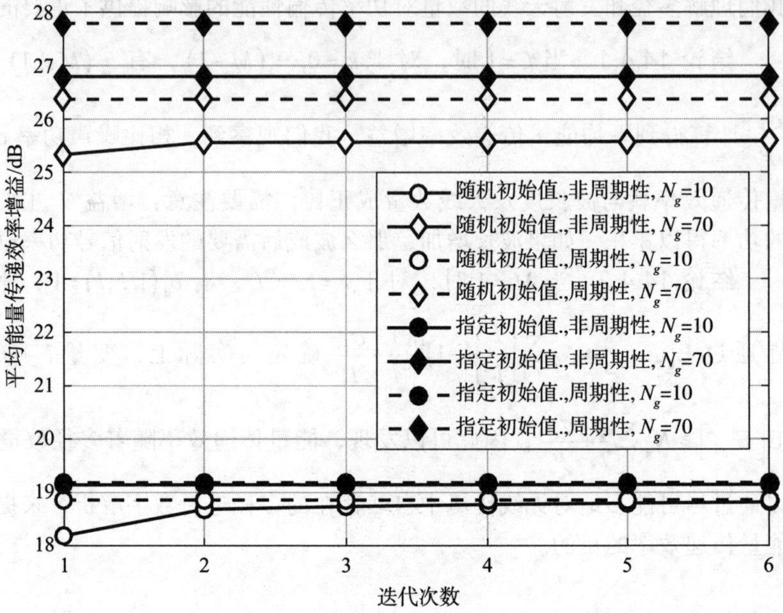

图 14.3　不同迭代次数下 UWB SV 信道 ($M=4$, $N_v=100$) 中算法的平均能量传递效率增益

图 14.4 及图 14.5 分别展示了参考信号在非周期性传输、周期性传输时的平均能量传递效率增益，在给定 UWB SV 信道中采用了不同的波和参考信号的长度。发射天线的数量设置为 $M=4$。在非周期性传输的情况下，我们发现通过增加波或参考信号的长度可以明显提升平均能量传递效率增益。以 $N_g=280$ 为例，当 N_v 由 1 增加到 150 后，

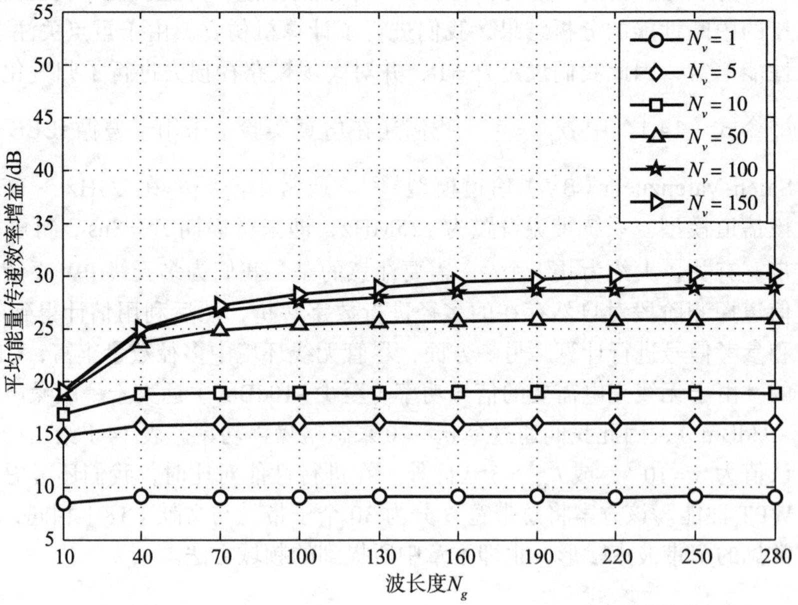

图 14.4　UWB SV 信道 ($M=4$) 中参考信号非周期性传输时算法的平均能量传递效率增益

性能提升了 22dB。同样我们也能看到随着 N_v 和 N_g 的增加，性能提升速度放缓。在图 14.5 中，信号周期性传输情况下可以观察到类似的性能变化趋势。当 $N_v = 150$ 、$N_g = 280$ 时，所提出的多天线 PW 系统的平均能量传递效率增益为 34dB 左右。由图 14.4 及图 14.5 可以看出，在 N_v 和 N_g 给定情况下，参考信号周期性传输时的多天线 PW 系统性能远优于同等条件下的非周期性传输系统。

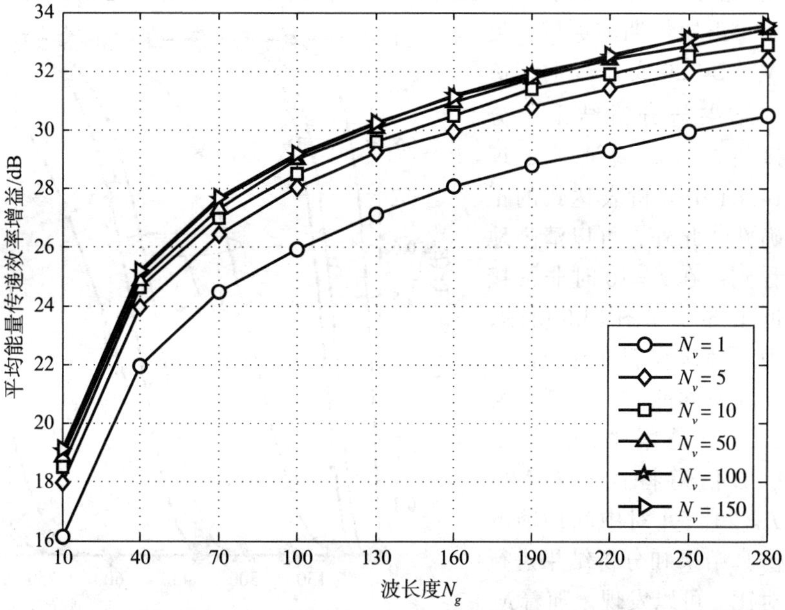

图 14.5　UWB SV 信道 ($M = 4$) 中参考信号为周期性传输时算法的平均能量传递效率增益

图 14.6 从平均能量传递效率增益的角度比较了多天线 PW 系统和频域波束赋形系统。波和参考信号的长度分别由 $N_g = N_v = 100$ 确定，UPD 信道特性中的多径数量为 $L = 20$。在 UWB SV 信道中对频域波束赋形系统进行仿真，为公平起见，该系统中发射信号功率与所提出的方案中保持一致。在不同的传输天线数量情况下，我们发现参考信号周期性传输时，多天线 PW 系统的能量传递效率增益比非周期性传输情况下提升了 5dB。此外，当参数 B 从 10MHz 提升到 125MHz 时，在 UWB SV 信道中参考信号周期性传输情况下，频域方法与所提出的时域方法之间的性能差异变小，这是由于两种方法都利用了无线信道的分集增益。

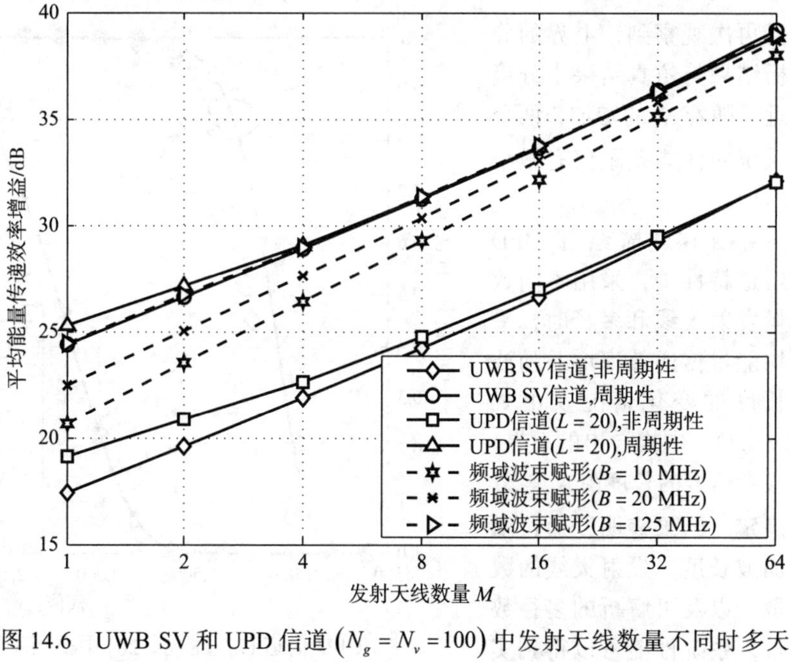

图 14.6　UWB SV 和 UPD 信道 $(N_g = N_v = 100)$ 中发射天线数量不同时多天线 PW 系统和频域波束赋形系统的平均能量传递效率增益比较

图 14.7 展示了采用

不同数量的发射天线和多径时，UPD 信道特性下准确的平均收集能量中断概率及由式（14.38）推导出的上界。其中周期性参考信号及波的长度分别设置为 $N_v = 20$、$N_g = 40$。显然，当发射天线和多径数量增加时中断性能获得提升，这归功于组合信道频率响应中更高的频率选择和天线增益。正如预期的那样，当 $N_v = L = 20$ 或 $L = 1$ 时，仿真结果与分析结果十分接近，从而验证了定理 14.4.1 中分析表达式的正确性。此外，可以清晰地看到，在 $L = 10$ 时非常接近上界。如图 14.8 所示，为了确认我们推导出的上界在不同的波和参考信号长度下是紧密的，设定 UPD 信道特性的 $M = 8$、$L = 20$，并对中断性能的仿真结果和分析结果进行对比。可以发现，随着 N_v 和 N_g 的增加，中断概率减小。当 $N_v = L = 20$ 时，可以再次观察到，上界的分析结果与仿真结果十分接近。随着 N_v 的增加，两个系统间性能差距仅有微小增加。

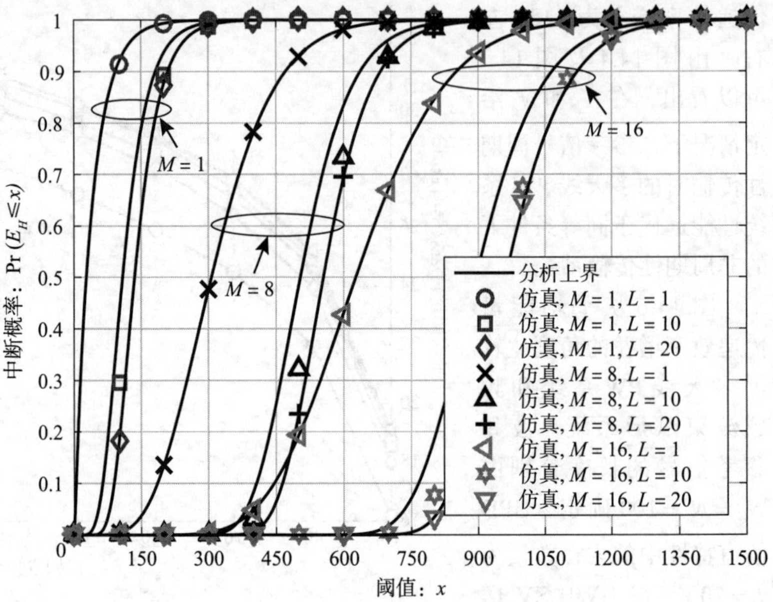

图 14.7　UPD 信道（$N_v = 20, N_g = 40$）中周期性传输参考信号的多天线 PW 系统的平均收集能量中断概率及分析上界

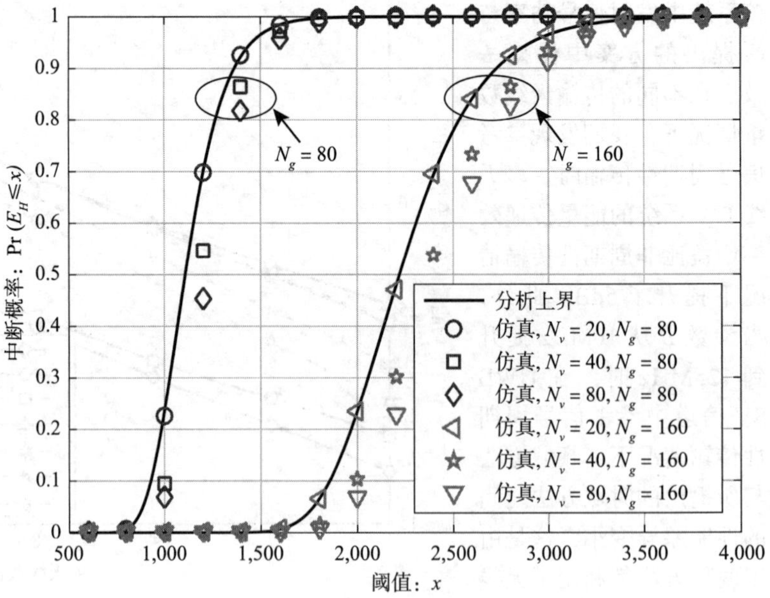

图 14.8　UPD 信道 ($M = 8, L = 20$) 中采用不同长度波和参考信号时平均收集能量中断概率及分析上界

图 14.9 描绘了 UPD 信道特性中，采用不同数量发射天线和多径时，平均能量传递效率增益随波长度的变化情况及由式（14.42）中推导出的下界。参考信号的长度由 $N_v = 20$ 确定。结果表明，通过增加波长度、发射天线的数量，以及可解析的多径数量，系统性能可以得到实质性的改进。从图中可以

明显看出，在 $N_v = L = 20$ 时，仿真结果和分析结果完美吻合，这证实了我们在定理 14.4.2 中得到的理论分析结果。同样，$L=10$ 时性能逼近下界，因此，该下界对于预测多径环境中多天线 PW 系统的性能提供了很大帮助。

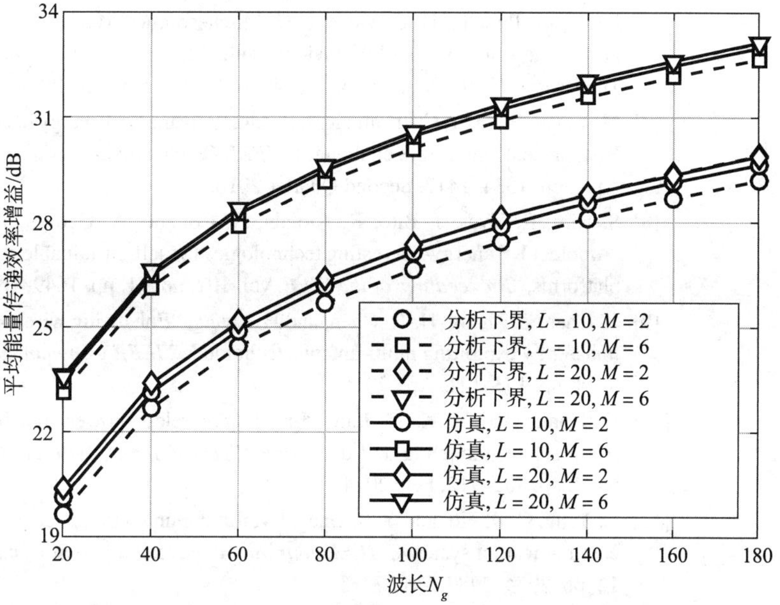

图 14.9　UPD 信道（$N_v = 20$）中周期性传输参考信号的多天线 PW 系统的平均能量传递效率增益及分析下界

14.6　小结

本章我们研究了 WPT 的联合功率波成形与波束赋形设计，在此过程中，我们对常见参考信号驱动的多个发射天线发出的波进行了优化，以最大化能量传递效率增益。证明了在参考信号周期性传输时，最佳波为单音结构，能进行合理的音频选择和发射天线间的功率分配。分析表明，通过选择发射天线上信道频率响应的功率总和最大的频率分量，可以简单地确定相应的最佳参考信号。在 UPD 信道特性下，对于平均收集能量中断性能及能量传递效率增益，以封闭形式分析了获得其上界和下界的表达式。借助该分析结果，可以量化不同系统参数对 WPT 性能的影响，例如发射天线数量、信道长度、波长度等。仿真结果表明，相比典型窄带波束赋形方案，该方案在性能上可以提升 20 ~ 30dB。相关资料，读者可以参考文献［35］。

参考文献

[1] J. Jin, J. Gubbi, S. Marusic, and M. Palaniswami, “An information framework for creating a smart city through Internet of Things,” *IEEE Internet of Things Journal*, vol. 1, no. 2, pp. 112–121, Apr. 2014.

[2] A. Luigi, I. Antonio, and M. Giacomo, “The Internet of Things: A survey,” *Computer Networks*, vol. 54, no. 15, pp. 2787–2805, Oct. 2010.

[3] P. Kamalinejad, C. Mahapatra, Z. Sheng, S. Mirabbasi, V. C. M. Leung, and Y. L. Guan, “Wireless energy harvesting for the Internet of Things,” *IEEE Communications Magazine*, vol. 53, no. 6, pp. 102–108, Jun. 2015.

[4] S. Sudevalayam and P. Kulkarni, “Energy harvesting sensor nodes: Survey and implications,” *IEEE Communications Surveys and Tutorials*, vol. 13, no. 3, pp. 443–461, Third Quarter 2011.

[5] X. Lu, P. Wang, D. Niyato, D. I. Kim, and Z. Han, “Wireless charging technologies: Fundamentals, standards, and network applications,” *IEEE Communications Surveys and Tutorials*, vol. 18, no. 2, pp. 1413–1452, Second Quarter 2016.

[6] N. B. Carvalho, A. Georgiadis, A. Costanzo, H. Rogier, A. Collado, J. A. Garcia, S. Lucyszyn, P. Mezzanotte, J. Kracek, D. Masotti, A. J. S. Boaventura, M. de las Nieves Ruiz Lavin, M. Pinuela, D. C. Yates, P. D. Mitcheson, M. Mazanek, and V. Pankrac, "Wireless power transmission: R&D activities within Europe," *IEEE Transactions on Microwave Theory and Techniques*, vol. 62, no. 4, pp. 1031–1045, Apr. 2014.

[7] M.-L. Ku, W. Li, Y. Chen, and K. J. R. Liu, "Advances in energy harvesting communications: Past, present, and future challenges," *IEEE Communications Surveys and Tutorials*, vol. 18, no. 2, pp. 1384–1412, Second Quarter 2016.

[8] S. Kim, R. Vyas, J. Bito, K. Niotaki, A. Collado, A. Georgiadis, and M. M. Tentzeris, "Ambient RF energy-harvesting technologies for self-sustainable standalone wireless sensor platforms," *Proceedings of the IEEE*, vol. 102, no. 11, pp. 1649–1666, Nov. 2014.

[9] X. Chen, Z. Zhang, H.-H. Chen, and H. Zhang, "Enhancing wireless information and power transfer by exploiting multi-antenna techniques," *IEEE Communications Magazine*, vol. 53, no. 4, pp. 133–141, Apr. 2015.

[10] K. Huang and V. K. N. Lau, "Enabling wireless power transfer in cellular networks: Architecture, modeling and deployment," *IEEE Trans. Wireless Communication*, vol. 13, no. 2, pp. 902–912, Feb. 2014.

[11] G. Yang, C. K. Ho, and Y. L. Guan, "Multi-antenna wireless energy transfer for backscatter communication systems," *IEEE Journal on Selected Areas in Communications*, vol. 33, no. 12, pp. 2974–2987, Dec. 2015.

[12] Z. Wang, L. Duan, and R. Zhang, "Adaptively directional wireless power transfer for large-scale sensor networks," *IEEE Journal on Selected Areas in Communications*, vol. 34, no. 5, pp. 1785–1800, May 2016.

[13] X. Chen, X. Wang, and X. Chen, "Energy-efficient optimization for wireless information and power transfer in large-scale MIMO systems employing energy beamforming," *IEEE Wireless Communications Letters*, vol. 2, no. 6, pp. 667–670, Dec. 2013.

[14] G. Yang, C. K. Ho, R. Zhang, and Y. L. Guan, "Throughput optimization for massive MIMO systems powered by wireless energy transfer," *IEEE Journal on Selected Areas in Communications*, vol. 33, no. 8, pp. 1640–1650, Aug. 2015.

[15] S. Kashyap, E. Bjornson, and E. G. Larsson, "On the feasibility of wireless energy transfer using massive antenna arrays," *IEEE Transactions on Wireless Communications*, vol. 15, no. 5, pp. 3466–3480, May 2016.

[16] L. Liu, R. Zhang, and K.-C. Chua, "Multi-antenna wireless powered communication with energy beamforming," *IEEE Transactions on Communications*, vol. 62, no. 12, pp. 4349–4361, Dec. 2014.

[17] X. Wu, W. Xu, X. Dong, H. Zhang, and X. You, "Asymptotically optimal power allocation for massive MIMO wireless powered communications," *IEEE Wireless Communications Letters*, vol. 5, no. 1, pp. 100–103, Feb. 2016.

[18] Y. Zeng and R. Zhang, "Optimized training for net energy maximization in multi-antenna wireless energy transfer over frequency-selective channel," *IEEE Transactions on Communications*, vol. 63, no. 6, pp. 2360–2373, Jun. 2015.

[19] B. Clerckx and E. Bayguzina, "Waveform design for wireless power transfer," *IEEE Transactions on Signal Processing*, vol. 64, no. 23, pp. 5972–5975, Dec. 2016.

[20] Y. Zeng, B. Clerckx, and R. Zhang, "Communications and signals design for wireless power transmission," *IEEE Transactions on Communications*, vol. 65, no. 5, pp. 2264–2290, May 2017.

[21] K. Huang and E. Larsson, "Simultaneous information and power transfer for broadband wireless systems," *IEEE Transactions on Signal Processing*, vol. 61, no. 23, pp. 5972–5986, Dec. 2013.

[22] S. Lee and R. Zhang, "Distributed wireless power transfer with energy feedback," *IEEE Transactions on Signal Processing*, vol. 65, no. 7, pp. 1685–1699, Apr. 2017.

[23] Y. Zeng and R. Zhang, "Optimized training design for wireless energy transfer," *IEEE Transactions on Communications*, vol. 63, no. 2, pp. 536–550, Feb. 2015.

[24] G. Yang, C. K. Ho, and Y. L. Guan, "Dynamic resource allocation for multiple-antenna wireless power transfer," *IEEE Transactions on Signal Processing*, vol. 62, no. 14, pp. 3565–3577, Jul. 2014.

[25] M.-L. Ku, Y. Han, H.-Q. Lai, Y. Chen, and K. J. R. Liu, "Power waveforming: wireless power transfer beyond time-reversal," *IEEE Transactions on Signal Processing*, vol. 64, no. 22, pp. 5819–5834, Nov. 2016.

[26] J. Xu and R. Zhang, "A general design framework for MIMO wireless energy transfer with limited feedback," *IEEE Transactions on Signal Processing*, vol. 64, no. 10, pp. 2475–2488, May 2016.

[27] J. Xu and R. Zhang, "Energy beamforming with one-bit feedback," *IEEE Transactions on Signal Processing*, vol. 62, no. 20, pp. 5370–5381, Oct. 2014.

[28] X. Zhou, C. K. Ho, and R. Zhang, "Wireless power meets energy harvesting: a joint energy allocation approach in OFDM-based system," *IEEE Transactions on Wireless Communications*, vol. 15, no. 5, pp. 3481–3491, May 2016.

[29] B. Wang, Y. Wu, F. Han, Y.-H. Yang, and K. J. R. Liu, "Green wireless communications: A time-reversal paradigm," *IEEE Journal on Selected Areas in Communications*, vol. 29, no. 8, pp. 1698–1710, Sep. 2011.

[30] S. Budišin "Golay complementary sequences are superior to PN sequences," *IEEE International Conference on Systems Engineering*, pp. 101–104, 1992.

[31] Y. Han, Y. Chen, B. Wang, and K. J. R. Liu, "Time-reversal massive multipath effect: A single-antenna "massive MIMO" solution," *IEEE Transactions on Communications*, vol. 64, no. 8, pp. 3382–3394, Aug. 2016.

[32] A. A. M. Saleh and R. A. Valenzuela, "A statistical model for indoor multipath propagation," *IEEE Journal on Selected Areas in Communications*, vol. 5, no. 2, pp. 128–137, Feb. 1987.

[33] Q. T. Zhang and H. G. Lu "A general analytical approach to multi-branch selection combining over various spatially correlated fading channels," *IEEE Transactions on Communications*, vol. 50, no. 7, pp. 1066–1073, Jul. 2002.

[34] I. S. Gradshteyn and I. M. Ryzhik, *Tables of Integrals, Series and Products*, San Diego, CA: Academic Press, 2007.

[35] M. L. Ku, Y. Han, B. Wang, and K. J. R. Liu, "Joint power waveforming and beamforming for wireless power transfer," *IEEE Transactions on Signal Processing*, vol. 65, no. 24, pp. 6409–6422, Dec. 2017.

第四部分 5G 和下一代通信系统

第 15 章 |Chapter 15|

时间反演多址

多径效应会导致严重的符号间干扰（ISI），这使得高速宽带通信面临着非常大的挑战。时间反演（TR）传输技术能够在时域和空域集中能量，为低复杂度、高能效通信提供了巨大可能。本章将介绍时间反演多址（TRDMA），由于时间反演技术具有高分辨率的空间聚焦效应，因此可以作为无线信道接入的方法。考虑在多径信道的多用户下行链路系统中采用 TR 结构，其中不同用户的信号可由 TRDMA 完全分隔开来。本章将介绍和评估单发射天线的基本方案和多发射天线的增强方案。从系统的有效信干噪比（SINR）、可达和速率以及有中断可达速率方面对系统性能进行了研究。本章最后还讨论了 TRDMA 与传统 Rake 接收机的比较优势，以及用户之间空间相关性的影响。分析和仿真结果均表明，本章提出的 TRDMA 多用户下行链路系统可获得理想的特性和令人满意的性能，对于未来高效能、低复杂度的宽带无线通信，TRDMA 是一个很有前途的候选方案。

15.1 引言

过去十年里，对高速无线服务的需求空前增加，对未来宽带通信的需求也成为必然。对于宽带通信而言，感知多径的分辨率要求也相应提高。在强散射环境下，多径效应会导致严重的符号间干扰（ISI），给高速通信带来了挑战。为了解决这个问题，接收机需要采用多载波调制（如 OFDM）或复杂的均衡技术[1-4]以减少 ISI。尽管能够达到令人满意的性能，但在许多应用场景中，会导致用户端和无线终端过高的复杂性。

另一方面，时间反演（TR）信号传输是一种可以充分利用多径环境特性、可实现的、低复杂度的、高效能的、有巨大潜力的通信技术[5]。时间反演传输技术的研究历史可追溯到 20 世纪 90 年代初[6-10]；不过，这项技术当时在声学和超声领域之外并没有引起太多发展和关注。TR 现象首先是在声学物理学[6-10]中被发现的，然后在实际水下传播环境[11-13]中得到了进一步验证，来自发射机的 TR 声波的能量可以完全重新聚焦在预定位置，而且能达到很高的空间分辨率（几个波长的水平）。因为 TR 可以充分利用多径传播，且不需要复杂的信道处理和均衡，所以后来在无线通信系统，尤其是超宽带（UWB）系统中，得到了应用验证和测试[14-18]。

单用户 TR 无线通信包括两个阶段：记录阶段和传输阶段。当收发机 A 想要向收发机 B 发送信息时，收发机 B 首先发送一个在散射多径环境中传播的脉冲，该多径信号被收发机 A 接收和记录。然后收发机 A 只需将经过时间反演（和共轭）的波通过通信链路发送回收发机 B。根据信道互易性[19]，TR 波可以回溯输入方向的路径，最终得到聚焦于预期位置的“尖峰”信号功率空间分布，这通常称为空间聚焦效应[5-17]。此外，从信号处理角度来看，在单用户通信中，对于目标接收机来说，TR 本质上是将多径信道作为一个方便的匹配滤波器计算机，并将信号能量聚集在时域内，这通常称为时间聚焦效应。值得注意的是，当信道干扰时间不是很短时，一个工作周期中的传输阶段可以包含多个信号传输，不需要为每次传输事先探测信道，这样就可以合理地保持带宽效率。这是使用 TR 时的典型情况，并通过文献［5］的真实实验验证了这一点。

在单用户情况下，时空聚焦效应已被证明可以大大简化接收机[14-18、20-21]，并能够在保持服务质量（QoS）的同时降低功耗和干扰[5]。本章考虑多径信道上的多用户下行链路系统，我们基于时间反演结构的高分辨率空间聚焦效应，提出了一种时间反演多址（TRDMA）无线信道接入方法。从原理上讲，无线介质中的反射、衍射和散射机制使每个通信链路的多径传播具有唯一性和独立性[19]，利用这些特性可以在空间分割多址（SDMA）方案中提供空间选择性。与传统的基于天线阵列波束赋形 SDMA 方案相比，时间反演技术充分利用了大量多径，实质上是将每条路径视为天然存在且在环境中广泛分布的虚拟天线。

即使仅使用一根发射天线，时间反演技术也能实现非常高的分集增益和高分辨率的“精确”空间聚焦。高分辨率空间聚焦效应将自然的多径传播分布映射为每个链路特有的位置特定签名，类似于码分系统中人为的“正交随机码”。我们提出的 TRDMA 方案利用了多径环境中位置特定签名的独特性和独立性，为 SDMA 提供了一种新的低成本高效能解决方案。更具优势的是，TRDMA 方案可以同时实现更高的空间分辨率聚焦 / 选择性和时域信号能量压缩，而不需要像基于天线阵列的波束赋形那样在接收机处进行进一步的均衡。

文献［5, 22–24］中的一些实际的天线传播实验验证了将时间反演技术应用于多用户 UWB 通信的潜力和可行性，通过在确定性多径超宽带信道上进行一个简化的单次传输实验，测试并验证了空间聚焦效应能够降低信号传输功率并抑制用户间干扰。近期一些重要研究成果，如文献［20-21, 25］也进一步支持了本章介绍的 TRDMA 思想。文献［20］介绍了一种用于 SIMO UWB 系统的基于 TR 的单用户空间复用方案，其中多个数据流通过一个发射天线发送并由一个多天线接收机接收。误码率（BER）的仿真结果证明了将 TR 应用于空间多路数据流的可行性。文献［21, 25］考虑了单个接收机天线之间的空间相关性，并通过计算机仿真定量研究了其对 BER 性能的影响。在文献［20］和文献［21, 25］的基础上，通过仿真研究了多用户 UWB 场景中信道相关性对 BER 性能的影响。但是，这些论文缺乏关于系统性能的理论论述或证明。此外，大多数文献只关注 BER，没有考虑频谱效率这一任何空间复用方案的主要设计参数。文献中还缺乏系统理论研究和基于 TR 的多用户通信系统的综合性能分析。受时间反演结构高分辨率的空间聚焦潜力、现有实验测量以及支持性文献工作的启发，我们讨论并研究了 TRDMA 多用户通信系统以下几个方面。

- TRDMA 作为一种无线多径环境下新型多用户下行链路解决方案的概念，并提出了理论分析框架。
- 一个多径瑞利衰落信道下的多用户宽带通信系统，其中只需要 TRDMA 即可分隔多个用户的信号。
- 定义和评估了系统性能的多个指标，包括每个用户的有效 SINR、可达和速率以及 ε - 中断下的可达速率。

- 简化的两个用户情况下可达速率的范围，可以看到 TR 空间聚焦效应使得 TRDMA 具有优于其他技术的优势。
- 在单输入单输出（SISO）情况下，用户空间相关性对系统性能的影响并进行了定量分析，以对 TRDMA 有更全面的了解。

15.2 系统模型

本节将介绍信道、系统模型和 TRDMA 方案。我们从信道模型的假设和公式开始。然后，我们描述了使用单发射天线的基本 TRDMA 方案的两个阶段。最后，我们将基本的单入单出（SISO）方案扩展为基站（BS）采用多发射天线的增强型多输入单输出（MISO）TRDMA 方案。

15.2.1 信道模型

我们在本章考虑一个多径瑞利衰落信道的多用户下行链路网络。首先关注以下 SISO 场景：基站（BS）和所有用户都配备一个天线。BS 和用户 i 之间的通信链路的信道冲激响应（CIR）建模为

$$h_i[k]=\sum_{l=0}^{L-1}h_{i,l}\delta[k-l] \tag{15.1}$$

式中，$h_i[k]$ 是长度为 L 的 CIR 的第 k 个抽头，而 $\delta[\cdot]$ 是狄拉克 δ 函数。对于每条链接，我们都假定 $h_i[k]$ 是独立的圆对称复高斯（CSCG）随机变量，均值为 0，方差为

$$\mathrm{E}\left[\left|h_i[k]\right|^2\right]=\mathrm{e}^{-\frac{kT_S}{\sigma_T}},\ 0\leqslant k\leqslant L-1 \tag{15.2}$$

式中，T_S 是系统的采样周期（因此 $1/T_S$ 等于系统带宽 B），而 σ_T 是信道的均方根值（rms）时延扩展 [3]。由于 TR 结构具有双相性，我们假设信道是互易、遍历和块恒定的，且其抽头值至少在一个占空比周期内保持不变。每个占空比周期包括记录阶段和传输阶段，分别占据一个周期的 $(1-\eta)$ 和 η 的比例，其中 $\eta\in(0,1)$ 取决于信道随时间变化的快慢。

为了简化分析过程同时体现 TRDMA 的基本思想，我们首先假设不同用户关联的 CIR 是不相关的（尽管实际 CIR 可能并非完全不相关）。此外，文献 [5, 17] 中的实际实验结果表明，在强散射环境中，当两个位置仅相隔几个波长时，与不同位置相关联的 CIR 之间的相关性会降低到可以忽略的水平。15.5 节将进一步讨论用户间的信道相关性对系统性能的影响。

15.2.2 阶段一：记录阶段

单天线 SISO TRDMA 多用户下行链路系统示意图如图 15.1 所示，其中有 N 个用户分别从 BS 接收统计独立的消息 $\{X_1(k), X_2(k), \dots, X_N(k)\}$。图 15.1 中的时间反演镜（TRM）是一种可以记录接收波并对其进行时间反演（如果是复数值则是共轭）的设备，在接下来的传输阶段，TRM 将通过卷积运算对输入信号的时间反演波进行调制。

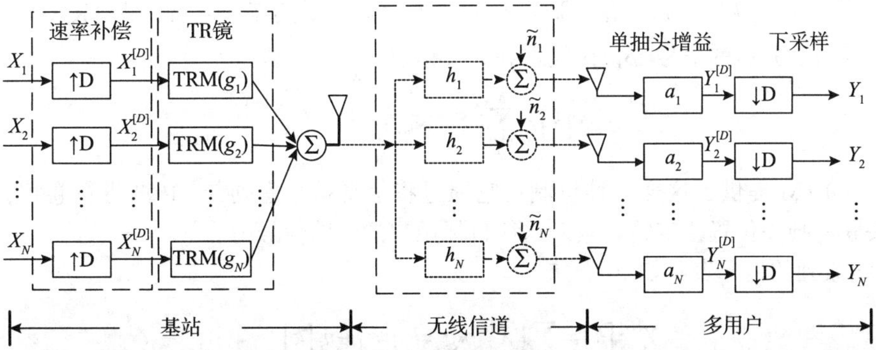

图 15.1　单天线 SISO TRDMA 多用户下行链路系统示意图

在记录阶段，N 个目标用户首先轮流向 BS 传输脉冲信号（理想情况下是 δ 函数，实际对于有限带宽，可以用修正的升余弦信号[5]）。同时，BS 处的 TRM 将记录每个链路的信道响应，并存储传输阶段的每个信道响应的时间反演及共轭版本。为简化分析推导，我们忽略了由热噪声和量化噪声引起的微小干扰，假设 TRM 记录的波反映了真实的 CIR。基于时间反演文献中的以下事实，这种简化是合理的：

- 假定信道缓慢变化（如文献［5］中实际实验所示），通过对同一 CIR 的多个噪声采样平均，可以将热噪声（通常建模为加性高斯白噪声（AWGN））有效地降低到一个期望的水平。这会增加整个占空比周期中记录阶段的占比 $(1-\eta)$，从而导致信道探测开销增加，但不会改变所提出系统的分析结构。
- 文献［26］中研究了量化的影响。结果表明，对于大多数应用而言，9bit 量化可视为近乎完美，即使采用 1bit 量化，TR 系统也可以正常工作，这证明了 TR 传输技术的鲁棒性。

15.2.3　阶段二：传输阶段

在信道记录阶段之后，系统开始其传输阶段。在 BS 中，$\{X_1, X_2, \cdots, X_N\}$ 中的每一个代表了一系列信息符号，该信息符号是具有零均值和 θ 方差的独立复随机变量。换句话说，我们假设对于从 1 ～ N 的每个 i，当 $k \neq l$ 时，$X_i[k]$ 和 $X_i[l]$ 是独立的。正如前面提到的，$\{X_1, X_2, \cdots, X_N\}$ 中任何两个序列在我们的模型中也是独立的。我们引入速率补偿因子 D 作为采样率与波特率的比值，在 BS 和接收机上以因子 D 进行上采样和下采样，如图 15.1 所示。这种补偿因子的概念有助于在 TR 系统分析中进行简单的速率转换。

这些序列首先在 BS 处以因子 D 进行上采样，第 i 个上采样序列可以表示为

$$X_i^{[D]}[k] = \begin{cases} X_i[k/D], & k \bmod D = 0 \\ 0, & k \bmod D \neq 0 \end{cases} \tag{15.3}$$

然后，将上采样序列馈入 TRM 库 $\{g_1, g_2, \cdots, g_N\}$，其中，第 i 个 TRM g_i 的输出是第 i 个上采样序列 $\{X_i^{[D]}[k]\}$ 和 TR 波 $\{g_i[k]\}$ 的卷积，如图 15.1 所示。

$$g_i[k] = h_i^*[L-1-k] \Big/ \sqrt{\mathrm{E}\left[\sum_{l=0}^{L-1} \left|h_i[l]\right|^2\right]} \tag{15.4}$$

这是时间反演 $\{h_i[k]\}$ 的归一化（通过平均信道增益）复共轭。之后，将 TRM 库的所有输出加在一起，并将合并后的信号 $\{S[k]\}$ 发送到无线信道。

$$S[k]=\sum_{i=1}^{N}\left(X_i^{[D]}*g_i\right)[k] \tag{15.5}$$

本质上，TRM 提供了这样一种机制：它通过将信息符号序列与 TR 波进行卷积，将与每个通信链路关联的唯一位置特定签名嵌入送往目标用户的传输信号中。

用户 i 接收到的信号表示如下

$$Y_i^{[D]}[k]=\sum_{j=1}^{N}\left(X_j^{[D]}*g_j*h_i\right)[k]+\tilde{n}_i[k] \tag{15.6}$$

它是发射信号 $\{S[k]\}$ 和 CIR $\{h_i[k]\}$ 的卷积，再加上具有均值为 0 和方差为 σ^2 的加性高斯白噪声序列 $\left\{\tilde{n}_i[k]\right\}$。

由于时间聚焦效应，信号能量集中在单个时间样本中。第 i 个接收机（用户 i）仅对接收到的信号执行一次抽头增益 a_i 调整，以恢复该信号，然后使用相同的因子 D 对其进行下采样，最后得到如下信号 $Y_i[k]$（为了简化符号，假定 $L-1$ 为 D 的倍数）

$$Y_i[k]=a_i\sum_{j=1}^{N}\sum_{l=0}^{(2L-2)/D}\left(h_i*g_j\right)[Dl]X_j[k-l]+a_i n_i[k] \tag{15.7}$$

式中

$$\left(h_i*g_j\right)[k]=\sum_{l=0}^{L-1}h_i[l]g_j[k-l]=\frac{\sum_{l=0}^{L-1}h_i[l]h_j^*[L-1-k+l]}{\sqrt{\mathrm{E}\left[\sum_{l=0}^{L-1}\left|h_j[l]\right|^2\right]}} \tag{15.8}$$

其中 $k=0, 1, \cdots, 2L-2$, 且 $n_i[k]=\tilde{n}_i[Dk]$ 是均值为零和方差为 σ^2 的 AWGN。

15.2.4 多发射天线的TRDMA

在本节中，我们将基本的 TRDMA 方案推广为一个具有多个发射天线的增强版本。为了保持接收机的低复杂性，我们考虑一种 MISO 情况，其中发射 BS 配备了 M_T 根天线和多个单天线用户。

令 $h_i^{(m)}[k]$ 表示用户 i 与 BS 的第 m 个天线之间的通信链路 CIR 的第 k 个抽头，并且假定它是圆对称复高斯随机变量，其均值为零，且方差如下：

$$\mathrm{E}\left[\left|h_i^{(m)}[k]\right|^2\right]=\mathrm{e}^{-\frac{kT_S}{\sigma_T}} \tag{15.9}$$

为了与基本 SISO 情况保持一致，我们也假设与不同天线的关联路径不相关，即，对于 $\forall i,j\in\{1,2,\cdots,N\}$ 和 $\forall k,l\in\{0,1,\cdots,L-1\}$，当 $m\neq w$ 时，$h_i^{(m)}[k]$ 和 $h_j^{(w)}[l]$ 不相关，其中 $m,w\in$

$\{1,2,\cdots,M_T\}$ 是 BS 的第 m 和第 w 根天线。

对于 MISO TRDMA 方案，BS 的每根天线的作用与基本方案中的单天线 BS 类似。MISO TRDMA 的系统示意图如图 15.2 所示。TR 波 $\left\{g_i^{(m)}[k]\right\}$ 是归一化（被 MISO 信道的平均总能量）的时间反演复共轭 $\{h_i^{(m)}[k]\}$，即

$$g_i^{(m)}[k]=h_i^{(m)*}[L-1-k]\Big/\sqrt{\mathrm{E}\left[M_T\sum_{l=0}^{L-1}\left|h_i^{(m)}[l]\right|^2\right]} \tag{15.10}$$

因此，BS 处的平均总发射功率为

$$P=\frac{N\times\theta}{D} \tag{15.11}$$

它并不依赖于发射天线 M_T 的数量。

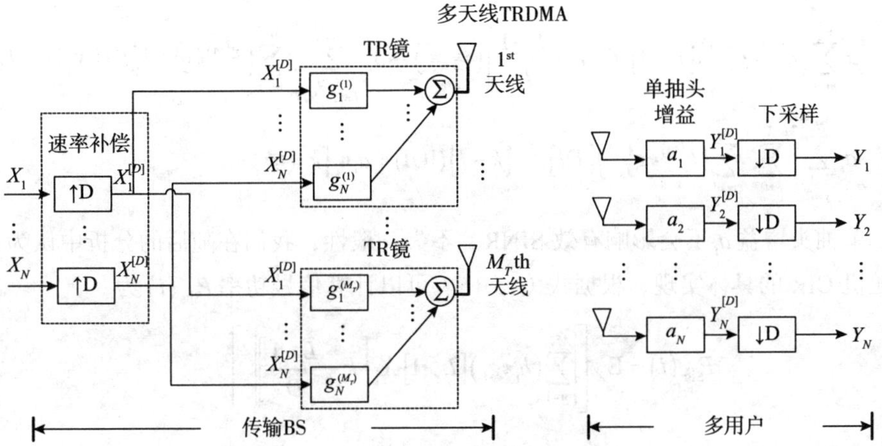

图 15.2　MISO TRDMA 多天线多用户下行链路系统示意图

类似地，用户 i 最终收到的信号可以表示为

$$Y_i[k]=\sum_{j=1}^{N}\sum_{m=1}^{M_T}\sum_{l=0}^{\frac{2L-2}{D}}\left(h_i^{(m)}*g_j^{(m)}\right)[Dl]X_j[k-l]+n[k] \tag{15.12}$$

式中，$n[k]$ 是具有零均值和 σ^2 方差的加性高斯白噪声。

然后，定义修正的接收信噪比（SNR）ρ 为

$$\rho=\frac{P}{\sigma^2}\mathrm{E}\left[\sum_{l=0}^{L-1}\left|h_i^{(m)}[l]\right|^2\right]=\frac{P}{\sigma^2}\frac{1-\mathrm{e}^{-\frac{LT_S}{\sigma_T}}}{1-\mathrm{e}^{-\frac{T_S}{\sigma_T}}} \tag{15.13}$$

以在后续性能评估时，排除系统模型中潜在的多径增益。

在以下各节中，我们将根据有效 SINR、可达和速率以及 ε - 中断可达速率来评估所提出系统的性能。

15.3 有效 SINR

本节将评估所提出系统的有效 SINR。因为基本 SISO 方案只是 $M_T=1$ 的一种特例，所以我们只需以 M_T 为参数来分析一般 MISO 情况。

注意，对于式（15.12）中 $\{(h_i^{(m)} * g_j^{(m)})[k]\}$，当 $k=L-1$ 且 $j=i$ 时，它对应于自相关函数的最大功率中心峰值，即

$$\left(h_i^{(m)} * g_i^{(m)}\right)[L-1]=\sum_{l=0}^{L-1}\left|h_i^{(m)}[l]\right|^2 \Big/ \sqrt{\mathrm{E}\left[M_T\sum_{l=0}^{L-1}\left|h_i^{(m)}[l]\right|^2\right]} \tag{15.14}$$

受单抽头接收机的约束，第 i 个接收机仅根据 $Y_i[k]$ 的观测值来估计 $X_i\left[k-\dfrac{L-1}{D}\right]$。$Y_i$ 的其余成分可以进一步分为符号间干扰（ISI）、用户间干扰（IUI）和噪声，如下所示。

$$\begin{aligned}Y_i[k]=&a_i\sum_{m=1}^{M_T}\left(h_i^{(m)} * g_i^{(m)}\right)[L-1]X_i\left[k-\frac{L-1}{D}\right](\text{信号})+a_i\sum_{\substack{l=0\\ l\neq(L-1)/D}}^{(2L-2)/D}\sum_{m=1}^{M_T}\left(h_i^{(m)} * g_i^{(m)}\right)[Dl]X_i[k-l](\text{ISI})\\&+a_i\sum_{\substack{j=1\\ j\neq i}}^{N}\sum_{l=0}^{(2L-2)/D}\sum_{m=1}^{M_T}\left(h_i^{(m)} * g_j^{(m)}\right)[Dl]X_j[k-l](\text{IUI})+a_in_i[k](\text{噪声})\end{aligned} \tag{15.15}$$

注意，单抽头增益 a_i 不会影响有效 SINR。不失一般性，我们在随后的分析中认为 $a_i=1$。

给定随机 CIR 的具体实现，根据式（15.15）可以计算信号功率 $P_{\mathrm{Sig}}(i)$ 为

$$\begin{aligned}P_{\mathrm{Sig}}(i)&=\mathrm{E}_X\left[\left|\sum_{m=1}^{M_T}(h_i * g_i)[L-1]X_i\left[k-\frac{L-1}{D}\right]\right|^2\right]\\&=\theta\left|\sum_{m=1}^{M_T}\left(h_i^{(m)} * g_i^{(m)}\right)[L-1]\right|^2\end{aligned} \tag{15.16}$$

式中，$\mathrm{E}_X[\cdot]$ 表示 X 的期望。相应地，与 ISI 和 IUI 关联的功率可以推导为

$$P_{\mathrm{ISI}}(i)=\theta\sum_{\substack{l=0\\ l\neq\frac{L-1}{D}}}^{\frac{2L-2}{D}}\left|\sum_{m=1}^{M_T}\left(h_i^{(m)} * g_i^{(m)}\right)[Dl]\right|^2 \tag{15.17}$$

$$P_{\mathrm{IUI}}(i)=\theta\sum_{\substack{j=1\\ j\neq i}}^{N}\sum_{l=0}^{\frac{2L-2}{D}}\left|\sum_{m=1}^{M_T}\left(h_i^{(m)} * g_j^{(m)}\right)[Dl]\right|^2 \tag{15.18}$$

当存在干扰时，SINR 几乎总是用于衡量信号损失程度的一个关键性能指标。对于媒体接入方案来说，干扰管理是特别关键的设计目标之一。在本节中，我们将研究这种多用户网络中每个用户的有效 SINR。

我们将用户 i 的平均有效 $\mathrm{SINR}_{\mathrm{avg}}(i)$ 定义为平均信号功率与平均干扰噪声功率之比，即

$$\mathrm{SINR}_{\mathrm{avg}}(i)=\frac{\mathrm{E}\left[P_{\mathrm{Sig}}(i)\right]}{\mathrm{E}\left[P_{\mathrm{ISI}}(i)\right]+\mathrm{E}\left[P_{\mathrm{IUI}}(i)\right]+\sigma^2} \tag{15.19}$$

其中每一项都在式（15.16）、式（15.17）和式（15.18）中均有所定义。注意式（15.19）定义的有效 SINR 在数值上与 $\mathrm{E}\left[\frac{P_{\mathrm{Sig}}(i)}{P_{\mathrm{ISI}}(i)+P_{\mathrm{IUI}}(i)+\sigma^2}\right]$ 并不相同。数值上，前者可以视为后者近似值。当使用多重积分计算平均 SINR 过于复杂时，这种近似方法特别有用，适用于本章和文献［18, 27-28］的情况。这种近似性能将在图 15.3、图 15.4 和图 15.5 所示的数值结果中得到证明。

定理 15.3.1　对于 15.2 节中给出的独立多径瑞利衰落信道，式（15.19）中用户 i 的平均有效 SINR 的每项期望值可由式（15.20）、式（15.21）和式（15.22）求得

$$\mathrm{E}\left[P_{\mathrm{Sig}}(i)\right]=\theta\frac{1+\mathrm{e}^{-\frac{LT_S}{\sigma_T}}}{1+\mathrm{e}^{-\frac{T_S}{\sigma_T}}}+\theta M_T\frac{1-\mathrm{e}^{-\frac{LT_S}{\sigma_T}}}{1-\mathrm{e}^{-\frac{T_S}{\sigma_T}}} \tag{15.20}$$

$$\mathrm{E}\left[P_{\mathrm{ISI}}(i)\right]=2\theta\frac{\mathrm{e}^{-\frac{T_S}{\sigma_T}}\left(1-\mathrm{e}^{-\frac{(L-2+D)T_S}{\sigma_T}}\right)}{\left(1-\mathrm{e}^{-\frac{DT_S}{\sigma_T}}\right)\left(1+\mathrm{e}^{-\frac{T_S}{\sigma_T}}\right)} \tag{15.21}$$

$$\mathrm{E}\left[P_{\mathrm{IUI}}(i)\right]=\theta(N-1)\frac{\left(1+\mathrm{e}^{-\frac{DT_S}{\sigma_T}}\right)\left(1+\mathrm{e}^{-\frac{2LT_S}{\sigma_T}}\right)-2\mathrm{e}^{-\frac{(L+1)T_S}{\sigma_T}}\left(1+\mathrm{e}^{-\frac{(D-2)T_S}{\sigma_T}}\right)}{\left(1-\mathrm{e}^{-\frac{DT_S}{\sigma_T}}\right)\left(1+\mathrm{e}^{-\frac{T_S}{\sigma_T}}\right)\left(1-\mathrm{e}^{-\frac{LT_S}{\sigma_T}}\right)} \tag{15.22}$$

证明：根据 15.2 节的信道模型，$h_i^{(m)}[k]$ 的二阶和四阶矩由文献［29］给出，即

$$\mathrm{E}\left[\left|h_i^{(m)}[k]\right|^2\right]=\mathrm{e}^{-\frac{kT_S}{\sigma_T}} \tag{15.23}$$

$$\mathrm{E}\left[\left|h_i^{(m)}[k]\right|^4\right]=2\left(\mathrm{E}\left[\left|h_i^{(m)}[k]\right|^2\right]\right)^2=2\mathrm{e}^{-\frac{2kT_S}{\sigma_T}} \tag{15.24}$$

在式（15.23）和式（15.24）的基础上，经过一些基本数学推导，我们得到对 $\forall i\in\{1, 2,\cdots, N\}$ 的期望值。

$$\mathrm{E}\left[\left|\sum_{m=1}^{M_T}\left(h_i^{(m)}*g_i^{(m)}\right)[L-1]\right|^2\right]=\frac{1+\mathrm{e}^{-\frac{LT_S}{\sigma_T}}}{1+\mathrm{e}^{-\frac{T_S}{\sigma_T}}}+M_T\frac{1-\mathrm{e}^{-\frac{LT_S}{\sigma_T}}}{1-\mathrm{e}^{-\frac{T_S}{\sigma_T}}} \tag{15.25}$$

$$\mathrm{E}\left[\sum_{\substack{l=0\\ l\neq\frac{L-1}{D}}}^{\frac{2L-2}{D}}\left|\sum_{m=1}^{M_T}\left(h_i^{(m)}*g_i^{(m)}\right)[Dl]\right|^2\right]=2\frac{\mathrm{e}^{-\frac{T_S}{\sigma_T}}\left(1-\mathrm{e}^{-\frac{(L-2+D)T_S}{\sigma_T}}\right)}{\left(1-\mathrm{e}^{-\frac{DT_S}{\sigma_T}}\right)\left(1+\mathrm{e}^{-\frac{T_S}{\sigma_T}}\right)} \tag{15.26}$$

$$\mathrm{E}\left[\sum_{\substack{j=1\\ j\neq i}}^{N}\sum_{l=0}^{\frac{2L-2}{D}}\left|\sum_{m=1}^{M_T}\left(h_j^{(m)}*g_i^{(m)}\right)[Dl]\right|^2\right. \tag{15.27}$$

$$=(N-1)\frac{\left(1+\mathrm{e}^{-\frac{DT_S}{\sigma_T}}\right)\left(1+\mathrm{e}^{-\frac{2LT_S}{\sigma_T}}\right)-2\mathrm{e}^{-\frac{(L+1)T_S}{\sigma_T}}\left(1+\mathrm{e}^{-\frac{(D-2)T_S}{\sigma_T}}\right)}{\left(1-\mathrm{e}^{-\frac{DT_S}{\sigma_T}}\right)\left(1+\mathrm{e}^{-\frac{T_S}{\sigma_T}}\right)\left(1-\mathrm{e}^{-\frac{LT_S}{\sigma_T}}\right)} \quad (15.27\text{ 续})$$

因此，根据式（15.16）～式（15.18），得证定理 15.3.1 中的式（15.20）～式（15.22）。

从定理 15.3.1 可以看出，式（15.26）和式（15.27）中的平均干扰功率（即 ISI 和 IUI）不依赖于 M_T，而式（15.25）中的信号功率电平随着天线数量线性增加，这是由于多个发射天线利用环境中的多径增强了聚焦效应，增强的聚焦效应单调地提升了有效 SINR。另一个有趣的观察结果是，较大的补偿因子 D 会提高每个符号的接收质量，这在干扰功率主导噪声功率的高信噪比区域尤其有效。下面的定理给出了高信噪比条件下 SINR 随 D 变化的渐近行为。

定理 15.3.2 在高 SNR 范围内，当 D 很小时，如 $D \ll L$ 和 $D \ll \sigma_T / T_S$，双倍 D 将导致平均有效 SINR 增益增加约 3dB。

证明：首先注意，信号功率不取决于 D，在高 SINR 情况下，噪声可以忽略不计。因此，我们可以重点关注干扰功率。

- 对于符号间干扰（ISI）：

$$\frac{\mathrm{E}\left[P_{\mathrm{ISI}}(i,D=d)\right]}{\mathrm{E}\left[P_{\mathrm{ISI}}(i,D=2d)\right]}=\left(1+\mathrm{e}^{-\frac{dT_S}{\sigma_T}}\right)\frac{\left(1-\mathrm{e}^{-\frac{(L-2+d)T_S}{\sigma_T}}\right)}{\left(1-\mathrm{e}^{-\frac{(L-2+2d)T_S}{\sigma_T}}\right)} \quad (15.28)$$

由于 $D \ll L$，则 $\dfrac{1-\mathrm{e}^{-\frac{(L-2+d)T_S}{\sigma_T}}}{1-\mathrm{e}^{-\frac{(L-2+2d)T_S}{\sigma_T}}}\approx 1$；由于 $D \ll \dfrac{\sigma_T}{T_S}$，则 $\mathrm{e}^{-\frac{dT_S}{\sigma_T}}\approx 1$。于是有 $\dfrac{\mathrm{E}[P_{\mathrm{ISI}}(i,\ D=d)]}{\mathrm{E}[P_{\mathrm{ISI}}(i,\ D=2d)]}\approx 2$。

- 对于用户间干扰（IUI）：

$$\frac{\mathrm{E}\left[P_{\mathrm{IUI}}(i,D=d)\right]}{\mathrm{E}\left[P_{\mathrm{IUI}}(i,D=2d)\right]}=\left(1+\mathrm{e}^{-\frac{dT_S}{\sigma_T}}\right)\times\frac{\left(1+\mathrm{e}^{-\frac{dT_S}{\sigma_T}}\right)\left(1+\mathrm{e}^{-\frac{2LT_S}{\sigma_T}}\right)-2\mathrm{e}^{-\frac{(L+1)T_S}{\sigma_T}}\left(1+\mathrm{e}^{-\frac{(d-2)T_S}{\sigma_T}}\right)}{\left(1+\mathrm{e}^{-\frac{2dT_S}{\sigma_T}}\right)\left(1+\mathrm{e}^{-\frac{2LT_S}{\sigma_T}}\right)-2\mathrm{e}^{-\frac{(L+1)T_S}{\sigma_T}}\left(1+\mathrm{e}^{-\frac{(2d-2)T_S}{\sigma_T}}\right)} \quad (15.29)$$

由于类似的原因，有

$$\frac{\mathrm{E}\left[P_{\mathrm{IUI}}(i,D=d)\right]}{\mathrm{E}\left[P_{\mathrm{IUI}}(i,D=2d)\right]}\approx 2$$

接下来，我们对平均有效 SINR 进行数值评估。在本章中，我们主要考虑带宽通常在数百兆赫兹至几吉赫兹之间的宽带系统，这比 3GPP/3GPP2 中指定的窄带系统要宽得多。在强散射环境中，路径非常多，感知到的多径数量随着系统带宽的增加迅速增加。对于带宽为 B 的系统，两条路径之间的最小可分辨时差为 $T_S = 1/B$ [4]。牢记这一点，我们首先从一个典型范围中选择 $L = 257$ 和 $\sigma_T = 128T_S$，并根据 N（用户数量）、M_T（天线数量）和 D（速率补偿因子）在各种系统配置下评估平均有效 SINR 与 ρ。

图 15.3、图 15.4 和图 15.5 中的实线是当 $L = 257$ 和 $\sigma_T = 128T_S$ 时，根据定理 15.3.1 的分析结

果得到的；虚线是根据仿真数据按照 $\mathrm{E}\left[\frac{P_{\mathrm{Sig}}(i)}{P_{\mathrm{ISI}}(i)+P_{\mathrm{IUI}}(i)+\sigma^2}\right]$ 计算的结果。可以看到，定理 15.3.1 的结果非常接近仿真结果，从而证明了定义的有效 SINR 的有效性。

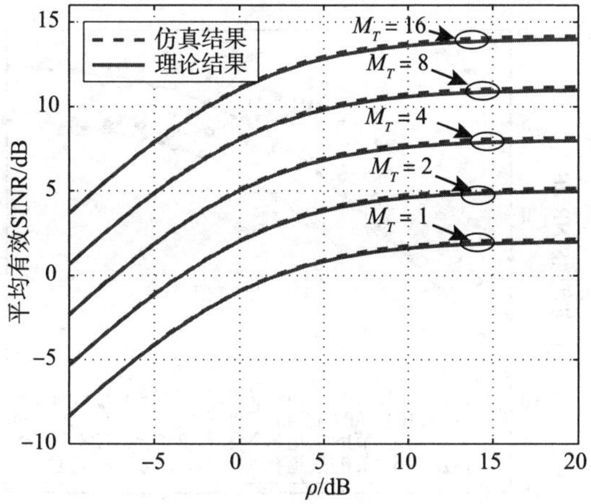

图 15.3 天线数量的影响（$D=8, N=5$）

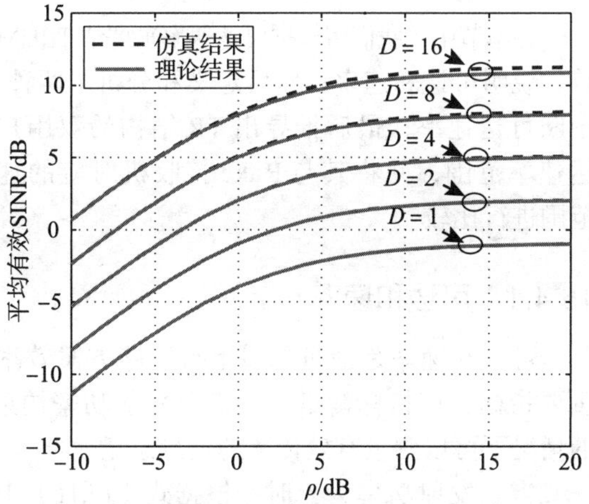

图 15.4 速率补偿因子的影响（$N=5$，$M_T=4$）

图 15.3 对应的参数为 $D=8$ 和 $N=5$，图中展示了天线数量 M_T 对有效 SINR 的影响。从图 15.3 可以看出，在合理范围内，M_T 倍增可获得约 3dB 的增益。图 15.4 显示了 $N=5, M_T=4$ 时速率补偿因子 D 对有效 SINR 的影响。公式和仿真结果均表明，在保持信号功率前提下，较大的 D 值可以降低 ISI 和 IUI。在高 SNR 时，干扰功率占噪声功率的主要部分，如定理 15.3.2 给出的，当 D 在图 15.4 中加倍时，可以看到有效 SINR 增益大约增加 3dB。图 15.5 显示了 $D=8, M_T=4$ 时用户数量的影响。由于 IUI 的存在，增加共存用户数量会导致用户之间的干扰增加。图 15.5 意味着网络容量（就服务用户数而言）和每用户信号接收质量之间存在折中权衡。

此外，为了证明 TRDMA 的实用性和重要性，我们将提出的方案应用于更实用的信道模型，即 IEEE 802.15.4a 室外 NLOS 信道，其带宽为 $B=500\text{MHz}$（$T_S=2\text{ns}$，典型信道长度 L 为 80 ～ 150 个抽头）和 $B=1\text{GHz}$（$T_S=1\text{ns}$，典型信道长度 L 为 200 ～ 300 个抽头）。图 15.6 显示了在 $M_T=4$ 时所提出的 TRDMA 方案在这两个更实用的信道模型上的性能。这两个实用信道模型具有与 TRDMA 设计的系统相当的系统带宽和信道长度。从图 15.6 中可以看出，实际信道模型的性能很好地保留了我们理论模型获得的系统性能，尤其是在高 SNR 的情况下。注意在图 15.6 中，将 $T_S=2\text{ns}$ 和 $T_S=1\text{ns}$ 的信道分别设置 $D=4$ 和 8，以确保它们的波特率（即 B/D）相同，以便进行公平比较。从比较结果可以看出，在我们提出的 TRDMA 方案中，带宽越大，多径越丰富（或多

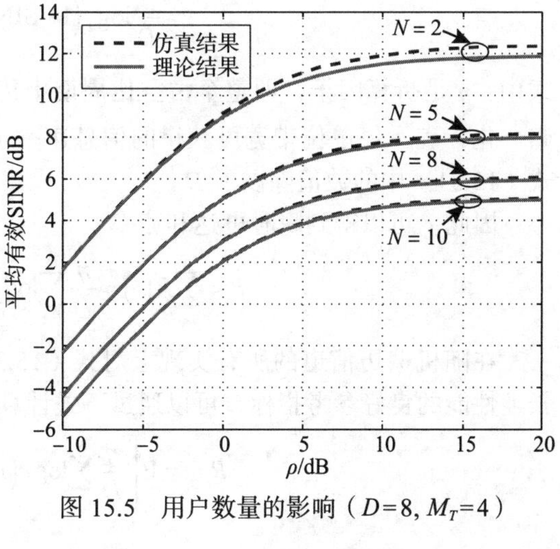

图 15.5 用户数量的影响（$D=8, M_T=4$）

径分辨率越高），可以产生越好的用户分隔性能，实质上就是增加了位置特定签名的自由度。

15.4 可达速率

在本节中，我们将根据可达速率来评估 TRDMA。首先说明可达和速率；然后定义和分析了两种 ϵ-中断可达速率；最后推导出 TR 结构的双用户可达速率范围，并将其与 Rake 接收机对应的速率范围进行比较。

15.4.1 可达和速率

可达和速率是衡量无线下行链路方案效率的重要指标，该指标衡量在给定总发射功率约束 P 的情况下可以测量有效传递的信息总量。

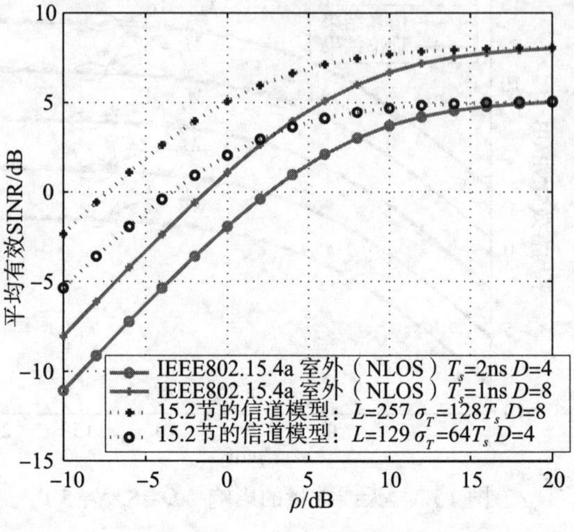

图 15.6　IEEE802.15.4a 室外 NLOS 信道模型的平均有效 SINR

当总发射功率为 P 时，根据式（15.11）中所示的简单转换，每个符号的方差限定为 $\theta = PD/N$。对于我们在 15.2 节中建模的随机信道的任何瞬时实现，都可以用下式得到其用户 i 的符号方差 θ 的瞬时有效 SINR

$$\mathrm{SINR}(i,\theta) \triangleq \frac{P_{\mathrm{Sig}}(i)}{P_{\mathrm{ISI}}(i)+P_{\mathrm{IUI}}(i)+\sigma^2} \tag{15.30}$$

式（15.30）中每项由式（15.16）、式（15.17）和式（15.18）确定。

然后，在总功率 P 约束下，用户 i 的瞬时可达速率计算为

$$\begin{aligned} R(i) &= \frac{\eta}{T_s \times B \times D}\log_2\left(1+\mathrm{SINR}(i,PD/N)\right) \\ &= \frac{\eta}{D}\log_2\left(1+\mathrm{SINR}(i,PD/N)\right) \end{aligned} \tag{15.31}$$

式中，η 是折算因子，即整个占空比周期中传输阶段的占比。我们用带宽 $B=1/T_S$ 对和速率进行归一化，表示每单位带宽可获得的信息速率（通常称为频谱效率）。还要注意，由于速率补偿，式（15.31）中的数值除以了 D。

因此，可以得到瞬时可达和速率

$$R = \sum_{i=1}^{N} R(i) = \frac{\eta}{D}\sum_{i=1}^{N}\log_2\left(1+\mathrm{SINR}(i,PD/N)\right) \tag{15.32}$$

在随机遍历信道的所有实现上对式（15.32）取平均，瞬时可达和速率的期望值是一个评估长期性能的良好参考指标，可以通过下式计算

$$R_{\mathrm{avg}} = \mathrm{E}\left[\frac{\eta}{D}\sum_{i=1}^{N}\log_2\left(1+\mathrm{SINR}(i,PD/N)\right)\right] \tag{15.33}$$

在本节的以下部分，不失一般性，我们假设 $\eta \approx 1$，忽略每个占空比中记录阶段引起的开销，在衰落信道变化不太快时，这种近似是有效的。

在系统模型中，利用 CIR 长度 $L=257$、延迟扩展 $\sigma_T=128T_S$ 对平均可达和速率进行了数值仿真。图 15.7 展示了不同配置条件下的平均可达和速率。为了评估该方案在实际环境中的性能，我们对 15.2 节的模型（$L=257$，$\sigma_T=128T_S$ 和 $M_T=4$）和 IEEE802.15.4a 室外 NLOS 信道模型（$B=1\text{GHz}$，$T_S=1\text{ns}$，$M_T=4$）的可达和速率性能进行了比较，结果如图 15.8 所示。

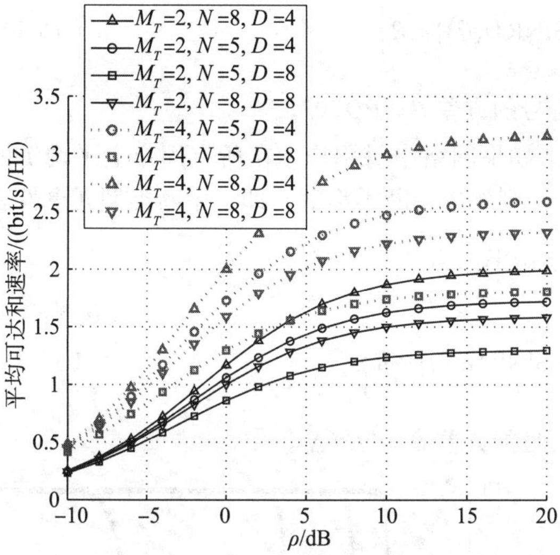

图 15.7 归一化可达和速率 ρ

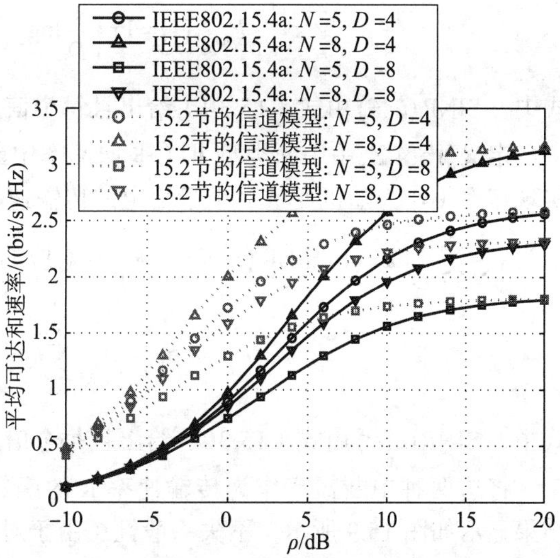

图 15.8 IEEE802.15.4a 户外 NLOS 信道模型的归一化可达和速率

图 15.7 显示，和速率随 M_T 单调增加，这是空间聚焦的增强导致 SINR 提升的结果。从图 15.8 可以看出，具有可比信道长度（L 为 200 ～ 300 个抽头）的 IEEE802.15.4a 信道模型很好地保持了 15.2 节中理论信道模型的可达和速率，特别是在高 SNR 情况下。这证明了 TRDMA 在实际信道中的有效性。图 15.7 和 15.8 都显示，N 越大，可达和速率越大，而较大的 D 会使可达和速率打折扣。D 和 N 对和速率的影响机制总结如下。

- 增大 N，会增加并发数据流（或多路复用路数），但由于用户间干扰增大，会降低每用户的可达和速率。SINR 的衰减在式（15.32）中的对数函数内，但由于是多路复用数乘以对数函数，因此当 N 较大时，使得和速率更高。
- 另一方面，增大 D，可以降低 ISI，从而可以提高每个符号的接收质量，但会降低符号的发送速率。由于类似原因，对数函数中的 SINR 改善无法补偿符号率降低的损失。

因此，(D, N) 的选择揭示出每个用户的信号质量与该系统和速率之间存在的折中关系。

15.4.2 ϵ - 中断可达速率

在本节中，我们将介绍基于 TRDMA 的多用户网络的 ϵ - 中断可达速率。ϵ - 中断率的概念[4,30]允许以不大于 ϵ 的差错概率对随机信道发送的比特进行解码。这个概念非常适用于慢变信道，在这种信道中，瞬时可达速率在大量传输中保持恒定，这正是应用 TR 结构时的典型情况。

我们首先在基于 TRDMA 的下行链路网络中定义两种类型的中断事件，然后描述每种类型的中断概率。

定义 15.4.1 （中断类型Ⅰ（单个速率中断））如果用户 i 的可达速率（作为随机变量）小于给定的传输速率 R，则用户 i 发生中断类型Ⅰ，即，可将中断类型Ⅰ事件表示为 $\left\{\frac{1}{D}\log_2\left(1+\mathrm{SINR}(i,\ \theta)\right)<R\right\}$，且用户 i 对应 R 的中断概率记为

$$P_{\mathrm{out\_I}}(i)=\Pr\left\{\frac{1}{D}\log_2\left(1+\mathrm{SINR}(i,\theta)\right)<R\right\} \tag{15.34}$$

式中，$\mathrm{SINR}(i,\ \theta)$ 由式（15.30）给出且每个信息符号的方差 $\theta=PD/N$。

定义 15.4.2 （中断类型Ⅱ（平均速率中断））如果网络中每用户（在所有用户上平均）的实现速率（作为随机变量）小于给定的传输速率 R，则发生中断类型Ⅱ，即，中断类型Ⅱ事件表示为 $\left\{\frac{1}{N}\sum_{i=1}^{N}\frac{1}{D}\log_2\left(1+\mathrm{SINR}(i,\ \theta)\right)<R\right\}$，对应的中断概率记为

$$P_{\mathrm{out\_II}}=\Pr\left\{\frac{1}{D\cdot N}\sum_{i=1}^{N}\log_2\left(1+\mathrm{SINR}(i,\theta)\right)<R\right\} \tag{15.35}$$

式中，$\mathrm{SINR}(i,\ \theta)$ 由式（15.30）给出且每个信息符号的方差 $\theta=PD/N$。

将这两种中断概率作为传输速率 R 的函数，结果显示如图 15.9 所示。不失一般性（由于对称性），以用户 1 的Ⅰ型中断概率 $P_{\mathrm{out\_I}}$ 为代表。如图 15.9 所示，在归一化 SNR 水平 $\rho=10\mathrm{dB}$ 的条件下，使用 $L=257$ 和 $\sigma_T=128T_S$ 进行仿真。可以看到，在中断概率接近 1 之前，图中曲线的斜率都非常陡峭。这表明 TR 传输技术可以有效抵抗多径衰落，并且在大数定律的作用下，系统能够以更加确定的方式运行。在大量优先考虑链路稳定性和可靠性的无线通信中，这种特性是非常理想的。而且，可以观察到速率补偿因子 D 对可达速率具有类似的折扣效应，并且，较大的 N（用户数）能够产生更大的 IUI，因此也能以相同的中断概率降低单个可达速率。

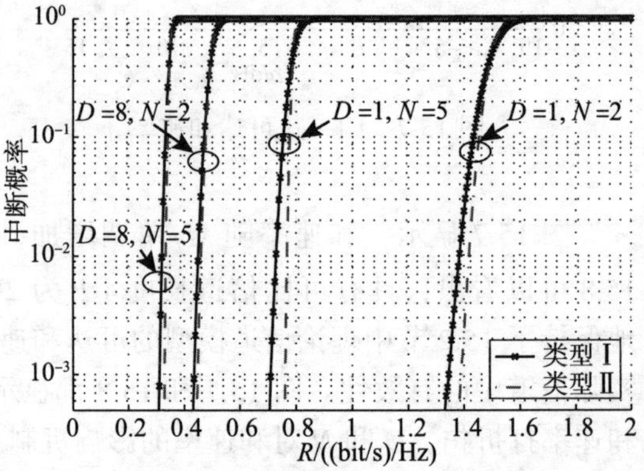

图 15.9 有中断的归一化可达速率

15.4.3 相比 Rake 接收机的可达速率范围的改善

本节中将介绍 TRDMA 相对于 Rake 接收机的可达速率范围的改善。注意，在单用户情况下，通过将均衡器从接收机转移到发射机，时间反演与 Rake 接收机在数学上有相似之处，后者的指元数等于或接近信道冲击响应的长度。然而，如文献［5］所示，对比一些通常具有数十到数百条多径的宽带通信，具有如此多指元的 Rake 接收机的复杂性不切实际。我们证实了在多用户情况下，TR 结构对 Rake 接收机的比较优势，其中 TR 结构的空间聚焦效应起着重要作用，并推导

了双用户可达速率范围（可以通过在更高维空间中定义范围以扩展到更多用户的情况）。具体来说，我们以每条多径信道传输的比特数为标准，对比研究了 TRDMA 方案和 Rake 接收机方案在单次传输中传递的信息量（输入和输出之间的交互信息）的性能。

考虑一个双用户下行链路的场景，发射机向两个不同接收机分别发出两个独立信息符号 X_1 和 X_2。如 15.2 节所述，将发射机和每个接收机之间的链路建模为具有脉冲响应 h_1 和 h_2 的离散多径信道。图 15.10a 显示了本章介绍的双用户单天线 TRDMA 方案；图 15.10b 显示了双用户基于 Rake 接收机的下行链路方案。正如我们将在后面展示的那样，即使假设 Rake 接收机齿数等于信道脉冲响应长度，且 Rake 接收机可以完美再现每条路径的延迟、振幅和相位，我们所提出的 TRDMA 方案也优于 Rake 接收机方案。

15.4.3.1　Rake 接收机

对于图 15.10b 中的理想 Rake 接收机，可以将均衡后的信号写为

$$Y_1 = \|h_1\|_2 X + Z_1;\ Y_2 = \|h_2\|_2 X + Z_2 \tag{15.36}$$

式中，$\|h_i\|_2 = \sqrt{\sum_{l=0}^{L-1} |h_i(l)|^2}$ 是信道冲击响应 h_1 的欧几里得范式，Z_i 是具有零均值和 σ_i^2 方差的加性高斯白噪声。X 是发射信号，是两个信息符号 X_1 和 X_2 的组合。

组合 X_1 和 X_2 最直观的方法是使用正交基，为每个用户分配总可用自由度的一部分[31]。在双用户情况下，假设 $X(t) = \sqrt{\beta}X_1c_1(t) + \sqrt{1-\beta}X_2c_2(t)$，其中 $c_1(t)$ 和 $c_2(t)$ 是两个正交基函数，它们将总可用自由度的一部分 $\alpha \in (0, 1)$ 分配给用户 1，另一部分 $(1-\alpha)$ 分配给用户 2。我们考虑了一个具有总发射功率约束的双用户可达速率区域。具体来说，假设 X_1 和 X_2 是方差为 Φ 的独立同分布（i.i.d.）随机变量，其功率分配系数为 β，因此 X 的方差 $\mathrm{var}(X) = (\sqrt{\beta})^2\phi + (\sqrt{1-\beta})^2\phi = \phi$。

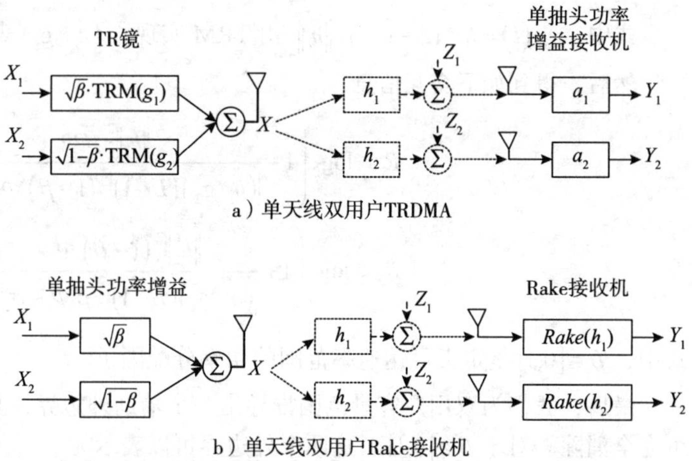

图 15.10　两个下行链路系统

然后，对于使用正交基的理想 Rake 接收机，由文献［30］给出了每个信道使用比特数的最大可达速率对（R_1, R_2），即

$$\begin{aligned} R_1 &\leqslant \alpha \log_2\left(1 + \frac{\beta\|h_1\|_2^2\Phi}{\alpha\sigma_1^2}\right) \\ R_2 &\leqslant (1-\alpha)\log_2\left(1 + \frac{(1-\beta)\|h_2\|_2^2\Phi}{(1-\alpha)\sigma_2^2}\right) \end{aligned} \tag{15.37}$$

式中所有可能的值 $\alpha \in (0, 1)$ 和 $\beta \in [0, 1]$ 定义了可达速率范围。

已经证明，对于式（15.36）中所示的输入输出关系，可以用叠加编码[32-35]来表征同时可达速率对的最佳边界。不失一般性，我们假设 $\frac{\sigma_1^2}{\|h_1\|_2^2} \leqslant \frac{\sigma_2^2}{\|h_2\|_2^2}$，即用户 1 的信道比用户 2 的好。那么，叠加编码的可达速率范围由文献［30］给出，即

$$
\begin{aligned}
R_1 &\leqslant \log_2\left(1+\frac{\beta\|h_1\|_2^2\Phi}{\sigma_1^2}\right)\\
R_2 &\leqslant \log_2\left(1+\frac{(1-\beta)\|h_2\|_2^2\Phi}{\beta\|h_2\|_2^2\Phi+\sigma_2^2}\right)
\end{aligned}
\tag{15.38}
$$

式中，$\beta\in[0,1]$是定义可达速率范围的功率分配因子。

15.4.3.2 TRDMA 方案与辅助外边界

对于具有单抽头接收机的 TRDMA 方案，当仅考虑单次传输时，输入输出的对应关系可约简为

$$
\begin{aligned}
Y_1 &= \sqrt{\beta}\|h_1\|_2 X_1+\sqrt{1-\beta}\left(h_1 * g_2\right)(L-1)X_2+Z_1\\
Y_2 &= \sqrt{1-\beta}\|h_2\|_2 X_2+\sqrt{\beta}\left(h_2 * g_1\right)(L-1)X_1+Z_2
\end{aligned}
\tag{15.39}
$$

式中，$g_i(l)=h_i^*(L-1-l)/\|h_i\|_2$ 由 TRM 实现，$(h_i * g_i)$ 表示 h_i 和 g_i 的卷积。

然后，得到如下交互信息

$$
\begin{aligned}
R_1 &\leqslant \log_2\left(1+\frac{\|h_1\|_2^2\beta\Phi}{\left|\left(h_1 * g_2\right)(L-1)\right|^2(1-\beta)\Phi+\sigma_1^2}\right)\\
R_2 &\leqslant \log_2\left(1+\frac{\|h_2\|_2^2(1-\beta)\Phi}{\left|\left(h_2 * g_1\right)(L-1)\right|^2\beta\Phi+\sigma_2^2}\right)
\end{aligned}
\tag{15.40}
$$

式中，$\beta\in[0,1]$是定义可达速率范围的功率分配因子。

最后，我们为双用户容量范围推导出一个辅助外边界，其中假定所有干扰都是已知的，因此可完全消除。对于$\beta\in[0,1]$，这两个外边界可以表示为

$$
\begin{aligned}
R_1 &\leqslant \log_2\left(1+\frac{\|h_1\|_2^2\beta\Phi}{\sigma_1^2}\right)\\
R_2 &\leqslant \log_2\left(1+\frac{\|h_2\|_2^2(1-\beta)\Phi}{\sigma_2^2}\right)
\end{aligned}
\tag{15.41}
$$

15.4.3.3 数值比较

我们对比根据式（15.37）、式（15.38）、式（15.40）和式（15.41）求得的容量区域数值。特别地，我们设定用户 1 和用户 2 分别满足 $\frac{\phi\mathrm{E}\left[\|h_1\|_2^2\right]}{\sigma_1^2}=10\mathrm{dB}$ 和 $\frac{\phi\mathrm{E}\left[\|h_2\|_2^2\right]}{\sigma_2^2}=5\mathrm{dB}$。图 15.11 显示

了对多径瑞利衰落信道的 1000 多次实验进行平均的结果。每次实验，脉冲响应 h_1 和 h_2 都是根据 15.2 节中的信道模型，使用参数 $L=257$ 和 $\sigma_T=128T_S$ 随机生成的。

首先，在图 15.11 中，所有方案在简化为单用户情况时均实现了相同的性能，这对应于坐标轴上的两个重叠的交叉点。这是由于在单用户情况下 TR 和 Rake 接收机之间具有数学相似性以及线性时不变（LTI）系统的交换特性。另一方面，如图 15.11 所示，在大多数情况下，当两个用户都处于活动状态时，我们所提出的 TRDMA 方案优于于 Rake 接收机方案。此外，TRDMA 边界接近于辅助外边界。所有这些都证明了 TRDMA 在空间聚焦方面具有独特优势，这种优势来源于在信号发射到空中之前对位置特定签名进行的嵌入处理。作为 TRDMA 的关键机制，高分辨率空间聚焦减少了用户间干扰，并为多用户通信提供了一种新颖的无线媒体访问解决方案。

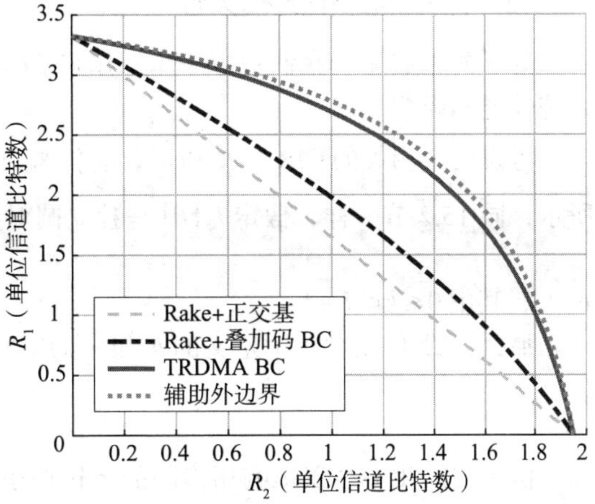

图 15.11 双用户场景下的可达速率范围

15.5 信道相关效应

在前面章节中，我们假设了一个独立信道模型，因为距离足够远（典型值是几个波长）的位置之间存在丰富散射环境，因此可以认为它们通常是高度不相关的[19]。但是，当环境散射程度较低，且用户彼此非常接近时，信道会变得相关。为了全面了解 TRDMA，我们需要对用户空间相关性所导致的性能下降进行定量评估，这很重要也很有意义。

15.5.1 空间信道相关性

虽然相关信道响应的建模方法很多，但我们选择对独立信道 X 和 Y 按元素进行线性组合来获得相关信道响应 $\hat{X}$ 和 $\hat{Y}$，如下所示[29, 36-37]

$$\begin{bmatrix}\hat{X}(i)\\ \hat{Y}(i)\end{bmatrix}=\begin{bmatrix}\sqrt{\xi} & \sqrt{1-\xi}\\ \sqrt{1-\xi} & \sqrt{\xi}\end{bmatrix}\begin{bmatrix}X(i)\\ Y(i)\end{bmatrix} \tag{15.42}$$

式中，系数 $\xi\in[0,1]$。

为了讨论方便，我们首先定义两个多径信道响应的空间相关性。

定义 15.5.1 对于两个多径信道响应 $\hat{X}$ 和 $\hat{Y}$，其空间相关性定义为

$$S_{\hat{X}\hat{Y}}=\frac{\sum_{i=0}^{L-1}\left|\mathrm{E}\left[\hat{X}(i)\hat{Y}(i)^*\right]\right|}{\sqrt{\sum_{i=0}^{L-1}\mathrm{E}\left[\left|\hat{X}(i)\right|^2\right]\cdot\sum_{j=0}^{L-1}\mathrm{E}\left[\left|\hat{Y}(j)\right|^2\right]}} \tag{15.43}$$

注意，不失一般性，此定义假设信道响应均值为零，$S_{\hat{X}\hat{Y}}$ 取值在 0 和 1 之间。特别是当 $\hat{X}$ 和 $\hat{Y}$ 彼此相同或加性相逆时，$S_{\hat{X}\hat{Y}}=1$；当 $\hat{X}$ 和 $\hat{Y}$ 彼此不相关时，$S_{\hat{X}\hat{Y}}=0$。

15.5.2　用户间的信道相关性

为了简单起见，我们考虑一个双用户 SISO 情况下的相关信道响应，观察用户空间相关性对系统性能的影响。

考虑两个相关的CIR，$\widehat{h_1}$ 和 $\widehat{h_2}$，它们来自两个独立的CIR h_1 和 h_2 的线性组合。如式（15.42）所示，同 15.2 节一样，假定 $h_i[k]$ 是独立圆对称复高斯随机变量，均值为零，方差为 $\mathrm{E}\left[|h_i[l]|^2\right]=\mathrm{e}^{-\frac{kT_S}{\sigma_T}}$，其中 $0\leqslant k\leqslant L-1$。

那么，式（15.43）中定义的 $\hat{h}_1$ 和 $\hat{h}_2$ 的空间相关性可以通过以下简单形式计算

$$S_{\hat{h}_1\hat{h}_2}=2\sqrt{\xi(1-\xi)} \tag{15.44}$$

由于空间相关性仅影响用户间的干扰功率，因此我们此处关注信道相关性导致的 IUI 平均功率的变化。与式（15.18）类似，在这种具有双用户相关 CIR $\hat{h}_1$ 和 $\hat{h}_2$ 的 SISO 情况下（即 $N=2$ 和 $M_T=1$），用户 i 新 IUI 功率 P 的期望值 $\hat{P}_{\mathrm{IUI}}(i)$ 可以写成

$$\mathrm{E}\left[\hat{P}_{\mathrm{IUI}}(i)\right]=\theta E\left[\sum_{l=0}^{\frac{2L-2}{D}}\left|\left(\hat{h}_i*\hat{g}_j\right)[Dl]\right|^2\right] \tag{15.45}$$

式中，$j\neq i(i,j\{1,2\})$，且 TRM $\hat{g}_j[k]=\hat{h}_j^*[L-1-k]\Big/\sqrt{\mathrm{E}\left[\sum_{l=0}^{L-1}\left|\hat{h}_j[l]\right|^2\right]}$ 对应具有 CIR $\hat{h}_j$ 的用户 j。

直接计算式（15.45）可能很繁琐。但是，根据式（15.42）中的线性变换将不相关的 h_1 和 h_2 代入式（15.45），利用 15.3 节中已有的结果和 h_1 和 h_2 的不相关性，计算出式（15.20）~式（15.22）中的 $\mathrm{E}\left[P_{\mathrm{Sig}}(i)\right]$、$\mathrm{E}\left[P_{\mathrm{ISI}}(i)\right]$ 和 $\mathrm{E}\left[P_{\mathrm{IUI}}(i)\right]$，进而表示出 $\hat{P}_{\mathrm{IUI}}(i)$ 的期望值，如式（15.46）所示。

$$\begin{aligned}\mathrm{E}\left[\hat{P}_{\mathrm{IUI}}(i)\right]&=\left[\xi^2+(1-\xi)^2\right]\mathrm{E}\left[P_{\mathrm{IUI}}(i)\right]\\&\quad+2\xi(1-\xi)\left(\mathrm{E}\left[P_{\mathrm{Sig}}(i)\right]+\mathrm{E}\left[P_{\mathrm{ISI}}(i)\right]+\theta\mathrm{E}\left[\sum_{l=0}^{L-1}\left|h_i[l]\right|^2\right]\right)\\&=\mathrm{E}\left[P_{\mathrm{IUI}}(i)\right]+\frac{S_{\hat{h}_1\hat{h}_2}^2}{2}\\&\quad\left(\mathrm{E}\left[P_{\mathrm{Sig}}(i)\right]+\mathrm{E}\left[P_{\mathrm{ISI}}(i)\right]-\mathrm{E}\left[P_{\mathrm{IUI}}(i)\right]+\theta\mathrm{E}\left[\sum_{l=0}^{L-1}\left|h_i[l]\right|^2\right]\right)\end{aligned} \tag{15.46}$$

注意在式（15.46）中，第二项 $\mathrm{E}\left[P_{\mathrm{Sig}}(i)\right]+\mathrm{E}\left[P_{\mathrm{ISI}}(i)\right]-\mathrm{E}\left[P_{\mathrm{IUI}}(i)\right]+\theta\mathrm{E}\left[\sum_{l=0}^{L-1}|h_i[l]|^2\right]$ 始终为正，这是双用户空间相关性对系统性能造成的损失。当 $S_{\hat{h}_1\hat{h}_2}=0$（即 $\xi=0$ 或 $\xi=1$）时，$\hat{h}_1$ 和 $\hat{h}_2$ 不相

关，此时有 $\mathrm{E}[\hat{P}_{\mathrm{IUI}}(i)]=\mathrm{E}[P_{\mathrm{IUI}}(i)]$。在极端情况下 $S_{\hat{h}_1\hat{h}_2}=1$（即 $\xi=0.5$，式（15.46）有最大值），$\hat{h}_1$ 和 $\hat{h}_2$ 相同，IUI 达到最大。

$$\mathrm{E}\left[\hat{P}_{\mathrm{IUI}}(i)\right]=\frac{\mathrm{E}\left[P_{\mathrm{Sig}}(i)+P_{\mathrm{ISI}}(i)+P_{\mathrm{IUI}}(i)\right]+\theta\mathrm{E}\left[\sum_{l=0}^{L-1}\left|h_i[l]\right|^2\right]}{2} \tag{15.47}$$

由于 $D=1$ 时，$\mathrm{E}\left[P_{\mathrm{Sig}}(i)+P_{\mathrm{ISI}}(i)\right]=\mathrm{E}\left[P_{\mathrm{IUI}}(i)\right]+\theta\mathrm{E}\left[\sum_{l=0}^{L-1}|h_i[l]|^2\right]$，当没有速率补偿时，式（15.47）可写成 $\mathrm{E}\left[\hat{p}_{\mathrm{IUI}}(i)\right]=\mathrm{E}\left[P_{\mathrm{Sig}}(i)\right]+\mathrm{E}\left[P_{\mathrm{ISI}}(i)\right]$。

干扰增加带来的影响在高 SNR 情况中最为突出，此时，干扰功率占主导。因此，我们以信噪比（SIR）作为高信噪比情况下 SINR 的有效近似值，来评估其对系统性能的影响。图 15.12 显示了长度 $L=257$、延迟扩展 $\sigma_T=128T_S$ 的 CIR $\hat{h}_1$ 和 $\hat{h}_2$ 的空间相关性对 SIR 的影响。如图 15.12 所示，SIR 的下降速度随 $S_{\hat{h}_1\hat{h}_2}$ 的范围不同而变化。当 $S_{\hat{h}_1\hat{h}_2}$ 在较低范围（0 ～ 0.2）时，SIR 下降非常慢。同样，如图 15.12 所示，由于空间相关性，速率补偿 D 越大，性能损失越快。但是，当 $S_{\hat{h}_1\hat{h}_2}$ 高达 0.5 时，实际在散射环境下的 RF 通信中这种情况很少见，即使在这种情况下，与不相关信道性能相比，下降的 SIR 仍能保持在 3dB 差距之内。这证明了我们所提出的 TRDMA 方案的鲁棒性，并给出了对其系统性能更全面的理解。

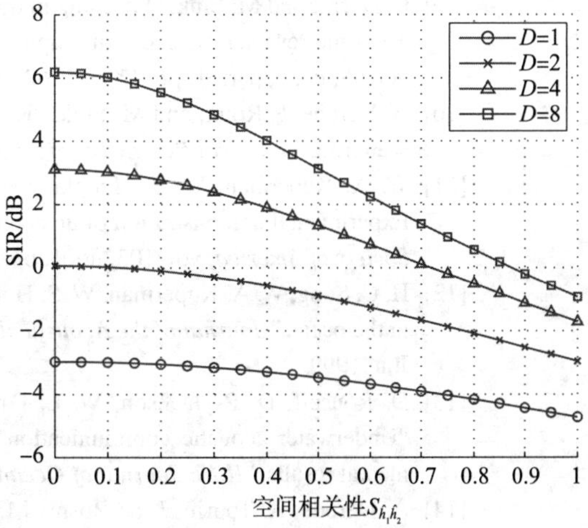

图 15.12　SIR 与空间相关性（$N=2,\ M_T=1$）

15.6　小结

在本章中，我们提出了一种用于多径信道上的多用户下行链路网络的 TRDMA 方案。我们开发了单天线和多天线方案，能够利用多径环境中自然存在的位置特定签名。我们通过理论分析和数值分析的方式，定义和评估了各种性能指标，包括有效 SINR、可达和速率和有中断的可达速率。接着我们展示了 TRDMA 相比 Rake 接收机在可达速率范围上的改善，并研究了用户间的空间相关性对系统性能的影响。本章给出的分析和仿真结果显示，我们提出的 TRDMA 有潜力作为一种未来节能高效、低复杂度的宽带无线通信技术方案。更多相关文献可参考文献［38］。

参考文献

[1] J. G. Proakis, *Digital Communications*, 4th ed., New York: McGraw-Hill 2001.

[2] G. L. Stuber, *Principles of Mobile Communications*, 2nd ed., Dordrecht: Kluwer, 2001.

[3] A. J. Goldsmith, *Wireless Communication*, New York: Cambridge University Press, 2005.
[4] D. Tse and P. Viswanath, *Fundamental of Wireless Communication*, New York: Cambridge University Press, 2005.
[5] B. Wang, Y. Wu, F. Han, Y. H. Yang, and K. J. R. Liu, "Green wireless communications: A time-reversal paradigm," *IEEE Journal on Selected Areas in Communications*, vol. 29, no. 8, pp.1698–1710, Sep. 2011.
[6] M. Fink, C. Prada, F. Wu, and D. Cassereau, "Self focusing in inhomogeneous media with time reversal acoustic mirrors," *IEEE Ultrasonics Symposium*, vol. 1, pp. 681–686, 1989.
[7] C. Prada, F. Wu, and M. Fink, "The iterative time reversal mirror: A solution to self-focusing in the pulse echo mode," *Journal of the Acoustical Society of America*, vol. 90, pp. 1119–1129, 1991.
[8] M. Fink, "Time reversal of ultrasonic fields. Part I: Basic principles," *IEEE Transactions on Ultrasonic, Ferroelectronic, and Frequency Control*, vol. 39, pp. 555–566, Sep. 1992.
[9] C. Dorme and M. Fink, "Focusing in transmit-receive mode through inhomogeneous media: The time reversal matched filter approach," *Journal of the Acoustical Society of America*, vol. 98, no. 2, part. 1, pp. 1155–1162, Aug. 1995.
[10] A. Derode, P. Roux, and M. Fink, "Robust acoustic time reversal with high-order multiple scattering," *Physical Review Letters*, vol. 75, pp. 4206–4209, 1995.
[11] W. A. Kuperman, W. S. Hodgkiss, and H. C. Song, "Phase conjugation in the ocean: Experimental demonstration of an acoustic time-reversal mirror," *Journal of the Acoustical Society of America*, vol. 103, no. 1, pp. 25–40, Jan. 1998.
[12] H. C. Song, W. A. Kuperman, W. S. Hodgkiss, T. Akal, and C. Ferla, "Iterative time reversal in the ocean," *Journal of the Acoustical Society of America*, vol. 105, no. 6, pp. 3176–3184, Jun. 1999.
[13] D. Rouseff, D. R. Jackson, W. L. Fox, C. D. Jones, J. A. Ritcey, and D. R. Dowling, "Underwater acoustic communication by passive-phase conjugation: Theory and experimental results," *IEEE Journal of Oceanic Engineering*, vol. 26, pp. 821–831, 2001.
[14] A. Derode, A. Tourin, J. de Rosny, M. Tanter, S. Yon, and M. Fink "Taking advantage of multiple scattering to communicate with time-reversal antennas," *Physical Review Letters*, vol. 90, pp. 014301-1–014301-4, 2003.
[15] D. Rouseff, D. R. Jackson, W. L. J. Fox, C. D. Jones, J. A. Ritcey, and D. R. Dowling, "Underwater acoustic communication by passive-phase conjugation: Theory and experimental results," *IEEE Journal of Oceanic Engineering*, vol. 26, pp. 821–831, 2001.
[16] G. F. Edelmann, T. Akal, W. S. Hodgkiss, S. Kim, W. A. Kuperman, and H. C. Song "An initial demonstration of underwater acoustic communication using time reversal," *IEEE Journal of Oceanic Engineering*, vol. 27, pp.602–609, 2002.
[17] S. M. Emami, J. Hansen, A. D. Kim, G. Papanicolaou and A. J. Paulraj, "Predicted time reversal performance in wireless communications," *IEEE Communications Letters*, 2004.
[18] M. Emami, M. Vu, J. Hansen, A. J. Paulraj, and G. Papanicolaou "Matched filtering with rate back-off for low complexity communications in very large delay spread channels," *Proceedings of the Asilomar Conference on Signals, Systems, and Computers*, vol. 1, pp. 218–222, Nov. 2004.
[19] K. F. Sander, G. A. L. Reed, *Transmission and Propagation of Electromagnetic Waves*, 2nd ed., Cambridge, UK: Cambridge University Press, 1986.
[20] H. Nguyen, Z. Zhao, F. Zheng, and T. Kaiser, "Pre-equalizer Design for Spatial Multiplexing SIMO UWB Systems," *IEEE Transactions on Vehicular Technology*, vol. 59, no. 8, pp. 3798–3805, Oct. 2010.
[21] T. K. Nguyen, H. Nguyen, F. Zheng, and T. Kaiser, "Spatial correlation in SM-MIMO-UWB

systems using a pre-equalizer and pre-Rake filter," *IEEE International Conference on Ultra-Wideband*, Sep. 2010.

[22] H. T. Nguyen, I. Z. Kovacs, P. C. F. Eggers "A time reversal transmission approach for multiuser UWB communications," *IEEE Transactions on Antennas and Propagation*, vol. 54, no. 11, pp. 3216–3224, Nov. 2006.

[23] I. H. Naqvi, A. Khaleghi, and G. E. Zein, "Performance enhancement of multiuser time reversal UWB communication system," *IEEE International Symposium on Wireless Communication Systems*, Nov. 2007. [http://arXiv:0810.1506v1[cs.NI]].

[24] H. T. Nguyen, "Partial one bit time reversal for UWB impulse radio multi-user communications," *International Conference on Communications and Electronics*, pp. 246-251, Jun. 2008.

[25] T. K. Nguyen, H. Nguyen, F. Zheng, and T. Kaiser, "Spatial correlation in the broadcast MU-MIMO UWB system using a pre-equalizer and time reversal pre-filter," *International Conference on Signal Processing and Communication Systems*, Dec. 2010.

[26] A. Derode, A. Tourin, and M. Fink, "Ultrasonic pulse compression with one-bit time reversal through multiple scattering," *Journal of Applied Physics*, vol. 85, no. 9, May 1999.

[27] P. H. Moose, "A technique for orthogonal frequency division multiplexing frequency offset correction," *IEEE Transactions on Communications*, vol. 42, no. 10, pp. 2908–2914, Oct. 1994.

[28] J. Lee, H.-L. Lou, D. Toumpakaris, and J. M. Cioffi, "SNR analysis of OFDM systems in the presence of carrier frequency offset for fading channels," *IEEE Transactions on Wireless Communications*, vol. 5, no. 12, pp. 3360–3364, Dec. 2006.

[29] A. Papoulis and U. Pillai, *Probability, Random Variables and Stochastic Processes*, 4th ed., New York: McGraw-Hill, 2002.

[30] T. M. Cover, J. A. Thomas, *Elements of Information Theory*, New York: John Wiley & Sons, 2006.

[31] J. L. Massey, "Towards an information theory of spread-spectrum systems," in S. G. Glisic and P. A. Leppanen, editors, *Code Division Multiple Access Communications*, pp. 29–46, Dordrecht: Kluwer Academic Publishers, 1995.

[32] T. M. Cover, "Broadcast channels," *IEEE Transactions on Information Theory*, vol. IT-18, no. 1 pp. 2–14, Jan. 1972.

[33] P. P. Bergmans, "Random coding theorem for broadcast channels with degraded components," *IEEE Transactions on Information Theory*, vol. IT-19, no. 1 pp. 197–207, Mar. 1973.

[34] P. P. Bergmans, "A simple converse for broadcast channels with additive white Gaussian noise," *IEEE Transactions on Information Theory*, vol. IT-20, bo. 2 pp. 279–280, Mar. 1974.

[35] P. P. Bergmans, and T. M. Cover, "Cooperative broadcasting," *IEEE Transactions on Information Theory*, vol. IT-20, no. 3 pp. 317–324, Mar. 1974.

[36] R. B. Ertel and J. H. Reed, "Generation of two equal power correlated Rayleigh fading envelopes," *IEEE Communications Letters*, vol. 2, no. 10. Oct. 1998.

[37] B. Natarajan, C. R. Nassar, and V. Chandrasekhar, "Generation of correlated Rayleigh fading envelopes for spread spectrum applications," *IEEE Communications Letters*, vol. 4, no. 1. Jan. 2000.

[38] F. Han, Y. H. Yang, B. Wang, Y. Wu, and K. J. R. Liu, "Time-reversal division multiple access over multi-path channels," *IEEE Transactions on Communications*, vol. 60, no. 7, pp. 1953–1965, Jul. 2012.

第 16 章 |Chapter 16|

应对 TRDMA 中的强 - 弱共振

在时间反演（TR）通信系统中，由于 TR 技术在强散射环境中存在的时空共振效应（通常称为聚焦效应），信噪比（SNR）得以明显提高，并且用户间干扰（IUI）得以抑制。但是，由于时空共振高度依赖于特定位置的多径分布，因此存在一种强 - 弱时空共振效应。在 TR 上行链路系统中，位于不同位置的不同用户会遇到不同强度的时空共振，即接收信噪比（SINR）不同，强信号会阻碍弱信号的正确检测。在本章中，我们通过联合功率控制和签名设计，将多用户 TR 上行链路系统中的强 - 弱时空共振问题归结为一个最大最小加权 SINR 平衡问题。接着，我们讨论一种可以保证收敛的新颖两阶段自适应算法。第一阶段，将原非凸问题简化为 Perron-Frobenius 特征值优化问题，并讨论一种迭代算法以高效地获得最优解。在第二阶段，应用梯度搜索法更新松弛可行集，直到获得原始优化问题的全局最优解为止。数值结果表明，我们的算法收敛速度快，具有较高的能效，为所有用户提供了性能保证。

16.1 引言

未来的宽带通信解决方案应满足高速无线服务爆炸性增长的需求，以支持大量用户的各种无线通信应用。此外，宽带通信中信道的色散会带来一种不良现象：符号间干扰（ISI）。由于感知多径的分辨率随着带宽的增加而显著提高，因此，宽带单载波系统中的 ISI 更为严重[1]。为了解决这个问题，开发了接收机端的均衡技术和 / 或多载波调制。虽然这样能提高通信性能，但是不可避免地增加了终端设备的复杂性。

另一方面，基于时间反演（TR）的信号传输具有一个固有特性，即充分收集多径传播的能量，这使其成为了实现低复杂度单载波宽带通信系统的理想方案[2]。本质上，TR 将丰富散射环境中多径信道的每条路径视为一个广泛分布的虚拟天线，因而可以提供高分辨率的时空共振，这通常称为聚焦效应。这种聚焦效应实际上是电磁场响应环境共振的结果，共振使得通过多径信道传播的能量在特定时刻瞬间集中在特定的预期位置。空间聚焦的特性有效减少了通信中的用户间干扰（IUI）。同时，传统的 TR 签名在接入点处起到匹配滤波器的作用，带来了时间聚焦效应，提高了目标位置的信噪比（SNR）。文献［3］研究了一种基于时间反演多址（TRDMA）方法的多用户下行链路系统。TRDMA 能够实现非常高的分集增益，并且仅使用一个发射天线就可以支持低成本和低复杂度的终端设备。如文献中［4］所述，基于 TR 的宽带通信系统是未来无线通信系统的理想解决方案。TR 技术也是一个很有前景的绿色物联网（IoT）解决方案，因为典型的 TR 系统有望实现一个数量级的功耗降低和干扰减少，支持异构终端设备，并提供额外的安全性和隐私保证[5]。然而，由于传统的 TR 签名存在码间干扰，只有在低符号速率的情况下才是最优的。文献［6］提出了一种近似最优的波设计和功率分配方案，可以同时抑制 ISI 和 IUI，使多用户 TRDMA 下行链路系统的可达和速率最大化。

TR 的时空共振已作为理论提出，并通过声学和射频（RF）领域的实验得到了验证。正如文献［7–9］所证实的那样，通过 TR 程序，可以以高分辨率重新聚焦声信号的能量，然后将从声源发出的发散波转换为聚焦在声源上的收敛波。这种时间反演镜（TRM）是一种自适应技术，用于补偿传播失真。TR 的共振效应也已经通过水下声学实验得到了验证[10-11]。SISO 和 MISO 方案研究了射频域的电磁波 TR 时空共振，实验结果表明，聚焦质量取决于场的带宽频率和频谱相关性[12]。Lerosey 等人在室内环境中进行了微波实验，进一步研究了 TR 时空聚焦效应[13]。文献［14］采用 TR 技术作为前置滤波器，研究了其在大时延扩展信道中的性能。此外，在文献［15］中对电磁波的 TRM 理论进行了理论分析。但是，由于 EM 波的时空共振质量很大程度上取决于传播环境和传输带宽，因此在多用户 TRDMA 上行链路系统中存在强 - 弱时空聚焦效应。由于这种强 - 弱时空共振，不同用户接收的 SNR 可能差异很大，强信号的存在会阻碍弱信号的正确检测。注意，这种强 - 弱时空共振与 CDMA 上行链路系统中众所周知的远近效应不同。例如，TR 共振可能会带来高达 6 ～ 10dB 的信号增益，而远近效应只会导致信号强度衰减。此外，强 - 弱时空共振产生的原因要比远近效应复杂得多，后者主要由物理距离引起。下面将讨论它们之间的细微区别。

CDMA 上行链路系统中产生远近问题的主要原因是，不同发射机到同一接收机的距离相差很大，而根据平方反比定律[16]，发射机越远，其发出信号的 SNR 越低。文献［17–21］提出了动态功率控制算法，以减少 CDMA 上行链路系统和其他蜂窝通信系统中的远近效应。文献［18］提出并研究了一种用于共同信道干扰控制的集中式功率调节方案。Alpcan 等人将 CDMA 系统中的分布式功率控制问题建模为一种非合作博弈，设计了一种基于 SIR 的用户特定效用函数，并根据可能的均衡解推导出了接入控制的量化准则[21]。此外，由于波束赋形的使用不仅影响单个链路的增益，而且影响功率分配策略，因此提出了联合优化算法以提高系统性能[22-24]。借助上行链路和下行链路对偶性[25-26]，文献［27-33］采用了动态功率控制以确保下行链路系统中多用户之间的公平性，并提高总系统数据容量。文献［27］首次提出了针对智能天线下行链路系统的最大 - 最小准则，并引入了 Perron-Frobenius 定理[34-35]。此外，针对频率平坦信道，文献［28］提出了一种 MISO 下行链路系统的集中式算法。最近，文献［36］引入了非线性 Perron-Frobenius 定理，提出了一种分布式加权比例 SINR 算法来优化多用户下行链路。文献［33, 37］将这一工作扩展到 MIMO 下行链路，并在文献［38］中分析了多功率约束下的功率更新问题。然而，以往文献中的分析和算法只考虑下行链路系统中的优化问题，在下行链路系统中，约束条件适用于单个功率之和。与总功率约束相比，求解多个单个功率约束下的非凸最大最小值优化问题要复杂得多。此外，现有文献大多考虑平坦频率信道模型或多载波系统，在分析中忽略了单载波系统中符号间干扰（ISI）这一重要问题。

与单纯由距离引起的 CDMA 远近问题不同，TRDMA 上行链路系统在不同用户之间存在强 - 弱时空共振，这主要是由特定位置多径环境产生的不同共振引起的。每个链路的性能取决于其对应的信干噪比（SINR）。为了保证系统的性能，我们需要克服强 - 弱时空共振，并平衡所有链路之间的 SINR。为此，我们通过联合功率分配和签名滤波器设计，将 TRDMA 上行链路系统中的强 - 弱时空共振抑制问题归结为一个最大最小加权 SINR 优化问题。注意，该问题是非凸的，并且具有许多单独的约束条件，从而使得问题难以处理。我们在本章提出了一个两阶段算法以分步求解该问题，该算法能有效迅速收敛到全局最优值。算法在第一阶段通过将所有单独功率约束转换为总功率约束，将原优化问题松弛为 Perron-Frobenius 特征值优化问题，并探讨了一种旨在解决此松弛问题的迭代算法。第二阶段采用梯度搜索方法来缩小松弛可行集，以找到原始问题的全局最优解。仿真结果表明，无论用户的信道增益如何，该算法都能为所有用户提供性能保证。此外，与基本 TR 方案相比[3]，该算法具有很高的能源效率。

16.2 系统模型

在本章考虑一个如图 16.1 所示的 TRDMA 上行链路系统。该系统有 K 个用户，通过相同媒介同时向一个接入点传输数据。传统的单载波上行链路系统存在信号可检测性问题，即强 SNR 信号会阻碍弱信号的检测，例如，众所周知的 CDMA 上行链路系统中的远近效应[1]。这种接收信号的 SNR 之间的差异是由发射功率和基于距离的传播衰减的变化引起的。但是，在 TRDMA 上行链路系统中，除了发射功率和基于距离的路径损耗的变化，多径信道增益还带来了强 - 弱时空共振，从而导致接收信号的 SNR 不同。因此，TRDMA 上行链路系统中也普遍存在可检测性问题，需要仔细解决。

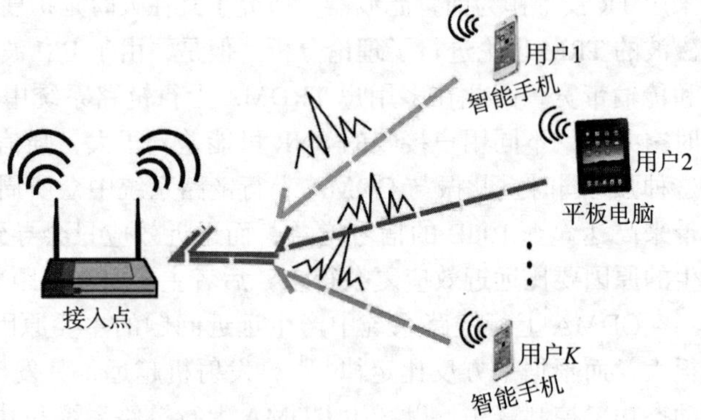

图 16.1 TRDMA 上行链路系统

TRDMA 上行链路系统的示意图如图 16.2 所示[5]。可以看到，第 K 个用户的信号 X_K 首先被补偿因子 D_K 上采样。然后，在通过特定位置多径信道 h_K 发送之前，功率控制因子 $p(K)$ 对上采样信号 $X_K^{[D_K]}$ 进行功率增强。由于所有用户的信号在空中组合在一起传输，因此接入点收到的是所有传输信号和噪声混合在一起的信号。为了提取不同用户的信息，收到的信号会经过用户特定的签名过滤器组 g_i，g_i 是根据在信道探测阶段获得的信道信息设计的。在信道探测阶段，设备向接入点发送脉冲或伪随机噪声（PN）序列[2]进行信道估计（我们的实验证实了信道响应非常稳定）。为了应对信道和用户数量的变化，TR 通信系统需要依靠信道探测阶段来不断更新信道信息，这可以很快地完成，在时变情况下用户基本不会注意到。接着，以补偿速率 D_i 对输出信号进行下采样，并由一系列检测器检测每个用户的信息。

但是，由于不同用户有不同的多径信道增益，接收信号中每个用户的 SINR 可能不同，因此可能无法正确检测某些用户的信息。从图 16.2 可以看到，对于一个固定的检测器，用户的接收 SINR 由功率控制因子和签名滤波器共同确定。因此，在本章中，我们的目标是联合优化签名 $\boldsymbol{G}=\left[g_1,\cdots,g_K\right]$ 和功率分配 $\boldsymbol{p}=\left[p(1),\cdots,p(K)\right]^{\mathrm{T}}$，以确保正确检测所有用户信息。

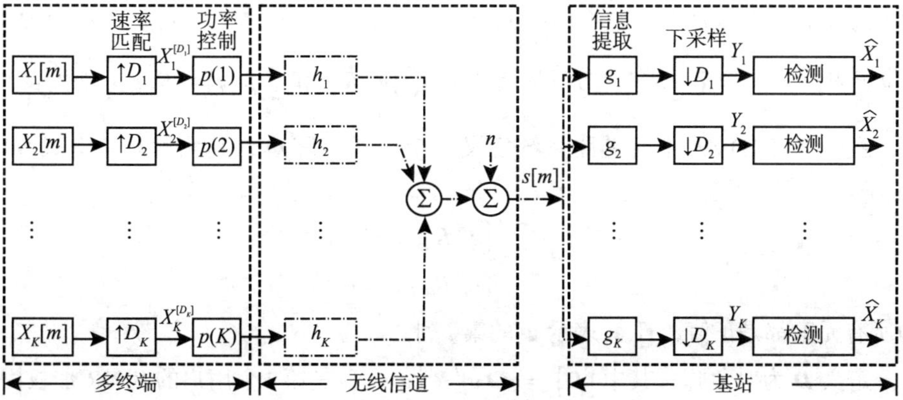

图 16.2　TRDMA 上行链路系统示意图

下面，我们正式将强 - 弱时空共振问题公式化为一个优化问题。根据图 16.2，可以将接入点处的接收信号写为如下形式

$$s[m]=\sum_K\sum_l\sqrt{p(K)}h_K[m-l]X_K^{[D_K]}[l]+n[m] \tag{16.1}$$

式中，$X_K^{[D_K]}$ 为传输的第 K 个用户信号的上采样，p（K）是发射功率，h_K 是第 K 个用户到接入点的信道的冲激响应，信道长度为 L_K，即当 $m<0$ 或 $m>L_K-1$ 时，$h_K[m]=0$。

式（16.1）可以写为矩阵形式 $\boldsymbol{s}=\sum_K\sqrt{p(K)}\boldsymbol{H}_K\boldsymbol{x}_K^{[D_K]}+\boldsymbol{n}$，其中 $\boldsymbol{s}$ 是 2（L–1）×1 的向量且 $L=\max_K L_K$，$\boldsymbol{H}_K$ 是 2（L–1）×L 的托普利兹矩阵，每列都是 $\boldsymbol{h}_K$ 的移位形成的，$\boldsymbol{n}$ 是加性高斯白噪声向量，其元素都是均值为零方差为 σ^2 的复高斯变量。

在接入点端，接收信号 $\boldsymbol{s}$ 首先通过用户特定签名过滤器组 $\{g_i,\forall i\}$ 来提取信息并抑制干扰。然后对其进行下采样以获得 Y_i

$$\begin{aligned}Y_i[m]&=\sum_{j=1}^{K}\sum_l\sqrt{p(j)}X_j[l](h_j*g_i)[mD_i-lD_j]+n[m]\\&=\sqrt{p(i)}X_i[m](h_i*g_i)[0]+\sqrt{p(i)}\sum_{\substack{l=-\left\lfloor\frac{L-1}{D_i}\right\rfloor\\l\neq0}}^{l=\left\lfloor\frac{L-1}{D_i}\right\rfloor}X_i[m-l](h_i*g_i)[D_il]+\sum_{j\neq i}\sqrt{p(j)}\sum_{l=-\left\lfloor\frac{L-1}{D_j}\right\rfloor}^{l=\left\lfloor\frac{L-1}{D_j}\right\rfloor}\\&\quad X_j[m-l](h_j*g_i)[D_jl]+\tilde{n}_i[m]\end{aligned} \tag{16.2}$$

式中，$\tilde{n}_i$ 是 $n*g_i$ 的下采样。

基于式（16.2），用户 i 的上行链路 SINR 如下

$$\mathrm{SINR}_i^{\mathrm{UL}}(\boldsymbol{G},\boldsymbol{p})=\frac{p(i)g_i^H\boldsymbol{R}_i^{(0)}g_i}{p(i)g_i^H\hat{\boldsymbol{R}}_ig_i+\sum_{j\neq i}p(j)g_i^H\boldsymbol{R}_jg_i+\sigma^2} \tag{16.3}$$

式中，$\boldsymbol{G}=[g_1,\cdots,g_K]$ 是签名矩阵，$\boldsymbol{p}=[p(1),\cdots,p(K)]^{\mathrm{T}}$ 是功率分配向量，$\boldsymbol{R}_i^{(0)}=\boldsymbol{H}_i^{(L)H}\boldsymbol{H}_i^{(L)}$，其中

$\boldsymbol{H}_i^{(L)}$是$\boldsymbol{H}_i$的第L行，上标H表示厄米（Hermitian）算符，$\boldsymbol{R}_j=\widetilde{\boldsymbol{H}}_j^H\widetilde{\boldsymbol{H}}_j$，$\widetilde{\boldsymbol{H}}_j$是用$D_j$对$\boldsymbol{H}_j$的上采样，采样中心位于$\boldsymbol{H}_j^{(L)}$，$\widehat{\boldsymbol{R}}_i=\boldsymbol{R}_i-\boldsymbol{R}_i^{(0)}$。分母的前两项$p(i)\mathrm{g}_i^H\hat{\boldsymbol{R}}_i\mathrm{g}_i$和$\sum_{j\neq i}p(j)\mathrm{g}_i^H\boldsymbol{R}_j\mathrm{g}_i$分别代表ISI和IUI。

下面，我们为TRDMA上行链路系统定义一个串扰矩阵$\boldsymbol{\Phi}$，其元素对应上式$\mathrm{SINR}_i^{\mathrm{UL}}$中的ISI和IUI项

$$[\boldsymbol{\Phi}]_{ij}=\begin{cases}\mathrm{g}_j^H\boldsymbol{R}_i\mathrm{g}_j, & i\neq j\\ \mathrm{g}_i^H\hat{\boldsymbol{R}}_i\mathrm{g}_i, & i=j\end{cases}$$

$\boldsymbol{\Phi}$的所有元素都是正值，且$\boldsymbol{\Phi}_i$表示$\boldsymbol{\Phi}$的第i列。

此外，定义$\boldsymbol{D}$为对角阵，其中$[\boldsymbol{D}]_{ii}=\gamma_i/\mathrm{g}_i^H\boldsymbol{R}_i^{(0)}\mathrm{g}_i$，$\gamma_i$是第$i$个用户的SINR加权因子，支持异构SINR要求。进而，我们有$\mathrm{SINR}_i^{\mathrm{UL}}(\boldsymbol{G},\boldsymbol{p})/\gamma_i=p(i)/[\boldsymbol{D}]_{ii}\left(\boldsymbol{\Phi}_i^{\mathrm{T}}\boldsymbol{p}+\sigma^2\right)$。

为了确保所有用户之间的公平并提高系统性能，我们联合设计了签名矩阵$\boldsymbol{G}$和$\boldsymbol{p}$。为了平衡不同用户之间的$\mathrm{SINR}_i^{\mathrm{UL}}(\boldsymbol{G},\boldsymbol{p})$，本章采用了如下最大 - 最小公平准则

$$\begin{aligned}&\underset{\boldsymbol{G},\boldsymbol{p}}{\text{maximize}}\min_j\frac{p(j)}{[\boldsymbol{D}]_{jj}\left(\boldsymbol{\Phi}_j^{\mathrm{T}}\boldsymbol{p}+\sigma^2\right)}\\&\text{subject to }\boldsymbol{p}\geqslant\boldsymbol{0},\boldsymbol{p}\leqslant\boldsymbol{p}_{\max},\|\mathrm{g}_i\|_2=1,i=1,\cdots,K\end{aligned}\tag{16.4}$$

式中，$\boldsymbol{p}_{\max}$表示单个最大发射功率矢量，$\boldsymbol{0}$表示有K个元素的全零矢量。为了最大化整个网络吞吐量，比例公平性准则使用对数效用函数，通过提升弱信号来保护其QoS。但是，比例公平性对QoS的保护效果并不如max-min标准。因为多用户上行链路中最关心的问题是公平，而不是总吞吐量，因此，为了解决强 - 弱时空共振问题，我们选择了max-min准则。

通过引入辅助变量γ，并将K个单个SINR表达式写为矢量形式，我们有

$$\begin{aligned}&\underset{\boldsymbol{G},\boldsymbol{p},\gamma}{\text{maximize}}\ \gamma\\&\text{subject to }\boldsymbol{p}\geqslant\boldsymbol{0},\boldsymbol{p}\leqslant\boldsymbol{p}_{\max},\boldsymbol{p}\geqslant\gamma\boldsymbol{D}\left(\boldsymbol{\Phi}^{\mathrm{T}}\boldsymbol{p}+\boldsymbol{\sigma}\right),\\&\qquad\|\mathrm{g}_i\|_2=1,i=1,\cdots,K\end{aligned}\tag{16.5}$$

式中，$\boldsymbol{\sigma}$是K×1向量，每个元素都是σ^2。

首先，式（16.5）中的优化问题是非凸的。此外，$4\times K$个个体约束使问题更具挑战性。为了求解式（16.5），我们将在以下两节提出一种有效的两阶段算法。具体来说，首先使用总功率约束来扩大可行集，将该问题松弛为Perron-Frobenius特征值优化问题，并提出了一种迭代算法来寻找松弛问题的最优解。然后，讨论了一种自适应两阶段算法，以松弛特征值问题为基础，找到针对具有单个约束的原始优化问题的全局最优解。

16.3 总功率约束的迭代算法

在本节中，我们介绍如何将原始的上行SINR平衡问题松弛为等效特征值优化算法，并引入算法来迭代优化签名和功率分配。

式（16.5）中的原始问题的宽松版本如下

$$\begin{aligned}&\underset{G,p,\gamma}{\text{maximize}}\ \ \gamma\\&\text{subject to}\ \ \boldsymbol{1}^T\boldsymbol{p}\leqslant\boldsymbol{1}^{\mathrm{T}}\boldsymbol{p}_{\max},\ \boldsymbol{p}\geqslant\gamma\boldsymbol{D}\left(\boldsymbol{\Phi}^{\mathrm{T}}\boldsymbol{p}+\boldsymbol{\sigma}\right),\\&\qquad\qquad\ \boldsymbol{p}\geqslant\boldsymbol{0},\left\|\mathrm{g}_i\right\|_2=1,i=1,\cdots,K\end{aligned}\tag{16.6}$$

式中，$\boldsymbol{1}$ 是 K 个元素全为 1 的矢量。

可以看出，式（16.6）中的松弛问题保持了同样的目标函数，但使用了总功率约束。

16.3.1　上行链路功率分配问题

首先将签名矩阵表示为 $\tilde{\boldsymbol{G}}=\left[\tilde{\mathrm{g}}_1,\tilde{\mathrm{g}}_2,\cdots,\tilde{\mathrm{g}}_K\right]$ 且 $\left\|\tilde{\mathrm{g}}_i\right\|_2=1,i=1,2,\cdots,K$。进而，式（16.6）可简化为以下上行链路功率分配问题

$$\begin{aligned}&\underset{p,\gamma}{\text{maximize}}\,\gamma\\&\text{subject to}\ \boldsymbol{p}\geqslant\boldsymbol{0},\boldsymbol{1}^T\boldsymbol{p}\leqslant\boldsymbol{1}^T\boldsymbol{p}_{\max},\ \boldsymbol{p}\geqslant\gamma\boldsymbol{D}\left(\boldsymbol{\Phi}^T\boldsymbol{p}+\boldsymbol{\sigma}\right)\end{aligned}\tag{16.7}$$

定理 16.3.1 给出了式（16.7）全局最优的必要条件。

定理 16.3.1　给定 $\widetilde{\boldsymbol{G}}$，如果 $\boldsymbol{p}^*$ 是式（16.7）的全局最大解，则有 $\boldsymbol{1}^{\mathrm{T}}\boldsymbol{p}^*=\boldsymbol{1}^{\mathrm{T}}\boldsymbol{p}_{\max}$，且 $\boldsymbol{p}^*=\gamma^*\boldsymbol{D}\left(\boldsymbol{\Phi}^{\mathrm{T}}\boldsymbol{p}^*+\boldsymbol{\sigma}\right)$，其中 γ^* 是最小加权 SINR 的最优值。

证明过程详见附录 16.A。

结合定理 16.3.1 中的两个等式，我们得到了式（16.7）的全局优化值 $\boldsymbol{p}^*$ 的等效必要条件，$\frac{1}{\gamma^*}\boldsymbol{1}^{\mathrm{T}}\boldsymbol{p}_{\max}=\boldsymbol{1}^{\mathrm{T}}\boldsymbol{D}\left(\boldsymbol{\Phi}^{\mathrm{T}}\boldsymbol{p}^*+\boldsymbol{\sigma}\right)$。

根据前面的分析，我们定义一个增广功率矢量为 $\tilde{\boldsymbol{p}}=\left[\boldsymbol{p}^{\mathrm{T}},\boldsymbol{1}\right]^{\mathrm{T}}$ 和一个仅依赖 $\boldsymbol{G}$ 和 $\boldsymbol{P}_{\text{total}}=\boldsymbol{1}^{\mathrm{T}}\boldsymbol{P}_{\max}$ 的增广矩阵

$$\boldsymbol{\Lambda}\left(\boldsymbol{G},P_{\text{total}}\right)=\begin{pmatrix}\boldsymbol{D}\boldsymbol{\Phi}^{\mathrm{T}} & \boldsymbol{D}\boldsymbol{\sigma}\\ \dfrac{1}{P_{\text{total}}}\boldsymbol{1}^{\mathrm{T}}\boldsymbol{D}\boldsymbol{\Phi}^{\mathrm{T}} & \dfrac{1}{P_{\text{total}}}\boldsymbol{1}^{\mathrm{T}}\boldsymbol{D}\boldsymbol{\sigma}\end{pmatrix}\tag{16.8}$$

然后，可以将式（16.7）中的全局最优 $\boldsymbol{p}^*$ 的必要条件表示为特征系统 $\frac{1}{\gamma^*}\tilde{\boldsymbol{p}}^*=\boldsymbol{\Lambda}\left(\boldsymbol{G},P_{\text{total}}\right)\tilde{\boldsymbol{p}}^*$。其中，$\widetilde{\boldsymbol{p}}^*$ 和 γ^* 的元素都应该为正值，以确保方案的可行性。

在 TRDMA 上行链路系统中，由于 ISI 和 IUI 的存在，$\boldsymbol{\Phi}$ 是一个非负不可约串扰矩阵。因此，$\boldsymbol{\Lambda}(\boldsymbol{G},P_{\text{total}})$ 是一个非负不可约矩阵。根据 Perron Frobenius 定理[27, 34-35]，$\boldsymbol{\Lambda}$ 有以下性质：

（i）其最大特征值 $\lambda_{\max}$ 即为其谱半径，且是简单特征值；

（ii）所有元素都为正值的特征向量 $\boldsymbol{v}$，即为对应最大特征值的特征向量。

因此，此特征系统存在可行解，且可行解唯一。基于唯一性和存在性，定理 16.3.1 中的必要条件成为式（16.7）全局最优的充要条件。因此，式（16.7）中的功率分配问题可以通过找到 $\boldsymbol{\Lambda}\left(\tilde{\boldsymbol{G}},P_{\text{total}}\right)$ 的 Perron Frobenius 特征向量来解决，且最优阈值由 $\gamma^*=1/\lambda_{\max}\left(\boldsymbol{\Lambda}\left(\tilde{\boldsymbol{G}},P_{\text{total}}\right)\right)$ 给出。

16.3.2 联合签名设计与功率分配

从上一节中我们知道，对于任意矩阵 $\tilde{\boldsymbol{G}}$，总功率约束 P_{total} 下的最优功率分配矢量 $\boldsymbol{p}^*$ 是一个 $K\times 1$ 维矢量，由 $\boldsymbol{\Lambda}\left(\tilde{\boldsymbol{G}}, P_{\text{total}}\right)$ 的 $(K+1)\times 1$ 维主特征向量中的前 K 个元素按比例缩放组成。同时，相应的最佳阈值 γ^* 是主特征值的倒数。因此，式（16.6）中可优化变量的数量大大减少，且式（16.6）可等效为以下特征值优化问题

$$\begin{aligned}&\underset{\boldsymbol{G}}{\text{minimize}}\,\lambda_{\max}\left(\boldsymbol{\Lambda}\left(\boldsymbol{G}, P_{\text{total}}\right)\right)\\&\text{subject to}\left\|\mathrm{g}_i\right\|_2=1,\ i=1,\cdots,K\end{aligned}\tag{16.9}$$

矩阵 $\boldsymbol{\Lambda}$ 的 Perron Frobenius 特征值 λ 可以表示为[35]

$$\lambda=\min_{y>0}\max_{x>0}\frac{\boldsymbol{x}^{\mathrm{T}}\boldsymbol{\Lambda}\boldsymbol{y}}{\boldsymbol{x}^{\mathrm{T}}\boldsymbol{y}}=\min_{x>0}\max_{y>0}\frac{\boldsymbol{x}^{\mathrm{T}}\boldsymbol{\Lambda}\boldsymbol{y}}{\boldsymbol{x}^{\mathrm{T}}\boldsymbol{y}}\tag{16.10}$$

前面已经给出 $\tilde{\boldsymbol{p}}=[\boldsymbol{p}^{\mathrm{T}},1]^{\mathrm{T}}$，我们定义以下成本函数

$$\tilde{\lambda}(\boldsymbol{G},\boldsymbol{p})=\max_{x>0}\boldsymbol{x}^{\mathrm{T}}\boldsymbol{\Lambda}\left(\boldsymbol{G},P_{\text{total}}\right)\tilde{\boldsymbol{p}}/\boldsymbol{x}^{\mathrm{T}}\tilde{\boldsymbol{p}}$$

Perron Frobenius 特征值可表示为 $\lambda_{\max}\left(\boldsymbol{\Lambda}\left(\boldsymbol{G},P_{\text{total}}\right)\right)=\min\limits_{\boldsymbol{p}>\boldsymbol{0}}\tilde{\lambda}(\boldsymbol{G},\boldsymbol{p})$。

然后，可以得出式（16.9）中问题的最佳阈值为

$$\gamma^*=\frac{1}{\min\limits_{\boldsymbol{G}}\min\limits_{\boldsymbol{p}>\boldsymbol{0}}\tilde{\lambda}(\boldsymbol{G},\boldsymbol{p})}=\frac{1}{\min\limits_{\boldsymbol{G}}\tilde{\lambda}\left(\boldsymbol{G},\boldsymbol{p}_{\text{opt}}\right)}\tag{16.11}$$

式中，$\boldsymbol{p}_{\text{opt}}=\arg\min\limits_{\boldsymbol{p}>0}\tilde{\lambda}(\boldsymbol{G},\boldsymbol{p})$ 代表了一个由主特征向量的前 K 个元素组成的向量。

给定成本函数，式（16.9）的问题可以等效为

$$\min_{\boldsymbol{G}}\min_{\boldsymbol{p}>0}\tilde{\lambda}(\boldsymbol{G},\boldsymbol{p})\Leftrightarrow\min_{\boldsymbol{p}>0}\min_{\boldsymbol{G}}\tilde{\lambda}(\boldsymbol{G},\boldsymbol{p})\tag{16.12}$$

对于式（16.12）中的左侧部分，当签名矩阵固定后，该问题作为上一小节中的特征值问题来解决。对于式（16.12）的右侧，当功率分配矢量固定时，以下引理 16.3.1 给出了求出相应最优签名矩阵 $\boldsymbol{G}^*$ 的方法。

引理 16.3.1 用 $\boldsymbol{G}^*$ 表示给定矢量 $\boldsymbol{p}_{\text{ary}}$ 的最佳签名矩阵。对于任意 i，有 $\boldsymbol{G}^*=\arg\min\limits_{\boldsymbol{G}}\tilde{\lambda}\left(\boldsymbol{G},\boldsymbol{p}_{\text{ary}}\right)=\arg\min\limits_{\boldsymbol{G}}\gamma_i/SINR_i^{UL}\left(\boldsymbol{G},\boldsymbol{p}_{\text{ary}}\right)$。也就是说，可以通过分别最大化每个用户的上行链路的 SINR 来获得最优签名。

证明：引理 16.3.1 的证明见附录 16.B。

结论 16.3.1 可以通过以下方式优化 SINR 最大化签名

$$g_i^*=\arg\max_{\|g_i\|_2=1}p_{\text{ary}}(i)/[\boldsymbol{D}]_{ii}\left(\boldsymbol{\Phi}_i^{\mathrm{T}}\boldsymbol{p}_{\text{ary}}+\sigma^2\right),\forall i\tag{16.13}$$

其最优解等效于 MMSE 波束赋形矢量，$g_i^*=\alpha_i\left(\sum\limits_{j=1}^{K}\boldsymbol{p}_{\text{ary}}(j)\boldsymbol{R}_j+\sigma^2\boldsymbol{I}\right)^{-1}\boldsymbol{H}_i^{(L)H},\forall i$ 其中 α_i 是归一

化因子。

此外，以下定理还给出了式（16.9）全局最优的充要条件。

定理 16.3.2（充要条件） 当且仅当 $\tilde{\lambda}\left(\boldsymbol{G}^*,\boldsymbol{p}^*\right)=\min_{G}\tilde{\lambda}\left(\boldsymbol{G},\boldsymbol{p}^*\right)$ 时，$\boldsymbol{G}^*=\left[\boldsymbol{g}_1^*,\boldsymbol{g}_2^*,\cdots,\boldsymbol{g}_K^*\right]$ 为式（16.9）的全局优化值，其中 $\boldsymbol{p}^*=\arg\min_{p>0}\tilde{\lambda}\left(\boldsymbol{G}^*,\boldsymbol{p}\right)$，即 $\tilde{\boldsymbol{p}}^*$ 是 $\boldsymbol{\Lambda}\left(\boldsymbol{G}^*,P_{\text{total}}\right)$ 的 Perron Frobenius 特征向量，$\tilde{\boldsymbol{p}}^{*\mathrm{T}}=\left[\boldsymbol{p}^{*\mathrm{T}},1\right]$。

证明：定理 16.3.2 的证明见附录 16.C。

定理 16.3.2 表明，如果变量 $\boldsymbol{p}$ 或 $\boldsymbol{G}$ 中任意一个达到最优，则其余变量可以通过求解 Perron Frobenius 特征对问题或独立求解 MMSE 问题来获得。基于此，我们考虑一种迭代算法，该算法交替优化 $\boldsymbol{p}$ 和 $\boldsymbol{G}$，并最终收敛到全局最优。

16.3.3 迭代算法和收敛性

在上述分析的基础上，我们可以用算法 4 中的迭代算法联合优化签名矩阵和功率分配矢量，以达到平衡所有用户的加权上行 SINR 的目标。

定理 16.3.3 与初值无关，由算法 4 生成的序列 $\left\{\lambda_{\max}^{(n)}\right\}_{n=0}^{\infty}$ 严格递减，并收敛于式（16.9）的全局最优值。

证明：定理 16.3.3 的证明见附录 16.D。

算法 4 总功率约束下的迭代 SINR 均衡算法

要求： 给定 $\{\gamma_i\}_{i=1}^K$、σ^2、$\boldsymbol{P}_{\max}$、$\boldsymbol{R}_i$ 和 $\boldsymbol{R}_i^{(0)}\forall i$。令 $\epsilon>0$，则 $P_{\text{total}}=\boldsymbol{1}^{\mathrm{T}}\boldsymbol{P}_{\max}$，$\boldsymbol{p}^{(0)}=\dfrac{P_{\text{total}}}{K}\boldsymbol{1}$，$\lambda_{\max}^{(0)}=\infty$。

1：**重复**

2： $n\Leftarrow n+1$。

3： 计算 $\boldsymbol{p}^{(n-1)}$ 下的 MMSE $\mathrm{g}_i^{(n)},\forall i$，并将其归一化以使 $\|\mathrm{g}_i\|_2=1,\forall i$。

4： 按照式（16.8）建立对偶矩阵 $\boldsymbol{\Lambda}^{(n)}(\boldsymbol{G}^{(n)},P_{\text{total}})$。

5： 求解 Perron-Frobenius 特征对问题，得到 $\widetilde{p}^{(n)}(K+1)=1$ 的 $\lambda_{\max}^{(n)}$ 和对应的特征向量 $\widetilde{\boldsymbol{p}}^{(n)}$。$\widetilde{\boldsymbol{p}}^{(n)}=\left\{\widetilde{\boldsymbol{p}}^{(n)}\right\}_1^K$。

6：**直到** $\lambda_{\max}^{(n-1)}-\lambda_{\max}^{(n)}<\epsilon$ 或达到最大迭代次数。

如我们所证明的，式（16.9）全局最优的充要条件等价于条件 $\lambda_{\max}^{(n+1)}=\lambda_{\max}^{(n)}$，这意味着序列 $\left\{\lambda_{\max}^{(n)}\right\}$ 具有收敛性。因此，只要 $\lambda_{\max}^{(n-1)}-\lambda_{\max}^{(n)}$ 的差值满足预定阈值 $\epsilon>0$，算法就可以停止。平均意义上，该算法在第三到四次迭代时就可以得到式（16.9）的全局最优值，这与用户数量无关。

16.4 具有单个功率约束的两阶段自适应算法

在上一节中，我们讨论了如何将式（16.5）中的原始问题松弛为 Perron Frobenius 特征值优化问题。对于任何固定的总功率约束 P_{total}，仅存在一对最优签名矩阵 $\boldsymbol{G}^*(P_{\text{total}})$ 和功率分配矢量 $\boldsymbol{p}^*(P_{\text{total}})$。正如我们分析的，具有单个功率约束的原始问题有更严格的可行集。因此，我们需要逐渐缩小松弛的可行集，直到获得原始问题的最优解。

引理 16.4.1 算法 4 的迭代 SINR 均衡算法生成的最优功率分配矢量随着总功率约束 P_{total} 的

增加而单调增加。

证明，证明内容见附录 16.E。

根据引理 16.4.1 可知，减小总功率约束会缩小式（16.6）的可行集，进而为每个用户分配的最佳功率单调减小。因此，只要我们通过更新总功率约束来不断调整可行集，必定会到达个体约束可行集的边界条件。至此，我们可以得到均衡加权 SINR 的最大值。在 TRDMA 上行链路系统的 SINR 平衡方案中，时空共振最弱或发射功率最小的用户将限制整个系统的性能。在这里，我们将网络中最坏的情况定义为在总功率约束 P_{total} 下功率约束 $p_{\max}(i)$ 与分配功率之差（即 $p_{\max}(i)-p_i^*(P_{\text{total}})$）最小的用户。找到最坏情况后，就可以按照最坏情况的方向更新松弛可行集。

最终提出的两阶段自适应算法如算法 5 所示，该算法解决了具有单个约束的 SINR 平衡问题。在第一阶段中，将式（16.5）中的原始优化问题简化为特征值优化问题，并通过算法 4 中所示的迭代算法获得相应的最优值。在第二阶段中，基于阶段 I 的解，针对最坏情况，使用梯度下降法更新总功率约束来修正可行集。第一阶段和第二阶段交替工作和不断迭代，直到收敛到全局最优解。

算法 5　个体功率约束下 SINR 均衡问题的两阶段自适应算法

要求：给定 $\{\gamma_i\}_{i=1}^K$、σ^2、$\boldsymbol{P}_{\max}$、$\boldsymbol{R}_i$ 和 $\boldsymbol{R}_i^{(0)}\forall i$。选择 $\epsilon>0$ 作为停止标准或容限，$0<\eta,\mu<1$ 作为步长。$P_{\text{total}}=1^{\mathrm{T}}P_{\max}$，在 $P_{\text{total}}^{(0)}$, $\delta\boldsymbol{p}^{(n)}=\boldsymbol{P}_{\max}-\boldsymbol{p}^{(n)}$, $\left[\text{index},\ \delta^{(n)}\right]=\min\left(\delta\boldsymbol{p}^{(n)}\right)$ 下利用算法 4 更新 $\boldsymbol{p}^{(0)}$。

1：**重复**

2：　$n\Leftarrow n+1$。

3：　用 $\mu P_{\text{total}}^{(n-1)}$, $\text{slop}=(p^{(n-1)}(\text{index})-p(\text{index}))/(1-\mu)$ 运行算法 4 计算 $\boldsymbol{p}$。

4：　$\delta P_{\text{total}}=\delta^{(n-1)}/\text{slope}$, $P_{\text{total}}^{(n)}=P_{\text{total}}^{(n-1)}+\delta P_{\text{total}}$。

5：　在 $P_{\text{total}}^{(n)}$、$\delta\boldsymbol{p}^{(n)}$ 和 $\left[\text{index},\ \delta^{(n)}\right]=\min\left(\delta\boldsymbol{p}^{(n)}\right)$ 下更新 $\boldsymbol{p}^{(n)}$。

6：　当 $\delta^{(n)}>\epsilon$ 时，执行：

7：　　$\delta P_{\text{total}}=\eta\times\delta P_{\text{total}}$, $P_{\text{total}}^{(n)}=P_{\text{total}}^{(n-1)}+\delta P_{\text{total}}$

　　更新 $\boldsymbol{p}^{(n)}$、$\delta\boldsymbol{p}^{(n)}$ 和 $\left[\text{index},\ \delta^{(n)}\right]$ // 迫使 $\delta^{(n)}\leqslant\epsilon$

8：　**结束循环**

9：**直到** $|\delta^{(n)}|\leqslant\epsilon$ 或达到最大迭代次数。

16.4.1　收敛分析

定理 16.4.1　算法 5 生成的序列 $\{\delta^{(n)},n=1,2,\cdots\}$ 是一个严格递增序列，收敛于 0，此时得到式（16.5）的全局最优解。

证明，证明内容见附录 16.F。

定理 16.4.1 说明针对单个功率约束下的 SINR 平衡问题的自适应算法是实用的，并且始终收敛于式（16.5）的全局最优解。

就收敛所需的平均迭代次数而言，算法 1 为 $N_1=3$，算法 2 在步长 $\eta=0.8$ 时后向搜索次数 $N_2=1$，步长 $\eta=0.9$ 时后向搜索次数 $N_3=3$。此外，求解 MMSE 签名的复杂度为 $O\left(L^2\right)$，其中 L 为信道长度。在我们的实际环境测量中，在 125MHz 以下时，其典型值小于 30。求解增广矩阵的 Perron Frobenius 特征值的计算复杂度为 $O\left((K+1)^2\right)$，其中 K 是上行链路的用户数。因此，联合优化的总计算复杂度约为 $N_1\times N_2\times(1+N_3)\times\left(O\left(L^2\right)+O\left((K+1)^2\right)\right)$。在步长为 $\eta=0.8$ 和 $\eta=0.9$ 的

仿真中，所需的计算时间为 $10\times\left(O\left(L^2\right)+O\left(\left(K+1\right)^2\right)\right)$。

16.4.2　SINR 平衡问题的特性

在这一部分中，我们将简要介绍 TRDMA SINR 平衡问题的一些特性。

假设 16.4.1　当总功率约束 P_{total} 有微小扰动时，即 $P_{\text{total}}\to(1+\Delta)P_{\text{total}}$，$\Delta\ll 1$，最优 MMSE 签名可被视为大致不变。

假设 16.4.1 的合理性说明详见附录 16.G。

遵循假设 16.4.1，当 $\Delta<10^{-2}$ 时，因为最佳 MMSE 签名矩阵 $\boldsymbol{G}$ 不会改变，式（16.8）中的增广矩阵 $\boldsymbol{\Lambda}\left(\boldsymbol{G},P_{\text{total}}\right)$ 与 $\boldsymbol{\Lambda}\left(\boldsymbol{G},(1+\Delta)P_{\text{total}}\right)$ 除最后一行之外的其他元素都相同。在此设置下，我们有

$$\boldsymbol{\Lambda}\left(\boldsymbol{G},(1+\Delta)P_{\text{total}}\right)=\begin{pmatrix}\boldsymbol{D\Phi}^{\mathrm{T}} & \boldsymbol{D\sigma}\\ \dfrac{\boldsymbol{1}^{\mathrm{T}}\boldsymbol{D\Phi}^{\mathrm{T}}}{(1+\Delta)P_{\text{total}}} & \dfrac{\boldsymbol{1}^{\mathrm{T}}\boldsymbol{D\sigma}}{(1+\Delta)P_{\text{total}}}\end{pmatrix}\tag{16.14}$$

以及 $\boldsymbol{\Lambda}\left(\boldsymbol{G},(1+\Delta)P_{\text{total}}\right)=\boldsymbol{A}\times\boldsymbol{\Lambda}\left(\boldsymbol{G},P_{\text{total}}\right)$，其中 $\boldsymbol{A}=\begin{pmatrix}\boldsymbol{I} & \boldsymbol{0}\\ \boldsymbol{0}^{\mathrm{T}} & \dfrac{1}{1+\Delta}\end{pmatrix}$。

如文献［39］提到的，$\rho\left(\boldsymbol{\Lambda}\left(\boldsymbol{G},(1+\Delta)P_{\text{total}}\right)\right)\geqslant\dfrac{1}{(1+\Delta)^{\alpha}}\rho\left(\boldsymbol{\Lambda}\left(\boldsymbol{G},P_{\text{total}}\right)\right)$ 和 $\delta\lambda\geqslant\left(\dfrac{1}{(1+\Delta)^{\alpha}}-1\right)\lambda$，其中 $\delta\lambda$ 是主特征值的差，$\rho(\cdot)$ 表示非负矩阵的谱半径，即本例的 Perron Frobenius 特征值，$0<\alpha<1$ 是由 $\boldsymbol{\Lambda}(\boldsymbol{G},P_{\text{total}})$ 的左右 Perron Frobenius 特征向量确定的系数。

然后，我们可以在 Δ 的扰动下将 Perron Frobenius 特征值的变化限制为 $0<-\dfrac{\delta\lambda}{\lambda}<\dfrac{\Delta}{\Delta+1}$。

我们用 $\boldsymbol{k}=\left[k_1,k_2,\cdots,k_K\right]$ 表示最佳功率分配比矢量，其中 $k_i=p^*(i)/P_{\text{total}}$，$p^*(i)$ 是在给定总功率约束 P_{total} 下式（16.6）的最优功率分配。根据最优功率的充要条件，我们有

$$\boldsymbol{k}=\frac{1}{P_{\text{total}}}\left(\lambda\boldsymbol{I}-\boldsymbol{D\Phi}^{\mathrm{T}}\right)^{-1}\boldsymbol{D1}\tag{16.15}$$

这里我们假设 $\boldsymbol{\sigma}=\boldsymbol{1}$，因此 P_{total} 就是 SNR。进而，我们有

$$\begin{aligned}\boldsymbol{k}+\delta\boldsymbol{k}&=\frac{1}{(1+\Delta)P_{\text{total}}}\left((\lambda+\delta\lambda)\boldsymbol{I}-\boldsymbol{D\Phi}^{\mathrm{T}}\right)^{-1}\boldsymbol{D1}\\&=\frac{1}{1+\Delta}\sum_{n\geqslant 0}\left(-\frac{\delta\lambda}{\lambda}\left(\boldsymbol{I}-\frac{1}{\lambda}\boldsymbol{D\Phi}^{\mathrm{T}}\right)^{-1}\right)^{n}\boldsymbol{k}\end{aligned}\tag{16.16}$$

式中，$\delta\boldsymbol{k}$ 表示根据 ΔP_{total} 功率分配比随总功率的变化

结合式（16.15）和式（16.16），我们可以将功率分配比矢量的变化表示为 $\delta\boldsymbol{k}=-\dfrac{\Delta}{1+\Delta}\boldsymbol{k}+\dfrac{1}{1+\Delta}\sum_{n\geqslant 1}\left(-\dfrac{\delta\lambda}{\lambda}\boldsymbol{C}^{-1}\right)^{n}\boldsymbol{k}$，其中 $\boldsymbol{C}^{-1}=\left(\boldsymbol{I}-\dfrac{1}{\lambda}\boldsymbol{D\Phi}^{\mathrm{T}}\right)^{-1}$，且存在 $\sum_{n\geqslant 1}\left(-\dfrac{\delta\lambda}{\lambda}\boldsymbol{C}^{-1}\right)^{n}$。进一步可得

$$\delta\boldsymbol{k}=\frac{\Delta}{1+\Delta}\left(-\boldsymbol{I}+\frac{1}{\Delta}\sum_{n\geqslant 1}\left(-\frac{\delta\lambda}{\lambda}\boldsymbol{C}^{-1}\right)^{n}\right)\boldsymbol{k}$$
$$=\frac{\Delta}{1+\Delta}\left(\boldsymbol{I}+\frac{\delta\lambda}{\lambda}\boldsymbol{C}^{-1}\right)^{-1}\left(-\frac{\Delta+1}{\Delta}\frac{\delta\lambda}{\lambda}\boldsymbol{C}^{-1}-\boldsymbol{I}\right)\boldsymbol{k} \tag{16.17}$$

此外，考虑到 $\boldsymbol{I}^{\mathrm{T}}\delta\boldsymbol{k}=0,\boldsymbol{I}^{\mathrm{T}}\boldsymbol{k}=1$ 我们有 $1=\boldsymbol{I}^{\mathrm{T}}\left(-\frac{\Delta+1}{\Delta}\frac{\delta\lambda}{\lambda}\boldsymbol{C}^{-1}\right)\boldsymbol{k}$。

定义 $\boldsymbol{v}=-\frac{\Delta+1}{\Delta}\frac{\delta\lambda}{\lambda}\boldsymbol{C}^{-1}\boldsymbol{k}$，$0<v_i,\forall i<1$ 以及 $\boldsymbol{I}^{\mathrm{T}}\boldsymbol{v}=1$。式（16.17）可写成 $\delta\boldsymbol{k}=\frac{\Delta}{1+\Delta}\left(\boldsymbol{I}+\frac{\delta\lambda}{\lambda}\boldsymbol{C}^{-1}\right)^{-1}(\boldsymbol{v}-\boldsymbol{k})$。两边同时除以 Δ，有 $\frac{\delta\boldsymbol{k}}{\Delta}=\frac{1}{1+\Delta}\left(\boldsymbol{I}+\frac{\delta\lambda}{\lambda}\boldsymbol{C}^{-1}\right)^{-1}(\boldsymbol{v}-\boldsymbol{k})$。

然后取极限有 $\operatorname{limit}_{\Delta\to 0}\frac{\delta\boldsymbol{k}}{\Delta}=(\boldsymbol{v}-\boldsymbol{k})$，这意味着 $\operatorname{limit}_{\delta P\to 0}\frac{\delta k_i}{\delta P}=\frac{1}{P_{\text{total}}}(v_i-k_i),\forall i$，其中 δP 为 P_{total} 的扰动。这表明每个用户的斜率 $\frac{|\delta k_i|}{\delta P}$ 都以 $\frac{1}{P_{\text{total}}}\max\{k_i,1-k_i\}$ 为界。因此，在一个合适的 SNR 范围内，斜率 $\frac{|\delta k_i|}{\delta P}$ 很小，即使总功率约束发生变化，最佳功率分配比也将保持稳定。

16.5 仿真结果

我们仿真评估了所提出的算法，证明了所提出的加权 SINR 平衡算法是一种理想的解决方案，可以确保公平性和能效，能够解决多用户 TRDMA 上行链路系统中的强 - 弱时空共振问题。

仿真设置如下：

（i）信道模型：UWB 办公室非视距信道，带宽 $\mathrm{B}=500\mathrm{MHz}$，最大信道抽头数 $L=60$。

（ii）补偿速率 D：当有 3（20）个用户时，D 设置为 4（16）。

（iii）信道增益 $\left\|\boldsymbol{H}_i^{(L)}\right\|_2^2$：所有用户均服从［0，1］上的均匀分布。

（iv）加权因子：$\gamma_i=1,\forall i$。相等的最大功率约束 $p_{\max}(i)=p_{\max},\forall i$。

16.5.1 最优功率分配

在图 16.3 中给出了最佳功率分配策略与最大单个功率约束的关系。在此仿真中，三个用户的信道增益都是预先确定的，$\left\|\boldsymbol{H}_1^{(L)}\right\|_2^2:\left\|\boldsymbol{H}_2^{(L)}\right\|_2^2:\left\|\boldsymbol{H}_3^{(L)}\right\|_2^2=1:2:3$，即，第一个用户的信道响应最差，可能遭受强 - 弱时空共振。在相等功率约束设置下，为了平衡加权 SINR，最差的用户总是

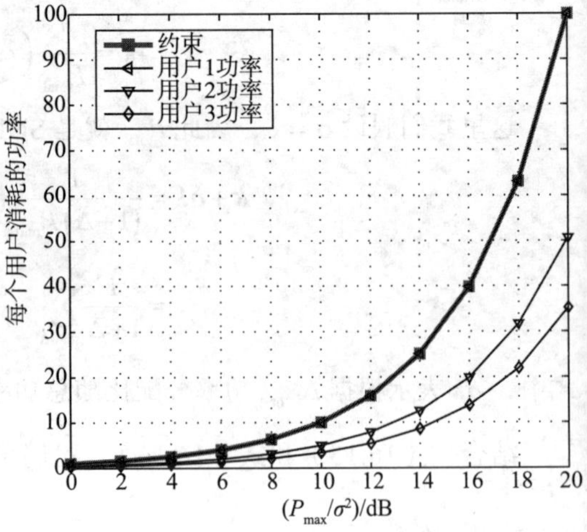

图 16.3 三个用户情况下的功率分配

使用所有功率来提升 SINR，而其他用户则略微降低其发射功率以减少干扰。同时，第三个用户利用了其聚焦效应，从而仅消耗最小的功率来维持 SINR 的平衡。此外，当单个功率约束改变时，所有用户之间的功率分配比例大致稳定。

16.5.2　不同补偿速率下的性能比较

图 16.4、图 16.5 和图 16.6 显示了该算法在不同补偿速率下的性能。较小的 D 值导致更频繁的上行链路传输，这会导致靠近接收机端的信号峰值出现 ISI。另一方面，较大的 D 值可以显著缓解 IUI 和 ISI。由于 BER 是上行链路 SINR 的单调递减函数，因此当补偿速率增加时，如图 16.4 所示，我们方案中的用户 BER 也会减少。在图 16.5 中，均衡 SINR 随着补偿速率的增加而提高。

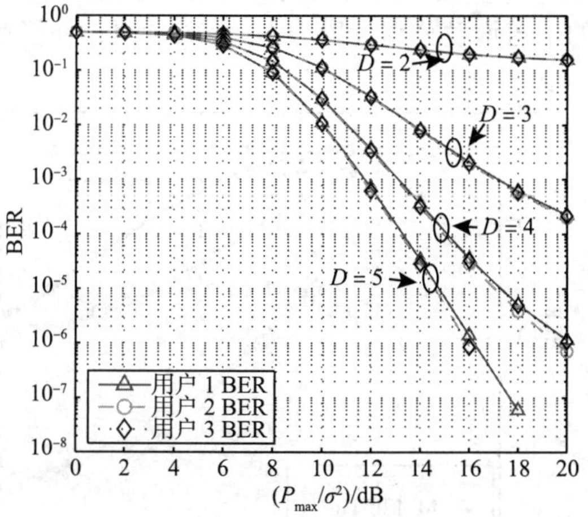

图 16.4　不同补偿速率下三个用户的 BER 性能比较

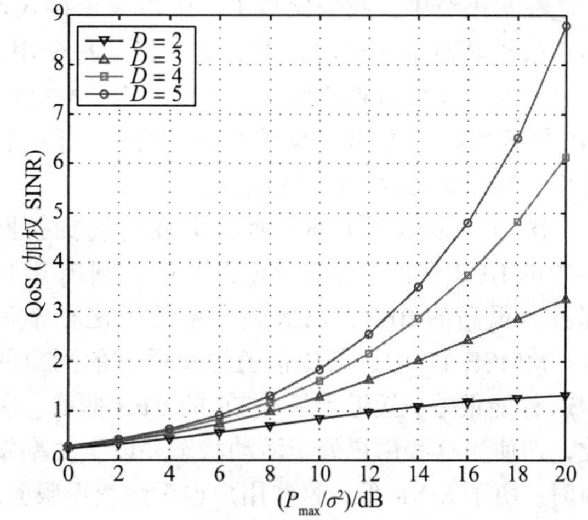

图 16.5　不同补偿速率下三个用户的均衡 SINR 比较

我们定义 TR 上行链路的可达和速率为 $\frac{1}{D}\sum_{i=1}^{K}\log_2\left(1+\mathrm{SINR}_i^{UL}\right)$（bit/s）/ Hz。因为可达和速率以 $1/D$ 归一化，更高的 D 会导致对数之外的分母因子更大，从而导致和速率变小。从图 16.6 可以看出，在低 SNR 区域，较小的 D 值将带来较高的和速率。这是因为，当 SNR 较小时，接收机侧的主要干扰是噪声，而 ISI 在归一化和速率中不那么突出。另一方面，随着 SNR 的提高，ISI 和 IUI 成为噪声的主要因素。因此，较大的 D 值将有效减少这种干扰并带来更好的和速率性能。

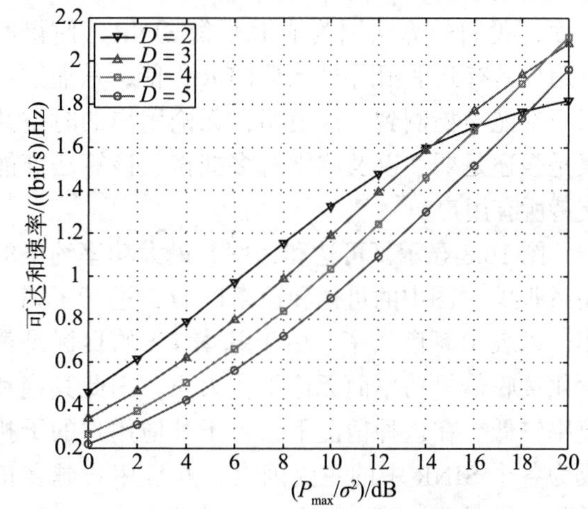

图 16.6　不同补偿速率下三个用户的可达和速率比较

16.5.3　高度拥挤网络

接下来，我们比较所提出的算法和其他两种方案（基本 TR 和 MMSE TR）的多用户上行链路性能。在基本 TR 方案中，每个用户都以其最大功率进行传输，并且签名过滤器 $\tilde{g}_i$ 是其信道响应的归一化时间反演共轭版本，即

$$g_i[k]=\frac{h_i^*[L-1-k]}{\sqrt{\sum_{l=0}^{L-1}|h_i[l]|^2}},k=0,1,2,\cdots,L-1 \tag{16.18}$$

在 MMSE TR 中，每个用户也以最大功率传输，但是其签名 g 是 MMSE 签名，可以单独地最大化其自己的 SINR 来计算。

另一方面，在我们的 SINR 平衡方案中，具有所有信道信息的接入点控制着每个用户的发射功率，并根据最佳功率分配来设计签名过滤器。

在本小节中，我们模拟了一个由一个接入点服务 20 个用户的高度拥挤网络。假定这 20 个用户根据其时空共振的强度分为三组。每个用户的信道增益分别设置为 1/3、2/3 或 1，补偿速率 $D=16$。通过仿真比较基本 TR 方案、MMSE TR 方案和我们提出方案的 BER 性能、可达和速率、网络级能效和用户级能效。

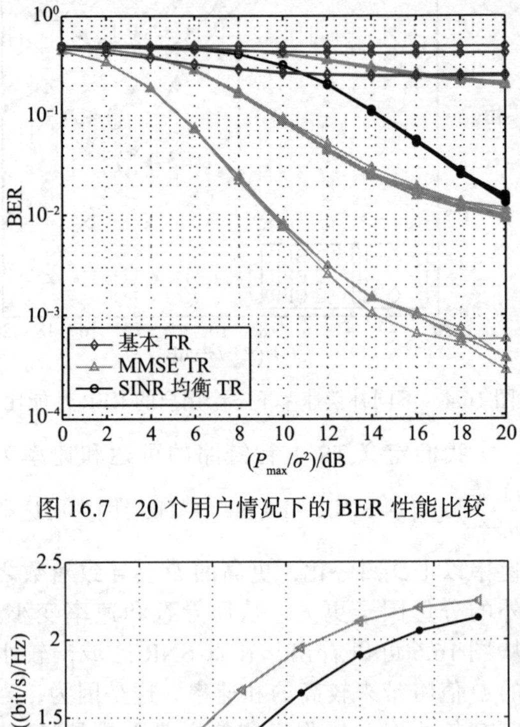

图 16.7　20 个用户情况下的 BER 性能比较

图 16.7 显示了上述三种方案在高度拥挤网络中的 BER 性能。基本 TR 方案中的所有用户都具有很高的 BER，以致整个系统无法正常工作。MMSE TR 中，某些信道退化严重的用户的 BER 性能很差，接近于基本 TR 的 BER 曲线。因此，即使当这些用户处于活动状态并以全功率发射时，由于 SINR 低，这些用户也无法获得服务。此外，这些服务受阻的用户还会对其他活动用户造成很大干扰，从而降低整个网络的性能。另一方面，我们的算法因为能够平衡 SINR，使得所有用户具有几乎相同的合理 BER 性能，从而这些用户都能被检测到。这表明，无论用户的时空共振是强还是弱，以及网络有多拥挤，该算法都能支持所有用户。

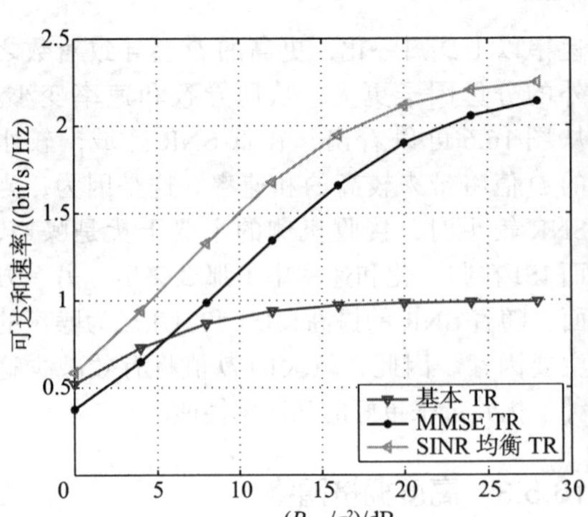

图 16.8　20 个用户情况下的可达和速率比较

图 16.8 显示了可达和速率与最大功率约束的关系曲线。图中的可达和速率以 $1/D$ 进行了归一化，以表示频谱效率。由于基本 TR 的目标是最大化接收信号功率而无论干扰大小，因此其饱和速率较低。在这种情况下，由于其他用户的干扰成为各个 SINR 中的主要因素，并且用户越多信道相关性越强，即使在最大功率下，基本 TR 也无法为系统提供高质量服务。在 MMSE TR 方案中，由于每个用户都以最大功率传输，并且在接入点处使用 MMSE 签名以提取信息，因此 SINR

显著提高。结果，即使网络高度拥挤且干扰很大，MMSE 签名仍可以抑制干扰，使得 MMSE TR 获得比基本 TR 更高的可达速率。在我们提出的 SNR 平衡方案中，具有较好时空共振的用户必须有所牺牲才能达到平衡，因此与 MMSE TR 相比，我们提出方案的和速率降低了。但是，在高 SNR 时，MMSE TR 与我们所提出方案的和速率的差距减小了。

图 16.9 ～图 16.11 进一步研究了所提出方案的能效特性。图 16.9 展示了不同方案的网络级能效与个体功率约束的关系。这里我们定义网络级能效为可达和速率与总发射功率的比值：能量效率（(bit/Hz) / J) = 可达和速率（(bit/s) /Hz) / 总发射功率（W）。在相同条件下，我们方案的网络级能效高于 MMSETR 和基本 TR 方案。这是因为在后两者中，大多数能量耗费在产生干扰上，从而使网络性能恶化。而我们的算法通过联合优化签名矩阵和功率分配，很好地管理了用户之间的干扰，并有效分配了资源。

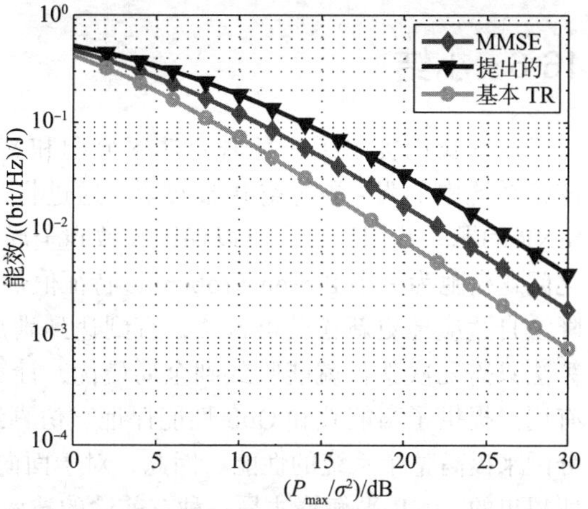

图 16.9 20 个用户情况下的网络级能效比较

能效和频谱效率的折中如图 16.10 所示。如图中所示，给定频谱效率，我们算法的能效低于 MMSE TR。原因在于，我们的算法旨在平衡受最差用户限制的加权上行链路 SINR，因此实现相同总网络吞吐量所需的能耗更高。这与图 16.9 中的结果并不矛盾，为了进行公平比较，对所有对比的方案，我们必须设置相同的个体功率约束。如图 16.9 所示，在相同功率约束下，所提出的算法比其他算法实现了更高的网络级能效。

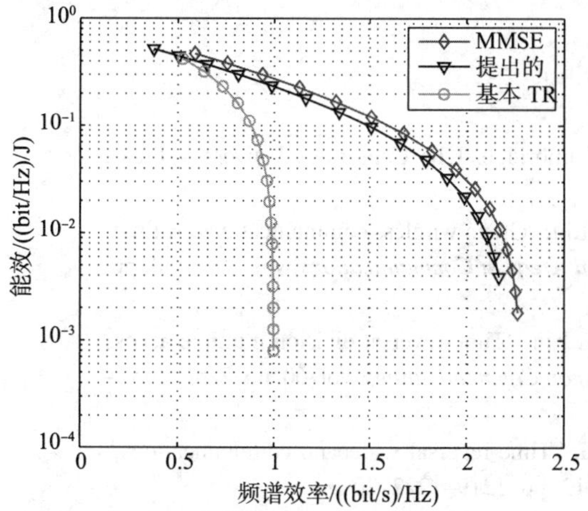

图 16.10 20 个用户情况下的能效和频谱效率的折中

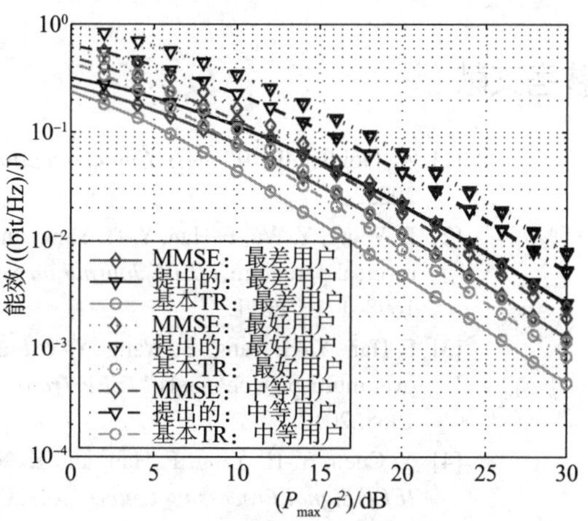

图 16.11 20 个用户情况下的用户级能效的比较

此外，我们还研究了用户级能效，即每用户吞吐量与其功耗之比。如图 16.11 所示，在相同的个体功率约束下，对于所有用户，本算法所有用户级能效均优于 MMSE TR 和基本 TR。原因在于，我们的方案通过联合签名设计和功率分配，可以很好地管理用户之间的干扰并最有效地利用资源，同时保证 QoS 公平性。

由于用户级能效很高，因此，无论他们的时空共振有多强烈，每个用户都有理由更喜欢我们所提出的算法。

如图 16.9 和图 16.11 所示，在相同的功率约束下，与 MMSE TR 和基本 TR 相比，我们所提出的算法显著提高了网络级能效和用户级能效。原因是通过联合优化签名设计和功率分配，大大减少了用户间干扰并补偿了弱时空共振。此外，我们的算法的目的是要在所有用户之间平衡加权的上行链路 SINR。当采用相同的加权因子时，该算法为所有用户实现了相同的上行链路 SINR，从而提供了公平的 QoS 保证。另一方面，通过选择不同的加权因子可以实现异构的 QoS 要求。因此，该算法在多用户 TRDMA 上行链路中具有高能效和 QoS 保证的性能。

16.6 小结

本章我们提出了一种联合功率分配和签名设计的优化方法，以解决多用户 TRDMA 上行链路系统中的强 - 弱时空共振问题。通过将 TRDMA 强 - 弱时空共振问题转化为最大最小加权 SINR 问题，我们讨论了可以保证收敛到全局最优解的两阶段自适应算法。第一阶段将原非凸优化问题松弛为一个 Perron Frobenius 特征值优化问题，以有效获得最优值。第二阶段应用梯度下降法自适应地更新松弛可行集，直到达到满足所有个体约束的全局最优值。仿真显示，提出的算法只需几次迭代就能收敛到全局最优，计算复杂度较低。此外，所提出的算法为网络中的所有用户提供了高能效和 QoS 性能保证。仿真结果还表明，我们的方法能够通过签名设计和功率分配来提高整个系统的性能。因此，对于面向能效和 QoS 保证的多用户 TRDMA 上行链路系统，所提出的 SINR 平衡算法是一种有前途的技术。感兴趣的读者可参阅文献 [40] 来获取更多相关信息。

参考文献

[1] A. Goldsmith, *Wireless Communications*. Cambridge, UK: Cambridge University Press, 2005.

[2] B. Wang, Y. Wu, F. Han, Y.-H. Yang, and K. Liu, "Green wireless communications: A time-reversal paradigm," *IEEE Journal on Selected Areas in Communications*, vol. 29, no. 8, pp. 1698–1710, 2011.

[3] F. Han, Y.-H. Yang, B. Wang, Y. Wu, and K. Liu, "Time-reversal division multiple access over multi-path channels," *IEEE Transactions on Communications*, vol. 60, no. 7, pp. 1953–1965, 2012.

[4] Y. Chen, Y.-H. Yang, F. Han, and K. R. Liu, "Time-reversal wideband communications," *IEEE Signal Processing Letters*, vol. 20, no. 12, pp. 1219–1222, 2013.

[5] Y. Chen, F. Han, Y.-H. Yang, H. Ma, Y. Han, C. Jiang, H.-Q. Lai, D. Claffey, Z. Safar, and K. R. Liu, "Time-reversal wireless paradigm for green Internet of Things: An overview," *IEEE Internet of Things Journal*, vol. 1, no. 1, pp. 81–98, 2014.

[6] Y.-H. Yang, B. Wang, W. S. Lin, and K. R. Liu, "Near-optimal waveform design for sum rate optimization in time-reversal multiuser downlink systems," *IEEE Transactions on Wireless Communications*, vol. 12, no. 1, pp. 346–357, 2013.

[7] M. Fink, C. Prada, F. Wu, and D. Cassereau, "Self focusing in inhomogeneous media with

time reversal acoustic mirrors," *IEEE Ultrasonics Symposium Proceedings*, pp. 681–686, 1989.

[8] M. Fink, "Time reversal of ultrasonic fields. I. Basic principles," *IEEE Transactions on Ultrasonics, Ferroelectrics, and Frequency Control*, vol. 39, no. 5, pp. 555–566, 1992.

[9] F. Wu, J.-L. Thomas, and M. Fink, "Time reversal of ultrasonic fields. II. Experimental results," *IEEE Transactions on Ultrasonics, Ferroelectrics, and Frequency Control*, vol. 39, no. 5, pp. 567–578, 1992.

[10] W. Kuperman, W. S. Hodgkiss, H. C. Song, T. Akal, C. Ferla, and D. R. Jackson, "Phase conjugation in the ocean: Experimental demonstration of an acoustic time-reversal mirror," *The Journal of the Acoustical Society of America*, vol. 103, no. 1, pp. 25–40, 1998.

[11] D. Rouseff, D. R. Jackson, W. L. Fox, C. D. Jones, J. A. Ritcey, and D. R. Dowling, "Underwater acoustic communication by passive-phase conjugation: Theory and experimental results," *IEEE Journal of Oceanic Engineering*, vol. 26, no. 4, pp. 821–831, 2001.

[12] G. Lerosey, J. De Rosny, A. Tourin, A. Derode, G. Montaldo, and M. Fink, "Time reversal of electromagnetic waves and telecommunication," *Radio Science*, vol. 40, no. 6, pp. 1–10, 2005.

[13] G. Lerosey, J. De Rosny, A. Tourin, A. Derode, and M. Fink, "Time reversal of wideband microwaves," *Applied Physics Letters*, vol. 88, no. 15, p. 154101, 2006.

[14] M. Emami, M. Vu, J. Hansen, A. J. Paulraj, and G. Papanicolaou, "Matched filtering with rate back-off for low complexity communications in very large delay spread channels," *38th Asilomar Conference on Signals, Systems and Computers*, pp. 218–222, 2004.

[15] J. de Rosny, G. Lerosey, and M. Fink, "Theory of electromagnetic time-reversal mirrors," *IEEE Transactions on Antennas and Propagation*, vol. 58, no. 10, pp. 3139–3149, 2010.

[16] T. S. Rappaport, *Wireless Communications: Principles and Practice*. New York: IEEE Press, 1996.

[17] J. Zander, "Performance of optimum transmitter power control in cellular radio systems," *IEEE Transactions on Vehicular Technology*, vol. 41, no. 1, pp. 57–62, 1992.

[18] S. A. Grandhi, R. Vijavan, D. J. Goodman, and J. Zander, "Centralized power control in cellular radio systems," *IEEE Transactions on Vehicular Technology*, vol. 42, no. 4, pp. 466–468, 1993.

[19] R. D. Yates, "A framework for uplink power control in cellular radio systems," *IEEE Journal on Selected Areas in Communications*, vol. 13, no. 7, pp. 1341–1347, 1995.

[20] A. Sampath, S. P. Kumar, and J. M. Holtzman, "Power control and resource management for a multimedia CDMA wireless system," *Personal, Indoor and Mobile Radio Communications*, pp. 21–25, 1995.

[21] T. Alpcan, T. Başar, R. Srikant, and E. Altman, "CDMA uplink power control as a noncooperative game," *Wireless Networks*, vol. 8, no. 6, pp. 659–670, 2002.

[22] D. Gerlach and A. Paulraj, "Base station transmitting antenna arrays for multipath environments," *Signal Processing*, vol. 54, no. 1, pp. 59–73, 1996.

[23] F. Rashid-Farrokhi, K. Liu, and L. Tassiulas, "Transmit beamforming and power control for cellular wireless systems," *IEEE Journal on Selected Areas in Communications*, vol. 16, no. 8, pp. 1437–1450, 1998.

[24] E. Visotsky and U. Madhow, "Optimum beamforming using transmit antenna arrays," *IEEE 49th Vehicular Technology Conference*, pp. 851–856, 1999.

[25] D. N. Tse and P. Viswanath, "Downlink-uplink duality and effective bandwidths," *IEEE International Symposium on Information Theory*, p. 52, 2002.

[26] H. Boche and M. Schubert, "A general duality theory for uplink and downlink beamforming," *IEEE Vehicular Technology Conference (VTC2002-Fall)*, pp. 87–91, 2002.

[27] W. Yang and G. Xu, "Optimal downlink power assignment for smart antenna systems," *IEEE International Conference on Acoustics, Speech and Signal Processing*, pp. 3337–3340, 1998.

[28] M. Schubert and H. Boche, "Solution of the multiuser downlink beamforming problem with individual SINR constraints," *IEEE Transactions on Vehicular Technology*, vol. 53, no. 1, pp. 18–28, 2004.

[29] —, "Iterative multiuser uplink and downlink beamforming under SINR constraints," *IEEE Transactions on Signal Processing*, vol. 53, no. 7, pp. 2324–2334, 2005.

[30] Z. Shen, J. G. Andrews, and B. L. Evans, "Adaptive resource allocation in multiuser OFDM systems with proportional rate constraints," *IEEE Transactions on Wireless Communications*, vol. 4, no. 6, pp. 2726–2737, 2005.

[31] D. W. Cai, T. Q. Quek, and C. W. Tan, "Coordinated max-min SIR optimization in multicell downlink-duality and algorithm," *IEEE International Conference on Communications (ICC)*, pp. 1–6, 2011.

[32] D. W. Cai, C. W. Tan, and S. H. Low, "Optimal max-min fairness rate control in wireless networks: Perron-Frobenius characterization and algorithms," *INFOCOM*, pp. 648–656, 2012.

[33] Y. Huang, C. W. Tan, and B. Rao, "Joint beamforming and power control in coordinated multicell: Max-min duality, effective network and large system transition," *IEEE Transactions on Wireless Communications*, vol. 12, no. 6, pp. 2730–2742, 2013.

[34] E. Seneta, *Non-negative Matrices and Markov Chains*. New York: Springer Science & Business Media, 2006.

[35] A. Arkhangel'Skii, V. Fedorchuk, D. O'Shea, and L. Pontryagin, *General Topology I: Basic Concepts and Constructions Dimension Theory*. New York: Springer Science & Business Media, 2012, vol. 17.

[36] C. W. Tan, M. Chiang, and R. Srikant, "Maximizing sum rate and minimizing MSE on multiuser downlink: Optimality, fast algorithms and equivalence via max-min SINR," *IEEE Transactions on Signal Processing*, vol. 59, no. 12, pp. 6127–6143, 2011.

[37] D. W. Cai, T. Q. Quek, and C. W. Tan, "A unified analysis of max-min weighted SINR for MIMO downlink system," *IEEE Transactions on Signal Processing*, vol. 59, no. 8, pp. 3850–3862, 2011.

[38] D. W. Cai, T. Q. Quek, C. W. Tan, and S. H. Low, "Max-min SINR coordinated multipoint downlink transmission duality and algorithms," *IEEE Transactions on Signal Processing*, vol. 60, no. 10, pp. 5384–5395, 2012.

[39] S. Friedland, S. Karlin *et al.*, "Some inequalities for the spectral radius of non-negative matrices and applications," *Duke Mathematical Journal*, vol. 42, no. 3, pp. 459–490, 1975.

[40] Q. Xu, Y. Chen, and K. J. R. Liu, "Combating strong–weak spatial–temporal resonances in time-reversal uplinks," *IEEE Transactions on Wireless Communications*, vol. 15, no. 1, pp. 568–580, 2016.

时间反演大规模多径效应

移动数据流量的爆炸式增长需要新的高效 5G 技术。大规模 MIMO 可以利用大量天线提高可达速率，显示了巨大应用潜力，已成为一种受欢迎的候选方法。但是，在室内基站部署大量天线的实现复杂度太高，因此这种要求并不现实。是否存在可与室内环境下大规模 MIMO 性能相似的更好的替代方案？本章的研究表明，通过使用时间反演信号处理并配以足够大的带宽，可以捕获强散射环境中自然存在的大规模多径路径，从而形成大量虚拟天线，进而，使用一根天线就可实现所需的大规模多径效应。我们通过分析时间反演大规模多径效应（TRMME）和一些波的可达速率来回答上述问题。我们还得到了在大规模多径环境下相应的渐近可达速率。基于实际室内信道测量的实验结果表明，在实际室内环境中，如果有足够大的带宽，就可以显示出大量的多径。此外，基于实际室内测量实验，我们还评估了时间反演宽带系统的可达速率。

17.1 引言

尽管过去几十年来，移动和无线互联网接入取得了巨大成功，但新移动通信设备（如智能手机和平板电脑）的普及又导致了网络流量的指数级增长。根据最新的思科视觉化网络指数（Visual Networking Index，VNI）年度报告[1]，2014 年全球移动数据流量增长了 69%，移动设备数量增加了近 5 亿（4.97 亿），预计全球移动数据流量将在 2014 年至 2019 年之间增长近十倍。为了支持消费者对快速增长的数据速率的需求，无线服务提供商和研究人员都在寻求一种新的有效的无线接入方式，即 5G 技术，以突破目前 4GLTE 不能提供的网络服务范围。除了超致密化和毫米波，大规模多输入多输出（MIMO）是“三大”5G 技术之一[2]，具有多种优势，如频谱效率和功率效率的大幅提高[3]以及准正交性质带来的简单发射 / 接收结构[4]。这些优势使大规模 MIMO 成为 5G 通信的五个颠覆性技术方向之一[5]。

尽管大规模 MIMO 很有潜力，但在实际应用中必须首先解决几个关键挑战。首先，一项艰巨的任务是模拟前端设计[6]，例如，每个微天线都需要有自己的功率放大器和模数转换器（ADC）。而且，天线数量增加引起的天线相关性和相互耦合也必须得到解决[7-8]。隆德大学的研究人员构建了一个 100 根天线的 MIMO 测试平台，尺寸为 0.8m × 1.2m × 1m，重量为 300kg，平均功耗为 2.5kW[9]。考虑到部署大量天线的需求，在室内场景中部署大规模 MIMO 系统的实现成本较高。预计未来几年内，95% 的数据流量将来自室内[10]，因此一个很自然的问题是：是否存在一个更好的替代方案，可以实现与室内环境下大规模MIMO相似的系统性能？答案是肯定的，而且在室内场景中，时间反演（TR）技术可能会替代大规模MIMO。

众所周知，在室内环境中，由于各种散射体的反射，无线电信号会经历多径传输。TR的聚焦效应本质上是一种时空共振效应，它使所有的多径在特定时刻到达特定的位置。这种现象使我们能够利用自然存在的多径作为虚拟天线来实现大规模多径效应，即使使用单个天线也可以实现类似的大规模MIMO效应。如图17.1所示，TR本身将环境中的多径视为虚拟天线，类似MIMO使用多天线进行空间复用。本质上，如果用户的协作（例如，协作通信）是实现高分集MIMO效应的分布式方式，那么TR同样是一种利用多径作为虚拟天线来实现大规模MIMO效应的分布式方式。TR波只是用来控制每个多径（虚拟天线）。

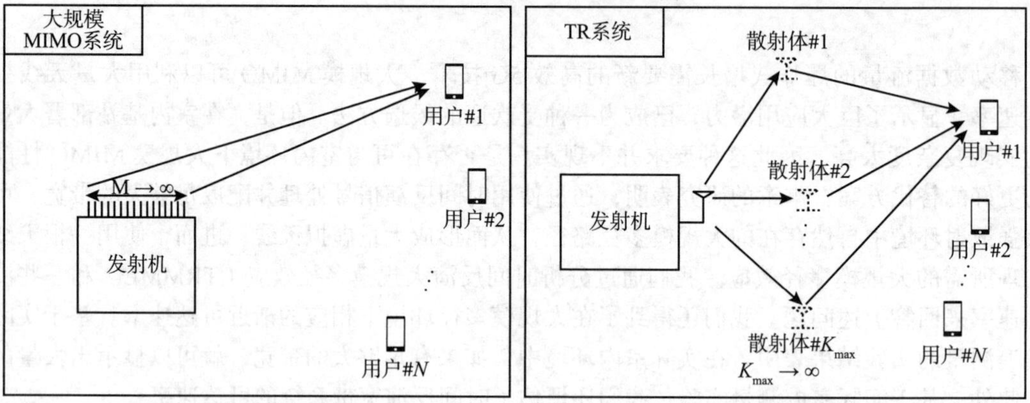

a）大规模MIMO系统　　b）TR系统

图17.1　大规模MIMO和TR系统的比较

可以利用发射功率和带宽来获取多径。具体来说，环境给定的最大可观测多径数量随发射功率的增加而增加。一旦功率固定，可观测的多径的最大数目也是固定的。另外，由于时间分辨率较高，因此可以通过增加带宽来获取更多的多径。根据文献［11］和文献［12］中的实际室内超宽带（UWB）信道测量（包括视距和非视距），在足够大的带宽下可以显示大约60～80个独立的多径。在17.6节中，我们将讨论如何在实际室内环境中实现大规模多径。

TR技术是一种非常有前途的室内通信技术，但它需要高带宽才能实现良好的时间分辨率。根据奈奎斯特采样定理，宽带信号自然需要高采样率，这将导致计算负担加重。幸运的是，正如摩尔定律所指出的，更强大的模数转换器（ADC）和数字信号处理器（DSP）可以显著降低宽带信号的处理成本[13]。此外，研究人员和工程师目前正在为5G技术寻找新的可用宽带并重新分配带宽[2]。TR技术可使用超宽带（UWB）或毫米波频段的频谱。基于现有的高频研究，仍存有大量多径可用于TR通信。例如，根据纽约市28GHz的建筑物穿透和反射测量结果[14]，由于室内材料的低衰减和高反射，RF能量大部分都保留在建筑物内。此外，室内60GHz信道的时延范围在30ns～70ns之间[15]，这说明室内环境中存在着大量的多径。尽管TR技术的频谱效率没有那么高，但考虑到能降低复杂性、降低能耗以及高带宽带来的其他好处，TR技术也变得越来越重要，尤其在室内场景中。

通过利用大量虚拟天线，TR系统可以在时空范围内实现出色的聚焦效应，成为了5G室内通信优秀候选技术之一。此外，因为 TR 系统利用环境作为虚拟天线阵列和计算资源，因此该系统的实现复杂度很低。具体而言，我们在本章中将研究时间反演多址接入（TRDMA）下行链路通信系统[16]在典型波即基本 TR 波、迫零（ZF）波和最小均方误差（MMSE）波下的 TR 大规模多径效应（TRMME）。我们进一步推导了渐近可达速率随可观察多径数量增长到无穷大时的性能。接着，我们将讨论基于实际室内信道测量来实现大规模多径的方法。通过实际室内测量实验，评估了单天线 TR 宽带系统的可达速率。

本章符号说明：$|\cdot|$、$(\cdot)^{\mathrm{T}}$ 和 $(\cdot)^{\dagger}$ 分别表示绝对值、转置和共轭转置。粗斜体小写字母 $\boldsymbol{a}$ 和粗斜体大写字母 $\boldsymbol{A}$ 分别表示列向量和矩阵。$\|\boldsymbol{a}\|$ 表示向量的欧几里得范数。$\boldsymbol{a}^{[D]}$ 表示通过在向量 $\boldsymbol{a}$ 的两个相邻元素之间插入 $D-1$ 个 0 来上采样的向量。$(\boldsymbol{a}*\boldsymbol{b})$ 表示两个向量 $\boldsymbol{a}$ 和 $\boldsymbol{b}$ 的线性卷积。$[\boldsymbol{A}]_{m,n}$ 代表矩阵 $\boldsymbol{A}$ 的第 m 行 n 列的元素。最后，我们用 $\xrightarrow{d}$ 表示分布收敛。

17.2 相关工作

50 年代，贝尔实验室的 Bogert 首次引入了 TR 技术来补偿有线传输线路上的延迟失真[17]。从那时起，TR 技术被应用于超声波[18]、声学成像[19]、电磁成像[20]和水声通信[21]等各种领域。最近，TR 在无线通信领域引起了越来越多的关注[22-24]。在强散射环境下，TR 通信系统具有时空聚焦效应，能够降低功耗和减少无线电污染，因此可作为绿色无线通信的理想平台[25-26]。文献［16］中提出了一种时间反演多址（TRDMA）方案，该方案利用特定位置的波来区分不同用户的信号。文献［16, 27］表明，TR 通信系统可以轻松扩展到多天线场景，并可实现更高级的波设计以进一步抑制 ISI 和用户间干扰（IUI），从而实现更高的数据速率[28-29]。文献［30］讨论了 TR 技术在物联网中的潜在应用。

与 TR 紧密相关的技术是码分多址（CDMA）。TR 技术通过波设计来区分多个用户，而 CDMA 则通过正交码区分多个用户[31]。与 CDMA 系统中通过部署 Rake 接收机用以对抗多径效应相比，TR 技术利用环境中的多径，在发射机处以适当的预编码进行波束成形，从而降低接收机的复杂度。

时间反演并不是 MIMO 技术中的新术语。首先，当系统带宽较小时，时间反演波束成形在 MIMO 系统中被称为共轭波束成形[32]。其次，对于宽带、频率选择信道，OFDM 可以将信道严格分解为并行的独立窄带子载波，而 TR 预编码[33-34]可以应用于其中。TR 也可以直接用作单载波宽带系统的预编码方案[35-36]。

本章的重点不是大规模 MIMO 和 TR 技术的结合。相反，我们将说明，TR 技术本身就是一种实现室内通信大规模多径效应的一种很有前途的方法，该效应类似于大规模 MIMO 效应。本章的新颖之处在于，结合对 TRMME 的理论分析，提出了用单个物理天线实现大规模虚拟天线的思想，以及解决室内环境中随着带宽增加而产生的多径问题的方法。

17.3 系统模型

在本章中，我们考虑一个时间反演下行链路系统，其中一个发射机通过 TRDMA 技术同时

与 N 个不同接收机通信[16]。虽然我们假设发射机和接收机均配备一个天线，但是相关结论可以轻松扩展到多天线方案。

17.3.1 信道模型

假设从发射机到第 j 个接收机共有 $K_{\max}$ 个独立的多径，则信道 $h_j(t)$ 可表示为

$$h_j(t)=\sum_{k=1}^{K_{\max}}\tilde{h}_{j,k}\delta(t-\tau_k) \tag{17.1}$$

式中，$\tilde{h}_{j,k}$ 和 τ_k 分别是第 k 个路径的复信道增益和路径时延。注意，信道的时延扩展是 $\tau_C=\tau_{K_{\max}}$。

令 W 为 TR 系统的带宽。通过奈奎斯特采样，离散信道响应为

$$h_j[n]=\int_{n\tau_p-\tau_p}^{n\tau_p}p(n\tau_p-\tau)h_j(\tau)\mathrm{d}\tau \tag{17.2}$$

式中，$p(t)$ 是主包络为 $\tau_p=1/W$ 的脉冲。

通过式（17.2），发射机和第 j 个接收机之间的链路可以解析为一个 L 抽头信道 $\boldsymbol{h}_j=\left[h_j[1],h_j[2],\cdots,h_j[L]\right]^{\mathrm{T}}$，$L=\mathrm{round}\ (\tau_C W)$，简记为

$$\boldsymbol{h}_j=\left[h_{j,1},h_{j,2},\cdots,h_{j,L}\right] \tag{17.3}$$

式中，$h_{j,i}$ 是第 i 个抽头的复信道增益，对所有 $i\in[1,L]$ 和 $j\in[1,N]$，$h'_{j,i}$ 相互独立。

假设 L 抽头的信道 $\boldsymbol{h}_j$ 有 K 个非零元素。当带宽 W 较小时，$\boldsymbol{h}_j$ 中的所有元素通常都不为零，即 $K=L$。另一方面，当 W 足够大时，$p(t)$ 的旁瓣可忽略不计，因此 $\boldsymbol{h}_j$ 中最多有 $K=K_{\max}<L$ 个非零元素。令 $\phi_{K_{\max}}$ 为非零多径集合，它反映了环境中散射分布的物理模式。进而，当 $k\notin\phi_{K_{\max}}$ 时，有 $h_j[k]=0$，当 $k\in\phi_{K_{\max}}$ 时，$h_j[k]$ 是一个均值为 0 和方差为 σ_k^2 的复随机变量。

在 TR 传输之前，将伪随机序列从接收机发送到发射机，以估计信道状态信息（CSI）$\boldsymbol{h}_j$。对收到的信号与已知的伪随机序列求互相关，可以提高 CSI 功率，从而保持良好的 CSI 质量。高性能的 DSP 和 Golay 相关器[37]通过将乘法运算转换为加法 / 减法，快速获得 CSI 估计，提高运算效率。此外，根据文献［38］的实际测量，当环境略有变化时，CSI 依旧相当稳定，这表明不需要非常频繁地重新探测信道，并且即便探测，开销也非常小。

注意，当大量用户同时向基站信道发送探测信息时，由于 CSI 不理想，会导致 TR 系统性能下降。在下文中，我们假设估计的 CSI 是完美的。

17.3.2 TRDMA 下行链路通信

在 TR 系统中，发射机同时与多个接收机通信。具体来说，如图 17.2 所示，首先用补偿因子 D 对要发送到第 j 个接收机的信息 X_j 进行上采样以减少干扰，然后用波 $\boldsymbol{g}_j$ 对其进行预编码。实际上，符号速率降低了 D 倍，以抑制由多径信道引起的 ISI。注意，可以使用多种波设计，如基本 TR 波[25]、迫零（ZF）波[39]和最小均方误差（MMSE）波[28]，有关详细信息见 17.3.3 节。

接着，将所有发送给不同接收机的信号按如下方式组合在一起

$$S[k]=\sum_{i=1}^{N}\left(X_i^{[D]} * \boldsymbol{g}_i\right)[k] \tag{17.4}$$

其中

$$X_i^{[D]}[k]=\begin{cases}X_i[k/D], & \text{if}\bmod(k,D)=0\\ 0, & \text{其他}\end{cases} \tag{17.5}$$

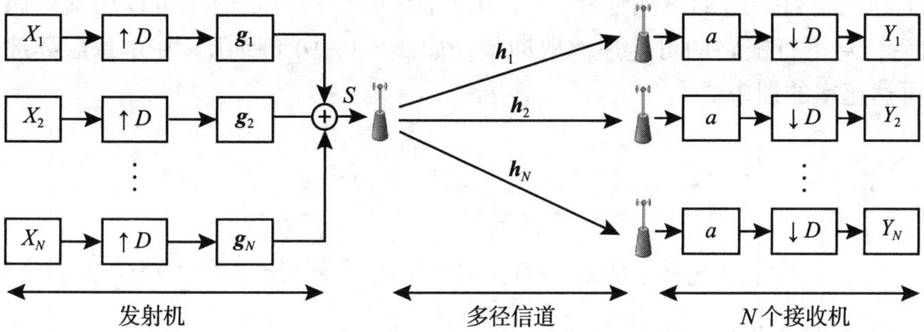

图 17.2　TRDMA 系统

该混合信号通过强散射环境向所有接收机广播。在接收机端，第 j 个接收机仅按比例缩放接收信号并对其进行下采样以获得如下估计信号 Y_j

$$Y_j[k]=\left(\boldsymbol{h}_j * \boldsymbol{g}_j\right)[L]X_j\left[k-\frac{L}{D}\right]+\sum_{l=1,l\neq L/D}^{\frac{2L-1}{D}}\left(\boldsymbol{h}_j * \boldsymbol{g}_j\right)[Dl]X_j[k-l]+\sum_{i=1,i\neq j}^{N}\sum_{l=1}^{\frac{2L-1}{D}}\left(\boldsymbol{h}_j * \boldsymbol{g}_i\right)[Dl]X_i[k-l]+n_j[k] \tag{17.6}$$

不失一般性，我们假设典型波 $\left(\boldsymbol{h}_j * \boldsymbol{g}_j\right)$ 在时序 L 处具有共振效应。那么，式（17.6）中的第一项是期望接收的信号，第二项是 ISI，第三项是 IUI，最后一项是噪声。

将卷积替换为内积，式（17.6）可重写为如下形式

$$Y_j[k]=\boldsymbol{H}_j^{\left(\frac{L}{D}\right)}\boldsymbol{g}_jX_j\left[k-\frac{L}{D}\right]+\sum_{l=1,l\neq L/D}^{(2L-1)/D}\boldsymbol{H}_j^{(l)}\boldsymbol{g}_jX_j[k-l]+\sum_{l=1}^{(2L-1)/D}\boldsymbol{H}_j^{(l)}\left(\sum_{i=1,i\neq j}^{N}\boldsymbol{g}_iX_i[k-l]\right)+n_j[k] \tag{17.7}$$

式中，$\boldsymbol{H}_j^{(m)}$ 是 $(2L-1)/D\times L$ 矩阵 $\boldsymbol{H}_j$ 的第 m 行，而 $\boldsymbol{H}_j$ 是由 Toeplitz 矩阵行抽取形成的如下式（17.8）矩阵

$$\boldsymbol{H}_j=\begin{cases}h_j[D] & h_j[D-1] & \cdots & h_j[1] & 0 & \cdots & \cdots & 0\\ h_j[2D] & h_j[2D-1] & \cdots & \cdots & h_j[1] & 0 & \cdots & 0\\ \vdots & \vdots & \ddots & \ddots & \ddots & \ddots & \ddots & \vdots\\ h_j[L] & h_j[L-1] & \cdots & \cdots & \cdots & \cdots & \cdots & h_j[1]\\ \vdots & \vdots & \ddots & \ddots & \ddots & \ddots & \ddots & \vdots\\ 0 & \cdots & 0 & h_j[L] & \cdots & \cdots & h_j[L-D+1] & h_j[L-2D]\\ 0 & \cdots & \cdots & 0 & h_j[L] & \cdots & h_j[L-D+1] & h_j[L-D]\end{cases} \tag{17.8}$$

于是，时间反演信道 $\boldsymbol{H}_j^{\left(\frac{L}{D}\right)}$ 为

$$\boldsymbol{H}_j^{\left(\frac{L}{D}\right)} = \left[h_j[L]h_j[L-1]\cdots h_j[1]\right] \tag{17.9}$$

17.3.3　单个用户的期望可达速率

令 P 和 P_n 分别为平均发射功率和噪声功率，$(\cdot)^\dagger$ 表示共轭转置算子。假定功率分配均匀，根据式（17.7）和上下行链路的对偶性[40-42]，第 j 个接收机的可达速率可以用其对偶的上行链路来推导。然后，对下行链路的可达速率取期望，如式（17.10）所示。在本章后续部分我们将分析 TR 系统可达速率的期望。

$$R_j = \frac{W}{D}\mathrm{E}\left[\log_2\left(1+\frac{\frac{P}{N}\boldsymbol{g}_j^\dagger \boldsymbol{H}_j^{\left(\frac{L}{D}\right)\dagger}\boldsymbol{H}_j^{\left(\frac{L}{D}\right)}\boldsymbol{g}_j}{\frac{P}{N}\boldsymbol{g}_j^\dagger\left(\boldsymbol{H}_j^\dagger\boldsymbol{H}_j - \boldsymbol{H}_j^{\left(\frac{L}{D}\right)\dagger}\boldsymbol{H}_j^{\left(\frac{L}{D}\right)}\right)\boldsymbol{g}_j + \frac{P}{N}\sum_{i=1,i\neq j}^{N}\boldsymbol{g}_j^\dagger\boldsymbol{H}_i^\dagger\boldsymbol{H}_i\boldsymbol{g}_j + P_n}\right)\right] \tag{17.10}$$

17.4　时间反演大规模多径效应的推导

本节将推导强散射环境下 TR 技术的时间反演大规模多径效应（TRMME）。类似天线数量过大情况下的大规模 MIMO 效应[4]，给定大量独立多径的情况下，TR 系统中不同用户的多径分布也是正交化的。考虑到宽带系统中的信道时延扩展，下面考虑的信道矩阵是式（17.8）中抽取 Toeplitz 矩阵的组合。

定理 17.4.1（时间反演大规模多径效应）：在 $K = K_{\max} \to \infty$ 的渐近设置下

$$\begin{cases} \left[\boldsymbol{Q}\boldsymbol{Q}^\dagger\right]_{m,n} \xrightarrow{d} 0, \ \textit{if}\ m \neq n \\ \dfrac{\left[\boldsymbol{Q}\boldsymbol{Q}^\dagger\right]_{m,m}}{\lambda_m} \xrightarrow{d} 1, \ \text{其他} \end{cases} \tag{17.11}$$

式中，$\boldsymbol{Q} = \left[\boldsymbol{H}_1^{\mathrm{T}}, \boldsymbol{H}_2^{\mathrm{T}}, \cdots, \boldsymbol{H}_N^{\mathrm{T}}\right]^{\mathrm{T}}$，$\xrightarrow{d}$ 表示分布的收敛性，如果 $m = (j-1)(2L-1)/D + L/D$，则 $\lambda_m = \|\boldsymbol{h}_j\|^2$。

定理 17.4.1 的证明见附录 17.A。因为 $\boldsymbol{Q}$ 是从发射机到 N 个接收机的 CSI 组合，所以术语 $\boldsymbol{Q}\boldsymbol{Q}^\dagger$ 表示这 N 个 CSI 的相关矩阵。因此，导出的 TRMME 意味着到 N 个接收机的 CSI 在强多径设置下彼此正交。根据文献［38］中原型 TR 的室内测量结果，125MHz 带宽的 TR 能够形成如图 17.3 所示的空间聚焦球。利用推导出的 TRMME，在具有足够大带宽的强散射环境中，TR 的聚焦球自然收缩到一个精确的位置，这也在大规模 MIMO 系统中得到了预测和观察。因此，推导出的 TRMME 是室内场景中大规模 MIMO 效应的对应物。

就像早期大规模 MIMO 工作中的 $M_t \to \infty$ 假设一样，$K_{\max} \to \infty$ 的假设只是为了分析 TR 系统的渐近可达速率。实际应用中，只需 $K_{\max}$ 足够大就能实现大规模多径效应。17.6.2 节中的实际室内测量证明，只要给定的带宽足够大，解析多径的数目就足够大。尽管 $K_{\max}$ 是一个给定功率和

环境下的固定值，但仍然存在其他实现大规模多径的方法。由于 TR 和 MIMO 技术不是互斥的，通过增加几个天线就能很容易地扩展独立的多径。在 17.6 节中将讨论如何实现大规模多径，并在随后的实际室内测量中进行讨论。接下来，我们推导基于 TRMME 的 TR 技术在强散射环境下的渐近性能。

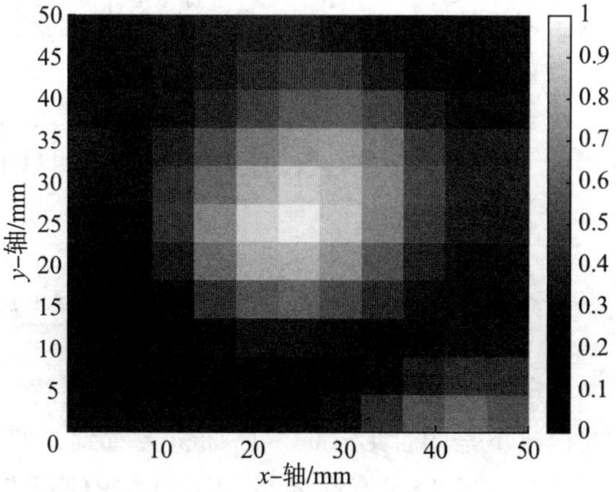

图 17.3　125MHz 带宽的空间聚焦球

17.5　不同波的期望可达速率

在本节中，我们分析 TR 技术的渐近速率。首先，推导出下列典型波下的期望可达速率：基本 TR 波[25]、ZF 波[39]和 MMSE 波[28]。然后，基于 17.4 节推导的 TRMME，进一步推导了这三种波下的渐近可达速率。

17.5.1　期望可达速率

三种波表达式如下

$$
\boldsymbol{g}_j=\begin{cases}\boldsymbol{H}_j^{(L/D)\dagger}/\left\|\boldsymbol{H}_j^{(L/D)}\right\|, & \text{Basic TR}\\ c_{\mathrm{ZF}}\boldsymbol{Q}^{\dagger}\left(\boldsymbol{Q}\boldsymbol{Q}^{\dagger}\right)^{-1}\boldsymbol{e}_{l_j}, & \text{ZF}\\ c_{\mathrm{MMSE}}\left(\boldsymbol{Q}^{\dagger}\boldsymbol{Q}+\dfrac{1}{p_u}\boldsymbol{I}\right)^{-1}\boldsymbol{Q}^{\dagger}\boldsymbol{e}_{l_j}, & \text{MMSE}\end{cases} \tag{17.12}
$$

式中，c_{ZF} 和 c_{MMSE} 是归一化常数，$\boldsymbol{Q}=\left[\boldsymbol{H}_1^{\mathrm{T}},\boldsymbol{H}_2^{\mathrm{T}},\cdots,\boldsymbol{H}_N^{\mathrm{T}}\right]^{\mathrm{T}}$，$\boldsymbol{e}_{l_j}$ 是一个基本向量，$l_j=(j-1)(2L-1)/D+L/D$，$\boldsymbol{I}$ 是单位矩阵，p_u 是每个用户的发射信噪比（SNR），其定义为

$$
p_u=\frac{P}{NP_n} \tag{17.13}
$$

根据前面定义的 $\boldsymbol{Q}$ 和 $\boldsymbol{e}_{l_j}$，我们有

$$
\boldsymbol{Q}^{\dagger}\boldsymbol{e}_{l_j}=\boldsymbol{H}_j^{(L/D)\dagger} \tag{17.14}
$$

注意，在强多径情况下，给定大量独立多径，ZF 波可以完全消除干扰。另外，MMSE 波具有固定对偶上行链路功率分配更简单的闭合解[28]。

考虑到 DSP 功能越来越强，信道探测消耗时间越来越短，我们在以下可达速率分析中将忽略信道探测和波设计开销。

定理 17.5.1（期望可达速率）：具有基本 TR 波、ZF 波和 MMSE 波的 TR 系统的期望可达速率为

$$R_j^{\text{Basic}} = \frac{W}{D}\mathrm{E}\left[\log_2\left(1+\frac{p_u\left\|\boldsymbol{h}_j\right\|^4}{p_u\left(\left[\boldsymbol{QQ}^\dagger\boldsymbol{QQ}^\dagger\right]_{l_j,l_j}-\left\|\boldsymbol{h}_j\right\|^4\right)+\left\|\boldsymbol{h}_j\right\|^2}\right)\right]$$

$$R_j^{\text{ZF}} = \frac{W}{D}\mathrm{E}\left[\log_2\left(1+\frac{p_u}{\left[\left(\boldsymbol{QQ}\right)^{\dagger^{-1}}\right]_{l_j,l_j}}\right)\right]$$

$$R_j^{\text{MMSE}} = \frac{W}{D}\mathrm{E}\left[\log_2\left(\frac{1}{\left[\left(\boldsymbol{I}+p_u\boldsymbol{QQ}^\dagger\right)^{-1}\right]_{l_j,l_j}}\right)\right] \tag{17.15}$$

定理 17.5.1 的证明见附录 17.B。注意，由于本章采用的是一般信道模型，定理 17.5.1 中的方程式不是闭合形式的。后面将会看到，要推导渐近期望可达速率，定理 17.5.1 只是一个起点。尽管式（17.15）看起来与 MIMO MRC/ZF/MMSE 接收机相似，但矩阵 $\boldsymbol{Q}$ 与 MIMO 系统中的信道特征矩阵不同，这导致了 TR 系统中渐近性能的推导有很大不同。具体来说，由于 TR 系统中较大的信道延迟扩展，所以存在 ISI。因此，本章采用补偿因子 D，并且信道 $\boldsymbol{H}_i$ 由 Toeplitz 矩阵行抽取形成，比 MIMO 系统要复杂得多。而且这是首次在实际应用系统中考虑了 ISI，采用各种波设计方法分析了 TR 系统的渐近可达速率。

从定理 17.5.1 可以看出，不同波的期望可达速率与 $\boldsymbol{QQ}^\dagger$ 和 $\left[\boldsymbol{QQ}^\dagger\boldsymbol{QQ}^\dagger\right]_{l_j,l_j}$ 密切相关。事实上，$\boldsymbol{QQ}^\dagger$ 的渐近性质已作为 TRMME 得以研究。在下一节中，我们将进一步探讨大规模多径环境下，即 $K_{\max}\to\infty$ 时，$\left[\boldsymbol{QQ}^\dagger\boldsymbol{QQ}^\dagger\right]_{l_j,l_j}$ 的性质，并研究不同波对应的渐近期望可达速率。

17.5.2　渐近可达速率

我们在以下引理中推导 $\left[\boldsymbol{QQ}^\dagger\boldsymbol{QQ}^\dagger\right]_{l_j,l_j}$ 的渐近性能。

引理 17.5.1　在 $K=K_{\max}\to\infty$ 的渐近条件下，我们有

$$\limsup_{K_{\max}\to\infty}\frac{\left[\boldsymbol{QQ}^\dagger\boldsymbol{QQ}^\dagger\right]_{l_j,l_j}-\left\|\boldsymbol{h}_j\right\|^4}{\sum_{k=1}^{K_{\max}}\sigma_k^2}=\alpha \tag{17.16}$$

式中，$\alpha=2N/D$。

引理 17.5.1 的证明见附录 17.C。在大规模 MIMO 系统中，当天线数量增加时，用户和基站之间的随机信道向量两两正交[43]。类似地，在 TR 系统中，当多径数目增加时，接收机和发射机之间的随机信道向量也是两两正交，这与 TRMME 的特点一致。与大规模 MIMO 系统中的匹配滤波器波束赋形不同，在宽带系统中，基本 TR 波不能完全消除信道时延扩展所导致的干扰。因此，为了推导基本 TR 波形的渐近期望可达速率，需要对引理 17.5.1 中的干扰进行分析。

在 TRMME 和引理 17.5.1 的基础上，我们可以分析不同波的渐近期望可达速率，结论在以下定理中给出。

定理 17.5.2　当 $K_{\max} \to \infty$ 时，ZF 波和 MMSE 波的渐近期望可达速率满足下式

$$\begin{aligned}\lim_{K_{\max}\to\infty}\frac{R_j^{\mathrm{ZF}}}{W/D} &= \lim_{K_{\max}\to\infty}\frac{R_j^{\mathrm{MMSE}}}{W/D}\\ &= \mathrm{E}\left[\log_2\left(1+p_u\left\|\boldsymbol{h}_j\right\|^2\right)\right]\end{aligned} \tag{17.17}$$

而基本 TR 波的渐近期望可达速率满足以下等式

$$\liminf_{K_{\max}\to\infty}\frac{R_j^{\mathrm{Basic}}}{W/D} = \mathrm{E}\left[\log_2\left(1+\frac{p_u\left\|\boldsymbol{h}_j\right\|^2}{\dfrac{p_u\alpha\left(\sum_{k=1}^{K_{\max}}\sigma_k^2\right)^2}{\left\|\boldsymbol{h}_j\right\|^2}+1}\right)\right] \tag{17.18}$$

定理 17.5.2 的证明见附录 17.D。从定理 17.5.1 可以看出，ZF 和 MMSE 波的期望可达速率通常优于基本 TR 波。然而，当 D 足够大以致 $\dfrac{\alpha\left(\sum_{k=1}^{K_{\max}}\sigma_k^2\right)^2}{\left\|\boldsymbol{h}_j\right\|^2}$ 趋于零时，可以消除 ISI 和 IUI，这样，基本 TR 波可以实现与 ZF 波和 MMSE 波相同的渐近期望可达速率。

17.6　仿真和实验

在本节中，我们进行仿真和实验以评估 TR 系统在各种设置下的期望渐近性能。正如在 17.3 节中讨论的那样，假设 N 个接收机均匀随机分布，共享同一信道模型。由于在强多径环境中会捕获更多的接收功率，我们假设期望的信道增益是独立多径数 $K_{\max}$ 的增函数。

17.6.1　渐近性能分析

我们首先验证定理 17.5.1 中的理论分析。y 轴是 DR_j/W，其中 R_j 是第 j 个接收机的期望可达速率，D 是补偿因子，W 是系统带宽。由于假设信道增益是 $K_{\max}$ 的增函数，因此渐近性能会随着 $K_{\max}$ 的增加而提高。首先研究 D 不够大的情况，例如 $D=K_{\max}$。图 17.4 显示了 $p_u=5\text{dB}$ 和不同 N 时，每个接收机的期望渐近性能。从图 17.4 可以看出，ZF 和 MMSE 波的性能随着 $K_{\max}$ 的增加迅速收敛到相同的极限。此外，ZF/MMSE 波的渐近极限与基本 TR 波的下限之间存在差距。这主要是因为当基本 TR 波在 D 不够大时存在残余 ISI 和 IUI，$\dfrac{\alpha\left(\sum_{k=1}^{K_{\max}}\sigma_k^2\right)^2}{\left\|\boldsymbol{h}_j\right\|^2}$ 不可忽略。对比 $N=6$ 和 $N=20$ 的结果，可以看到，N 的增加导致 $\alpha=2N/D$ 增加，进而差距拉得更大。

我们还比较了 D 取值较大时基本 TR、ZF 和 MMSE 波的渐近性能。从图 17.8 中可以看出，当 D 和 $K_{\max}$ 都足够大时，ZF/MMSE 波的渐近性能与基本 TR 波的渐近性能之间的差距变小。这

主要是由于此时 ISI 和 IUI 较小，以及 $\frac{\alpha\left(\sum_{k=1}^{K_{\max}}\sigma_k^2\right)^2}{\|\boldsymbol{h}_j\|^2}$ 小得多。

注意，$p_u=5\text{dB}$，这意味着图 17.4 和 17.8 中的趋势也适用于能效。换句话说，TR 系统的能量效率随着 $K_{\max}$ 的增加而增加。

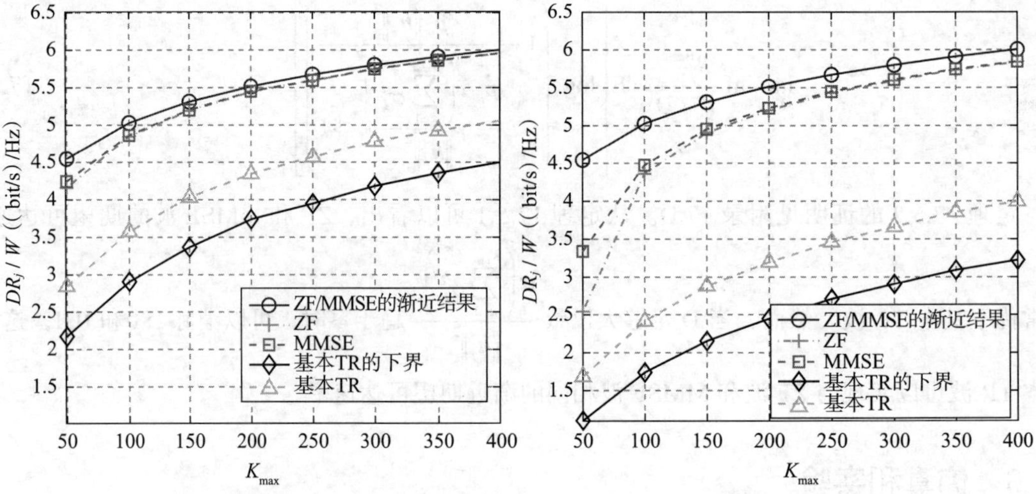

a）N=6　　　　b）N=20

图 17.4　N 的期望渐近性能（$D=K_{\max}$，$p_u=5\text{dB}$）

17.6.2　典型室内环境中可观测的独立多径数 $\boldsymbol{K}$

为了实现定理 17.5.1 中的渐近性能，需要 TR 系统工作在强多径环境中。在这一节中，我们将通过实际测量来研究 K 的性质。首先，我们证实了在典型办公环境中，带宽足够大时，可解析多径数目也很大。然后，进一步讨论了提高 $K_{\max}$ 的方法，并通过实际测量进行了验证。

我们使用两个通用软件无线电外围设备（USRP）作为频道发声器在一个典型办公室环境中探测信道，其平面图如图 17.5 所示。如图所示，TX 放置在 5cm 分辨率的网格结构中，RX 放置在角落处。我们使用两个 USRP 扫描频谱（例如从 4.9GHz ～ 5.9GHz），以获得带宽为 10MHz ～ 1GHz 的信道脉冲响应。

我们采用特征值分析来确定任意给定带宽 W 的 K 值。首先，使用统计平均估计被测信道 $\boldsymbol{K}_{h,W}$ 的协方差矩阵

$$\boldsymbol{K}_{h,W}=\frac{1}{N}\sum_{i=1}^{N}\boldsymbol{h}_{i,W}\boldsymbol{h}_{i,W}^{\dagger} \tag{17.19}$$

式中，$\boldsymbol{h}_{i,W}$ 是在带宽为 W、$N=100$、位置 i 处获得的信道信息。由于 $\boldsymbol{h}_{i,W}$ 是 Hermitian 正定的，因此存在一个酉矩阵 $\boldsymbol{U}$，使得

$$\boldsymbol{K}_{h,W}=\boldsymbol{U\Lambda U}^{\dagger}=\sum_{i=1}^{L}\lambda_{i,W}\psi_i\psi_i^{\dagger} \tag{17.20}$$

式中，$\lambda_{1,W} \geqslant \lambda_{2,W} \geqslant \cdots \geqslant \lambda_{L,W}$ 且 $L = \tau_C W$。

图 17.6 显示了捕获能量 E_l 与有效特征值个数 l 的百分比，其中 E_l 定义为 $E_l = \frac{\sum_{i=1}^{l} \lambda_i}{\sum_{i=1}^{L} \lambda_i}$。从图 17.6 可以看出，当带宽较小时，信道能量集中在少数特征值上，而随着带宽增加，信道能量分散在大量的特征值上。换句话说，有效特征数量 K 随着带宽 W 的增加而增加。图 17.7 进一步证实了这一点。在图 17.7 中，我们通过将捕获能量固定在 98% 来显示显著特征值数量与信道带宽的关系。

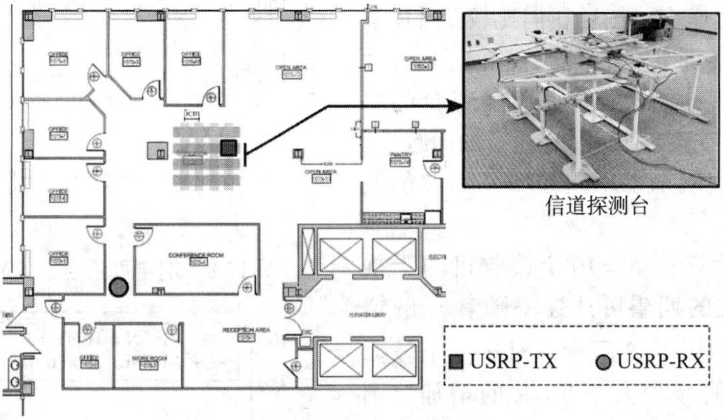

图 17.5　平面布置及实验设置

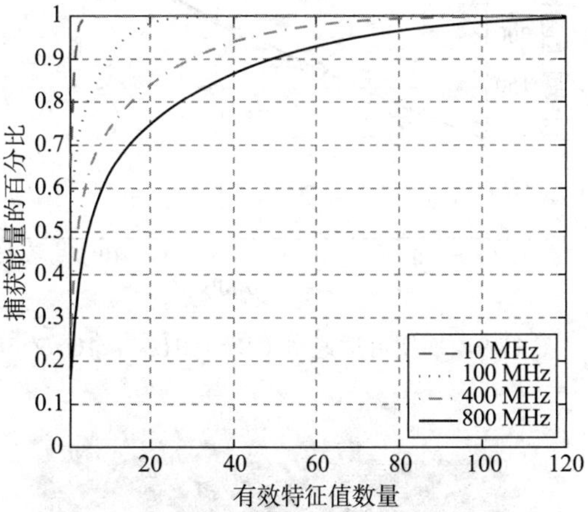

图 17.6　捕获能量的百分比与有效特征值数量

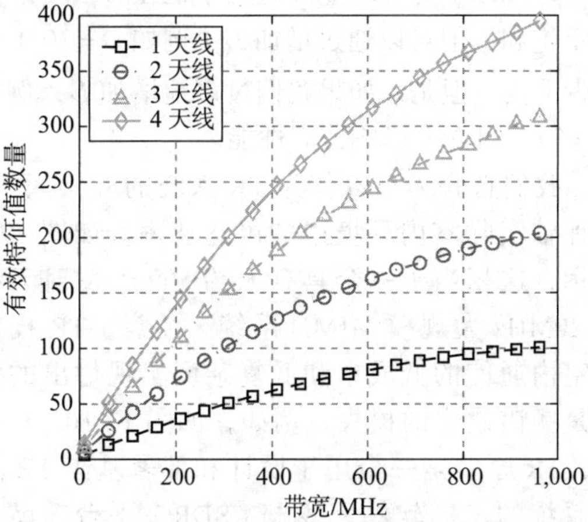

图 17.7　不同带宽 W 下的有效特征值数量 K

从前面的测量来看，典型室内环境中的 $K_{\max}$ 是一个很大的值。现在我们讨论一种在实际环境中进一步提高 $K_{\max}$ 的方法。由于 TR 和 MIMO 技术不是互斥的，因此可以通过部署一对天线来获得数百个虚拟天线，从而进一步扩大自由度，如图 17.7 所示。可以发现，在 TR 系统中用少量天线就可以很容易地实现大规模虚拟天线，无须实际安装数百个物理天线。

17.6.3　可达速率的评估

$K_{max} \to \infty$ 的假设只是为了分析 TR 系统的渐近可达速率，就像早期大量 MIMO 工作中的 $M_t \to \infty$ 假设一样。在实际应用中，我们只需要 K_{max} 足够大就可实现大规模多径效应。下面的室内实验证明，即使采用单个天线，TR 宽带系统仍然能够可以有一个很好的可达速率。实验是在实际室内信道测量中进行的，并根据定理 17.5.1 计算了 TR 系统的可达速率。

我们首先使用上一小节中的信道测量，在 $W = 1\text{GHz}$ 的情况下，评估 TR 系统在典型室内环境中的期望可达速率。然后我们比较了 TR 系统和大规模 MIMO 系统的性能。显然，在选择合适的 D 时存在一个折衷：W/D 将随着 D 的增加而减小，而 ISI 和 IUI 都随着 D 的增加而减小。在图 17.8 中，我们展示了不同 D 下不同波的期望可达速率。

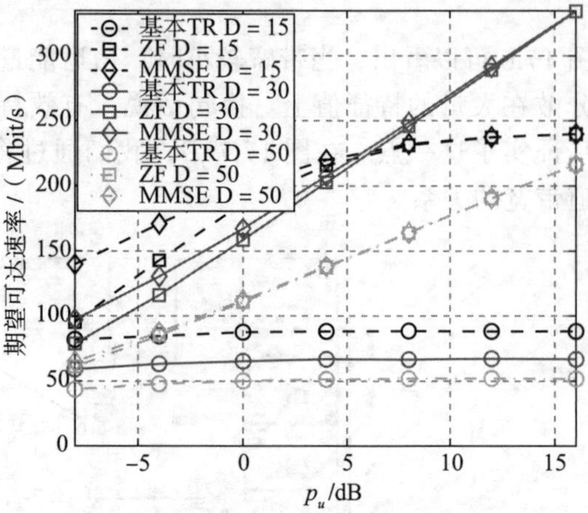

图 17.8　期望可达速率（N=10, W=1GHz）

可以看到，由于受 $N = 10$ 个接收机的干扰限制，基本 TR 波的期望可达速率随着 p_u 的增加而迅速饱和。如图 17.8 所示，对于一个较大的 D，如果 W/D 的减少大于 SINR 的增加，则增加 D 可能会降低基本 TR 波的期望可达速率。ZF 和 MMSE 波的期望可达速率也在 $D = 15$ 的高 p_u 下饱和，但可以通过增加 D（例如 $D = 30$）来减少干扰。但是，如果我们过多地增加 D，例如 $D = 50$，可能会影响速率性能。

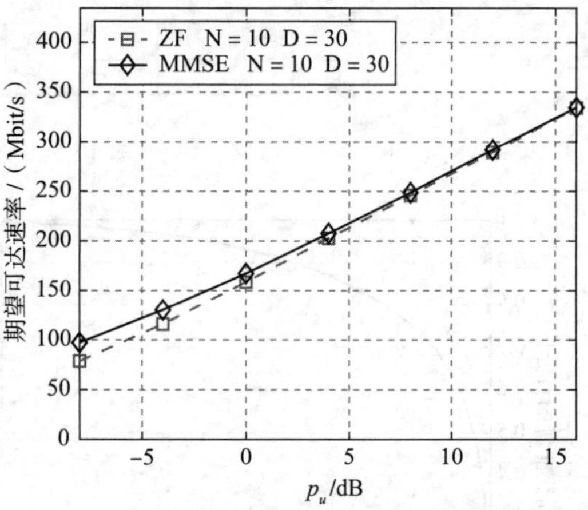

图 17.9　期望可达速率（W=1GHz, N=10, D=30）

我们选择 $D = 30$ 作为 TR 系统的补偿因子，来评估实际室内环境中的可达速率。如图 17.9 所示，这相当于一个具有大约 500 个发射天线的 20MHz 大规模 MIMO 系统。注意，TR 技术为室内通信的低成本和低复杂度实现付出的代价是频谱效率的损失。例如，如图 17.10[38] 所示，TR 原型是一个用于设计和部署基于 TR 通信系统的定制软件无线电（SDR）平台，尺寸为 5cm × 17cm × 23cm，重量约 400g，功耗为 25W。与文献［9］中构建的大规模 MIMO 原型相比，复杂度和运算功耗明显降低。考虑到未来可能的高宽带（如 UWB 和毫米波段），与室内场景下的频谱效率相比，其复杂度、能耗等指标

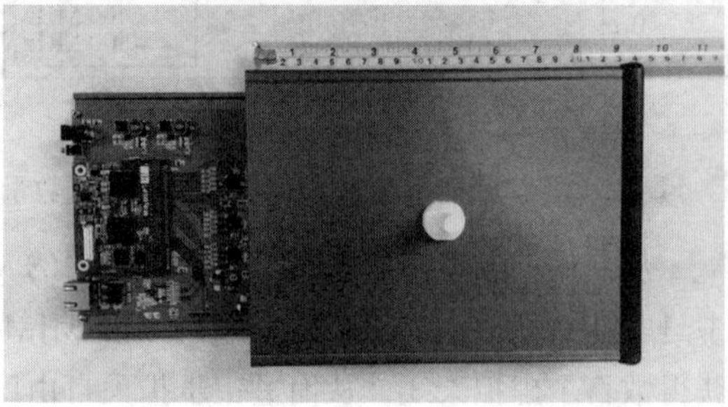

图 17.10　时间反演原型

会变得越来越重要，这使得 TR 技术成为一种很有前途的室内通信技术。

17.7 小结

在本章中，我们首先证明了 TR 技术能够通过捕获自然存在的虚拟天线，为实现大规模多径效应提供一种经济有效的解决方案，对标室内场景中大规模 MIMO 效应。然后利用得到的大规模多径效应，进一步推导了在强散射环境下 TR 技术的渐近速率。仿真验证了具有典型波的 TR 系统在完全消除干扰的情况下，能够渐近地达到极限可达速率。最后基于实际信道测量结果，证明了单天线 TR 宽带系统在实际室内环境下可以实现很好的速率。TR 技术利用虚拟天线阵列和计算资源，具有低复杂度的特点，是室内通信的理想选择。TR 系统需要足够大的带宽来捕获多径，这可以通过更经济的高速 ADC 和毫米波段的宽频谱来实现。更多的相关内容，读者可参考文献 [44]。

参考文献

[1] Cisco, "Visual networking index," *Cisco white paper*, 2015.

[2] J. Andrews, S. Buzzi, C. Wan, S. Hanly, A. Lozano, A. Soong, and J. Zhang, "What will 5G be?" *IEEE Journal on Selected Areas in Communications*, vol. 32, no. 6, pp. 1065–1082, 2014.

[3] H. Ngo, E. Larsson, and T. Marzetta, "Energy and spectral efficiency of very large multiuser MIMO systems," *IEEE Transactions on Communications*, vol. 61, no. 4, pp. 1436–1449, 2013.

[4] T. Marzetta, "Noncooperative cellular wireless with unlimited numbers of base station antennas," *IEEE Transactions on Wireless Communications*, vol. 9, no. 11, pp. 3590–3600, 2010.

[5] F. Boccardi, R. Heath, A. Lozano, T. Marzetta, and P. Popovski, "Five disruptive technology directions for 5G," *IEEE Communications Magazine*, vol. 52, no. 2, pp. 74–80, 2014.

[6] J. Liu, H. Minn, and A. Gatherer, "The death of 5G part 2: Will analog be the death of massive MIMO?" www.comsoc.org/ctn/death-5g-part-2-will-analog-be-death-massive-mimo, Jun. 2015.

[7] X. Artiga, B. Devillers, and J. Perruisseau-Carrier, "Mutual coupling effects in multi-user massive MIMO base stations," in *Proceedings of the IEEE APSURSI*, pp. 1–2, 2012.

[8] C. Masouros, M. Sellathurai, and T. Ratnarajah, "Large-scale MIMO transmitters in fixed physical spaces: The effect of transmit correlation and mutual coupling," *IEEE Transactions on Communications*, vol. 61, no. 7, pp. 2794–2804, 2013.

[9] J. Vieira, S. Malkowsky, K. Nieman, Z. Miers, N. Kundargi, L. Liu, I. Wong, V. Owall, O. Edfors, and F. Tufvesson, "A flexible 100-antenna testbed for massive MIMO," in *Proceedings of the IEEE Globecom Workshops*, pp. 287–293, 2014.

[10] M. Panolini, "Beyond data caps: An analysis of the uneven growth in data traffic," www.senzafiliconsulting.com/, Mar. 2011.

[11] R. Saadane, A. Menouni, R. Knopp, and D. Aboutajdine, "Empirical eigenanalysis of indoor UWB propagation channels," in *Proceedings of the IEEE Globecom*, vol. 5, pp. 3215–3219, 2004.

[12] A. M. Hayar, R. Knopp, and R. Saadane, "Subspace analysis of indoor UWB channels,"

EURASIP Journal on Applied Signal Processing, vol. 2005, pp. 287–295, 2005.

[13] A. Inamdar, S. Rylov, A. Talalaevskii, A. Sahu, S. Sarwana, D. Kirichenko, I. Vernik, T. Filippov, and D. Gupta, "Progress in design of improved high dynamic range analog-to-digital converters," *IEEE Transactions on Applied Superconductivity*, vol. 19, no. 3, pp. 670–675, 2009.

[14] T. Rappaport, S. Sun, R. Mayzus, H. Zhao, Y. Azar, K. Wang, G. Wong, J. Schulz, M. Samimi, and F. Gutierrez, "Millimeter wave mobile communications for 5G cellular: It will work!" *IEEE Access*, vol. 1, pp. 335–349, 2013.

[15] P. Smulders and L. Correia, "Characterisation of propagation in 60 GHz radio channels," *Electronics & Communication Engineering Journal*, vol. 9, no. 2, pp. 73–80, Apr. 1997.

[16] F. Han, Y. Yang, B. Wang, Y. Wu, and K. J. R. Liu, "Time-reversal division multiple access over multi-path channels," *IEEE Transactions on Communications*, vol. 60, no. 7, pp. 1953–1965, 2012.

[17] B. P. Bogert, "Demonstration of delay distortion correction by time-reversal techniques," *IRE Transactions on Communications Systems*, vol. 5, no. 3, pp. 2–7, 1957.

[18] M. Fink and C. Prada, "Acoustic time-reversal mirrors," *Inverse Problems*, vol. 17, no. 1, p. R1, 2001.

[19] S. Lehman and A. Devaney, "Transmission mode time-reversal super-resolution imaging," *Journal of the Acoustical Society of America*, vol. 113, no. 5, pp. 2742–2753, 2003.

[20] D. Liu, G. Kang, L. Li, Y. Chen, S. Vasudevan, W. Joines, Q. Liu, J. Krolik, and L. Carin, "Electromagnetic time-reversal imaging of a target in a cluttered environment," *IEEE Transactions on Antennas and Propagation*, vol. 53, no. 9, pp. 3508–3066, 2005.

[21] G. Edelmann, T. Akal, W. Hodgkiss, S. Kim, W. Kuperman, and H. Song, "An initial demonstration of underwater acoustic communication using time reversal," *IEEE Journal of Oceanic Engineering*, vol. 27, no. 3, pp. 602–609, 2002.

[22] A. Derode, P. Roux, and M. Fink, "Robust acoustic time reversal with high order multiple scattering," *Physical Review Letters*, vol. 75, pp. 4206–4209, 1995.

[23] H. Nguyen, J. Anderson, and G. Pedersen, "The potential of time reversal techniques in multiple element antenna systems," *IEEE Communications Letters*, vol. 9, no. 1, pp. 40–42, 2005.

[24] R. de Lacerda Neto, A. Hayar, and M. Debbah, "Channel division multiple access based on high UWB channel temporal resolution," in *Proceedings of the IEEE VTC*, pp. 1–5, 2006.

[25] B. Wang, Y. Wu, F. Han, Y. Yang, and K. J. R. Liu, "Green wireless communications: A time-reversal paradigm," *IEEE Journal on Selected Areas in Communications*, vol. 29, no. 8, pp. 1698–1710, 2011.

[26] M.-A. Bouzigues, I. Siaud, M. Helard, and A.-M. Ulmer-Moll, "Turn back the clock: Time reversal for green radio communications," *IEEE Vehicular Technology Magazine*, vol. 8, no. 1, pp. 49–56, 2013.

[27] Y. Jin, J. Yi, and J. Moura, "Multiple antenna time reversal transmission in ultra-wideband communications," in *Proceedings of the IEEE Globecom*, pp. 26–30, 2007.

[28] Y.-H. Yang, B. Wang, W. S. Lin, and K. J. R. Liu, "Near-optimal waveform design for sum rate optimization in time-reversal multiuser downlink systems," *IEEE Transactions on Wireless Communications*, vol. 12, no. 1, pp. 346–357, 2013.

[29] E. Yoon, S. Kim, and U. Yun, "A time-reversal-based transmission using predistortion for intersymbol interference alignment," *IEEE Transactions on Communications*, vol. 63, no. 2, pp. 455–465, 2014.

[30] Y. Chen, F. Han, Y. Yang, H. Ma, Y. Han, C. Jiang, H. Lai, D. Claffey, Z. Safar, and K. J. R. Liu, "Time-reversal wireless paradigm for green Internet of Things: An overview," *IEEE Internet of Things Journal*, vol. 1, no. 1, pp. 81–98, 2014.

[31] A. J. Viterbi, *CDMA: Principles of Spread Spectrum Communication*. Reading, MA: Addison Wesley Longman Publishing Co., Inc., 1995.

[32] I. Azzam and R. Adve, "Linear precoding for multiuser MIMO systems with multiple base stations," in *Proceedings of the IEEE ICC*, pp. 1–6, 2009.

[33] L. Kewen, M. Zherui, and H. Ting, "A novel TR-STBC-OFDM scheme for mobile WiMAX system," in *Proceedings of the IEEE ISAPE*, pp. 1365–1368, 2008.

[34] M. Maaz, M. Helard, P. Mary, and M. Liu, "Performance analysis of time-reversal based precoding schemes in MISO-OFDM systems," in *Proceedings of the IEEE VTC*, pp. 1–6, 2015.

[35] A. Pitarokoilis, S. K. Mohammed, and E. G. Larsson, "Uplink performance of time-reversal MRC in massive MIMO systems subject to phase noise," *IEEE Transactions on Wireless Communications*, vol. 14, no. 2, pp. 711–723, 2015.

[36] C. Zhou, N. Guo, B. Sadler, and R. Qiu, "Performance study on time reversed impulse MIMO for UWB communications based on measured spatial UWB channels," in *Proceedings of the IEEE MILCOM*, pp. 1–6, 2007.

[37] B. Popovic, "Efficient Golay correlator," *Electronics Letters*, vol. 35, no. 17, pp. 1427–1428, Aug 1999.

[38] Z.-H. Wu, Y. Han, Y. Chen, and K. J. R. Liu, "A time-reversal paradigm for indoor positioning system," *IEEE Transactions on Vehicular Technology*, vol. 64, no. 4, pp. 1331–1339, 2015.

[39] R. Daniels and R. Heath, "Improving on time-reversal with MISO precoding," in *Proceedings of the Eighth International Symposium on Wireless Personal Multimedia Communications Conference*, pp. 18–22, 2005.

[40] D. Tse and P. Viswanath, "Downlink-uplink duality and effective bandwidths," in *Proceedings of the IEEE ISIT*, 2002.

[41] M. Schubert and H. Boche, "Solution of the multiuser downlink beamforming problem with individual SINR constraints," *IEEE Transactions on Vehicular Technology*, vol. 53, no. 1, pp. 18–28, 2004.

[42] R. Hunger and M. Joham, "A general rate duality of the MIMO multiple access channel and the MIMO broadcast channel," in *Proc. IEEE Global Telecommunications Conference*, 2008.

[43] E. Telatar, "Capacity of multiple-antenna gaussian channels," *European Transactions on Telecommunications*, vol. 10, no. 6, pp. 585–595, 1999.

[44] Y. Han, Y. Chen, B. Wang, and K. J. R. Liu, "Time-reversal massive multipath effect: A single-antenna massive MIMO solution," *IEEE Transactions on Communications*, vol. 64, no. 8, pp. 3382–3394, 2016.

[45] G. H. Golub and C. F. Van Loan, "Matrix computations," Baltimore, MD: John Hopkins University Press, 2012.

第 18 章 |Chapter 18|

波成形技术

通过利用电磁波的自然多径传播，波成形成为了一种很有前途的技术，该技术将无线信道中的每个多径分量视为虚拟天线以充分利用空间分集。作为宽带系统最常用的波成形技术，时间反演（TR）信号传输通过相干组合分布在虚拟天线上的多径能量来产生 TR 共振，从而提高接收信号强度，降低干扰。宽带波成形在许多方面类似于多输入多输出（MIMO）波束赋形，MIMO 在带宽受限时通过部署多个天线来模拟多径传输。在本章中，我们概述了宽带波成形的最新进展，包括大规模多径效应、最佳资源分配、无线功率传输和安全通信的保密性增强，并与传统 MIMO 波束赋形技术进行了比较。

18.1 引言

自然界通过无线电多径传播提供了大量的自由度。当发射信号在环境中遇到不同散射体并因此在其传播过程中通过不同路径传播时，每个发射机（TX）和接收机（RX）天线之间的信道都是多径信道。

当发射信号经散射体反射/散射时，会生成原始信号的衰减副本并通过不同路径传输，因此环境中的每个散射体都可以视为虚拟天线，直接传输到 RX 和 TX。此外，虚拟天线与 RX 天线之间的信道特性由 TX 与散射体之间以及散射体与 RX 之间的两条无线路径确定。图 18.1 描绘了多径传播环境中视为虚拟天线的散射体，其中从 TX 直接到 RX 的箭头表示视线（LOS）路径，其他箭头表示被散射体反射/散射的路径。图中的星星代表环境中的散射体，可以将其视为将衰减信号传输到 RX 的虚拟天线。所

图 18.1　虚拟天线示意图

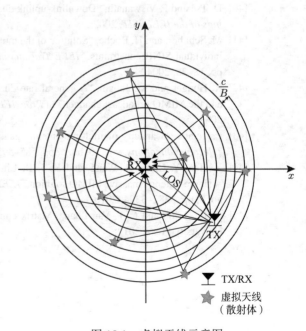

有路径一起形成 TX 和 RX 之间的多径信道。

如何将采集到的多径视为虚拟天线加以控制，以达到理想的应用目的？波成形[1-6]作为一种新技术被提出，用来控制分布在环境中的虚拟天线，从而利用空间分集的优势实现高自由度。增大带宽，将出现更多不相关的多径分量，因此可以获得更高的自由度，实现更高的数据速率和更可靠的通信。最著名的波成形技术是时间反演（TR）信号传输，已被视为宽带系统新范式，它将多径信道中的每个多径分量视为虚拟天线[1]。TR 技术最初是为声学和超声应用设计的[7-10]，最近的研究集中在 TR 无线通信[11-16]。TR 信号传输可以轻松扩展到多天线场景[17-20]和正交频分复用（OFDM）系统[21]。

通过构造式地利用虚拟天线，TR 信号传输可以提供显著的空间分集增益，并表现出 TR 共振现象[1,22-23]。受 TR 技术启发，在一定的目标下，这种波设计可以优化每个虚拟天线在多径信道中的权重，并在接收端对来自不同路径的加权信号进行组合。许多研究都集中在具有不同优化标准的最佳波设计上，例如干扰消除、多用户公平性和高效无线功率传输[2-6,24]。随着无线通信的爆炸性增长，5G 用户数量不断增加，干扰问题成为了限制系统性能的瓶颈，可以采用波成形解决这类干扰问题。

实际上，宽带波成形类似多输入多输出（MIMO）波束赋形。当带宽有限而无法解析出独立的多径时，MIMO 被提出用来模拟一个具有多个 TX 天线或 / 和多个 RX 天线的多径传输，从而可以通过利用空间分集增益和空间复用增益来提供高数据传输速率[25-27]。MIMO 已被广泛部署在包括 WiFi、3G 和长期演进（LTE）在内的无线通信标准中。近年来，对基站（BS）上部署的有大量天线的 MIMO 系统（又名大规模 MIMO）的研究表明，大规模 MIMO 在减少用户间干扰（IUI）和提供准正交信道以及显著提高频谱效率和功率效率方面显示出了巨大潜力[28]。因此，正如文献［29-30］指出的，大规模 MIMO 技术与超致密化技术、毫米波技术一起组成了 5G 的三大技术。但是，大规模 MIMO 还存在一些关键挑战，如硬件高度复杂性、高功耗、部署大量天线成本高昂、天线耦合效应、模拟前端设计和室内部署困难[31]。

在多用户 MIMO 系统中，波束赋形已成为一种广泛使用的技术，该技术利用多个天线来形成定向传输波束图，以减少 IUI。波束赋形可以看作是空间滤波器，其本质上是对来自不同 TX 天线的信号进行加权求和，使得所需信号可在接收机侧相干累加[32]。最常见的波束赋形方法包括最大比合并（MRC）、迫零（ZF）和最小均方误差（MMSE）。可以根据特定目标设计最佳的波束形状。例如，在考虑网络吞吐量最大化或多用户公平性时，对最佳资源分配问题的 MIMO 波束赋形进行了全面研究[33-34]。此外，为了实现高效的功率传输，以及信息和能量的最佳同步传输，还为无线功率通信设计了最佳波束形式[35-38]。近年来，最优波束赋形技术在保密通信中得到了广泛的研究，在保密通信中，为了不损害传输给目标接收机的信息，通过传输人工噪声来降低窃听者的信道质量[39-42]。

本章旨在概述宽带波成形的进展，并展示它与众所周知的窄带 MIMO 波束赋形的相似性，通过说明多用户无线通信的最佳资源分配、无线功率传输（WPT）和安全通信问题，表明它实际是一个对偶问题。此外，考虑到物理天线和虚拟天线之间的相似性和差异性，还研究和比较了两个系统的数学模型。

18.2 系统模型

本节将介绍和比较窄带 MIMO 下行链路传输和宽带下行链路传输的系统模型。在 MIMO 系统中，通过调整每个物理天线的权重，将波束赋形应用于创建定向传输模式。宽带波成形系统不是在BS使用多个发射天线，而是将无线信道中的每个多径分量视为虚拟天线。每个多径分量都与环境中的散射器或反射器有关，可以通过大带宽来解决。为了在宽带系统中实现空间选择性，使用波成形技术来调整每个多径分量（即虚拟天线）的权重。

18.2.1　带宽与多径

通过调整传输功率和带宽可以有效获取多径[31, 43]。一方面，高发射功率会导致高信噪比（SNR）。因此，发射功率越高，可观察到的多径分量就越多。另一方面，解析独立多径分量的空间分辨率，即在多径传播中分离具有不同长度的无线路径的分辨率，受 c/B 的限制，如其中 c 是光速，B 是带宽（如图 18.1 所示）。因此，带宽越大，空间分辨率越好，可以呈现的多径数越多。带宽和多径分辨率之间关系的数学解释如下。

在 TX 和 RX 之间存在 $K_{\max}$ 个独立多径分量的环境中，定义连续时间多径信道 $h(t)$ 为不同无线传播路径的集合，即 $h(t)=\sum_{k=1}^{K_{\max}}\alpha_k\delta(t-\tau_k)$，其中 $K_{\max}$ 是无线传输介质中散射体的数量，α_k 是散射体 k 的多径系数，τ_k 是与 α_k 相关的时延。函数 $\delta(.)$ 为 delta 函数。注意，宽带信道的延迟扩展为 $\tau=\max_k\tau_k$。

但是，由于带宽 W 的限制，接收机侧估计的离散时间信道 $\boldsymbol{h}$ 是 $h(t)$ 的采样版本，即 $h[l]=\int_{\frac{l-1}{W}}^{\frac{l}{W}}P\left(\frac{l}{W}-t\right)h(t)\mathrm{d}t$，其中 $P(.)$ 是长度为 $1/W$ 的窗口函数。给定时延扩展 τ，当 $W\leqslant 1/\tau$ 时，所有多径的积分只解析出一个单一抽头。当 $W>1/\tau$ 时，在 $1/W$ 秒时间内接收到的多径信号将积分到一个抽头信号中。因此，当 $W>1/\Delta\tau_{\min}$ 时，可解析出所有多径，其中 $\Delta\tau_{\min}$ 代表连续收到的多径信号飞行时间（ToF）的最小差。因为在带宽 W 下可以分离 ToF 差大于等于 $1/W$ 的信号，所以更大的带宽可以实现更高的采样率，以采样从不同路径接收的模拟信号并解析出更多的多径分量。因此，只要 $K_{\max}$ 足够大，可以提供足够的多径，其时延差 $\Delta\tau_{\min}$ 接近于 0，那么就可以通过 $L=\operatorname{round}(\tau W)$ 的取整操作，确定解析出的信道抽头的数量，即向量 $\boldsymbol{h}$ 的长度。

图 18.2 绘制并比较了在强散射环境中，同一位置在上述带宽下捕获的多径信道，表明了带宽与多径分辨率之间的关系。比较图 18.2a、18.2b 和 18.2c，可以发现，当带宽增加时，可以获得更多的多径和更好的分辨率。因此，带宽越大空间分辨率越好，可以呈现出更多的多径。在 LTE 标准中，带宽为 20MHz，在 Wi-Fi（IEEE 802.11n 标准）系统中，带宽为 40MHz。此外，整个工业、

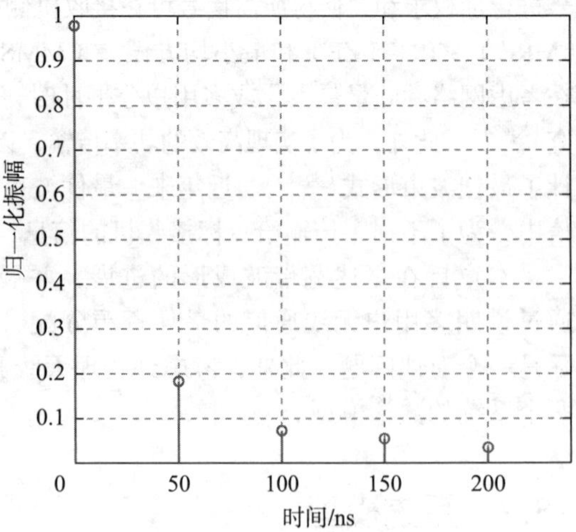

a）20 MHz带宽下测量的信道（LTE标准）

图 18.2　多径信道与带宽

科学和医学无线（ISM）5G 频段共占用 125MHz 带宽。正如对 5G 的预测那样，在未来无线通信系统中将采用带宽更大的高载波频率[29]，这使得具有良好空间分辨率的多径信道成为可能。

18.2.2　窄带 MIMO 系统

我们考虑一个单一小区多用户窄带 MIMO 下行链路系统。系统模型如图 18.3a 所示，系统在 BS 处有 M 根天线、N 个用户，每个用户配备有一个接收天线。由于窄带传输，TX 和 RX 天线对之间的每条链路都是一个单抽头信道，即一个标量作为信道系数。信道矩阵定义为所有用户的信道向量的集合：

$$\boldsymbol{H}=\left[\boldsymbol{h}_1^{\mathrm{T}},\boldsymbol{h}_2^{\mathrm{T}},\cdots,\boldsymbol{h}_j^{\mathrm{T}},\cdots,\boldsymbol{h}_N^{\mathrm{T}}\right]^{\mathrm{T}} \tag{18.1}$$

式中，$\boldsymbol{H}\in\mathbb{C}^{N\times M}$ 是一个 $N\times M$ 的 MIMO 信道矩阵，$(.)^{\mathrm{T}}$ 表示转置运算。$\boldsymbol{h}_j$ 表示用户 j 的信道向量，$\boldsymbol{h}_j=\left[h_{1j},h_{2j},\cdots,h_{ij},\cdots,h_{Mj}\right]$，其中 $h_{1j}\in\mathbb{C}$ 表示从天线 i 到用户 j 的信道系数，并且每个系数都是独立同分布（即 i.i.d.）。

在多用户 MIMO 下行链路系统中，可以将接收机侧的接收信号 $\boldsymbol{Y}$ 建模为

$$\boldsymbol{Y}=\boldsymbol{HGs}+\boldsymbol{n} \tag{18.2}$$

式中，$\boldsymbol{s}\in\mathbb{C}^{N\times 1}$ 是发射信号向量，即 $\boldsymbol{s}=\left[s_1,s_2,\cdots,s_i,\cdots,s_N\right]^{\mathrm{T}}$。$\boldsymbol{n}\in\mathbb{C}^{N\times 1}$ 是具有零均值和方差 σ^2 的加性高斯白噪声向量。$\boldsymbol{G}\in\mathbb{C}^{M\times N}$ 是 MIMO 波束赋形矩阵，定义为 $\boldsymbol{G}=\left[\boldsymbol{g}_1,\boldsymbol{g}_2,\cdots,\boldsymbol{g}_j,\cdots,\boldsymbol{g}_N\right]$。此外 $\boldsymbol{G}$ 中的 $\boldsymbol{g}_j$ 是用户 j 的天线权重向量，且 $\|\boldsymbol{g}_j\|_2^2=p_j$，其中 $\|\cdot\|_2^2$ 表示向量的 L2 范数。在下文中，为了简化表示，不失一般性，我们假定 $\|\boldsymbol{g}_j\|_2^2=1$，并且每个用户都有一个功率分配因子 p_j。

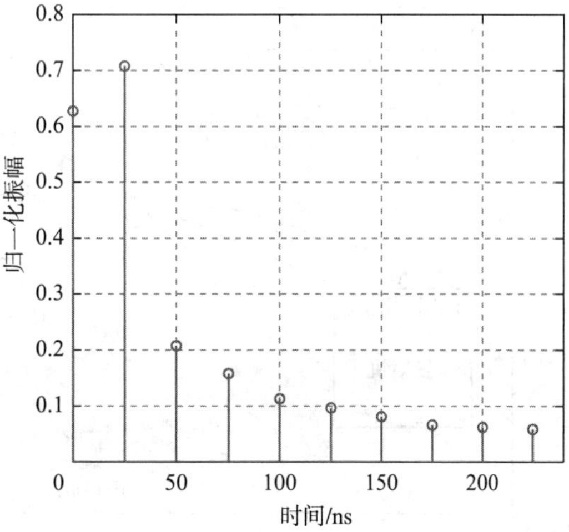

b）40 MHz带宽下测量的信道（IEEE 802.11n 标准）

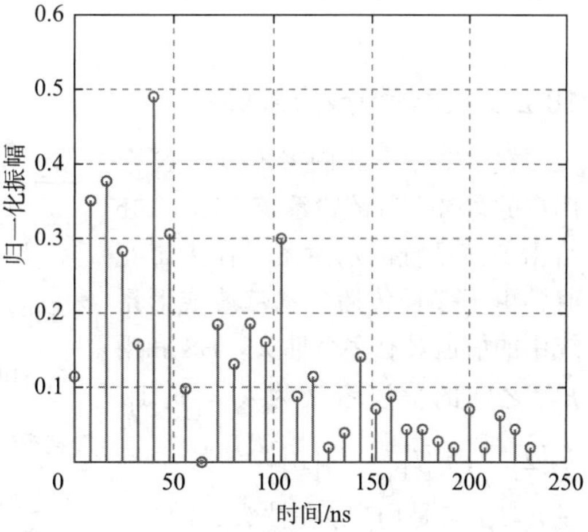

c）125 MHz带宽下测量的信道（整个ISM 5G频段）

图 18.2　多径信道与带宽（续）

为了进一步分析式（18.2）中的接收信号，我们以用户 j 为例，其接收信号表示为

$$y_j=\sqrt{p_j}\boldsymbol{h}_j\boldsymbol{g}_j s_j+\sum_{\substack{i=1\\i\neq j}}^{N}\boldsymbol{h}_j\sqrt{p_i}\boldsymbol{g}_i s_i+n_j,\forall j \tag{18.3}$$

式中，p_j 表示分配给用户 j 的发射功率，n_j 是用户 j 的加性高斯白噪声，$n_j\sim\mathcal{CN}\left(0,\sigma^2\right)$。从式（18.3）可以看出，接收到的信号包括期望信号分量和 IUI 分量，如表 18.1 所示。

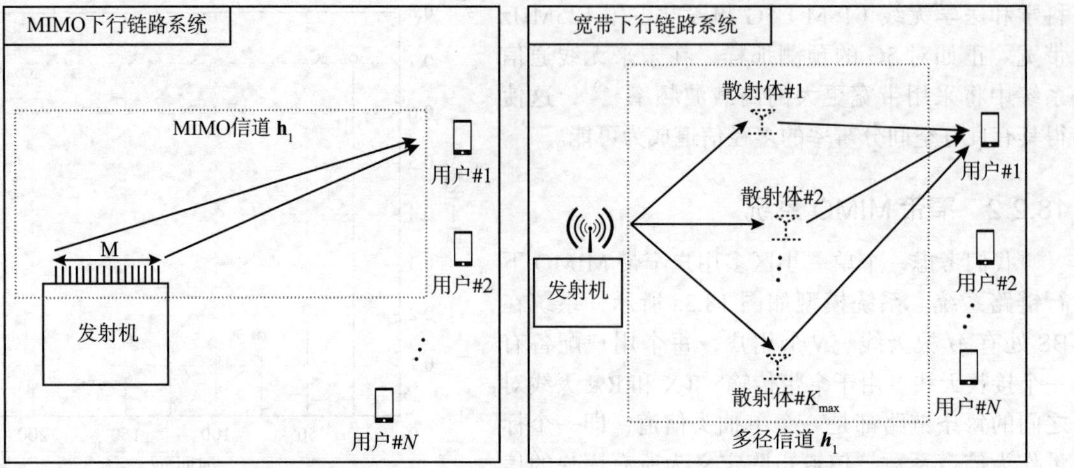

a）MIMO下行链路系统　　　　b）宽带波成形下行链路系统[31]

图 18.3　系统模型比较

18.2.3　宽带波成形系统

在本节中，我们考虑具有 N 个用户的宽带下行链路系统，图 18.3b 给出了该系统的示意图。在大带宽时，由于多径传播，宽带波成形系统中的信道具有多个抽头。BS 和用户 j 之间的信道定义为 $\boldsymbol{h}_j=\left[h_j[1],h_j[2],\cdots,h_j[l],\cdots,h_j[L]\right]^{\mathrm{T}}$，其中标量 $h_j[l]\in\mathbb{C}$ 是用户 j 在抽头 l 上的宽带信道系数，每个系数都独立，但具有不同分布。

表 18.1　系统模型小节

	MIMO 下行链路	波成形下行链路
信号	y_j 式（18.3）	$y_j[m]$ 式（18.4）
单用户信道	$\boldsymbol{h}_j$: $1\times M$ 向量	$\boldsymbol{H}_j$: $\left(2\left\lfloor\frac{L-1}{D}\right\rfloor+1\right)\times L$ 矩阵
所有用户的信道	$\boldsymbol{H}$ 式（18.1）	$\boldsymbol{Q}$ 式（18.6）
期望信号	$\sqrt{p_j}\boldsymbol{h}_j\boldsymbol{g}_j s_j$	$\sqrt{p_j}\boldsymbol{H}_j^{\left(\left\lfloor\frac{L-1}{D}\right\rfloor+1\right)}\boldsymbol{g}_j s_j\left[m-\left\lfloor\frac{L-1}{D}\right\rfloor-1\right]$
向量	$\sum_{\substack{i=1\\i\neq j}}^{N}\boldsymbol{h}_j\sqrt{p_i}\boldsymbol{g}_i s_i$	$\sum_{k=1}^{2\left\lfloor\frac{L-1}{D}\right\rfloor+1}\boldsymbol{H}_j^{(k)}\left(\sum_{i=1,\,i\neq j}^{N}\sqrt{p_i}\,\boldsymbol{g}_i s_i[m-k]\right)$
矩阵		$\sqrt{p_j}\sum_{k=1,k\neq\left\lfloor\frac{L-1}{D}\right\rfloor+1}^{2\left\lfloor\frac{L-1}{D}\right\rfloor+1}\boldsymbol{H}_j^{(k)}\boldsymbol{g}_j s_j[m-k]$

图 18.4 展示了宽带波成形系统下行链路传输过程。在下行链路传输期间，首先通过速率补偿因子 D 对要发送到接收机 j 的信息 s_j 进行上采样，以使波特率与采样率相匹配[1]。然后，如果 $k=nD$，则实际发射信号定义为 $s_j^{[D]}[k]=s_j[n]$，否则 $s_j^{[D]}[k]=0$。

之后，在与其他用户的下行链路发射信号组合之前，先将发射信号的上采样版本与波成形矢量 $\boldsymbol{g}_j$ 卷积，再乘以功率系数 p_j。其中，$\boldsymbol{g}_j\in\mathbb{C}^{L\times1}$ 是用户 j 的波成形向量，即时域多径权重向量，并且 $\left\|\boldsymbol{g}_j\right\|_2=1$。

在接收机端，用户 j 的接收信号首先通过 D 进行下采样，然后将其写为向量 $\boldsymbol{y}_j$，如下所示：

$$y_j[m]=\left(\boldsymbol{H}_j\left(\sum_{i=1}^{N}\sqrt{p_i}s_i^{[D]}*\boldsymbol{g}_i\right)\right)[Dm]+n_j[m] \tag{18.4}$$

$$=\sqrt{p_j}\boldsymbol{H}_j^{\left(\left\lfloor\frac{L-1}{D}\right\rfloor+1\right)}\boldsymbol{g}_j s_j\left[m-\left\lfloor\frac{L-1}{D}\right\rfloor-1\right]+\sqrt{p_j}\sum_{\substack{k=1\\k\neq\left\lfloor\frac{L-1}{D}\right\rfloor+1}}^{2\left\lfloor\frac{L-1}{D}\right\rfloor+1}\boldsymbol{H}_j^{(k)}\boldsymbol{g}_j s_j[m-k]$$

$$+\sum_{k=1}^{2\left\lfloor\frac{L-1}{D}\right\rfloor+1}\boldsymbol{H}_j^{(k)}\left(\sum_{\substack{i=1\\i\neq j}}^{N}\sqrt{p_i}\boldsymbol{g}_i s_i[m-k]\right)+n_j[m] \quad (18.4 续)$$

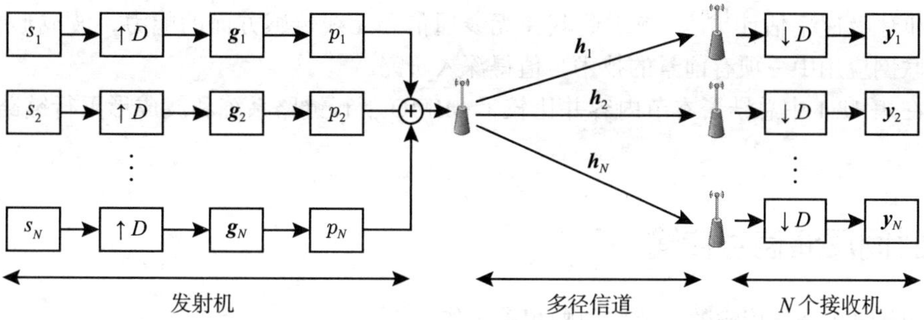

图 18.4 宽带下行链路示意图

式中，$\boldsymbol{H}_j$ 是一个由 $\boldsymbol{h}_j$ 产生的 $\left(2\left\lfloor\frac{L-1}{D}\right\rfloor+1\right)\times L$ 的 Teoplitz 卷积矩阵，如式（18.5）所示。$\boldsymbol{H}_j^{(k)}$ 是矩阵 $\boldsymbol{H}_j$ 的第 k 行。$n_j[m]$ 是加性高斯白噪声，$n_j[m]\sim\mathcal{CN}(0,\ \sigma^2)$。

$$\boldsymbol{H}_j=\begin{Bmatrix} h_j\left[L-D\left\lfloor\frac{L-1}{D}\right\rfloor\right] & \cdots & \cdots & 0\\ \vdots & \vdots & \ddots & \vdots\\ h_j[L-D] & h_j[L-1-D] & \cdots & 0\\ h_j[L] & h_j[L-1] & \cdots & h_j[1]\\ 0 & 0 & \cdots & h_j[1+D]\\ \vdots & \vdots & \ddots & \vdots\\ 0 & 0 & \cdots & h_j\left[1+D\left\lfloor\frac{L-1}{D}\right\rfloor\right] \end{Bmatrix} \quad (18.5)$$

从式（18.4）可以看出，接收到的信号包含期望的信号部分、来自 ISI 和 IUI 的干扰信号，以及噪声，如表 18.1 所示。

同时，所有用户的信道矩阵定义为

$$\boldsymbol{Q}=\left[\boldsymbol{H}_1^{\mathrm{T}},\boldsymbol{H}_2^{\mathrm{T}},\cdots,\boldsymbol{H}_j^{\mathrm{T}},\cdots,\boldsymbol{H}_N^{\mathrm{T}}\right]^{\mathrm{T}} \quad (18.6)$$

式中，$\boldsymbol{Q}$ 是一个 $N\left(2\left\lfloor\frac{L-1}{D}\right\rfloor+1\right)\times L$ 矩阵。

与依赖于多个物理天线实现高度自由度的 MIMO 波束赋形不同，在宽带波成形系统中，大自然提供了足够的自由度，尤其在大带宽下可使用细粒度的多径信道。实际上，无线通信系统中的每个天线都需要一条独立的射频（RF）链，其中包括低噪声放大器、转换器、中频放大器、模数（A/D）或数模（D/A）转换器，以及一些带通滤波器。由于部署了多个天线，实现 MIMO 波束赋形系统的成本和复杂性要比单天线宽带系统高得多。因此，宽带波成形系统通过波设计能够支持高数据速率和可靠的服务，且硬件实现简单、成本低，这使其在未来无线通信中表现出色。

另一方面，波成形可用于高精度检测和追踪多径传播环境中的变化，并且已被提出用于绿色物联网（IoT），如厘米级精度的室内定位[44-46]、室内速度估计[47]、穿墙事件探测[48]、人体识别[49]和呼吸速率估计[50]。考虑到其在无线通信和无线传感方面的能力，波成形将成为 5G 和未来物联网应用中一项有前景的技术，值得深入研究。

我们在表 18.1 中总结了本节内容并比较了 MIMO 下行链路系统和波成形下行链路系统的系统模型。

18.3　时间反演信号传输

本节讨论 TR 信号传输的细节并回顾相关工作。

18.3.1　TR 信号传输的发展

TR 信号处理技术最初是在 1957 年提出的，用于补偿图像传输中的延迟失真[51]。然后研究了其在声学通信中的应用，并通过一系列理论和实验验证了 TR 声波能量只集中在预期位置[7-8, 10, 52-57]。

之后，TR 技术在无线通信中的应用越来越受到关注。在文献［12, 58-63］中，对 TR 信号传输的研究已扩展到电磁（EM）相关领域，实验证明了 TR 共振，并在假设相干时间足够长的情况下证明了信道平稳性和信道互易性。同时，文献［11, 13-15, 64］研究了基于 TR 信号传输的超宽带（UWB）通信系统的性能。为了进一步利用多天线传输所提供的空间分集，TR 信号传输已经扩展到与 MIMO 技术配合使用[12,17-20]。此外，文献［21］研究了基于 TR 的 OFDM 系统，即将宽带频率选择信道分解为独立的窄带子信道，并将 TR 作为一种预编码方法。

最近，进行的实验和理论分析说明了 TR 在未来绿色通信中的潜力[1, 16]。结果表明，典型的 TR 接收机在降低功率和减少干扰方面可以达到一个数量级[1]。之后，文献［22］提出了时间反演多址（TRDMA）概念，并系统分析了其性能。在 TRDMA 中，宽带系统用户被固有的 TR 共振所分隔，从而降低了 ISI 和 IUI。为了进一步改善 TRDMA 通信系统的性能，有研究通过波设计[2, 4, 6]和干扰预抵消算法[3, 5]来进一步抑制干扰。一种基于 TR 信号信号传输设备到设备的通信系统被提出，该系统通过 Stackelberg 博弈方法确定最佳功率分配[65]。文献［31］研究了大规模多径 TR 通信系统的性能，通过理论分析和仿真对大规模 MIMO 系统和大规模多径 TR 系统进行了全面比较。

18.3.2　TR 工作原理

我们考虑如图 18.3b 所示的有 N 个用户的宽带下行链路系统。如图 18.5 所示，典型的 TR 信号传输包括两个阶段:（1）信道探测阶段（2）数据传输阶段。

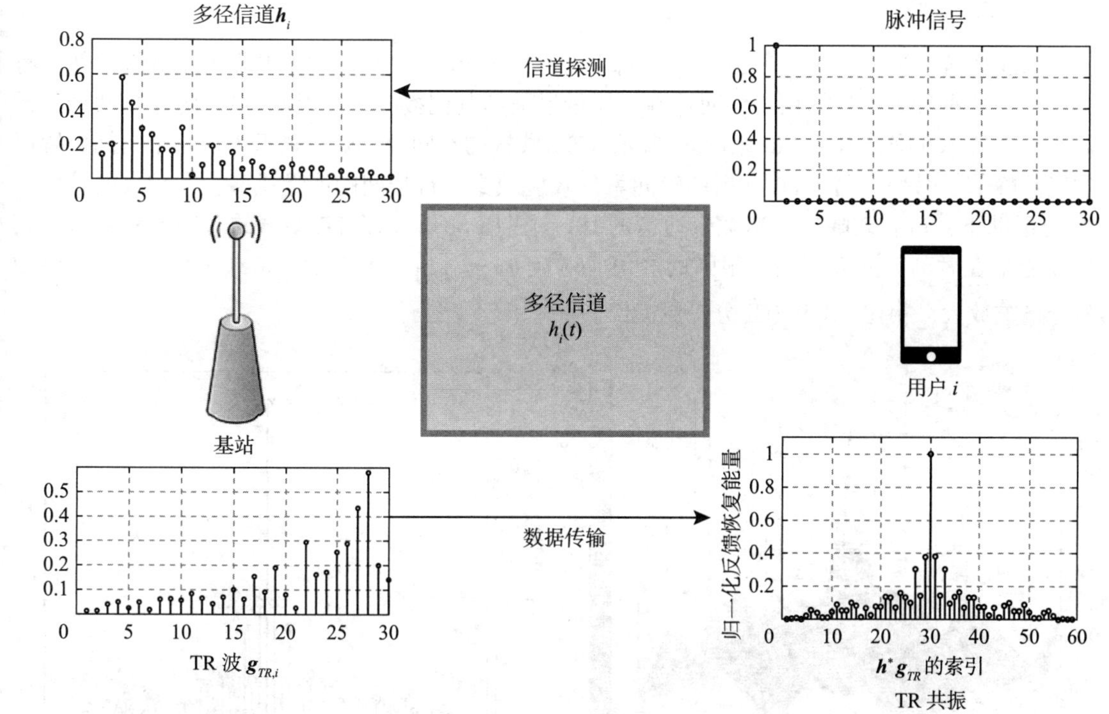

图 18.5　TR 信号传输示意图

18.3.2.1　信道探测阶段

BS 在向用户发送下行链路信号之前，需要估计每个用户的信道 $\boldsymbol{h}_i$，$\forall i$，用以产生 TR 波。为了估计在带宽 W 下的信道状态信息 $\boldsymbol{h}_i$，用户 i 首先发出脉冲信号，在连续时间多径信道 $h_i(t)$ 传播。之后，BS 获得一个离散时间 CSI 估计 $\boldsymbol{h}_i$。

18.3.2.2　数据传输阶段

如图 18.4 所示，在下行链路传输期间，离散信号 s_i 经过上采样并与 TR 波 $\boldsymbol{g}_{TR,i}$ 卷积后，从 BS 发送给用户 i，其中，$\boldsymbol{g}_{TR,i} = \boldsymbol{H}_i^{\left(\left\lfloor \frac{L-1}{D} \right\rfloor+1\right)\dagger}$，(.)† 表示 Hermitian 操作，即转置和共轭。

然后，根据式（18.4），在基于 TR 的宽带波成形系统中接收的信号 $y_i[m]$ 可以写为

$$y_i[m] = \sqrt{p_i}\|\boldsymbol{h}_i\|_2^2 s_i\left[m - \left\lfloor \frac{L-1}{D} \right\rfloor - 1\right] + \sqrt{p_i}\sum_{\substack{k=1 \\ k \neq \left\lfloor \frac{L-1}{D} \right\rfloor + 1}}^{2\left\lfloor \frac{L-1}{D} \right\rfloor+1} \boldsymbol{H}_i^{(k)}\boldsymbol{H}_i^{\left(\left\lfloor \frac{L-1}{D} \right\rfloor+1\right)\dagger} s_i[m-k] +$$

$$\sum_{k=1}^{2\left\lfloor \frac{L-1}{D} \right\rfloor+1} \boldsymbol{H}_i^{(k)}\left(\sum_{\substack{j=1 \\ i \neq j}}^{N} \boldsymbol{H}_j^{(k)\dagger}\sqrt{p_j}s_j[m-k]\right) + n_i[m] \tag{18.7}$$

由于 TR 共振，共振强度 $\|\boldsymbol{h}_i\|_2^2$ 增强了期望信号的能量，而 ISI 和 IUI 项的能量通常要小得多。TR 共振的细节将在后面讨论。

18.3.3 TR 共振

在无线通信系统中，ISI 和 IUI 会降低每个用户的 QoS。一方面，TR 共振的空间聚焦效应将大部分信号能量聚焦到目标用户，而抑制了能量泄漏到其他接收机。因此，TR 传输自然会降低所需的传输功率并降低 IUI。如图 18.6a 所示，TR 共振的空间聚焦效应显示为在一个空间位置聚焦的能量峰值。另一方面，TR 共振的时间聚焦效应减少了符号间的能量泄漏，在较大的补偿因子 D 的帮助下，可有效降低高速宽带通信的 ISI。图 18.6b 显示了 TR 共振的时间聚焦效应，其中接收能量在时刻 L 处表现出了很强的峰值，对应 $\boldsymbol{h}*\boldsymbol{g}_{\mathrm{TR}}[L]$。换句话说，式（18.7）中需要的信号分量被放大，相比 ISI 和 IUI 分量更突出。

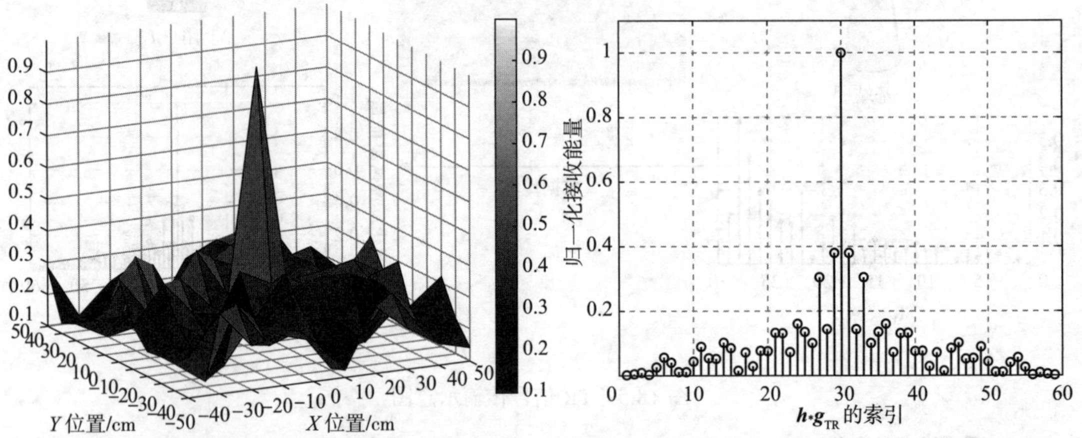

a）TR共振空间聚焦：不同位置的接收能量　　b）TR共振时间聚焦：不同采样时间（L=30）的接收能量

图 18.6 TR 共振

结论 18.3.1 TR 波是宽带通信系统的 MRC 波[31]。如文献［66］所述，MRC 技术将来自不同发射路径的接收信号进行加权组合，权重与信号强度成正比，通常是其相应信道系数的共轭形式。因此，强信号被进一步放大，而弱信号被衰减。通过 TR 波成形，来自不同虚拟天线（即多径）的信号经与 TR 信号卷积而被相干叠加。这等效于将通过不同路径的每个传输信号副本与自己的共轭信道系数相乘。这样，TR 波就变成了 MRC 波。

由于解析出的多径分量的数量与带宽成正比，因此 TR 共振分辨率的高低取决于带宽大小。图 18.7a、图 18.7b 和图 18.7c 通过仿真研究了不同带宽下的 TR 共振，而图 18.7d、图 18.7e 和图 18.7f 显示了基于实际测量的研究结果。显然，当带宽增加时，TR 共振会产生更加立体的空间聚焦效应。此外，仿真结果与从实际测量的 CSI 中获得的结果一致。

结论 18.3.2 为了使 TR 共振具有良好的分辨率，需要大带宽 W 来感知环境中足够多的独立多径分量。

此外，在接收能量的空间聚焦方面，我们比较了 TR 波成形和 MIMO MRC 波束赋形。如图 18.7a 和图 18.7b 以及图 18.7g 和图 18.7h 所示，TR 波成形和 MIMO MRC 波束赋形在相似的带宽消耗下实现了相似的空间聚焦效应。这里，带宽消耗定义为每条链路传输带宽的总和。如图 18.7c 和图 18.7i 中的聚焦球所示，当使用单个 TX 天线和 125MHz 带宽时，TR 波成形的表现优于具有类似空间聚焦效应的 100 个 TX 天线的波束赋形，后者是 200MHz 带宽消耗的 MIMO

MRC 波束赋形，每个天线都工作在 2MHz 以下。

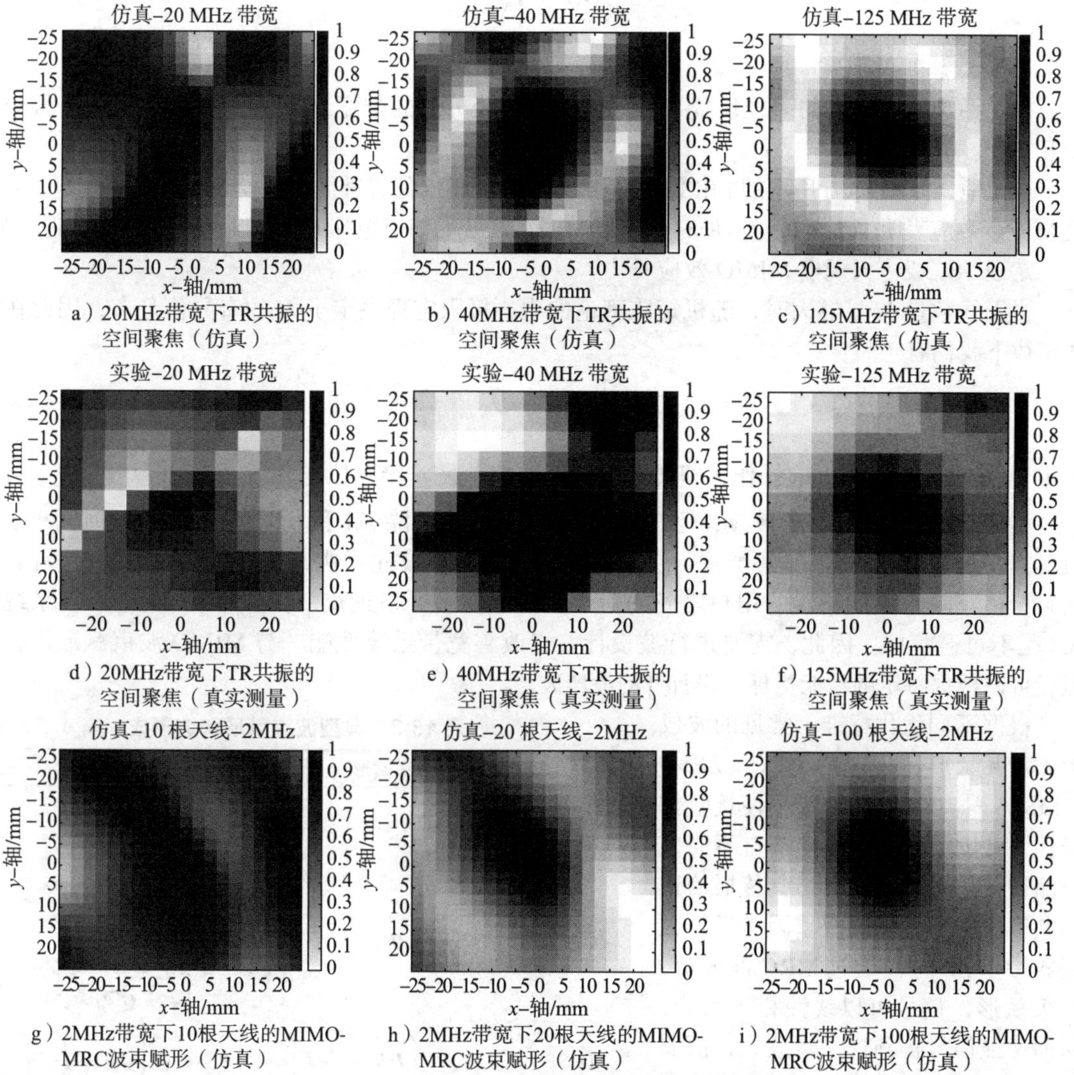

a）20MHz带宽下TR共振的空间聚焦（仿真）
b）40MHz带宽下TR共振的空间聚焦（仿真）
c）125MHz带宽下TR共振的空间聚焦（仿真）
d）20MHz带宽下TR共振的空间聚焦（真实测量）
e）40MHz带宽下TR共振的空间聚焦（真实测量）
f）125MHz带宽下TR共振的空间聚焦（真实测量）
g）2MHz带宽下10根天线的MIMO-MRC波束赋形（仿真）
h）2MHz带宽下20根天线的MIMO-MRC波束赋形（仿真）
i）2MHz带宽下100根天线的MIMO-MRC波束赋形（仿真）

图 18.7 空间聚焦中带宽与 TR 共振的关系

18.3.4 大规模多径效应

在宽带波成形下行链路系统中，从单个 TX 天线到不同位置的多个单天线接收机的信道形成一个信道矩阵 $\boldsymbol{Q}$，其定义见式（18.6）。如图 18.7c 所示，TR 共振的高分辨率空间聚焦效应由以下大规模多径效应定理给出[31]。

定理 18.3.1 大规模多径效应[31]：

假设在信道矩阵 $\boldsymbol{Q}$ 中，所有信道均归一化为 $\left\|\boldsymbol{H}_i^{\left(\left\lfloor\frac{L-1}{D}\right\rfloor+1\right)}\right\|_2=1$，并且环境中充满了散射体，即，保证有足够大的 $K_{\max}$。那么，当带宽 W 增加至无穷大以为解析多径分量提供极高的分辨率时，

信道矩阵 $\boldsymbol{Q}$ 有以下渐近行为：

$$\lim_{W\to\infty}\boldsymbol{Q}\boldsymbol{Q}^{\dagger}=\mathbb{I}_{N\times N} \tag{18.8}$$

式中，$\mathbb{I}_{N\times N}$ 表示 N 维单位矩阵。

换句话说，在丰富的多径设置下，如果解析多径分量的带宽 W 足够大，则多径信道将变得相互正交。

类似地，如图 18.7i 所示的 MIMO 波束赋形的空间精确位置遵循大规模 MIMO 效应[67]，大规模 MIMO 效应表明当天线数量增加时，窄带 MIMO 系统的信道矩阵 $\boldsymbol{H}$ 表现出如下所述的渐近行为。

定理 18.3.2　大规模 MIMO 效应[67]：

当天线数量 M 足够大时，随机矩阵理论的中心极限定理决定了 $\boldsymbol{H}$ 的奇异值分布，因此在大数定律下我们有

$$\lim_{M\to\infty}\frac{1}{M}\boldsymbol{H}\boldsymbol{H}^{\dagger}=\mathbb{I}_{N\times N} \tag{18.9}$$

式中，$(\cdot)^{\dagger}$ 表示 Hermitian 操作，即转置和共轭，$\mathbb{I}_{N\times N}$ 是 N 维单位阵。

尽管存在时空 TR 共振效应，但 TR 波成形无法完全消除 ISI 和 IUI。当符号持续时间小于信道延迟扩展时，ISI 可能非常严重。进而，相邻发射符号彼此干扰，尤其是当发射功率较高时。而且，由于位于不同位置的用户之间的信道实际上并不严格正交，在多用户宽带 TR 波系统中 IUI 是不可避免的。因此，需要进行波设计，以改善宽带系统性能。与 MIMO 波束赋形优化类似，可以根据特定的性能指标来设计 TR 最佳波。

根据不同优化标准，常见的波成形 / 波束赋形优化包括 MRC、ZF 和 MMSE[68]。MRC 方法为了使接收信噪比（SNR）最大化，将来自不同发射路径的信号分别乘以与其传播信道的共轭版本成比例的权重因子后，在接收端求和[66]。通过 MRC 波成形 / 波束赋形，信号可以线性相干组合，从而使强信号得到进一步放大，而弱信号则被衰减。因此，接收机的 SNR 实现最大化。为了完全消除 IUI，ZF（迫零）波束赋形 / 波成形设计使得一个用户的波或波束与其他信道正交，从而避免能量泄漏，不干扰其他用户[69]。在信号估计中，为了最小化接收信号的估计均方误差，提出了 MMSE 波束赋形 / 波形成[32]。上述波束和波设计见表 18.2，其中 $\boldsymbol{H}$ 是式（18.1）定义的 MIMO 系统中所有用户的信道矩阵，$\boldsymbol{Q}$ 是式（18.6）定义的宽带波成形系统的信道矩阵，$\boldsymbol{G}$ 是所有用户的波 / 波束赋形矩阵，$\boldsymbol{g}_j$ 是用户 j 的波。系数 c_{MRC}、c_{ZF} 和 c_{MMSE} 是确保波和波束具有单位能量的归一化因子。向量 $\boldsymbol{e}_{l_j}$ 是基本向量，其中 $l_j=(j-1)\left(2\left\lfloor\frac{L-1}{D}\right\rfloor+1\right)+\left\lfloor\frac{L-1}{D}\right\rfloor+1$。下面将详细对比研究波成形和波束赋形。

表 18.2　典型波束赋形和波形成

	波束赋形	波形成[31]
MRC	$\boldsymbol{G}=c_{\mathrm{MRC}}\boldsymbol{H}^{\dagger}$	$\boldsymbol{g}_j=c_{\mathrm{MRC}}\boldsymbol{H}_j^{\left(\left\lfloor\frac{L-1}{D}\right\rfloor+1\right)\dagger}$
ZF	$\boldsymbol{G}=c_{\mathrm{ZF}}\boldsymbol{H}^{\dagger}(\boldsymbol{H}\boldsymbol{H}^{\dagger})^{-1}$	$\boldsymbol{g}_j=\begin{cases}c_{\mathrm{ZF}}\boldsymbol{Q}^{\dagger}\left(\boldsymbol{Q}\boldsymbol{Q}^{\dagger}\right)^{-1}\boldsymbol{e}_{l_j}, & \text{如果 } \boldsymbol{Q} \text{ 行满秩}\\ c_{\mathrm{ZF}}\left(\boldsymbol{Q}^{\dagger}\boldsymbol{Q}\right)^{-1}\boldsymbol{Q}^{\dagger}\boldsymbol{e}_{l_j}, & \text{如果 } \boldsymbol{Q} \text{ 列满秩}\end{cases}$
MMSE	$\boldsymbol{G}=c_M\boldsymbol{H}^{\dagger}\left(\boldsymbol{H}\boldsymbol{H}^{\dagger}+\frac{1}{p_u}\mathbb{I}\right)^{-1}$	$\boldsymbol{g}_j=c_M\boldsymbol{Q}^{\dagger}\left(\boldsymbol{Q}\boldsymbol{Q}^{\dagger}+\frac{1}{p_u}\mathbb{I}\right)^{-1}\boldsymbol{e}_{l_j}$

18.4　最佳资源分配

接下来研究功率分配和波 / 波束赋形联合设计问题，目标是和速率最大化、Max-Min SINR 最大化或提高鲁棒性。在本节中，我们使用 $(.)^*$ 表示最优解。

18.4.1　和速率最大化

在多用户无线通信系统中，一个重要 QoS 指标是网络的总吞吐量，通常定义为所有用户速率的加权和。这类问题通常对应联合优化问题，即，在总发射功率约束下，联合优化功率分配和发射波成形 / 波束赋形设计。

联合优化问题的一个示例如下

$$\begin{aligned} \underset{\boldsymbol{p},\boldsymbol{G}}{\text{maximize}} \quad & \sum_{i=1}^{N} w_i \log\left(1+\text{SINR}_i\right) \\ \text{subject to} \quad & \|\boldsymbol{p}\|_1 \leqslant P, p_i \geqslant 0 \\ & \|\boldsymbol{g}_i\|_2 = 1, \forall i \end{aligned} \tag{18.10}$$

式中，$\boldsymbol{p}$ 是功率分配向量，p_i 是分配给用户 i 的下行链路发射功率，P 是总发射功率，$\boldsymbol{g}_i$ 是用户 i 的发射波 / 波束。SINR_i 是下行链路传输中用户 i 的接收信干噪比（SINR），它是功率 $\boldsymbol{p}$ 和矩阵 $\boldsymbol{G}$ 的函数。为了最佳地分配资源，考虑不同用户的不同服务质量（QoS）要求或优先级，引入预定义超参数权重因子 $w_i > 0$，$\forall i$，以实现异构性。如果所有用户的 QoS 要求或优先级相同，则所有用户的 $w_i = 1$。否则，对于具有异构 QoS 要求或优先级的用户，w_i 将有所不同，高优先级或高 QoS 要求的用户对应较大的 w_i。因此，在最佳解决方案中，将对有较大权重 w_i 用户分配更多资源。因为只有权重因子与所有权重因子之和的比值，即 $w_i / \sum_{i=1}^{N} w_i$ 会影响最佳功率分配，因此不需要限制 $w_1 + w_2 + \cdots + w_N = 1$。此外，因为用户 i 在带宽 W_i 下可实现的速率定义为 $W_i \log\left(1+\text{SINR}_i\right)$，并且 W_i 可以合并到权重 w_i 中，不失一般性，我们假设在式（18.10）的目标函数中 $w_i = 1$。

在 MIMO 下行链路系统中，根据式（18.3）中的信号模型，可将接收到的 SINR_i 定义为

$$\text{SINR}_i = \frac{p_i \boldsymbol{g}_i^{\dagger} \boldsymbol{h}_i^{\dagger} \boldsymbol{h}_i \boldsymbol{g}_i}{\sum_{\substack{j=1 \\ j \neq i}}^{N} p_j \boldsymbol{g}_j^{\dagger} \boldsymbol{h}_i^{\dagger} \boldsymbol{h}_i \boldsymbol{g}_j + \sigma^2} \tag{18.11}$$

式中，唯一的干扰来自 IUI，$\boldsymbol{h}_i$ 是多天线 BS 与单天线用户 i 之间的 MISO 信道矢量。

另一方面，考虑到存在 ISI 和 IUI，多用户宽带下行链路系统中 SINR 的定义有所不同，并在式（18.12）中给出，其中 $p_i \boldsymbol{g}_i^{\dagger} \left(\boldsymbol{H}_i^{\dagger} \boldsymbol{H}_i - \boldsymbol{H}_i^{\left(\left\lfloor \frac{L-1}{D} \right\rfloor+1\right)^{\dagger}} \boldsymbol{H}_i^{\left(\left\lfloor \frac{L-1}{D} \right\rfloor+1\right)} \right) \boldsymbol{g}_i$ 表示用户 i 的 ISI，$\sum_{j=1, j\neq i}^{N} p_i \boldsymbol{g}_i^{\dagger} \boldsymbol{H}_i^{\dagger} \boldsymbol{H}_i$ 为 IUI。

$$\text{SINR}_i = \frac{p_i \boldsymbol{g}_i^{\dagger} \boldsymbol{H}_i^{\left(\left\lfloor \frac{L-1}{D} \right\rfloor+1\right)^{\dagger}} \boldsymbol{H}_i^{\left(\left\lfloor \frac{L-1}{D} \right\rfloor+1\right)} \boldsymbol{g}_i}{p_i \boldsymbol{g}_i^{\dagger} \left(\boldsymbol{H}_i^{\dagger} \boldsymbol{H}_i - \boldsymbol{H}_i^{\left(\left\lfloor \frac{L-1}{D} \right\rfloor+1\right)^{\dagger}} \boldsymbol{H}_i^{\left(\left\lfloor \frac{L-1}{D} \right\rfloor+1\right)} \right) \boldsymbol{g}_i + \sum_{\substack{j=1 \\ j \neq i}}^{N} p_j \boldsymbol{g}_j^{\dagger} \boldsymbol{H}_i^{\dagger} \boldsymbol{H}_i \boldsymbol{g}_j + \sigma^2} \tag{18.12}$$

结论 18.4.1 如前所述，在宽带系统中引入速率补偿因子 D，以匹配速率并减少和消除由于多径信道中的时延扩展而导致的 ISI。因此，宽带波系统中用户 j 的实际速率 R_j，即频谱效率，定义为 $R_j = \frac{1}{D}\log\left(1+\mathrm{SINR_j}\right)$[22]。

在式（18.10）中，为了统一标记，我们将常数 $\frac{1}{D}$ 合并到权重因子 w_i 中。

现有研究已经针对 MIMO 下行链路系统[70]和宽带下行链路系统[2]研究了式（18.10）中联合优化问题的解决方案。通常，尽管 SINR 的形式不同，但都可以通过迭代优化过程获得加权和速率最大化问题的最优功率分配矢量 $\boldsymbol{p}^*$ 和最优波或波束 $\boldsymbol{G}^*$，如下所述。

（i）首先通过上行和下行链路对偶[71]将该问题转换为上行链路优化，并利用上行链路功率分配方案和波成形 / 波束赋形方案实现上行链路和速率最大化。

（ii）固定上行链路功率分配方案，优化上行链路波成形 / 波束赋形方案，使和速率最大化。

（iii）给定波 / 波束形矩阵 $\boldsymbol{S}$，通过注水算法优化最佳功率分配矢量 $\boldsymbol{q}$。

（iv）在第（ii）步和第（iii）步之间迭代，直到解收敛为止，然后直接由最优上行链路 $\boldsymbol{S}^*$ 获得最优下行链路波 / 波束 $\boldsymbol{G}^*$，然后使用 $\boldsymbol{G}^*$ 对下行链路功率分配进行优化（具有封闭形式最优解）。

结论 18.4.2 给定功率分配 $\boldsymbol{p}$，使单个速率最大化的最优波 / 波束 $\boldsymbol{G}$ 具有与表 18.2[2]中列出的 MMSE 波或波束相同的形式。

下面我们简要介绍在式（18.10）中由加权和速率最大化推导出的三个不同优化问题。

18.4.1.1 发射功率最小化

实际上，无线通信系统的性能受到支持 BS 与用户之间传输的电池寿命的限制。为了延长系统工作时间，同时保持期望的 QoS，作为式（18.10）的对偶问题，式（18.13）提出了在最小加权和速率的约束下，最小化总下行链路发射功率。

$$
\begin{aligned}
\underset{\boldsymbol{p},\boldsymbol{G}}{\text{minimize}} \quad & \|\boldsymbol{p}\|_1 \\
\text{subject to} \quad & \sum_{i=1}^{N} w_i \log\left(1+\mathrm{SINR}_i\right) \geqslant R_{\mathrm{sum}}, \\
& p_i \geqslant 0, \|\boldsymbol{g}_i\|_2 = 1, \forall i
\end{aligned}
\qquad (18.13)
$$

式中，$\|\cdot\|_1$ 表示向量的 L1 范数，即 $\|\boldsymbol{p}\|_1 = \sum_{i=1} p_i$。$R_{\mathrm{sum}}$ 是加权和速率的最低要求，作为该系统的 QoS 要求。

文献［70］研究了式（18.13）中的问题，该问题可以转换为涉及均方误差（MSE）的几何规划（GP）问题，并根据上行和下行链路的对偶性迭代求解[71]。

18.4.1.2 个体速率约束

式（18.10）中的联合优化问题有一个缺点。在其最佳解决方案中，所有信道资源，即发射功率，会被优先分配给具有良好信道质量的用户，从而使相应的加权速率最大化。但这会导致其他用户的服务质量恶化。

为了解决这种固有的不公平性，下面提出了一种变体的和速率最大化问题，该问题为每个用

户添加了额外的个体速率约束，即

$$\begin{aligned}\underset{p,G}{\text{maximize}} \quad & \sum_{i=1}^{N} w_i \log\left(1+\text{SINR}_i\right) \\ \text{subject to} \quad & \|\boldsymbol{p}\|_1 \leqslant P, p_i \geqslant 0, \\ & \|\boldsymbol{g}_i\|_2 = 1, \\ & \log\left(1+\text{SINR}_i\right) \geqslant R_i, \forall i\end{aligned} \tag{18.14}$$

式中，R_i 表示用户 i 所需的最低个体速率。与式（18.10）中的紧致可行集相比，式（18.14）中的最优加权和速率更小。

针对多用户 MIMO 波束赋形，文献［72］将问题转化为等效加权最小均方误差（WMMSE）框架，并基于乘数交替方向法（ADMM）提出了一种求解 QoS 约束加权和速率最大化（QCWSRM）问题的分布式迭代算法。

18.4.1.3　个体速率约束的对偶问题

作为式（18.14）的对偶问题，提出了一种联合优化方法，以最小化发射功率，同时满足个体速率约束。问题描述如下

$$\begin{aligned}\underset{p,G}{\text{minimize}} \quad & \|\boldsymbol{p}\|_1 \\ \text{subject to} \quad & \log\left(1+\text{SINR}_i\right) \geqslant R_i, \\ & p_i \geqslant 0, \|\boldsymbol{g}_i\|_2 = 1, \forall i\end{aligned} \tag{18.15}$$

该问题没有限制网络的加权和速率。文献［73］为式（18.15）中的问题提出了一种有效的解决方案，其中使用个体 SINR 约束代替了个体速率约束。该方法分为以下步骤。

（i）首先检查式（18.15）的可行性，以确保满足 SINR 要求。如果可行，则将个体 SINR 以任意总发射功率最大化，从而产生相应的最佳 $\boldsymbol{G}$。此步骤类似于求解 max-min SINR 问题的算法

（ii）然后，通过将个体速率固定到下限 R_i，使用波 / 波束 $\boldsymbol{G}$ 来获得功率分配 $\boldsymbol{p}$。相应的最佳功率分配将有闭合形式解，从而减少总功率消耗。

（iii）用更新的总功率约束 $\|\boldsymbol{p}\|_1$ 重复步骤（i）和（ii），直到问题收敛或 SINR 约束变得不可行为止。

结论 18.4.3　从加权和速率最大化中获得最佳波或波束的缺点是，系统可能无法在所有用户之间实现公平。以这种极端提高系统吞吐量为目标，将使大部分资源只分配给一小部分用户，这些用户的信道质量和 SINR 将好于其他用户[6]。

下面将介绍了一个可以在网络用户间实现平衡（又称公平）的优化问题。

18.4.2　Max-Min SINR 最大化

本节研究了一个考虑多用户无线通信系统中用户公平性的联合优化问题。我们以接收的 SINR 作为公平性问题的 QoS 标准。

通常，为了在多用户下行链路系统中实现公平性，提出了 Max-Min SINR 问题，其目的是在具有总下行链路发射功率约束的所有用户中最大化最差的接收 SINR，该非凸优化问题由下式给出

$$\begin{aligned}&\underset{p,G}{\text{maximize}} \quad \min_i \frac{\text{SINR}_i}{\beta_i}\\&\text{subject to} \quad \|p\|_1 \leqslant P, p_i \geqslant 0,\\&\qquad\qquad \|g_i\|_2 = 1, \forall i\end{aligned} \tag{18.16}$$

式中，β_i >0 是支持不同用户之间不同优先级或 SINR 要求的权重因子，与式（18.10）中的 w_i 作用类似。因此，较大的功率将分配给具有更大 β_i 的用户，以在最佳解决方案中支持更高的 SINR。同时，可以将加权 SINR $\frac{\text{SINR}_i}{\beta_i}$ 视为用户 i 的虚拟 SINR，这不仅考虑了信道质量，还考虑了个体的加权 QoS 要求。

为了有效地解决式（18.16）中的问题，引入 SINR 下界 γ 作为松弛变量，进而可以将上述 Max-Min 问题重写为式（18.17）。联合优化问题现在的目标是最大化下界 γ。

$$\begin{aligned}&\underset{p,G,\gamma}{\text{maximize}} \quad \gamma\\&\text{subject to} \quad \|p\|_1 \leqslant P, p_i \geqslant 0,\\&\qquad\qquad \|g_i\|_2 = 1, \text{SINR}_i \geqslant \beta_i\gamma, \forall i\end{aligned} \tag{18.17}$$

结论 18.4.4 式（18.16）中的问题与式（18.17）中的问题等价，即式（18.17）中的最优 γ^* 等于式（18.16）中加权最差 SINR 的最优值，且最优变量 $\boldsymbol{G}$ 和 $\boldsymbol{p}$ 相同[6, 73]。

受下行链路总发射功率约束，优化问题式（18.16）和式（18.17）可通过如下迭代优化过程求解。

（i）首先，下行链路问题通过下行 - 上行链路对偶性[71]转化为上行链路优化问题，优化变量为 $\boldsymbol{q}$ 和 $\boldsymbol{S}$。

（ii）给定上行链路发射功率分配矢量 $\boldsymbol{q}$，最优上行链路波 / 波束矩阵 $\boldsymbol{S}$ 为表 18.2 中定义的 MMSE 波成形 / 波束赋形。

（iii）一旦固定了波 / 波束赋形矩阵 $\boldsymbol{S}$，就可以通过解决 Perron-Frobenius 特征问题来获得最佳上行链路功率分配矢量 $\boldsymbol{q}$。

（iv）在第（ii）步和第（iii）步之间迭代优化，直到达到收敛解。然后，下行链路传输的最佳波 / 波束为 $\boldsymbol{G}^* = \boldsymbol{S}^*$，且最佳下行链路功率分配矢量 $\boldsymbol{p}^*$ 具有闭合形式，可以用 $\boldsymbol{G}^*$ 求解。

结论 18.4.5 在最优解决方案上，所有用户的虚拟 SINR $\frac{\text{SINR}_i}{\beta_i}$ 保持平衡，并实现了公平性。换句话说，式（18.16）中所有用户的最优加权 SINR 彼此相同[6, 34]。

结论 18.4.6 如果最大 - 最小问题具有个体功率约束 $\boldsymbol{p} \leqslant \boldsymbol{p}_{\text{th}}$，那么首先放宽总功率约束 $\|\boldsymbol{p}\|_1 \leqslant \|\boldsymbol{p}_{\text{th}}\|_1$。之后，该松弛问题与式（18.16）相同，并且可以迭代求解。但是，为了找到具有相应最优 $\boldsymbol{G}$ 的最优功率分配，总功率约束 $\|\boldsymbol{p}_{\text{th}}\|_1$ 应该逐渐收紧，直到最优功率分配矢量满足各个功率约束[6]为止。

对于式（18.16）中的问题，文献［34］讨论了 MIMO 波束赋形系统中的详细优化方案，文献［6］研究了宽带波成形系统的具体优化方案。

18.4.3 鲁棒性

前面讨论的所有问题都基于这样的假设：BS 的 CSI 是完美估计的，且信道是平稳且互易的。然而，在现实世界中，由于量化误差、互逆信道的时间和频率偏移、信道的连续衰落和波动，CSI 很难准确估计。因此，考虑 CSI 估计的不完美是合理且必要的。

本节将在单用户下行链路系统的最佳功率分配和波 / 波束设计下，研究应对不完美 CSI 估计的鲁棒性传输策略。为了解决由不完美 CSI 引起的性能下降，并提高系统的鲁棒性，我们引出以下典型问题。

$$\begin{aligned}&\underset{\boldsymbol{g}}{\text{maximize}} \quad \min_{\boldsymbol{H}\in S} \text{SNR}\\&\text{subject to} \quad \text{Tr}\left(\boldsymbol{g}^{\dagger}\boldsymbol{g}\right)\leqslant P\end{aligned} \tag{18.18}$$

式中，SNR 表示接收到的 SNR，$\boldsymbol{H}$ 是发射机和接收机之间的 CSI 矩阵，S 表示 CSI 估计中不完美的集合，P 是发射功率约束，函数 $\text{Tr}(.)$ 是矩阵迹的运算。

MIMO 波束赋形系统和宽带波成形系统之间的 SNR 定义不同。假设噪声具有单位方差，则将 MIMO 波束赋形系统中接收到的 SNR 定义为 $\text{SINR}_{E\alpha}=\boldsymbol{g}_I^{\dagger}\boldsymbol{H}_{E\alpha}^{\dagger}\boldsymbol{H}_{E\alpha}\boldsymbol{g}_I/\left(\boldsymbol{g}_{AN}^{\dagger}\boldsymbol{H}_{E\alpha}^{\dagger}\boldsymbol{H}_{E\alpha}\boldsymbol{g}_E+\boldsymbol{g}_I^{\dagger}\boldsymbol{H}_{E\alpha}^{\dagger}\boldsymbol{H}_{E\alpha}\boldsymbol{g}_{AN}+\sigma_{E\alpha}^2\right)$，集合 $S=\{\Delta,\ \|\Delta\|\leqslant\epsilon\}$ 是 CSI 估计中可能的错误集合，其中 ϵ 表示矩阵范数[74]中的最大误差能量。

另一方面，给定零均值和单位方差噪声，则宽带波成形系统中的接收 SNR 为 $\text{SNR}=\left|(\boldsymbol{h}*\boldsymbol{g})[L]\right|^2=\boldsymbol{g}^{\dagger}\boldsymbol{H}^{\left(\left\lfloor\frac{L-1}{D}\right\rfloor+1\right)^{\dagger}}\boldsymbol{H}^{\left(\left\lfloor\frac{L-1}{D}\right\rfloor+1\right)}\boldsymbol{g}$。式（18.18）中的集合 S 是式（18.5）中定义的卷积矩阵 $\boldsymbol{H}$ 的集合，这些卷积矩阵是从不完美的 CSI 估计生成的。

引入松弛变量 γ，进而式（18.18）中的问题变为

$$\begin{aligned}&\underset{\boldsymbol{g}}{\text{maximize}} \quad \gamma\\&\text{subject to} \quad \min_{\boldsymbol{H}\in S}\text{SNR}\geqslant\gamma,\text{Tr}\left(\boldsymbol{g}^{\dagger}\boldsymbol{g}\right)\leqslant P\end{aligned} \tag{18.19}$$

式中，γ 是所有可能的不完美 CSI 矩阵中最差接收 SNR 的下限。

改写为式（18.19）的形式后，可以将式（18.18）中的联合优化问题松弛为半定规划（SDP）问题，从而有效求解该问题。

此外，为了在最小个体 SNR 约束下最小化总发射功率，提出了式（18.18）的对偶问题。

$$\begin{aligned}&\underset{\boldsymbol{g}}{\text{minimize}} \quad \text{Tr}\left(\boldsymbol{g}^{\dagger}\boldsymbol{g}\right)\\&\text{subject to} \quad \min_{\boldsymbol{H}\in S}\text{SNR}\geqslant\gamma\end{aligned} \tag{18.20}$$

式中，γ 不再是一个最优变量。

在室内定位应用中，提出了具有鲁棒性的最佳宽带波，以调节 TR 谐振球尺寸以及定位精度，并考虑补偿因子 D 远大于延迟扩展以消除 ISI[75]。由于宽带系统时延扩展较大，因此 ISI 很显著，可能会降低接收 SINR 测定的接收信号质量。因此，宽带波成形系统中的鲁棒性值得评估和优化，下一节将讨论这个问题。

18.4.3.1　单用户宽带波成形系统的鲁棒性

首先，考虑单用户宽带通信系统，仅有 ISI 干扰，接收 SINR 由式（18.12）定义。则单用户宽带波系统的鲁棒性优化问题变为最大 - 最小 SINR 问题，由下式给出

$$\begin{aligned}&\underset{\boldsymbol{g}}{\text{maximize}} \quad \min_{\boldsymbol{H}\in S}\text{SINR}\\&\text{subject to} \quad \text{Tr}\left(\boldsymbol{g}^{\dagger}\boldsymbol{g}\right)\leqslant P\end{aligned} \tag{18.21}$$

式中，S 是由不完美 CSI 估计生成的卷积矩阵的集合。

18.4.3.2　多用户宽带广播波成形系统的鲁棒性

在多用户广播系统中，由于 BS 用相同的功率向所有用户发送相同的信号，因此不存在 IUI，且用户共享相同的波 $\boldsymbol{g}$。因此，用户 j 接收到的 SINR 被重写如下。

给定式（18.12）中的 SINR，多用户广播系统中的鲁棒性问题表述为

$$\begin{aligned}&\underset{\boldsymbol{g}}{\text{maximize}} \quad \min_{\boldsymbol{H}_j\in S_j, j}\text{SINR}_j\\&\text{subject to} \quad \text{Tr}\left(\boldsymbol{g}^{\dagger}\boldsymbol{g}\right)\leqslant P\end{aligned} \tag{18.22}$$

式中，S_j 是用户 j 的所有可能的不完美 CSI 估计的信道矩阵集合。

18.4.3.3　多用户宽带多播波成形系统的鲁棒性

在这种系统中，由于传输的信号是经同一无线介质传输且具有不同波的不同消息的组合，所以 ISI 和 IUI 都存在。因此，用户 j 的接收 SINR 与式（18.12）中的完全相同。进而，鲁棒性问题变成波 $\boldsymbol{G}$ 和功率 $\boldsymbol{p}$ 的联合优化问题，通过最大化所有用户中最差的 SINR 来应对不完美 CSI。问题可以重写为

$$\begin{aligned}&\underset{\boldsymbol{G}}{\text{maximize}} \quad \min_{\boldsymbol{H}_j\in S_j, j}\text{SINR}_j\\&\text{subject to} \quad \text{Tr}\left(\boldsymbol{G}^{\dagger}\boldsymbol{G}\right)\leqslant P\end{aligned} \tag{18.23}$$

式中，$\boldsymbol{G}$ 是所有用户的波成形矩阵，式（18.23）中的问题与式（18.16）中的 Max-Min 优化具有相似的形式。

结论 18.4.7　前面提到的三个宽带波成形系统的鲁棒性问题与 18.4.2 节式（18.16）的 Max-Min 优化具有相似的问题表述。但是，这里选择了统一的加权因子 $\beta_i=1, \ \forall i$，以及与同一用户的不同信道关联的另一组可能的 SINR。但是，可以应用相同的算法有效解决以 SINR 为指标的上述鲁棒性问题。

表 18.3 总结了本节中所研究的优化问题。

表 18.3　最优资源分配的波 / 波束设计

	问题表述	解决方案
和速率最大化	$\max\limits_{\boldsymbol{p},\boldsymbol{G}} \ \sum\limits_{i=1}^{N} w_i\log(1+\text{SINR}_i)$ s.t. $\lVert\boldsymbol{p}\rVert_1\leqslant P,\ p_i\geqslant 0,$ $\lVert\boldsymbol{g}_i\rVert_2=1,\ \forall i$	MMSE 波成形功率注水
最大最小 SINR	$\max\limits_{\boldsymbol{p},\boldsymbol{G}} \ \min\limits_{i}\dfrac{\text{SINR}_i}{\beta_i}$ s.t. $\lVert\boldsymbol{p}\rVert_1\leqslant P,\ p_i\geqslant 0,$ $\lVert\boldsymbol{g}_i\rVert_2=1,\ \forall i$	MMSE 波成形 Perron-Frobenius 特征问题
鲁棒性	$\max\limits_{\boldsymbol{g}} \ \min\limits_{\boldsymbol{H}\in S}\text{SNR}$ s.t. $\text{Tr}(\boldsymbol{g}^{\dagger}\boldsymbol{g})\leqslant P$	半定规划（SDP）

18.5　无线功率通信

传统的无线通信主要受到频谱资源可访问性的限制[76-77]。然而，正如下一代无线通信系统所提出的，网络将向更大带宽更高频带发展，从而具有充足的频谱资源。然而，由于无线数据服务的爆炸性增长和对高速数据传输的要求，无线设备的能源资源受限，因此方便且持久的能源供应必不可少。本节将讨论无线功率通信系统中 MIMO 波束赋形与宽带波成形。

无线功率通信系统有三种不同运行模式。首先是无线功率传输（WPT）系统，在此系统中，接收机仅接收功率而无须解码从发射机发送的消息。然后，无线功率通信还可以在下行链路期间无线传输功率，而在上行链路期间使用从下行链路传输中收集的能量来发送信息。最后一种运行模式称为无线携能通信（SWIPT），它支持在下行链路期间同时传输能量和信息，但受到功率和频谱消耗的限制[35-38]。详细讨论如下。

18.5.1　无线功率传输系统

本节研究 WPT 系统，目标是在总发射功率约束下最大化接收功率。系统结构如图 18.8 所示。WPT 问题的数学描述如下。

$$\begin{aligned}&\underset{\boldsymbol{g}}{\text{maximize}} && \mathrm{E}\left[\|\boldsymbol{y}\|_2^2\right]\\ &\text{subject to} && \mathrm{Tr}\left(\boldsymbol{g}^{\dagger}\boldsymbol{g}\right)\leqslant P\end{aligned} \qquad (18.24)$$

式中，$\boldsymbol{y}$ 表示接收信号，$\boldsymbol{g}$ 是 WPT 的能量波或波束，P 是最大总发射功率。接收能量的定义 $\|\boldsymbol{y}\|_2^2$ 在 MIMO 波束赋形系统和宽带波成形系统中有所不同。在 MIMO 波束赋形系统中，它定义为 $\|\boldsymbol{y}\|_2^2=\boldsymbol{g}^{\dagger}\boldsymbol{H}^{\dagger}\boldsymbol{H}\boldsymbol{g}$，其中 $\boldsymbol{H}$ 是 MIMO 信道矩阵[35]。

另一方面，在宽带波成形系统中，文献［24］中给出了 $\|\boldsymbol{y}\|_2^2$ 的定义，即 $\|\boldsymbol{y}\|_2^2=\left|(\boldsymbol{h}*\boldsymbol{g})[L]\right|^2=\boldsymbol{g}^{\dagger}\boldsymbol{H}^{\left(\left\lfloor\frac{L-1}{D}\right\rfloor+1\right)^{\dagger}}\boldsymbol{H}^{\left(\left\lfloor\frac{L-1}{D}\right\rfloor+1\right)}\boldsymbol{g}$。

根据 $\|\boldsymbol{y}\|_2^2$ 的定义，容易发现，式（18.24）中 WPT 问题的最佳能量波或波束是信道协方差矩阵的主特征向量，对 MIMO WPT 系统为 $\boldsymbol{H}^{\dagger}\boldsymbol{H}$，对宽带 WPT 系统为 $\boldsymbol{H}^{\left(\left\lfloor\frac{L-1}{D}\right\rfloor+1\right)^{\dagger}}\boldsymbol{H}^{\left(\left\lfloor\frac{L-1}{D}\right\rfloor+1\right)}$。

此外，WPT 的一个简单次优解决方案是单音波成形 / 波束赋形，该方法将所有功率都分配到信道最有效的频率分量上[24]。考虑到最佳能量波或波束在时域上使平均接收功率最大化，它优于任何其他方案。因此，通过单音波或波束收集的能量可以用作最佳能量波或波束的性能下限。

为了在宽带系统中实现单音波成形，需执行以下步骤：

（i）首先通过离散傅里叶变换 DFT（$\boldsymbol{h}$），将用户信道 $\boldsymbol{h}$ 转换为频域信道。

（ii）然后，根据 $\delta=\mathrm{argmax}_k\mathrm{DFT}(\boldsymbol{h})[k]$ 发现主分量 δ，其中 k 为频率分量索引。

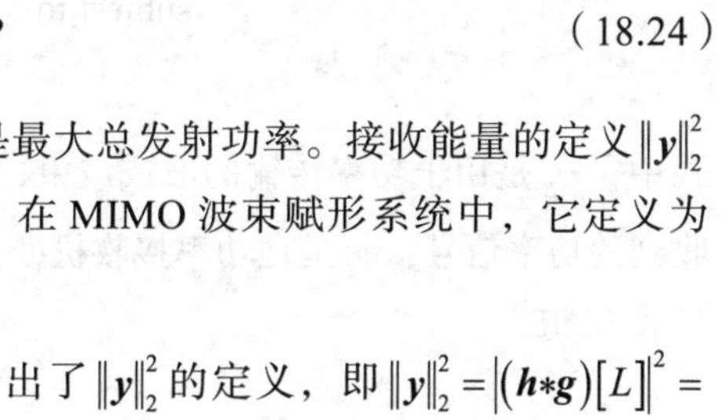

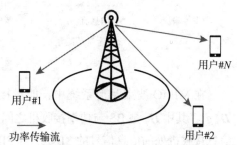

图 18.8　一个 WPT 系统

（iii）最后，根据δ的 DFT 逆变换 IDFT（δ），获得单音波 $\boldsymbol{g}$。

但是，为了找到 MIMO 系统的单音波束，由于信道 $\boldsymbol{H}$ 是一个矩阵，因此需要二维 DFT。

结论 18.5.1　对于周期性信号，由于 DFT 矩阵为信道协方差矩阵的奇异矩阵，因此单音波与从式（18.24）获得的最佳能量波相同[24]。

18.5.2　无线携能通信

本节研究无线携能通信（SWIPT）系统，在该系统中，WPT 和无线通信同时进行。文献［78-79］研究了 SWIPT 系统中能量传递和信息容量之间的性能折中。在宽带 SWIPT 系统的研究中，设计部署了 OFDM 和波束赋形，通过创建并行子信道以简化资源分配[80]。下面将介绍在 SWIPT 中考虑能量 - 信息折中的两种主要优化问题。

18.5.2.1　干扰即能量

第一个公式是信息和能量波/波束的联合设计问题，它将信息传递中的干扰视为传输的能量。图 18.9a 给出了该系统的一个示例。系统的优化目标是最大化传递给所有接收机的加权总功率，并服从各个 SINR 约束[36]，即

$$\begin{aligned} \underset{\boldsymbol{g}_E,\boldsymbol{g}_I}{\text{maximize}} \quad & \mathrm{E}\left[\left\|\boldsymbol{y}_E\right\|_2^2\right]+\mathrm{E}\left[\left\|\boldsymbol{y}_I\right\|_2^2\right] \\ \text{subject to} \quad & \mathrm{Tr}\left(\boldsymbol{g}_E^{\dagger}\boldsymbol{g}_E\right)+\mathrm{Tr}\left(\boldsymbol{g}_I^{\dagger}\boldsymbol{g}_I\right)\leqslant P \\ & \mathrm{SINR}_I \geqslant \gamma \end{aligned} \tag{18.25}$$

式中，$\boldsymbol{g}_E$ 是用于功率传输的波或波束，$\boldsymbol{g}_I$ 是用于信息传递的波或波束，$\boldsymbol{y}_E$ 是在功率接收机处接收到的功率信号，$\boldsymbol{y}_I$ 是在功率接收机处接收到的信息信号，SINR_I 表示信息接收机处信息信号的接收 SINR。

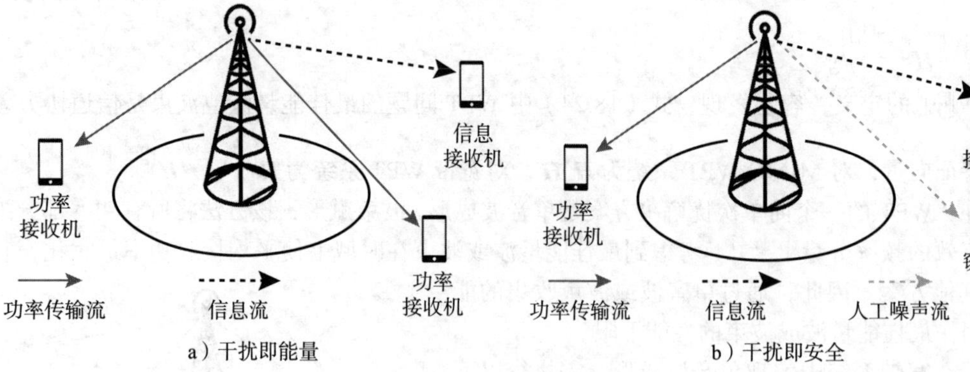

图 18.9　SWIPT 示例

在 MIMO 波束赋形系统中，能量接收机接收的能量包含 $\left\|\boldsymbol{y}_E\right\|_2^2=\boldsymbol{g}_E^{\dagger}\boldsymbol{H}_E^{\dagger}\boldsymbol{H}_E\boldsymbol{g}_E$ 和 $\left\|\boldsymbol{y}_I\right\|_2^2=\boldsymbol{g}_I^{\dagger}\boldsymbol{H}_E^{\dagger}\boldsymbol{H}_E\boldsymbol{g}_I$，其中 $\boldsymbol{H}_E$ 是 BS 与功率接收机之间的信道矩阵，而 $\boldsymbol{g}_I$ 是 BS 与信息接收机之间的信道矩阵。信息接收机处的信息信号的 SINR，即 SINR_I 由式（18.11）定义。

另一方面，在宽带波成形系统中，信息接收机处信息信号的 SINR 遵循式（18.12）中的定义，其中 $\boldsymbol{g}_I$ 和 $\boldsymbol{H}_I$ 为预期波和信道矩阵。此外，考虑到存在 ISI，功率接收机根据能量波对接收能量的定义与 MIMO 波束赋形系统中的定义是不同的，即 $\|\boldsymbol{y}_E\|_2^2 = |(\boldsymbol{h}_E * \boldsymbol{g}_E)[L]|^2 = \boldsymbol{g}_E^{\dagger}\boldsymbol{H}_E^{\left(\left\lfloor\frac{L-1}{D}\right\rfloor+1\right)^{\dagger}}\boldsymbol{H}_E^{\left(\left\lfloor\frac{L-1}{D}\right\rfloor+1\right)}\boldsymbol{g}_E$。

式（18.25）中定义的联合信息和功率传输波 / 波束优化是一个非凸二次约束二次规划（QCQP）问题，可通过以下步骤求解。

（i）首先检查式（18.25）的可行性。特别是，在不考虑能源使用者的情况下，信息使用者可以实现 SINR 约束时，该问题可行。

（ii）如果问题可行，则用半定松弛（SDR）将非凸 QCQP 问题转换为可有效求解的半定规划问题（SDP）。

对于 MIMOSWIPT 系统，已经证明，对于式（18.25），在用户信道独立分布的情况下，无须设计专用的能量波束赋形矢量。最佳的传输策略是仅调整信息波束赋形的权重和功率分配，以使传递的总功率最大化[36]。此外，因为能量波 / 波束不用于信息传输，所以可以在信息接收机处采用干扰预消除来进一步改善接收到的 SINR。

作为式（18.25）中提到的对偶问题，考虑信息 - 能量折中的波 / 波束设计的另一种表述是在传递功率的约束下最大化信息速率。该对偶问题的数学公式可表述为

$$\begin{aligned}\underset{\boldsymbol{g}_E,\boldsymbol{g}_I}{\text{maximize}}\quad & \log\left(1+\text{SINR}_I\right)\\ \text{subject to}\quad & \text{Tr}\left(\boldsymbol{g}_E^{\dagger}\boldsymbol{g}_E\right)+\text{Tr}\left(\boldsymbol{g}_I^{\dagger}\boldsymbol{g}_I\right)\leqslant P,\\ & \text{E}\left[\|\boldsymbol{y}_E\|_2^2\right]+\text{E}\left[\|\boldsymbol{y}_I\|_2^2\right]\geqslant P_{th}\end{aligned}\tag{18.26}$$

式中，SINR_I 是在信息接收机处接收到的 SINR，$\boldsymbol{y}_I$ 和 $\boldsymbol{y}_E$ 分别是能量接收机从信息发射机和能量发射机接收的信号。P_{th} 是输送到能量发射机的最小要求功率。

18.5.2.2　干扰即安全

文献［41, 81］将能量波束赋形作为保密增强工具，设计了一种用于 MIMO 波束赋形系统安全通信的资源分配算法，该系统能同时实现无线信息传输和功率传输。下面的公式描述了所谓干扰即安全问题，目的在于利用人工噪声和能量波束赋形技术，最小化发射功率，以实现能量高效传输的同时，保证通信安全。示例系统如图 18.9b 所示，通用的简化数学模型如下。

$$\begin{aligned}\underset{\boldsymbol{g}_E,\boldsymbol{g}_I,\boldsymbol{g}_{\text{AN}}}{\text{maximize}}\quad & \log\left(1+\text{SINR}_I\right)-R\\ \text{subject to}\quad & \text{Tr}\left(\boldsymbol{g}_E^{\dagger}\boldsymbol{g}_E\right)+\text{Tr}\left(\boldsymbol{g}_I^{\dagger}\boldsymbol{g}_I\right)+\text{Tr}\left(\boldsymbol{g}_{\text{AN}}^{\dagger}\boldsymbol{g}_{\text{AN}}\right)\leqslant P,\\ & \max\left\{\log\left(1+\text{SINR}_E\right),\log\left(1+\text{SINR}_{Ea}\right)\right\}=R,\\ & \text{SINR}_I\geqslant R_I,\\ & \|\boldsymbol{y}_I\|_2^2+\|\boldsymbol{y}_E\|_2^2+\|\boldsymbol{y}_{\text{AN}}\|_2^2\geqslant P_{th}\end{aligned}\tag{18.27}$$

式中，SINR_I、SINR_E 和 SINR_{Ea} 分别是在信息接收机、能量接收机和窃听器处接收到的 SINR。$\boldsymbol{g}_E$、$\boldsymbol{g}_I$ 和 $\boldsymbol{g}_{\text{AN}}$ 分别是能量传输、信息传输和人为噪声的波成形 / 波束赋形矢量。$\|\boldsymbol{y}_E\|_2^2+\|\boldsymbol{y}_I\|_2^2+$

$\|\boldsymbol{y}_{\mathrm{AN}}\|_2^2$ 表示在能量接收机处传递的总功率，可以将其分解为信息传输、能量传输和人工噪声传输的能量。

在 MIMO 波束赋形系统中，鉴于在预期信息接收机处用于干扰预消除的能量波的先验知识，式（18.27）中 SINR 的定义是不同的。对 SINR_I 和 SINR_E，干扰只来自波 $\boldsymbol{g}_{\mathrm{AN}}$ 的 IUI，即 $\mathrm{SINR}_I=\boldsymbol{g}_I^\dagger\boldsymbol{H}_I^\dagger\boldsymbol{H}_I\boldsymbol{g}_I/\left(\boldsymbol{g}_{\mathrm{AN}}^\dagger\boldsymbol{H}_I^\dagger\boldsymbol{H}_I\boldsymbol{g}_{\mathrm{AN}}+\sigma_I^2\right)$，$\mathrm{SINR}_E=\boldsymbol{g}_I^\dagger\boldsymbol{H}_E^\dagger\boldsymbol{H}_E\boldsymbol{g}_I/\left(\boldsymbol{g}_{\mathrm{AN}}^\dagger\boldsymbol{H}_E^\dagger\boldsymbol{H}_E\boldsymbol{g}_{\mathrm{AN}}+\sigma_I^2\right)$。另一方面，在窃听器处收到的 SINR 遵循式（18.11）中的定义，并且 $\boldsymbol{g}_{\mathrm{AN}}$ 和 $\boldsymbol{g}_E$ 均对 IUI 有所贡献，即 $\mathrm{SINR}_{E\alpha}=\boldsymbol{g}_I^\dagger\boldsymbol{H}_{E\alpha}^\dagger\boldsymbol{H}_{E\alpha}\boldsymbol{g}_I/\left(\boldsymbol{g}_E^\dagger\boldsymbol{H}_{E\alpha}^\dagger\boldsymbol{H}_{E\alpha}\boldsymbol{g}_E+\boldsymbol{g}_{\mathrm{AN}}^\dagger\boldsymbol{H}_{E\alpha}^\dagger\boldsymbol{H}_{E\alpha}\boldsymbol{g}_{\mathrm{AN}}+\sigma_{E\alpha}^2\right)$。$\boldsymbol{H}_I$、$\boldsymbol{H}_E$ 和 $\boldsymbol{H}_{E\alpha}$ 分别表示从发射机到信息接收机、能量接收机和窃听器的信道。σ_I^2、σ_E^2 和 $\sigma_{E\alpha}^2$ 是相应接收机端的噪声方差。输送的总功率为 $\|\boldsymbol{y}_I\|_2^2+\|\boldsymbol{y}_E\|_2^2+\|\boldsymbol{y}_{\mathrm{AN}}\|_2^2=\boldsymbol{g}_I^\dagger\boldsymbol{H}_E^\dagger\boldsymbol{H}_E\boldsymbol{g}_I+\boldsymbol{g}_E^\dagger\boldsymbol{H}_E^\dagger\boldsymbol{H}_E\boldsymbol{g}_E+\boldsymbol{g}_{\mathrm{AN}}^\dagger\boldsymbol{H}_E^\dagger\boldsymbol{H}_E\boldsymbol{g}_{\mathrm{AN}}$。

文献［41］通过一系列包括 SDR 的松弛方法，给出了该问题的解决方案。然后设计了一种计算量较低的次优资源分配方案，以同时支持 WPT 和安全通信。

但是，在宽带波成形系统中，式（18.27）的数学处理更为复杂，相关研究仍在进行中。

表 18.4 总结了本节研究的 WPT 和 SWIPT 问题的波设计。

表 18.4 无线电力通信中的波 / 波束设计

	问题表述	解决方案
WPT	$\max\limits_{\boldsymbol{g}}\ \mathrm{E}\left[\|\boldsymbol{y}\|_2^2\right]$ s.t. $\mathrm{Tr}(\boldsymbol{g}^\dagger\boldsymbol{g})\leqslant P$	信道协方差的主特征向量
SWIPT - 干扰即能量	$\max\limits_{\boldsymbol{g}_E,\boldsymbol{g}_I}\ \mathrm{E}\left[\|\boldsymbol{y}_E\|_2^2\right]+\mathrm{E}\left[\|\boldsymbol{y}_I\|_2^2\right]$ s.t. $\mathrm{Tr}(\boldsymbol{g}_E^\dagger\boldsymbol{g}_E)+\mathrm{Tr}(\boldsymbol{g}_I^\dagger\boldsymbol{g}_I)\leqslant P,$ $\mathrm{SINR}_I\geqslant\gamma$	半定松弛（SDR）后的 SDP
SWIPT - 干扰即安全	$\max\limits_{\boldsymbol{g}_E,\boldsymbol{g}_I,\boldsymbol{g}_{\mathrm{AN}}}\ \log(1+\mathrm{SINR}_I)-R$ s.t. $\mathrm{Tr}(\boldsymbol{g}_E^\dagger\boldsymbol{g}_E)+\mathrm{Tr}(\boldsymbol{g}_I^\dagger\boldsymbol{g}_I)+\mathrm{Tr}(\boldsymbol{g}_{\mathrm{AN}}^\dagger\boldsymbol{g}_{\mathrm{AN}})\leqslant P,$ $\max\{\log(1+\mathrm{SINR}_E),\log(1+\mathrm{SINR}_{E\alpha})\}=R,$ $\mathrm{SINR}_I\geqslant R_I,$ $\|\boldsymbol{y}_I\|_2^2+\|\boldsymbol{y}_E\|_2^2+\|\boldsymbol{y}_{\mathrm{AN}}\|_2^2\geqslant P_{th}$	SDR 后的 SDP

18.6 安全通信

在无线通信中，无线媒体的广播特性不仅允许目标接收者访问所发送的信息，也允许窃听者访问信息。因此，由于无线媒体的开放性使其容易受到潜在的窃听，安全性成为无线通信系统的一个重要问题。

近年来，人们对信息论物理（PHY）层安全进行了大量研究，它利用无线衰落信道的物理特性来提供完美的保密性[41]。在 MIMO 系统中，人工噪声（AN）被认为是一种利用多天线提供的额外自由度来削弱窃听者接收信号的有效方法[39-42]。

对于存在人为噪声的 MIMO 波束赋形系统，文献［40,42］讨论了该系统模型，具体如下。首先，发送信号定义为

$$\boldsymbol{s}=\boldsymbol{G}^d\boldsymbol{x}+\boldsymbol{G}^{\mathrm{AN}}\boldsymbol{a} \tag{18.28}$$

式中，$\boldsymbol{G}^d$ 是数据波束赋形，而 $\boldsymbol{G}^{\mathrm{AN}}$ 是 AN 波束赋形矢量。$\boldsymbol{x}$ 表示信息信号，$\boldsymbol{a}$ 表示 AN 信号。

接收到的信号可以被解耦写入成两组，一组用于目标接收机 Bob，另一组用于窃听者 Eve。

目标接收机 Bob 的接收信号可以写为 $\boldsymbol{y}_b=\boldsymbol{H}_b\boldsymbol{s}+\boldsymbol{n}_b=\boldsymbol{H}_b\boldsymbol{G}^d\boldsymbol{x}+\boldsymbol{H}_b\boldsymbol{G}^{\text{AN}}\boldsymbol{a}+\boldsymbol{n}_b$，窃听者 Eve 的接收信号为 $\boldsymbol{y}_e=\boldsymbol{H}_e\boldsymbol{s}+\boldsymbol{n}_e=\boldsymbol{H}_e\boldsymbol{G}^d\boldsymbol{x}+\boldsymbol{H}_e\boldsymbol{G}^{\text{AN}}\boldsymbol{a}+\boldsymbol{n}_e$。

这里，$\boldsymbol{H}_b$ 是发射机和 Bob 之间的信道，$\boldsymbol{n}_b$ 是 Bob 的接收端噪声，$\boldsymbol{H}_e$ 是发射机和 Eve 之间的信道，$\boldsymbol{n}_e$ 是 Eve 的噪声。此外，$\boldsymbol{H}_b\boldsymbol{G}^{\text{AN}}\boldsymbol{a}=0$，这意味着 AN 预编码器 $\boldsymbol{G}^{\text{AN}}$ 位于 Bob 信道 $\boldsymbol{H}_b$ 的零空间。考虑到 $\boldsymbol{H}_b$ 具有行满秩，则预编码器（即 AN 波束形 $\boldsymbol{G}^{\text{AN}}$）定义如下[40]。

$$\boldsymbol{G}^{\text{AN}}=\boldsymbol{I}-\boldsymbol{H}_b^{\dagger}\left(\boldsymbol{H}_b\boldsymbol{H}_b^{\dagger}\right)^{-1}\boldsymbol{H}_b \tag{18.29}$$

文献［42］研究了使用 AN 进行 MIMO 波束赋形的优化问题，其目标是在 SINR 和功率约束的条件下最大化保密容量。文献以可实现遍历保密率来衡量系统性能，分析了四种不同数据波束和三种不同 AN 波束的性能。

在宽带波成形系统中，CSI 的每个抽头被视为一个虚拟天线，天线分集通过多个虚拟天线实现，从而提高了 AN 的保密性。根据式（18.4），在预期信息接收机 Bob 处接收到的信号可以重写为 $\boldsymbol{y}_b=\boldsymbol{H}_b\boldsymbol{g}_d*\boldsymbol{x}+\boldsymbol{H}_b\boldsymbol{g}_{\text{AN}}*\boldsymbol{a}+\boldsymbol{n}_b$，其中 $\boldsymbol{H}_b$ 是 BS 和 Bob 之间的信道矩阵，如式（18.5）所定义，$\boldsymbol{g}_d$ 和 $\boldsymbol{g}_{\text{AN}}$ 分别代表数据波和 AN 波，$\boldsymbol{x}$ 是发射信息信号，$\boldsymbol{a}$ 表示 AN 信号，$\boldsymbol{n}_b$ 是接收机处的高斯白噪声。

类似地，窃听者的接收信号为 $\boldsymbol{y}_e=\boldsymbol{H}_e\boldsymbol{g}_d*\boldsymbol{x}+\boldsymbol{H}_e\boldsymbol{g}_{\text{AN}}*\boldsymbol{a}+\boldsymbol{n}_e$，其中 $\boldsymbol{H}_e$ 是 BS 和窃听者之间的信道矩阵，$\boldsymbol{n}_e$ 是接收的高斯白噪声。

考虑到目标信息接收机接收信号的质量，我们必须使波矢量 $\boldsymbol{g}_{\text{AN}}$ 位于信道矩阵 $\boldsymbol{H}_b$ 的零空间，即 $\boldsymbol{H}_b\boldsymbol{g}_{\text{AN}}=0$。此外，为了至少有一种可行的 $\boldsymbol{g}_{\text{AN}}$ 解，$\boldsymbol{H}_b$ 必须为行满秩。如式（18.5）所定义，信道矩阵 $\boldsymbol{H}_b$ 的维度为 $N\left(2\left\lfloor\dfrac{L-1}{D}\right\rfloor+1\right)\times L$。当且仅当 $L\leqslant\dfrac{2N-DN}{2N-D}$（$D\leqslant 2N$）或 $L\geqslant\dfrac{DN-2N}{D-2N}$（$D>2N$）时，$\boldsymbol{H}_b$ 行满秩。如果 $D=2N$，则仅当 $N=1$ 时产生行满秩矩阵。在具有 AN 传输的安全通信系统中，宽带波成形的相关研究仍在进行中。

18.7 小结

借助自然环境中的多径，波成形是宽带系统利用空间分集的一种重要技术。波成形将多径信道中的每个多径分量视为虚拟天线，对信息进行相干加权组合，从而获得较高的自由度。因此，宽带波成形成为了未来通信系统的一种经济、有前途的解决方案，支持低成本、低复杂度、高数据速率的无线服务。在本章中，我们总结了新的宽带波系统，并将其与传统的窄带 MIMO 波束赋形系统进行了比较，后者通过使用多天线传输实现高自由度。我们详细研究了有关资源分配、无线功率传输和安全通信的系统模型和相关优化问题。有关参考资料请参阅文献［82］。

参考文献

[1] B. Wang, Y. Wu, F. Han, Y.-H. Yang, and K. J. R. Liu, “Green wireless communications: A time-reversal paradigm,” *IEEE Journal on Selected Areas in Communications*, vol. 29, no. 8, pp. 1698–1710, 2011.

[2] Y. H. Yang, B. Wang, W. S. Lin, and K. J. R. Liu, "Near-optimal waveform design for sum rate optimization in time-reversal multiuser downlink systems," *IEEE Transactions on Wireless Communications*, vol. 12, no. 1, pp. 346–357, Jan. 2013.

[3] F. Han and K. J. R. Liu, "A multiuser TRDMA uplink system with 2D parallel interference cancellation," *IEEE Transactions on Communications*, vol. 62, no. 3, pp. 1011–1022, Mar. 2014.

[4] E. Yoon, S. Y. Kim, and U. Yun, "A time-reversal-based transmission using predistortion for intersymbol interference alignment," *IEEE Transactions on Communications*, vol. 63, no. 2, pp. 455–465, Feb. 2015.

[5] Y. H. Yang and K. J. R. Liu, "Waveform design with interference pre-cancellation beyond time-reversal systems," *IEEE Transactions on Wireless Communications*, vol. 15, no. 5, pp. 3643–3654, May 2016.

[6] Q. Xu, Y. Chen, and K. J. R. Liu, "Combating strong–weak spatial–temporal resonances in time-reversal uplinks," *IEEE Transactions on Wireless Communications*, vol. 15, no. 1, pp. 568–580, Jan. 2016.

[7] M. Fink, C. Prada, F. Wu, and D. Cassereau, "Self focusing in inhomogeneous media with time reversal acoustic mirrors," *IEEE Ultrasonics Symposium Proceedings*, pp. 681–686, 1989.

[8] M. Fink, "Time reversal of ultrasonic fields. I. Basic principles," *IEEE Transactions on Ultrasonics, Ferroelectrics, and Frequency Control*, vol. 39, no. 5, pp. 555–566, 1992.

[9] A. Derode, P. Roux, and M. Fink, "Robust acoustic time reversal with high-order multiple scattering," *Physical Review Letters*, vol. 75, no. 23, p. 4206, 1995.

[10] H. C. Song, W. Kuperman, W. Hodgkiss, T. Akal, and C. Ferla, "Iterative time reversal in the ocean," *The Journal of the Acoustical Society of America*, vol. 105, no. 6, pp. 3176–3184, 1999.

[11] H. T. Nguyen, I. Z. Kovcs, and P. C. F. Eggers, "A time reversal transmission approach for multiuser UWB communications," *IEEE Transactions on Antennas and Propagation*, vol. 54, no. 11, pp. 3216–3224, Nov. 2006.

[12] R. C. Qiu, C. Zhou, N. Guo, and J. Q. Zhang, "Time reversal with MISO for ultra-wideband communications: Experimental results," in *2006 IEEE Radio and Wireless Symposium*, Jan. 2006, pp. 499–502.

[13] R. L. D. L. Neto, A. M. Hayar, and M. Debbah, "Channel division multiple access based on high UWB channel temporal resolution," in *IEEE Vehicular Technology Conference*, pp. 1–5, Sep. 2006.

[14] N. Guo, B. M. Sadler, and R. C. Qiu, "Reduced-complexity UWB time-reversal techniques and experimental results," *IEEE Transactions on Wireless Communications*, vol. 6, no. 12, pp. 4221–4226, Dec. 2007.

[15] A. Khaleghi, G. E. Zein, and I. H. Naqvi, "Demonstration of time-reversal in indoor ultra-wideband communication: Time domain measurement," in *2007 4th International Symposium on Wireless Communication Systems*, pp. 465–468, Oct. 2007.

[16] M. A. Bouzigues, I. Siaud, M. Helard, and A. M. Ulmer-Moll, "Turn back the clock: Time reversal for green radio communications," *IEEE Vehicular Technology Magazine*, vol. 8, no. 1, pp. 49–56, Mar. 2013.

[17] H. T. Nguyen, J. B. Andersen, and G. F. Pedersen, "The potential use of time reversal techniques in multiple element antenna systems," *IEEE Communications Letters*, vol. 9, no. 1, pp. 40–42, Jan. 2005.

[18] Y. Jin, Y. Jiang, and J. M. F. Moura, "Multiple antenna time reversal transmission in ultra-wideband communications," in *IEEE Globecom 2007 – IEEE Global Telecommunications Conference*, pp. 3029–3033, Nov. 2007.

[19] C. Zhou, N. Guo, B. M. Sadler, and R. C. Qiu, "Performance study on time reversed impulse MIMO for UWB communications based on measured spatial UWB channels," in *MILCOM 2007 – IEEE Military Communications Conference*, pp. 1–6, Oct. 2007.

[20] A. Pitarokoilis, S. K. Mohammed, and E. G. Larsson, "Uplink performance of time-reversal MRC in massive MIMO systems subject to phase noise," *IEEE Transactions on Wireless Communications*, vol. 14, no. 2, pp. 711–723, Feb. 2015.

[21] M. Maaz, M. Helard, P. Mary, and M. Liu, "Performance analysis of time-reversal based precoding schemes in MISO-OFDM systems," in *2015 IEEE 81st Vehicular Technology Conference (VTC Spring)*, pp. 1–6, May 2015.

[22] F. Han, Y. H. Yang, B. Wang, Y. Wu, and K. J. R. Liu, "Time-reversal division multiple access over multi-path channels," *IEEE Transactions on Communications*, vol. 60, no. 7, pp. 1953–1965, Jul. 2012.

[23] Y. Chen, F. Han, Y. H. Yang, H. Ma, Y. Han, C. Jiang, H. Q. Lai, D. Claffey, Z. Safar, and K. J. R. Liu, "Time-reversal wireless paradigm for green Internet of Things: An overview," *IEEE Internet of Things Journal*, vol. 1, no. 1, pp. 81–98, Feb. 2014.

[24] M. L. Ku, Y. Han, H. Q. Lai, Y. Chen, and K. J. R. Liu, "Power waveforming: Wireless power transfer beyond time reversal," *IEEE Transactions on Signal Processing*, vol. 64, no. 22, pp. 5819–5834, Nov. 2016.

[25] D. Gesbert, M. Shafi, D.-S. Shiu, P. J. Smith, and A. Naguib, "From theory to practice: An overview of MIMO space-time coded wireless systems," *IEEE Journal on Selected Areas in Communications*, vol. 21, no. 3, pp. 281–302, Apr. 2003.

[26] L. Zheng and D. N. C. Tse, "Diversity and multiplexing: A fundamental tradeoff in multiple-antenna channels," *IEEE Transactions on Information Theory*, vol. 49, no. 5, pp. 1073–1096, May 2003.

[27] R. W. Heath and A. J. Paulraj, "Switching between diversity and multiplexing in MIMO systems," *IEEE Transactions on Communications*, vol. 53, no. 6, pp. 962–968, Jun. 2005.

[28] H. Q. Ngo, E. G. Larsson, and T. L. Marzetta, "Energy and spectral efficiency of very large multiuser MIMO systems," *IEEE Transactions on Communications*, vol. 61, no. 4, pp. 1436–1449, Apr. 2013.

[29] J. G. Andrews, S. Buzzi, W. Choi, S. V. Hanly, A. Lozano, A. C. K. Soong, and J. C. Zhang, "What will 5G be?" *IEEE Journal on Selected Areas in Communications*, vol. 32, no. 6, pp. 1065–1082, Jun. 2014.

[30] F. Boccardi, R. W. Heath, A. Lozano, T. L. Marzetta, and P. Popovski, "Five disruptive technology directions for 5G," *IEEE Communications Magazine*, vol. 52, no. 2, pp. 74–80, Feb. 2014.

[31] Y. Han, Y. Chen, B. Wang, and K. J. R. Liu, "Time-reversal massive multipath effect: A single-antenna massive MIMO solution," *IEEE Transactions on Communications*, vol. 64, no. 8, pp. 3382–3394, Aug. 2016.

[32] B. D. V. Veen and K. M. Buckley, "Beamforming: A versatile approach to spatial filtering," *IEEE ASSP Magazine*, vol. 5, no. 2, pp. 4–24, Apr. 1988.

[33] D. P. Palomar, J. M. Cioffi, and M. A. Lagunas, "Joint Tx-Rx beamforming design for multicarrier MIMO channels: A unified framework for convex optimization," *IEEE Transactions on Signal Processing*, vol. 51, no. 9, pp. 2381–2401, Sep. 2003.

[34] C. W. Tan, M. Chiang, and R. Srikant, "Maximizing sum rate and minimizing MSE on

multiuser downlink: Optimality, fast algorithms and equivalence via max-min SINR," *IEEE Transactions on Signal Processing*, vol. 59, no. 12, pp. 6127–6143, Dec. 2011.

[35] R. Zhang and C. K. Ho, "MIMO broadcasting for simultaneous wireless information and power transfer," *IEEE Transactions on Wireless Communications*, vol. 12, no. 5, pp. 1989–2001, May 2013.

[36] J. Xu, L. Liu, and R. Zhang, "Multiuser MISO beamforming for simultaneous wireless information and power transfer," *IEEE Transactions on Signal Processing*, vol. 62, no. 18, pp. 4798–4810, Sept. 2014.

[37] Q. Shi, W. Xu, T. H. Chang, Y. Wang, and E. Song, "Joint beamforming and power splitting for MISO interference channel with SWIPT: An SOCP relaxation and decentralized algorithm," *IEEE Transactions on Signal Processing*, vol. 62, no. 23, pp. 6194–6208, Dec. 2014.

[38] H. Lee, S. R. Lee, K. J. Lee, H. B. Kong, and I. Lee, "Optimal beamforming designs for wireless information and power transfer in MISO interference channels," *IEEE Transactions on Wireless Communications*, vol. 14, no. 9, pp. 4810–4821, Sept. 2015.

[39] S. Goel and R. Negi, "Guaranteeing secrecy using artificial noise," *IEEE Transactions on Wireless Communications*, vol. 7, no. 6, pp. 2180–2189, Jun. 2008.

[40] X. Zhou and M. R. McKay, "Secure transmission with artificial noise over fading channels: Achievable rate and optimal power allocation," *IEEE Transactions on Vehicular Technology*, vol. 59, no. 8, pp. 3831–3842, Oct. 2010.

[41] D. W. K. Ng, E. S. Lo, and R. Schober, "Robust beamforming for secure communication in systems with wireless information and power transfer," *IEEE Transactions on Wireless Communications*, vol. 13, no. 8, pp. 4599–4615, Aug. 2014.

[42] J. Zhu, R. Schober, and V. K. Bhargava, "Linear precoding of data and artificial noise in secure massive MIMO systems," *IEEE Transactions on Wireless Communications*, vol. 15, no. 3, pp. 2245–2261, Mar. 2016.

[43] Y. Chen, B. Wang, Y. Han, H. Q. Lai, Z. Safar, and K. J. R. Liu, "Why time reversal for future 5G wireless?" *IEEE Signal Processing Magazine*, vol. 33, no. 2, pp. 17–26, Mar. 2016.

[44] Z.-H. Wu, Y. Han, Y. Chen, and K. J. R. Liu, "A time-reversal paradigm for indoor positioning system," *IEEE Transactions on Vehicular Technology*, vol. 64, no. 4, pp. 1331–1339, Apr. 2015.

[45] C. Chen, Y. Chen, Y. Han, H. Q. Lai, and K. J. R. Liu, "Achieving centimeter-accuracy indoor localization on WiFi platforms: A frequency hopping approach," *IEEE Internet of Things Journal*, vol. 4, no. 1, pp. 111–121, Feb. 2017.

[46] C. Chen, Y. Chen, K. J. R. Liu, Y. Han, and H.-Q. Lai, "High accuracy indoor localization: A WiFi-based approach," in *2016 IEEE International Conference on Acoustics, Speech and Signal Processing (ICASSP)*, pp. 6245–6249, Mar. 2016.

[47] F. Zhang, C. Chen, B. Wang, H. Q. Lai, and K. J. R. Liu, "A time-reversal spatial hardening effect for indoor speed estimation," in *2017 IEEE International Conference on Acoustics, Speech, and Signal Processing*, p. 1, Mar. 2017.

[48] Q. Xu, Y. Chen, B. Wang, and K. J. R. Liu, "TRIEDS: Wireless events detection through the wall," *IEEE Internet of Things Journal*, vol. 4, no. 3, pp. 723–735, Jun. 2017.

[49] —, "Radio biometrics: Human recognition through a wall," *IEEE Transactions on Information Forensics and Security*, vol. 12, no. 5, pp. 1141–1155, May 2017.

[50] C. Chen, Y. Han, Y. Chen, and K. J. R. Liu, "Multi-person breathing rate estimation using time-reversal on WiFi platforms," in *2016 IEEE Global Conference on Signal and*

Information Processing, p. 1, Dec. 2016.

[51] B. Bogert, "Demonstration of delay distortion correction by time-reversal techniques," *IRE Transactions on Communications Systems*, vol. 5, no. 3, pp. 2–7, Dec. 1957.

[52] F. Wu, J.-L. Thomas, and M. Fink, "Time reversal of ultrasonic fields. II. Experimental results," *IEEE Transactions on Ultrasonics, Ferroelectrics, and Frequency Control*, vol. 39, no. 5, pp. 567–578, 1992.

[53] C. Dorme, M. Fink, and C. Prada, "Focusing in transmit-receive mode through inhomogeneous media: The matched filter approach," in *IEEE 1992 Ultrasonics Symposium Proceedings*, pp. 629–634 vol. 1, Oct. 1992.

[54] A. Derode, P. Roux, and M. Fink, "Acoustic time-reversal through high-order multiple scattering," in *1995 IEEE Ultrasonics Symposium. Proceedings. An International Symposium*, vol. 2, pp. 1091–1094 vol. 2, Nov. 1995.

[55] W. Kuperman, W. S. Hodgkiss, H. C. Song, T. Akal, C. Ferla, and D. R. Jackson, "Phase conjugation in the ocean: Experimental demonstration of an acoustic time-reversal mirror," *The Journal of the Acoustical Society of America*, vol. 103, no. 1, pp. 25–40, 1998.

[56] D. Rouseff, D. R. Jackson, W. L. Fox, C. D. Jones, J. A. Ritcey, and D. R. Dowling, "Underwater acoustic communication by passive-phase conjugation: Theory and experimental results," *IEEE Journal of Oceanic Engineering*, vol. 26, no. 4, pp. 821–831, 2001.

[57] G. F. Edelmann, T. Akal, W. S. Hodgkiss, S. Kim, W. A. Kuperman, and H. C. Song, "An initial demonstration of underwater acoustic communication using time reversal," *IEEE Journal of Oceanic Engineering*, vol. 27, no. 3, pp. 602–609, Jul. 2002.

[58] B. E. Henty and D. D. Stancil, "Multipath-enabled super-resolution for RF and microwave communication using phase-conjugate arrays," *Physical Review Letters*, vol. 93, no. 24, p. 243904, 2004.

[59] G. Lerosey, J. De Rosny, A. Tourin, A. Derode, G. Montaldo, and M. Fink, "Time reversal of electromagnetic waves," *Physical Review Letters*, vol. 92, no. 19, p. 193904, 2004.

[60] —, "Time reversal of electromagnetic waves and telecommunication," *Radio Science*, vol. 40, no. 6, pp. 1–10, 2005.

[61] G. Lerosey, J. De Rosny, A. Tourin, A. Derode, and M. Fink, "Time reversal of wideband microwaves," *Applied Physics Letters*, vol. 88, no. 15, p. 154101, 2006.

[62] J. de Rosny, G. Lerosey, and M. Fink, "Theory of electromagnetic time-reversal mirrors," *IEEE Transactions on Antennas and Propagation*, vol. 58, no. 10, pp. 3139–3149, 2010.

[63] I. H. Naqvi, G. E. Zein, G. Lerosey, J. D. Rosny, P. Besnier, A. Tourin, and M. Fink, "Experimental validation of time reversal ultra wide-band communication system for high data rates," *IET Microwaves, Antennas Propagation*, vol. 4, no. 5, pp. 643–650, May 2010.

[64] M. Emami, M. Vu, J. Hansen, A. J. Paulraj, and G. Papanicolaou, "Matched filtering with rate back-off for low complexity communications in very large delay spread channels," in *38th Asilomar Conference on Signals, Systems and Computers*. IEEE, pp. 218–222, 2004.

[65] Q. Xu, Y. Chen, and K. J. R. Liu, "Optimal pricing for interference control in time-reversal device-to-device uplinks," in *2015 IEEE Global Conference on Signal and Information Processing (GlobalSIP)*, pp. 1096–1100, Dec. 2015.

[66] T. K. Y. Lo, "Maximum ratio transmission," *IEEE Transactions on Communications*, vol. 47, no. 10, pp. 1458–1461, Oct. 1999.

[67] T. L. Marzetta, "Noncooperative cellular wireless with unlimited numbers of base station antennas," *IEEE Transactions on Wireless Communications*, vol. 9, no. 11, pp. 3590–3600, 2010.

[68] A. Goldsmith, *Wireless Communications*. New York: Cambridge University Press, 2005.

[69] Q. H. Spencer, A. L. Swindlehurst, and M. Haardt, "Zero-forcing methods for downlink spatial multiplexing in multiuser MIMO channels," *IEEE Transactions on Signal Processing*, vol. 52, no. 2, pp. 461–471, Feb. 2004.

[70] S. Shi, M. Schubert, and H. Boche, "Rate optimization for multiuser MIMO systems with linear processing," *IEEE Transactions on Signal Processing*, vol. 56, no. 8, pp. 4020–4030, Aug. 2008.

[71] D. N. C. Tse and P. Viswanath, "Downlink-uplink duality and effective bandwidths," in *Proceedings IEEE International Symposium on Information Theory,*, pp. 52–52, 2002.

[72] T. Ma, Q. Shi, and E. Song, "QoS-constrained weighted sum-rate maximization in multi-cell multi-user MIMO systems: An ADMM approach," in *2016 35th Chinese Control Conference (CCC)*, pp. 6905–6910, Jul. 2016.

[73] M. Schubert and H. Boche, "Solution of the multiuser downlink beamforming problem with individual SINR constraints," *IEEE Transactions on Vehicular Technology*, vol. 53, no. 1, pp. 18–28, Jan. 2004.

[74] J. Wang and D. P. Palomar, "Worst-case robust MIMO transmission with imperfect channel knowledge," *IEEE Transactions on Signal Processing*, vol. 57, no. 8, pp. 3086–3100, Aug. 2009.

[75] F. Zhang, "Report for optimization-based pinpoint beamforming," University of Maryland College Park, Tech. Rep., Jul. 2015.

[76] L. R. Varshney, "Transporting information and energy simultaneously," in *2008 IEEE International Symposium on Information Theory*, Jul. 2008, pp. 1612–1616.

[77] X. Lu, P. Wang, D. Niyato, D. I. Kim, and Z. Han, "Wireless networks with RF energy harvesting: A contemporary survey," *IEEE Communications Surveys Tutorials*, vol. 17, no. 2, pp. 757–789, Second quarter 2015.

[78] P. Grover and A. Sahai, "Shannon meets Tesla: Wireless information and power transfer," in *2010 IEEE International Symposium on Information Theory*, pp. 2363–2367, Jun. 2010.

[79] X. Zhou, R. Zhang, and C. K. Ho, "Wireless information and power transfer: Architecture design and rate-energy tradeoff," *IEEE Transactions on Communications*, vol. 61, no. 11, pp. 4754–4767, Nov. 2013.

[80] K. Huang and E. Larsson, "Simultaneous information and power transfer for broadband wireless systems," *IEEE Transactions on Signal Processing*, vol. 61, no. 23, pp. 5972–5986, Dec. 2013.

[81] M. Tian, X. Huang, Q. Zhang, and J. Qin, "Robust AN-aided secure transmission scheme in MISO channels with simultaneous wireless information and power transfer," *IEEE Signal Processing Letters*, vol. 22, no. 6, pp. 723–727, Jun. 2015.

[82] Q. Xu, C. Jiang, Y. Han, B. Wang, and K. J. R. Liu, "Waveforming: An overview with beamforming," *IEEE Communications Surveys & Tutorials*, vol. 20, no. 1, pp. 132–149, 2018.

网络的空间聚焦效应

下一代无线网络预计将支持以指数级增长的用户数量和数据需求，而这些都依赖于基本的媒介：频谱。异构网络间的频谱共享是决定网络性能的基本问题。先前的研究主要集中在与认知无线电技术相关的“动态频谱接入”模式上。然而，这些工作都是在时域或频域内发现可用的频谱资源，分离不同用户的传输。为了开创频谱共享的新模式，下一代网络应充分利用这些技术的独特特性。5G 网络的特点要么是像毫米波系统那样的宽带，要么是像大规模 MIMO 那样的大规模天线。这两种趋势可能会导致一种共同的现象：空间聚焦效应。基于这种聚焦效应，我们讨论了一种通用的空间频谱共享框架，该框架可以在不需要正交资源分配的情况下实现多用户并发频谱共享。此外，我们设计了集中式和分布式两种通用网络关联协议。仿真结果表明，时间反演宽带和大规模 MIMO 系统均可以利用空间频谱共享实现高吞吐量性能。

19.1 引言

从最初的简单划分多址接入方案到目前认知无线电（CR）[1] 中动态频谱接入（DSA），频谱共享一直是学术界关注的焦点。从根本上讲，现有这些技术都是为了发现和利用空白频谱，无论是在时域，例如所谓的底层共享和覆盖共享 [2]；还是在频域，例如所谓的带内共享和带外共享 [3]；或者在空间域，例如所谓的地理位置数据库 [4]。在即将到来的 5G 时代，频谱共享将依赖 5G 系统的新特性，如大规模 MIMO（多入多出）效应，可用于设计新一代频谱共享解决方案。

在本章，我们关注 5G 网络中的一种特殊现象：空间聚焦效应 [5-6]，尤其是在毫米频段，当带宽越来越大时，使用了波成形（例如时间反演波），或者在大规模 MIMO 中，当天线规模越来越大时，使用了波束赋形（例如最大比组合波束赋形）进行空间聚焦。空间聚焦效应意味着预期的接收信号可以集中在接收机的预期位置，而对其他设备的能量泄漏很少。产生这种聚焦效应的根本原因是两个不同位置的信道状态之间的相关性降低。一方面，大量天线可以为每个位置生成具有高维的信道状态信息。通过使用基于匹配滤波器的预编码器或均衡器，信号能量可以在相应位置聚集 [7]。另一方面，宽频带有助于在强散射环境中（如室内或密集都市场景）解析多径。利用时间反演 (TR) 技术 [5, 8]，信号能量也可以集中于预定位置，产生空间聚焦效应。在 TR 通信中，当收发机 A 要向收发机 B 传输信息时，收发机 B 首先要发送一个经过散射和多径环境传播的类似 δ 的导频脉冲，收发机 A 接收信号；然后，收发机 A 通过同一信道将经过时间反演的信号回送给收发机 B。事实上，这些多径可以被视为虚拟天线，同时 TR 处理可以视为协同控制这些天线，这可以实现与大规模 MIMO 类似的效果[6]。

这种常见的空间聚焦现象会在每个用户所在的位置产生隧道效应，从而减弱不同用户之间的干扰。因此，多个用户可以利用其对应的信道状态信息作为唯一签名，在整个频谱上同时传输数据。本质上，它们的位置在空间域上是理想分隔的，每个不同的位置都是一个“空白空间”。因此，这种空间聚焦效应使我们能够开发一种通用的空间频谱共享方案，该方案允许重用整个频谱，而不需要像传统的动态频谱访问技术那样在时域或频谱域上分离用户。注意，基于地理位置数据库的传统空间域动态频谱访问与本章介绍的空间频谱共享不同。地理位置数据库的功能是记录空间空白位置，允许次要用户在不影响主要用户的情况下使用该位置。相比之下，空间频谱共享意味着每个位置都可以被视为空白空间，主 / 次用户可以随时随地共享整个频谱。空间频谱共享的主要挑战在于 TR 的波成形设计或大规模 MIMO 的波束赋形设计。本章更感兴趣的是给定特定波成形器或波束赋形器的频谱共享性能分析，而不再专注于波成形器或波束赋形器的设计。

本章的主要工作总结如下。

（i）利用空间聚焦拓展空白空间的概念。空间聚焦可解释为一个特定位置的空间无线电共振现象，在 TR 宽带系统和大规模 MIMO 系统中都可以观察到这种现象。

（ii）讨论了一种通用的 5G 网络空间频谱共享框架，包括 TR 宽带系统和大规模 MIMO 系统，该框架支持大规模用户随时共享整个频谱。

（iii）从理论上分析了 TR 宽带和大规模 MIMO 系统的信噪比表达式。研究发现，在等功率分配的情况下，两种系统的 SINR 具有相同的表达式。

（iv）基于 SINR 性能分析，讨论了集中式和分布式两种通用的网络关联协议，这两种协议都适用于 TR 宽带系统和大规模 MIMO 系统，具有完全相同的 SINR 性能。

19.2　相关工作

文献［9-14］对 5G 网络的频谱共享进行了初步研究，研究人员试图将一系列新兴技术纳入频谱共享问题。“软件定义网络”SDN 技术已在文献［9］中应用于异构网络（HetNets）频谱共享，其中的主要贡献是统一了 SDN 支持框架的概念，它依赖于频谱可用性的分布式输入报告，而不是传统的基于频谱感知的方法[15-16]。同时，文献［10］介绍了频谱使用预测，其主要贡献在于探索了电视频段、ISM 频段、蜂窝频段等频谱使用模式中可预测性的基本限制。文献［11］提出了另一种对主要用户移动轨迹的预测，该预测将频谱感知问题主动转换为主要用户的位置追踪问题。此外，Mitola 在文献［12］中提出了一个公共 - 私有频谱共享的概念，以及将控制和数据功能分开的体系架构。类似地，Ng 等人提出了同时利用许可和非许可频段来提高能效，并提出了一种使能效最大化的凸优化公式[13]。除了从用户视角探讨，文献［14］基于互惠模型，还从运营商的角度出发，基于互惠建模原理在一组具有相似频谱访问权限的运营商之间设计了一种协调协议。

面向 5G 频谱接入的媒体访问控制（MAC）层的设计也吸引了研究人员的关注。早期研究[17]指出，由于 mmWave（毫米波）的载波波长很小，窄波束对于克服较高的路径损耗至关重要，它可以减少用户间干扰，但同时也使载波侦听变得不可行，从而导致严重的碰撞问题。毫米波系统的碰撞概率分析是文献［17］的主要贡献。类似地，基于毫米波网络的窄波束特性，文献［18］通过定向小区搜索提出了两步同步和初始接入方案。同时，文献［19］利用天线波束赋形图和基站密度知识，在随机几何框架下推导了毫米波系统的覆盖率和速率分析。最近，文献［20］提出了一种基于凸优化的毫米波系统的用户关联方案，以实现负载均衡和公平性；文献［21］建模了三种干扰，并设计了多跳毫米波系统的调度算法。文献［22］考虑了配备大规模 MIMO 的异构网络场景，基于进化博弈模型提出了两种算法，包括小区关联算法和天线分配算法，属于博弈论认知无线电网络［23-24］。文献［25-27］中另外三种针对大规模 MIMO 网络的用户关联方案都是基于凸优化模型，目的是在公平性和有限资源的约束下优化网络的和速率。

从上述文献［10-27］中的研究工作可以看出，研究人员试图通过结合一些新技术（如 SDN 和预测），或考虑 5G 网络的某些独特特征（如毫米波中的窄波束和大规模 MIMO 中的大规模天线选择）来解决频谱共享问题。与现有方案不同，我们在本章中重点讨论空间聚焦效应［5-6］，尤其当带宽越来越宽时（如在 mmWave）采用的波成形，或大规模天线时（如大规模 MIMO）采用的波束赋形。

19.3　系统模型

在本节中，我们将介绍 TR 宽带和大规模 MIMO 系统的系统和信道模型。基本上，TR 宽带系统的特征为单个天线，每个天线都有高达数百甚至数千 MHz 的宽带宽；大规模 MIMO 系统虽然具有大量天线，但是每个天线的带宽限制为 20MHz ～ 40MHz。不同的带宽设置导致这两个系统的信道模型不同。总体而言，本章考虑了一个非视距多径瑞利衰落信道上的多用户下行链路网络。注意，本章描述的空间聚焦效应本质上是由于多径信道引起的，它提供了足够的自由度。因此，在本章中信道模型（如 Winner II 信道模型）对结果没有影响。

19.3.1　时间反演宽带系统模型

19.3.1.1　下行链路传输

在 TR 宽带系统中，假设有 M 个基站（BS），每个 BS 配备有一根天线，有 N 个用户设备（UE），每个 UE 也只有一根天线。TR 宽带下行链路系统包括两个阶段：信道探测阶段和下行链路传输阶段［28］。信道探测阶段使每个 BS 能够获得该 BS 与一个 UE 之间的链路信道冲激响应（CIR）。该过程如下：首先，N 个 UE 向 BS 按顺序发送激励信号（δ - 函数），然后，BS 记录并存储传输阶段的 CIR。实际应用中，可以设计并发的正交探测序列来代替顺序探测，δ - 函数信号可以是修正的升余弦信号。在信道探测阶段之后，BS 开始传输阶段。如图 19.1a 所示，对于第 j 个 UE，A_j 表示为与其关联的 BS，$\mathcal{N}_{A_j}$ 表示除第 j 个 UE 外与 BS A_j 关联的当前所有 UE 的集合。属于 $\mathcal{N}_{A_j}$ 的那些 UE 的预期消息用 $\left\{X_j,\ X_{j'}\epsilon\mathcal{N}_{A_j}\right\}$ 表示，其中消息符号 X_j 或 $X_{j'}$ 的每个序列都是均值为零且 $\mathrm{E}\left[\left|X_{j,j'}[k]\right|^2\right]=1$ 的独立复随机变量。为了减少延迟扩展引起的符号间干扰，该消息序列首先由补偿因子 D 上采样为 $\left\{\mathrm{X}_j^{[D]},\ \mathrm{X}_{j'}^{[D]}\in\mathcal{N}_{A_j}\right\}$。然后将上采样序列与 CIR 生成的签名进行卷积。签名可以是时间反演波，即 CIR 的时间反演和共轭版本，也可以是增强的时间反演波，即和速率优化［29-30］或干扰消除［31-32］。接着，将所有卷积的消息累加并发送到无线信

道中。每个 BS 天线的发射功率记为相同的 P，第 j 个终端设备的功率分配用 $P_{A_j,\ j}$ 表示，应满足 $P_{A_j,j}+\sum_{j'\in N_{A_j}}P_{A_j,j'}=P$。在这种情况下，BS A_j 的发送信号可表达为

$$S_{A_j}[k]=\sqrt{P_{A_j,j}}\left(X_j^{[D]}*g_{A_j,j}\right)[k]+\sum_{j'\in N_{A_j}}\sqrt{P_{A_j,j'}}\left(X_{j'}^{[D]}*g_{A_j,j'}\right)[k] \tag{19.1}$$

式中，$g_{A_j,j}^{\Phi}$ 是 BS A_j 的第 Φ 个天线与第 j 个 UE 之间的签名。注意，式（19.1）假设上下行链路信道是互易的。

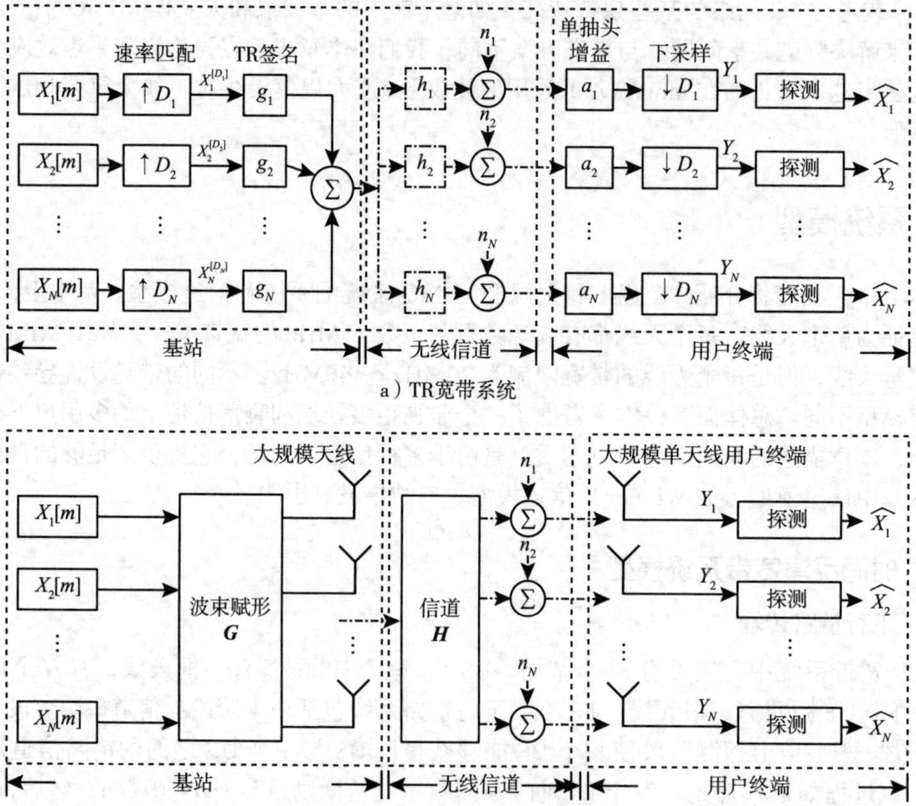

图 19.1　系统模型

19.3.1.2　信道模型

TR 系统被认为是一个具有非正交资源分配的单载波系统。因为每个天线都工作在数百 MHz 的带宽上，所以可以将多抽头信道表示如下：第 i 个基站和第 j 个 UE 之间的信道可以用距离衰减引起的大尺度衰落和多径环境引起的小尺度衰落来建模。小尺度衰落用 $\boldsymbol{h}_{i,\ j}$ 表示，可以写为

$$\boldsymbol{h}_{i,j}=\left[h_{i,j}[0],h_{i,j}[1],\cdots,h_{i,j}[L-1]\right] \tag{19.2}$$

式中，$h_{i,j}[k]$ 表示长度为 L 的信道冲激响应（CIR）的第 k 个抽头，可以写为

$$h_{i,j}[k]=\sum_{l=0}^{L-1}h_{i,j}^{l}\delta[k-l] \tag{19.3}$$

式中，$\delta[\cdot]$为狄拉克 delta 函数。本章考虑一个强散射环境。在强散射环境中，由于空间异构性和丰富的多径，可以假定处于不同位置的 UE 的 CIR 是不相关的。

19.3.1.3　下行链路接收

在 TR 宽带系统的接收机侧，第j个 UE 的接收信号可以表示如下

$$Y_j^{[D]}[k]=\sum_{i=1}^{M}d_{i,j}^{-\alpha/2}\left(S_i*h_{i,j}\right)[k]+n_j[k] \tag{19.4}$$

式中，$d_{i,j}$代表第i个 BS 到第j个 UE 的距离，α是路径损耗系数，$d_{i,j}^{-\alpha/2}$代表距离衰减引起的大规模衰落，$h_{i,j}$代表第i个 BS 和第j个 UE 之间的小规模衰落，n_j表示均值为零方差为σ^2的加性高斯白噪声。

19.3.2　大规模 MIMO 系统模型

19.3.2.1　下行链路传输

在大规模 MIMO 系统中，假设有M个 BS，每个 BS 关联Φ个天线，有N个 UE，每个 UE 有 1 根天线，且$1\ll N\ll\Phi$。类似 TR 宽带系统，大规模天线系统有两个工作阶段：使用上行链路导频的信道状态信息（CSI）获取阶段和数据传输阶段[33]。在此假设 BS 已经完全掌握 CSI，因此可以执行波束赋形以支持多个 UE 的数据传输。如图 19.1b 所示，将第i个 BS 的波束赋形矩阵表示为$\boldsymbol{G}_i=\left\{\boldsymbol{g}_{i,1},\boldsymbol{g}_{i,2},\cdots,\boldsymbol{g}_{i,|\mathcal{N}_i|}\right\}$，其中$\boldsymbol{G}_i\in\mathbb{C}^{\Phi\times|\mathcal{N}_i|}$, $\boldsymbol{g}_{i,j}\in\mathbb{C}^{\Phi\times 1}$，$\mathcal{N}_i$表示与第$i$个 BS 关联的 UE 的集合，$\mathcal{N}_i$中的 UE 数目为$|\mathcal{N}_i|$。注意，波束赋形矩阵可以是 MRC（最大比率合并）、ZF（迫零）[34-36]或 MMSE（最小均方误差）[37-38]。假设$\boldsymbol{s}_i=\left[s_{i,1},s_{i,1},\ldots,s_{i,|\mathcal{N}_i|}\right]^{\mathrm{T}}$是第$i$个 BS 的传输符号，其长度由其关联的 UE 数量确定，其中$\boldsymbol{s}_i\in\mathbb{C}^{|\mathcal{N}_i|\times 1}$，$\mathrm{E}\left(\boldsymbol{s}_i\boldsymbol{s}_i^*\right)=\boldsymbol{I}$。

19.3.2.2　频道模型

假设每个天线的带宽为 20MHz ～ 40MHz 的常规宽带，其中 OFDM 用于提供一组单抽头子载波。为了简化表达，假设每个天线平坦衰落[33]，因此，第i个 BS 与其关联的 UE 之间的小规模衰落表示如下：

$$\boldsymbol{H}_i=\left\{\boldsymbol{h}_{i,1}^{\mathrm{T}},\boldsymbol{h}_{i,2}^{\mathrm{T}},\cdots,\boldsymbol{h}_{i,|\mathcal{N}_i|}^{\mathrm{T}}\right\} \tag{19.5}$$

式中，$\cdot^{\mathrm{T}}$代表转置操作。在这种情况下可得$\boldsymbol{H}_i\in\mathbb{C}^{\Phi\times|\mathcal{N}_i|}$，其中$\mathbb{C}$表示复数域，即$\boldsymbol{h}_{i,j}\in\mathbb{C}^{|\mathcal{N}_i|\times 1}$是$\mathcal{N}_i$中第$i$个 BS 与第$j$个 UE 之间的小规模衰落信道。

19.3.2.3　下行链路接收

第j个终端设备的接收信号可以表示为

$$Y_j=\sum_{i=1}^{M}\sqrt{P}d_{i,j}^{-\alpha/2}\boldsymbol{h}_{i,j}\boldsymbol{G}_i\boldsymbol{s}_i+n_j \tag{19.6}$$

式中，P表示每个天线的发射功率，$d_{i,j}$表示第i个BS与第j个UE之间的距离，α是路径损耗系数，$d_{i,j}^{-\alpha/2}$表示大规模衰减，n_j表示均值为零方差为σ^2的加性高斯白噪声。注意，式（19.6）中已经考虑了小区间干扰，因为求和意味着接收到来自除第j个终端设备所关联的BS外的所有其他BS的信号。为了获得与前述TR宽带系统类似的设置，还假定大规模MIMO系统采用一个单抽头接收机。

19.4 空间聚焦效应

在本节中，我们介绍TR宽带和大规模MIMO系统中的一种特殊现象：空间聚焦效应。这种聚焦效应意味着，通过基于特定位置的信道状态信息进行波成形（如使用适当波），预期位置的信号只能集中在该特定位置，而对其他位置的能量泄漏很小。基于这种空间聚焦效应，可以很容易地实现多用户并发数据传输[28]，这是因为能量集中可以在很大程度上减少UE之间的干扰，使主次用户之间可以同时共享整个频谱。注意，文献［8］最早提到了TR通信的空间聚焦，随后文献［7］提到了大规模MIMO的空间聚焦效应。然而，这两篇文献尚未研究如何利用空间聚焦效应来实现频谱共享。本章的主要新颖之处在于提出了一种空间频谱共享框架以及性能分析方法。研究存在两个主要挑战：一个是TR系统的波成形设计和大规模MIMO系统的波束赋形设计，另一个是用户数量相对较大时的CSI获取。在本章中，我们将重点分析时间反演波成形和MRC波束赋形的频谱共享性能，而CSI获取不是重点。

19.4.1 基于射线追踪的仿真

如前所述，TR宽带系统和大规模MIMO系统都可以表现出空间聚焦效应。但是，当TR系统依赖较大的带宽而大规模MIMO系统依赖大量天线时，方法是不同的。对于处于强散射环境中的TR宽带系统（如密集城市或室内场景），大带宽有利于解析出从发射机到每个特定位置的多径，更宽的带宽可以为每个位置显示更多的多径，从而导致两个不同位置的信道相关性降低。最终，利用特定位置的时间反演CIR作为该位置的波，该波和信道的卷积可以在该特定位置生成唯一的峰值，能量几乎不会泄漏到相邻位置。对于配备有大量天线的大规模MIMO系统，这些天线可以在物理上为每个位置产生一个较大的CSI维数，这也导致了不同位置之间的相关性较小。因此，通过利用基于特定位置的CSI的简单匹配滤波预编码器，可以将信号能量在空间上聚焦在该特定位置。

为了验证这种空间聚焦效应，我们在离散散射环境中构建了基于射线追踪的仿真。如图19.2所示，共有400个有效散射随机分布在尺寸为$200\lambda\times200\lambda$的正方形区域中，其中$\lambda$是与载波频率相对应的波长。在这种情况下，可以使用经典的射线追踪方法将无线信道表示为多径之和。不失一般性，采用单跳射线追踪模型来计算TR宽带和大型天线阵列系统的信道冲激响应时，这两个系统均在5GHz ISM频段上运行。每个散射体的反射系数为I.I.D.复随机变量，振幅（从0到1）和相位（从0到2π）服从均匀分布。对于如图19.2所示的大型天线阵列系统，天线放置在面向散射区域的直线上，每两个相邻天线之间的间隔为$\lambda/2$。此外，对于这两个系统，发射机与预期位置之间的距离选择为500λ。

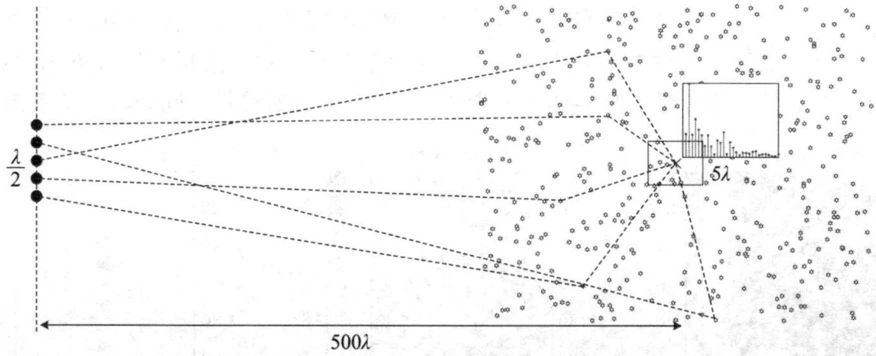

图 19.2 验证空间聚焦效应的仿真设置

在仿真中，对于 TR 宽带系统，假定仅配备一个天线，带宽从 100MHz 调谐到 500MHz。使用更大带宽可以解析更多多径，因此 CIR 有更多抽头。相比而言，对于大型天线阵列系统，天线的数量从 20 调整为 100，而系统的带宽固定为 1MHz。这种窄带配置保证了 CIR 具有一个抽头，这是基于 OFDM 的大规模 MIMO 文献［7］中的常见假设。为了将能量集中在目标位置，分别将时间反演镜预编码器和匹配滤波预编码器应用于 TR 宽带和大型天线阵列系统。如图 19.2 所示，我们考虑尺寸为 $5\lambda\times5\lambda$ 的预期位置周围的场强。图 19.3 显示了两个系统的仿真结果，其中将最大接收信号强度设置为 0dB 以进行标准化。可以清楚地看到，对于 TR 宽带系统，空间聚焦效应随着带宽越来越大而得到改善。类似地，对于大型天线阵列系统，天线数量的增加也可以产生更好的空间聚焦效应。这些仿真结果证实了未来 5G 系统中，当带宽变宽（如毫米波系统）或天线数量变大（如大规模 MIMO 系统）时，空间聚焦现象的存在。注意，在动态场景中，一旦用户移出空间聚焦点，就需要更新 CSI，以便建立新的空间聚焦点。因此，网络中可以移动多少用户取决于 CSI 更新的频率。

19.4.2 基于原型的实验

为了进一步验证空间聚焦效应，我们在定制的软件定义无线电（SDR）平台上构建了 TR 宽带系统的原型系统，如图 19.4a 所示。硬件架构包括专门设计的射频板（覆盖 ISM 频段和 125MHz 带宽）、高速以太网端口和现成的用户可编程模块板。在本实验中，我们在信道探测台上测量了一个尺寸为 5cm × 5cm 的正方形区域的 CIR，如图 19.4 所示，该探测台位于典型的办公环境中。测量区域的中心是我们选择的预期位置，对应的归一化场强如图 19.4b 所示。可以看到，即使在不太宽的 125MHz 带宽情况下，TR 传输仍可以围绕目标位置产生清晰的能量聚焦。依靠这种空间聚焦效应，可以将不同位置的 UE 理想地分开，从而可以在整个频谱上进行并发传输数据。

19.4.3 空间频谱共享

从仿真和实验结果可以看出，空间聚焦效应通常存在于宽带系统或大规模天线系统中。这种常见的空间聚焦现象使我们能够找到一种通用的空间频谱共享方案，按照这种方案，多个用户可以利用各自对应的信道状态信息作为唯一签名，同时在整个频谱上进行数据传输，即，他们的位置在空间域中理想地分隔开。空间频谱共享方案比较简单，以下行传输为例，所有 UE 的信号可以叠加在一起并由 BS 同时发送。图 19.1 所示的系统模型表明了空间频谱共享方案的本质，对于 TR 宽带系统，所有 UE 的信号在经过与自身签名卷积后叠加在一起，然后这些信号和被同时发送。

对于大规模 MIMO 系统，所有 UE 的信号均与波束赋形的矩阵相乘，然后同时进行传输。注意，提出的空间频谱共享与网络运营商无关，因为物理层中的每一对发射机和接收机无论是否同属于同一运营商，几乎都不受物理层中其他收发对的干扰。下面分析这种空间频谱共享方案的性能。

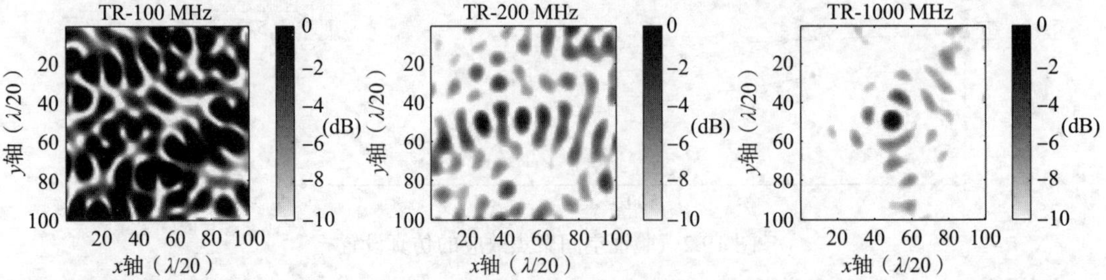

a）TR宽带系统

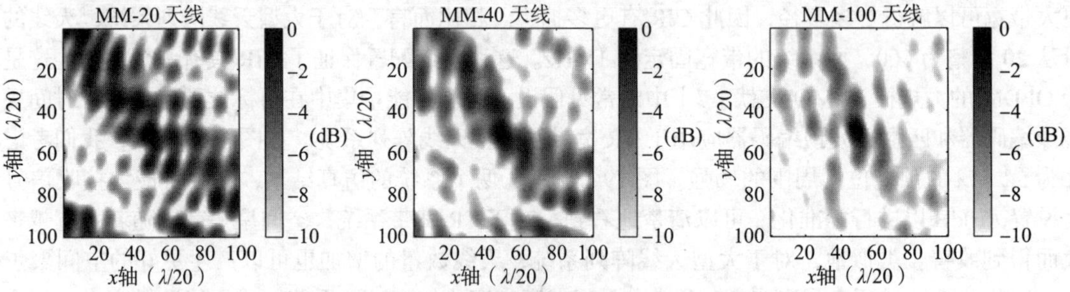

b）大规模MIMO系统

图 19.3　两个系统的空间聚焦效应

a）原型

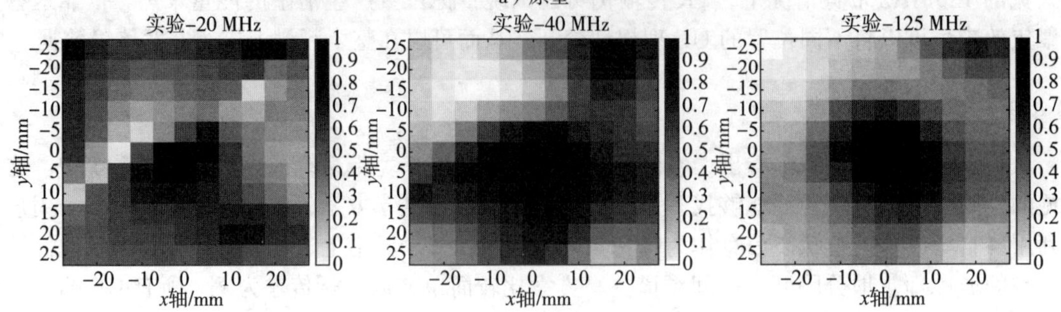

b）实验结果

图 19.4　TR 宽带系统的空间聚焦效应

19.5　空间频谱共享性能

基于空间聚焦效应，本章进一步从理论上分析 TR 宽带和大规模 MIMO 系统的信干噪比（SINR）的闭合形式表达式。此外，还将讨论适用于两个系统的集中式和分布式两种通用网络关联协议。我们还将根据前几节中描述的系统模型来评估空间频谱共享性能。尽管空间聚焦效应可以帮助分隔多用户同时传输，但是非理想的不相关信道仍然会导致彼此之间的微小干扰。因此，我们将量化研究两个系统中的此类干扰以及有效 SINR 性能。SINR 是反映空间聚焦效应的直接量化指标，较高的 SINR 表示信号功率在预期的接收机上更集中。此外，SINR 也是数据速率和系统吞吐量性能的直接指标，因此本章将对其进行详细推导。在后面将看到一个有趣的现象，TR 宽带系统和大规模 MIMO 系统共享相同的 SINR 表达式，这基本上归因于两个系统有类似的空间聚焦效应。

19.5.1　时间反演宽带系统性能

本节考虑一个 TR 宽带系统的多用户下行链路传输。由于空间和时间的聚焦效应，信号能量可以集中在目标 UE 所在位置的单个时间样本中。在这种情况下，第 j 个 UE 只需对接收信号执行一次抽头增益调整 a_j 以恢复该信号，然后以相同的补偿因子 D 对它进行下采样。因此，由 $Y_j[k]$ 表示的第 j 个 UE 下采样接收信号可以写为如下形式：

$$Y_j[k]=a_j\sum_{i=1}^{M}\sum_{l=0}^{(2L-2)/D} d_{i,j}^{-\alpha/2}\left(S_i * h_{i,j}\right)[Dl]+a_j n_j[k] \tag{19.7}$$

为了简化符号，我们假设 $L-1$ 是补偿因子 D 的倍数。为了进一步深入理解接收信号 $Y_j[k]$，将其重写为以下分离的形式，其中可以清楚地看到符号间干扰（ISI）、用户间干扰（IUI）和小区间干扰（ICI）。

$$\begin{aligned}Y_j[k]=&a_j\sum_{\phi=1}^{\Phi_i}\sqrt{P_{A_j,j}}X_j[k]\cdot d_{A_j,j}^{-\alpha/2}\left(h_{A_j,j}^{\phi}*g_{A_j,j}^{\phi}\right)[L-1]+\\&a_j\sum_{\substack{l=0\\l\neq(L-1)/D}}^{(2L-2)/D}\sum_{\phi=1}^{\Phi_i}\sqrt{P_{A_j,j}}X_j[k-l]\cdot d_{A_j,j}^{-\alpha/2}\left(h_{A_j,j}^{\phi}*g_{A_j,j}^{\phi}\right)[Dl]+\\&a_j\sum_{j'\in\mathcal{N}_{A_j}}\sum_{l=0}^{(2L-2)/D}\sum_{\phi=1}^{\Phi_i}\sqrt{P_{A_j,j'}}X_{j'}[k-l]\cdot d_{A_j,j}^{-\alpha/2}\left(h_{A_j,j}^{\phi}*g_{A_j,j'}^{\phi}\right)[Dl]+\\&a_j\sum_{j'\notin\mathcal{N}_{A_j}}\sum_{l=0}^{(2L-2)/D}\sum_{\phi=1}^{\Phi_i}\sqrt{P_{A_{j'},j'}}X_{j'}[k-l]\cdot d_{A_{j'},j}^{-\alpha/2}\left(h_{A_{j'},j}^{\phi}*g_{A_{j'},j'}^{\phi}\right)[Dl]+a_j n_j[k]\end{aligned} \tag{19.8}$$

式中，第一项是第 j 个 UE 的预期信号，第二项是由信道延迟扩展引起的 ISI，第三项是与第 j 个 UE 共享同一 BS 的 UE 引起的 IUI，第四项是来自其他非预期 BS 的 ICI，最后一项是接收机的噪声。下面进一步解释式（19.8）的物理含义。信号功率是信道冲激响应（CIR）自相关的最大功率中心峰值，它是所有多径的总功率。对于干扰项，ISI 的产生在物理上归因于信道延迟扩展，在数学上归因于 CIR 自相关的交叉符号运算。IUI 的产生在物理上归因于向非目标用户泄漏了功率，在数学上归因于不同用户的 CIR 之间存在相关性以及信道延迟扩展。ICI 与 IUI 相似，归因于其他小区的干扰。

$$\begin{aligned}\mathrm{SINR}_j &= \frac{a_j P_{A_j,j} d_{A_j,j}^{-\alpha} C_1}{a_j P_{A_j,j} d_{A_j,j}^{-\alpha} C_2 + a_j\left(P - P_{A_j,j}\right) d_{A_j,j}^{-\alpha} C_3 + a_j \sum\limits_{\substack{i=1\\ i\neq A_j}}^{M} P d_{i,j}^{-\alpha} C_3 + a_j \sigma_j^2} \\ &= \frac{P_{A_j,j} d_{A_j,j}^{-\alpha} C_1}{P_{A_j,j} d_{A_j,j}^{-\alpha} C_2 - P_{A_j,j} d_{A_j,j}^{-\alpha} C_3 + \sum\limits_{i=1}^{M} P d_{i,j}^{-\alpha} C_3 + \sigma_j^2}\end{aligned} \tag{19.9}$$

$$\begin{aligned}\mathrm{SINR}_j &= \frac{\frac{P}{\left|\mathcal{N}_{A_j}\right|+1} d_{A_j,j}^{-\alpha} C_1}{\frac{P}{\left|\mathcal{N}_{A_j}\right|+1} d_{A_j,j}^{-\alpha} C_2 + \frac{\left|\mathcal{N}_{A_j}\right| P}{\left|\mathcal{N}_{A_j}\right|+1} d_{A_j,j}^{-\alpha} C_3 + \sum\limits_{\substack{i=1\\ i\neq A_j}}^{M} P d_{i,j}^{-\alpha} C_3 + \sigma_j^2} \\ &= \frac{C_1}{C_2 - C_3 + \left(\left|\mathcal{N}_{A_j}\right|+1\right) d_{A_j,j}^{\alpha} \left(\sum\limits_{i=1}^{M} d_{i,j}^{-\alpha} C_3 + \sigma_j^2 / P\right)} = \frac{\xi_1}{\xi_2 + \xi_3 \left(\left|\mathcal{N}_{A_j}\right|+1\right) d_{A_j,j}^{\alpha}}\end{aligned} \tag{19.10}$$

这里，我们使用有效 SINR（即平均信号功率与平均干扰噪声功率之比）作为性能指标。注意，有效 SINR 是标准平均 SINR 定义的近似值，即

$$\begin{aligned}&\mathrm{E}_h\left[\frac{P_{\mathrm{SIG}}}{P_{\mathrm{ISI}} + P_{\mathrm{IUI}} + P_{\mathrm{ICI}} + \sigma^2}\right] \\ &\simeq \frac{\mathrm{E}_h\left[P_{\mathrm{SIG}}\right]}{\mathrm{E}_h\left[P_{\mathrm{ISI}}\right] + \mathrm{E}_h\left[P_{\mathrm{IUI}}\right] + \mathrm{E}_h\left[P_{\mathrm{ICI}}\right] + \sigma^2}\end{aligned} \tag{19.11}$$

由于复杂的卷积和积分运算，在数学上很难计算式（19.11）左侧的标准平均 SINR，在本章中，我们利用有效的 SINR，即式（19.11）的右侧来研究系统性能，该方法已在相关文献中广泛使用[39-41]。文献［28］通过比较仿真结果和近似理论值表明，这种近似是相对准确的。根据有效 SINR 的定义，我们首先应分别计算平均信号功率和平均干扰功率。首先，可以通过下式计算由式（19.8）表示的第 j 个 UE 的预期目标信号功率 $\mathrm{E}_h\left[P_{\mathrm{SIG}}\right]$ 为

$$\begin{aligned}\mathrm{E}_h\left[P_{\mathrm{SIG}}\right] &= a_j P_{A_j,j} d_{A_j,j}^{-\alpha} \mathrm{E}_h\left[\left|\left(h_{A_j,j} * g_{A_j,j}\right)[L-1]\right|^2\right] \\ &= a_j P_{A_j,j} d_{A_j,j}^{-\alpha} C_1\end{aligned} \tag{19.12}$$

式中，C_1 表示 $\left|\left(h_{A_j,j} * g_{A_j,j}\right)[L-1]\right|^2$ 在 CIR 上的期望。注意，波设计向量 $\boldsymbol{g}_{A_j,j}$ 是 CIR $h_{A_j,j}$ 的函数。类似地，可以从式（19.8）得到平均 ISI $\mathrm{E}_h\left[P_{\mathrm{ISI}}\right]$ 和平均 IUI $\mathrm{E}_h\left[P_{\mathrm{IUI}}\right]$，如下所示：

$$\mathrm{E}_h\left[P_{\mathrm{ISI}}\right] = a_j P_{A_j,j} d_{A_j,j}^{-\alpha} \mathrm{E}_h\left[\sum_{\substack{l=0\\ l\neq(L-1)/D}}^{(2L-2)/D} \left|\left(h_{A_j,j} * g_{A_j,j}\right)[Dl]\right|^2\right] \tag{19.13}$$

$$= a_j P_{A_j,j} d_{A_j,j}^{-\alpha} C_2 \tag{19.14}$$

$$
\begin{aligned}
\mathrm{E}_h\left[P_{\mathrm{IUI}}\right] &= a_j \sum_{j' \in \mathcal{N}_{A_j}} P_{A_j,j'} d_{A_j,j}^{-\alpha} \cdot \mathrm{E}_h\left[\sum_{l=0}^{(2L-2)/D} \left|\left(h_{A_j,j} * g_{A_j,j'}\right)[Dl]\right|^2\right] \\
&= a_j \sum_{j' \in \mathcal{N}_{A_j}} P_{A_j,j'} d_{A_j,j}^{-\alpha} C_3 \\
&= a_j \left(P - P_{A_j,j}\right) d_{A_j,j}^{-\alpha} C_3
\end{aligned}
\tag{19.15}
$$

式中，C_2 和 C_3 表示 $\sum_{\substack{l=0 \\ l \neq (L-1)/D}}^{(2L-2)/D} \left|(h_{A_j,j} * g_{A_j,j})[Dl]\right|^2$ 和 $\sum_{l=0}^{(2L-2)/D} \left|(h_{A_j,j} * g_{A_j,j'})[Dl]\right|^2$ 的期望。计算 ICI 的平均值 $\mathrm{E}_h\left[P_{\mathrm{ISI}}\right]$ 需要一些特殊的变换。式（19.8）的第四项中的 ICI 是通过所有其他非预期 BS 的所有 UE 的干扰总和来计算的。因为可以将共享同一 BS 的 UE 的干扰视为来自该 BS 的单一干扰源，所以可以通过对所有其他非预期 BS 的干扰求和来直接重写 ICI。我们用 $\mathcal{N}_i$ 表示与第 i 个 BS 相关联的 UE 的集合。然后，式（19.8）中的第四项 ICI 可以写为

$$
\mathrm{ICI} = a_j \sum_{\substack{i=1 \\ i \neq A_j}}^{M} \sum_{j' \in \mathcal{N}_i} \sum_{l=0}^{(2L-2)/D} X_{j'}[k-l] \cdot d_{i,j}^{-\alpha/2} \left(h_{i,j} * g_{i,j'}\right)[Dl]
\tag{19.16}
$$

对该信道求期望，可得如下平均 ICI

$$
\begin{aligned}
\mathrm{E}_h\left[P_{\mathrm{ICI}}\right] &= a_j \sum_{\substack{i=1 \\ i \neq A_j}}^{M} \sum_{j' \in \mathcal{N}_i} P_{i,j'} d_{i,j}^{-\alpha} \cdot \mathrm{E}_h\left[\sum_{l=0}^{(2L-2)/D} \left|\left(h_{i,j} * g_{i,j'}\right)[Dl]\right|^2\right] \\
&= a_j \sum_{\substack{i=1 \\ i \neq A_j}}^{M} P d_{i,j}^{-\alpha} C_3
\end{aligned}
\tag{19.17}
$$

式中，C_3 与式（19.15）中的相同。将式（19.12）、式（19.13）、式（19.15）和式（19.17）代入式（19.11）的右侧，可以得到第 j 个 UE 的有效 SINR，即 SINR_j，如式（19.9）所示。注意式（19.9）是 TR 宽带系统中有效 SINR 评估的一般表示。在下文中，将考虑一些特殊情况以揭示更多特征。

首先，假设等功率分配情形，即为 BS i 的每个 UE 分配的功率都是 $\frac{P}{|\mathcal{N}_i|}$。在这种情况下，可以像式（19.10）中那样简化式（19.9）中的 SINR 表达式，为简单起见，定义如下参数 ξ_1、ξ_2 和 ξ_3：

$$
\xi_1 = C_1, \xi_2 = C_2 - C_3, \xi_3 = \sum_{i=1}^{M} d_{i,j}^{-\alpha} C_3 + \sigma_j^2 / P
\tag{19.18}
$$

其次，我们考虑以下时间反演波

$$
g_{i,j}[k] = \frac{h_{i,j}^*[L-1-k]}{\sqrt{\mathrm{E}\left[\sum_{l=0}^{L-1} \left|h_{i,j}[l]\right|^2\right]}}
\tag{19.19}
$$

这是时间反演 $\left\{h_{i,j}^*[k]\right\}$ 的归一化（通过平均信道增益）复共轭。该时间反演波能够在预期符号处提供最大接收功率，因为在式（19.8）中的第一项对应自相关函数的最大功率中心峰值，即

$$\left(h_{A_j,j} * g_{A_j,j}\right)[L-1]=\frac{\sum_{l=0}^{L-1}\left|h_{i,j}^{*}[l]\right|^{2}}{\sqrt{\mathrm{E}\left[\sum_{l=0}^{L-1}\left|h_{i,j}[l]\right|^{2}\right]}} \tag{19.20}$$

此外，考虑指数衰减多径信道模型，可得

$$\mathrm{E}\left[\left|h_{i,j}[k]\right|^{2}\right]=\mathrm{e}^{-\frac{kT_s}{\sigma_T}}, 0 \leqslant k \leqslant L-1 \tag{19.21}$$

$$\mathrm{E}\left[\left|h_{i,j}[k]\right|^{4}\right]=2\left(\mathrm{E}\left[\left|h_{i,j}[k]\right|^{2}\right]\right)^{2}=2\mathrm{e}^{-2\frac{kT_s}{\sigma_T}} \tag{19.22}$$

式中，第 i 个 BS 与第 j 个 UE 之间的第 k 个抽头 $h_{i,j}[k]$ 被假定为具有零均值和上述方差的圆对称复高斯随机变量，T_s 是系统的采样周期（因此 $1/T_s$ 等于系统带宽 B），δ_T 是信道的均方根值延迟扩展。基于此指数衰减多径信道模型，可以计算 C_1、C_2 和 C_3 的闭合表达式，进而依次计算 ξ_1、ξ_2 和 ξ_3 的表达式：

$$\xi_1=\frac{1+\mathrm{e}^{-\frac{LT_s}{\sigma_T}}}{1+\mathrm{e}^{-\frac{T_s}{\sigma_T}}}+\frac{1-\mathrm{e}^{-\frac{LT_s}{\sigma_T}}}{1-\mathrm{e}^{-\frac{T_s}{\sigma_T}}} \tag{19.23}$$

$$\xi_2=2\frac{\mathrm{e}^{-\frac{T_s}{\sigma_T}}\left(1-\mathrm{e}^{-\frac{(L-2+D)T_s}{\sigma_T}}\right)}{\left(1-\mathrm{e}^{-\frac{DT_s}{\sigma_T}}\right)\left(1+\mathrm{e}^{-\frac{T_s}{\sigma_T}}\right)}-\frac{\left(1+\mathrm{e}^{-\frac{DT_s}{\sigma_T}}\right)\left(1+\mathrm{e}^{-\frac{2LT_s}{\sigma_T}}\right)-2\mathrm{e}^{-\frac{(L+1)T_s}{\sigma_T}}\left(1+\mathrm{e}^{-\frac{(D-2)T_s}{\sigma_T}}\right)}{\left(1-\mathrm{e}^{-\frac{DT_s}{\sigma_T}}\right)\left(1+\mathrm{e}^{-\frac{T_s}{\sigma_T}}\right)\left(1-\mathrm{e}^{-\frac{LT_s}{\sigma_T}}\right)} \tag{19.24}$$

$$\xi_3=\sigma_j^2/P+\sum_{i=1}^{M} d_{i,j}^{-\alpha}\frac{\left(1+\mathrm{e}^{-\frac{DT_s}{\sigma_T}}\right)\left(1+\mathrm{e}^{-\frac{2LT_s}{\sigma_T}}\right)-2\mathrm{e}^{-\frac{(L+1)T_s}{\sigma_T}}\left(1+\mathrm{e}^{-\frac{(D-2)T_s}{\sigma_T}}\right)}{\left(1-\mathrm{e}^{-\frac{DT_s}{\sigma_T}}\right)\left(1+\mathrm{e}^{-\frac{T_s}{\sigma_T}}\right)\left(1-\mathrm{e}^{-\frac{LT_s}{\sigma_T}}\right)} \tag{19.25}$$

结合式（19.10）和式（19.23）～式（19.25），可以得到 TR 宽带系统的 SINR 估计值。下一小节将分析大规模 MIMO 系统的 SINR，将看到这两个系统的 SINR 有完全相同的表达式。

19.5.2 大规模 MIMO 系统性能

本节我们考虑大规模 MIMO 系统的多用户下行链路传输。由于 BS 已根据 CSI 执行了波束赋形，因此 UE 只需执行一次抽头检测即可接收信号。类似 TR 宽带系统，第 j 个 UE 的接收信号可以通过预期信号 IUI 和 ICI 的合成来表示，如下所示：

$$\begin{aligned} y_j &= \sum_{i=1}^{M}\sqrt{P}d_{i,j}^{-\alpha/2}\boldsymbol{h}_{i,j}\boldsymbol{G}_i\boldsymbol{s}_i+n_j \\ &= \sqrt{P_{A_j,j}}\,d_{A_j,d}^{-\alpha/2}\boldsymbol{h}_{A_j,j}\boldsymbol{g}_{A_j,j}\boldsymbol{s}_{A_j,j}+\sum_{j'\in\mathcal{N}_{A_j}}\sqrt{P_{A_j,j'}}\,d_{A_j,d}^{-\alpha/2}\boldsymbol{h}_{A_j,j}\boldsymbol{g}_{A_j,j'}\boldsymbol{s}_{A_j,j'}+\sum_{\substack{i=1\\ i\neq A_j}}^{M}\sqrt{P}d_{i,j}^{-\alpha/2}\boldsymbol{h}_{i,j}\boldsymbol{G}_i\boldsymbol{s}_i+n_j \end{aligned} \tag{19.26}$$

式中，A_j 表示将与第 j 个终端设备关联的 BS，$\boldsymbol{h}_{A_j,j}$ 表示 BS 与第 j 个 UE 之间的 CSI，$s_{A_j,j}$ 表示第 j 个 UE 的预期符号，$\boldsymbol{g}_{A_j,j}$ 表示第 j 个 UE 的波束赋形向量，$\mathcal{N}_{A_j}$ 表示当前的终端设备集合，除了与第 j 个 UE 关联，还与 BS A_j 关联，n_j 表示噪声。式（19.26）中的第一项是第 j 个 UE 的预期信号，第二项是 IUI 和第三项是第 j 个 UE 的 ICI。类似地，大规模 MIMO 系统的 SINR 的物理含义可以解释如下。信号功率代表来自所有天线的预期符号。由于 MIMO 技术普遍采用 OFDM，因此在窄带子载波中可以忽略 ISI。尽管 IUI 和 ICI 仍然存在，但这归因于不同用户信道之间的非理想不相关假设。在这种情况下，第 j 个 UE 的信号功率和 IUI 功率的期望值可以写为：

$$\begin{aligned}\mathrm{E}_h\left[P_{\mathrm{SIG}}\right] &= P_{A_j,j} d_{A_j,j}^{-\alpha} \mathrm{E}_h\left[\left|\boldsymbol{h}_{A_j,j} \boldsymbol{g}_{A_j,j}\right|^2\right] \\ &= P_{A_j,j} d_{A_j,j}^{-\alpha} C_1'\end{aligned} \tag{19.27}$$

$$\begin{aligned}\mathrm{E}_h\left[P_{\mathrm{IUI}}\right] &= \sum_{j' \in \mathcal{N}_{A_j}} P_{A_j,j'} d_{A_j,j}^{-\alpha} \mathrm{E}_h\left[\left|\boldsymbol{h}_{A_j,j} \boldsymbol{g}_{A_j,j'}\right|^2\right] \\ &= \sum_{j' \in \mathcal{N}_{A_j}} P_{A_j,j'} d_{A_j,j}^{-\alpha}\, C_2' = \left(P - P_{A_j,j}\right) d_{A_j,j}^{-\alpha} C_2'\end{aligned} \tag{19.28}$$

式中，常数 C_1' 和 C_2' 分别表示 $\left|\boldsymbol{h}_{A_j,j}\, \boldsymbol{g}_{A_j,j}\right|^2$ 和 $\left|\boldsymbol{h}_{A_j,j}\, \boldsymbol{g}_{A_j,j'}\right|^2$ 的期望值。ICI 可以重写为以下形式

$$\begin{aligned}\mathrm{ICI} &= \sum_{\substack{i=1 \\ i \neq A_j}}^{M} \sqrt{P} d_{i,j}^{-\alpha/2} \boldsymbol{h}_{i,j} \boldsymbol{G}_i \boldsymbol{s}_i \\ &= \sum_{\substack{i=1 \\ i \neq A_j}}^{M} \sum_{j' \in \mathcal{N}_i} \sqrt{P_{i,j'}} d_{i,j}^{-\alpha/2} \boldsymbol{h}_{i,j} \boldsymbol{g}_{i,j'} \boldsymbol{s}_{i,j'}\end{aligned} \tag{19.29}$$

ICI 的功率如下

$$\begin{aligned}\mathrm{E}_h\left[P_{\mathrm{ICI}}\right] &= \sum_{\substack{i=1 \\ i \neq A_j}}^{M} \sum_{j' \in \mathcal{N}_i} P_{i,j'} d_{i,j}^{-\alpha} \mathrm{E}_h\left[\left|\boldsymbol{h}_{i,j} \boldsymbol{g}_{i,j'}\right|^2\right] \\ &= \sum_{\substack{i=1 \\ i \neq A_j}}^{M} P d_{i,j}^{-\alpha} C_2'\end{aligned} \tag{19.30}$$

通过对式（19.26）、式（19.28）和式（19.29）积分，可以得到以下有效 SINR：

$$\begin{aligned}\mathrm{SINR}_j &= \frac{P_{A_j,j} d_{A_j,j}^{-\alpha} C_1'}{\left(P - P_{A_j,j}\right) d_{A_j,j}^{-\alpha} C_2' + \sum\limits_{\substack{i=1 \\ i \neq A_j}}^{M} P d_{i,j}^{-\alpha} C_2'} \\ &= \frac{P_{A_j,j} d_{A_j,j}^{-\alpha} C_1'}{-P_{A_j,j} d_{A_j,j}^{-\alpha} C_2' + \sum\limits_{i=1}^{M} P d_{i,j}^{-\alpha} C_2' + \sigma_j^2}\end{aligned} \tag{19.31}$$

可以看到，TR 宽带系统和大规模 MIMO 系统的 SINR 非常相似，唯一的区别是，由于单抽头信道假设（即 OFDM 操作），大规模 MIMO 系统中没有 ISI。在下文中，我们将看到在某些特

殊情况下，两个系统的 SINR 有完全相同的表达式。

类似 TR 宽带系统的分析，我们也考虑了大规模 MIMO 系统下的等功率分配方案。然后，可以得到 $P_{i,j} = P / |N_i|$，以及以下推导结论

$$
\begin{aligned}
\mathrm{SINR}_j &= \frac{\frac{P}{\left|\mathcal{N}_{A_j}\right|+1} d_{A_j,j}^{-\alpha} C_1'}{-\frac{P}{\left|\mathcal{N}_{A_j}\right|+1} d_{A_j,j}^{-\alpha} C_2' + \sum_{i=1}^{M} P d_{i,j}^{-\alpha} C_2' + \sigma_j^2} \\
&= \frac{C_1'}{-C_2' + \left(\left|\mathcal{N}_{A_j}\right|+1\right) d_{A_j,j}^{\alpha} \left(\sum_{i=1}^{M} d_{i,j}^{-\alpha} C_2' + \sigma_j^2 / P\right)} \\
&= \frac{\xi_1'}{\xi_2' + \xi_3' \left(\left|\mathcal{N}_{A_j}\right|+1\right) d_{A_j,j}^{\alpha}}
\end{aligned}
\tag{19.32}
$$

为简单起见，定义参数 ξ_1、ξ_2 和 ξ_3 如下：

$$
\xi_1' = C_1', \xi_2' = -C_2', \xi_3' = \sum_{i=1}^{M} d_{i,j}^{-\alpha} C_2' + \sigma_j^2 / P \tag{19.33}
$$

比较式（19.10）和式（19.32），可以看出，在等功率分配情况下，两个表达式完全相同，但参数不同。这表明我们可以基于估计的 SINR 设计通用的网络关联方案，该方案可以同时应用于 TR 宽带和大规模 MIMO 系统。此特性从根本上归因于利用了多径效应，其中 TR 宽带系统是通过宽带来揭示和获取存在的多条路径，而大规模 MIMO 是利用大量物理天线来创建多条独立路径。考虑特定的波束赋形方案，可以进一步得到式（19.32）的闭合形式表达式。在这里考虑 MRC 波束赋形方案，那么，可以将波束赋形向量 $\boldsymbol{g}_{i,j}$ 作为 CSI 的归一化共轭，即

$$
\boldsymbol{g}_{i,j} = \frac{\boldsymbol{h}_{i,j}^H}{\sqrt{\mathrm{E}\left[\left|\boldsymbol{h}_{i,j}\right|^2\right]}} \tag{19.34}
$$

此外，如前所述，系统模型考虑了瑞利衰落信道。在这种情况下，CSI $h_{i,j}^{\phi}$ 可以看作是均值为零和方差为 γ 的复高斯随机变量，即 $h_{i,j}^{\phi} \sim \mathcal{CN}(0,\gamma)$。基于此信道模型，可以推导出 $h_{i,j}^{\phi}$ 的二阶和四阶矩，如下所示：

$$
\mathrm{E}\left[\left|h_{i,j}^{\phi}\right|^2\right] = \gamma \tag{19.35}
$$

$$
\mathrm{E}\left[\left|h_{i,j}^{\phi}\right|^4\right] = 2\left(\mathrm{E}\left[\left|h_{i,j}\right|^2\right]\right)^2 = 2\gamma^2 \tag{19.36}
$$

$$
\mathrm{E}\left[\left|\boldsymbol{h}_{i,j}\right|^2\right] = \sum_{\phi=1}^{\Phi} \mathrm{E}\left[\left|h_{i,j}^{\phi}\right|^2\right] = \Phi\gamma \tag{19.37}
$$

$$
\mathrm{E}\left[\left|\boldsymbol{h}_{i,j}\right|^4\right] = \mathrm{E}\left[\left|\sum_{\phi=1}^{\Phi}\left|h_{i,j}^{\phi}\right|^2\right|^2\right] = \Phi(\Phi+1)\gamma^2 \tag{19.38}
$$

然后，常数 C_1' 和 C_2' 可以通过下式计算

$$C_1' = \mathrm{E}\left[\left|\boldsymbol{h}_{i,j}\boldsymbol{g}_{i,j}\right|^2\right] = \frac{\mathrm{E}\left[\left|\boldsymbol{h}_{i,j}\right|^4\right]}{\mathrm{E}\left[\left|\boldsymbol{h}_{i,j}\right|^2\right]} = (\Phi+1)\gamma \tag{19.39}$$

$$C_2' = \mathrm{E}\left[\left|\boldsymbol{h}_{i,j}\boldsymbol{g}_{i,j'}\right|^2\right] = \mathrm{E}\left[\left|\sum_{\phi=1}^{\Phi} h_{i,j}^{\phi} g_{i,j'}^{\phi}\right|^2\right] \tag{19.40}$$

$$= \frac{\sum_{\phi=1}^{\Phi}\mathrm{E}\left[\left|h_{i,j}^{\phi}\right|^2\right]\mathrm{E}\left[\left|\left(h_{i,j'}^{\phi}\right)^*\right|^2\right]}{\sum_{\phi=1}^{\Phi}\mathrm{E}\left[\left|h_{i,j'}^{\phi}\right|^2\right]} = \gamma \tag{19.41}$$

因此，我们可以得到参数 ξ_1 、 ξ_2 和 ξ_3 如下：

$$\xi_1' = (\Phi+1)\gamma, \xi_2' = -\gamma, \xi_3' = \sum_{i=1}^{M} d_{i,j}^{-\alpha}\gamma + \sigma_j^2 / P \tag{19.42}$$

最后，通过结合式（19.32）和式（19.42），可以得出大规模 MIMO 系统的 SINR 估计。在下一节中，我们将基于有效 SINR 估计，讨论 TR 宽带和大规模 MIMO 系统的网络关联方案。

19.6　通用网络关联协议设计

在本节中，我们设计了一种通用的 UE 共享算法，该算法可用于 TR 宽带和大规模 MIMO 系统。上一节表明，TR 宽带和大规模 MIMO 系统的 SINR 有完全相同的表达式，如下所示

$$\mathrm{SINR}_j = \frac{\xi_1}{\xi_2 + \xi_3\left(\left|\mathcal{N}_{A_j}\right|+1\right)d_{A_j,j}^{\alpha}} \tag{19.43}$$

式中，这两个系统只有参数 ξ_1 、 ξ_2 和 ξ_3 不同。基于此通用 SINR 表达式，首先讨论一种集中方案，其目标是使所有 UE 的 SINR 最大化，然后讨论一种分布式方案，其目标是使新到达的 UE 的 SINR 最大化。从总体网络性能角度来看，集中式方案更为合理，但有更高的计算和通信复杂度。分布式方案是一种低复杂度贪婪算法，但仅考虑了新到达用户的性能。尽管如此，由于这两种系统天生都具有低IUI，因此分布式方案的性能与集中式系统相当，这将在仿真部分得到验证。

19.6.1　集中式方案

在实际网络系统中，UE 依次注册并离开网络。因此，让我们考虑动态的 UE 到达，然后关联的场景。假设网络中有 M 个 BS 和 N 个 UE，其中每个 BS 当前都服务于某些现有的 UE。注意，在本节中提及 BS 时，基于 TR 宽带 BS 与大规模 MIMO BS 的相似性，对二者不做区分。考虑一个新 UE 进入网络的情况，一个直接的问题是新 UE 应在哪个 BS 上注册并与之关联。新 UE 应该与所有其他 UE 共享整个频谱资源，但是仅与同一 BS 中的 UE 共享功率资源。显然，由于新

UE的功率共享和用户间干扰，现有UE的性能可能会下降。然而，现有UE将有优先权来维持当前的BS关联以及服务质量（QoS）满意度，这是当前流行的系统（例如3G和4G）中一个普遍的假设。

对于集中式方案，在保持现有UE与BS的关联关系的条件下，新UE的关联应使整个系统的吞吐量最大化，且产生的吞吐量仍可以满足相应的QoS要求。我们用j'代表现有UE，使用j代表新UE。因此，可以将关联问题进行建模如下

$$\begin{aligned}&\max \quad \sum_{j'=1}^{N} R'_{j'} + R'_j \\ &\text{s.t.} \quad R'_j \geqslant R_j^{\text{th}},\ R'_{j'} \geqslant R_{j'}^{\text{th}} \forall j'\end{aligned} \tag{19.44}$$

式中，$R'_{\cdot}$代表新到达的UE j加入网络后UE的预期吞吐量，$R^{\text{th}}_{\cdot}$代表UE的最低QoS要求。因为所有现有UE都应维持与当前关联的BS的连接，所以式（19.44）中的优化问题等效于以下问题

$$\max \sum_{j'=1}^{N} R'_{j'} + R'_j \Rightarrow \max \sum_{j'=1}^{N} R'_{j'} + R'_j - \sum_{j'=1}^{N} R_{j'} \tag{19.45}$$

式中，$R_{j'}$代表新UE加入网络之前现有UE的预期吞吐量。

此外，由于假定每个BS的总传输功率是固定的，所以预期的ICI不应受到新到达UE的影响，即，新的UE不会对不同BS中的UE施加更多的ICI。相反，由于功率共享和IUI，新UE仅影响与其共享相同BS的UE的性能。假设新UE j接入BS A_j，则式（19.45）可以重写如下：

$$\begin{aligned}
\sum_{j'=1}^{N} R'_{j'} + R'_j - \sum_{j'=1}^{N} R_{j'} &= R'_j + \sum_{j' \in \mathcal{N}_{A_j}} \left(R'_{j'} - R_{j'} \right) \\
&= \log\left(1 + \frac{\xi_1}{\xi_2 + \xi_3 \left(\left| \mathcal{N}_{A_j} \right| + 1 \right) d^{\alpha}_{A_j, j}} \right) \\
&\quad + \sum_{j' \in \mathcal{N}_{A_j}} \left[\log\left(1 + \frac{\xi_1}{\xi_2 + \xi_{3,j'} \left(\left| \mathcal{N}_{A_j} \right| + 1 \right) d^{\alpha}_{A_j, j'}} \right) - \log\left(1 + \frac{\xi_1}{\xi_2 + \xi_{3,j'} \left| \mathcal{N}_{A_j} \right| d^{\alpha}_{A_j, j'}} \right) \right] \\
&= \log\left[\frac{\xi_1 + \xi_2 + \xi_3 \left(\left| \mathcal{N}_{A_j} \right| + 1 \right) d^{\alpha}_{A_j, j}}{\xi_2 + \xi_3 \left(\left| \mathcal{N}_{A_j} \right| + 1 \right) d^{\alpha}_{A_j, j}} \cdot \right. \\
&\quad \left. \prod_{j' \in \mathcal{N}_{A_j}} \left(\frac{\xi_1 + \xi_2 + \xi_{3,j'} \left(\left| \mathcal{N}_{A_j} \right| + 1 \right) d^{\alpha}_{A_j, j'}}{\xi_2 + \xi_{3,j'} \left(\left| \mathcal{N}_{A_j} \right| + 1 \right) d^{\alpha}_{A_j, j'}} \frac{\xi_2 + \xi_{3,j'} \left| \mathcal{N}_{A_j} \right| d^{\alpha}_{A_j, j'}}{\xi_1 + \xi_2 + \xi_{3,j'} \left| \mathcal{N}_{A_j} \right| d^{\alpha}_{A_j, j'}} \right) \right] \\
&= \log\left(\frac{\xi_1 + \xi_2 + \xi_3 \left(\left| \mathcal{N}_{A_j} \right| + 1 \right) d^{\alpha}_{A_j, j}}{\xi_2 + \xi_3 \left(\left| \mathcal{N}_{A_j} \right| + 1 \right) d^{\alpha}_{A_j, j}} \cdot \xi_{4, A_j} \right)
\end{aligned} \tag{19.46}$$

式中，ξ_{4, A_j}由下式给出

$$\xi_{4,A_j}=\prod_{j'\in\mathcal{N}_{A_j}}\frac{\xi_1+\xi_2+\xi_{3,j'}\left(\left|\mathcal{N}_{A_j}\right|+1\right)d_{A_j,j'}^{\alpha}}{\xi_2+\xi_{3,j'}\left(\left|\mathcal{N}_{A_j}\right|+1\right)d_{A_j,j'}^{\alpha}}\cdot\frac{\xi_2+\xi_{3,j'}\left|\mathcal{N}_{A_j}\right|d_{A_j,j'}^{\alpha}}{\xi_1+\xi_2+\xi_{3,j'}\left|\mathcal{N}_{A_j}\right|d_{A_j,j'}^{\alpha}} \tag{19.47}$$

该式表示由于接纳新 UE 而导致现有 UE 的性能损失。因此，式（19.44）的优化问题转换为以下问题

$$\begin{aligned}&\underset{A_j}{\arg\max}\quad \frac{\xi_1+\xi_2+\xi_3\left(\left|\mathcal{N}_{A_j}\right|+1\right)d_{A_j,j}^{\alpha}}{\xi_2+\xi_3\left(\left|\mathcal{N}_{A_j}\right|+1\right)d_{A_j,j}^{\alpha}}\cdot\xi_{4,A_j}\\&\text{s.t.}\qquad R_j'\geqslant R_j^{\text{th}},R_{j'}'\geqslant R_{j'}^{\text{th}}\forall j'\end{aligned} \tag{19.48}$$

注意，式（19.48）中只有一个变量 A_j，并且变量 A_j 只能是 M 个 BS 中的一个，解决这个问题就像线性搜索一样简单。

根据式（19.48），可以设计如下集中式网络关联协议，如图 19.5 所示。当新 UE 要加入网络时，它首先向所有 BS 广播一个脉冲，使 BS 获取 CIR 信息并根据接收到的信号强度估计到新 UE 的距离。然后，所有 BS 通过回程将这些信息和负载状态（一个 BS 当前正在服务的 UE 的数量）报告给中央服务器，中央服务器负责计算式（19.48）中的参数 ξ_1、ξ_2 和 ξ_3，以及新 UE 应该接入的最佳 BS。注意，这种集中式方案要求中央服务器从 BS 中收集所有信息，这将不可避免地导致额外通信开销和延迟。在下一节中，我们将讨论不需要中央服务器的分布式方案。

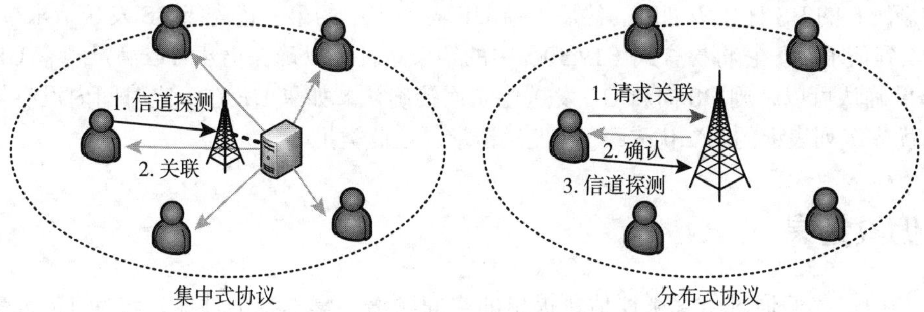

图 19.5 集中式和分布式协议的图示

19.6.2 分布式方案

分布式方案是在没有中央服务器情况下的首选方案。分布式方案中不存在整网全局信息，所以新到达的 UE 必须自己做出应该与哪个 BS 关联的决定。此外，由于信息有限，新 UE 也不知道现有 UE 的性能下降。然而，为了确保现有 UE 的 QoS，BS 可以决定是否接纳新 UE。在这种情况下，新 UE 只能以贪婪算法做出关联决定，即，选择可以为其提供最高预期吞吐量的 BS，这可以通过以下问题轻松地表述。

$$\begin{aligned}&\max R_j=\log\left(1+\text{SINR}_j\right)\\&\Rightarrow\max\text{SINR}_j=\frac{\xi_1}{\xi_2+\xi_3\left(\left|\mathcal{N}_{A_j}\right|+1\right)d_{A_j,j}^{\alpha}},\\&\text{s.t.}\ R_j'\geqslant R_j^{\text{th}},R_{j'}'\geqslant R_{j'}^{\text{th}}\forall j'\end{aligned} \tag{19.49}$$

式中，符号定义与式（19.44）中的相同。因为参数 ξ_1、ξ_2 和 ξ_3 对于特定的新 UE 是常数，所以式（19.49）可简化为：

$$\begin{aligned}&\arg\min_{A_j} \quad \left(\left|\mathcal{N}_{A_j}\right|+1\right)d_{A_j,j}^{\alpha}\\&\text{s.t.} \quad R_j^{'} \geqslant R_j^{\text{th}}, R_{j'}^{'} \geqslant R_{j'}^{\text{th}} \forall j'\end{aligned} \tag{19.50}$$

同样，求解式（19.50）也是简单线性搜索。一个示例是针对两个基站的情况：当给定每个 BS 的负载（即每个 BS 中现有 UE 的数量 N_1 和 N_2），新 UE 可以根据以下规则比较距离来做出关联决策

$$\frac{d_{1,j}}{d_{2,j}} \gtrless \left(\frac{|\mathcal{N}_2|+1}{|\mathcal{N}_1|+1}\right)^{1/\alpha} \tag{19.51}$$

实际上，由于 TR 宽带系统和大规模 MIMO 系统中的 IUI 较小，因此分布式关联协议和集中式协议的收益非常相似，这将在仿真部分得以验证。

根据式（19.50），可以设计如下分布式网络关联协议，如图 19.5 所示。BS 周期性向网络广播信标信号，包括其 ID 信息以及当前负载状态，即当前关联的 UE 数。要加入网络的新 UE 可以接收临近 BS 的信标信号。新 UE 与 BS 之间的距离可以通过信号强度和路径损耗模型粗略估计。因此，通过使用距离和负载信息计算式（19.50），可以得到一个按照 SINR 从高到低的顺序确定的新 UE 的 BS 优先级列表。然后，新 UE 向列表中的第一优先级 BS 发送请求接入分组。当该 BS 收到请求时，它将检查式（19.50）中的约束条件，以确保仍然可以满足现有 UE 的 QoS 要求。如果确认可以，则 BS 向新 UE 发送建立连接确认。如果 UE 在一定时间内没有接收到确认，则向优先级列表上的第二优先级 BS 发送请求，依此类推。

19.7 仿真结果

在本节中，我们通过仿真来评估所提出的空间频谱共享框架的性能，包括 TR 宽带系统和大规模 MIMO 系统。对于 TR 宽带系统，我们认为其带宽通常在几百 MHz 至几 GHz 之间，比 3GPP/4G 中特定的窄带系统要宽得多。在强散射环境中，这样的宽带系统可以区分出丰富的独立多径，这有助于产生超高的空间聚焦增益，如图 19.3a）所示。另一方面，对于大规模 MIMO 系统，仍然考虑传统的窄带设置，其带宽为 20MHz ～ 40MHz，但天线数量高达一百个。数量庞大的天线可以为不同位置提供高度独立的信道统计信息，还可以帮助产生超高的空间聚焦增益，如图 19.3b）所示。表 19.1 总结了这两个系统的仿真设置。根据 IEEE 802.15.4a 室外非视距信道标准，对于带宽为 1GHz 且采样周期 T_s=1ns 的 TR 宽带系统，信道长度通常为 L=256，均方根值时延扩展通常为 $\sigma_T=128T_s$。对于大规模 MIMO 系统，每个天线都采用 OFDM 技术，并且每个子载波信道长度 L=1。

表 19.1 仿真参数

参数	TR 宽带	大规模 MIMO
带宽	1GHz	40MHz
BS 数量	$M=3$	$M=3$
天线数量	1	100
SNR	20dB	20dB
路径损耗	$\alpha=4$	$\alpha=4$
补偿因子	$D=16$	$D=0$
抽样周期	$T_s=1\text{ns}$	$T_s=1\text{ns}$
信道长度	$L=256$	$L=1$

我们首先通过仿真服务于主 / 次用户的 BS 来验证空间频谱共享性能。考虑这样的场景：一个基站当前正在服务 1 个主要用户和 5 个次要用户，然后，这个 BS 依次接纳另外 10 个次要用户，这些用户与现有用户共享整个频谱。主要用户和 BS 之间的距离设置为 15 米，而次要用户的位置是随机生成的。图 19.6 显示了当不同数量的次要用户加入 BS 时，主要用户收到的 IUI，其中 y 轴为 IUI/ 噪声（单位：dB）。可以看到，当越来越多的次要用户接入时，主要用户的 IUI 略有增加，即从 5 个现有次要用户到 10 个次要用户时大约仅损失 1dB。因此，空间聚焦效应可以大大降低 IUI，并使主要用户和次要用户在整个频谱上共存。

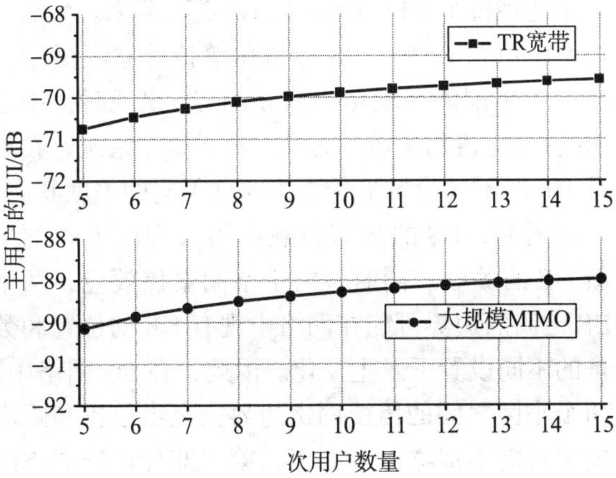

图 19.6 两个系统中的用户间干扰

然后，如图 19.7 所示，在 BS 关联了不同数量的现有 UE 的情况下（即从 1 到 10 个 UE），我们研究了两个系统中新到达 UE 的 SINR 性能。新 UE 与关联的 BS 之间的距离分别配置为 1m、5m 和 10m，分别对应图 19.7 的每个子图中的三条曲线。新 UE 与其他两个干扰 BS 之间的距离设置为 20m。两个子图中的结果都表明，当现有 UE 的数量增加时，即关联的 BS 变得越来越拥挤时，由于功率共享和 IUI，每个单独 UE 的 SINR 都会降低。同时，由于路径损耗，新 UE 与相关联的 BS 之间的距离越远，SINR 也越低。此外，我们还在图 19.8 中显示了新 UE 的可实现数据速率。注意，TR 宽带的数据速率由 $B/D\log(1+\text{SINR})$ 计算，大规模 MIMO 的数据速率由 $B\log(1+\text{SINR})$ 计算。可以看出，这两个系统都可以实现高吞吐量（TR 宽带系统通过大带宽来实现，大规模 MIMO 系统通过大量天线来实现）。

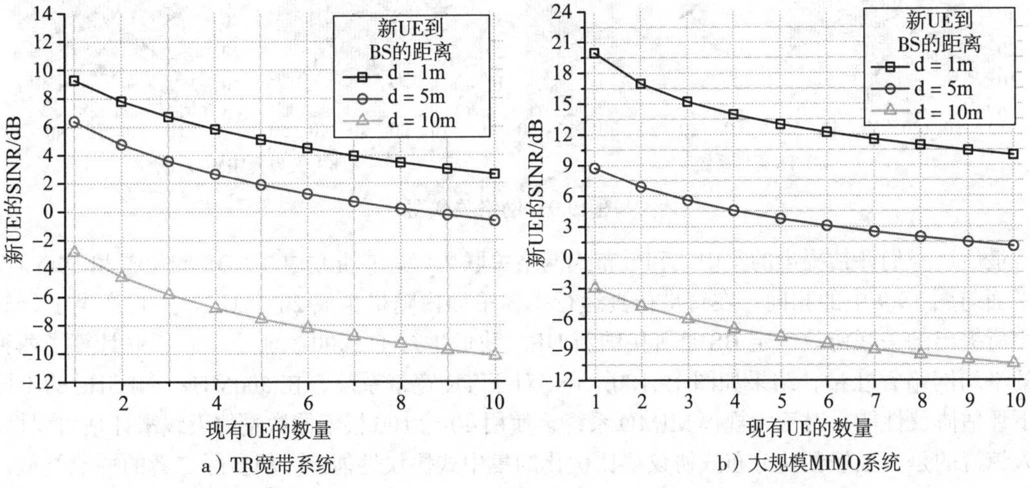

图 19.7 新 UE 的 SINR 性能

基于 SINR 性能评估，我们进一步仿真了新 UE 的关联状态，并在图 19.9 中展示了两个系统的结果，其中使用的二维平面的面积为 50m × 50m。每个区域中的五角星表示三个 BS，其位置分别为［10,33］、［15,27］和［35,40］。对于每个子图，首先在随机位置生成20个现有UE，然后简单地将每个UE与相应的BS关联起来。然后，将该区域中的每个位置视为一个新到达的UE的位置，以检查哪个BS应该覆盖该位置。图中实线边界包围的区域是指当新的UE出现时，中心BS应该覆盖的区域。另外，对于每个系统，在现有UE的不同设置下仿真了四种不同的关联状态。可以看到，BS的现有负载在很大程度上影响了新UE的关联。同时，由于空间聚焦效应，两个BS之间的边界可能在网络中现有UE的位置和数量的不同设置下发生变化。因此，在5G网络中，两个小区之间的传统固定边界完全由位置和距离决定可能不成立。一方面，第三部分讨论的空间聚焦增益可以帮助扩展一个基站的覆盖范围。另一方面，更多的UE共享一个BS会使每个单独UE的功率资源减少，从而导致覆盖范围缩小。

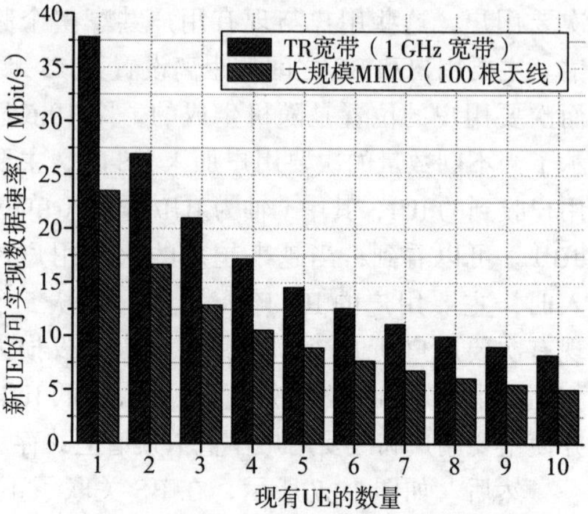

图 19.8　两个系统中新 UE 的可实现数据速率

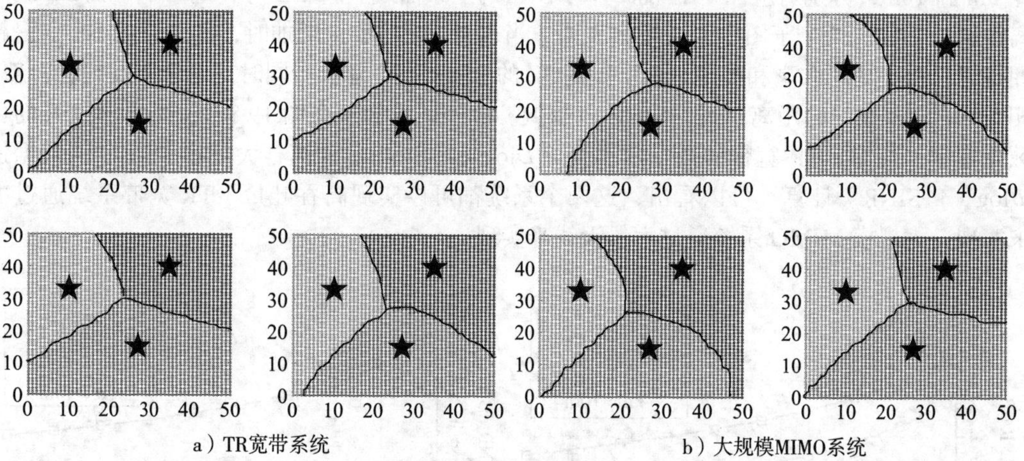

图 19.9　网络关联图

最后，我们评估提出的集中式和分布式网络关联协议。在此仿真中，BS的位置和50m × 50m的平面与图19.9中的相同。在每次仿真运行中，平面内随机生成20个UE。一旦产生了新UE，就用所提出的关联协议确定BS是否接纳新UE。我们进行了1000次独立运行，并计算了两种协议的平均网络吞吐量，结果如图19.10所示。对于TR宽带系统，在500MHz～1GHz的不同带宽下评估协议性能；对于大规模MIMO系统，使用40～100根不同数量的天线来评估协议性能。令人惊讶的是，虽然预计分布式协议要比优化的集中式协议性能差，但实际二者的性能类似。这种现象可以用式（19.47）中定义的重要参数ξ_4来解释，该参数代表由于新UE的关联而导致的现有UE的性能损失。从式（19.47）可以看出，当现有UE $\left|\mathcal{N}_{A_j}\right|$的数量较少时，由于空间聚焦增益，代表ISI和IUI组合的参数ξ_2和ξ_3远小于代表信号功率的参数ξ_1。在这种情况下，ξ_4应

近似等于 1。另一方面，当现有 UE 的数目$\left|\mathcal{N}_{A_j}\right|$足够大时，$\xi_4$将再次接近 1。为了进一步验证这一点，我们在图 19.11 中绘制了两个系统中不同数量 UE 下的ξ_4值，从中可以看出ξ_4始终近似为 1。知道$\xi_4\approx 1$的特性后，再回顾一下两种协议的目标函数：

集中式方案：

$$\arg\max_{A_j}\frac{\xi_1+\xi_2+\xi_3\left(\left|\mathcal{N}_{A_j}\right|+1\right)d_{A_j,j}^{\alpha}}{\xi_2+\xi_3\left(\left|\mathcal{N}_{A_j}\right|+1\right)d_{A_j,j}^{\alpha}}\cdot\xi_{4,A_j} \tag{19.52}$$

分布式方案：

$$\arg\min_{A_j}\left(\left|\mathcal{N}_{A_j}\right|+1\right)d_{A_j,j}^{\alpha} \tag{19.53}$$

可以看到，决定这两种方案之间区别的唯一参数是ξ_4。当$\xi_4\approx 1$时，集中式方案变为

$$\begin{aligned}&\max_{A_j}\frac{\xi_1+\xi_2+\xi_3\left(\left|\mathcal{N}_{A_j}\right|+1\right)d_{A_j,j}^{\alpha}}{\xi_2+\xi_3\left(\left|\mathcal{N}_{A_j}\right|+1\right)d_{A_j,j}^{\alpha}}\\&\Rightarrow\max_{A_j}1+\frac{\xi_1}{\xi_2+\xi_3\left(\left|\mathcal{N}_{A_j}\right|+1\right)d_{A_j,j}^{\alpha}}\\&\Rightarrow\min_{A_j}\left(\left|\mathcal{N}_{A_j}\right|+1\right)d_{A_j,j}^{\alpha}\end{aligned} \tag{19.54}$$

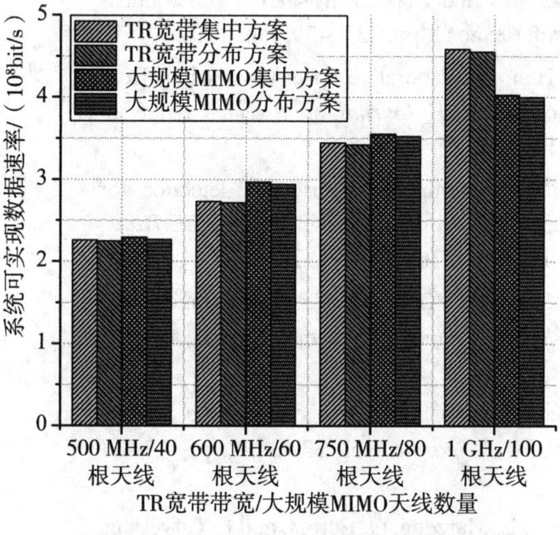

图 19.10　两个系统中的网络关联性能

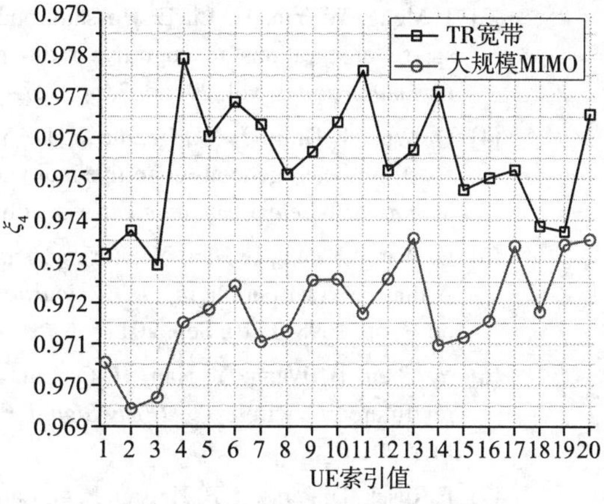

图 19.11　两个系统中ξ_4的值

这导致了这两个方案等价。同样，空间聚焦效应使得 UE 间干扰减小，因此低复杂度的分布式协议可以实际应用于 TR 宽带系统和大规模 MIMO 系统。

19.8　小结

在本章中，基于 TR 宽带系统和大规模 MIMO 系统的空间聚焦特性，我们讨论了一种通用

的空间频谱共享框架。首先通过仿真以及实际实验证明了空间聚焦现象。基于这一现象，我们分析了 TR 宽带和大规模 MIMO 系统同时进行空间频谱共享的 SINR 性能。事实证明，在等功率分配情况下，两个系统的 SINR 具有完全相同的表达式，这促使我们设计了通用的网络关联协议。我们设计了集中式和分布式的关联方案，且由于空间聚焦效应导致 IUI 很小，这使得分布式方案的性能与集中式方案的性能非常相似。由于空间聚焦效应的实现依赖于所有用户的准确 CSI，因此提出的方案的主要挑战是如何同时收集用户的 CSI，尤其是在用户数量很大的情况下。综上所述，随着带宽越来越大和天线规模越来越大的趋势，空间聚焦效应将成为下一代网络的新特性。

将来，这种效应可能会成为分隔物理层和 MAC 层设计的桥梁，其中物理层设计应集中于如何增强这种聚焦效应以减少干扰，而 MAC 层设计应集中于如何利用这种效应来容纳更多用户。因此，考虑空间聚焦效应时，应重新研究更多的 MAC 层问题，如准入控制、切换以及安全性问题。同时，可以考虑其他的信道模型，如 Winner II 信道模型，其中不同的路径之间存在相关性。更多相关资料请参考文献［42］。

参考文献

[1] C. Jiang, Y. Chen, K. J. R. Liu, and Y. Ren, “Renewal-theoretical dynamic spectrum access in cognitive radio network with unknown primary behavior,” *IEEE Journal on Selected Areas in Communications*, vol. 31, no. 3, pp. 406–416, 2013.

[2] F. R. V. Guimaraes, D. B. da Costa, T. A. Tsiftsis, C. C. Cavalcante, and G. K. Karagiannidis, “Multiuser and multirelay cognitive radio networks under spectrum-sharing constraints,” *IEEE Transactions on Vehicular Technology*, vol. 63, no. 1, pp. 433–439, Jan. 2014.

[3] J. Meng, W. Yin, H. Li, E. Hossain, and Z. Han, “Collaborative spectrum sensing from sparse observations in cognitive radio networks,” *IEEE Journal on Selected Areas in Communications*, vol. 29, no. 2, pp. 327–337, Feb. 2011.

[4] Q. Wu, G. Ding, J. Wang, and Y.-D. Yao, “Spatial-temporal opportunity detection for spectrum-heterogeneous cognitive radio networks: Two-dimensional sensing,” *IEEE Transactions on Wireless Communications*, vol. 12, no. 2, pp. 516–526, Feb. 2013.

[5] B. Wang, Y. Wu, F. Han, Y. H. Yang, and K. J. R. Liu, “Green wireless communications: A time-reversal paradigm,” *IEEE Journal on Selected Areas in Communications*, vol. 29, no. 8, pp. 1698–1710, Sep. 2011.

[6] Y. Chen, B. Wang, Y. Han, H.-Q. Lai, Z. Safar, and K. J. R. Liu, “Why time-reversal for future 5G wireless?” *IEEE Signal Processing Magazine*, vol. 33, no. 2, pp. 17–24, Mar. 2016.

[7] F. Rusek, D. Persson, B. K. Lau, E. G. Larsson, T. L. Marzetta, O. Edfors, and F. Tufvesson, “Scaling up MIMO: Opportunities and challenges with very large arrays,” *IEEE Signal Processing Magazine*, vol. 30, no. 1, pp. 40–60, Jan. 2013.

[8] C. Oestges, A. D. Kim, G. Papanicolaou, and A. J. Paulraj, “Characterization of space-time focusing in time-reversed random fields,” *IEEE Transactions on Antennas and Propagation*, vol. 53, no. 1, pp. 283–293, Jan. 2005.

[9] A. M. Akhtar, X. Wang, and L. Hanzo, “Synergistic spectrum sharing in 5G HetNets: A harmonized SDN-enabled approach,” *IEEE Communications Magazine*, vol. 54, no. 1, pp. 40–47, Jan. 2016.

[10] G. Ding, J. Wang, Q. Wu, Y.-D. Yao, R. Li, H. Zhang, and Y. Zou, "On the limits of predictability in real-world radio spectrum state dynamics: From entropy theory to 5G spectrum sharing," *IEEE Communications Magazine*, vol. 54, no. 7, pp. 178–183, Jul. 2015.

[11] B. Li, S. Li, A. Nallanathan, and C. Zhao, "Deep sensing for future spectrum and location awareness 5G communications," *IEEE Journal on Selected Areas in Communications*, vol. 33, no. 7, pp. 1331–1344, Jul. 2015.

[12] J. Mitola, J. Guerci, J. Reed, Y.-D. Yao, Y. Chen, T. C. Clancy, J. Dwyer, H. Li, H. Man, R. McGwier, and Y. Guo, "Accelerating 5G QoE via public-private spectrum sharing," *IEEE Communications Magazine*, vol. 52, no. 5, pp. 77–85, May. 2014.

[13] D. W. K. Ng, M. Breiling, C. Rohde, F. Burkhardt, and R. Schober, "Energy-efficient 5G outdoor-to-indoor communication: SUDAS over licensed and unlicensed spectrum," *IEEE Transactions Wireless Communications*, vol. 15, no. 5, pp. 3170–3186, May 2016.

[14] B. Singh, S. Hailu, K. Koufos, A. A. Dowhuszko, O. Tirkkonen, R. Jäntti, and R. Berry, "Coordination protocol for inter-operator spectrum sharing in co-primary 5G small cell networks," *IEEE Communications Magazine*, vol. 53, no. 7, pp. 34–40, Jul. 2015.

[15] C. Jiang, Y. Chen, Y. Gao, and K. J. R. Liu, "Joint spectrum sensing and access evolutionary game in cognitive radio networks," *IEEE Transactions on Wireless Communications*, vol. 12, no. 5, pp. 2470–2483, 2013.

[16] C. Jiang, Y. Chen, and K. J. R. Liu, "Multi-channel sensing and access game: Bayesian social learning with negative network externality," *IEEE Transactions on Wireless Communications*, vol. 13, no. 4, pp. 2176–2188, 2014.

[17] S. Singh, R. Mudumbai, and U. Madhow, "Interference analysis for highly directional 60-GHz mesh networks: The case for rethinking medium access control," *IEEE/ACM Transactions on Networking*, vol. 19, no. 5, pp. 1513–1527, May 2011.

[18] H. Shokri-Ghadikolaei, C. Fischione, G. Fodor, P. Popovski, and M. Zorzi, "Millimeter wave cellular networks: A MAC layer perspective," *IEEE Transactions on Wireless Communications*, vol. 63, no. 10, pp. 3437–3458, Oct. 2015.

[19] T. Bai and R. Heath, "Coverage and rate analysis for millimeter-wave cellular networks," *IEEE Transactions on Wireless Communications*, vol. 14, no. 2, pp. 1100–1114, Feb. 2015.

[20] G. Athanasiou, P. C. Weeraddana, C. Fischione, and L. Tassiulas, "Optimizing client association for load balancing and fairness in millimeter-wave wireless networks," *IEEE/ACM Transactions on Networking*, vol. 23, no. 3, pp. 836–850, Jun. 2015.

[21] J. Garcia-Rois, F. Gomez-Cuba, M. Riza Akdeniz, F. Gonzalez-Castano, J. Burguillo-Rial, S. Rangan, and B. Lorenzo, "On the analysis of scheduling in dynamic duplex multihop mmWave cellular systems," *IEEE Transactions on Wireless Communications*, vol. 14, no. 11, pp. 6028–6042, Nov. 2015.

[22] P. Wang, W. Song, D. Niyato, and Y. Xiao, "QoS-aware cell association in 5G heterogeneous networks with massive MIMO," *IEEE Network*, vol. 29, no. 6, pp. 76–82, Dec. 2015.

[23] C. Jiang, Y. Chen, K. J. R. Liu, and Y. Ren, "Network economics in cognitive networks," *IEEE Communications Magazine*, vol. 53, no. 5, pp. 75–81, 2015.

[24] C. Jiang, Y. Chen, Y. Yang, C. Wang, and K. J. R. Liu, "Dynamic Chinese restaurant game: Theory and application to cognitive radio networks," *IEEE Transactions on Wireless Communications*, vol. 13, no. 4, pp. 1960–1973, 2014.

[25] D. Bethanabhotla, O. Y. Bursalioglu, H. C. Papadopoulos, and G. Caire, "Optimal user-cell association for massive MIMO wireless networks," *IEEE Transactions on Wireless Communications*, vol. 15, no. 3, pp. 1835–1850, Mar. 2016.

[26] D. Liu, L. Wang, Y. Chen, T. Zhang, K. K. Chai, and M. Elkashlan, "Distributed energy efficient fair user association in massive MIMO enabled HetNets," *IEEE Communication Letters*, vol. 19, no. 10, pp. 1770–1773, Oct. 2015.

[27] N. Wang, E. Hossain, and V. K. Bhargava, "Joint downlink cell association and bandwidth allocation for wireless backhauling in two tier HetNets with large-scale antenna arrays," *IEEE Transactions on Wireless Communications*, vol. 15, no. 5, pp. 3251–3268, May 2016.

[28] F. Han, Y. H. Yang, B. Wang, Y. Wu, and K. J. R. Liu, "Time-reversal division multiple access over multi-path channels," *IEEE Transactions on Communications*, vol. 60, no. 7, pp. 1953–1965, Jul. 2012.

[29] Y. H. Yang, B. Wang, W. S. Lin, and K. J. R. Liu, "Near-optimal waveform design for sum rate optimization in time-reversal multiuser downlink systems," *IEEE Transactions on Wireless Communications*, vol. 12, no. 1, pp. 346–357, Jan. 2013.

[30] Q. Y. Xu, Y. Chen, and K. J. R. Liu, "Combating strong–weak spatial–temporal resonances in time-reversal uplinks," *IEEE Transactions on Wireless Communications*, vol. 15, no. 1, pp. 1953–1965, Jan. 2016.

[31] F. Han and K. J. R. Liu, "A multiuser TRDMA uplink system with 2D parallel interference cancellation," *IEEE Transactions on Communications*, vol. 62, no. 3, pp. 1011–1022, Mar. 2014.

[32] Y. H. Yang and K. J. R. Liu, "Waveform design with interference pre-cancellation beyond time-reversal system," *IEEE Transactions on Wireless Communications*, vol. 15, no. 5, pp. 3643–3654, May 2016.

[33] H. Q. Ngo, E. G. Larsson, and T. L. Marzetta, "Energy and spectral efficiency of very large multiuser MIMO systems," *IEEE Transactions on Communications*, vol. 61, no. 4, pp. 1436–1449, Apr. 2013.

[34] S. Jin, X. Wang, Z. Li, K.-K. Wong, Y. Huang, and X. Tang, "On massive MIMO zero-forcing transceiver using time-shifted pilots," *IEEE Transactions on Wireless Communications*, vol. 65, no. 1, pp. 59–74, Jan. 2016.

[35] T. Cui, F. Gao, T. Ho, and A. Nallanathan, "Distributed space-time coding for two-way wireless relay networks," *IEEE Transactions on Signal Processing*, vol. 57, no. 2, pp. 658–41 671, 2009.

[36] F. Gao, R. Zhang, and Y.-C. Liang, "Optimal channel estimation and training design for two-way relay networks," *IEEE Transactions on Communications*, vol. 57, no. 10, pp. 3024–3033, 2009.

[37] M. R. McKay, I. B. Collings, and A. M. Tulino, "Achievable sum rate of MIMO MMSE receivers: A general analytic framework," *IEEE Transactions on Information Theory*, vol. 56, no. 1, pp. 396–410, Jan. 2010.

[38] F. Gao, T. Cui, and A. Nallanathan, "On channel estimation and optimal training design for amplify and forward relay network," *IEEE Transactions on Wireless Communications*, vol. 7, no. 5, pp. 1907–1916, 2008.

[39] M. Emami, M. Vu, J. Hansen, A. J. Paulraj, and G. Papanicolaou, "Matched filtering with rate back-off for low complexity communications in very large delay spread channels," in *Proceedings of the Asilomar Conference on Signals, Systems and Computers (ACSSC)*, vol. 1, pp. 218–222, Nov. 2004.

[40] P. H. Moose, "A technique for orthogonal frequency division multiplexing frequency offset correction," *IEEE Transactions on Communications*, vol. 42, no. 10, pp. 2908–2914, Oct. 1994.

[41] J. Lee, H.-L. Lou, D. Toumpakaris, and J. M. Cioff, "SNR analysis of OFDM systems in the presence of carrier frequency offset for fading channels," *IEEE Transactions on Wireless Communications*, vol. 5, no. 12, pp. 3360–3364, Dec. 2006.

[42] C. Jiang, B. Wang, Y. Han, Z.-H. Wu, and K. J. R. Liu, "Exploring spatial focusing effect for spectrum sharing and network association," *IEEE Transactions on Wireless Communications*, vol. 16, no. 7, pp. 4216–4231, 2017.

|Chapter 20| 第 20 章

云无线接入网的隧道效应

如今，无线流量的爆炸式增长要求运营商部署更多的接入点，并设计一种有效的协作机制来减少干扰。但是，传统网络中接入点之间的高延迟和低带宽接口，导致协作技术无法有效工作。为了解决这一问题，提出了云无线接入网（C-RAN）的概念，其中大量基带单元（BBU）通过高带宽低时延链路（即，前传链路）连接到分布式远端射频模组（RRH），并负责所有基带的处理。但是，由于前传网络链路容量有限，可能会使 C-RAN 不能充分利用集中式基带处理所带来的好处，因此，前传链路容量成为了一个瓶颈。在本章中，我们使用时间反演（TR）通信作为 C-RAN 的空中接口。由于 TR 通信具有独特的时空聚焦效应，因此多个终端设备通过其特定位置签名自然地分开。这种性质允许信号组合传输，而不需要更多的带宽。本质上，TR 通信产生了一种“隧道”效应，使得所有终端设备的基带信号可以在前传链路上有效地组合传输。基于对真实环境中无线信道的大量测量，我们研究了 C-RAN 体系结构在频谱效率和前传链路速率方面的性能。研究结果表明，在相同流量负载条件下，终端设备越多，可以传输的信息越多。本书提出的 TR 隧道效应有助于在 C-RAN 中传递更多的信息，减轻由于网络密度增加而带来的前传传输负担。

20.1 引言

随着新移动设备和应用的激增，近年来对无处不在的无线服务的需求急剧增加。预计到 2020 年，无线通信量将增长到 2010 年的 1000 倍[1]。无线通信量的爆发式增长给无线网络带来了新的挑战。一方面，大量的无线设备和不断增长的移动数据要求巨大的网络吞吐量，这可能会导致频谱严重稀缺。另一方面，由于大量共存的无线设备争夺网络服务，它们在协调网络或随机接入网络中被调度的可能性较小，因此调度延迟较高，这将严重影响许多延迟敏感型应用的用户体验。

为了容纳大量设备，异构小型蜂窝网络（HetSNet）被认为是一种有前途的解决方案。HetSNet 有望通过扩展覆盖范围和负载平衡来提高容量。然而，随着部署的小型基站或接入点数量的不断增加，干扰问题将变得更加严重，多个接入点必须紧密协作以减少干扰。但是，传统无线网络中接入点之间的高延迟和低带宽接口难以支持无线通信的高效协作。

为了应对上述挑战，一种可行的解决方案是最近提出的基于云的无线接入网（C-RAN）[2-5]。

这是一种新的RAN体系结构，其中大量基带单元（BBU）通过高带宽和低延迟链路连接到分布的远端射频模组（RRH）。BBU通过高性能计算负责所有基带的处理。在这种集中式结构中，协同通信变得可能或更高效。例如，可以在C-RAN中实现LTE-A标准[6]中的多点协作过程（CoMP），以提高网络容量和能效[7]。另外，由于基带处理被转移到云中，RRH仅需支持基本的发送/接收功能，这进一步降低了能耗和部署成本。

然而，BBU和RRH之间有限的前传链路容量[8]，可能会影响C-RAN的性能，使得BBU集中处理能力难以充分发挥。在当前大多数C-RAN结构中，前传传输的汇聚数据流量与终端设备的总数据量成比例[9-10]。因此，在终端设备较多时，前传链路容量会成为瓶颈。针对这一瓶颈，现有几种解决方案。一种方案是使用压缩技术，基带信号在前传传输前压缩，在前传传输后解压[11-13]。尽管信号压缩在某些情况下可以减少前传网络链路流量，但会在RRH端引入额外计算开销，导致成本效益降低。此外，尽管压缩减少了每个终端设备占用的数据速率，但是，因为总数据速率是所有终端设备速率的总和，密集网络中的前传链路容量仍然不足。另一种解决方案是稀疏波束成形[9-10, 14]，其中每个终端设备与一个接入点集群相关联。但是，前传链路的数据速率与群集大小有关，较大的群集需要更高的前传链路容量[9]。因此，有限的前传链路容量不能充分利用可用的空间分集，而空间分集是C-RAN结构的主要优点之一。

时间反演（TR）无线通信已经出现了一段时间[15-17]，主要用于极端多径环境下。最近已经发现了TR无线通信的更多功能。文献［18］说明了TR通信是一种绿色宽带无线通信技术，可以在强多径环境下（例如室内和城市区域）实现节能传输。由于TR通信具有独特的时空聚焦效应，因此所有终端设备在下行链路[19]和上行链路[20]中都可由特定位置签名自然地分开。因此，TR通信是有效的高带宽通信方案，具有良好的空间复用性和低实现复杂度，可实现速率超过其他无线通信技术（如LTE[21]）。这使TR在未来宽带无线通信解决方案中成为了很有应用前途的候选者，这已在各种应用（如认知无线电网络[22]和物联网（IoT）[23]）中得到了证实。

因为所有终端设备都由对应的签名自然分开，所以如果将TR通信用作空中接口，则可以有效地组合传输所有终端设备的基带信号。我们旨在利用TR通信的这一独特功能，在BBU和RRH之间创建隧道效应，以减少C-RAN前传链路通信负载。具体而言，在本章中，我们提出了一个基于TR通信的C-RAN框架，设计了上行和下行链路数据传输体系结构。我们根据频谱效率和前传链路中实现的数据速率来分析上行和下行链路传输性能。为了说明所提出系统的有效性，我们进行了实验来测量现实环境中的多径信道信息，在此基础上，我们展示了基于TR的C-RAN产生的独特"隧道效应"，进而，当系统中存在更多终端设备时，可以在前传链路上以同样的能效（比特/能量）传输更多信息。这种特性在C-RAN系统中非常需要，因为它可以有效减少网络致密化导致的前传链路负载，使得所提出的基于TR的C-RAN成为了多径环境（如室内和城市区域）中的理想候选技术。

20.2 系统模型

本章我们考虑在室内环境中使用C-RAN，以在上行和下行链路数据传输中容纳大量终端设备。本章所提出的系统由多个RRH组成，这些RRH通过前传链路连接到云。如图20.1所示，多个RRH分布在一个区域中，并且向该区域中的各个终端设备发数据。每个RRH都使用TR技术与终端设备通信。所有 RRH 在相同频谱下工作。

20.2.1　信道模型

在室内宽带无线通信中，信号会受到室内环境反射引起的多径效应的影响。TR 通信不是试图避免多径，而是利用所有多径来充当匹配滤波器，以实现时空聚焦效应。有关 TR 传输的更多信息，请参阅第 1 章。

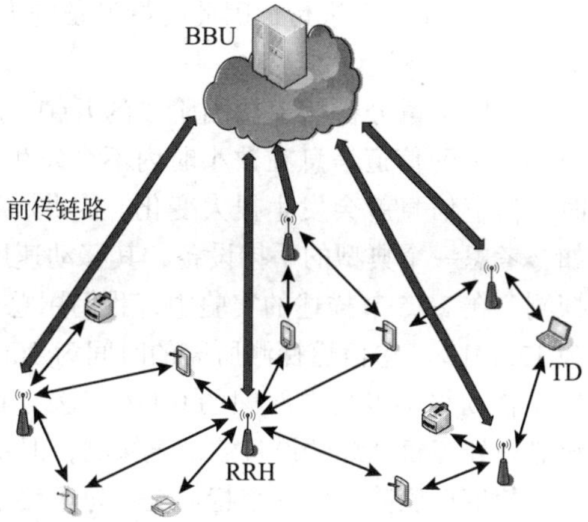

图 20.1　系统模型

不失一般性，我们假设每个 RRH 都装有 M_T 个天线，而每个终端设备只有一个天线。假设多径瑞利衰落信道，第 i 个 RRH 的第 m 个天线与第 j 个终端设备之间的通信链路的信道冲激响应（CIR）建模为

$$h_{i,j}^{(m)}[k]=\sum_{l=0}^{L-1}h_{i,j}^{(m),(l)}\cdot\delta[k-l] \tag{20.1}$$

式中，$h_{i,j}^{(m),(l)}$ 是长度为 L 的 CIR 的第 l 个抽头的复振幅，而 $h_{i,j}^{(m)}[k]$ 是 CIR 的第 k 个抽头。实际上，$h_{i,j}^{(m)}$ 是一个由多径环境、升余弦滤波器和天线组合而成的等效信道。因为升余弦滤波器和天线对于同一个无线电保持相同，所以 TR 不需要抵消它们的影响就可以正常工作。在本章的其余部分，我们将 $h_{i,j}^{(m)}$ 视为所提出系统的信道。

20.2.2　基于 TR 的 C-RAN 的信道探测阶段

在 C-RAN 中，所有 RRH 共同为下行链路和上行链路中的终端设备服务。BBU 首先需要收集全部终端设备的所有必要信息。在 TR 通信中，终端设备被其 CIR 自然分开，每个终端设备对应于特定位置的签名。因此，BBU 需要收集所有终端设备的 CIR 信息，然后才能为所有终端设备提供服务。为此，我们提出了 C-RAN 中的信道探测阶段，以使 BBU 获取从所有 RRH 到终端设备的信道信息 $h_{i,j}^{(m)}$。按照设计，系统会周期性地在信道探测、下行链路传输和上行链路传输阶段之间切换。上行和下行链路传输以时分双工（TDD）方式工作，从而使得上行和下行链路可以共享信道信息。

令 R 表示所有 RRH 的索引集合，T 表示所有终端设备的索引集合，T_i 表示关联到 RRH_i（第 i 个 RRH）的所有终端设备的索引集合，R_j 表示关联到第 j 个终端设备的所有 RRH 的索引集合。注意，$T_i\subseteq T$，$R_i\subseteq R$。

在信道探测阶段，N 个终端设备首先向所有 RRH 发送信道探测信号，RRH 通过前传链路将接收到的信道探测信号发送到 BBU，BBU 从中提取信道信息。信道探测信号可以是脉冲信号或 BBU 事先已知的预定义伪随机码。由于所有 RRH 都工作在同一频段，因此用户 j 发送的信道探测信号可以同时被所有对应的 RRH 接收，并且 BBU 可以使用各种方法来提取每个终端设备与其对应的 RRH 之间的信道信息。例如，预定义的伪随机序列可以是 Golay 序列[24]，并且可以通过计算发送的Golay序列与RRH_i的第m个天线接收的序列的互相关来获得信道信息$h_{i,j}^{(m)}$。在信道探测阶段结束时，BBU拥有所有终端设备和其对应的RRH之间的信道知识。由于上行和下行链路传输使用TDD，因此所获得的信道信息对上行和下行链路均有效。此外，由于所有基带处理均在BBU中进行，因此终端设备的上行和下行链路都不需要信道信息，从而不需要将信道信息反馈给终端设备。

我们定量分析信道探测阶段的开销。文献［25］的实验表明，对于不移动的终端设备，室内环境中的信道信息在数小时内不会发生变化。另一方面，我们的实验表明，当移动超过3cm时，信道信息就会发生很大变化。因此，对于移动的终端设备，需要频繁更新其信道信息。例如，考虑一个典型的手持设备，其移动速度为1.4m/s，因此终端设备需要每18ms进行一次信道探测。在20.5节描述的实验中，我们用总长度为2048的Golay序列作为信道探测序列，采样率为125MHz。单信道探测所需的时间为16μs。与18ms的信道更新周期相比，信道探测开销少于典型移动终端设备总时间的0.1%，这与LTE系统中的信道估计开销相当[26]。尽管C-RAN系统必须处理每个终端设备的信道探测，但系统开销也是单个开销的总和。

信道探测阶段的一个特征是，每个终端设备只关联与其足够近的RRH。距离TD_j（第j个终端设备）较远的RRH无法捕获此终端设备的信道探测信号，因此也不会将其添加到关联列表中。可以通过调整信道探测信号功率来调整TD_j的搜索范围。增加功率将扩大搜索范围，从而使终端设备可以关联更多RRH。在RRH端，此功能可实现自动电源管理。如果RRH远离所有活动的终端设备，则使用此RRH会比较耗能。按照我们提出的方法，这样的RRH不会获得任何信道探测信号，也不会消耗任何能量将数据传输给终端设备，而其他RRH可以更好地为更接近的终端设备提供服务。

20.2.3　下行链路传输架构

在信道探测阶段之后，BBU开始利用搜集到的信道信息，用TDD技术进行上行和下行链路的数据传输。本节我们研究下行链路传输。

如图20.2所示，这个阶段包括两个步骤。步骤（1），BBU计算并量化传输信号，然后通过前传链路发送给RRH；步骤（2），RRH将基带信号转换为RF信号，并通过多径信道将其发送到终端设备。

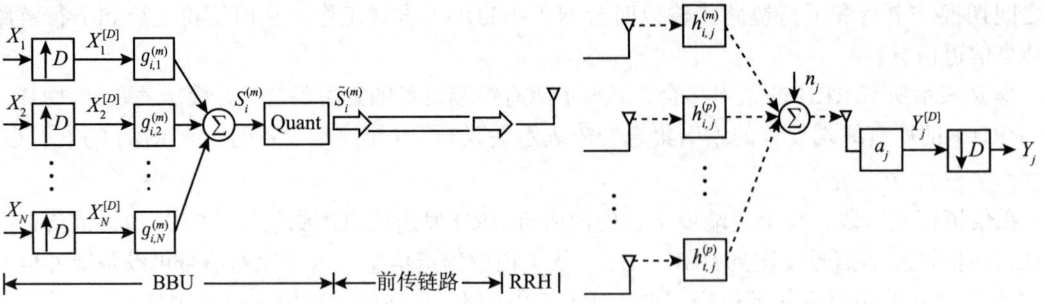

a）从BBU经前传链路到RRH　　b）从RRH到TD_j

图20.2　下行链路数据传输阶段的两个步骤

如图 20.2a 所示，用补偿因子 D 对 $X_j[k]$ 进行上采样以减少符号间干扰（ISI），其中 $X_j[k]$ 是从第 i 个 RRH 的第 m 个天线发射给第 j 个终端设备的预期符号序列，然后再与信道 $h_{i,j}^{(m)}[k]$ 的签名 $g_{i,j}^{(m)}[k]$ 进行卷积，其中

$$g_{i,j}^{(m)}[k]=\frac{h_{i,j}^{(m)*}[L-1-k]}{\sqrt{\sum_{t\in T_i}\sum_{m=1}^{M_T}\sum_{l=0}^{L-1}\left|h_{i,j}^{(m)}[l]\right|^2}}$$

$$k=0,1,\cdots,L-1 \tag{20.2}$$

式中，$h_{i,j}^{(m)*}[L-1-k]$ 表示 $h_{i,j}^{(m)}[L-1-k]$ 的共轭。

之后，将 RRH_i 的第 m 个天线上所有已预订终端设备的预期信号合并为

$$S_i^{(m)}[k]=\sum_{j\in T_i}\left(X_j^{[D]}*g_{i,j}^{(m)}\right)[k] \tag{20.3}$$

式中，$\left(\mathrm{X}_j^{[D]}*g_{i,j}^{(m)}\right)[k]$ 表示 $X_j^{[D]}[k]$ 和 $g_{i,j}^{(m)}[k]$ 的卷积。

基带信号 $S_i^{(m)}[k]$ 的平均功率计算如下

$$\mathrm{E}\left[\left\|S_i^{(m)}[k]\right\|^2\right]=\frac{\theta}{D} \tag{20.4}$$

式中，$\theta=\mathrm{E}\left[\left\|X_j[k]\right\|^2\right]$。

然后，对 $S_i^{(m)}$ 进行量化，同时 BBU 通过容量有限的前传链路发送量化后的 $\tilde{S}_i^{(m)}[k]$。$S_i^{(m)}$ 的量化可以建模为

$$\tilde{S}_i^{(m)}[k]=S_i^{(m)}[k]+q_i^{(m)}[k] \tag{20.5}$$

式中，$q_i^{(m)}[k]$ 是 RRH_i 第 m 个天线的量化噪声。由式（20.3）可知，$S_i^{(m)}[k]$ 是多个独立变量的和，根据大数定理，可近似为一个复高斯随机变量，$q_i^{(m)}[k]$ 可近似为一个复随机变量，其实部和虚部部分在 $\left(-\frac{Q_i^{(m)}}{2},\frac{Q_i^{(m)}}{2}\right)$ 范围内是均匀分布的，其中 $Q_i^{(m)}=\frac{2K_i^{(m)}}{2^{B_i^{(m)}}}$ 是第 i 个接入点的第 m 个天线的基带信号的量化级[27]，$B_i^{(m)}$ 表示 $S_i^{(m)}[k]$ 的实部 / 虚部的比特数，$\left[-K_i^{(m)},K_i^{(m)}\right]$ 是 $S_i^{(m)}[k]$ 的实部 / 虚部的动态范围。

在图 20.2b 中，每个 RRH_i 通过第 m 个天线（$m=1,2,\cdots,M_T$）同时发送基带信号 $\tilde{S}_i^{(m)}[k]$ 给所有已预订的终端设备，每个已预订终端设备将同时从所有对应的 RRH 接收信号。接收到的信号是预期信号和被噪声污染的干扰信号的组合。然后，TD_j 首先用 a_j 放大接收到的信号，然后用因子 D 对其进行下采样，获得接收序列 Y_j。假定噪声为零均值加性高斯白噪声，且具有方差 $\mathrm{E}\left[\left|n_j[k]\right|^2\right]=\sigma^2,\forall j,k$。我们将在后面研究接收信号 Y_j，以分析所提出系统在下行链路阶段的性能。

20.2.4　上行链路传输架构

上行链路传输过程如图 20.3 所示，有两个方向相反的相似步骤：在图 20.3a 中，终端设备通过多径同时将数据传输到相应的 RRH；在图 20.3b 中，RRH 将 RF 信号转换为基带信号并进行量化，然后再通过前传链路传输到 BBU。BBU 联合处理接收到的基带信号以提取上行链路数据。

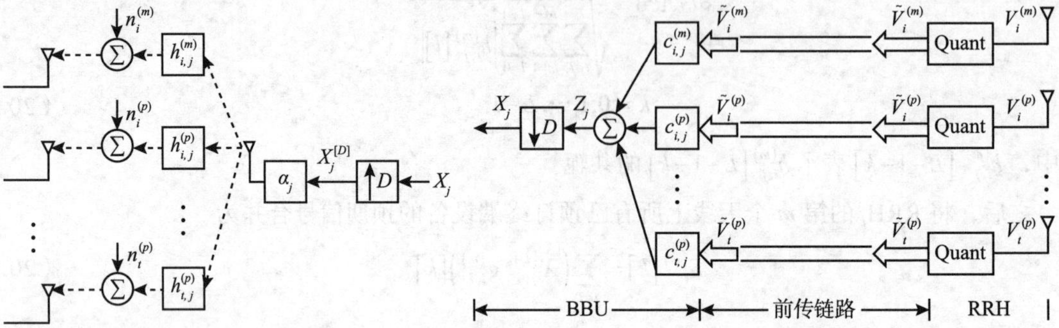

a）从 TD_j 到对应的RRH　　b）从RRH经前传链路到BBU

图 20.3　上行链路数据传输阶段的两个步骤

在图 20.3a 中，所有终端设备都会通过空口将符号序列同时传输到相应的 RRH。来自第 j 个终端设备的预期符号序列 $X_j[k]$ 首先由补偿因子 D 进行上采样以缓解 ISI，然后由因子 a_j 进行缩放以实现功率控制，再通过多径信道传输到所有相应的 RRH。假定 a_j 的值是由 BBU 计算并通过反馈 / 控制信道发送给终端设备的。在 RRH_i 的第 m 个天线处接收到的信号是来自所有可到达 RRH_i 的终端设备信号的组合，且信号在接收时受到了白高斯噪声干扰，即

$$V_i^{(m)}[k]=\sum_{j\in T_i}\alpha_j\left(X_j^{[D]}*h_{i,j}^{(m)}\right)[k]+n_i^{(m)}[k] \tag{20.6}$$

式中，$n_i^{(m)}[k]$ 是方差为 $\mathrm{E}\left[\left|n_i^{(m)}[k]\right|^2\right]=\sigma^2,\forall i,k$ 的 AWGN。

基带信号 $V_i^{(m)}[k]$ 的平均功率可计算为

$$\mathrm{E}\left[\left\|V_i^{(m)}[k]\right\|^2\right]=\frac{\theta\cdot\sum_{j\in T_i}\alpha_j^2\sum_{l=0}^{L-1}\left\|h_{i,j}^{(m)}[l]\right\|^2}{D}+\sigma^2 \tag{20.7}$$

然后，RRH 对接收的信号进行量化，并通过前传链路传输到 BBU 池，量化信号表示为

$$\tilde{V}_i^{(m)}[k]=V_i^{(m)}[k]+q_i^{(m)}[k] \tag{20.8}$$

式中，$q_i^{(m)}[k]$ 是量化噪声。与下行链路情况类似，$q_i^{(m)}[k]$ 可以近似为一个复随机变量，其实部和虚部在 $\left(-\frac{Q_i^{(m)}}{2},\frac{Q_i^{(m)}}{2}\right)$ 范围内均匀分布。注意，尽管我们对下行链路和上行链路量化噪声使用相同的符号，但是由于信号动态范围和所使用比特位数不同，它们可能有所不同。

接收到所有 RRH 传输的基带信号后，BBU 协同工作以提取来自每个终端设备的数据。如图

20.3b 所示，TD_j 的数据是通过组合来自所有相应 RRH 的所有天线的基带信号来提取的。第 i 个 RRH 的第 m 个天线的信号首先与 $c_{i,j}^{(m)}$ 卷积，其中

$$c_{i,j}^{(m)}[k]=\frac{h_{i,j}^{(m)*}[L-1-k]}{\sqrt{\sum_{l=0}^{L-1}\left\|h_{i,j}^{(m)*}[l]\right\|^2}},\ k=0,1,\cdots,L-1 \tag{20.9}$$

之后，将来自所有相应 RRH 的所有天线的已处理信号合并为

$$Z_j[k]=\sum_{i\in R_j}\sum_{m=1}^{M_T}c_{i,j}^{(m)}*\tilde{V}_i^{(m)}[k] \tag{20.10}$$

在 20.4 节中，我们将分析信号 $Z_j[k]$，研究所提出系统的上行链路性能。

20.3　下行链路性能分析

在本节中，我们从频谱效率和前传链路速率两个方面分析了所提出系统的性能，频谱效率表示所提出的系统如何有效地利用可用频谱，而前传链路速率评估了部署所提出系统所需的容量大小。

20.3.1　频谱效率

由于所有 RRH 和终端设备都在同一频谱中工作，因此每个终端设备接收到的信号是预期信号、干扰和噪声的混合。TD_j 接收的信号可以表示为

$$\begin{aligned}Y_j[k]&=a_j\sum_{i\in R_j}\sum_{m=1}^{M_T}\tilde{S}_i^{(m)}*h_{i,j}^{(m)}[k]+a_jn_j[k]\\&=a_j\sum_{i\in R_j}\sum_{m=1}^{M_T}\sum_{t\in T_i}X_t^{[D]}*g_{i,t}^{(m)}*h_{i,j}^{(m)}[k]+a_j\sum_{i\in R_j}\sum_{m=1}^{M_T}q_i^{(m)}*h_{i,j}^{(m)}[k]+a_jn_j[k]\end{aligned} \tag{20.11}$$

式中，在最后一个等式中，第一项是叠加了干扰的预期信号，第二项是量化噪声，第三项是白高斯噪声。接下来，我们将分析第一和第二项。

第一项可以进一步写成

$$\begin{aligned}&a_j\sum_{i\in R_j}\sum_{m=1}^{M_T}\sum_{t\in T_i}X_t^{[D]}*g_{i,t}^{(m)}*h_{i,j}^{(m)}[k]\\&=a_j\sum_{i\in R_j}\sum_{m=1}^{M_T}X_j^{[D]}*g_{i,j}^{(m)}*h_{i,j}^{(m)}[k]+\sum_{i\in R_j}\sum_{m=1}^{M_T}\sum_{\substack{l=0\\l\neq\frac{L-1}{D}}}^{\frac{2L-2}{D}}X_j\left[k+\frac{L-1}{D}-l\right]\cdot g_{i,j}^{(m)}*h_{i,j}^{(m)}[Dl]+\\&\sum_{i\in R_j}\sum_{m=1}^{M_T}\sum_{\substack{t\in T_j\\t\neq j}}\sum_{l=0}^{\frac{2L-2}{D}}X_t\left[k+\frac{L-1}{D}-l\right]\cdot g_{i,t}^{(m)}*h_{i,j}^{(m)}[Dl]\end{aligned} \tag{20.12}$$

式中，第一项是 TD_j 的预期信号，第二项是 ISI，第三项是用户间干扰（IUI）。注意，根据信道探测阶段信道的互易性，对于任何 RRH_u，$u\notin R_j$，TD_j 和 RRH_u 彼此不可达，因此 TD_j 不会受到

RRH_u 的干扰。

由于单抽头增益 a_j 不会影响 SINR，不失一般性，我们在随后的分析中假定 $a_j = 1$。

下行链路的信号功率可以写为

$$P_{sig}^{(dl)} = \mathrm{E}_X\left[\left\|\sum_{i\in R_j}\sum_{m=1}^{M_T} X_j[k]\cdot g_{i,j}^{(m)} * h_{i,j}^{(m)}[L-1]\right\|^2\right]$$

$$= \theta\left\|\sum_{i\in R_j}\sum_{m=1}^{M_T} g_{i,j}^{(m)} * h_{i,j}^{(m)}[L-1]\right\|^2 \tag{20.13}$$

相应地，ISI 和 IUI 功率可以分别写成以下两式

$$P_{isi}^{(dl)} = \mathrm{E}_X\left[\left\|\sum_{i\in R_j}\sum_{m=1}^{M_T}\sum_{\substack{l=0\\ l\neq\frac{L-1}{D}}}^{\frac{2L-2}{D}} X_j\left[k+\frac{L-1}{D}-l\right] g_{i,j}^{(m)} * h_{i,j}^{(m)}[Dl]\right\|^2\right]$$

$$= \theta\sum_{\substack{l=0\\ l\neq\frac{L-1}{D}}}^{\frac{2L-2}{D}}\left\|\sum_{i\in R_j}\sum_{m=1}^{M_T} g_{i,j}^{(m)} * h_{i,j}^{(m)}[Dl]\right\|^2 \tag{20.14}$$

$$P_{iui}^{(dl)} = \mathrm{E}_X\left[\left\|\sum_{i\in R_j}\sum_{m=1}^{M_T}\sum_{\substack{t\in T_i\\ t\neq j}}\sum_{l=0}^{\frac{2L-2}{D}} x_t\left[k+\frac{L-1}{D}-l\right] g_{i,t}^{(m)} * h_{i,j}^{(m)}[Dl]\right\|^2\right]$$

$$= \theta\sum_{l=0}^{\frac{2L-2}{D}}\left\|\sum_{i\in R_j}\sum_{m=1}^{M_T}\sum_{\substack{t\in T_i\\ t\neq j}} g_{i,t}^{(m)} * h_{i,j}^{(m)}[Dl]\right\|^2 \tag{20.15}$$

接下来，我们分析接收信号中的量化噪声。根据式（20.11），有如下量化噪声功率

$$\sigma_{q,(dl)}^2 = \mathrm{E}\left[\left\|\sum_{i\in R_j}\sum_{m=1}^{M_T} q_i^{(m)} * h_{i,j}^{(m)}[k]\right\|^2\right]$$

$$= \mathrm{E}\left[\sum_{i\in R_j}\sum_{m=1}^{M_T}\left\|\sum_{l=0}^{L-1} h_{i,j}^{(m)}[l]\cdot q_i^{(m)}[k-l]\right\|^2\right]$$

$$= \sum_{i\in R_j}\sum_{m=1}^{M_T}\sum_{l=0}^{L-1}\left\|h_{i,j}^{(m)}[l]\right\|^2\cdot\mathrm{E}\left[\left\|q_i^{(m)}[k]\right\|^2\right] \tag{20.16}$$

其中，由于假设 $q_i^{(m)}$ 和 $h_{i,j}^{(m)}$ 独立，根据文献［27］，我们有

$$\mathrm{E}\left[\left\|q_i^{(m)}[k]\right\|^2\right] = \frac{\left(Q_i^{(m)}\right)^2}{12} + \frac{\left(Q_i^{(m)}\right)^2}{12} = \frac{\left(Q_i^{(m)}\right)^2}{6} \tag{20.17}$$

这是实部和虚部的量化噪声功率之和。

TD_j 的频谱效率定义为

$$r_j^{(dl)} = \log_2\left(1+\frac{P_{sig}^{(dl)}}{P_{isi}^{(dl)}+P_{iui}^{(dl)}+\sigma_{q,(dl)}^2+\sigma^2}\right)/D \tag{20.18}$$

20.3.2　前传链路速率

在本节中，我们将分析所提出系统在下行链路模式下的前传链路速率。如图 20.2a 所示，在下行链路模式下，量化信号 $\tilde{S}_i^{(m)}[k]$ 通过前传链路从 BBU 发送到 RRH。连接 BBU 和第 i 个 RRH 的前传链路的数据速率可以表示为

$$R_{fh,i} = 2\cdot W\cdot\sum_{m=1}^{M_T} B_i^{(m)} \tag{20.19}$$

式中，W 是系统带宽。可以看出，给定系统带宽和发射天线数量，$R_{fh,i}$ 仅取决于每个符号的比特位数。如果 $B_i^{(m)}$ 较大，则量化噪声功率下降，前传链路速率增加；反之亦然。

根据式（20.17），如果信号的动态范围 $K_i^{(m)}$ 增加，则需要增加 $B_i^{(m)}$ 以保持相同的量化噪声水平。在 20.5 节中，我们将通过数值结果表明，随着系统中终端设备数量的增加，$K_i^{(m)}$ 不会发生太大变化，因此使得所提出的系统具有“隧道效应”，在为更多终端设备服务的同时保持前传链路速率几乎恒定。

20.4　上行链路性能分析

在本节中，我们从频谱效率和前传链路速率两个角度分析所提出系统的上行链路性能。

20.4.1　频谱效率

合成信号可以写成

$$\begin{aligned}Z_j[k] &= \sum_{i\in R_j}\sum_{m=1}^{M_T}\tilde{V}_i^{(m)} * c_{i,j}^{(m)}[k]\\ &= \sum_{i\in R_j}\sum_{m=1}^{M_T}\sum_{t\in T_i}\alpha_t X_t^{[D]} * h_{i,t}^{(m)} * c_{i,j}^{(m)}[k] + \sum_{i\in R_j}\sum_{m=1}^{M_T} q_i^{(m)} * c_{i,j}^{(m)}[k] + \sum_{i\in R_j}\sum_{m=1}^{M_T} n_i^{(m)} * c_{i,j}^{(m)}[k]\end{aligned} \tag{20.20}$$

式中，第一项是叠加干扰的 TD_j 预期信号，第二项是由量化噪声引起的，第三项是由高斯白噪声引起的。接下来，我们将分别对其进行分析。

第一项可以进一步写为

$$\begin{aligned}&\sum_{i\in R_j}\sum_{m=1}^{M_T}\sum_{t\in T_i}\alpha_t X_t^{[D]} * h_{i,t}^{(m)} * c_{i,j}^{(m)}[k]\\ &= \sum_{i\in R_j}\sum_{m=1}^{M_T}\alpha_j X_j^{[D]} * h_{i,j}^{(m)} * c_{i,j}^{(m)}[k] + \sum_{i\in R_j}\sum_{m=1}^{M_T}\sum_{\substack{l=0\\ l\neq\frac{L-1}{D}}}^{\frac{2L-2}{D}}\alpha_j X_j\left[k+\frac{L-1}{D}-l\right]\cdot h_{i,j}^{(m)} * c_{i,j}^{(m)}[Dl] +\end{aligned} \tag{20.21}$$

$$\sum_{i\in R_j}\sum_{m=1}^{M_T}\sum_{\substack{t\in T_i\\ t\neq j}}\sum_{l=0}^{\frac{2L-2}{D}}\alpha_t X_t\left[k+\frac{L-1}{D}-l\right]\cdot h_{i,t}^{(m)}*c_{i,j}^{(m)}\left[Dl\right] \tag{20.21 续}$$

式中，第一项来自 TD_j 的预期信号，第二项是 ISI，第三项是 IUI。

上行链路中的信号功率可写为

$$P_{sig}^{(ul)}=\mathrm{E}_X\left[\left\|\sum_{i\in R_j}\sum_{m=1}^{M_T}\alpha_j X_j\left[k\right]\cdot h_{i,j}^{(m)}*c_{i,j}^{(m)}\left[L-1\right]\right\|^2\right]$$

$$=\left|\alpha_j\right|^2\theta\left\|\sum_{i\in R_j}\sum_{m=1}^{M_T}h_{i,j}^{(m)}*c_{i,j}^{(m)}\left[L-1\right]\right\|^2 \tag{20.22}$$

式中，$\theta=\mathrm{E}\left[\left\|X_j\left[k\right]\right\|^2\right]$。相应地，ISI 和 IUI 的功率可以分别写为

$$P_{isi}^{(ul)}=\mathrm{E}_X\left[\left\|\sum_{i\in R_j}\sum_{m=1}^{M_T}\sum_{\substack{l=0\\ l\neq\frac{L-1}{D}}}^{\frac{2L-2}{D}}\alpha_j X_j\left[k+\frac{L-1}{D}-l\right]h_{i,j}^{(m)}*c_{i,j}^{(m)}\left[Dl\right]\right\|^2\right]$$

$$=\left|\alpha_j\right|^2\theta\sum_{\substack{l=0\\ l\neq\frac{L-1}{D}}}^{\frac{2L-2}{D}}\left\|\sum_{i\in R_j}\sum_{m=1}^{M_T}h_{i,j}^{(m)}*c_{i,j}^{(m)}\left[Dl\right]\right\|^2 \tag{20.23}$$

$$P_{iui}^{(ul)}=\mathrm{E}_X\left[\left\|\sum_{i\in R_j}\sum_{m=1}^{M_T}\sum_{\substack{t\in T_i\\ t\neq j}}\sum_{l=0}^{\frac{2L-2}{D}}\alpha_t X_t\left[k+\frac{L-1}{D}-l\right]h_{i,t}^{(m)}*c_{i,j}^{(m)}\left[Dl\right]\right\|^2\right]$$

$$=\theta\sum_{l=0}^{\frac{2L-2}{D}}\left\|\sum_{i\in R_j}\sum_{m=1}^{M_T}\sum_{\substack{t\in T_i\\ t\neq j}}\alpha_t\cdot h_{i,t}^{(m)}*c_{i,j}^{(m)}\left[Dl\right]\right\|^2 \tag{20.24}$$

本章我们假设 α_j 满足下式

$$\alpha_j=\frac{\eta}{\sum_{i\in R_j}\sum_{m=1}^{M_T}h_{i,j}^{(m)}*c_{i,j}^{(m)}\left[L-1\right]} \tag{20.25}$$

式中，η 是所有终端设备通用的标量。这样，$\alpha_j\cdot\sum_{i\in R_j}\sum_{m=1}^{M_T}h_{i,j}^{(m)}*c_{i,j}^{(m)}\left[L-1\right]$ 对所有终端设备通用，根据式（20.22），这样可以确保所有终端设备的信号功率均相同。参数 η 的值可以根据每个终端设备允许的最大发射功率进行调整。

接下来，我们分析接收信号的量化噪声。根据式（20.20），可得量化噪声功率

$$\sigma_{q,(ul)}^2=\mathrm{E}\left[\left\|\sum_{i\in R_j}\sum_{m=1}^{M_T}q_i^{(m)}*c_{i,j}^{(m)}\left[k\right]\right\|^2\right] \tag{20.26}$$

$$=\mathrm{E}\left[\sum_{i\in R_j}\sum_{m=1}^{M_T}\left\|\sum_{l=0}^{L-1}c_{i,j}^{(m)}[l]\cdot q_i^{(m)}[k-l]\right\|^2\right]$$

$$=\sum_{i\in R_j}\sum_{m=1}^{M_T}\sum_{l=0}^{L-1}\left\|c_{i,j}^{(m)}[l]\right\|^2\cdot\mathrm{E}\left[\left\|q_i^{(m)}[k]\right\|^2\right] \tag{20.26 续}$$

由于假设 $q_i^{(m)}$ 独立于 $c_{i,j}^{(m)}$，与下行链路情况类似，有

$$\mathrm{E}\left[\left\|q_i^{(m)}[k]\right\|^2\right]=\frac{\left(Q_i^{(m)}\right)^2}{12}+\frac{\left(Q_i^{(m)}\right)^2}{12}=\frac{\left(Q_i^{(m)}\right)^2}{6} \tag{20.27}$$

式（20.20）中的最后一项是从 TD_j 的所有相应天线收集的 AWGN。其功率可按下式计算

$$\sigma_{n,(ul)}^2=\mathrm{E}\left[\left\|\sum_{i\in R_j}\sum_{m=1}^{M_T}n_i^{(m)}*c_{i,j}^{(m)}[k]\right\|^2\right]=\left|R_j\right|*M_T*\sigma^2 \tag{20.28}$$

式中，$\left|R_j\right|$ 代表集合 R_j 的基数。我们可以看到 AWGN 在下行链路和上行链路中的功能不同。在下行链路中，由于 TD 接收信号时 AWGN 影响终端设备，因此它不依赖相应天线的数量。另一方面，在上行链路中，由于当每个相应天线接收信号时都会接收 AWGN，因此噪声功率随相应天线数量而增加。

TD_j 在上行链路的频谱效率可以定义为

$$r_j^{(ul)}=\log_2\left(1+\frac{P_{sig}^{(ul)}}{P_{isi}^{(ul)}+P_{iui}^{(ul)}+\sigma_{q,(ul)}^2+\sigma_{n,(ul)}^2}\right)/D \tag{20.29}$$

20.4.2 前传链路速率

在本节中，我们将分析所提出系统在上行链路模式下的前传链路速率。如图 20.3a 所示，在上行链路模式下，量化信号 $\tilde{V}_i[k]$ 通过前传链路从 RRH 发送到 BBU。与下行链路情况类似，前传链路速率可以表示为

$$R_{fh,i}=2\cdot W\cdot\sum_{m=1}^{M_T}B_i^{(m)} \tag{20.30}$$

类似于下行链路模式，给定系统的带宽和发射天线的数量，$R_{fh,i}$ 仅取决于每个符号所使用的比特位数。如果 $B_i^{(m)}$ 较大，则量化噪声功率较小，前传链路速率增加；反之，如果 $B_i^{(m)}$ 较小则情况相反。

根据式（20.27），如果信号的动态范围 $K_i^{(m)}$ 增加，则需要增加 $B_i^{(m)}$ 以保持相同的量化噪声水平。在上行链路中，总的基带信号功率取决于终端设备的数量，这与下行链路情况不同。当系统中终端设备的数量增加时，动态范围 $K_i^{(m)}$ 会增加，因此，需要更多比特位数来保持相同的量化噪声水平。

在下一部分中，我们将通过数值结果展示 $K_i^{(m)}$ 和 $B_i^{(m)}$ 如何随系统终端设备数量的变化而变化。

20.5 性能评估

在本节中，我们使用测得的信道来评估所提出的系统的性能。下面将首先介绍实验设置（我们测量了此设置下的多径信道），然后展示使用测得的信道所获得的一些数值结果。

20.5.1 信道测量

我们构建了TR无线原型来测量多径信道。TR系统原型的无线台参见图2.2，其中将单个天线连接到装有RF板和计算机的小推车上。测试的信号带宽中心频率为5.4GHz，频率范围为5.3375GHz～5.4625GHz，地点在马里兰大学J.H.Kim工程大楼的一间办公室内。如图20.4a所示，RRH放置在整个房间的六个位置上，而终端设备放置在标有A的小房间的多个位置。房间A的布局和终端设备位置如图20.4b所示。我们在所有可能的位置测量从每个RRH到终端设备的多径信道。在此实验中，共有800个可能的终端设备位置和6个可能的接入点位置，从中获得了4800个独立的多径信道测量值。以下各小节将使用测量的信道来评估所提出系统的性能。

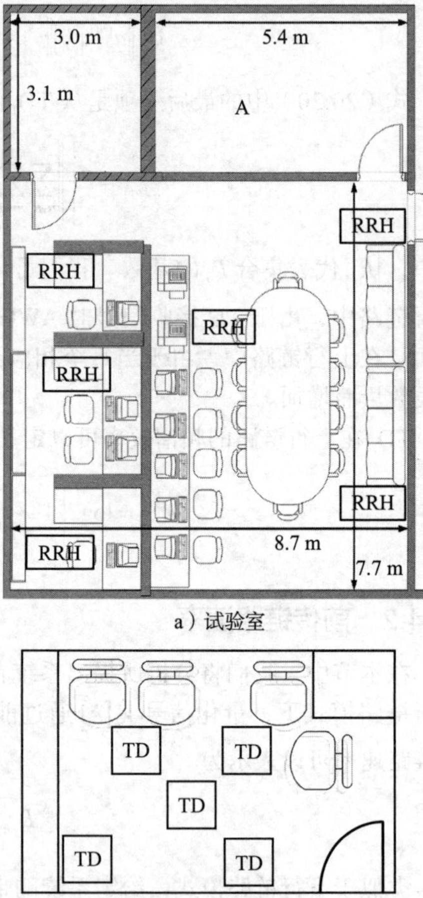

a）试验室

b）房间室

图20.4 试验场地平面图

20.5.2 下行前传链路速率和频谱效率

本节通过数值结果展示了该系统的下行链路传输特性。首先证实了系统的前传链路速率几乎与系统的终端设备数量无关，然后给出了系统在不同部署和负载情况下的频谱效率。我们还将结果与基于LTE的C-RAN进行了比较，说明了该系统能够更有效地利用无线信道。

在图20.5和20.6中，我们使用被测信道根据式（20.3）生成基带信号$S_i^{(m)}[k]$，并展示了不同条件下信号$S_i^{(m)}[k]$的内频带（I）和正交（Q）部分的峰值平均功率比（PAPR）的互补累积分布函数（CCDF）[28]。$X_j[k]$是QPSK调制的。设$N_i=\|T_i\|$表示关联到RRH_i的终端设备的数量，结果表明$S_i^{(m)}[k]$的PAPR随N_i变化不大。例如，我们看到CCDF=0.05处的水平虚线与曲线的交叉点总是在6dB左右。具体统计见表20.1。这意味着95%的基带符号$S_i^{(m)}[k]$的功率不超过平均功率的4倍。根据式（20.4），$S_i^{(m)}[k]$的平均功率仅依赖于θ和D。因此，$S_i^{(m)}[k]$的动态范围$\left[-K_i^{(m)},K_i^{(m)}\right]$对于不同的$N_i$变化很小，其中一些$B_i^{(m)}$可用于始终保持相同的量化噪声功率水平。因此，每条前传链路的数据速率恒定。

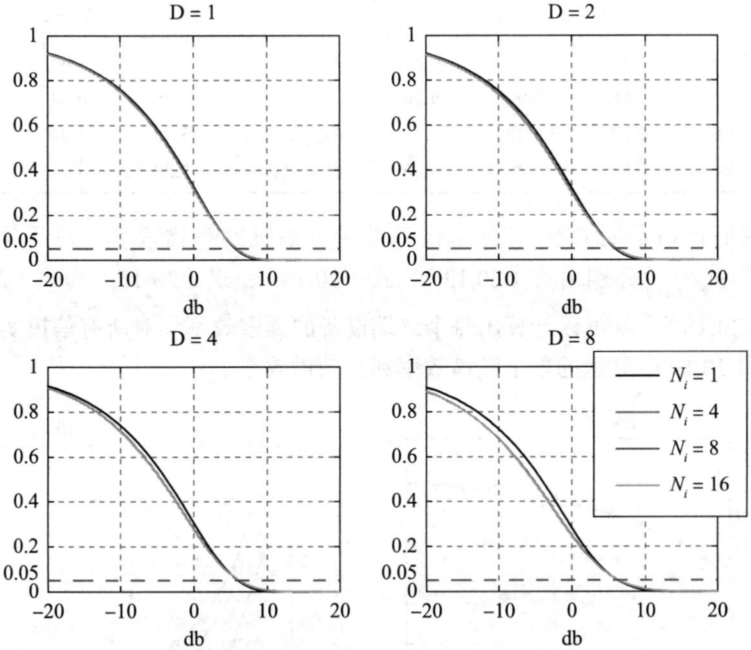

图 20.5　下行链路 QPSK 基带信号 PAPR（I）的 CCDF

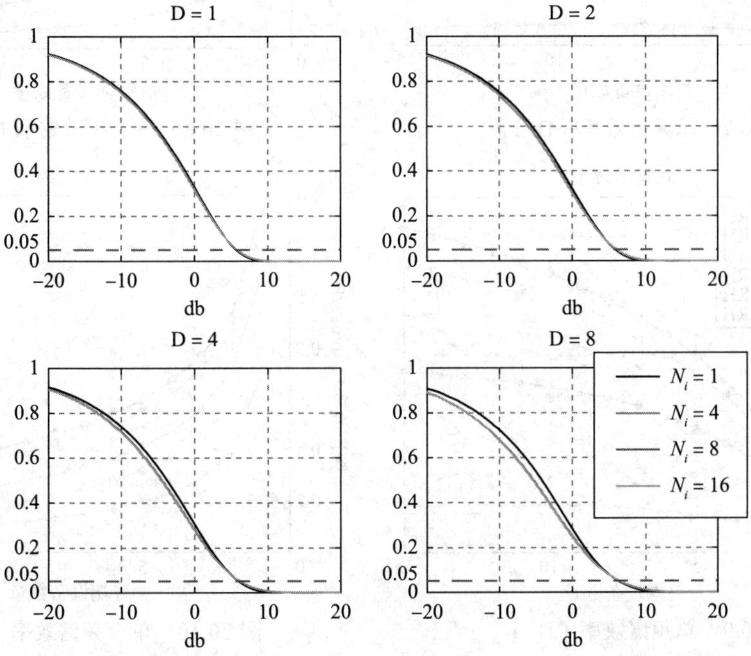

图 20.6　下行链路 QPSK 基带信号 PAPR（Q）的 CCDF

表 20.1 下行链路不同 N_i 的 5%PAPR（dB）

	$N_i=1$	$N_i=4$	$N_i=8$	$N_i=16$		$N_i=1$	$N_i=4$	$N_i=8$	$N_i=16$
D=1,(I)	5.74	5.86	6.06	6.26	D=4,(I)	5.88	6.04	6.24	6.36
D=1,(Q)	5.74	5.88	6.06	6.26	D=4,(Q)	5.86	6.04	6.22	6.36
D=2,(I)	5.86	6.02	6.22	6.36	D=8,(I)	5.88	6.04	6.24	6.36
D=2,(Q)	5.86	6.04	6.22	6.36	D=8,(Q)	5.88	6.04	6.22	6.36

接下来，我们评估不同 RRH 和终端设备数量下系统的频谱效率。对于每个单信道实现，$P_{sig}^{(dl)}$、$P_{isi}^{(dl)}$、$P_{iui}^{(dl)}$ 和 $\sigma_{q,(dl)}^2$ 分别由式（20.13）、式（20.14）、式（20.15）和式（20.16）计算。将这些值带入式（20.18），就可以计算出每个终端设备的频谱效率。对所有信道实现求和，我们得到了图 20.7 ～图 20.10 中显示的单个频谱效率和总频谱效率。

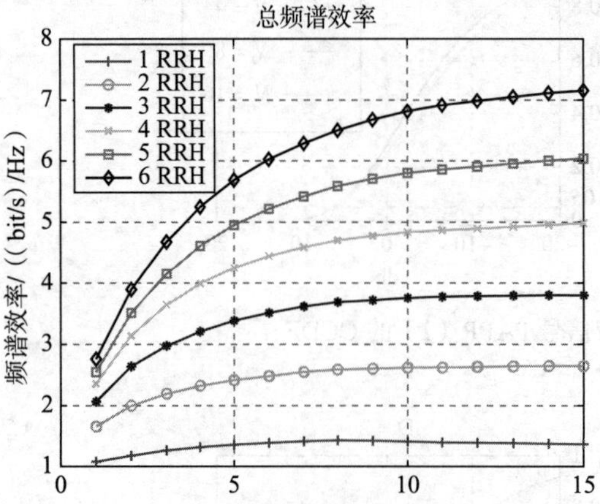

图 20.7 总频谱效率（D=1）

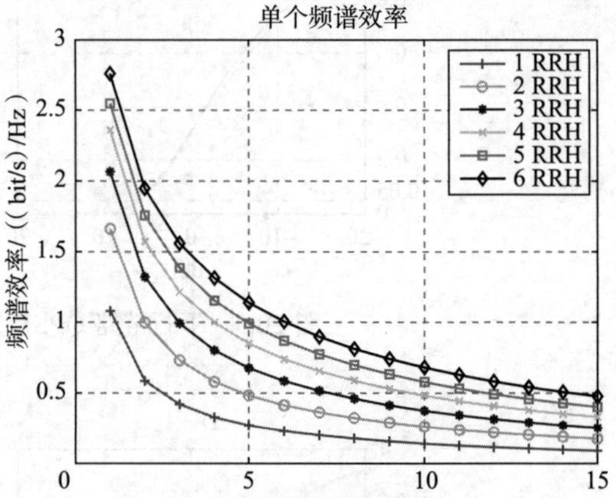

图 20.8 单个频谱效率（D=1）

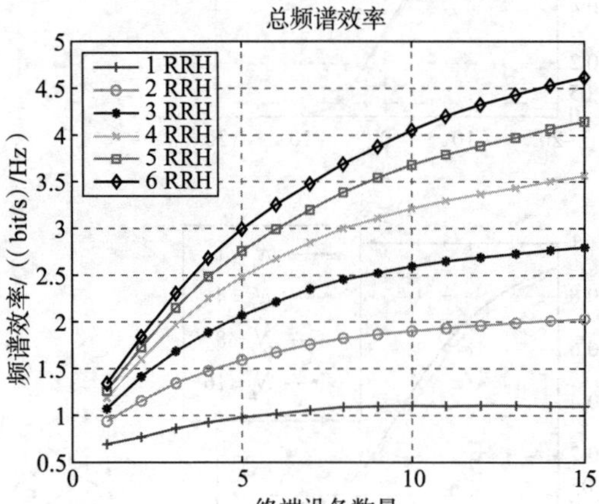

图 20.9 总频谱效率（D=4）

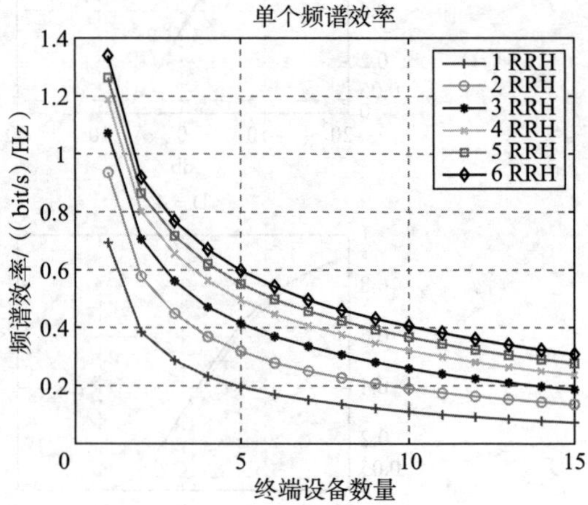

图 20.10 单个频谱效率（D=4）

对于本系统中每个给定的 RRH 数量，随着系统中终端设备数量增加，单个频谱效率降低，而总频谱效率增加。注意，根据前面的分析，前传链路的数据速率保持不变。这意味着在相同比特数和能耗的情况下，前传链路传输了更多信息。其原因在于，通过使用基于 TR 的空口，多个终端设备被特定位置的签名自然地分开。因此，即使多个终端设备的基带信号在前传链路中混合在一起，当通过空口传输时，它们仍然可以被区分开。换言之，有了基于 TR 的空口，我们能够在前传链路中创建一个“隧道”，这样，基带信号就可以被有效地组合以减小前传链路流量。

此外，可以观察到，如果该系统中加入更多的 RRH，则可以提高单个和总频谱效率。新的 RRH 为系统提供了额外功率和自由度。额外功率减少了量化和环境噪声的影响，而额外的自由度有助于增强聚焦效应[18]，从而减少干扰。通常，在密集无线网络中，干扰是限制系统性能的主要因素。为了说明这一现象，我们比较了加入更多 RRH 和增加单个 RRH 功率的效果。从图 20.11 可以看出，带有圆形标记的曲线表明，只增加单个 RRH 的功率，频谱效率几乎保持不变，而曲线表明，添加更多的 RRH 可显著提高频谱效率。

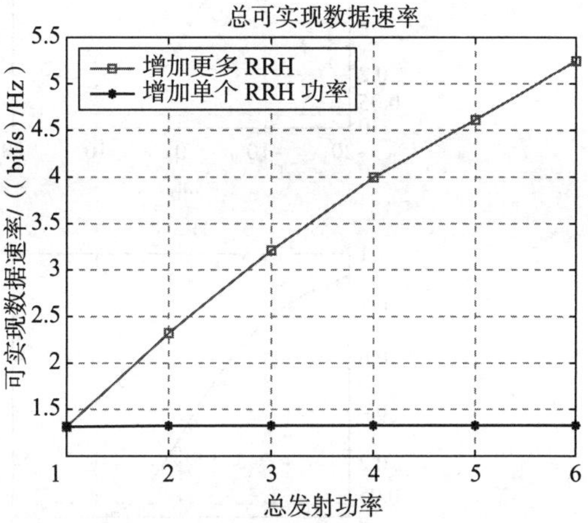

图 20.11　增加更多 RRH 与增加单个 RRH 功率的比较

20.5.3　上行前传链路速率和频谱效率

本节我们使用数值结果来说明所提出的系统在上行链路中的有效性。

在图 20.12 和图 20.13 中，我们使用被测信道根据式（20.6）生成基带信号 $V_i^{(m)}[k]$，并且显示了在各种情况下信号 $V_i^{(m)}[k]$ 的 I 和 Q 部分的 PAPR 的 CCDF。$X_j[k]$ 是 QPSK 调制的。结果表明，$V_i^{(m)}[k]$ 的 PAPR 随关联 RRH_i 的终端设备的数量变化不大，同样，CCDF=0.05 处的水平虚线与曲线的交叉点总是在 6dB 左右。具体统计见表 20.2。这意味着 95% 的基带符号 $V_i^{(m)}[k]$ 的功率不超过平均功率的 4 倍。将式（20.25）带入式（20.7），$V_i^{(m)}[k]$ 的平均功率可计算为

$$\mathrm{E}\left[\left\|V_i^{(m)}[k]\right\|^2\right]=\frac{\eta^2\theta}{D}\cdot\sum_{j\in T_i}\cdot\frac{\sum_{l=0}^{L-1}\left\|h_{i,j}^{(m)}\right\|^2}{\left(\sum_{t\in R_j}\sum_{m=1}^{M_T}h_{t,j}^{(m)} * c_{t,j}^{(m)}[L-1]\right)^2}+\sigma^2 \tag{20.31}$$

该平均功率与 N_i 近似呈线性增长。因此，$V_i^{(m)}[k]$ 的动态范围 $\left[-K_i^{(m)},K_i^{(m)}\right]$ 随 $\sqrt{N_i}$ 线性增长。为了保持相同的量化噪声功率水平，需要更多的比特来表示 $V_i^{(m)}[k]$。但是，由于 $Q_i^{(m)}=2K_i^{(m)}/2^{B_i^{(m)}}$，为了保持相同的量化噪声功率水平，$B_i^{(m)}$ 必须按 $\log_2\left(K_i^{(m)}\right)$，即 $\log_2\left(\sqrt{N_i}\right)$ 数量级增长。例如，对于 $B_i^{(m)}=12, N_i=1$ 和 $B_i^{(m)}=14, N_i=16$，它们的 $\mathrm{E}\left[\left\|q_i^{(m)}[k]\right\|^2\right]$ 相同。换言之，当系统中有更多终端设备时，有必要在前传链路中使用更多的比特，这比终端设备数量的增加要小得多。

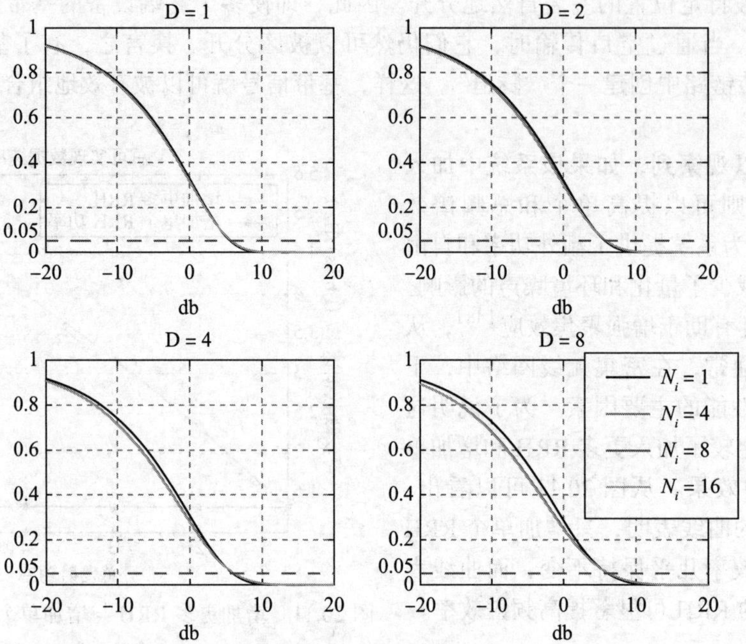

图 20.12　上行链路 QPSK 基带信号 PAPR（I）的 CCDF

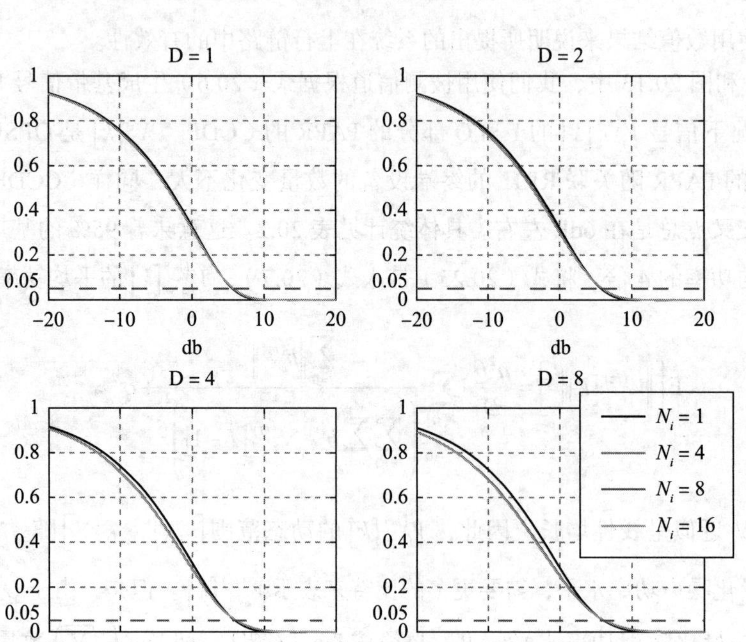

图 20.13　上行链路 QPSK 基带信号 PAPR（Q）的 CCDF

表 20.2　上行链路中不同 N_i 的 5%PAPR

	$N_i=1$	$N_i=4$	$N_i=8$	$N_i=16$		$N_i=1$	$N_i=4$	$N_i=8$	$N_i=16$
D=1,(I)	5.74	5.86	6.06	6.22	D=8,(I)	5.88	6.04	6.22	6.36
D=1,(Q)	5.74	5.88	6.06	6.22	D=8,(Q)	5.86	6.04	6.22	6.36
D=4,(I)	5.86	6.02	6.22	6.34	D=16,(I)	5.88	6.04	6.24	6.36
D=4,(Q)	5.86	6.02	6.22	6.36	D=16,(Q)	5.88	6.04	6.22	6.36

与下行链路情况类似，我们通过求和所有信道实现来评估上行链路的频谱效率。当需要保持相同的量化噪声功率时，我们稍微增加 $B_i^{(m)}$ 。图 20.14 ～图 20.17 中显示了各种条件下的单个和总频谱效率，我们观察到与下行链路类似的趋势。

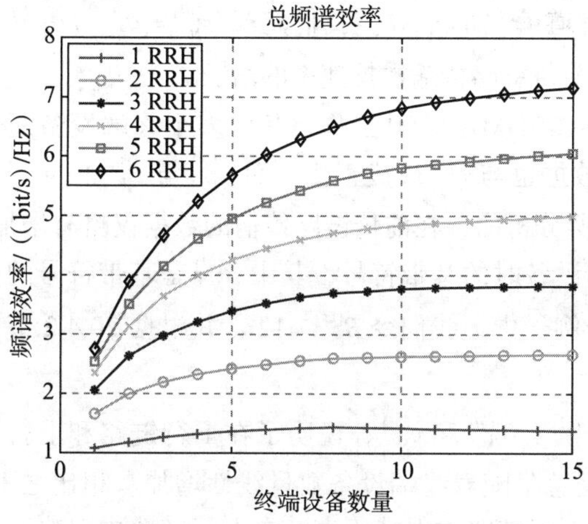

图 20.14　总频谱效率（D=1）

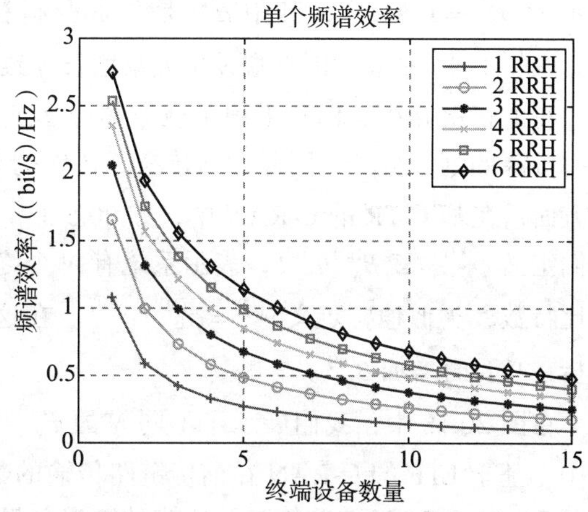

图 20.15　单个频谱效率（D=1）

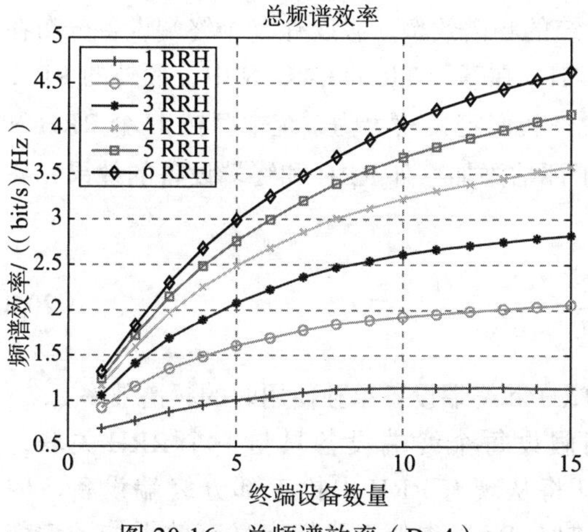

图 20.16　总频谱效率（D=4）

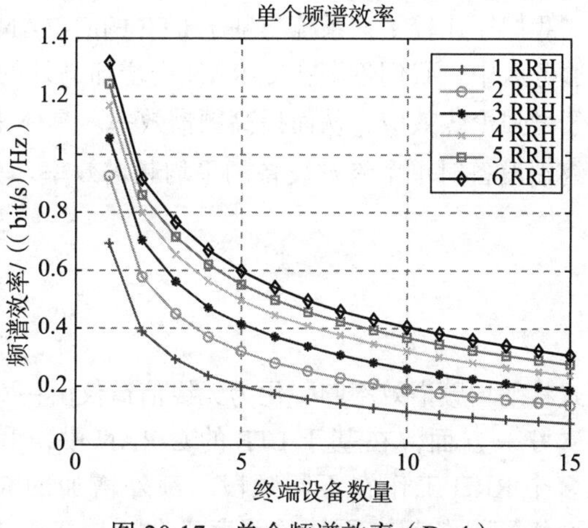

图 20.17　单个频谱效率（D=4）

与下行链路情形类似，在上行链路情况下也观察到了“隧道”效应。当系统中有更多的终端设备时，在前传链路中使用几乎相同数量的比特，可以在 BBU 侧提取更多的信息。

20.5.4 与基于LTE的C-RAN的比较

为了说明TR隧道效应在C-RAN中的优势，我们在多个场景下比较了所提出的系统与基于LTE的C-RAN。

假设有一定数量的RRH分布在一个有N个终端设备的区域中，每个RRH都有Ω比特要传输。我们首先考虑下行链路。在基于LTE的C-RAN中，所有RRH都工作在不同频带中，每个RRH负责服务部分终端设备。因为每个RRH通过划分时间和/或频率资源来服务多个终端设备，所以多个终端设备的基带信号不能混合在一起。因此，基带信号总量与$N\cdot\Omega$成正比，可以用$\Phi_N^{(dl)}=N\times\Omega\times\lambda^{(dl)}$来近似，其中$\lambda^{(dl)}$是负责调制和信道编码的常数。另一方面，在基于TR的C-RAN中，如20.5.2节所分析的，多个终端设备的数据可以有效组合在一起，而不会增加前传链路流量。因此，在前传链路中传输的基带信号的总量是恒定的，与N无关，可近似表示为$\varphi_N^{(dl)}=\Omega\times\mu^{(dl)}$，其中$\mu^{(dl)}$是负责调制和信道编码的常数。我们定义$\tau_N^{(dl)}=\Phi_N^{(dl)}/\Phi_1^{(dl)}$和$\nu_N^{(dl)}=\varphi_N^{(dl)}/\varphi_1^{(dl)}$来表示因终端设备数量增长导致的前传链路传输数据速率的增长。

在上行链路中，LTE采用单载波频分多址（SC-FDMA）[29]工作，其中多个终端设备通过频率资源的划分分开。因此，前传链路传输的总数据也与$N\cdot\Omega$成正比，而$\tau_N^{(ul)}$与$\tau_N^{(dl)}$相同。另一方面，在基于TR的C-RAN中，如20.5.3节中所分析的，在前传链路传输的数据仅略有增加。我们定义$\varphi_N^{(ul)}=\Omega\cdot B_N^{(ul)}\cdot\mu^{(ul)}$，表示系统有$N$个终端设备时的基带符号，其中$B_N^{(ul)}$是基带符号的平均比特数，类似地，定义$\nu_N^{(ul)}=\varphi_N^{(ul)}/\varphi_1^{(ul)}$。在这个例子中，我们令$B_1^{(ul)}=12$，并根据20.4.2节的分析在必要时增加$B_N^{(ul)}$。

在图20.18中，我们展示了不同N的$\tau_N^{(dl)}$、$\tau_N^{(ul)}$、$\nu_N^{(dl)}$和$\nu_N^{(ul)}$，说明了在下行链路和上行链路中，基于LTE的C-RAN在前传链路传输的数据总量随着终端设备数量线性增加。相比之下，基于TR的C-RAN在前传链路传输的数据总量在下行链路中保持不变，在上行链路中仅略微增加。这归因TR独特的隧道效应，使得更多的信息可以用几乎相同数量的比特来传输。

我们还比较了该系统与基于LTE的C-RAN系统的频谱效率。假设有N个终端设备分布在一个服务区中。我们逐渐在C-RAN中增加额外的RRH。在基于TR的C-RAN中，额外的RRH有助于增强聚焦效应，从而提高频谱效率。具体来说，我们定义$r_{M,N}^{(avg)}$为系统中存在M个RRH和N个终端设备时单个终端设备的平均频谱效率。为了评估添加额外RRH和终端设备的效果，我们定义

$$\xi_{M,N}=\frac{r_{M,N}^{(avg)}}{r_{1,1}^{(avg)}} \tag{20.32}$$

该式将平均频谱效率归一化为无线信道仅由一对RRH和终端设备单独使用时的频谱效率。

另一方面，在基于LTE的C-RAN中，我们假设每个终端设备只与一个RRH关联，并且多个RRH工作在不同频段。额外增加的RRH将从现有RRH中抢走部分终端设备，因此每个终端设备都有更好的调度机会。与基于TR的C-RAN类似，我们定义有效平均频谱效率$\delta_{M,N}^{(avg)}=C_{M,N}^{(avg)}\cdot\beta_{M,N}^{(avg)}$，其中$\beta_{M,N}^{(avg)}$是单个终端设备在存在$M$个RRH和$N$个终端设备时共享的平均资源（时间和频率资源），$C_{M,N}^{(avg)}$是终端设备平均频谱效率（如果它被调度并分配了RRH的整个时

间和频率资源）。由于 RRH 工作在不同频段，$C_{M,N}^{(avg)}$ 不随 M 或 N 改变，并且 $\beta_{M,N}^{(avg)}=\min\left(\frac{M}{N},1\right)$。类似地，我们定义

$$\rho_{M,N}=\frac{\delta_{M,N}^{(avg)}}{\delta_{1,1}^{(avg)}} \tag{20.33}$$

来评估增加额外 RRH 和终端设备的效果。

图 20.19 展示了对应 M 和 N 多种组合的 $\xi_{M,N}$ 和 $\rho_{M,N}$。图中可见，$\xi_{M,N}$ 总在 $\rho_{M,N}$ 之上。注意，终端设备的可实现数据速率是频谱效率和带宽的乘积。我们定义基于 TR 的 C-RAN 中单个终端设备的可实现下行链路数据速率为 $R_{M,N}^{(TR)}=r_{M,N}^{(avg)}\cdot W^{TR}$，其中 W^{TR} 是基于 TR 的终端设备使用的带宽，定义基于 LTE 的 C-RAN 中单个终端设备的可实现下行链路数据速率为 $R_{M,N}^{(LTE)}=\delta_{M,N}^{(avg)}\cdot W^{LTE}$，其中 W^{LTE} 是基于 LTE 的终端设备使用的带宽。在基于 TR 的系统中，由于可以很容易地利用更大的带宽并大幅降低成本[21]，利用更大带宽可以使 $R_{1,1}^{(TR)}$ 大于 $R_{1,1}^{(LTE)}$。例如，在本实验中，$W^{TR}=125\text{MHz}$，$W^{LTE}=20\text{MHz}$。根据图 20.19 的 $\xi_{M,N}$ 和 $\rho_{M,N}$，对于任意给定的 M 和 N，$R_{M,N}^{(TR)}$ 总比 $R_{M,N}^{(LTE)}$ 大。这意味着基于 TR 的 C-RAN 能够在多 RRH 和多终端设备设置中更有效地利用无线信道。

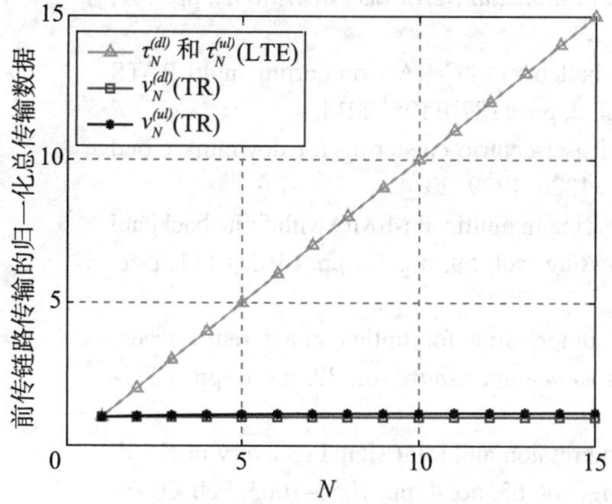

图 20.18　基于 TR 的 C-RAN 与基于 LTE 的 C-RAN 的前传链路的归一化总传输数据的比较

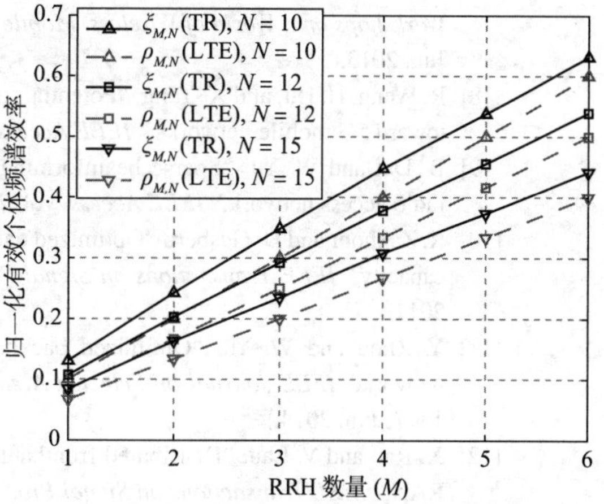

图 20.19　基于 TR 的 C-RAN 与基于 LTE 的 C-RAN 的归一化有效个体频谱效率的比较

20.6　小结

在本章中，我们讨论了一种基于时间反演（TR）的云无线接入网（C-RAN）架构。设计并分析了下行链路和上行链路的工作方案。通过分析，我们揭示了 C-RAN 体系结构中的 TR 隧道效应，即多个终端设备的基带信号可以在前传链路中有效地组合和传输，以减轻业务负载。我们建立了一个 TR 无线原型系统来测量真实环境中的无线信道，并用来说明了所提出的 C-RAN 体系结构在下行链路和上行链路中的隧道效应。研究发现，无论是下行还是上行，多个终端设备的总频谱效率随系统中终端设备数量的增加而增加，而前传链路数据速率几乎保持不变。基于本章

所展示的良好特性，基于TR的C-RAN体系结构是一个很有前途的解决方案，可以解决网络密度增加对C-RAN前传链路容量带来的挑战。更多相关资料可以参考文献［30］。

参考文献

[1] Qualcomm, "1000x mobile data challenge," Technical Report, Nov. 2013.

[2] ChinaMobile, "C-RAN: The road towards green RAN," *White Paper*, Oct. 2011.

[3] M. Webb, Z. Li, P. Bucknell, T. Moulsley, and S. Vadgama, "Future evolution in wireless network architectures: Towards a 'cloud of antennas'," in *2012 IEEE Vehicular Technology Conference (VTC Fall)*, pp. 1–5, Sep. 2012.

[4] C.-L. I, J. Huang, R. Duan, C. Cui, J. Jiang, and L. Li, "Recent progress on C-RAN centralization and cloudification," *IEEE Access*, vol. 2, pp. 1030–1039, 2014.

[5] Y. Beyene, R. Jantti, and K. Ruttik, "Cloud-RAN architecture for indoor DAS," *IEEE Access*, vol. 2, pp. 1205–1212, 2014.

[6] A. Ghosh, R. Ratasuk, B. Mondal, N. Mangalvedhe, and T. Thomas, "LTE-advanced: Next-generation wireless broadband technology [invited paper]," *IEEE Wireless Communications*, vol. 17, no. 3, pp. 10–22, Jun. 2010.

[7] J. Lorca and L. Cucala, "Lossless compression technique for the fronthaul of LTE/LTE-advanced cloud-RAN architectures," in *2013 IEEE 14th International Symposium and Workshops on a World of Wireless, Mobile and Multimedia Networks (WoWMoM)*, pp. 1–9, Jun. 2013.

[8] R. Wang, H. Hu, and X. Yang, "Potentials and challenges of C-RAN supporting multi-RATS toward 5G mobile networks," *IEEE Access*, vol. 2, pp. 1187–1195, 2014.

[9] B. Dai and W. Yu, "Sparse beamforming and user-centric clustering for downlink cloud radio access network," *IEEE Access*, vol. 2, pp. 1326–1339, 2014.

[10] R. Zakhour and D. Gesbert, "Optimized data sharing in multicell MIMO with finite backhaul capacity," *IEEE Transactions on Signal Processing*, vol. 59, no. 12, pp. 6102–6111, Dec. 2011.

[11] Y. Zhou and W. Yu, "Optimized backhaul compression for uplink cloud radio access network," *IEEE Journal on Selected Areas in Communications*, vol. 32, no. 6, pp. 1295–1307, Jun. 2014.

[12] X. Rao and V. Lau, "Distributed fronthaul compression and joint signal recovery in cloud-RAN," *IEEE Transactions on Signal Processing*, vol. 63, no. 4, pp. 1056–1065, Feb. 2015.

[13] S.-H. Park, O. Simeone, O. Sahin, and S. Shamai, "Inter-cluster design of precoding and fronthaul compression for cloud radio access networks," *IEEE Wireless Communications Letters*, vol. 3, no. 4, pp. 369–372, Aug. 2014.

[14] O. Simeone, O. Somekh, H. V. Poor, and S. Shamai, "Downlink multicell processing with limited-backhaul capacity," *EURASIP Journal on Advances in Signal Processing*, vol. 2009, pp. 3:1–3:10, Feb. 2009.

[15] T. Strohmer, M. Emami, J. Hansen, G. Papanicolaou, and A. J. Paulraj, "Application of time-reversal with MMSE equalizer to UWB communications," in *IEEE Global Telecommunications Conference, 2004 (GLOBECOM'04)*, vol. 5. IEEE, pp. 3123–3127, 2004.

[16] C. Oestges, J. Hansen, S. M. Emami, A. D. Kim, G. Papanicolaou, and A. J. Paulraj, "Time reversal techniques for broadband wireless communication systems," in *European Microwave Conference (Workshop)*, pp. 49–66, 2004.

[17] R. C. Qiu, C. Zhou, N. Guo, and J. Q. Zhang, "Time reversal with MISO for ultrawideband

communications: Experimental results," *IEEE Antennas and Wireless Propagation Letters*, vol. 5, no. 1, pp. 269–273, 2006.

[18] B. Wang, Y. Wu, F. Han, Y.-H. Yang, and K. J. R. Liu, "Green wireless communications: A time-reversal paradigm," *IEEE Journal on Selected Areas in Communications*, vol. 29, no. 8, pp. 1698–1710, Sept. 2011.

[19] F. Han, Y.-H. Yang, B. Wang, Y. Wu, and K. J. R. Liu, "Time-reversal division multiple access over multi-path channels," *IEEE Transactions on Communications*, vol. 60, no. 7, pp. 1953–1965, Jul. 2012.

[20] F. Han and K. J. R. Liu, "A multiuser TRDMA uplink system with 2D parallel interference cancellation," *IEEE Transactions on Communications*, vol. 62, no. 3, pp. 1011–1022, Mar. 2014.

[21] Y. Chen, Y.-H. Yang, F. Han, and K. J. R. Liu, "Time-reversal wideband communications," *IEEE Signal Processing Letters*, vol. 20, no. 12, pp. 1219–1222, Dec. 2013.

[22] H. Ma, F. Han, and K. J. R. Liu, "Interference-mitigating broadband secondary user downlink system: A time-reversal solution," in *2013 IEEE Global Communications Conference (GLOBECOM),* pp. 884–889, Dec. 2013.

[23] Y. Chen, F. Han, Y.-H. Yang, H. Ma, Y. Han, C. Jiang, H.-Q. Lai, D. Claffey, Z. Safar, and K. J. R. Liu, "Time-reversal wireless paradigm for green Internet of Things: An overview," *IEEE Internet of Things Journal*, vol. 1, no. 1, pp. 81–98, Feb. 2014.

[24] M. J. Golay, "Complementary series," *IRE Transactions on Information Theory*, vol. 7, no. 2, pp. 82–87, Apr. 1961.

[25] Z.-H. Wu, Y. Han, Y. Chen, and K. J. Liu, "A time-reversal paradigm for indoor positioning system," *IEEE Transactions on Vehicular Technology*, vol. 64, no. 4, pp. 1331–1339, 2015.

[26] F. Weng, C. Yin, and T. Luo, "Channel estimation for the downlink of 3GPP-LTE systems," in *2010 2nd IEEE International Conference on Network Infrastructure and Digital Content*, pp. 1042–1046, Sep. 2010.

[27] B. Widrow and I. Kollár, *Quantization Noise: Roundoff Error in Digital Computation, Signal Processing, Control, and Communications*. New York: Cambridge University Press, 2008.

[28] J. Gentle, *Computational Statistics*, ser. Statistics and Computing. New York: Springer, 2009.

[29] J. Zyren and W. McCoy, "Overview of the 3GPP long term evolution physical layer," *Freescale Semiconductor Inc., white paper*, 2007.

[30] H. Ma, B. Wang, Y. Chen, and K. J. R. Liu, "Time-reversal tunneling effects for cloud radio access network," *IEEE Transactions on Wireless Communications*, vol. 15, no. 4, pp. 3030–3043, 2016.

第五部分　物联网连接

第 21 章 |Chapter 21|

物联网中的时间反演

本章概述了绿色物联网（IoT）中的时间反演（TR）无线范例。TR 技术是一种前景广阔的技术，它能够将信号波聚焦在时域和空域。TR 技术独特的不对称结构极大地降低了终端设备成本，而物联网中终端数量非常大。TR 技术的聚焦效应可以收集接收机处所有多径的能量，提升无线传播的能源效率，并进一步延长物联网终端设备的电池寿命。通过高分辨率空间聚焦，时间反演多址（TRDMA）利用丰富散射环境中多径信道特性的唯一性，并将其映射为位置特定的签名，从而不同用户可以共享相同频谱，实现空分复用。此外，通过调整波和速率补偿因子，时间反演系统可以提供多种服务质量的选择，从而便于支持异构终端设备。最后，时间反演系统中，独特的特定位置签名可以保证更多的物理层安全性，进而提升了物联网中用户的隐私性和安全性。上述所有优势表明，TR 技术是一种有前景的物联网范例。

21.1 引言

在过去的十年中，物联网（IoT）在学术界和工业界都获得了极大的关注，因为它提出了一个具有挑战性的概念，即创造一个万物（或者说我们周围的智能对象[1]）互联的世界，通常是以无线方式接入互联网，并且几乎无须人工干预即可相互通信[2-4]。一个典型的物联网系统如图 21.1 所示。物联网以创建一个更好的世界为终极目标，在这个世界里，我们周围的智能对象能够了解我们喜欢什么、我们想要什么、我们需要什么，无须明确指示即可

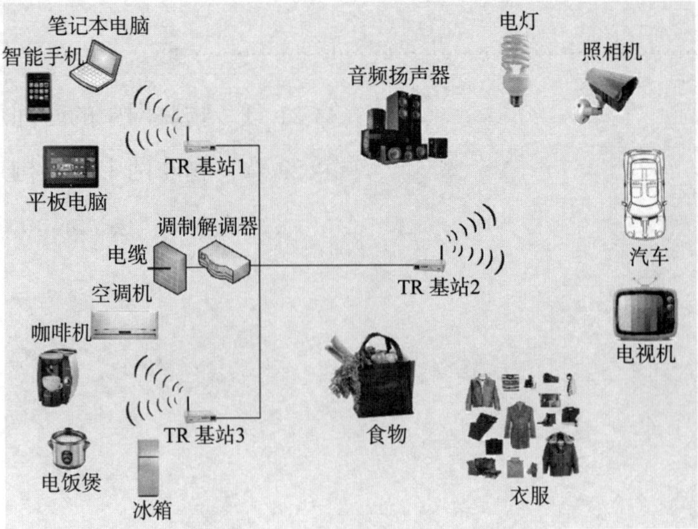

图 21.1　物联网 TR 系统示意图

采取相应的行动[5]，从而提升我们的生活质量，不断减少人类对地球生态的影响[6]。

“物联网”的概念最初是 1999 年由 Kevin Ashton 在宝洁公司（P&G）的演讲中提出的[7]。在这次演讲中，他展望了物联网的潜力，他说：“物联网具有改变世界的潜力，正如互联网那样，甚至有过之而无不及。”2001 年，麻省理工学院自动标识中心（Auto-ID center）提出了物联网的愿景，物联网概念开始变得流行[8]。2005 年，国际电信联盟（ITU）在 ITU 互联网报告中正式引入物联网[9]。

物联网应用前景广阔，具有提升人类生活质量的巨大潜力。然而其研究仍处于起步阶段，在物联网成为现实之前还有很多挑战需要解决。无线通信是物联网中的关键技术，能够帮助人和物不受时间和地点的限制连接到互联网[10]，所以我们从无线通信的角度，总结物联网的关键技术挑战如下。

- 更长的电池寿命。通常物联网中的物体是通过小型电池供电的，耗电量小，这要求无线通信技术具有较低的计算复杂度。
- 多个活动事物。物联网中会有多个并发的活动事物进行数据传输，导致事物间存在严重干扰现象。因此，需要低干扰的无线技术。
- 终端设备成本。为了广泛采用物联网技术，终端设备（也即物体）的成本要低，因而在终端设备侧最好只需要进行简单处理。
- 异构的终端设备。现有的无线系统是十分统一的设备集合，而与此不同，物联网具有更高程度的异构性，因为在功能、技术、应用领域等方面都完全不同的物体会存在于同一通信环境中。因而，物联网的无线解决方案应该能够支持具有不同服务质量选择的异构终端设备，比如传输比特率由低到高。
- 可扩展性。物联网中的物体密度可能很高或很低，这要求无线技术具有足够高的可扩展性，为由低到高密度区域提供令人满意的服务质量。
- 隐私性和安全性要求。物联网中的每个物体都有唯一标识，为了物联网技术能够被广泛采用，因此需要一个可靠的技术方案来保证用户的隐私性和安全性。

要想实现物联网的无线通信解决方案，一项技术应该能够解决上述挑战。现有的物联网无线技术可以被分为以下两类：1）用于低数据传输速率和低功耗应用中的无线技术，如遥控[11-12]；2）高数据传输速率应用中的无线技术，如视频流[13-17]。需要注意的是，低数据传输速率应用中的无线技术可能无法满足高数据传输速率应用的要求。

ZigBee 是一种适用于低功耗、低数据传输速率应用的典型无线通信技术[11]。ZigBee 主要基于 IEEE 802.15.4，能够分别以 20kb/s、40kb/s、250kb/s 的数据传输速率在 868MHz、915GHz、2.4GHz 频段工作。类似的技术还有 Z-Wave[12]，其主要目标是实现控制节点对多个节点的短消息传输。在 2.4GHz 工作频段，Z-Wave 能够达到最高传输速度为 200kb/s。ZigBee 和 Z-Wave 技术的最大优势是成本较低[18-19]。例如，3 ～ 5 美元的芯片就可包含射频（RF）模块、数字基带模块和可编程微控制器。这两种技术都是面向电池供电设备中低功耗应用的。此外，为了降低功耗，ZigBee 甚至还包含睡眠模式机制。这两种技术的硬件复杂度都十分低，只需要 32kb ～ 128kb 的内存，就可以实现包含更高层的系统。另一方面，ZigBee 和 Z-Wave 的最大缺点在于它们的低数据传输速率。2.4GHz 频段由于其他设备的干扰已经变得十分拥挤，比如微波炉、Wi-fi 设备和无绳电话等。频率低于 GHz 的电磁波（EM）可以传播得很远，因而类似设备造成的高干扰水平，使得高节点密度可能无法实现。

高数据传输速率应用中采用最广泛的技术是蓝牙[13]和 Wi-Fi[14]。蓝牙基于 IEEE 802.15.1，它是一种适于短距离数据交换的无线技术。与 ZigBee 和 Z-Wave 相比，蓝牙技术的数据传输速率可以提升到兆比特每秒（Mbit/s）。Wi-Fi 是一种受欢迎的技术，它使得电子设备能够进行无线数据交换或者无线连接到互联网。根据 IEEE 802.11ac，借助 MIMO 和超高阶调制，Wi-Fi 的传输速度最高可以达到几千兆每秒（Gbit/s）。蓝牙和 Wi-Fi 这两种技术最大的优势在于其较高的数据传输速率。然而它们也有更大的功耗、更高的硬件复杂度（因为 Wi-Fi 中的 MIMO），随之成本也更高[20]。由于接收机和发射机采用相同的结构，即采用对称结构，因此终端设备的功耗很高。此外，对于工作在相同或邻近信道的大量 Wi-Fi 接入点，部署位置相近时会导致相互之间干扰严重。因此，即使使用昂贵的终端设备，上述技术似乎也无法在干扰有限的情况下提供强大的性能。另一种可能的技术是第三代 / 第四代（3G/4G）移动通信技术[21-23]。然而 3G/4G 信号在室内覆盖情况差，而物联网中的通信大多发生在室内环境中，这就极大地限制了其在物联网中的应用。

从上述讨论中我们可以看到，现有技术都只能解决物联网的部分挑战，仍有部分挑战未能解决，比如现有技术都无法解决终端设备的异构性和网络可扩展性。我们不禁想问：如果无法解决所有挑战，是否存在一种无线通信技术能够解决物联网的大多数挑战？文献［24］指出，TR 信号传输能够利用多径传播重新收集所有可收集的信号能量，相当于理想的 Rake 接收机。由于其固有的可以从周围环境中充分吸收能量的特性，TR 信号传输技术成为了低复杂度、低功耗的绿色无线通信技术的理想范例。文献［24］中的理论分析证明了典型的 TR 系统能够将功耗和干扰降低至少一个数量级，这意味着 TR 系统可以提供更长的电池寿命，并支持多个并发的活跃用户。进一步地，由于 TR 系统具有非对称结构，接收机处只需要一键式检测[25]，终端设备的计算复杂度及其成本便随之降低。需要注意的是，文献［26］指出当带宽足够大时，能够达到的速率仍然很高。同时，TR 系统通过调整波形和补偿因子能够提供多种服务质量选择，可以轻松地支持异构终端设备[25, 27]。最后，TR 系统独特的特定位置签名能够为物理层提供额外的安全性，从而提升了物联网中用户的隐私性和安全性[24]。总体来说，我们将通过概述说明了时间反演技术是物联网技术的一种理想范例。

本章其余部分内容安排如下。21.2 节介绍时间反演技术的一些基本概念，之后在第 21.3 节讨论时间反演多址（TRDMA）结构，并详细解释为何 TR 是物联网技术的一种理想范例。21.4 节介绍其他挑战性问题及未来方向，包括先进的波设计、MAC 层问题、低成本高速率模数 / 数模转换器。

21.2 时间反演基础

21.2.1 时间反演的基本原理

TR 信号处理是一种在时间和空间上集中信号波功率的技术。TR 技术的研究可以追溯到 20 世纪 70 年代初，当时 Zel'dovich 等人首先开始观察并研究相位共轭[28]。与相位共轭利用全息或参数泵[29]不同，时间反演使用传感器来记录波，并且能够对记录波进行信号处理。

1989 年 Fink 等人实现了时间反演信号处理的应用[30]，引发了声学通信领域一系列的理论和实验研究[31-38]。声学物理学研究[30-34]发现，发射机发出的 TR 声波的能量只能在极高空间分辨率下重新聚焦在预期位置，这一点在真实水下传播环境中进一步得到验证[35-37]。由于 TR 可以充分利用多径传播，并且不需要复杂的信道处理和均衡处理，得以在无线电通信系统中进行了验证和测试。文献［24, 39-45］对电磁波进行了 TR 技术的实验验证，包括空间和时间聚焦特性[24, 39-45]和信道互易性[24, 41]。文献［46-48］研究了将 TR 技术应用于超宽带（UWB）通信的可行性，重点在仿真中关注误比特率（BER）。文献［25］对基于 TR 的多用户通信系统进行了系统级的理论研究和综合性能分析，提出了时间反演多址（TRDMA）的概念。为了提升 TRDMA 系统的性能，人们提出通过波设计[27,49]和干扰消除[50]进行干扰抑制。文献［26, 51-52］研究了实现的复杂度问题。而且，文献［53-54］研究表明，利用随机散射体，TR 可以实现远远超出衍射极限（即半波长）的聚焦。

时间反演传输的原理十分简单，具体可参考第 1 章。时间反演通信系统的工作建立在以下两个基本假设的基础之上：

- 信道互易性：假定前向链路信道和后向链路信道的冲激响应是相同的。
- 信道平稳性：假定信道冲激响应在至少一个探测和传输周期内保持平稳。

在现实情况下这两个假设通常都成立，尤其是在室内环境中，这在文献［24, 55］中通过实际实验得到了验证。Qiu 等人[55]在校园实验室进行了实验，结果表明，前向链路信道和后向链路信道的冲激响应间的相关性高达 0.98，这意味着信道具有高度的互易性。Wang 等人[24]利用实验证明了办公室的多径信道实际上不会有很大变化。他们每间隔 1 分钟测量一次信道信息，总共拍摄记录了 40 个信道快照，前 20 个快照是静态环境中测量的结果，第 21-30 个快照是轻微变化环境中的测量结果，第 31-40 个快照对应动态变化的环境。实验结果如图 21.2 所示，我们可以看到，不同快照间的相关系数大多都高于 0.8，且静态环境中的快照相关系数高于 0.95，这意味着信道是高度平稳的。

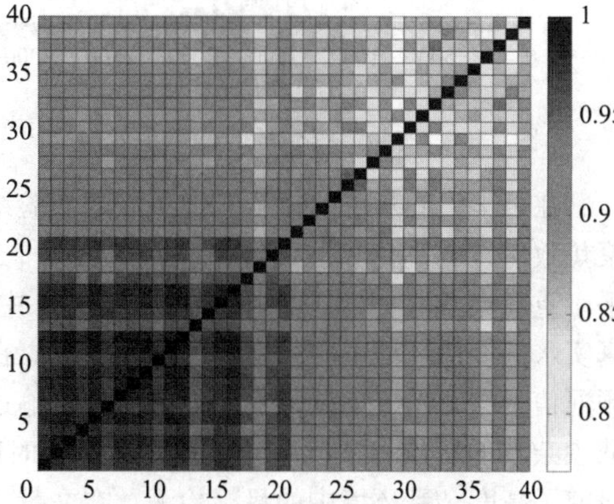

图 21.2　不同时间轮次的信道响应相关性[24]

通过利用信道互易性，重新发射的 TR 波可以对到达路径进行回溯，最终得到预期位置上所有路径信号的构造性总和，在空间上呈现“尖峰”状的信号功率分布，通常称之为空间聚焦效应。同样从信号处理的角度来看，在点对点通信过程中，TR 本质上是将多径信道作为匹配滤波器，并将波聚焦在时域上，这通常称为时间聚焦效应。通过将环境视为一个方便的匹配滤波计算机，可以显著降低 TR 系统的复杂度，这对物联网应用来说非常理想，我们会在后面进行讨论。

21.2.2　时间反演的时间聚焦和空间聚焦

原则上，无线介质中的反射、衍射和散射的原理决定了每条多径通信链路上信道冲激响应的唯一性和独立性[56]。如图 21.3 和图 21.4 所示，从实际的室内实验得到的结果显示，当收发机 A 重新发射的 TR 波在无线介质中传播时，收发机 B 的位置是唯一与互易信道冲激响应关联的位置。也就是说，给定来自收发机 A 重新发射的 TR 波形，其对于收发机 A 和 B 之间的信道冲激响应是特定的，环境将会成为仅针对收发机 B 的匹配滤波器。因此，仅在收发机 B 处可以看到特定重新发射 TR 波的时间聚焦效应。这意味着，不仅如图 21.3 所示，在时间聚焦的时刻，收发机 B 处的信号功率在时域出现了很高的峰值，而且由图 21.4 可知，在丰富多径环境中，收发机 B 位置处也产生了明显的空间聚焦。其物理意义是，在此时刻由于时间反演传输产生了共振效应。

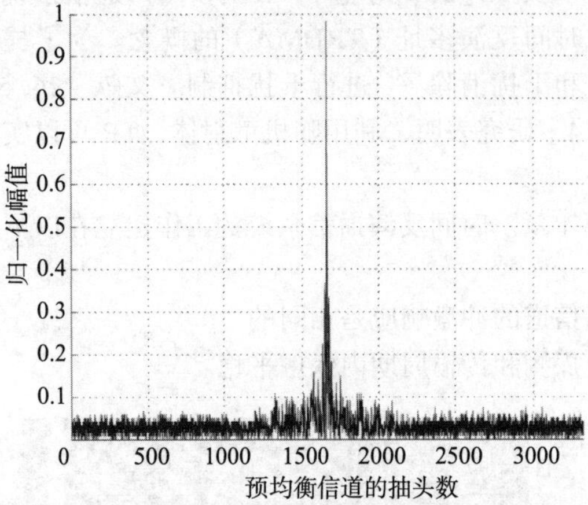

图 21.3　实验中得到的时间聚焦效应[24]

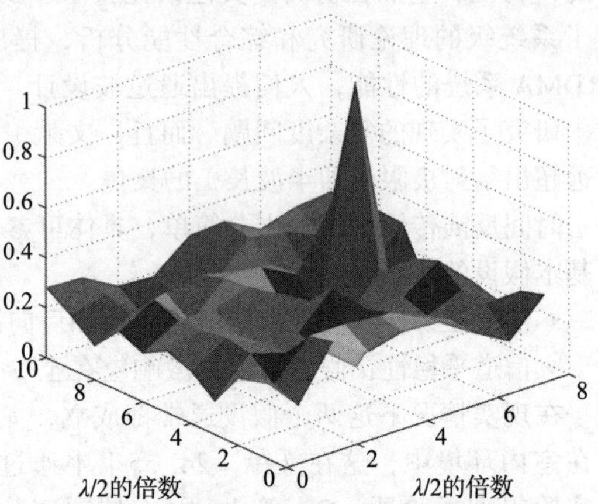

图 21.4　实验中得到的空间聚焦效应[24]

在声学 / 超声域和射频（RF）域的实验结果，进一步验证了时间反演传输的时间聚焦和空间聚焦效应，与理论预测的结果一致。文献［30-34］发现了声能可以以非常高的分辨率（波长水平）重新聚焦在声源上。在文献［35-37］中，研究人员在海洋中进行了声学实验，目的是验证真实水下传播环境中时间反演的聚焦效应。在射频域的研究方面，文献［39-40, 46］中通过在射频通信中的测量，实验证实了电磁信号传输过程中时间反演的空间和时间聚焦特性。此外，为了减少杂波的影响，文献［57］提出了基于时间反演的干扰消除器，文献［58-59］利用时间反演研究了高度杂乱环境中的目标检测。在文献［24］中，在典型室内环境中得到了真实的射频实验结果，证明了时间反演作为绿色无线通信的新范式具有巨大潜力。

在通信系统背景下，时间聚焦效应能够将每个符号中有用信号的大部分能量聚集在较短的时间间隔内，从而有效地抑制高速宽带通信中的码间干扰（ISI）。空间聚焦效应使我们能够在特定位置收集信号能量，减少了能量在其他位置的泄漏，从而降低了对发射功率的要求，并减少了对其他位置的同信道干扰。由于时间反演的时间和空间聚焦效应，基于时间反演的通信系统具有独特优势，在物联网应用方面具有广阔前景，本章后续将对此进行讨论。

21.2.3　时间反演通信系统

图 21.5 是一个简易时间反演通信系统。两个收发机间的信道冲激响应（CIR）可以表示为

$$h(t)=\sum_{v=1}^{V}h_v\delta(t-\tau_v) \tag{21.1}$$

式中，h_v 是 CIR 第 v 条路径上的复信道增益，τ_v 是对应的路径延迟，V 是底层多径的总数（假定系统带宽和时间分辨率无限）。不失一般性，我们假设在接下来的讨论中 $\tau_1=0$，也即第一条

路径达到时间为 $t=0$，则多径信道 T 的延迟传播为 $T=\tau_v-\tau_1=\tau_v$。

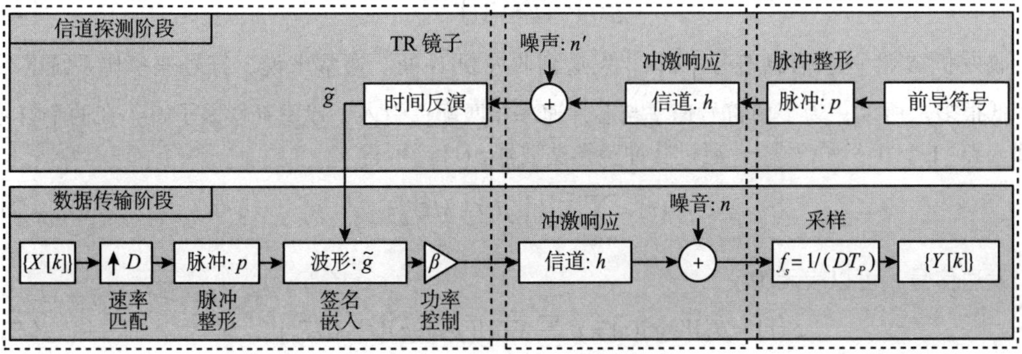

图 21.5　简易时间反演通信系统

受实际通信系统有限带宽的限制，通常使用冲激整形滤波器来限制传输的有效带宽。一般来说，脉冲持续时间 T_p 与可用带宽 B 的关系可以简单表示为 $T_p=1/B$。

21.2.3.1　信道探测阶段

在收发机 A 的时间反演传输之前，收发机 B 首先发出一个持续时间为 T_p 的脉冲 $p(t)$（并非要求无限带宽的理想脉冲），该脉冲信号通过多径信道 $h(t)$ 传播到收发机 A 处，其中收发机 A 记录了收到的波 $\tilde{h}(t)$，$\tilde{h}(t)$ 是 $h(t)$ 和 $p(t)$ 的卷积，可以表示为

$$\tilde{h}(t)=\int_{t-T_p}^{t}p(t-\tau)h(\tau)\mathrm{d}\tau,\ 0\leqslant t\leqslant T+T_p\ \&\ T_p\ll T \tag{21.2}$$

式中，$\tilde{h}(t)$ 可以视为带宽为 B 的系统的等效信道响应。由式（21.2）可知，对于时间差小于脉冲持续时间 T_p 的路径来说，由于系统有限带宽为 B，路径被混合在一起。同样地，对于 $|t_1-t_2|>T_p$ 的路径，接收机收到的 $\tilde{h}(t_1)$ 和 $\tilde{h}(t_2)$ 由完全不同的路径集合确定。因此，给定有限带宽 B，相应的脉冲持续时间 T_p 决定了对相邻路径进行解析时的时域分辨率。换言之，从系统角度看，那些时间差小于 T_p 的路径可以视为等效信道响应 $\tilde{h}(t)$ 中的一条路径。

21.2.3.2　数据传输阶段

在接收机 A 收到波 $\tilde{h}(t)$ 后，便对其进行时间反演（若为复数还会进行共轭），将归一化之后的 TR 波作为基本签名波 $\{\tilde{g}(t)\}$，即

$$\tilde{g}(t)=\frac{\tilde{h}^*(-t)}{\sqrt{\int_0^{T+T_P}\left|\tilde{h}(\tau)\right|^2\mathrm{d}\tau}}=\frac{\int_t^{t+T_P}p^*(-t+\tau)h^*(-\tau)\mathrm{d}\tau}{\sqrt{\int_0^{T+T_P}\left|\tilde{h}(\tau)\right|^2\mathrm{d}\tau}} \tag{21.3}$$

定义 $g(t)\triangleq h^*(-t)$ 且 $q(t)\triangleq p^*(-t)$，式（21.3）中的 $\tilde{g}(t)$ 可以表示为

$$\tilde{g}(t)=(g*q)(t) \tag{21.4}$$

收发机 A 将一组信息符号 $\{X[k]\}$ 发送到收发机 B 处。通常来说，符号速率比系统芯片速率㊀低很多。所以，为了使符号速率与芯片速率相匹配，引入了速率补偿因子 D，在两个符号之间插入 $D-1$ 个 0[24-25, 46, 60]。通过脉冲整形滤波器 $p(t)$，可得

$$W(t)=\sum_{k\in\mathbb{Z}^+}X[k]\cdot p(t-kDT_P) \tag{21.5}$$

发送信号㊁可以表示为

$$S(t)=\beta(W*\tilde{g})(t)=\beta\sum_{k\in\mathbb{Z}^+}X[k](p*q*g)(t-kDT_P) \tag{21.6}$$

收发机 B 处收到的信号是 $S(t)$ 与 $h(t)$ 的卷积，再加上均值为 0、方差为 $\sigma_N{}^2$ 的加性高斯白噪声（AWGN）$\tilde{n}(t)$，即

$$\begin{aligned}Y(t)&=(S*h)(t)+\tilde{n}(t)\\&=\tilde{n}(t)+\beta\sum_{k\in\mathbb{Z}^+}X[k](p*q*g*h)(t-kDT_P)\\&=\tilde{n}(t)+\beta\sum_{k\in\mathbb{Z}^+}X[k](\tilde{h}*\tilde{g})(t-kDT_P)\end{aligned} \tag{21.7}$$

式中，$\tilde{h}(t)=(p*h)(t)$，$\tilde{g}(t)=(q*g)(t)$。

由于 TR 具有时间聚焦效应，当 $t=kDT_P$ 时，$(\tilde{h}*\tilde{g})(t-kDT_P)$ 的功率可达到符号 $X[k]$ 的最大值，即

$$(\tilde{h}*\tilde{g})(0)=\int_0^{T+T_P}\tilde{h}(\tau)\tilde{g}(-\tau)\,\mathrm{d}\tau=\sqrt{\int_0^{T+T_P}\left|\tilde{h}(\tau)\right|^2\mathrm{d}\tau} \tag{21.8}$$

作为接收机，为了检测符号 $X[k]$，收发机 B 在 $t=kDT_P$㊂时刻，$k=1, 2, \cdots$，以 DT_P 秒为间隔对接收信号进行采样，进而可得到

$$\begin{aligned}Y[k]=Y(t=kDT_p)&=\beta\sum_{l=-\left\lfloor\frac{T+T_p}{DT_p}\right\rfloor}^{\left\lfloor\frac{T+T_p}{DT_p}\right\rfloor}X[k+l](\tilde{g}*\tilde{h})(lDT_p)+\tilde{n}(kDT_p)\\&=\underbrace{\beta(\tilde{h}*\tilde{g})(0)X[k]}_{\text{信号}}+\underbrace{\beta\sum_{\substack{l=\left\lfloor\frac{T+T_p}{DT_p}\right\rfloor\\l\neq0}}^{\left\lfloor\frac{T+T_p}{DT_p}\right\rfloor}X[k+l](\tilde{g}*\tilde{h})(lDT_p)}_{\text{ISI}}+\underbrace{n[k]}_{\text{噪声}}\end{aligned} \tag{21.9}$$

㊀ 每个芯片的持续时间为 T_P。

㊁ 注意，本章中考虑的模型为基带系统模型。因而系统示意图中不包含射频组件。

㊂ 不失一般性，我们假设在相对时间 $t=0$ 时已经完成同步。

式中，$n[k] \triangleq \tilde{n}(kDT_P)$。

最终，可以得到，信号与干扰加噪声之和的比（SINR）为

$$SINR = \frac{\beta^2 \int_0^{T+T_P} \left|\tilde{h}(\tau)\right|^2 \mathrm{d}\tau}{\beta^2 \sum_{\substack{l=-\left\lfloor \frac{T+T_p}{DT_p} \right\rfloor \\ l \neq 0}}^{\left\lfloor \frac{T+T_p}{DT_p} \right\rfloor} \left|\left(\tilde{g} * \tilde{h}\right)(lDT_P)\right|^2 + \sigma_N^2} \tag{21.10}$$

假设每个信息符号 $X[k]$ 的功率都为单位功率。

21.2.3.3　带宽有限的等效系统模型

在式（21.2）- 式（21.10）的基础上，对于图 21.5 所示的带宽有限的系统，我们可以得到如图 21.6 所示的等效系统模型。在该等效系统模型中，利用限带冲激整形滤波器 $p(t)$，可以通过 $\tilde{h}(t)=(h*p)(t)$ 得到此带宽有限系统的等效信道响应。相应地，经过时间反演（以及共轭）的等效信道响应为 $\tilde{g}(t)=\widetilde{h^*}(-t)$，它是等效模型对应的 TR 特征波。

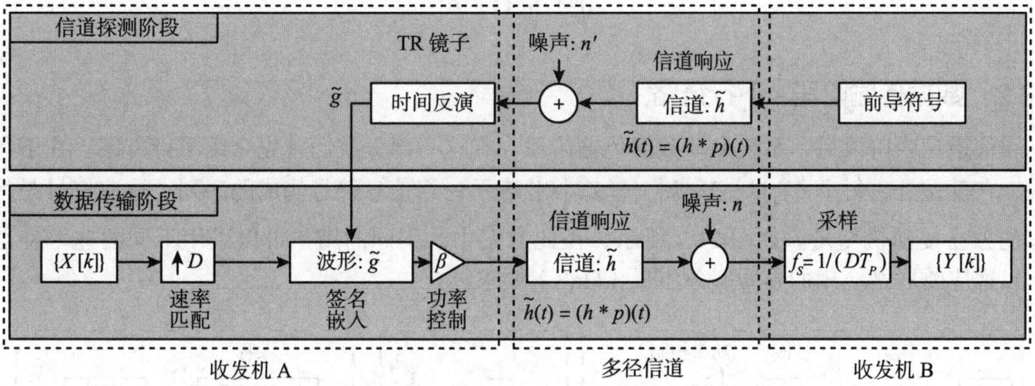

图 21.6　等效信道响应为 $\tilde{h}(t)$ 的基本时间反演通信

在本章后续对 TRDMA 方案的讨论中，通过观察有效信道响应 $\tilde{h}(t)=(h*p)(t)$，我们使用更简单的等效模型，这可以通过比较图 21.5 和图 21.6 来验证该模型的正确性。

21.3　物联网中的非对称 TRDMA 结构

基于 TR 技术，在文献［25］中我们提出了一个用于宽带通信的多用户媒体接入新方案，即时间反演多址（TRDMA）。利用时间反演（TR）技术所特有的时间和空间聚焦效应[24, 61]，TRDMA 利用环境的空间自由度，并将与每个用户位置相关联的多径信道特性作为该用户在该特定位置的签名。进一步，如文献［62-63］所示，可以通过混合空间、时间自由度来对信道特性进行优化。

在本节中，基于 TRDMA 的概念，我们介绍一种用于物联网的非对称 TRDMA 结构，其中

大部分计算复杂度集中在功能更强大的基站上，从而可以最小化上行和下行链路上终端设备的计算复杂度和成本。如图 21.1 所示，该物联网系统包含多个 TR 基站，每个基站可以连接多个异构终端设备，从笔记本电脑、电视到电灯和衣服。接下来，我们首先关注单个基站的场景，然后在 21.3.5 节将会讨论多基站场景。

21.3.1　信道探测阶段

考虑一个由单个基站和 N 个终端用户㊀组成的无线宽带多用户网络。不同用户与基站同时通信、共享频谱。假设在一个丰富散射环境中，每个用户的位置对应一个唯一（有效）的信道响应 $\tilde{h}_i(t), i=1, 2, \cdots, N$。

信道探测发生在终端用户进入网络时，之后定期重复此过程㊁。每次对一个用户执行信道探测过程。对于第 i 个用户的信道探测过程，终端用户首先向基站发送一个脉冲导频信号 $p(t)$，这样基站处的时间反演镜像就可以对收到的波 $\tilde{h}_i(t)$ 进行记录和时间反演（如果是复数还需进行共轭），并将 TR 波 $\tilde{g}_i(t)$ 作为基本签名波，$\tilde{g}_i(t)$ 可以表示为㊂

$$\tilde{g}_i(t)=\frac{\tilde{h}_i^*(-t)}{\sqrt{\int_0^{T+T_P}\left|\tilde{h}_i(\tau)\right|^2 \mathrm{d}\tau}} \tag{21.11}$$

21.3.2　数据传输阶段 - 下行链路

在信道记录阶段后，系统启动数据传输阶段。在这一部分我们首先介绍下行方案。在下行方案中，在基站处，每个 $\{X_1[k], X_2[k], \cdots, X_N[k]\}$ 表示一组信息符号构成的序列，这些符号是均值为零的独立复随机变量。如图 21.7 所示，在此方案中，不同的用户可以采用不同的速率补偿因子，以适应物联网应用的异质服务质量（QoS）要求。

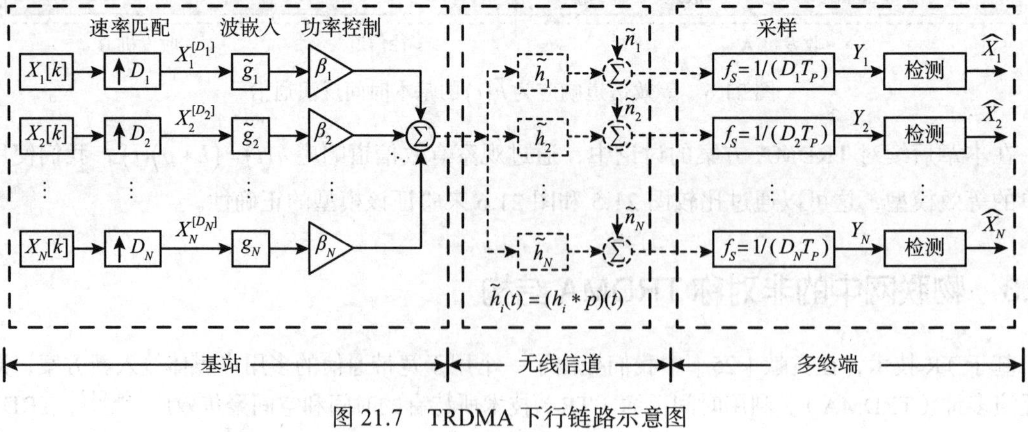

图 21.7　TRDMA 下行链路示意图

㊀　本章中，用户和设备的说法可以互换。

㊁　一般来说，探测周期取决于信道变化的速度。

㊂　如 21.2 节中提到的，我们在有限带宽系统中使用有效信道响应。

为了进行速率补偿，首先对基站处的第 i 个序列以因子 D_i 进行上采样，上采样后的序列可以表示为

$$X_i^{[D_i]}[k]=\begin{cases}X_i[k/D_i], & \text{if } k \bmod D_i = 0\\ 0, & \text{if } k \bmod D_i \neq 0\end{cases} \tag{21.12}$$

接着利用上采样后的序列对签名波 $\{\tilde{g}_1,\tilde{g}_2,\cdots,\tilde{g}_N\}$ 进行调制，如图 21.7 所示，实现调制的方法是将上采样后的第 i 条序列 $\{X_i^{[D_i]}[k]\}$ 与 TR 波 $g_i(t)$ 进行卷积。

在此基础上，将所有信号组合在一起，该待传输的组合信号 $S(t)$ 可以表示为

$$\begin{aligned}S(t)&=\sum_{k\in\mathbb{Z}^+}\sum_{j=1}^{N}\beta_j X_j^{[D_j]}[k]\tilde{g}_j(t-kT_P)\\&=\sum_{k\in\mathbb{Z}^+}\sum_{j=1}^{N}\beta_j X_j[k]\tilde{g}_j(t-kD_jT_P)\end{aligned} \tag{21.13}$$

从本质上讲，通过将信息符号序列与 TR 波进行卷积，TR 结构实现了一种机制，该机制能将与每条通信链路相关联的唯一位置特定签名嵌入到给目标用户的传输信号中。

在用户 i 处收到的信号可以表示为

$$\begin{aligned}Y_i(t)&=(S*\tilde{h}_i)(t)+\tilde{n}_i(t)\\&=\sum_{k\in\mathbb{Z}^+}\sum_{j=1}^{N}\beta_j X_j[k](\tilde{h}_i*\tilde{g}_j)(t-kD_jT_P)+\tilde{n}_i(t)\end{aligned} \tag{21.14}$$

这是将传输信号 $S(t)$ 与信道响应 $\tilde{h}_i(t)$ 进行卷积，再与一个均值为 0、方差为 σ_N^2 的加性高斯白噪声序列 $\tilde{n}_i(t)$ 求和得到的。

由于时间反演的时间聚焦效应，第 i 个接收机（用户 i）只需要对收到的信号以 D_iT_P 为间隔、在 $t=kD_iT_P$ 处进行采样，就可以得到如下的 $Y_i[k]$

$$\begin{aligned}Y_i[k]=\ &\beta_i X_i[k](\tilde{h}_i*\tilde{g}_i)(0)+\beta_i\sum_{\substack{l=-\left\lfloor\frac{T+T_P}{D_iT_P}\right\rfloor\\ l\neq 0}}^{\left\lfloor\frac{T+T_P}{D_iT_P}\right\rfloor} X_i\lfloor k+l\rfloor(\tilde{h}_i*\tilde{g}_i)(lD_iT_P)\ \ \text{信号}\ \ \text{ISI}+\\&\sum_{\substack{j=1\\ j\neq i}}^{N}\beta_j\sum_{l=-\left\lfloor\frac{T+T_P}{D_jT_P}\right\rfloor}^{\left\lfloor\frac{T+T_P}{D_jT_P}\right\rfloor} X_j\lfloor k+l\rfloor(\tilde{h}_i*\tilde{g}_i)(lD_jT_P)\ \ \text{IUI}+n_i[k]\end{aligned} \tag{21.15}$$

式中，$n_i[k]=\tilde{n}_i(kD_iT_P)$，且

$$(\tilde{h}_i*\tilde{g}_j)(lD_jT_P)=\begin{cases}\dfrac{\displaystyle\int_{lD_jT_P}^{T+T_P}\tilde{h}_i(\tau)\tilde{h}_j(\tau-lD_jT_P)\mathrm{d}\tau}{\sqrt{\displaystyle\int_0^{T+T_P}\left|\tilde{h}_j(\tau)\right|^2\mathrm{d}\tau}}, & \text{if } 0\leqslant l\leqslant\left\lfloor\dfrac{T+T_P}{D_jT_P}\right\rfloor\end{cases} \tag{21.16}$$

$$\left(\tilde{h}_i * \tilde{g}_j\right)\left(lD_jT_P\right)=\begin{cases}\dfrac{\int_0^{T+T_P+lD_jT_P} \tilde{h}_i(\tau)\tilde{h}_j\left(\tau-lD_jT_P\right)\mathrm{d}\tau}{\sqrt{\int_0^{T+T_P}\left|\tilde{h}_j(\tau)\right|^2\mathrm{d}\tau}}, & \text{if } \left\lfloor\dfrac{T+T_P}{D_jT_P}\right\rfloor \leqslant l<0\end{cases} \tag{21.16 续}$$

由于 TR 的空间聚焦效应，在式（21.16）中，当 $i \neq j$ 时，$\left(\tilde{h}_i * \tilde{g}_j\right)\left(lD_iT_P\right)$ 的功率通常比 $\left(\tilde{h}_i * \tilde{g}_i\right)(0)$ 的功率小得多，这就抑制了 TRDMA 下行链路的用户间干扰（IUI）。

最终，基于式（21.15）可以得到 TRDMA 下行链路中用户 i 的 SINR 值如下

$$SINR_{DL}^{(i)}=\frac{P_{sig}^{DL}(i)}{P_{\text{ISI}}^{DL}(i)+P_{\text{IUI}}^{DL}(i)+\sigma_N^2} \tag{21.17}$$

式中

$$P_{Sig}^{DL}(i)=\beta_i^2\int_0^{T+T_P}\left|\tilde{h}_i(\tau)\right|^2\mathrm{d}\tau \tag{21.18}$$

$$P_{ISI}^{DL}(i)=\beta_i^2\sum_{\substack{l=-\left\lfloor\frac{T+T_P}{D_iT_P}\right\rfloor\\ l\neq 0}}^{\left\lfloor\frac{T+T_P}{D_iT_P}\right\rfloor}\left|\left(\tilde{h}_i * \tilde{g}_i\right)\left(lD_iT_P\right)\right|^2 \tag{21.19}$$

且

$$P_{IUI}^{DL}(i)=\sum_{\substack{j=1\\ j\neq i}}^{N}\beta_j^2\sum_{l=-\left\lfloor\frac{T+T_P}{D_jT_P}\right\rfloor}^{\left\lfloor\frac{T+T_P}{D_jT_P}\right\rfloor}\left|\left(\tilde{h}_i * \tilde{g}_j\right)\left(lD_jT_P\right)\right|^2 \tag{21.20}$$

21.3.3 数据传输阶段 - 上行链路

这一部分中，我们介绍 TRDMA 上行方案，它与下行方案一起促进了物联网的非对称 TRDMA 结构的实现。考虑到下行链路中基站与终端用户之间的非对称复杂度分布，这种上行链路的设计原则是，将终端用户的复杂度保持在最低水平。

在 TRDMA 上行链路中，N 个用户通过多径信道同时向基站发送独立消息 $\{X_1[k], X_2[k], \cdots, X_N[k]\}$。为了使符号速率与系统芯片速率匹配，与下行链路方案相似，上行方案中同样引入了速率补偿因子 D。如图 21.8 所示，对于任意用户 $U_i, i\in\{1, 2, \cdots, N\}$，速率匹配是通过参数 D_i 对符号序列 $\{X_i[k]\}$ 进行上采样进行的。用户 i 经过上采样的调制符号序列可以表示为

$$X_i^{[D_i]}[k]=\begin{cases}X_i[k/D_i], & \text{if } k \bmod D_i=0\\ 0, & \text{if } k \bmod D_i\neq 0\end{cases} \tag{21.21}$$

图 21.8 中缩放参数 a_i 用于实现发射功率控制，其取值假设由基站通过反馈 / 控制信道确定。该序列与缩放参数相乘得到 $a_iX_i^{[D_i]}[k], i\in\{1, 2, \cdots, N\}$ 序列，并通过对应的多径信道 $\tilde{h}_i(t)$ 传输。

通过无线信道 $\tilde{h}_i(t)$ 传输序列 $\{a_iX_i^{[D_i]}[k]\}$ 时，$\{a_iX_i^{[D_i]}[k]\}$ 与有效信道响应 $\{h_i[k]\}$ 之间的卷积

就是用户 i 的信道输出。接下来，如图 21.8 所示，N 个用户所有的信道输出在空中混合，再加上基站处产生的均值为 0、方差为 $\sigma_N{}^2$ 的加性高斯白噪声（AWGN）$\tilde{n}(k)$。最终，基站处收到的混合信号可以表示为

$$S(t)=\sum_{k\in\mathbb{Z}^+}\sum_{i=1}^{N}a_iX_i[k]\tilde{h}_i(t-kD_iT_P)+\tilde{n}(t) \tag{21.22}$$

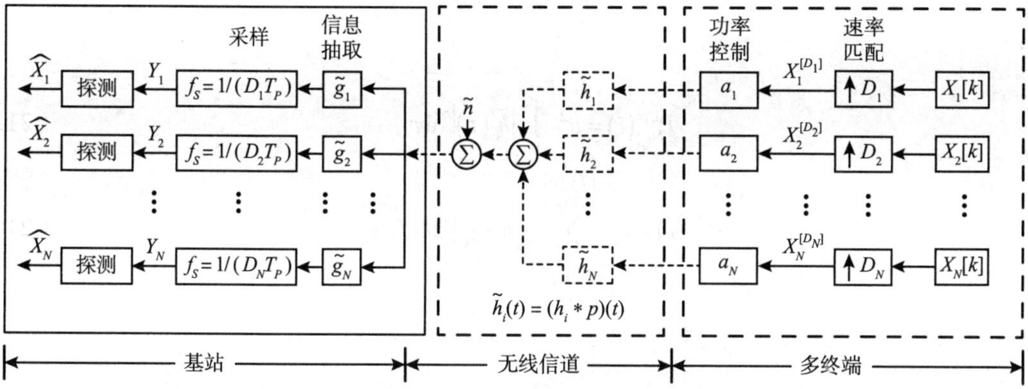

图 21.8　TRDMA 上行链路示意图

基站收到式（21.22）所示的混合信号后，将该信号送入一组 N 个滤波器中，其中每个滤波器都计算输入信号 $S(t)$ 与用户签名波 $\tilde{g}_i(t)$ 的卷积，而用户签名波在下行链路中已经计算得到。利用签名波的卷积，能够提取信号中的有用分量，并抑制其他用户的信号。第 i 个滤波器的输出 $\tilde{g}_i(t)$，也即 $S(t)$ 与用户 i 签名波的卷积，可以表示为

$$Y_i(t)=\sum_{k\in\mathbb{Z}^+}\sum_{j=1}^{N}a_jX_j[k](\tilde{g}_i*\tilde{h}_j)(t-kD_jT_P)+(\tilde{g}_i*\tilde{n})(t) \tag{21.23}$$

其中用户 i 的符号 $X_i[k]$ 在 $t=kD_iT_P$ 时间聚焦时刻能够获得最大增益。

以 D_iT_P 为间隔，在 $t=kD_iT_P$ 处对 $Y_i[t]$ 进行采样，可以得到

$$Y_i[k]=a_iX_i[k](\tilde{g}_i*\tilde{h}_i)(0)+a_i\sum_{\substack{l=-\left\lfloor\frac{T+T_P}{D_iT_P}\right\rfloor\\ l\neq 0}}^{\left\lfloor\frac{T+T_P}{D_iT_P}\right\rfloor}X_i[k+l](\tilde{h}_i*\tilde{g}_i)(lD_iT_P)\ \text{信号 ISI}+$$

$$\sum_{\substack{j=1\\ j\neq i}}^{N}a_j\sum_{l=-\left\lfloor\frac{T+T_P}{D_jT_P}\right\rfloor}^{\left\lfloor\frac{T+T_P}{D_jT_P}\right\rfloor}X_j[k+l](\tilde{h}_i*\tilde{g}_i)(lD_iT_P)\ \text{IUI}+n_i[k] \tag{21.24}$$

式中，$n_i[k]=(\tilde{g}_i*\tilde{n})(kD_iT_P)$ 是经过 $\tilde{g}_i(t)$ 滤波后的有色噪声的采样值，它仍是均值为 0、方差为 $\sigma_N{}^2$ 的高斯随机变量，因为由式（21.11）可知 $\tilde{g}_i$ 是一个归一化波。

由式（21.15）和式（21.24）可知，交换卷积计算中签名波 $\tilde{g}_i$ 和信道响应 $\tilde{h}_i$ 的角色（忽略缩

放参数 a_i 和噪声项），可以得到相同的数学表达式。据此，从数学上看㊀，下行链路中观察到的虚拟空间聚焦效应，同样可以在上行方案的用户签名域中看到。这种虚拟空间聚焦效应使得基站能够利用用户签名波，从组合的接收信号中提取有用的成分，进而支持多个用户同时接入基站。

最终，基于式（21.24）可知，TRDMA 上行链路中用户 i 的 SINR 值可以表示为

$$SINR_{UL}^{(i)}=\frac{P_{sig}^{UL}(i)}{P_{ISI}^{UL}(i)+P_{IUI}^{UL}(i)+\sigma_N^2} \tag{21.25}$$

式中

$$P_{Sig}^{UL}(i)=a_i^2\int_0^{T+T_P}\left|\tilde{h}_i(\tau)\right|^2\mathrm{d}\tau \tag{21.26}$$

$$P_{ISI}^{UL}(i)=a_i^2\sum_{\substack{l=-\left\lfloor\frac{T+T_P}{D_iT_P}\right\rfloor\\ l\neq 0}}^{\left\lfloor\frac{T+T_P}{D_iT_P}\right\rfloor}\left|\left(\tilde{h}_i*\tilde{g}_i\right)(lD_iT_P)\right|^2 \tag{21.27}$$

且

$$P_{IUI}^{UL}(i)=\sum_{\substack{j=1\\ j\neq i}}^{N}a_j^2\sum_{l=-\left\lfloor\frac{T+T_P}{D_jT_P}\right\rfloor}^{\left\lfloor\frac{T+T_P}{D_jT_P}\right\rfloor}\left|\left(\tilde{h}_j*\tilde{g}_i\right)(lD_jT_P)\right|^2 \tag{21.28}$$

21.3.4 TRDMA 的性能

在本节，我们使用不同指标对上述 TRDMA 系统与超宽带（UWB）冲激无线电系统性能进行比较，这里假设 UWB 冲激无线电系统使用理想的 Rake 接收机来收集所有的信道信息。当两个系统的功耗相同时，首先比较两个系统中用户平均可实现数据速率。如图 21.9 所示，相比 UWB 冲激无线电系统，TRDMA 系统能够为用户提供更高的数据传输速率。

接下来我们估计每个系统可以支持的用户数量。由于 TRDMA 能够减少用户间的干扰，有望能够支持更多的用户。在图 21.10 中，我们分别展示了两个系统可支持用户数量随用户平均可用速率的变化曲线。可以看出，正如我们所预期的那样，TRDMA 系统能够比 UWB 冲激无线电系统支持更多的用户。例如，如果每个用户要求的数据速率是 0.1（bit/s）/Hz，在带宽为 100MHz 的情况下，等效速率为 10Mbit/s，则 TRDMA 可以支持 20 个用户，而 UWB 冲激无线电系统可支持 5 个用户。

另一方面，如果固定每个用户的可用数据速率，TRDMA 系统对相邻用户影响更小，也即对系统外的用户干扰更小。如图 21.11 所示，将用户的可用速率固定为 0.1（bit/s）/Hz 时，TRDMA 系统的性能衰减远小于 UWB 冲激无线电系统。因此，TRDMA 系统具有容纳更多用户的潜力，是物联网更好的解决方案。

最后，我们在图 21.12 中展示了两个用户情况下的可用速率区域，进一步将提出的 TRDMA

㊀ 在下行链路中观察到的物理空间聚焦效应中，有用信号功率集中在不同的物理位置；与此不同，在上行链路中，在 BS 处从数学上实现用户签名波空间中的信号功率集中。

系统与具有正交基和叠加码的理想 Rake 接收机方案进行比较[25]。可以发现 TRDMA 系统性能超过了所有基于 Rake 接收机的系统，而且 TRDMA 系统达到的最优性能接近 Genie 辅助系统的外边界，在该边界假定所有干扰都是已知的，因此可以完全消除。这些结果说明，TRDMA 在空间聚焦效应方面具有独特优势，这是在将信号发射到空中之前，通过对每个特定位置签名进行嵌入预处理而实现的。作为 TRDMA 的关键机制，高分辨率空间聚焦能够减少用户间干扰，并为物联网提供了一个有希望的多用户无线通信解决方案。

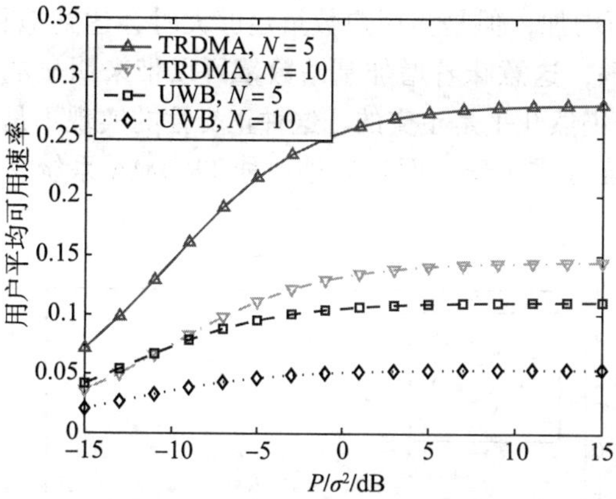

图 21.9　基于每个用户可用数据速率的 TRDMA 与 UWB 性能比较

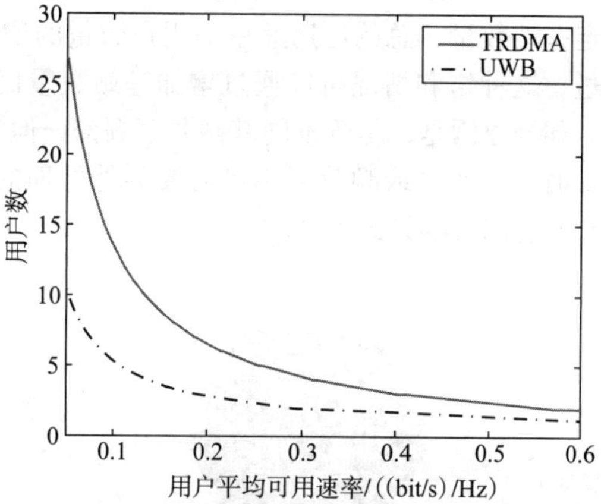

图 21.10　基于可支持用户数量的 TRDMA 与 UWB 性能比较

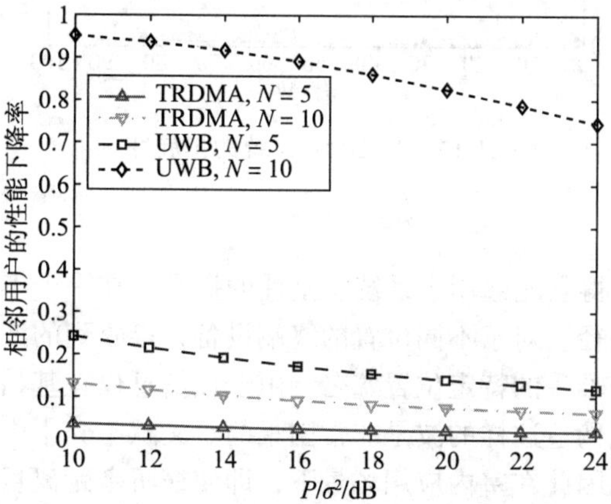

图 21.11　TRDMA 与 UWB 对系统外用户的影响对比

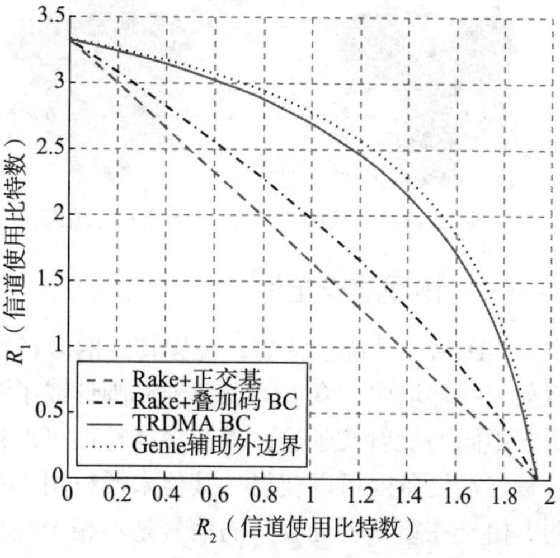

图 21.12　两个用户情况下的可用速率区域[25]

21.3.5　可扩展性

在前面章节中我们已经说明了单个 TRDMA 基站有希望支持大量用户同时保持对系统外其他无线通信用户的低干扰。然而在物联网应用中，用户密度可能会非常高，以至于单个基站不足以支持所有用户。一种可能的解决方案是增加基站数量，接下来我们将展示 TRDMA 系统具有高度可扩展性，并且可以随时方便地安装额外的基站。

在其他无线通信技术中，需要引入其他机制以避免或减弱增加基站数量所引发的干扰，而TRDMA系统则不同，由于其具有空间聚焦效应，因此无须额外处理增加基站所带来的干扰。如图21.13所示，如果在最初的一个基站周围增加了六个基站，这些基站都可以与原有基站一样使用TRDMA系统中的完整频谱，而其他的系统中需要对频谱进行重新分配以避免相邻基站共享相同频带。通过基站间对频谱的充分重用，这种易于可扩展性也提升了频谱效率。

图21.14展示了当基站数量不同时，总的用户可用数据速率随用户数量的变化。可以看到，给定基站数量，总的可用速率随用户数量的增加而增加，但是当用户数量足够大时会达到饱和。不过，这种饱和情况可以通过增加基站数量而缓解，这意味着增加基站数量可以带来明显的增益。部分原因是，尽管不同基站共享频谱，但它们仍然几乎是正交的。这种正交性的实现不是通过如时分、码分或频分复用等需要额外处理的传统方式实现，而是通过一种TRDMA系统特有的自然空间分隔方式实现的。

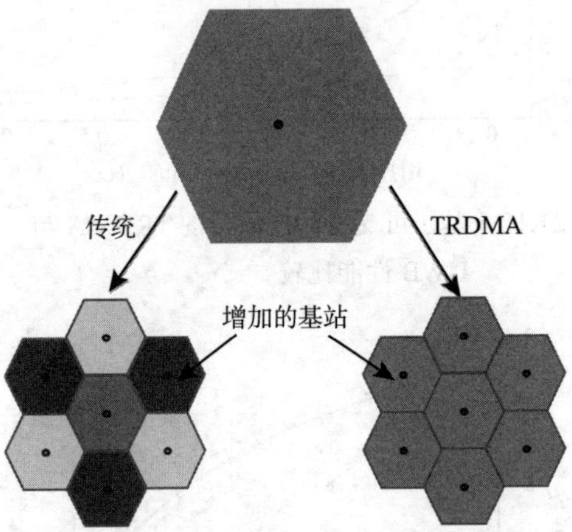

图21.13 TRDMA系统频谱重用示意图

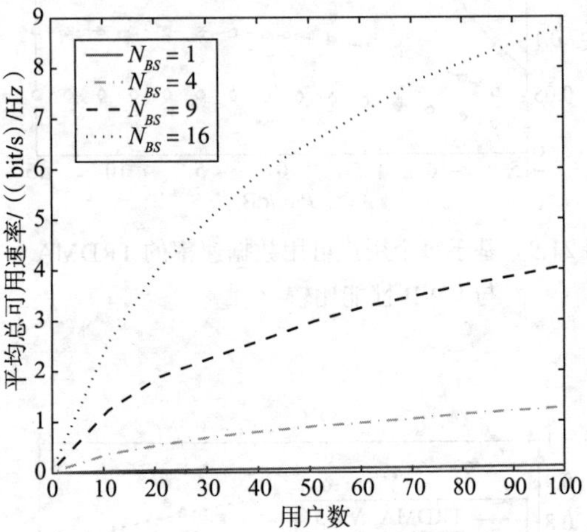

图21.14 TRDMA系统的扩展性

21.3.6 物理层安全性

TRDMA系统独特的、位置特定的多径特性使得它能够用于系统安全性的提升。在一个丰富散射无线环境中，众多的反射器周围形成了多个路径。对于不同位置的终端设备，接收到的波经历了不同的反射及延迟，因此多径特性可以被视为唯一的特定位置签名。由于该信息仅在基站及目标终端设备处可以获得，其他未授权用户推测或伪造这样的波是非常困难的。文献[64]中表明，由于在窃听者处收到的信号是不相干叠加的，因此在室内应用场景下，即使窃听者距离目标终端设备很近，其接收的信号强度也比目标终端设备处的低得多。

我们的TRDMA系统某种程度上与基于直接序列展频（DSSS）的保密通信类似。在DSSS通信中，原始数据流的能量通过伪随机序列传播到一个相当宽的频带内，且信号被隐藏在噪声平台下。只有掌握伪随机序列的终端才可以从类似噪声的信号中恢复出原始信号。但是如果伪随机序列被泄露给恶意用户，那么该用户同样可以对保密信息进行解码。然而，对于我们提出的TRDMA系统来说，这不再是问题，因为底层的扩展序列不是固定的选择，而是一个特定位置的签名。对于目标终端设备，多径信道自动充当解码器，以恢复从基站发送的原始数据；而对于处于不同位置的其他非法用户，传递给他们的信号类似噪声，而且可能隐藏在噪声平台下。因此，由于安全性是物理层的固有属性，恶意用户无法恢复保密信息。

21.3.7 讨论及评价

从已有章节的分析和讨论中，可以了解到非对称 TRDMA 系统是物联网的一个理想无线解决方案，它能够解决多个物联网的挑战，包括延长电池寿命、支持多个活跃物体、降低终端设备成本、容纳异构终端设备、高度可扩展性，以及提供额外的物理层安全性等，具体总结如下。

- 在上行方案和下行方案中，基站承担了大部分的复杂度，使终端用户的计算复杂度保持在最低水平。由于该特性能够延长电池寿命、降低终端设备成本，从而整体上使得成本降低，这对于物联网解决方案来说是一种十分理想的特性。
- 由于 TRDMA 系统本质上实现了一种虚拟的大规模 MISO 技术，该技术利用丰富散射环境中大量存在的多径，上行和下行链路都支持多个用户同时传输。TRDMA 的上行链路和下行链路具有数学上的对偶性，下行链路具有物理空间聚焦效应，而上行链路具有虚拟空间聚焦效应。
- 不同的用户可以使用不同的速率补偿因子，实现异质服务质量要求，也就是说 TRDMA 系统可以容纳互联网中的异构终端设备。
- 在 TRDMA 系统中可以很容易地增加基站数量，无须额外的机制来避免或减少新增基站带来的干扰。也就是说，TRDMA 系统具有高度可扩展性。
- 基于独特的、位置特定的多径特性，TRDMA 系统可以在物理层提供额外的系统安全性。

21.4 其他挑战及未来展望

21.4.1 高级波设计

在前面章节关于 TRDMA 系统的讨论中，时间反演信道冲激响应（TR CIR）是对符号进行调制的传输签名波。接收信号是多径信道与伴随加性噪声卷积的发射波。这种时间反演波本质上是匹配滤波器[65]，基于其具有的最大信噪比，可以获得最佳的误码率性能。然而，在如视频流等高数据速率的场景中，当符号持续时间低于信道延迟扩展时，传输波重叠，进而相互干扰。当符号速率非常高时，这种码间干扰可能会非常严重，导致关键性能劣化，也就是说，即使是基本时间反演波，其误码率性能也可能非常差。此外，在多用户下行链路方案中，时间反演基站使用每个用户的特定信道冲激响应作为其特有波，来对目标用户接收到的符号进行调制。尽管信道冲激响应具有固有的随机性，但只要信道冲激响应间是非正交的（事实上几乎都是这样），这些波同时传输时将不可避免地相互干扰。因此，TRDMA 系统的性能很可能受到用户间干扰（IUI）的影响，甚至受到限制。

基于给定的设计标准，如系统性能、服务质量限制、用户间公平性等，可以将波设计描述为一个优化问题，以传输形作为优化变量。波设计的基本思想是，根据信道信息仔细调整波每个抽头的振幅和相位，使得接收机在与信道响应卷积后，其接收信号能够保留大部分的目标信号能量，并尽可能地避免或减少干扰。

以向量形式重写式（21.15），我们定义以下符号。基站与第j个用户间的多径信道表示为向量$\boldsymbol{h}_j$，它是一个由L个元素组成的列向量，其中$L=\frac{T+T_P}{T_P}$，$\left[\boldsymbol{h}_j\right]_k=\tilde{h}_j(t)|_{t=kT_P}$。用$X_j$表示用户$j$的一个信息符号，$\boldsymbol{g}_j$为用户$j$的传输波，其中$\left[\boldsymbol{g}_j\right]_k=\tilde{g}_j(t)|_{t=kT_P}$如式（21.15）所示。$\boldsymbol{g}_k$的长度也为$L$。用户$i$收到的信号向量为$\boldsymbol{y}_i$，其中$\left[\boldsymbol{y}_i\right]_k=Y_i[k]$如式（21.15）所示。

$$\boldsymbol{y}_i=\boldsymbol{H}_i\sum_{j=1}^{N}\boldsymbol{g}_jX_j+\boldsymbol{n}_i \tag{21.29}$$

$\boldsymbol{H}_i$是$(2L-1)\times L$的托普利兹矩阵，它的第一列为$\left[\boldsymbol{h}_i^{\mathrm{T}}\boldsymbol{0}_{1\times(L-1)}\right]^{\mathrm{T}}$，$\boldsymbol{n}_i$是加性高斯白噪声（AWGN），$\left[\boldsymbol{n}_i\right]_k=n_i[k]$。用户$i$根据样本$\left[\boldsymbol{y}_k\right]_L$对符号$X_i$进行估计。式（21.29）表示当速率补偿因子$D>L$时收到的信号。若$D<L$，收到的不同符号波将会重叠，进而形成码间干扰。为了描述码间干扰的影响，若$L_D=\left\lfloor\frac{L-1}{D}\right\rfloor+1$，则一个大小为$(2L_D-1)\times L$的抽取信道矩阵为

$$\tilde{\boldsymbol{H}}_i=\sum_{l=-L_D+1}^{L_D-1}\boldsymbol{e}_{L_D+l}\boldsymbol{e}_{L+lD}^{\mathrm{T}}\boldsymbol{H}_i \tag{21.30}$$

其中$\boldsymbol{e}_l$是一个大小为$(2L-1)\times(2L-1)$的单位矩阵的第l列。换句话说，$\tilde{\boldsymbol{H}}_i$通过以D为间隔对$\boldsymbol{H}_i$的行向量进行抽取得到，也即以$\boldsymbol{H}_i$的第L行为中心，保留$\boldsymbol{H}_i$中行序为D的整数倍的行，去掉其他行后得到$\tilde{\boldsymbol{H}}_i$。$\tilde{\boldsymbol{H}}_i$的中心行索引为L_D。这样一来，用于符号估计的样本可以表示为

$$\left[\boldsymbol{y}_i\right]_L=\boldsymbol{h}_{iL}^H\boldsymbol{g}_iX_i\left[L_D\right]+\boldsymbol{h}_{iL}^H\sum_{j\neq i}\boldsymbol{g}_jX_j\left[L_D\right]+\sum_{l=1,l\neq L_D}^{2L_D-1}\boldsymbol{h}_{il}^H\sum_{j=1}^{N}\boldsymbol{g}_jX_j[l]+n_i[L] \tag{21.31}$$

式中，$\boldsymbol{h}_{il}{}^H=\boldsymbol{e}_l^{\mathrm{T}}\tilde{\boldsymbol{H}}_i$表示$\tilde{\boldsymbol{H}}_i$的第$l$行，$X_j[l]$表示用户$j$处第$l$个符号。从式（21.31）可知，用户$i$处第$L_D$个符号$X_i\left[L_D\right]$会被前面$L_D-1$个符号、后面$L_D-1$个符号，以及其他用户的$K(2L_D-1)$个符号干扰，同时会受噪声影响。波$\{g_i\}$的设计对于符号估计和系统性能都有重要的影响。

可以看出，波设计的数学结构类似波束赋形问题，该问题也称为多天线预编码器设计[66-70]。因此，诸如奇异值分解（SVD）、迫零（ZF）、最小均方误差（MMSE）等波束赋形方法可以在波设计中借鉴使用。在现有文献中，已有许多设计高级波以抑制干扰的研究工作[27, 46, 71-76]。如果采用基本的时间反演波，即$\boldsymbol{g}_i=\boldsymbol{h}_{iL}$，则可最大化每个用户的目标信号功率，但并未考虑其他符号引起的干扰影响。采用这种做法，当传输功率很高的时候，系统性能就会受到码间干扰的限制。另外一种可能的波设计方法是迫零（ZF）[77]，它能够将所有干扰信号功率降到最低，但没有考虑目标信号的功率。由此得到的信噪比会很低，并导致系统性能显著劣化，特别是传输功率相对较低时尤为严重。文献［27］中的研究表明，设计良好的波可以在提高目标信号功率和抑制干扰功率间取得折中。

在波设计中，除了信道信息，发射机可以利用的另一个重要辅助信息是发送的符号信息。符号波到达接收机处，会对之前的符号和后面的符号造成码间干扰。在给定已发送信息情况下，可以在设计当前符号时预先消除码间干扰的因果部分。这样的设计原则与非线性预编码相关文

献中基于发射机的干扰预去除[78-80]方法类似。时间反演系统与其他系统的一个显著区别是，码间干扰的因果部分是可以消除的，非因果部分则不然，且需要通过基于信道信息的波设计进行抑制[49]。

图 21.15 展示了 $D=1$ 时的单用户时间反演系统的 BER 性能，包括基本时间反演波、文献［27］中的波设计、文献［49］中使用的干扰预消除联合波设计。可以看出当 $D=1$ 时码间干扰十分严重，以至于基本时间反演波的 BER 曲线在中等信噪比下就开始趋向饱和，这是无法接受的。文献［27］中的波设计方法能够对干扰进行抑制，且在信噪比下降时 BER 持续下降。而文献［49］中联合波设计和干扰预消除方法能进一步显著提升系统性能，因为它利用了更多信息，即发送符号，对码间干扰提前进行消除。显然，波设计所带来的性能显著提升，证明了其在时间反演系统中无法忽视的必要性。

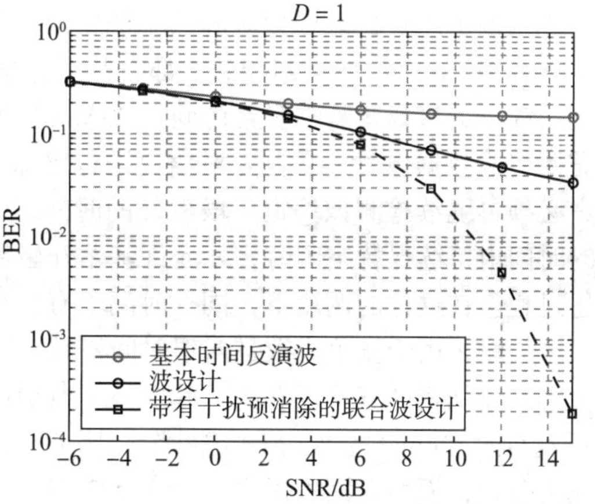

图 21.15 采用基本时间反演波、波设计、带有干扰预消除的联合波设计的 BER 性能比较

图 21.16 比较了 500MHz 带宽下的 TRDMA 系统与两个正交频分复用（OFDM）系统的用户可用速率情况，这两个 OFDM 系统一个是带宽为 20MHz 的 LTE 系统，另一个是带宽为 100MHz 的 LTE-A 系统。我们可以看到，在一个用户的情况下，即使采用基本的时间反演波，TRDMA 方案的性能在所有信噪比变化区间内均优于 LTE 系统，在大部分信噪比区间内性能超过了 LTE-A 系统。采用最佳波时，TRDMA 系统的性能可以进一步得到提升。在 10 个用户的情况下，根据不同用户之间的选择性，LTE 和 LTE-A 系统中的可用速率可以得到提升，原因在于 LTE-A 系统能够达到与采用基本 TR 波的 TRDMA 系统相当甚至略优的性能。然而，采用最佳波的 TRDMA 系统，性能完全超过了 LTE 系统，在大部分信噪比区域超过了 LTE-A 系统，这证明了在带宽足够大的情况下，比如带宽达到仿真带宽的 5 倍，相比 OFDM 系统，TRDMA 系统能够实现更高的吞吐量。

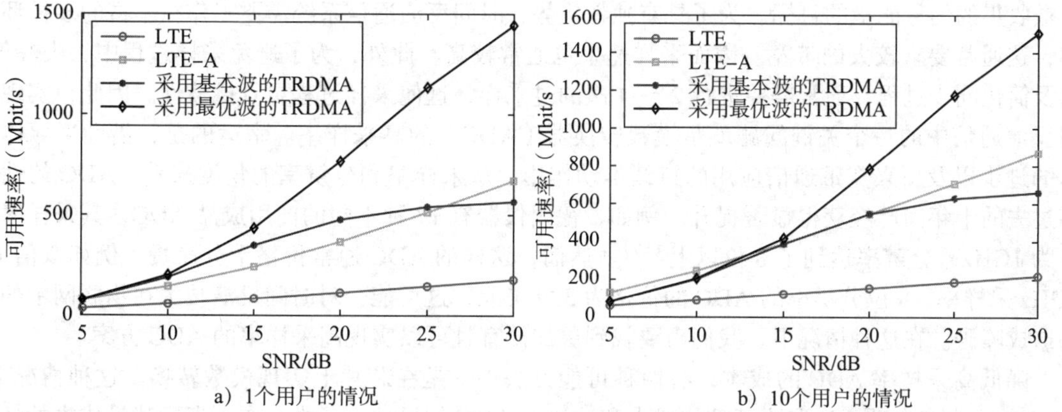

图 21.16 可用速率比较

21.4.2 MAC层问题

媒体访问控制（MAC）层提供寻址和信道访问控制机制，使多个终端或网络节点可以在包含共享媒体的多址接入网络中进行通信[81]。MAC层设计中，协调是最基本和重要的功能，能够协调多个用户在兼顾效率和公平的情况下访问网络。大多数现行主流系统（比如IEEE 802.11 Wifi和IEEE 802.15.4 Zigbee）都是基于竞争方案的。例如，在Wi-Fi系统中，将分布式协调功能（DCF）与载波监听多路访问（CSMA）和冲突避免（CA）结合采用[82]。当一个Wi-Fi用户需要传输数据包时，它首先对信道进行感知，即对话前监听。在检测到信道为空闲后，Wi-Fi用户必须再继续检测该信道一段额外的时间，时长随机[83]，即随机避退，且仅当信道在这段额外的时间内持续保持空闲时，才允许基站开始传输数据。如果出现了冲突，用户需要避退并重复上述过程。在这样的调度下，同一时间仅有一个Wi-Fi用户与接入点进行通信。然而，当用户数量很庞大时，由于竞争失败且避退时间极长，所有用户都将无法接入网络。类似现象在机场和会议室等人口稠密区域可以看到。其中一个典型案例就是由于会议室中的连接过多，乔布斯未能演示新发布的iPhone的Wi-Fi功能[84]。因此，MAC层这种基于竞争的协调功能在容纳大量用户时成为瓶颈，而物联网中用户数量通常较多。

时间反演系统最显著的特点就是它不要求这种协调功能，而是依据用户的位置自然地对其进行分隔。时间反演系统中有两个阶段，即信道探测阶段和数据传输阶段。在信道探测阶段，所有用户都可以向基站传输他们唯一的导频信号（例如伪噪声序列），用于进行信道估计。在数据传输阶段，基站可以通过特定位置签名波与所有用户同时进行通信。因此，在时间反演系统中，基站不必具有协调功能，这在很大程度上简化了MAC层设计。除了协调功能，在时间反演系统中还需要具备一些MAC层的其他功能，包括接收来自高层的MAC服务数据单元（MSDU）并添加报头和尾部，以创建用于物理层的MAC协议数据单元（MPDU），将一帧分为几帧以增加传输概率，以及对MAC层数据包进行加密以确保安全性和隐私[83]。尽管如此，我们仍再次强调，时间反演系统中的特定位置签名可以为物理层的安全性提供额外的保障。

21.4.3 低成本高速率的模数转换器（ADC）和数模转换器（DAC）

时间反演通信的内在本质就是通过多径传播充分收集周围环境的能量，以达到重新收集所有可被收集的信号能量的目标。为了具有独特优势，时间反演通信系统需要工作在丰富的多径环境中，这通常要求较大的带宽。因而采样速率也通常较高。此外，为了避免采样过程中丢失峰值，以及简化同步过程，通常需要进行2～4次的过采样，这使采样过程更具挑战性。因此，实现时间反演通信中的一个关键问题就是模数转换器（ADC）的高采样率。幸运的是，借助半导体技术的进步以及新兴宽带通信应用的持续推动作用，从采样率和分辨率的角度来看，ADC的性能在过去的十年间已经获得显著提升。例如，德州仪器有17种不同的商用成品ADC，其采样率至少为1GHz，分辨率达到了8位以上[85]。然而，这样的ADC通常价格十分昂贵，例如双信道、2GHz采样率、8位分辨率的ADC的价格为329美元，这可能会对时间反演技术在物联网中的应用造成障碍。在这种情况下，我们需要找到更加便宜且可以实现高采样率的ADC方案。

降低高采样率ADC的成本，有两种可能方法。一是在芯片上实现模数转换。这种情况下，ADC的成本来自硅，这取决于硅片成本和硅片上ADC的尺寸。通常，在不考虑建设成本的情况下，采用硅片实现的方式，ADC的成本可以从几百美元降低到几美分。尽管如此，由于建设成本十分高昂，这样的方式仅适用于大规模生产的情况。另一种降低成本的方法是，通过使用一组低采样率的低成本 ADC 来实现高采样率。由于商业 ADC 的价格随着采样率的提升呈现指数增长，因此通过用一组低采样率 ADC 替换高采样率 ADC 的方式能够极大降低成本。一种直接的方法是使用时间交织[86-87]。该方法中输入信号通过一系列并行交织的低采样率 ADC，其中交织通过时移实现。在采样之后，将得到的样本传输到解交织器中，从而产生高采样率信号。但是，时间交织方法并不实用，因为商用 ADC 的前端存在固有的模拟带宽限制[88-89]。第二种方法是使用并行带通采样法[90-91]，输入信号在进入 ADC 前经过一系列滤波器组，重建的方法取决于滤波器组中相应的滤波器。这种方法可以解决模拟带宽限制的问题，但需要复杂的数字算法来实现精确的频率同步。还有一种方法是使用随机解调[92-93]，将输入信号送入多个并行信道。在每条信道中，输入信号首先与模拟域中一个周期性随机波相乘，再经过低通滤波器，最后使用低采样率 ADC 进行采样。随机解调方法克服了时间交织方法和并行带通采样法的缺点，但受于生成周期性随机波技术的限制。需要注意的是，在所有这些方法中，为了在数字域中进行重建，都要对成本高昂的高采样率 ADC 与计算复杂度进行折中，这样成本相对会降低。

21.5 小结

在本章，我们通过概述表明，时间反演技术是物联网的理想范例。时间反演技术通过多径传播充分收集周围环境的能量，这一固有本质使其可以达到重新收集所有可收集信号能量的目标，相比现有系统，时间反演系统有潜力将功耗和干扰降低至少一个数量级，这意味着时间反演系统能够延长电池寿命，支持多个并发活跃用户。本章中讨论的独特的非对称结构能够显著降低计算复杂度，进而降低终端设备成本，而在物联网中终端设备数量通常很大。此外，通过调整波和速率补偿因子，时间反演系统能够很轻松地实现对多种服务质量选择的支持。最后，TR 系统特有的特定位置签名能够提供额外的物理层安全性，进而提升物联网中用户的隐私性和安全性。上述所有优势，包括延长电池寿命、支持多个活跃物体、降低终端设备成本、支持异构终端设备、高度可扩展性、提供额外的物理层安全性等，表明了时间反演技术是物联网的一种理想范例。

最近研究者们开始展望移动电信标准的下一个主要阶段，它超越了当前 4G 标准，也即 5G。文献［94］指出，5G 的核心概念包括如非正交多址方案、大规模分布式 MIMO、高级干扰管理，以及高效支持机器类设备的新调制技术，以实现潜在的更多设备数量连接的物联网。根据本章的讨论，可以发现时间反演技术可以很容易地解决上述问题，是一种十分有前景的 5G 技术。相关的参考资料，感兴趣的读者可以参考文献［95］。

参考文献

[1] G. Kortuem, F. Kawsar, D. Fitton, and V. Sundramoorthy, "Smart objects as building blocks for the Internet of Things," in *IEEE Internet Computing*, vol. 14, no. 1, pp. 44–51, Feb. 2010.

[2] C. Institutes, "Smart networked objects and Internet of Things," in *Information Communication Technologies and Micro Nano Technologies Alliance, White Paper*, January 2011.

[3] L. Atzori, A. Iera, and G. Morabito, "The Internet of Things: A survey," in *Computer Networks*, vol. 54, no. 15, pp. 2787–2805, Oct. 2010.

[4] D. Le-Phuoc, A. Polleres, M. Hauswirth, G. Tummarello, and C. Morbidoni, "Rapid prototyping of semantic mash-ups through semantic web pipes," in *Proceedings of the 18th International Conference on World Wide Web*, pp. 581–590, 2009.

[5] A. Dohr, R. Modre-Opsrian, M. Drobics, D. Hayn, and G. Schreier, "The Internet of Things for ambient assisted living," in *International Conference on Information Technology: New Generations (ITNG)*, pp. 804–809, 2010.

[6] E. Commission, "Internet of Things in 2020 road map for the future," in *Working Group RFID of the ETP EPOSS, Technical Report*, May 2008.

[7] K. Ashton, "That 'Internet of Things' thing in the real world, things matter more than ideas," in *RFID Journal*, Jun. 2009.

[8] D. L. Brock, "The electronic product code (EPC) a naming scheme for physical objects," in *Auto-ID Center, White Paper*, Jan. 2001.

[9] I. T. Union, "ITU internet reports 2005: The Internet of Things," in *International Telecommunication Union, Workshop Report*, Nov. 2005.

[10] P. Guillemin and P. Friess, "Internet of Things strategic research roadmap," in *The Cluster of European Research Projects, Technical Report*, Sep. 2009.

[11] C. Gomez and J. Paradells, "Wireless home automation networks: A survey of architectures and technologies," in *IEEE Communications Magazine*, pp. 92–101, Jun. 2010.

[12] J. Berman, "Z-wave chip aims to cut implementation cost," in *EDN Network*, pp. 92–101, Apr. 2005.

[13] "IEEE 802.15.1-2002- IEEE standard for telecommunications and information exchange between systems – LAN/MAN – specific requirements – Part 15: Wireless medium access control (MAC) and physical layer (PHY) specifications for wireless personal area networks (WPANs)," in URL: http://ieeexplore.ieee.org/xpl/mostRecentIssue.jsp?punumber=7932.

[14] "IEEE 802.11: Wireless LAN medium access control (MAC) and physical layer (PHY) specification," in URL: http://standards.ieee.org/getieee802/download/802.11-2012.pdf.

[15] L. Li, X. Hu, K. Chen, and K. He, "The applications of WiFi-based wireless sensor network in Internet of Things and smart grid," in *IEEE Conference on Industrial Electronics and Applications (ICIEA)*, 2011.

[16] M. Ha, S. H. Kim, H. Kim, K. Kwon, N. Giang, and D. Kim, "Snail gateway: Dual-mode wireless access points for WiFi and IP-based wireless sensor networks in the Internet of Things," in *IEEE Consumer Communications and Networking Conference (CCNC)*, 2012.

[17] X. Xie, D. Deng, and X. Deng, "Design of embedded gateway software framework for heterogeneous networks interconnection," in *International Conference on Electronics and Optoelectronics (ICEOE)*, 2011.

[18] "Digi-key corporations website," in URL: www.digikey.com/product-detail/en/CC2531F256RHAT/296-25186-2-ND/2171344?WT.mc_id=PLA_2171344.

[19] "Insteon compared," in *White Paper*, 2013, URL: www.insteon.com/pdf/insteoncompared.pdf.

[20] C. Corporation, "Wi-Fi radio characteristics and the cost of WLAN implementation," in URL: www.connect802.com/download/techpubs/2005/commercial_radios_E0523-15.pdf, 2005.

[21] H.-C. Hsieh and C.-H. Lai, "Internet of Things architecture based on integrated PLC and 3G communication networks," in *IEEE International Conference on Parallel and Distributed Systems*, pp. 853–856, 2011.

[22] Z. Shi, K. Liao, S. Yin, and Q. Ou, "Design and implementation of the mobile Internet of Things based on TD-SCDMA network," in *IEEE International Conference on Information Theory and Information Security*, pp. 954–957, 2010.

[23] J.-M. Liang, J.-J. Chen, H.-H. Cheng, and Y.-C. Tseng, "An energy-efficient sleep scheduling with QoS consideration in 3GPP LTE-advanced networks for Internet of Things," *IEEE Journal on Emerging and Selected Topics in Circuits and Systems*, vol. 3, pp. 13–22, Mar. 2013.

[24] B. Wang, Y. Wu, F. Han, Y.-H. Yang, and K. J. R. Liu, "Green wireless communications: A time-reversal paradigm," *IEEE Journal of Selected Areas in Communications, Special Issue on Energy-Efficient Wireless Communications*, vol. 29, no. 8, pp. 1698–1710, Sep. 2011.

[25] F. Han, Y.-H. Yang, B. Wang, Y. Wu, and K. J. R. Liu, "Time-reversal division multiple access over multi-path channels," *Communications, IEEE Transactions on*, vol. 60, no. 7, pp. 1953–1965, 2012.

[26] Y. Chen, Y. Yang, F. Han, and K. J. R. Liu, "Time-reversal wideband communications," *IEEE Signal Processing Letters*, vol. 20, no. 12, pp. 1219–1222, Dec. 2013.

[27] Y.-H. Yang, B. Wang, W. S. Lin, and K. J. R. Liu, "Near-optimal waveform design for sum rate optimization in time-reversal multiuser downlink systems," *IEEE Transactions on Wireless Communications*, vol. 12, no. 1, pp. 346–357, Jan. 2013.

[28] B. Y. Zeldovich, N. F. Pilipetsky, and V. V. Shkunov, *Principles of Phase Conjugation*. Berlin: Springer-Verlag, 1985.

[29] A. P. Brysev, L. M. Krutyanskii, and V. L. Preobrazhenskii, "Wave phase conjugation of ultrasonic beams," *Physics-Uspekhi*, vol. 41, no. 8, pp. 793–805, 1998.

[30] M. Fink, C. Prada, F. Wu, and D. Cassereau, "Self focusing in inhomogeneous media with time reversal acoustic mirrors," in *IEEE Ultrasonics Symposium*, pp. 681–686 vol. 2, 1989.

[31] C. Prada, F. Wu, and M. Fink, "The iterative time reversal mirror: A solution to self-focusing in the pulse echo mode," *The Journal of the Acoustical Society of America*, vol. 90, no. 2, pp. 1119–1129, 1991.

[32] M. Fink, "Time reversal of ultrasonic fields. I. Basic principles," *IEEE Transactions on Ultrasonics, Ferroelectrics and Frequency Control*, vol. 39, no. 5, pp. 555–566, 1992.

[33] C. Dorme and M. Fink, "Focusing in transmit–receive mode through inhomogeneous media: The time reversal matched filter approach," *The Journal of the Acoustical Society of America*, vol. 98, no. 2, pp. 1155–1162, 1995.

[34] A. Derode, P. Roux, and M. Fink, "Robust acoustic time reversal with high-order multiple scattering," *Physical Review Letters*, vol. 75, pp. 4206–4209, Dec. 1995.

[35] W. A. Kuperman, W. S. Hodgkiss, H. C. Song, T. Akal, C. Ferla, and D. R. Jackson, "Phase conjugation in the ocean: Experimental demonstration of an acoustic time-reversal mirror," *The Journal of the Acoustical Society of America*, vol. 103, no. 1, pp. 25–40, 1998.

[36] H. C. Song, W. A. Kuperman, W. S. Hodgkiss, T. Akal, and C. Ferla, "Iterative time reversal in the ocean," *The Journal of the Acoustical Society of America*, vol. 105, no. 6, pp. 3176–3184, 1999.

[37] D. Rouseff, D. Jackson, W. L. J. Fox, C. Jones, J. Ritcey, and D. Dowling, "Underwater acoustic communication by passive-phase conjugation: Theory and experimental results," *IEEE Journal of Oceanic Engineering*, vol. 26, no. 4, pp. 821–831, 2001.

[38] G. Edelmann, T. Akal, W. Hodgkiss, S. Kim, W. Kuperman, and H. C. Song, "An initial demonstration of underwater acoustic communication using time reversal," *IEEE Journal of Oceanic Engineering*, vol. 27, no. 3, pp. 602–609, 2002.

[39] B. E. Henty and D. D. Stancil, "Multipath-enabled super-resolution for RF and microwave communication using phase-conjugate arrays," *Physical Review Letters*, vol. 93, p. 243904, Dec. 2004.

[40] G. Lerosey, J. de Rosny, A. Tourin, A. Derode, G. Montaldo, and M. Fink, "Time reversal of electromagnetic waves," *Physical Review Letters*, vol. 92, p. 193904, May 2004.

[41] R. C. Qiu, C. Zhou, N. Guo, and J. Q. Zhang, "Time reversal with MISO for ultrawideband communications: Experimental results," *IEEE Antennas and Wireless Propagation Letters*, vol. 5, pp. 269–273, 2006.

[42] G. Lerosey, J. de Rosny, A. Tourin, A. Derode, G. Montaldo, and M. Fink, "Time reversal of electromagnetic waves and telecommunications," *Radio Science*, vol. 40, pp. 1–10, 2005.

[43] G. Lerosey, J. de Rosny, A. Tourin, A. Derode, and M. Fink, "Time reversal of wideband microwaves," *Applied Physics Letters*, vol. 88, p. 154101, Apr. 2006.

[44] I. H. Naqvi, G. E. Zein, G. Lerosey, J. de Rosny, P. Besnier, A. Tourin, and M. Fink, "Experimental validation of time reversal ultrawide-band communication system for high data rates," *IET Microwaves, Antennas & Propagation*, vol. 4, pp. 643–650, 2010.

[45] J. de Rosny, G. Lerosey, and M. Fink, "Theory of electromagnetic time-reversal mirrors," *IEEE Transactions on Antennas and Propagation*, vol. 58, pp. 3139–3149, Oct. 2010.

[46] M. Emami, M. Vu, J. Hansen, A. J. Paulraj, and G. Papanicolaou, "Matched filtering with rate back-off for low complexity communications in very large delay spread channels," in *Conference Record of the Thirty-Eighth Asilomar Conference on Signals, Systems and Computers*, vol. 1, pp. 218–222, 2004.

[47] H. T. Nguyen, I. Z. Kovacs, and P. C. F. Eggers, "A time reversal transmission approach for multiuser UWB communications," *IEEE Transactions on Antennas and Propagation*, vol. 54, pp. 3216–3224, Nov. 2006.

[48] N. Guo, B. M. Sadler, and R. C. Qiu, "Reduced-complexity UWB time-reversal techniques and experimental results," *IEEE Transactions on Wireless Communications*, vol. 6, pp. 4221–4226, Dec. 2007.

[49] Y. H. Yang and K. J. R. Liu, "Waveform design with interference pre-cancellation beyond time-reversal system," *IEEE Transactions on Wireless Communications*, vol. 15, no. 15, pp. 3643–3654, May 2016.

[50] F. Han and K. J. R. Liu, "A multiuser TRDMA uplink system with 2D parallel interference cancellation," *IEEE Transactions on Communications*, vol. 62, no. 3, pp. 1011–1022, Mar. 2014.

[51] P. Kyritsi and G. Papanicolaou, "One-bit time reversal for WLAN applications," in *IEEE International Symposium on Personal, Indoor and Mobile Radio Communications*, pp. 532–536, 2005.

[52] D.-T. Phan-Huy, S. B. Halima, and M. Helard, "Frequency division duplex time reversal," in *IEEE Globecom*, 2011.

[53] G. Lerosey, J. de Rosny, A. Tourin, and M. Fink, "Focusing beyond the diffraction limit with far-field time reversal," *Science*, vol. 315, pp. 1120–1122, Feb. 2007.

[54] F. Lemoult, G. Lerosey, J. de Rosny, and M. Fink, "Resonant metalenses for breaking the diffraction barrier," *Physical Review Letters*, vol. 104, p. 203901, May 2010.

[55] R. C. Qiu, C. Zhou, N. Guo, and J. Q. Zhang, "Time reversal with MISO for ultra-wideband communications: Experimental results," *IEEE Antenna and Wireless Propagation Letters*, vol. 5, pp. 269–273, 2006.

[56] K. F. Sander and G. A. L. Reed, *Transmission and Propagation of Electromagnetic Waves*, 2nd ed. New York: Cambridge University Press, 1986.

[57] J. M. F. Moura and Y. Jin, "Time reversal imaging by adaptive interference canceling," *IEEE Transactions on Signal Processing*, vol. 56, no. 1, pp. 233–247, 2008.

[58] —, "Detection by time reversal: Single antenna," *IEEE Transactions on Signal Processing*, vol. 55, no. 1, pp. 187–201, 2007.

[59] Y. Jin and J. M. F. Moura, "Time-reversal detection using antenna arrays," *IEEE Transactions on Signal Processing*, vol. 57, no. 4, pp. 1396–1414, 2009.

[60] F. Han, Y.-H. Yang, B. Wang, Y. Wu, and K. J. R. Liu, "Time-reversal division multiple access in multi-path channels," in *Global Telecommunications Conference*, pp. 1–5, 2011.

[61] M. Lienard, P. Degauque, V. Degardin, and I. Vin, "Focusing gain model of time-reversed signals in dense multipath channels," *IEEE Antennas and Wireless Propagation Letters*, vol. 11, pp. 1064–1067, 2012.

[62] G. Montaldo, G. Lerosey, A. Derode, A. Tourin, J. de Rosny, and M. Fink, "Telecommunication in a disordered environment with iterative time reversal," *Waves Random Media*, vol. 14, pp. 287–302, May 2004.

[63] F. Lemoult, G. Lerosey, J. de Rosny, and M. Fink, "Manipulating spatiotemporal degrees of freedom of waves in random media," *Physical Review Letters*, vol. 103, p. 173902, Oct. 2009.

[64] X. Zhou, P. Eggers, P. Kyritsi, J. Andersen, G. Pedersen, and J. Nilsen, "Spatial focusing and interference reduction using MISO time reversal in an indoor application," in *IEEE Workshop on Statistical Signal Processing (SSP)*, 2007.

[65] J. Proakis and M. Salehi, *Digital Communications*, 5th ed. New York: McGraw-Hill, 2008.

[66] F. Rashid-Farrokhi, K. J. R. Liu, and L. Tassiulas, "Transmit beamforming and power control for cellular wireless systems," *IEEE Journal on Selected Areas in Communications*, vol. 16, no. 8, pp. 1437–1450, Oct. 1998.

[67] F. Rashid-Farrokhi, L. Tassiulas, and K. J. R. Liu, "Joint optimal power control and beamforming in wireless networks using antenna arrays," *IEEE Transactions on Communications*, vol. 46, no. 10, pp. 1313–1324, Oct. 1998.

[68] Y.-H. Yang, S.-C. Lin, and H.-J. Su, "Multiuser MIMO downlink beamforming based on group maximum SINR filtering," *IEEE Transactions on Signal Processing*, vol. 59, no. 4, pp. 1746–1758, Apr. 2011.

[69] H. Sampath, P. Stoica, and A. Paulraj, "Generalized linear precoder and decoder design for MIMO channels using the weighted MMSE criterion," *IEEE Transactions on Communications*, vol. 49, no. 12, pp. 2198–2206, 2001.

[70] F. Dietrich, R. Hunger, M. Joham, and W. Utschick, "Linear precoding over time-varying channels in TDD systems," in *Proceedings of the ICASSP'03*, vol. 5, pp. 117–120, 2003.

[71] Z. Ahmadian, M. Shenouda, and L. Lampe, "Design of pre-Rake DS-UWB downlink with pre-equalization," *IEEE Transactions on Communications*, vol. 60, no. 2, pp. 400–410, Feb. 2012.

[72] Y. Jin, J. M. Moura, and N. O'Donoughue, "Adaptive time reversal beamforming in dense multipath communication networks," in *Proceedings of the 42nd Asilomar Conference on Signals, Systems and Computers*, pp. 2027–2031, Oct. 2008.

[73] R. C. Daniels and R. W. Heath, "Improving on time-reversal with MISO precoding," in *Proceedings of the Eighth International Symposium on Wireless Personal Communications Conference*, 2005.

[74] L.-U. Choi and R. D. Murch, "A transmit preprocessing technique for multiuser MIMO systems using a decomposition approach," *IEEE Transactions on Wireless Communications*, vol. 3, no. 1, pp. 2–24, Jan. 2004.

[75] P. Kyritsi, G. Papanicolaou, P. Eggers, and A. Oprea, "Time reversal techniques for wireless communications," in *IEEE Vehicular Technology Conference*, no. 4, pp. 47–51, 2004.

[76] M. Brandt-Pearce, "Transmitter-based multiuser interference rejection for the downlink of a wireless CDMA system in a multipath environment," *IEEE Journal on Selected Areas in Communications*, vol. 18, no. 3, pp. 407–417, Mar. 2000.

[77] P. Kyritsi, P. Stoica, G. Papanicolaou, P. Eggers, and A. Oprea, "Time reversal and zero-forcing equalization for fixed wireless access channels," in *the 39th Asilomar Conference on Signals, Systems and Computers*, pp. 1297–1301, 2005.

[78] C. Windpassinger, R. F. H. Fischer, T. Vencel, and J. Huber, "Precoding in multiantenna and multiuser communications," *IEEE Transactions on Wireless Communications*, vol. 3, no. 4, pp. 1305–1316, 2004.

[79] W. Yu, D. Varodayan, and J. Cioffi, "Trellis and convolutional precoding for transmitter-based interference presubtraction," *IEEE Transactions on Communications*, vol. 53, no. 7, pp. 1220–1230, 2005.

[80] M. H. M. Costa, "Writing on dirty paper," *IEEE Transactions on Information Theory*, vol. 29, no. 3, pp. 439–441, 1983.

[81] "Media access control," in http://en.wikipedia.org/wiki/Media_access_control.

[82] G. Bianchi, "Performance analysis of the IEEE 802.11 distributed coordination function," *IEEE Journal of Selected Areas in Communications*, vol. 18, no. 3, Mar. 2000.

[83] M. Ergen, "IEEE 802.11 tutorial," in http://wow.eecs.berkeley.edu/ergen/docs/ieee.pdf.

[84] "Even Steve Jobs has demo hiccups," in http://news.cnet.com/8301-31021_3-20007009-260.html.

[85] "A/D converters, Texas Instruments 2013," www.ti.com/lsds/ti/data-converters/analog-to-digital-converter-products.page/.

[86] A. Kohlenberg, "Exact interpolation of band-limited functions," *Journal of Applied Physics*, vol. 24, no. 12, pp. 1432–1436, 1953.

[87] Y.-P. Lin and P. Vaidyanathan, "Periodically nonuniform sampling of bandpass signals," *IEEE Transactions on Circuits and Systems II: Analog and Digital Signal Processing*, vol. 45, no. 3, pp. 340–351, 1998.

[88] M. El-Chammas and B. Murmann, "General analysis on the impact of phase-skew in time-interleaved ADCs," *IEEE Transactions on Circuits and Systems I: Regular Papers*, vol. 56, no. 5, pp. 902–910, 2009.

[89] P. Nikaeen and B. Murmann, "Digital compensation of dynamic acquisition errors at the front-end of high-performance A/D converters," *IEEE Journal of Selected Topics in Signal Processing*, vol. 3, no. 3, pp. 499–508, 2009.

[90] Y. Eldar and A. Oppenheim, "Filterbank reconstruction of bandlimited signals from nonuniform and generalized samples," *IEEE Transactions on Signal Processing*, vol. 48, no. 10, pp. 2864–2875, 2000.

[91] Y. Tian, D. Zeng, and T. Zeng, "Design and implementation of multifrequency front end using bandpass over sampling," in *IET International Radar Conference 2009*, pp. 1–4, 2009.

[92] J. Tropp, J. Laska, M. Duarte, J. Romberg, and R. Baraniuk, "Beyond Nyquist: Efficient sampling of sparse bandlimited signals," *Information Theory, IEEE Transactions on*, vol. 56, no. 1, pp. 520–544, 2010.

[93] M. Mishali and Y. Eldar, "From theory to practice: Sub-Nyquist sampling of sparse wideband analog signals," *IEEE Journal of Selected Topics in Signal Processing,* vol. 4, no. 2, pp. 375–391, 2010.

[94] "5G wiki," in http://en.wikipedia.org/wiki/5G.

[95] Y. Chen, F. Han, Y.-H. Yang, H. Ma, Y. Han, C. Jiang, H.-Q. Lai, D. Claffey, Z. Safar, and K. J. R. Liu, "Time-reversal wireless paradigm for green Internet of Things: An overview," *IEEE Internet of Things Journal*, vol. 1, no. 1, pp. 81–98, 2014.

|Chapter 22| 第 22 章

物联网中的异构连接

随着大量智能设备的出现，无线通信技术的发展使得物联网（IoT）成为可能。物联网中的设备通常具有非常多样化的带宽能力，因而需要多种通信标准。为了实现设备的异构带宽间通信，我们需要开发使用中间件。然而，由于这种方式复杂度较高，并不适用于资源有限的场景。我们不禁想问，是否存在一种支持不同带宽设备之间进行通信的统一方法呢？在本章中，我们将通过对时间反演（TR）方法的讨论来回答这个问题。我们将提出一种新颖的基于时间反演的异构系统，它能够解决带宽异构的问题，同时保留 TR 技术的优势。尽管该方法在复杂度上有一定提升，但主要集中在接入点的数字处理上，我们可以通过使用更强大的数字信号处理器（DSP）轻松解决。由于我们提出的系统中没有中间件，额外的物理层复杂度集中在接入点侧，这种基于时间反演的方法能更好地满足终端设备低复杂和高能源利用效率的要求。我们进一步针对该系统中的干扰进行了理论分析。仿真结果显示，如果对频谱进行合理分配，误比特率（BER）性能将得到显著提升。最后，以智慧家居作为物联网应用的案例，对提出的系统性能进行评估。

22.1 引言

无处不在的 RFID 标签、传感器、执行器、移动电话等跨越了现代生活的众多领域，帮助我们测量、推断和理解环境指标。这类设备的快速增长催生了“物联网”这一术语，其中这些设备与我们周围的环境无缝融合，而且信息在整个平台上共享[1]。

物联网（IoT）的概念可以追溯到 1999 年，由 Ashton 首先提出[2]。尽管最初考虑到的物联网应用领域是物流业，但在过去的十年中，物联网覆盖范围已经广泛延伸到了医疗保健、公共设施、交通运输等应用领域[3]。得益于 ZigBee、蓝牙和近场通信（NFC）等无线通信技术的高度成熟和市场规模，物联网正在将现有的静态互联网转变为全融合的未来网络[4]。由于物联网对潜在用户日常生活和行为各个方面的重大影响[5]，其被列为物联网六种“颠覆性民用技术”之一[6]。

物联网中的设备数量众多、应用场景复杂，这导致了物联网中的设备是高度异构的。从通信的角度来看，最显著的异构性之一体现为带宽异构，从而对应的射频（RF）前端也具有异构性。为了解决带宽异构的问题，现有的物联网平台中同时采用了诸如 ZigBee、蓝牙、Wi-Fi 等多种通信标准，这使得共享位置的无线通信标准得到了迅猛发展[7]。当多个无线通信标准运行在同一个地理环境中时，设备经常会受到有害的干扰。此外，通信标准不同的设备间的通信只能通过网关节点实现，这导致了网络的碎片化，阻碍了互操作性这一目标的实现，也减慢了物联网统一参考模型的开发速度[8]。

为了实现带宽不同的设备间连接，现有的一些研究通过在应用层中组建中间件来隐藏不同通信标准的技术细节。文献［9］提出了面向服务的设备架构（SODA），被认为是一种将面向服务的架构（SOA）原则与物联网结合的、有前景的方法。文献［10］介绍了一种应用在企业服务中、基于 SOA 的物联网有效融合方式。业务流程执行语言（BEPL）是一种在中间件中广泛使用的流程语言[11]。然而，因为复杂度过高，这些用于实现中间件架构的技术通常都不适用于资源有限的场景。

那么除了中间件，是否存在其他能够连接具有不同带宽设备的有效方法呢？我们试图通过时间反演技术来回答这个问题。众所周知，由于各种散射体的反射，无线电信号将经历多条多径，室内环境中这个问题尤甚。利用时间反演（如果为复数还需进行共轭），将多径形态转化为波束赋形签名，TR 技术可以在目标位置上对所有路径的信号进行结构性相加，最终产生时空共振效应[12]。如文献［12］中指出的那样，由于 TR 技术能够充分收集所有路径上的能量，因此它成为了低复杂度、低功耗的绿色无线通信技术的理想备选方案。文献［13］提出了一种基于 TR 技术的多用户媒体访问方案，在设备侧仅需要基于接收到的单个码元进行简单检测，这样一来可以实现较低的计算复杂度和终端设备成本。利用由物理位置确定的签名波，TR 技术可以提供额外的物理层安全性，进而提升物联网用户的隐私性和安全性。文献［14］提出了实现绿色物联网的 TR 无线范例，对 TR 技术的所有优越特性进行了总结。然而，由于所有终端设备共享带宽及 RF 前端这个隐含假设的存在，上述研究无法直接用于解决物联网的带宽异构性问题。

为了支持物联网中具有不同带宽的设备，本章讨论一种新颖的基于 TR 技术的异构系统，在该系统中采用了一组不同的脉冲成形滤波器来实现对不同带宽数据流的支持。该系统将多速率信号处理融入 TR 技术中，能够用同一组 RF 前端支持所有的异构设备，因此是一种能连接异构带宽设备的统一架构。如图 22.1 所示，本章讨论的基于 TR 的异构系统直接将设备连接在一起，而不是通过网关和中间件来连接具有不同无线通信标准的设备。本章提出系统复杂度的增加没有发生在设备端，而是由接入点处的数字处理引起的，但这可以通过使用计算功能更强大的数字信号处理器（DSP）轻易解决。同时，终端设备的复杂度保持在较低水平，能够满足物

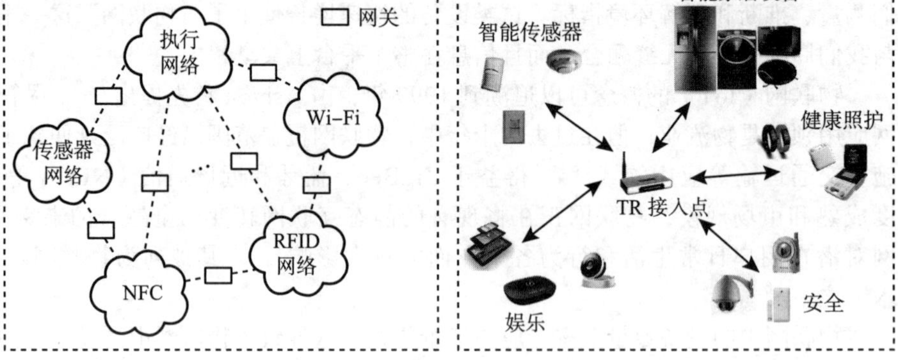

a）现有物联网方法　b）基于TR的异构物联网方法

图 22.1　两种方法的比较

联网对设备的低复杂度、高可扩展性的要求。由于在该方案中没有中间件，额外的物理层复杂度集中在接入点侧，与使用中间件的方法相比，本章提出的异构 TR 系统更好地满足了我们对终端设备低复杂度、高能源利用效率的要求。本章还进一步对干扰进行了理论分析，从而对系统性能进行预测。仿真结果显示，本章讨论的系统能够支持具有异构带宽的设备，达到合理误比特率（BER）性能。此外，在对频谱进行适当分配的情况下，可以显著提升系统 BER 性能。

本章其余部分安排如下。22.2 节讨论了现有同构 TR 系统的结构和工作方案。基于现有的 TR 系统，22.3 节介绍了基于 TR 技术的异构系统。22.4 节对该系统中的干扰问题进行了理论分析。22.5 节讨论了系统 BER 性能的仿真结果。

22.2　典型的同构时间反演系统

在本节，我们首先介绍基于 TR 技术的同构系统的结构和工作原理，在该系统中接入点和所有终端设备共享频段，它们的带宽和模数转换器（ADC）的采样率也相同。

典型的基于 TR 技术的同构系统如图 22.2 所示[14]。两个收发机间的信道冲激响应（CIR）可以建模表示为

$$h(t)=\sum_{v=1}^{V}h_v\delta(t-\tau_v) \tag{22.1}$$

式中，h_v 是 CIR 的第 v 条路径上的复数信道增益，τ_v 是响应的路径延迟，V 是环境中独立多径的总数（假设系统带宽和时间分辨率无限）。不失一般性，在本章后续内容中都假设 $\tau_1=0$，即第一条路径到达时间是 $t=0$，这样一来多径信道的延迟传播 τ_C 可由 $\tau_C=\tau_V-\tau_1=\tau_V$ 得到。

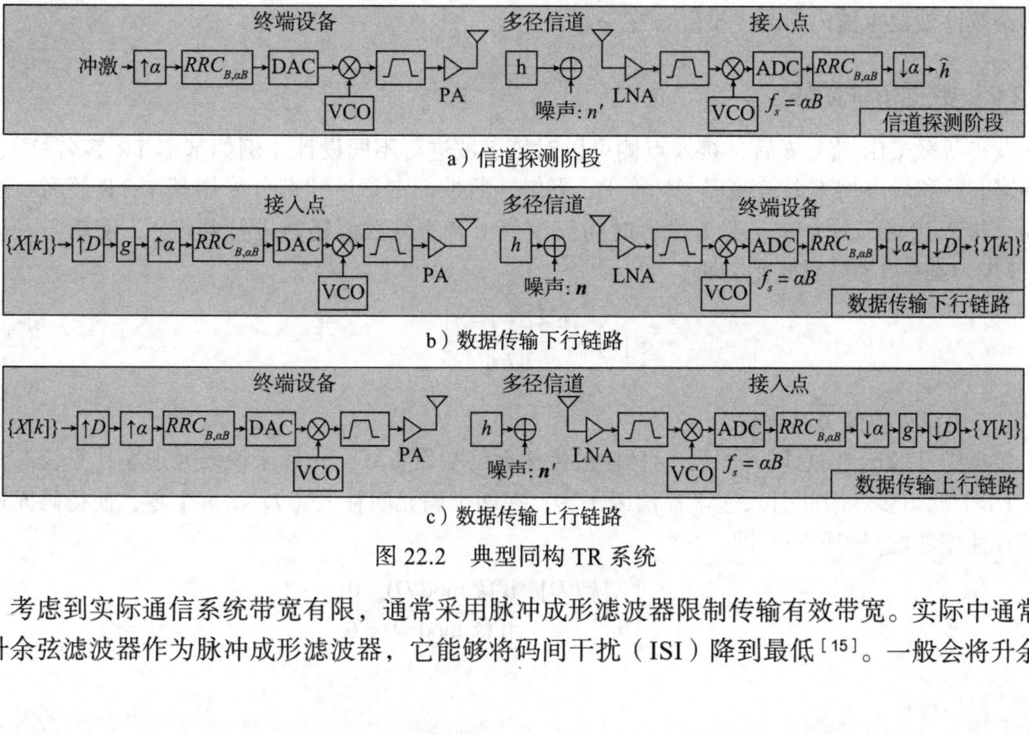

a）信道探测阶段

b）数据传输下行链路

c）数据传输上行链路

图 22.2　典型同构 TR 系统

考虑到实际通信系统带宽有限，通常采用脉冲成形滤波器限制传输有效带宽。实际中通常使用升余弦滤波器作为脉冲成形滤波器，它能够将码间干扰（ISI）降到最低[15]。一般会将升余弦

滤波器分解成两个根升余弦滤波器 $\boldsymbol{RRC}_{B,\ f_s}[n]$，分别部署在收发机的两侧，其中 B 为可用带宽，f_s 为系统采样率。相对于奈奎斯特采样率[16]，实际中采用 α 倍过采样（即 $f_s=\alpha B$）来抵消采样频率偏移（SFO）。

22.2.1 信道探测阶段

如图 22.2a 所示，在接入点进行 TR 传输之前，对冲激信号进行 α 倍上采样和滤波器 $\boldsymbol{RRC}_{B,\ f_s}[n]$ 滤波，再经过终端设备侧的射频组件后送出。传输信号经过多径信道传输至接入点，其中接入点对收到的信号进行采样。采样后的信号通过射频组件后，再经另一个滤波器 $\boldsymbol{RRC}_{B,\ f_s}[n]$ 滤波，并进行参数为 α 的下采样，最后得到 CIR 估计值 $\hat{\boldsymbol{h}}$。

当采样率 $f_s=\alpha B$ 时，离散的 CIR 可以表示为

$$\bar{h}[n]=\sum_{v=1}^{V}h_v\delta[nT_s-\tau_v] \tag{22.2}$$

式中，$T_s=1/(\alpha B)$。假设信道估计为理想情况（即在信道探测阶段忽略噪声和干扰），则图 22.2a 中两个 RRC 滤波器之间的等效 CIR 可以表示为

$$\tilde{\boldsymbol{h}}=\left(\boldsymbol{RRC}_{B,f_s}*\bar{\boldsymbol{h}}*\boldsymbol{RRC}_{B,f_s}\right) \tag{22.3}$$

基于系统的多相特性[17]，带宽为 B 的（扩展器和抽取器之间的）系统等效 CIR 可以表示为

$$\hat{\boldsymbol{h}}=\left(\boldsymbol{RRC}_{B,f_s}*\bar{\boldsymbol{h}}*\boldsymbol{RRC}_{B,f_s}\right)_{[\alpha]} \tag{22.4}$$

式中，$(\cdot)_{[\alpha]}$ 表示 α 倍抽取采样。由式（22.4）可知对于带宽有限的系统，式（22.2）中那些时差在升余弦滤波器主瓣内的路径被混合在一起。

22.2.2 数据传输阶段

获得等效 CIR 信号 $\hat{\boldsymbol{h}}$ 后，接入点侧可以对签名波进行不同设计（例如基本 TR 签名[12]、迫零签名[18] 和最小均方误差签名[19] 等）。不失一般性，本章后续部分采用基本 TR 签名。换句话说，接入点对等效 CIR 信号 $\hat{\boldsymbol{h}}$ 进行时间反演后（若为复数值还需进行共轭），使用归一化的 TR 波作为基本 TR 签名波 $\boldsymbol{g}$，即

$$g[n]=\frac{\hat{h}^*[L-1-n]}{\|\hat{\boldsymbol{h}}\|} \tag{22.5}$$

式中，L 表示 $\hat{\boldsymbol{h}}$ 中抽头的数量。

根据图 22.2b，信息码元序列 $\{X[k]\}$ 被传输至终端设备处。一般来说码元速率比系统芯片速率（$1/B$）低很多。因此引入速率补偿因子 D，在两个码元间补入（$D-1$）个零，使得码元速率与芯片速率匹配[12-13, 20]，即

$$X^{[D]}[k]=\begin{cases}X[k/D], & \text{if}\ (k \bmod D)=0\\ 0, & \text{if}\ (k \bmod D)\neq 0\end{cases} \tag{22.6}$$

式中，$(\cdot)^{[D]}$ 表示 D 倍插值。最终，在进入 α 倍扩展器之前，嵌入的签名码元可以表示为

$$S[k]=\left(\boldsymbol{X}^{[D]}*\boldsymbol{g}\right)[k] \tag{22.7}$$

基于前面对信道探测阶段的推导，图 22.2b 中扩展器和抽取器之间的系统组件可以用 $\hat{\boldsymbol{h}}$ 替代。因此，在进入采样率为 D 的抽取器之前，终端设备侧收到的信号是 $S[k]$ 和 $\hat{\boldsymbol{h}}$ 的卷积与均值为 0、方差为 $\sigma^2{}_N$ 的加性高斯白噪声（AWGN）$\tilde{n}[k]$ 之和，即

$$Y^{[D]}[k]=\left(\boldsymbol{S}*\hat{\boldsymbol{h}}\right)[k]+\tilde{n}[k] \tag{22.8}$$

接着终端设备以补偿因子 D 对码元进行抽取，从而检测信息码元序列 $\{X[k]\}$，即

$$\begin{aligned}Y[k]=&\sqrt{p_u}\left(\hat{\boldsymbol{h}}*\boldsymbol{g}\right)[L-1]X\left[k-\frac{L-1}{D}\right]+\\&\sqrt{p_u}\sum_{l=0,l\neq(L-1)/D}^{(2L-2)/D}\left(\hat{\boldsymbol{h}}*\boldsymbol{g}\right)[Dl]X[k-l]+n[k]\end{aligned} \tag{22.9}$$

式中，$n[k]\triangleq\tilde{n}[Dk]$，$p_u$ 表示功率放大器。

得益于时间反演的时间聚焦效应，$\left(\hat{\boldsymbol{h}}*\boldsymbol{g}\right)$ 的功率在 $(L-1)$ 处取得最大值，也即码元为 $X\left[k-\frac{L-1}{D}\right]$ 时，结果可表示为

$$\left(\hat{\boldsymbol{h}}*\boldsymbol{g}\right)[L-1]=\frac{\sum_{l=0}^{L-1}\hat{h}[l]\hat{h}^*[l]}{\|\hat{\boldsymbol{h}}\|}=\|\hat{\boldsymbol{h}}\| \tag{22.10}$$

最终，得到的信号与干扰噪声比值（SINR）为

$$\mathrm{SINR}=\frac{p_u\|\hat{\boldsymbol{h}}\|^2}{p_u\sum_{l=0,l\neq(L-1)/D}^{(2L-2)/D}\left|\left(\hat{\boldsymbol{h}}*\boldsymbol{g}\right)[Dl]\right|^2+\sigma_N^2} \tag{22.11}$$

假设每个信息码元 $X[k]$ 具有单位功率。

如图 22.2c 所示，对于上行链路，之前设计的签名波 $\boldsymbol{g}$ 作为接入点侧的均衡器。与下行方案中的信号流相似，接入点可以基于上行链路中（$\hat{\boldsymbol{h}}*\boldsymbol{g}$）的时域聚焦效应来检测信息码元。这种包含下行和上行链路的方案定义为非对称结构，在接入点和终端设备间形成了非对称的复杂度分布。换言之，上行方案的设计原则是将终端用户处的复杂度保持在最低水平。

需要注意的是，根据已有研究[13]，同构 TR 系统易于扩展至多用户场景，该方案利用了环境的空间自由度，将与每个用户关联的多径信道特性作为该用户的特定位置签名波。此外，不同用户可以采用不同的速率补偿因子，从而满足物联网中多种应用的异构服务质量（QoS）需求。

注：尽管通过调整 D，同构 TR 系统可以实现不同 QoS，但系统中所有设备仍然是共享相同带宽和采样率的，这不仅提高了硬件成本，还增加了低端终端设备的计算负担。除了多种应用要求的异构 QoS，物联网中异构性的定义还应包括异构的硬件能力（比如带宽、采样率、计算和存

储能力等），这些在同构 TR 系统中显然无法支持。物联网中更加广义的异构性要求，推动了本章中异构 TR 范例的研究。

22.3 异构时间反演系统

尽管同构 TR 系统无法解决带宽异构性，但 TR 技术仍可同时解决物联网中大部分挑战[14]。是否存在一种有效方法能够对现有同构 TR 系统进行完善以解决带宽异构性问题，同时又保持 TR 技术的大部分优势呢？答案是肯定的，异构 TR 系统便是一种解决此问题的潜在理想备选方案。

与同构情况下所有设备共用相同频谱相反，异构 TR 系统可以在一个接入点处同时支持具有不同频谱分配和带宽的 N 种终端设备。换言之，如图 22.3 所示，不同的终端设备具有各自的载频（f_{c_i}）和带宽（B_i）。

图 22.3 异构终端设备的频谱占用情况

22.3.1 对同构时间反演系统的改进

为了实现对异构终端设备的支持，需要针对现有同构 TR 系统在接入点和终端设备侧进行一些改进。

22.3.1.1 终端设备侧

如前所述，不同的终端设备具有各自的载频 f_{c_i} 和带宽 B_i。首先不同类型的终端设备必须具有不同的射频（RF）组件。类型 i 的终端设备中压控振荡器（VCO）的振荡频率设为 f_{c_i}，模拟带通滤波器的带宽为 B_i。基于已有的讨论，该类型终端设备中的模数转换器采样频率为 $f_{c_i}=\alpha B_i$。此外，不同类型的终端设备还要求不同的根升余弦滤波器，也即 $\boldsymbol{RRC}_{B,\ f_{s_i}}$。

22.3.1.2 接入点侧

为了同时支持多种异构的终端设备，接入点的带宽（记作 B_{AP}）是所有异构终端设备带宽的聚合。尽管我们采用了较为复杂的数字信号处理方法来应对不同类型的数据流，但是在接入点侧只需要一组射频元件。数字信号处理包括频移、速率转换器和根升余弦滤波器。特别地，我们需要进行不同类型的频移转换 $\exp^{j\omega_i n}$，从而实现对多种载波频率的支持。通过为类型 i 的终端设备部署独特的、以 $\alpha B_{AP}/B_i$ 为参数的采样率转换器（扩展器或抽取器），能够实现对多种速率信号的处理。利用类型 i 的根升余弦滤波器 $\boldsymbol{RRC}_{B_i,\ \alpha B_{AP}}$ 来限制异构终端设备信号的有效带宽。

接下来将详细介绍异构 TR 模型的系统原理，以及该改进系统的结构。

22.3.2 信道探测阶段

类型 i 的终端设备信道探测阶段如图 22.4 所示。与图 22.2a 相比，存在一些与上一小节所述

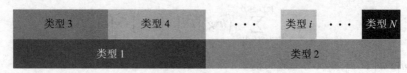

内容的不同。在数据传输阶段之前，对冲激信号进行 α 倍上采样，再经过 $\boldsymbol{RRC}_{B_i,\ \alpha B_i}[n]$ 滤波，以及终端设备侧的 RF 组件后传输出去。传输信号通过多径信道 $h_i(t)$ 到达接入点，接入点对收到的信号以较高的采样率 $f_s=\alpha B_{AP}$ 进行采样，将信号转换为基带信号（基于 f_{c_i} 和 $f_{c_{AP}}$ 的不同），再将信号传输至另一个匹配滤波器 $\boldsymbol{RRC}_{B_i,\ \alpha B_{AP}}[n]$ 进行滤波，将波以 $\alpha B_{AP}/B_i$ 为采样率进行下采样，将最终得到的波记录为 $\hat{\boldsymbol{h}}_i$。

当采样率 $f_s=\alpha B_{AP}$ 时，得到的离散 CIR 表示为

$$\overline{h}_i[n]=h_i(nT_s) \tag{22.12}$$

式中，$T_s=1/(\alpha B_{AP})$。

由于以数模转换器（DAC）作为插值器，图 22.4 中终端设备传输的信号在数学上等效于经过下列过程生成的信号，即首先经过采样率为 $\alpha B_{AP}/B_i$ 的上采样，再经过 $\boldsymbol{RRC}_{B_i,\ \alpha B_{AP}}[n]$ 滤波，最后经过 DAC 转换为模拟信号。因此，同样根据多相特性，带宽为 B_i 的 i 类终端设备的等效 CIR 可以表示为

$$\hat{\boldsymbol{h}}_i=\sqrt{\beta_i}\left(\boldsymbol{RRC}_{B_i,\alpha B_{AP}}*\overline{\boldsymbol{h}}_i*\boldsymbol{RRC}_{B_i,\alpha B_{AP}}\right)_{[\alpha\beta_i]} \tag{22.13}$$

式中，$\beta_i=B_{AP}/B_i$，$\sqrt{\beta_i}$ 用于补偿 $\boldsymbol{RRC}_{B_i,\ \alpha B_i}[n]$ 与 $\boldsymbol{RRC}_{B_i,\ \alpha B_{AP}}[n]$ 之间的功率差异。

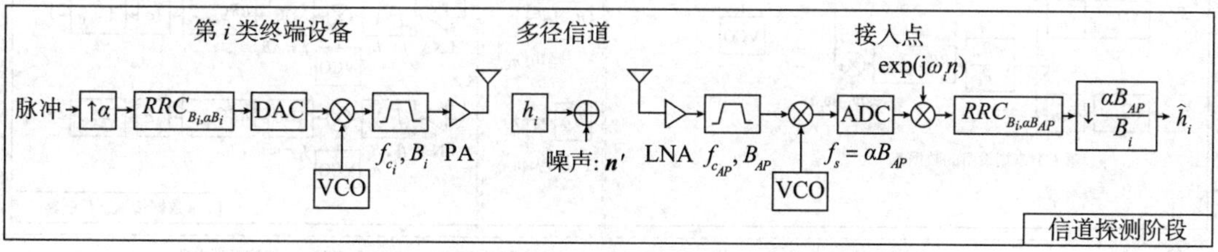

图 22.4 异构 TR 系统中 i 类终端设备的信道探测

尽管我们这里只对一种终端设备的信道探测进行了估计，但通过并行实施多种信号处理就可以将上述方法直接扩展为多种终端设备，信号处理方法可以包括频移、RRC 滤波和使用特定因子进行下采样等。换言之，使用一组 RF 组件，结合复杂多样的信号处理方法，我们就可以实现接入点对于异构终端设备的支持。

22.3.3 数据传输阶段

假设 N 种类型的终端设备与接入点同时进行通信，其中第 i 类终端设备数量为 M_i。在得到等效 CIR 后，采用多种现有设计方法为类型 i 的第 j 个终端设备设计签名波 $\boldsymbol{g}_{i,\ j}$。以基本 TR 签名的设计为例，即

$$g_{i,j}[n]=\frac{\hat{h}_{i,j}^{*}[L-1-n]}{\left\|\hat{\boldsymbol{h}}_{i,j}\right\|}, \tag{22.14}$$

式中，$\hat{\boldsymbol{h}}_{i,\ j}$ 由式（22.13）确定。

首先考虑下行数据传输。如图 22.5a 所示，$\left\{X_{i,j}[k]\right\}$表示类型 i 的第 j 个终端设备收到的信息码元序列。与同构 TR 系统中的情况类似，引入速率补偿因子 $D_{i,j}$ 对码元速率进行调整，也即类型 i 的第 j 个终端设备的码元速率为（$B_i/D_{i,j}$）。接着，将签名 $\boldsymbol{g}_{i,j}$ 嵌入到终端设备特定的数据流 $\boldsymbol{X}_{i,j}^{[D_{i,j}]}$ 中。将嵌入签名后的同为 i 类的码元合并为 $\boldsymbol{S}_i$，例如

$$\boldsymbol{S}_i=\sum_{j=1}^{M_i}\left(\boldsymbol{X}_{i,j}^{[D_{i,j}]} * \boldsymbol{g}_{i,j}\right) \tag{22.15}$$

接着，将合并的码元 $\boldsymbol{S}_i$ 经过特定类型的数字信号处理，即信号经以 $\alpha B_{AP}/B_i$ 为采样率的上采样、滤波器 $\boldsymbol{RRC}_{B_i,\ \alpha B_{AP}}$ 滤波后，依据特定类型，使用频移 $\exp^{-j\omega_i n}$ 对信号的数字频率进行迁移。最后，将 N 种经过处理的数据流混合在一起，并通过接入点处一组 RF 组件向所有异构终端设备进行广播。

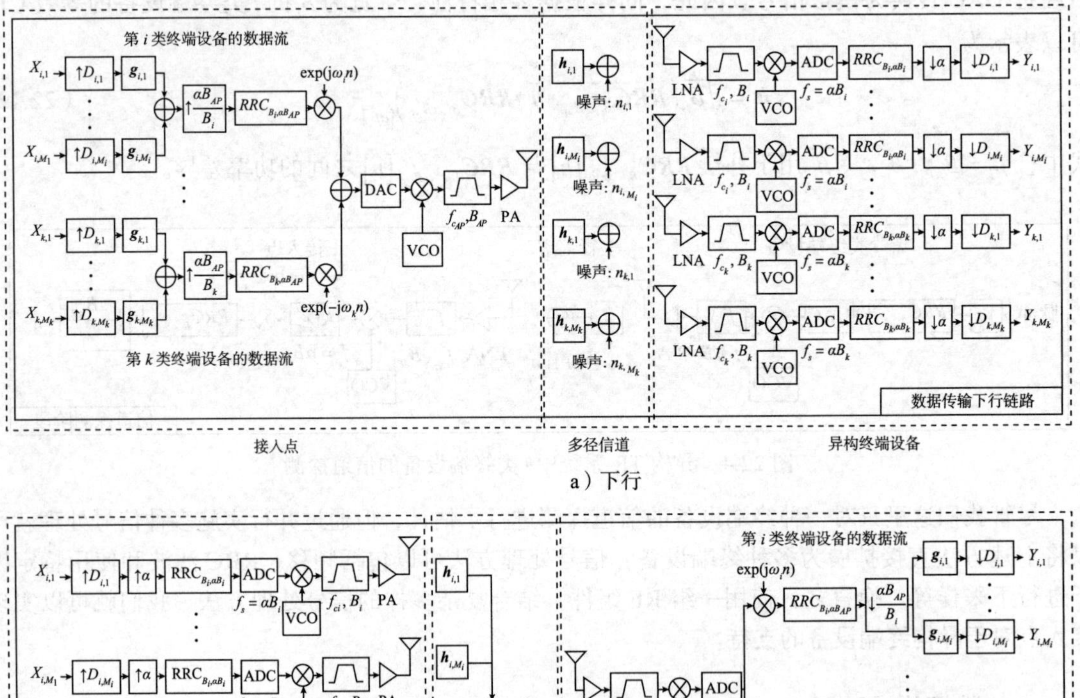

a）下行

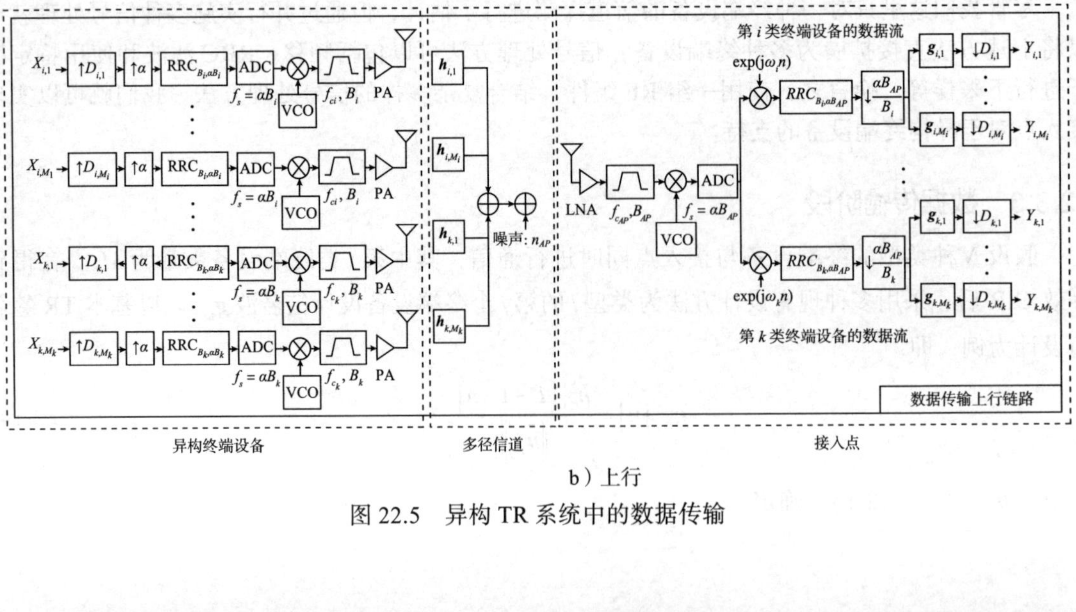

b）上行

图 22.5　异构 TR 系统中的数据传输

在接收机侧，以类型 i 的第 j 个终端设备为例。广播信号通过多径信道 $h_{i,j}(t)$ 传输到终端设备。接下来信号经过中心频率为 f_{c_i}、带宽为 B_i 的模拟带通滤波器。需要注意的是，经滤波后的信号中除包含我们想要的目标信号之外还有干扰，比如同类终端设备产生的多用户间干扰（IUI），以及其他类型（与第 i 类终端设备频谱重叠）的设备产生的类间干扰（ITI）。由于时空聚焦效应，多径信道特性的唯一性使干扰能够得到抑制。接下来，信号被搬移到基带，并以采样率 $f_{c_i}=\alpha B_i$ 进行采样，该采样率远小于低端终端设备的接入点处的采样率。最后，采样信号经过滤波器 $\boldsymbol{RRC}_{B_i,\ \alpha B_i}$ 和速率匹配抽取器后，得到了码元 $\left\{Y_{i,j}[k]\right\}$，从中可以检测到 $\left\{X_{i,j}[k]\right\}$。关于信号与干扰噪声比（SINR）的理论分析将在下一节给出。

上行链路的系统结构如图 22.5b 所示。由图可知，非对称结构特性在异构 TR 系统中得以保留。与同构 TR 系统相同，以下行链路中的预编码签名 $\boldsymbol{g}_{i,j}$ 作为上行链路中的均衡器。通过接入点处的一组 RF 组件将信号转换到数字域后，需要多个并行的数字信号处理方法（如频移、RRC 滤波、速率转换）来支持 N 种类型的终端设备同时通信。

注：与现有的同构 TR 系统相比，异构 TR 系统保留了支持多种服务质量的能力，不仅改变了补偿因子 $D_{i,j}$，而且还为终端设备提供了选择不同 B_i 的灵活性。更重要的是，异构 TR 系统进一步强化了非对称复杂度的优势。换言之，异构系统新的改进使得接入点侧复杂度更为集中。对于接入点，只需要一组 RF 组件。尽管该系统需要使用更复杂的并行数字信号处理方法，但是这可以通过使用功能更强大的 DSP 单元轻易解决，而且实现成本和复杂度是可以接受的。而在异构终端设备方面，对于带宽较小的设备，ADC 采样率会显著降低，这极大降低了低端终端设备的硬件成本。此外，较低的采样率也意味着计算负担的减轻。

与使用中间件的方法相比，我们讨论的 TR 方法主要有两个优势。首先，该方法提供了一种物联网的统一系统模型，但是中间件方法涉及多种不同通信标准，从而导致整个网络的碎片化。其次，通过将复杂度集中在接入点侧，而且终端设备侧不需要中间件，TR 方法能够更好地满足终端设备处低复杂度、高能源利用效率的需求。

22.4 异构时间反演系统的性能分析

在本节，我们对提出的异构 TR 系统进行了理论分析，并对单个终端设备进行了 SINR 估计。不失一般性，我们对下行场景进行研究。由于系统的非对称性及信道互易性，上行场景可以进行类似的分析。接下来我们先对异构 TR 系统中的两种特殊情况进行研究。然后通过扩展特殊情况的结果，得到该终端设备的一般情况。

22.4.1 重叠情况

我们首先考虑异构 TR 系统中的一种特殊情况。假设系统中仅存在两种类型的终端设备，如类型 i 和类型 k。如图 22.6 所示，这两种类型的终端设备都与接入点共享相同载频，而且其频谱相互重叠。不失一般性，我们假设每种类型中只有一个终端设备。

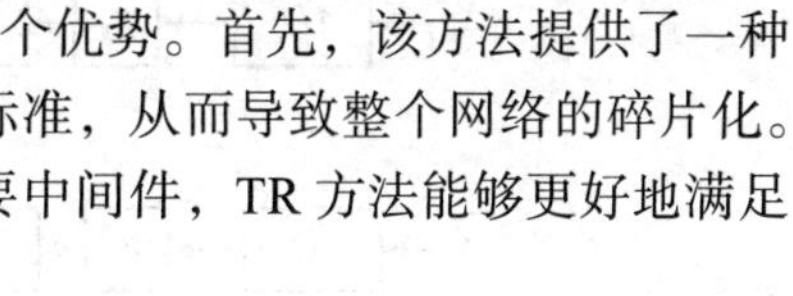

图 22.6 情况 I 下的频谱占用

在这种特殊情况下，图 22.5a 中的下行系统结构可以极大简化。首先，由于载频相同，可以去掉频移模块。其次，同样可以在分析中忽略模拟带通滤波器，因为有效带宽已经被 RRC 滤波器限制。

将由接入点向 b 类终端设备发送的 a 类码元的等效 CIR 记作 $\hat{\boldsymbol{h}}_{a,b}$。由式（22.4）可得

$$\hat{\boldsymbol{h}}_{a,a}=\sqrt{\beta_a}\left(\boldsymbol{RRC}_{B_a,\alpha B_{AP}}*\bar{\boldsymbol{h}}_a*\boldsymbol{RRC}_{B_a,\alpha B_{AP}}\right)_{[\alpha\beta_a]} \tag{22.16}$$

此外，利用优越的等价特性可以得到干扰的等效 CIR 如下[17]

$$\hat{\boldsymbol{h}}_{a,b}=\left(\boldsymbol{RRC}_{B_a,\alpha B_{AP}}*\bar{\boldsymbol{h}}_b*\boldsymbol{RRC}^{[\beta_b]}_{B_b,\alpha B_b}\right)_{[\alpha]} \tag{22.17}$$

式中，$a,\ b\epsilon\{i,\ k\}$，$\beta_a=B_{AP}/B_a$，$\bar{\boldsymbol{h}}_a$是当采样率$f_s=\alpha B_{AP}$时，接入点发往 a 类终端设备的离散 CIR。

在得到上述等效 CIR 后，可以设计每种类型终端设备的签名，例如

$$g_a[n]=\frac{\hat{h}^*_{a,a}[L-1-n]}{\left\|\hat{\boldsymbol{h}}_{a,a}\right\|} \tag{22.18}$$

式中，$a\epsilon\{i,\ k\}$。需要注意，由式（22.18）可知，（$\boldsymbol{g}_a*\hat{\boldsymbol{h}}_{a,a}$）存在聚焦效应。因此，基于前述的公式，简化后的系统模型如图 22.7 所示。

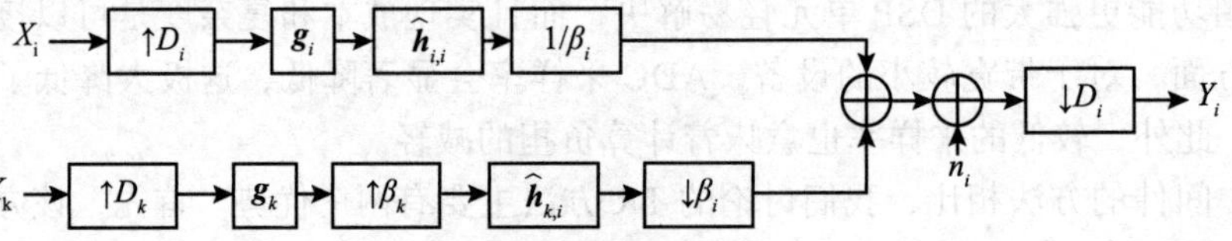

a）i类TD的等效数据流

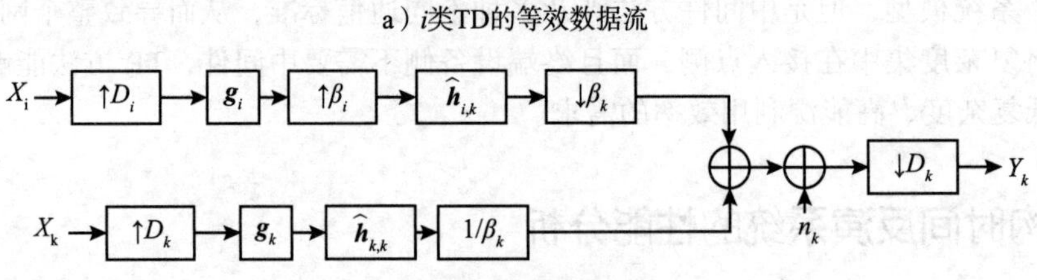

b）k类TD的等效数据流

图 22.7 情况 I 下的等效系统结构

图中 i 类终端设备收到的码元可以表示为

$$\begin{aligned}Y_i[n]=&\frac{\sqrt{p_u}}{\beta_i}\left(\boldsymbol{g}_i*\hat{\boldsymbol{h}}_{i,i}\right)[L_i-1]X_i\left[n-\frac{L_i-1}{D_i}\right]+\\&\frac{\sqrt{p_u}}{\beta_i}\sum_{l=0,l\neq(L_i-1)/D_i}^{(2L_i-2)/D_i}\left(\boldsymbol{g}_i*\hat{\boldsymbol{h}}_{i,i}\right)[D_il]X_i[n-l]+\\&\sqrt{p_u}\sum_{l=0}^{(L_{k,i}-1)/(\beta_kD_k)}\left(\boldsymbol{g}_k^{[\beta_k]}*\hat{\boldsymbol{h}}_{k,i}\right)[\beta_kD_kl]X_k[n-l]+\\&n_i[n]\end{aligned} \tag{22.19}$$

式中，p_u 为功率放大器，$L_i = \text{length}\left(\hat{\boldsymbol{h}}_{i,\ i}\right)$，$L_{k,\ i} = \text{length}\left(\boldsymbol{g}_k^{[\beta_k]} * \hat{\boldsymbol{h}}_{k,\ i}\right)$。

在式（22.19）中，第一项和第二项分别是典型的目标信号和 ISI。第三项是来自 k 类终端设备的类间干扰（ITI）。此外，由于 TR 系统具有时空聚焦效应，借助特定位置签名形，无须额外处理即可抑制 ITI。对于 k 类终端设备，可以得到类似的接收码元公式。

由于频移 $\exp^{-\mathrm{j}\omega_i n}$ 具有归一化功率，所以只要 i 类和 k 类终端设备的频谱重叠，式（22.20）中的分析就可以应用于终端设备频谱不同的情况中。

22.4.2　非重叠情况

这本小节中，我们讨论另一种特殊情况，即不同类终端设备的频谱非重叠。假设系统中存在两种类型的终端设备，如类型 i 和类型 k，每类包含一个终端设备。如图 22.8 所示，由于模拟带通滤波器和 RRC 滤波器的作用，频谱不重叠的两类终端设备不存在 ITI。因此，可以直接分析得到 i 类终端设备收到的码元为

图 22.8　情况 Ⅱ 下的频谱占用

$$
\begin{aligned}
Y_i[n] = {} & \frac{\sqrt{p_u}}{\beta_i}\left(\boldsymbol{g}_i * \hat{\boldsymbol{h}}_{i,i}\right)[L_i - 1] X_i\left[n - \frac{L_i - 1}{D_i}\right] + \\
& \frac{\sqrt{p_u}}{\beta_i} \sum_{l=0, l \neq (L_i - 1)/D_i}^{(2L_i - 2)/D_i} \left(\boldsymbol{g}_i * \hat{\boldsymbol{h}}_{i,i}\right)[D_i l] X_i[n - l] + \\
& n_i[n]
\end{aligned} \tag{22.20}
$$

在同构 TR 系统[12]中已对该公式进行了深入研究。

22.4.3　复合情况

基于前面分析的两种特殊情况，我们分析一般情况下的异构 TR 系统，此时系统支持 N 种终端设备，且 i 类终端设备的数量记作 M_i。不同类终端设备的频谱如图 22.3 所示。

在 22.3 节中我们已经讨论过，$\left\{X_{i,\ j}[k]\right\}$ 表示 i 类第 j 个终端设备收到的信息码元序列，$D_{i,\ j}$ 和 $\boldsymbol{g}_{i,\ j}$ 分别为速率补偿因子和码元 $\left\{X_{i,\ j}[k]\right\}$ 的嵌入签名波。根据 22.4.1 小节，i 类终端设备会受到 k 类终端设备的 ITI，其中 $k \in T_i$，T_i 表示与 i 类终端设备频谱重叠的终端设备类型的集合。换言之，根据 22.4.2 小节，当 $k \notin T_i$ 时，k 类终端设备的数据流不会对 i 类终端设备造成干扰。

在 CIR 方面，将当采样率为 $f_s = \alpha B_{AP}$ 时，接入点发给 i 类第 j 个终端设备，离散 CIR 记作 $\bar{\boldsymbol{h}}_{i,\ j}$。接着，对于从接入点发送到 k 类第 n 个终端设备的 i 类第 m 个终端设备的数据流，将等效 CIR 记作 $\bar{\boldsymbol{h}}_{i_m,\ k_n}$。与式（22.16）和式（22.17）相似，可得数据流的等效 CIR 为

$$
\hat{\boldsymbol{h}}_{i_m,k_n} = \begin{cases} \sqrt{\beta_i}\left(\boldsymbol{RRC}_{B_i,\alpha B_{AP}} * \bar{\boldsymbol{h}}_{i,n} * \boldsymbol{RRC}_{B_i,\alpha B_{AP}}\right)_{[\alpha\beta_i]} & i = k \\ \left(\boldsymbol{RRC}_{B_i,\alpha B_{AP}} * \bar{\boldsymbol{h}}_{k,n} * \boldsymbol{RRC}_{B_k,\alpha B_k}^{[\beta_k]}\right)_{[\alpha]} & i \neq k \end{cases} \tag{22.21}
$$

式中，$\beta_i = B_{AP} / B_i$。由式（22.21）可知，等效 CIR 的长度仅取决于数据流和接收信号的终端设

备类型。在得到 CIR 估计结果后，就可以运用不同的签名设计方法。以 i 类中第 j 个终端设备的基本 TR 签名为例，也即

$$g_{i,j}[n]=\frac{\hat{h}^{*}_{i_j,i_j}[L-1-n]}{\left\|\hat{\boldsymbol{h}}_{i_j,i_j}\right\|} \tag{22.22}$$

进而 i 类第 j 个终端设备处收到的信号 $\boldsymbol{Y}_{i,j}$ 可以表示为

$$\begin{aligned}Y_{i,j}[n]=&\frac{\sqrt{p_u}}{\beta_i}\left(\boldsymbol{g}_{i,j}*\hat{\boldsymbol{h}}_{i_j,i_j}\right)[L_i-1]X_{i,j}\left[n-\frac{L_i-1}{D_{i,j}}\right]+\\&\frac{\sqrt{p_u}}{\beta_i}\sum_{l=0,l\neq(L_i-1)/D_{i,j}}^{(2L_i-2)/D_{i,j}}\left(\boldsymbol{g}_{i,j}*\hat{\boldsymbol{h}}_{i_j,i_j}\right)\left[D_{i,j}l\right]X_{i,j}[n-l]+\\&\frac{\sqrt{p_u}}{\beta_i}\sum_{\substack{m=1\\m\neq j}}^{M_i}\sum_{\substack{l=0\\l\neq(L_i-1)/D_{i,m}}}^{(2L_i-2)/D_{i,m}}\left(\boldsymbol{g}_{i,m}*\hat{\boldsymbol{h}}_{i_m,i_j}\right)\left[D_{i,m}l\right]X_{i,m}[n-l]+\\&\sqrt{p_u}\sum_{k\in T_i}\sum_{m=1}^{M_k}\sum_{l=0}^{\frac{L_{k,i}-1}{\beta_k D_{k,m}}}\left(\boldsymbol{g}_{k,m}^{[\beta_k]}*\hat{\boldsymbol{h}}_{k_m,i_j}\right)\left[\beta_k D_{k,m}l\right]X_{k,m}[n-l]+\\&n_{i,j}[n]\end{aligned} \tag{22.23}$$

式中，$L_i=\text{length}\left(\hat{\boldsymbol{h}}_{i_*,i_*}\right)$，$\beta_i=B_{AP}/B_i$，$L_{k,i}=\text{length}\left(\boldsymbol{g}_{k,*}^{[\beta_k]}*\hat{\boldsymbol{h}}_{k_*,i_*}\right)$。

在式（22.23）中，第一项是目标信号，第二和第三项分别代表同类终端设备间的 ISI 和 IUI，第四项代表来自重叠类型终端设备（即 $k\in T_i$）的 ITI。相应的，根据式（22.23）可以类似式（22.11）计算一般的异构 TR 系统中 i 类第 j 个终端设备的 SINR。

22.5 仿真结果

在本节中，为了证明提出的 TR 方法能够以合理 BER 性能支持异构带宽设备，我们进行了仿真实验。假设系统中同时存在 N 种类型的终端设备，每种类型种包含一个或多个设备。不同种类的设备的带宽、占用频谱、硬件容量和服务质量要求都不相同。仿真中使用的 CIR 是基于 IEEE P802.15 的超宽带（UWB）信道模型[21]，因而下文中的仿真结果是对系统性能的准确预估。

22.5.1 TDMA 及频谱分配

假设在异构 TR 系统中存在三个设备，它们的参数如表 22.1 所示。由该表可知，高清视频设备和高清音频设备的比特率分别为 18Mbit/s 和 4Mbit/s 左右。基于前面的讨论，为了能够支持这三个设备同时传输数据，假设接入点的带宽为 150MHz。

表 22.1 一个高清视频设备、两个高清音频设备的参数

器件名称	带宽	补偿因子	调制	码率	波（形）
高清视频 1	150MHz	8	QPSK	1/2	基本 TR
高清音频 1	50MHz	12	QPSK	1/2	基本 TR
高清音频 2	50MHz	12	QPSK	1/2	基本 TR

首先考虑这三个设备分为两种类型的情况，其中类型 1 包括高清视频设备，类型 2 包括两个

高清音频设备。这种情况下三个设备的 BER 性能如图 22.9 所示。从图中可以推断，两个高清音频设备的 BER 性能相比高清视频设备的 BER 性能要差很多。这背后的原因是，TR 系统对 IUI 的抑制很大程度上依赖解析得到的独立多径的数量，后者随带宽而增大。由于两个高清音频的带宽要窄很多，在使用基本 TR 签名波的情况下来自其他设备的 IUI 会变得更加严重。为了解决窄带设备遇到的 IUI，除了使用 TR 技术，异构 TR 系统中还需要考虑其他技术。

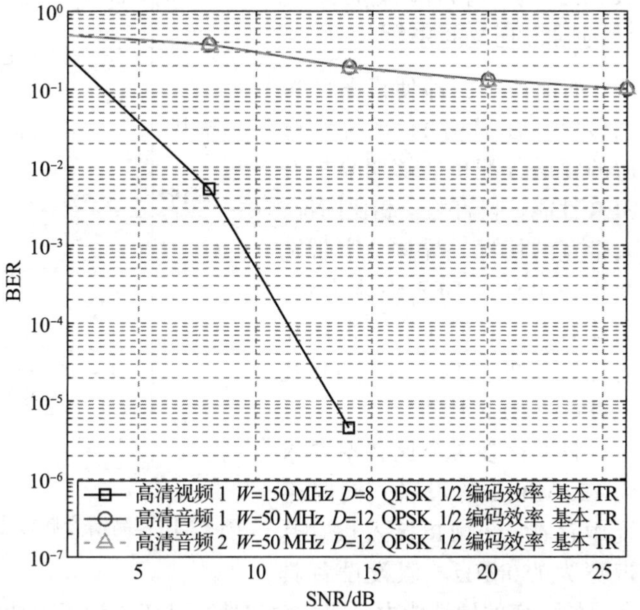

图 22.9　三个设备的 BER 性能比较，其中两个高清音频设备为同类型且使用基本 TR 签名波

先考虑在异构 TR 系统中使用时分复用（TDMA）。换句话说就是接入点每次只能支持一个高清音频设备。从比特率的角度，为了保持服务质量不变，系统需要在调整码率和降低补偿因子之间选择其一。为了使高清音频设备保持与视频设备相同的比特率，采用简单波设计的三个设备的改进 BER 性能如图 22.10 所示，包括两种情况，即 a）去除信道编码，b）降低补偿因子。与图 22.9 中的结果相比，采用简单波设计的系统 BER 性能得到显著提升。进一步，比较 a）和 b）可以发现，降低补偿因子以保持比特率对于窄带设备来说似乎是更好的策略。需要注意的是还有其他潜在的波设计技术[19]，可以应用在异构 TR 系统中，并能够达到更好的效果。

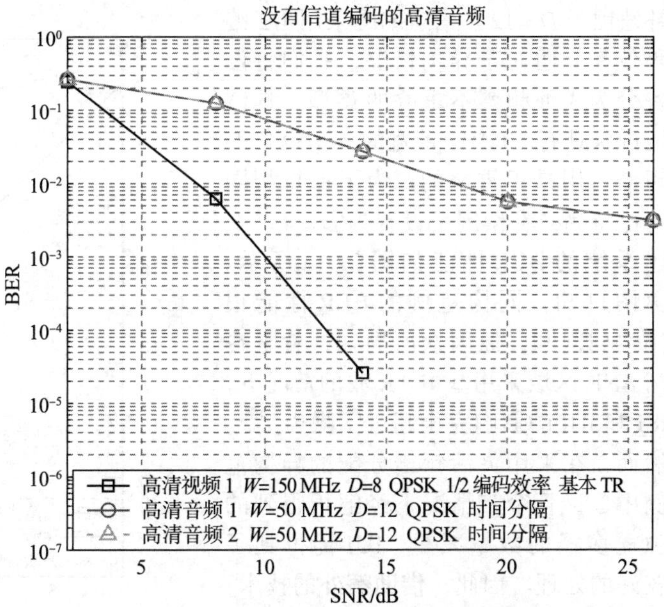

a）去除信道编码来保持相同比特率

图 22.10　高清音频设备中使用 TDMA 改进后的系统 BER 性能

尽管窄带宽降低了被解析的独立多径数量，进而 IUI 更加严重，但另一方面窄带宽能够为频谱分配提供更多灵活性。因此，如图 22.9 所示，提高系统 BER 性能的另一种方法就是更加灵活地安排频谱分配，从而去除不必要的干扰。例如，表 22.1 中的三个设备可以被分为三种不同的类别，其中两个高清音频设备分为在频谱上不重叠的两种类型。这样可得到如图 22.11

所示的经过频谱分配后改进的BER性能结果。

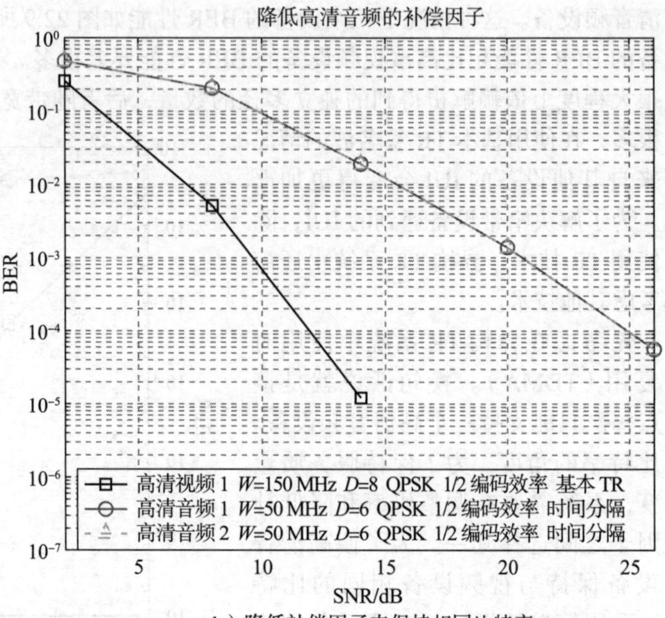

b）降低补偿因子来保持相同比特率

图 22.10　高清音频设备中使用 TDMA 改进后的系统 BER 性能（续）

22.5.2　异构时间反演系统与同构时间反演系统

如前所述，即使设备的带宽较窄，在异构TR系统中合适的频谱分配也能够明显提升BER性能。换言之，相比同构、大带宽的情况，异构、窄带宽并不一定导致BER性能劣化。受此启发，我们研究了采用相同比特率的同构、异构TR系统设备的BER性能。

假设存在3个比特率要求为12.5Mbit/s的设备，同时系统中存在一个TR接入点，其带宽为150MHz。假设设备具有灵活可变的硬件能力，即载频和带宽可变。为了支持上述设备，我们使用同构和异构两种潜在范例。出于公平性的考虑，两种范例中都使用基本TR签名波。

在同构情况下，设置3个设备均占用150MHz频谱，使用正交相移键控（QPSK）进行调制，补偿因子$D=12$。信道编码采用1/2编码效率。而对于异构情况，我们将设备分为3种频谱不重叠的类型。具体地说，具有50MHz带宽的3个设备的频谱占用是不重叠的。为了保持相同的比特率，补偿因子设置为$D=4$。上述系统的BER性能如图22.13所示。由图可知，同构范例的BER性能很快达到饱和，原因众所周知，就是在高SNR区域采用基本TR波的情况下，ISI和IUI的影响完全超过了噪声[19]。然而，在采用灵活频谱分配的异构范例中，尽管窄带情况下经解析得到的独立多径的数量减少，IUI仍得到了较好的处理。因此，借助额外的技术，如频谱分配，异构范例相比同构范例甚至可以实现更好的性能。

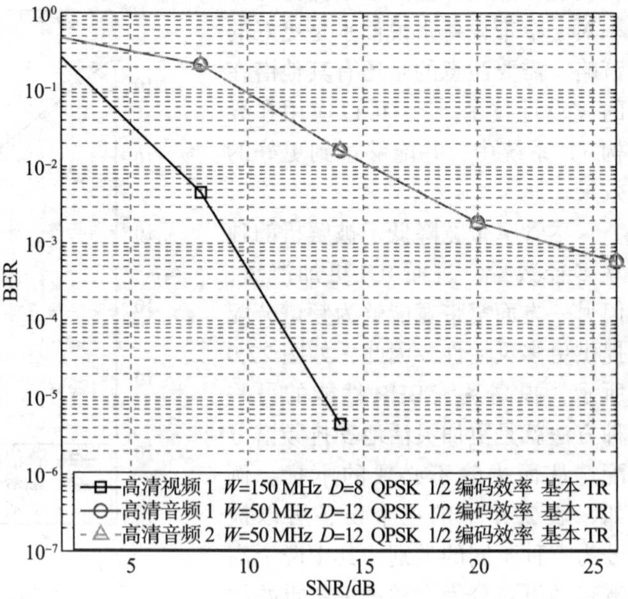

图 22.11　高清音频设备中使用频谱分配改进后的系统 BER 性能

22.5.3　异构时间反演系统案例研究：智能家居

在本节中我们选择智能家居作为物联网应用的案例，测试异构 TR 范例下系统的 BER 性能。将物联网技术应用于建筑，将不仅有助于减少资源（电力、水）消耗，而且还有助于提高人们的满意度。通常来说，为了进行安全监控和娱乐，智能家居中会同时安装高清视频和高清音频设备。此外，智能家居中还会使用智能传感器来对资源消耗进行监控，并主动检测用户需求。因此，在接下来的仿真实验中，我们假设智能家居中的 1 个高清视频设备、1 个高清音频设备，以及 5 个智能传感器均采用异构 TR 范例。上述设备的具体参数如表 22.2 所示，对应的 BER 性能如图 22.12 所示。需要注意的是，高清视频设备中 BER 性能的饱和是由于基本 TR 签名中显著的 IUI 导致的。此外，智能传感器在 BER 性能上的细微差别源于信道的频率选择。

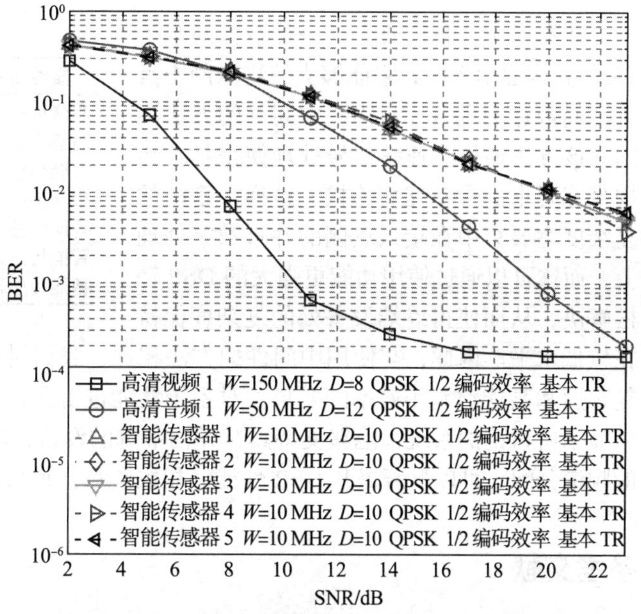

图 22.12　智能家居中设备的 BER 性能

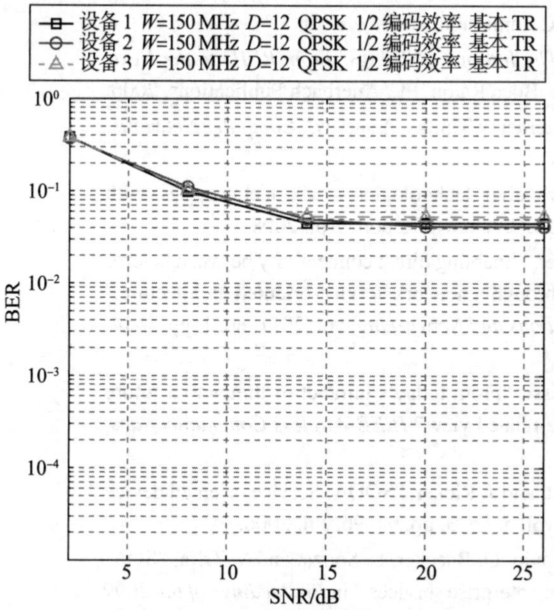

a）同构范例

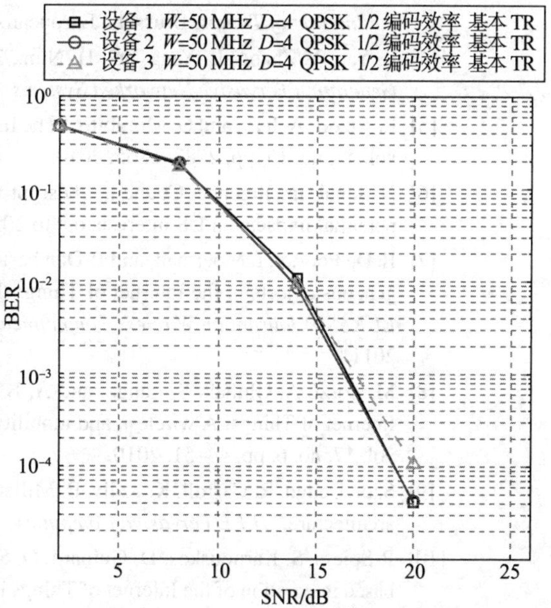

b）异构范例

图 22.13　采用基本 TR 签名波的系统 BER 性能比较

22.6 小结

在本章中，我们研究了一种新型的基于TR的异构通信系统，它能够支持物联网中具有不同带宽的设备。与构建中间件的方法不同，该方法通过多速率信号处理使得具有异构带宽要求的设备互相连接。这样，系统的复杂度主要集中在接入点侧的并行数字处理上，而这可以通过使用功能更强大的DSP轻松解决，从而使得终端设备处的复杂度保持在较低水平。因此，与使用中间件的方法相比，我们讨论的方法能够更好满足物联网中设备的低复杂度和高能源利用效率的要求。对系统性能进行评估时，我们进行了理论分析及仿真实验，结果显示所讨论的系统，能够支持具有异构带宽的设备，同时还具有合理的BER性能，且通过适当的频谱分配，可以显著提升BER性能。相关资料，感兴趣的读者可以参考文献［22］。

表 22.2 智能家居中的设备参数

器件名称	带宽	补偿因子	调制	码率	波形
高清视频	150MHz	8	QPSK	1/2	基本 TR
高清音频	50MHz	12	QPSK	1/2	基本 TR
智能传感器 1	10MHz	10	QPSK	1/2	基本 TR
智能传感器 2	10MHz	10	QPSK	1/2	基本 TR
智能传感器 3	10MHz	10	QPSK	1/2	基本 TR
智能传感器 4	10MHz	10	QPSK	1/2	基本 TR
智能传感器 5	10MHz	10	QPSK	1/2	基本 TR

参考文献

[1] J. Gubbi, R. Buyya, S. Marusic, and M. Palaniswami, "Internet of Things (IoT): A vision, architectural elements, and future directions," *Future Generation Computer Systems*, vol. 29, no. 7, pp. 1645–1660, 2013.

[2] K. Ashton, "That 'Internet of Things' thing," *RFiD Journal*, vol. 22, no. 7, pp. 97–114, 2009.

[3] H. Sundmaeker, P. Guillemin, P. Friess, and S. Woelfflé, *Vision and Challenges for Realising the Internet of Things*, Brussels: European Commission, 2010.

[4] L. Yan, Y. Zhang, L. Yang, and H. Ning, *The Internet of Things: From RFID to the Next-Generation Pervasive Networked Systems*. Boca Raton, FL: Auerbach Publications, 2006.

[5] L. Atzori, A. Iera, and G. Morabito, "The Internet of Things: A survey," *Computer Networks*, vol. 54, no. 15, pp. 2787–2805, 2010.

[6] National Intelligence Council, "Disruptive civil technologies – six technologies with potential impacts on US interests out to 2025," Technical Report, Apr. 2008.

[7] E. De Poorter, I. Moerman, and P. Demeester, "Enabling direct connectivity between heterogeneous objects in the Internet of Things through a network-service-oriented architecture," *EURASIP Journal on Wireless Communications and Networking*, vol. 2011, no. 1, pp. 1–14, 2011.

[8] M. Zorzi, A. Gluhak, S. Lange, and A. Bassi, "From today's intranet of things to a future Internet of Things: A wireless-and mobility-related view," *IEEE Wireless Communications,* vol. 17, no. 6, pp. 44–51, 2010.

[9] S. de Deugd, R. Carroll, K. Kelly, B. Millett, and J. Ricker, "SODA: Service oriented device architecture," *IEEE Pervasive Computing,* vol. 5, no. 3, pp. 94–96, Jul. 2006.

[10] P. Spiess, S. Karnouskos, D. Guinard, D. Savio, O. Baecker, L. Souza, and V. Trifa, "SOA-based integration of the Internet of Things in enterprise services," in *Proceedings of the 2009 IEEE International Conference on Web Services*, pp. 968–975, Jul. 2009.

[11] J. Pasley, "How BPEL and SOA are changing web services development," *IEEE Internet*

Computing, vol. 9, no. 3, pp. 60–67, May 2005.

[12] B. Wang, Y. Wu, F. Han, Y.-H. Yang, and K. J. R. Liu, "Green wireless communications: A time-reversal paradigm," *IEEE Journal on Selected Areas in Communications*, vol. 29, no. 8, pp. 1698–1710, 2011.

[13] F. Han, Y.-H. Yang, B. Wang, Y. Wu, and K. J. R. Liu, "Time-reversal division multiple access over multi-path channels," *IEEE Transactions on Communications*, vol. 60, no. 7, pp. 1953–1965, 2012.

[14] Y. Chen, F. Han, Y.-H. Yang, H. Ma, Y. Han, C. Jiang, H.-Q. Lai, D. Claffey, Z. Safar, and K. J. R. Liu, "Time-reversal wireless paradigm for green Internet of Things: An overview," *IEEE Internet of Things Journal*, vol. 1, no. 1, pp. 81–98, Feb. 2014.

[15] I. Glover and P. M. Grant, *Digital Communications*. Harlow, UK: Pearson Education, 2010.

[16] A. V. Oppenheim, R. W. Schafer, J. R. Buck et al., *Discrete-Time Signal Processing*. Englewood Cliffs, NJ: Prentice-Hall, 1989.

[17] P. P. Vaidyanathan, *Multirate Systems and Filter Banks*. Englewood Cliffs, NJ: Pearson Education, 1993.

[18] R. Daniels and R. Heath, "Improving on time reversal with MISO precoding," *Proceedings of the Eighth International Symposium on Wireless Personal Communications Conference*, pp. 18–22, 2005.

[19] Y.-H. Yang, B. Wang, W. S. Lin, and K. J. R. Liu, "Near-optimal waveform design for sum rate optimization in time-reversal multiuser downlink systems," *IEEE Transactions on Wireless Communications*, vol. 12, no. 1, pp. 346–357, 2013.

[20] M. Emami, M. Vu, J. Hansen, A. Paulraj, and G. Papanicolaou, "Matched filtering with rate back-off for low complexity communications in very large delay spread channels," *Conference Record of the Thirty-Eighth Asilomar Conference on Signals, Systems and Computers*, vol. 1, pp. 218–222, Nov. 2004.

[21] J. Foerster, "Channel modeling sub-committee report final," *IEEE P802. 15-02/368r5-SG3a*, 2002.

[22] Y. Han, Y. Chen, B. Wang, and K. J. R. Liu, "Enabling heterogeneous connectivity in Internet of Things: A time-reversal approach," *IEEE Internet of Things Journal*, vol. 3, no. 6, pp. 1036–1047, 2016.